Realisierung Utility 4.0 Band 2

Oliver D. Doleski
Hrsg.

Realisierung Utility 4.0 Band 2

Praxis der digitalen Energiewirtschaft
vom Vertrieb bis zu innovativen
Energy Services

 Springer Vieweg

Hrsg.
Oliver D. Doleski
Fiduiter Consulting
Ottobrunn, Deutschland

ISBN 978-3-658-25588-6   ISBN 978-3-658-25589-3 (eBook)
https://doi.org/10.1007/978-3-658-25589-3

Die Deutsche Nationalbibliothek verzeichnet diese Publikation in der Deutschen Nationalbibliografie; detaillierte
bibliografische Daten sind im Internet über http://dnb.d-nb.de abrufbar.

Springer Vieweg

Springer Vieweg ist ein Imprint der eingetragenen Gesellschaft Springer Fachmedien Wiesbaden GmbH und ist
ein Teil von Springer Nature.
Die Anschrift der Gesellschaft ist: Abraham-Lincoln-Str. 46, 65189 Wiesbaden, Germany

Geleitwort von Stefan Kapferer, Vorsitzender der Hauptgeschäftsführung und Mitglied des Präsidiums des BDEW Bundesverband der Energie- und Wasserwirtschaft e. V.

Für das Ziel einer umfassend dekarbonisierten Energiewirtschaft bieten die technologischen Megatrends Digitalisierung und Automatisierung gewaltige Potenziale.

Während noch vor nicht allzu langer Zeit zentrale Kraftwerke die Belieferung mit Energie – inklusive einer hohen Grundlast – sicherstellten, wird diese Aufgabe zunehmend von dezentralen und volatil einspeisenden Erzeugungsanlagen übernommen. Dies erfordert intelligente Lösungen innerhalb aller energiewirtschaftlichen Wertschöpfungsstufen: Erzeugungsanlagen, die trotz schwankender Angebote erneuerbarer Energien durch Verknüpfung mit Speichern und Laststeuerung eine kontinuierliche Energielieferung sicherstellen; Fernleitungsnetze, die durch optimierte Steuerung höhere Transportkapazitäten gewährleisten; Verteilnetze, die Schwankungen bei Verbrauch und Einspeisung durch Konzepte wie das BDEW-Ampelmodell ausgleichen können, indem sie Anreize schaffen, Flexibilität im Markt bereitzustellen (und so zusätzlichen Netzausbau vermeiden); Vertriebe, die mit intelligenten Produkten Dezentralität und Lastverlagerung im Endkundenmarkt managen. Die tiefgreifenden energiewirtschaftlichen Umbrüche laufen parallel zu gesellschaftlichen Veränderungen durch die Digitalisierung. Strukturen werden flacher, Hierarchien werden abgebaut. Diese Entwicklungen werden ganz ohne Zweifel auch die Energiewirtschaft beeinflussen: Kunden und ihre Bedürfnisse, aber auch ihr Wille zur Gestaltung und Teilhabe werden in der Energiewirtschaft von morgen eine immer stärkere Rolle spielen. Kunden werden zu Partnern, die Energie oder Lastverlagerungspotenziale am Markt anbieten.

Die Energiewirtschaft geht mit diesen zusätzlichen Aufgaben im doppelten Sinn auf Wachstumskurs. Das quantitative Wachstum betrifft den Ausbau der erneuerbaren Erzeugung an sich, aber auch die damit verbundenen notwendigen Investitionen in Netzinfrastruktur, Versorgungssicherheit und Speicherkapazitäten. Ebenso erwachsen aus der Energiewende neue Geschäftsfelder wie Mobilität oder Dienstleistungen im Zusammenhang mit Dezentralität und Eigenerzeugung. Qualitativ wächst die klassische Energiewirtschaft, indem sie sich zu einer Hightechbranche entwickelt. Das Ziel, Versorgungssicherheit mit tausenden dezentralen und volatil Energie einspeisenden Erzeugungsanlagen sicherzustellen, ist nur erreichbar, wenn hoch entwickelte Steuerungstechniken und die fast vollständige Automatisierung der Prozesse bei Erzeugung, Transport und Nutzung der Energie zuverlässig und flächendeckend implementiert sind. Die klassische Wertschöpfungskette wird durch die Digitalisierung um ein wesentliches Element ergänzt: die Daten. Gleichzeitig lassen sich die einzelnen Elemente der Wertschöpfung nicht mehr strikt trennen, sondern überlappen sich.

Noch mehr als das Managen von Energie wird die Energiewirtschaft von morgen geprägt sein durch das Managen, Vernetzen und Auswerten von Daten. Immer komplexere Mechanismen und Verknüpfungen werden sehr schnell die Weiterentwicklung und den Einsatz künstlicher Intelligenz erfordern. Trotzdem bleibt der Mensch die wichtigste Ressource in der Energiewirtschaft. Aber auch hier sind die Energieversorgungsunternehmen gefragt, rechtzeitig auf neue Anforderungen an Mitarbeiter zu reagieren und moderne, flexible Unternehmensstrukturen aufzubauen. Sie stehen dabei vor der Herausforderung, bestehende Strukturen soweit notwendig zu bewahren und gleichzeitig eine Transformation in Gang zu setzen, die es ermöglicht, die neuen Aufgaben erfolgreich zu lösen. Die Energiewende als einen evolutionären Prozess zu gestalten und sie mit den Anforderungen und Chancen der Digitalisierung zusammenzubringen – dies bedarf einer besonderen Aufmerksamkeit. Das gilt mehr als alles andere vor dem Hintergrund, als die Energieversorgungsunternehmen das Funktionieren einer wesentlichen Lebensader von Wirtschaft und Gesellschaft sicherstellen: die grundlegende physische Versorgung mit und Verfügbarkeit von Energie – und dies zu bezahlbaren Preisen. Alle diese Themen und Beispiele zeigen: Die Energiewende ist ein hochkomplexer Prozess, der alle Bereiche unserer Energieversorgung erfasst und verändert. Dabei dürfen wir weder Physik und technische Möglichkeiten noch die volkswirtschaftlichen Kosten aus dem Blick verlieren, denn sonst wird die gesellschaftliche Akzeptanz erodieren. Das entscheidende Kriterium ist daher: Wie und wo sparen wir am kostengünstigsten die nächste Tonne CO_2 ein?

Für den BDEW ist es eine wichtige Aufgabe, diese gesellschaftlichen und energiewirtschaftlichen Veränderungen aktiv mitzugestalten. Die Energieversorgungsunternehmen sind gut gerüstet für neue Anforderungen, gleichzeitig benötigen sie Rahmenbedingungen, die im Wettbewerb die Suche nach den besten Lösungen ermöglichen. Dabei – und auch das ist ein Zeichen für das Wachstum der Branche – wird das Feld der Unternehmen, die energiewirtschaftliche Aufgaben zu erfüllen, immer größer. Mobilitätslösungen erfordern neben Autos eine völlig neue Ladestruktur, neue Abrechnungsverfahren und im besten Fall Lösungen, die die Speicherkapazität und Lastbedarfe mit dem Energiesystem synchronisieren und gegenseitig nutzbar machen. Energie-Communities und Smart-Home-Anwendungen, die einen immer höheren Autarkiegrad aufweisen, gilt es, intelligent in das Energiesystem einzubinden. Letztlich wird eine Dekarbonisierung nur über eine Verknüpfung von Infrastrukturen weit über die Energieversorgung hinaus gelingen. Auch die intelligente Stadt der Zukunft wird nur über eine solche Verknüpfung möglich. Kooperationen verschiedener Branchen und Gewerke sind die Basis für diese Entwicklungen.

Über die Sektorkopplung können darüber hinaus sowohl die Gasnetzinfrastruktur als Langzeitspeicher als auch die Elektromobilität mit ihrer Ladeinfrastruktur und mit den perspektivisch Millionen von Batteriespeichern genutzt werden. Technologien aus der Sektorkopplung wie beispielsweise Power-to-Gas können einen wesentlichen Beitrag zur Dekarbonisierung leisten. Um all diese Potenziale zu heben, muss der Preis für das Produkt Strom konkurrenzfähig und verhältnismäßig sein. Dafür sind angemessene steuerliche Rahmenbedingungen – wie z. B. eine reduzierte Stromsteuer – wesentliche Voraussetzung, auch um volkswirtschaftliche Verwerfungen zu vermeiden.

Das vorliegende Buch greift die Zukunftsthemen der Energiebranche auf und ist eine gute Grundlage für die Diskussion der anstehenden Herausforderungen. Detailliert werden die Aspekte der Realisierung einer zukünftigen Energieindustrie in den jeweiligen Wertschöpfungsstufen herausgearbeitet und beispielhaft aufgezeigt. Dies ist umso wichtiger, als es in Zukunft immer weniger endgültige und absolute Lösungen geben wird – zu schnell verändern sich gesellschaftliche und technische Rahmenbedingungen. „Utility" bedeutet wörtlich übersetzt Nutzen oder Werkzeug. Ich wünsche diesem Buch, dass es den Lesern Nutzen bringt und als wichtiges Werkzeug bei der Konstruktion der neuen Energiewelt genutzt wird.

Berlin, im Mai 2019 Stefan Kapferer

Geleitwort von Dr. Frank Mastiaux, Vorsitzender des Vorstands/Chief Executive Officer der EnBW Energie Baden-Württemberg AG

Vermutlich nur wenige Außenstehende hätten noch bis vor kurzer Zeit die Energiewirtschaft mit Digitalisierung oder gar Industrie 4.0 in Zusammenhang gebracht. Mehr noch: Die Energiewende als solche wurde bisher von vielen eher als politisches Projekt, weniger als Projekt der technologischen Modernisierung der Branche selbst wahrgenommen. Das ändert sich aber gerade. Zwar ist richtig: Die Energiewende in Deutschland war bisher v. a. politisch-regulatorisch geprägt. Kennzeichnend ist der politisch herbeigeführte Ausstieg aus der Kernenergie sowie der parallel stattfindende Ausbau erneuerbarer Energien mit staatlicher Technologieförderung und hoher Regulierungsdichte. Daneben standen die (ebenfalls durch zahlreiche regulatorische Anreizsysteme geförderte) Absenkung des Primärenergiebedarfs und der Ausbau der Übertragungs- und Verteilnetze im Fokus. Wir nennen diese politisch und regulatorisch dominierte Phase die Energiewende 1.0. Elemente dieser Phase, wie eine (eingeschränkte) Förderung der Erneuerbaren, wird es auch weiterhin geben.

Die Zukunft der Energiewirtschaft wird aber vorrangig durch andere Entwicklungen geprägt sein – nämlich durch den Markt und durch technologische Umbrüche. Diese machen den bisherigen Transformationsprozess ungleich komplexer. Die Unterschiede zu den bisherigen Entwicklungen sind so bedeutend, dass wir von einer neuen Phase, der Energiewende 2.0 sprechen. Eine stark unterstützende Wirkung der Energiewende 2.0 hat der Markt selbst. So haben in Deutschland Preismechanismen und der Wettbewerb eine stärkere Rolle zugewiesen bekommen als in anderen Ländern. Man erhofft sich davon, die Kreativität des Markts zu nutzen und digitale Innovationen in der Energiewirtschaft voranzutreiben.

Die erwähnte Komplexität der Energiewende 2.0 ergibt sich aus mehreren Gründen. So werden Kundenwünsche auch im Energiebereich immer heterogener; es bilden sich dezentral (mit deutschlandweit 1,8 Mio. dezentralen Erzeugern und im Jahr 2030 je nach Szenario 4,2 bis 7 Mio. E-Fahrzeug-Nutzern) komplexe Erzeugungs- und Verbrauchsmuster heraus, die mit den alten Standardansätzen kaum noch handhabbar sind. Die Handhabung großer Datenmengen bei gleichzeitiger effizienter Massentauglichkeit von Prozessen wird damit zur Schlüsselqualifikation. Gleichzeitig werden die Großhandelsmärkte komplexer, nicht zuletzt aufgrund der Volatilität der einspeisenden wetterabhängigen erneuerbaren Energien. Das markt- und wettbewerbsorientierte Umfeld einerseits und technologische Entwicklungen andererseits sind in einen positiven Rückkopplungsmechanismus eingetreten, der sich aus sich selbst heraus immer weiter verstärkt.

Digitalisierung wird Voraussetzung dafür sein, die zur Bewältigung dieser Komplexität erforderliche Neuausrichtung möglichst effizient umzusetzen. Vor dem Hintergrund der Abkehr von der konventionellen Energieerzeugung aus fossilen Brennstoffen und der Digitalisierung stehen wir auch vor der Herausforderung einer größeren Technologiebreite, denn nicht nur die genutzten Erzeugungs- und Speichertechnologien diversifizieren sich, sondern wir beobachten auch eine Ausweitung der Branchengrenzen, insbesondere in Richtung Mobilität und auch die Produktion neuer Energieträger, wie Power-to-Gas oder Power-to-Liquid aus erneuerbaren Energien.

Dies alles ist das perfekte Rezept für eine Disruption. Was bedeutet dies alles für klassische Energieunternehmen? Sehr einfach: Ihre bisherigen Fähigkeiten, die lediglich auf die Energieerzeugung und -verteilung fokussiert waren, werden an Bedeutung verlieren.

Eine Folge wird sein, dass es nicht mehr „die" Energieunternehmen geben wird. Sie werden heterogener und viele werden ihre Expertise stark spezialisieren. Was wir sehen werden, sind

- weiterhin klassische Stadtwerke, zunehmend aber mit einer Differenzierung zwischen (vermutlich eher größeren) Unternehmen, die auch in Bereichen wie IT-Infrastruktur und digitale Kundenlösungen mit eigenen Konzepten antreten;
- zahlreiche kleinere Unternehmen, insbesondere im kommunalen Bereich, die Methoden zur Beherrschung von Komplexität einkaufen (White-label-Lösungen oder Dienstleistungen durch Dritte);
- große Unternehmen mit Spezialisierung entweder auf Infrastruktur und Kundenlösungen einerseits oder Erzeugung andererseits;
- größere Unternehmen, die sich in Richtung universeller Infrastrukturanbieter im Bereich Energie, aber auch in Bereichen wie IT, Sicherheit, Mobilität etc. orientieren. Die EnBW ist ein Beispiel hierfür;
- Unternehmen, die zunehmend eine Projektorganisation ausprägen, insbesondere wenn sie auf Erneuerbare spezialisiert sind;
- Tech-Spezialisten, die neue maßgeschneiderte Lösungen für die Energiewirtschaft anbieten (z. B. Aggregation von Verbrauchern und Erzeugern, Regionalstrom, Sensoring-Dienstleistungen, Smart-Home-Applikationen, Soft- und Hardware im Metering-Bereich und vieles andere mehr).

In der Disruption ist Kompetenzaufbau und -erhalt sowohl für Unternehmen wie auch für ganze Volkswirtschaften von wesentlicher Bedeutung. Weder Deutschland noch die EnBW sind hier an einem schlechten Ausgangspunkt. So sind in Deutschland die Voraussetzungen für den Übergang in eine CO_2-arme Energiewirtschaft grundsätzlich günstig, denn wir blicken im Vergleich zu anderen Ländern bei der Umgestaltung des Energiesystems bereits auf eine umfassende Lernhistorie zurück. Zwar ist Deutschland in klimatischer Hinsicht kein erstrangiger Erneuerbaren-Standort im globalen Vergleich, doch sind die erreichten Kostensenkungen bei den Erneuerbaren mittlerweile so groß, dass es sich als eines der ersten Länder der Welt die „wholesale parity" zu eigen machen kann. Das bedeutet, dass sich zumindest einzelne Projekte im Bereich der erneuerbaren Energien bereits heute ohne staatliche Förderungen lohnen. So plant die EnBW derzeit in Brandenburg den größten Solarpark Deutschlands, der erstmals ohne staatliche Förderung realisiert werden soll. Es ist allerdings eine Herausforderung, diese Lernerfahrungen der Kompetenzen aus der alten Energiewelt auf die zukünftigen Kompetenzen der neuen, digitalen Energiewelt zu übertragen, anzuwenden und weiterzuentwickeln.

Die geschilderte Disruption erschöpft sich nämlich nicht damit, die Energieversorgung auf erneuerbare Energien umzustellen. Die bevorstehenden Entwicklungen in unserer Branche lassen sich – wie in anderen Sektoren auch – mit Volatilität, Unsicherheit, Komplexität und Ambivalenz (VUCA-Welt) gut charakterisieren. VUCA bedeutet, dass die Kernaufgabe von Unternehmen künftig darin bestehen wird, Risiken und Unsicherheiten für den Kunden zu transformieren und ihm Komplexität zu reduzieren. Es war zwar immer die Aufgabe eines Energieunternehmens (auch als sie noch „Versorger" waren), den Kunden gegen Preisschwankungen zu hedgen. In Zukunft müssen aber wir die gesamte Energiewelt für ihn managen, mit all ihren Facetten wie

- volatilen Einspeisungen aus Erneuerbaren angesichts hoher Ansprüche an Versorgungssicherheit;
- Anforderungen an grüne Mobilität, gegebenenfalls regionale Versorgung;
- smartes Eigenheim und smarte Kommune für ihn managen (um nur einige zu nennen).

Dabei will der Kunde zwar faktisch eine komplexe Lösung, die auf seine Bedürfnisse zugeschnitten ist, er will aber persönlich keine Komplexität handhaben müssen. Er will auch keine Unsicherheit oder Ambiguität aushalten müssen. Innerhalb dieser Komplexität müssen wir auf die individuellen Bedürfnisse der Kunden eingehen und gleichzeitig dem Kostenwettbewerbsdruck standhalten und Massentauglichkeit gewährleisten. Hier wird ein wesentlicher Teil der Wertschöpfung liegen – nämlich in dem Versprechen, durch die Bereitstellung einer glaubhaft sicheren und smarten Infrastruktur ihm alle energiebezogenen Probleme (und das sind immer mehr) abzunehmen.

Die EnBW hat sich bereits auf diese anstehenden Veränderungen eingestellt und den Restrukturierungsprozess frühzeitig eingeleitet. So haben wir unser Portfolio in den letzten Jahren konsequent mit Blick auf die Vermeidung von CO_2 umgebaut und flächendeckend in erneuerbare Energien investiert. Dabei haben wir nicht nur den Ausbau von Windenergieanlagen an Land vorangetrieben, sondern auch in der Nord- und Ostsee. Zusätzlich beteiligen wir uns an Auktionen für Offshore-Flächen auf ausgewählten Zielmärkten im Ausland und wollen die Solarenergie in Deutschland als zusätzliches Standbein etablieren.

Das alles ist eine Weiterentwicklung des Kerngeschäfts einer klassischen Utility – wenn auch deutlich klimafreundlicher. Unsere Aktivitäten gehen aber deutlich darüber hinaus. So treiben wir den Ausbau der Ladeinfrastruktur für Elektrofahrzeuge aktiv voran. Bis 2020 werden wir 1.000 Hochgeschwindigkeitsladesäulen installiert haben. Über eine App fürs Smartphone können unsere Kunden digital die nächstgelegene Ladestation ausfindig machen und auch elektronisch die Bezahlung für den Ladevorgang erledigen. EnBW ist – das ist vermutlich nicht allgemein bekannt – mittlerweile auch ein wichtiger Akteur im Bereich des Breitbandausbaus. Wir verstehen uns mittlerweile nicht mehr nur als klassische Utility, sondern als Anbieter von komplexer und verlässlicher Infrastruktur und von neuen Kundenlösungen. So entwickeln wir mithilfe von Smart-Data-Anwendungen in der urbanen Stadtentwicklung auf dem Weg zur intelligenten Stadt (Smart City). Hier geht es beispielsweise um Systeme für intelligente Straßenbeleuchtung, digitalisierte Parkraummanagementsysteme, Energiemanagement- und Sicherheitssysteme für den öffentlichen Raum in Echtzeit oder Hochwasserschutz. Hierzu haben wir eigens mit Jungunternehmern ein Start-up gegründet, mit der intelligenten Straßenbeleuchtung machen wir sogar schon Umsatz. Diese Beispiele zeigen, wie vielschichtig zukünftig die Antworten auf Herausforderungen in unserer Branche sein können, um Utility 4.0 auch in der Energiewirtschaft zu realisieren.

Das vorliegende Buch kann dabei aufgrund seiner inhaltlichen Breite eine Hilfestellung sein, den Leser bei eben dieser zu unterstützen.

Stuttgart und Karlsruhe, im Mai 2019   Frank Mastiaux

Vorwort des Herausgebers zu Band 1 und 2

Industrie 4.0, Medizin 4.0, Consulting 4.0 oder Arbeit 4.0 – vierpunktnull auf Teufel komm raus. Scheinbar kaum ein Themengebiet kommt heute ohne das plakative Zahlenkürzel 4.0 aus. Inzwischen ist dieses Phänomen mit Utility 4.0 längst auch in der Energiewirtschaft angekommen. Kritiker dieser Entwicklung führen an, dass heutzutage allem und jedem scheinbar willkürlich die bekannte Ziffernfolge 4.0 hinzugefügt wird, nur um innovativ und damit en vogue zu gelten. Handelt es sich also beim unterstellt inflationären Gebrauch des populären Zahlenkürzels lediglich um einen Hype ohne inhaltlichen Tiefgang oder steckt doch mehr dahinter?

Utility 4.0 ist mehr als ein Hype
Indem das Neuwort Utility 4.0 ganz bewusst Bezug auf den prominenten Industrie-4.0-Begriff nimmt, schafft es einerseits Orientierung durch Wiedererkennung paralleler Entwicklungen und erleichtert andererseits die Übertragung des ursprünglich industriellen Digitalisierungskonzepts auf den Energiesektor. So fördert der Neologismus Utility 4.0 das Verständnis für die technologische Entwicklungsgeschichte der Energiebranche seit der zweiten Hälfte des 19. Jahrhunderts bis in unsere Gegenwart. Nur wenige Jahre nach der erstmaligen Vorstellung des Konzepts steht heute Industrie 4.0 synonym für die Digitalisierung als vierter industrieller Revolution nach Mechanisierung, Fließbandproduktion und Automatisierung. Der linearen Logik vier zeitlich aufeinanderfolgender Epochen industrieller Entwicklung entsprechend, resultieren die bekannten Wort-Ziffer-Kombinationen Industrie 1.0 bis Industrie 4.0. Da die Energiebranche in den vergangenen 150 Jahren vier ähnliche Phasen durchlebt hat, liegt es nahe, mit Utility 4.0 diese bewährte Nomenklatur auch auf den energiewirtschaftlichen Kontext zu übertragen. In Anlehnung an die standardisierte Benennung von Software-Updates, bei denen die erstgenannte Zahl für große Versionssprünge steht, deuten ähnlich wie in der produzierenden Wirtschaft die Ziffern auf vier epochale Entwicklungssprünge im Energiesektor hin: Zuteilung (Utility 1.0), Versorgung (Utility 2.0), Dienstleistung (Utility 3.0) und Digitalisierung (Utility 4.0).

Jedoch stand nicht allein eine gewisse zeitliche Analogie der Entwicklungsgeschichte beider Branchen bei Utility 4.0 Pate. Vielmehr wird mit dem Utility-4.0-Begriff die in der Produktionswirtschaft breit geführte Diskussion um die Digitalisierung als vierte industrielle

Revolution aufgegriffen und auf den Energiesektor übertragen. Insofern wird mit der Bezeichnung Utility 4.0 ganz bewusst und keineswegs zufällig auf die vielfältigen Erfahrungen
bei der engen Verzahnung der Produktionswirtschaft mit der Informations- und Kommunikationstechnik Bezug genommen. Aus Industrie 4.0 hervorgegangen, konnte sich Utility 4.0
seither in weiten Teilen der Energiewirtschaft als eingängiger Begriff für den epochalen
Übergang von der analogen zur digitalen Energiewirtschaft etablieren. Ein wesentlicher
Grund dafür, dass sich Industrie 4.0 und infolgedessen auch Utility 4.0 in den vergangenen
Jahren nicht zu einem neuen Hype, sondern zu akzeptierten Begriffen entwickeln konnten,
ist vor allem in den fundamentalen Phänomenen zu sehen, die heute üblicherweise mit diesen umschrieben werden. Wichtigstes dieser Phänomene ist, dass die heutige Energieland-
schaft neben den dezentralen und erneuerbaren Energien in erster Linie von intelligenten
Technologien und infolgedessen von Daten beherrscht wird.

Digitaler Goldrausch und virtuelles Öl
Für die einen sind Daten das neue Gold und für die anderen das Öl des 21. Jahrhunderts.
Eine landläufige Sicht, die auch im Energiesektor immer mehr Anhänger findet. Doch vor
dem großen Goldrausch und den sprudelnden Quellen müssen in den Versorgungsunternehmen zunächst die notwendigen Grundlagen geschaffen, vorhandene Hindernisse überwunden und die Gefahr, im Portal- oder App-Ozean unterzugehen, vermieden werden.

In der Energiebranche ist die Transformation von analog zu digital längst in vollem Gang.
Auch die Vorstellung, dass in der digitalen Energiewelt aus Versorgern mehr und mehr
IT-Unternehmen mit angeschlossenen Strom-, Gas- und Wärmeaktivitäten werden, findet
heute deutlich mehr Anhänger als noch Anfang 2017, als der Herausgeber dies erstmals in
seinem Vorwort zum Buch *Herausforderung Utility 4.0* so formulierte. Seither haben viele
Stadtwerke, Regionalversorger und Energiekonzerne den Übergang von der traditionellen
zur digitalen Energieversorgung eingeschlagen und mitunter vielversprechende neue
Handlungsfelder für sich identifiziert. Dabei werden in der Praxis höchst unterschiedliche
Ansätze und Vorgehensweisen beschritten. Allen diesen Initiativen ist jedoch stets gemein,
dass im Zentrum Daten und deren Verarbeitung stehen. Insofern gelten auch im Energiesektor Daten heute zu Recht als das neue Öl.
    Doch welcher Autofahrer fährt mit Rohöl, welche Fluggesellschaft betreibt ihre Flotte
mit Erdöl und wie kann ein Goldrausch ohne eine explorierte Goldader entstehen? – Ohne
Veredelung kein Nutzen. Ähnlich wie herkömmliche Rohstoffe müssen auch Daten veredelt
werden, damit Wissen als Grundlage digitaler Geschäftsmodelle entsteht. Aber wie kann
eine solche Veredelung – übertragen auf den Energiesektor – erfolgen? Ein Ansatzpunkt lautet: Branchenerfahrungen aus Digitalisierungsprojekten entlang der energiewirtschaftlichen
Wertschöpfungskette sammeln, aufbereiten und von diesen schließlich gemeinsam lernen!

Wie die Idee zum Buch entstand
Die Geschichte dieses neuesten Buchs aus der Utility-4.0-Reihe beginnt mit der Entdeckung
eines Bedürfnisses – des Bedürfnisses vieler Branchenakteure nach einem weiterführenden
Austausch zu praktischen Erfahrungen bei der Digitalisierung des energiewirtschaftlichen

Leistungsangebots. Das Buch antwortet damit auf den zunehmenden Wunsch vieler Akteure des Energiesektors, voneinander lernen zu wollen.

Alles begann im Frühjahr 2016 mit dem im Springer Verlag erschienenen Booklet *Utility 4.0 – Transformation vom Versorgungs- zum digitalen Energiedienstleistungsunternehmen*. Dieser kompakte Text des Herausgebers griff als eine der ersten deutschsprachigen Publikationen die zu jener Zeit in Fahrt kommende Diskussion um die Digitalisierung des Energiesektors nicht nur auf, sondern etablierte mit Utility 4.0 zugleich einen neuen Begriff für serviceorientierte digitale Versorgungsunternehmen. Nachdem so Utility 4.0 im Jahr 2016 erstmals auf dem Radar der Energiewirtschaft erschienen ist, folgte ein Jahr später das farbig illustrierte Fachbuch *Herausforderung Utility 4.0 – Wie sich die Energiewirtschaft im Zeitalter der Digitalisierung verändert*. Diese bislang umfassendste Publikation zur digitalen Transformation der Energiewirtschaft griff die Inhalte des initialen Booklets auf und entwickelte diese konsequent weiter. Dank der vielen wertvollen Beiträge renommierter Autoren ist ein Buch entstanden, das nach seinem Erscheinen im Jahr 2017 ausgesprochen große und positive Resonanz erfuhr.

Im Anschluss an die Veröffentlichung von *Herausforderung Utility 4.0* konnte der Herausgeber in vielen Diskussionen mit Praktikern aus Versorgungsunternehmen ein unverändert großes Interesse insbesondere an Praxisthemen rund um die Digitalisierung der Energiewirtschaft konstatieren. Offenkundig bestand weiterhin das Bedürfnis nach einem weiterführenden Gedankenaustausch zu praktischen Implikationen der digitalen Energiewelt. Vor diesem Hintergrund konkretisierte sich im Sommer 2018 sukzessive die Vorstellung einer publizistischen Plattform für ausgewählte Praxisberichte um das Themenfeld der digitalen Energiewirtschaft. – Die Idee des vorliegenden Buches *Realisierung Utility 4.0* war geboren.

Aus eins mach zwei
Noch zu Beginn der Autorensuche für dieses Herausgeberwerk war ein Buch ähnlichen Umfangs wie die Vorgängerpublikation aus der Utility-4.0-Familie geplant. Doch dann kam alles anders! – Der Call for Papers für das neue Buchprojekt stieß in der Energie-Community auf ein überwältigendes Interesse. Insgesamt ging im Rahmen der öffentlichen Autorensuche eine deutlich dreistellige Anzahl von Beitragsvorschlägen aus über 100 Unternehmen der gesamten DACH-Region ein. In Anbetracht dieses außergewöhnlichen Zuspruchs und um möglichst vielen Beitragsautoren und Unternehmen die Möglichkeit einer Mitwirkung einräumen zu können, wurde das Buch auf insgesamt zwei zeitgleich herausgegebene Bände erweitert. Damit handelt es sich bei *Realisierung Utility 4.0* um die erste zweibändige Fachpublikation zur Digitalisierung der Energiewirtschaft im deutschsprachigen Raum.

Ein Werk – zwei Bände
Das Gesamtwerk besteht physisch aus zwei Büchern, die eine logische Einheit bilden. Neben einem übergreifenden Einführungsteil, der das erste Buch einleitet, versammeln beide Bände weitere acht Hauptkapitel, die allesamt der Grundlogik der *energiewirtschaftlichen Wertschöpfungskette* folgend strukturiert sind. Zur besseren Orientierung veranschaulicht Abb. 1 die Struktur und inhaltliche Vielfalt des Werks schematisch.

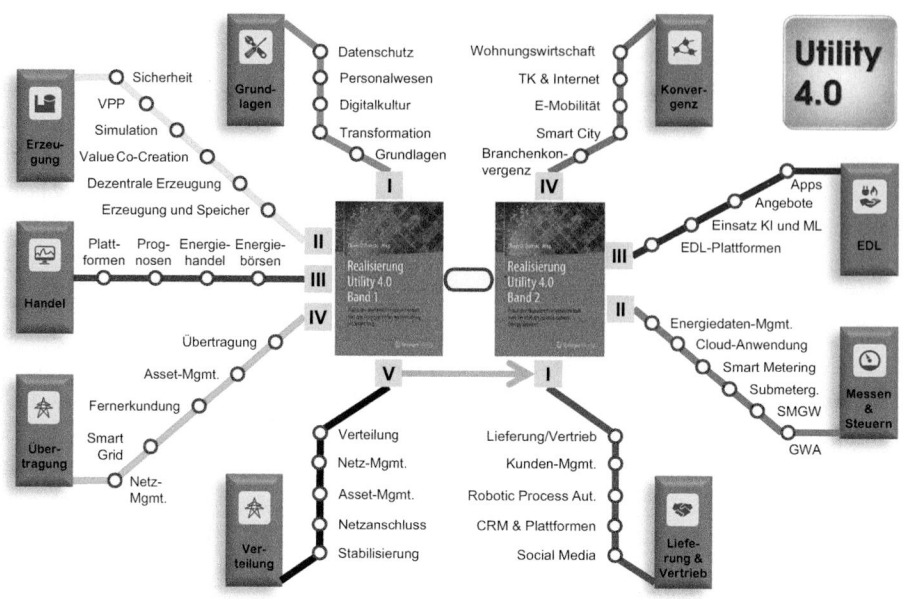

Abb. 1 Ein Werk – zwei Bände: Aufteilung und Struktur von Realisierung Utility 4.0 Band 1 und 2

Der Leser mag die für diesen Doppelband gewählte Gliederung entlang der klassischen Wertschöpfungsstufen – nicht ganz zu Unrecht – kritisieren. Schließlich führt gemeinhin der Trend zur Digitalisierung zu einem schrittweisen Aufbrechen linearer Wertschöpfungsketten. Vormals streng sequenziell ablaufende Formen der Leistungserbringung werden heute mehr und mehr zu komplexen Wertschöpfungsnetzwerken umgestaltet.

Trotz alledem sprechen Praktikabilitätserwägungen für die in diesem Buch praktizierte Beibehaltung der klassischen Wertschöpfungskettenlogik. Das Festhalten an der eingängigen Struktur linearer Wertschöpfung repräsentiert in der Energiebranche ein von allen Akteuren bis zum heutigen Tag intuitiv verstandenes Ordnungskriterium. Es ist bestens bekannt und verschafft damit den Lesern leicht Orientierung bei der Durchsicht beider Bücher und der Suche nach spezifischen Inhalten.

Realisierung Utility 4.0 Band 1

Der erste der zwei Buchbände, *Praxis der digitalen Energiewirtschaft von den Grundlagen bis zur Verteilung im Smart Grid,* gliedert sich in fünf Teile. Im einleitenden, ersten Hauptabschnitt *„Aus Versorgern werden Utilities 4.0"* formieren Branchenexperten zunächst die wesentlichen Grundlagen des digitalen Business in der Energiewirtschaft und schaffen so gleichzeitig die konzeptionelle Basis des Doppelbands. So zeigen Autoren aus unterschiedlichen Sektoren der Energiewirtschaft und Beratungsunternehmen, welche Konsequenzen sich aus der digitalen Transformation für Versorgungsunternehmen ergeben, wie eine Veränderungskultur etabliert werden kann, welchen Nutzen agiles Arbeiten hat und – last but not least – mit welchen Strategien Akteure des Energiesektors ihre Unternehmen fit für die Zukunft machen können.

Diesem Einführungsteil folgen weitere vier Hauptabschnitte zu unterschiedlichen Facetten der Digitalisierung entlang der energiewirtschaftlichen Wertschöpfung von der Erzeugung bis zur Verteilung im Smart Grid. Teil II beschäftigt sich zunächst mit dem progressiven Einsatz digitaler Technologien in der Energieerzeugung. Darüber hinaus werden innovative Speichertechnologien im Zusammenhang mit der Forderung nach stabiler Elektrizitätsversorgung im Zeitalter der erneuerbaren Energien vorgestellt.

Teil III beleuchtet die vielfältigen Facetten des digitalen Energiehandels heutiger Prägung. Im Fokus stehen dabei die Auswirkungen digitaler Technologien wie z. B. Blockchain auf das Handelssystem, die Implikationen eines digitalen Strommarkts und die enormen Möglichkeiten weitgehend automatisierter Prognoseverfahren.

Zum Abschluss des ersten Bands verdeutlichen Teil IV und Teil V die hohe und in den letzten Jahren signifikant gestiegene Relevanz von State-of-the-Art-Netzlösungen für das Gelingen der Energiewende. Die Schwerpunkte beider Netzabschnitte liegen jeweils auf Themen wie hocheffizientem Netzmanagement, digitalem Asset-Management und flexibler Netzstabilisierung vor dem Hintergrund des rapiden Ausbaus der Erneuerbaren.

Realisierung Utility 4.0 Band 2
Der zweite Band *Praxis der digitalen Energiewirtschaft vom Vertrieb bis zu innovativen Energy Services* führt die strukturverleihende Gliederungslogik entlang der energiewirtschaftlichen Wertschöpfung des ersten Buchbands konsequent fort. Auf den ersten Blick möglicherweise überraschend, wird der zweite Band mit der Wiederholung der Geleitworte aus dem ersten eröffnet. Da es sich bei *Realisierung Utility 4.0* trotz der logischen Einheit de facto um zwei Bücher – die damit selbstverständlich auch getrennt voneinander erworben werden können – handelt, war es mir als Herausgeber wichtig, dass auch den Lesern des zweiten Bands die Geleitworte nicht vorenthalten werden.

Die grundlegende Systematik des Herausgeberwerks fortführend, diskutiert Teil I des zweiten Bands die breite Palette vertrieblicher Aspekte der digitalen Energiewelt. Dabei vertiefen die Texte u. a. die Bedeutung des Customer Relationship Management (CRM) und Social Media für den digitalen Vertrieb.

Gegenstand von Teil II sind ausgewählte Praxislösungen aus Energiedatenmanagement und Messewesen. Behandelt werden neben Fragen der systemdienlichen Steuerung von Energieverbräuchen die aktuellen Entwicklungen rund um das viel diskutierte Thema Smart Metering samt geeigneter digitaler Messinfrastruktur.

Teil III stellt schließlich zukunftsweisende Energiedienstleistungen (EDL) und innovative Plattformlösungen vor. Nicht wenige Beiträge greifen dabei auch vertriebliche Einzelaspekte aus dem ersten Kapitel dieses zweiten Bands nochmals auf, um diese in den EDL-Kontext zu rücken.

Mit Teil IV schließt der zweite Band. Vor dem Hintergrund der zunehmenden Tendenz zur Branchenkonvergenz – mit anderen Worten: der zunehmenden Annäherung vormals strikt voneinander getrennter Wirtschaftssektoren – widmen sich ausgewiesene Experten praktischen Beispielen des Zusammenwachsens von Energie, Mobilität, Kommunikation und Stadtentwicklung. Sie zeigen, wie innovative Utility 4.0 ihre Chancen heute bereits dank des zumeist hervorragenden Zugangs zu lokalen Kunden nutzt.

Nutzen aus erfolgreichen Projekten ziehen

Der bewährten Devise „von Erfahrungen anderer profitieren" folgend, zeigen im vorliegenden Doppelband Experten aus Versorgungs-, Service- und Industrieunternehmen, Beratungen und Start-ups ausgewählte Praxislösungen für eine erfolgreiche Digitalisierung der Energiewirtschaft. Die vorliegende Publikation ist dabei von der übergeordneten Zielsetzung bestimmt, aus verschiedenen Blickrichtungen innovative Lösungen und neue Geschäftsmodelle für eine fortschrittliche Energiewelt zu beleuchten. Dabei erschöpfen sich die Inhalte des Werks nicht in theoretischen Aufarbeitungen oder Situationsbeschreibungen des digitalen Wandels. Vielmehr nimmt die Mehrzahl der Beiträge direkten Bezug auf spezifische Erfahrungen, umgesetzte Projekte und aussichtsreiche Neuerungen, denen in der modernen Energiewirtschaftspraxis eine wachsende Bedeutung zufällt. Dem Leser wird damit ein Kompendium an die Hand gegeben, das aufgrund des ausgeprägten Praxisbezugs bei der erfolgreichen Bewältigung der digitalen Transformation unterstützt und den Branchenakteuren wertvolle Impulse zur Umsetzung konkreter, eigener Digitalisierungsinitiativen liefert.

Dankeschön. Bei einem derart umfangreichen Sammelband handelt es sich in gewisser Weise um eine Form des Crowdsourcing. Also einer Gemeinschaftsleistung, an deren Zustandekommen zahlreiche Persönlichkeiten mitgewirkt haben. Als Herausgeber danke ich zunächst allen Autoren für ihre engagierte Mitarbeit, die sich allen geschäftlichen Verpflichtungen und betrieblicher Hektik zum Trotz die Zeit nahmen, das Buch mit profunden Beiträgen zu unterstützen. Mein ganz besonderer Dank gilt dem Vorsitzenden der Hauptgeschäftsführung und Mitglied des Präsidiums des BDEW Bundesverband der Energie- und Wasserwirtschaft e. V., Herrn Stefan Kapferer, und dem Vorstandsvorsitzenden der EnBW Energie Baden-Württemberg AG, Herrn Dr. Frank Mastiaux, für ihre inspirierenden Geleitworte. Danken möchte ich namentlich Dr. Wolfgang Eckert (EnBW), Thomas Dürr (Siemens), Peter Krümmel (BDEW), Christoph Raquet (Pfalzwerke), Elmar Thyen (WSW) und Henning Aretz für die tatkräftige Unterstützung bei der Ansprache potenzieller Geleitwortgeber und Autoren. Nach nunmehr zehn gemeinsam realisierten Buchprojekten möchte ich mich erneut, stellvertretend für das gesamte Team des Springer Vieweg Verlags, bei Reinhard Dapper sowie Andrea Broßler vom Lektorat Informatik und Elektrotechnik für die angenehme Zusammenarbeit herzlich bedanken. Mein abschließender Dank gilt meiner Frau für ihre engagierte Unterstützung und ganz besonders meiner Tochter sowie meinem Sohn, die ihren Vater viel zu oft mit dem PC teilen mussten.

Ottobrunn, im Mai 2019   Oliver D. Doleski

Inhaltsverzeichnis

Inhaltsübersicht Band 1 Realisierung Utility 4.0

Abkürzungsverzeichnis Band 2

3D	Dreidimensional
5G	Fifth Generation (fünfte Mobilfunkgeneration)
AaaS	Analytics as a Service
AAL	Ambient Assisted Living
ABAP	Advanced Business Application Programming (SAP-Programmiersprache)
AC	Alternating Current (Wechselstrom)
AHT	Average Handling Time
AMI	Advanced Metering Infrastructure
AMM	Advanced Metering Management
AMPQ	Advanced Message Queuing Protocol
ANBest-GK	Allgemeine Nebenbestimmungen für Zuwendungen zur Projektförderung an Gebietskörperschaften und Zusammenschlüsse von Gebietskörperschaften
API	Application Programming Interface
ASCR	Aspern Smart City Research
B2B	Business-to-Business
B2C	Business-to-Customer
BAFA	Bundesamt für Wirtschaft und Ausfuhrkontrolle
BARC	Business Application Research Center
BBSR	Bundesinstitut für Bau-, Stadt- und Raumforschung
BDEW	Bundesverband der Energie- und Wasserwirtschaft e. V.
BEMS	Building Energy Management System
BetrVG	Betriebsverfassungsgesetz
BEV	Battery Electric Vehicle (Elektrofahrzeug)
BFE	Bundesamt für Energie (Schweiz)
BGB	Bürgerliches Gesetzbuch
BHKW	Blockheizkraftwerk
BI	Business Intelligence
BIKO	Bilanzkreiskoordinator

BIM	Building Information Modeling
BIP	Bruttoinlandsprodukt
Bit	Binary digit (Maßeinheit für Datenmenge)
BMBF	Bundesministerium für Bildung und Forschung
BMI	Bundesministerium des Innern, für Bau und Heimat
BMS	Batteriemanagementsystem
BMWi	Bundesministerium für Wirtschaft und Energie
BNBest-GK	Besondere Nebenbestimmungen für die auf Grundlage der Richtlinie „Förderung zur Unterstützung des Breitbandausbaus in der Bundesrepublik Deutschland" durchgeführten Antrags- und Bewilligungsverfahren, die Umsetzung von Projekten und dazu gewährte Zuwendungen des Bundes
BNetzA	Bundesnetzagentur
BPO	Business Process Outsourcing
BSI	Bundesamt für Sicherheit in der Informationstechnik
BV	Betriebsvereinbarung
BVFM	Blue Village FRANKLIN Mobil
CA	Certification Authority
CaaS	Comfort as a Service
CC	Competence Center
CDMA	Code Division Multiple Access (Codemultiplexverfahren)
CIM	Common Information Model
CLS	Controllable Local System
CMP4U	Cross Market Place for Utility 4.0
CMS	Content Management System
CO_2	Kohlendioxid
COF	Cloud-Organisationsform
CPP	Critical Peak Pricing
CRM	Customer Relationship Management (Kundenbeziehungsmanagement)
CRUD	Create, Read, Update, Delete
CSE	Cloud-Service-Ebene
CSS	Cascading Style Sheets
CSV	Comma-separated values (Dateiformat)
CTA	Cost to Akquire (Kosten der Kundengewinnung)
CTS	Cost to Serve (Kosten für die Abwicklung des Bestandsgeschäfts)
DC	Direct Current (Gleichstrom)
dena	Deutsche Energie-Agentur GmbH
DIEMO	Nationale Dateninfrastruktur Elektromobilität
DIN	Deutsche Institut für Normung e. V.
DIN SPEC	DIN Spezifikation
DIPKO	Digitale Plattform für kommunale Services

DKE	Deutsche Kommission Elektrotechnik Elektronik Informationstechnik in DIN und VDE
DNA	Deoxyribonucleic Acid (Desoxyribonukleinsäure)
DOE	US Department of Energy
DSGVO, DS-GVO	Datenschutz-Grundverordnung
DSL	Digital Subscriber Line
DT	Digital Twin
EaaS	Energy as a Service
EAC	Energiearchitektur-Chiemgau GmbH
EDIFACT	Electronic Data Interchange for Administration, Commerce and Transport
EDL	Energiedienstleistung
EDM	Energiedatenmanagement
EEB	Erzeugergemeinschaft für Energie in Bayern eG
EEG	Erneuerbare-Energien-Gesetz
EEWärmeG	Erneuerbare-Energien-Wärmegesetz
EEX	European Energy Exchange (Europäische Energiebörse)
EFET	European Federation of Energy Traders
EIV	Einsatzverantwortlicher
EMS	Energiemanagementsystem
EMT	Externer Marktteilnehmer
EnEG	Energieeinspargesetz
EnEV	Energieeinsparverordnung
EnG	Energiegesetz (Schweiz)
EnWG	Gesetz über die Elektrizitäts- und Gasversorgung (Energiewirtschaftsgesetz)
EOM	Energy-only-Markt
EPEX SPOT	Spotmarkt der EEX
EPRI	Electric Power Research Institute
ERP	Enterprise Resource Planning
ETG	Energietechnische Gesellschaft im VDE
ETRM	Energy Trading and Risk Management
EU	Europäische Union
EVG	Eigenverbrauchsgemeinschaft
EVU	Energieversorgungsunternehmen
EXAA	Energy Exchange Austria
FNN	Forum Netztechnik/Netzbetrieb im VDE
FTTB	Fibre-to-the-Building
FTTC	Fibre-to-the-Curb
FTTH	Fibre-to-the-Home
GB	Gigabyte

GDEW	Gesetz zur Digitalisierung der Energiewende
GEG	Gebäudeenergiegesetz
GeLiGas	Geschäftsprozesse Lieferantenwechsel Gas
GIS	Geoinformationssystem
gMSB	Grundzuständiger Messstellenbetreiber
GP	Geschäftspartner
GPKE	Geschäftsprozesse zur Kundenbelieferung mit Strom
GPRS	General Packet Radio Service (Datenübertragungsdienst)
GWA	Smart-Meter-Gateway-Administrator
GWH	Smart-Meter-Gateway-Hersteller
GWM	Gateway Manager
GWN	Gemeindewerke Nümbrecht
GWp	Gigawatt peak
GZF	Gleichzeitigkeitsfaktor
HAN	Home Area Network
HEMS	Home Energy Management System
HES	Head End System
HR	High Resolution
HTML	Hypertext Markup Language (Hypertext-Auszeichnungssprache)
HW	Hardware
IaaS	Infrastructure as a Service
IGRN	Immobiliengruppe Rhein-Neckar
IKT	Informations- und Kommunikationstechnologie
IM4G	Intelligent Metering for German Energy Utiities
iMSys	Intelligentes Messsystem
IoE	Internet of Everything
IoT	Internet of Things (Internet der Dinge)
IÖW	Institut für ökologische Wirtschaftsforschung
ISE	Fraunhofer-Institut für Solare Energiesysteme
ISI	Fraunhofer-Institut für System- und Innovationsforschung
ISMS	Informationssicherheitsmanagementsystem
IS-U (SAP IS-U)	Industry Solution Utilities (Branchensoftwarelösung für die Versorgungsindustrie)
JSON	JavaScript Object Notation
kBit	Kilobit (Datenmenge)
kBit/s	Kilobit pro Sekunde (Datenübertragungsrate)
KfW	Kreditanstalt für Wiederaufbau
Kfz	Kraftfahrzeug
KI	Künstliche Intelligenz
KNN	Künstliche Neuronale Netze
KNX	KoNneX (Nachfolger von EIB, Feldbus zur Gebäudeautomation)
KPI	Key Performance Indicator

KR	Key Result
kV	Kilovolt
KVG LSA	Kommunalverfassungsgesetz des Landes Sachsen-Anhalt
KVZ	Kabelverzweiger
kW	Kilowatt
kWh	Kilowattstunde
KWK	Kraft-Wärme-Kopplung
kWp	Kilowatt peak
LAMBDA	Realtime Data Reference Architecture
LED	Light-emitting Diodes (Leuchtdiode)
LMN	Local Metrological Network
LoRaWAN	Long Range Wide Area Network
LPWAN	Low Power Wide Area Networks
LS	Ladestation
LTE	Long Term Evolution (Mobilfunkstandard)
M2C	Meter-to-Cash
M2M	Machine-to-Machine
MaaS	Mobility as a Service
MaBiS	Marktregeln Bilanzkreisabrechnung Strom
MaLo-ID	Marktlokations-Identifikationsnummer
Mbit	Megabit (Datenmenge)
Mbit/s	Megabit pro Sekunde (Datenübertragungsrate)
MDM	Meter Data Management
MGV	Marktgebietsverantwortlicher
MHz	Megahertz
MiD	Mobilität in Deutschland
ML	Machine Learning (Maschinelles Lernen)
mME	Moderne Messeinrichtung
MQTT	Message Queuing Telemetry Transport (M2M Nachrichtenprotokoll)
MRL	Minutenreserve
MsbG	Messstellenbetriebsgesetz
MSCONS	Metered Services Consumption Report Message
MSP	Mobility Service Provider
MVP	Minimum Viable Product
MWh	Megawattstunde
NB-IoT	Narrowband-IoT
NGA	Next Generation Access
NILM	Non-Intrusive Load Monitoring
NOC	Network Operation Center
NOVA	Netzoptimierung, -verstärkung und -ausbau
NOx	Stickoxid
NPE	Nationale Plattform Elektromobilität

NRW   Nordrhein-Westfalen
NZEBs   Nearly zero-energy buildings (Niedrigstenergiegebäude)
OBIS   Object Identification System
OCR   Optical Character Recognition (optische Zeichenerkennung)
o.D.   Ohne Datum
OData   Open Data Protocol
OECD   Organisation for Economic Co-operation and Development (Orga-
               nisation für wirtschaftliche Zusammenarbeit und Entwicklung)
OEM   Original Equipment Manufacturer (Originalgerätehersteller)
OGD   Open Government Data
OKR   Objectives and Key Results
OMS   Open Metering System
OPEX   Operational Expenditure (Betriebskosten)
ÖPNV   Öffentlicher Personennahverkehr
OT   Operational Technology
P2X   Power-to-X
PaaS   Platform as a Service
PAngV   Preisangabenverordnung
PDCA   Plan-Do-Check-Act
Phelix   Physical Electricity Index (Stromindex)
PKI   Public key infrastructure
Pkw   Personenkraftwagen
PLC   Powerline Communication
PLM   Produktlebenszyklusmanagement
POI   Point of Interest
PPA   Power Purchase Agreements
PRL   Primärregelleistung
ProKo   Prozesskoordinator
PTB   Physikalisch-Technische Bundesanstalt
Pu   Public Cloud
PV   Fotovoltaik
Pv   Private Cloud
RAMI 4.0   Referenzarchitekturmodell Industrie 4.0
RDP   Remote Desktop Protocol
RF   Radio Frequency
RFID   Radio Frequency Identification (Identifizierung mithilfe elektroma-
               gnetischer Wellen)
RLM   registrierende Leistungsmessung
ROI   Return on Investment
ROMI   Return on Marketing Invest
RPA   Robotic Process Automation

SaaS	Software as a Service
SAP	Systeme, Anwendungen und Produkte (Unternehmenssoftwarehersteller)
SCADA	Supervisory Control and Data Acquisition
SD	Sales and Distribution (SAP-Kernmodul)
SEA	Search Engine Advertising (Suchmaschinenwerbung)
SEO	Search Engine Optimization (Suchmaschinenoptimierung)
SEPA	Single Europo Payments Area (Europäischer Zahlungsraum)
SINTEG	Förderprogramm Schaufenster intelligente Energie
SMEC	Smart Energy Community
SMGW	Smart Meter Gateway
SMM	Social Media Marketing
SNH	Stromnetz Hamburg GmbH
SoA	Statement of Applicability
SQL	Structured Query Language (Datenbanksprache)
SRL	Sekundärregelleistung
StromStG	Stromsteuergesetz
SUV	Sport Utility Vehicle (Geländelimousine)
SW	Software
TKG	Telekommunikationsgesetz
TOU	Time-of-Use
TWh	Terawattstunde
UI	User Interface
UML	Unified Modeling Language
USP	Unique Selling Proposition (Alleinstellungsmerkmal)
UTC	Coordinated Universal Time (koordinierte Weltzeit)
UTILMD	Utilities Master Data Message (elektronisches Nachrichtenformat)
UX	User Experience
VDE	VDE Verband der Elektrotechnik Elektronik Informationstechnik e. V.
VDSL	Very High Speed Digital Subscriber Line
VIP	Very Important Person
VM	Virtual Machine
VUCA	Volatility, Uncertainty, Complexity, Ambiguity
WAN	Wide Area Network (Weitverkehrsnetz)
WEG	Wohnungseigentümergemeinschaft
Wh	Wattstunde
WLTP	Worldwide harmonized Light vehicles Test Procedure (weltweit einheitliches Leichtfahrzeuge-Testverfahren)
wMSB	Wettbewerblicher Messstellenbetreiber
WoEigG	Gesetz über das Wohnungseigentum und das Dauerwohnrecht (Wohnungseigentumsgesetz)

WPS	Wifi Protected Set-up
WSDL	Web Services Description Language
XML	Extensible Markup Language (erweiterbare Auszeichnungssprache)
XMPP	Extensible Messaging and Presence Protocol
ZRS	Zeitreihenspeicher

Autoren Band 2

Johannes Alte-Teigeler Enedi GmbH, Velbert, Deutschland

Maurice Bachor BKW Energie AG, Bern, Schweiz

Jan-Philipp Blenk Stromnetz Hamburg GmbH, Hamburg, Deutschland

Markus Borgiel Stadtwerke Witten GmbH, Witten, Deutschland

Jan-Emanuel Brandt m3 management consulting GmbH, Ismaning/München, Deutschland

Benjamin Deppe Energienetze Mittelrhein GmbH & Co. KG, Koblenz, Deutschland

Oliver D. Doleski (Hrsg.) Fiduiter Consulting, Ottobrunn, Deutschland

Ayse Durmaz E.VITA GmbH, Stuttgart, Deutschland

Thomas Dürr Siemens AG Energy Management Division, Nürnberg, Deutschland

Timo Eggers Quantum GmbH, Ratingen, Deutschland

Patrick Ellsäßer Fujitsu TDS GmbH, Neckarsulm, Deutschland

Andreas Engl Erzeugergemeinschaft für Energie in Bayern eG, Bodenkirchen, Deutschland

Dr. Martin Fornefeld MICUS Strategieberatung GmbH, Düsseldorf, Deutschland

Dr.-Ing. Monika Freunek BKW Energie AG, Nidau, Schweiz

Gregor Friedrich-Baasner Universität Würzburg – Lehrstuhl für BWL und Wirtschaftsinformatik, Würzburg, Deutschland

Dr. Ralfdieter Füller GWAdriga GmbH & Co. KG, Berlin, Deutschland

Ben Gemsjäger Siemens AG, Erlangen, Deutschland

Dr. Markus Gerdes BTC Business Technology Consulting AG, Oldenburg, Deutschland

Dr. Julius Golovatchev Detecon International GmbH, Köln, Deutschland

Dr. José González Stromnetz Hamburg GmbH, Hamburg, Deutschland

Tobias Gorges MHP Management- und IT-Beratung GmbH, Berlin, Deutschland

Dr. Philipp Graf Consolinno Energy GmbH, Pentling (Matting), Deutschland

Vinzent Grimmel MVV Energie AG, Mannheim, Deutschland

Dr. Christian Haag Consistency GmbH & Co. KG, Düsseldorf, Deutschland

Dr. Heike Hahn conlenergy unternehmensberatung gmbh, Essen, Deutschland

Stefan Harder E.VITA GmbH, Stuttgart, Deutschland

Dirk Hardt Quantum GmbH, Ratingen, Deutschland

Dr. Jens Hartmann GWAdriga GmbH & Co. KG, Berlin, Deutschland

David Heim Universität Würzburg – Lehrstuhl für BWL und Wirtschaftsinformatik, Würzburg, Deutschland

Ingmar Helmers cronos Unternehmensberatung GmbH, Münster, Deutschland

Dr. Jesko Herre BKW Energie AG, Nidau, Schweiz

Martin Hertach Bundesamt für Energie BFE, Bern, Schweiz

Dr. Werner Hitschler PFALZWERKE AKTIENGESELLSCHAFT, Ludwigshafen, Deutschland

Marcus Hörhammer VOLTARIS GmbH, Maxdorf, Deutschland

Claudius Hundt SANDY Energized Analytics – Eine Innovation der EnBW AG, Köln, Deutschland

Thomas Jaletzky innogy SE, Dortmund, Deutschland

Dr. Peter Karcher SANDY Energized Analytics – Eine Innovation der EnBW AG, Köln, Deutschland

Dr. Florian Kauffeldt DSC Unternehmensberatung und Software GmbH, Schriesheim, Deutschland

Hüseyin Kazanc DSC Unternehmensberatung und Software GmbH, Schriesheim, Deutschland

Daniel Knipprath EnergieMarkt Beratungsgesellschaft mbH, Drensteinfurt, Deutschland

Frank Köster-Düpree Marketing & Kommunikation, Stadtwerke Aurich GmbH, Aurich, Deutschland

Marcus Kottinger Axians ICT Austria, Wien, Österreich

Marcus Krüger cronos Unternehmensberatung GmbH, Münster, Deutschland

Peter Krümmel BDEW Bundesverband der Energie- und Wasserwirtschaft e. V., Berlin, Deutschland

Philipp Küller Fujitsu TDS GmbH, Neckarsulm, Deutschland

Sebastian Lemke Consistency GmbH & Co. KG, Düsseldorf, Deutschland

Manuel Maus cronos Unternehmensberatung GmbH, Münster, Deutschland

Anna Medkouri mgm consulting partners GmbH, München, Deutschland

Florian Meyer-Delpho Greenergetic GmbH, Bielefeld, Deutschland

Julian Monscheidt Siemens AG, Erlangen, Deutschland

Klaus Nagl Consolinno Energy GmbH, Pentling (Matting), Deutschland

Michel Nicolai e·pilot GmbH, Köln, Deutschland

Daniel Paulmaier Wilken GmbH, Ulm, Deutschland

Norman Petersson rhenag Rheinische Energie Aktiengesellschaft, Köln, Deutschland

Daniel Phillipp COSMO CONSULT BI GmbH, Würzburg, Deutschland

Ulrich Redmann m3 management consulting GmbH, Ismaning/München, Deutschland

Sascha Reif EVH GmbH, Halle, Deutschland

Olaf Ruchay Bluberries GmbH, München, Deutschland

Hans-Lothar Schäfer Qivalo GmbH, Mannheim, Deutschland

Klaus-Jürgen Schilling hsag Heidelberger Services AG – hsagdigital, Heidelberg, Deutschland

Peter Schirmanski mgm consulting partners GmbH, München, Deutschland

Sascha Schlosser ZENNER International GmbH & Co. KG, Saarbrücken, Deutschland

Sarah Schmitt PFALZWERKE AKTIENGESELLSCHAFT, Ludwigshafen, Deutschland

Dr. Gert Schneider BTC Business Technology Consulting AG, Oldenburg, Deutschland

Michael Schneider Siemens AG Energy Management Division, Erlangen, Deutschland

Katharina Schüller STAT-UP Statistical Consulting & Data Science GmbH, München, Deutschland

Bernhard Schumacher MVV Energie AG, Mannheim, Deutschland

Holger Schweinfurth SAP SE, Walldorf, Deutschland

Bernd Seidensticker DMS Daten Management Service GmbH, Berlin, Deutschland

Professor Dr. Martin Selchert Hochschule Ludwigshafen am RheinStrategie, Innovation und Marktorientiertes Management, Ludwigshafen, Deutschland

Richard Siebert Energiearchitektur Chiemgau GmbH, Prien am Chiemsee, Deutschland

Sören Smietana Stadtwerke Witten GmbH, Witten, Deutschland

Dr. Axel Sprenger UScale GmbH, Stuttgart, Deutschland

Manfred Stübe Stromnetz Hamburg GmbH, Hamburg, Deutschland

Hannes Theile eprimo GmbH, Neu-Isenburg, Deutschland

Andreas Thies Energieversorgung Oberhausen AG, Oberhausen, Deutschland

Dr. Robert Thomann MVV Energie AG, Mannheim, Deutschland

Elmar Thyen WSW Wuppertaler Stadtwerke GmbH, Wuppertal, Deutschland

Szilard Toth e·pilot GmbH, Köln, Deutschland

Christian Trinkl panadress marketing intelligence GmbH, München, Deutschland

Achaz von Arnim eSOLV3 ITelligent energy consulting, Hofheim, Deutschland

Julius von Arnim eSOLV3 ITelligent energy consulting, Hofheim, Deutschland

Dr. Claudia Weißmann MHP Management- und IT-Beratung GmbH, Frankfurt am Main, Deutschland

Benjamin Wirries awebu GmbH, Hannover, Deutschland

Julian Zimpel VOLTARIS GmbH, Merzig, Deutschland

Teil I

Lieferung und Vertrieb in der digitalen Energiewelt

Energievertrieb neu erfinden? – Zehn Thesen zum Energievertrieb

Peter Krümmel

Zusammenfassung

Energievertriebe haben sich in den letzten 20 Jahren massiv verändert. Mit der Liberalisierung der Energiewirtschaft haben sich das Kundenbild, das Produktportfolio und vor allem die Unternehmensstrukturen dem wettbewerblichen Umfeld angepasst. Noch immer ist aber das vorrangige und wirtschaftlich erfolgreiche Geschäftsfeld der Commodity verkauf, ergänzt um Dienstleistungen und weitere Zusatzprodukte. Die eigentliche strukturelle Veränderung steht noch bevor. Die Energiewende, digitale Geschäftsmodelle, sich ändernde Kundenwünsche und vor allem neue Wettbewerber sorgen für ein sich immer schneller wandelndes Umfeld. Anhand der „Zehn Thesen zum Energievertrieb" des BDEW werden in diesem Kapitel mögliche Entwicklungen mit ihren Chancen und Risiken für Energievertriebe dargestellt.

1.1 Einleitung

Energievertriebe müssen sich in Zukunft vermehrt Wettbewerbern aus anderen Branchen stellen und stehen vor der Frage, ob und wie sie selber neue Geschäftsmodelle außerhalb der „klassischen" Energiewirtschaft in ihr Produktportfolio aufnehmen. Wie disruptiv sich die Automatisierung von Prozessen und Kundenschnittstellen auf die Energievertriebe auswirken wird, ist nicht abzusehen. Eine wirkliche Disruption durch *Digitalisierung* gab es bisher nur in wenigen Branchen. Als Beispiel dafür wäre die Reisebranche zu nennen, in der sich durch die Digitalisierung Geschäftsmodelle und vor allem die Kundenkommunikation und Touchpoints völlig verändert haben. Eine solche Entwicklung hat im *Energievertrieb* noch

P. Krümmel (✉)
BDEW Bundesverband der Energie- und Wasserwirtschaft e. V., Berlin, Deutschland

© Springer Fachmedien Wiesbaden GmbH, ein Teil von Springer Nature 2020
O. D. Doleski (Hrsg.), *Realisierung Utility 4.0 Band 2*,
https://doi.org/10.1007/978-3-658-25589-3_1

nicht eingesetzt. Vorrangig liegt der Schwerpunkt der Digitalisierung bei den Prozessen innerhalb und zwischen den Wertschöpfungsketten und bei der Umsetzung regulatorischer Vorgaben. Es ist jedoch nur eine Frage der Zeit, dass sich auch direkt an der Kundenschnittstelle und bei der Frage des werthaltigen Kerngeschäftes bzw. der Fertigungstiefe der Produkte Veränderungen ergeben.

Es ist schwer abzuschätzen, wie sich das *Kundenverhalten* bezüglich des Energieeinkaufs ändert. Noch ist Energie für die meisten Kunden ein Low-Interest-Produkt. Gleichzeitig vertrauen Kunden darauf, dass Energie sicher und ständig zur Verfügung steht. Das rheingold Institut Köln hat im Auftrag des *BDEW* eine Studie zur „Digitalisierung der Energiewirtschaft aus Kundensicht" u. a. bezüglich der Bewertung der Kunden von Digitalisierung und Energiewende einen interessanten Aspekt herausgearbeitet. Digitalisierung gehört fest zur Lebenswelt der Kunden. Gleichzeitig empfinden sie eine Überforderung durch die „unendlichen Möglichkeiten", die die Digitalisierung ihnen bietet sowie Ängste vor Kontrollverlust, die in der Konsequenz zu einem ständigen Ringen um Kontrolle führt. Der Energieversorgung wird von den in der Studie befragten Kunden eine existenzielle Bedeutung zugeschrieben, ebenso sind sie durch die Energiewende (hohe Komplexität, gegebenenfalls notwendige Verhaltensänderungen) verunsichert. Im Gegensatz zur Digitalisierung führt hier jedoch die Verunsicherung durch die Energiewende bei der Mehrheit der Kunden zu dem Wunsch, Verantwortung an Dritte (Energieversorger, Staat) zu delegieren.[1] Als zusätzlicher Trend lässt sich der Wunsch nach Autarkie (Eigenversorgung) erkennen. Auch hier besteht jedoch für eine Vielzahl der Kunden Bedarf an kompetenter Unterstützung im Aufbau und Betrieb solcher Modelle.

Energievertriebe haben durch ihre Kundenkontakte, ihre Kompetenz und das Vertrauen, das Kunden ihnen entgegenbringen, eine gute Chance, in einem hochgradig automatisierten Endkundenmarkt erfolgreich zu agieren. Der BDEW hat mit seinen „Zehn Thesen zum Energievertrieb"[2] mögliche Perspektiven und Handlungsfelder aufgezeigt. Die Thesen beschreiben mögliche Entwicklungen und Trends, mit denen sich Energievertriebe auseinandersetzen müssen. Welche Lösung für den einzelnen Energievertrieb die erfolgreichste ist, wird sehr stark von den vorhandenen Kompetenzen und Kapazitäten abhängen. Auch wird es nicht sinnvoll sein, radikal bestehende Geschäftsmodelle zu verwerfen und sich komplett neu zu orientieren. Der Übergang in die Zukunft muss sowohl von *Kontinuität* als auch von *Experimentierfreude* und der Fähigkeit loszulassen geprägt sein.

Vor diesem Hintergrund werden im Folgenden die „Zehn Thesen zum Energievertrieb" den Kategorien Kundenschnittstelle, Prozesse und Strukturen sowie Geschäftsfelder zugeordnet und vorgestellt.

---

[1] Vgl. BDEW (2017).
[2] Vgl. BDEW (2018).

1.2   Thesen zum Energievertrieb: Veränderungen infolge neuer Kundenanforderungen

▶   **These I**
    „Gemeinsam mit Kunden entwickeln Energievertriebe Lösungen für den modernen Endkundenmarkt. Bei Zukunftstechnologien wie dem Internet der Dinge (IoT) und Blockchain werden sie als relevanter Anbieter fungieren und nutzen dabei den Vertrauensvorschuss bei Kunden.

▶   **These II**
    Der Kunde will Einfachheit (Komplettlösungen & Bündelangebote) und Geschwindigkeit in den Produkt- und Serviceangeboten.

▶   **These IV**
    Die bestehenden Daten sowie neue Datenquellen, u. a. aus Quartieren oder smarten Geräten, sind künftig die Basis für die Realisierung von Geschäftsmodellen. Dabei sind Vertrauen der Kunden in Datenschutz und Datensicherheit und Nutzenversprechen die entscheidenden Erfolgskriterien.

▶   **These VI**
    Die „klassische" Regionalität spielt eine relevante, tendenziell aber abnehmende Rolle, gerade im Hinblick auf das Angebotsportfolio. Direkte physische Anlaufpunkte wie Kundenzentren sind nach wie vor wichtig, werden sich aber in Funktionalität und Aufgabe deutlich verändern."[3]

Energievertriebe sind die Mittler zwischen Energiewirtschaft und Kunden. Komplexe und hochregulierte Aufgaben wie *Marktprozesse* und *Bilanzierung* laufen vom Kunden unbemerkt im Hintergrund. Vielleicht ist die starke Regulierung auch ein Grund dafür, dass bisher noch relativ wenige branchenfremde Unternehmen im Wettbewerb aktiv sind. Zunehmende *Automatisierung* der Prozesse führt jedoch dazu, dass diese Aufgaben immer eher von Dritten übernommen werden können. Am Beispiel von Blockchain-Anwendungen lässt sich zeigen, dass künftig die Rolle des Mittlers automatisiert und damit überflüssig gemacht werden kann, da Kunden mit Hilfe einer *Blockchain* direkt untereinander Energie handeln können. Im B2B-Segment werden komplexe und automatisierte Steuerungsprozesse, die Produktion, Lagerung und auch Energiebezug optimal vernetzen, dazu führen, dass die Wertschöpfung für bisherige Dienstleistungen – dazu gehören auch der Energiebezug und Energiedienstleistungen – sinkt. Anbieter, die sich in diesem Bereich spezialisieren, können hier aber einen Ausgleich durch zusätzliche Geschäftsfelder schaffen. Basis für solche Produkte sind ein guter Kundenkontakt und das Vertrauen der Kunden in die

---

[3] BDEW (2018, S. 4).

Kompetenz des Anbieters. Energievertriebe haben beide Voraussetzungen. Es wird aber notwendig sein, sich je nach Ausrichtung neue Kompetenzen selbst oder mit Hilfe von Kooperationen anzueignen.

Aber auch bezüglich der „Energieprodukte" sind neue Ansätze notwendig. Es sind nicht allein Kosten, die Kunden bei der Wahl des Energieanbieters beeinflussen. Ebenso haben, sowohl im B2C- als auch im B2B-Bereich, der Komfort und die Reduktion von Komplexität eine große Bedeutung. Geschäftskunden werden im Rahmen von Rationalisierung und Spezialisierung versuchen, spezielle Prozesse und Aufgaben auszulagern. Ein eingekaufter Service rund um den Energiebezug wie *Contracting* oder umfassendes *Energiemanagement* kann – trotz des dafür höheren Preises – in einem gewerblichen Unternehmen hochspezialisierte Stellen einsparen und somit insgesamt zu Kostenreduktionen führen.

Bei Haushaltkunden ist der Ansatz für Energiemanagementprodukte vermutlich eher der Komfort und der Bedarf an Fachwissen für das Energiemanagement. Von kleinen Anlagen, die zur Lastverlagerung angeboten werden, und der Direktvermarktung von eigenerzeugter Energie bis hin zu Community-Modellen werden Haushaltkunden auf Produkte zurückgreifen, die den Aufwand bei einem akzeptablen Kosten/Nutzen-Verhältnis reduzieren. Für Energievertriebe besteht hier die große Chance, mit hochautomatisierten Lösungen Skaleneffekte zu erreichen und trotz sinkendem Commodityabsatz neue Wertschöpfungen zu generieren. Aber auch Angebote wie Flatrates stellen für den klassischen Energiekunden eine Vereinfachung und vor allem bessere Kalkulierbarkeit der Energiekosten dar.

All diese Geschäftsmodelle basieren auch auf der Fähigkeit, Daten aktiv zu managen. Neben Metadaten (z. B. Wetterdaten, Regionaldaten etc.) und energiewirtschaftlichen Daten werden eine Vielzahl von Kundendaten benötigt. Diese sehr große Zahl an Daten optimiert zu erheben und zu verarbeiten stellt sehr hohe Anforderungen an die IT-Infrastruktur und Mitarbeiterqualifikation und ist – hier können wir durchaus von einem zu erwartenden disruptiven Wandel sprechen – mit den herkömmlichen Systemen in der Energiewirtschaft nicht leistbar. Ebenso müssen Prozesse der Datenbeschaffung vollautomatisiert und so beschleunigt werden, dass Daten künftig „just in time" verfügbar sind.

Der Umgang mit Kundendaten und die Nutzung dieser Daten werden – gerade in dem von Kunden als existenziell empfundenen Segment der Energieversorgung – ein hohes Maß an Sensibilität erfordern. Auch wenn ein grundsätzlich gutes Vertrauensverhältnis zwischen Kunden und Energieversorgern besteht, wird der Kunde nur bereit sein, seine Daten zur Verfügung zu stellen, wenn für ihn ein klarer Nutzen ersichtlich ist und die Sicherheit besteht, dass seine Daten nur für den genannten Zweck verwendet werden. Umfassende regulatorische Vorgaben zu Datenschutz und Datensicherheit bieten Kunden zwar eine gewisse Sicherheit, jedoch wird sich das Image des Anbieters genauso stark auf seine Entscheidung auswirken.

Das Image der künftig erfolgreichen Energievertriebe wird zunehmend von deren digitaler Präsentation bestimmt werden. Die Erwartungshaltung der Kunden wird von bereits bestehenden *digitalen Angeboten* geprägt – volle Verfügbarkeit der Service- und Produktangebote im Netz, ständige Erreichbarkeit (24/7) und Schnelligkeit. Gleichzeitig gibt es schon jetzt Beispiele (Amazon, Buchhandel etc.), in denen regionale, klassische Einkaufs-strukturen mit Netzangeboten gekoppelt werden. Energieversorger, die regional verankert sind, stehen vor der Herausforderung, ihren Wettbewerbsvorteil Regionalität mit einem kompetenten und serviceorientierten Onlineauftritt zu verknüpfen, der im besten Fall auch über die Region hinausreicht. Servicecenter können künftig gerade bei komplexen Pro-dukten wichtige Kundenschnittstellen und die dortige Beratung ein zusätzliches Kaufar-gument sein. Ausgestaltet mit den Anforderungen und Möglichkeiten einer digitalen Welt wie 3D-Präsentationen und der Zusammenführung verschiedener Gewerke besteht hier die Chance, die moderne Energieanwendungen und Energiemanagement erlebbar zu ma-chen. Physische Anlaufpunkte – z. B. auch in Kooperationen mit bestehenden Ladenge-schäften – sind auch bei überregional agierenden Unternehmen möglich und für an-spruchsvolle Produkte sinnvoll. Wichtig ist, dass die verschiedenen Kanäle zum Kunden synchronisiert sind: Egal, ob der Kunde anruft, online Kontakt aufnimmt oder eine regio-nale Präsenz aufsucht, müssen seine Daten vorliegen und seine Anliegen problemlos bear-beitet werden können.

1.3   Thesen zum Energievertrieb: Veränderungen infolge Wettbewerbs und technologische Entwicklungen

▶ **These III**
   „Standardprozesse sind weitgehend digitalisiert und werden zunehmend automatisiert. Digitale Services und Geschäftsmodelle werden zum Standard.

▶ **These V**
   Über Kooperationen werden verschiedene Produktgruppen zunehmend als „All-in-one"-Paket angeboten. Kooperationen sind die Lösung für die komplexe Verzahnung verschiedener Branchen durch Digitalisierung und Energiewende.

▶ **These VIII**
   Die Anzahl an Plattformen zum Kunden nimmt in den nächsten Jahren kontinuierlich zu. Einzelne Plattformanbieter (auch branchenfremde) werden den Markt dominieren."[4]

Digitalisierung bedeutet vor allem *Automatisierung*. Dies betrifft auch immer mehr die *Kundenschnittstelle*. Wie im vorherigen Abschnitt beschrieben, erwarten Kunden hohe Reaktionsgeschwindigkeiten und werden zunehmend im Energiebereich den Anspruch entwickeln, auch umfassendere Produkte selbstständig und online konfigurieren und indi-vidualisieren zu können. Um dies betriebswirtschaftlich erfolgreich anzubieten, ist ein automatisiertes *Prozessmanagement* in allen Prozessschritten notwendig. Zugangskanäle

---

[4]BDEW (2018, S. 4).

sind ständig den Erfordernissen anzupassen und auszubauen, vor allem im Bereich mobiler Anwendungen. Da die Kundengruppen von Energievertrieben oft sehr heterogen sind, ist es eine besonders anspruchsvolle Aufgabe, alle möglichen Vertriebskanäle zu bewirtschaften und anzubieten – vom klassischen Brief bis zu WhatsApp-Nachrichten. Um dies auch im Hintergrund optimiert und in hoher Geschwindigkeit absichern zu können, werden die bestehenden Marktprozesse ebenfalls immer mehr automatisiert und beschleunigt werden – vor allem was regulatorische Vorgaben zu Fristen in der Marktkommunikation angeht. Der künftige aktive Einsatz *intelligenter Messsysteme* erhöht zudem drastisch die zu verarbeitende Datenmenge. Nur mit einer vollständigen Automatisierung, das schließt IT-Systeme ein, die sehr hohe Datenmengen managen können, wird eine den Anforderungen des digitalen Zeitalters entsprechende Kommunikation der energiewirtschaftlichen Marktrollen überhaupt möglich sein. Der Einsatz künstlicher Intelligenz wird längerfristig eine notwendige Voraussetzung sein, um all diese Prozesse wirtschaftlich zu managen.

Für Energievertriebe, die sich auf die Kundenschnittstellen konzentrieren, wird die Abwicklung der Marktprozesse in einer „Black-Box", an die sie sich nur andocken, optimal sein. Aber unabhängig davon, welche Aufgaben Energievertriebe künftig noch übernehmen, ob die Bewirtschaftung der energiewirtschaftlichen Prozesse und/oder der Kundenschnittstelle, eine 24/7-Präsenz wird künftig der Standard sein.

Die erforderlichen Kernkompetenzen für einen *Energievertrieb* werden stark von dessen Spezialisierung abhängen. Nur noch sehr große Energievertriebe werden künftig das volle energiewirtschaftliche Aufgabenspektrum wirtschaftlich leisten können. Schon heute werden häufig Beschaffung und/oder Abrechnung ausgegliedert und von einem spezialisierten Anbieter angeboten oder in einer Kooperation mit anderen Unternehmen in Aufgabenteilung geleistet. Dieser Spezialisierungstrend wird zunehmen, und Arbeitsbereiche mit geringer Wertschöpfung werden zentralisiert und ausgelagert. Auch bezüglich der Produkte und vor allem der Vertriebswege wird der Trend zu Kooperationen zunehmen. Dabei werden künftig sehr unterschiedliche Konstellationen gewählt, und die Energievertriebe werden je nach der Größe ihres Segments in der Kooperation unterschiedliche Gestaltungsmöglichkeiten haben.

Plattformen können eine Art von Kooperation darstellen, wenn sie gemeinsam mit Marktpartnern ein Portfolio von Produkten anbieten, die sich der Kunde einfach und vergleichend zusammenstellen kann. Sie können dazu dienen, das „Low-Interest-Produkt" Energie durch Zusatzservices und Produkte „aufzuladen" und ein höheres Interesse beim Kunden zu generieren. Gleichzeitig erleichtern sie dem Kunden durch das „Angebot aus einer Hand" den Einkauf. Für Anbieter ermöglichen diese Plattformen zudem qualifizierte Informationen über den Markt und die Kundenbedürfnisse. Diese Art von Plattformen wird im Rahmen von Kooperationen immer mehr an Bedeutung gewinnen. Wesentliche Aspekte für den Erfolg von energiewirtschaftlichen Plattformen sind Einfachheit und Komfort bei der „Bedienung". Kunden haben zudem durch Plattformen in anderen Branchen einen Lernprozess erfahren, durch den sie bestimmte Standards wie einfache Zahlungsverfahren, wenige Schritte zum Produkt und schnelle Lieferung voraussetzen.

Plattformen, die sich vorrangig als Marktplätze, Vergleichsportale bzw. Zwischenhändler etablieren, werden über die schon heute bestehende Bedeutung im Energiemarkt hinauswachsen. Vor allem im reinen Commodityverkauf wirken sie wegen des sogenannten Plattformeffektes stark auf die Preisgestaltung von Commodityprodukten. Plattformen können langfristig oligopolistische Strukturen herausbilden und damit eine sehr starke Marktmacht ausüben, der sich einzelne Anbieter nicht entziehen können. Ein Ausweg besteht in der stärkeren Individualisierung der Produkte – weg vom Commoditygeschäft.

1.4 Thesen zum Energievertrieb: Veränderung durch innovative Geschäftsmodelle

▶ **These VII**
„Communitylösungen werden sehr schnell einen ausgereiften Zustand erreicht haben (z. B. in Quartieren).

▶ **These IX**
Die Dezentralisierung der Erzeugung wird in den nächsten Jahren drastisch zunehmen. Dies führt zu erhöhter Nachfrage nach Geschäftsmodellen zur Optimierung von Lastverläufen. Das Management von „Versorgungssicherheit" spielt weiterhin eine wichtige Rolle. Künftig wird es „Flexibilitätsmanager" geben, und der Vertrieb wird zum übergreifenden Optimierer.

▶ **These X**
Mobilitätskonzepte stellen ein echtes Geschäftsmodell dar. Energielieferanten haben entsprechende Kompetenzen und Zugänge. Die Ladeinfrastruktur wird unter Berücksichtigung weiterer technologischer Entwicklungen ausgebaut. Diese liefert in den nächsten Jahren wichtige Kundendaten und ist der Einstieg in maßgeschneiderte Produkte für die Kunden (Smart Living)."[5]

Der Wettbewerbsdruck auf das *Commoditygeschäft* nimmt mit der Automatisierung immer mehr zu. Damit einher geht ein radikaler Wechsel der *Geschäftsmodelle*. Dies wird z. B. dazu führen, dass Energievertriebe sich noch umfassender und konsequenter als bisher vom Commodityverkäufer zum Anbieter von ganzheitlichen Energielösungen entwickeln. Dabei ist betriebswirtschaftlich die Entwicklung von so weit wie möglich individualisierbaren Produkten bei maximal möglicher Standardisierung des jeweiligen Produktes ein wesentlicher Erfolgsfaktor. Dieser kann vor allem durch konsequenten Einsatz von digitalen und automatisierten Systemen beeinflusst werden. In einem großen Teil des Massenkundengeschäftes wird Energie mittelfristig weiterhin als reine Commodity angeboten. Dabei ist zu erwarten, dass durch Automatisierung die Werthaltigkeit der Produkte sinkt, da sich im Wettbewerb nur sehr niedrigpreisige Produkte behaupten werden. Ein steigen-

---

[5] BDEW (2018, S. 4).

des Segment des Massenkundengeschäftes wird mehr oder weniger automatisierte Last-verlagerung bzw. Energiemanagement beinhalten. Notwendige Investitionen müssen sich dabei jedoch betriebswirtschaftlich für Kunden und Anbieter lohnen.

Unabhängig von den Flexibilitätsbedarfen der Zukunft wird vor allem die Zunahme dezentraler Einheiten (Erzeuger, Speicher etc.) das Gesamtsystem prägen. Inwieweit bzw. ob diese Einheiten erfolgreich und volkswirtschaftlich sinnvoll in das Gesamtsystem eingebunden werden, wird auch davon abhängen, wie es gelingt, für Kunden attraktive Produkte zu gestalten. Aus Kundensicht wird erst bei entsprechenden Preisen die Investi-tion in Lastverlagerung (inkl. der damit auch notwendigen Steuerung/Bewirtschaftung) betriebswirtschaftlich sinnvoll.

Communitylösungen sind in diesem Zusammenhang ein gesondert zu betrachtendes Geschäftsfeld. Um Eigenerzeugung und Speicherung dezentraler Anlagen zu bündeln und so entstandene Lastverlagerungspotenziale bzw. zusammengefasste Energiemengen er-folgreich zu vermarkten, werden Modelle, die kleine Anlagen in Haushalten überregional bündeln, künftig zunehmen. Dabei werden Bündelangebote, die Energielieferung, Direkt-vermarktung und ggf. Vermarktung von Lastverlagerungen für Kunden attraktiv und er-folgreich sein. Regulatorische und eichrechtliche Vorgaben, die diese Modelle derzeit noch erschweren, werden bei zunehmender Dezentralisierung der Erzeugung nicht dauer-haft bestehen bleiben können. Wesentlich für den Erfolg werden gerade in diesem Markt-segment die Fähigkeit, Skaleneffekte auszunutzen, Standardisierung und Automatisierung sein.

Energievertriebe, die das Management von lokalen Communitylösungen (z. B. Mieter-strom) anbieten, managen ein „Subsystem" von dezentralen Anlagen, in denen jeweils Eigenerzeugung, Speicherung und Lastverlagerung in Bezug auf die Community gesteu-ert und optimiert werden. Dieses „Subsystem" ist mit der Netzanbindung an das Gesamt-system angebunden. Überschussstrom aus den Eigenerzeugungsanlagen des „Subsys-tems" werden in das allgemeine Netz eingespeist, Lastverlagerungspotenziale, die bestehen, können vermarktet werden, und die notwendige Residuallast wird über diese Schnittstelle bezogen. Die Energielieferung spielt hierbei je nach Größe des „Subsystems" nur noch eine untergeordnete Rolle. Mehrere größere Wohneinheiten, die womöglich auch noch über ein BHKW verfügen, können einen relativ hohen Autarkiegrad erreichen. Die wesentlichen Dienstleistungen sind hier die Planung, der Betrieb und die Abrechnung so-wie nicht zuletzt die Unterstützung oder Übernahme des Managements von Förderungen und bürokratischen Vorgaben (z. B. Zollformalitäten, Anmeldungen etc.). Energievertriebe haben hier über Kooperationen (z. B. mit der Wohnungswirtschaft) oder als Contracting-partner gute Chancen, neue Geschäftsfelder zu erschließen. Dazu bietet diese Form von Energiemanagement die Möglichkeit, zusätzliche Dienstleistungen wie z. B. Energieau-dits, Wärmedämmung und Bereitstellung von Elektromobilität zu verkaufen. Ebenso kann die ständige Optimierung und damit Verbesserung der Wirtschaftlichkeit des Energiema-nagements durch die Auswertung der anfallenden Daten erfolgen.

Alternative Mobilitätslösungen sind für Energievertriebe eine Chance, weit über den möglichen zusätzlichen Verkauf von Strom oder Erdgas als Treibstoff hinaus. Gerade im

Bereich der Elektromobilität sind einzelne Elemente in der Wertschöpfungskette ein idealer Einstieg für Energievertriebe. Zu nennen sind hier beispielhaft die Abrechnung, bei der eine umfassende Erfahrung bei den Unternehmen liegt, sowie der Betrieb und das Management der Ladeinfrastruktur. Beides sind Kernkompetenzen von Energievertrieben. Aber auch konkrete Mobilitätsangebote wie Carsharing oder die Bereitstellung der „letzten Meile" bei Anbindung an den ÖPNV sind gerade für regional verankerte Unternehmen eine gute Möglichkeit, neue Geschäftsfelder zu generieren. Auch hier liegen meist Erfahrungen, z. B. aus dem eigenen Fuhrparkmanagement, vor. Langfristig sind interessante individuelle Produkte denkbar, in denen Kunden (bilanziell) unterwegs eigenerzeugten Strom laden können, oder Tarifmodelle, die die Ladezeiten und Kapazitäten gekoppelt an die Anforderungen des Energiesystems steuern und so für Kunden den jeweils günstigsten Energiebezug sicherstellen. Bündelprodukte oder „All-in-one-Tarife" von Energievertrieben werden künftig Mobilitätselemente als wichtigen Bestandteil enthalten.

Literatur

BDEW. (2017). *Digitalisierung aus Kundensicht* (März. 2015). Berlin: BDEW Bundesverband der Energie- und Wasserwirtschaft e. V. https://www.bdew.de/documents/31/Digitalisierung_aus_Kundensicht_Broschuere_final.PDF. Zugegriffen am 20.02.2019.
BDEW. (2018). *Zehn Thesen zum Energievertrieb: Perspektiven und Handlungsfelder* (Jun. 2018). Berlin: BDEW Bundesverband der Energie- und Wasserwirtschaft e. V. https://www.bdew.de/documents/2886/Zehn-Thesen-zum-Energievertrieb.pdf. Zugegriffen am 20.02.2019.

Peter Krümmel ist Fachgebietsleiter für strategische Grundsatzfragen im Bundesverband der Energie- und Wasserwirtschaft (BDEW) mit den Arbeitsschwerpunkten Wettbewerb, Endkundenmarktdesign, Verbraucherfragen und „Smart"-Technologien im Endkundenmarkt. Er ist Mitglied im Vorstand der Schlichtungsstelle Energie e. V.

Utility 4.0. Digitales Marketing als Katalysator für die interdisziplinäre Zusammenarbeit

2

Sarah Schmitt und Werner Hitschler

Zusammenfassung

Die Digitalisierung hat die Welt verändert und somit auch die Unternehmen. Der Wandel hält an und stellt auch traditionsreiche Branchen und Organisationen vor ganz neue Herausforderungen. Wo früher u. a. starre Hierarchien, langfristige Strategieprozesse und umfangreiche Abstimmungen vorherrschten, sind heute Schnelligkeit und Flexibilität gefragt. Denn: Der Kunde, um den sich in der digitalisierten Welt idealerweise alles zentriert, hat sein Verhalten und damit seine Erwartungen gegenüber Unternehmen grundlegend geändert. Transformation lautet daher in vielen Bereichen das Schlagwort, um den Herausforderungen künftig gerecht zu werden zu wollen. In diesem Kapitel beschreiben die Autoren, wie sie durch die Umstrukturierung und Neuausrichtung des strategischen Marketings die Kundenzentrierung vorantreiben. Die Möglichkeiten des digitalen Marketings erlauben dabei nicht nur eine neue, einheitliche Ansprache des Kunden. Sie ermöglichen vielmehr auch eine effiziente und vertriebs- bzw. abschlussorientierte Kommunikation mit dem Kunden. Das erfordert allerdings auch eine intensive interdisziplinäre Zusammenarbeit über Bereiche hinweg – vermutlich sogar mittelfristig eine grundlegende Veränderung der Aufbauorganisation des Unternehmens.

2.1 Herausforderungen für Marketingorganisationen

Technologischer, soziokultureller und ökonomischer Wandel im Zuge der Digitalisierung verändert die Unternehmen nachhaltig und stellt mithin auch die traditionellen Marketingorganisationen vor große Herausforderungen.

S. Schmitt (✉) · W. Hitschler
PFALZWERKE AKTIENGESELLSCHAFT, Ludwigshafen, Deutschland

© Springer Fachmedien Wiesbaden GmbH, ein Teil von Springer Nature 2020
O. D. Doleski (Hrsg.), *Realisierung Utility 4.0 Band 2*,
https://doi.org/10.1007/978-3-658-25589-3_2

Ein grundlegend verändertes Kundenverhalten erfordert neue Zugangsszenarien, Kommunikationsstrategien und Services. Im Fokus muss künftig verstärkt der Kunde stehen. Produkte und Dienstleistungen – und damit einhergehend alle dazugehörigen Prozesse – werden nur noch erfolgreich sein können, wenn sie sich konsequent an den Bedürfnissen der Kunden orientieren. Unternehmen müssen ihr Know-how bereichsübergreifend bündeln, stetig in Kontakt mit ihren Kunden sein und Kundenwünsche im Idealfall antizipieren.

Um diese Ziele zu erreichen, müssen Teams agil, schnell und vor allem interdisziplinär zusammenarbeiten, Silos müssen abgebaut und das Lernen aus Fehlern muss integraler Bestandteil der Unternehmens- und Arbeitskultur werden. Im Zentrum stehen hierbei das zu liefernde Produkt und dessen Akzeptanz durch die Kunden, während die bisher üblichen geschäftlichen Anforderungen, wie etwa Termin- und Kostentreue oder Berichtspflichten, eher in den Hintergrund treten. Für stark traditionsgeprägte Unternehmen zieht dies langfristig also auch eine fundamentale Kulturveränderung nach sich, will man am Markt weiterhin erfolgreich sein und damit den Fortbestand der Organisation sichern. Zahlreiche Unternehmen befinden sich bereits in einem entsprechenden Transformationsprozess – andere müssen diesen Weg erst noch beschreiten.[1]

Vor diesem Hintergrund steigen kontinuierlich auch die Anforderungen der Unternehmensführungen und Vertriebseinheiten an die Arbeit der Marketingabteilungen. Auf Kundenbedürfnisse soll mit Hilfe neuer Marketinginstrumente bestmöglich reagiert werden: zielgerichtet, schnell, flexibel – und vor allem messbar. Mit dem vorliegenden Beitrag möchten wir einen Einblick geben, wie wir als Energieversorgungsunternehmen mit diesen Herausforderungen an die Marketingorganisation umgegangen sind und wie der Ausbau der digitalen Marketing- und Kommunikationsinfrastruktur gleichzeitig das Thema Transformation stützt bzw. die interdisziplinäre Zusammenarbeit maßgeblich vorangetrieben hat.

Im Zuge der Umstrukturierung der Abteilung „Unternehmenskommunikation & Marketing" zum Bereich „Strategisches Marketing & Unternehmenskommunikation" der PFALZWERKE AKTIENGESELLSCHAFT und einer hiermit verbundenen strategischen Neuausrichtung hat sich das Bereichsteam im Laufe des Jahres 2016 intensiv mit den Themen: Ziele, Rolle, Struktur, Prozesse und Kompetenzbasis des Marketings der Zukunft befasst. Vorangegangen war eine Analyse der Herausforderungen und Rahmenbedingungen hinsichtlich der Branche, der Arbeitswelten und der Anforderungen, an denen eine erfolgreiche Marketingorganisation aus unserer Sicht künftig ausgerichtet sein muss. Daraus ergaben sich für uns vier Schwerpunkte[2] bezüglich der Herausforderungen, wobei das Thema Digitalisierung deutlich dominierte:

Digitalisierung Eine neue Vielzahl von Kommunikations- und Vertriebskanälen, umfassende Daten und steigende Datenmengen, Echtzeitkommunikation, kurze Lebenszeit für

---

[1] Vgl. Chassein und Raquet (2019).

[2] Vgl. Bathen und Jelden (2014, S. 18 ff.).

Information und Produkte, Automatisierung von Kommunikationsprozessen, geringere Markteintrittsbarrieren („Neulinge" dringen in etablierte Geschäftsfelder vor), verschärfter Wettbewerb.

Netzwerkgesellschaft Steigende Konsumentenmacht, anspruchsvollere Kunden, Recht auf Information, steigende Fragmentierung, Spezialisierung von Wissen, Datensensibilität, neues Konsumverständnis u. a. im Sinne von DIY oder Sharing.

Postwachstumswirtschaft Steigender Erfolgszwang, neue Konkurrenten (oftmals branchenfremd), neue Märkte, dauerhafte Krisen/steigende Komplexität, Ende der Steigerungslogik, Unternehmen auf der Suche nach disruptiven Geschäftsideen, Sharing Economy, Work-Life-Balance.

Neue Arbeitswelten Neue „digitale" Kompetenzen, gestiegene Ansprüche, Virtualisierung von Arbeit und Wissen, neue Karrierewege, die Suche bzw. die Forderung nach Sinnhaftigkeit der eigenen Arbeit.

Aufsetzend auf diesen identifizierten Trends und Entwicklungen haben wir uns u. a. folgende Leitfragen mit Blick auf unsere Organisation gestellt:

- Welche Rolle nehmen wir als strategisches Marketing innerhalb der Unternehmensgruppe künftig ein?
- Um welche Aufgaben kümmern wir uns morgen?
- Wie weit erstreckt sich unser Verantwortungsbereich?
- Welche Ziele bekommen wir künftig? Woran werden wir gemessen?
- Haben wir morgen eher eine langfristige oder kurzfristige Mission?
- Wie können wir zukünftig besser auf den Wandel von Märkten, Medien und Kundenverhalten reagieren?
- Mit welchen anderen Abteilungen gruppenweit arbeiten wir künftig besonders eng zusammen?
- Wie arbeiten wir zusammen?

2.2   Schlussfolgerungen für eine Neuausrichtung

„Die Digitalisierung bedeutet eine völlig neue Ära für das Marketing- und Markenmanagement."[3] Für unsere eigene, neue Marketingorganisation mit den Marktsegmenten *B2C* und *B2B* ergaben sich aus aktuellen Marketingtrends[4] und den skizzierten Leitfragen folgende strategische Stoßrichtungen (siehe auch Abb. 2.1) auf dem Weg zur konsequenten Kundenzentrierung:

---

[3] Bloching und Heiz (2016, S. 5).
[4] Vgl. Bathen und Jelden (2014, S. 29 ff.).

Abb. 2.1 Strategisches Marketing und Unternehmenskommunikation

Unternehmenskommunikation und Marketing gehören (auch weiterhin) zusammen
Beide Arbeitsbereiche müssen konsequent und transparent kooperieren und ein Verständnis
für das (aktuell noch) jeweils andere Aufgabengebiet entwickeln. Weg von einer unter
Umständen reinen Imagekommunikation auf der einen Seite und Marketingmaßnahmen auf
der anderen Seite richten sich beide vertrieblich aus, und das heißt in diesem Falle zentriert
auf die Bedürfnisse des Kunden. Kommunikation und Marketing arbeiten Hand in Hand
und geben sich gegenseitig Impulse, nur so kann dauerhaft eine *konsistente Kommunikation*
und *User Experience (UX)* geschaffen werden.

Marketing und Vertrieb rücken näher zusammen
Das veränderte *Kundenverhalten*, aber auch die veränderte Informationsbeschaffung und
Kommunikation zwingen die Unternehmen künftig, kundenzentriert zu denken. Der
Grundgedanke muss hierbei sein: Was ist das konkrete „Problem" des Kunden, das wir
lösen, bzw. was ist das *Kundenbedürfnis*, das wir optimal bedienen möchten. Das
bedeutet, Produkte werden nicht mehr aus Unternehmenssicht entwickelt, sondern aus
Kundensicht. Dazu müssen Marketing und Vertrieb abteilungsübergreifend enger zusammenarbeiten. Wechselseitig werden Wissen, Erfahrung, Know-how ausgetauscht und fließen in die gemeinsame Arbeit ein. Nur wenn Ziele und Strategien dabei klar und transparent
sind, beide die Bedürfnisse des Kunden genau kennen und je nach Marktangang
Entscheidungen auch kurzfristig ohne große Machtbasis gefällt werden können, hat die
gemeinsame Teamanstrengung am Ende Aussicht auf Erfolg.

Evolutionär gesehen muss sich nach unserer Überzeugung diese – jetzt noch – bereichs-übergreifende Kollaboration zu eigenständigen Teams entwickeln. Das bedeutet, es arbeiten nicht mehr Teammitglieder als Vertreter einzelner Bereiche zusammen, z. B. aus Vertrieb und Marketing. Vielmehr gibt es ein Team, ausgerichtet auf ein spezielles Kundensegment (oder auch weitergedacht als „Sub-Team", ausgerichtet auf individuelle Kunden), das Mitglieder mit bestimmten Fähigkeiten und Know-how aus bisher eigenen Bereichen dauerhaft vereint, z. B. Vertrieb, Produktentwicklung, Marketing, Kommunikation, aber auch weitere Themen wie Personal, Recht etc. wären eingebunden. Damit würde die Bereichsstruktur, wie sie heute besteht, grundlegend verändert. Ein Unternehmen wäre somit konsequent auf den Kunden ausgerichtet.

Gemeinsame Strategien von Marketing und IT
In Zeiten der digitalen Disruption ist es entscheidend, dass Marketing und IT mit externen Agenturen und Dienstleistern *kollaborativ* zusammenarbeiten, um die komplexen Anforderungen an das digitale Marketing zu meistern.[5] Dabei werden strategische Ausrichtungen und Entscheidungen im Bereich IT gemeinsam mit Vertrieb und Marketing entwickelt, um die Kundenzentrierung sicherzustellen. Auch um die wachsende Menge an Daten sinnvoll zu verarbeiten, müssen Vertrieb, Marketing und IT zielgerichtet zusammenarbeiten. Die Sicherheit der Kundendaten spielt dabei natürlich eine entscheidende Rolle.

Größere Bedeutung für das Marketing
Wenn der Preis nicht mehr entscheidet, müssen Themen wie Bekanntheit, Haltung und die Antwort auf Kundenbedürfnisse noch stärker in den Fokus rücken. Vertrieb und Marketing sind dabei in einem Unternehmen die zentralen Stellen, die i. d. R. die größte *Kundennähe* aufweisen. Das strategische Marketing und die Unternehmenskommunikation werden in diesem Zusammenhang künftig intern an Bedeutung gewinnen. Hier liegt nicht nur die Verantwortung für die Kommunikation, hier wird neben den dazu bereits vorhandenen Aktivitäten in den Vertrieben selbst verstärkt auch das Engagement im Rahmen der Entwicklung neuer Geschäftsmodelle und die Unterstützung zur Weiterentwicklung der Unternehmensstrategie liegen. Initiativen zur digitalen Transformation werden hier aktiv vorangetrieben.

Agiles Arbeiten als Schlüssel für die künftige Zusammenarbeit
Um uns konsequent an den Kundenbedürfnissen auszurichten und diese im Idealfall zu antizipieren, übernehmen wir als Marketing- und Kommunikationsabteilung *agile Arbeitsmethoden*. Kampagnen und Kommunikationsmaßnahmen werden kontinuierlich getestet und modifiziert. Neue Ansätze werden in kleinen Experimenten zeitnah zum Einsatz gebracht. Dabei arbeiten wir in abteilungsübergreifenden, interdisziplinären Teams – schnell und flexibel. Auch branchenfremdes Know-how hilft uns, den Blick für kommende Aufgaben und Trends zu schärfen.

---

[5] Vgl. Bathen und Jelden (2014, S. 24).

Marketing vernetzt

Die Aufgabe des strategischen Marketings ist es auch, die interne Zusammenarbeit grundlegend zu unterstützen, Vertriebseinheiten bzw. verschiedene Bereiche und Teams zu vernetzen und das eigene Know-how in übergreifenden Arbeitsgruppen einzubringen. Das gelingt, durch die zentrale Stellung des strategischen Marketings, das (gruppen-)übergreifend diverse Themen bearbeitet und vom Austausch intern wie extern lebt.

2.3   Strategische Marketingplanung

Aus dem neuen Rollenverständnis für das *strategische Marketing* und die *Unternehmenskommunikation* haben sich nachfolgend nicht nur Anpassungen in den internen Prozessen sowie eine Neuausrichtung in der Zusammenarbeit mit den einzelnen Vertriebseinheiten ergeben. Wichtig ist auch ein verändertes Kompetenzprofil im Marketing- und Kommunikationsteam, das sich perspektivisch noch weiterentwickeln wird. Neben dem Marketing- und Kommunikations-Know-how sind abgeleitet aus den zuvor genannten strategischen Stoßrichtungen Vernetzungskompetenz, Kreativität, Mut, soziale Kompetenz, Fähigkeit zum Querdenken, Lust auf Veränderung, Offenheit/ Beweglichkeit essenziell. Darüber hinaus entwickelt sich das Team strategisch weiter in Richtung digitale Kundenschnittstelle. Der Kontakt mit den Kunden über digitale Kanäle und die Kenntnis seiner *Customer Journey* werden immer bedeutender. Dadurch wurden und werden neue Kompetenzen notwendig wie auch neue Formen der Zusammenarbeit und eine neue Aufgabenverteilung, die sehr viel flexibler als bisher angelegt sein muss.

Rein prozessual wurde hinsichtlich der veränderten Rahmenbedingungen und Anforderungen sowie der daraus resultierenden Vision zur künftigen Rolle des Marketings und der Kommunikation die strategische Marketingplanung neu aufgesetzt und verankert. Im Zentrum stand dabei die Frage, wie die Zusammenarbeit von Marketing und Vertrieb entlang einer strukturierten Marketingplanung und durch Anwendung entsprechender Methodiken optimiert und intensiviert werden kann. Auch die Dienstleister-/Partnersteuerung vor dem Hintergrund einer stringenten Kundenzentrierung, aber auch hinsichtlich Effizienz wurde neu aufgestellt. Nicht zuletzt musste die Frage beantwortet werden, wie potenzielle und bestehende Kunden der Unternehmensgruppe künftig marketing- und vertriebsübergreifend strukturierter und gezielter angesprochen werden.

Im Kontext eines internen kontinuierlichen Verbesserungsprozesses arbeiten wir daran, den strategischen Marketingplanungsprozess und die nachstehenden Prozesse effektiver („Das Richtige tun!") und effizienter („Die Dinge richtig tun!") auszugestalten und umzusetzen. Dabei spielt das Thema „Digital" in der Betrachtung des Kunden, seines Verhaltens und der daraus abgeleiteten Maßnahmen eine immer größere Rolle. Grundlegend für unsere Vorgehensweise: Wir konnten uns nicht an Lehrbüchern oder Ähnlichem orientieren. Vielmehr haben wir viele Einflussfaktoren, wie etwa das sich verändernde Kundenverhalten sowie die damit einhergehenden veränderten Strukturen und Strategien,

z. B. in den Vertrieben, kreativ wie technisch berücksichtigt. Gemeinsam haben wir uns auf den Weg gemacht, eine für uns neue, interdisziplinäre Marketingorganisation zu realisieren. Neue Teammitglieder brachten wichtige neue Kompetenzen mit, die Aufgabenfelder für das Marketing weiten sich aus, und auch zwischen Marketing und Kommunikation verschwimmen die Grenzen im täglichen Arbeiten, sodass sich viele Arbeitsabläufe und Zuständigkeiten noch „finden" müssen. Vor allem lernen wir, gemeinsam Silos abzubauen, interdisziplinärer zu denken und zu arbeiten und unsere Teamkultur den neuen Gegebenheiten anzupassen, um die künftigen Herausforderungen erfolgreich zu meistern, um die Kundenzentrierung konsequent umzusetzen.

2.4   Digitale Marketing- und Kommunikationsstrategie

Die Digitalisierung hat unser Leben in allen Bereichen verändert. Gerade in der Beziehung zum Kunden haben sich grundlegend neue Anforderungen ergeben, die Unternehmen heute erfüllen sollten, um erfolgreich zu bleiben. Dabei können in Marketing und Vertrieb technische Entwicklungen und neue Tools unterstützen. Doch entscheidend ist dabei, die Zusammenarbeit langfristig auf eine neue Basis zu stellen – agil und vor allem interdisziplinär.

2.4.1   Kaufverhalten in Zeiten der Digitalisierung

Das Kaufverhalten der Kunden hat sich im Zuge der *Digitalisierung* entscheidend verändert. Heute sind es die Kunden selbst, die ihre individuelle Customer Journey, also ihre „Kundenreise", über verschiedene Kontaktpunkte mit einem Produkt, einer Marke oder einem Unternehmen gestalten, indem sie auf der Suche nach den für sie nutzwertigen Informationen im Internet stöbern und dabei im Idealfall auf den Internetauftritt – und vor allem die zur Anfrage passenden Angebote – eines Unternehmens stoßen. Dabei reicht es heute oftmals nicht mehr aus, das preisgünstigste Angebot am Markt zu haben.

Vielmehr gilt es, die Kunden und Interessenten dort abzuholen, wo sie gerade im Rechercheprozess, in der Entscheidungsfindung oder auch im bevorstehenden Kaufprozess stehen und sie im besten Fall entlang ihrer gesamten Kundenreise zu begleiten. Aus diesem Grund braucht es individuelle auf den Kunden zugeschnittene Angebote, die Nutzen und Mehrwerte bieten, aber auch die Haltung eines Unternehmens widerspiegeln. Auf deren Vermittlung muss der Content ausgerichtet sein und zur Interaktion – bzw. am Ende auch zu einem Vertragsabschluss hin – motivieren.

Käufer informieren sich heute i. d. R. in einem ersten Schritt selbstständig und treten erst zu einem späteren Zeitpunkt mit dem Anbieter direkt in Kontakt. Diese Entwicklung verschärft sich mit fortschreitender Digitalisierung. Studien legen nahe, dass die große Mehrheit der Kaufentscheidungen heute mit einer *Internetsuche* und dem Aufrufen einer

Website beginnt.[6] Manche Erhebungen gehen sogar so weit, dass gut 70 % aller B2B-Kaufentscheidungen bereits getroffen wurden, noch bevor ein Vertriebsmitarbeiter kontaktiert wurde.[7]

Hier hat aus unserer Sicht das Marketing in seiner neuen Ausrichtung anzusetzen. Wenn sich der Kunde auf *Onlinekanälen* eigeninitiativ über das fast unermesslich umfangreiche Angebot informiert, abwägt, Preise vergleicht, Mehrwerte und einen vertrauensvollen Partner – vor allem im Bereich B2B – sucht, muss ein Unternehmen die richtigen Antworten oder auch Fragen zur richtigen Zeit in der passenden Qualität und mit Hilfe des adäquaten Kommunikationskanals liefern.

Lead Management, also die Maßnahmen, die ein Unternehmen ergreift, um eine Conversion zu erreichen, soll genau hierbei unterstützen. Lead Management zielt darauf ab, das Kundengeschäft entscheidend zu forcieren sowie die Marketingaktivitäten transparenter und deren Beitrag zum Unternehmenserfolg messbar werden zu lassen. Der Einsatz einer Marketingautomationlösung, also einer softwaregestützten Methode, um Marketingprozesse zu automatisieren, kann dafür sorgen, dass das operative Lead Management in der heute erforderlichen Weise überhaupt erst möglich wird und in der Folge weiterentwickelt werden kann.

2.4.2 Marketing Automation als Basis für das operative Lead Management

Neben den klassischen Marketingkanälen (E-Mail, PR und Werbung) spielen heute viele weitere Instrumente eine zunehmend wichtige Rolle: Dazu gehören z. B. Content-Marketing, soziale Netzwerke, branchenspezifische Onlineportale oder *SEO (Suchmaschinenoptimierung)*. Die Marketingaufgaben in diesem sich verändernden Umfeld stets neu zu koordinieren, stellt für uns eine wesentliche Herausforderung dar. Das Stichwort lautet aus unserer Sicht hier *Marketingautomation* – eine softwaregesteuerte Methode, um die Marketingaufgaben und -prozesse zu vereinheitlichen, zu automatisieren, zu skalieren und effizient zu messen. Die übergeordneten Ziele bleiben: Effizienz erhöhen sowie Kundenzahlen und Umsätze steigern. Ein wesentlicher Nutzen von Marketingautomationsystemen besteht in diesem Zusammenhangbeispielsweise darin, die Adressaten unserer E-Mail-Kampagnen ihren Bedürfnissen entsprechend individuell und persönlich anzusprechen und dabei durch umfassende Automatisierungsfunktionen höchst effizient vorzugehen.

Tools für Marketingautomation „erlauben es, Verkauf und Marketing lückenlos zu koordinieren und den digitalen Strukturwandel dadurch zum Vorteil des Unternehmens zu

---

[6]Vgl. Weber (2017).

[7]Vgl. Bredl (2017).

nutzen. Marketingautomation automatisiert in diesen Bereichen alle wiederkehrenden Aufgaben und beliefert weitere Prozesse mit Daten."[8]

Lösungen für Marketingautomation kombinieren i. d. R. Funktionalitäten aus CRM-Systemen, Webanalyse, E-Mail-Marketing, Social-Media-Werbung sowie Retargeting und setzen ihren Schwerpunkt im Lead Nurturing. Denn wer seinen Kunden kennen will, braucht die entsprechende Technik[9] – und muss diese vor allem intelligent vernetzen.

Lead Nurturing als zentrale Funktionalität von Marketingautomation „bezeichnet die Förderung, Pflege und die Verwaltung von Kundenkontakten (Leads), sodass potenzielle Kunden und Interessenten in ihrer jeweiligen Phase der Kaufentscheidung mit den richtigen Informationen angesprochen werden können. Der Fokus des Lead Nurturing (von engl.: to nurture; deutsch: pflegen, gedeihen lassen, fördern) liegt auf der qualitativen Weiterentwicklung der Kundenbeziehung, um den Kunden beim Übergang von einer Phase des Verkaufstrichters in die nächste zu verhelfen."[10]

Die Basis für Marketingautomation bildet der Lead, über den wir z. B. in Form einer E-Mail-Adresse verfügen. Im weiteren Marketingautomationprozess wird dieser Lead zunächst als rudimentäres Nutzerprofil gespeichert und in der Folge durch individuelle Nutzerdaten angereichert. Diese personenbezogenen Daten werden etwa durch die Interaktion des Nutzers mit einer Unternehmenswebsite, mit Anzeigen oder mit Beiträgen in den sozialen Medien generiert und im Marketingautomationsystem gespeichert. Auch der Reifegrad eines Kontakts lässt sich über das sogenannte „*Lead Scoring*" bestimmen:

„Lead Scoring ist die automatisierte Bewertung von Leads hinsichtlich der ‚Reife', das heißt ihres Fortschritts im Entscheidungsprozess, und hinsichtlich ihrer Relevanz für das unternehmerische Verkaufsziel."[11]

Kampagnen aus der Marketingautomation heraus umfassen alle Kanäle – von Direktsendungen (E-Mails oder systemabhängig auch Printmailings) bis hin zu Online-kampagnen und Maßnahmen in sozialen Netzwerken.

Marketingautomation ermöglicht es, die Aktivitäten von Interessenten zu *tracken* und in Echtzeit individuell und direkt auf diese zu reagieren. Mit der passenden Technologie werden potenzielle Kunden über die gesamte Kundenreise mit personalisiertem, hochwertigem *Content* begleitet, um sie vom Erstinteresse bis zur „Vertriebsreife" zu entwickeln.

Dabei ist die Zielsetzung von Marketingautomation nach unserem Verständnis abhängig vom Reifegrad des Interessenten/Kunden. Unser vorrangiges Ziel ist es jedoch, die zur Verfügung stehenden *Leads* (= potenzielle Kunden) noch informierter und damit für uns wertvoller zu machen und so den optimalen Einsatz der Ressourcen im *Vertrieb* zu gewährleisten und ausschließlich qualifizierte Leads an den Vertrieb zu übergeben. Marketingautomation hilft außerdem dabei, bei langen Vertriebszyklen den Kontakt zum Interessenten/Kunden zu halten. Das ist vor allem im Bereich B2B wichtig.

---

[8] 4results (o. J.).

[9] Vgl. Schwarz (2016, S. 15).

[10] Ryte (o. J.).

[11] Bohl (2018).

Durch den Einsatz einer Marketingautomationtechnologie können außerdem zahlreiche Prozesse, wie z. B. Newsletter oder Eventkommunikation, vereinheitlicht und vereinfacht werden. Gleichzeitig kann der Erfolg einzelner Kampagnen und des Lead Nurturings genau verfolgt und der *Return on Investment* bis auf einzelne Maßnahmen heruntergebrochen werden.

Damit ein Marketingautomationsystem seine volle Wirkung entfalten kann, ist eine enge Zusammenarbeit zwischen Marketing- und Vertriebsteams notwendig. Mittels automatisierter Nurturingkampagnen lassen sich so signifikant mehr Interessenten zu Leads konvertieren und schließlich zur Vertriebsreife bringen.

2.4.3 Digitales Marketing erfordert neue Prozesse und Formen der Zusammenarbeit

Nachdem lange Zeit der größte Teil der (interaktiven) Kundenkommunikation – mit Ausnahme unserer Onlinemarke – über traditionelle Kanäle, wie Post, E-Mail etc., erfolgte, haben wir uns 2017 entschieden, strategisch in eine neue digitale Infrastruktur zu investieren. Dieses digitale „Ökosystem" soll uns in die Lage versetzen, Marketing und Vertrieb künftig zielgerichtet online zu verfolgen und die Kundenschnittstelle im besten Sinne der Kundenerwartungen zu professionalisieren.

Im Zuge des Projektes „Digitale Kommunikations- und Marketingstrategie" wurde die Corporate Website der PFALZWERKE AKTIENGESELLSCHAFT vollständig neu aufgesetzt. Dabei wurden die Struktur der Seite, die Customer Journey und der Content auf Basis eines neuen *Content-Management-Systems (CMS)* komplett neu konzipiert und umgesetzt. Dieses CMS dient als gruppenweite Standardlösung für die frontendseitige Umsetzung von Onlineplattformen. Sie schafft die Möglichkeit, über Bereichsgrenzen hinweg ganzheitliche Marktangänge zu schaffen.

Bereits vor Einführung einer Marketingautomationlösung hat die Einführung eines neuen CMS und das Aufsetzen der neuen Onlineplattform zu veränderten Abläufen in der Zusammenarbeit zwischen Marketing und Vertrieb geführt. Im Fokus stand ein *Personakonzept*, das eine intensive Betrachtung der Kundensegmente erforderte. Das Marketing war für die technische Umsetzung, die Struktur und den Aufbau federführend aktiv. Die Kommunikationsstrategie und der Content sind jedoch in sehr enger Zusammenarbeit mit den Vertriebsteams entstanden. In einem iterativen Prozess auf Basis der strategischen Marketingplanung haben sich die interdisziplinären Teams gemeinsam daran gemacht, die Webinhalte (im weitesten Sinne) neu zu kreieren und damit die einzelnen Zielgruppensegmente spezifisch anzugehen. Das setzte nicht nur eine gewisse Transparenz in den jeweiligen Aufgabengebieten voraus, sondern auch einen konstruktiven Umgang mit den Ideen, Ansichten und Bedürfnissen des jeweils anderen. So bietet sich im digitalen Umfeld beispielsweise eine ideale Umgebung zum strukturierten Testen von Inhalten, etwa mit Hilfe der Webanalyse oder A/B-Tests. Denn nichts ist „digital" für immer festgeschrieben. In kurzlebigen Zyklen, nach Feedback aus Kundengesprächen oder auch

Kampagnenauswertungen können Anpassungen jederzeit schnell und i. d. R. unkompliziert erfolgen. Das Ergebnis: eine Onlineplattform, die von Marketing- und Vertriebsteams gemeinsam entwickelt wurde. Am Ende steht ein Teamergebnis, an dem – anders als an der Corporate Site zuvor – kontinuierlich weitergearbeitet und ausprobiert wird.

2.4.4   Use Case – Kampagne zur Reichweitensteigerung eines Wärmeproduktes (B2B)

Mit der neuen *Onlineplattform* wurde u. a. eine Kampagne für ein neues B2B-Wärmeprodukt realisiert. Da dessen Reichweite nachhaltig erhöht werden sollte, war die Aufgabe für das Marketing hierzu in einem ersten Schritt, einen Kampagnenplan zu erstellen. Recht schnell kam das Team, bestehend aus Marketingmanager, Onlinekampagnenmanager und Key-Accounts Vertrieb zu dem Entschluss, ausschließlich auf online zu setzen, um schnell, messbar und mit möglichst geringen Streuverlusten zu agieren.

Das Herzstück der Kampagne war die *Website* mit zielgruppenspezifischem Content für das Produkt sowie ein eigens für die Kampagne konzipiertes Whitepaper, um Kundenkontakte zu generieren. Als Onlinekanäle nutzten wir *Onlinenewsletter*, *Google Ads*, *Business Ads* sowie Bannerwerbung im Displaynetzwerk von Google und weiteren, ausgewählten Netzwerken. Anhand der damit generierten Websitebesuche, Whitepaper-Downloads, Angebotsanfragen und diverser Analytic Tools konnten wir kontinuierlich die Resonanz, Conversion und Reichweite messen. Die Performance der Onlinekampagne war sowohl für Marketing als auch Vertrieb zu jeder Zeit transparent. In wöchentlichen Meetings kam das Team aus Marketing und Vertrieb regelmäßig zusammen, hat die Analysen gemeinsam ausgewertet und, wenn nötig, Schritte zum Nachjustieren definiert. Wichtig waren dabei nicht nur die detaillierten Reports und Analysen der Online-aktivitäten aus dem Marketing, sondern vor allem auch die Resonanz, die die Onlinekampagne direkt beim Vertrieb auslöste. Aus den Reaktionen der Kunden und den Inhalten der Gespräche konnte das Team gemeinsam wichtige Rückschlüsse ziehen.

Generell war bei diesem Projekt – sowie bereits bei vielen weiteren Vorhaben – im Vergleich zu früher durchgeführten Projekten die Rollenverteilung grundlegend verändert. Weg von den Rollen als Auftraggeber (Vertrieb) und Auftragnehmer hin zu einem bereichs-übergreifenden Team, das sich ein gemeinsames Ziel gesetzt hat, kontinuierlich das gemeinsam abgestimmte Vorgehen hinterfragt und ggf. anpasst und dabei transparent den jeweils eigenen Beitrag auf dem Weg zum Projektziel kommuniziert.

Grundlage für das Gelingen eines solchen Projektes war nicht nur die Überwindung von Bereichsgrenzen, sondern auch der offene, kollegiale Umgang miteinander, das Sich-Einlassen auf den anderen und dessen Ideen. Und nicht zuletzt auch die Bereitschaft aller Beteiligten, einen Mehraufwand eigeninitiativ zu leisten, um, wie in diesem Fall, die Kampagne erfolgreich zu steuern.

2.5   Fazit

Die Digitalisierung hat zu tiefgreifenden Veränderungen geführt und wird noch sehr viel mehr Bewegung in unser tägliches Leben und unsere Arbeitswelt bringen. Traditionell hierarchisch geprägte Strukturen brauchen eine Antwort darauf oder noch besser: eine aktive und mutige Auseinandersetzung mit dem Thema. Neben vielen Initiativen, die dazu aktuell richtigerweise in Angriff genommen werden, braucht es aber auch den Willen und die Offenheit, den jeweils eigenen Verantwortungsbereich „im Kleinen" für die neuen Rahmenbedingungen „fit" zu machen und entsprechend umzugestalten.

Die Digitalisierung mit all ihren Ausprägungen und den heute unabsehbaren technischen Entwicklungen bietet unzählige Chancen und Möglichkeiten. Für das Marketing von morgen oder besser noch für das Marketing von heute braucht es offene Menschen, die diese Herausforderungen annehmen, gerne die Komfortzone verlassen und vor allem Spaß daran haben, mit Menschen anderer Fachrichtungen oder Disziplinen kreativ zusammenzuarbeiten. Dabei sind Schnelligkeit und Flexibilität ausschlaggebend. Dass so etwas nicht immer auf Anhieb gelingt und manchmal auch einige Anläufe braucht, ist verständlich. Bereichsgrenzen zu überwinden und Transparenz zu schaffen, das trifft nicht nur auf Gegenliebe.

Umso wichtiger ist es, dass einige sich trauen und einfach anfangen. Wichtig ist aber auch, dass solche interdisziplinären Teams die Rückendeckung der Führungskräfte haben, ausprobieren und auch Fehler machen dürfen. Der Blick über den eigenen Tellerrand und ein möglichst gering ausgeprägtes Silodenken wirken positiv auf den Erfolg solcher Projekte – und sie bereichern den Arbeitsalltag ungemein.

Mit der Digitalisierung und hier im Speziellen mit dem digitalen Marketing wird die Arbeit von Marketingorganisationen messbar, und der eigene Wertbeitrag kann nachhaltig gesteigert werden. In enger Zusammenarbeit mit den Vertrieben werden so ein ergebnisorientierter Austausch auf Augenhöhe und vor allem auch eine ganzheitliche, durchgängige und konsequente Betrachtung der Kunden und ihrer Bedürfnisse möglich – bis evolutionär gesehen hin zu einer Verschmelzung der Teams außerhalb der heutigen hierarchischen Strukturen.

Literatur

4results. (o. J.). *Was ist Marketing Automation?* Pfäffikon: 4results AG. https://www.marketingauto-mation.tech/wifimaku-was-ist-marketing-automation/. Zugegriffen am 07.02.2019.

Bathen, D., & Jelden, J. (2014). *Marketingorganisation der Zukunft.* Düsseldorf: Deutscher Marketing Verband e.V. http://www.business-on.de/dateien/dateien/dmv_studie_marketingorganisation_der_zukunft.pdf. Zugegriffen am 07.02.2019.

Bloching, B., & Heiz, A. (2016). *Die Illusion der Kundenzentrierung. Fünf unbequeme Thesen zum digitalen Marketing.* München/Heidelberg: Roland Berger GmbH & SAS Institute GmbH. https://www.sas.com/content/dam/SAS/bp_de/doc/whitepaper1/imm-wp-fuenf-thesen-zum-digitalen-marketing-2401389.pdf. Zugegriffen am 07.02.2019.

Bohl, R. (2018). *B2B Lead Scoring – Definition und Tipps für die Praxis* (26.11.2018). Starnberg: SC-Networks GmbH. https://www.sc-networks.de/blog/lead-scoring-definition-und-tipps-fuer-die-praxis. Zugegriffen am 07.02.2019.

Bredl, S. (2017). *Wie B2B-Kaufentscheidungen in der Digitalisierung getroffen werden* (24.10.2017). Wien: Take Off PR. https://www.takeoffpr.com/blog/kaufentscheidung-digitalisierung. Zugegriffen am 07.02.2019.

Chassein, R., & Raquet, C. (2019). Digitale Transformation – neues Handeln für innovative Lösungen. In O. D. Doleski (Hrsg.), *Realisierung Utility 4.0 Band 1*. Wiesbaden: Springer Vieweg.

Ryte. (o. J.). *Lead Nurturing*. München: Ryte GmbH. https://de.ryte.com/wiki/Lead_Nurturing. Zugegriffen am 07.02.2019.

Schwarz, T. (2016). *Leitfaden Digitale Transformation*. Waghäusel: marketing-BÖRSE.

Weber, B. (2017). *B2B-Inbound-Marketing: Der Kunde, der von selbst kommt* (03.08.2017). Dresden: Saxoprint GmbH. https://www.saxoprint.de/b2bmanager/marketing/b2b-inbound-marketing. Zugegriffen am 07.02.2019.

Sarah Schmitt beschäftigt sich bereits seit gut 20 Jahren mit dem Thema Kommunikation. Während und nach dem abgeschlossenen Studium der Informationswissenschaften, Germanistik und neuerer Geschichte in Saarbrücken war sie in den Bereichen Kommunikation und Marketing tätig. Neben den Stationen als Pressereferentin und Marketingleiterin in einem kommunalen Unternehmen und der Position als Senior Managerin bei einer Werbeagentur mit Schwerpunkt Health leitete sie von 2010 bis 2016 die Stabsstelle Unternehmenskommunikation und Marketing im Saarbrücker Stadtwerke-Konzern.

Im Jahr 2016 hat Sarah Schmitt die Leitung des Bereichs Strategisches Marketing und Unternehmenskommunikation der PFALZWERKE AKTIENGESELLSCHAFT übernommen. Ihr Antrieb ist es, neue Dinge auszuprobieren, Menschen zu motivieren, Kreativität anzustoßen und damit die Aktivitäten des strategischen Marketings und der Unternehmenskommunikation konsequent kundenzentriert auszurichten. Die Themen Vernetzung und interdisziplinäre Zusammenarbeit haben dabei für sie einen besonders hohen Stellenwert.

Dr. Werner Hitschler ist seit 2004 Vorstandsmitglied der PFALZWERKE AKTIENGESELLSCHAFT. Er verantwortet den Energievertrieb und -handel, die kaufmännischen Bereiche Finanzen, Controlling und Bilanzierung sowie das CIO-Office. Außerdem ist er für den Bereich Strategisches Marketing & Unternehmenskommunikation zuständig. Besonders Augenmerk legt er auf die Weiterentwicklung der digitalen Kundenschnittstelle. Dabei kommen ihm seine vielseitigen Erfahrungen in anderen Unternehmen und Branchen zugute.

Nach dem Studium der Betriebswirtschaftslehre und anschließender Promotion an der Universität Mannheim war Dr. Werner Hitschler zuerst für die BASF AG in Ludwigshafen und die BASF Corporaion in

den USA tätig. Anschließend bekleidete er verschiedene Führungs-
positionen im Deutsche-Bahn-Konzern in Berlin und Frankfurt –
zuletzt als Bereichsleiter Controlling der DB Regio AG. Vor seinem
Wechsel zu den Pfalzwerken war er bei der Heidelberger
Druckmaschinen AG als Chief Financial Officer (CFO) im Market
Center Western Europe, Middle East and Africa und als Mitglied der
Geschäftsleitung bei der Vertriebsgesellschaft Heidelberg France S.A.
in Paris tätig.

Die Macht des Ökosystems – und wie auch Energieversorger sie für sich nutzen können

Michel Nicolai und Szilard Toth

Ein Ökosystem für den Energiemarkt wird nicht über Nacht eingeführt, ist es aber erst einmal umgesetzt, sind die Möglichkeiten (fast) grenzenlos.

Zusammenfassung

Man kann von Amazon halten, was man möchte: Aber der US-amerikanische Konzern ist die Mutter aller Ökosysteme. Vom einfachen Buch- und CD-Versandhändler zur Plattform, auf der es nicht nur so gut wie alle Produkte zu kaufen gibt, sondern auch Film- oder Serienstreaming, eine Schnittstelle für den Fernseher, sprachgesteuerte Helfer und vieles mehr, was das Herz des Konsumenten höherschlagen lässt. Warum wir das so prominent erwähnen? Weil die Energiebranche aufwachen muss: Bisher gab es keine Lösung für Energieversorger, um sämtliche Produkte und Dienstleistungen der Energiewelt sowohl schnell und einfach digital abzubilden und einzuführen als auch kundenorientiert zu vermarkten und dem Endkunden zur Verfügung zu stellen – und das gesammelt auf einer Plattform. Warum eigentlich nicht? Wir sind nicht schlechter als Amazon & Co, nur offenbar weniger selbstbewusst – ein Ökosystem für den Energiemarkt kann das ändern. Das gelingt zwar nicht über Nacht, sondern findet wie alle Veränderungen in einem längeren Prozess statt, aber es ist möglich. Wir zeigen Ihnen in diesem Beitrag, wie es gelingt.

M. Nicolai (✉) · S. Toth
e·pilot GmbH, Köln, Deutschland

© Springer Fachmedien Wiesbaden GmbH, ein Teil von Springer Nature 2020
O. D. Doleski (Hrsg.), *Realisierung Utility 4.0 Band 2*,
https://doi.org/10.1007/978-3-658-25589-3_3

3.1   Wo stehen Versorger heute?

Die durchschnittliche Kundenzufriedenheit mit Energieversorgungsunternehmen (EVU) in Deutschland liegt auf Basis von Google bei 2,9 von fünf Sternen – das zeigte eine eigene Auswertung, die knapp 100 Versorger umfasste. Bei einem Restaurant mit vergleichbarer Bewertung würde sicherlich niemand essen wollen. Diese Kundensicht ist, auch wenn es weh tut, hausgemacht: Die Digitalisierung wird oftmals nicht vom Kunden aus gedacht. Zudem arbeiten EVU überhaupt nicht *kundenzentriert* – somit gehen auch die Digitalisierungsstrategien am Kunden vorbei. Denn sie werden top-down festgelegt und münden in zentralen und langwierigen IT-Projekten, die häufig sehr stark an den Anforderungen der Markt- bzw. Fachbereiche vorbeigehen und damit natürlich auch an den Bedürfnissen der Kunden. Der größte Mangel liegt in der fehlenden Kundenausrichtung. *Customer Centricity*, also den Kunden im Fokus, haben aktuell die wenigsten Versorger – obwohl er doch im Mittelpunkt stehen sollte, wie Abb. 3.1 hervorhebt. Aber warum? In Zeiten, in denen die Themen Service oder energienahe Dienstleistungen immer wichtiger werden, nicht nur um sich vom Wettbewerb abzuheben, sondern schlichtweg – um es drastisch zu sagen – in Zukunft überhaupt noch zu existieren, ist das eine Nachlässigkeit, die sich keiner mehr leisten sollte. Also, warum ist dies so? Weil die Zeiten der Vor-Liberalisierung die Branche zu lange gelähmt haben.

Natürlich hat sich seit Ende der 90er-Jahre etwas getan: Es gibt viele neue Dienstleistungen und Speziallösungen für unterschiedliche Bereiche wie Solar,

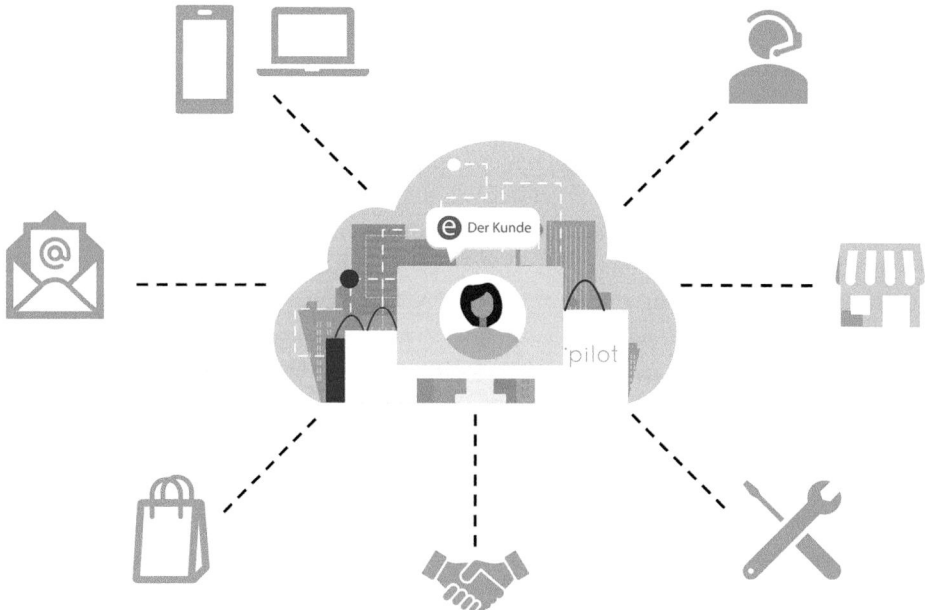

Abb. 3.1 Customer Centricity: Der Kunde im Fokus

Batteriespeicher, Billing etc. Daran oder an der Innovation der Branche liegt es also nicht. Das Problem scheint vielmehr struktureller Natur zu sein: Versorger denken in Silos, Bereiche oder Anforderungen sind in den seltensten Fällen integriert oder miteinander verknüpft – und wenn, dann verfügen meist nur die großen Player über die benötigten Ressourcen, das EVU aus der Kleinstadt kann das nur schwer leisten.

Die typische IT-Landschaft eines Versorgers ist heute stark fragmentiert und besteht hauptsächlich aus spezialisierten Tools und vielen einzelnen Lösungen, deren Funktionsbandbreiten selten ganz ausgeschöpft werden. So nutzen Versorger z. B. betriebssystembasierte Programme, ein *Customer-Relationship-Management-System (CRM)*, ein Business-Process-Management-Tool (BPM), ein Partner-Management-Tool und dergleichen mehr. Zudem handelt es sich in den häufigsten Fällen um eine statische *Integration* der Lösung, die, z. B. die Commodities betreffend, einmal mit *Landing Page*, integriertem Billing und einem passenden CRM eingerichtet, meist nie wieder auf aktuelle Trends oder Kundenbedürfnisse angepasst wird. Das ist ein gravierender Fehler, denn *Kundenbedürfnisse* verändern sich – und das stetig. Die oben angesprochen Speziallösungen bzw. mangelhaft integrierten Einzeltools können die notwendigen Anpassungen nicht abbilden, meist sind sie in ihrer Struktur recht unflexibel, was ein schnelles Reagieren – oder im besten Falle: dem Kundenwunsch aktiv begegnen – oder die Implementierung von automatisierten Prozessen noch zusätzlich erschwert.

Es ist nicht so, dass die Branche dem stillschweigend und akzeptierend zusieht: Natürlich wissen Versorger, dass es künftig nur noch im Bereich Service und *Energiedienstleistung (EDL)*, salopp gesagt, etwas zu holen gibt – daher setzen sie genau hier an. Leider setzen sie aber i. d. R. auch auf bewährte Lösungen, die man in der Vergangenheit mühselig erarbeitet, automatisiert und standardisiert hat – das Problem von *Legacy-Systemen* ist allerdings, dass sie nicht auf die Zukunft ausgerichtet sind. In groß angelegten IT-Projekten (nicht selten unter Zuhilfenahme teurer externer Berater) wird versucht, diesem Dilemma zu begegnen. Bis die Bedürfnisse jedoch analysiert, die Strategie in Workshops erarbeitet und mit der Umsetzung begonnen wurde, sind bis zur Fertigstellung meist Jahre vergangen. In der heute schnelllebigen, da größtenteils digitalen Welt ist das ein absolutes No-Go.

Weiteres Problem: In der Regel ist es selten möglich, alle benötigten Fachbereiche zu involvieren, die wissen, wie der Kunde „tickt" und was er benötigt. Kommt dann die Lösung beim Kunden an, hat sie sich meist bereits selbst überholt. Denn in dieser Zeit haben sich nicht nur Markt und Nachfrage verändert, auch der Kunde ist mit seinen Bedürfnissen nicht mehr der, der er noch vor ein paar Jahren war. Wichtig ist also ein agiles Mindset, eine andere Herangehensweise an neue Tools und Möglichkeiten. Ein Blick in die Tech-Branche hilft hier weiter: Dort werden Produkte innerhalb kürzester Zeit entwickelt, um sie dem Kunden möglichst frühzeitig anbieten zu können und so zu einem frühen Zeitpunkt zu bestätigen, ob man die Kundenerwartung erfüllen kann. Um so agieren zu können, sind schlanke und *agile Prozesse* gefragt.

3.1.1 Wie werden Versorger aus Kundensicht wahrgenommen?

Im besten Falle werden EVU noch als beliebig austauschbarer Lieferant wahrgenommen. Gerade bei jüngeren, sehr digital- und technikaffinen Kunden wird das deutlich: Sie achten bei Strom und Gas auf den Preis, informieren sich über *Vergleichsportale* und wechseln nach Gusto. Eine wahre Kundenbeziehung bzw. Versorgertreue sieht anders aus. Welche Services der Versorger sonst bieten kann, wird meist nicht einmal erörtert – häufig auch deshalb, weil Kunden die *Homepage* ihres Versorgers gar nicht mehr kennen, da sie sich ohnehin nur auf den Vergleichsportalen informieren. Will heißen: Ein Versorger kann noch so attraktive Dienstleistungen im Portfolio haben – wenn der Kunde von ihnen nichts weiß, kann er sie nicht in Anspruch nehmen. Weiteres, aus Kundensicht sehr ärgerliches Thema: Nach einer unverbindlichen Anfrage an den Versorger kann es passieren, dass erstmal nichts passiert. Keine Eingangsbestätigung, keine Kontaktaufnahme per E-Mail oder Telefon. Das passiert dann, wenn die Anfragen nicht als *Leads* in ein prozessbasiertes System überführt werden, sondern in einem kontakt@-Postfach landen – mit vielen anderen E-Mails zu allen möglichen Themen.

3.1.2 Was sind die weiteren Hürden?

EDL sind i. d. R. stark mit technischen Inhalten verknüpft, denn beim Thema Service dreht sich vieles um einen hohen Digitalisierungsgrad, verbunden mit Automatismen und standardisierten *Schnittstellen*. Dieses Wissen ist selten bei den EVU selbst vorhanden, hier sind die richtigen Partner und damit das Thema Netzwerk entscheidend. Mit der Multi-Channel-Lead-Generierung kommt dann aber meist schon das nächste Problem ins Haus. Sind die Prozesse bei den bewährten Commodities in den digitalen Kanälen gut eingespielt, sieht das beim Thema Solar unter Umständen schon ganz anders aus: Hier greifen überraschend viele EVU z. B. auf ein einfaches Kontaktformular oder eine Telefonnummer zurück. Die konkrete Kundenanfrage (ob on- oder offline), welche Interessen der Kunde hat, mit welchen Produkten oder Dienstleistungen er beim Versorger bereits involviert ist (wenn überhaupt) – über all das herrscht meist wenig Klarheit. Schuld ist die mangelnde Transparenz solcher nicht integrierten Systeme. Ein Ökosystem, speziell zugeschnitten auf die Bedürfnisse von EVU, kann hier Abhilfe schaffen.

3.1.3 Was ist ein Ökosystem?

Die *eine* Definition für ein Ökosystem gibt es nicht, dafür sind sie zu speziell auf ihren individuellen Anwendungsfall zugeschnitten. Es gibt aber Schnittmengen und Basispunkte, die die meisten großen Systeme gemeinsam haben. Ein digitales Ökosystem bringt verschiedene Teilnehmer wie Unternehmen, Menschen und/oder Dinge auf einer digitalen Plattform zusammen und ermöglicht es ihnen, ein gemeinsames Interesse zu verfolgen, wie z. B. das Erwirtschaften von Gewinn, den Verkauf und das Vermarkten von Gütern und Dienstleistungen, das Schaffen von Innovationen oder Kollaboration. Digitale Ökosysteme ermöglichen es ihren Teilnehmern, mit Kunden, Partnern, anderen Industrien und selbst Wettbewerbern auf verschiedenste Arten zu interagieren; dies führt i. d. R. zu Vorteilen für alle Teilnehmer. Diese Vorteile können z. B. in Effizienzsteigerungen in den Prozessen liegen, in besseren oder günstigeren Kundenangeboten, verbesserten Kommunikationswegen, kürzeren Reaktionszeiten, einer erhöhten Transparenz, geringeren Kosten usw.

3.1.4   Warum braucht man ein Ökosystem?

Auf diese Frage gibt es eine ganz einfache Antwort: Weil man gemeinsam einfach mehr leisten kann. Die Zeiten, in denen Marktteilnehmer isoliert vor sich hingearbeitet haben, sind vorbei. Eine solche Denkweise ist mit dem modernen digitalen Zeitalter nicht mehr vereinbar. Die digitale Welt sieht definitiv anders aus. In der IT-Landschaft der Zukunft müssen alle Systeme miteinander kommunizieren können. Die Daten müssen dorthin transportiert werden, wo sie benötigt werden. Es muss Schnittstellen zu anderen Lösungen geben – nur so können sämtliche Mehrwerte, für Endkunden genauso wie für EVU, voll zum Tragen kommen. Daher erwächst wahre Stärke auch nur aus einem breiten Partnernetzwerk. Denn kein EVU kann über die gesamte Wertschöpfung Experte für sämtliche Produkte, Dienstleistungen oder Prozesse sein. Aus unserer Sicht ist das auch nicht notwendig, wenn man die richtigen Partner für seine Bedürfnisse findet – im richtigen Ökosystem. Egal, ob es sich dabei um Themen wie Inbetriebnahme, handwerkliche Leistungen, Marketing, Sales oder andere handelt: In einem breit aufgestellten Netzwerk ist der richtige Partner zu finden. Zudem erhöht die digitale Kollaboration Effizienz und Transparenz.

Weiteres Thema ist die *Community Intelligence*, also die Schwarmintelligenz: Ein EVU allein hat nur geringe Chancen, sämtliche neuen Produkte oder Dienstleistungen, die seine Kunden abfragen, anzubieten, aber als *Community* können EVU gemeinsam eine zentrale *Plattform* mit umfangreichem Angebot voranbringen. So profitieren alle Plattformteilnehmer von dem Know-how und Feedback der Beteiligten – und natürlich stehen auch sämtliche Erweiterungen sofort allen Beteiligten zur Verfügung. Das senkt nicht nur die Entwicklungskosten drastisch, es fallen auch keine Instandhaltungs- oder Wartungsarbeiten bzw. -kosten an, da sich der Plattformbetreiber um Themen wie Technologie, Skalierung etc. kümmert.

3.2   Wie gelangen EVU nun aber in die digitale Zukunft?

Das Zusammenbringen und Kooperieren zwischen externen Partnern und Versorgern ist Herzstück des Unternehmens e·pilot aus Köln. Ihr gleichnamiges Ökosystem für die Energiebranche, eine *Multi-Produkt-Cloud*, ermöglicht es, die Vermarktung, Steuerung

Abb. 3.2 Sämtliche Energiedienstleistungen und -produkte in einem vollständig digitalisierten End-to-End-Prozess

und Abwicklung von Energiedienstleistungen und -produkten in einem vollständig digitalisierten *End-to-End-Prozess* zu vereinen – wie das aussieht, zeigt Abb. 3.2.

Produkte werden marktgerecht analysiert, aufgebaut und angeboten. Die Umsetzungsdauer mit Pilotkunden ist sehr schnell und dauert ca. zwei bis acht Wochen. Bestehende Produkte[1] sind z. B.: Solar, Speicher, Ladeinfrastruktur, Wärmepumpe, Strom und Gas sowie der Mehrsparten-Hausanschluss (u. a. Fernwärme, Wasser, Breitband), Heizung, KWK/Brennstoffzelle, Carsharing sowie u. a. verschiedene *Custom Products*, also Produkte, die EVU selbst konfigurieren und erstellen können. Die folgenden Produkte befinden sich derzeit[2] im Zuge von Pilotpartnerschaften in der Entwicklung: Breitband, wettbewerblicher/grundzuständiger Messbetrieb, Wassercheck, Fernwärmevertrieb, Smart-Home/IoT, Thermographie, Energieausweis. Folgende Produkte sind für die Weiterentwicklung angedacht, allerdings gibt es noch keinen Entwicklungspartner:[3] Licht, Grünabfall, Bauschuttcontainer, Wasserspender, Mobilfunk, EV-Leasing u. v. m. Bei allen Produkten oder Dienstleistungen sind zudem *Up- oder Cross-Selling*-Möglichkeiten denkbar. So können Zusatzoptionen flexibel mit jedem Produkt kombiniert werden, z. B. das Thema Smart Home beim Stromvertrag.

Der Vorteil für Plattformteilnehmer: Versorger können mit wenigen Clicks sofort vermarktbare Produktwelten mit Mehrwert für ihre Kunden generieren – und das auch mit außergewöhnlichen Verknüpfungen, die i. d. R. außer Reichweite für interessante *Bundles* sind, gerade für die kleineren Versorger: Denn es können beispielsweise auch Produktangebote von Partnern wie Musikstreamingdiensten oder Anbietern aus dem Film- und Serienstreaming mit eigenen Stromtarifen kombiniert und als Bundles innerhalb des Webangebots des jeweiligen EVU vermarktet werden, wie Abb. 3.3 illustriert. Das bedeutet, dass es sich bei den Up- oder Cross-Selling-Optionen nicht zwingend um energienahe Dienstleistungen handeln muss.

Hier spürt man den Geist des neuen digitalen Zeitalters: In der Regel entwickeln EVU die benötigten Systeme mit hohem finanziellem und organisatorischem Aufwand sowie unter großem Ressourceneinsatz selbst oder entwickeln sie weiter. Das ist nicht

---

[1] Stand Februar 2019.

[2] Stand Februar 2019.

[3] Stand Februar 2019.

Abb. 3.3 Bundles aus interessanten Produkten und Dienstleistungen erweitern das EVU-Angebot

nur hoch riskant in Hinblick auf Kosten und Zeit, es ist auch alles andere als effizient – und für kleinere Versorger schlicht nicht machbar. Dank des Plattformansatzes partizipieren alle Teilnehmer von e·pilot vom gegenseitigen Feedback und den ständigen Weiterentwicklungen. Als Plattformbetreiber und Softwareunternehmen setzen wir außerdem die neueste Technologie ein und haben tiefes Know-how im Technologiebereich, wodurch wir Entwicklungen schnell, sicher und kosteneffizient vorantreiben können – eine Win-win-Situation für alle Teilnehmer.

3.2.1   Partnering & Community Intelligence nutzen

Für die Integration neuer (oder bestehender) Produkte oder Dienstleistungen können Versorger entweder ihr bestehendes Netzwerk einbringen oder auf die Expertise vieler anderer Partner in der *Cloud* zurückgreifen. Die Einladung erfolgt ähnlich einfach wie bei XING oder LinkedIn – EVU geben einfach die E-Mail-Adresse des Partners ein, und mit einem Klick ist er als Teil des e-pilot-Netzwerks auf der Plattform vertreten. So vergrößert sich das gemeinsame Netzwerk kontinuierlich und für jeden Prozessschritt – egal ob Vertrieb oder Handwerk. Denn heute kann jeder die Community Intelligence für sich

nutzen: Neue Produktlösungen werden mit Pilotkunden entwickelt, umgesetzt und eingeführt – und stehen sämtlichen Versorgern nach dem Launch auf der Plattform zur
Verfügung.

EVU können auch per Suche *Partner* finden, die im Umkreis tätig sind. Zudem schlägt
die Software auch geeignete Partner vor: Möchten EVU z. B. das Produkt Smart-Home-
Lösungen anbieten, ihnen fehlen aber sowohl die Kontakte zu Herstellern als auch zu
Elektrikern, die diese umsetzen können, werden ihnen von e·pilot die entsprechenden
Partner automatisch angezeigt, sobald sie nach dem Produkt suchen. Es ist auch möglich,
vorab zu definieren, welche Art von Partner man sucht: einen Full-Service-Partner oder
nur jemanden, der den Vertrieb abdeckt? Der Partner ist an der passenden Stelle des
Ökosystems integriert und kann in den gesamten Prozess bedarfsgerecht und zielorientiert
mit eingebunden werden. Das heißt: Bei der Abwicklung handelt es sich um einen einfa-
chen Übergabeprozess, der jederzeit nachvollziehbar ist. EVU und Partner können sofort
sehen, wer zuständig ist, welche Teilstrecke gerade in Arbeit ist oder wer beim Kunden im
Lead ist. Diese Community wird mit jedem neuen EVU und Partner größer. So haben
EVU sehr schnell das Netzwerk zusammen, das sie brauchen, um ihr Energieprodukt beim
Kunden umzusetzen. Das ermöglicht es auch kleineren Versorgern, ihr Portfolio für ihre
Kunden attraktiv zu erweitern. Entwicklungskosten gibt es in dem Sinne keine – Versorger
zahlen einen monatlichen Grundbeitrag, der sich nach der Unternehmensgröße richtet.
Egal, wie viele Produkte oder Dienstleistungen sie in der Cloud zentrieren.

3.2.2   Weg in die Zukunft: Customer Journey

Häufig sind Dienstleistungen, die EVU heute anbieten, technischer Natur. Genau so werden sie den Kunden heute auch präsentiert – ein Fehler. Trotz aller Komplexität der
Produkte ist das kein Grund, sie dem Kunden auch so schmackhaft machen zu wollen, wie
Abb. 3.4 illustriert. Im Normalfall kann sich der Kunde unter dem beworbenen Produkt
wenig vorstellen und wird bei komplexen Abfragen leicht abgeschreckt – das bedeutet,
dass EVU hier potenzielle Kunden verlieren.

Im Vorfeld haben sich betroffene EVU zu wenige Gedanken über die für den Kunden
so wichtige *Customer Journey* gemacht. Denn berücksichtigt man diese, kann man den
Kunden einfach an seinem Standpunkt abholen und ihn durch einfache Fragen durch die
Produkte begleiten – so liegt die *Conversion Rate*, also die Umwandlung vom Lead in den
Vertragsabschluss, höher als bei derzeit üblichen Verfahren. Will heißen: Die *Absprungrate*
des Kunden ist deutlich niedriger. Hinzu kommt: Es ist sinnvoller, Angebote viel stärker in
Hinblick auf ihre *E-Commerce*-Tauglichkeit zu betrachten, in Webshop-Logiken zu den-
ken und Produkte kombinierter darzustellen, um die Angebote in einer logischen Art und
Weise miteinander zu verknüpfen. Heutige Internetauftritte von EVU sind eher stark
informell ausgerichtet. Es kann schon einmal passieren, dass sich der Kunde dann in den
vielen Informationen (und Unterseiten) verliert – ohne jemals auch nur das gesamte

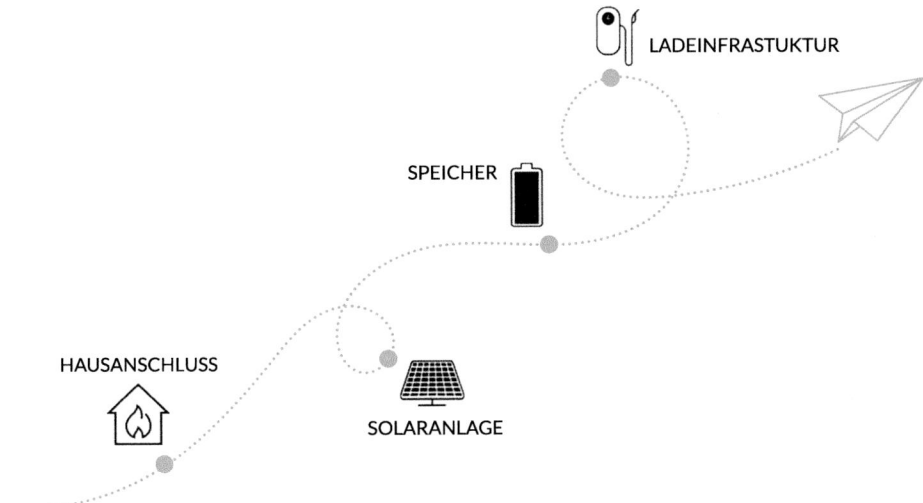

Abb. 3.4 Was der Kunde wirklich will: eine einfach verständliche Customer Journey, die Spaß macht

Produkt- oder Dienstleistungsportfolio entdeckt zu haben. Hat er sein gewünschtes Produkt gefunden, ist er meist längere Zeit damit beschäftigt, ein kompliziertes Formular auszufüllen – wenn er es überhaupt zu Ende bringt. So lassen sich Produkte und Dienstleistungen nicht unbedingt gut verkaufen.

Bei sämtlichen Prozessen des e·pilot Ökosystems für Energieversorger steht, anders als heute üblich, der Kunde im Fokus. Das beginnt schon beim ersten digitalen Kundenkontakt: Mit der einfach gestalteten Customer Journey wird die Auswahl von Energieprodukten und -dienstleistungen zum digitalen Produkterlebnis. Ein klar strukturiertes Front-End führt den Kunden mit wenigen, einfach zu beantwortenden Fragen zum Wunschpaket – und schlägt sinnvolle Ergänzungen vor: Interessiert er sich z. B. für das Thema Mobilität, wird er sofort danach gefragt, ob er nicht den Strom für sein Auto selbst produzieren und zum Solarangebot geführt werden möchte. Und das ist alles kinderleicht: Durch die intuitiv zu bedienende Eingabe ist die Gefahr minimiert, dass der Kunde bei zu langatmigen Nachfragen abspringt und die Anfrage verpufft. Denn er bekommt nur Fragen gestellt, die er auch direkt beantworten kann. Ordner wälzen oder Rechnungen suchen muss er nicht. Der Ansatz von e·pilot sieht vor, die bisher vorherrschende Single-Solution-Vermarktung in Produktwelten zusammenzubringen. Außerdem erwähnenswert: Die Front-Ends für einzelne Produkte oder Kombinationen bzw. Bundles können problemlos in die eigene Webwelt integriert und an das Corporate Design angepasst werden, nachträglich optimiert oder verändert werden – das können EVU alles selbst machen. Dafür braucht es keine Spezialisten oder Programmierkenntnisse, sodass schnelle Iterationszyklen durch die e·pilot-Plattform von Grund auf unterstützt werden: eine echte *„No-Code"-Plattform* im Front- wie im Back-End.

Im Hintergrund werden die Abwicklungsschritte in e·pilot über intelligente Prozessstrecken geführt und alle eingebundenen Wunschpartner des EVU sinnvoll und kollaborativ in die Prozessabläufe integriert. Dazu gehört auch die einfache Nachvollziehbarkeit, was wann passiert und wer tätig ist – und das für alle Seiten: für Kunden genauso wie für die projektbeteiligten EVU und ihre Partner, die auf sämtliche relevanten Daten in einer echten 360-Grad-Kundenansicht auf eine digitale Kundenakte zugreifen können. Wo heute noch die Black Box sitzt, ist durch diesen Prozess für alle ganz einfach nachvollziehbar, welchen Projektstatus die aktuelle Anfrage hat – so ähnlich wie es der Kunde heute bereits ganz selbstverständlich bei Paketlieferungen und deren Nachvollziehbarkeit, wie z. B. in der Amazon-Bestellhistorie, voraussetzt.

3.2.3   Wie umsetzen?

Diese neue Welt braucht Zeit, um sich zu entfalten und zu etablieren. Versorger sollten nicht versucht sein, in langwierigen IT-Projekten alles auf einmal „umzukrempeln". Es ist zu empfehlen, in kleinen und agilen Schritten schnell voranzugehen und nicht zu versuchen, Versäumnisse der vergangenen Jahre innerhalb kürzester Zeit aufholen zu wollen. Gerade für das gesamte Neugeschäft hat man als EVU die große Chance, auf der „grünen Wiese" die neuen Themen wie Elektromobilität, Solar, Speicher etc. – für die man heute keine leistungsfähigen Lösungen besitzt – völlig frei von Altlasten von Grund auf neu aufzubauen. Es gibt keine alten Systeme, in die neue Ansätze gepresst werden müssen, keine alten Lösungen, auf die man Rücksicht nehmen müsste. Man kann sprichwörtlich auf der grünen Wiese beginnen, das EVU der Zukunft aufzubauen, anzupassen und auf Kundenakzeptanz zu testen. In schnelldrehenden Zyklen kann man dann die neue *digitale Plattform* iterativ weiterentwickeln und Stück für Stück das Commodity-Geschäft auf die neue Plattform ziehen.

3.3   Best-Practice-Beispiele

In diesem Abschnitt werden zwei Praxisbeispiele zeigen, wie agil und schlank die e-pilot-Cloud eingeführt werden kann, wie einfach der Eintritt in das Ökosystem für Energieversorger ist und welche Möglichkeiten sich dadurch für sie ergeben, in weitere Produkte oder Dienstleistungen zu expandieren.

3.3.1   Großer bayerischer Versorger-Verband: digitaler Hausanschlussprozess

Zu viel Aufwand, zu umständlich, vor allem aber zu viel Papier: So sieht der aktuelle Hausanschlussprozess für Bauherren aus. Ein Umstand, den eine Gruppe von EVU und Netzbetreibern ändern wollte – und in Rekordzeit umsetzen konnte. Ziel war es, den

Abb. 3.5 Der digitale Hausanschlussprozess: endlich Schluss mit analogem Papierkram

Kunden mehr Service zu bieten und ihnen beim Hausanschluss die Abwicklung zu erleichtern – und das digital (siehe Abb. 3.5). Künftig ist der *Hausanschlussprozess* nicht nur deutlich schneller und komfortabler, sondern kann auch mit interessanten *Mehrwertangeboten* verbunden werden. Die am Projekt beteiligten EVU und Netzbetreiber haben dem Begriff Community Intelligence Leben eingehaucht – und das mit einer extrem kurzen Entwicklungszeit von sechs bis acht Wochen. Das ist umso erstaunlicher, wenn man bedenkt, dass neue Produkte und Dienstleistungen i. d. R. in sechs bis neun Monaten auf- und umgesetzt werden. Auch nach Abschluss des Projekts wird der Prozess stetig aktualisiert und an die Bedürfnisse der EVU und ihrer Kunden angepasst.

Das Projekt mit einem großen Versorgerverband aus Bayern bestand aus mehreren Bausteinen und Zielsetzungen: Es ging darum, ein innovatives und digitales Front-End zu entwickeln, das Kunden mit einer leicht verständlichen Customer Journey abholt. Das *responsive Design* (s. Abb. 3.6) und die einfache und verständliche Informationsabfrage sorgen dafür, dass der Kunde ganz einfach (und sogar von unterwegs) den Hausanschlussprozess in Gang setzen kann, was die Absprungrate enorm senkt. Denn aktuell bestehen die meisten sogenannten „digitalen" Hausanschlussprozesse aus dem Download eines Formulars. In der Regel verfügen EVU aber über keinen digitalen Einstiegspunkt zu dem Thema und bearbeiten die Anfragen telefonisch. Das ist fatal, denn der Hausanschluss kann für den Vertrieb einer der wichtigsten Einstiegspunkte für sämtliche Energiedienstleistungen eines EVU sein. Denken Versorger hier digital und kundenzentriert, stellen sie für ihre Kunden nicht nur ihre Servicequalitäten in den Vordergrund, indem sie z. B. direkt nachgelagerte Aktivitäten, wie die Themen Baustrom oder den städtischen Genehmigungsprozess, verknüpfen, sie können darüber hinaus auch das Interesse für weitere Produkte oder Dienstleistungen, wie E-Mobilität oder Breitband, wecken.

Selbstverständlich sind sämtliche IT-Systeme, z. B. das prozessintegrierte GIS oder die verschiedenen SAP-Module, die für die Umsetzung des Hausanschlussprozesses unabdingbar sind, in das e-pilot-Ökosystem eingebunden. Die benötigten Informationen

Abb. 3.6 Dank responsivem Design kann der Kunde den digitalen Hausanschlussprozess auch von unterwegs abschließen

werden über Schnittstellen zwischen den verbundenen Systemen ausgetauscht, wobei e·pilot als zentrales System fungiert. Die Anbindung verschiedener benötigter Akteure, wie z. B. des Tiefbauunternehmens, erfolgt über das Partnerportal.

3.3.2 EVU: Multichannel-Lead-Generierung

Ursprünglich hatte das EVU e·pilot für erste Pilotprojekte angefragt. Als das große EVU aus dem Rhein-Main-Gebiet dann aber die Möglichkeiten des Ökosystems kennenlernte, war schnell klar, dass es e·pilot als zentrales System für die *Leadgenerierung* nutzen wollte. Daher wurden sämtliche Front-Ends auf der Website, also alle 70 digitalen Kundenkontaktpunkte, durch e-pilot-Front-Ends ersetzt – so laufen sämtliche Anfragen zentral zusammen. Der Vorteil: *Fragmentierte Systemlandschaften* und vor allem

Systembrüche gehören der Vergangenheit an. In erster Linie ging es in diesem Fall um eine notwendige Prozessstabilisierung – auf gut Deutsch: weg vom Umgang mit Excel und Outlook. Künftig sollen „vorne" die Leads eingesammelt und „hinten" effizient abgewickelt werden – natürlich inklusive transparenter Nachverfolgung des Projektstatus.

Aber der Reihe nach: Das EVU hat ein breites Angebot an Produkten und Dienstleistungen – aber zu wenig digitale Sichtbarkeit, um Leads zu generieren. Und wenn Interessenten anfragen, sind die Wege zum Angebot meist zu kompliziert oder in verschachtelten Unterseiten versteckt. Das Ziel lautete, Kundenanfragen zu zentralisieren und anschließend durch einen intelligenten Vertriebsprozess zu führen, sodass keine Anfrage verloren geht – und das alles ganz komfortabel über die eigenen Kontaktformulare auf der Website und die dazugehörigen Landing Pages.

Bereits vor einigen Jahren hatte sich der Energieversorger etliche Lösungen zur digitalen Unterstützung angeschaut, wurde aber auf dem Markt nicht fündig. Also programmierte man eine eigene Lösung, die allerdings auch sehr schnell an ihre Grenzen kam. Das Ökosystem von e·pilot bietet dem EVU nun genau das, wonach jahrelang gesucht wurde: Bereits zu einem frühen Projektzeitraum wurden bestehende Kontaktformulare auf den Landing Pages durch Formulare mit direkter Anbindung an die Cloud ersetzt – jeder Lead wird vollautomatisiert als Vertriebsprozess angelegt und entsprechend bearbeitet. Eine ausbleibende oder gar doppelte Bearbeitung gehört so der Vergangenheit an, genauso wie Versäumnisse und langsame Reaktionszeiten gegenüber den Kunden, da alle Leads zentral für alle Mitarbeiter einsehbar sind.

Mittlerweile wurde das bestehende Projekt dahingehend mit dem Versorger weiterentwickelt, dass ein zentrales Beschwerdemanagement und ggf. die Verwendung von e·pilot als zentrales Ticketsystem möglich sind. Darüber hinaus wird an eigenen, sogenannten Custom Products, wie neuen Carsharing-Prozessen und weiteren Produkten, gearbeitet.

3.4 Fazit

Die Energiebranche muss sich noch deutlich schneller und radikaler dem Kunden und seinen Bedürfnissen, vor allem mittels digitaler Möglichkeiten, zuwenden. Der Megatrend Digitalisierung muss in diesem Hinblick deutlich geschärfter angegangen werden. Die meisten Branchen sind weiter, obwohl sich der Energiesektor vermutlich wie kein zweiter digitalisieren lässt, da es auf eine hohe Standardisierung der Lösungen ankommt.

Mit den Commodities haben Versorger Produkte, mit denen sie sich nicht differenzieren können, und auch die Margen werden immer geringer. Die meisten, abgesehen von den ganz Großen, sind überwiegend regional tätig und können drohende Kundenverluste nicht so einfach über eine deutschlandweit agierende Marke wieder ausgleichen. Zudem werden die Versorger in entsprechenden Portalen nebeneinander gestellt und somit einfach vergleichbar gemacht. Das ist ein großes Problem: Denn mit 800–1.000 Versorgern ist der Markt in Deutschland sehr fragmentiert. Die Versorger selbst sind austauschbare Nummern, die nur aufgrund von Filtereinstellungen des Kunden gefunden werden. Das kann nicht im Interesse der EVU sein.

Den Trend zum *Bundling* gilt es für sich zu nutzen. Denn so schaffen EVU Mehrwerte für ihre Kunden. Versorger haben so die Chance, sich durch ihr Angebot von anderen Anbietern zu differenzieren. Diese Bundling-Packages kann man nicht über Vergleichsportale beziehen. Die meisten EVU haben für diese aber nicht die geeignete Plattform. Hinzu kommt das Thema *Partnering*. Nur wer in starken Netzwerken mit Partnern agiert, wird in Zukunft ein erfolgreicher Dienstleister. Die Zeit, alles selbst machen zu wollen, ist definitiv überholt und wenig erfolgsversprechend. Mit dem Ökosystem e·pilot verfügen Marktpartner sofort über ein starkes Netzwerk – auch in innovativen Segmenten. Mittels Bundles und Dienstleistern kann ein EVU seine regionale Stärke voll ausspielen und dadurch nicht nur Mehrwerte für seine Kunden schaffen, sondern gleichzeitig auch sein Geschäft gegenüber der Konkurrenz absichern.

Insgesamt wird sich die IT-Landschaft weiter stark in Richtung Cloudlösungen entwickeln, die, wie bereits im B2C-Bereich erfolgreich vorgemacht, stärker auf die Community und Sharing-Ansätze setzen. Es werden genau die EVU einen Vorteil haben, die frühzeitig die Angst vor dem eigenen Know-how-Verlust überwunden haben und dadurch deutlich schneller, kostengünstiger und sehr innovativ im Markt auftreten können. Denn auch der Kunde ist heute sehr viel mündiger als noch vor ein paar Jahren – die durch die Digitalisierung gebotene Transparenz will er nutzen und so noch genauer vergleichen und wechseln, sollte keine enge Bindung zu seinem Versorger bestehen. Und die erreicht man durch attraktive Produkte, Dienstleistungen und Mehrwerte, die nicht „von der Stange" über Vergleichsportale geshoppt werden können, sondern nur im Ökosystem des Versorgers. Über eine leistungsfähige Plattformtechnologie wie e·pilot können zusätzlich eine hohe Transparenz und Geschwindigkeit in der Beziehung Kunde und EVU hergestellt werden, die in einer digitalen Welt ebenfalls erfolgskritische Komponenten darstellen.

Es geht hier um Added Values über eine reine Lieferantenbeziehung hinaus. Wer den Wandel zur Digitalisierung nicht schafft, den wird es künftig nicht mehr geben.

Michel Nicolai ist Gründer und CEO von e·pilot. Seine Mission: „Energieversorger erfolgreich in der digitalen Welt platzieren". In der Branche ist er kein Unbekannter: Bevor der Wirtschaftsingenieur das Start-up e·pilot gründete, hat er bei Trianel als Fachbereichsleiter die Digitale Plattform Energiedienstleistungen, kurz T-PED, ins Leben gerufen und verantwortet.

Szilard Toth ist Gründer und CTO von e·pilot. Sein klares Ziel: „Die leistungsfähigste E-Commerce-Cloud-Plattform für den Energiemarkt entwickeln". Vor der Gründung von e·pilot war er in Sydney, Australien, beim weltweit führenden Enterprise-Cloud-Anbieter Atlassian tätig. Dort verantwortete er führende Cloud-Produkte für Millionen von B2B-Nutzern.

Die Blockchain im energiewirtschaftlichen Einsatz – der Wuppertaler Tal.Markt

4

Elmar Thyen

Bitcoin, Ethereum & Hyperledger – Die Blockchain ist mehr als nur ein Marketing-Hype.

Zusammenfassung

Ihre Befürworter sehen die Blockchain als digitalisiertes Vertrauen, als Allzweckmittel, als branchenübergreifenden Heilsbringer. Aber ist die Blockchain wirklich ein technologischer Quantensprung wie die Erfindung des Rades oder nur ein intelligentes Werkzeug, eine digitale Weiterentwicklung der seit der Antike bekannten und im 15. Jahrhundert vom Franziskaner-Gelehrten Luca Pacioli (1494) wissenschaftlich beschriebenen doppelten und damit zumindest theoretisch lückenlosen Buchführung? Der Hype um die Technologie bringt ihre Befürworter zu gewagten Vergleichen und begeistert und irritiert Wirtschaft und Politik. Aber welchen praktischen Nutzen kann die Blockchain in der komplex regulierten deutschen Energiewirtschaft zeitigen? Die WSW Wuppertaler Stadtwerke haben 2017 als einer der weltweit ersten Energieversorger ein Endkundenprodukt auf Basis der Blockchain-Technologie gestartet. Der gemeinsam mit Experten des Schweizer Stromhändlers Axpo innerhalb von sechs Monaten entwickelte „Tal.Markt" machte in der Fachwelt national, aber auch international Schlagzeilen. Das 2017 nur mit einer Handvoll ausschließlich in Wuppertal ansässiger Kunden gestartete Produkt wurde 2019 massenmarkttauglich. Die Erfahrungen aus dem Bergischen Land zeigen auf, dass die Blockchain als Werkzeug neue Geschäftsmodelle befördert.

E. Thyen (✉)
WSW Wuppertaler Stadtwerke GmbH, Wuppertal, Deutschland

4.1   Revolution im Ökostromvertrieb

Am 20. Nov. 2017 kündigt der damalige Chef der *WSW Wuppertaler Stadtwerke*, Andreas Feicht, eine Revolution im Stromvertrieb an. Die WSW nehmen als weltweit erster kommunaler Energieversorger einen Blockchain-basierten Handelsplatz für Ökostrom in Betrieb.[1] Auf dem Handelsplatz „Tal.Markt" erwerben Kunden ihren Strom bei lokalen Ökostromproduzenten und stellen ihren Energiemix selbst zusammen. Jede Bestellung und Lieferung wird von intelligenten Messeinrichtungen bei Erzeuger und Verbraucher vermerkt und die Transaktion über die *Blockchain-Technologie* fälschungssicher ausgeführt. Als Partner der WSW, die die digitale Handelsplattform *Tal.Markt* betreiben, setzen die Wuppertaler auf das Entwicklerteam Elblox des Schweizer Stromhandelsunternehmens *Axpo*, das das Konzept und auch die IT-technische Infrastruktur bereitstellt.[2] Die ursprünglich im Hintergrund arbeitende Technologie des Tal.Markts ist Ethereum, deren Perfomance mit rund 25 Transaktionen pro Sekunde deutlich über der Verifikationsgeschwindigkeit von Bitcoin liegt. Das in der Energiewirtschaft häufig diskutierte Problem der unverhältnismäßig hohen Stromverbräuche wird beim Tal.Markt über die Einführung einer Corporate Blockchain gelöst.

Tal.Markt 2.0 – eine Wuppertaler Eigenentwicklung
Gut ein Jahr später trennen sich die Wege von Elblox und WSW. Mit dem selbst entwickelten und im Februar 2019 vorgestellten Tal.Markt 2.0 auf Basis von Hyperledger können die WSW die Performance auf 20.000 Transaktionen pro Sekunde steigern. Damit machen die Wuppertaler die Blockchain-Plattform tauglich für den Massenmarkt. Als Betreiber der Plattform übernehmen die WSW zentrale Aufgaben. Für die Energielieferung schließen die Produzenten ebenso einen Vertrag mit den WSW wie die Verbraucher für den Energiebezug. Auf der Produzentenseite stehen die Anlagen in der Direktvermarktung, die die WSW als Dienstleister sicherstellen.

Die technologische Architektur des Tal.Marktes ist so ausgelegt, dass das Modell „White-Label-fähig" ist. Denn je kleiner ein Stadtwerk ist, desto unwirtschaftlicher ist die Eigenentwicklung eines vergleichbaren Produktes. Diese Stadtwerke können über einen eigenständigen Verknüpfungspunkt (Node) auf alle angeschlossenen EE-Anlagen und das *Content-Management-System* zugreifen, siehe Abb. 4.1.

Mit der *swb AG* aus Bremen, den Stadtwerken *Trier AöR (SWT)* und der *EVH* aus Halle (Saale) haben die WSW im Februar 2019 zeitgleich zum Launch des Tal.Markt 2.0 die *Blockwerke gegründet*, das erste Netzwerk deutscher Kommunalversorger zur kommerziellen Nutzung der Blockchain-Technologie. Der Tal.Markt wird seit April 2019 auch bundesweit angeboten. Das Ziel der Wuppertaler: Gemeinsam mit ihren kommunalen Partnern sollen im Jahr 2022 bereits 50.000 Kunden die Plattform nutzen.

---

[1] Vgl. Flauger (2017).
[2] Vgl. WSW (2017).

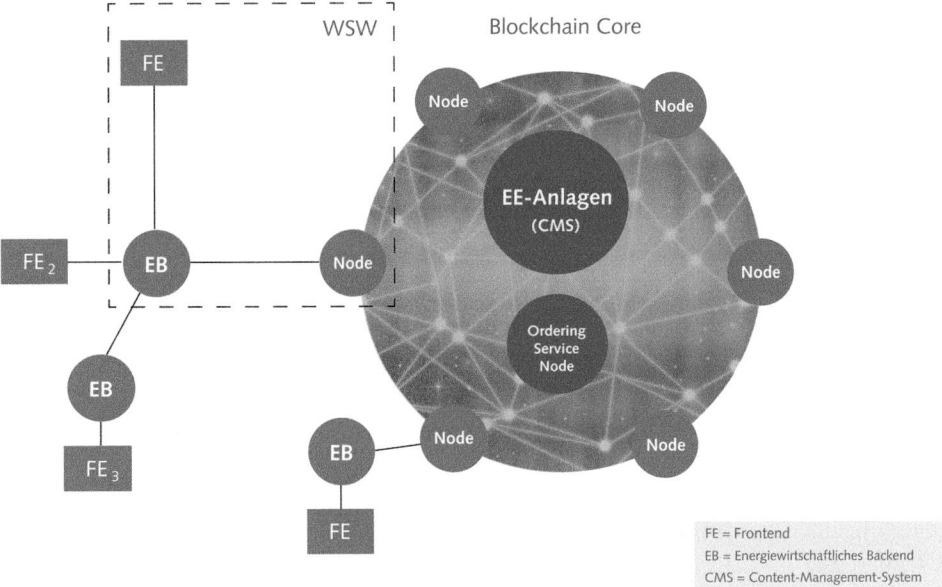

Abb. 4.1 Die Architektur der Wuppertaler Blockchain-Plattform ist White-Label-fähig. Über einen eigenständigen Verknüpfungspunkt (Node) haben Dritte Zugriff auf das Content Management und alle kontrahierten Stromerzeuger. Sie können nicht nur ihre Kundenschnittstelle, das Frontend, eigenständig gestalten, sondern auch ihr Backend nutzen

4.2   IT-Kultur und Fehlertoleranz als Basis energiewirtschaftlicher Produktentwicklung

Mit dem *Tal.Markt* setzen die WSW auf eine Technologie, die zwar in der Finanzwirtschaft bereits seit der Einführung von *Bitcoin* 2009 für Aufsehen und Unruhe sorgt, deren Auswirkungen auf weitere Branchen aber für viele Experten noch im Bereich von Forschung und Entwicklung liegen. *Enercity* aus Hannover kündigte im Spätsommer 2016 zwar an, auch Privatkunden könnten ihre Rechnungen mit Bitcoin bezahlen. Im März 2019 allerdings bedauerte das Unternehmen auf seiner Webseite, die Zahlung mit Bitcoin sei aus technischen Gründen nicht möglich.[3]

Bis zur Einführung des Tal.Markts als bestellbares Stromprodukt blieb die Blockchain jenseits von Kryptowährungen Diskussionsgegenstand der Branche, ohne zur Umsetzung zu kommen. Aus Sicht der WSW war dagegen 2017 die Technik zumindest in dem klar umgrenzten eigenen Versorgungsgebiet marktreif. Die WSW ließen sich dabei von unterschiedlichen Motiven leiten, das Produkt in einem vergleichsweise frühen Stadium einzuführen.

---

[3] Vgl. enercity (2016).

Zum einen wollte man die Lernkurve der alternativen *Grünstromvermarktung* möglichst früh starten. Dabei half das von der Unternehmensleitung ausgegebene Ziel, nicht kurzfristig Geld verdienen zu müssen, sondern als First Mover langfristig Wertschöpfung aus dem Betrieb der Plattform zu generieren. Diese Vorgabe kreierte eine der IT-Branche vergleichbare Entwicklungskultur, die Fehler toleriert und zugleich die ständige Optimierung forciert. Eine solche *Kultur* ist der Energiewirtschaft, die Versorgungssicherheit als Leitbild hat, fremd. Bei der Entwicklung von Produkten, die auf IT-Plattformen beruhen, ist sie allerdings sinnvoll. Denn unter „normalen" energiewirtschaftlichen Entwicklungszyklen hätte die Produktentwicklung ansonsten eher Jahre als, wie im vorliegenden Fallbeispiel, neun Monate gedauert.

Ein zweites Motiv zur Produktentwicklung entstammt der Marktforschung, im Speziellen dem Trend zur *Selbstwirksamkeit*. Auf deutschen Dächern befinden sich heute über 1,4 Mio. Kleinkraftwerke, Photovoltaikanlagen, im Besitz von mindestens ebenso vielen Stromverbrauchern. Mit dem Tal.Markt bieten die WSW ihren Kunden auch ohne eigene Solarzellen auf dem Dach ein Stromprodukt, über dessen Zusammensetzung aus unterschiedlichen erneuerbaren Stromerzeugern (s. Abb. 4.2) und Preisen sie selbst entscheiden. Der Tal.Markt spricht die Selbstwirksamkeit des Kunden als eines der Merkmale des Megatrends Neo-Ökologie direkt an und stellt das Kundenbedürfnis in den Mittelpunkt. So ist es kein Wunder, dass die Bergische Bürgerenergiegenossenschaft mit ihren Solaranlagen zu den ersten Lieferanten und ihre Mitglieder zu den ersten Kunden des Tal. Markts zählten.

Abb. 4.2 Der Wuppertaler Tal.Markt gibt Strom ein Gesicht. Kunden können beispielsweise vom mit Biogas betriebenen Blockheizkraftwerk im Stadtteil Uellendahl und seinem Betreiber ihren Grünstrom beziehen

Neue Geschäftsmodelle für alte Windräder

Das dritte Motiv findet sich in der Logik des EEG. Am 31. Dez. 2020 endet für mehr als 4.000 Windkraftwerke und ihre Betreiber, 20 Jahre nach Einführung des *Erneuerbare-Energien-Gesetzes (EEG)*, die Ära der gesicherten Einspeisevergütung. Sie müssen sich fortan dem Strommarkt stellen. Und dort drohen die Windkraftanlagen Opfer der Energiewende zu werden. Denn die alten, oft leistungsschwachen Windmühlen produzieren immer dann Strom, wenn die inzwischen auf über 50.000 Megawatt angewachsene deutsche Windflotte ohnehin am Netz ist. Zu diesen Zeiten aber tendiert der Strompreis gegen Null oder ist sogar negativ.

Die Produktionskosten dieser alten Windräder liegen zudem nach Angaben ihrer Betreiber deutlich über den Kosten von abgeschriebenen fossilen oder nuklearen Kraftwerken. Für die Anlagen stellt sich die Überlebensfrage. Volkswirtschaftlich wäre es unsinnig, funktionstüchtige und umweltfreundliche Produktionsanlagen außer Betrieb zu nehmen. Da die Windräder seit zwei Jahrzehnten stehen, sind sie zudem gesellschaftspolitisch vor Ort kaum umstritten. Ihre Betreiber fordern vielfach eine Verlängerung der Förderung. Dies wird jedoch weder gesellschaftspolitisch noch EU-rechtlich umsetzbar sein.

Mit dem Tal.Markt öffnet sich für die Betreiber solcher Windräder, aber auch von Solaranlagen oder Wasserkraftwerken, der Privat- und Gewerbekundenmarkt. Das Ziel der WSW ist es, dass – wie bei *Amazons Marketplace* – langfristig der Anlagenbetreiber sein Stromprodukt selbst auf dem Tal.Markt einstellt und den Preis festlegt. Denkbar sind Sonderangebote an sonnen- oder windreichen Tagen, aber auch Monats- oder Jahresprodukte, die Betreiberkooperationen aus verschiedenen Erzeugungsanlagen speisen. Für Stromverbraucher wie Hotelketten, aber auch Supermärkte oder Mobilitätsanbieter bietet der Tal.Markt Möglichkeiten, sich im Wettbewerb zu differenzieren.

Die Stadtwerke als Betreiber der Plattform wiederum garantieren die ordnungsgemäße Abwicklung der Transaktion und die Abführung von Abgaben, Umlagen und Steuern. Dafür kassieren sie eine *Service Fee*.

Auch die Finanzierung von neuen EE-Anlagen ist über die Plattform denkbar. Bereits vor dem Bau eines Windrades können Kunden Vorbestellungen platzieren, eine im Rahmen des Crowdfunding insbesondere in den USA häufig praktizierte Finanzierungsform für Produktentwicklungen. Aus den Vorbestellungen ergibt sich für den Anlagenbetreiber zum einen eine frühzeitige Interessensabfrage, vertraglich kann aus einem solchen Konstrukt ein langfristiges *Power Purchase Agreement (PPA)* zwischen Anlagenbetreiber und Verbraucher resultieren.

4.3 Die Blockchain in der Energiewirtschaft: Technologischer Quantensprung, Risikotechnologie oder digitale Evolution?

Jede neue Technologie, sei es die Schraube des Archimedes, die Dampfmaschine von James Watt oder das iPhone von Steve Jobs, braucht Fürsprecher. Im deutschsprachigen Raum ist einer der meistzitierten Promotoren der Blockchain in der Energiewirtschaft

Ewald Hesse. Er ist CEO von *Grid Singularity* und Vizepräsident der Energy Web Foundation. Hesse geizt nicht mit Superlativen: Für ihn ist die Blockchain „in ihrer technologischen Dimension durchaus mit einem Quantensprung wie der Erfindung des Rads vergleichbar. Etwas völlig Neues wird die alte Welt ersetzen und grundsätzlich neu organisieren. Der Umbau des Energiesystems wird zukünftig von viel mehr einzelnen Playern vorangetrieben werden. Denn durch die Digitalisierung können plötzlich die Initiativen kleiner Start-ups mit den Ideen großer Konzerne mithalten.“[4]

Sogar Antworten auf gesellschaftspolitische Fragen billigt Hesse der Blockchain zu. Sie ermögliche eine Demokratisierung sowohl im Internet als auch bei der Digitalisierung des Strommarktes. Eine dezentrale Kommunikationsplattform, welche automatisierte Wertübertragungen ermöglicht, sei „quasi der Grundbaustein einer Graswurzeldemokratie.“[5]

Auch der IT-Experte Kenneth Lindstroem billigt der Blockchain „revolutionäres Potenzial“ zu, insbesondere in Zusammenhang mit dem Internet der Dinge. Zukünftig würden Maschinen täglich Milliarden von Transaktionen untereinander tätigen, zum Teil nur im Gegenwert von Bruchteilen eines Cents. Verträge könnten mit der Blockchain auf Maschinenebene geschlossen werden. Indem „Wenn-dann“-Verknüpfungen die Logik eines Vertrags abbildeten, könne der Vollzug ohne menschliche Intervention erfolgen. Lindstroem rechnet damit, dass *Smart Contracts* die Grundlage einer ganz neuen „Machine Economy“ werden.[6]

Eine neue Dynamik für Deutschland – Politik und Blockchain

Die Wellen, die die Blockchain in der Fachwelt verursacht, finden auch in der Politik ihren Niederschlag. Noch vorsichtig zurückhaltend wird die Technologie erstmals in Deutschland 2017 im Koalitionsvertrag zwischen CDU und FDP in Nordrhein-Westfalen verankert: „Wir starten mit einem Blockchain-Pilotprojekt in der Verwaltung. Damit entwickeln wir die Sicherheit kritischer und sensibler IT-Prozesse weiter.“[7] In die Vollen geht im Vergleich dazu die große Koalition auf Bundesebene in ihrem Koalitionsvertrag 2018, ganze 7-mal wird das Wort Blockchain im Koalitionsvertrag erwähnt. Die Absicht, der Technologie eine Strategie zu widmen, ist gleich 2-mal wortgleich im Vertrag verankert.[8]

Auch wenn die Dopplung ein redaktionelles Versäumnis zu sein scheint, zeigen Umfang und Wortwahl des Absatzes die Ambivalenz, die die große Koalition mit der Blockchain verbindet: „Um das Potenzial der Blockchain-Technologie zu erschließen und Missbrauchsmöglichkeiten zu verhindern, wollen wir eine umfassende Blockchain-Strategie entwickeln und uns für einen angemessenen Rechtsrahmen für den Handel mit Kryptowährungen und Token auf europäischer und internationaler Ebene einsetzen.

---

[4] Kroder (2017, S. 15).

[5] Ebd.

[6] Vgl. Lindstroem (2018).

[7] Nordrhein-Westfalen-Koalition (2017, S. 33).

[8] Vgl. Bundesregierung (2018, S. 44 und 70 f.).

Die Möglichkeiten der bargeldlosen Zahlung sollen im digitalen Zeitalter erweitert werden. Anonymes Bezahlen mit Bargeld muss weiterhin möglich bleiben."[9]

In einem weiteren Satz wird zudem die Erprobung eines *Distributed Ledger* in der Bundesregierung angestrebt, um auf den Erfahrungen basierend einen entsprechenden Rechtsrahmen zu entwickeln. Der Einsatz der Blockchain in der Abfallbranche oder auch der Energiewirtschaft ist in den wochenlangen Koalitionsverhandlungen offensichtlich nicht Thema gewesen. Wichtiger war es, dem Bürger zu versichern, dass niemand vorhat, über die Regulation von *Kryptowährungen* das Bargeld abzuschaffen.

Die Formulierungen im Koalitionsvertrag zeigen deutlich, dass sich die Politik vom Blockchain-Hype hat anstecken lassen. Allerdings, so Lindstroem, wahrscheinlich zu Unrecht. Denn die Vorschusslorbeeren, die der IT-Fachmann noch 2018 verlieh, nahm er Anfang 2019 wieder zurück: Die Blockchain werde sich nicht in der Geschwindigkeit durchsetzen, die viele erwarteten. Auf die Frage der Computerwelt aus Österreich, ob es gehypte IT-Themen gebe, die den Hype nicht verdienen würden, formulierte Lindstroem: „Der Begriff Blockchain ist wohl so ein Buzzword. […] Bislang hält sich der tatsächliche Einsatz in der Praxis aber in Grenzen."[10]

4.4 Dena-Studie zeigt Chancen auf

Die erste fundierte, deutschsprachige Studie zum Einsatz der Blockchain in der Energiewirtschaft hat im Februar 2019 die bundeseigene *Deutsche Energie-Agentur (dena)* veröffentlicht.[11] Die Studie konzentriert sich auf elf Anwendungsfälle (Use Cases) aus den Feldern Asset-Management, Datenmanagement, Marktkommunikation Strom, Stromhandel sowie Finanzierung & Tokenization.

Use Cases vom *Mieterstrom* über den Einsatz im P2P-Handel zwischen Kunden eines Stromlieferanten bis hin zur *Predictive Maintenance* als Energiedienstleistung und Shared Investments für EE-Anlagen werden untersucht. Dabei betrachten die Wissenschaftler die Blockchain in den Dimensionen Technik, Regulation und Ökonomie.

Den größten ökonomischen Nutzen erkennt die Studie im Use Case „Zertifizierung von Herkunftsnachweisen", ein Zweck, für den der Tal.Markt die Blockchain mit nutzt. Die dena-Studie bestätigt, ohne den Tal.Markt selbst zu untersuchen, die Erfahrungen aus Wuppertal. Die dena betrachtet auf Basis der Studienergebnisse die Technologie mit der gebotenen Distanz und bittet zu beachten, „dass die Blockchain nicht zwangsläufig der ‚missing key' der Energiewelt ist, welcher gleichsam die Lösung aller Herausforderungen der Energiewende verspricht."[12]

---

[9] Ebd. (2018, S. 44).

[10] Weiss (2019).

[11] Vgl. Richard et al. (2019).

[12] Richard et al. (2019, Teil A, S. 11).

Eine solche Zuschreibung, so Kuhlmann, würde die Erwartungen an die Technologie übersteigern und daher drohen, die Verbreitung in den spezifischen Anwendungsfeldern der Energiewirtschaft, in denen ein Einsatz dieser Technologie tatsächlichen Mehrwert und Sinn bietet, zu verlangsamen.[13]

Den einen Mehrwert, da ist sich die dena sicher, kann die Blockchain in der integrierten Energiewende ohne Zweifel darstellen. Eine Einschätzung, die deckungsgleich mit den Erfahrungen der *WSW* aus dem Tal.Markt ist. Der zielgerichtete Einsatz der Blockchain macht Produktentwicklungen möglich, die mit herkömmlichen Technologien nur bedingt abbildbar sind.

Literatur

Bundesregierung. (2018). *Koalitionsvertrag zwischen CDU, CSU und SPD für die 19. Legislaturperiode. – Ein neuer Aufbruch für Europa; Eine neue Dynamik für Deutschland* (12.03.2018). *Ein neuer Zusammenhalt für unser Land.* Berlin: Bundesregierung. https://www.bundesregierung.de/resource/blob/975226/847984/5b8bc23590d4cb2892b31c987ad672b7/2018-03-14-koalitionsvertrag-data.pdf?download=1. Zugegriffen am 15.03.2019.

enercity. (2016). *Zahlung mit Bitcoin.* Hannover: enercity AG. https://www.enercity.de/privatkunden/service/bitcoin/index.html. Zugegriffen am 15.03.2019.

Flauger, J. (2017). Ökostrom direkt vom Erzeuger. In *Handelsblatt Online* (20.11.2017). Düsseldorf: Handelsblatt GmbH. https://www.handelsblatt.com/unternehmen/energie/wuppertaler-stadtwerke-oekostrom-direkt-vom-erzeuger/20599886.html. Zugegriffen am 15.03.2019.

Kroder, T. (2017). Manche Hürden der Energiewende rufen nach kreativer Zerstörung. Interview mit dena-Chef Andreas Kuhlmann und Blockchain-Pionier Ed Hesse. In *transition* (S. 15–17). Berlin: Deutsche Energie-Agentur GmbH (dena). https://www.dena.de/fileadmin/dena/Dokumente/Pdf/566/9224_transition_-_das_Energiewendemagazin_der_dena.pdf. Zugegriffen am 15.03.2019.

Lindstroem, K. (2018). Das Internet of Value, powered by Blockchain. In *industriemedien.at* (13.11.2018). Wien: WEKA Industrie Medien GmbH. https://industriemagazin.at/a/das-internet-of-value-powered-by-blockchain. Zugegriffen am 15.03.2019.

Nordrhein-Westfalen-Koalition. (2017). *Koalitionsvertrag für Nordrhein-Westfalen 2017–2022 (NRWKoalition)* (26.06.2017). Düsseldorf: CDU Nordrhein-Westfalen & FDP Nordrhein-Westfalen. https://www.cdu-nrw.de/sites/default/files/media/docs/nrwkoalition_koalitionsvertrag_fuer_nordrhein-westfalen_2017_-_2022.pdf. Zugegriffen am 15.03.2019.

Pacioli, L. (1494). *Summa de arithmetica, geometria, proportioni et proportionalità.* Venedig: Paganino Paganini.

Richard, P., Mamel, S., & Vogel, L. (2019). *Blockchain in der Integrierten Energiewende. dena-Multi-Stakeholder-Studie* (Feb. 2019). Berlin: Deutsche Energie-Agentur GmbH (dena). https://www.dena.de/fileadmin/dena/Publikationen/PDFs/2019/dena-Studie_Blockchain_Integrierte_Energiewende_DE4.pdf. Zugegriffen am 15.03.2019.

Weiss, O. (2019). COMPUTERWELT Ausblick 2019: Kenneth Lindstroem von cellent. In *COMPUTERWELT* (14.01.2019). Wien: CW Fachverlag GmbH. https://computerwelt.at/news/computerwelt-ausblick-2019-kenneth-lindstroem-von-cellent/. Zugegriffen am 15.03.2019.

[13]Vgl. ebd. (2019, Teil A, S. 11).

WSW. (2017). *Wuppertaler Stadtwerke starten ersten Blockchain-Handelsplatz für Ökostrom* (Pressemitteilung 20.11.2017). Wuppertal: WSW Wuppertaler Stadtwerke GmbH. https://www. wsw-online.de/unternehmen/presse-medien/presseinformationen/pressemeldung/meldung/wuppertaler-stadtwerke-starten-ersten-blockchain-handelsplatz-fuer-oekostrom/. Zugegriffen am 15.03.2019.

Elmar Thyen, Jahrgang 1965, studierte Journalistik, Raumplanung und Politik in Dortmund. Seit den Auseinandersetzungen um die WAA im bayerischen Wackersdorf beschäftigt sich der gebürtige Münsteraner mit der deutschen Energiepolitik. Thyen arbeitete 25 Jahre journalistisch bei Tageszeitungen, dem WDR und dem NRW Lokalfunk. Bis 2009 leitete er als Chefredakteur den Lokalsender Antenne Unna. Von dort wechselte er als Leiter Unternehmenskommunikation und Energiepolitik zum Stadtwerke-Netzwerk Trianel nach Aachen. Seit 2017 verantwortet Thyen die Konzernkommunikation und das strategische Marketing der WSW Wuppertaler Stadtwerke. Auf europäischer Ebene leitet Thyen seit 2013 in Brüssel die Task Force Energy des Verbandes öffentlicher Unternehmen CEEP. An der Ruhr-Universität Bochum lehrt Thyen im Bereich „Kommunikation für Ingenieure".

Process Mining in der Energiewirtschaft – Einsatzgebiete und Erfahrungen

Marcus Krüger und Ingmar Helmers

Zusammenfassung

Das Kapitel beschreibt die Funktionsweise der Process-Mining-Technologie, erörtert ihren Nutzen und gibt einen Überblick über mögliche Einsatzgebiete. Um die Technologie besser verstehen zu können, wird auf zwei konkrete Anwendungsbeispiele genauer eingegangen. Am Ende des Kapitels wird ein Ausblick über die zukünftigen Entwicklungen der Technologie gegeben.

5.1   Was ist Process Mining?

Auf der operativen Ebene eines jeden Unternehmens findet man eine Vielzahl von Prozessen, von deren Ablauf der Unternehmenserfolg entscheidend abhängt. Ineffizienzen in den Prozessen gilt es zu vermeiden, um Kosten so gering wie nur möglich halten zu können. So stellen beispielsweise Nacharbeiten innerhalb eines Prozesses einen Kostenfaktor dar, der bei einem optimalen Ablauf des Prozesses vermieden werden kann. Darum sind Unternehmen stets bestrebt, ihre operativen Prozesse zu überwachen, um Schwachstellen möglichst früh zu identifizieren und Gegenmaßnahmen zu ergreifen. Neben der Business Process Analysis und dem Business Activity Monitoring als Teil von Workflow-Management-Systemen sowie der viel diskutierten Business Intelligence bietet das Process Mining hierfür einen ganzheitlichen Ansatz, um Prozesse zielführend analysieren und Prozessoptimierungsvorschläge

M. Krüger (✉) · I. Helmers
cronos Unternehmensberatung GmbH, Münster, Deutschland

© Springer Fachmedien Wiesbaden GmbH, ein Teil von Springer Nature 2020
O. D. Doleski (Hrsg.), *Realisierung Utility 4.0 Band 2*,
https://doi.org/10.1007/978-3-658-25589-3_5

liefern zu können.[1] Im Folgenden betrachtet dieses Kapitel die Funktionsweise des Process Mining, stellt mögliche Einsatzgebiete gerade für die Energiewirtschaft vor (vgl. Abschn. 5.2). Zudem wird ein Ausblick in zukünftige Entwicklungen gegeben (vgl. Abschn. 5.3).

Wie funktioniert Process Mining?

Jedes *Quellsystem* innerhalb eines Unternehmens, in dem Daten über operative Prozesse gesammelt werden, umfasst Informationen, die zur Analyse des tatsächlich ablaufenden Prozesses genutzt werden können. Diese Daten werden als *Ereignisprotokolle* (engl. *Event Logs*) bezeichnet. Ein solches Ereignisprotokoll kann aus einem beliebigen IT-Quellsystem abgeleitet werden und umfasst mindestens einen Case Identifier, der einen bestimmten Fall innerhalb des zu analysierenden Prozesses eindeutig identifizierbar macht, und einen Task Identifier oder *Zeitstempel*, der den zeitlichen Ablauf der innerhalb des Prozesses ablaufenden Aktivitäten angibt.[2] Ein solches Ereignisprotokoll ist in Tab. 5.1 exemplarisch dargestellt. Auf Grundlage des Protokolls kann beispielsweise abgeleitet werden, dass Fall 1 des betrachteten Prozesses die Aufgaben in der Reihenfolge A, B, C und D durchläuft, der Fall 4 jedoch in der Reihenfolge A, C, B und D. Auffällig ist, dass Fall 5 lediglich die Aufgaben E und F umfasst.

Das angestrebte Ziel vom *Process Mining* ist es nun, aus diesen Ereignisprotokollen Prozessmodelle abzuleiten, um den tatsächlichen Ist-Ablauf der operativen Prozesse und

Tab. 5.1 Beispiel eines Ereignisprotokolls. (Quelle: Van der Aalst und Weijters 2004, S. 233)

Case Identifier	Task Identifier
Case 1	Task A
Case 2	Task A
Case 3	Task A
Case 3	Task B
Case 1	Task B
Case 1	Task C
Case 2	Task C
Case 4	Task A
Case 2	Task B
Case 2	Task D
Case 5	Task E
Case 4	Task C
Case 1	Task D
Case 3	Task C
Case 3	Task D
Case 4	Task B
Case 5	Task F
Case 4	Task D

---

[1] Vgl. van der Aalst und Weijters (2004, S. 232).

[2] Vgl. van der Aalst et al. (2004, S. 233).

die kausalen Zusammenhänge zwischen einzelnen Aktivitäten darstellen zu können.[3] Um den so gewonnenen *Prozessablauf* grafisch darstellen zu können, wurde eine Vielzahl von Algorithmen und Heuristiken entwickelt, die das Ereignisprotokoll auf oben gezeigte Weise analysieren und in einem sogenannten Workflow Net – einer besonderen Art von Stellen/Transitions-Netzen – darstellen.[4] Der wohl bekannteste *Algorithmus* ist dabei der α-Algorithmus von van der Aalst et al.[5] Das aus Tab. 5.1 resultierende Workflow Net ist in Abb. 5.1 dargestellt. Der oben erläuterte fünfte Fall des Prozesses, der lediglich die Aufgaben E und F durchläuft, resultiert dabei in einem eigenständigen Pfad innerhalb des Netzes. Ferner ergibt die Analyse des Ereignisprotokolls, dass die Aufgaben B und C nach Ausführung von Aufgabe A parallel ablaufen.[6]

Nach der Analyse des Ereignisprotokolls ergibt sich eine Vielzahl unterschiedlicher Prozesspfade, die Einblicke in den Ist-Ablauf des Prozesses gewähren, ihn mit dem Soll-Prozess vergleichbar machen und die Komplexität des tatsächlichen Prozesses aufschlüsseln.

Durch den Vergleich des Soll- und Ist-Prozesses können Schwachstellen im Prozessablauf auf operativer Ebene identifiziert werden. Darauf aufbauend ist es möglich, Maßnahmen zu definieren, die Schwachstellen entgegenwirken, um den Prozess effizienter und kostengünstiger zu machen. Definiertes Ziel ist dabei in erster Linie die Kostenreduzierung. Erreicht wird diese beispielsweise durch die Steigerung des *Automatisierungsgrades* oder durch Reduzierung nicht konformer Prozessabläufe. Die Hinzunahme von Stammdaten erlaubt es Unternehmen darüber hinaus, umfangreichere Analysen durchzuführen. Denkbar wäre hier beispielsweise, die Bedeutung bestimmter Kunden zu ergründen, um darauf aufbauend Customer-Relationship-Initiativen zur Stärkung der Beziehung zum Kunden zu entwickeln.

Interessiert sich ein Unternehmen für die Einführung von Process Mining, wird üblicherweise in einem Piloten geprüft, ob und wie Process-Mining-Erkenntnisse für das eigene Unternehmen gewonnen werden können. Für den Piloten ist neben der reinen

Abb. 5.1 Das aus dem Ereignisprotokoll resultierende Petri-Netz. (Quelle: in Anlehnung an van der Aalst und Weijters 2004, S. 232)

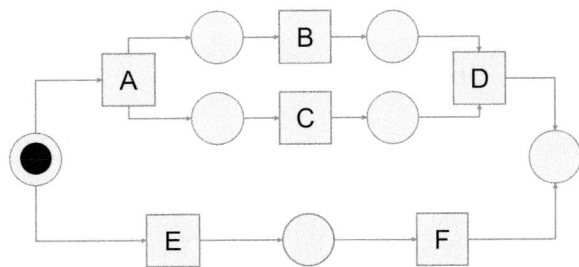

[3] Vgl. van der Aalst und Weijters (2004, S. 232).

[4] Vgl. van der Aalst et al. (2004, S. 1131).

[5] Vgl. van der Aalst et al. (2004, S. 233).

[6] Siehe van der Aalst und Weijters (2004, S. 232).

Softwareimplementierung und der Extraktion der relevanten Prozessdaten ein klarer Analysefokus für den Erfolg erfahrungsgemäß maßgebend.

Der *Pilot* wird üblicherweise in vier Phasen durchgeführt. Zu Anfang müssen die relevanten Prozesse identifiziert werden, die durch das Process Mining analysiert werden sollen. Von Interesse ist hierbei insbesondere die Berücksichtigung aktueller Informationsbedarfe, z. B. des Managements oder der Fachabteilung, sowie die Kenntnis bestehender Prozessherausforderungen. Anhand dieser Informationen können Entscheidungskriterien definiert werden. In dieser Phase sollten zudem das Management, Projektmanager, Prozessverantwortliche und IT-Architekten beteiligt sein, um alle den Prozess betreffenden Anforderungen erfassen zu können. In der nächsten Phase wird die Umsetzbarkeit des Projektes evaluiert, indem erste Daten aus den Quellsystemen extrahiert werden, um diese für die Erstellung des Ereignisprotokolls nutzen zu können. Sobald dieses Protokoll aus den Daten extrahiert und durch die Process-Mining-Lösung analysiert wurde, kann sich das Unternehmen in der damit beginnenden 3. Phase einen ersten Überblick über das Potenzial von Process Mining verschaffen. Sind diese Potenziale erkennbar, können ein Einführungsplan in der 4. Phase definiert und der Auswertungsfokus erweitert werden.

Um die Potenziale des Einsatzes der Technologie näher erläutern zu können, werden im nächsten Abschnitt Anwendungsgebiete der Technologie vorgestellt und anhand zweier Beispielprozesse veranschaulicht.

5.2   Einsatzgebiete

Nachdem im ersten Abschnitt auf die Funktionsweise der Technologie eingegangen wurde, soll in diesem Abschnitt auf die vielfältigen Einsatzmöglichkeiten der Process-Mining-Technologie eingegangen werden. Hierzu wird zunächst ein Überblick über die Bereiche gegeben, in denen die Technologie Anwendung finden kann. Anschließend sollen zwei konkrete Anwendungsfälle erörtert werden.

5.2.1   Überblick

Die Einsatzgebiete der *Process-Mining-Technologie* sind vielfältig. Jeder Prozess, der durch ein Prozessdiagramm beschrieben werden kann, kann durch das Process Mining analysiert und mit dem Soll-Prozess verglichen werden. Diese Flexibilität erlaubt einen branchenunabhängigen Einsatz der Technologie. Von besonderem Interesse sind dabei häufig jedoch Standardprozesse. Ein solcher ist beispielsweise der Order-to-Cash-Prozess, bei dem der Ablauf von der Bestellung eines Kunden bis zum Zahlungseingang des Kunden betrachtet wird. Dieser Prozess entspricht in der Versorgungswirtschaft dem sogenannten Meter-to-Cash-Prozess und wird im nächsten Abschnitt gesondert betrachtet. Genau wie der Verkauf kann auch der Einkaufsprozess eines Unternehmens genauer analysiert werden. Der sogenannte Purchase-to-Pay-Prozess betrachtet den Bezug von Waren und/

oder Dienstleistungen eines Unternehmens und umfasst alles vom Kauf über den Empfang bis hin zur Bezahlung und Abrechnung der Ware. Neben den Ein- und Verkaufsprozessen können auch Prozesse aus den Branchen Personalwesen, Logistik, Warenwirtschaft, Kundenmanagement, Versicherungs- und Bankwesen oder aber auch aus dem IT-Service-Management oder der Stammdatenpflege analysiert werden.

5.2.2 Anwendungsbeispiele

Dieser Abschnitt befasst sich mit zwei konkreten Anwendungsbeispielen. Zum einen soll mit Blick auf die Versorgungswirtschaft der Meter-to-Cash-Prozess genauer betrachtet werden. Zum anderen wirft dieses Kapitel einen Blick auf den Ablauf des Service-Management-Prozesses.

Der Meter-to-Cash-Prozess
Der *Meter-to-Cash-Prozess* ist ein Prozess innerhalb der Versorgungswirtschaft und betrachtet den Ablauf vom Anlegen des Ablesebeleges bis zum Zahlungseingang des Kunden. Der Prozess ist exemplarisch in Abb. 5.2 dargestellt. Er beginnt mit dem Anlegen des Ablesebeleges. Sobald dieser angelegt ist, folgt die *Ablesung* des Zählerstandes beim Kunden. Optional folgt nach der Ablesung die Freigabe des Ablesebeleges, oder aber es folgt direkt das Anlegen des Abrechnungsbeleges. Sobald der Fakturabeleg ebenfalls angelegt wurde, wird der Beleg gedruckt. Bei dem Zahlungsausgleich wird zwischen einem Ausgleich über die Eingangszahlung, einem Ausgleich über die Ausgangszahlung und einem maschinellen Ausgleich unterschieden. Falls die Zahlfrist erreicht wird, geht der Prozess weiter ins Mahnwesen.

Der beschriebene Soll-Prozess wirkt auf den ersten Blick recht simpel. Würde der Prozess dem erwarteten Soll-Prozess in allen Fällen entsprechen, würde man höchstens sechs Prozessvarianten erwarten. Analysiert man den Prozess jedoch mit Hilfe der Process-Mining-Technologie, so stellt man schnell fest, dass es weitaus mehr Prozessvarianten geben wird. Denkbar wäre beispielsweise, dass Prozessschritte übersprungen, in einer anderen Reihenfolge oder wiederholt ausgeführt werden. Eine solche Abweichung des Prozesses resultiert schnell in notwendigen Nacharbeiten, die durch die Mitarbeiterbindung an diesen Prozessschritt sowohl Geld als auch Zeit kosten.

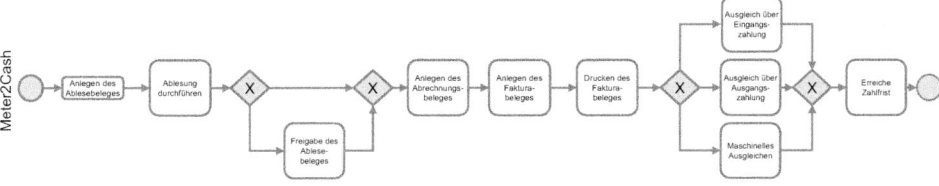

Abb. 5.2 Beispielhafter Ablauf des Meter-to-Cash-Prozesses

Wie im ersten Abschnitt bereits erwähnt, führt die Hinzunahme von Stammdaten zu weiteren und tiefergreifenden Analysemöglichkeiten. Denkbar wäre, die Hinzunahme der Abrechnungsklasse um die Bedeutung der Klassen „Haushalt", „Sonderkunden", „Gewerbekunden" und „Landwirtschaft" zu ergründen. Analog wäre die Betrachtung der Stornorate eines bestimmten Ablesetyps von Interesse, um die Ablesetypen identifizieren zu können, die die höchste Stornorate aufweisen. Da Stornierungen unnötigem Aufwand entsprechen, könnte nach der Identifizierung die Reduzierung der Stornierungen ein definiertes Ziel sein, um den Prozess zu optimieren. Die Hinzunahme des Ortes, an dem die Ablesung stattgefunden hat, eröffnet dem Versorgungsunternehmen die Möglichkeit, seinen Kundenstamm geografisch einzuordnen, starke Gebiete durch geeignete Strategien weiter auszubauen oder Gebiete zu identifizieren, in denen ein Zuwachs des Kundenstamms wahrscheinlich scheint. Durch Drill-Down-Operationen ist es dem Versorgungsunternehmen ferner möglich, die Analyse auf bestimmte Dimensionen zu reduzieren, um die Prozesse detaillierter analysieren zu können. Der Detailgrad kann dabei beispielsweise bis auf Kundenebene erhöht werden. Das Process Mining erlaubt zudem die zeitliche Analyse der Prozesse. Auf diese Weise ist es dem Versorgungsunternehmen möglich, umsatzschwache Monate zu identifizieren und den Gründen für einen solchen umsatzschwachen Monat nachzugehen.

Speziell definierte *Key Performance Indicators (KPI)* wie beispielsweise die Stornorate oder aber der Automatisierungsgrad eines Prozesses geben einen schnellen Aufschluss darüber, an welcher Stelle der Prozess optimiert werden könnte. Bei Prozessen ist dabei häufig die benötigte Durchlaufzeit pro Variante ein wichtiges Maß. Hohe Durchlaufzeiten gilt es dabei zu vermeiden, um Kosten und Zeit zu sparen. Process-Mining-Lösungen bieten hierfür häufig benutzerfreundliche grafische Oberflächen, mit denen der Nutzer schnell und einfach einen Überblick über die Performance des betrachteten Prozesses erlangen kann.

Ein weiterer für Dienstleistungsunternehmen interessanter Prozess ist der des Service-Managements, auf den im Folgenden näher eingegangen werden soll.

Der Service-Management-Prozess

Gegenstand des *Service-Management-Prozesses* ist, im Unternehmen auftretende Serviceanfragen abzuarbeiten und die erfolgreiche Durchführung der Serviceanfrage an die auftraggebende Person zurückzumelden. Dieser Prozess ist in Abb. 5.3 beispielhaft dargestellt. Nachdem eine Serviceanfrage bei der Servicestelle eingegangen ist, wird ein

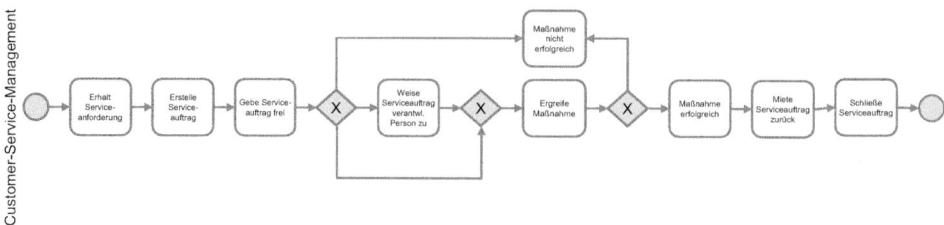

Abb. 5.3 Beispielhafter Ablauf des Service-Management-Prozesses

Serviceauftrag erstellt und im Anschluss freigegeben. Je nach Serviceanfrage kann der anlegende Mitarbeiter die Anfrage entweder selber durchführen oder muss diese einem zuständigen Mitarbeiter zuweisen. Sollten die ergriffenen Maßnahmen erfolgreich sein, so kann der Auftrag an den Auftragssteller zurückgemeldet und die Anfrage geschlossen werden. Anderenfalls muss die Anfrage einem anderen Mitarbeiter zugewiesen werden, der dann versucht, die Anfrage hinreichend zu erfüllen.

Betrachtet man den Ablauf des Prozesses mit Hilfe der Process-Mining-Technologie, so kann das den Service stellende Unternehmen beispielsweise evaluieren, bei welchen Serviceauftragsarten es am häufigsten zu Problemen kam, inwiefern sich die Mitarbeiter an den Service-Management-Prozess halten oder aber auch, bei welchen Mitarbeitern es am häufigsten zu nicht erfolgreich abgearbeiteten Serviceaufträgen gekommen ist. Anhand dieser Informationen können die Notwendigkeit von Schulungsmaßnahmen der Mitarbeiter identifiziert, notwendige Anpassungen des Prozessablaufs ergründet und Kosteneinsparungspotenziale ermittelt werden.

Wie anhand der beiden beschriebenen Prozesse gezeigt, hat die Process-Mining-Technologie großes Potenzial, unternehmensintern Prozesse zu analysieren und zur drastischen Verbesserung des Prozesses beizutragen.

5.3 Ausblick

Nachdem im vorherigen Abschnitt ein Blick auf die möglichen Einsatzpotenziale der Process-Mining-Technologie geworfen wurde, sollen im Folgenden die derzeitigen Entwicklungen der Technologie betrachtet werden. Derzeitige Trends wie die Prozessautomatisierung durch den Einsatz von Software-Robotern oder aber auch die Nutzung von Artificial-Intelligence- und Machine-Learning-Ansätzen gehen auch an den Entwicklungen der Process-Mining-Technologie nicht vorbei. So sind die Anbieter solcher Software-Plattformen stets bestrebt, ihre Software an aktuelle Trends anzupassen und dem Kunden somit einen Mehrwert zu bieten.

Die im Folgenden vorgestellten Entwicklungen sind jedoch nicht so neu, wie man vielleicht vermuten mag. Bereits mit der Vorstellung des „ProM-Frameworks" im Jahre 2005[7] wurde eine Plattform vorgestellt, die durch Plug-Ins einfach erweiterbar ist. Diese Plug-Ins werden in die Kategorien Mining, Export, Import, Analysis und Conversion eingeteilt. Die anhaltende Relevanz der Nutzung von genetischen Algorithmen wurde bereits damals in die Entwicklung des Frameworks mit aufgenommen. So dienen die im ProM-Framework genutzten genetischen Algorithmen der Identifizierung von Rauschen innerhalb der Ereignisprotokolle.

Neue Process-Mining-Plattformen werben ferner mit Funktionalitäten wie Social Analytics, bei dem nicht nur der Prozess an sich, sondern der Faktor Mensch mit in die Analyse einbezogen wird, um so die Performance einzelner Mitarbeiter oder Teams evaluieren zu können. Auch solche Features wurden bereits bei der Vorstellung des ProM-Frameworks

---

[7] Siehe van Dongen et al. (2005, S. 444–454).

berücksichtigt. Das Ereignisprotokoll wurde dabei um eine Spalte ergänzt, in der der für den Prozessschritt verantwortliche Mitarbeiter festgehalten wurde.[8] So ist es möglich, im Prozess auftretende unerwünschte Ereignisse einzelnen Personen oder Teams zuzuordnen und Maßnahmen gegen diese Ereignisse zu ergreifen.

Wirklich spannende Entwicklungen gibt es jedoch im Bereich der künstlichen Intelligenz und der Automatisierung von Prozessen. So bieten Process-Mining-Plattformen mittlerweile Lösungen, bei denen Algorithmen der künstlichen Intelligenz kontinuierlich die ablaufenden Prozesse analysieren und dem Nutzer individuelle Handlungsvorschläge geben, um den Prozess effizienter zu gestalten. Jene Algorithmen werden auch genutzt, um die Konformität des Prozesses zu analysieren. Dazu vergleicht das System den Soll- mit dem Ist-Prozess und stellt dem Nutzer die Ergebnisse der Analysen zur Verfügung. Dieser kann nicht-konforme Prozessschritte identifizieren und Gegenmaßnahmen veranlassen oder den Ablauf des Prozesses umgestalten.

In diesem Zusammenhang bieten die neuen Plattformen auch die Möglichkeit, Automatisierungspotenziale zu identifizieren. Durch den Einsatz der *Robotic Process Automation* können Software-Roboter implementiert werden, die die identifizierten zu automatisierenden Prozessschritte eigenständig ausführen.

Einige der sich am Markt befindenden Softwareanbieter bieten dem Kunden mittlerweile ferner die Möglichkeit, eigene Programme zu schreiben, die dabei helfen sollen, den Prozess zu analysieren. So ist es dem Nutzer möglich, Software-Bibliotheken zu nutzen, in denen Machine Learning oder Algorithmen der Künstlichen Intelligenz implementiert sind, die in der Standardvariante der Process-Mining-Plattform nicht zur Verfügung stehen. Die Ergebnisse dieser Algorithmen können dann mit den standardmäßig implementierten Algorithmen verglichen werden. Ferner besteht die Möglichkeit, die Analysen aus dem Process-Mining-System zu exportieren, um diese in anderen Anwendungen nutzen zu können.

Während Process-Mining-Lösungen in der Vergangenheit On-Premise auf den sich im Unternehmen befindenden Servern installiert werden musste, gibt es mittlerweile Anbieter, die ihre Plattform als Cloud-Lösung anbieten. Dies bringt die bei Cloud-Systemen üblichen Vorteile mit sich. Dem Nutzer wird so eine einfache Skalierung geboten, falls sich die Anforderungen an das System ändern sollten. Ferner verlagert sich der Anschaffungs- und Instandhaltungsaufwand dieser Cloud-Systeme auf den das Cloud-System betreibenden Anbieter. Dem Nutzer bleiben so teure IT-Anschaffungs- und Instandhaltungskosten erspart. Solche Cloud-Systeme bringen jedoch nicht nur Vorteile mit sich. So ist die Datensicherheit ein vieldiskutiertes Thema, wenn es um den Einsatz Cloud-basierter Systeme geht. Kommt es zu Datensicherheitsproblemen, so geht das häufig zu Lasten des Nutzers, weil seine unternehmensinternen Daten unbefugt an Dritte geraten sind. Auch wenn Cloud-Anbieter stets bestrebt sind, datenschutzkonforme und sichere Systeme anzubieten, kann das Risiko eines eventuellen Datenverlustes nicht ausgeschlossen werden.

Wie in diesem Kapitel gesehen, ist die Process-Mining-Technologie ein mächtiges Werkzeug, um unternehmensinterne Prozesse zu analysieren und Optimierungspotenziale

---

[8]Vgl. van Dongen et al. (2005, S. 444–454).

des Prozessablaufes zu ergründen. Mit Blick auf die Digitalisierung der Energiewirtschaft kann die Technologie entscheidend zur Automatisierung und damit verbunden zur Kostenreduzierung beitragen. Versorgungsunternehmen haben so die Möglichkeit, beispielsweise ihre Meter-to-Cash- und Service-Management-Prozesse zu überwachen.

Danksagung Besonderem Dank gilt insbesondere **Herrn Dominik Möllers**, der als Werkstudent maßgeblich bei der Erstellung des Fachbeitrags mitgewirkt hat.

Literatur

Van der Aalst, W. M., & Weijters, A. J. M. M. (2004). Process mining: A research agenda. *Computers in industry*, Process/workflow mining (Special issue), *53*(3), 231–244. Amsterdam: Elsevier Science Publishers B. V.

Van der Aalst, W. M., Weijters, T., & Maruster, L. (2004). Workflow mining: Discovering process models from event logs. *IEEE Transactions on Knowledge & Data Engineering, 16*(9), 1128–1142.

Van Dongen, B. F., de Medeiros, A. K. A., Verbeek, H. M. W., Weijters, A. J. M. M., & van der Aalst, W. M. (2005). The ProM framework: A new era in process mining tool support. In *International conference on application and theory of petri nets* (S. 444–454). Berlin/Heidelberg: Springer.

Marcus Krüger ist Geschäftsführer der cronos Unternehmensberatung GmbH in Münster. Nach seinem BWL-Studium mit Schwerpunkt Wirtschaftsinformatik stieg er 1996 in die IT-Beratung in der Energiewirtschaft ein. Seit dem berät Herr Krüger Netzbetreiber und Energielieferanten mit den Schwerpunkten Meter2Cash, IT-Strategie, Prozessautomatisierung und neue Technologien.

Ingmar Helmers ist Bereichsleiter RPA und Process Mining bei der cronos Unternehmensberatung GmbH in Münster. Nach seinem BWL-Studium spezialisierte er sich auf die Prozess- und IT-Beratung. Seit Verfügbarkeit von Process-Mining- und RPA-Software beschäftigt sich Herr Helmers mit der Prozessautomatisierung bei Energieversorgungsunternehmen und gehört mittlerweile zu den führenden Prozessspezialisten in der Branche.

Robotic Process Automation – Ein praxisnaher Bericht über die Implementierung von Automationsprojekten mit RPA im Umfeld der Energiewirtschaft

6

Bernd Seidensticker

Zusammenfassung

Bernd Seidensticker berichtet von seinen Erfahrungen aus der Praxis bei der Einführung von RPA – Robotic Process Automation. Im Zuge dieses Berichts werden detailliert technische, rechtliche und personalseitige Aspekte bei der Einführung von RPA behandelt. So wird auf Vorurteile und falsche Vorstellungen eingegangen wie auch gezielt dargelegt, welche Befindlichkeiten seitens der Belegschaft zu erwarten sind und wie man diesen begegnen kann. Dieser praxisnahe Textbeitrag gibt zudem Auskunft darüber, wie Automationsprojekte gelingen können und welche Voraussetzungen vorrangig geschaffen werden sollten. Dies beinhaltet gleichermaßen fachliche, technische und prozessuale Fragestellungen, um ein realistisches Bild von RPA zu vermitteln. Des Weiteren erläutert Herr Seidensticker, welche Herausforderungen, aber vor allem Chancen die Digitalisierung im gesamten und RPA im Speziellen mit sich bringt. Ein abschließender Ausblick zeigt, in welchen Szenarien künftig RPA zum Einsatz kommen könnte und wie sich dieser dynamische Markt entwickeln wird.

6.1 Einleitung

Neue Technologien ermöglichen die Digitalisierung in bisher unbekanntem Ausmaß. Eine davon ist *Robotic Process Automation (RPA)*. RPA ist ohne Zweifel eine disruptive Technologie, also etwas, das bestehende Strukturen aufbricht und alte Arbeitsroutinen in Frage stellt. Wie lange RPA diesem Charakter entspricht, wird die Zukunft zeigen. Durch die Ergänzung von RPA durch Künstliche Intelligenz (KI), *Cloud-Dienste, Process Mining* und *Big Data* ist

B. Seidensticker (✉)
DMS Daten Management Service GmbH, Berlin, Deutschland

© Springer Fachmedien Wiesbaden GmbH, ein Teil von Springer Nature 2020
O. D. Doleski (Hrsg.), *Realisierung Utility 4.0 Band 2*,
https://doi.org/10.1007/978-3-658-25589-3_6

das Potenzial in jedem Fall vorhanden. Entsprechend der praxisorientierten Ausrichtung dieses Fachbuchs ist dieser Beitrag keine Zukunftsvision, sondern ein praxisnaher Bericht. Die dargelegten Erkenntnisse wurden unmittelbar im produktiven Umfeld gewonnen.

6.2   Grundlagen

Wenngleich RPA in aller Munde ist und im Begriff steht, sich im Fahrwasser des Buzzwords „Digitalisierung" seinen Weg in die Unternehmen zu bahnen, herrscht vielfach noch Unkenntnis und Unsicherheit über Eigenschaften, Vorzüge und Herausforderungen dieser Technologie. *Automation* mache man ja schon, bekommt man gelegentlich zu hören. Hierbei wird dann an die Automation im System gedacht, beispielsweise im SAP IS-U. Denn es ist ja seit Jahren gängige Praxis, möglichst viele Massenprozesse wie etwa Rechnungsläufe und die Verarbeitung von Zählerständen innerhalb des Abrechnungssystems automatisiert zu verarbeiten.

Allerdings ist RPA keine Form der Automation, die innerhalb eines Systems stattfindet, sondern eine übergreifend agierende Software, welche Medienbrüche spielend überwindet. Entsprechend liegt der Unterschied zu den bisherigen Methoden in der Art und Weise der Automation, den daraus resultierenden Möglichkeiten, wie der kurzen Implementierungsdauer und der entsprechend niedrigen Investitionsschwelle. Diese Vorteile sind entscheidende Eigenschaften von RPA. Kosten- und Zeitaufwand betragen oft nur ein Bruchteil dessen, was für eine Automation auf herkömmlichem Wege veranschlagt wird. Daher ist ein Return on Investment (ROI) auch eher gegeben, als es bei IT-Projekten für gewöhnlich der Fall ist.

RPA bildet innerhalb der Unternehmensstruktur eine eigene Instanz, die nicht an bestimmte Anwendungen oder Bereiche geknüpft ist. Wie ein digitaler Füllspachtel fügt sich RPA zwischen die wuchernde *Systemlandschaft* und verbindet sie unkompliziert, umfassend und ressourcenschonend. Schnittstellen? Irrelevant. Die *Schnittstelle* ist immer, oder besser gesagt fast immer, die Programmoberfläche selbst. Ein Faktum, das bei IT-Verantwortlichen zunächst für Stirnrunzeln und ungläubige bis abschätzige Blicke sorgt. Wenn allerdings demonstriert wird, wie die Software wie von Geisterhand durch die Programme navigiert und in erstaunlicher Geschwindigkeit Masken befüllt, weicht die Skepsis erstaunten Blicken und spontaner Begeisterung. Ein falsch platziertes Blinzeln kann bereits dafür sorgen, dass man wesentliche Prozessschritte verpasst. Einige Vorgänge lassen sich auch im Hintergrund automatisieren, sodass selbst dem aufmerksamsten Beobachter verborgen bleibt, dass unbemerkt E-Mails versandt und abgerufen oder Excel-Listen gepflegt werden. So etwas macht Eindruck, insbesondere, weil eine solch übergreifende Funktionalität in dieser unbeschwerten Leichtigkeit bis dato nicht für möglich gehalten wurde. Stets wurde hingenommen, dass es dunkle Winkel der Systemlandschaft gibt, die nun einmal monotone und stupide Tätigkeiten nötig machen, da die unvermeidlichen Medienbrüche es schlichtweg so erfordern oder eine automatisierte Lösung entschieden zu aufwendig ist. Genau da setzt RPA an, und da die Systemlandschaften heute so komplex sind wie noch nie, ist das Potenzial entsprechend hoch.

Die beispielhafte schematische Darstellung in Abb. 6.1 verdeutlicht die Funktionsweise von RPA.

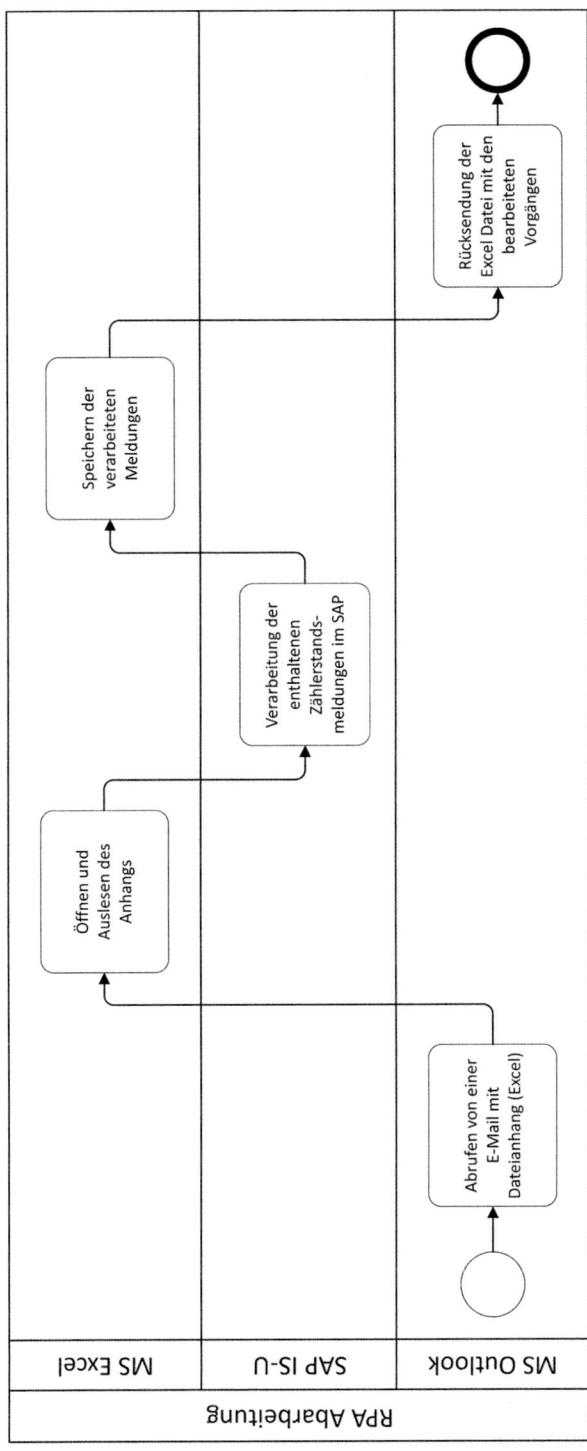

Abb. 6.1 Exemplarische Funktionsweise von Robotic Process Automation (RPA)

Dies soll aber nicht den Eindruck erwecken, als könne RPA jede Art von Schnittstelle, Middleware oder Dunkelverarbeitung ersetzen oder überflüssig machen. RPA ist kein Allheilmittel, sondern eine extrem effektive Ergänzung bereits bestehender Möglichkeiten. Ein Werkzeug, welches zügig integriert und ressourcenschonend ist und genau dort zum Einsatz kommt, wo andere Lösungen abwegig erscheinen. RPA ist ein universelles Werkzeug. Einfach, rasch implementiert und vergleichsweise kostengünstig. Bestimmte Anforderungen können jedoch nach spezialisierten und spezifischen Lösungen verlangen. Daher entspricht es dem Charakter von RPA, Lücken zu füllen, die bisher nicht im Fokus von Automationsprojekten standen.

Die *Energiewirtschaft*, netzseitig wie vertriebsseitig, ist mit ihrem breiten Dienstleistungsspektrum und den gelegentlich stark zerklüfteten Systemlandschaften eine ideale Umgebung für Automationslösungen. RPA ist hier ein schlagkräftiges Werkzeug, um die *digitale Transformation* zu bewältigen und einen sofortigen und unmittelbaren Nutzen aus modernster Technologie zu ziehen. Viele meinen, RPA sei die Speerspitze der Digitalisierung und nur eine Übergangslösung. Allerdings gibt es Stärken von RPA, die eine dauerhafte Etablierung in einer modernen Systemlandschaft rechtfertigen. Da der Autor die meisten Projekte im Umfeld des Vertriebs realisiert hat, ergab sich die Einordnung innerhalb dieses Fachbuchs. RPA ist jedoch nicht auf einzelne Unternehmensbereiche oder Sparten beschränkt. Die Einsatzmöglichkeiten sind unbeschränkt und umfassend über alle Unternehmensbereiche gegeben.

6.3   Technologieauswahl

Wie bei einem Technologiefeld mit einem hohen Wachstumspotenzial zu erwarten ist, gibt es eine Vielzahl von Anbietern für RPA-Lösungen mit höchst unterschiedlichen Ansätzen bezüglich technologischer Ausprägung, Lizenzmodell, Partner- und Vertriebsstrategie sowie preislicher Gestaltung.

Die Frage ist auch, ob sofort hohe Stückmengen effizient bewältigt werden müssen oder nur etwas digitale Morgenluft geschnuppert werden soll, um dann gegebenenfalls zu skalieren, sollten die gewünschten Erfolge eintreten. Ein mittelständisches Unternehmen oder Stadtwerke mittlerer Größe sollten und können nicht den gleichen Ansatz wie ein global agierender Konzern verfolgen. Daher ist auch hier oft externe Hilfe notwendig, um eine zukunftsgerichtete Entscheidung zu treffen. Denn der Markt ist auf den ersten Blick alles andere als übersichtlich.

Die Wahl des Autors fiel nach einer umfassenden Markt- und Produktanalyse sehr eindeutig auf *UIPath*. Hier kommen ein offener Ansatz, eine innovative Community, ein attraktives Lizenzmodell und eine niedrige finanzielle Einstiegsschwelle zusammen. Dank zahlreicher Partnerschaften und einer bereits hohen Produktreife liegt hier eine belastbare und sichere *Plattform* vor. Man bekommt ein flexibles Werkzeug, das bei Bedarf sehr gute Möglichkeiten zur Erweiterung bietet.

6.4   Handhabung

Die Umsetzung eines zur *Automation* vorgesehenen Prozesses erfolgt durch das Design eines grafischen Workflows. Um interessierte Neulinge nicht abzuschrecken, wird branchenweit auch dafür geworben, dass zur Implementierung einer Automation keine Programmierkenntnisse notwendig sind. Im Grundsatz ist das auch nicht falsch, denn beispielsweise ist der Versand einer E-Mail in kurzer Zeit automatisiert, ganz einfach per Drag and Drop. Allerdings ist die Abbildung komplexer Szenarien kein Spaziergang. Insbesondere wenn eine Automation fehlerfrei (oder fehlervorbeugend), autark, sicher und nachvollziehbar im Wirkbetrieb funktionieren soll, kommt man um Programmierkenntnisse und eine technikgemäße Arbeitsweise nicht herum. Ergo kann die Aussage „RPA ist nur Drag und Drop" durchaus für Frustration und Ernüchterung sorgen, wenn nicht vergleichsweise zeitnah die gewünschten Ergebnisse erzielt werden.

Nach heutigem Stand sind RPA-Lösungen technische Frameworks, die einen hohen Komplexitätsgrad aufweisen und eine grundsätzlich technische Herangehensweise erfordern. Dies ist bedingt durch den Umstand, dass nun einmal komplexe Szenarien mit schier unzähligen Möglichkeiten abgebildet werden wollen. Die Software nimmt einem im Vergleich zu den starren Methoden der Vergangenheit viel ab, aber für komplexe Anforderungen kann man keine simplen Lösungen erwarten.

Auch sollte man nicht zu viel auf die häufig angepriesene Möglichkeit geben, ganze *Prozesse* mit einer Recorder-Funktion aufzuzeichnen und später abzuspielen. Dies ist einzig für kurze Sequenzen geeignet, die ggf. anschließend angepasst werden können. Komplexe, sichere und vor allem dynamische Prozesse lassen sich so nicht abbilden. Hier sollte die Erwartungshaltung frühzeitig in die angemessenen Bahnen gelenkt werden, um Enttäuschungen zu vermeiden.

6.5   Einsatzszenarien

Im Rahmen der fachlichen Kategorisierung sind die Anwendungsmöglichkeiten von RPA nahezu unbeschränkt. Daher muss man sich früh von der Fragestellung lösen, welche Prozesse sich automatisieren lassen und welche Bereiche eines Unternehmens Automationspotenzial bieten. Es kommt darauf an, *wie* diese Prozesse gelebt werden. Idealtypische Prozesse mit hohem Automationspotenzial sind regelbasiert, wiederkehrend, von hoher Häufigkeit und haben eine strukturierte Datengrundlage. So lassen sich ohne Weiteres beliebige Formen von *Datenquellen* (Datenbanken, Excel-Listen, CSV usw.) einbinden wie auch Webseiten, Programmoberflächen oder Posteingänge. Auch Citrix-Umgebungen und RDP (Remote Desktop Protocol) stellen keine unüberwindbaren Hindernisse dar, sind aber im Resultat der Automation erheblich aufwendiger und fehleranfälliger. Man sollte sie, wenn es geht, besser vermeiden. Das liegt an der Tatsache, dass die Software in diesen Fällen rein auf optische Bildelemente und OCR (Optical Character Recognition) angewiesen ist, um eine

Automation zu bewerkstelligen. Das dauert in der Umsetzung erheblich länger und birgt Fehlerpotenziale. Unkritische Prozesse können allerdings auch in einem solchen Umfeld in Angriff genommen werden. Durch *Partnerschaften* gibt es auch hier neue Optionen, die einen direkten Zugriff auf die Applikationen ermöglichen. Allerdings müssen serverseitig Installationen vorgenommen werden.

Liegt entsprechend für einen bestimmten Prozess, beispielsweise eine Zählerstandserfassung, eine strukturierte Datengrundlage vor, wie etwa eine Excel-Liste, sind die Bedingungen gut. Soll allerdings eine freiformulierte Kunden-E-Mail verarbeitet werden, sind die Realisationsmöglichkeiten schon ungleich schlechter. Also handelt es sich um einen vergleichbaren Prozess, der aber abweichende Voraussetzungen hat, und genau darauf muss frühzeitig das Augenmerk gerichtet werden. Dies entscheidet über den zu veranschlagenden Aufwand und damit den Erfolg des Projekts.

Um die gewünschten positiven Resultate nicht zu gefährden, sollten erste Pilotprozesse entsprechend sorgsam ausgesucht werden und lieber zu früh als zu spät auf die Hilfe externer und erfahrener Partner gebaut werden. Sonst droht der Lockruf der Digitalisierung, in der Ferne zu verhallen. Wer im Alleingang die falschen Ansätze verfolgt, findet sich oft nach vertaner Zeit in einer Sackgasse wieder. Bildlich gesprochen: Warum sollte man mühsam eine Fremdsprache erlernen, wenn es nur um einen einzigen Geschäftsbrief in dieser Sprache geht? Ein Übersetzer ist darauf spezialisiert und kann diese Aufgabe besser und schneller erledigen. Also greift man auf dessen Fähigkeiten zurück, anstatt mühsam eigene Ansätze zu erarbeiten, die mehr Zeit in Anspruch nehmen und im Ergebnis schlechtere Resultate liefern.

Die Inanspruchnahme externer technischer und fachlicher Unterstützung hat einen weiteren positiven Effekt: Die eigenen IT-Ressourcen, die sich in der heutigen Zeit üblicherweise nicht über mangelnde Beschäftigung beklagen können, werden entlastet. Und zwar erheblich. Einzig ein physischer oder vorzugsweise virtueller Rechner bzw. eine Virtual Machine (VM) muss bereitgestellt werden, natürlich mit den entsprechenden Berechtigungen für die zur Abarbeitung nötigen Programme – also die gleichen Voraussetzungen wie für einen menschlichen Mitarbeiter auch. Bestehende Systeme werden ergänzt, nicht ersetzt. Das sorgt bei systemverantwortlichen Mitarbeitern regelmäßig für erleichterte Mienen.

Sind diese Voraussetzungen geschaffen, kann ein Implementierungspartner in Abstimmung mit dem Fachbereich, dem der Prozess zugehörig ist, auch schon mit der Umsetzung beginnen. Der eigentlichen Implementierung geht meist eine detaillierte *Prozessanalyse* voraus. Denn eine gute und umfassende Dokumentation stellt eine notwendige Grundlage für die Prozessautomation dar.

Den Bruch zwischen alter Welt in Papierform und der digitalen Zukunft kann bereits heute die Kombination aus RPA und ausgereiften OCR-Lösungen überwinden. Dieses Zusammenspiel wird durch Partnerschaften der Hersteller begünstigt. Solche kombinierten Lösungen arbeiten ausgesprochen gut, und wenn man bedenkt, wie papierverliebt die deutsche Unternehmenskultur (noch) ist, ist auch hier großes Potenzial erkennbar.

6.6   Vorteile

Sind dann geeignete (Pilot-)Prozesse identifiziert, die dem idealtypischen Dreiklang von zu bewältigender Komplexität, Stückzahl und strukturierter Datengrundlage entsprechen, steht dem Automations-Turbo nichts im Wege. Binnen kurzer Zeit entstehen wirksame Lösungen, die augenblicklich für Entlastung auf operativer Seite sorgen. Fügt sich der digitale Mitarbeiter in die Unternehmensabläufe ein, wird er nach anfänglicher Skepsis akzeptiert und geschätzt. Denn schnell wird klar, dass er den Mitarbeiter aus Fleisch und Blut nicht ersetzen soll, sondern sinnvoll ergänzt. Der Software-Roboter liest und schreibt E-Mails, hebt den (virtuellen) Finger, wenn er etwas nicht versteht, und lässt dann doch mal den menschlichen Kollegen drüberschauen, wenn ihm nicht ganz wohl ist bei einer Entscheidung, beispielsweise einer Buchung oberhalb einer gewissen Betragsgrenze. Natürlich geschieht all dies auch nur genau dann, wenn man dieses Verhalten vorher so implementiert hat. Diese regelbasierten Verhaltensweisen sind immer das Ergebnis einer sorgsamen Parametrierung. Es gibt hier kein intelligentes Verhalten seitens der Software, sie muss intelligent programmiert sein.

Und genau hier sollen und müssen die Stärken der neuen Technologie angemessen genutzt werden. Ein Software-Roboter hat sehr viel Zeit, unendliche Geduld und arbeitet absolut akkurat. Flüchtigkeitsfehler oder mangelnde Motivation? Nicht existent. In der Extraktion von Daten oder Copy/Paste-Aufgaben in einer Datenmaske ist die Software in Sachen Geschwindigkeit dem Menschen meilenweit voraus. Der limitierende Faktor ist hier häufig das Programm, in dem gearbeitet wird, da die Masken sich nun einmal nicht in Echtzeit aufbauen. So kann es schon passieren, dass der digitale Mitarbeiter in seinem unendlichen Eifer künstlich gebremst werden muss, um nicht ins Stolpern zu geraten oder die Anwendung zu überfordern.

Wie schon eingangs betont, setzt RPA auf die Programmoberfläche auf und ist entsprechend unabhängig von Schnittstellen jeglicher Art. Für die Interaktion mit der Software wird entsprechend der gleiche Weg gewählt, den ein menschlicher Mitarbeiter auch beschreiten würde: die Programmoberfläche selbst. Das bedeutet auch, dass für den Roboter die gleichen Spielregeln gelten wie für seine menschlichen Kollegen. Insofern sind Plausibilitätsprüfungen, beispielsweise im Abrechnungssystem, ebenso zwingend wie bindend. Dies ist ein weiterer Vorteil im Vergleich zur Dunkelverarbeitung, denn hier müssen diese Mechanismen meist individuell parametriert werden.

6.7   Herausforderungen

Bei allen immensen Vorteilen, die RPA bietet, gibt es auch Herausforderungen zu meistern. Eingangs wären da technische Aspekte zu nennen, beispielsweise die *Datenherkunft* (strukturiert oder unstrukturiert) oder der Zugriff auf virtuelle Umgebungen wie *Citrix*. Wie schon vorher betont, sind dies die grundlegenden Herausforderungen und weniger spezifische prozessuale Ausprägungen. Denn jede regelbasierte Logik mit eindeutig definierter Grundlage kann dem Roboter beigebracht werden.

In diesem Zuge sollte man die Abläufe im Unternehmen auf den Prüfstand stellen, auch unter Einbeziehung externer Partner, die oft eher Gehör finden als Impulse innerhalb des Unternehmens. Bevor man ein *Automationsprojekt* verwirft, sollte man doch lieber schauen, ob man nicht den Prozess dahingehend anpassen kann, dass er ganz oder teilweise den Anforderungen entspricht. Das ist nicht immer leicht, jedoch lohnenswert, denn hier können auch Synergien für die Arbeitswelt jenseits des eigentlichen Projektes entstehen.

Allerdings ist es für viele Marktakteure in der Energiewirtschaft, insbesondere Unternehmen von kommunaler Prägung, alles andere als einfach, alte Gepflogenheiten einfach von heute auf morgen abzuschaffen. Als Beispiel seien hier Zählerstandskarten genannt. Dies hat historisch bedingte Gründe hinsichtlich der Kundenstruktur. Dennoch sollte nichts unversucht bleiben, die Eingangskanäle den Erfordernissen der Digitalisierung anzupassen, und sei es auch nur partiell.

Da RPA menschliche Arbeitskraft durch digitale ersetzt, sind die Reaktionen der *Belegschaft* unterschiedlicher Natur. Viele Mitarbeiter sind neugierig auf die Technologie, andere aber wiederrum eher skeptisch bis ängstlich. Der *Betriebsrat* ist auch nicht unbedingt der erste, der mit wehenden Fahnen auf den RPA-Boom einschwenkt, und das ist auch absolut verständlich. Daher ist es wichtig, alle relevanten Akteure rechtzeitig in die Entscheidungsfindung einzubinden. Schließlich bedeutet Automation Rationalisierung. Die Skepsis weicht der Zuversicht, wenn man versteht, dass RPA den Menschen ergänzt und unterstützt und nicht verdrängt. Das Thema RPA wird in deutschen Führungsebenen sensibel behandelt, obwohl die Entlassung von Arbeitskräften gar nicht die Zielsetzung bei der Einführung von RPA ist. Denn der Mitarbeiter kann wieder dort eingesetzt werden, wo er am effektivsten ist: bei kundenzentrierten Tätigkeiten, in kreativen Prozessen oder bei anderen qualitativ anspruchsvollen Aufgaben – kurzum: überall dort, wo der menschliche Mitarbeiter jenseits monotoner Routinen mit seinen Fähigkeiten gefragt ist. Werden beispielsweise in kundenserviceorientierten Prozessen unterstützende Roboter eingeführt, ist dies im Sinne aller Beteiligen:

- des *Mitarbeiters*, der nicht mehr so viel Navigation durch Applikationen zu bewältigen hat und entsprechend wieder kundenzentrierter arbeiten kann;
- des *Kunden*, dem schneller und effizienter geholfen werden kann;
- und des *Unternehmens* selbst, denn dieses hat einen Produktivitätsgewinn durch eine sinkende AHT („average handling time"), zufriedenere Mitarbeiter und Kunden.

Ebenso sind die frühestmögliche Einbindung fachlicher Kräfte und die sorgsame Analyse möglicher Automationsprozesse wesentliche Grundsteine, die nicht unterschätzt werden sollten. Nur ein ganzheitlicher Ansatz, der technische und fachliche Aspekte gleichermaßen von Beginn an berücksichtigt, gewährleistet den Erfolg erster Automationsprojekte.

Insgesamt muss die Digitalisierung als Chance begriffen werden, die vieles erleichtert und Ressourcen für innovative Prozesse freisetzt. Anfang des 20. Jahrhunderts war ein Großteil der Bevölkerung in Deutschland in der Landwirtschaft tätig, um die Bevölkerung zu ernähren. Dies war auch notwendig, denn die mangelnde Produktivität hat es erforderlich gemacht, diese Masse an Arbeitskräften zu binden. Heute ist nur noch ein winziger Bruchteil der Beschäftigten in der landwirtschaftlichen Produktion tätig. Das ist das Ergebnis von technischem Fortschritt und massiven Produktivitätssteigerungen. Niemand würde dies heute als Schande bezeichnen, die dieser Wandel über unser Land gebracht hat, denn Deutschland ist ein extrem innovatives Land von enormer Wirtschaftskraft. Ein Strukturwandel, wie ihn das Momentum der Digitalisierung befördert, führt zu steigender Produktivität, mehr Wohlstand und wachsender Innovationskraft. Und exakt so müssen entsprechende Projekte, die im Rahmen dieses Umbruchs in Angriff genommen werden, auch verkauft und kommuniziert werden. Mitarbeiter, die sich frühzeitig eingebunden fühlen, sind wesentlich mehr zur aktiven Mitarbeit bereit und erheblich weniger voreingenommen. Bereitschaft zur Veränderung erfordert Mut und Entschlossenheit.

6.8   Ausblick

RPA ist bereits heute eine sichere und schlagkräftige Technologie von dauerhaftem Nutzen. Allerdings sind die Anbieter von RPA-Software bestrebt, die Funktionalitäten ihrer Produkte stark zu erweitern, um die Automationspotenziale zu vergrößern.[1] Oftmals konkurrieren einige dieser Ansätze, wie beispielsweise die Einbindung von *Cloud-Diensten*, mit dem deutschen Verständnis von Datenschutz nebst der europäischen Gesetzgebung. Die Verbindung aller theoretisch verfügbaren Möglichkeiten mit der derzeitigen Gesetzeslage wird eine Herausforderung bleiben.

Dem weltweiten Markt für Robotic Process Automation wird ein beispielloses Wachstum vorausgesagt.[2] Dieses massive Wachstum ist u. a. dadurch bedingt, dass künftig auch weniger regelbasierte Prozesse automatisiert werden sollen. Entsprechend arbeiten viele Hersteller daran, ihre Produkte mit kognitiven Fähigkeiten zu versehen. Das könnte dann auch dazu führen, dass weniger strukturierte Daten als Grundlage für Automationsprojekte ausreichend sind.

Durch die Verknüpfung mit Künstlicher Intelligenz und *Machine Learning* werden weitere Potenziale erkennbar. Allerdings sind diese Technologien bis heute eher in der Lage, Wahrscheinlichkeiten zu berechnen. Hochkritische Prozesse, die potenziell unmittelbar schadhafte Folgen haben können, müssen folglich abschließend noch durch einen menschlichen Mitarbeiter geprüft werden. Ebenso ist es nach dem heutigen Stand nicht gegeben, dass sich Technologien wie Künstliche Intelligenz oder *Process Mining* auch für kleinere Unternehmen lohnen bzw. auch bei Prozessen mit geringeren Stückzahlen

---

[1] Vgl. Roboyo (2019).
[2] Vgl. Le Clair et al. (2017).

erschwinglich erscheinen. Es ist derzeit schwer vorhersagbar, wo diese Technologien in einigen Jahren stehen werden und wie flexibel die Unternehmen in der Bereitschaft werden, Cloud-Dienste in Erwägung zu ziehen. Der strukturelle Wandel, den die Digitalisierung befeuert, hat gerade erst begonnen.

Literatur

Le Clair, C., Cullen, A., King, M. (2017). *The RPA market will reach $2.9 billion by 2021* (Forrester Report, 13.02.2017). https://www.forrester.com/report/The+RPA+Market+Will+Reach+29+Billion+By+2021/-/E-RES137229. Zugegriffen am 22.01.2019.
Roboyo. (2019). *RPA wird zu Intelligent Automation*. Nürnberg: Roboyo GmbH. https://www.roboyo.de/2018/08/rpa-wird-zu-intelligent-automation/. Zugegriffen am 22.01.2019.

Bernd Seidensticker verantwortet den Bereich Automation Services bei der DMS Daten Management Service GmbH. Er ist seit 2010 in der Energiewirtschaft tätig und Experte für Prozessoptimierung, Prozessmanagement und energiewirtschaftliche Prozesse im Allgemeinen. Außerdem ist er Scrum Master und technikaffiner Digitalisierungsprofi. Flankiert durch das branchenspezifische Fachwissen hat er bereits zahlreiche Automationsprojekte im EVU-Umfeld realisiert und freut sich auf die großen Chancen, die die Digitalisierung in der Zukunft bringen wird.

Organisation und Steuerung im Energievertrieb 4.0

Hannes Theile

Zusammenfassung

Selten zuvor war der Energievertrieb in Deutschland einem Wettbewerb in dem Maße ausgesetzt wie heute. Neben der Liberalisierung ab 1996 macht den Energielieferanten heute u. a. die steigende Eigenversorgung zu schaffen. Zukünftig werden vor allem die Geschäftsmodelle erfolgreich werden, die in kurzen Intervallen an die Kundenbedürfnisse angepasst werden können. Dies zwingt die Unternehmen zu einer anderen Organisation und zu einer neuen Form der Unternehmenssteuerung. Dieser Artikel gibt Impulse, wie sich Energievertriebe auf die sich ändernde Situation einstellen können und wie einer der größten Energielieferanten mit den Herausforderungen umgeht.

7.1 Einleitung und Zielsetzung des Artikels

In vielen Branchen erleben wir aktuell den Trend, dass immer mehr Intermediäre wie z. B. Banken und Energieversorger sich die Frage stellen, wie das aktuelle Geschäftsmodell weiterentwickelt werden kann, sodass man auch in Zukunft eine Rolle auf dem jeweiligen Markt einnehmen kann. Jahrzehntelang haben die Unternehmen in der Energiewirtschaft Erträge erwirtschaftet, indem sie Energie aus zum Teil eigenen Energieerzeugungsanlagen an Endkunden geliefert haben. Unter anderem durch den Bau von vermehrt dezentralen Kleinstanlagen wie beispielsweise Photovoltaikanlagen auf Dächern von Einfamilienhäusern ist prinzipiell die Möglichkeit gegeben, dass fortan auch die Besitzer dieser Anlagen den erzeugten Strom an Interessenten veräußern. Infolgedessen würden die Energielieferanten weniger Energie absetzen und somit weniger Erlöse erwirtschaften.

H. Theile (✉)
eprimo GmbH, Neu-Isenburg, Deutschland

© Springer Fachmedien Wiesbaden GmbH, ein Teil von Springer Nature 2020
O. D. Doleski (Hrsg.), *Realisierung Utility 4.0 Band 2*,
https://doi.org/10.1007/978-3-658-25589-3_7

Die Unternehmen müssen also mittelfristig neue Geschäftsmodelle finden, die zwangsläufig nicht direkt mit dem Commodity-Geschäft im Einklang stehen müssen. Für viele
Vertriebe ist eine solche Evaluierung neuer Ideen eine echte Herausforderung, weil die
Mitarbeiter es schlichtweg nicht gewohnt sind, neue Themen und Produkte in kurzer Zeit
zu entwickeln.

Die folgenden Seiten zeigen deshalb nach einer kurzen Vorstellung der zeitlichen Entwicklung der deutschen Energiewirtschaft auf, vor welchen Herausforderungen die Energieunternehmen stehen und mit welchen organisatorischen und unternehmenssteuernden
Maßnahmen die Mitarbeiter befähigt werden können, sodass sie im Energievertrieb 4.0
und im Wettstreit mit anderen Unternehmen überzeugen können.

7.2 Historische Entwicklung der Energievertriebe

In den beiden folgenden Abschnitten wird kurz erläutert, wie der Energievertrieb bis zur
Liberalisierung organisiert war und welche Veränderungen seitdem beobachtet werden
konnten.

7.2.1 Energievertrieb bis zur Liberalisierung

Mehr als 130 Jahre ist es mittlerweile her, als in Berlin der erste Energieversorger Deutschlands gegründet wurde. Das Unternehmen mit späterem Namen „Bewag", das heute voll
in die Vattenfall AB aufgegangen ist, konnte ein Jahr nach Gründung im Jahre 1885 das
erste deutsche Kraftwerk mit einer Leistung von 660 kW errichten, das einen Wirkungs-
grad von ca. 9 % besaß.[1] Schon damals musste das Unternehmen mit der Stadt Berlin einen Konzessionsvertrag schließen, um so die öffentlichen Straßen für den Bau von Leitungen nutzen zu können. In der weiteren energiewirtschaftlichen Entwicklung bis Mitte der
1950er-Jahre gab es viele Meilensteine, die das Leben in Deutschland geprägt haben: Im
Jahre 1912 wurde beispielsweise in Potsdam der erste *Stromtarif* mit einer fixen Grund-
gebühr eingeführt, mit Hilfe derer die Energieversorger eine Sicherheit in der finanziellen
Planung bekamen. Die Gebühr richtete sich damals nach der Zimmeranzahl der Wohnung,
wobei viele Zimmer vermutlich auf eine höhere Anschlussleistung deuten ließen. Im Jahre
1935 wurde die erste Fassung des *Energiewirtschaftsgesetzes* verabschiedet, das klare Gebietsmonopole vorsah, um so eine günstige und sichere Versorgung gewährleisten zu können. Mehr als zehn Jahre später – im Jahr 1948 – hatte sich das Land vom Krieg erholt, und
die Energieerzeugung erreichte mit ca. 14 Terrawattstunden einen Stand von vor 1939.[2]

In der zweiten Hälfte des 20. Jahrhunderts bildete sich dann sukzessive die Infrastruktur, die wir heute vorfinden: überregionale Transportnetze mit vielen regionalen

---

[1] Vgl. Kautz (1997, S. 5 f.).
[2] Vgl. Langhammer (o. J.).

Verteilungsnetzen. Im Vertrieb war der deutsche Energiemarkt von Energieunternehmen mit monopolistischen Versorgungsaufträgen geprägt. Innerhalb eines Versorgungsgebietes hatte ein einziges Unternehmen das Recht und gleichzeitig auch die Verpflichtung, die Kunden bzw. vielmehr die Abnehmer mit Energie zu versorgen. Konzessionsverträge zwischen den Kommunen und den Versorgern regelten den Bau von Leitungen und die geografische Abgrenzung zu anderen Gebieten. Wie bei anderen Monopolen auch herrschte dabei kein Wettbewerb, der dem Abnehmer eine größere Macht hätte geben können. Im Fokus lag die verlässliche Versorgung mit Energie. Aufgrund des Monopols in der jeweiligen Region bestand nicht der Druck, Kosten durch Innovationen zu senken oder neue Geschäftsfelder zu erschließen. Doch Mitte der 1990er-Jahre bahnte sich auf europäischer Ebene eine grundlegende Veränderung an.

7.2.2 Die Liberalisierung und deren Auswirkung

Nachdem die Europäische Union 1996 beschlossen hatte, den Energiemarkt in Europa entscheidend zu verändern und zu liberalisieren (EU-Richtlinie 96/92/EG), wurde das Vorhaben ab 1998 auch in deutsches Recht überführt. Ziel des Vorhabens war ein liberalisierter Energiemarkt, auf dem jeder Abnehmer seinen Stromlieferanten selbst wählen kann. Durch den steigenden Wettbewerb erhoffte man sich sinkende Energiepreise.[3]

Nach Öffnung der Märkte kam mit Yello Strom im Jahre 1999 ein erster Energievertrieb auf den Markt, der für die Energiewirtschaft neuartige Marketingmaßnahmen umzusetzen versuchte (TV-Werbung mit dem Slogan „gelb, gut, günstig"). Aufgrund der langen Monopolhistorie mussten sich die Energieversorger erst einmal daran gewöhnen, dass aus Abnehmern *Kunden* wurden und dass diese jetzt zu anderen Energielieferanten wechselten (sogenannte Lieferantenwechsel).

Wegen des nun deutlich höheren Kommunikationsbedarfs der Marktakteure wurde ein neues und gleichzeitig standardisiertes Konzept erarbeitet. Denn der örtliche Netzbetreiber musste fortan mit allen Lieferanten kommunizieren können, die in seinem Netzgebiet einen Energieliefervertrag anbieten wollten. Die Bundesnetzagentur (BNetzA) definierte deshalb Anforderungen an die Unternehmen für den Austausch von Datenformaten zur Abwicklung der relevanten Geschäftsprozesse. In den Festlegungsverfahren „BK6-06-009 GPKE" für Strom und „BK 7-06-067 GeLi Gas" wurden erstmals im Jahr 2006 einheitliche Geschäftsprozesse und Datenformate für die Energiewirtschaft vorgegeben. Als Basis für den Datenaustausch wurde das Format „Electronic Data Interchange For Administration, Commerce and Transport" (EDIFACT) festgelegt, ein von der UN erstmals 1987 veröffentlichter internationaler Standard für den elektronischen Datenaustausch. Für die deutsche Energiewirtschaft gibt es branchenspezifische Formate, die vom Bundesverband der Energie- und Wasserwirtschaft e. V. (BDEW) unter der Dachmarke EDI@Energy verantwortet und weiterentwickelt werden.

---

[3]Vgl. Kahmann und König (2000, S. 3 ff.).

Je nach Ausrichtung und Größe des Unternehmens waren die Zielgrößen nach der Liberalisierung andere: Energievertriebe innerhalb eines Energiekonzerns, der weiterhin regional aufgestellt war, strebten i. d. R. an, die Kunden in der Umgebung zu halten und mit *Mehrwertangeboten* vom eigenen Leistungsvermögen zu überzeugen. Andere Unternehmen wie Energievertriebe ohne eigenen Netzbetrieb hatten hingegen das Ziel, möglichst schnell und bundesweit einen Kundenstamm aufzubauen, um relevante Kostengrößen reduzieren zu können (z. B. die Kosten für die Abwicklung des Bestandsgeschäfts (Cost to Serve, CTS)).

In den letzten Jahren ist zu beobachten, dass Anbieter wie die sonnen GmbH oder die enyway GmbH mit neuen Energielösungen im Markt auf sich aufmerksam machen. Beide Geschäftsmodelle haben gemein, dass die Kunden mit Energie aus *dezentraler Erzeugung* versorgt werden und sich detaillierter mit dem Thema Energie auseinandersetzen. Bietet die sonnen GmbH Photovoltaikanlagen, Speicher und weitergehende Energiedienstleistungen in einem Pool mit anderen Kunden an, konzentriert sich enyway darauf, dass der Endkunde die Erzeugungsanlage seiner Energie selber aussucht und diese direkt vom Anlagenbetreiber bezieht. Beide Modelle haben also eine unterschiedliche Wertschöpfungstiefe, und die nächsten Jahre werden zeigen, wie tief sich letztendlich auch der Kunde mit den jeweiligen Themen auseinandersetzen möchte und kann. Ein Blick auf den aktuellen Monitoringbericht der Bundesnetzagentur zeigt zudem, dass erstmals nach drei Jahren die Zahl der Lieferantenwechsel außerhalb von Umzügen im Jahr 2017 um ca. 70.000 zurückgegangen ist, wobei Kausalzusammenhänge nur schwer herausgearbeitet werden können. Aufgrund der hohen Werbebudgets der Unternehmen und der Vergleichsportale wäre man aber davon ausgegangen, dass auch im Jahr 2017 die Lieferantenwechsel weiter steigen. In den nächsten Jahren wird sich zeigen, ob das Jahr 2017 nur ein Ausreißer war oder ob tatsächlich der Trend des jährlichen Energieanbieterwechsels stagniert oder gar zurückgeht.[4]

Beide Beispiele zeigen, dass sich der Wechselmarkt über die gängigen Portale und das Verhalten der Kunden zum Thema Energie verändern, und es bleibt abzuwarten, wie stark der Endkunde letztendlich in einer neuen Energiewelt involviert werden möchte.

7.3 Aktuelle Herausforderungen im Energievertrieb

Die Unternehmen der Energiewirtschaft sind aktuell großen Herausforderungen ausgesetzt. Eine Auswahl relevanter energiewirtschaftlicher und organisatorischer Entwicklungen werden im Folgenden erläutert, die erheblichen Einfluss auf die weitere Ausgestaltung der Energievertriebe haben werden.

7.3.1 Energiewirtschaftliche Herausforderungen

Nachfolgend werden die wesentlichen energiewirtschaftlichen Herausforderungen für den Energievertrieb vorgestellt.

---

[4]Vgl. Bundesnetzagentur und Bundeskartellamt (2018, S. 260 ff.).

Steigende Eigenproduktion von Energie

Durch die Verfügbarkeit von immer kleineren Energieerzeugungsanlagen und durch die steigende Rentabilität insbesondere von PV-Anlagen liegt es nahe, dass auch Energiekunden mit einem geringen Stromverbrauch (z. B. Einfamilien- und Mehrfamilienhäuser) in solche Anlagen investieren, um die daraus erzeugte Energie selbst zu verbrauchen. Aktuell (Stand: November 2018) ist der Eigenverbrauch an Energie statistisch unzureichend dokumentiert, sodass die Mengen nur geschätzt bzw. Annäherungswerte ermittelt werden können. Eine Kurzstudie des Instituts der deutschen Wirtschaft aus dem Jahr 2016 hat versucht, die Menge an selbst erzeugten Strom zu quantifizieren. Nach Recherchen des Instituts hat sich die *Eigenversorgung* von 44,9 TWh (2008) auf 60,7 TWh (2014) erhöht, Tendenz steigend.[5] Die Entwicklung zeigt, dass durch den erhöhten Eigenverbrauch die Energielieferanten weniger Energiemengen liefern werden, sodass folglich die Umsätze zurückgehen werden.

Energieproduktivität steigt

Um zu messen, wie effizient Energie verbraucht wird, wird häufig die *Energieproduktivität* gemessen. Die Kennzahl sagt aus, wie das Verhältnis zwischen dem Bruttoinlandsprodukt (BIP) einer Volkswirtschaft und der eingesetzten Primärenergie ist. Wächst der Quotient im Vergleich zum Vorjahr, so wurde relativ gesehen weniger Energie benötigt, um eine entsprechende Wirtschaftsleistung zu erbringen. Das Bundesumweltamt ermittelt jährlich für Deutschland die Produktivität. Diese ist seit dem Jahr 1990 bis 2017 um mehr als 60 % gestiegen, weil vor allem das preisbereinigte BIP gestiegen ist, proportional dazu aber nicht die eingesetzte Energiemenge. Ebenso ist die Entwicklung von einer Industrie- zu einer Dienstleistungsgesellschaft ein bestimmender Faktor. Letztendlich hat auch dieser Umstand zur Folge, dass Energieunternehmen aufgrund der erhöhten Effizienz weniger Energie absetzen.[6]

Langfristige Preisentwicklung Börsenstrom

Der Physical Electricity Index (Phelix) ist ein Index, der den durchschnittlichen Wert der an der Strombörse gehandelten Produkte darstellt. Für den langfristigen Handel für zukünftige Energielieferungen (Baseload Year Future) ist der Preis von 87 EUR/MWh im Juli 2008 auf knapp 42 EUR/MWh im Juni 2018 gefallen. Auch wenn der Index seit Anfang 2016 wieder gestiegen ist (von 21 EUR/MWh im Februar 2016 auf 56 EUR/MWh im September 2018), so ist langfristig gesehen der Preis in den letzten zehn Jahren stark gesunken. Für Energieversorger ist es also eine schwierige Situation, wenn der Wert des gehandelten Gutes zeitweise um mehr als die Hälfte gesunken ist.

Die langfristige Entwicklung des Börsenstrompreises ist schwierig vorherzusagen, doch durch den immer größer werdenden Anteil von erneuerbaren Energien, deren Grenzkosten nahezu bei null EUR liegen, ist es unwahrscheinlich, dass der Index wieder auf ein Preisniveau von 2008 ansteigen wird.

---

[5] Vgl. Chrischilles (2016).
[6] Vgl. Umweltbundesamt (2018).

Zusammenfassung
Die drei vorgestellten energiewirtschaftlichen Herausforderungen werden mittel- und langfristig dafür sorgen, dass die Energievertriebe weniger Energiemengen zu einem geringeren Preis absetzen können. Daraus resultiert die Konsequenz, sich mit neuen *Erlösmodellen* auseinanderzusetzen und diese in einer neuen Form der Zusammenarbeit zu erproben.

7.3.2 Organisatorische und technische Herausforderungen

Nachfolgend werden ausgewählte organisatorische und technische Herausforderungen für den Energievertrieb skizziert.

Digitalisierung der Energiewirtschaft
In den letzten Jahren wurde das Internet als Vertriebskanal für Energielieferverträge immer wichtiger. *Vergleichsportale* wie Verivox oder Check24 geben dem Endkunden schnell einen Überblick über Energielieferanten, die zuvor eingegebenen Vertragsmerkmalen entsprechen. Vorteile für den Endkunden sind insbesondere die schnelle und einfache Vergleichbarkeit der Angebote und der direkte, digitale Vertragsabschluss über die Portale. Im Bereich des Service erwarten die Kunden neben Self-Service-Möglichkeiten eine Kontaktform, die rund um die Uhr erreichbar ist (z. B. Chat) und deren Antwortzeit im einstelligen Minutenbereich liegt. Eine der größten Herausforderung des digitalen Wandels ist, die richtigen Fähigkeiten im Unternehmen aufzubauen und sich organisatorisch so zu strukturieren, dass neue Trends und Anforderungen innerhalb kürzester Zeit im Unternehmen umgesetzt werden können.[7]

Veränderung des Produktlebenszyklus
Der zeitliche Verlauf eines Produktes wird häufig in fünf Phasen unterteilt. In der Einführungsphase wird das Produkt unter hohem Werbeaufwand in den Markt gegeben, um die Bekanntheit zu steigern. In der anschließenden Wachstumsphase, die beginnt, sobald die Produkteinnahmen die Kosten übersteigen, gibt es i. d. R. ein starkes Umsatzwachstum. In der Reifephase erlangt das Produkt das Umsatzmaximum, und das Wachstum verlangsamt sich. Ebenso wird in dieser Phase das Produkt von Konkurrenten angeboten, sodass am Ende die Gewinne zurückgehen. Sobald kein Marktwachstum mehr erreicht wird, beginnt die Sättigungsphase, in der versucht wird, das Produkt zu modifizieren. Die letzte Phase ist die Degenerationsphase, in der der Markt insgesamt kleiner wird und keine Maßnahmen mehr wirken, um die Verkaufszahlen zu steigern. Das Produkt wird entweder vom Markt genommen oder so erweitert, dass ein neuer Produktlebenszyklus durchlaufen werden kann.

---

[7]Vgl. Hecker et al. (2015, S. 100 ff.).

Unter anderem durch die Digitalisierung lässt sich beobachten, dass die beschriebenen Phasen nicht mehr in der Reihenfolge und in Gänze durchlaufen werden müssen. Durch die schnelle Verbreitung von vor allem digitalen Produkten über das Internet sind die Grenzen der Phasen nicht immer klar, und der Zyklus kann nach nur wenigen Tagen beendet sein (z. B. Applikation auf dem Smartphone). Um auf diesen Wandel zu reagieren, muss beispielsweise das Produktmanagement von Energieversorgern schnell handeln und entscheiden können – dies umso mehr, als davon ausgegangen werden kann, dass sich auch in der Energiewirtschaft der Lebenszyklus von Produkten jeglicher Art ändern wird.[8]

Klassische Organisationsstrukturen

Die internen Organisationsstrukturen von vielen Unternehmen der Energiewirtschaft sind in klassischen Einlinien- oder Mehrliniensystemen geordnet. Verschiedene Funktionsbereiche (z. B. Produktmanagement) werden als Abteilung zusammengefasst. Diese Organisationsstrukturen resultieren aus den Anfängen der Liberalisierung Ende der 1990er-Jahre und werden den heutigen Anforderungen nur noch teilweise gerecht. Die Unternehmen sind funktional nicht am Kunden ausgerichtet und können die Anforderungen dementsprechend nicht optimal bedienen. Durch die klassischen und starren Organisationen werden neue Themen nur langsam umgesetzt, weil häufig lange Entscheidungsprozesse durchlaufen werden müssen, bevor das operative Arbeiten startet. Es müssen also Lösungen gefunden werden, damit Mitarbeiter zeitlich begrenzt und losgelöst von der klassischen Struktur ihrer Arbeit nachgehen können (und damit sind nicht Matrixorganisationen im Rahmen von Projekten gemeint).

Zusammenfassung

Die drei vorgestellten Herausforderungen machen deutlich, wie sich auch Unternehmen der Energiewirtschaft organisatorisch und in der Zusammenarbeit untereinander verändern müssen, um langfristig erfolgreich zu sein. Ebenso werden in Zukunft andere Kernkompetenzen benötigt, die im Rahmen der Digitalisierung aufkommen. Besonders bei der Gewinnung neuer Mitarbeiter, bei der Energieversorgungsunternehmen sich regelmäßig im direkten Wettstreit mit Unternehmen anderer Branchen wiederfinden, ist es wichtig, das teils verstaubte Image abzulegen und mit neuen Arbeitsmethoden und -umgebungen zu überzeugen.

7.4 Veränderungsbedarf aufgrund der Herausforderungen

Die in Abschn. 7.3 vorgestellten Herausforderungen werden die Unternehmen dazu veranlassen, sich zu verändern, um auch zukünftig einen Platz in der Energiewirtschaft einnehmen können. Der Historie geschuldet liegen die Stärken nicht in der Entwicklung neuer Geschäftsmodelle, dem Erarbeiten von Anforderungen in kurzer Zeit oder dem

---

[8] Vgl. Deutscher Bundestag (2016).

schnellen Anpassen aufgrund neuer Rahmenbedingungen. Unternehmen aus anderen Branchen (z. B. Fotoentwicklung) waren und sind bereits einer solchen Veränderung ausgesetzt. Rückblickend kann resümiert werden, dass große Konzerne wie z. B. Kodak es nicht geschafft haben, den digitalen Wandel erfolgreich zu meistern. Waren Ende der 1980er-Jahre noch ca. 145.000 Mitarbeiter für Kodak tätig, so mussten die Inhaber knapp 25 Jahre später im Jahr 2012 Insolvenz anmelden. Die Transformation ist nicht geglückt, und das prominente Beispiel sollte Warnung genug sein, damit auch etablierte Unternehmen der Energiewirtschaft den *Veränderungsprozess* ernst nehmen.

7.5   Praxisbeispiel eprimo GmbH

Am Beispiel der eprimo GmbH, einem der größten Energielieferanten in Deutschland mit über 1,4 Mio. Kunden, wird im Folgenden vorgestellt, wie man dort Antworten auf den Wandel der Energiewirtschaft gefunden hat. Die vorgestellten Maßnahmen haben bei der eprimo GmbH Erfolg und sind von den Mitarbeitern anerkannt. Dies heißt jedoch nicht, dass die Werkzeuge eins zu eins auf andere Unternehmen übertragbar sind.

7.5.1   Mitarbeiterführung über „Objectives and Key Results"

Jedes Unternehmen steht vor der Aufgabe, festzulegen, wie eine vom Management verabschiedete Strategie und davon abgeleitete Ziele durch alle Mitarbeiter umgesetzt werden. Es bedarf dabei einer großen Anstrengung, um im täglichen Arbeitsalltag nicht das „große Ganze" aus den Augen zu verlieren. Früher waren die Mitarbeiter von Energieversorgungsunternehmen daran gewöhnt, die aufgrund der Monopolstellung gut zu prognostizierenden Finanzziele eines Geschäftsjahres immer zu erreichen. Infolge der zu Beginn erwähnten Liberalisierung können die Unternehmen der Energiewirtschaft in der heutigen Zeit die gesetzten Ziele ohne große Anstrengung nicht mehr erreichen. Zudem bleibt es nicht aus, sich neben dem reinen Strom- und Gasverkauf auch mit neuen Themen und Geschäftsfeldern zu befassen. Die Managementmethode *Objectives and Key Results* (OKR) hilft dabei, sich in Zeitabständen von wenigen Monaten auf die jeweils wichtigsten Aufgaben im Unternehmen zu fokussieren, deren Erfolge überwiegend quantitativ gemessen werden.

Grundlegendes zu OKR
Auf jeder Ebene des Unternehmens werden bis zu fünf *Objectives* und jeweils drei bis fünf *Key Results (KR)* aufgestellt. Angefangen auf höchster Ebene mit Zielen für das gesamte Unternehmen werden anschließend im Dialog mit den Mitarbeitern Ziele für einen Bereich bzw. ein Team formuliert. Alle OKRs sind dabei öffentlich einsehbar, um zu jeder Zeit einen transparenten Fortschritt zu gewährleisten.

Das Objective und das Key Result

Das Objective, also das Ziel, ist eine qualitative Aussage, die die Version eines Vorhabens gut umschreibt. Das Ziel sollte so gewählt werden, dass dieses in einem Zeitfenster von gut drei Monaten bearbeitet werden kann und dass Schlüsselerfolge dazu erzielt werden können. Um das Modell an einem Beispiel zu veranschaulichen, formulieren wir das Objective „Ein neuer Stromtarif für Haushaltskunden ist erfolgreich eingeführt", mit dem wir gleich weiterarbeiten werden. Das Beispiel zeigt ein ambitioniertes Ziel, ohne zu wissen, wann die Einführung erfolgreich ist – dies erfolgt durch die Key Results.

Ein Key Result, also ein Schlüsselergebnis, ist eine quantitative Aussage, die einem Objective zugeordnet werden kann. Über ein Key Result kann gemessen werden, ob ein Ziel erreicht wurde. Für das eben aufgestellte Beispiel zur Neueinführung eines Produktes könnten folgende KRs formuliert werden:

1. Den neuen Stromtarif haben 1.000 Neukunden im IV. Quartal abgeschlossen.
2. Der Stromtarif wird auf allen 5 Vertriebskanälen angeboten.
3. Der Widerruf zum Stromtarif liegt bei <5 %.
4. Die CTA[9] liegen bei <150 EUR/Neukunde.

Alle vier Schlüsselergebnisse lassen sich über den gesamten Zeitabschnitt messen, sodass zu jeder Zeit ein Ist-Zustand und eine Prognose abgegeben werden können.[10]

Vorteile von OKRs

Gerade im Hinblick auf die in Abschn. 7.3.2 vorgestellten Herausforderungen sind OKRs eine gute Antwort. Die gesamte Ausrichtung eines Unternehmens ist lediglich für drei Monate festgelegt, sodass externe Auswirkungen und Markttrends unmittelbar in die eigene Planung aufgenommen werden können. Es bedarf keiner bürokratischen Prozesse, um Ziele und Commitments nach einem Intervall zu ändern, wie es bei klassischen Jahresplanungen der Fall wäre. Durch die Messbarkeit der jeweiligen Schlüsselerfolge ist zudem eine objektive Beurteilung von Teams möglich. Unklare Begründungen, warum Ziele oder Abmachungen nicht erreicht worden sind, sind so nicht mehr relevant. Größter Vorteil bei der richtigen Anwendung ist eine hohe Eigenmotivation, da die Mitarbeiter die Ziele und Messgrößen selber festlegen und formulieren. Es entstehen zwar eine Verpflichtung und eine Verantwortung für das sogenannte „OKR-Set", dies verstärkt jedoch die Zugehörigkeit zum und die eigene Relevanz im Unternehmen.

Tipps zur Einführung für den Alltag

Aus der bisherigen Arbeit mit OKRs lassen sich einige „Best Practices" ableiten, deren Beachtung auch anderen Unternehmen empfohlen wird: Das OKR-Werkzeug sollte von

---

[9] Unter CTA oder *Cost to Acquire* werden die Kosten der Kundengewinnung (Akquisitionskosten) verstanden.
[10] Vgl. Niven und Lamorte (2016, S. 6 ff.).

einem Mitarbeiter geführt und verantwortet werden. Dieser sollte von der Methode absolut überzeugt sein und das Wissen der Kollegen im Umgang mit dieser Methode fördern und fordern. Denn nur so ist gewährleistet, dass weiterhin ambitionierte Ziele definiert werden und die zu Beginn entstehende Dynamik nicht nach wenigen Durchläufen nachlässt. Zweitens sollte strikt darauf geachtet werden, dass die zu Beginn festgelegte Anzahl an Objectives und Schlüsselergebnissen konsequent eingehalten wird. Nur so kann eine Fokussierung auf die wesentlichen Themen erfolgen. Drittens muss man dem gesamten Unternehmen genügend Zeit geben, um die Methode erfolgreich umzusetzen. Die Erfolge werden spürbar besser, je häufiger ein OKR-Prozess durchlaufen wird. Die Mitarbeiter bekommen ein Gefühl dafür, wie viele Ziele in einem Intervall bearbeitet werden können und welche Schlüsselerfolge realistisch zu erreichen sind. Und viertens sollten Führungskräfte darauf achten, dass die Teams mindestens wöchentlich die eigenen OKRs pflegen und aktualisieren, sodass jeder Mitarbeiter sich transparent darüber informieren kann.

Herausforderungen bei der Umsetzung

Im Rahmen der Einführung gibt es ähnlich wie bei den Tipps Themen, die für alle interessierten Unternehmen von Bedeutung sind. Grundlegend ist klar, dass wie bei jedem neuen Thema Widerstände bei Mitarbeitern entstehen. Es wird Mitarbeitergruppen geben, die offen für ein solches Steuerungsmodell sind und dieses gerne erproben. Ebenso wird es Gruppen geben, die sich erst von der Methode überzeugen lassen wollen. Hier gilt es, die Akzeptanz dieser Gruppe zu gewinnen. Ebenso wird es Unternehmensbereiche geben, die weniger gut geeignet sind, die tägliche Arbeit in Form von OKRs zu optimieren. Dies sind oft Abteilungen, die wiederkehrende Tätigkeiten haben oder als Stabsstellen besondere Funktionen in einem Unternehmen einnehmen. Hier müssen Zwischenlösungen gefunden werden, ohne dass der Anschein entsteht, dass genau diese Teams vom OKR-Prozess ausgenommen sind. Schlüsseldisziplin bei der Einführung wird es sein, wie etablierte Werkzeuge und Prozesse so angepasst und miteinander verknüpft werden, dass ein großes Gesamtbild entsteht. Strategie, Vision, Requirements Engineering und Mittelfristplanungen: Alle Werkzeuge müssen in sich schlüssig sein und dürfen sich nicht widersprechen. Dies ist zwar einfach gesagt, erfordert im alltäglichen Geschäft aber viel Abstimmungszeit und ein klares Commitment zu den Themen.

7.5.2 Flexible und dynamische Zusammenarbeitsmodelle

Neben einem geeigneten Managementwerkzeug zur Steuerung des Unternehmens gibt es weitere Maßnahmen, die Mitarbeiter befähigen, in einer neuen Welt der Energiewirtschaft leistungsfähig zu arbeiten. Vier solcher Maßnahmen, die auch bei eprimo im Einsatz sind, werden im Folgenden vorgestellt:

Zusammenarbeit Personal und Betriebsrat

Die *Zusammenarbeit* zwischen Personalabteilung und Betriebsrat ist ein wichtiges Kriterium für die Beurteilung der Frage, wie effizient ein Unternehmen arbeiten kann. Viele energiewirtschaftliche Unternehmen sind von einem starken Betriebsrat geprägt, der häufig schon voreingenommen ist, sodass gute Lösungen deshalb nur schwer erstritten werden können. Haben die beiden Parteien hingegen ein im Kontext der jeweiligen Aufgaben „gutes" Verhältnis, lassen sich Lösungen für Mitarbeiter deutlich schneller realisieren. Die Mitarbeiter profitieren insofern, als dass z. B. Personalentwicklungsthemen deutlich schneller beschlossen und umgesetzt werden. Ebenso ist es bei einer vertrauensvollen Zusammenarbeit möglich, neue Themen zu evaluieren und nach einer erfolgreichen Pilotphase im gesamten Unternehmen auszurollen.

Unterstützende Betriebsvereinbarungen

Betriebsvereinbarungen (BV) sind Verträge zwischen dem Arbeitgeber und dem Betriebsrat, in denen Rechte und Pflichten beider Parteien beschrieben werden. Vor allem haben solche Verträge aber eine sogenannte Normwirkung, die Vereinbarungen gelten also unmittelbar und zwingend, wenn das Arbeitsverhältnis in den Geltungsbereich der Betriebsvereinbarung fällt (§ 77 Abs. 4 BetrVG). Um den Mitarbeitern in einem Energieversorgungsunternehmen maximale Flexibilität geben zu können, sollten geeignete Vereinbarungen geschlossen werden. In diesen wird geregelt, wie beispielsweise neue Organisationsmodelle aufgebaut sind und welche Vorteile für Mitarbeiter entstehen. Dadurch können diese z. B. deutlich schneller zwischen unterschiedlichen Tätigkeitsbereichen wechseln, ohne immer einen internen Stellenwechsel zu beantragen, der einen komplizierten Prozess zur Folge hätte. Gleichzeitig gelten die Vereinbarungen aber auch als Auffangbecken, wenn wichtige Fragestellungen im Vorfeld nicht zufriedenstellend gelöst werden können.

Mobiles und flexibles Arbeiten

Vielen jungen Unternehmen ist es heutzutage fast egal, von welchem Ort dieser Erde eine entsprechende Arbeitsleistung erbracht wird. Ist der Arbeitsort mit Kollegen und Vorgesetzten abgestimmt, so kann der Mitarbeiter deutlich effizienter seine Zeit im und außerhalb des Berufes gestalten. Natürlich sind Einsätze im Unternehmensbüro und Diskussionen mit allen Kollegen physisch vor Ort unerlässlich, sie werden aber nicht jeden Tag benötigt. Home-Office-Regelungen oder Gleitzeitarbeitsmodelle erlauben es Mitarbeitern, auch außerhalb der „09-to-05"-Grenzen tätig zu werden. Warum soll ein Mitarbeiter nicht auch außerhalb dieses Zeitraumes an einer Aufgabe arbeiten, wenn er genau dann am produktivsten und nicht direkt auf die Unterstützung von Kollegen angewiesen ist?

Neben flexiblen Arbeitszeitmodellen ist es natürlich wichtig, dass die Hard- und Software darauf ausgelegt ist, dass von überall gearbeitet werden kann. Diensthandy und Notebook sind heute noch lange nicht gängige Praxis bei Energieversorgungsunternehmen, obgleich der Einsatz dieser Geräte die Effizienz deutlich heben würde.

Unterjährige Budgetverteilung

Ähnlich der Nichtverfügbarkeit von Diensthandys ist es bei vielen Unternehmen der Energie-branche üblich, zu Beginn eines Geschäftsjahres das Budget für und in den verschiedenen Bereichen verbindlich einzuplanen. Dafür gibt es gute Gründe – aber was macht ein Unter-nehmen, wenn ein nicht planbares und nicht beeinflussbares Ereignis eintritt oder im Laufe eines Geschäftsjahres neue Möglichkeiten für ein Investment entstehen? Wird dann von allen Abteilungen mehr Budget angefordert, sodass letztendlich auch das Unternehmensbudget nicht mehr ausreicht? Wäre es nicht einfacher und effizienter, wenn fünf-bis sechs mal pro Jahr das Abteilungsbudget für einen entsprechend kurzen Zeitraum aus einem Gesamtunterneh-mensbudget freigegeben und kalkuliert wird? Sollten nicht auch Fachabteilungen davon profi-tieren, wenn beispielsweise das erste Halbjahr wirtschaftlich sehr zufriedenstellend war? Durch mehrmalige Budgetfreigaberunden kann kurzfristig reagiert werden, und Investitionen werden dort getätigt, wo es für das gesamte Unternehmen aktuell am sinnvollsten ist.

7.6   Zusammenfassung und Ausblick

Auf den zurückliegenden Seiten wurden Anforderungen an die Energieversorgungsunter-nehmen aufgezeigt, die eine Veränderung im gesamten Markt herbeiführen werden (Abschn. 7.3). Seit mehr als 20 Jahren hat die *Liberalisierung* zwar nicht zu sinkenden Strompreisen beim Endkunden geführt, der Konkurrenzdruck der Unternehmen ist aber trotzdem unlängst größer als vor 1998. In den nächsten Jahren werden aufgrund neuer technologischer Möglichkeiten Innovationszyklen kürzer, und den Unternehmen wird we-niger Zeit gegeben, sich auf neue Marktbedingungen einzustellen. Oft hat man den Ein-druck, dass die Branche darauf wartet, dass große Global Player wie Google oder Amazon den Markt aufmischen und gänzlich neu an das Thema herangehen.

Die in Abschn. 7.5 vorgestellten Methoden und Maßnahmen sind mit Sicherheit nicht für jedes Unternehmen gleichwertig geeignet. Dennoch sind es erprobte Werkzeuge, die in unterschiedlichsten Branchen erfolgreich angewendet werden und die zu mehr Perfor-mance führen.

Das nächste Jahrzehnt in der Energiebranche wird eine enorm spannende Zeit, und sie wird neue Erkenntnisse darüber bringen, welche Lösungen von den Endkunden akzeptiert werden. Auf dem Weg dahin ist es wichtig, sich mit den relevanten Themen auseinander-zusetzen und neue Modelle zu erarbeiten.

Literatur

Bundesnetzagentur und Bundeskartellamt. (2018). *Monitoringbericht 2018* (21.11.2018). Bonn: Bundesnetzagentur für Elektrizität, Gas, Telekommunikation, Post und Eisenbahnen, & Bundes-kartellamt (BNetzA). https://www.bundesnetzagentur.de/DE/Sachgebiete/ElektrizitaetundGas/ Unternehmen_Institutionen/DatenaustauschundMonitoring/Monitoring/Monitoringberichte/ Monitoring_Berichte.html. Zugegriffen am 01.12.2018.

Chrischilles, E. C. (2016). *Immer mehr Verbraucher erzeugen selber Strom* (12.10.2016). Köln: Institut der deutschen Wirtschaft Köln e.V. https://www.iwkoeln.de/studien/iw-kurzberichte/beitrag/esther-chrischilles-immer-mehr-verbraucher-erzeugen-selber-strom-305798.html. Zugegriffen am 15.11.2018.

Deutscher Bundestag. (2016). *Zur Diskussion um die Verkürzung von Produktlebenszyklen* (27.07.2016). Berlin. https://www.bundestag.de/blob/438002/42b9bf2ae2369fd4b8dd119d968a1380/wd-5-053-16-pdf-data.pdf. Zugegriffen am 04.12.2018.

Hecker, W., Lau, C., & Müller, A. (2015). *Zukunftsorientierte Unternehmenssteuerung in der Energiewirtschaft*. Wiesbaden: Springer Gabler.

Kahmann, M., & König, S. (2000). *Wettbewerb im liberalisierten Strommarkt: Regeln und Techniken*. Heidelberg: Springer.

Kautz, H. (1997). *Das neuzeitliche Kohlekraftwerk: Berechnung, Konstruktion, Fertigung und Qualitätssicherung: mit 29 Tabellen*. Renningen: Expert.

Langhammer, G. L. (o. J.). *Geschichte der Energieversorgung in Deutschland*. http://www.home.hs-karlsruhe.de/~lagu0001/allgemeines_historisches_energieversorgung_deutschland.htm. Zugegriffen am 15.11.2018.

Niven, P. R., & Lamorte, B. (2016). *Objectives and key results: Driving focus, alignment, and engagement with OKRs*. New Jersey: Wiley.

Umweltbundesamt. (2018). *Energieproduktivität* (16.02.2018). Dessau-Roßlau: Umweltbundesamt. https://www.umweltbundesamt.de/daten/energie/energieproduktivitaet. Zugegriffen am 02.01.2019.

Hannes Theile studierte mit dem Partnerunternehmen EWE AG an der IBS IT & Business School Oldenburg Wirtschaftsinformatik. Von 2016 bis 2018 war er Berater bei PwC (PricewaterhouseCoopers) im Bereich Energy Consulting in Deutschland und Europa. Seit 2018 ist er Strategie-Manager bei der eprimo GmbH und absolviert nebenberuflich den Master-Studiengang „Digitales Energiemanagement" an der Hochschule Fresenius in Frankfurt.

Ich lieb' dich, du liebst mich nicht

8

Katharina Schüller

Erste Schritte zu einem datengetriebenen Churn Management

Zusammenfassung

Dieser Beitrag schildert persönliche Erfahrungen bei der Umsetzung einer Kundenabwanderungsanalyse für ein Stadtwerk mit rund 500.000 Kunden. Es zeigen sich vielfältige Parallelen mit den Phasen der Aufarbeitung einer gescheiterten Beziehung. Die wichtigste Lektion ist, dass die Aufarbeitung der Vergangenheit schonungslos erfolgen muss, auch wenn dabei erhebliche Defizite sichtbar werden. So stellte sich im beschriebenen Beispiel heraus, dass die Daten in den vorhandenen Systemen in einem teilweise katastrophalen Zustand waren und Entscheidungsregeln der Vergangenheit auf Mythen beruhten. Die Ergebnisse der Analyse waren eine konkrete Kampagne zur Kundenbindung und ein einfaches, webbasiertes Tool zum Scoring von Neukunden nach Abwanderungswahrscheinlichkeit und Kundenwert.

8.1 Schock: Du liebst mich nicht

Bis dass der Tod euch scheidet – das gilt in der Energieversorgung längst nicht mehr. Unser Beispiel beschreibt ein Stadtwerk irgendwo in der Mitte Deutschlands, durchaus aufgeschlossen gegenüber neuen Erfordernissen in der Beziehungspflege. Kunden haben die Möglichkeit, per E-Mail in Kontakt zu treten. Ein rein online-basierter Tarif ist

K. Schüller (✉)
STAT-UP Statistical Consulting & Data Science GmbH, München, Deutschland

seit Kurzem im Angebot, ebenso ein Ökostromtarif. Trotzdem sind die Heimatmarkt-kunden zu einem großen Teil, rund 70 %, noch in der Grundversorgung, Tendenz natür-lich abnehmend.

In letzter Zeit entsteht jedoch massiver Druck durch Direktvertriebstruppen der Stadt-werke benachbarter Kommunen. Wettbewerber stellen Verkaufsstände in den Märkten ei-ner Elektronikkette auf. Kürzlich hat sogar der Imam einer Moschee in der Vorstadt seiner Gemeinde empfohlen, zu einem großen privaten Anbieter zu wechseln.

Als wäre es nicht schon schwierig genug, dass andere Versorger mit attraktiven Ange-boten um die Liebe der Kunden buhlen, kommt dazu noch der leidige Preisdruck. Immer zum Jahreswechsel, so ist es Tradition, führt unser Stadtwerk Preiserhöhungen durch. Die Information der Kunden darüber erfolgt per Brief spätestens sechs Wochen vorher. Natür-lich nehmen das einige Kunden zum Anlass, dem Werben eines günstigeren Anbieters nachzugeben oder sich sogar aktiv einen neuen zu suchen.

Zum letzten Jahreswechsel wurde allerdings keine Preiserhöhung durchgeführt. Aus-gerechnet da war der Churn besonders hoch. Unser Stadtwerk versteht die Welt nicht mehr. Zum Glück gibt es Anbieter von Analysesoftware, die versprechen, mit Hilfe von *Big Data* und *Advanced Analytics* das Problem zu lösen. Man müsse die Hochglanz-Tools einfach nur an die Daten anschließen, und schon sei der wechselwillige Kunde identifi-ziert. – Wir raten davon ab, können aber zunächst nicht überzeugen.

8.2   Erkennen: Was weiß ich

Schöne neue Datenwelt? Schnell folgt die nächste Ernüchterung. Seit zwei Wochen schon zieht ein Mitarbeiter jeden Tag am Tagesrand Exporte. Größere Exporte zu normalen Bü-rozeiten überfordern und lähmen das *SAP-System*. Das Tagesgeschäft wird allmählich empfindlich gestört.

Die *Daten* der letzten drei Jahre, die aus den Untiefen der Systeme geholt werden, sind alles andere als erhellend. Rund 170 verschiedene Dateien in mehr als einem Dutzend ver-schiedener Formate kommen da ans Tageslicht. Die Listen der Mahnungen und Sperrun-gen erinnern an Ausdrucke von Nadeldruckern aus den 1980er-Jahren. Das Analyse-Tool verweigert den Import bzw. produziert unsinnige Ergebnisse.

8.2.1   Bereinigung und Aggregation der Daten

Schließlich entscheiden wir uns, zu *R*, einer Open-Source-Lösung zu wechseln.[1] Für jedes Format schreiben wir eine eigene Einleseroutine. Dabei stellt sich heraus, dass selbst in identisch aussehenden Dokumenten teils mehrere verschiedene *Datumsformate* verwen-det wurden, die alle überprüft und separat behandelt werden müssen. Die *Kundenschlüssel* sind nicht immer eindeutig, manche Dateien können nur über Adressabgleich kombiniert

---

[1] Siehe ausführlich The R Foundation (o. J.).

werden. Einige Kunden haben in verschiedenen Dateien unterschiedliche Geburtsdaten, sind angeblich mehrere hundert Jahre alt oder verbrauchen fast eine Million kWh Strom im Jahr. Die Abrechnungen erfolgen in unterschiedlichen Zeiträumen, Stichtage scheint es nur auf dem Papier zu geben. Es sind drei Tarifwechsel vermerkt, aber nur zwei verschiedene Tarifscheiben auffindbar. Kurz: Wir müssen eine Menge aufräumen.

Wochen später sind die Daten zu einer Grundtabelle aggregiert. Sie enthält rund 50 Spalten und knapp 500.000 Kunden. Mehr als die Hälfte davon sind Verträge ohne Kündigung, ein gutes Drittel verzeichnet Kündigungen ohne *Lieferantenwechsel*, und bei knapp jedem zehnten Kunden ist ein neuer Lieferant vermerkt. Zusätzliche Attribute sind erzeugt, beispielsweise durchschnittliche Mahnbeträge oder Verbrauchsänderungen (s. auch Abb. 8.1).

8.2.2 Historisierung

Die größte und aufwendigste Änderung betrifft aber die *Historisierung* der Daten. Die Tabelle enthält nun für jedes Quartal und jeden Kunden, der zu Quartalsbeginn vorhanden war oder in diesem Quartal eingetreten ist, einen Eintrag sowie eine Variable, die vermerkt, ob der Kunde abgewandert ist. Zudem beziehen sich die weiteren Kundenattribute auf den Quartalsbeginn bzw. sein Eintrittsdatum. Dafür mussten mühevoll historische Daten wie beispielsweise Adress- und Tarifänderungen zusammengeführt werden. Außerdem sind Verbrauchs- und Abrechnungsdaten auf das jeweilige Quartal standardisiert. Viele Daten fehlen,

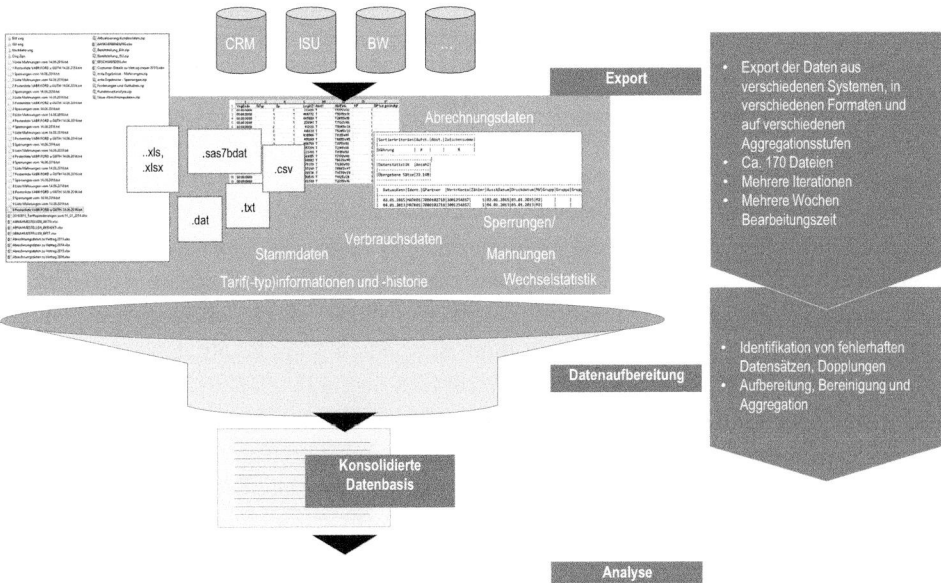

Abb. 8.1 Erstellung einer konsolidierten Datenbasis

einige können rekonstruiert werden, etwa indem bei nicht vorhandenen oder unplausiblen Verbrauchsdaten Vergleichswerte ähnlicher Kunden übertragen werden.

Doch der Aufwand für die Erstaufbereitung, Bereinigung, Aggregation und Konsolidierung der Daten ist hoch. Begeisterung ist bei unserem Stadtwerk noch wenig zu spüren. Schließlich bringen wir zunächst nur die Botschaft, dass die *Kundendaten* erhebliche *Qualitätsmängel* aufweisen. Auch kostet es Zeit und Mühe, zu erklären, warum die aufwendige Historisierung sein muss. Eine *Prognose* ist nur sinnvoll, wenn sie sich auf die Informationen stützt, die zum Zeitpunkt der Prognose bereits bekannt sind. Anderenfalls ließe sich statistisch zwar beispielsweise nachweisen, dass Kunden mit kürzerer Vertragslaufzeit häufiger kündigen. Aber die kürzere Vertragslaufzeit ist i. d. R. eben die Folge der Kündigung und nicht deren Ursache.

Immerhin fallen erste räumliche und zeitliche *Muster* ins Auge. Postleitzahlgebiete im Nordosten und im Süden weisen einen fast doppelt so hohen *Churn* auf wie diejenigen im Stadtzentrum. Im I. und im IV. Quartal häufen sich die Kündigungen; dies korreliert mit aggressiverer Werbung anderer Anbieter in den Wintermonaten.

8.3   Verstehen: Wer bist du

Jetzt geht alles ganz schnell. Auf der klar strukturierten Datenbasis können wir unmittelbar eine Vielzahl von Analysen durchführen. Wir beginnen mit *bivariaten Analysen*, d. h. mit solchen, die immer nur den Einfluss eines Merkmals auf die Kündigungswahrscheinlichkeit untersuchen. Aus statistischer Sicht werden hierbei zwar Trugschlüsse riskiert, weil viele der Merkmale zusammenhängen – etwa das Alter des Kunden und seine durchschnittliche Vertragsdauer. Für ein erstes Herantasten an die Daten ist das Vorgehen allerdings sehr hilfreich, und die Ergebnisse lassen sich auch gegenüber einem statistischen Laien gut kommunizieren.

8.3.1   Erste deskriptive Analysen

Als Vergleichsgröße dient uns der Referenzwert der *Abwanderungsquote* pro Quartal. Eine ganze Reihe plakativer Aussagen lässt sich daraus ableiten.

Je jünger der Kunde, umso wechselbereiter ist er. Diejenigen Kunden unter 44 Jahren, etwa die Hälfte aller Kunden, liegen in ihrer Abwanderungsquote 50 % bis 150 % über dem Referenzwert. Kunden mit höherem Verbrauch über 4.000 kWh/Jahr kündigen etwa 30 % häufiger als der Durchschnitt. In der (teuren) Grundversorgung, die mehr als zwei Drittel der Kunden umfasst, ist der Churn doppelt so hoch wie in den Sonderverträgen. Ab dem zweiten *Tarifwechsel* steigt der Churn um das Zwei- bis Dreifache an.

Bis hierher überraschen die Erkenntnisse noch nicht sonderlich. Aber dann wird es spannend. Kunden, die sich beschweren, wechseln deutlich häufiger. Bei näherem Hinsehen stellt sich heraus, dass das Kündigungsrisiko aber nur bei der ersten Beschwerde erhöht ist, und dann auch nur in den ersten 90 Tagen nach der Beschwerde. Nach zwei oder mehr Beschwerden sinkt das Kündigungsrisiko wieder, womöglich handelt es sich um notorische Nörgler. Offenbar lässt sich durch ein gutes *Beschwerdemanagement* unmittelbar etwas für die Kundenbeziehung tun!

8.3.2 Kundentypologien

Allmählich kristallisiert sich heraus, dass es wohl ganz bestimmte *Kundentypen* sind, die wenig Loyalität gegenüber unserem Stadtwerk zeigen. Online-affine, junge Kunden mit kurzer Vertragsdauer neigen dazu, häufiger ihren Energieversorger zu wechseln. Dabei zeigt sich die Online-Affinität in verschiedenen Merkmalen und wird besonders deutlich, wenn man diese Merkmale in ihrer Gesamtheit betrachtet. Beispielsweise gehört die Angabe einer *E-Mail-Adresse* dazu, aber auch die Nutzung des *Internetportals* – oder die Tatsache, dass die hinterlegte Bankverbindung auf eine Direktbank hinweist. Innerhalb der ersten drei Vertragsmonate ist das Kündigungsrisiko vier mal so hoch wie im Durchschnitt. Vielleicht ziehen diese Kunden häufig um oder sind typische „Bonus-Hopper".

Überrascht ist unser Stadtwerk von einem weiteren Ergebnis: Zwischen den *Sinus-Milieus* der Kunden gibt es keine nennenswerten Unterschiede, was den Churn betrifft. Hedonisten oder Liberal-Intellektuelle wechseln nicht häufiger ihren Stromversorger als Traditionalisten oder die Bürgerliche Mitte. Dabei wurde doch ausgerechnet das Sinus-Milieu in der Vergangenheit ausgiebig genutzt, um potenziell kündigungsgefährdete Kunden anzuschreiben! So entpuppt sich eine bislang akzeptierte Entscheidungsregel als Mythos und die teuer eingekaufte Milieu-Information als weit weniger wertvoll, als man bisher angenommen hat.

8.4 Akzeptieren: Ich kann nicht alles wissen

Verstehen, wer unser Stadtwerk verlassen hat, ist aber nur der erste Schritt. Wie können wir herausfinden, wer seine Zukunft mit einem anderen Energieversorger verbringen möchte? Dafür braucht es einen Score, der die *Kündigungswahrscheinlichkeit* jedes Kunden abschätzen kann.

8.4.1 Von Einzelmerkmalen zum Gesamtscore

Welche Merkmale für diesen *Score* relevant sein könnten, haben wir in den *bivariaten Analysen* ausführlich untersucht, und aus der Kombination mehrerer Merkmale sind Ideen entstanden, wie diese Merkmale zusammenwirken und sich womöglich gegenseitig verstärken. Jetzt gilt es, ein Modell zu bauen, das für jeden Kunden einen einzelnen *Scorewert* vorhersagt.

Hierfür kombinieren wir drei verschiedene statistische Verfahren: Eine logistische *Regression*, einen *Entscheidungsbaum* und ein *neuronales Netz*. Jedes dieser Verfahren hat unterschiedliche Vor- und Nachteile. Während ein neuronales Netz hoch komplexe Einflüsse weitgehend selbstständig nachbilden kann, ist es zugleich sehr empfindlich gegenüber Ausreißern und Datenfehlern. Ein Entscheidungsbaum ist weitaus robuster, kann trotz fehlender Daten Scorewerte produzieren, aber liefert in kleinen Untergruppen recht unpräzise Ergebnisse. Die logistische Regression ist in gewisser Weise ein Kompromiss und kann zugleich als Formel in *Excel* oder *SQL* abgebildet werden, sodass es für die Nutzung im Alltagsgeschäft keiner neuen Analyse-Tools bedarf.

Die produzierten Scorewerte weichen teilweise erheblich voneinander ab; wir bilden deshalb ein *gewichtetes Mittel*, das den Vorhersagefehler der jeweiligen Verfahren berücksichtigt: Je geringer die Unsicherheit, umso mehr Einfluss bekommt der einzelne Scorewert auf den Gesamtscore. Sagt beispielsweise die logistische Regression einen individuellen Score mit einer Präzision von ± 10 % voraus, der Entscheidungsbaum diesen Score jedoch nur mit einer Präzision von ± 20 %, so gewichten wir die Vorhersage der logistischen Regression im Verhältnis doppelt so hoch. Den Score rechnen wir abschließend noch um in Wahrscheinlichkeiten.

Die Unterschiede in der Kündigungswahrscheinlichkeit der so gescorten Kunden ist bemerkenswert hoch. Während die am stärksten gefährdeten Kunden eine Wahrscheinlichkeit von fast 10 % aufweisen, liegt sie bei den loyalsten Kunden nur bei rund 0,5 %. Im mittleren Bereich der Kundenbasis beträgt sie knapp 1,5 %. Diese Werte beziehen sich jeweils auf ein Quartal und sind aufs Jahr hochgerechnet entsprechend höher.

8.4.2   Beurteilung der Scoregüte

Rund 60.000 Kunden im aktuellen Bestand weisen ein überdurchschnittliches Abwanderungsrisiko auf. Trotzdem ist es wichtig zu verstehen, dass die große Mehrheit dieser Kunden im kommenden Quartal nicht abwandern wird. Es ist aber weitaus klüger, diese Kunden bei *Kundenbindungsmaßnahmen* in den Fokus zu nehmen, als sich auf willkürlich ausgewählte Kunden zu konzentrieren – oder falschen Entscheidungsregeln zu folgen, wie etwa der Auswahl bestimmter *Sinus-Milieus*. Wie viel leistungsfähiger der Score ist, lässt sich leicht berechnen. Dazu setzen wir die Kündigungswahrscheinlichkeit einer ausgewählten Gruppe hoch gescorter Kunden ins Verhältnis zur durchschnittlichen Kündigungswahrscheinlichkeit. Entscheiden wir uns beispielsweise, die am stärksten gefährdeten 25.000 Kunden anzuschreiben, so werden darunter rund doppelt so viele „echte" zukünftige Abwanderer sein wie unter durchschnittlich ausgewählten 25.000 Kunden. Unsere Maßnahme ist also doppelt so effektiv.

8.5   Handeln: Ich lieb' dich

Bevor wir zur Tat schreiten, lohnt es sich allerdings, noch einmal darüber zu reflektieren, ob wir jeden wechselwilligen Kunden unbedingt aufhalten wollen. Manchmal mag es besser sein, eine belastete Beziehung aufzugeben, statt sich mit allen Mitteln daran zu klammern. Deshalb genügt es nicht, nur anhand des Scorewertes zu entscheiden, sondern auch der *Kundenwert* muss mit betrachtet werden. Aus der Kombination von Abwanderungsscore und Kundenwert lässt sich dann eine Kampagnenzielgruppe bilden, auf die sich die weiteren Bemühungen unseres Stadtwerks konzentrieren.

8.5.1   Segmentierung

Die als kündigungsgefährdet identifizierten Kunden werden erst gefiltert, und anschließend ordnen wir sie verschiedenen Segmenten zu. Die vier *Kundensegmente*, auf die wir uns in Abstimmung mit unserem Stadtwerk einigen, sind eine gute Grundlage, um potenziell wechselwillige Kunden gezielt anzusprechen. Es sind idealtypische Beschreibungen, die wir mit Hilfe einer *Clusteranalyse* ermittelt haben, und wir ordnen dabei jeden Kunden demjenigen Segment zu, dem er am ehesten entspricht.

1. Unter die „traditionellen Kunden" fassen wir langjährige Kunden, die sich bisher kaum um ihren Stromvertrag gekümmert haben. Wir erkennen sie an einer langen Vertragsdauer und einem Grundversorgungstarif, oft erhalten sie noch eine Rechnung auf Papier und lassen die Ablesung manuell durchführen.
2. „Treue, anspruchsvolle Kunden" sind ebenfalls schon lange Jahre unter Vertrag, zeichnen sich aber durch eine hohe Interaktion mit dem Stadtwerk aus. Im Zeitverlauf haben sie verschiedene Tarife ausprobiert, sie sind oft Mehrspartenkunden mit weiteren Verträgen, treten häufig mit ihrem Anbieter in Kontakt, abonnieren den Newsletter oder nehmen am Kundenbindungsprogramm teil.
3. „Preissensible Kunden" legen besonderen Wert auf den Strompreis oder einen Bonus und sind nicht sonderlich loyal. Sie wählen günstige Tarife, sind jung, erst seit kurzer Zeit Kunde, besitzen ein Konto bei einer Direktbank und leben in eher sozial schwachen Stadtvierteln.
4. Die „Öko-Kunden" sind eine Variante der treuen, anspruchsvollen Kunden mit einem besonderen Interesse an ökologischen Produkten. Wir erkennen sie etwa am Wärmepumpentarif, an einer eigenen Solaranlage, an einem geringen und/oder sinkenden Pro-Kopf-Verbrauch; sie kommunizieren außerdem i. d. R. papierlos.

8.5.2   Ansprache

In den kommenden Monaten setzen wir die Kampagne konkret um und prüfen deren Erfolg. Der Ball liegt nun wieder bei unserem Stadtwerk. Es wählt mit Hilfe von Score und Kundenwert die Kunden aus, die tatsächlich angesprochen werden sollen. Kontrollgruppen werden festgelegt und eine Ansprachestrategie wird entwickelt, die ein individuelles Anschreiben, einen Tarifvorschlag und das Einrichten einer Hotline umfasst. Über einen externen Dienstleister wird die *Kampagne* koordiniert.

Über ein strukturiertes *Tracking* der Reaktionen stellt unser Stadtwerk sicher, dass die Information über eventuelle Reaktionen der Kunden (Tarifwechsel, Rückfrage, schlimmstenfalls Kündigung) zurück an das Projektteam fließt. Tagesgenau wird der Kampagnenerfolg gemessen und visualisiert. Mit den gewonnenen Daten lassen sich das *Prognosemodell* und die Ansprachestrategie permanent verfeinern, außerdem identifizieren wir zusätzliche Datenquellen für die *Abwanderungsanalyse*. Vielversprechend sind beispielsweise soziodemografische Daten, die die Stadt in hoher Granularität zur Verfügung stellt. Weitere Analysen wie die Kundensegmentierung und die Identifikation potenzieller Neukunden setzen darauf auf.

Parallel dazu arbeitet die IT-Abteilung an einer systematischen Verbesserung der Datenqualität im Haus. So wird etwa eine „*Single Source of Truth*" festgelegt, also eine Datenquelle, die bei widersprüchlichen Angaben als relevant gilt. Bisher schlecht gepflegte Daten werden sukzessive bereinigt, wobei die mühevolle Arbeit, die wir zu Beginn geleistet haben, jetzt unmittelbar genutzt werden kann. Zudem fallen Entscheidungen darüber, welche Daten zukünftig aktiv bei den Kunden abgefragt werden sollen, und wie Prozesse aussehen müssen, die eine vollständige und korrekte Dateneingabe sicherstellen.

Klar ist: Die Kompetenz, derartige Analysen zukünftig im eigenen Haus durchzuführen, soll mittelfristig aufgebaut werden, aber bis dorthin ist es noch ein weiter Weg. Der Engpass ist nicht die Verfügbarkeit geeigneter Technologien, sondern es sind die personellen Kapazitäten. Trotzdem soll die Kündigeranalyse mit einfachen Mitteln fortgesetzt werden.

8.5.3   Stadtwerke-App

Deswegen einigen wir uns darauf, einen Prototyp einer *Churn-App* zu bauen. Diese webbasierte App kann ein Scoremodell für Bestandskunden berechnen, dieses auf Neukunden übertragen und zudem den wahrscheinlichen Kundenwert von Neukunden vorhersagen. Dabei gehen nur Merkmale in die Analyse ein, die bei den Neukunden auch vorhanden sind.

Zunächst werden drei Datensätze aus dem Kundenbestand eingelesen. Im ersten Schritt wird das Modell zur Vorhersage der Kündigungswahrscheinlichkeit auf Basis der Altkunden geschätzt. Dafür werden Quartalswerte ermittelt, diese werden historisiert, der Verbrauch wird standardisiert und der *Churn* wird berechnet. Vorhergesagt wird nicht mehr allein der Churn, sondern eine Kombination aus Churn und Kundenwert in vier Segmenten:

Prediction of Segments

Logo des Stadt-werks

Analysis
- Data Import
- Model
- Save

Select Model Type

Model:

Top 3 Variables

Make new predictions

Go

predict	KW_high.Score_high	KW_high.Score_low	KW_low.Score_high	KW_low.Score_low	VERTRAG
KW_low Score_low	0.1618	0.2337	0.1100	0.4944	37239176
KW_low Score_high	0.3944	0.0578	0.5221	0.0257	33784141
KW_low Score_low	0.3253	0.1663	0.1788	0.3296	36929059
KW_high Score_low	0.3296	0.3387	0.0355	0.2962	32539850
KW_low Score_high	0.7141	0.1425	0.0552	0.0882	33720853
KW_low Score_high	0.0453	0.0298	0.7790	0.1459	32637521
KW_low Score_low	0.2172	0.2004	0.1530	0.4295	31474882
KW_high Score_high	0.0599	0.0559	0.4838	0.4004	38248178
KW_high Score_high	0.3657	0.1872	0.1792	0.2679	38378304
KW_low Score_low	0.1066	0.0874	0.3182	0.4878	33671902
KW_high Score_high	0.4495	0.1305	0.2604	0.1596	39705927
KW_high Score_high	0.4467	0.1572	0.2165	0.1796	34545794
KW_low Score_low	0.2825	0.1587	0.2138	0.3450	30338413
KW_low Score_low	0.3147	0.1789	0.1825	0.3239	36923078
KW_low Score_high	0.1179	0.0293	0.4504	0.4024	35930468
KW_low Score_low	0.2931	0.2067	0.1733	0.3268	37835539
KW_low Score_low	0.2595	0.1957	0.2085	0.3362	34715856
KW_low Score_high	0.3695	0.0185	0.5644	0.0476	39471929
KW_low Score_high	0.0933	0.0270	0.5802	0.2994	37856922
KW_high Score_high	0.6343	0.0621	0.2881	0.0155	37835662
KW_low Score_low	0.1575	0.1882	0.1228	0.5315	36540846
KW_low Score_low	0.1066	0.0874	0.3182	0.4878	35900504

Abb. 8.2 Screenshot der Stadtwerke-App

1. hohe Churnwahrscheinlichkeit, hoher Kundenwert
2. hohe Churnwahrscheinlichkeit, niedriger Kundenwert
3. niedrige Churnwahrscheinlichkeit, hoher Kundenwert
4. niedrige Churnwahrscheinlichkeit, niedriger Kundenwert.

Im zweiten Schritt werden die Daten der Neukunden eingelesen, und diese werden in die vier Segmente eingeordnet. Neukunden im ersten Segment sind dann die relevante Zielgruppe für Kundenbindungsmaßnahmen (s. Abb. 8.2).

Die App ist ein „*Minimum Viable Product*" als Übergangslösung. Sie zeigt, dass mit verhältnismäßig geringem Ressourceneinsatz ein alltagstaugliches und einfach zu bedienendes Werkzeug geschaffen werden kann, das allerdings nur für genau eine Aufgabenstellung taugt. Entscheidend für seine Entwicklung war die Bereitschaft, genau hinzusehen, wo Defizite liegen – sei es in den Daten selbst oder in den Schlüssen, die bislang daraus gezogen wurden –, und diese konsequent zu bearbeiten. Das ist bei Kundenbeziehungen nicht anders als in der Liebe: Es macht keinen besonderen Spaß, die Vergangenheit aufzuarbeiten, aber genau das ist der Schlüssel dafür, dass es zukünftig besser läuft.

Literatur

The R Foundation (o. J.). *The R project for statistical computing*. Wien: The R Foundation for Statistical Computing. http://www.r-project.org. Zugegriffen am 04.03.2019.

Katharina Schüller ist Gründerin und Geschäftsführerin der Unternehmensberatung STAT-UP. Sie besitzt 15 Jahre Erfahrung im Statistical Consulting und war über 10 Jahre lang Dozentin an mehreren Hochschulen. Als Expertin für Digitalisierung, Daten und künstliche Intelligenz ist sie u. a. Beiratsmitglied der Deutschen Bank und Mitglied des Wirtschaftsbeirats der LH München. Sie besuchte die Bayerische EliteAkademie, war Stipendiatin der Lindau Nobel Laureate Meetings und wurde ausgezeichnet als „Statistician of the Week" durch die American Statistical Association. Sie leitet die Sektion „Statistical Literacy" der Deutschen Statistischen Gesellschaft und ist Autorin von ca. 30 Fachpublikationen.

Kunde kommt von Kennen – datenbasiertes Kundenmanagement in der Energiewirtschaft

9

Christian Trinkl und Daniel Phillipp

Customer/Business Intelligence

Zusammenfassung

Für eine erfolgreiche Transformation vom reinen Energieversorger hin zum digitalen Energiedienstleister werden zum einen die Kenntnis über den Kunden und zum anderen über innovative Business-Intelligence-Lösungen essenziell sein, die dabei eine zentrale Rolle einnehmen. Hierbei ist wichtig, die Herausforderungen zu kennen und ihnen mit geeigneten Maßnahmen und Analysen zu begegnen. Die Basis bildet eine abgestimmte und auf die strategischen Unternehmensziele ausgerichtete Architektur und Vorgehensweise. Dieser Artikel veranschaulicht, welche umfassenden Informationen über „den Energiekunden" vorliegen, und wie eine daraus resultierende „datenbasierte" Sichtweise die operativen Prozesse im Kundenmanagement sukzessive die Kundenzufriedenheit erhöhen, die Neukundengewinnung optimieren und so den Marketing-/ Vertrieb-ROI nachhaltig steigern kann.

C. Trinkl (✉)
panadress marketing intelligence GmbH, München, Deutschland

D. Phillipp
COSMO CONSULT BI GmbH, Würzburg, Deutschland

© Springer Fachmedien Wiesbaden GmbH, ein Teil von Springer Nature 2020
O. D. Doleski (Hrsg.), *Realisierung Utility 4.0 Band 2*,
https://doi.org/10.1007/978-3-658-25589-3_9

9.1   In Zeiten der Digitalisierung sind die Kenntnisse über den Kunden und der Einsatz innovativer BI-Lösungen die Basis für eine erfolgreiche Transformation zu Utility 4.0

Die aktuellen Veränderungen in der Energiewirtschaft sind Entwicklungen, die man nicht allein mit der politischen Entscheidung einer Energiewende erklären kann. Vielmehr sind sie Ausdruck einer tiefgreifenden gesellschaftlichen Verschiebung. Hierzu zählen die De-karbonisierung, die gezielte Reduzierung des Energieverbrauchs durch mehr Energieeffizienz, die zunehmende Dezentralisierung und damit einhergehende veränderte Nutzerstrukturen sowie die umfassende Digitalisierung unserer Lebens- und Arbeitswelten.

Laut dem aktuellen BARC BI Trend Monitor 2019 machen die 2679 befragten BI-Nutzer und -Berater das Thema „Etablierung einer datengetriebenen Unternehmenskultur" zum fünftwichtigsten Trend. Stammdaten- und Datenqualitätsmanagement wurde wie schon im Vorjahr auf Platz 1 gewählt, was deutlich aufzeigt, dass die Energieversorger in Bezug auf ihre Kundendaten Sorgfalt walten lassen sollten, um diese gewinnbringend für das eigene Business einzusetzen. „Advanced Analytics/Machine Learning" ist einer von den Trends, welcher im Vergleich zum Vorjahr an Bedeutung gewonnen hat und zukünftig bei Energieversorgern im Bereich der Kundensegmentierung/Churn- und Produktscores vermehrt zum Einsatz kommen wird. Dabei spielt dann auch relativ häufig das Thema Künstliche Intelligenz (KI) eine Rolle, auf welches hier aber nicht näher eingegangen werden soll. Der vollständige Report ist unter folgendem Link kostenfrei einsehbar: https://bi-survey.com/top-business-intelligence-trends.[1]

Wir befinden uns mitten in einem gesellschaftlichen Wandel, der geprägt ist von einem veränderten Bewusstsein im Umgang mit Ressourcen. Dieser Wandel bedeutet für die Energiewirtschaft und andere Industrien einen *Paradigmenwechsel*. Die Digitalisierung ist in vollem Gange und hat massiv an Fahrt aufgenommen, wir stehen faktisch an der Schwelle zu einer neuen Epoche und einer gravierenden Veränderung der Energiewirtschaft. Der Erfolg der digitalen Transformation in der Energiewirtschaft wird dadurch entscheidend mitbestimmt, wie Versorger zukünftig mit den zur Verfügung stehenden Daten umgehen, welche in den unterschiedlichsten Bereichen anfallen oder extern am Markt verfügbar sind. Wer die Wünsche seiner Kunden kennt und versteht, hat einen enormen Wettbewerbsvorteil im Vergleich zu seinen Mitbewerbern.

Es scheint, dass bei den Energieversorgern der Druck nach einer kompletten Neuorientierung bzw. Neuausrichtung bestehender *Geschäftsmodelle* angekommen ist. Die Mehrheit nimmt die aktuellen Veränderungen dennoch als Chance wahr, wobei am Markt noch eine Zurückhaltung in Bezug auf Investitionen festzustellen ist, obwohl ein gewisser Handlungsdruck erkennbar ist. Neben den bereits bekannten Treibern, wie sinkende Margen und erhöhte Wechselbereitschaft, spielt vor allem der Wandel der Kunden mit erhöhten Ansprüchen eine nicht zu vernachlässigende Rolle (vom Consumer zum Prosumer). Der Prosumer ist also Teil der neuen Lebenswirklichkeit und Teil der damit einhergehenden

---

[1] Vgl. BARC (2018).

Marktentwicklung. Er ist keine Marketing-Erfindung, sondern er ist Kunde der Energie-wirtschaft. Das muss der Energieversorger verstehen. Er ist Kunde, der das, was er konsumiert, auch selbst produzieren kann, und der deswegen permanent vor Make-or-Buy-Entscheidungen steht – mache ich die Energie selbst oder kaufe ich sie zu? Der Energieversorger muss sich an dieser Stelle die Frage stellen: „Benötigt dieser Kunde mich noch? Wenn ja, wofür?"

Die Energiewirtschaft muss den Markt konsequent vom Kunden her denken. Dabei müssen die Energieversorger verstehen, dass es nicht um „Kundentreue" geht, sondern um „Unternehmenstreue", d. h. der Versorger muss lernen, wie er zukünftig von seinen Kunden profitieren kann. Kann man in Zeiten der maximalen Verfügbarkeit von Informationen überhaupt noch „Kundenbindung" bewirken? Welche Optionen haben Unternehmen, die in der Vergangenheit darauf vertraut haben, dass Kunden „treu" sind? Der Kunde ist es gewohnt, immer und überall persönlich angesprochen zu werden. Egal, ob er bei Amazon einkauft oder sich bei Google informiert, er bekommt stets personalisierte Angebote. Der Kunde muss in den Mittelpunkt des Handelns gestellt werden. Dies ist nur möglich, wenn auf die steigenden *Kundenbedürfnisse* schnell und flexibel reagiert werden kann. Das Gießkannenprinzip oder die Suche nach der Nadel im Heuhaufen ist leider bei vielen EVUs noch häufig anzutreffen.

Eine tragende Rolle beim Wandel vom reinen Energieversorger hin zum Energiedienst-leister nehmen hierbei die internen/externen Daten, Analysen und *Business-Intelligence-Systeme* ein. Dabei ist zu beobachten, dass die Anforderungen an die reine Datenanalyse in letzter Zeit rapide gestiegen sind und traditionelle Analyse- und Reportingsoftware um sogenannte fortgeschrittene Analysen (*Advanced Analytics*) erweitert werden. Hierbei geht es um Verfahren aus der Statistik, Stochastik und dem Operations Research, welche anhand von mathematischen Modellen Zusammenhänge und Strukturen in den Daten erkennen und Vorhersagen berechnen (*Predictive Analytics*) und daraus Handlungsempfehlungen ableiten können (*Prescriptive Analytics*). Dieser Blick in die Zukunft befähigt die Energieversorger, viel schneller auf Kundenbedürfnisse zu reagieren und damit langfristig die Wettbewerbssituation zu sichern und zu optimieren. Aus unterschiedlichsten Projekten in der Energiewirtschaft wird erkennbar, dass sich ein erheblicher Geschäftsnutzen und positiver Einfluss auf Prozessverbesserungen und neue Geschäftsmodelle ergibt.

9.2 Herausforderungen auf dem Weg zum erfolgreichen digitalen Energiedienstleister

Doch auf welchen Trend, welche Lösung oder Software müssen Entscheider setzen, um die Transformation hin zum digitalen Energieversorger zu meistern?

Wer auf diese Frage eine einfache Antwort erwartet, mag nun enttäuscht sein. Im Grunde verbirgt sich hinter dieser vermeintlichen Enttäuschung aber etwas Positives. So befreit sie uns zunächst von der Täuschung immer wieder neu aufkommender Trends, die uns auf wundersame Weise die Lösung aller Probleme versprechen, im Kern aber oft nur wenig mehr als „alter Wein in neuen Schläuchen" darstellen. Diese Aussage scheint auf den ersten Blick drastisch und überspitzt, soll aber dazu animieren, sich den eigentlichen Herausforderungen zu widmen. Denn ohne klares Ziel und ohne Strategie droht man am Ende die Orientierung zu verlieren.[2]

Eine der größten Herausforderungen wird sein, die Flut an neuen und vorhandenen Informationen aus verschiedenen Datensilos und Aktivitäten zu sammeln, zu strukturieren und zusammenzuführen. Aus diesem Vorgehen heraus entsteht eine 360°-Sicht auf die Kunden, die aktuell den Energieversorgern fehlt. Mit dieser „Rundum-Kundensicht" entsteht aus den Daten „Wissen" und dadurch Erkenntnisse über Kunden, Markt und das eigene Unternehmen.

Nicht nur für den Prozess der Transformation bedarf es eines ständigen Flusses an Informationen für Entscheider und Unternehmensführung. Dies stellt sicherlich nicht nur eine Herausforderung im Hinblick auf große Datenmengen dar. Selbst heute liegen in den Abteilungen nicht alle relevanten Daten in aktueller Form vor. Fachabteilungen können oft nur unter schweren und zeitraubenden Rahmenbedingungen aktuelle Daten erheben. Dies gilt selbst für Kennzahlen, die turnusmäßig benötigt und nach derselben Art und Weise erhoben werden. Werden dann noch Kennzahlen benötigt, die auf Daten unterschiedlicher Systeme basieren, kommt oft der Einwand, dies sei nicht möglich. Klar ist, dass der Weg hin zu *Utility 4.0* täglich neue Anforderungen an zu liefernde Kennzahlen und Sichtweisen auf Daten unterschiedlichster Systeme aufwerfen wird. Somit können wir uns die in Unternehmen aktuell noch oft vorherrschenden Reaktionszeiten von der Anforderung bis hin zur tagesaktuellen Kennzahl schlicht und ergreifend nicht mehr erlauben.

Energieversorger müssen daher nicht nur den Umgang mit großen Datenmengen erlernen, sondern sich auch den längst überfälligen Hausaufgaben zur Schaffung und Verankerung einer interdisziplinären und durchgängigen Customer/Business-Intelligence-Architektur stellen.

9.3   Energiekunden kennenlernen – aus Daten werden Informationen

Um Wissen aus Kundendatenbeständen zu generieren, benötigt man gute und strukturierte *Daten*. Hier geht es weniger um die Qualität der Adresse als vielmehr um die Qualität der dazugehörigen Daten. Das können Daten zu Kunden, Umsätzen/Deckungsbeiträgen, Energieverbräuchen, Zahlungs- und Kommunikationsverhalten, Produktnutzung, Werbeanstöße und viele mehr sein. Daten aufzubereiten, um sie für Selektionen und Analysen vorzuhalten, ist der Weg von *Big Data* zu *Smart Data*. Dazu werden neben fachlichem Know-how auch Tools zur Adressverarbeitung benötigt, und es ist ratsam, hierzu externes Expertenwissen einzubeziehen. Die sogenannte First-Party-Database ist somit aufbereitet. Analysen und Auswertungen der eigenen Daten können aufzeigen, welche Fragestellungen durch First-Party-Data nicht abgedeckt werden. Am Markt stehen dazu umfangreiche Datenbanken zur Verfügung, die bei diesen Problemen Abhilfe schaffen. Wir bewegen uns dann im Bereich von Third-Party-Data, also mikrogeographische Daten, die über Datendienstleister oder andere dritte Quellen bezogen werden können. Das können soziodemographische Daten,

---

[2] Phillipp und Ebert (2017, S. 466 f).

Gebäudedaten, Daten zu Konsumentenverhalten, zu Kaufverhalten und Customer Journey oder auch psychographische Daten und Typologien sein. Kunden können jetzt noch genauer klassifiziert, segmentiert und selektiert werden. Zudem bieten diese Informationen zusammen mit den Kundendaten nun die Basis für einfache Auswertungen oder auch komplexe multivariate Analysen. Somit können mehr Erkenntnisse innerhalb der Kundenbestände, aber auch für die Marktbearbeitung und Neukundengewinnung gewonnen werden.

9.3.1   Mikrogeographische Daten zur Datenanreicherung und Adress-Selektion in EVU Kundendatenbeständen

Mikrogeographische Daten kommen immer dort zum Einsatz, wo eigene Informationen (z. B. Kundendaten) fehlen oder in nicht ausreichendem Umfang zur Verfügung stehen. Mikrogeographische Daten nehmen unter den Marktinformationen eine Sonderstellung ein. Sie bilden in Deutschland derzeit die feinste, nahezu vollständig verfügbare Datenebene im Geomarketing. In der Regel liegen sie auf Hausebene vor und sind damit Punktinformationen. Flächendeckend liegen z. B. der panadress marketing intelligence GmbH München für alle bewohnten Gebäude Deutschlands zu Haus, Bewohnern und Region mehr als 100 Informationen vor, die anonymisiert ein breites Merkmalsspektrum liefern (Abb. 9.1). Alle Informationen sind datenschutzkonform verfügbar und lassen

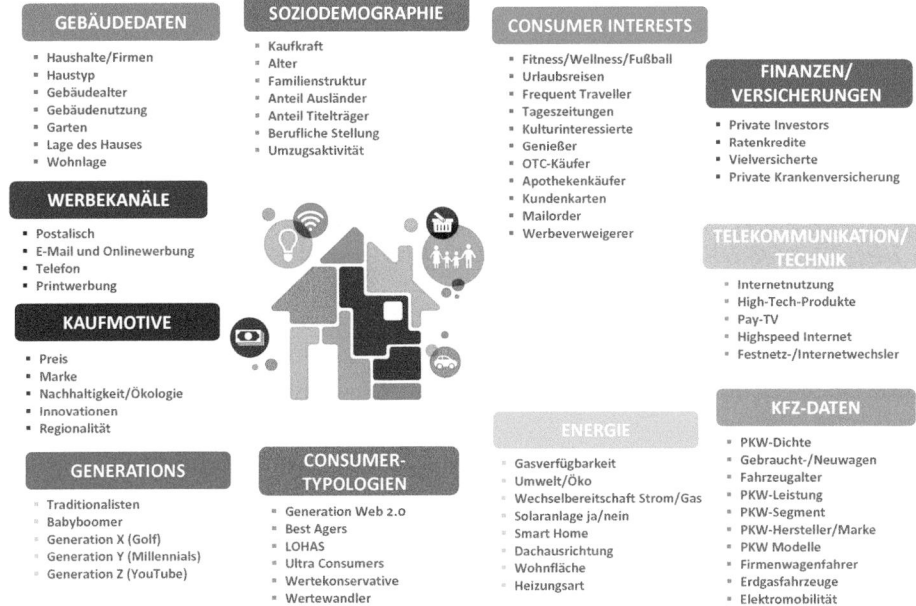

Abb. 9.1 Mikrogeographische Daten der panadress marketing intelligence GmbH (Adresse – Haus)

keine Rückschlüsse auf einzelne Personen zu. Nicht nur Energieversorger bedienen sich dieser externen Daten, um ihre Kundendatenbasis besser zu verstehen bzw. genauer kennenzulernen.

Neben den bereits vorliegenden Kundenkenntnissen können wichtige Informationen an die Kundendaten (Geschäftspartner- oder GP-Ebene) angereichert werden (s. Abb. 9.1), etwa zu den Themen

- **Soziodemographie** (z. B. Kaufkraft, Alter, Familienstruktur u. v. m.),
- **Gebäudedaten** (z. B. Gebäudealter, Gebäudecharakteristik, Heizungsart u. v. m.),
- **Consumer Interests** (z. B. Affinität Kundenkarten, Werbeverweigerer, Affinität Fitness/Wellness, Fußball, Genießer, Kulturinteressierte, Urlaubsreisen u. v. m.),
- **Finanzen/Versicherungen** (z. B. Profitabilität u. v. m.),
- **Telekommunikation/Technik** (z. B. Affinität High-Tech-Produkte, Pay-TV, Festnetz und Internetwechsler u. v. m.),
- **Energie** (z. B. Gasverfügbarkeit, Affinität für Umweltschutz und Ökofragen, Solaranlage vorhanden ja/nein, Leistungsklasse der Solaranlage u. v. m.),
- **Kfz-Daten** (z. B. alternative Antriebstechniken u. v. m.),
- **Kaufmotive** (z. B. Preis, Marke, Innovationen, Nachhaltigkeit/Ökologie, Regionalität),
- **Werbekanäle** (z. B. postalisch, E-Mail/Onlinewerbung, Telefon, Print),
- **Consumer-Typologien** (fünf Typen),
- **Wertehaltung** (zwei Haltungen),
- **Generationstypologie** (fünf Typen)

Mittels Verzahnung der internen (EVU-)Daten und der externen (mikrogeographischen) Daten sind nun unterschiedlichste Selektionen möglich, um der gewünschten Zielgruppe das passende Angebot (zielgruppenspezifischer Content) zu unterbreiten.

9.3.2 Mikrogeographische Analysen zur Optimierung der Kundenbindung, Kundenentwicklung und gezielten Neukundengewinnung

Der Wettbewerb um den Energiekunden verschärft sich zusehends – eine nachhaltige Kundenbindung, Kundenentwicklung und zielgruppenorientierte Neukundengewinnung wird daher mehr und mehr zum Erfolgsfaktor. Dabei spielen informations- und technologiegetriebene Mechanismen eine Schlüsselrolle. Parallel dazu vollzieht sich der Ausbau von *Multikanalplattformen* mit dem Zweck, die Kundeninteraktionen über alle Kanäle (Offline, Online, Direktvertrieb, Call-Center) einheitlich zu bündeln und zugleich eine Analyse des Kundenverhaltens entlang aller Kontaktpunkte zu ermöglichen. Die optimierte Ausrichtung des Marketing-Mix (Produkt, Vertrieb, Preis und Kommunikation) auf attraktive Teilmärkte bzw. Kunden (Kundenwert/Loyalität) steht mehr denn je im Fokus. Der Energieversorger muss sich mit der Frage konfrontieren: Arbeite ich „kundenaktiv",

weiß ich, welcher Kunde (Zielgruppe), wie (zielgruppenspezifischer Content), über welchen Kanal (Cross-Channel), zu welchem Zeitpunkt, wie oft (Frequenz) gebunden bzw.
beworben werden soll? Der Erfolgsschlüssel für ein datenbasiertes *Kundenmanagement*
liegt in der Analyse der eigenen (internen) Kundendaten in Kombination mit externen
mikrogeographischen Informationen. Durch das Verknüpfen von unternehmensinternen
Kennzahlen mit feinräumigen mikrogeographischen Daten wird nicht nur der personenbezogene, sondern auch der räumliche Aspekt des Kunden betrachtet (s. Abb. 9.2). Zusätzliche hausgenaue Daten wie Wohnumfeld, Soziodemographie oder Konsumverhalten werden an die postalische Adresse des Kunden angereichert. Auf den riesigen Datenberg, der
sich hieraus ergibt, werden mikrogeographische Analysen angewendet. Diese Analysen
liefern detaillierte Einblicke u. a. in die Interessen oder die Wohnsituation des Kunden und
unterstützen u. a. Energieversorger bei der Lokalisierung von (potenziellen) Kunden. Auf
die Fragen: Wer ist mein Kunde? Wie sieht das Zielkundenprofil meiner Wunschkunden
aus? Wie groß ist das Cross- und Upselling-Potenzial meiner Zielkunden im Kundenbestand bzw. das Neukundenpotenzial in den gewünschten Vertriebsgebieten? Wie sieht das
Kündigerprofil meiner wechselgefährdeten Kunden aus? Wie groß ist das Potenzial der
wechselgefährdeten Kunden in meinem Kundenbestand? werden Antworten geliefert.

Damit einer erfolgreichen mikrogeographischen Analyse nichts im Wege steht, müssen
folgende Kriterien erfüllt sein:

a. eine gut gepflegte Kundendatenbank mit vollständiger postalischer Adresse, hohem
   Füllgrad und hoher Aktualität,
b. mikrogeographische Daten,
c. Erfahrungen in statistischen Analyseverfahren,
d. geeignete statistische Software.

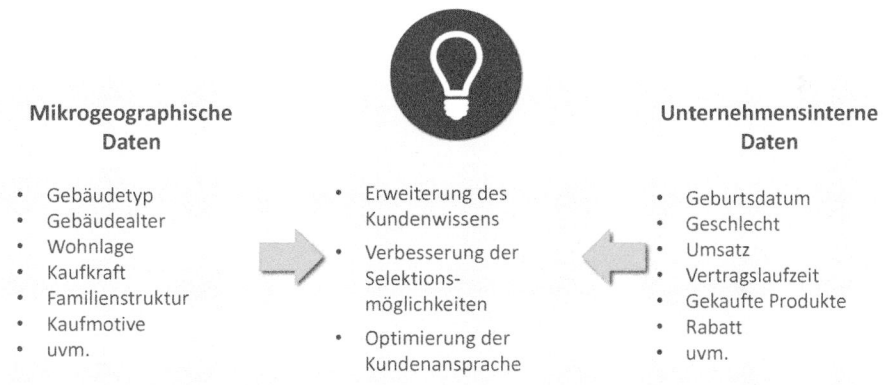

Abb. 9.2 Verknüpfung zwischen Kundendaten und mikrogeographischen Daten

Das Augenmerk bei der Entscheidung des geeigneten Systems bzw. der geeigneten Daten sollte auf folgenden Qualitätsparametern liegen:

1. Feinräumigkeit und Flächendeckung sind gleichzeitig erfüllt,
2. Kennzahlen sind bundesweit einheitlich,
3. die Verknüpfung mikrogeographischer Daten mit Kundendaten ist auf der feinsten Ebene zu mindestens 90 % möglich,
4. im System integrierte Geokoordinaten,
5. branchenspezifische Daten sind vorhanden.

Mikrogeographische Analysen werden zur *Mustererkennung* herangezogen, um aus dem aktuellen das zukünftige z. B. Wechsel- bzw. Kauf-/Produktverhalten zu prognostizieren. Dazu werden die gesammelten Kundeninformationen mit den mikrogeographischen Daten kombiniert und unter Verwendung von unterschiedlichen statistischen Verfahren analysiert. Als Resultat treten Merkmale hervor, die auf empirischem Wege als relevant erkannt wurden. Die daraus gewonnenen Erkenntnisse lassen sich auf die Gesamtbevölkerung bzw. den Kundenstamm projizieren. Somit werden getreu dem Motto „Gleich und gleich gesellt sich gern" Verbraucher mit ähnlichem bzw. gleichem Lebensstil erkannt. Diese können durch geeignete Marketingkampagnen einfacher akquiriert werden als Verbraucher, deren Verhaltensmuster von dem der Zielgruppe abweichen.[3]

Der *Analyseprozess* ist ein fortlaufender agiler Prozess. Nach jeder Werbeaktion kann das Zielgruppenprofil angepasst und durch die Anwendung von mikrogeographischen Analysen sukzessive verbessert werden, was die Effizienz im Dialogmarketing signifikant steigert (Abb. 9.3). Optimierte Zielgruppenansprache ist nur ein Vorteil der mikrogeographischen

Abb. 9.3 Erkenntnisse und Entscheidungen auf Basis der Analyse von Kundendaten

---

[3]Vgl. Herter und Mühlbauer (2018, S. 177).

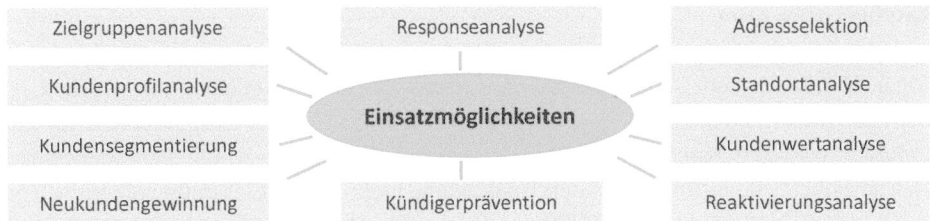

Abb. 9.4 Einsatzmöglichkeiten mikrogeographischer Analysen

Analyse. Weitere Vorteile sind die Minimierung von Streuverlusten, Kostenersparnisse oder auch die Erhöhung der Responsequote und damit ein optimierter Ressourceneinsatz im Marketing, Vertrieb und Kundenservice. Ferner wird erkannt, wo das Potenzial auf dem Markt noch nicht ausgeschöpft ist.

Mikrogeographische Analysen werden sowohl in der Kundenbindung, Kundenentwicklung als auch in der Neukundengewinnung erfolgreich eingesetzt. Die Analysen bieten ein breites Einsatzspektrum mit vielen Anwendungsfeldern (Abb. 9.4).[4] Im Folgenden wird exemplarisch die Fülle an Einsatzmöglichkeiten näher erläutert.

Neukundengewinnung

Der Weg zum Neukunden ist nicht nur aufwendig, sondern auch kostspielig. Da nicht jeder Verbraucher gleichzeitig ein potenzieller Kunde ist, ist es zwingend notwendig, die Verbraucher zu ermitteln, deren Abschluss-/Kaufwahrscheinlichkeit hoch ist. Mit Hilfe von *Scoringmodellen* wird jeder Adresse ein sogenannter *Scorewert* zugeordnet, der die Eignung der Adresse aufzeigt. Auf dieser Basis werden Neukundenpotenziale abgeleitet, d. h. es werden nur Personen angeschrieben, die ein ähnliches Merkmalsprofil, also einen hohen Scorewert aufweisen wie Bestandskunden und somit eine hohe Wahrscheinlichkeit haben, Kunden zu werden.[5]

Kundensegmentierung

Es muss nicht immer gleich ein Neukunde sein. Auch aus dem Kundenbestand kann noch einiges herausgeholt werden, das den Unternehmenserfolg steigert. Beispielsweise können den Bestandskunden zusätzliche Produkte angeboten werden. Doch nicht jedes Produkt passt zu jedem Kunden. Deshalb werden bei der *Kundensegmentierung* Verbraucher anhand der vorherrschenden Wohnsituation und deren Interessen in mehrere Cluster eingeteilt. Kunden innerhalb eines Clusters sind dabei homogen, d. h. sie weisen alle das gleiche Verhaltensmuster auf. Die Cluster selbst aber zeigen deutliche Unterschiede auf. Somit können Produkte auf die clusterspezifische Ansprache, Preisakzeptanz und Zahlungsbereitschaft angepasst werden.[6]

---

[4]Vgl. Herter und Mühlbauer (2018, S. 177 f.).
[5]Vgl. Herter und Mühlbauer (2018, S. 178).
[6]Vgl. Herter und Mühlbauer (2018, S. 178).

Kündigerprävention

Um Kündigungen vorzubeugen, werden Kündigungswahrscheinlichkeiten für jeden einzelnen Kunden errechnet. Aus den zugrundeliegenden Kündigerdaten, angereichert mit mikrogeographischen Daten, werden signifikante Merkmale herausgearbeitet, die den *Kündiger* von dem Kunden unterscheiden. Das daraus resultierende Verhaltensmuster wird anschließend, anders als bei den Neukunden, nicht auf die Gesamtbevölkerung, sondern auf den Kundenbestand (GP-Ebene) übertragen. Damit lassen sich potenzielle Kündiger frühzeitig identifizieren und durch geeignete Maßnahmen vom Wechsel abhalten.[7]

9.3.3 „Datenbasiertes Kundenmanagement" an Beispielen von Energieversorgern

Ziel des Energieversorgers war es, Kunden zu binden, die Kundenentwicklung voranzutreiben und neue Kunden zu gewinnen. Dafür war es zunächst wichtig, die insgesamt ca. 180.000 Kunden in Gruppen zu segmentieren. Grundlage gezielter Maßnahmen zur Kundenbindung war, herauszufinden, wer die werthaltigen Kunden und wer die nicht-loyalen Kunden sind. Anschließend sollte die Frage beantwortet werden, wie genau sich diese Kunden binden lassen. Der letzte Schritt bestand aus einer Einordnung, wie und vor allem über welche Kanäle man die Maßnahmen an welche Zielgruppe vorzugsweise kommuniziert. Die Frage stand im Raum, wie lässt sich mit dem Kundenbestand werthaltiger agieren. Um den ROI von Vertriebs- und Marketingmaßnahmen zu verbessern, mussten zunächst grundlegende Fragen beantwortet werden.

Welche Kundengruppen gibt es, und wer sind die werthaltigen Kunden?

In einem ersten Schritt wurden die *Kundendaten* des Unternehmens analysiert, d. h. die Kundenstamm-, Beschwerde-, Bonitäts-, Kontaktdaten, Daten zum Zahlungsverhalten, Umsätze sowie Deckungsbeiträge. Diese Daten wurden mit dem jeweiligen Produkt oder den Produkten abgeglichen, die der Kunde bezieht. Im Fall des Energieversorgers sind dies Strom, Gas, Wasser, Fernwärme und Nahverkehr. Das funktioniert mit *Data Mining* d. h. das Schürfen in einem (Daten)Berg nach dem eigentlichen Nutzen hinter den ganzen Informationen, dem vielbeschworenen Datenschatz. Der Schatz ist das Muster, sind die Regelmäßigkeiten, die durch Analyse gewonnen werden können. Der Vorgang ist eine Systematik des analytischen CRM. Dadurch ließen sich sieben Kundengruppen des Energieversorgers segmentieren: der Vielverbraucher, der Kritische, der Geringverbraucher, der Tarifwechsler, der Schlechtzahler, die graue Masse und der Heizstromnutzer. Nicht nur die Typologie der Kunden wurde untersucht, also wie hoch die Anzahl der Vielverbraucher oder Tarifwechsler unter ihnen ist, sondern auch, wie viel jedes einzelne Cluster, also jeder Kundentyp, im Jahr verbraucht. Das Ergebnis zeigte, dass 13 % der Kunden für 28 % des Energieumsatzes verantwortlich waren.

---

[7]Vgl. Herter und Mühlbauer (2018, S. 178).

Um noch besser zu verstehen, wer hinter den Kunden steckt, wurden die Bestandsdaten mit externen 3rd-Party-Daten angereichert. So konnte man beispielsweise über das Cluster der Vielverbraucher neben dem Verbrauch, der Bonität, der Spartennutzung (Strom, Gas, Wasser) und den bevorzugten Tarifen feststellen, dass sie eine hohe Kaufkraft und eine große Affinität zu Printmedien haben. Es handelt sich zudem um Paare über 60 Jahre, die in Ein- und Zweifamilienhäusern in guter Lage mit Garten leben, umweltfreundlich und wertkonservativ sind. Hierbei handelte es sich um eine reine deskriptive Anreicherung, die noch keine Analyse beinhaltete.

Spannend war die Frage, was man noch über die Kundengruppe aussagen kann bzw. was sie beschreibt. Auf dieser Grundlage wurde in einem weiteren Schritt der Customer Value ermittelt und zu Analysezwecken allen Kunden eine Werthaltigkeitskennziffer (1–9) zugeordnet. Faktoren für die Vergabe der Ziffer sind beispielsweise Stromverbrauch, Jahreseinzug, Vertragsbindungsdauer, Bonitätspunkte, Kontaktart, Kontakthäufigkeit u. v. m. Ergebnis der Analyse war, dass der Energieversorger ca. 65.000 Kunden mit hoher Wertigkeit (Ziffer 7–9) in seinem Bestand von ca. 180.000 Gesamtkunden hat. Das entspricht 36 %.

Kündiger untersuchen, um werthaltige Kunden zu binden!
Für die Ermittlung der Kundenloyalität wurden die Daten der Kündiger auf Gemeinsamkeiten analysiert. In das – auf dieser Grundlage resultierende – Kündigerprofil spielten auch Faktoren wie das Verhalten vor der Kündigung hinein, z. B., ob sich der Kunde gehäuft beschwert hat und deswegen mit einer höheren Wahrscheinlichkeit dazu neigt zu kündigen. So ließ sich ein *Kündigerscore* errechnen, der abbildete, bei welchen Kunden die Wahrscheinlichkeit einer Beendigung des Vertrages besonders hoch war. So eine Wertigkeitstabelle ist auch die Grundlage gezielter Kundenbindungsmaßnahmen. Der Energieversorger ist in der Lage, die nicht werthaltigen, aber dennoch loyalen Kunden z. B. von bestimmten Loyalitätsmaßnahmen auszusparen und dadurch die Prozesskosten zu senken.

Die Analyse mit dem berechneten Kündigerscore ergab, dass insgesamt ca.. 74.000 Kunden einer hohen Wechselgefahr (Scoreklasse 7–9) unterlagen. Das entspricht 41 % der Gesamtkunden. Mit Hilfe einer Tabelle, in der die Werthaltigkeitskennziffer mit dem Loyalitätsscore abgeglichen wird, kann nun festgestellt werden, wie viele der werthaltigen Kunden einer hohen Wechselgefahr unterliegen. Ergebnis war, das von den ca. 65.000 werthaltigen Kunden etwa 35.000 Kunden, also 54 %, mit einer großen Wahrscheinlichkeit künftig den Anbieter wechseln (s. Abb. 9.5).

Was kann den Kunden angeboten werden?
Um herauszufinden, was den Kunden, besonders den wechselwilligen, angeboten werden kann, wurde zunächst eine Zielgruppeneinordnung gemäß verschiedener Produkte vorgenommen. Dazu wurden Produktnutzer bewertet und unterschiedliche Kundenprofile erstellt, die wiederum verschiedene Kunden- bzw. Produktscores abbildeten. Hierzu wurden die unterschiedlichen Produktnutzer nach den jeweiligen Zielgruppen unterteilt und

Kundenwert	Loyalität – Kündigerscore										Gesamt
	kein Score	1	2	3	4	5	6	7	8	9	
keine WKK	52	63	68	48	57	57	63	98	109	2.099	2.714
1	657	1.462	1.556	1.756	1.920	1.987	2.126	2.285	2.400	2.481	18.630
2	1.049	1.689	1.659	1.767	1.898	1.874	1.924	2.114	2.263	2.414	18.651
3	998	1.704	1.729	1.792	1.923	2.016	1.926	2.046	2.207	2.299	18.640
4	2.393	1.776	1.675	1.785	1.608	1.776	1.851	1.800	1.912	2.064	18.640
5	791	2.438	2.497	2.361	2.017	1.921	1.786	1.656	1.659	1.515	18.641
6	618	1.790	1.910	2.038	1.854	1.992	2.069	2.083	2.073	2.214	18.641
7	1.539	1.460	1.741	1.773	1.631	1.822	1.885	1.882	2.016	2.891	18.640
8	642	1.396	1.841	2.018	1.894	1.864	1.888	1.837	2.090	3.171	18.641
9	217	1.327	1.877	1.929	1.849	1.837	1.828	2.023	2.346	3.407	18.640
Gesamt	8.956	15.105	16.553	17.267	16.651	17.146	17.346	17.824	19.075	24.555	170.478

12 % der kündigungsgefährdeten Kunden sind nicht werthaltig

13 % der Kunden die werthaltig sind, sind kündigungsgefährdet

Kundenwert	Loyalität - Kündigerscore
1 – 3 niedrig	1 – 3 niedrige Wechselgefahr
4 – 6 durchschnittlich	4 – 6 durchschnittliche Wechselgefahr
7 – 9 hoch	7 – 9 hohe Wechselgefahr

Abb. 9.5 Kundenwert und Kundenloyalität auf Geschäftspartnerebene

anschließend eine Analyse, d. h. ein Vergleich zwischen den „Zielkunden" und dem „Markt", vorgenommen. Als Ergebnis zeigten sich die unterschiedlichen Kundenprofile, die u. a. auch mit den externen, d. h. mikrogeographischen Daten vorgenommen wurden. Besonders soziodemographische Merkmale bezüglich des Haustyps, Interessen des Kunden als Konsument, Kaufmotive und besondere Merkmale wie Umweltfreundlichkeit, bevorzugter Werbekanal und Consumer-Typ waren von Interesse. Aufgrund der detaillierten Informationen auf Geschäftspartner- bzw. Vertragsebene wurde sofort ersichtlich, welche Kunden wie bzw. über welchen Kanal angesprochen werden sollte. Mit der Identifikation der Touchpoints konnte die Effizienz der Kommunikation zusätzlich gesteigert werden.

Aus dem vorgestellten Case ergeben sich für den Energieversorger wichtige Erkenntnisse, die wiederum in einem „Closed-Loop-Verfahren" einfließen, um sowohl die Kundenbindung, die Kundenentwicklung, aber auch die Neukundengewinnung fortlaufend zu optimieren. Unter anderem gelang es dem Energieversorger mit Hilfe der Datenanalyse und der ausgesteuerten Kampagnen, den Anteil seiner werthaltigen Kunden um 12 % zu steigern und die Anzahl seiner wechselgefährdeten Kunden um 14 % zu senken. Wenn das Ergebnis so aussieht, kann durchaus von einem gehobenen Schatz gesprochen werden.

Bei einem Gasversorger mit ca. 22.000 Geschäftspartnern stand vor allem der Erkenntnisgewinn über die eigenen Kunden im Bestand im Vordergrund. Ziel war es hierbei, auf Basis von ausgewählten Merkmalen die Bestandskunden in deren individueller Ausprägung „kennenzulernen". Diese Merkmale wurden mit Mitarbeitern aus den Unternehmensbereichen Vertrieb und Kundenservice in einem Workshop mit der Cosmo Consult BI GmbH und der panadress marketing intelligence GmbH festgelegt und die Ziele für das gemeinsame Projekt definiert (s. Abb. 9.6). Die eigenen Kundendaten lagen ausschließlich in einem SAP IS-U-System vor.

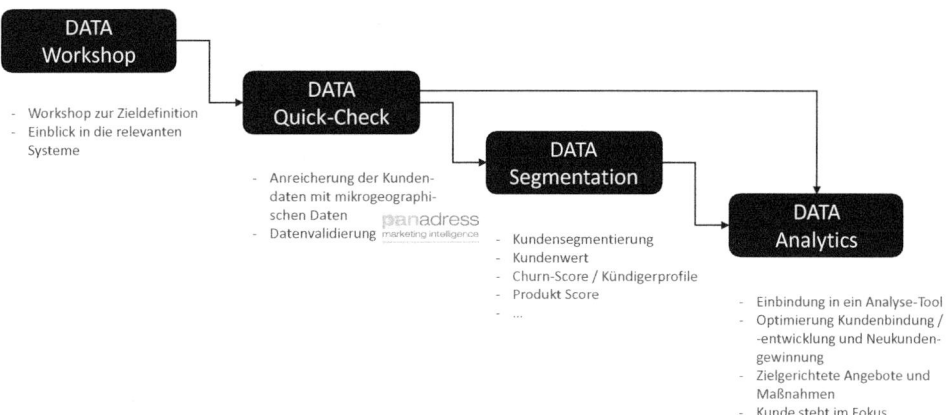

Abb. 9.6 Cosmo Consult – Vorgehen beim datenbasierten Kundenmanagement

Nachdem der Gasversorger Einigkeit über die zu liefernden Merkmale erzielt hatte, wurden die Bestandskunden mit den mikrogeographischen Daten der panadress angereichert. Dabei wurden soziodemographische Informationen, wie z. B. Kaufkraft, Alter, Familienstruktur als auch Gebäudedaten (z. B. Gebäudecharakteristik, Gebäudealter, Gebäudenutzung) und auch Informationen zu den Kundeninteressen (z. B. Werbeverweigerer, diverse Affinitäten für bestimmte Produkte) genutzt. Darüber hinaus wurde noch auf weitere Merkmale aus dem Datenpool der panadress zurückgegriffen (s. Abb. 9.7), um ein besseres Kundenverständnis zu schaffen und zukünftig die eigenen Ressourcen im Vertrieb, Marketing und Kundenservice bestmöglich einzusetzen.

Mit der zielgerichteten Auswahl der geeigneten Kundengruppe und dem zielgruppenspezifischen Content wird das datenbasierte Kundenmanagement optimiert. In Kombination mit einer Data-Analytics-Lösung der Cosmo Consult BI GmbH werden die Kundendaten anschaulich und anwenderfreundlich in einem Kundencockpit visualisiert und bilden die Basis für zukünftige Kundenkampagnen im Unternehmen. Die Mitarbeiter des Gasversorgers sind jetzt in der Lage, mit wenigen Klicks sich die „richtigen" Kunden auszuwählen und auch nur diese mit ausgewählten Maßnahmen anzugehen. Das Prinzip „Gießkanne" gehört damit der Vergangenheit an. Im Zuge der Datenvalidierung wurden dann noch die Geschäftskunden herausgefiltert bzw. ausgeschlossen. Einen beispielhaften Auszug aus einem *Dashboard* finden Sie in Abb. 9.8).

In einem weiteren Schritt will der Gasversorger jetzt eine Kundensegmentierung/Kundenwertberechnung durchführen und darauf aufbauend die Berechnung eines Churn-Scores. Dabei steht die Kundenentwicklung und Kundenbindung (Customer Insights/Kundenkenntnis) im Vordergrund der Überlegungen. Fragestellungen wie „Wer sind die werthaltigen/loyalen Kunden?" und „Wer sind die wechselgefährdeten Kunden?" sollen zukünftig ad hoc beantwortet werden können, ohne langwierige Datensuche und -selektion im Kundenstamm.

Abb. 9.7 Beispielhafte
Auswahl von Merkmalen aus
der panadress-Datenbank

1. Soziodemographie
1.1 Kaufkraft
1.2 Alter (vorherrschendes Alter der Bewohner im Haus)
1.3 Familienstruktur
1.4 Anteil Ausländer
1.6 Berufliche Stellung
1.8 Umzugsaktivität

2. Gebäudedaten
2.1 Haushalte und Firmen
2.2 Gebäudecharakteristik
2.3 Gebäudealter
2.4 Gebäudenutzung
2.8 Lage des Hauses

3. Consumer Interests
3.2 Werbeverweigerer
3.3 Affinität Kundenkarten
3.6 Affinität Fitness / Wellness
3.7 Fußball
3.11 Kulturinteressierte
3.12 Affinität Genuss

5. Telekommunikation / Technik
5.2 Affinität High-Tech-Produkte

6. Energie
6.1 Gasverfügbarkeit
6.2 Affinität Umwelt / Öko
6.3 Wechselbereitschaft Strom / Gas
6.4 Solaranlage ja / nein
6.5 Leistungsklasse Solaranlage
6.6 Affinität Smart Home

8. Kaufmotive
8.1 Konsumtyp Preis
8.3 Konsumtyp Nachhaltigkeit / Ökologie
8.5 Konsumtyp Regionalität

9. Werbekanäle
9.1 Postalisch
9.2 E-Mail und Onlinewerbung
9.3 Telefon
9.4 Printwerbung

10. Consumer-Typologien
Generation Web 2.0
DINKs
LOHAs
Best Agers
Ultra Consumers

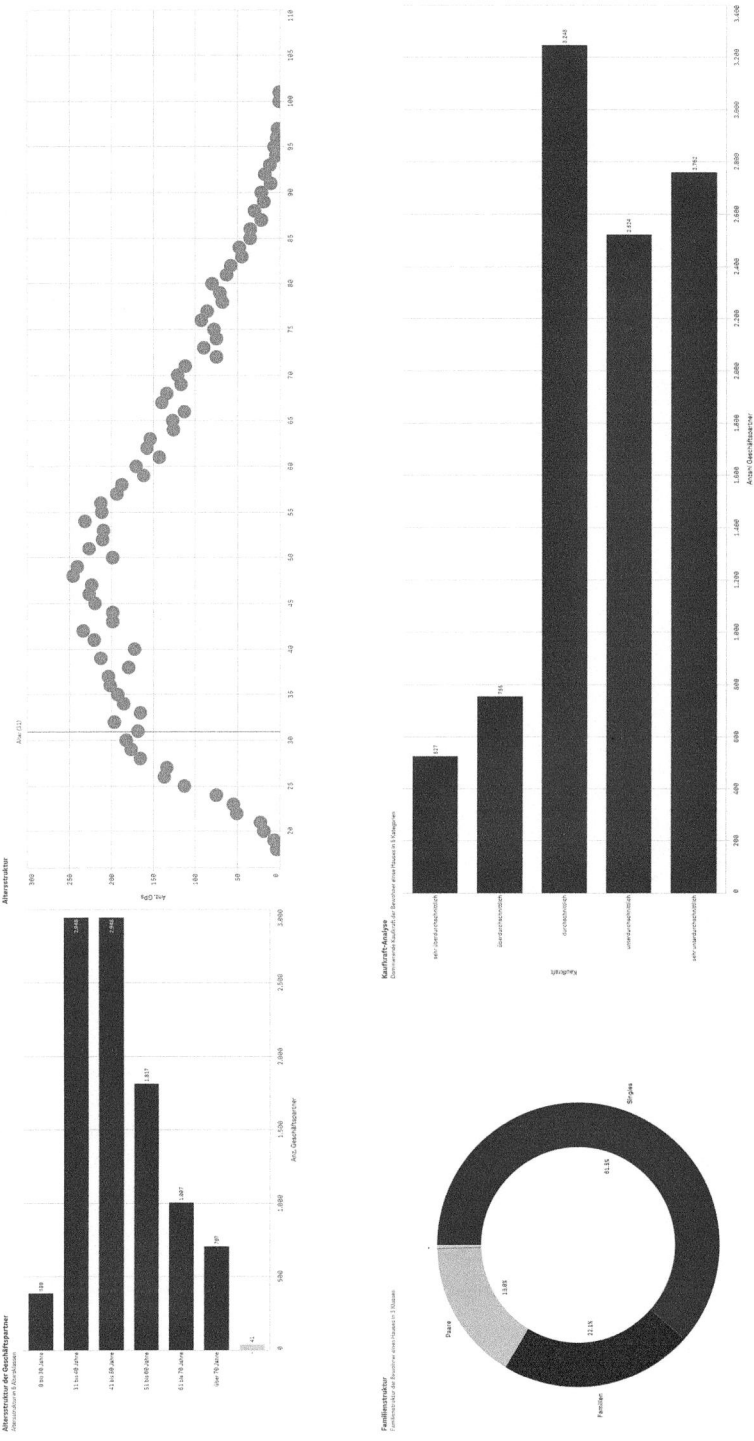

Abb. 9.8 Cosmo Consult – Auszug aus einem Dashboard

Aktuell laufen bei dem Versorger Gespräche, diese Analysen in Bezug auf die Neukundengewinnung auszuweiten. Dabei befindet man sich aktuell in Gesprächen mit einem Kooperationspartner (Stromversorger), welcher in einem gemeinsamen Vertriebsgebiet aktiv ist. Ziel der Kooperation soll sein, dass man Kunden identifiziert, welche für Bündelprodukte in Frage kommen. Hierfür muss man die Daten aus dem gemeinsamen Vertriebsgebiet analysieren und herausfinden, welche Kunden bereits einen Vertrag entweder beim Gas- oder beim Stromversorger haben. Es sollen nämlich nur die Kunden angeschrieben werden, welche bereits einen Vertrag haben, da diese dann einen speziellen Preis für ein weiteres Produkt angeboten bekommen sollen. Auch hierbei sind die externen Informationen, wie z. B. die verschiedenen Affinitäten, Gasverfügbarkeit etc. von enormer Bedeutung, um eine zielgerichtete Kundenansprache zu ermöglichen und den ROI im Marketing/Vertrieb und Kundenservice zu verbessern.

Literatur

BARC – Business Application Research Center. (2018). *BARC BI trend monitor 2019*. https://bi-survey.com/top-business-intelligence-trends. Zugegriffen am 06.01.2019.

Herter, M., & Mühlbauer, K.-H. (2018). *Handbuch Geomarketing – Märkte und Zielgruppen verstehen: Lokal – Global – Digital*. Berlin/Offenbach a. M.: Wichmann.

Phillipp, D., & Ebert, S. (2017). Innovative BI-Lösungen als Basis für eine erfolgreiche Transformation zu Utility 4.0. In O. D. Doleski (Hrsg.), *Herausforderung Utility 4.0 – Wie sich die Energiewirtschaft im Zeitalter der Digitalisierung verändert* (S. 465–476). Wiesbaden: Springer Vieweg.

Christian Trinkl (Jahrgang 1964) ist Mitbegründer und Gesellschafter der panadress marketing intelligence GmbH in München, verantwortlich als Senior Consultant für die Beratung und Betreuung von Energieunternehmen. Der Diplom-Betriebswirt hat sich seit seinem Eintritt in die Direktmarketingbranche im Jahr 2000 durch fundierte Praxiserfahrung sowohl in der Beratung als auch bei Projekten vor allem im analytischen CRM einen Namen gemacht. Im Fokus seiner Tätigkeit steht die Beratung zur optimierten Kundenbindung, Kundenentwicklung, gezielten Neukundengewinnung sowie kundenspezifischen und regionalen Marktausschöpfung. Im Bereich „datenbasiertes Kundenmanagement" ist er als Experte ein gefragter Referent – die von ihm entwickelten Lösungen werden u. a. in der Energiewirtschaft erfolgreich ein- und umgesetzt.

Daniel Phillipp ist seit Januar 2011 Berater bei der Cosmo Consult BI GmbH in Würzburg. Dort leitet der Diplom-Wirtschaftsinformatiker den Bereich Business Intelligence im Energieversorgungsumfeld. Vor seinem Wechsel zur Cosmo Consult war er mehrere Jahre als Consultant im SAP-IS-U-Umfeld tätig und hat sowohl Konzerne, Stadtwerke als auch Dienstleister der Energiebranche beraten. Gemeinsam mit seinem Team unterstützt Herr Phillipp viele Energieversorgungsunternehmen dabei, beim Wandel zum Utility 4.0 die aktuellen und zukünftigen Herausforderungen der Branche zu meistern und diese mit innovativen Softwarelösungen bestmöglich für das eigene Business gewinnbringend zu nutzen.

Energie und Digital Lifestyle

10

Anna Medkouri und Peter Schirmanski

Kundenzentrierte Produktportfolios in der Utility-Welt

Zusammenfassung

Der Energiesektor befindet sich ohne Zweifel in einem disruptiven Umbruch. Nicht mehr wenige große Kraftwerke in den Händen von Energieversorgern produzieren Strom, sondern unzählige kleine Anlagen für erneuerbare Energien, die einen wesentlichen Teil der Energieversorgung stemmen. Kunden werden zu Prosumern. Seit der Marktliberalisierung sowie mit der voranschreitenden Digitalisierung des Messwesens gerät der Kunde zunehmend in den Fokus. Aber auch der Kunde verändert sich. Der Digital Lifestyle nicht nur der nachwachsenden Generation (Generation Y) führt dazu, dass statt des ursprünglichen Commoditys immer mehr ein Kundenerlebnis im Vordergrund steht. Hierauf müssen die etablierten Energieversorger rasch reagieren und ihre Produktportfolios entsprechend anpassen. Individualisierte Produkte, die für den Kunden einen wirklichen Nutzengewinn darstellen, sind gefragt. Nicht zuletzt die Servicequalität der Energieversorger muss sich dem hohen Standard anpassen, den der Kunde aus anderen Branchen wie dem Onlinehandel oder der Finanzdienstleistung gewohnt ist: intuitiv, stets verfügbar, multikanalfähig und vor allem kundenorientiert. All dies stellt die etablierten Anbieter vor fundamentale Herausforderungen, die sie nur mit einer tiefgreifenden Unternehmenstransformation bestehen werden.

A. Medkouri (✉) · P. Schirmanski
mgm consulting partners GmbH, München, Deutschland

© Springer Fachmedien Wiesbaden GmbH, ein Teil von Springer Nature 2020
O. D. Doleski (Hrsg.), *Realisierung Utility 4.0 Band 2*,
https://doi.org/10.1007/978-3-658-25589-3_10

10.1   Einleitung

Der Energiesektor steckt mitten in einem fundamentalen Wandel. Seit Beginn der Liberalisierung im Rahmen des Gesetzes zur Neuregelung der Energiewirtschaft im Jahre 1998
entwickeln sich freier Marktzutritt und Handel. Der Wettbewerb um den Kunden steigt
ebenso wie die Wechselbereitschaft der Kunden selbst kontinuierlich an. Die etablierten
Energieversorger können nicht mehr darauf vertrauen, den Privatkunden quasi automatisch langlaufende Verträge über Strom- oder Gasbezug zu verkaufen. Viele Energieversorger waren bereits gezwungen, erhebliche strukturelle Anpassungen und Kosteneffizi-
enzprogramme in die Wege zu leiten, um ihre Marktposition überhaupt zu halten.

Aber auch Energie selbst wird zukünftig nicht mehr das einzige Angebot sein, welches
der Kunde in der Produktpalette des Energieversorgers erwartet. Durch das Auftreten von
„Digital Natives" auf dem Energiemarkt werden in den nächsten Jahren Dienstleistungen
rund um digitale Produkte und Services das Portfolio ergänzen. So stehen in Zeiten der
Digitalisierung und des raschen technologischen Wandels die etablierten Energieversorger
vor der Herausforderung, völlig neue Geschäftsmodelle und Produktportfolios rund um
den „Digital Lifestyle" entwickeln zu müssen. Das Lebensgefühl des Digital Natives
zeichnet sich dadurch aus, alles nur Denkbare rund um die Uhr von jedem Ort aus erledigen zu können, und zwar digital von einem mobilen Endgerät. In 10–15 Jahren werden
alle Dinge des täglichen Lebens digital vernetzt sein, vom Elektroauto über die Heizungsanlage und den Kühlschrank bis hin zur Nachttischlampe. Gesteuert werden sie über das
Smartphone, Tablet oder per Sprachsteuerung mittels Sprachassistenten wie *Amazons
Alexa*.

Damit wird unmittelbar klar, warum es heute nicht mehr nur um die Lieferung eines
Commoditys wie Strom oder Gas geht, sondern um die Erweiterung des Portfolios um
kundenzentrierte Produkte und Dienstleistungen sowie um die intelligente Steuerung von
Angebot und Nachfrage. Der Kunden erwartet auch von den Energieversorgern einen zusätzlichen Nutzen und ein Kundenerlebnis, welches er aus anderen Branchen bereits seit
langem gewohnt ist. Es stellt sich daher die Frage, wie groß die Notwendigkeit ist, das
Kundensegment „Digital Natives" abzudecken und welche konkreten Chancen sich hier
ergeben, attraktive Margen am Markt zu realisieren. Diese Fragestellung gehört auf die
strategische Agenda jedes etablierten Energieversorgers.

10.2   Energie – unscheinbar und anspruchsvoll zugleich

Bevor aber über zukunftsfähige Produkte für den deutschen Strommarkt nachgedacht werden kann, ist zunächst zu klären, was konkret die Besonderheiten des Produktes „Energie"
sind und wodurch der aktuelle Markt gekennzeichnet ist. Wie funktioniert Erzeugung und
Vertrieb derzeit, und wie steht der Kunde dem Thema „Energie" gegenüber?

Im Folgenden wird dabei der Schwerpunkt der Betrachtung auf den Sektor Strom bei den etablierten Energieversorgern gelegt, da sich dieser durch den Digital Lifestyle und die technologischen Innovationen in besonderem Maße wandelt. Strom ist dabei zunächst einmal ein typisches „Commodity", also ein stark standardisierter und in hohem Maße austauschbarer Rohstoff oder eine Handelsware, die darüber hinaus an Börsen gehandelt werden kann.[1] Er lässt sich nicht anfassen und hat keine Verpackung, die man werblich nutzen könnte. Auch der Verkauf von „grünem" Strom ist heutzutage kein Differenzierungsmerkmal mehr. Für die Stromanbieter ist es daher schwer, sich – außer durch den Preis – , gegenüber dem Kunden vom Wettbewerb zu differenzieren.

10.2.1 Von zentraler zu dezentraler Energieerzeugung

Die traditionelle Energieerzeugung hat hierzulange kein sehr positives Image. Spätestens seit der Nuklearkatastrophe von Tschernobyl in 1986 standen die Atomkraftbetreiber in der Kritik. Nach der katastrophalen Unfallserie im Jahr 2011 im japanischen Fukushima entschloss sich die Bundesregierung, die Erzeugung von Atomstrom endgültig zu beenden und die *Energiewende* zu forcieren. Später ist aber auch die Erzeugung von Strom aus Kohle aufgrund des Klimawandels in Verruf geraten, und ein Ausstieg aus der Kohlestromerzeugung ist derzeit für das Ende der 2030er-Jahre geplant.[2]

Die Bedeutung der *Energieerzeugung* in klassischen Großkraftwerken nimmt somit in Deutschland immer mehr ab. 2017 wurde nur noch knapp die Hälfte (48,3 %) der gesamten Stromerzeugung durch Atom- und Kohleenergie (Braun- und Steinkohle) beigetragen, Erdgas kam mit weiteren 13,2 % hinzu. Den restlichen Beitrag leisteten bereits Erzeuger aus erneuerbaren Energien unterschiedlichster Art.[3] Doch die Anlagen zur Gewinnung erneuerbarer Energien sind meist im Eigentum von Privatpersonen, Landwirten oder Finanzinvestoren. Etablierte Stromversorger sind in Deutschland nur im Besitz von 13 % dieser Anlagen.[4] Allein auf der Energieerzeugung in großen Kraftwerksanlagen und dem Verkauf von Energielieferverträgen lässt sich zukünftig also kein Geschäftsmodell mehr gründen.

Neben den Umwälzungen in der Struktur der Energieerzeugung ist aber – durch die Marktliberalisierung – ein gleichermaßen erheblicher Wandel unter den Stromanbietern zu verzeichnen. Durch die zunehmende Digitalisierung treten neue, andere Wettbewerber auf den Markt. Teils sind es die großen internationalen Technologieunternehmen, teils neue kleine Start-ups, welche über innovative Geschäftsideen und attraktive, schlanke Produktportfolios verfügen. Diese bieten dem Kunden einen zusätzlichen Nutzen oder

[1] Vgl. Wikipedia (2018, Commodities).
[2] Vgl. BMWi (2019, S. 75).
[3] Vgl. Strom-Magazin (o. J.).
[4] Vgl. Fidan et al. (2016, S. 4).

befriedigen seine Bedürfnisse besser als die etablierten generalistisch aufgestellten Anbieter. So bieten z. B. *Start-ups* wie LO3-Energy, Beegy oder Caterva ihren Kunden digitale Märkte für selbst erzeugten Strom an oder verknüpfen in Eigenheimen die Photovoltaikanlagen auf dem Dach mit Batteriespeichern im Keller.[5] Insgesamt verschiebt sich das
Gewicht von der gewohnten, verbrauchsorientierten, zentralen Erzeugung hin zu einer
erzeugungsorientierten, dezentralen und volatilen Erzeugung.

10.2.2 Steigerung der Angebotsvolatilität

Der Wandel von Großkraftwerken hin zu erneuerbaren Energien stellt eine fundamentale
Disruption auf dem Energiemarkt dar. Durch den Betrieb von wenigen großen Kraftwerken war das Energieangebot bis dato relativ konstant und gut planbar. Sobald wesentliche
Anteile des Energiemixes aus erneuerbaren Energien geliefert werden, reduziert sich diese
Planbarkeit erheblich. Man begibt sich in die Abhängigkeit des Wetters, konkret von
Sonne und Wind. Zudem steigt die Anzahl der Einspeiser erheblich. Das ehemals gut kalkulierbare Angebot wird somit zunehmend *volatil*.

Problematisch hieran ist, dass sich Strom schlecht speichern lässt. Alle derzeit vorhandenen Speichertechnologien (*Power-to-X*) sind vergleichsweise ineffizient. Derzeit kann
eine erhebliche Menge der erzeugten Energie nicht ins Netz eingespeist werden, weil dort
keine Kapazität vorhanden ist bzw. sich nicht schnell genug Abnehmer finden lassen.
Wenngleich international intensiv an neuen Speichertechnologien geforscht wird, ist eine
schnelle und effiziente Speicherung großer Mengen an Strom in Großanlagen derzeit noch
nicht realisierbar.

Bislang wurde über ein *Demand Side Management* im Wesentlichen mit großen Stromabnehmern der Industrie versucht, diese Angebotsspitzen abzufedern. Die große Herausforderung für die Energieversorger der Zukunft wird es sein, einen wesentlichen Teil der
privaten Endverbraucher in das Demand Side Management mit einzubeziehen und so eine
flexible und variable Energienutzung zu erreichen. Der *Digital Lifestyle* bietet hierfür die
ideale Grundlage. Zukünftig wird es mit den smarten Geräten technologisch möglich sein,
Daten in *Echtzeit* automatisiert an virtuelle Energiemarktplätze zu senden und im Gegenzug die Menge an benötigtem Strom aus einem Pool von direktvermarktenden Anlagenbetreibern, Smart Micro Grids oder virtuellen Kraftwerken zu beziehen.

In diesem Zusammenhang dürfen zwei große Hindernisse nicht unerwähnt bleiben.
Zum einen ist es der schleppende Ausbau des Mobilfunknetzes in Richtung des künftigen
5G-Standards und zum anderen der ebenso zögerliche Ausbau der Energienetze. Denn die
technologisch greifbaren Zukunftsmodelle können ohne stabile Infrastruktur nicht die gewünschte Verbreitung finden.

---

[5]Vgl. Hennersdorf (2017).

10.2.3 Steigender Wettbewerb im Vertrieb nach Marktliberalisierung

Hinzu kommt, dass die Energiewirtschaft erst seit der Marktliberalisierung Erfahrungen im aktiven *Vertrieb* sammelt. Über viele Jahrzehnte hinweg verkaufte sich Strom über Gebietsmonopole ohne die Notwendigkeit eines regen Vertriebes. Erst seit der Öffnung des Marktes entsteht eine verschärfte Wettbewerbssituation. Die Zeiten, in denen der Endverbraucher zwangsweise seinem Energieversorger über Jahrzehnte loyal war, gehören der Vergangenheit an. Zudem ist der Strompreis – und mit ihm auch die Preissensibilität – in Deutschland in den letzten Jahren erheblich gestiegen.[6] Weitere Preisanpassungen sind zu erwarten, sodass sich der Trend in den nächsten Jahren fortsetzen wird.

Die Energieversorger müssen damit zunehmend vom Kunden aus denken und einen leistungsfähigen Vertrieb etablieren. Gefordert durch immer anspruchsvollere und besser informierte Verbraucher investieren Energiekonzerne immer mehr in Optimierung und Erweiterung des eigenen Produktportfolios. Solange ein Produkt oder eine Dienstleistung aber als Substitutionsgut wenig differenziert ist, findet der Wettbewerb meist allein über den Preis statt. Dies setzt voraus, dass das Unternehmen intern hinreichend profitabel aufgestellt ist, um den Preiskampf aktiv mitgestalten zu können. Mangels Notwendigkeit sind Unternehmen aus einem ehemals oligopolistischen Marktumfeld diesbezüglich allerdings oft nicht ausreichend effizient organisiert. So versuchen diese, zumindest preiswert zu erscheinen, indem sie beispielsweise Kooperationen mit Vergleichsplattformen wie Verivox oder Check24 eingehen.

Eine weitere Form der Differenzierung ist die teils unüberschaubar große Vielzahl von Tarifen einzelner Anbieter. Abgesehen von der grundlegenden Unterscheidung der Tarife nach der Herkunft des Stroms unterscheiden sich diese im Wesentlichen nur noch durch Laufzeiten, Incentives und Kündigungsfristen. Die unterschiedlichen Tarife nach der Herkunft/Erzeugungsart des Stroms können den einzelnen Stromanbietern heute nicht mehr zur Differenzierung dienen, da erneuerbare Energien heute so selbstverständlich sind, dass ein Ökostromtarif kein besonderes Qualitätsmerkmal mehr ist.

Diese marginale Differenzierung wird – wie in anderen gesättigten Märkten auch – zukünftig in der Energiewirtschaft nicht ausreichen. Die Produkte unterscheiden sich nach wie vor zu wenig, und darüber hinaus erfüllen sie nur leidlich die Kundenerwartungen. So besteht die Gefahr, dass das Angebot in der Vielzahl der Wettbewerber untergeht. Dies gilt sowohl für Privat- als auch für Geschäftskunden.

All dies berücksichtigt noch nicht die Anforderungen der Kunden im Zeitalter der Digitalisierung und des Digital Lifestyles. Energie muss in strukturierte Dienstleistungen transferiert und dem Kunden in innovativen und attraktiven Produkten angeboten werden. Immer noch verhindert die unternehmensinterne Perspektive den Blick auf den Kunden und seinen Bedarf. Hier besteht weiterhin erheblicher struktureller als auch methodischer Bedarf, um zukünftig die Erwartungen des Kunden mehr als nur zu erfüllen und somit auch Energie für ihn zu einem Erlebnisprodukt werden zu lassen.

---

[6] Vgl. Statista (2019).

10.2.4 Kundenerwartungen

Was aber erwartet der Kunde vom Stromanbieter? Wie bereits festgehalten, Strom als solches ist für ihn ein ausgesprochenes Low-involvement-Produkt. Es interessiert ihn nicht, und er hat de facto keinerlei Interesse, sich damit zu befassen. Die Jahresabschlussrechnung ist bereits ärgerlich und noch schlimmer sind die kontinuierlichen Preissteigerungen der letzten Jahre. Man stelle sich den typischen deutschen Familienvater vor, der nach einem langen Arbeitstag die Wahl hat zwischen komplizierten Smart-Meter-Auswertungen oder dem aktuellen Spiel der Fußballbundesliga. Wofür er sich entscheidet, ist nicht schwer vorherzusagen. Die großen Energieversorger versuchen dementsprechend, sich mit großen Imagekampagnen bei wichtigen Sportereignissen positiv im Bewusstsein der Kunden zu verankern.

Kurz gesagt, die Beschäftigung mit dem Thema ist für den privaten Endverbraucher etwas, worauf er gerne verzichten würde. Für ihn ist Strom Teil der Infrastruktur und eine Selbstverständlichkeit. Sie hat zu funktionieren und möglichst nichts zu kosten. Und ob der Strom von Anbieter A oder B kommt, ist für ihn vollends nebensächlich.

Das Interesse wächst entweder mit dem steigenden Energieverbrauch oder durch eine Veränderung in der Lebensweise und einem damit einhergehenden möglichen zusätzlichen Bedarf, beispielsweise bei der *Installation* einer Photovoltaikanlage oder dem Umzug in einen Neubau mit Smart-Home-fähiger Verkabelung. In der Regel sind es diese Veränderungen im Nutzungsverhalten des Kunden, welche Vertriebschancen für Energieversorger bergen. Der Kunde erwartet heute eine kompetente Beratung und ein auf seine Bedürfnisse abgestimmtes, individualisiertes Produkt. Dabei kann sich der Vertrieb positiv dadurch auszeichnen, dass er proaktiv, aber nicht penetrant ein wertstiftendes Beratungs- und Serviceangebot unterbreitet.

Zukünftig müssen Produkte demnach echte Differenzierungs- oder Alleinstellungsmerkmale beinhalten, um die *Kundenloyalität* nachhaltig zu steigern. Sie müssen um Zusatzleistungen erweitert werden, welche den Kundennutzen erhöhen oder zumindest die Komplexität im Kundenprozess nachhaltig reduzieren. Insbesondere solche Leistungen, die der Kunde von dem ursprünglichen Produkt nicht unmittelbar erwartet, für die er aber bereit ist, zusätzlich zu zahlen, sind hier von Relevanz. Denn nur solche führen auch zu einem Wettbewerbsvorteil für das Unternehmen.

Gleichzeitig haben sich auch die Ansprüche des Kunden an die Servicequalität grundlegend gewandelt. Ob das automatisierte Ablesen der Zählerstände oder Erleichterung anderer Routinearbeiten – die Erwartungshaltung ist hoch. Aus anderen Branchen ist er es gewohnt, hier eine extrem hohe Dienstleistungsqualität geboten zu bekommen. Alles funktioniert online, per „1-click" in kürzester Zeit, multikanalfähig und medienbruchfrei. Diese Erwartungen stellt er mittlerweile bei all seinen Einkaufsentscheidungen und reagiert dementsprechend ablehnend, wenn das Unternehmen ein gewünschtes Servicelevel nicht aufweist. Dies gilt für Privat- als auch für Gewerbekunden gleichermaßen.

10.3   Digital Lifestyle

Die stärkste disruptive Kraft der Digitalisierung ist aber die massive Veränderung im Nutzerverhalten. Die *Digital Natives* der Generation Y wachsen mit einem veränderten Lebensgefühl auf, dem Digital Lifestyle, basierend auf einer Vernetzung rund um die Uhr durch das Smartphone oder Tablet. Sie sind es gewohnt, immer und überall mit jedem und allem verbunden zu sein und zu jeder Zeit und von jedem Ort Dinge erledigen zu können. Dadurch unterscheiden sie sich sowohl im Konsumverhalten als auch im Lifestyle grundlegend von ihren Vorgängergenerationen.

10.3.1 Das Lebensgefühl der Digital Natives

Ausgangspunkt für diese Entwicklung waren die *Smartphones*, insbesondere das iPhone von Apple. Sie zeichnen sich dadurch aus, dass sie intuitiv zu benutzen sind und sich extrem einfach bedienen lassen. Durch die Apps haben sie eine hohe Kompatibilität zu allen Services. Apple überzeugte bei der Einführung des iPhones dabei nicht mit den besten Einzelkriterien, sondern indem sie die bewussten und vor allem unbewussten *Bedürfnisse* der Nutzer in einem bislang unbekannten Maße erkannten und sie damit begeisterten.

Die *Generation Y* verbringt einen erheblichen Anteil des Tages mit der Nutzung der unterschiedlichen Services des Internets, insbesondere *Social Media*, und nimmt gerne die Vorteile und Annehmlichkeiten wahr, die ihnen die digitale Welt bietet, ohne dafür extra zahlen zu wollen. Dabei spielen einige zentrale Bedürfnisse der Nutzer eine entscheidende Rolle:

- **24/7-Erreichbarkeit:** Sie sind rund um die Uhr mit dem Smartphone oder Tablet online.
- Mobile first: Smartphone und Tablet lösen stationäre Systeme ab und werden zu einem wichtigen Statussymbol.
- **Real or Near Time Delivery:** Eine zeitnahe Lieferung, bei digitalen Produkten sogar eine sofortige Lieferung, hat hohe Priorität.
- **Sharing Economy:** Die Generation Y bevorzugt immer mehr das Leihen oder gemeinsame Nutzen gegenüber dem eigenen Besitz.
- **One-Time-Order:** Langfristige Verträge werden zunehmend zur Ausnahme und von flexiblen einmaligen oder möglichst kurzfristigen Bestellungen abgelöst.
- **Social Media:** Eine hohe und ständige Konnektivität nicht nur mit Peers, sondern auch mit Unternehmen, wird zur Normalität.
- **Work-Life-Balance:** Die persönliche Entwicklung ist wichtiger als ein möglichst großes Einkommen. Unternehmen mit flachen und flexiblen Strukturen werden bevorzugt.
- **Usability:** Alles soll absolut intuitiv bedienbar sein, niemand möchte mehr Bedienungsanleitungen lesen.

- **zunehmendes Bedürfnis nach Datensicherheit:** Zwar geben wir in Twitter, WebEx oder diversen Online-Shops unsere Daten preis, parallel wollen wir aber vor Missbrauch geschützt sein.
- **wachsendes Umweltbewusstsein** (ökologischer Fußabdruck).

Energiedienstleistungen müssen zukünftig also genauso funktionieren wie die bekannten Services Facebook, Netflix, Amazon und Apple Pay: intuitiv, schnell, unkompliziert und gleichermaßen über alle Geräte, die der Kunde gerade zur Hand hat. Es würde aber zu kurz greifen, mit Digital Lifestyle nur ein privates Lebensgefühl zu beschreiben. Es ist vielmehr die Umschreibung unseres zukünftigen Lebens- und Arbeitsstils, der unser Verhalten nicht nur als Privatperson, sondern auch als Nachfrager und Mitarbeiter stark prägen wird.

Dabei reicht eine vermeintliche *Kundenfreundlichkeit* bei weitem nicht mehr aus. Mit der Digitalisierung oder den daraus resultierenden Services müssen Mehrwerte erbracht werden. Dies können Preisersparnisse (Spotpreise etc.), aber auch nützliche Informationen zu Geräten (Wartungsstand, abgelaufene Lebensdauer der Lampe, Störungen bei Geräten), Fernsteuermöglichkeiten sowie bisher nicht genutzte Algorithmen (automatisches Nachbestellen von Verbrauchsmaterialien/Wartung) etc. sein.

Zukünftig möchte der Verbraucher Verträge mit wenigen Klicks abschließen und aus einem vielfältigen, insbesondere aber auf seine Bedürfnisse optimal zugeschnittenen Dienstleistungsangebot auswählen können. Tarife müssen ihm übersichtlich und leicht verständlich präsentiert werden. Über Social Media möchte er mit anderen Kunden über seine Erfahrungen diskutieren und wenn er eine Frage zum Thema Strom hat, soll ihm ein kompetenter Chat des Anbieters rund um die Uhr zur Verfügung stehen. Er möchte nach Belieben den Medienkanal wechseln können, wobei der Prozess insgesamt intuitiv, schnell und automatisiert ablaufen soll. Darüber hinaus erwartet der Digital Native, dass ihm nützliche Informationen individuell aufbereitet und zur richtigen Zeit direkt auf das Smartphone zugeschickt werden.

Mit neuen Smart-Home-Geräten eröffnen sich immer neue Marktpotenziale – ob über Smartphones, Tablets oder via Sprachassistenten wie Amazons Alexa oder Google Home gesteuert. Auch wenn Deutschland ein eher internetkritisches Land ist und die Bürger ihre Daten eher ungern preisgeben: Amazon hat mittlerweile über 100 Mio. Alexa-Geräte verkauft und derzeit gibt es kaum einen Zweifel daran, dass im Digital Lifestyle die Zukunft liegt.[7]

10.3.2 Konsequenzen für die Utility-Welt

Einer Umfrage von PricewaterhouseCoopers (PwC) zufolge nehmen bereits 64 % der befragten Energieversorgungsunternehmen veränderte Kundenanforderungen wie digitale Kontaktkanäle, höhere Serviceerwartungen und gesteigerte Preissensibilität wahr.[8] Doch

[7]Vgl. Chip (2019).
[8]Vgl. Schwieters et al. (2016, S. 14).

bislang tun sich die Energieversorger mit der Digitalisierung, insbesondere im Kontakt zum Kunden, noch schwer. Oliver Wyman berechnete in einer Studie den Digitalisierungsindex für die Branche entlang der einzelnen Wertschöpfungsstufen (Erzeugung, Handel, Netze, Vertrieb). Insgesamt erhielten die Energieversorger magere 31 von 100 Punkten. Neben der Erzeugung wurde insbesondere dem Vertrieb Nachholbedarf in Sachen Digitalisierung bescheinigt.[9] Allerdings handelt es sich bei der Digitalisierung mehr um Disruption als um Evolution, die von den Unternehmen eine grundlegende und zügige Erneuerung statt schleichender Veränderung verlangt. Diese finden sich insbesondere in folgenden zentralen Aspekten:

Kundenfokus
Mit der steigenden Anzahl an Digital Natives wachsen die Erwartungen an individuell zugeschnittenen und wertstiftenden Produkten sowie Dienstleistungen kontinuierlich. Da junge Kunden eine Nutzung der digitalen Kanäle bevorzugen, sind zielgerichtete Investitionen in einen kundenzentrischen, multikanalfähigen Vertrieb in Verbindung mit starkem Marketing notwendig.

Produktportfolio
Der immer mehr Lebens-, aber auch Arbeitsbereiche beeinflussende Digital Lifestyle bedeutet für alle Branchen – nicht nur für den Energiesektor – dass sie zukünftig nicht mehr mit ihren etablierten Kernprodukten ihre Erträge erwirtschaften werden. Die Ertragsquellen in der Wertschöpfungskette verlagern sich immer mehr in den Bereich hinter den Zähler und in Geschäftsmodelle im Rahmen der dezentralen Erzeugung, sodass es auch für die etablierten Energieversorger notwendig wird, ihre Produkte und Portfolien entsprechend anzupassen.
Sie entwickeln sich weg vom Lieferanten eines Commodity hin zum Anbieter individueller Dienstleistungen, die nicht nur auf den Kunden zugeschnitten sind, sondern bestenfalls von diesem auch selbst konfiguriert werden können. Ag Grund der großen Veränderungsgeschwindigkeit in Zeiten der Digitalisierung ist es eine Grundvoraussetzung, das *Produktportfolio* möglichst flexibel aufzustellen, um sich weiterhin schnell und risikoarm dem rasch wandelnden Marktumfeld anpassen zu können. Ein Geschäftsmodell für Jahrzehnte, wie die Energiewirtschaft es lange erlebt hat, wird es so in Zukunft nicht mehr geben.

Prozesse
Um das flexibel aufgestellte Produktportfolio entlang der *Wertschöpfungskette* effizient und zuverlässig managen zu können, bedarf es schlanker und modular geschalteter Prozessketten. Die gesamte Energiebranche zwischen der dezentralen Erzeugung, dem Hausanschluss (Messstellenbetrieb) und den smarten Geräten, mitsamt der Sprachsteuerung, sind in einer Customer Journey abzubilden und entsprechende kundenzentrisch

---

[9] Vgl. Oliver Wyman (2017).

gedachte Prozesse daraus zu entwickeln. Dies gilt sowohl für den Privat- als auch für den Gewerbekunden. Da Prozessketten die Unternehmensgrenzen zukünftig immer öfter überschreiten, sind sie an Marktrollen zu orientieren, starre Verknüpfung an die Organisationstrukturen sind zu vermeiden.

Daten

Das in den letzten beiden Jahrzehnten entstandene *Internet der Dinge (IoT)* ist von einer hohen Entwicklungsgeschwindigkeit geprägt. Dafür, dass die Kunden dem „Netz" immer mehr Daten anvertrauen, erwarten sie im Gegenzug, dass diese zu ihrem Vorteil genutzt werden, indem die Anbieter durch proaktive Information oder individuelle Beratung für sie einen Mehrwert schaffen.

Doch hier ergibt sich heute eine große Herausforderung. Zunächst einmal ist der weit überwiegende Teil der Haushaltszähler nach wie vor ein analoger Zähler, der im Zeitalter der Digitalisierung wenig hilfreich ist. Zwar müssen alle analogen Zähler spätestens bis 2032 durch digitale ausgetauscht worden sein, um mit dem Messstellenbetriebsgesetz konform zu bleiben, aber bis der freie Wettbewerb um den Messstellenbetrieb inklusive der Möglichkeit der Datennutzung für den Vertrieb tatsächlich umgesetzt ist, werden noch Jahre vergehen. Nichtsdestotrotz öffnet sich für berechtigte Marktteilnehmer in Zukunft die Möglichkeit, neue Geschäftsmodelle durch Zuordnung der „veredelten" Daten zu konkreten Personen zu erschließen, was bislang durch das Unbundling nicht ohne Weiteres möglich war.

Kompetenzen und Organisation

Bei all der Digitalisierung braucht man auch in Zukunft noch Menschen. Allerdings benötigen die Unternehmen Mitarbeiter mit anderen Kompetenzprofilen. Sowohl an der Schnittstelle zum Kunden als auch intern werden wesentlich höhere IT- und Beratungsskills benötigt. Eine zunehmende Automatisierung von Prozessen, beispielsweise durch Onlineshops, Marketingmanagement-Software und Chatbots, setzt zukünftig Ressourcen frei. Daher ist die Gewinnung und Bindung von qualifizierten Mitarbeitern, die einerseits Automatisierung und andererseits Innovation vorantreiben, eine zentrale Aufgabe des Human Resource Managements. Hierbei sind u. a. die Präferenzen der nachwachsenden Generation Y zu berücksichtigen, die sich u. a. in flachen Hierarchien und selbstbestimmtem Arbeiten äußern.

Allerdings ist der kulturelle Wandel nicht die einzige Herausforderung für die Organisation. Der Kundenfokus sollte in der *Organisation* konsequent umgesetzt werden. Organisationseinheiten sollten durch richtige Anreize an das Erbringen von Kundennutzen ausgerichtet werden und sich dem Benchmark stellen.

IT

Die digitale Vernetzung, online und rund um die Uhr ablaufende Prozesse sowie die fortschreitende Digitalisierung der Informationen verlangen jedem Unternehmen eine starke und effiziente Informationstechnologie ab. Allerdings sehen sich die Energieversorger in diesem Punkt oft nicht gut vorbereitet. Unter dem seit Jahren steigenden Kostendruck wurden viele IT-Bereiche zentralisiert und haben dadurch Kunden- und Businessfokus teilweise eingebüßt.

Daneben entstanden teils separate Bereiche für die eigentlichen Digitalisierungsprojekte, die oft nur punktuell Kenntnis der aktuellen Prozess- und Systemlandschaften besitzen. Was ein nachvollziehbarer Zwischenschritt in der IT-Evolution sein kann, darf nicht zum Hindernis auf dem Weg zu einer übergreifenden IT-Kompetenz werden, die eine gesamtheitliche Betrachtung, Optimierung, aber auch Neustrukturierung der Abläufe zur Aufgabe hat.

Partnerschaften

Abhängig von den Voraussetzungen und von der Herkunft der unternehmenseigenen Stärken und Ziele werden die Unternehmen des Energiesektors sich auf einzelne Geschäftsfelder konzentrieren müssen. In zunehmendem Maße wird es dabei zu Partnerschaften und *Kooperationen* kommen – sowohl zwischen etablierten Energieversorgern untereinander als auch mit ehemals branchenfremden Unternehmen. Partnerschaften mit Messstellenbetreibern, Eigentümern von kleinen Kraftwerksanlagen und Smart-Home-Lösungsanbietern sind hierbei Optionen.

Mit Partnerschaften können Unternehmen gleich mehrere Herausforderungen meistern, denen sie in Zeiten der *digitalen Transformation* gegenüberstehen. Zum einen lässt sich durch gezielte externe Verstärkung des Leistungsportfolios die Geschwindigkeit bis zum Erlangen der eigenen Marktreife erhöhen, zum anderen lassen sich dadurch die meist knappen internen Ressourcen auf die unternehmenseigenen Kernbereiche konzentrieren. Nicht zuletzt erlauben Partnerschaften eine sinnvolle Verteilung von Risiken und Investitionen über mehrere Unternehmen hinweg.

Neben Partnerschaften können auch gezielte Zukäufe, z. B. von kleineren Start-ups, eine weitere Möglichkeit bieten. Gerade die Energieriesen können dadurch massiv an Entwicklungsgeschwindigkeit und Risikobereitschaft gewinnen und gleichzeitig unerwünschte Konkurrenz eindämmen. Um das Vorhaben nicht durch mögliche kulturelle Unverträglichkeiten zu konterkarieren, sind hier jedoch geeignete Organisationsstrukturen und konsequentes Change-Management von großer Bedeutung.

10.4   Kundenzentrierte Produktportfolios

Ein kundenzentriertes Produktportfolio unterscheidet sich durch den Startpunkt der Produktentwicklung. Im Gegensatz zur Vermarktung von produzierten Gütern steht hier die Analyse der *Bedürfnisse* sowie (unbewusster) Wünsche der Kunden im Fokus. Warum wird es gebraucht? Die steigende Konkurrenz überlässt dem Kunden die Wahl eines Anbieters. Der Preiswettbewerb ist bei dem Commodity-Strom durch die Liberalisierung des Marktes wohl ausgereizt, und aufgrund des eher negativen Images der Branche als solches sollte eine Differenzierung über die Marke auch nicht im Vordergrund stehen, sondern nur zusätzliches Instrument sein. Die große Herausforderung für Energieversorger ist demnach, die richtigen Produkte und Dienstleistungen zu entwickeln und deren Mehrwert gezielt zu vermarkten.

Um diesen Anspruch zu genügen, müssen die Unternehmen ihre Kunden gut kennen. Das gilt sowohl für Privat- als auch für Gewerbekunden. Was bei einem Kunden keinen Anklang findet, erzeugt bei dem anderen gerade oft erst den zusätzlichen Nutzen und damit die Zahlungsbereitschaft. Zwar haben Markt- bzw. Kundensegmentierungsstrategien bei Energieversorgern in den letzten Jahren stark an Bedeutung gewonnen, doch laut einer Studie von Bain kennen aktuell nicht einmal die Hälfte aller Energieversorger ihre Differenzierungsmerkmale:[10]

- Der Key Account hat nur in 40 % der Unternehmen exaktes Wissen über die Kaufprozesse seiner Kunden.
- Lediglich 30 % analysieren potenzielle Kunden – führende Unternehmen tun dies 8-mal häufiger.
- Nur 30 % der Energieversorger glauben, dass ihre Vertriebsmitarbeiter die erforderlichen Kompetenzen besitzen.
- 75 % der Unternehmen haben zwar signifikant in Technologie investiert, doch nur 30 % konnten daraus mehr Umsatz generieren.

Um ein kundenzentriertes Produktportfolio tatsächlich zu gestalten, empfiehlt es sich, in zwei Schritten vorzugehen.

Schritt 1: Portfoliomodernisierung

In einem ersten Schritt sollte eine *Portfoliomodernisierung* stattfinden. Die bestehenden Produkte und Leistungen werden aus der Perspektive des Kunden und seiner Nutzenerwartung analysiert. Daten, die bereits jetzt über alle verfügbaren Kanäle dem Unternehmen zur Verfügung stehen, müssen hinsichtlich der *Customer Journey* aufbereitet werden. Dabei sind die bereits geschilderten Anforderungen eines multikanalfähigen und insbesondere digitalen Vertriebs sowie einer entsprechenden Kommunikation mit dem Kunden von entscheidender Bedeutung.

Die Methode des *Design Thinking* kann hier ein wertvolles Instrument sein. Aktuell bereiten noch die einfachsten Prozesse wie ein Umzug oder die Abrechnung oder Installation einer Photovoltaikanlage oft erhebliche Probleme und kosten den Kunden oft Wochen an Zeit. Dabei gewinnt Servicequalität jeden Tag an Bedeutung, ihr Mangel wird vom Kunden nicht länger toleriert und mit Abwanderung bestraft. Produkte und Leistungen, die nicht stark nachgefragt sind und darüber hinaus keine Marge erwirtschaften, sollten aus dem Portfolio gestrichen werden. In diesem ersten Schritt werden demnach die Grundlagen gelegt, um insbesondere die Kundenloyalität zu sichern.

---

[10]Vgl. Bain & Company (2015).

Schritt 2: Portfoliotransformation

In einem zweiten Schritt findet dann die *Portfoliotransformation* statt. Hier ist es wichtig, das bestehende Portfolio einer kritischen Prüfung im Hinblick darauf zu unterziehen, wo sich in Zukunft Ertragspotenziale offenbaren oder eine positive Differenzierung möglich ist. An dieser Stelle bedarf es der Kreativität und des unternehmerischen Risikos. Einige denkbare Geschäftsmodelle werden im Folgenden beispielhaft genannt, wobei es sich gerade bei den aufwendigeren von ihnen eher um in der Zukunft liegende Visionen handelt.

Verbrauchsunabhängige Tarife

Aktuell orientieren sich die meisten Tarife am Energieverbrauch. Das könnte kritisch hinterfragt werden. Die meisten Verbraucher wünschen sich eine stabile Stromversorgung zu einem nachhaltig günstigen Preis, ohne sich um die Höhe ihres Verbrauchs kümmern zu müssen. In der Telekommunikation übliche *Flatrates* wären für viele ein attraktives Modell.

Verbrauchsmonitoring

Im Modell des *Verbrauchsmonitorings* spielt die Höhe des Verbrauchs dagegen eine zentrale Rolle. Der Verbrauch wird überwacht, und anhand statistischer Vergleichswerte werden typische Normalverbrauchsprofile für jeden Wochentag erstellt. Bei signifikanter Abweichung wird der Kunde benachrichtigt. Die Anwendungsgebiete sind vielseitig, eines hiervon ist das Senioren-Monitoring. Immer mehr Senioren leben allein. Im Alltagsstress gefangene Verwandte und Bekannte kommen kaum dazu, sich täglich nach dem Wohlbefinden der Senioren zu erkundigen. Bei nennenswerter Unterschreitung des Verbrauchs werden die Verwandten auf die Abweichung aufmerksam gemacht und können bei Bedarf handeln.

Stromkauf „en bloc"

Für Auto- oder Tankstellenbesitzer ist auch das Kaufen von Strom als Einmalgeschäft denkbar. Der Trend entfernt sich von langfristigen Verträgen hin zu einer flexiblen Leistungsnutzung. Stromkauf per *Blockchain-Technologie* ist ein Beispiel dafür. Dabei wird bei einem Anbieter für eine bestimmte Menge an Strom der tagesaktuelle Preis bezahlt, und daraufhin wird auf den digitalen Stromzähler des Kunden die entsprechende Strommenge gutgeschrieben. Langfristige Verträge mit einem Anbieter würden damit obsolet. In Verbindung dazu sind weitere Geschäftsmodelle um Elektromobilität interessant. Eine neue Infrastrukturtechnologie im Ladebereich, das Ultra Fast Charging (UFC, extrem schnelles Laden), bietet als Beispiel eine weitere Möglichkeit, mit Tankstellenketten zusammenzuarbeiten und den Markt für Elektromobilität komplett neu zu strukturieren. E. ON hat sich beispielsweise bereits entschieden, Elektromobilität zu einer Schlüsselpriorität zu machen.[11]

---

[11]Vgl. E.ON (o. J.).

Peer-2-Peer-Handel

Ähnlich sieht das Modell eines direkten Markthandels für Ökostrom zwischen den Erzeugern und Verbrauchern mittels eines *virtuellen Marktplatzes* aus. Der (regionale) Erzeuger kann so die überflüssige Strommenge z. B. an den Nachbarn oder auf der Handelsplattform verkaufen. Die Stadtwerke Wuppertal haben einen derartigen Marktplatz für Ökostrom basierend auf der Blockchain-Technologie bereits ins Leben gerufen.[12]

Digitale Anlagensteuerung

Noch weiter geht die Idee der intelligenten *Steuerung* und digitalen Vernetzung der dezentralen Erzeuger und Verbraucher inklusive der Vermarktung der Flexibilitätsoptionen. Mit der Abkehr vom heute praktizierten Verfahren, in Spitzenzeiten die Energieerzeugung in einzelnen Anlagen abzuschalten weil die Energie nicht verbraucht werden kann, hin zu einer bedarfsgerechten Verteilung mittels einer digitalen Anlagensteuerung, wird sich ein fundamentaler Wandel einstellen. Neben der Weiterentwicklung der Speichertechnologien kann mit diesem Ansatz gewährleistet werden, dass sich das Angebot mit der Nachfrage deckt und die Strommenge, die produziert werden konnte, auch tatsächlich verbraucht werden kann.

Smart Home

Eine Kooperation mit Wohnungsbaugesellschaften und Bauplanern stellt eine weitere Option dar. Gemeinsam können Dienstleistungen rund um die Einführung von Smart-Home-Funktionalitäten in Verbindung mit Energie- oder Preiseffizienz angeboten werden. Ansätze, wie die Technologie möglichst kostengünstig, einfach und fehlerfrei angewendet werden kann, können gemeinsam entwickelt werden. Die vielfältigen Smart-Home-Funktionen entfalten erst bei einer intelligenten und umfassenden Integration in ein komplettes System ihr volles Potenzial. Sei es der Einbruchschutz, die Heizung, die sich zwei Stunden vor dem Feierabend einschaltet, oder das Fenster, welches sich automatisch schließt, wenn Regen droht.

Energieautobahn

Auch Autobahnen sollen zukünftig Energie erzeugen. Die naheliegende Möglichkeit ist, sie großflächig mit Solarzellen zu überdachen. Die Solar Serpent (Solarschlange) genannten Konzepte sind auch für andere Infrastrukturen denkbar und existieren so bereits in anderen Ländern (Parkplatz Flughafen Montpellier/Frankreich, Flussüberdeckung in Beirut/Libanon). Ein technisch anspruchsvolleres Vorgehen ist es, die Solarzellen in die Fahrbahn zu integrieren, doch auch hier schreitet die Forschung voran und es wird nicht mehr lange dauern, bis auch diese Technologie zur Marktreife gelangt. Der zugegebenermaßen kostspielige Fahrbahnausbau kann zukünftig sowohl einen Nutzen für Autofahrer durch selbstladende Autos bedeuten als auch einen Beitrag zum dringend benötigten Ausbau der Netzinfrastruktur leisten.

---

[12] Vgl. Wuppertaler Stadtwerke (2017).

Täglich entstehen im Bereich der Energie neue Technologien, und die denkbare Produkt-palette wird immer breiter. Zahlreiche Internetseiten und Datenbanken sprudeln vor Ideen und an Geschäftsmodellen fehlt es nicht. Daher erscheint es kaum möglich oder zumindest selten sinnvoll, dass ein Unternehmen alle Geschäftsfelder auf einem wettbewerbsfähigen Niveau abdeckt. Vielmehr ist eine Konzentration auf wenige Produkte, aber dafür auf die schnelle Realisierung geboten. Um die Marktchancen möglichst früh, bestenfalls bereits in der Konzeptphase zu vergrößern, sollte die Produktentwicklung möglichst unter Be-rücksichtigung der möglichen Kooperationspartner sowie die Einbindung der potenziellen Kunden bzw. Zielgruppen erfolgen. Die Erprobung durch den Bau von Prototypen sowie geeignete Instrumente zur Kostentransparenz und zum Risikomanagement unterstützen Unternehmen darin, die Marktrealität laufend zu hinterfragen, denn niemand weiß genau, welche Technologien sich wie schnell durchsetzen.

Oft bilden Daten zukünftig die Grundlage für innovative Produkte. Beispielsweise bauen Geschäftsmodelle rund um *Bündelprodukte* auf Echtzeitdaten in Verbindung mit Informationen rund um den Verbraucher. Spricht man von Daten, so darf in Deutschland der Datenschutz nicht außer Acht bleiben. Der Schutz personenbezogener Daten genießt hierzulande einen hohen Stellenwert und dessen Nichteinhaltung kann mit empfindlichen bis hin zu existenzbedrohlichen Strafen verbunden sein. Allerdings ist die Digitalisierung ohne Daten nicht denkbar und der *Datenschutz* in Deutschland im Rahmen der DSGVO einerseits und der regulierten Marktkommunikation des Bundes andererseits verhältnis-mäßig restriktiv. Datenschutz der Verbraucher ist zweifelsohne wichtig, allerdings müssen die Maßnahmen sinnvoll und verhältnismäßig bleiben. Wenn sich der Datenschutz in Deutschland nicht auf die geänderten Anforderungen der Digitalisierung zum Datenge-brauch einstellt, wird Deutschland – und nicht nur der Energiemarkt – in puncto Digitali-sierung weiter hinterherhinken.

10.5   Fazit und Handlungsempfehlungen

Es wird für die Energieversorger nicht ausreichen, ihren Strom auch über Vergleichspor-tale anzubieten und dem Kunden hübsche Apps zur Verfügung zu stellen. Das gesamte Geschäftsmodell wird neu gedacht werden müssen. Was nach einem kompletten Neube-ginn anmutet, gründet dabei aber auf vielen langjährigen Stärken, Erfahrungen und Kom-petenzen der etablierten Energieversorger in Deutschland.

Der Kunde wird durch die Digitalisierung mehr denn je zum „König". Die Entwicklung eines auf den Kunden und seinen bewussten und unbewussten Bedürfnissen ausgerichte-ten Produktportfolios ist die Herausforderung der Zukunft in der Energiebranche, sowohl für Privat- als auch Geschäftskunden. Viele der Energieversorger haben die Entwicklung bereits erkannt und investieren große Summen in die Entwicklung dieser neuen zukunfts- und ertragsträchtigen Geschäftsmodelle, auch wenn sich daraus kurzfristig noch kein Er-trag erzielen lässt. Doch solange den Unternehmen die Erwartungen ihrer Kunden nicht vollumfänglich bewusst sind, steht der Kunde auch nicht im Mittelpunkt ihres Handelns.

Durch die Digitalisierung eröffnen sich so viele Möglichkeiten, dass es schwer wird zu entscheiden, womit man starten soll. Eine allgemeingültige Antwort auf diese Frage gibt es nicht.

▶   Hier die wesentlichen Empfehlungen:

1. Starten Sie damit, Ihre Prozesse wirklich kundenfreundlich zu gestalten und in den bestehenden Produkten eine echte Customer Experience zu schaffen. So lernen Sie ihre Kunden besser kennen und sichern sich ihre Loyalität.
2. Glauben Sie an den technologischen Fortschritt und investieren Sie in innovative Produkte. Es gibt in Deutschland viele kritische Stimmen zur Digitalisierung, wenn wir aber in der zukünftigen Welt eine wichtige Rolle spielen wollen, müssen wir die Ängste überwinden. Hierbei empfiehlt sich die Konzentration auf wenige Produkte mit segmentspezifischen Kundennutzen, bei denen man mit unternehmensspezifischen Stärken Differenzierungsmerkmale sichern kann.
3. Holen Sie einen erfahrenen Experten für die Transformation Ihres Portfolios, denn gerade in dieser Arbeit liegt der Schlüssel zum Erfolg.
4. Investieren Sie in Human Resources. Um Digital Natives als Kunden zu halten, muss das Unternehmen sie auch verstehen. Hierfür bedarf es motivierter und qualifizierter Mitarbeiter, die durch richtige Anreize und durch flexible und schnelle Entscheidungswege unterstützt werden.
5. Schließen Sie Partnerschaften. Mit Hilfe von Partnerschaften und Kooperationen können Unternehmen Marktpotenziale schneller erschließen sowie Risiken und Investitionen sinnvoll verteilen.

Dann aber stehen hinreichende und spannende Geschäftsmodelle zur Verfügung, in denen man auch in Zeiten von Digitalisierung erfolgreich am Markt bestehen kann.

Literatur

Bain & Company. (2015). *Mastering the reality of sales* (28.04.2015). Boston: Bain & Company, Inc. https://www.bain.com/about/media-center/press-releases/germany/2015/vertrieb-im-b2b-geschaeft/. Zugegriffen am 22.02.2019.

BMWi. (2019). *Kommission „Wachstum, Strukturwandel und Beschäftigung"* (Jan. 2019). Abschlussbericht. Berlin: Bundesministerium für Wirtschaft und Energie (BMWi). https://www.kommission-wsb.de/WSB/Redaktion/DE/Downloads/abschlussbericht-kommission-wachstum-strukturwandel-und-beschaeftigung-2019.pdf?__blob=publicationFile&v=4. Zugegriffen am 22.02.2019.

Chip. (2019). Amazon nennt erstmals Verkaufszahlen: 100 Mio. Geräte mit Assistentin Alexa verkauft. *chip.de* (05.01.2019). München: CHIP Digital GmbH. https://www.chip.de/news/Amazon-nennt-erstmals-Verkaufszahlen-100-Mio.-Geraete-mit-Assistentin-Alexa-verkauft_156898523.html. Zugegriffen am 22.02.2019.

E.ON. (o. J.). *Europäische Städte durch Ultra-Fast-Charging für Elektroautofahrer verbinden.* Essen: E.ON SE. https://www.eon.com/de/ueber-uns/geschaeftseinheiten/eon-inhouse-consulting/projekte/innovation.html. Zugegriffen am 22.02.2019.

Fidan, M., Edelmann, H., Fleischle, F., Kuhn, S., Grabow, J., & Christiansen, T. (2016). *Geschäfts-modelle 2020 – Wie in der Energiewirtschaft zukünftig noch Geld verdient werden kann*. Berlin/ Dortmund/Köln/Stuttgart/Düsseldorf: Ernst & Young GmbH Wirtschaftsprüfungsgesellschaft. https://www.ey.com/Publication/vwLUAssets/EY-Studie-Geschaeftsmodelle-2020/$FILE/ EY-Studie-Geschaeftsmodelle-2020.pdf. Zugegriffen am 22.02.2019.

Hennersdorf, A. (2017). E.On, RWE & Co: Energieriesen hinken bei der Digitalisierung hinterher. *WirtschaftsWoche Online (wiwo.de)* (23.01.2017). Düsseldorf: Handelsblatt GmbH. https:// www.wiwo.de/unternehmen/energie/e-on-rwe-und-co-energieriesen-hinken-bei-der-digitalisierung-hinterher/19289554.html. Zugegriffen am 22.02.2019.

Oliver Wyman. (2017). *Digitales Defizit: Energieversorger mit Nachholbedarf* (Pressemitteilung 24.01.2017). München: Oliver Wyman. https://www.oliverwyman.de/content/dam/oliver-wyman/europe/germany/de/who-we-are/press-releases/2017/Dokumente/Oliver_Wyman_PM_DigitalisierungsindexEVU.pdf. Zugegriffen am 22.02.2019.

Schwieters, N., Hasse, F., von Perfall, A., Maas, H., Willms, A., & Lenz, F. (2016). *Deutschlands Energieversorger werden digital* (Jan. 2016). Düsseldorf: PricewaterhouseCoopers GmbH Wirtschaftsprüfungsgesellschaft. https://www.pwc.de/de/energiewirtschaft/studie-digitalisierung-energiewirtschaft-01-2016.pdf. Zugegriffen am 22.02.2019.

Statista (2019). *Verivox-Verbraucherpreisindex: Strompreis für Privathaushalte in Deutschland bei einem Stromverbrauch von 4.000 kWh in den Jahren 2004 bis 2018 (in Euro)*. Hamburg: Statista GmbH. https://de.statista.com/statistik/daten/studie/914784/umfrage/entwicklung-der-strompreise-in-deutschland-verivox-verbraucherpreisindex/. Zugegriffen am 22.02.2019.

Strom-Magazin (o. J.). Stromerzeugung in Deutschland: Woher kommt die Energie? *Strom-Magazin. de*. Linden: i12 GmbH. https://www.strom-magazin.de/info/stromerzeugung-in-deutschland/. Zugegriffen am 22.02.2019.

Wikipedia (2018). Commodities. *Wikipedia, Die freie Enzyklopädie* (Bearbeitungsstand 11.08.2018). San Francisco: Wikimedia Foundation Inc. https://de.wikipedia.org/wiki/Commodities. Zugegriffen am 22.02.2019.

Wuppertaler Stadtwerke (2017). *Wuppertaler Stadtwerke starten ersten Blockchain-Handelsplatz für Ökostrom* (20.11.2017). Wuppertal: WSW Wuppertaler Stadtwerke GmbH. https://www. wsw-online.de/unternehmen/presse-medien/presseinformationen/pressemeldung/meldung/wuppertaler-stadtwerke-starten-ersten-blockchain-handelsplatz-fuer-oekostrom/. Zugegriffen am 22.02.2019.

Anna Medkouri ist seit dem 01. Apr. 2018 Mitglied der Geschäftsleitung von mgm consulting partners, einer branchenübergreifenden Managementberatung mit Fokus auf Konzept- und Umsetzungsberatung, u. a. im Bereich Business Transformation. Nach mehreren Jahren in der klassischen Beratung war die studierte Physikerin von 2003 bis 2018 im E.ON-Konzern tätig. Während dieser Zeit hat sie verschiedene Projektleitungs- und Führungspositionen mit dem Schwerpunkt IT im internationalen Energiehandel, deutschen Strom- und Gasvertrieb sowie Personalwesen (HR) übernommen. In den letzten Jahren beschäftigte sie sich dann mit Fragen der digitalen Transformation, sowohl bei E.ON als auch nach ihrer Rückkehr in die Beratung.

Peter Schirmanski studierte Elektrotechnik in München und Wirtschaftswissenschaften in Hagen. Seit den 1990er-Jahren hat er in führenden Positionen bei internationalen IT-Dienstleistern wie PwC, IBM, Siemens und Atos globale Kunden in der digitalen Transformation beraten. Dies umfasste sowohl die Digitalisierung von Prozessen und deren Umsetzung in komplexen IT-Systemen als auch die Business Transformation inkl. Outsourcing, die sich durch die neuen Möglichkeiten der verteilten Arbeitsorganisation ergeben. Seit 2014 ist er Mitglied der Geschäftsleitung von mgm consulting partners, einer branchenübergreifenden Managementberatung mit Fokus auf Konzept- und Umsetzungsberatung u. a. im Bereich Business Transformation. Dort verantwortet er den Bereich Digital Business Consulting, der sich im Schwerpunkt mit der Beratung von Kunden im Wandel durch den Digital Lifestyle beschäftigt.

Kundenbindung und -steuerung durch Produktbündelung und plattformbasierten Energievertrieb im Ökosystem Mobilität

11

Ulrich Redmann und Jan-Emanuel Brandt

Umgang mit der Disruption und der Transformation von Branchen zu Ökosystemen

Zusammenfassung

Die Disruption birgt enorme Potenziale für neue Geschäftsmodelle. Diese neuen Geschäftsmodelle sind ähnlich wie das neu entstehende Ökosystem Mobilität sehr komplex und zeichnen sich durch spartenübergreifende Angebote aus. Stadtwerke verfügen über ein sehr breites Angebotsspektrum (Energieversorgung, Schwimmbäder, ÖPNV, Wohnungswirtschaft, Parkplatzverwaltung etc.) und einen nahezu hundertprozentigen Kundenzugang zu den Menschen in ihrem Netzgebiet. Viele Stadtwerke wissen jedoch nicht, wie sie die existierende Kundenschnittstelle optimal nutzen können, um Ergebnisse im Kerngeschäft Energievertrieb zu stabilisieren und auch wieder zu steigern. Die Herausforderung besteht folglich darin, ein Produktbündel zu schnüren, welches ein Kundenbedürfnis durch ein nicht substituierbares Produkt befriedigt und dadurch einen vergleichsweise höheren Energiepreis rechtfertigt und den Kunden an das Stadtwerk bindet. Dies kann in einem Produktbaukasten erfolgen. Dabei wird das margenträchtige Basisprodukt „Energie" mit einem oft genutzten und emotional behafteten Mobilitätsprodukt kombiniert, um so die Kundenbindung herbeizuführen. Die Umsetzung eines derartigen Produktbaukastens erfordert den Aufbau einer geeigneten Plattform. Die strategischen Überlegungen sowie der richtige Ansatz zu einer agilen Entwicklung werden in diesem Artikel näher beleuchtet.

U. Redmann (✉) · J.-E. Brandt
m3 management consulting GmbH, Ismaning/München, Deutschland

© Springer Fachmedien Wiesbaden GmbH, ein Teil von Springer Nature 2020
O. D. Doleski (Hrsg.), *Realisierung Utility 4.0 Band 2*,
https://doi.org/10.1007/978-3-658-25589-3_11

11.1   Das Ökosystem Mobilität im städtischen Umfeld

Die digitale Stadt- und Kommunalentwicklung steht in starkem Fokus der Bundesregierung. So wird das Bundesministerium des Innern, für Bau und Heimat (BMI) viele Förderungen für diverse *Smart-City*-Projekte bereitstellen, um *Digitalisierungsstrategien* in Modellkommunen, den relevanten Wissenstransfer und Kompetenzaufbau sowie die notwendige Forschung zu unterstützen. Eines der wichtigsten Themen im Kontext der Smart-City-Entwicklung ist die Mobilität. Mobilitätsaspekte sind im Smart-City-Kontext in diversen Branchen relevant. So ziehen sich die Themen über Logistikfragen, Klima, alternative Antriebe, Lade- und Tankinfrastrukturen, Kopplung von Sektoren, Energiewende, Vernetzung und viele mehr und bedingen damit natürlich übergreifend eine notwendige Digitalisierung vieler Prozesse und Aspekte. Somit entwickelt sich Mobilität weg von einer singulären Branche hin zu einem komplexen vielschichtigen *Ökosystem* – dem Ökosystem *Mobilität*.

Grundsätzlich gehen die Anforderungen an ein Ökosystem Mobilität über die Anforderungen im rein städtischen Kontext weit hinaus. So unterscheidet man Regionen mit unterschiedlichen Mobilitätsanforderungen, z. B. Metropolen und ländliche Regionen. Jede dieser Regionen hat für sich eigene Mobilitätsanforderungen. Hinzu kommen die speziellen Anforderungen aus der Verbindung von mehreren, ggf. unterschiedlichen Typen von Regionen. So hat der Pendler, der im ländlichen Raum wohnt und im City-Umfeld arbeitet, komplett andere Bedingungen und Anforderungen als der Bewohner einer Metropole, der gleichzeitig im innerstädtischen Bereich arbeitet und bereits heute zum großen Teil auf das Eigentum an einem Auto verzichtet. Im Folgenden wollen wir uns ausschließlich auf das Ökosystem Mobilität im städtischen Umfeld konzentrieren.

Wenn sich eine ganze Branche ändert und ein umfassendes Ökosystem hervorbringt, werden und müssen sich dahinterliegende Geschäftsmodelle und Anbieterstrukturen verändern. Die damit einhergehende Disruption von teilweise seit Jahrzehnten und Jahrhunderten gelebten und geliebten Dingen ist notwendige Voraussetzung für den Aufbau neuer Strukturen. Elektroantrieb statt Diesel, regenerative Energieformen statt Kohle, autonomes Fahren statt Selbstlenker, *Mobility as a Service (MaaS)* also Nutzung von Mobilitätsangeboten statt Eigentum am Auto sind nur einige wenige Beispiele für diese Disruption.

Genau diese Disruption birgt enorme Potenziale für neue Geschäftsmodelle. Diese neuen Geschäftsmodelle sind, ähnlich wie das neu entstehende Ökosystem, sehr komplex und zeichnen sich durch spartenübergreifende Angebote aus. Der Kundenwertschöpfungszyklus und auch der generelle Produktlebenszyklus, den der Kunde erlebt, werden sich gravierend ändern. Anbieter von Commodity- und Einspartenprodukten werden stark verkürzte, rein preisorientierte Kunden wahrnehmen, deren Bindung und Kundenloyalität noch drastischer im Vergleich zum heutigen Status quo sinken werden.

Komplexe Produkte in einem Ökosystem Mobilität werden anbieterseitig vor allem durch Kooperationen und Netzwerke erbracht werden. Um Teilleistungen durch hohe Spezialisierung sehr effizient anbieten zu können, werden sich einzelne Kooperationspartner auf die Bereitstellung einzelner Produktbestandteile (Anbieter Carsharing, Anbieter ÖPNV,

Energieversorger etc.) konzentrieren, während sich andere Kooperationspartner eher auf die Produktbildung über die Bündelung von Einzelleistungen zu komplexen Produkten konzentrieren werden (z. B. Vertriebseinheiten von Stadtwerken, neue Bündelanbieter, starke Anbieter wie Telekom, Amazon etc. aus anderen Branchen). Andere Kooperations- partner werden die Kundenschnittstellen über eine Perfektionierung der digitalen Kunden- kontaktpunkte (*Touchpoints*) und des dahinter notwendigen Datenmanagements vorantrei- ben (Portal- und Plattformanbieter etc.). Hinzu kommen Partner aus den Bereichen Social Media, Online und Mobile Payment, Data Science und diverse andere, ohne die die Ge- schäftsmodelle, den heutigen Kundenanforderungen entsprechend, nicht mehr akzeptabel sind. Jeder dieser Kooperationspartner erbringt einen integralen Bestandteil der Gesamt- leistung und kann einen angemessenen Anteil an den Business Values für sich erzielen. Um hierbei intermediäres Handeln und Machtausübung aus einer Rolle heraus zu unterbinden, wären komplexe Geschäftsmodelle im Ökosystem Mobilität prädestiniert für die Anwen- dung von Blockchain-Ansätzen bzw. für die Verbindung der einzelnen Partner über Block- chain-basierte Smart Contracts.

Im Folgenden beschäftigen wir uns mit der sich aktuell am Markt etablierenden Schnitt- stelle vom Anbieter zum Endkunden über eine Plattform. Die Abwicklung aller relevanten Schnittstellen zwischen allen Beteiligten via Blockchain, welche in fernerer Zukunft zu erwarten ist, wird an dieser Stelle nicht weiter vertieft.

In naher Zukunft werden sich diese neuen Ansätze zur *Kundenbindung* und Kunden- steuerung im Ökosystem Mobilität im städtischen Umfeld unter dem Stichwort Smart City etablieren, sodass hier auch der Fokus der folgenden Darstellungen liegt.

11.2 Kundenbindung und Kundensteuerung im Ökosystem Mobilität in Kombination mit dem Energievertrieb

Die Vielseitigkeit und Komplexität des Ökosystems Mobilität führt nun unmittelbar zu den Fragen, wer eigentlich die Gesamtkoordination der *Geschäftsmodelle* verantworten sollte und wie die Geschäftsmodelle aussehen können.

11.2.1 Gesamtkoordination im Ökosystem Mobilität

Es gibt diverse Start-ups, welche mit innovativen Produkten einzelne Lösungen für kon- krete Probleme im Ökosystem Mobilität bereitstellen. Diesen fehlt aber üblicherweise der breite direkte Zugang zu den Endkunden sowie das Interesse an einer ganzheitlichen Lö- sung über das eigene Geschäftsmodell hinaus. Des Weiteren bieten sich große digitale Player als Datendrehscheiben an, um die Flut von neuen Informationen im Ökosystem Mobilität abzuwickeln und auch selber zu nutzen. Diesen fehlt sowohl der Zugang zu den meist lokalen Mobilitätsangeboten (ÖPNV, Sharing-Angebote, MaaS) sowie das Ver- trauen der Zielkunden im Ökosystem Mobilität.

Stadtwerke hingegen verfügen über das oft sehr breite Angebotsspektrum (Energieversorgung, Schwimmbäder, ÖPNV, Wohnungswirtschaft, Parkplatzverwaltung etc.) über einen nahezu hundertprozentigen Kundenzugang zu den Menschen in ihrer Region. Dank der historischen Versorgungssicherheit und des kommunalen Engagements (z. B. in Form von Vereins- und Veranstaltungssponsoring) genießen Stadtwerke heute noch ein sehr hohes Vertrauen der Kunden in Leistungsfähigkeit und Seriosität. Stadtwerke sind damit grundsätzlich geeignet, die Gesamtkoordination von Geschäftsmodellen und Daten im Ökosystem Mobilität wahrzunehmen.

Als kommunale Unternehmen haben Stadtwerke zudem den Auftrag der Daseinsvorsorge, welche die Sicherung des öffentlichen Zugangs zu existenziellen Gütern und Leistungen, den Bedürfnissen der Bürger entsprechend, umfasst. So steigen sowohl das Bedürfnis nach Mobilität als auch die Anzahl der Einwohner und Haushalte in vielen Städten, was vielfach zu ernsthaften Verkehrsüberlastungen in den Innenstädten und somit zu einer Einschränkung der persönlichen Bewegungsfreiheit führt. Mit der Energie- und Klimawende ändern sich nun auch die politischen Maßstäbe für die Daseinsvorsorge erheblich. Die zunehmende Elektrifizierung des Verkehrs und die Erweiterung von alternativen Mobilitätsangeboten sind Folgen der durch die Bundesregierung gesetzten CO_2-Einsparziele und finden sich entsprechend auch in den Nahverkehrsplanungen der Städte und Kommunen wieder.

Neben der Kundennähe und der politischen Verpflichtung gibt es für Stadtwerke einen weiteren Grund, sich als Gesamtkoordinator im Ökosystem Mobilität zu positionieren: Steigender Ergebnisdruck bei sinkenden Umsätzen und Margen. Früher waren Stadtwerke noch die sicheren Ergebnisträger im städtischen Querverbund, welche Verlustsparten wie Schwimmbäder und ÖPNV subventionierten. Die Liberalisierung der Energiewirtschaft und der steigende Wettbewerb um die Endkunden haben die Margen jedoch stark sinken lassen, und viele Versorger müssen bereits Wettbewerbstarife (z. B. auf den Vergleichsportalen) innerhalb ihres eigenen Portfolios quersubventionieren. Durch die Energiewende und die damit verbundene Energieeinsparung sowie Eigenerzeugung sinken zudem die Umsätze in allen Kundensegmenten. Somit sind viele Stadtwerke heute nur noch die Hoffnungsträger, denen unverminderte Ergebnisziele in die Planung geschrieben werden, ohne zu wissen, wie diese erreicht werden können.

11.2.2 Geschäftsmodelle im Ökosystem Mobilität

Ausgangsbasis für viele Stadtwerke ist die Frage, wie Ergebnisse im Kerngeschäft Energievertrieb stabilisiert und wieder gesteigert werden können. Hierzu setzen immer mehr Stadtwerke auf Produktbündel. Das Ziel besteht darin, den Energiepreis im Bündel mit einem anderen Produkt zu relativieren und damit aus der Vergleichbarkeit im Wettbewerb herauszulösen sowie den Kunden langfristig an das Stadtwerk zu binden. Die Herausforderung besteht dabei darin, ein *Produktbündel* zu schnüren, das ein Kundenbedürfnis durch ein nicht-substituierbares Produkt befriedigt und dadurch einen vergleichsweise höheren Energiepreis rechtfertigt und den Kunden an das Stadtwerk bindet. Diese Logik scheitert in der Realität jedoch oft daran, dass die Zusatzprodukte gar kein Kundenbedürfnis befriedigen (Rabattgutscheine/Leistungen ohne Kundenbezug), zu teuer eingekauft werden (z. B. externe Energieberatung) und den Deckungsbeitrag zusätzlich belasten oder schlichtweg nicht geeignet sind, eine Kundenbindung im Sinne einer Vertragsverlängerung zu bewirken (z. B. Fernseher).

Daher sollte ein erster Schritt darin bestehen, Energieverträge mit bestehenden, langfristig genutzten Services zu bündeln. Gerade hier liegt für Stadtwerke ein hohes Potenzial im Ökosystem Mobilität. Viele Kunden nutzen bereits heute regelmäßig kommunale Angebote wie beispielsweise den ÖPNV und die Parkflächen in den Innenstädten. In beiden Bereichen gibt es kaum Alternativen zum Angebot des Stadtwerks, und die Kunden nutzen die Angebote langfristig und mit einer im Vergleich zum Energievertrieb geringen Preissensibilität. Innovative neue Lösungen wie E-Carsharing und E-Bikesharing werden nicht selten bereits in Kooperation mit dem Stadtwerk angeboten. Ebenso sind Stadtwerke in ihren Kommunen bereits optimal positioniert beim Betrieb bzw. Verkauf von Ladeinfrastruktur im öffentlichen, gewerblichen und privaten Raum. Und auch Pendler setzen beim Besuch der Innenstadt auf die Leistungen der Stadtwerke bei Nutzung von Fahrradstationen und Bürgerbussen.

Bei vielen innovativen Mobilitätsangeboten verschwimmt die Grenze zwischen Wirtschaftlichkeit und reiner Daseinsvorsorge heute noch. Das nehmen Stadtwerke oft hin und tragen die Kosten, ohne dabei einen Kundenbindungseffekt durch eine sinnvolle Produktbündelung zu realisieren. Ähnliches gilt auch für weitere Leistungen vieler Stadtwerke sowie konkrete Services welche direkte Kosteneffekte haben. Hier gilt es nun, durch das Angebot eines modularen *Produktbaukastens* (s. Abb. 11.1), eine langfristige und wirtschaftliche Kundenbindung aufzubauen.

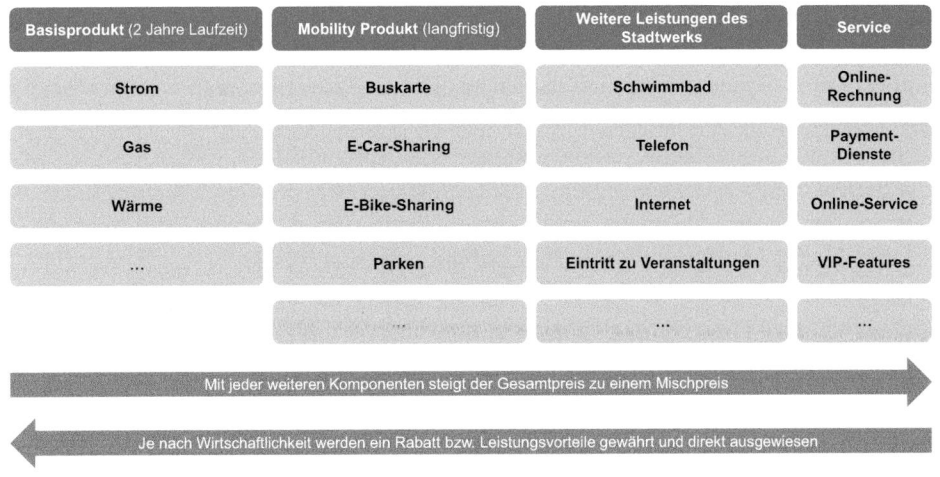

Abb. 11.1 Schematisches Beispiel für einen modularen Produktbaukasten

In diesem Produktbaukasten wird das margenträchtige Basisprodukt mit einem oft genutzten und emotional behafteten Mobilitätsprodukt kombiniert, um so die Kundenbindung herbeizuführen. Ein ähnliches Vorgehen bietet sich zudem auch für weitere Leistungen des Stadtwerks an wie beispielsweise das Schwimmbad, Telko-Angebote und Eintritte zu gesponserten Veranstaltungen. Durch das Aufsummieren der Einzelpreise verliert der Energiepreis seine Vergleichbarkeit mit anderen reinen Energieangeboten anderer Energieversorger, die die kommunalen Zusatzleistungen eben nicht vor Ort erbringen können. Je nach Wirtschaftlichkeit können dann durch die Bündelung und insbesondere bei kostenreduzierenden Servicevereinbarungen (z. B. nur Online-Rechnung, nur Online-Service etc.) Rabatte bzw. Leistungsvorteile gewährt werden. Hierbei sollten jedoch Vorteile ausgespielt werden, die das Stadtwerk weniger kosten als sie dem Kunden wert sind. Dazu bieten sich im Rahmen der kommunalen Leistungserbringungen die Gratisnutzung von Mobilitätsangeboten/Schwimmbädern an Tagen mit geringer Auslastung, das Angebot von ausgewiesenen VIP-Parkplätzen, Fast-Lane bei Veranstaltungen etc. an.

Aus Sicht eines Stadtwerks können nun verschiedene Geschäftsmodelle mit unmittelbaren sowie mit mittelbaren Ergebniseffekten im Ökosystem Mobilität realisiert werden. Durch die regelmäßige Nutzung der Mobilitätsangebote bestehen feste Touchpoints mit dem Kunden. Diese können gezielt angesteuert werden, um das Verhalten der Kunden zu beeinflussen. So können Bonuspunkte vergeben werden, wenn Kunden auf verkehrskritischen Routen oder in emissionskritischen Gebieten das Angebot der Stadtwerke nutzen und nicht mit dem eigenen Auto fahren. Ebenso können Gratisparkminuten in Nebenzeiten oder auf Alternativparkplätzen zu einer Entlastung der Stadtzentren führen. Zudem können die regelmäßigen Touchpoints auch dafür genutzt werden, weitere Daten zu erheben, Werbung auszuspielen, kurzfristige Versicherungen für das E-Bike o. Ä. abzuschließen.

Die Umsetzung eines derartigen Produktbaukastens erfordert den Aufbau einer geeigneten Plattform. Erste auf den Mobilitätssektor ausgerichtete Plattformen zur multimodalen Streckenplanung gibt es bereits. Diese zeigen eindrücklich, dass Endkunden dazu bereit sind, nach einmaliger Registrierung regelmäßig ihre Streckenplanung über die Plattform samt Ticketbuchung und Bezahlung abzuwickeln. Hierdurch werden singuläre und teilweise noch analoge Angebote zur Bewältigung einer Teilstrecke disruptiert, und die herkömmlichen Anbieter verlieren hier die Kundenschnittstelle.

Sofern es Stadtwerken nun gelingt, die Mobilitätsservices mit dem Energievertrieb und weiteren Angeboten zu bündeln, könnte so eine Plattform mit ausreichender Nutzungsintensität (Traffic) und einem wahren Datenschatz aufgebaut werden.

Hierdurch können zudem weitere Potenziale wie Kosteneinsparungen im Servicebereich, der Aufbau einer eigenen Datenbank mit relevanten Informationen für den Aufbau von weiteren Ökosystemen in der Smart City gehoben werden. Die Verbindung zu Ökosystemen wie Smart Living, Health etc. sind vielfältig, diverse Mehrwerte sind denkbar. Eine tiefergehende Betrachtung darüber soll an dieser Stelle nicht erfolgen.

11.3   Plattformen als technologisches Integrationsinstrument

Was ist eine *Plattform*? Im Kontext der aktuellen Entwicklungen fast jeder Branche wird der Begriff „Plattform" extensiv genutzt. Allerdings zeigt sich bei genauerem Hinschauen, dass allein beim Versuch der Definition einer digitalen Plattform Begriffe wie Diskussions-, Kommunikations-, Forschungs-, Finanzierungs-, Produkt-, Service- und Technologieplattform im Raum schweben, verbunden mit teilweiser sehr freier Interpretation. Ziel hier soll es sein, die notwendigen technologischen Zusammenhänge für komplexe Produkte in einem Ökosystem Mobilität etwas genauer zu betrachten und den Begriff der technologischen Plattform in diesem Digitalisierungsverständnis zu schärfen. Produkte, Services und Technologien, die als Enabler für diverse Anbieter und Kooperationspartner dienen, damit ebendiese ergänzende und korrelative Produkte, Services und Technologien anbieten, können generisch als digitale Plattformen definiert werden.

Die technologische Plattform in einem Ökosystem Mobilität kann seitens der Businessarchitektur sehr unterschiedlich sein. Anhand eines konkreten Beispiels aus dem kommunalen Umfeld (s. Abb. 11.2) soll hier eine mögliche Architektur näher erläutert werden.

Der Kunde wird den Zugang zu den angebotenen Produkten und Services über solche neuen Plattformen im gewohnten Wege erfahren, so wie er es auch aus anderen Umfeldern inzwischen kennt. Ähnlich wie beim Einkauf auf klassischen eCommerce-Plattformen wird

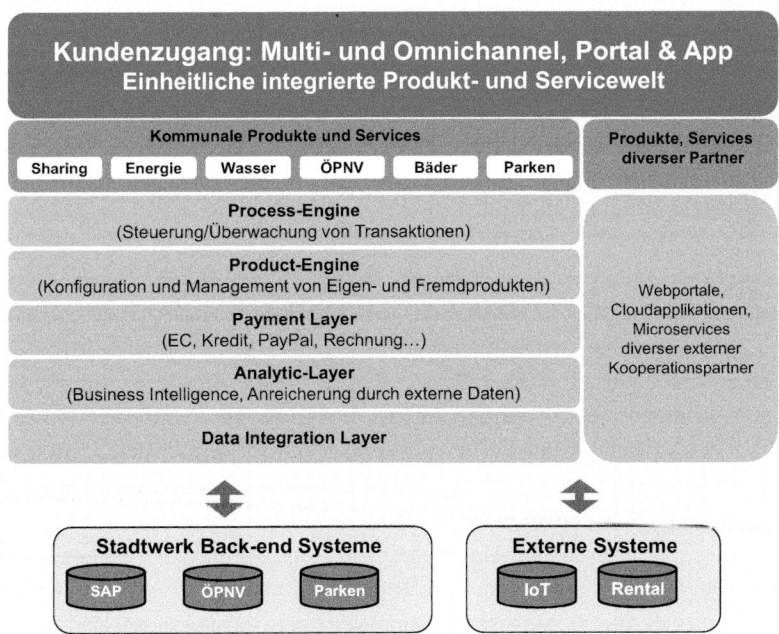

Abb. 11.2 Beispielhafte Architektur einer kommunalen Plattform

er dieselben digitalen Touchpoints nutzen, um übergreifende Services aus dem Ökosystem Mobilität zu kaufen. So wird er über den gleichen Weg beispielsweise die Wallbox für seinen Elektromobilitätsanschluss zu Hause und den dazugehörigen Mobilstromvertrag aus der Hand des kommunalen Stadtwerks beziehen. Ohne es zu bemerken, wird er im gleichen Kaufvorgang aber auch die Versicherung für die Garantieverlängerung der Autobatterie und den Service eines bundesweiten Batterietausches erwerben. Diese Leistungen werden aber von anderen Kooperationspartnern erbracht. Technologisch werden die verschiedenen notwendigen Schichten zur Transaktionsverwaltung *(Process Engine)*, zum Produktmanagement *(Product Engine)*, zur Zahlung und Abrechnung *(Payment Layer)* und zur *Datenanalyse* und -integration von diversen Kooperationspartnern auf der Plattform zusammengeführt und verbunden. Diese Schichten werden im Regelfall Webportale, *Microservices* und Cloud-Applikationen sein, die über definierte Schnittstellen miteinander kommunizieren. Über die Datenintegrationsschicht werden diese verschiedenartigen Microservices dann auch mit den diversen Backend- und Kernsystemen verbunden, die historisch entstanden noch auf lange Sicht zentraler Bestandteil der Branchenarchitekturen sein werden. Im Ökosystem Mobilität gehören hierzu die Ticketingsysteme der ÖPNV-Anbieter, die Abrechnungssysteme der Energieversorger, die Bestandsführungssysteme von Versicherungen etc.

Neben der Hauptfunktion der Bündelung und der hochflexiblen Möglichkeiten zum Produktangebot und deren Abrechnung (transaktionsbasiertes Abrechnen) bietet eine Cloud-basierte Plattform zusätzlich noch den großen Mehrwert der Performance on Demand, den die klassischen On-Premis gehosteten Backend-Systeme im eigenen Rechenzentrum in der Form meist nicht bieten.

Durch die integrierende Bereitstellung eines Ökosystems Mobilität auf Basis einer zentralen Cloud-Plattform wird es möglich, dass sich verschiedenste Anbieter zusammenfinden, um im urbanen Umfeld diverse unterschiedliche Smart-City-Anwendungen bereitzustellen. Hierdurch wird es möglich, dass die Plattform durch Zusammenführung der verschiedenen Datenflüsse und Anwendungen die Grundlage für eine real umsetzbare städtische Beeinflussung darstellt.

11.4   Eine Plattform entsteht agil mit starker Kundenfokussierung

Plattformen generell, vor allem aber Plattformen in neuen Umfeldern und für komplexe Ökosysteme, entstehen nicht in einmaliger Erstellung oder im klassischen Wasserfallvorgehen. Plattformen dieser Komplexität in unbekannten Innovationsthemen müssen sich *agil* entwickeln. Entwicklungen entstehen in zeitlich und inhaltlich fest definierten *Sprints*. In den verschiedenen Schritten (s. Abb. 11.3) müssen sich stets eine umsetzungsorientierte Strategiefindung durch Branchen-Know-how mit Technologieexpertise verbinden. Am Ende eines jeden Schrittes gibt es ein Ergebnis, welches bereits einer Rückkopplung zum Markt unterliegt (z. B. durch Recherchen, Analysen oder Befragungen). Ziel muss es sein, am Ende eines jeden Sprints einen funktionsfähigen Softwarebaustein zu haben, welcher dann zeitnah am Markt eingesetzt werden kann. Ein sogenanntes MVP (Minimum Viable Product) ist entstanden.

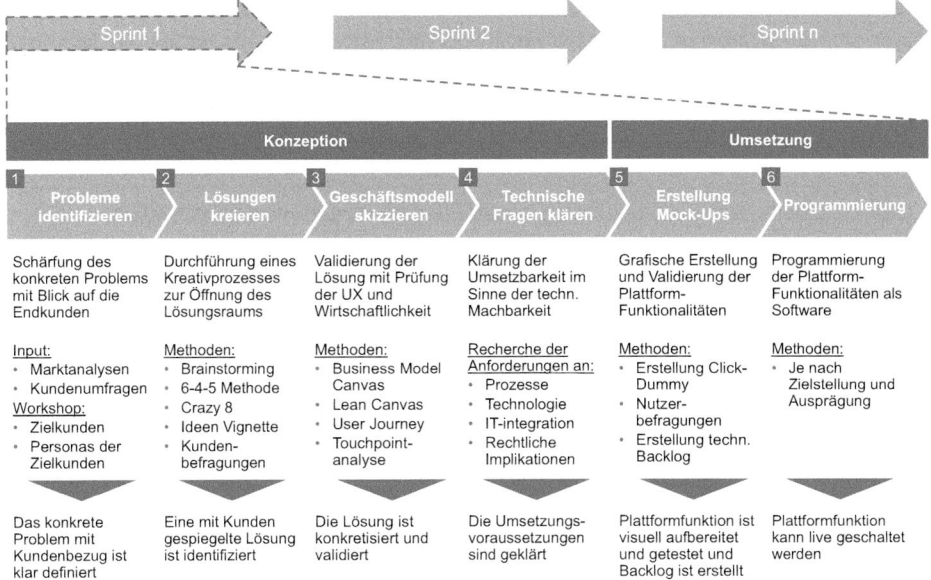

Abb. 11.3 Beschreibung des Vorgehens innerhalb eines Sprints

Die *Agilität* des Vorgehens zeigt sich darin, dass in den jeweiligen Sprints nur einzelne Funktionalitäten entwickelt werden, welche immer wieder verprobt und ggf. angepasst werden. So beginnt der Sprint immer mit der Marktbetrachtung, um Probleme anhand konkreter Bedürfnisse der Kunden zu identifizieren. Sodann wird mittels Kreativtechniken im Sinne des *Design Thinking* der Lösungsraum eröffnet, wo alle nur denkbaren Aspekte aufgenommen werden. In den folgenden Schritten werden alle Ideen und Ansätze wiederum mit potenziellen Kunden bzw. Nutzern besprochen und auf die spezifische Eignung und Ausgestaltung hin überprüft und geschärft. Diesem Vorgehen ist es immanent, dass viele Impulse zu einer potenziellen Lösung im Laufe des Prozesses wieder fallengelassen werden oder vielleicht für einen anderen Sprint im Ideenspeicher gesammelt werden. Neben der konkreten Eignung zur Lösung des Kundenproblems müssen natürlich auch die Wirtschaftlichkeit und die *User Experience (UX)* im Sinne der Touchpoints entlang der Customer Journey geprüft und als Geschäftsmodell ausgestaltet werden. Im letzten Schritt des Konzeptionsteils im Sprint werden dann die Fragen zur technischen und wirtschaftlichen Machbarkeit geklärt.

Nachfolgend beginnt der Umsetzungsteil des Sprints. Hier werden zuerst visuelle Lösungsskizzen (Mock ups) erstellt, um den Programmierern für den nächsten Schritt zu zeigen, wie das Ergebnis aussehen soll. Oftmals können diese Mock-ups auch hervorragend eingesetzt werden, um etwaigen Projektsponsoren und Stakeholdern die Lösungsskizze zu präsentieren, bevor ein größerer Aufwand durch Erstellung der Software erfolgt.

Die Ausgestaltung der einzelnen Schritte innerhalb des Sprints zeigt bereits, dass eine Besetzung des Sprintteams mit verschiedenen Kompetenzen erfolgen sollte. So sind neben Fachexperten aus dem Stadtwerk auch Technologieexperten aus der IT erforderlich. Zudem helfen externe Marktexperten durch stetiges kritisches Hinterfragen von Markt- und Kundennutzen sowie Innovation Coaches bei der stringenten Anwendung der Methodik. Beide Rollen sind erfolgskritisch, um ein qualitativ hochwertiges Ergebnis in der vorgegebenen Zeit des einzelnen Sprints zu erreichen.

11.5 Vorstellung eines Praxisbeispiels mit Open-Innovation-Ansatz

Im Jahre 2018 wurde die Entwicklung der Digitalen Plattform für kommunale Services (DIPKO) unter Mitwirkung der m3 management consulting GmbH begonnen. Die *DIPKO* ist die Antwort auf die Fragen der Digitalisierung und die Vernetzung der regionalen Leistungen u. a. in den Bereichen Energieversorgung und Mobilität durch eine Plattform. Sie stellt die digitale Grundlage für integrierte Geschäftsmodelle von Stadtwerken dar. Cloud-basierte Vernetzung von Angebot, Dienstleistung und Nachfrage sind die Kernaufgabe der kommunalen Plattform. Schaffung von Mehrwert durch Bündelprodukte, Integration neuer Player im Dienstleistungssektor und die Nutzung der regionalen und überregionalen Unternehmen durch den 100 %igen Marktzugang der Stadtwerke sind der Schlüssel zum Erfolg.

In einem *Open-Innovation-Ansatz* mit mehreren Stadtwerken zusammen wurde die Entwicklung der Plattform in ersten Sprints begonnen. Anwendungsfälle aus der Praxis der Stadtwerke bilden die Grundlage für die ersten Services rund um Kundenbindung, Energievertrieb und weitere kommunale Leistungen wie Schwimmbäder, Parken und ÖPNV. Ergänzt werden diese Services durch Basisfunktionalitäten wie Payment, Data Analytics oder Loyalitätsmanagement.

Die teilnehmenden Stadtwerke treffen sich kontinuierlich zu den Sprints in speziell ausgestatteten Innovation Labs. In der ersten Woche erfolgt die Konzeption, an die sich dann drei Wochen Umsetzung anschließen. Die Sprintteams sind dabei besetzt mit Vertretern der Stadtwerke, IT-Architekten sowie externen Beratern und Coaches. In einem engen zeitlichen Rahmen („time boxing") werden in einzelnen Schritten Ideen entwickelt, am Markt verprobt und technisch ausgestaltet. Im Ergebnis entstehen funktionale Click-Dummys, welche die jeweilige konkrete Funktionalität verdeutlichen, und dann schlussendlich auch jeweils ein programmiertes Stück Software.

Der Erfolg der ersten Sprints motiviert immer mehr Stadtwerke dazu, sich der DIPKO anzuschließen. Das bedeutet neben einer Nutzung der Ergebnisse der ersten Sprints auch eine Teilnahme an den folgenden Sprints, welche für die Folgejahre fest eingeplant sind. Dabei werden am Markt und mit den Teilnehmern immer neue Themen gesucht und Probleme gelöst.

Darüber hinaus kann die Plattform die überregional verbindende Serviceplattform für alle Stadtwerke deutschlandweit sein, die ihren Partnern und Kunden einzigartige, nachhaltige Vorteile bietet:

- Für den Kunden:
  - eine einheitliche Plattform mit zentralem Zugang zu allen kommunalen Angeboten,
  - spezielle regionale Vorteilsangebote auf der Plattform,
  - der Kunde bestimmt über seine Datennutzung.
- Für das Stadtwerk:
  - Vermarktung neuer innovativer Produkte aus Kombination mehrerer Sparten,
  - Integration branchenfremder Produkte in die eigene Produktpalette,
  - einfache Integration von Payment-Systemen,
  - Loyalitätsprogramm „out of the box",
  - Steigerung von Skaleneffekten bei externen Angeboten,
  - Basis für weiterführende und neue datenbasierte Geschäftsmodelle,
  - Erfüllung der Anforderungen der Datenschutzgrundverordnung.

Die DIPKO ist ein gutes Beispiel dafür, wie kommunale Leistungen, beispielsweise Energie- und Mobilitätsangebote, als Produktbündel auf einer den Kunden bindenden Plattform realisiert werden.

Ulrich Redmann ist als Partner und Mitglied der Geschäftsleitung der m3 management consulting GmbH (m3) tätig. Er verfügt über 20 Jahre internationale Management- und Führungserfahrung in den Branchen Energiewirtschaft, Informationstechnologie und Telekommunikation mit den Themenschwerpunkten Digitalisierung, Strategieentwicklung und Geschäftsprozessmanagement.

Seit Abschluss seines Studiums der Betriebswirtschaft 1999 ist Herr Redmann in verschiedenen Rollen kontinuierlich an der Schnittstelle zwischen Business und IT tätig. Bei den Firmen Vattenfall und Siemens war er als Senior-Projektmanager und Managementberater für diverse Projekte, Konzeptionen und Entwicklungen energiewirtschaftlicher IT-Lösungen und Prozesse (SAP, Smart Metering, Portale etc.) verantwortlich. Seit 2010 ist er zusätzlich mit der ganzheitlichen Management- und Führungsverantwortung größerer Bereiche mit bis zu 60 Mitarbeitern betraut. Als Geschäftsbereichsleiter Energiewirtschaft u. a. bei der adesso AG war er ganzheitlich für Vertrieb, Delivery und Business Development/Innovation verantwortlich.

Mit der m3 ist Herr Redmann seit 2017 für Kunden der Energie- und Kommunalwirtschaft beratend zu Digitalisierungsaspekten im Rahmen ihrer Geschäfts- und Bereichsstrategien tätig. Innerhalb seiner Verantwortung werden vorrangig Strategiekonzeptionen, Lastenhefte und Transformationsszenarien hin zu neuen Geschäftsmodellen erstellt. Als Coach und Interimsmanager unterstützt er Kunden auch operativ vor Ort.

Jan-Emanuel Brandt ist Senior-Manager und leitet die Practice „Strategy & Operations" bei der m3 management consulting GmbH (m3). Er verfügt über 11 Jahre Beratungserfahrung in der Energiewirtschaft als Managementberater, Interimsmanager und Coach.

Nach Abschluss seines Studiums der Rechtswissenschaften 2005 hat Herr Brandt das Referendariat in Berlin, Barcelona und New York absolviert und ist seit 2008 auch als Rechtsanwalt zugelassen. Zwischen 2007 und 2015 hat Herr Brandt bei verschiedenen Managementberatungen gearbeitet und dabei hauptsächlich Stadtwerke aller Größenordnung in strategischen Fragen beraten.

Seit 2015 ist Herr Brandt bei der m3 bereichsverantwortlicher Senior-Manager für Energiewirtschaft und die Telko-Branche. Seitdem hat sich das Beratungsportfolio um umsetzungsnahe IT-Fragen erweitert und fokussiert dabei auch die Digitalisierung.

Herr Brandt ist seit vielen Jahren für seine Arbeitgeber und Kunden als Trainer und Coach tätig und war für ein paar Monate als Interimsmanager im Vertrieb bei einem Stadtwerk eingesetzt.

Nutzung von kostenlosen Informationen 12

Norman Petersson

Heute verfügbare Daten aus unterschiedlichen Quellen für sich nutzen, ohne Kosten zu verursachen

Zusammenfassung

Im Wesentlichen beschreibt der Erfahrungsbericht, wie heute verfügbare und kostenlose Informationen für das eigene Unternehmen genutzt werden können. Dabei werden Funktionen von Drittanbietern beschrieben und der Nutzen hieraus erläutert. Außerdem wird dargestellt, wie Informationen unterschiedlicher Erhebungen in Zusammenhang gebracht und wie diese verknüpft werden können. Auch Analysen zu Standardlastprofilen sowie Smart-Metering-Projekte werden erwähnt. Schließlich werden sowohl das Statistische Bundesamt und die Stadtwerkestudie 2018 von Ernst & Young genannt, um die Möglichkeiten der Informationsbeschaffung zu stützen.

12.1 Ausgangspunkt

Wer sind meine Kunden von morgen, und was sind ihre Bedürfnisse heute und morgen?

Mit dieser Frage sollten sich Unternehmen auseinandersetzen, um weiterhin zukunftsfähig zu bleiben. Antworten lassen sich durch eine Analyse des Kundenstamms und der potenziellen Kunden finden. Die Ausrichtung eines Unternehmens sollte stets an die Bedürfnisse der Kunden angelehnt sein. Produkte müssen regelmäßig kreiert, weiterentwickelt oder ggf.

N. Petersson (✉)
rhenag Rheinische Energie Aktiengesellschaft, Köln, Deutschland

© Springer Fachmedien Wiesbaden GmbH, ein Teil von Springer Nature 2020
O. D. Doleski (Hrsg.), *Realisierung Utility 4.0 Band 2*,
https://doi.org/10.1007/978-3-658-25589-3_12

elmininiert werden. Mit dem Ziel, ein atmendes Portfolio von Produkten und Dienstleistungen anbieten zu können, das von den Kunden nachgefragt wird (und einen entsprechenden Deckungsbeitrag generiert). Nur so können Stadtwerke/Energieversorger langfristig im Wettbewerb erfolgreich sein.

Um die Bedürfnisse der Kunden in Erfahrung zu bringen, werden möglichst viele Daten über sie gesammelt. Im Idealfall erhält man die Daten durch einen regelmäßigen persönlichen Kundenkontakt. Die gewonnenen Daten sollten auch unbedingt in entsprechende Software datenschutzkonform aufgenommen werden (beispielsweise Customer-Relationship-Management-System, CRM).

Natürlich sind dies Binsenweisheiten, doch die Praxis hat gezeigt, dass hier bei einigen Unternehmen ein erheblicher Nachholbedarf besteht. Die Beschäftigung mit der „Selbst-„ oder „Re-Organisation" oder die Einführung neuer, moderner Methoden zur Prozessoptimierung etc. führen dazu, dass während dieser Zeit viele Organisationen ihre verfügbaren Ressourcen nicht auf den Kunden konzentrieren. Diese Unternehmen erfahren nicht, was ihre Kunden bewegt, welche Herausforderungen in den nächsten Jahren auf sie zukommen und was diese Kunden von ihren Dienstleistern für Produkte und Service erwarten.

Die dafür notwendige Art des Kundenaustauschs findet i. d. R. bei Stadtwerken/Energieversorgern nur mit den B2B-Kunden in einer durchaus adäquaten Struktur statt. Im B2C hingegen wird kaum ein persönlicher Austausch in einer ausreichenden Qualität gepflegt. Aufgrund der hohen Kundenanzahl ist dies eine Herausforderung.

Wie kommt man also an die so wichtigen Informationen über seine Kunden? Und wie sind diese Informationen zu nutzen? Folgender Erfahrungsbericht stellt einige Möglichkeiten vor, Daten und Informationen ohne großen Kosten- und Ressourcenaufwand zu generieren, zu analysieren und für das Unternehmen nutzbar zu machen. Zunächst ist allerdings noch darzulegen, wie wertvoll Daten sein können.

12.2   Der Wert von Daten

Wie Daten (zusammengesetzt) einen Wert ergeben, lässt sich durch Abb. 12.1 gut veranschaulichen. Die lapidaren Informationen, welche sich schnell aus einem „Surf-Verhalten" eines jeden analysieren lassen, ergeben in Summe einen Wert, der bei einer großen Anzahl von Datensätzen durchaus lukrativ wird: Lukrativ für denjenigen, der die Daten erhebt, und für denjenigen, der diese für sich nutzt.

In Abb. 12.1 sind allerhand Informationen über eine Person aufgeführt. Hat ein Unternehmen nun diese Informationen gesammelt und die Absicht, jene an Interessenten zu vertreiben, bieten teils triviale Informationen ein durchaus ertragreiches Geschäft; die unterschiedlichen Informationen haben in diesem Beispiel einen Wert von 1,12 US-Dollar.

Wie der Wert der Daten berechnet werden kann, zeigt nachfolgendes Zitat:

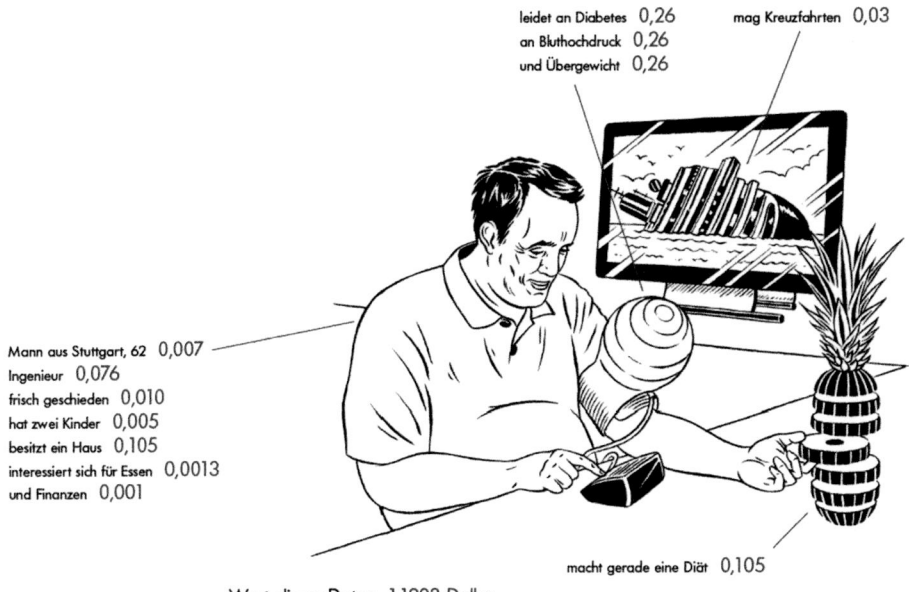

leidet an Diabetes 0,26   mag Kreuzfahrten 0,03
an Bluthochdruck 0,26
und Übergewicht 0,26

Mann aus Stuttgart, 62 0,007
Ingenieur 0,076
frisch geschieden 0,010
hat zwei Kinder 0,005
besitzt ein Haus 0,105
interessiert sich für Essen 0,0013
und Finanzen 0,001

macht gerade eine Diät 0,105

Wert dieser Daten 1,1203 Dollar

Abb. 12.1 Wert der Daten (Quelle: Rugar 2014)

„Grundsätzlich muss der Wert von Daten als eine Funktion der Zeit größer sein als die Summe der Kosten für Netzwerke, Computing- und Storage-Infrastruktur (Sc), die Wartungskosten für Daten und Infrastruktur (Mc) und die Kosten, um Daten zugänglich zu machen (Ac). Um Cloud- und Non-Cloud-IaaS (Infrastructure as a Service) gleichermaßen zu beachten, sind alle Messwerte als „pro Einheit und Jahr" zu verstehen. Diese Kosten sind auch eine Funktion der Zeit, gemessen am Speicherungszeitraum für die Daten."[1]

Auf Grundlage dieser Erkenntnis ist die nachfolgende Gleichung aufzustellen (Wrabetz 2017):

$$\text{WertvonDaten}\,(t) >= \frac{Sc + Mc + Ac}{\text{GB}/\text{yr}^1} * Speicherungszeitraum$$

^{1}GB $= Gigabyte, y = Year$

„Die Kosten zur Speicherung und Pflege von Daten sind davon abhängig, wie lange diese gespeichert werden müssen, ob sie geschützt und gesichert werden etc. Die Speicherung von Daten birgt zudem Gefahren, da langfristig mit ihr ein erhöhtes Risiko für Sicherheitsverstöße, Datenverlust und -verfälschung einhergeht."[2]

Nützliche Daten, über die ein Stadtwerk/Energieversorger ohnehin verfügt, sind beispielsweise der spezifische Lastgang, das Zahlungsverhalten der Kunden oder der gewählte

---

[1] Wrabetz (2017).

[2] Wrabetz (2017).

Tarif (beispielsweise „Öko-Tarif" oder „Graustrom-Tarif"). Hieraus ergeben sich wiederum Ableitungen, um den Kunden zu klassifizieren und um spezifische Produkte oder Dienstleistungen anbieten zu können. Die Analyse kann zu dem Vorteil führen, mehr Kenntnisse über den Kunden zu besitzen als der Wettbewerber.

Soweit zum theoretischen Ansatz. Wie weitere Daten praxisnah genutzt werden können, kann am Beispiel von *Google* veranschaulicht werden:

12.3   Optimierung mit Hilfe von Google

Google kann mit seinem Dienst Google Maps (www.google.de/maps) interessante Informationen zu Besuchsdaten an Standorten bieten, sobald genug Daten gesammelt wurden.

Auf Basis von aggregierten und anonymisierten Daten werden Stoßzeiten (u. a. auch Wartezeiten und Besuchsdauer) ermittelt und angezeigt.[3] Das Stoßzeitendiagramm gibt an, „wie viele Besucher zu welcher Tageszeit an Ihrem Standort sind. Stoßzeiten basieren auf den durchschnittlichen Stoßzeiten der vergangenen Wochen. Stoßzeiten pro Stunde werden relativ zu den typischen Stoßzeiten des Unternehmens im Lauf der Woche angezeigt."[4]

So ist etwa ersichtlich, wann ein Tisch in einem Restaurant reserviert oder an welchem Wochentag ein Fitnessstudio gemieden werden sollte. Ebenso kann auch geprüft werden, wie ein Kundencenter im Stadtwerk frequentiert ist. Als Beispiel folgt das *rhenag Kundencenter* in Siegburg.

12.3.1 Standort Stadtwerke Kundencenter

In Abb. 12.2 ist die 5-Tage-Woche (am Wochenende ist das Kundencenter geschlossen) mit unterschiedlichen Tagesprofilen zu sehen (Die Darstellungsform ist dabei sehr wichtig: Die graphische Aufbereitung der Daten ermöglicht eine schnelle Analyse). Betrachtet man zunächst den Montag, könnte dieser als antizyklisch zum bekannten BDEW-H0-Profil[5] interpretiert werden. Die *Besucherzahlen* steigen morgens an und fallen gegen Mittag. In den Nachmittagsstunden wird eine Spitze um 15:00 Uhr erreicht, daraufhin fallen die Besucherzahlen langsam ab.

Betrachtet man nun die weiteren Tagesprofile, wird ersichtlich, dass diese nicht deckungsgleich zueinander sind. Daraus ergeben sich die Fragen: Warum unterscheiden sich die Profile? Warum ist dieser Standort nicht gleichmäßig besucht?

---

[3] Vgl. Google (2019).
[4] Google (2019).
[5] Vgl. BDEW (2017).

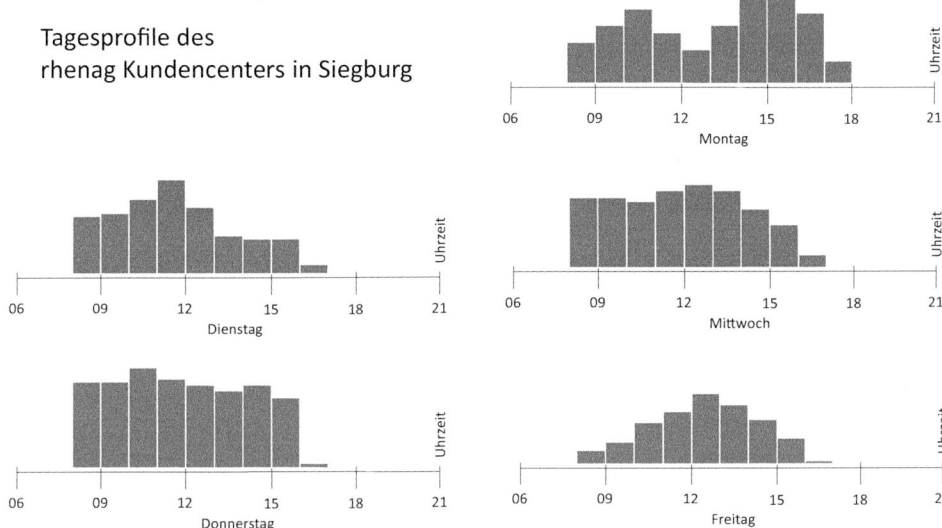

Abb. 12.2 Tagesprofile des rhenag-Kundencenters in Siegburg (eigene Darstellung in Anlehnung an Google Maps)

Auffällig ist in Abb. 12.2, dass das Kundencenter am Dienstagnachmittag im Vergleich zu den anderen Tagen sehr schwach besucht ist. Zu vermuten wäre Folgendes: Der Weg zum Kundencenter eines Stadtwerkes hat häufig mit Umzug, Ummeldung oder der Klärung von Zahlungsmodalitäten zu tun. Vermutlich wird aufgrund der persönlichen Wichtigkeit oder der Planung der Kunden das Kundencenter schon am Anfang der Woche, also gleich am Montag besucht.

Am Mittwoch und Donnerstag wird das Kundencenter recht „gleichmäßig" besucht, wobei am Donnerstag die Morgenstunden durch eine relativ hohe Besucherzahl auffällig sind. Am Freitag wird die Besucherspitze zur Mittagszeit erreicht.

Optimierungsansätze
Aufgrund der langjährigen Erfahrungen in den Stadtwerken/Energieversorgern werden die Kundenservice-Mitarbeiter entsprechend der voraussichtlichen Auslastung eingeteilt. Eine Analyse mit Google kann jedoch helfen, die Personalplanung zu optimieren. Im Idealfall wird dazu noch jeder Kundenkontakt explizit dokumentiert:

- Wer war im Kundencenter? (Vertragsnehmer, Vertreter)
- Aus welchem Grund war ein persönlicher Kontakt notwendig?
- Fallen ausschließlich zu klärende Fragen an, oder ist ein Vertriebsansatz möglich?
- Wie lange dauerte der Kundenkontakt? (ggf. Optimierungspotenzial)
- Wie verlief das Gespräch? (subjektive Einschätzung)
- Gibt es weitere spezifische Informationen? (Wohnsituation, ausgeprägtes Sicherheitsbedürfnis, Wunsch nach Energieautarkie usw.)

Wenn genügend Daten vorliegen und analysiert wurden, kann beispielsweise Folgendes überlegt werden: Vermutlich werden Kunden montags mit Klärungsfragen bzw. organisatorischen Themen in das Kundencenter kommen. Somit sollten Mitarbeiter mit entsprechenden Qualifikationen (insbesondere Softskills) eingesetzt werden, um die Kunden zu beraten. Möglicherweise ist eine Aufstockung der Personalstärke an den Tagen sinnvoll, um Wartezeiten zu verkürzen und um somit auch die Zufriedenheit zu erhöhen (Verbesserung der Kundenerfahrung; mehr positives Feedback, z. B. durch Postings). Je nach Kundengruppe und Intention des Besuchs wird es Zeiträume geben, in denen erhöhte vertriebliche Chancen bestehen. Vermutlich sind Kunden vor dem ersehnten Wochenende entscheidungsfreudiger, sodass sich weitere Produkte (über Energielieferverträge hinaus) besser vertreiben lassen. In diesem Zeitraum sollten Mitarbeiter eingesetzt werden, die eine entsprechende vertriebliche Affinität mitbringen.

Weitere Informationen

Google stellt neben den Besucherzahlen auch eine Information zur durchschnittlichen *Besuchsdauer* zur Verfügung. Diese gibt an, wie viel Zeit Kunden an dem jeweiligen Standort verbringen, und basiert auf den Kundenbesuchen der vergangenen Wochen. Auch hier lässt sich optimieren: Nach einer Prozessanalyse, warum für den Prozess „a" Zeit „t" benötigt wird, kann der jeweilige Prozess evtl. effizienter gestaltet werden. Nebenbei würde sich die Wartezeit vermindern, sofern eine Effizienzsteigerung möglich war. Die Optimierung kann auch „passiv" beobachtet werden, wenn sich die Besuchsdauer entsprechend bei Google verkürzt.

Des Weiteren können die Öffnungszeiten auf Basis der Google-Informationen angepasst werden. Kunden sowie potenzielle Kunden beispielsweise der Kundengruppenklasse „Arbeitnehmer", werden vorwiegend in den Abendstunden Termine wahrnehmen können. Hier bietet sich die Möglichkeit, so wie es andere Branchen bereits umgesetzt haben, die Öffnungszeiten „arbeitnehmerfreundlicher"[6] zu gestalten.

Ein weiterer Punkt zur Analyse sollte der Vergleich zu den Vorjahren sein: Sind die Gründe und die Häufigkeit der Besuche im Kundencenter zyklisch und mit den Vorjahren vergleichbar? Gibt es Sonderfälle, die die Daten beeinflussen?

12.3.2 Standort Systemgastronomie

Neben Optimierungschancen für den eigenen Standort können natürlich auch andere Standorte betrachtet werden. Nachfolgend ist eine große Systemgastronomie in der Nähe einer Autobahnauffahrt in der Nähe von Siegburg dargestellt:

Ein erster Blick auf Abb. 12.3 zeigt, dass zwischen den Wochentagen (Mo.–Fr.) keine strukturellen Unterschiede bestehen. Am Freitag scheint der Standort etwas stärker als die vorherigen Tage besucht zu sein. Besonders interessant ist das Wochenende: Der Samstag

---

[6] Ggf. sind Öffnungszeit nach 18:00 Uhr sinnvoll.

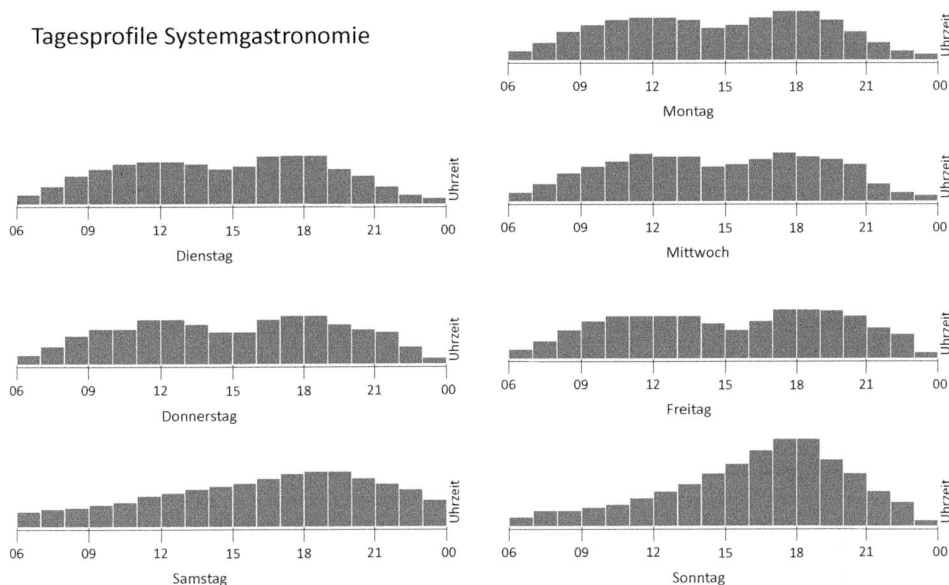

Abb. 12.3 Tagesprofile Systemgastronomie (eigene Darstellung in Anlehnung an Google Maps)

gleicht einer Sinus-Kurve. Am Sonntag entsteht am späten Nachmittag/frühen Abend eine Glockenstruktur. In der Regel werden hier ca. 30 Minuten verbracht. Eine Überlegung ist nun: Ist dies ein geeigneter Standort beispielsweise für eine *Ladestation* für Elektrofahrzeuge, damit diese auch rege genutzt wird?

Aufgrund dieser Informationsgrundlage kann die Projektierung mit Hilfe von einfachen Standortanalysen effizienter gestaltet werden. Neben Restaurants sind u. a. Möbelhäuser, Fitnessstudios usw. – also Orte, an denen Menschen Zeit verbringen – interessant. Die Google-Funktion kann bei der Prüfung helfen, ob der jeweilige Standort sinnvoll ist oder nicht.

12.4 Demographischer Wandel und Energieverbrauch im Zusammenhang

Besonders spannend wird die Analyse von Daten bzw. graphischen Darstellungen unterschiedlichen Ursprungs. Das nachfolgende Beispiel zeigt, wie der (Primär-)Energieverbrauch und der demographische Wandel in Nordrhein-Westfalen (NRW) analysiert werden können. Die Entwicklung einer Unternehmensstrategie kann davon profitieren.

Abb. 12.4 und Abb. 12.5 stellen die einzelnen Kommunen in NRW graphisch dar, wobei Abb. 12.4 den demographischen Wandel bis 2030 farblich hervorhebt: Rote Flächen bedeuten, dass die Einwohnerzahl abnehmen wird, grüne Flächen bedeuten Zuwachs. Abb. 12.5 stellt den heutigen *Energieverbrauch* dar: Je intensiver das Rot ist, desto höher ist der Energieverbrauch (Primärenergie) im Jahr 2014. Sicherlich ist zu diskutieren, ob

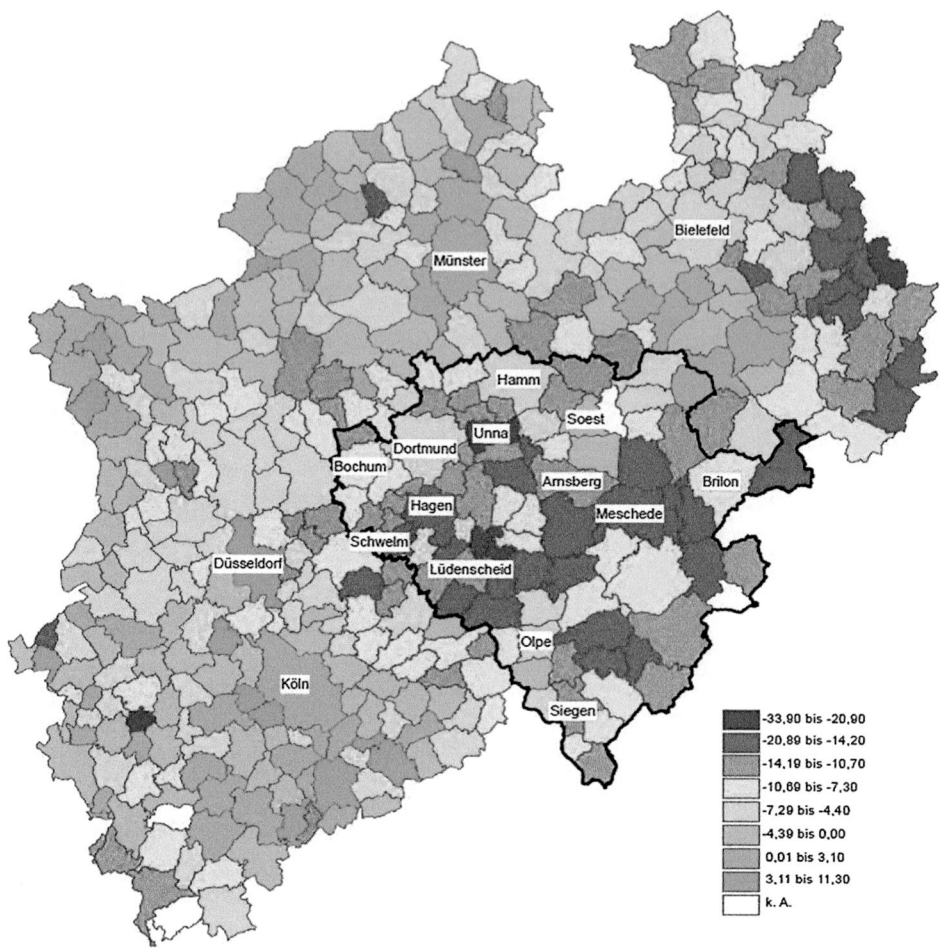

Abb. 12.4 Demographischen Wandel bis 2030 in Nordrhein-Westfalen (Quelle: Bogumil et al. 2013)

die Angabe des Primärenergieverbrauchs sinnvoll ist. 2016 lag die Bruttostromerzeugung der erneuerbaren Energien in NRW bei unter 10 %. Da dieser Anteil noch sehr gering ist, kann Abb. 12.5 als erster Indikator für die zukünftige Entwicklung in NRW dienen.[7]

Legt man die beiden Abbildungen übereinander, fällt insbesondere der östliche Teil NRWs auf: Hier häufen sich, u. a. wie im Sauerland, rötliche Flächen. Dies bedeutet, dass die gesamte Region vom „negativen" demographischen Wandel betroffen ist. Außerdem ist im Jahre 2014 der Energieverbrauch lt. Abb. 12.5 in dieser Region schwächer, wie die Einfärbung zeigt.

---

[7]Vgl. Agentur für Erneuerbare Energien (2018).

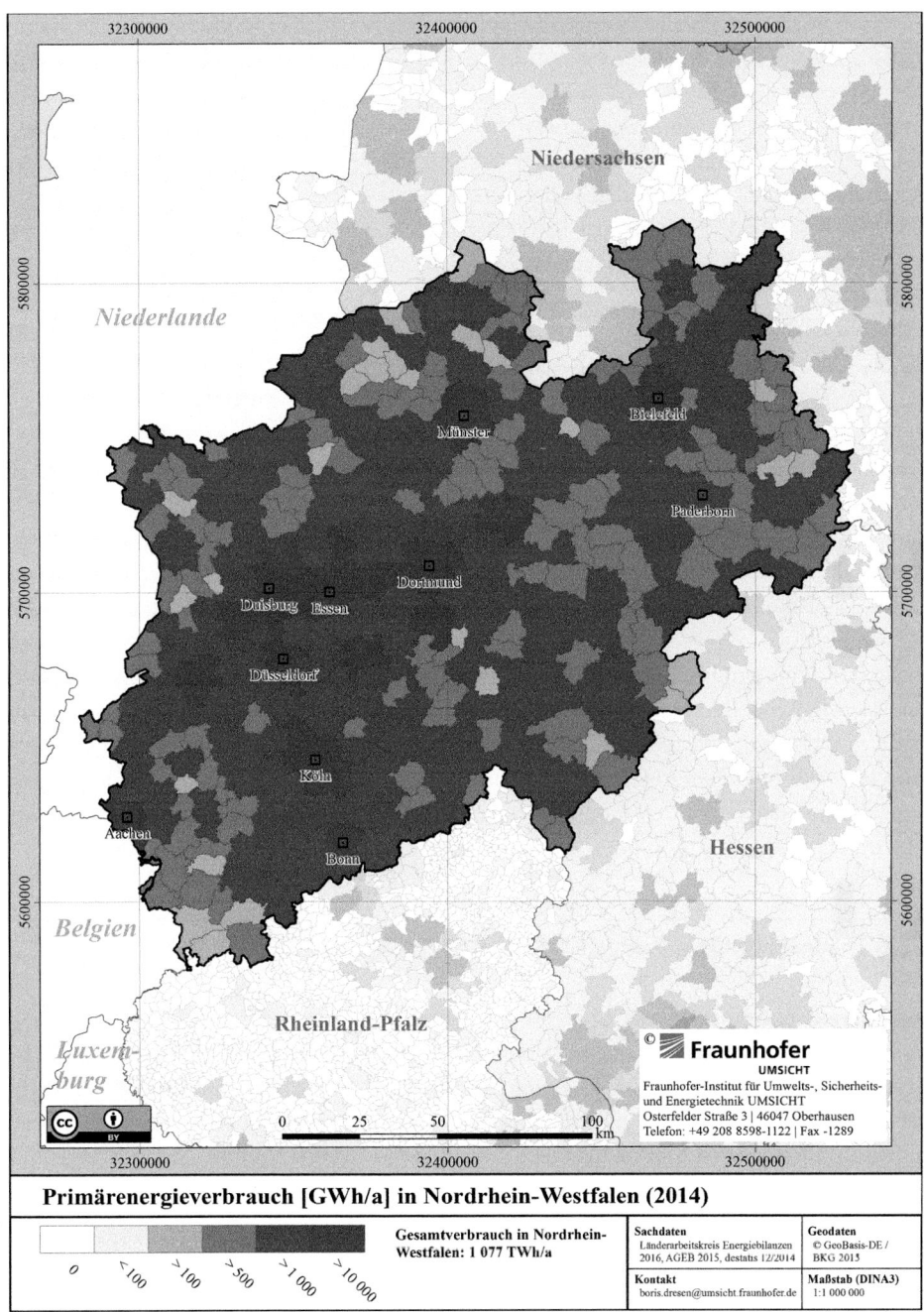

Abb. 12.5 Primärenergieverbrauch (GWh/a) in Nordrhein-Westfalen in 2014 (Quelle: Fraunhofer 2016)

Mit dieser Erkenntnis kann nun überlegt werden, wie sich ein Stadtwerk in der Region (beispielsweise östliche Region) aufstellen kann. Zu überlegen wäre, das bestehende Produktportfolio an die Kunden in der Region langfristig anzupassen. Was ist ggf. „älteren" Einwohnern wichtig? Möglicherweise: erhöhtes Sicherheitsbedürfnis, Versorgungssicherheit, Ansprechpartner vor Ort, Service. Zu überlegen ist auch, ob Smart-Home-Produkte oder Contracting-Modelle die richtigen Produkte für den sich entwickelnden Kundenstamm sind.[8] Im Zuge der Projektierung von Erzeugungsanlagen kann in der östlichen Region NRWs ggf. über Anlagen zur Volleinspeisung nachgedacht werden.

12.5   Weiterer Baustein: Kaufkraft

Neben den beiden Betrachtungsweisen „demographischer Wandel" und „Energieverbrauch" kann je nach Region auch die *Kaufkraft* als Gedanke mit einfließen. Gerade aus vertrieblicher Sicht sind Kaufkraftkennziffern für die regionale Absatzplanung geeignete Plangrößen. Hierdurch lassen sich Absatzchancen quantifizieren, Gebiete clustern und Potenziale identifizieren. Der Ansatz ist dabei, passende Produkte für den bestehenden und darüber hinaus zu entwickelndem Kundenstamm im Portfolio zu haben – zu wissen, wer meine Kunden von morgen sind. In einer Region mit schwacher Kaufkraft und einem negativen demographischen Wandel wären kostenintensivere und langfristig kalkulierte Contracting-Modelle kaufmännisch womöglich nicht sinnvoll. Gerade für Vertriebe, die überregional aktiv sind und die „neuen" Gebiete nicht gut kennen, ist ein solcher Ansatz hilfreich. Die notwendige Datenbasis kann zum einen über das Statistische Bundesamt recherchiert oder aber direkt eingekauft werden. Hier gibt es einige Anbieter mit nützlichen Analysen.[9]

12.6   Weitere Quellen zur Datenbeschaffung

Das Statistische Bundesamt
Das Statistische Bundesamt ist ein guter Lieferant frei verfügbarer Informationen. Ein Beispiel: Aus strategischer Sicht ist interessant, dass 1- und 2-Personen-Haushalte in den letzten Jahren zugenommen haben. Haushalte mit mehr als zwei Personen nehmen hingegen ab. Dieser Trend ist absolut über die gesamte Bunderepublik gesehen und nicht näher geclustert. Es ist zu vermuten, dass in urbanen Gegenden dieser Trend besonders stark ist und in ländlichen Gegenden die Anzahl der Personen pro Haushalt höher ist. Haushalte mit geringer Personenanzahl bedeuten auch einen geringeren Energieverbrauch. Betrachtet man diese Gruppe näher, ist davon auszugehen, dass die Kunden sehr wahrscheinlich

---

[8] Je nach Dienstleistungsausprägung sind dies ggf. die passenden Produkte für eine sich wandelnde Kundengruppe in der genannten Region.
[9] Vgl. GfK (2017).

in einem Beschäftigungsverhältnis stehen, tagsüber nicht zu Hause sind und abends vermutlich einen höheren Verbrauch haben. Ist dies ein höherer Versorgungsanteil im Vertrieb, wird es Abweichungen zum bilanzierten Profil geben.[10]

Synthetische Lastprofile

In diesem Zusammenhang sind die synthetischen Profile zu nennen. Aufgrund von diversen, selbst durchgeführten Projekten (Analyse H0-Profile, Smart Metering-Datenanalyse etc.) kann behauptet werden, dass lediglich 1/3 der Haushalte tatsächlich dem H0-Profil entsprechen. Das bedeutet, dass 2/3 der Haushalte ein anderes *Verbrauchsverhalten* vorweisen, als ihnen unterstellt wird. Entlang der energiewirtschaftlichen Kette wird demnach von einer (sehr wahrscheinlichen) falschen Verbrauchsstruktur („Information") ausgegangen. Diese Information zieht sich durch den Vertrieb, die Energiebeschaffung, die Bilanzierung (im synthetischen Verfahren), das Netz, die Prognose usw. Erfahrungsgemäß wird diese Problematik von Stadtwerken/Energieversorgern aus unterschiedlichen Gründen weniger betrachtet. Hier soll dennoch erwähnt werden, dass aufgrund der heute vorliegenden Daten (u. a. die Differenzzeitreihe (im synthetisches Bilanzierungsverfahren), Erfahrung im jeweiligen Vertrieb, Netzdaten etc.) die Möglichkeit besteht, ein besser passendes Profil (Haushalte, Gewerbe oder Landwirtschaft) für Kunden zu entwickeln, um (auch monetäre) Vorteile in den o. g. Kettengliedern der Energiewirtschaft generieren zu können.

Smart Metering

In diesem Kontext ist *Smart Metering* zu nennen: Laut „Stadtwerkestudie 2018 – Digitalisierung in der Energiewirtschaft – Quo vadis?"[11] wird Smart Metering mit Abstand (vor IoT) als die Schlüsseltechnologie genannt. Die Frage der Studie von Ernst & Young ist, inwieweit die Technologie für die „digitale Transformation" relevant sei. Smart Metering, so „verbrannt" der Begriff auch sein mag, ist zurzeit und perspektivisch die einzige Möglichkeit, den Verbraucher „kostengünstig" zu „messen", um die Verbrauchsstruktur kurzzyklisch verarbeiten zu können: „kostengünstig" deshalb, weil jede Alternative (Lastgangzähler inkl. Konfiguration und zusätzliche Komponenten) teurer ist als die Smart Metering Gateways (inkl. der Komponenten).[12] Wenn nicht mit Hilfe entsprechender Technologie direkt am Zählpunkt gemessen wird, wie soll sonst die Synchronisation von Erzeugung und Verbrauch im Zuge der Energiewende funktionieren? Zum Thema Mehrwerte und Nutzen im Smart Metering sind von vielen Dienstleistern bereits erste Lösungen am Markt verfügbar.[13]

---

[10]Vgl. Statistisches Bundesamt (2017).

[11]Vgl. Edelmann (2018).

[12]Dies basiert auf eigenen Erfahrungswerten in der Projektleitung im Smart Metering.

[13]Anbieter in der Gateway-Administration bieten i. d. R. Funktionalitäten zur Analyse der Daten über eine Plattform an.

12.7 Fazit

Wer sind meine Kunden von morgen, und was sind ihre Bedürfnisse heute und morgen?

Es kann keine abschließende Antwort auf diese Frage geben: So wie sich Kunden und ihre Bedürfnisse ändern, so muss sich auch das Stadtwerk/der Energieversorger stets an die Bedürfnisse der Kunden anpassen. Eine ausgeprägte Kundenorientierung war und ist für den Unternehmenserfolg essenziell. Kundendaten können dabei helfen, wenn sie fachgerecht analysiert und richtig interpretiert werden. Es gibt ein breites Spektrum an Möglichkeiten zur Analyse der Kunden, des Kundenverhaltens und der künftigen Bedürfnisse. Die verfügbaren Daten bieten heute Chancen, um am Ende des Tages im Wettbewerb bestehen zu können.

Google bietet interessante Informationsdarstellungen zu Standorten. Bei der Analyse sollte man sich nicht im Detail verlieren, viel wichtiger ist, ein Gefühl zu entwickeln, aus welchen Gründen sich ein Umstand (Status quo) entwickelt hat. Darauf aufbauend ist zu prüfen, ob dieser zugunsten des Stadtwerkes/Energieversorgers verändert werden kann. Die dargestellten Daten (Säulendiagramm wie in Abb. 12.2) sind dabei dynamisch und verändern sich im Laufe der Zeit.

Die Kombination der aufbereiteten Abbildungen zum demographischen Wandel und (Primär-) Energieverbrauch ist vor allem aus der strategischen Perspektive interessant: Wenn eine Region stark vom demographischen Wandel betroffen ist, wird dies langfristig Auswirkungen auf die Geschäftsfähigkeit haben. Zu analysieren ist in diesen Fällen, welche Chancen sich daraus ergeben können und welche Schlüsse für die Unternehmensstrategie abgeleitet werden.

In den Stadtwerken bzw. bei den Energieversorgern ist eine Vielzahl von Daten vorhanden, die nur darauf wartet, analysiert zu werden. Dies sind die Zeitreihen aus dem Netz oder (zukünftig) die Lastprofile aus den Gateways, die Information zu einzelnen Kundengruppen, Zahlungsverhalten, Wohnsituation usw. Bei dem heute vorhandenen Wissen der Energieversorger/Stadtwerke über die eigenen Kunden lässt sich nur erahnen, welcher Wert in den Informationen steckt.

Man kann gespannt sein, welche neuen Erkenntnisse gewonnen und welche Produkte darauf aufgebaut werden. Die Daten aus unterschiedlichen Quellen, ob käuflich oder kostenlos, sind ein weiterer wichtiger Baustein, um ein umfassendes Informationspaket über die Kunden erstellen zu können.

Literatur

Agentur für Erneuerbare Energien. (2018). Anteil erneuerbaren Energien am Bruttostromverbrauch (%) – Nordrhein-Westfalen. Berlin: Agentur für Erneuerbare Energien. https://www.foederal-erneuerbar.de/landesinfo/bundesland/NRW/kategorie/strom/auswahl/510-anteil_erneuerbarer_/#goto_510. Zugegriffen am 01.05.2019.

BDEW. (2017). Standardlastprofile Strom (01.01.2017). Berlin: BDEW Bundesverband der Energie- und Wasserwirtschaft e. V. https://www.bdew.de/energie/standardlastprofile-strom/. Zugegriffen am 01.05.2019.

Bogumil, J., Heinze, R., Gerber, S., Hoose, F., & Seuberlich, M. (2013). Zukunftsweisend. Chancen der Vernetzung zwischen Südwestfalen und dem Ruhrgebiet. Ruhr-Universität Bochum. Essen: Klartext. http://aktuell.ruhr-uni-bochum.de/mam/images/2013/bevoelkerungsentwicklung-nrw-2030.jpg. Zugegriffen am 01.05.2019.

Edelmann, H. (2018). Stadtwerkestudie 2018 – Digitalisierung in der Energiewirtschaft – Quo vadis? (Jun. 2019). Dortmund: Ernst & Young GmbH Wirtschaftsprüfungsgesellschaft. https://www. ey.com/Publication/vwLUAssets/ey-stadtwerkestudie-2018/$FILE/ey-stadtwerkestudie-2018. pdf. Zugegriffen am 01.05.2019.

Fraunhofer. (2016). Primärenergieverbrauch (GWh/a) in Nordrhein-Westfalen (2014). Fraunhofer-Institut für Umwelt-, Sicherheits- und Energietechnik UMSICHT. https://www.maps4use.de/ wp-content/uploads/2016/09/PEV_NW_Gemeindeebene_absolut_A3.jpg.   Zugegriffen   am 01.05.2019.

GfK. (2017). Kaufkraft Deutschland 2018: Kaufkraft der Deutschen steigt 2018 um 2,8 Prozent (12.12.2017). Bruchsal: GfK SE. https://www.gfk.com/de/insights/press-release/kaufkraft-der-deutschen-steigt-2018/. Zugegriffen am 01.05.2019.

Google. (2019). Stoßzeiten, Wartezeiten und Besuchsdauer (Google LLC). https://support.google. com/business/answer/6263531?hl=de. Zugegriffen am 01.05.2019.

Rugar, B. (2014). Wert dieser Daten 1,1203 Dollar. Illustration. In: Fröhlich, H., *Wert von persönlichen Daten: Was bin ich wert?* Hamburg: brand eins Medien AG. https://www.brandeins.de/ magazine/brand-eins-wirtschaftsmagazin/2014/beobachten/was-bin-ich-wert.   Zugegriffen   am 01.05.2019.

Statistisches Bundesamt. (2017). Privathaushalte und Haushaltsmitglieder nach Haushaltsgröße und Gebietsstand im Jahr 2017. Wiesbaden: Statistisches Bundesamt. https://www.destatis.de/DE/ ZahlenFakten/GesellschaftStaat/Bevoelkerung/HaushalteFamilien/Tabellen/1_1_Privathaushalte_Haushaltsmitglieder.html. Zugegriffen am 01.05.2019.

Wrabetz, J. (2017). Wie den ökonomischen Wert von Daten bestimmen? (16.11.2017). München/Starnberg: Storage Consortium. https://storageconsortium.de/content/content/wie-den-%C3%B6konomischen-wert-von-daten-bestimmen. Zugegriffen am 01.05.2019.

Norman Petersson studierte Engineering and Project Management an der Fachhochschule Südwestfalen. Nach seiner Abschlussarbeit bei der Stadtwerke Soest GmbH beriet er Stadtwerke/Energieversorger zur Implementierung eines ganzheitlichen Risikomanagements mit dem Fokus auf Energiehandel und -beschaffung im Namen der Trianel GmbH aus Aachen. Ein interner Wechsel bot die Chance, als Projektleiter im Smart Metering das Geschäftsfeld mitzugestalten. In dieser Funktion lag das Hauptaugenmerk vor allem im Vertrieb der Dienstleistungen rund um Smart Metering. Parallel hierzu setzte er sich mit den gesammelten Daten und deren energiewirtschaftlichen Nutzen auseinander. Anfang 2018 wechselte er zu der rhenag Rheinischen Energie AG in Köln, um als Key Account Manager weiterhin Stadtwerke beratend vertrieblich zu unterstützen. Auch hier wirkt Herr Petersson an Projekten mit, um die Chancen aus den „Daten" für die Kunden zu ermitteln.

Stadtwerke im digitalen Raum

13

Klaus-Jürgen Schilling

> *Digitale Transformation in Marketing und Vertrieb = Präsenz in verschiedenen digitalen Kanälen + X*

Zusammenfassung

Die Digitalisierung erfasst nicht nur unser tägliches Leben und Wirken, sondern auch sämtliche Produkte, Bereiche und Prozesse eines Energieversorgungsunternehmens (EVU). Dadurch, dass die Kunden der EVUs die Digitalisierung täglich erleben und leben, wird es auch für die EVUs immer wichtiger, in den digitalen Kanälen „präsent" zu sein und diese für ihre Produkte, Services und Dienstleistungen zu nutzen bzw. Produkte, Services und Dienstleistungen auf dieser Basis anzubieten und somit „täglich erlebbar" machen. Die Digitalisierung im Vertrieb und Marketing ist bei der heutigen „Always-on"-Mentalität unausweichlich – auch für EVUs. Dieses Kapitel gibt eine kurze Übersicht über die verschiedenen Kanäle im digitalen Raum und beschreibt deren Wichtigkeit für EVUs.

13.1 Einleitung

Die Energiewirtschaft befindet sich im Umbruch. Die Herausforderung besteht in neuen Geschäftsregeln und Technologien, wie

K.-J. Schilling (✉)
Gemeindewerke Haßloch GmbH, Haßloch, Deutschland

© Springer Fachmedien Wiesbaden GmbH, ein Teil von Springer Nature 2020   157
O. D. Doleski (Hrsg.), *Realisierung Utility 4.0 Band 2*,
https://doi.org/10.1007/978-3-658-25589-3_13

- intelligente Systeme (Smart Meter, Smart Home, Smart Grid),
- Elektromobilität,
- dezentrale erneuerbare Energieeinspeisung,
- zunehmende Durchdringung und Bedeutung des Internets, Social Media, Online-Marketing,
- Prozesse in kleinen Serien, Bedarf an individualisierten Produkten.

Die fortschreitende Digitalisierung ist aber auch verbunden mit der Chance auf:

- neue Geschäftsmodelle, personalisierte Produkte, bessere Wettbewerbsfähigkeit,
- Effizienzgewinn in bestehenden Prozessen der Operations,
- *Customer-Self-Services* (CSS)-Angebote auf digitalen Kanälen (Webseiten, Kunden-portale, Social Media),
- völlig neue Vertriebsansätze im Online-Marketing und attraktive Kundenschnittstellen/Kundenkontaktpunkte.

Dazu muss sich jedes EVU mit den verschiedenen Themenfeldern auseinandersetzen, um für die *digitale Transformation* gerüstet zu sein.

In den letzten 20 Jahren sind die Verbraucher immer stärker in den Mittelpunkt gerückt. Sie haben die freie Auswahl und entscheiden sich für den Energieversorger, der mit seinen Produkten und Leistungen ihren Bedürfnissen am besten gerecht wird. Die Liberalisierung des Energiemarkts ist aber nicht die einzige Herausforderung, vor der Energieversorger derzeit stehen. Auch die Energiewende, die u. a. durch den Einsatz dezentraler Stromerzeuger geprägt wird, ist eine davon. Die wichtigste und bedeutendste Herausforderung dürfte aber die zentrale Bedeutung des Internets und der digitalen Kanäle in allen Lebensbereichen sein, die sowohl die Energiemarktliberalisierung als auch die Energiewende direkt betrifft. Mit dieser Entwicklung sind auch die Ansprüche der Kunden und potenziellen Kunden an die Energieversorger gewachsen. Sie wollen ihren Zählerstand elektronisch mitteilen, Stromtarife vergleichen und erwarten innovative Produkte und Dienstleistungen, die ihr Leben einfacher und komfortabler machen.

Energieversorger müssen sich mit der grundlegenden Umstrukturierung, die das Internetwachstum angestoßen hat, auseinandersetzen. Dieser Umbruch hat einen eigenen Namen bekommen: digitale Transformation. Sie steht für den schrittweisen Übergang zu einer kundenzentrierten, digitalen Welt.

Was macht die digitale Welt aus?

Die digitale Welt lässt sich anhand von einigen Merkmalen (s. Abb. 13.1) beschreiben:

- Zentraler Treiber der digitalen Transformation ist die rasante Entwicklung leistungsfähiger mobiler Endgeräte. Relevante Informationen sind überall und jederzeit auf der Welt verfügbar.

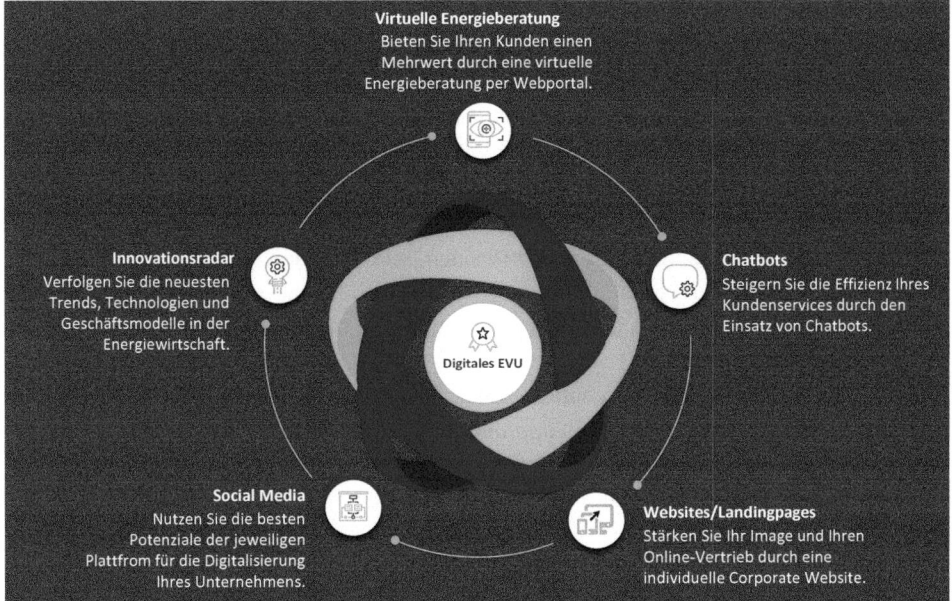

Abb. 13.1 Kanäle im digitalen Raum

- Nutzer suchen eigenständig nach passendem Content, Informationen und Angeboten, die ihre Bedürfnisse erfüllen. Über Mobilfunkzellen- und Geo-Ortung haben sie zudem die Möglichkeit, sich nützliche Informationen über ihr direktes Umfeld, wie beispielsweise das nächste Restaurant, zu beschaffen.
- Die Grenze zwischen dem echten und dem virtuellen gesellschaftlichen Leben verschwimmt durch Facebook, Instagram und andere Social-Networking-Dienste.
- Gleichzeitig bietet der Markt leistungsfähige Analysetools, die den Datenstrom der Nutzer auswerten, Unternehmen wichtige Erkenntnisse über das Nutzerverhalten liefern und so als wertvolle Vertriebs- und Marketinginstrumente dienen.

13.2   Der digitale Auftritt

Zahlreiche Unternehmen der Energiewirtschaft haben die digitale Transformation noch vor sich oder gehen sie gerade an. Zentrales Element der digitalen Transformation aus Marketing- und Vertriebssicht ist der *digitale Auftritt*. Darunter verstehe ich eine durchdachte, auf den Nutzer zugeschnittene Website mit einem „roten Faden", eine aktuelle Präsenz in den sozialen Medien und eine Portallösung (Customer Self Services) für Ihre Kunden. Treten Sie mit Ihren Nutzern in einen Dialog und bieten Sie Ihnen Services, die ihren Bedürfnissen gerecht werden. So sind sich Ihre Kunden sicher, dass genau Sie der richtige Partner für Energieversorgung und darüber hinaus sind.

13.2.1 Website als digitaler Kommunikationskanal

Die Bedeutung von digitalen, zielgruppengerechten Kommunikationskanälen ist sehr stark gestiegen und spielt eine zentrale Rolle bei der Informationsbeschaffung der Kunden und bei der Wettbewerbsfähigkeit von Energieversorgern. Durch die Digitalisierung erwarten Kunden eine höhere *Servicequalität* und haben auch einen hohen Anspruch an die *Usability* und die inhaltliche Qualität eines Webauftritts und anderer digitaler Kanäle. Auch spielt der leichte Zugang zu Informationen, wie z. B. den gesetzlichen Veröffentlichungspflichten der Netzbetreiber, eine sehr große Rolle. Eine nutzerorientierte *Website* mit individualisierter Kundenansprache und Online-Services differenziert ein EVU gegenüber seinen Mitbewerbern.[1]

Ihre Website muss so „zugeschnitten sein", dass Sie Ihre Nutzer zielgenau erreichen. Standard ist heute eine *suchmaschinenoptimierte Website* mit vertriebsoptimierten Lösungen und Angeboten, inklusive *Tarifrechner* und einer Abschlussstrecke.

Während es früher üblich war, Energie über Jahre hinweg von einem Versorger zu beziehen, liegt der Anbieterwechsel heute nur wenige Klicks entfernt. Hinzu kommt eine gesteigerte Preissensibilität durch die Möglichkeit, verschiedene Angebote innerhalb kürzester Zeit im Internet vergleichen zu können. Ein benutzerfreundlicher, interaktiver Webauftritt ist ein zentraler Aspekt, um dem immer stärker werdenden Wettbewerb in der Energiebranche standzuhalten und sich langfristig klar zu positionieren.

Responsives Design ist Pflicht

Bei der Gestaltung eines Online-Auftritts stehen die Bedürfnisse der Kunden im Mittelpunkt (s. dazu die Gestaltungsregeln in Abb. 13.2). Daher ist eine einfache, ansprechende, leicht bedienbare, klar strukturierte und *responsive* – die Oberfläche passt sich automatisch an die mobilen Endgeräte der Besucher an – Website ein „must-have". Mobile Endgeräte spielen dabei auch eine immer zentralere Rolle. Insbesondere für die heranwachsende Generation von *Digital Natives*, die mit den neuen Kommunikationsmitteln und -wegen aufgewachsen sind und deren Verfügbarkeit und Funktionalität voraussetzen, ist dies elementar. Die Betreiber von *Suchmaschinen* haben den Trend auch längst erkannt. Seit dem Hummingbird-Update von Google im Jahr 2013 werden Websites mit optimiertem responsivem Design bevorzugt behandelt und sind im Suchergebnis besser platziert als die Seiten, die ausschließlich über eine Desktop-Variante ihrer Webpräsenz verfügen. Google hat bereits angekündigt, dass langfristig der Desktop als Hauptindex von dem mobilen Index abgelöst wird. Das heißt, dass Suchmaschinen künftig mehr Wert darauf legen, dass es zu der mobilen Version einer Webpräsenz eine Desktop-Variante gibt und nicht umgekehrt. Die responsive Oberfläche oder responsive Website wird dadurch erheblich aufgewertet und wichtiger.[2]

---

[1] Vgl. Sazonava und Schatz (2017).
[2] Vgl. Sazonava und Schatz (2017, S. 45).

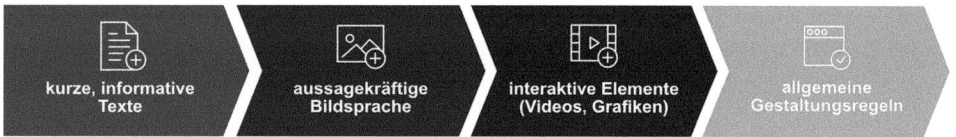

Abb. 13.2 Gestaltungsregeln für einen inhaltlich hochwertigen Webauftritt

Zielgruppengerechter Content bringt Mehrwert

Heutzutage wird der Internetnutzer mit *Content* zu allen Themen überflutet: Zu jeder Suchanfrage erhält man unzählige Treffer mit Ergebnisseiten. Bei der Masse und Vielfalt an Inhalten und Quellen ist es besonders wichtig, dem Kunden aktuelle, interessante und vor allem nützliche Informationen bereitzustellen. Diese Inhalte müssen auf die Zielgruppe zugeschnitten sein und dem Leser einen guten Überblick und Mehrwert über die entsprechenden Dienstleistungen, Services und Produkte liefern. Der Internetnutzer will schnell seine gesuchten Informationen finden. Die qualitativ hochwertigen, einzigartigen, lesefreundlichen und mehrwertstiftenden Informationen bilden somit die Grundlage einer erfolgreichen Content-Marketingstrategie und positionieren eine Website als digitalen Kanal zur Kundenbindung und Kundengewinnung.[3]

Bei der Websitekonzeption und -gestaltung muss man sich unbedingt zur *Bildsprache* und zur Darstellungsform für den Content Gedanken machen. Selbst die besten Inhalte werden häufig übersehen, wenn die Darstellung benutzerunfreundlich, langweilig oder nicht zielgruppengerecht ist. Die allgemeine Gestaltungsregel für Texte lautet: Informative, kurze und prägnante Texte, aussagekräftige Bildsprache sowie die Nutzung von Grafiken, Videos und weiteren interaktiven Elementen machen den Webauftritt spannend und tragen langfristig zum Erfolg der Website bei.

Auch für Suchmaschinen wird Content immer wichtiger und zentraler: Die Websites, die dem Nutzer durch relevante, übersichtliche und gut strukturierte Inhalte Mehrwert bieten, werden von Google und Co. positiv bewertet. Diese Bewertung wird anhand des User-Verhaltens ermittelt: Wie lange ist die Aufenthaltsdauer der Leser auf der Website? Werden mehrere Unterseiten der Website aufgerufen oder springt der Nutzer nach der ersten Seite sofort wieder ab? Werden Dateien heruntergeladen?[4]

Sichtbarkeit im Web: Professionelles SEO zahlt sich aus

Die *Suchmaschinenoptimierung (SEO)* spielt ebenfalls eine sehr wichtige Rolle und trägt mittel- und langfristig zum besseren Ranking/zur besseren *Positionierung der Website* im Suchindex der Suchmaschine und damit generell zur besseren Auffindbarkeit der Website bei. Das Ziel der Optimierung der Website besteht darin, den Suchmaschinen möglichst viele Informationen über die Inhalte und die Struktur des Webauftritts bereitzustellen – entsprechend dieser Informationen werden Websites im Suchmaschinenalgorithmus eingeordnet und dem Leser bei seiner Suchanfrage nach Relevanz, passend zu seiner Suchanfrage, angezeigt.

---

[3] Vgl. Sazonava und Schatz (2017, S. 45).
[4] Vgl. Sazonava und Schatz (2017, S. 45).

„Wie erkennen die Suchmaschinen, worum es auf der Website geht? Bevor die Inhalte der Seite erstellt werden, findet in der Regel eine umfassende Keyword-Recherche statt: Für jede Unterseite des Webauftritts wird ein Haupt-Keyword festgelegt, nach welchem sich der gesamte Content richtet. Um die Relevanz für thematisch ähnliche Suchanfragen zu erhöhen, werden zudem sogenannte Neben- und Proof-Keywords definiert. Diese Keywords werden gleichmäßig im Text sowie in Meta-Daten im Hintergrund integriert. Je präziser die Keyword-Ausrichtung, desto genauer die Trefferquote: Der Leser erhält die für die Suchanfrage relevanten Informationen, bleibt lange auf der Seite und beeinflusst somit positiv das Ranking.“[5]

Kunden erwarten digitale Services/digitalen Mehrwert

Die Kundenerwartungen sind im Wandel, die Digitalisierung hält auch hier immer mehr Einzug: Neben der Verfügbarkeit von Preis- und Tarifinformationen zählt ein umfangreiches Angebot an *Online-Serviceleistungen* für die meisten Kunden zum entscheidenden Kriterium bei der Auswahl eines Energieversorgers. Ob Vertragsabschlüsse, Vertragswechsel, Informationen zum Vertrag, Rechnung online oder Übermittlung von Zählerständen – die wichtigen Verwaltungsaufwände will der Nutzer heutzutage einfach und bequem online erledigen und das am besten 24/7. Um diesen Anforderungen gerecht zu werden, muss ein Webauftritt sowohl über einen Tarifrechner oder Tariffinder mit Abschlussstrecke als auch über die Anbindung zu einem Kundenportal mit *Customer-Self-Service-Szenarien* (CSS-Szenarien) verfügen (siehe Abb. 13.3).

Website als Vertriebsplattform

Durch die Vielzahl und Vielfalt der digitalen Angebote und Services im Internet haben sich die Kundenanforderungen bezüglich der Möglichkeiten zu Vertragsabschlüssen sehr stark verändert. Auch bei den Erwartungen gegenüber Serviceangeboten ist ein Wandel bei den Nutzern zu beobachten.

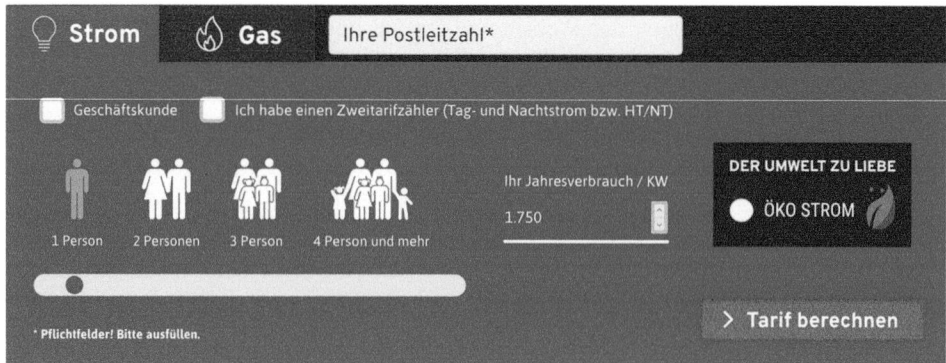

Abb. 13.3 Beispiel eines benutzerfreundlichen Tarifrechners

---

[5] Sazonava und Schatz (2017, S. 45).

Neben Telefon- und Vor-Ort-Betreuung im Kundencenter von Energieversorgungsunternehmen nutzt eine immer größer werdende Zielgruppe Online-Services zur Verwaltung ihrer Verträge und Daten. Hinzu kommt eine gesteigerte Preissensibilität durch die Möglichkeit, Angebote innerhalb kürzester Zeit mit wenigen Klicks im Internet vergleichen zu können. EVU stehen vor der Herausforderung, den Erwartungen der Kunden an Servicequalität, Serviceangeboten und einer immer schneller werdenden Reaktionszeit gerecht zu werden. Dabei birgt die individuelle Kundenansprache enorme Vertriebschancen. Durch ein Kundenportal mit CSS-Szenarien und Online-Abschlussstrecken wird der Energieversorger eher als Partner wahrgenommen, der seine Kunden betreut, begleitet und unterstützt. Der Webauftritt wird zu einer fallabschließenden Vertriebsplattform, die Angebotsvergleiche und Abschlüsse innerhalb kürzester Zeit ermöglicht. Neben der Verfügbarkeit von Vertrags-, Preis- und Tarifinformationen zählt ein umfangreiches Angebot an Online-Serviceleistungen und CSS-Szenarien für die meisten Kunden zum entscheidenden Kriterium für die Auswahl eines Energieversorgers. Nicht nur Vertragsabschlüsse bei Neuaufträgen und Vertragswechsel sollten bequem online durchführbar sein, sondern auch Vertrags- und Verwaltungsaufwände wie Zählerstand- oder Umzugsmeldungen sollten schnell, einfach und als Selfservice erledigt werden können. Um diesen Kundenanforderungen gerecht zu werden, muss ein konkurrenzfähiger, benutzerfreundlicher Webauftritt sowohl über einen Tariffinder mit Online-Abschlussstrecke als auch über die Anbindung zu einem Kundenportal verfügen.[6]

„Eine breite Zielgruppe ist es aus vielen Branchen bereits gewöhnt, ihre Prozesse online abwickeln zu können. Eine Website mit Tarifrechner und Online-Abschlussstrecke holt diese Kunden optimal in ihrer Erwartung ab. Studien haben jedoch gezeigt, dass die Bereitstellung der Möglichkeit eines Online-Vertragsabschlusses nicht automatisch das Kundenbedürfnis befriedigt. Muss der Nutzer zu viele Formularfelder ausfüllen, ist er schnell genervt. Als Richtwert empfiehlt es sich, nicht mehr als 15 Pflichtangaben abzufragen. Die mobile Darstellung der Abschlussstrecke stellt ein weiteres wichtiges Kriterium dar, da immer mehr Kunden ihre Verträge über mobile Endgeräte abschließen. In Bezug auf ein einwandfreies Benutzererlebnis darf auch die grafische Aufbereitung der Formulare nicht außer Acht gelassen werden. Übersichtliche Formular-Schritte und deutliche Validierungen begleiten den Nutzer auf seiner Customer Journey und unterstützen ihn bei der Eingabe seiner Daten.

Die Bereitstellung von Online-Kundenportalen vervollständigt die Customer Experience und bietet dem Kunden die Möglichkeit, alle Themen rund um seine Energieversorgung bequem und rund um die Uhr zu verwalten. Um eine durchgängige Customer Journey zu gewährleisten, sollte das Portal benutzerfreundlich und in einem einheitlichen Design in die Website des EVU integriert sein. So wird der Webauftritt zu einer Plattform, die einen Echtzeit-Kundenservice bietet und den Bedürfnissen der Nutzer gerecht wird. Durch die automatisierten Services über das Kundenportal mit Schnittstellen zu Abrechnungssystemen können Energieversorger außerdem ihren Arbeitsaufwand senken und schneller auf Anfragen beziehungsweise Vertragsänderungen reagieren."[7]

---

[6] Vgl. Sazonava und Schatz (2017, S. 45 f.).

[7] Sazonava und Schatz (2017, S. 45 f.).

13.2.2 Social Media

Social Media ist aus einer integrierten Marketingstrategie nicht mehr wegzudenken. Soziale Medien sind Orte im Internet, an denen sich Bestandskunden und potenzielle Kunden lange Zeit aufhalten, um sich zu informieren und zu kommunizieren. Rund um die Uhr können sich Kunden über Marken, Produkte, Erlebnisse und Erfahrungen austauschen. In der Vergangenheit haben Unternehmen durch Pressearbeit, Werbung, Sponsoring und Marketing insgesamt dem Kunden ihre Positionierung und „Message" präsentiert. Dabei hatten sie fast die vollständige Kontrolle über Botschaften zu ihren Marken und Produkten; systematische Rückmeldungen und Meinungen der Kunden mit Wirkung in der Öffentlichkeit waren eher die Ausnahme.[8]

Durch Social Media hat sich dies gravierend geändert. Unternehmen haben nicht mehr die 100 %ige Kontrolle, da es viele Plattformen gibt, auf denen die Kunden der EVUs unterwegs sein können und sind (z. B. Facebook, YouTube, Twitter, Instagram, Blogs etc.).

> „‚Leute, die Seite ist echt nicht der geeignete Platz für Beschwerden und Kundenanliegen. Wir möchten Euch unterhalten und informieren', mit hilflosen Worten wie diesen versuchte der Energie-Discounter TelDaFax im Februar 2011, die Lawine an negativem Kundenfeedback auf der unternehmenseigenen Facebook-Seite aufzuhalten. Das Ergebnis war ein „Shitstorm" […]. Dieses Beispiel des im Übrigen schon wenige Monate später insolventen Billiganbieters zeigt, dass sich ein Engagement im Social-Web gerade für ein Unternehmen aus der Energiewirtschaft zu einem Bumerang entwickeln kann."[9]

Aber eine generelle Verweigerungshaltung gegenüber den sozialen Medien kann für ein EVU auch keine dauerhafte Lösung sein, da ein größeres Unternehmen fast zwangsläufig früher oder später in irgendeiner Weise auf beispielsweise *Facebook* präsent sein wird. So legt Facebook gewissermaßen standardmäßig eine Unternehmensseite an, sobald eine Privatperson ihren Arbeitgeber auf ihrem persönlichen Facebook-Account einträgt. Darüber hinaus können z. B. auch Wettbewerber eine „Anti-Seite" über ein Unternehmen erstellen, auf der dann primär negativ belegte Themen zur Sprache kommen. Insofern wird offensichtlich, dass es für ein EVU zwingend notwendig ist, rechtzeitig eine Strategie für die verschiedenen sozialen Plattformen zu entwickeln und umzusetzen.[10]

Dabei ist zu beachten, dass es für ein EVU erheblich schwieriger ist, Interessenten oder gar „Fans" für das eigene Angebot zu gewinnen, als dies für Unternehmen aus anderen Branchen, wie z. B. der Automobilindustrie oder Lifestyleprodukte der Fall ist. Strom ist nämlich unsichtbar, geruchslos, geschmacklos, und sein Nutzen ist für den Nutzer nicht direkt, sondern nur indirekt erlebbar. Es fehlen die Emotionen wie z. B. bei einem Fahrerlebnis mit einem Cabrio. Außerdem hat der Kunde faktisch nur sehr wenige echte Berührungspunkte mit „seinem" Versorgungsunternehmen. Strom kommt für die Mehrheit

---

[8]Vgl. Hecht und Birnhäupl (2012).

[9]Ebner (2016a).

[10]Vgl. Ebner (2016a).

der Verbraucher nun einmal immer noch lediglich „aus der Steckdose", und nur einmal im Jahr sorgt eine gefühlt zu hohe Jahresendabrechnung für spürbaren Frust.[11]

Um Mehrwerte für EVUs aus einem Social-Media-Auftritt zu generieren, muss das EVU in der Verbraucherkommunikation den richtigen Content platzieren und den Kunden in seiner momentanen Lebenssituation abholen. Über *Social Media* werden zwar nicht direkt Abschlüsse generiert, aber ein EVU mit Social-Media-Präsenz zeigt Gesprächsbereitschaft und Transparenz. Außerdem werden dadurch das Image und die Reputation verbessert. Wichtig ist hier zu beachten, dass der Social-Media-Account auch „gepflegt" werden muss, d. h. Anfragen und Kommentare sollten gelesen werden und in einem Redaktionsteam entschieden werden, wie man zeitnah reagiert.

Entscheidet sich ein EVU für eine Social-Media-Präsenz, dann bedeutet das, eine intensive, nachhaltige und langfristige Betreuung aufzubauen und bereitzuhalten. Im Optimalfall sind die zuständigen Mitarbeiter „*Digital Natives*", die den Kunden auf Augenhöhe begegnen. Wichtig ist auch ein „rotes Telefon" zu den Fachbereichen, um schnell und kompetent bei Kundenanfragen, die sehr spezifisch sind, reagieren zu können. Je nach Größe des EVUs machen verschiedene Umsetzungsansätze für Social Media Sinn:

1. **Community Manager:** Ein speziell abgestellter Mitarbeiter, der die Social-Media-Kanäle des Unternehmens überwacht und an die nötigen Stellen reportet.
2. **Social-Media-Hotline:** Eine Gruppe von Mitarbeitern, die in der Kundenbetreuung aktiv sind (z. B. Servicecenter) und die Social-Media-Aktivitäten mitbetreuen.
3. **Social-Media-Team:** Eine Gruppe von Mitarbeitern, die ausschließlich die Social-Media-Kanäle des EVU betreuen und bedienen.[12]

Wichtig ist, wenn die Social-Media-Kanäle von mehreren Personen betreut werden, dass einheitliche Regeln (*Social-Media-Guidelines*) festgelegt werden, in denen z. B. beschrieben wird, wie man mit dem Kunden kommuniziert und wie z. B. mit öffentlicher Kritik umgegangen werden soll.

Eine Präsenz im Social Web bedeutet für EVUs eine Investition in Personal und Knowhow und ist damit kostenintensiv. Daher sollte der „Erfolg der Social-Media-Präsenz" auch überwacht und gezielt nachgesteuert werden.

Der *Return on Marketing Invest (ROMI)* ist schwierig zu ermitteln, da der finanzielle Gegenwert einer positiven Bewertung oder eines positiven, wertschätzenden Beitrags nur schwer beziffert werden kann. In der Regel liefern z. B. via Google-Analytics folgende Kennzahlen eine gute Steuerungsgröße für Ihre Maßnahmen:

- **Visits:** Anzahl der Seitenaufrufe.
- **Conversion Rate:** Anzahl der Seitenbesucher, die zu Kunden werden.

---

[11] Vgl. Ebner (2016a).
[12] Vgl. Ebner (2016b).

- **Stickiness:** Verweildauer und Wiederholungsbesuch des Interessenten/Kunden auf der Seite.
- **Reichweite:** Anzahl externer Verlinkungen und Re-Tweets.[13]

> „Grundsätzlich darf sich eine Erfolgsanalyse im Social-Web aber nicht auf rein quantitative Messungen beschränken: So generiert ein Unternehmen im Zentrum eines „Shitstorms" zwar viel Traffic; dieser wird jedoch nicht von potentiellen Neukunden, sondern von erbosten Kritikern verursacht. Es sind also auch qualitative Merkmale wie die Tonalität der Userbeiträge zu berücksichtigen. Dies kann durch manuelles Monitoring geschehen; es existieren jedoch auch bereits „Opinion Mining"-Tools, mit denen die Bedeutung von Userbeiträgen im Social-Web automatisiert statistisch ausgewertet werden kann."[14]

13.2.3 Weitere Möglichkeiten zum digitalen Erfolg

Innovationsradar

Beim erfolgreichen Start in die digitale Welt ist entscheidend, ob und wie das Unternehmen im digitalen Raum aktiv ist und auf neue Herausforderungen reagiert. Denn wer neuen Herausforderungen mit veralteten Maßnahmen begegnet, gerät ohne fremdes Zutun schnell ins Hintertreffen. Wichtigste Voraussetzungen für die digitale Transformation sind also die Innovationsbereitschaft und die Innovationsfähigkeit.

Daher ist das „Scannen" von Informationen/Trends und Bewertung für das jeweilige Unternehmen eine sinnvolle Investition.

Mit einem sogenannten *Innovationsradar*, welches das Internet nach Neuigkeiten durchsucht und bewertet, erhalten Sie Infos zu allen Neuheiten und Trends – und damit zu allen Inhalten und Infos. Wenn Sie dies für Ihr EVU nutzen, können Sie entscheiden, „wo die Reise hingeht".

Ein Innovationsradar durchsucht für Sie eine Vielzahl an relevanten Märkten und Branchen. Anhand dieser Daten wird dann z. B. monatlich eine Übersicht der Topthemen zusammengestellt. Die Gruppenmitglieder des Innovationsradars bestimmen dann je eine Innovation und ein Geschäftsmodell als Fokusthemen zur weiteren Aufbereitung. Diese werden anschließend in der Detailanalyse genauestens untersucht und ausgearbeitet. Die Ergebnisse werden den Gruppenmitgliedern zur Verfügung gestellt und in der Innovationsradar-Community diskutiert. Mit einem Innovationsradar bereiten Sie Ihr Unternehmen optimal auf die zukünftigen Herausforderungen im Kontext der digitalen Transformation vor. Zudem haben Sie die Möglichkeit, die Themen durch Webinare und Digitalisierungsworkshops zu vertiefen und weiter auszuarbeiten. In den Webinaren bieten sich aktuelle Herausforderungen an und Informationen darüber, wie diese zu stemmen sind. Im Digitalisierungsworkshop kann man dann ein Fokusthema detailliert ausarbeiten und Maßnahmen für das EVU ableiten.

---

[13] Vgl. Ebner (2016b).
[14] Ebner (2016b).

Innovativer Kundenservice durch Chatbots

In einem innovativ aufgestellten Unternehmen darf auch ein innovativ ausgerichteter *Kundenservice* nicht fehlen.

Chatbots sind softwarebasierte Systeme, die mittels natürlicher Sprache mit Menschen interagieren. Sie unterhalten sich mit dem Kunden („Chat") und führen eigenständig einfache Aufgaben aus („Bot"). Dabei nutzen sie die technischen Fortschritte in den Themenfeldern Texterkennung und künstliche Intelligenz. Viele Unternehmen setzen zunehmend auf Chatbots, um Kunden bei der Suche nach Informationen über Produkte oder Dienstleistungen und bei der Durchführung einfacher Prozesse, wie etwa bei der Flug- oder Hotelbuchung, zu unterstützen. Von dem Einsatz eines Chatbots versprechen sich Unternehmen sowohl Kosteneinsparungen als auch eine Rund-um-die-Uhr-Verfügbarkeit für ihre Kunden.[15]

Im Kundenservice setzen schon heute viele Unternehmen auf Chatbots, die Kunden proaktiv beraten, Beschwerden aufnehmen und diese auch (semi-)automatisch lösen. Sie stellen somit eine kostengünstige und jederzeit verfügbare Alternative zu anderen Servicekanälen dar. Chatbots sind momentan noch nicht in der Lage, den Menschen komplett zu ersetzen, aber können, in den richtigen Situationen eingesetzt, Servicemitarbeiter in Stoßzeiten entlasten.

Auch für EVUs ist dieser digitale Kanal ein interessanter Kontaktpunkt zu den Kunden, der die Kundenbindung und Kundengewinnung durch besseren Service stark optimieren kann. Chatbots sind bei einigen EVUs schon in der Erprobungsphase. Eine Unterstützung bei der Produktauswahl und auch bei einfachen Kundenservices ist im Einzelfall zu prüfen. In Zukunft wird dieser Kanal sicher noch besser erforscht werden und dann auch einfacher einsetzbar sein.

Optimalerweise wickelt der Chatbot standardisierte Dinge ab, die zu Personal- und Kosteneinsparung führen. Für komplexere Anfragen „übergibt" der Chatbot dann an den Kundenservice.

Vorteile eines Chatbots für Energieversorger:

• 24/7 Erreichbarkeit,
• Entlastung der Servicemitarbeiter,
• Kosteneinsparung durch Automatisierung,
• Positionierung als innovatives EVU,
• Präsenz in allen digitalen Kanälen möglich.

13.2.4 Fazit

Ein Energieversorgungsunternehmen, das mit Produkten, Services und Dienstleistungen am Markt Bestand haben will, muss die digitalen Kanäle genau untersuchen und zielgruppenspezifisch, produktspezifisch wie auch regional entscheiden, welche Kanäle es jeweils „bedient" und nutzt.

---

[15]Vgl. Gnewuch et al. (2017).

Ein Innovationsradar kann dabei sehr hilfreich sein.

Ein gewisses Grundrauschen zur Markenbildung und zum Imagetransport macht auf jeden Fall Sinn, da die User „always-on" sind. Daher sollte man auch in „entsprechenden Dosierungen" verschiedene Kanäle mit Infos zum EVU und dessen Produkte, Dienstleistungen und Services „bespielen". Es wird auf alle Fälle über das EVU in den digitalen Kanälen „diskutiert". Ein EVU sollte sich auch da aufhalten, wo seine Kunden sind, und aktiv vor allem bei Fragen und Beschwerden mit dem Kunden interagieren.

Außerdem bieten die digitalen Technologien auch Optimierungen und Verbesserungen bei den Prozessen und Abläufen an (z. B. Chatbots bei Kundenservices oder CSS-Szenarien).

„Durch den Einfluss der Digitalisierung verschiebt sich der Fokus der Kundenerwartungen enorm in Richtung digitaler Kommunikationskanäle. Ein benutzerfreundlicher, interaktiver Webauftritt ist ein zentraler Aspekt, um dem immer stärker werdenden Wettbewerb in der Energiebranche standzuhalten und sich langfristig klar zu positionieren. Die Online-Präsenz muss zu einem durchgängigen Kundenerlebnis werden, bei dem ein echter Mehrwert für den Nutzer im Mittelpunkt steht. Um den Anforderungen gerecht zu werden und den Kunden optimal abzuholen, benötigen Stadtwerke und Energieversorgungsunternehmen eine moderne, responsive Website mit qualitativ hochwertigen Inhalten und Anbindung an Selfservice-Möglichkeiten über ein Kundenportal.

Zudem sind die Erwartungen einer immer größer werdenden Nutzerzielgruppe durch E-Commerce-Spezialisten aus anderen Branchen geprägt, die die Kundenbedürfnisse in den Vordergrund stellen und ganz selbstverständlich Lösungen anbieten, um Prozesse und Verträge online abschließen zu können. Dabei wächst auch die Anzahl der Online-Abschlüsse über mobile Endgeräte stetig. Ein solches Angebot erwarten Kunden zunehmend auch von Energieversorgungsunternehmen. Für das optimale Kundenerlebnis ist somit die Bereitstellung eines Tariffinders sowie einer übersichtlichen und unkomplizierten Online-Abschlussstrecke ein unverzichtbarer Bestandteil des kundenorientierten Webauftritts. Ein solcher Auftritt dient Stadtwerken und Energieversorgungsunternehmen bei regionalen, aber gerade auch bei überregionalen Kunden und Interessenten als optimale, digitale Visitenkarte."[16]

Zusammenfassung:

- Behalten Sie die digitalen und innovativen Themen im Blick durch z. B. Innovationsradar.
- Ihre Online-Präsenz muss sich durch hochwertigen, zielgruppengerechten und relevanten Content von der Konkurrenz abheben und die Bedürfnisse der Nutzer optimal erfüllen.
- Durch eine zielgerichtete Suchmaschinenoptimierung wird Ihr Webauftritt weiter oben in den Suchergebnissen angezeigt.
- Ihre Website wird durch ein responsives Design auch über mobile Endgeräte optimal dargestellt, so vermeiden Sie Absprünge.
- Mit einem Tarifrechner und weiteren Online-Services bieten Sie Ihren Kunden einen echten Mehrwert und erhöhen die Kundenzufriedenheit und Kundenbindung.
- Sie begeistern Ihre Kunden und Interessenten mit einem zielgruppengerechten, ansprechenden Webauftritt mit entsprechenden mehrwertstiftenden Inhalten.

---

[16] Sazonava und Schatz (2017, S. 46).

- Überprüfen Sie, wo sich Ihre Zielgruppe befindet, und nutzen Sie diese neuen Kunden-kontaktpunkte.
- Prüfen Sie, welche Social-Media-Kanäle mit Ihren Informationen, Produkten, Dienst-leistungen, Services für Ihre jeweilige Kundengruppe mit Content und Informationen versorgt werden könnten und sollten.

Literatur

Ebner, L. (2016a). Energieversorger im Social Web: Teil 1. In *eins+null*. Regensburg: eins+null GmbH & Co. KG. https://einsundnull.de/blog/energieversorger-im-social-web/. Zugegriffen am 09.03.2019.

Ebner, L. (2016b). Energieversorger im Social Web: Teil 6 „EVUs im Social Web – Fazit". In *eins+null*. Regensburg: eins+null GmbH & Co. KG. https://einsundnull.de/blog/energieversorger-im-social-web-6/. Zugegriffen am 09.03.2019.

Gnewuch, U., Morana, S., & Maedche, A. (2017). Towards designing cooperative and social conversational agents for customer service. In *Proceedings of the 38th International Conference on Information Systems (ICIS)*. Seoul. https://aisel.aisnet.org/icis2017/HCI/Presentations/1/. Zugegriffen am 09.03.2019.

Hecht, S., & Birnhäupl, L. (2012). Social Media – großes Potential für Energieversorger? In *Energiewirtschaftliche Tagesfragen (et)* (Heft 62, S. 16–20). Berlin: EW Medien und Kongresse GmbH. http://www.et-energie-online.de/AktuellesHeft/WeitereThemen/tabid/71/NewsId/7/Social-Media%2D%2Dgroes-Potenzial-fur-Energieversorger.aspx. Zugegriffen am 09.03.2019.

Sazonava, K., & Schatz, K. (2017). Die Website als digitaler Kommunikationskanal. In *Zeitschrift für Energie, Markt, Wettbewerb (emw)* (Nr. 6, Dez. 2017, S. 44–46). https://hsag.info/fileadmin/user_upload/01_Unternehmen/Fachartikel/emw_17-6_12_VM_Die_Website_als_digitaler_Kommunikationskanal.pdf. Zugegriffen am 09.03.2019.

Klaus-Jürgen Schilling Schillingleitet seit Juli 2019 bei den Gemeindewerken Haßloch GmbH den Bereich Energiewirtschaft. Er verantwortet den Vertrieb, das Marketing und die Energiebeschaffung bei den Gemeindewerken. Davor war Schilling ab 2013 Leiter Marketing und Neue Medien/hsag.digital bei der hsag – Heidelberger Services AG. Der Online-, Marketing- und Vertriebsexperte verantwortete das Online-Geschäft bei der hsag. Die Themenfelder waren Website, Social Media, Online-Marketing und Online-Redaktion. Zur besseren „Sichtbarkeit" wurde die Marke hsagdigital ins Leben gerufen, in der alle digitalen Produkte und Dienstleistungen der hsag gebündelt und am Markt positioniert wurden. Schilling studierte an der Universität Karlsruhe und war dann am heutigen KIT in Karlsruhe als wissenschaftlicher Mitarbeiter beschäftigt. Danach wechselte er in die Energiebranche zur EnBW. Bei der EnBW hatte er verschiedene Tätigkeiten in der IT, Prozessoptimierung, Online-Strategie und Marketing/ Neue Medien inne, bevor er zur hsag wechselte und den Bereich Marketing und neue Medien auf- und ausbaute.

Soziale Medien als Kundenbindungsinstrument

14

Frank Köster-Düpree

Wie Facebook & Co. die Kundenbeziehung verändern.

Zusammenfassung

Die sozialen Medien stehen immer noch im Verdacht, für Themen der kommunalen Ebene wie Energieversorgung nicht die geeignete Plattform zu sein. Die Geschwindigkeit, mit der sich diese Form der Medien entwickelt und verändert, macht Angst und trübt die Sicht auf die Potenziale, die sich insbesondere im Rahmen der Kundenbeziehung ergeben. Übersehen wird oft, dass die Nutzer sozialer Medien ihre Inhalte ganz gezielt suchen und nach ihren Bedürfnissen zusammenstellen. Wer es also in diesen Fokus schafft, ist nahe am Kunden – ein Wunsch vieler Versorger. Facebook, YouTube oder auch WhatsApp eignen sich für einen Kundendialog mit Mehrwert. Unternehmen müssen aber auch ihre Ressourcen kennen, denn Kommunikation findet nahezu in Echtzeit statt. Monitoring, Reporting, Social Listening sind neben dem Bespielen der Kanäle die notwendigen Bausteine erfolgreicher Social-Media-Kommunikation.

14.1 Die Macht der sozialen Medien in Zahlen

Heilsbringer, Goldgrube, Segen und Fluch zu gleich – wer heute den Begriff „Social Media" in den Mund nimmt, kann damit ganz unterschiedliche Emotionen auslösen. So ist es auch in der Branche der Energieversorger. Die einen drängen aus vertrieblicher Sicht

F. Köster-Düpree (✉)
Stadtwerke Aurich GmbH, Aurich, Deutschland

© Springer Fachmedien Wiesbaden GmbH, ein Teil von Springer Nature 2020
O. D. Doleski (Hrsg.), *Realisierung Utility 4.0 Band 2*,
https://doi.org/10.1007/978-3-658-25589-3_14

darauf, Social-Media-Kanäle zu bespielen, die anderen schrecken vor der Nutzung aufgrund von Schlagwörtern wie Datenschutz, Shitstorm oder Fake News zurück. Wer aber begreift, dass die Wahrheit wie so oft in der goldenen Mitte liegt, kann auch als Energieversorger eine echte Kundenbindung über Social Media aufbauen. Aber *Social Media* befindet sich in deutschen Unternehmen immer noch in den Kinderschuhen, wie Abb. 14.1 zeigt.

Längst haben die globalen Player in dem, was man heutzutage „Social Media" nennt, die Nase vorn. Das Netzwerk *Facebook* kam 2018 weltweit auf rund 2,3 Mrd. Nutzer, davon 1,5 Mrd. täglich aktive Nutzer.[1] Klarer Social-Media-Favorit der Deutschen bleibt weiterhin *WhatsApp*: Für zwei Drittel der Bundesbürger (66 %) zählt der Messenger aktuell zu den wichtigsten sozialen Medien in ihrem persönlichen Alltag. Auf den Plätzen 2 und 3 folgen Facebook (48 %) und *YouTube* (36 %). *Social-Media-Dienste* wie *Instagram* (18 %), *Pinterest* (10 %) und *Snapchat* (7 %) haben in der Gesamtbevölkerung aktuell eine

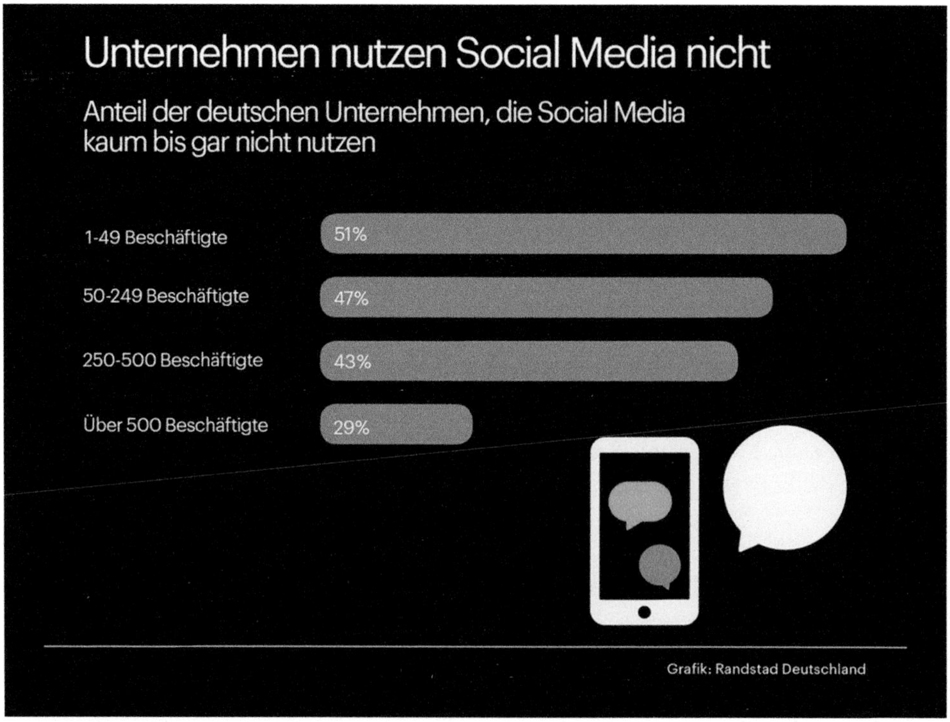

Abb. 14.1 Unternehmen nutzen Social Media nicht

---

[1] Vgl. Philipp (2019).

geringere Bedeutung; zugleich sind diese aber unter Jugendlichen und jungen Erwachse-
nen besonders beliebt – Instagram (48 %) liegt hier sogar bereits gleichauf mit Facebook.[2]

14.2   Siegeszug dank Smartphone

Warum Social Media in der *Kundenbindung*? Dafür gibt es vor allem eine vorrangige Be-
gründung, die sich auch mit Zahlen belegen lässt. Social Media – also Plattformen wie
Facebook, Twitter oder Instagram – werden zu einem überwältigenden Teil auf dem
Smartphone genutzt. Ohne den Siegeszug des Smartphones hätte es den Erfolg von Social
Media nicht gegeben. Unternehmen, die es heute in die Auswahl der Apps schaffen, die
der Nutzer auf seinem Gerät regelmäßig einsetzt, haben einen Vorsprung. Mit dem Smartphone „docken" wir heute an den *Schnittstellen* an, die für viele von uns das „social life"
bedeuten. Um deshalb beim Kunden präsent zu sein, genügt es nicht mehr, mit Pressemitteilungen oder Radiobeiträgen auf sich aufmerksam zu machen. Die Unternehmen müssen
dorthin, worauf sich der Blickwinkel des Endkunden immer stärker fokussiert: auf das
Smartphone.

Die Hamburger Kommunikationsberatung Faktenkontor und der Marktforscher Toluna
haben 2018 untersucht, wie Social Media konsumiert wird, und sind zu deutlichen Ergebnissen gelangt. „Wer sich zum Posten extra an den Schreibtisch-PC setzt, wird immer
mehr zum Exoten: 72 Prozent der Onliner in Deutschland nutzen Soziale Medien wie
Twitter, Facebook & Co. inzwischen unterwegs über mobile Endgeräte wie Smartphones
und Tablets. Die Nutzung von „Social Media to go" hat damit innerhalb eines Jahres um
elf Prozentpunkte auf ein neues Rekord-Hoch zugelegt."[3]

Und dass Social Media keine Frage des Alters ist, belegt die Studie ebenfalls mit Zahlen: „Am beliebtesten ist das mobile Social Web unter Teenagern: 97 % der Onliner im
Alter zwischen 14 und 19 Jahren nutzen soziale Medien unterwegs. Am stärksten ange-
wachsen ist die mobile Web-2.0-Nutzung in den vergangenen Jahren unter Twens, von
47 % im Jahr 2012 auf jetzt 95 %. Doch selbst unter den „Silver Surfern", Onlinern ab
60 Jahren, nutzen mit 49 % inzwischen fast die Hälfte Social Media mobil."[4]

Früher war die Welt einfach für die Kommunikationsabteilungen. Pressemitteilungen
wurden geschrieben, gingen hinaus an die Presse und wurden i. d. R. auch abgedruckt.
Presseanfragen konnten kanalisiert und „in Ruhe" beantwortet werden. Aber die Zeiten
haben sich geändert. Kundenbindung findet nicht mehr nur in Form eines gedruckten Kun-
denmagazins statt. Das klassische „*Sender-Empfänger-Prinzip*" funktioniert nicht in den
sozialen Medien.[5] Die *sozialen Plattformen* haben sich zu Netzwerken entwickelt, in denen

---

[2] Vgl. Donath (2018).
[3] Faktenkontor (2018).
[4] Ebd.
[5] Vgl. Zanger (2014).

jeder nahezu gleichberechtigt kundtun kann, wonach ihm oder ihr gerade der Sinn steht. Auf die Aktion des Unternehmens folgt zwar immer noch eine Reaktion des Kunden, aber diese bewegt sich eben nicht mehr nur in die eine Richtung, sondern kann vielfältig sein.

Kommunikation findet heute in Echtzeit statt

Neu und unberechenbar an dieser Entwicklung ist dabei, dass Unternehmen sich nicht mehr sicher sein können, ob sie die Reaktion selbst auch bemerken. Kunden, insbesondere die unzufriedenen, nutzen das Internet und seine sozialen Plattformen, um ihren Ärger oder ihre Enttäuschung auszudrücken. Sie suchen die Öffentlichkeit mit der Hoffnung, dass ihr Anliegen ein breites, vielleicht sogar mediales Echo erfährt. Kommt es dazu, ist *Krisenkommunikation* gefragt – eigentlich eine klassische Disziplin für Kommunikationsabteilungen von Energieversorgern. Im *Social-Media-Bereich* hat sich in der Kommunikation eine neue Komponente zu den bekannten gesellt: die Kommunikation in *Echtzeit*. Kurz gesagt: Je weniger Zeichen, desto aktueller. Der Kurznachrichtendienst *Twitter* mit seinen 280 Zeichen (ehemals 140 Zeichen) hat hier in puncto Geschwindigkeit Maßstäbe gesetzt, Facebook mit seinen mehr als zwei Milliarden Nutzern weltweit ist die unangefochtene Kommunikationsplattform.

Die persönliche Einstellung zu diesen Medien mag zwiegespalten sein. Man kann die sozialen Netzwerke für ihren Umgang mit Hassbotschaften, Mobbing und Falschnachrichten kritisieren. Für viele Menschen (und damit auch Kunden) sind sie aber im Alltag von starker Bedeutung. Im Netz tummeln sich Bestands- und Neukunden, hier tauschen sie sich aus, berichten, bewerten und beurteilen. Der Kunde wird zum Multiplikator, zum Botschafter der eigenen Marke. Das sollten auch Energieversorger erkennen und für sich nutzen.

14.3   Worüber Energieversorger nachdenken sollten

Ein Umdenken in der Kundenbeziehung findet bereits statt. Dies gilt nicht nur für den Social-Media-Bereich, auch für die anderen Berührungspunkte („Touchpoints") des Unternehmens mit dem Kunden. Das Schlüsselwort für diese Transformation heißt *Kundenzentriertheit*.[6]

Da sich insbesondere der Kundenservice in Bezug auf den Kunden neu ausrichtet, liegt es nahe, Werkzeuge mit einzubinden, die ohnehin eine Nähe zum Kunden haben. Damit rücken wieder das Smartphone sowie die darauf im App-Format befindlichen Netzwerke in den Fokus. Hier sind es insbesondere die Messenger-Dienste, die die Energieversorger im Auge haben sollten. Gemäß einer Umfrage im Auftrag der eprimo GmbH aus dem Jahr 2018 würde sich fast jeder dritte Kunde über *Social-Media-Kanäle* an seinen Versorger wenden, wenn er die Möglichkeit dazu hätte.[7] In der selben Umfrage gaben zudem 18 %

---

[6] Vgl. WirtschaftsWiki (o. J., Kundenzentrierung).
[7] Vgl. eprimo (2018).

der Befragten an, für sie sei die Erreichbarkeit eines Anbieters über Social-Media-Kanäle wichtig – und immerhin noch 7,5 % machten die Auswahl ihres Versorgers sogar von seinem *Social-Media-Angebot* abhängig.

14.3.1 Social Media in der ganzen Bandbreite nutzen

Der Versorger muss also bei der Entscheidung pro oder contra Social Media zwei Aspekte unterscheiden: die Möglichkeit zur *Kommunikation* und die Möglichkeit zur *Darstellung*. Vor allem die Kommunikation über Social-Media-Kanäle wird in den kommenden Jahren an Bedeutung gewinnen. Noch einmal liefert die Studie für *eprimo* richtungsweisende Antworten: 21 % der Befragten wünschen sich Kontakt über WhatsApp, wenn sie einen Kanal auswählen müssten.[8] Danach folgt die Erreichbarkeit via Facebook (14 %). Die Studie beantwortet auch, was sich Kunden wünschen (s. Abb. 14.2) – nämlich die Abwicklung klassischer Serviceleistungen. Dazu zählen Änderung von Adressdaten (18 %), Zählerständen (25 %) und Abschlägen. Generell möchten Kunden mit Messenger-Diensten aber aktiv informiert werden über Angebote (27 %) und Gewinnspiele (26 %).

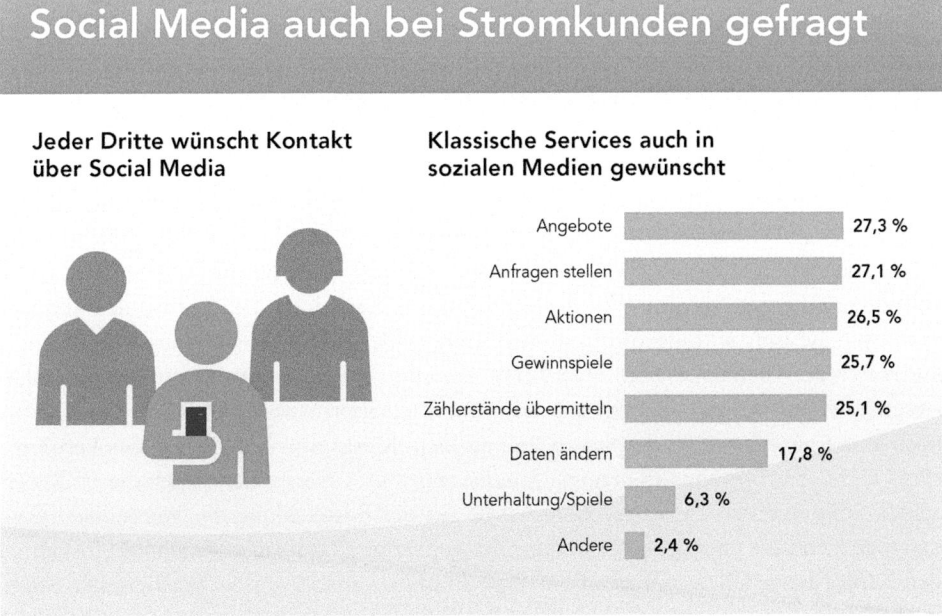

Abb. 14.2 Auch Stromkunden nutzen Social Media (Quelle: mafo.de 2018)

---

[8] Vgl. ebd.

Eine Studie des Forschungsinstituts SCM@ISM der International School of Management in Dortmund bestätigt diesen Trend, wenn auch unter anderen Prämissen, denn in der Studie wird die digitale Kommunikation von Versorgern kritisch gesehen. Versorger unterschätzen die Chancen der digitalen Kommunikation, so das Institut. Sie kommt zu dem Ergebnis, dass 65 % der befragten Unternehmen sich noch auf klassischem Wege mit dem Kunden austauschen – also über Telefon oder den Postweg.[9] Das private Nutzerverhalten der befragten Kunden zeichnet aber ein bereits völlig unterschiedliches Bild. Hier gaben 70 % an, privat digitale Kommunikationskanäle zu nutzen. Erstaunliche Randnotiz: Kunden ab 45 Jahren hatten mit 36 % den höchsten Anteil einer Kundengruppe mit Online-Zugang zu einem Stadtwerk. „Digitale Kommunikation ist also kein Kennzeichen des Alters mehr" lautet das Fazit der Umfrage des Forschungsinstituts SCM@ISM.

Soziale Plattformen bieten Darstellungsmöglichkeiten
Plattformen wie Facebook, Instagram oder Twitter bieten gute Möglichkeiten zur Darstellung des Unternehmens. Es genügt heute nicht mehr, sich als Unternehmen in Hochglanz-Kundenmagazinen darzustellen oder in Pressemitteilungen auf die Erfolge zu verweisen. Wer Kundenbindung aufbauen will, erreicht diese Nähe zum Kunden heute über die Social-Media-Kanäle. Unkompliziert, direkt, ohne Umwege – der Kunde erwartet, dass die Kommunikation mit Versorgern so funktioniert wie auch im privaten Bereich.

14.3.2 Stadtwerke Aurich: Fanpage vor Homepage

Aus ganz persönlicher Erfahrung kann ich sagen, dass sich bei den *Stadtwerken Aurich* der frühe Einsatz von Facebook ausgezahlt hat. Bereits vor dem Vertriebsstart der jungen Stadtwerke im November 2016 und damit auch weit vor dem Launch der eigenen *Homepage* haben wir eine eigene *Fanpage* der Stadtwerke auf Facebook angelegt.[10] So konnten interessierte Bürger früh den Weg der Stadtwerke mitverfolgen. Der Aufbau des Kundenzentrums, die Entwicklung von Logo und Marke, Messeauftritte und neue Mitarbeiter – nur einige der Themen, die die Stadtwerke Aurich schon in der Vorbereitungsphase platzieren konnten und mit denen die ersten Follower generiert wurden. Dies zu einer Zeit, als noch kein Energieprodukt der Stadtwerke auf dem Markt war. Mit Beginn des Vertriebsstarts und der Eröffnung des eigenen *Kundenzentrums*[11] stiegen dann auch die Followerzahlen kontinuierlich an. Konsequent wurde bei der Entwicklung der Werbematerialien daran gedacht, die entsprechenden Icons der genutzten Plattformen Facebook, Instagram und XING darzustellen, um auf die dortige Präsenz aufmerksam zu machen. Die Stadtwerke konnten sich so abseits der lokalen Presseberichterstattung einen eigenen unabhängigen *Kommunikationskanal* für ihre Öffentlichkeitsarbeit aufbauen.

---

[9] Vgl. Sagmeister (2018).
[10] Vgl. Stadtwerke Aurich (o. J.).
[11] Vgl. Ostfriesen-Zeitung (2016).

Heute ist die Facebook-Seite der Stadtwerke Aurich der reichweitenstärkste Kommuni-kationskanal. Schwerpunkte in der Kommunikation sind das Ankündigen und Präsentie-ren von Veranstaltungen. Über Facebook Ads, also gezielt ausgespielte Werbung, können inzwischen auch Leads für eine Vertragsanbahnung generiert werden. Kunden nutzen die Kommunikation zur Preisabfrage, zur Abfrage von Stellenangeboten und zur Terminab-sprache. Bei den Stadtwerke Aurich haben sich die sozialen Medien daher als fester Be-standteil der Unternehmenskommunikation und der Kundenbindung etabliert.

14.3.3 Welcher Kanal soll es sein?

Versorger sollten unbedingt den Fehler vermeiden, dass Thema Social Media halbherzig anzugehen. „Wir müssen ja irgendwas auf Facebook machen, die anderen machen es schließlich auch", ist immer noch eine häufige Antwort, die ich auf Fachtagungen in der Versorgerbranche zu hören bekomme. Etwas zu machen, weil alle es machen, ist aber der falsche Weg. Wenn die bisherige Unternehmenskommunikation bereits erfolgreich funk-tioniert, kann man durch den unbedachten Aufbau von Social-Media-Aktivitäten viel ge-wonnenes Vertrauen verspielen.

Man sollte sich zunächst einmal klar darüber werden, welche der vielfältigen Plattformen zum Unternehmen passen. Sind es berufliche Netzwerke wie *XING* oder *LinkedIn*, die zur Unternehmensdarstellung und zur Rekrutierung genutzt werden sollen? Ist es der Kurznach-richtendienst *Twitter*, der eher mit branchennahen Tweets und einer gewissen Vernetzung in der Medienwelt punkten kann? Bieten Einrichtungen, Produkte und Dienstleistungen genü-gend visuelles Potenzial für einen eigenen *Instagram*-Account? Oder ist es am Ende doch *Facebook*, das aufgrund seiner immensen Reichweite Vertrieb und Image unterstützen soll? Im November 2018 gab Facebook bekannt, dass es allein in Deutschland 32 Mio. registrierte Nutzer hat, von denen 23 Mio. täglich aktiv sind.[12] Auch die Zusammenarbeit mit Influen-cern und Bloggern kann die Kundenbindung für Energieversorger voranbringen, weil diese komplexe Themen in einer individuellen und modernen Weise aufbereiten, so-dass Energiethemen ganz neuen Zielgruppen zugänglich gemacht werden können.[13]

Was können Sie selbst leisten?
Entscheidend ist dabei der Einsatz der firmeneigenen Ressourcen. Die Abteilungen für Marketing und Unternehmenskommunikation sollten dafür ausgelegt sein, neue *Social-Media-Aktivitäten* betreuen zu können. Die Ausrichtung der Aktivitäten sollte dabei auch den privaten Neigungen der eingesetzten Mitarbeiter entsprechen, wenn intern eine eigene Abteilung aufgestellt wird. Wer sich privat nicht auf der ein oder anderen Plattform be-wegt, ist möglicherweise auch nicht der geeignete Ansprechpartner zum Aufbau eines Unternehmensprofils auf diesen Plattformen. Gleichwohl ist die Aus- oder Weiterbildung

---

[12] Vgl. Philipp (2018).
[13] Vgl. Grossmann (o. J.).

zum *Social Media Manager*[14] heutzutage an vielen Standorten möglich und auch ratsam, denn Social Media ist längst keine Spielwiese für Neulinge mehr. Was oftmals leichtfüßig daher kommt, ist meistens das Ergebnis gut geplanter Agentur- oder Inhouse-Aktivitäten.

14.4   Was können Versorger kommunizieren

Die Voreingenommenheit vieler Energieversorger gegenüber den sozialen Medien ist nicht immer rational. Gerade Energieversorger können in ihrer Kommunikation auf sozialen Plattformen mit der Nähe zum Kunden bzw. User punkten. Wie kaum eine andere Branche genießen Energieversorger hohes Vertrauen beim Bürger und besitzen gleichzeitig aufgrund der Daseinsvorsorge die einmalige Chance, Geschichten zu erzählen.

Die Chance der Versorger
Das moderne *Storytelling* ist dabei keine Erfindung amerikanischer Internetkonzerne, sondern wird von den Menschen schon seit Jahrtausenden praktiziert. Schon in der Steinzeit bedienten sich unsere Vorfahren der Höhlenmalerei, um ihre Geschichten zu erzählen. Auf diese Art und Weise prägten sich die Erlebnisse nachhaltig ein. Auf diese Form setzen heute auch die Unternehmen im Social-Media-Bereich. Und Versorger können aus einem reichhaltigen Schatz an Geschichten schöpfen. Im Grunde genommen verfügen sie im Kern nicht über Produkte, die greifbar sind. Aber Strom und Gas sind Bestandteil des alltäglichen Lebens in nahezu jedem Haushalt. Ohne Energie läuft buchstäblich nichts. Kunden erleben diese Energie, die ihnen von den Versorgern zur Verfügung gestellt wird – so entstehen Geschichten. Die Kommunikationsabteilungen der Versorger müssen diese Geschichten finden und für sich verwenden.

Das „Philips Arctic Experiment"
Ein sehr gelungenes Beispiel für erfolgreiches Storytelling im Energiebereich zeigt das Unternehmen Philips mit dem „Philips Arctic Experiment".[15] 2010 ging der Konzern zur Einführung des „Wake up Lights" ungewöhnliche Wege. In Longyearbyen, der nördlichsten Stadt der Welt, durften die Einwohner das Schlaflicht kostenlos ausprobieren und wurden so Teil eines groß angelegten Experiments zur Verbesserung ihrer Schlafgewohnheiten. Anstatt also in Produktwerbung für das Schlaflicht zu investieren, startete Philips eine Social-Media-Kampagne mit Schwerpunkten auf der Videoplattform YouTube sowie auf Facebook. Mit Erfolg – die Kampagne fand weltweit medial statt und verbreitete sich rasend schnell im Internet. Das Video ist auch heute noch auf der Plattform zu finden und wurde inzwischen zigtausendfach angeklickt. Es zeigt, wie gelungenes Storytelling dazu beiträgt, eine Kundenbeziehung über Social-Media-Kanäle herzustellen.

---

[14] Vgl. Wikipedia (2019).
[15] Vgl. Philips (2010).

14.5 Die Angst vor dem Neuen

Energieversorger sind die Kommunikationsformen im Social-Media-Bereich (noch) nicht gewohnt. Sie sperren sich aus Angst vor negativen Kommentaren, aus Sorge vor Shitstorms oder davor, schlichtweg, etwas falsch zu machen. Und ehrlich betrachtet, spielte Kundenbindung in den vergangenen Jahren eine eher untergeordnete Rolle in der Unternehmenskommunikation von Energieversorgern. Erst mit der Liberalisierung des deutschen Strommarktes und dem Aufkommen von Online-Vergleichsportalen wächst auch in den Vorständen die Einsicht, für die Pflege und Entwicklung der eigenen Marke, Produkte und Dienstleistungen auch eine Social-Media-Abteilung aufzubauen. Denn das Produkt ist austauschbar geworden, aber die Marke hat eine Geschichte, eine Historie, die es zu erzählen gilt.

14.5.1 Shitstorm – ein Mythos

Ein paar Gedanken zum Thema „Shitstorm" dürfen hier auch nicht fehlen, denn für viele Unternehmen ist insbesondere der Gedanke daran, dass im Netz ein *Shitstorm*, also ein „Sturm der Entrüstung", über sie hineinbricht, eine große Einstiegshürde in die eigenen Social-Media-Kanäle. Das Online-Lexikon Wikipedia widmet dem Begriff „Shitstorm" sogar einen eigenen Eintrag mit exemplarischen und realen Worst-Practise-Beispielen. Tatsächlich ist ein Shitstorm im Unternehmensbereich ein viel kleineres Phänomen als langläufig vermutet. Er trifft Firmen zumeist dann, wenn sich auch in der realen Welt bereits dunkle Wolken über der Unternehmenskommunikation gebildet haben.[16] Es ist daher wichtig, die gesamte Firmenkommunikation in solchen Situationen krisenfest zu machen und auf allen Kanälen anzustimmen. Wann ein Shitstorm droht, wann es nur ein „laues Lüftchen" ist, kann man sehr gut an der Shitstorm-Skala ablesen, die die Autoren Daniel Graf und Barbara Schwede entwickelt haben.[17] Die digitale Welt erfordert schnelles und transparentes Handeln, weil sich ansonsten Themen verselbstständigen. Eine klare Kommunikation, die sich auf Fakten stützt, ist immer die beste Antwort auf einen aufziehenden „Sturm der Entrüstung".

14.5.2 Kunden werden zu Botschaftern, Botschafter zu Kunden

Personen, die ihrem Unternehmen auf Facebook, Instagram & Co. folgen, sind nicht zwingend auch schon Kunden des Unternehmens. Sie sind interessiert an der Entwicklung des Unternehmens, an Tipps, Angeboten und Storys. Insofern bieten diese Kanäle Gelegenheiten für den Aufbau von Beziehungen wie kaum ein anderes Medium. Die Dialogfähigkeit

---

[16]Vgl. Paefgen-Laß (2016).

[17]Vgl. Graf (2012).

der Kanäle durch Kommentarfunktionen oder Messengerdienste macht es möglich. Werden diese Beziehungen kontinuierlich gepflegt, werden Follower im passenden Moment zu Kunden.

Andersherum sind Kunden nicht automatisch auch Follower. Aber digitale, soziale Kanäle machen es Kunden heutzutage möglich, ihre Erfahrungen mit dem Unternehmen mit anderen Menschen zu teilen. Sie beurteilen Services und Produkte, und es entsteht eine Eigendynamik unter dem Begriff „Kunden helfen Kunden". So werden Kunden, die ihnen auf Social-Media-Kanälen folgen, zu Ihren Botschaftern, die einen Teil der Marken- und Unternehmenskommunikation übernehmen, weil sie von Ihren Dienstleistungen und Produkten überzeugt sind.

Das sogenannte „*Social Listening*", also das Zuhören, wie und was über das Unternehmen im Internet gesprochen wird, kann sich daher auszahlen. Ein erfolgreiches Beispiel hierfür ist die Plattform „Telekom hilft" des gleichnamigen Kommunikationsunternehmens. Insbesondere der dazugehörige Twitter Account mit mehr als 60.000 Followern zeigt, dass das Hineinhorchen in die Bedürfnisse der Kunden zu einer starken Kundenbindung und sogar zu einer Rückgewinnung von Kunden führt.

14.5.3 Fazit

Social Media wird die bisherigen Kommunikationswege in Ihrem Unternehmen nicht ersetzen, sondern ergänzen. Es wird Kunden geben, die aus klassischen Kanälen in Ihre Social-Media-Kanäle migrieren, es wird Kunden geben, die keine Beziehung über Ihre Social-Media-Kanäle führen möchten. Vor allem wird es aber Kunden geben, die Sie nur aufgrund ihrer Social-Media-Aktivitäten schätzen und lieben gelernt haben. Verstehen Sie Social Media als Unterhaltungsmedium. Bereiten Sie Ihre Unternehmensbotschaften in kleinen, genießbaren Portionen auf. Öffnen Sie Ihr Unternehmen für die neuen Möglichkeiten eines Dialogs. Unternehmen, die es schaffen, ihren Kunden bzw. Followern zuzuhören, werden von diesem Dialog profitieren.

Literatur

Donath, T. (2018). Medienkonsum: Für welche Medienangebote die Deutschen Geld ausgeben. In *openPR* (Pressemitteilung von Nordlight Research GmbH 04.10.2018). Hannover: Einbock GmbH. https://www.openpr.de/news/1020996/Medienkonsum-Fuer-welche-Medienangebote-die-Deutschen-Geld-ausgeben.html. Zugegriffen am 25.03.2019.

eprimo. (2018). Stromkunden erwarten Social-Media-Angebote: Per WhatsApp den Abschlag ändern. In *PresseBox* (04.12.2018). Karlsruhe: unn | UNITED NEWS NETWORK GmbH. https://www.pressebox.de/inaktiv/eprimo-gmbh/Stromkunden-erwarten-Social-Media-Angebote/boxid/933854. Zugegriffen am 25.03.2019.

Faktenkontor. (2018). Social Media „to go" auf Rekordhoch – vor allem per Smartphone: Mehr als sieben von zehn Onlinern nutzen Soziale Medien unterwegs. In *Presseportal.de* (04.04.2018). Hamburg: news aktuell GmbH. https://www.presseportal.de/pm/52884/3907252. Zugegriffen am 25.03.2019.

Graf, D. (2012). *Shitstorm-Skala: Wetterbericht für Social Media* (22.04.2012). Zürich: Feinheit AG. https://feinheit.ch/blog/shitstorm-skala/. Zugegriffen am 25.03.2019.

Grossmann, V (o. J.). Warum Unternehmen bloggen. In *pressesprecher – Magazin für Kommunikation*. Berlin: Quadriga Media Berlin GmbH. https://www.pressesprecher.com/nachrichten/analyse-corporate-blog-warum-unternehmen-bloggen-791034721. Zugegriffen am 25.03.2019.

mafo.de. (2018). mafo.de. Hamburg: mafo.de GmbH. https://www.mafo.de/. Zugegriffen am 25.03.2019.

Ostfriesen-Zeitung. (2016). *Stadtwerke Aurich eröffnen Kundenzentrum* (15.11.2016). Leer: ZGO Zeitungsgruppe Ostfriesland GmbH. https://www.oz-online.de/-news/artikel/236398/Stadtwerke-Aurich-eroeffnen-Kundenzentrum. Zugegriffen am 25.03.2019.

Philipp, R. (2019). Nutzerzahlen: Facebook. Instagram, Messenger und WhatsApp, Highlights, Umsätze, uvm. (Stand Januar 2019). In *Allfacebook.de* (31.01.2019). Starnberg: Rising Media Ltd. https://allfacebook.de/toll/state-of-facebook. Zugegriffen am 25.03.2019.

Paefgen-Laß, M. (2016). Wie der Shitstorm an Fahrt verliert. In *Springer Professional* (22.01.2016). Wiesbaden: Springer Fachmedien. https://www.springerprofessional.de/krisenkommunikation/online-pr/wie-der-shitstorm-an-fahrt-verliert/7070204. Zugegriffen am 25.03.2019.

Philipp, R. (2018). Offizielle Facebook Nutzerzahlen für Deutschland (Stand: November 2018). In *Allfacebook.de*. Starnberg: Rising Media Ltd. https://allfacebook.de/zahlen_fakten/offiziell-facebook-nutzerzahlen-deutschland. Zugegriffen am 25.03.2019.

Philips. (2010). Philips Wake Up The Town – Arctic Experiment. In *YouTube*. https://www.youtube.com/watch?v=jMm4TXXTpIg. Zugegriffen am 25.03.2019.

Sagmeister, S. (2018). Der Versorger spricht mit vielen Zungen. In *Energie & Management* (23.11.2018). Herrsching: Energie & Management Verlagsgesellschaft mbH. https://www.energie-und-management.de/nachrichten/wirtschaft/detail/der-versorger-spricht-mit-vielen-zungen-128058. Zugegriffen am 25.03.2019.

Stadtwerke Aurich. (o. J.). Stadtwerke Aurich Facebookseite. www.facebook.com/stadtwerke.aurich. Zugegriffen am 25.03.2019.

Wikipedia. (2019). Social-Media-Manager. In *Wikipedia* (Die freie Enzyklopädie Bearbeitungsstand 06.01.2019). https://de.wikipedia.org/wiki/Social-Media-Manager Zugegriffen am 25.03.2019.

WirtschaftsWiki. (o. J.). *Kundenzentrierung*. Aachen: FH Aachen. https://www.wirtschaftswiki.fh-aachen.de/index.php?title=Kundenzentrierung. Zugegriffen am 25.03.2019.

Zanger, C. (2014). Social Media und die Veränderung der Kommunikation. In *Ein Überblick zu Events im Zeitalter von Social Media. essentials*. Wiesbaden: Springer Gabler. https://www.springer.com/cda/content/document/cda_downloaddocument/9783658057701-c1.pdf. Zugegriffen am 25.03.2019.

Frank Köster-Düpree ist stellvertretender Geschäftsführer der Stadtwerke Aurich im Nordwesten Deutschlands. Aus einem Studium der Sozial- und Politikwissenschaften heraus begann er 1998 ein Volontariat, das ihn in leitende Redaktionstätigkeiten und 2004 in die Selbstständigkeit führte. 5 Jahre später kehrte er dann wieder in eine feste Anstellung bei einem lokalen Zeitungsverlag zurück und entdeckte das Marketing für sich. Von 2010 bis 2012 erfolgten eine Weiterbildung zum Kommunikationswirt sowie ein verlagsinterner Übergang in das neu geschaffene Geschäftskundenmarketing.

2016 wechselte er zu den jungen Stadtwerken Aurich, bei denen er sowohl das Marketing als auch die Öffentlichkeitsarbeit verantwortet. Seit Mitte 2017 ist er dort auch stellvertretender Geschäftsführer. Anfang 2018 absolvierte er eine erfolgreiche Weiterbildung zum Social Media Manager (IHK). In Aurich setzt er früh auf die Kommunikation und Darstellung der Stadtwerke auf Social-Media-Kanälen, initiierte eine Stadtwerke-App und setzte als einer der ersten in der Energiebranche einen Chatbot für die Messenger-Kommunikation ein.

Nutzung digitaler One-to-One-Kommunikation zur Kundenrückgewinnung

15

Daniel Paulmaier

Effektive One-to-One-Kommunikation durch konsequente Kundenzentrierung

Zusammenfassung

Um den Kunden in den Mittepunkt des Handelns stellen zu können, muss man ihn zum einen erst einmal kennen. Zum anderen ist es unabdingbar, dass alle Mitarbeiter ihr Handeln an den Bedürfnissen des Kunden ausrichten. In diesem Kapitel wird beschrieben, wie es gelang, beide Ziele in einem Versorgungsunternehmen zu erreichen. Dazu mussten zunächst einmal alle vorhandenen Kundendaten in einem zentralen CRM zusammengeführt und die Synchronisierung mit den einzelnen Spartenlösungen gewährleistet werden. Im Rahmen des Transformationsprojektes wurde dann sichergestellt, dass alle Mitarbeiter einbezogen und ihre Kundenorientierung geschärft wurden. Schließlich erfolgte die Implementierung einer One-to-One-Kommunikationslösung, mit der künftig auf Basis individualisierter Profile differenzierte Kampagnen durchgeführt werden können – insbesondere auch zur Kundenrückgewinnung.

15.1 Einleitung

Die Transformation vom traditionellen Energieversorgungsunternehmen zum digitalen Energiedienstleistungsunternehmen geht zwangsläufig mit der Entwicklung zum kundenzentrierten Umsorger einher. *Kundenzentrierung* bedeutet dabei, den Kunden hinter dem

D. Paulmaier (✉)
Strategisches Produktmanagement, Wilken Software Group, https://www.wilken.de,

© Springer Fachmedien Wiesbaden GmbH, ein Teil von Springer Nature 2020
O. D. Doleski (Hrsg.), *Realisierung Utility 4.0 Band 2*,
https://doi.org/10.1007/978-3-658-25589-3_15

Zählpunkt zu sehen, ihn in den Mittelpunkt zu stellen und letztendlich zufrieden zu machen. Slogans wie „Verlass dich drauf", „Mit Energie vor Ort", „Wir für hier" oder „Zuverlässig. Ehrlich. Nah." zeigen vielerorts bereits den Anspruch der Versorgungsunternehmen, genau solch ein Umsorger zu sein. Außerdem zeigen sie, dass viele Stadtwerke die Regionalität als ihr größtes Asset erkannt haben. Denn sie kennen die Region, die Stadt und die Menschen, die dort leben, am besten. Die unzähligen Touchpoints zu diesen Menschen liefern zudem die besten Voraussetzungen einer individuellen Ansprache durch *One-to-One-Kommunikation*. In diesem Kapitel wird anhand eines konkreten Beispiels beschrieben, wie die Transformation zu einem kundenzentrierten Umsorger funktionieren kann, welche Herausforderungen gemeistert werden müssen und wie eine konkrete Umsetzung am Beispiel des Kundenrückgewinnungsprozesses aussieht. In Abschn. 15.2 wird zunächst die Ausgangssituation mit den beteiligten Hauptakteuren und das Transformationsprojekt beschrieben. Das Vorgehensmodell der Transformation wird dann in Abschn. 15.3 erläutert, bevor in Abschn. 15.4 Herausforderungen des Wandels aus der Praxis dargelegt werden. Zum Abschluss wird in Abschn. 15.5 die konkrete Umsetzung des Projekts beschrieben.

15.2 Ausgangssituation

Das Stadtwerk in der hier diskutierten Fallstudie betätigt sich neben der klassischen Versorgung mit Strom, Gas und Wasser auch im Betrieb des Öffentlichen Personennahverkehrs, im Bäderbetrieb und in der Versorgung mit Telekommunikationsdiensten (Telefon, Internet, TV). Im Stadtwerkkonzern sind diese unterschiedlichen Sparten in eigenen Profit-Centern organisiert. Die so entstandenen Silos mit Kundendaten sind nicht vernetzt. Die Versorgungsquote im Strom ist rückläufig, und die wesentlichen externen Einflussfaktoren, die den Kundenstamm angreifen, wurden analysiert. Dabei wurden die Einfachheit des Wechsels durch Vergleichsportale der ersten und zweiten Generation, die gestiegene Komforterwartung und sinkende Loyalität von *Digital Natives* sowie die dezentrale Energieerzeugung mit Peer-to-Peer-Stromhandel und einer stetig steigenden Anzahl von Prosumenten identifiziert. Diesen Einflüssen soll mit einer konsequenten kundenzentrierten Ausrichtung begegnet werden, damit durch Nutzungsvorteile, spartenübergreifende Angebote und neue Mehrwerte für Kunden eine stärkere Bindung erzielt wird. Grundlage für diese Schutzmaßnahmen für das eigene Geschäft ist ein möglichst umfängliches Wissen über Kunden und Interessenten. Hierfür wurde im Stadtwerk ein strategisches Projekt initiiert, mit dem Ziel, ein kundenzentriertes Stadtwerke-Ökosystem zu schaffen inklusive eines virtuellen Kundenzentrums sowie eines zentralen Konzern-CRMs.

15.2.1 Akteure

Die Hauptakteure bei der Umsetzung der strategischen Vorgabe sind das Stadtwerk selbst und der zentrale IT-Dienstleister, die im Folgenden kurz beschrieben werden.

Stadtwerk

Das Stadtwerk, eine Gesellschaft im Eigentum der Stadt, zählt zu den größten Energieversorgungs- und Verkehrsunternehmen in seiner Region. Das Kerngeschäft erstreckt sich neben der Energie- und Wasserversorgung auf die Beförderung von Personen im Stadtbusverkehr. Ein weiteres Geschäftsfeld ist die Telekommunikation: Die Stadtwerke sind als vollwertiger Anbieter auf dem Markt tätig und bieten einen Rundum-Service vor Ort. Durch die Lage am Wasser gehört das Unternehmen mit seinen beiden 100 %igen Tochtergesellschaften für Schiffs- und Bäderbetrieb auch zu den größten Touristikanbietern in der Region.

Mit rund 870 Mitarbeitern erwirtschaftet der Konzern einen Jahresumsatz von 175 Mio. EUR. Über die Hälfte des Jahresumsatzes wird durch den Verkauf von Strom, Gas und Wasser erzielt (ca. 95 Mio. EUR). Das Stadtwerk zählt jedes Jahr ca. 13 Mio. Fahrgäste im Stadtbus, ca. 7 Mio. Fahrgäste im Schiffsbetrieb und ca. 1 Mio. Badegäste im Bäderbetrieb.

Dienstleister

Seit 1977 entwickelt die *Wilken Software Group* mit Hauptsitz in Ulm eigene ERP-Standardsoftwarelösungen für die sichere und effiziente Abbildung betriebswirtschaftlicher Kernprozesse – sei es im Finanz- und Rechnungswesen, der Materialwirtschaft oder der Unternehmenssteuerung. Wie kaum ein anderes Unternehmen verbindet Wilken mit 520 Mitarbeitern an sechs Standorten in Deutschland und der Schweiz Standardsoftwareprodukte und Individualprogrammierungen zu einem einzigartigen Lösungs- und Kompetenzportfolio für mittlere und große Unternehmen. Zusätzlich bietet Wilken zahlreiche Branchenlösungen für die Versorgungs-, Sozial- und Tourismuswirtschaft, Gesundheit & Versicherungen, Kirchen, Informationsmanagement und Finanzen & ERP. In der Versorgungswirtschaft werden aktuell rund 4,3 Mio. Zählpunkte mit Abrechnungslösungen der Wilken Software Group abgerechnet.

15.2.2 Transformationsprojekt

Das strategische Projekt gliedert sich in eine funktionale und eine organisatorische Säule. Innerhalb dieser beiden Säulen ist das Gesamtprojekt in Teilprojekte organisiert. Die funktionalen Teilprojekte kümmern sich im Wesentlichen um die Systeme und die Prozesse. Die organisatorischen Teilprojekte haben die Organisation und die Mitarbeiter im Fokus. Eine rein funktionale Umsetzung von *Kundenzentrierung* wäre nicht sehr erfolgsversprechend, denn kundenzentriert zu sein bedeutet, empfehlenswert zu sein. Dazu muss die gesamte Organisation mit jedem Mitarbeiter – vom Ableser bis zum Werkschutz – empfehlenswert sein. Denn schon ein negatives Erlebnis an einem *Touchpoint* kann einen Kunden dazu bringen, eine negative Bewertung zum Produkt, der Dienstleistung oder sogar zur gesamten Marke abzugeben. In den *sozialen Netzwerken* ist dies heutzutage sehr einfach bei einer enormen Reichweite möglich. Daher muss sich die gesamte Organisation zu einem kundenzentrierten Unternehmen transformieren.

Aus diesem Grund ist die organisatorische Säule neben der funktionalen bei einem solchen strategischen Projekt unverzichtbar. In der hier beschriebenen Fallstudie war dem Management die Bedeutung der organisatorischen Säule von Beginn an gegenwärtig, wodurch der beschriebene Projektaufbau nicht nur mitgetragen, sondern auch aktiv unterstützt wurde.

15.3   Vorgehensmodell der Transformation

Das *Vorgehensmodell* des Transformationsprojektes definiert, wie in Abb. 15.1 dargestellt, 3 Phasen: Explorations-, Konzeptions- und Implementierungsphase.

In der Explorationsphase wird das gesamte Transformationsprojekt betrachtet. Neben der externen Marktsondierung werden auch interne Strukturen und Prozesse analysiert, mit dem Ziel, das Gesamtprojekt inhaltlich vollständig zu erfassen und damit detailliert beschreiben und in Teilprojekte untergliedern zu können. Oberste Prämisse in dieser Phase ist es, zu akzeptieren, dass man noch völlig unwissend ist. Selbst wenn zu bestimmten Punkten bereits Lösungsideen formuliert wurden, dürfen diese andere Anforderungen oder Zielsetzungen nicht negieren. Erst in der Konzeption wird dann bewertet. Ein sehr positiver Nebeneffekt dabei ist eine frühzeitige und breite Einbeziehung der Führungskräfte im Unternehmen, wodurch das Projekt von Beginn an eine hohe Akzeptanz genießt. Ab der Konzeptionsphase wird in den Teilprojekten der funktionalen und organisatorischen Säule gearbeitet.

Nach der Grobkonzeption, in der Soll-Prozesse und Soll-Strukturen definiert sind, findet eine Priorisierung und Koordinierung der Teilprojekte statt. Mit Abschluss der Definition aller Zielarchitekturen in den Systemen und aller funktionalen wie organisatorischen Umsetzungsmaßnahmen in den Feinkonzepten endet die Konzeptionsphase, und die Implementierung startet. Bevor die Umsetzung aber beginnen kann, werden das Gesamtprojekt auf Abhängigkeiten geprüft und die Go-Live-Termine der jeweiligen Teilprojekte abgestimmt. So qualitätsgesichert startet die Implementierungsphase in den Teilprojekten. Mit dem Betrieb aller Teilprojekte ist das Transformationsvorhaben zwar formal abgeschlossen, allerdings handelt es sich bei *Kundenzentrierung* um eine permanente Herausforderung, die nur gemeistert wird, wenn sich der Ansatz nachhaltig in der Unternehmenskultur manifestiert. Damit dies gelingt, bedarf es auch nach Ende des Projektes ständiger kontinuierlicher Verbesserungen zur Schärfung der kundenzentrierten Ausrichtung. Hierbei sind regelmäßige Retrospektiven zur Kundenzentrierung in allen Teams des Unternehmens ein gutes Werkzeug, um die kontinuierliche Verbesserung zu fördern. In einer Retrospektive bewerten alle Teammitglieder, was in dem zurückliegenden Zeitraum

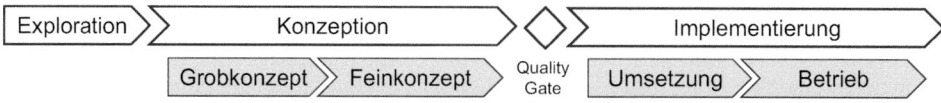

Abb. 15.1 Die 3 Phasen des Vorgehensmodells der Transformation

gut geklappt hat, was schlecht gelaufen ist und welche Maßnahmen zur Verbesserung sinnvoll wären. Wird dies z. B. monatlich gemacht, bleibt der kundenzentrierte Ansatz permanent präsent und kann sich nachhaltig in der Unternehmenskultur etablieren.

Fallstudie
In der beschriebenen Fallstudie wurde das Vorgehensmodell leicht modifiziert, da die Anforderungen aus der Datenschutz-Grundverordnung bereits während der Konzeptionsphase eine Implementierung bestimmter Prozesse zwingend erforderlich machten. Rückblickend kann man sagen, dass dies sehr gut gelungen ist und sich die bereits frühzeitig umgesetzten Themen später nahtlos in die Gesamtlösungen einfügen ließen.

15.4 Herausforderungen des Wandels

An dem in Abschn. 15.3 beschriebenen Vorgehensmodell konnte bereits erkannt werden, dass es sich bei einem solchen Vorhaben im Kern um ein Change-Projekt für die Organisation handelt. Dabei sind dann auch die üblichen Hürden einer Veränderung zu meistern, wenn denn gewünscht ist, dass sich die Veränderung auch nachhaltig einstellt. So muss während des gesamten Projektes permanente zielgruppenspezifische Kommunikation stattfinden, damit alle Mitarbeiter im Unternehmen in den Veränderungsprozess mitgenommen werden. Dies führt zudem dazu, dass im Unternehmen ein einheitliches Begriffsverständnis zum Projekt geschaffen wird. Missverständnisse können so verhindert werden. In unserer Fallstudie wurde dies vom Stadtwerk vorbildlich umgesetzt. Im Rahmen der Grobkonzeption entstand ein anschauliches Zielbild, wie *Kundenzentrierung* aus Sicht des Stadtwerks zu verstehen ist. Dazu kommt ein Kommunikationskonzept, in dem die „Impfung" dieser Vision in die Organisation beschrieben und geplant wurde. Eine weitere Herausforderung war es, die gewohnten Denk- und Lösungsmuster zu verlassen und den Kunden konsequent in den Mittelpunkt zu stellen – eigentlich selbstverständlich, doch viel zu häufig war dies in der Vergangenheit nicht der Fall. Und so war diese Selbsterkenntnis bereits im Projektverlauf ein enormer Gewinn. Obwohl die Projektkommunikation von Beginn an sehr stark auf die beiden Herausforderungen Systemgrenzen und Menschen ausgerichtet war, kristallisierten sich diese als größte Herausforderungen im Projekt heraus. Aus diesem Grund werden diese beiden Punkte im Folgenden etwas detaillierter beleuchtet.

15.4.1 Systemgrenzen durchbrechen

Die Systemwelt im Unternehmensverbund ist eine über die Jahre gewachsene Struktur, in der an verschiedensten Stellen *Kundendaten* gehalten werden. Diese werden dort in den operativen Systemen für den Betrieb der jeweiligen Sparte benötigt. Für Marketing, Vertrieb und Kundenbetreuung ist allerdings eine konsolidierte Übersicht über alle Sparten notwendig, damit kundenzentriert gearbeitet werden kann. Nun sind die technische Konsolidierung und Integration dieser Daten in ein konzernweites *CRM-System* in einem ersten Schritt noch einfach. Doch leider leben Kundendatenbestände, und so müssen Informationen aus dem zentralen CRM auch wieder in die operativen Systeme der Sparten zurückfließen. Dazu mussten in den Systemen und in den Köpfen der Mitarbeiter die Systemgrenzen durchbrochen werden, denn plötzlich ist das konzernweite CRM das führende System für alle Kundendaten und Aktivitäten. Die operativen Systeme liefern lediglich noch den nötigen Input. Beide Systeme als eines zu betrachten, da das eine ohne das andere nur halb so gut ist, war letztlich der Schlüssel zum Erfolg.

15.4.2 Faktor Mensch

Verfolgt man den kundenzentrierten Ansatz, so sind die Menschen im Unternehmen immer der entscheidende Faktor. Denn sie sind es, die den Kundenkontakt haben und pflegen. Daher ist es unerlässlich, dass alle im Unternehmen wissen und spüren: Die Geschäftsführung steht zu 100 % hinter der neuen Ausrichtung. Ein Mitglied der Geschäftsführung muss daher als Sponsor des Projektes agieren. Es muss klar sein, dass die Projektverantwortlichen solch ein Vorhaben nicht als Nebentätigkeit zur Linienarbeit zum Erfolg führen können, sondern volle Rückendeckung und vollstes Vertrauen des Projektsponsors genießen müssen. Konsequente Kundenzentrierung heißt auch, alle Touchpoints des Kunden im Unternehmen zu kennen. Dazu müssen diese Informationen allerdings im konzernweiten CRM-System auch diszipliniert gepflegt werden. Die Mitarbeiter hiervon zu überzeugen und die Zielsetzung immer wieder klar zu machen, bedarf intensiver Kommunikation. Letztlich wurde der Mehrwert allerdings sehr schnell offensichtlich, was die Überzeugungsarbeit etwas leichter gemacht hat. Der kundenzentrierte Ansatz funktioniert nun mal nur mit kundenzentrierten Daten und mit Mitarbeitern, die ein kundenzentriertes Mindset haben.

15.5 Umsetzungsprojekt

Nachdem das Vorgehensmodell und die Herausforderungen beleuchtet wurden, soll nun zum Abschluss das konkrete Umsetzungsprojekt näher beschrieben werden. Dabei wird der Fokus auf die funktionale Säule gelegt. Das *Zielbild* der Systemarchitektur gemäß Abb. 15.2 soll zunächst kurz erläutert werden.

Zentraler Baustein bei der Umsetzung bildet das konzernweite CRM-System mit einer 360-Grad-Sicht auf den Kunden. Die Nebensparten galt es in das Bestandssystem der Hauptsparten Strom, Gas und Wasser zu integrieren. Darauf aufbauend war dann auch die Weiterentwicklung des bestehenden Kundenportals zu einem spartenübergreifenden virtuellen Kundenzentrum möglich. Zur Umsetzung kundenzentrierter Kommunikation wurde die One-to-One-Kommunikationslösung neu eingeführt. Dabei wurden neben der eigentlichen Systemeinführung zusätzlich drei inhaltliche Schwerpunkte gesetzt. Es sollten

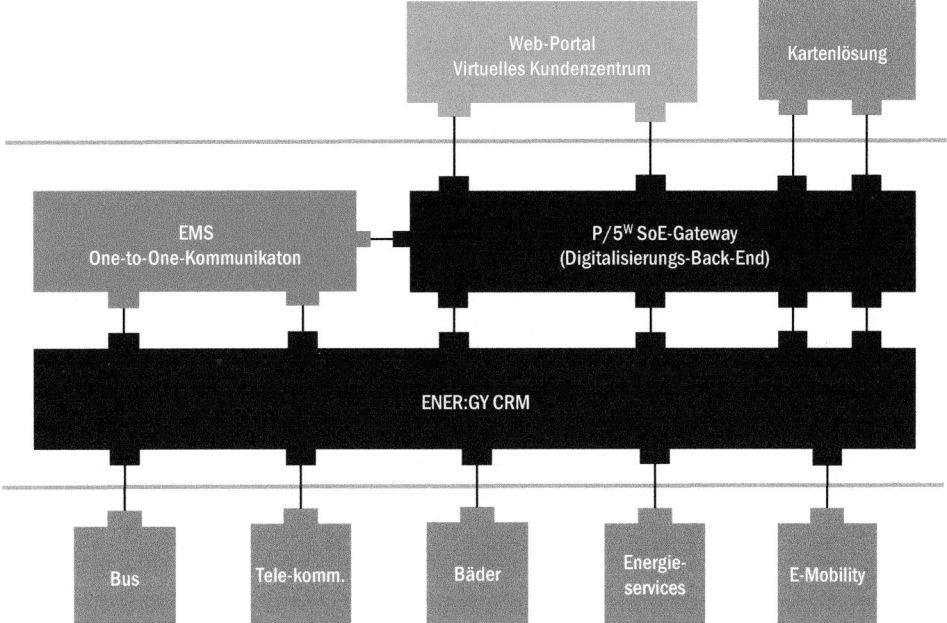

Abb. 15.2 Zielbild der Systemarchitektur

Kampagnen zur Neukundengewinnung, Bestandskundenbindung und *Kundenrückgewin-nung* konzipiert und durchgeführt werden. Die Bestandskundenbindung wurde zudem flan-kiert von einer innovativen regionalen Kartenlösung in Zusammenarbeit mit der Stadt und dem Stadtmarketing. Verbindungsglied zwischen Kartenlösung, virtuellem Kundenzen-trum und One-to-One-Kommunikationslösung bildet das Digitalisierungs-Backend. Im Folgenden wird anhand des Teilprojektes *One-to-One-Kommunikation* zur *Kundenrückgewin-nung* die datengetriebene Umsetzung des kundenzentrierten Ansatzes erläutert.

15.5.1 Datenanalyse

Mit der konsolidierten Datenbasis im konzernweiten CRM wurde die Grundlage für Kam-pagnen zur *Kundenrückgewinnung* gelegt. *One-to-One-Kommunikation* hat zum Ziel, Kunden oder Interessenten individuell anzusprechen, um möglichst effizient die Kommuni-kationsziele zu erreichen. Bezüglich der *Kundenrückgewinnung* musste zunächst herausge-arbeitet werden, welche Kontakte für die Kampagnen grundsätzlich relevant sind. Denn ein verlorener Kunde, bei dem eine Rückgewinnung bereits gescheitert war, zählt nicht zu der erfolgversprechendsten Gruppe. Um Kunden zurückzugewinnen, hat ein Unternehmen für gewöhnlich nur eine einzige Chance. Daher ist es auch notwendig, bezogen auf die *Custo-mer Journey* der verlorenen Kunden, über alle Sparten hinweg eine individuelle Ansprache zu finden. Dazu müssen aus der Gruppe der relevanten Kontakte zunächst Ansprachprofile gefunden werden. Hier helfen Data-Science-Algorithmen zur Klassifizierung wie z. B. der Multiclass-Decision-Jungle-Algorithmus. Die so identifizierten Klassen werden zu Ansprachprofilen zusammengefasst. Dabei können mehrere Klassen zu einem Ansprachprofil zusammengefasst werden. In der konkreten Fallstudie wurden vier Ansprachprofile abgeleitet.

15.5.2 Konzeption, Durchführung und Erfolgsmessung

Mit der Definition der Ansprachprofile ist der wichtigste Teil der Kundenrückgewinnungskampagnen erreicht. Zu diesen Profilen müssen nun individuelle Kampagnen entworfen werden. Hierbei ist neben dem Inhalt der *One-to-One-Kommunikation* der komplette Dialog bis zum Abschluss der Bestellstrecke zu definieren. Bei der Durchführung der Kampagnen muss ganz im Sinne des kundenzentrierten Ansatzes an allen möglichen Touchpoints bekannt sein, dass die Kundenrückgewinnungskampagnen laufen. Dadurch ist gewährleistet, dass die Kampagne auch dann weitergeführt werden kann, wenn ein Kontakt an einem Touchpoint aufschlägt, der so nicht geplant war. Die Erfolgsmessung bei Kundenrückgewinnungskampagnen ist einfach, denn sollte ein Kontakt tatsächlich wieder Kunde werden, so war die Kampagne erfolgreich. Die so ermittelte *Conversion Rate*, bei der die erfolgreichen Kundenrückgewinnungen ins Verhältnis aller angesprochener Kontakten gesetzt werden, liefert eine gute Kennzahl zur Vergleichbarkeit der verschiedenen Kampagnen.

15.6 Fazit

Erfolgreiche *Kundenrückgewinnung* mittels digitaler *One-to-One-Kommunikation* mit Conversion Rates über 5 % ist nur dann möglich, wenn auf einer soliden Datenbasis aufgesetzt werden kann. Im konkreten Fallbeispiel war ein kritischer Erfolgsfaktor sicherlich die Umsetzung des konzernweiten CRM-Systems mit der Konsolidierung aller Kundeninformationen. Grundsätzlich ist bei allen Marktaktivitäten ein kundenzentriertes Mindset hilfreich, das dazu führt, immer den Kunden in den Mittelpunkt der Aktivität zu stellen. So kann man rückblickend feststellen, dass es exakt die richtige Entscheidung war, neben den funktionalen Themen auch die Transformation der gesamten Organisation zu einem kundenzentrierten Dienstleistungsunternehmen voranzutreiben.

Daniel Paulmaier startete als diplomierter Wirtschaftsinformatiker seine Karriere bei der Wilken Software Group als Produktmanager in der Domäne Rechnungswesen. Erste Erfahrungen in der Versorgungswirtschaft sammelte er 2009 in einem Kundenprojekt, bei dem die Branchenlösung SAP IS-U abgelöst und durch Wilken Ener:gy ersetzt wurde. Nach weiteren Stationen im Produktmanagement gestaltete er die fachliche Architektur der neuesten Wilken-Produktgeneration P/5 maßgeblich mit. Als bekennender Agilist und zertifizierter Scrum Master/Product Owner unterstützt er heute in der Wilken Software Group die Agile Transformation. Außerdem treibt er als Geschäftsführer der Kommunalen IT-Kooperation Stadtwerke (KIK-S GmbH) Digitalisierungsprojekte in der Versorgungswirtschaft und der öffentlichen Hand voran.

Teil II

Messen und Steuern nach dem Smart Meter Rollout

Intelligente Messsysteme – Alternativen zum Smart Meter Rollout

Jesko Herre und Monika Freunek

Paradigmenwechsel mit datenzentrierten Lösungen

Zusammenfassung

Smart Meter oder auch „intelligente Messsysteme" werden weltweit zunehmend zum gesetzlich festgeschriebenen Standard in der elektrischen Messtechnik für Energieversorger. So geben die EU-Richtlinien 72 und 73 aus dem Jahr 2009 grundlegend den Rollout von 80 % aller Energiezähler bis 2020 vor. Vernetzte intelligente Komponenten, die massenhaft und dezentral installiert werden, bringen hohe Herausforderungen für die Systemsicherheit mit sich. Dies gilt besonders für Systeme in kritischen Infrastrukturen. Zudem sind die erhobenen Daten zu einem großen Teil schützenswert und unterliegen damit entsprechendem Schutzbedarf sowie den Auflagen der Datenschutzgesetzgebung. Neben den Faktoren Datensicherheit und Datenschutz gibt es auch technologische und letztlich wirtschaftliche Faktoren, die die Gesamtfunktionalität klassischer Smart-Metering-Systeme in der Gesamtbetrachtung in Frage stellen. Dieses Kapitel stellt die Geschichte des Einsatzes von Smart Metern im Kontext der ursprünglichen Idee des Smart Grids vor. Die Grundlagen der Sicherheit vernetzter intelligenter Systeme werden erläutert und auf die Anwendung von Smart-Meter-Systemen angewandt. Auf dieser Basis wird ein alternatives, datenbasiertes Konzept vorgestellt und evaluiert.

J. Herre (✉)
BKW Energie AG, Bern, Schweiz

M. Freunek
BKW Energie AG, Nidau, Schweiz

© Springer Fachmedien Wiesbaden GmbH, ein Teil von Springer Nature 2020
O. D. Doleski (Hrsg.), *Realisierung Utility 4.0 Band 2*,
https://doi.org/10.1007/978-3-658-25589-3_16

16.1 Ausgangssituation

Der Begriff *Smart Meter* umfasst weitestgehend einen elektronischen Energiezähler mit verschiedenen, zum Teil bidirektionalen Kommunikationsschnittstellen und Einheiten zur Datenkommunikation und -speicherung.[1] Das gesamte System wird häufig auch als *intelligentes Messsystem* bezeichnet. Seit Beginn dieses Jahrtausends werden intelligente Messsysteme weltweit als Energiemesstechnik beim Kunden eingeführt. Nahezu in jedem Land erfolgt dies auf Basis eines Gesetzes, das mehr oder weniger restriktiv einen flächendeckenden oder partiellen Rollout vorschreibt. Dabei sind die jeweiligen Landesgesetze sehr unterschiedlich im technischen Detailgrad der vorgeschriebenen zu installierenden Systeme.

In der Regel werden diese Rollouts mit dem heutigen Wandel der Energieversorgung und des Energieverbrauches sowie der Notwendigkeit von steigender Energieeffizienz begründet. Die klassischen zentralen Systeme der Energieversorgung mit thermischen Energieproduzenten verändern sich hin zu regenerativen Produktionsanlagen, die dezentral im System lokalisiert sind. Gleichzeitig sind sowohl Produktion als auch Verbrauch zeitlich schwankend. Mit der Zunahme der *Elektromobilität* gibt es des Weiteren noch eine neue Verbraucherart im Kilowattbereich: örtlich zumindest teilweise flexible und gleichzeitig mobile Verbraucher.

Eine weitere Motivation zum *Rollout* intelligenter Messsysteme ist die zunehmende Marktliberalisierung der Energie für Privatkunden bzw. deren einzelne Verbraucher. Dieser Wandel geht auch mit einer Emanzipierung der Verbraucher einher. Kunden werden zu Anbietern und Lieferanten oder wechseln in kurzen Zeiträumen zwischen beiden Rollen. Diese Emanzipierung ist in anderen Lebensbereichen längst Alltag geworden: Mittels einfach zugänglicher Infrastrukturen wie *Airbnb* oder *Uber* gibt es zunehmend lokale, in der Erbringung ihrer Leistung dezentrale Dienstleistungen und eine optimierte Nutzung lokal vorhandener Ressourcen wie Raum oder Mobilität. Dabei stellen die Plattformen gegen Gebühr den Marktplatz zur Verfügung und bieten oft auch verbundene Dienstleistungen wie rechtliche Formalitäten oder Zahlungsabwicklung an. Im Unterschied zum Energiebereich sind die so vermittelten Ressourcen nicht unmittelbar miteinander vernetzt und umfassen keine kritische Infrastruktur. Wie in diesem Kapitel aufgezeigt, sind diese beiden Unterschiede aus sicherheitstechnischer Sicht hinsichtlich potenziellem Schadensausmaß und Eintrittswahrscheinlichkeit gravierend.

Welche technischen Ansätze stehen überhaupt im Energiebereich zur Verfügung, und welche Aufgaben sind hier zu lösen? Dieses Kapitel stellt die heutigen klassischen Kernaufgaben eines Smart Meters vor, stuft die bestehenden Lösungen in ihren historischen Kontext ein, zeigt die aktuellen Herausforderungen dieses Ansatzes und weist auf Basis der heute verfügbaren technischen Möglichkeiten neue Gelegenheiten der Datenerfassung, -verarbeitung und -bereitstellung aus.

---

[1]Vgl. Freunek (2016a).

16.1.1 Smart Meter und Smart Grid: Historischer Kontext

1998 entwickelten Wissenschaftler des kalifornischen Electric Power Research Institute (EPRI) unter der Leitung des amerikanischen Mathematikers, Systemwissenschaftlers und Ingenieurs Massoud Amin die Idee eines selbstheilenden intelligenten Netzes. Dieses Konzept umfasst mehrere Maßnahmen und Technologien und wurde unter dem Namen *Smart Grid* bekannt.[2] Diese Forschung hatte ihren Ursprung in zunehmenden Stromausfällen, die zum einen durch steigenden Verbrauch, zum anderen durch sinkende Investitionen in die Infrastruktur verursacht wurden. Anders als das europäische Netz ist die nordamerikanische Infrastruktur maßgeblich von Raum geprägt – weite Überlandstrecken, die es für den Stromtransport zu überwinden gilt. 2008 definierte das *US Department of Energy (DOE)* ein Smart Grid als ein Netz, das u. a.

* selbstheilend ist,
* aktive Teilnahme der Kunden ermöglicht,
* resilient gegen physische und andere Ausfälle und Attacken ist sowie
* über eine ausreichende Netzqualität verfügt.[3]

Diese Arbeiten zum Konzept eines selbstheilenden, resilienten Netzes umfassen eine Vielzahl von Strategien und Technologien, von denen viele zum Zeitpunkt der Idee noch relativ neu waren (wie das weit verfügbare Internet) oder in sehr früher Entwicklung – wie private PCs und Laptops, mobile Telefonie oder gar Smartphones.

Gemäß Massoud Amin sind elektrische Netze aufgrund ihrer Komplexität und mit ihrer gesellschaftlichen Verflechtung mit Standardverfahren der Mathematik oder Regelungstechnik nicht modellierbar.[4] Dieses Kapitel wird dies am Beispiel der Systemsicherheit theoretisch und praktisch aufzeigen. Während Massoud die Modellierung elektrischer Versorgungssysteme als einen der Forschungsschwerpunkte des EPRI nannte, betonte er gleichzeitig, dass ein selbstheilendes Netz aus diesem Grund sowie wegen der sehr verschiedenen Subsystemzeiten nicht aus einem zentral koordinierten System bestehen kann.[5]

In den folgenden Jahren wurden Smart Meter zunehmend als essenzielle Komponente eines Smart Grids betrachtet, wobei die Definition eines Smart Meters verschiedene Interpretationen zuließ. Inzwischen sind etwa im europäischen Raum verschiedene Studien und Regularien verfasst worden, die die Definition eines Smart Meters festlegen und dessen Nutzen evaluieren.[6] Dabei hat sich der Schwerpunkt von einem selbstheilenden resilienten Netz hin zu Prosumern und der Integration erneuerbarer Energien verschoben.

---

[2] Vgl. Amin (1998).
[3] Vgl. Litos (2016).
[4] Vgl. Amin (2000).
[5] Vgl. Amin (2008).
[6] Vgl. Energy Markets Inspectorates (2011); vgl. Ernst & Young (2013).

So fasst die Studie des schwedischen Energiemarktinspektorates zusammen: Zukünftige Netze werden eine stärkere und direktere Rückkopplung mit dem Kunden benötigen sowie mehr Energieeffizienz, weniger Spitzenlasten und einfachere Integration erneuerbarer Energien.[7] Die Rolle des Smart Meters sei demnach entsprechend auszuführen. Der Bericht sieht Smart Meter jedoch nicht als technisch zwingend nötig. Ähnlich heterogen fallen auch die Studien über das Kosten-Nutzen-Verhältnis von Smart Meter Rollouts aus.[8] Da die Netzbetreiber weltweit auch innerhalb desselben Landes vor ganz unterschiedlichen geographischen, regulatorischen, wirtschaftlichen und technischen Ausgangssituationen stehen, ist dieses Ergebnis zu erwarten. Die Literatur und auch die technische Praxis sind damit unterschiedlich in der Definition eines Smart Meters und der Beurteilung seiner Notwendigkeit für ein selbstheilendes Netz. Aus diesem Grund zeigt der folgende Abschnitt zunächst die zu lösenden Aufgaben eines Smart Meters.

16.1.2 Anforderungen und minimale Funktionen

Vor jeder Lösung steht die Beschreibung der zu lösenden Aufgabe. Obwohl dies trivial klingt, stellt die treffende Eingrenzung und Formulierung des zu lösenden Problems oft die schwierigste Aufgabe eines Projektes dar. Ein klassisches Vorgehen etwa in Ingenieurwissenschaften und Informatik ist die Erstellung eines Anforderungsprofils in Form eines Lastenheftes.

Intelligente Messsysteme werden eingesetzt, um beispielsweise Abrechnungen mit Kunden zu ermöglichen, Analysen für netzplanerische Fragen oder tarifliche Entwicklungen durchzuführen, Verbrauchsvisualisierungen zu machen oder um Schnittstellen für Regelungen bereitzustellen.

Diese Aufgaben haben verschiedene Ansprüche an die Verfügbarkeit der Daten, deren Format und auch die Vollständigkeit der Daten. So reicht für eine Abrechnung zumeist die Möglichkeit, einmal im Monat Daten zu bilanzieren. Dafür müssen diese Daten unbedingt einem bestimmten Kunden zugeordnet sein. Für eine Netzplanung dagegen reicht eine statistische Probe aller Kunden und zumeist auch in anonymer Form. Für diese Anwendung kann ein einmaliger Zugriff pro Jahr ausreichend sein. Visualisierungen von Verbräuchen wiederum sind idealerweise in der Größenordnung von Minuten aufgelöst und eindeutig zugeordnet.

Abb. 16.1 zeigt die minimalen Funktionen, die ein System umsetzen muss, um solche Aufgaben zu lösen. Grundlage für alle Verwendungen von Daten ist ihre Erhebung (1). Die Daten müssen die Anwendung sowohl in ihrer Anzahl als auch in ihrer Qualität aussagekräftig sein. Dabei definiert die Anwendung die genauen Anforderungen an die Daten.

---

[7] Vgl. Energy Markets Inspectorates (2011).
[8] Vgl. Ernst & Young (2013); vgl. Brophy Haney et al. (2009).

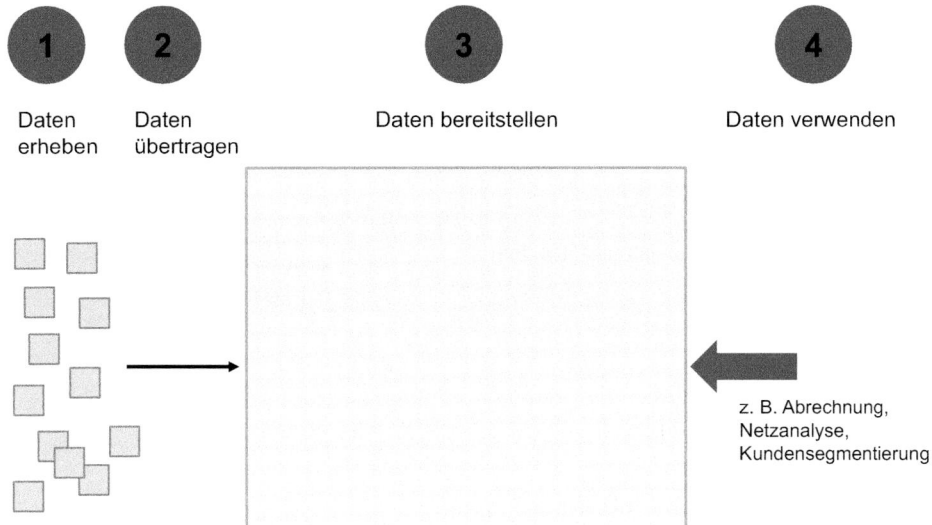

Abb. 16.1 Grundlegende Aufgaben intelligenter Messsysteme

So muss eine Abrechnung genau einem spezifischen Kunden zugeordnet sein, und die Daten müssen innerhalb der gesetzlich vorgeschriebenen Messgenauigkeit liegen.

Zumeist liegen die Daten dezentral verteilt vor und müssen zunächst an einem zentralen Ort gesammelt werden. Dazu werden die Daten übertragen (2). Datenerhebung und Datenübertragung unterliegen in der Praxis oft Randbedingungen wie Datenschutz und -sicherheit, Übertragungsgeschwindigkeiten oder Verfügbarkeit von Kommunikationstechnologien. Diese müssen mit den Anforderungen aus der Datenverwendung (4) abgeglichen werden.

Die Daten werden anschließend bereitgestellt (3). Wiederum stellt die Art der Anwendung die Anforderungen an die Art der Datenbereitstellung. Dies betrifft etwa Anforderungen an die *Datensicherheit* (Dürfen Daten in eine externe Cloud?), den *Datenschutz* (Müssen die Daten personenbezogen sein oder dürfen sie es gar nicht?), die benötigte Auflösung, die Anzahl der Daten, den Zugriff auf die Daten (Echtzeit versus einmal monatlich oder jährlich), die Skalierbarkeit des Speichers oder die benötigten Schnittstellen an Umsysteme. Abb. 16.2 zeigt die Kernaufgaben einer *Datenbereitstellung*.

Wie unterschiedlich die benötigte Bereitstellung der Daten je nach Anforderung sein können, zeigen die folgenden Beispiele.

Anwendungsbeispiel 1: Stellen einer Energierechnung
Beispiel 1 ist die klassische Anwendung von Elektrizitätszählern. Ein Kunde bezieht eine bestimmte Menge Energie von einem Netzbetreiber. Dieser stellt in gewissen Abständen die Energie in Rechnung. Dabei müssen die *Messdaten* eindeutig diesem spezifischen Kunden zugeordnet sein. Die Daten müssen zum Zeitpunkt der Rechnungstellung bereit-

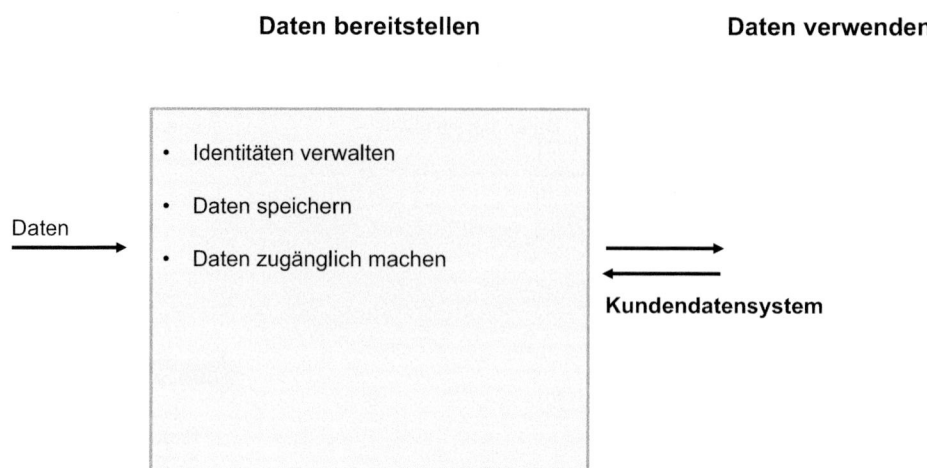

Abb. 16.2 Hauptaufgaben einer Datenbereitstellung

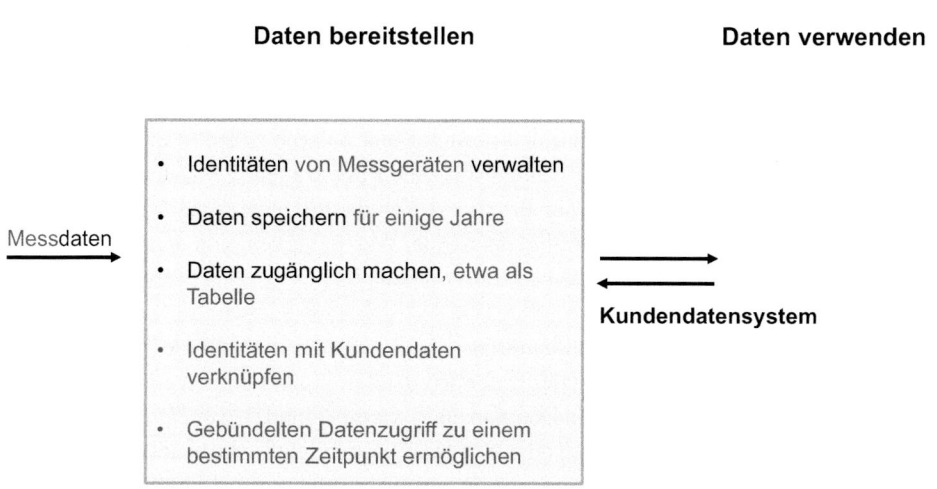

Abb. 16.3 Anwendungsbeispiel Stellen einer Energierechnung

stehen und für einige Jahre archiviert werden. Mit den personalisierten Messdaten wird eine adressierte Abrechnung erstellt. Abb. 16.3 zeigt die zu lösende Aufgabe.

Typischerweise treffen die Messdaten in einem Textformat ein. Die Verknüpfung mit den Daten aus dem Kundendatensystem können etwa durch eine relationale Datenbank gelöst werden. Viele Kundensysteme, wie z. B. SAP, verfügen über Funktionen, mit denen sich auch der Bericht in Form einer Rechnung erstellen lässt.

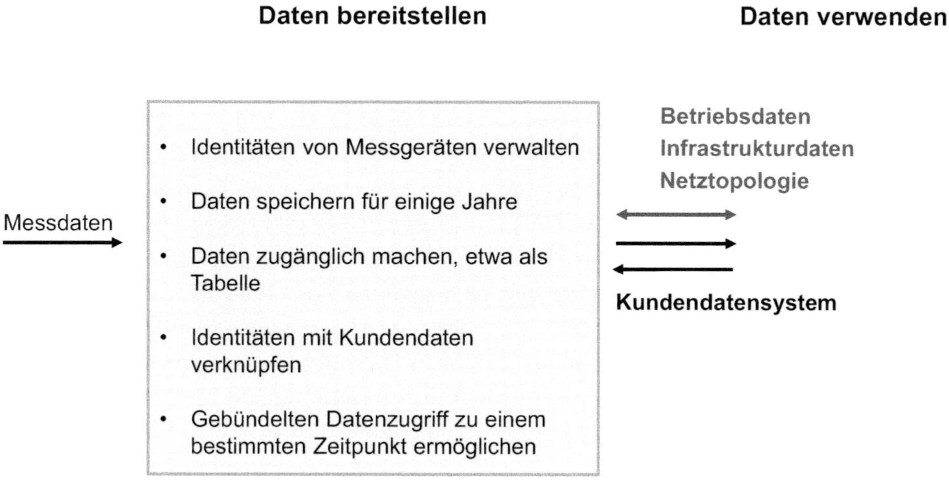

Daten bereitstellen   **Daten verwenden**

Abb. 16.4 Anwendungsbeispiel Netzplanung

Anwendungsbeispiel 2: Netzplanung

Das 2. Beispiel in Abb. 16.4 umfasst die Planung eines Netzes. Je genauer ein *Netzbetreiber* die Auslastung seines Netzes kennt, desto zielgerechter kann dieses Netz geplant
werden. In diesem Fall ist eine Personalisierung der Daten auch aus Datenschutzgründen
i. d. R. unerwünscht. Die Messdaten müssen statistisch repräsentativ sein und zum Zeitpunkt der Analyse, etwa einmal im Monat oder Jahr, bereitstehen. Messdaten werden in
Minutenintervallen erhoben und zumeist von mehreren Parametern. Der Verlust einzelner
Datensätze ist i. d. R. bei ausreichend großer Stichprobe unproblematisch. Die Messdaten werden, je nach Anwendungen, mit anderen, zum Teil hochspezialisierten Programm-
men abgeglichen. Mindestens die Ergebnisse müssen archiviert oder Prozessen zur Verfügung gestellt werden.

16.2   Sicherheit in dezentralen vernetzten intelligenten Systemen

Unabhängig von der konkreten technischen Lösung bedingt die automatisierte Erfassung
von Daten im Feld und deren zentrale Speicherung und Verarbeitung den Einsatz dezentraler intelligenter Systeme, die mindestens mit dem zentralen System kommunizieren
können. Dieser Abschnitt erläutert die resultierenden Konsequenzen für die Sicherheit
dieser Systeme in Theorie und Praxis, gibt einen Ausblick in zukünftige Entwicklungen
und zeigt alternative Ansätze zu klassischen Smart-Meter-Systemen auf.

16.2.1 Grundlagen und Anwendung auf Smart-Meter-Systeme

Die folgenden Betrachtungen beziehen sich zur besseren Lesbarkeit auf ein klassisches Smart-Meter-System mit den Kernkomponenten Smart Meter mit Kommunikationsmodul, Datenkonzentrator und zentralem Datensystem. Nicht betrachtet werden weitere Anbindungen an Umsysteme und Prozesse oder auch Schnittstellen zu anderen Systemen wie Leitsystemen.

Für eine sinnvolle Nutzung der im Feld gewonnenen Daten muss davon ausgegangen werden, dass diese Daten unverändert sind in Qualität und Quantität, die Daten also unverfälscht und vollständig sind und auch keine fremden Daten eingeschleust wurden. Dass bedeutet praktisch, dass jede Komponente und jede Kommunikationsstrecke zum zentralen System ein Schutzgegenstand sind. Des Weiteren stellen in einem vernetzten intelligenten System jede Komponente und jede Kommunikationsstrecke eine Eintrittspforte in das Gesamtsystem dar. Damit stellt auch jede Verbindung zwischen einzelnen Komponenten im Feld ein Schutzobjekt dar. Dies ist etwa der Fall bei Systemen mit vermaschter Netztopologie wie *Powerline Communication* (*PLC*) oder Radio Frequency (RF) Mesh (*Englisch*: Netz).

Die Anzahl der Schutzobjekte realer Systeme ist weit höher, da bereits die Komponenten in der Realität aus einem Vielfachen von Teilkomponenten (wie etwa mehreren Kommunikationsmodulen) bestehen. Zudem unterteilen sich die Verbindungen zum zentralen System teilweise in gestaffelte Kommunikationsstrecken mit einem Wechsel der Kommunikationstechnologie. Schließlich müssen für reale Systeme alle betroffenen Umsysteme, Prozesse und Schnittstellen auf ihren Schutzbedarf geprüft werden.

Diese grundlegenden Überlegungen zeigen auf, dass der Übergang zu einem vernetzten intelligenten System mit zentralen und dezentralen Komponenten eine fundamentale Änderung der Sicherheit mit sich bringt. Zum einen steigt die Anzahl der schützenden Objekte i. d. R. um mehrere Größenordnungen, zum anderen ist das erreichbare Schutzniveau geringer, da die Systemsicherheit nur so groß ist wie das niedrigste Schutzniveau innerhalb des gesamten Systems. Somit sind Sicherheitskonzepte aus technischer und aus ökonomischer Sicher kritisch für Auslegung und Betrieb intelligenter Messsysteme und müssen am Anfang jeder Systemauslegung stehen.

Welche *Sicherheit* können Systeme überhaupt erreichen? Abhängig von der Technologie können verschiedene Mechanismen eingesetzt werden. Grundlegend ist dabei immer die Festlegung des konkreten Schutzobjektes, z. B. eines Datensatzes oder eines Zugriffes auf ein System.

Prinzipiell stehen intelligente Messsysteme mit einer geforderten Lebensdauer von 15 bis 20 Jahren auch hier vor einer großen Herausforderung. Technologische Entwicklungen, wie etwa reversibles Computing oder Quantencomputer, schaffen neue kryptographische Möglichkeiten, machen jedoch auch allein aufgrund der verfügbaren Rechenleistung eine Vielzahl der heutigen Mechanismen obsolet.

Sicherheit in verteilten Netzwerken kann damit in der Praxis nicht absolut sein. In Anbetracht getätigter Investitionen und von personellem Aufwand ist das Eingeständnis schwierig, aber notwendig, dass Organisationen sich nie in Sicherheit wiegen können. Wenn Smart-Meter-Systeme zusätzliche Anwendungen ermöglichen sollen, so muss die *Kosten-Nutzen-Analyse* zugunsten eines Einsatzes der Systeme ausfallen. Angesichts der unbekannten zukünftigen technischen Entwicklungen im Bereich Rechenkapazität und *Kryptologie* und der zunehmenden Bedrohungslage besonders *kritischer Infrastrukturen* ist die Sicherheit ein massiver Kostenfaktor für diese Analyse.

Damit müssen aus Sicherheitssicht die Architektur von Smart-Meter-Systemen und die Annahme, dass jeder Verbraucher wirklich ein Smart Meter benötigt, überdacht werden. Stattdessen sollte im konkreten Anwendungsfall eine nutzungsbezogene *Risikoanalyse* einer Kosten-Nutzen-Analyse vorangehen. Besonders der geforderte Zeitrahmen von 15 Jahren stellt dabei eine Herausforderung dar.

16.2.2 Sicherheit in IoT-Systemen

Die klassische Smart-Meter-Lösung ist kein geschlossenes System. Der Zugang zu den Messstellen kann nicht kontrolliert werden, neben den Haushaltszählern ist bereits eine Vielzahl von Industriezählern angeschlossen, und in Zukunft werden weitere Messdienstleistungen von weiteren Anbietern eingebunden werden müssen.

Gestehen wir uns ein, dass die gelieferten Messwerte manipuliert sein könnten, und stellen uns darauf ein. Die „Assume-Breach"-Strategie stellt ein Umdenken beim Umgang mit Sicherheit im Unternehmen dar, bei der der Fokus auf die Erkennung von Angriffen und deren Behandlung gesetzt und nicht von einem sicheren Netzübergang ausgegangen wird.[9]

Die Annahme, dass es sich bei der Messdatenerfassung um ein geschlossenes System handeln könnte, muss ohnehin fallengelassen werden. Tatsächlich erfolgt die Anlieferung der Daten von Partnern, Kunden und weiteren Messdienstleistern. Auch bei einem Schutz von *Authentifizierung* und Übertragung durch ein kryptographisches Verfahren gibt es heute keine Methode, die den Verlust der digitalen Identität vollständig verhindern kann. Damit kann heute beim Empfang von Daten ohne weitere Maßnahmen nicht davon ausgegangen werden, dass diese fehlerfrei und nicht manipuliert sind.

Die Messpunkte sind nicht unter der Kontrolle des Netzbetreibers. Zwischen Empfänger und Sender müssen das Übertragungsprotokoll, die Nachrichtenstruktur, die Übertragungshäufigkeit und das Sicherheitsverfahren für Authentifizierung und Nachrichtenübertragung vereinbart werden: Der Empfänger der Daten ist i. d. R. ein Hub, also ein Netzknoten, der Elemente einer Netztopologie verbindet. Dieser kennt die maximale Zahl an Messpunkten und Messwerten zu einem gegebenen Zeitpunkt zu jedem bei ihm autorisierten Sender. Eine Überschreitung dieser Werte wäre eine erkennbare Anomalie. Die Authentifizierung und Verschlüsselung der Nachrichtenübertragung erfolgt über ein asymmetrisches *Kryptosystem*. Der Hub erlaubt pro Schlüssel nur eine Verbindung. Der Aufbau

---

[9]Vgl. Kranawetter (2016); BSI (2015, S. 21).

mehrerer Verbindungen ist nicht möglich. Die Art und Weise der Anmeldeversuche kann überprüft werden. Unregelmäßigkeiten können hier darauf hinweisen, dass ein Gerät übernommen worden ist.

Die Manipulation der Daten beispielsweise durch den Inhaber des *Private Key* kann nicht ausgeschlossen werden. Jedoch können durch Bilanzierung und den Vergleich der gelieferten Daten mit dynamischen Lastgangprofilen die empfangenen Daten plausibilisiert werden. Die Reaktion auf die Meldung von Verstößen durch den Hub muss zwischen Verteilnetzbetreiber und Datenlieferant ausgehandelt werden.

Im Gegensatz zu den hier aufgeführten Methoden konzentrieren sich die klassischen Smart-Meter-Lösungen weitestgehend auf die Sicherung der Umgebung und nicht auf die Reaktion von Angriffen und Verletzungen.[10] So sind auch heute eingesetzte industriespezifische System für Messdatenerfassung schwerlich in der Lage, Unregelmäßigkeiten oder Manipulationen zu erkennen und rechtzeitig zu warnen.

Eingehende Daten müssen vor Weiterverarbeitung plausibilisiert werden. Baut man hier ein leistungsfähiges und zuverlässiges Verfahren auf, eröffnet dies mehr Lösungsvarianten für die Datenerhebung und -übermittlung selbst.

Nach dem hier vorgeschlagenen Verfahren muss der Netzbetreiber nicht zwingend die Hoheit und Verantwortung über die Messstellen innehaben. Er verwaltet den Zugriff auf den Hub, reagiert auf Verletzungen und meldet diese an die Teilnehmer des Verbunds. Das System kann wesentlich flexibler und kostengünstiger mit Veränderungen umgehen und ist – trotz Offenheit zu weiteren Teilnehmern am Verbund – nicht weniger sicher als der klassische Ansatz. Auch sind per Definition zukünftige Bedrohungen nicht bekannt. Es macht daher mehr Sinn, die gelieferten Daten zu verstehen und das System entsprechend zu steuern, als Ressourcen für die (unmögliche) Sicherung der Umgebung einzusetzen. Dies ermöglicht in der Folge eine effizientere Nutzung der zur Verfügung stehenden Ressourcen.

16.2.3 Vergleich der Ansätze im Kontext Sicherheit

Grundlegend sollte vor jeder konkreten Anwendung eine Risikoanalyse stehen. Deren Ergebnis ist fallspezifisch und abhängig von der spezifischen Anwendung.

Jedoch ist das Thema Sicherheit geeignet aufzuzeigen, dass die Kosten bei gleichem Nutzen bei klassischen Smart-Meter-Systemen durch ihr Design i. d. R. höher ausfallen als bei punktuell eingesetzten flexiblen IoT-Systemen. Zum besseren Verständnis werden die beiden Systeme hier miteinander verglichen. Die Angriffsszenarien sind bei beiden Ansätzen identisch, jedoch unterscheidet sich in Abhängigkeit der gewählten Architektur die mögliche Wirkung eines erfolgreichen Angriffs. Hier gehen wir davon aus, dass die von intelligenten Messsystemen erfassten Daten auch an ein NOC-System (Network Operation Center) o. Ä. weitergeleitet werden.

---

[10]Vgl. VSE (2018).

(1) Daten erheben

Tab. 16.1 zeigt den Vergleich für den Fall der Datenerhebung.

(2) Daten übertragen

Die Übertragungssicherheit erfolgt bei beiden Ansätzen verschlüsselt. Auch wird bei beiden Ansätzen immer das Internet – zumindest teilweise – für den Nachrichtentransport verwendet.

(3) Daten bereitstellen

Den Vergleich für die Datenerhebung zeigt Tab. 16.2.

(4) Daten verwenden

Tab. 16.3 vergleicht die Aspekte der Datenverwendung.

Die Smart-Meter-Architektur ist im Vergleich sehr aufwendig und dabei nicht sicherer als Ansätze, die leichtgewichtiger konzipiert sind wie der hier vorgeschlagene IoT-Ansatz. Die kaskadierende Weiterverarbeitung der Messdaten in *Head-End-System (HES)*, *Meter-Data-Management-System (MDM-System)*, Energy-Data-Management-System und weiteren Backend-Systemen ist vermutlich historisch bedingt und heute nicht mehr sinnvoll. Diese Systeme liefern keinen echten Beitrag zur Sicherheit.

Durch intelligente Messgeräte und *Aktoren* steigt die Menge zu verarbeitender und zu übertragender Daten massiv an. Es stellt sich die Frage, ob die resultierende Komplexität und Größe einer zentral ausgerichteten Architektur dies bewältigen kann und soll. Vielmehr muss ähnlich wie im Flugzeugbau eine Balance zwischen zentraler Kontrolle und

Tab. 16.1 Vergleich zwischen Smart Meter und IoT-Architekturen für die Aufgabe der Datenerhebung

Smart Meter	IOT-Geräte/Messpunkte
Smart Meter können potenziell untereinander – beispielsweise bei Nutzung von PLC – kommunizieren und bilden so ein vermaschtes Netzwerk. In vielen europäischen Ländern ist der Einsatz von Smart Metern gesetzlich geregelt. Es gibt definierte Sicherheitsmechanismen, welche behördlich festgeschrieben und überprüft werden sollen.[a] Prinzipbedingt ermöglicht die Übernahme eines Geräts die Kommunikation mit dem Head-End-System und anderen erreichbaren Smart Metern. Das Smart Meter kommuniziert über einen Datenkonzentrator oder direkt mit dem Head-End-System eines industriespezifischen Smart-Meter-System-Lieferanten. Das Smart-Meter-System befindet sich unter Aufsicht und Verantwortung des Verteilnetzbetreibers.	Das Gerät benutzt IoT-spezifische Protokolle wie MQTT oder AMPQ. Die Übertragung wird über das Internet und IoT-Netzwerke (z. B. LoraWAN) durchgeführt. Der Messpunkt kann seine Daten zu mehreren Partnern oder Hubs übertragen. Die verwendeten Sicherheitsmechanismen sind asymmetrische Kryptoverfahren, welche mit dem Betreiber des Hub ausgehandelt werden. Die Verwendung einer Public-Key-Infrastruktur ist üblich. Pro Messpunkt existiert ein individueller Schlüssel. Dieser erlaubt nur die eine Verbindung pro Hub. Die Nachrichtenstruktur ist entweder ein Standard oder Verhandlungsgegenstand zwischen Sender und Hub. Das Verfahren ist herstelleragnostisch.

[a]Vgl. BSI (2018)

Tab. 16.2 Vergleich zwischen Smart Meter und IoT-Architekturen für die Aufgabe der Datenbereitstellung

Head-End-System für Smart Meter	IOT-Hub
Der Empfänger der Messdaten ist beim klassischen Ansatz ein Head-End-System. Dies ist i. d. R. im Rechenzentrum des Verteilnetzbetreibers platziert. Die Erfahrung zeigt, dass es zu massiven Kompatibilitätsproblemen kommen kann. Der Verteilnetzbetreiber ist in seinen Lösungen langfristig an den Lieferanten des Systems gebunden. Das Head-End-System ist durch die Sicherheitsmaßnahmen des Rechenzentrums des Verteilnetzbetreibers geschützt. Da es als Komponente angesehen wird, welche durch die Sicherheitsmaßnahmen des intelligenten Messsystems geschützt ist, verfügt es über keine Verteidigungspotenziale.	Anstelle eines Head-End-Systems kann eine IoT-Plattform eingesetzt werden. Hier handelt es um ein nachrichtenorientiertes Empfangssystem, welches in der Lage ist, viele Nachrichten pro Zeiteinheit zu verarbeiten und die Fähigkeiten des MQTT- und/oder AMPQ-Protokolls auszunutzen. Hier können durchaus Platform-as-a-Service (PaaS)-Komponenten eines Public-Cloud-Anbieters genutzt werden (Google IoT Plattform, Azure IoT Hub, SAP Leonardo, Siemens Mindsphere).[a] Der Verteilnetzbetreiber profitiert hier von der Skalierbarkeit der Komponente und der Sicherheitsarchitektur des Anbieters. Die Smart-Meter-Daten sind anonymisierbar und nicht per se kritisch, sondern erst deren spezifischer Einsatz zur Steuerung von Netzbestandteilen würde sie Teil der kritischen Infrastruktur werden lassen. Eine Plausibilisierung der Daten ist also ohnehin notwendig.

[a]Vgl. Degenhardt und Hanak (2017)

Tab. 16.3 Vergleich zwischen Smart Meter und IoT-Architekturen für die Aufgabe der Datenverwendung

Head-End-System für Smart Meter	IOT-Hub
Die Weiterverarbeitung der erfassten Daten beim klassischen Smart-Meter-Ansatz erfolgt in weiteren Backend-Systemen. Die Zeitreihen werden vielfach redundant im Unternehmen transportiert und gespeichert. Die Integration mit den Backend-Systemen erfolgt im positiven Fall synchron und nachrichtenorientiert. Häufig kommen aber zeitgesteuerte Verfahren nach dem ETL-Prinzip (Extract, Transform, Load) zum Einsatz.	Im IOT-Ansatz werden die Daten bei Erhalt plausibilisiert, z. B. durch den Abgleich mit dynamischen Lastprofilen. Ein mögliches Verfahren wäre Complex-Event-Processing (z. B. Azure Stream Analytics, Apache Spark). Die Persistenzschicht ist ein dedizierter Zeitreihenspeicher. Integration mit Backend-Systemen erfolgt ereignisbasierend und über synchrone API-Aufrufe.

verteilter Auslegung gefunden werden. Eine Variante ist die *föderative Architektur*.[11] Im Fall des Netzes werden Daten aufgabenbasiert verteilt und verarbeitet, und das zentrale System kontrolliert und steuert die Verarbeitung in den ausgelagerten Funktionsgruppen. Der IoT-Ansatz wäre entsprechend flexibel, einen solchen Ansatz zu unterstützen.

---

[11]Vgl. Flühr (2009, S. 288).

16.3 Redundanzen klassischer Ansätze

Neben den oben ausgeführten Sicherheitsaspekten führen intelligente Messsysteme in der heutigen Praxis zu Redundanzen, Widersprüchen und Ineffizienzen zwischen Netzbetreibern, regulierten und privaten Messdienstleistern sowie den Messsystemen von Energielieferanten und Kunden.

Besonders stark kommen diese Redundanzen mit ihren Konsequenzen bei einem Einsatz von Smart Metern in intelligenten Gebäuden, sogenannten *Smart Homes*, zum Tragen. In diesen Häusern finden sich zumeist private und dezentrale Produktionsanlagen, wie etwa Photovoltaik, und dazugehörige Verbrauchssteuerungen. Abb. 16.5 zeigt ein Beispiel,[12] das durch den veränderten regulatorischen Rahmen in der Praxis zunehmend an Bedeutung gewinnt und zum besseren Verständnis hier kurz zusammengefasst wird. Dabei etabliert der Eigentümer eines intelligenten Gebäudes eine Gemeinschaft zur Nutzung des erzeugten Stroms aus einer dezentralen Produktion, etwa einer Photovoltaikanlage auf dem Gebäudedach, durch die Bewohner des Gebäudes.[13] Den zusätzlich benötigten Strom

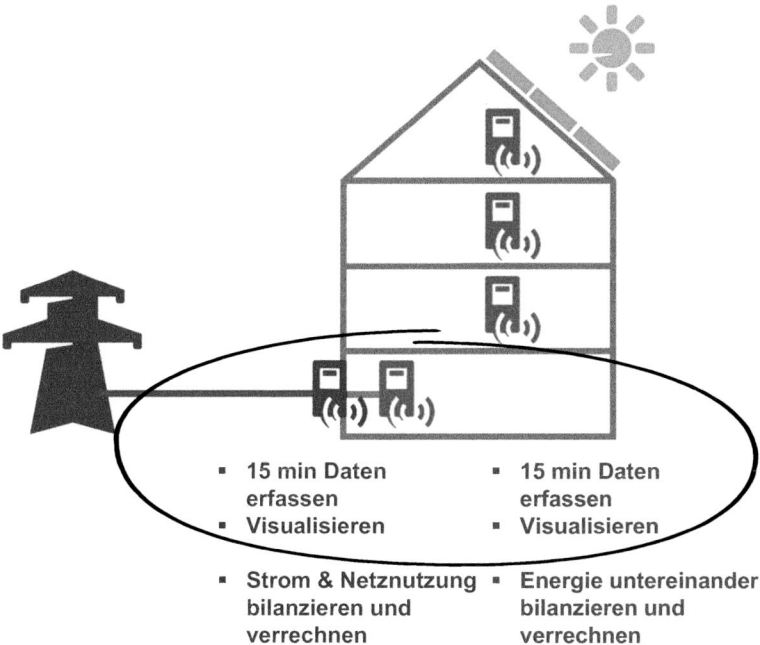

- 15 min Daten erfassen
- Visualisieren

- 15 min Daten erfassen
- Visualisieren

- Strom & Netznutzung bilanzieren und verrechnen
- Energie untereinander bilanzieren und verrechnen

Abb. 16.5 Typische Aufgaben und redundante Lösungen beim parallelen Einsatz von regulierten (rot) und privaten Messinfrastrukturen (grün)

---

[12] Vgl. Herre et al. (2018).

[13] Die entspricht beispielsweise in Deutschland dem Mieterstrommodell gemäß EEG Novelle 2016 und in der Schweiz einem Zusammenschluss zum Eigenverbrauch gemäß StromVG 2018.

beziehen die Mitglieder der Gemeinschaft vom Netzbetreiber. Die Gemeinschaft stellt eine juristische Person dar und bildet die Schnittstelle zum Netzbetreiber. Damit stellt der Netzbetreiber nur an der Übergabestelle einen Zähler (rot). Um sowohl die Bezüge der einzelnen Mitglieder als auch den Energieaustausch zwischen Netzbetreiber und der Gemeinschaft verrechnen zu können, wird also zwingend zusätzlich eine private Messinfrastruktur (grün) nötig.

In der Regel unterscheiden sich die eingesetzten Zähler beider Messinfrastrukturen durch ihren Hersteller. Allein durch die produktionsbedingten unterschiedlichen systematischen Messfehler der verschiedenen Zähler kommt es zu statistischen Verteilungen der Messwerte, die besonders für Laien schwer zu interpretieren sind. Davon abgesehen stellt sich die Frage, ob der eingesetzte Zähler des Netzbetreibers in diesem Konstrukt überhaupt eine sinnvolle technische Funktion erfüllt.

Wie in den obigen Abschnitten zum Thema Sicherheit aufgeführt, ist der Einsatz von intelligenten Messsystemen mit hohen Risiken und resultierenden Kosten verbunden. Zudem bilden die hier aufgeführten privaten Messinfrastrukturen tatsächlich ein Beispiel für ein dezentrales System mit klar abgegrenzten Aufgaben, ganz im ursprünglichen Sinne des resilienten Netzes.

Alternativ würde also der Netzbetreiber die Daten der privaten Messinfrastruktur an der Übergabestelle beziehen. Dieser Paradigmenwechsel von zentralen zu privaten, dezentralen Infrastrukturen ist bereits in anderen Branchen zu beobachten, mit Beispielen wie Uber und Lyft, Airbnb oder Blockchain-Anwendungen.[14]

Die Hausautomatisierung mit dezentraler Energieversorgung ist ein klassisches Anwendungsgebiet des *Internets der Dinge (Internet of Things, IoT)*. Hier gibt es eine Vielzahl von Anbietern und Lösungen und viele Schnittstellen zu Consumer Devices. Dieser Markt bedient die Bedürfnisse von Kunden in der Hausautomatisierung. Bereits das einfache Beispiel oben zeigt, dass der Netzbetreiber nur wenige bis gar keine Schnittstellen ab der Übergabestelle zu diesen Marktbedürfnissen hat. Die Messinfrastruktur für diese Anwendungen ist damit im Haus. Ähnlich gestaltet sich die Situation im Falle einer Liberalisierung des Messwesens. Bei diesem Konzept wählen Kunden, etwa Besitzer eines Smart Homes, einen regulierten und im Markt- bzw. Netzgebiet des Kunden zugelassenen Messdienstleister aus, dessen Messinfrastruktur die Bedürfnisse des Smart Homes optimal unterstützen kann. Dieser Ansatz schränkt jedoch erneut den Kunden in seiner dezentralen Optimierung ein, denn erneut stellt die Sicherstellung der notwendigen *Interoperabilität* zwischen der privaten Smart-Home-Lösung und dem regulierten Zähler eine praktische Hürde für eine tatsächlich kundenoptimale Lösung dar.

---

[14]Vgl. Herre et al. (2018).

16.4   Ein alternativer Ansatz: ZAUM

Ein alternativer Weg ist der Wechsel hin zu einem datenzentrierten Ansatz. Abb. 16.6 zeigt die resultierende alternative messtechnische Lösung zu Abb. 16.5.[15]

Grundlage zur Nutzung dieses datenzentrierten Ansatzes ist das Schaffen von ausreichendem Vertrauen in die jeweiligen Daten. Dazu hat die *BKW Energie AG* das Konzept *ZAUM* entwickelt:[16]

- **Z**ertifizierte Datenquellen,
- **A**uthentifizierte Messpunkte,
- **U**nique Daten,
- **M**anipulationsfreiheit.

Sind diese vier Bedingungen gleichzeitig erfüllt, kann Daten vertraut werden, unabhängig davon, ob die Zähler in der Verantwortung des Kunden oder des regulierten Netzbetreibers stehen (Abb. 16.7).

Diese vier ZAUM-Bedingungen sind aus der Logik von Blockchain-Anwendungen abgeleitet. Für Netzbetreiber mit einer Verpflichtung zu einem *Smart Meter Rollout* sind diese bereits heute relativ einfach in die Praxis übertragbar:

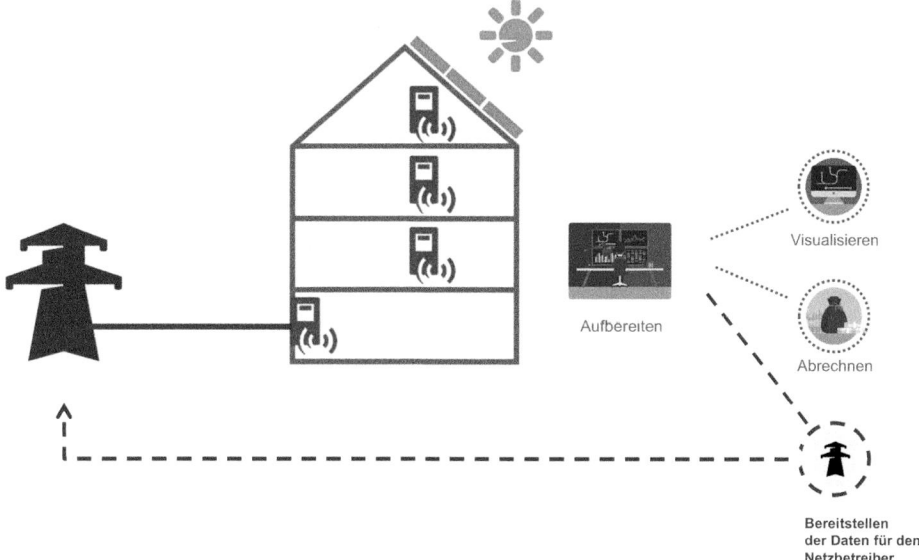

Abb. 16.6 Alternative messtechnische Lösung im Kontext Mieterstrom/Eigenverbrauch ohne redundante Messinfrastruktur

---

[15] Vgl. Herre et al. (2018).
[16] Vgl. Herre et al. (2018).

Abb. 16.7 ZAUM. Bedingungen für
Vertrauen in Messdaten

Ist ein Messgerät für seinen Zweck, etwa der Verrechnung, entsprechend *zertifiziert*, ist
Bedingung Z erfüllt. Sofern dann ein zugelassener Zählermonteur, z. B. vom Netzbetreiber, die Messstelle prüft und somit die korrekte Installation der gesamten Messstelle der
privaten Messung an der Übergabe zum Verteilnetz bestätigt, ist diese *authentifiziert*. Dies
stellt Bedingung A sicher. Allein dieses Vorgehen ermöglicht bereits die Umsetzung der
Bedingung U: Nur, wenn zu jedem Messzeitpunkt ein einziger Datensatz (Zeitstempel und
Energie) erfasst wird, herrscht Eindeutigkeit, also „*uniqueness*". Redundante Messinfrastrukturen können damit entfallen.

Bedingung M – also *Manipulationsfreiheit* – stellt die wohl am komplexesten zu er-
füllende Bedingung für das Vertrauen in die Daten dar. Eine klassische Lösung ist die
Verplombung der relevanten privaten Zähler durch den Verteilnetzbetreiber.[17] Zur Sicherstellung der Nichtmanipulation während der Datenlieferung muss dies um gezielte Stich-
proben vor Ort ergänzt bzw. gezielt geprüft werden im Falle von Nichtplausibilitäten der
übermittelten Daten. Mittelfristig sind auch kryptographische Lösungen zur Zertifizierung
und Authentifizierung von Informationen und Daten denkbar. Dann werden Smart-Home-
Messinfrastrukturen den Beweis der Freiheit von Manipulationen für Datenerfassung und
Datenübertragung beispielsweise durch Zertifikate direkt liefern.

16.5   Fazit und Ausblick

Amids grundlegende Arbeiten sind inzwischen fast 25 Jahre alt und in ihrer ursprünglichen Idee immer noch aktuell. Die bisherigen, auf Smart Meter gestützte Interpretationen
eines Smart Grids sind von dem ursprünglich gedachten resilienten Netz, das auf vielen

---

[17]Vgl. Herre et al. (2018).

getrennten Komponenten mit klar umrissenen Aufgaben und keiner zentralen Steuerung basiert, weit entfernt.

Die in diesem Kapitel vorgestellten grundlegenden Überlegungen zum Thema Sicherheit zeigen auch, dass die *Reduktion* der möglichen Verbindungen und der eingesetzten Komponenten das effizienteste Mittel zum Schutz der Systeme ist. Entsprechend wirksam ist der gezielte Einsatz von Systemen mit klar begrenzten Aufgaben. Es ist Zeit, die tatsächlich benötigte Technologie unter Berücksichtigung der heute verfügbaren Technologien und Bedingungen zu überdenken.

Wie einleitend ausgeführt, entwickelten sich Smart Meter aus der Forschung zu resilienten Netzen, deren Kerneigenschaft die Vermeidung von zentralisierten Systemen ist.[18] Ein konsequenter, aufgabenbezogener IoT-Ansatz, wie von Bachor und Freunek in diesem Band (Kap. 17) beschrieben, unterstützt diesen Grundgedanken. Auf der Ebene des Netzbetreibers hat die BKW Energie AG ein Verfahren entwickelt, das ein bestehendes elektrisches Netz in lokal optimierte, autonome und resiliente Funktionseinheiten strukturiert und damit auch auf bestehende Infrastrukturen anwendbar ist.[19] In diesem Verfahren wird erstmalig auch die Intelligenz eines Netzes priorität dezentralisiert.

Nicht nur auf technischer Ebene, auch auf regulatorischer Ebene gibt es neue Entwicklungen, die im Smart Metering Beachtung finden sollten.

Netzbetreiber oder regulierte Messstellenbetreiber ohne Verrechnungszähler? Die Hoheit über relevante Assets und Daten bei Kunden? Konzentration auf die Daten anstatt auf die Assets? Für die Industrie 4.0 nichts Neues. Damit dies auch in der Realität der Utility 4.0 ankommt, bedarf es gegebenenfalls geringer Anpassungen in der Regulierung und eines Umdenkens der Branche in Bezug auf IoT-Lösungen. Die Stromwirtschaft wäre dann in der Lage, anderen Branchen zu folgen und vom Paradigma der zentralen Bereitstellung der Messinfrastruktur auf einen kundenorientierten, kundenpassgenauen und damit konsequent dezentralen Ansatz zu wechseln. Der *ZAUM-Ansatz* der *BKW Energie AG* liefert hierfür eine konsequente und heute bereits umsetzbare Lösungsalternative. Es wird spannend zu sehen, welche technischen Entwicklungen, wie z. B. IoT-Architekturen oder konsequent dezentrale resiliente Netze, den Netzbetreibern hier zukünftig zur Verfügung stehen werden.

16.6 Danksagung

Unser ausdrücklicher Dank gilt der BKW Energie AG, die uns die Möglichkeit zu dieser Arbeit gegeben hat, sowie den zahlreichen Kolleginnen und Kollegen für ihre Unterstützung und den angeregten fachlichen Austausch. Ein besonderer Dank gilt Maurice Bachor, der maßgeblich am Kapitel Sicherheit mitgewirkt hat.

---

[18] Vgl. Litos (2016).

[19] Freunek (2016b).

Literatur

Amin, M. (1998). Toward a secure and smart self-healing grid. Präsentation vor dem EPRI Research Advisory Committee (27.01.1998). http://massoud-amin.umn.edu/presentations/CINSI_01-27-1998_RAC.pdf. Zugegriffen am 20.03.2019.

Amin, M. (2000). National infrastructures as complex interactive networks in automation, control, and complexity. In T. Samad & J. Weyrauch (Hrsg.), *Automation, control and complexity: Integrated approach* (S. 263–286). Chichester: Wiley.

Amin, M. (2008). For the good of the grid. *IEEE power and energy magazine, 6*(6), 48–59.

Brophy Haney, A., Jamasb, T., & Pollitt, M.G. (2009). Smart metering and electricity demand: Technology, economics and international experience. Cambridge working papers in economics, EPRG working paper, CWPE 0905 & EPRG 0903, Faculty of economics, University of Cambridge. http://www.econ.cam.ac.uk/research-files/repec/cam/pdf/cwpe0905.pdf. Zugegriffen am 20.03.2019.

BSI. (2015). *Die Lage der IT-Sicherheit in Deutschland* (Nov. 2015). Bonn: Bundesamt für Sicherheit in der Informationstechnik (BSI). https://www.bsi.bund.de/SharedDocs/Downloads/DE/BSI/Publikationen/Lageberichte/Lagebericht2015.pdf;jsessionid=B9CB214FCA897A59E662524E1F3D77A1.2_cid360?__blob=publicationFile&v=5. Zugegriffen am 20.03.2019.

BSI. (2018). *Das Smart Meter Gateway – Cyber-Sicherheit für die Digitalisierung der Energiewende* (Jan. 2018). Bonn: Bundesamt für Sicherheit in der Informationstechnik (BSI). https://www.bsi.bund.de/SharedDocs/Downloads/DE/BSI/Publikationen/Broschueren/Smart-Meter-Gateway.pdf?__blob=publicationFile&v=6. Zugegriffen am 20.03.2019.

Degenhardt, L., & Hanak, P. (2017). *Smart Metering Gesamtlösung – die Energieerfassung der Zukunft*. Zürich: Siemens Schweiz. https://www.siemens.ch/energy/kundentag/download/12_Smart_Metering_Gesamtloesung_Degenhardt_Hanak_Energy_Systems_Kundentag_2017.pdf. Zugegriffen am 20.03.2019.

Energy Markets Inspectorates. (2011). *Adapting electricity networks to a sustainable energy system – Smart metering and smart grids*. Eskilstuna (SE): Energy Markets Inspectorates, Bericht EI R2011:03. https://www.smartgrid.gov/files/Adapting_Electricity_Networks_to_Sustainable_Energy_System_201108.pdf. Zugegriffen am 20.03.2019.

Ernst & Young (2013). *Ernst & Young: Kosten-Nutzen-Analyse für einen flächendeckenden Einsatz intelligenter Zähler* (30.07.2013). Dortmund: Ernst & Young GmbH Wirtschaftsprüfungsgesellschaft, im Auftrag des Bundesministeriums für Wirtschaft und Energie (BMWi). https://www.bmwi.de/Redaktion/DE/Publikationen/Studien/kosten-nutzen-analyse-fuer-flaechendeckenden-einsatz-intelligenterzaehler.pdf?__blob=publicationFile&v=5. Zugegriffen am 20.03.2019.

Flühr, H. (2009). *Avionik und Flugsicherungstechnik: Einführung in Kommunikationstechnik, Navigation, Surveillance*. Berlin/Heidelberg: Springer.

Freunek, M. (2016a). Smart Metering – Visionen und Status in der Schweiz. In *Swiss Engineering STZ* (S. 17–18). St. Gallen: Kömedia.

Freunek, M. (2016b). Patent PCT/EP 2017/082059: Verfahren zur Strukturierung eines vorhandenen Netzes zur Verteilung elektrischer Energie. Bern: BKW Energie AG.

Herre, J., Freunek, M., Keller, K., & Witschi, S. (2018). Paradigmenwechsel im Messwesen: Dezentralisiert und kundenorientiert. In *Swiss Engineering STZ* (S. 14–16). St. Gallen: Kömedia.

Kranawetter, M. (2016). Umdenken verlangt: Ihr Netzwerk ist nicht sicher. In *Microsoft – Blog für kleine und mittelständische Unternehmen* (04.05.2016). Redmond: Microsoft Corporation. https://blogs.business.microsoft.com/de-de/2016/05/04/umdenken-assume-the-breach/. Zugegriffen am 20.03.2019.

Litos. (2016). The smart grid: An introduction. How a smarter grid works as an enabling engine for our economy, our environment and our future (Feb. 2016). U.S. Department of Energy (DOE) by

Litos Strategic Communication under contract No. DE-AC26-04NT41817, Subtask 560.01.04. https://www.energy.gov/sites/prod/files/oeprod/DocumentsandMedia/DOE_SG_Book_Single_Pages%281%29.pdf. Zugegriffen am 20.03.2019.

VSE. (2018). *Richtlinien für die Datensicherheit von intelligenten Messsystemen*. Umsetzungsdokument. Aarau: Verband Schweizerischer Elektrizitätsunternehmen (VSE).

Dr. Jesko Herre studierte Volkswirtschaftslehre an der Technischen Universität Dresden und der Friedrich-Alexander-Universität Erlangen-Nürnberg und promovierte 2009 an der Universität zu Köln zu Fragestellungen des Wettbewerbs auf regulierten Märkten. Zwischenzeitlich war er als freiberuflicher Consultant im Auftrag deutscher Energieversorger tätig. Seit 2009 arbeitet er in Bern für die BKW Energie AG. Zu Beginn als Leiter Strategie & Entwicklung Netze, von 2013 bis 2017 als Leiter Meter-to-Cash und seit 2018 als Leiter Netznutzungsmanagement. Seine Interessen und Expertisen umfassen technische, regulatorische und kommerzielle Aspekte des Betriebs und der Weiterentwicklung von Verteilnetzen bei wachsender Konkurrenz durch dezentrale und kundenorientierte Energielösungen.

Dr.-Ing. Monika Freunek (Müller) studierte von 2002 bis 2006 Mechatronik und Produktentwicklung an den Fachhochschulen Bielefeld und Furtwangen und promovierte 2010 im Rahmen des Graduiertenkollegs GRK-1 Micro-Energy-Harvesting an der Albert-Ludwigs-Universität Freiburg/Breisgau. Nach Stationen als Postdoc bei IBM Research Zürich, Stipendiatin der Exist-High-Tech Start-Up Initiative des BMBF und an der ZHAW war sie bei der BKW Energie AG, Schweiz als Spezialistin für Energiemesstechnik tätig und ist nun dort im Netznutzungsmanagement zuständig für die Datensicherheit. Ihre weitere Expertise umfasst Systemmodellierung von Energiesystemen.

IoT-Lösungen als Alternative zum klassischen Smart Metering

Maurice Bachor und Monika Freunek

Praxistest und Architekturvergleich.

Zusammenfassung

Smart Meter oder auch „intelligente Messsysteme" werden zunehmend weltweit zum gesetzlich festgeschriebenen Standard in der elektrischen Messtechnik. Diese Energiezähler umfassen i. d. R. eine geeichte Sensorik, einen Mikroprozessor mit Speicher, eine bidirektionale Kommunikationskomponente und eine Schnittstelle zu Systemen der Datenspeicherung und -verarbeitung. Dabei wird zumeist angenommen, dass ein Smart Meter eine essenzielle Komponente zukünftiger Energiesysteme ist und dass weiter die auf dem Markt verfügbare Technologie elektronischer Smart Meter alternativlos ist. Dieses Kapitel zeigt die großen Herausforderungen dieses Ansatzes und ihre Implikationen auf den sicheren Betrieb kritischer Infrastrukturen. Die Autoren zeigen Alternativen zu bestehenden Smart-Meter-Technologien und Sicherheitskonzepten, die nach Anpassung der Legislative bereits heute eingesetzt werden könnten.

17.1 Einleitung

Smart Meter haben in den letzten Jahren massiv an Bedeutung im elektrischen Verteilnetz gewonnen. Weltweit gibt es zunehmend gesetzliche Vorgaben zu einem Rollout der Smart Meter als Messgeräte bei den Kunden. Üblicherweise umfassen *Smart-Meter-Systeme*

M. Bachor (✉) · M. Freunek
BKW Energie AG, Bern, Schweiz

© Springer Fachmedien Wiesbaden GmbH, ein Teil von Springer Nature 2020
O. D. Doleski (Hrsg.), *Realisierung Utility 4.0 Band 2*,
https://doi.org/10.1007/978-3-658-25589-3_17

215

eine geeichte Sensorik, ein bidirektionales Kommunikationsmodul, Schnittstellen für Umsysteme zur Visualisierung oder Steuerung und ein Messdatensystem. Smart-Meter-Geräte übertragen ihre Daten automatisiert über ein entsprechendes Netzwerk und Protokoll an die verarbeitenden Systeme des Netzbetreibers. Smart-Meter-Systeme werden häufig auch als *intelligente Messsysteme* bezeichnet.

Die grundlegende Technologie wurde schrittweise seit den späten 1990er-Jahren entwickelt, als zunächst die ersten elektronischen Elektrizitätszähler installiert wurden. Mit der zunehmenden Verfügbarkeit von mobilen Kommunikationstechnologien entwickelten sich die ersten fernausgelesenen Zählersysteme mit der entsprechenden *Datenverarbeitung*.

Internet-of-Things (IoT)-Geräte nutzen das Internet und dessen Protokolle zur Kommunikation untereinander oder mit zentralen Systemen und Komponenten. Es entsteht ein Netzwerk aus physischen und virtuellen Dingen. Die erzeugten Daten werden idealerweise in *Echtzeit* als Datenstrom ausgetauscht, sodass das Verhalten des Netzwerks und der angeschlossenen Geräte direkt erfasst und gegebenenfalls beeinflusst werden kann. Prinzipiell ist diese Technologie nicht an das Internet gebunden, sondern kann jede gängige Form von Kommunikationstechnologien verwenden. Aufgrund der weiten Verbreitung von Internetlösungen und der üblichen Verwendung des Begriffes IoT wird dieser Begriff in diesem Kapitel für alle dezentralen intelligenten und kommunikativ vernetzten Sensoren und Aktoren eingesetzt. Diese Systeme werden seit den 70er-Jahren entwickelt und haben ihren Ursprung in der militärischen Forschung und Entwicklung.[1]

Der grundlegende Aufbau ist bei Smart Meter- und IoT-Geräten grundsätzlich gleich: ein dezentraler Sensor, der mit einer Datenspeicher- und Kommunikationseinheit sowie gegebenenfalls einer lokalen Intelligenz ausgerüstet ist. Damit stellt sich die Frage, ob die heute gestellten und gesetzlich vorgegebenen Aufgaben an ein Smart-Metering-System nicht genauso gut – oder gar besser – durch ein IoT-System umgesetzt werden können.

Dieses Kapitel stellt den grundlegenden Aufbau und die wesentlichen Resultate eines Praxisversuches der BKW Energie AG vor.

Ein möglicher Anwendungsfall, den IoT-Ansatz (s. hierzu insbesondere Kap. 16 in diesem Buch) in der Praxis zu untersuchen, sind *Eigenverbrauchsgemeinschaften (EVG)* bzw. *Mieterstrommodelle*. Eigenverbrauchsgemeinschaften stellen einen Zusammenschluss von Energieverbrauchern dar. Diese nutzen gemeinsam die Energie einer Produktionsanlage – zumeist einer Photovoltaikanlage –, statt den Strom vollständig ins Netz einzuspeisen.

Dabei gibt es zwei Fragen für eine Rechnungsstellung. Zum einen die interne Verrechnung der Energieverbraucher untereinander. Diese Abrechnung wird durch die EVG durchgeführt. Zum anderen werden mit dem Netzbetreiber die bezogene und die eingespeiste Energie für die EVG abgerechnet.

Bei EVG sind oft Geräte installiert, die das Bindeglied zwischen der Netzinfrastruktur der Gemeinschaft und dem Netzbetreiber bilden. Eine solche dezentrale Komponente wird

---

[1]Vgl. DARPA (1978).

auch als *Edge Node* bezeichnet. Zur Vereinfachung der Rechnungslegung und zur Visualisierung der Verbrauchs- und Produktionsdaten überträgt dieser Edge Node seine Daten an Portale von spezialisierten Anbietern. Der Edge Node verfügt i. d. R. über ähnliche Eigenschaften wie ein Smart Meter. Er wird jedoch nicht vom Netzbetreiber installiert, sondern von der Gemeinschaft oder einem spezialisierten Anbieter. Heute wird neben diesem Edge Node für die Rechnungsstellung noch ein Zähler des Netzbetreibers eingesetzt.

Gemeinsam mit einem spezialisierten Anbieter für EVG und dem Netzbetreiber *BKW Energie AG* wurde ein Prototyp entwickelt, der einen Edge Node als Datenlieferanten nutzt und die Daten parallel zu einem klassischen Smart-Meter-System in die Backend-Systeme des Netzbetreibers speist. Dieser Prototyp wird hier vorgestellt.

17.2   Systemaufbau Smart Meter und IoT

Ein Smart-Meter-System im klassischen Sinn soll folgende grundlegende Aufgaben erfüllen können:

- Verbrauchsdaten regelmäßig und zuverlässig an den Netzbetreiber übermitteln.
- Schaltbefehle vom Netzbetreiber an das hinter dem Smart Meter[2] liegende lokale Netz übermitteln.
- Die Messwerte des Smart Meters sollen zur Kontrolle und Steuerung des Verteilnetzes eingesetzt werden können.

Im klassischen Smart-Meter-Ansatz kommuniziert das intelligente Messgerät über Datenkonzentratoren, Gateways oder direkt in einer Punkt-zu-Punkt-Verbindung mit einem Head-End-System. Das *Head-End-System* kontrolliert die Kommunikation mit den Messpunkten und speichert die eingehenden Daten. Nach dem heutigen Stand der Technik sind Head-End-Systeme üblicherweise auf Basis von relationalen Datenbanken aufgebaut. Kaskadierend werden diese Daten in nachfolgenden Systemen, wie einem Meter-Data-Managementsystem, weiterverarbeitet und redundant gespeichert.

Das Head-End-System muss auf die verwendeten Smart Meter abgestimmt sein. Es besteht für den Netzbetreiber als Systembetreiber somit eine grundlegende Abhängigkeit zum Hersteller der Smart Meter.

Der IoT-Ansatz sieht vor, dass ein intelligentes Messgerät über ein IoT-Protokoll wie *AMPQ* (Advanced Message Queuing Protocol) oder *MQTT* (Message Queuing Telemetry Transport) mit einem Hub kommuniziert. Die Nachrichtenstruktur wird vorab zwischen dem Betreiber des Hubs und dem Sender ausgehandelt. Die Weiterverarbeitung geschieht auf Basis des eingehenden Datenstroms.

---

[2] BSI (2018).

Wird nun ein IoT-Gerät anstelle eines klassischen Smart-Meter-Systems eingesetzt, ändern sich die Rahmenbedingungen für den Netzbetreiber wie folgt:

- Die eingehenden Daten werden als Datenstrom interpretiert und stehen nahezu in Echtzeit zur Verfügung. Anders als im Head-End-System kann es vor der Speicherung in
  einer klassischen Datenbank zu ersten Verarbeitungsschritten kommen.
- Die Einigung über Verbindungsparameter und die weiteren technischen Spezifikatio-
  nen erfolgt nicht über den Kauf von Geräten und Systemen eines industriespezifischen
  Herstellers, sondern im Austausch mit dem Inhaber des Messpunkts. Die zu klärenden
  Fragestellungen sind das Übertragungsprotokoll, die Nachrichtenstruktur, das Verhal-
  ten im Fehlerfall und die Vertrauenswürdigkeit der übertragenen Daten.
- Das Gerät am Messpunkt gehört nicht dem Netzbetreiber.
- Die Verwendung der Internettechnologien reduziert die Kosten der Datenerfassung und
  ermöglicht eine bisher unbekannte Flexibilität bei der Nutzung der erfassten Daten.
- Anstelle des Head-End-Systems kann je nach regulatorischen Randbedingungen eine
  als Platform-as-a-Service (PaaS)-Komponente angebotene IoT-Plattform in der Public
  Cloud eingesetzt werden.
- Die verwendete Architektur muss das Problem behandeln, dass manche Daten nicht
  pünktlich oder gar nicht geliefert werden. Beim IoT-Paradigma wird von einer Echtzeitverarbeitung von Datenströmen ausgegangen. Hier weichen die typischen Anforderungen eines Netzbetreibers ab, da für die Rechnungslegung und Bilanzierung auch
  nicht pünktlich gelieferte Daten relevant sind.

Der hier vorgestellte Prototyp untersucht die Verwendung von IoT-Protokollen und
Cloud-Komponenten für die Übertragung von Verbrauchsdaten an ein *Meter-Data-
Management system (MDM-System)*. Der Messpunkt ist kein Smart Meter, sondern ein
intelligenter Edge Node, welcher noch weitere Aufgaben neben der Erfassung von Ver-
brauchs-/Produktionsdaten erfüllt.

Die Verwendung der *Public Cloud* als Laufzeitumgebung ist nach unserer Auffassung
eine gültige Alternative zur Platzierung der Systeme im eigenen Rechenzentrum. Der *Datenschutz* und die Sicherheit sind gegeben. Die Verfügbarkeit kann als besser eingestuft
werden. Wie im Beitrag von Herre und Freunek „Intelligente Messsysteme für kritische
Infrastrukturen – ein Paradigmenwechsel" (s. Kap. 16) beschrieben, kann das klassische
Smart-Meter-Verfahren nicht als sicherer als der IoT-Ansatz gewertet werden.

17.3   Der Prototyp

Der Prototyp wurde gemeinsam mit einem Anbieter für Eigenverbrauchslösungen umgesetzt. Dieser hat seine Lösung so angepasst, dass Produktions- und Verbrauchsdaten regelmäßig (hier: alle 15 Minuten) über ein IoT-Protokoll (hier: MQTT) mit einer vereinbarten
Nachrichtenstruktur an eine IoT-Plattform in der Public Cloud übertragen werden. Der

Netzbetreiber ist der Inhaber der IoT-Plattform, er entwickelte die notwendigen Cloud-Komponenten und die Integration an die bestehenden Anwendungssysteme.

Der Edge Node der EVG erfasst den Energieimport und -export alle 15 Minuten und versendet diese mit wenigen Sekunden Verzögerung. Der Zeitstempel entspricht der UTC-Zeit. Folgende Nachricht wird jeweils für Import und Export versandt:

```
{
    "uuid":"some-unique-id-xxxx",
    "capturedAt": "2018-07-12 14:00:00",
    "value":-21.923157691955566,
    "unit":"W",
    "meaning":"Active Power"
}
```

Die Nachricht wird im Prototyp vom *Microsoft Azure IoT Hub*[3] entgegengenommen. Dieser implementiert die notwendigen Protokolle und erlaubt die Verwaltung der verbundenen Geräte auch unter Sicherheitsaspekten. Der Netzbetreiber und der Anbieter für EVG haben sich auf die Verwendung des Übertragungsprotokolls MQTT geeinigt. Das IoT-Gerät baut immer die Verbindung zum Hub auf, nie wird eine solche Verbindung vom Hub initiiert. Aufgrund dieses Vorgehens muss das Gerät keine Verbindungseingänge schützen. Dennoch können Funktionsaufrufe und Nachrichten vom Hub an das Gerät übertragen werden (Updates, Aufforderung zur erneuten Übertragung, Parameteranpassungen, Schaltungen etc.).

Die *Nachrichtenstruktur* wurde wie vom Anbieter für EVG vorab implementiert übernommen. Der Prototyp hat sich entsprechend angepasst und führt eine Transformation durch. Die Vorgabe eines oder ggf. mehrerer unterstützter Standards wäre für den Netzbetreiber opportun, da für jede unterschiedliche Nachricht eine zusätzliche Laufzeitumgebung für die Transformation und die Weiterverarbeitung notwendig werden würde. Auch wäre es dem Netzbetreiber nicht zuzumuten, eine große Varianz bei der Nachrichtenstruktur zulassen zu müssen.

Eine Einigung für das Verhalten im *Fehlerfall* wie beispielsweise die erneute Anforderung von Daten oder der Austausch von Empfangsbestätigungen wurde nicht vereinbart. Allerdings wurde die Lösung auf der Seite des Netzbetreibers resilient entworfen, sodass diese auch bei fehlenden Übertragungen stabil funktioniert. Die Ursache der fehlenden Übertragungen wird nicht untersucht.

Die Authentifizierung erfolgt über einem dem *Edge Node* zugeordneten Schlüssel, der vom IoT-Hub vergeben wird. Dieser Schlüssel wurde dem Anbieter für EVG zur Verfügung gestellt. Die Verwendung dieses Schlüssels entzieht sich nun der Kontrolle des Netzbetreibers. Der Schlüssel kann jedoch nicht mehrfach verwendet werden. Die Vertrauenswürdigkeit der Daten ist nur bedingt gegeben. Immerhin kann man festhalten, dass die Daten vom Inhaber des

---

[3] Microsoft Azure IoT Hub ist eine Lösung zur Herstellung von Iot-Systemen in der Microsoft Azure Cloud. Siehe Microsoft (2018a).

Schlüssels stammen. Eine Plausibilitätsüberprüfung der eingehenden Daten ist notwendig und kann im Rahmen des Prototyps mit *Azure Stream Analytics*[4] durchgeführt werden. Ein Vergleich mit dem dynamischen Lastprofil der EVG-Installation ist eine Möglichkeit.

Folgende Aufgaben wurden mit dem Prototyp umgesetzt:

- Übertragung von JSON-Nachrichten (JavaScript Object Notation) über MQTT,
- Umrechnung in Echtzeit mit Stream Analysis und Erzeugung einer neuen Version der Zeitreihe mit der Einheit „KWh" an Stelle von „W",
- Visualisierung der Ausfallhäufigkeit,
- Visualisierung der Zeitreihen allgemein,
- Speichern der Rohdaten,
- Durchführen von Transformationen, um den Metering OBIS-Codes zu entsprechen,
- Speichern der Daten in der Meter-Data-Management-Umgebung,
- Übergang per *Application Programming Interface (API)* von der Cloud zu On-Premise.

Folgende Funktionalitäten wären in einer weiteren Entwicklung relevant:

- Kommunikation vom Netzbetreiber zum Gerät der EVG (z. B. Schaltbefehle, Anforderung fehlender Werte).
- Definition eines Standards der Nachrichtenstruktur. Der Netzbetreiber hat sich angepasst.
- Der Prototyp verarbeitet nur die erhaltenen Daten. Es gibt keine Vereinbarung über den Umgang mit fehlenden Daten. Dies war für den Prototyp keine Anforderung. Technisch ist das jedoch keine Schwierigkeit.

17.4   Architektur des Prototyps

Die Architektur des Prototyps orientiert sich an der Referenzarchitektur für *Realtime Data Reference Architecture (LAMBDA)* des Netzbetreibers und den Vorschlägen von Microsoft zur Umsetzung von IoT-Lösungen.[5] Eine weitere im Prototyp gelöste Herausforderung ist die unterschiedliche Platzierung der Systeme in der Cloud und in der sogenannten *Private Cloud* (quasi *On-Premise*).

Zusätzlich wurde die Lösung in drei Schichten aufgeteilt wie in Abb. 17.1 dargestellt, um verschiedene Aspekte mit dem vorliegenden Prototyp untersuchen zu können:

- Die Transportschicht ist das Herzstück der Lösung und sorgt für den reibungslosen Transport der Messdaten in das MDMS.

---

[4] Microsoft Azure Stream Analytics ist eine Lösung zur Verarbeitung von Datenströmen oder für den Einsatz von Complex-Event-Processing. Siehe Microsoft (2018b).
[5] Vgl. Microsoft (2018c).

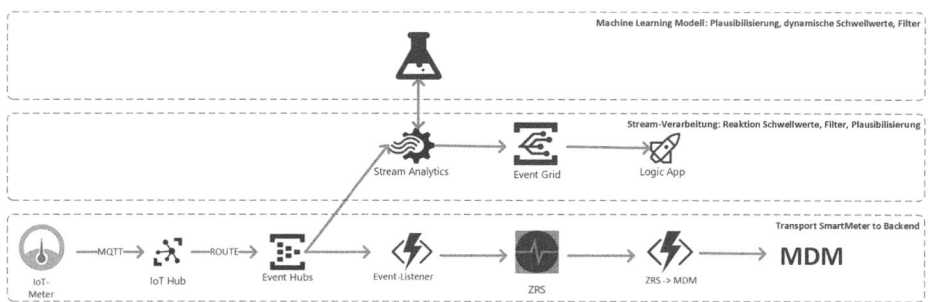

Abb. 17.1   Komponentendiagramm IoT-Prototyp

- Die Echtzeitvisualisierung ist eine Variante zur Darstellung der eingehenden Daten. Diese wurde mit Azure Time Series Insights[6] umgesetzt. Hier erhält der Nutzer zur Laufzeit sofortigen Einblick in die angelieferten Daten. Die Anzeige der Daten wurde für Vergleiche und Tests eingesetzt. Mit einer Heatmap-Darstellung wurde die Zuverlässigkeit der Übertragung untersucht.
- Die Stream-Verarbeitung soll die Fähigkeit zur Echtzeitverarbeitung untersuchen. Hier können später Schwellwertreaktionen oder Plausibilitätstests durchgeführt werden. Im Prototyp wird mit Azure Stream Analysis die Umrechnung von W in kWh durchgeführt. Der Vorteil gegenüber klassischen Verfahren ist, dass die Berechnung erfolgen kann, ohne auf persistierte Daten zugreifen zu müssen. Bei einer großen Zahl von Messpunkten – die bei einem Rollout zu erwarten sind – ist das entscheidend.

Die vorliegende Lösung besteht aus Standardkomponenten der Microsoft Azure Cloud, Eigenentwicklungen der *BKW Energie AG* und dem *Edge Node* des Anbieters für EVG. Die Laufzeitumgebung ist nicht ausschließlich die Public Cloud. Das *Meter-Data-Management-System (MDM-System)* ist ein dem Rechenzentrum des Netzbetreibers zugeordnetes System, und die Integration zwischen Cloud und dem Backend-System läuft auf einer Container-Umgebung des Netzbetreibers, welche ebenfalls dem Rechenzentrum zugeordnet ist.

Dabei läuft der Datenfluss wie im Folgenden beschrieben:

- Der *Edge Node* verschickt alle 15 Minuten zwei Nachrichten an den IoT-Hub. Der IoT-Hub stellt die Gegenstelle zum IoT-Gerät dar und leitet (Routing) die Nachricht an einen Event-Hub[7] weiter. Das Routing ist notwendig, da die Nachricht aufgrund der nicht

---

[6] Azure TimeSeries Insights ist eine Lösung zur Visualisierung von Zeitreihen aus Datenströmen. Siehe Microsoft (2018d).

[7] Ein Event-Hub ist ein Dienst in der Microsoft Azure Cloud, der die Verarbeitung von Echtzeit-Daten ermöglicht und diese weiteren Komponenten zur Weiterverarbeitung zur Verfügung stellt. Siehe Microsoft (2018e).

standardisierten Nachrichtenstruktur individuell bearbeitet werden muss. Der Event-Hub hält die Nachrichten für die konsumierenden Komponenten bereit.

• Die Nachrichten werden sofort von den nachfolgenden Prozessinstanzen weiterverarbeitet. Sollte eine oder mehrere Instanzen ausfallen, so werden die Nachrichten noch eine voreingestellte Zeitspanne zur späteren Abholung vorgehalten.

• Die Echtzeitvisualisierung ist ein Konsument des Event-Hubs. Time Series Insights speichert die Daten in einem proprietären Speicher und stellt eine Oberfläche zur Visualisierung bereit. Die Daten werden 30 Tage vorgehalten. Die Besonderheit des Produkts ist die Fähigkeit, bis zu 300 Mio. Messwerte in Echtzeit zu visualisieren.

• Eine Azure Function[8] „Event-Listener" transportiert die Daten in den *Zeitreihenspeicher (ZRS)* . Dieser ist eine Eigenentwicklung der BKW Energie AG und kann die Daten in beliebiger Granularität und Dauer vorhalten und via API zur Verfügung stellen. Im Prototyp ist der ZRS als dauerhafter Speicher für die Rohdaten vorgesehen. Rohdaten können aus Kosten- und Performancegründen nicht im MDMS gespeichert werden.

• Stream Analytics holt ebenfalls die Daten aus dem Event-Hub. Hier werden die Daten für einen vorgegebenen Zeitraum im Speicher gehalten, damit die Umrechnung in kWh erfolgen kann. Die resultierenden Werte werden in einem weiteren Event-Hub abgelegt.

• Eine zweite Azure Function transportiert die Daten aus dem zweiten Event-Hub in den ZRS, damit das Ergebnis der Umrechnung ebenfalls persistiert werden kann.

• Eine dritte Azure Function läuft gemäß den Architekturvorgaben des Netzbetreibers zur Integration auf einer Openshift-Container-Plattform, da das MDMS aus der Cloud nicht erreichbar ist. Diese transportiert zeitgesteuert die Zeitreihe aus dem ZRS (Cloud) in das MDMS und nimmt dabei notwendige Transformationen und Modifikationen vor.

Die Zwischenspeicherung der Daten im ZRS wäre eigentlich optional. Da das MDMS aber nicht unbeschränkt in Zeit und Menge Daten aufnehmen kann, muss ein Puffer eingeführt werden.

Der Prototyp kann kritisiert werden, da die verarbeitete Menge gering ist, aber dieselben Komponenten wurden für einen weiteren Prototyp zur Verarbeitung von Sensordaten von Produktionsanlagen unverändert übernommen, und dort werden mehrere Tausend Sensoren verarbeitet, die jede Minute Daten übertragen.

Nach Einschätzung der Autoren wird eine produktive Lösung nur geringfügig von dem hier gezeigten Prototyp abweichen. Ein weiterer Gewinn dieser Architektur ist die Skalierbarkeit in Bezug auf die Menge der zu verarbeitenden Daten und Messpunkte und die einfache Integrierbarkeit aufgrund der leistungsfähigen APIs. Der Aufbau einer gleichwertigen Lösung auf Basis der Systeme der industriespezifischen Smart-Meter-System-Anbieter wäre nach heutiger Verfügbarkeit an Lösungen wesentlich aufwendiger als das hier gezeigte Verfahren.

---

[8] Eine Azure Function ist eine Laufzeitumgebung, die sowohl in der Cloud als auch in einer Container-Umgebung im Rechenzentrum funktioniert.

17.5   Vergleich zur klassischen Smart-Meter-Lösung

Der auffälligste Unterschied ist der unterschiedliche Ansatz bei der Wahl des technischen Systems. Auf der einen Seite wählt der Verteilnetzanbieter ein System eines industriespezifischen Smart-Meter-System-Anbieters, welches die Anforderungen auf viele Jahre hinaus zu erfüllen scheint und auf die Gegebenheiten vor Ort passt.

Auf der anderen Seite werden nur ein Protokoll, ein Sicherheitsverfahren und eine Nachrichtenstruktur vorgegeben. Es ist offen, wie das Gerät das Internet erreicht und seine Daten überträgt. Der Netzbetreiber muss keine Entscheidung für einen Gerätetyp treffen und begibt sich nicht in die Abhängigkeit eines industriespezifischen Anbieters.

Die Übertragung der Daten ist durch die gewählte Kombination aus Smart Meter und Head-End-System gegeben. Aktuell setzen kommerzielle Smart-Metering-Systeme einen Teil der technologisch möglichen Kommunikationstechnologien ein. Dabei fokussiert sich jeder Systemanbieter i. d. R. auf einige dieser Kommunikationstechnologien. Damit schränkt sich die Auswahl der Anbieter in der Praxis aus Netzbetreibersicht ein. Beim IoT-Ansatz kann die Übertragung in Abhängigkeit der lokalen Umstände gewählt werden, letztlich muss eine Nachricht über das MQTT- oder AMPQ-Protokoll über das Internet versendet werden. Im Falle des Prototyps bestand bereits eine Anbindung an das Internet, da der *Edge Node* ohnehin an den Anbieter für die EVG-Lösung Daten übertragen muss. Zusätzliche Kosten entstanden nicht. Auch verfügt der Edge Node über genügend Rechenleistung, sodass die Umsetzung mit einer höheren Programmiersprache erfolgen konnte. Bei Verwendung eines klassischen Smart Meters wären solche Anpassungen nicht ohne Unterstützung des Herstellers möglich gewesen.

Die Nachrichtenübertragung, das Nachrichtenformat – hier *JSON* – und die Nachrichtenstruktur sind offen und nicht industriespezifisch. Es geht einfach nur um die Übertragung von Daten von Sensoren. Die Entwicklung der einzelnen Komponenten des Prototyps war sehr einfach, da die selbst entwickelten Teile und die *PaaS*-Komponenten aus der *Cloud* kombiniert werden konnten und die modernsten Entwicklungsverfahren zulassen. Die Daten stehen sofort nach Eingang im Hub zur Verfügung und können weiterverarbeitet werden.

Im klassischen Smart-Metering-System stellt sich das ganz anders dar: Das Head-End-System persistiert die Daten vorab in einer relationalen Datenbank und bietet eine Message-Queuing-Schnittstelle nach IEC zur Verfügung. Die Schnittstelle steht dem MDMS exklusiv zur Verfügung und kann nicht von weiteren Anwendungen genutzt werden. Auch kann das Head-End-System nicht für andere Geräte als Smart Meter verwendet werden. Der Prototyp könnte somit auf Grundlage der bestehenden Umgebung nicht entwickelt werden. Aufgrund der Eigenschaften des Head-End-Systems können Daten nicht in Echtzeitanwendungen verwendet werden.

17.6 Zukünftige Lösung

Eine spätere produktive Lösung (s. Abb. 17.2) unterscheidet sich nur wenig von der im Prototyp dargestellten Variante. Eine wichtige Erweiterung für die produktive Lösung ist jedoch die Erweiterung um Complex Event Processing und Machine Learning, um Plausibilitätsprüfungen durchzuführen und auf Ereignisse reagieren zu können.

Es ist durchaus möglich, den hier vorgeschlagenen IoT-Ansatz auch mit den bestehenden nachfolgenden Systemen wie dem MDMS zu kombinieren. Denkbar wäre jedoch – wie oben dargestellt –, die Zeitreihen nicht mehrfach bei den verschiedenen Verarbeitungsschritten zu speichern, sondern diese zentral zur Verfügung zu stellen. Dabei soll mit zentral nicht eine einzelne zentrale Instanz gemeint sein, sondern im Sinne einer föderativen Architektur[9] können Daten aufgabenbasiert verteilt werden. Die Schnittstellen und Komponenten sind jedoch einheitlich verwendbar unabhängig davon, wo die Komponente ihre Laufzeitumgebung hat. Der Prototyp nutzt Komponenten aus der Public Cloud. Die Verwendung dieses „Baukastensystems" unterstützt die Entwicklung und macht die Lösung sehr flexibel und kostengünstig.

17.7 Fazit und Ausblick

Der Prototyp zeigt auf, dass auch ganz andere Architekturen im Smart-Meter-Umfeld denkbar sind und diese sogar deutliche Vorteile aufweisen. Der Umgang mit intelligenten Messstellen erfordert keine monolithische Architektur nach Vorgaben industriespezifischer Smart-Meter-System-Hersteller. Tatsächlich erschweren es in der Praxis die klassischen Smart-Meter-System-Architekturen, dass Netzbetreiber, Energielieferanten, Energiedienstleister und Kunden von den Eigenschaften der Smart Meter profitieren. Der Netzbetreiber wäre neue Anbieter oder Nutzer einer Cloud Gateway und nicht Inhaber von intelligenten Messstellen. Eine flexible Architektur unterstützt die Zurverfügungstellung von Mehrwertdiensten im Bereich Smart Meter. Die hier vorgestellte Lösungsarchitektur ist damit eine interessante Alternative.

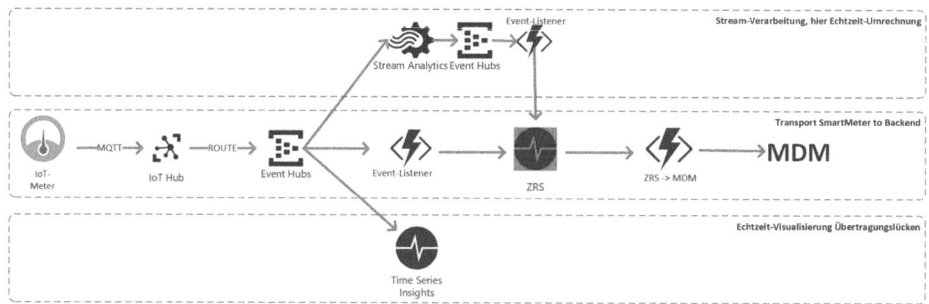

Abb. 17.2 Komponentendiagramm mögliche produktive Lösung

---

[9]Vgl. Flühr (2009, S. 288).

Die Kosten-Nutzen-Analyse von gesetzlich vorgeschriebenen und flächendeckenden Rollouts von Smart-Meter-Systemen ist weltweit wiederholt zu Ungunsten dieses Ansatzes ausgefallen.[10] Dabei wurden vor allem wirtschaftliche und soziale Faktoren sowie indirekt die Systemsicherheit miteinbezogen. Dieses Kapitel zeigt auf, dass auch die Aktualität und die Zweckerfüllung der technischen Lösung klassischer Smart-Meter-Systeme im Vergleich mit anderen, heute verfügbaren Technologien ein wichtiger Gegenstand dieser Analysen sein sollten.

Der Einsatz von Smart-Meter-Systemen darf kein Selbstzweck sein. Wie in diesem Kapitel gezeigt, stehen heute verschiedene Technologien zur Verfügung, mit denen sich die Aufgaben an Smart-Meter-Systeme lösen lassen. Ein System zu bauen, dass alle potenziellen Anwendungen der Zukunft abdeckt und dabei noch eine vertretbare Sicherheit und vertretbare Kosten aufweist, ist eine immense Herausforderung, die ihrer Motivation möglicherweise nicht gerecht wird. Hingegen ist es möglich, mit IoT-Lösungen passgenau, mit geringem Aufwand und niedrigen Kosten messtechnische Aufgaben umzusetzen. Beide Erkenntnisse stehen in der Tradition des Smart-Grid-Erfinders Massoud Amin,[11] der eine Vielzahl von passgenauen Lösungen für spezifische Aufgaben statt eines Single Point of Failure (und Kosten) vertritt. Es wäre also sinnvoll, Netzbetreibern und Messdienstleistern zu lösende Aufgaben zu stellen, statt ihnen technischen Lösungen vorzuschreiben.

17.8 Danksagung

Unser ausdrücklicher Dank gilt der BKW Energie AG, die uns die Möglichkeit zu dieser Arbeit gegeben hat, sowie den zahlreichen Kolleginnen und Kollegen für ihre Unterstützung und den angeregten fachlichen Austausch. Ein besonderer Dank gilt Jesko Herre, der maßgeblich an diesem Kapitel mitgewirkt hat.

Literatur

Amin, M. (1998). *Toward a secure and smart self-healing grid* (27.01.1998). Präsentation vor dem EPRI Research Advisory Committee. http://massoud-amin.umn.edu/presentations/CINSI_01-27-1998_RAC.pdf. Zugegriffen am 20.03.2019.

Brophy Haney, A., Jamasb, T., & Pollitt, M. G. (2009). *Smart metering and electricity demand: Technology, economics and international experience.* Cambridge working papers in economics, EPRG working paper, CWPE 0905 & EPRG 0903, Faculty of Economics, University of Cambridge. http://www.econ.cam.ac.uk/research-files/repec/cam/pdf/cwpe0905.pdf. Zugegriffen am 20.03.2019.

BSI. (2018). *Das smart meter gateway – Cyber-Sicherheit für die Digitalisierung der Energiewende* (Jan. 2018). Bonn: Bundesamt für Sicherheit in der Informationstechnik (BSI). https://www.bsi.bund.de/SharedDocs/Downloads/DE/BSI/Publikationen/Broschueren/Smart-Meter-Gateway.pdf?__blob=publicationFile&v=6. Zugegriffen am 20.03.2019.

---

[10] Vgl. Ernst & Young (2013); Brophy Haney et al. (2009).

[11] Vgl. Amin (1998).

DARPA. (1978). *Proceedings of a workshop on distributed sensor nets*. Pittsburgh: Department of Computer Science, Carnegie Mellon University.

Ernst & Young (2013). *Ernst & Young: Kosten-Nutzen-Analyse für einen flächendeckenden Einsatz intelligenter Zähler* (30.07.2013). Dortmund: Ernst & Young GmbH Wirtschaftsprüfungsgesellschaft, im Auftrag des Bundesministeriums für Wirtschaft und Energie (BMWi). https://www.bmwi.de/Redaktion/DE/Publikationen/Studien/kosten-nutzen-analyse-fuer-flaechendeckenden-einsatz-intelligenterzaehler.pdf?__blob=publicationFile&v=5. Zugegriffen am 20.03.2019.

Flühr, H. (2009). *Avionik und Flugsicherungstechnik: Einführung in Kommunikationstechnik, Navigation, Surveillance*. Berlin/Heidelberg: Springer.

Microsoft. (2018a). *Azure IoT hub*. Redmond (WA): Microsoft Corporation. https://azure.microsoft.com/de-de/services/iot-hub/. Zugegriffen am 20.03.2019.

Microsoft. (2018b). *Azure stream analytics*. Redmond (WA): Microsoft Corporation. https://azure.microsoft.com/de-de/services/stream-analytics/. Zugegriffen am 20.03.2019.

Microsoft. (2018c). *Azure IoT reference architecture(Pdf) – Version 2.1*. Redmond (WA): Microsoft Corporation. http://download.microsoft.com/download/A/4/D/A4DAD253-BC21-41D3-B9D9-87D2AE6F0719/Microsoft_Azure_IoT_Reference_Architecture.pdf. Zugegriffen am 20.03.2019.

Microsoft. (2018d). *Azure time series insights*. Redmond (WA): Microsoft Corporation. https://azure.microsoft.com/de-de/services/time-series-insights/. Zugegriffen am 20.03.2019.

Microsoft. (2018e). *Event hubs*. Redmond (WA): Microsoft Corporation. https://azure.microsoft.com/de-de/services/event-hubs/. Zugegriffen am 20.03.2019.

Maurice Bachor studierte Betriebswirtschaftslehre an der Freien Universität Berlin mit dem Schwerpunkt auf Wirtschaftsinformatik und schloss als Diplom-Kaufmann ab. Er gewann unternehmerische Erfahrung mit der Gründung einer IT-Beratungsfirma und ist TOGAF-zertifizierter Unternehmensarchitekt. Weitere berufliche Erfahrung sammelte er als Consultant in IT-Beratungsfirmen und als Unternehmensarchitekt bei der Swisscom AG. Heute ist er Leiter für die Software-Entwicklung von Integrations- und Cloudlösungen bei der BKW Energie AG.

Dr.-Ing. Monika Freunek (Müller) studierte von 2002 bis 2006 Mechatronik und Produktentwicklung an den Fachhochschulen Bielefeld und Furtwangen und promovierte 2010 im Rahmen des Graduiertenkollegs GRK-1 Micro-Energy-Harvesting an der Albert-Ludwigs-Universität Freiburg/Breisgau. Nach Stationen als Postdoc bei IBM Research Zürich, Stipendiatin der Exist-High-Tech-Start-Up-Initiative des BMBF und an der ZHAW ist sie bei der BKW Energie AG, Schweiz, als Spezialistin für Energiemesstechnik tätig gewesen und nun dort Leiterin für die Datensicherheit im Netznutzungsmanagement. Ihre weitere Expertise umfasst Systemmodellierung von Energiesystemen.

Energiedatenmanagement – EDMS, Big Data, Smart Data

18

Holger Schweinfurth

Zusammenfassung

In diesem Kapitel wird der digitale Transformationsprozess in der Versorgungsindustrie sowie dessen Eigenschaften beschrieben. Danach wird die zunehmende Bedeutung energiewirtschaftlicher Daten und deren Verwendungsmöglichkeiten sowie die steigende Akzeptanz von Cloud-Modellen und -Anwendungen in der Versorgungsbranche skizziert. Ein zentraler Teil dieses Kapitels beschäftigt sich mit der generellen Betrachtung von Energiedatenmanagementsystemen. Im Anschluss wird die Entwicklung einer solchen industriespezifischen Lösung bei SAP erläutert und ein wesentliches Augenmerk auf die neue Generation um SAP Cloud for Energy gelegt.

18.1 Einführung

Bevor wir uns dem Thema des Energiedatenmanagements zuwenden, stellen wir eine Betrachtung der Transformation in der Versorgungsindustrie und der damit verbundenen Relevanz energiewirtschaftlicher Daten an. Ferner wird die für die Branche zunehmende Bedeutung, die Herausforderungen und die Möglichkeiten von Cloud-Technologien skizziert.

18.1.1 Der Wandel zum intelligenten Versorgungsunternehmen

Die Wertschöpfungskette und das Geschäftsmodell der Versorgungsindustrie unterliegen einer bedeutsamen Transformation, die sich zusammengefasst in den folgenden Punkten beschreiben lässt:

H. Schweinfurth (✉)
Industry Business Unit Utilities, SAP SE, Walldorf, Deutschland

© Springer Fachmedien Wiesbaden GmbH, ein Teil von Springer Nature 2020
O. D. Doleski (Hrsg.), *Realisierung Utility 4.0 Band 2*,
https://doi.org/10.1007/978-3-658-25589-3_18

Deregulierung

Mit der Deregulierung (Liberalisierung) des leitungsgebundenen Energiemarktes wurde gesetzlich geregelt, dass die Elemente *Erzeugung* sowie *Handel* und *Vertrieb* der versorgungswirtschaftlichen Wertschöpfungskette dem freien Wettbewerb unterliegen. Dies verändert die Dynamik des Energiemarktes und beseitigt die Eintrittsbarrieren für bisher noch nicht vorhandene Marktteilnehmer. Dazu zählen auch private, gewerbliche oder industrielle Verbraucher. Die für die Versorgung benötigten *Übertragungs-* und *Verteilnetze* bleiben als „natürliche Monopole" bestehen, da für diese Wertschöpfungselemente ein Wettbewerb nicht sinnvoll möglich ist. Zunehmend setzt sich auch im Bereich des *Messstellenbetriebs* am Ort der Verbraucher – bislang in der Zuständigkeit des Verteilnetzbetreibers – eine wettbewerbliche Liberalisierung durch.

Dekarbonisierte Energieerzeugung

Energie ist für unseren Lebensstil des 21. Jahrhunderts von grundlegender Bedeutung, und wir müssen zügig neue Wege finden, um den schnell wachsenden Energiebedarf nachhaltig zu decken. Die Versorgungsunternehmen forcieren die dekarbonisierte Energieerzeugung vor allem durch die Nutzung erneuerbarer Energiequellen (Sonne, Wind, Wasser, Biomasse u. a.). Damit wird allerdings die gesamte Infrastruktur der Versorgungsindustrie vor größte Herausforderungen gestellt. Der Umbau dieser Infrastruktur ist zwingend. Infolge dieses Umbaus muss das Geschäftsmodell der Versorgungsindustrie grundlegend neu definiert werden. Die Gründe dafür ergeben sich aus der folgenden dritten Transformation.

Dezentralisierung

Die Infrastruktur der Versorgungsindustrie beruhte bislang auf einer zentralen Erzeugung und unidirektionalen Verteilung. Die Transformation zu erneuerbaren Energiequellen bedingt eine Dezentralisierung der Infrastruktur in mehreren Dimensionen:

Energie aus Wind-, Solar- und Wasserkraft kann (mit unterschiedlicher Effektivität) überall, sprich dezentral, erzeugt werden. Allerdings ist die Erzeugungsleistung wetterbedingt extrem unbeständig. Es liegt einerseits nahe, erneuerbare Energie in der Nähe der Verbrauchsorte zu bilden. Die Erfahrung zeigt andererseits, dass erneuerbare Energie dort besonders effektiv geschaffen werden kann, wo die Bevölkerungsdichte – und somit der lokale Verbrauch – gering ist. Darüber hinaus ist zu berücksichtigen, dass die intermittierende Eigenschaft erneuerbarer Energiequellen dazu zwingt, die gewonnene Energie in Schwachlastzeiten mittels umweltfreundlicher Technologien zu speichern. Aus dem gleichen Grund ist es sinnvoll, Verbrauchern Anreize zu bieten, Energie in Hochlastzeiten einzusparen. Der Effekt entspricht dem der Energiespeicher. Schlussendlich müssen für eine beträchtlich lange Übergangzeit auch alle bisher genutzten konventionellen Energiequellen bis zu ihrer endgültigen Ablösung durch erneuerbare Energiequellen in das Versorgungssystem integriert bleiben.

Digitalisierung

Die Digitalisierung in ihrer aktuellen verfügbaren Entwicklungsstufe ermöglicht es, die gesamte Infrastruktur des Energieversorgungssystems (Erzeugung/Speicher, Übertragungs-

und Verteilnetze) wie auch die angeschlossenen Verbrauchsgeräte und -anlagen über elektronische Sensor-, Mess- und Steuergeräte (*operational Technology, OT*) in Echtzeit zu messen und zu steuern. Die damit erzeugten Daten und Steuerungsoptionen stehen in definiertem Umfang den für den Betrieb des Energiesystems verantwortlichen Versorgungsunternehmen zur Verfügung und können von den hier eingesetzten IT-Systemen zur Steuerung ihrer Zuständigkeiten beim Betrieb des Energiesystems genutzt werden. Ebenso können kontrolliert ausgewählte Daten und Steuerungsoptionen auch den örtlich an das Energiesystem angeschlossenen Verbrauchern und den hier eingesetzten IT-Systemen (PC, Mobiltelefon etc.) zur Beobachtung bzw. Steuerung ihrer Verbrauchseinheit zur Verfügung gestellt werden.

Im Unterschied zu den vorherigen Transformationsgründen ist die Digitalisierung kein durch die Veränderungen in der Energieversorgungsindustrie selbst bedingter Wandel. Vielmehr ist sie das technische Mittel, die zuvor genannten Transformationen überhaupt erst zu ermöglichen. Mit dem Ausmaß und der Erfahrung in der Nutzung der Digitalisierung wächst die Kompetenz – jedes marktteilnehmenden Versorgungsunternehmens wie auch bei den angeschlossenen Verbrauchern –, die mit den ersten Transformationen verbundene Komplexität sicher, wirtschaftlich und umweltfreundlich zu beherrschen. Der durch Gesetzgebung und Gesellschaft bestehende Druck zur Umsetzung der Transformationen zwingt alle Marktteilnehmer zur Nutzung der Digitalisierung. Den Verbrauchern bleibt ein größerer Handlungsspielraum, gegebenenfalls aber um den Preis einer geringeren Wirtschaftlichkeit bei der Energienutzung.

Ein Beispiel für die Transformation in der Branche ist in einer Grafik dargestellt (Abb. 18.1): Von dem einstigen Fokus auf den klassischen *Meter-to-Cash-Prozess* ist mittlerweile der Kunde mit seinen individuellen Bedürfnissen hinsichtlich unterschiedlicher Produkte und Dienstleistungen in den Mittelpunkt gerückt.

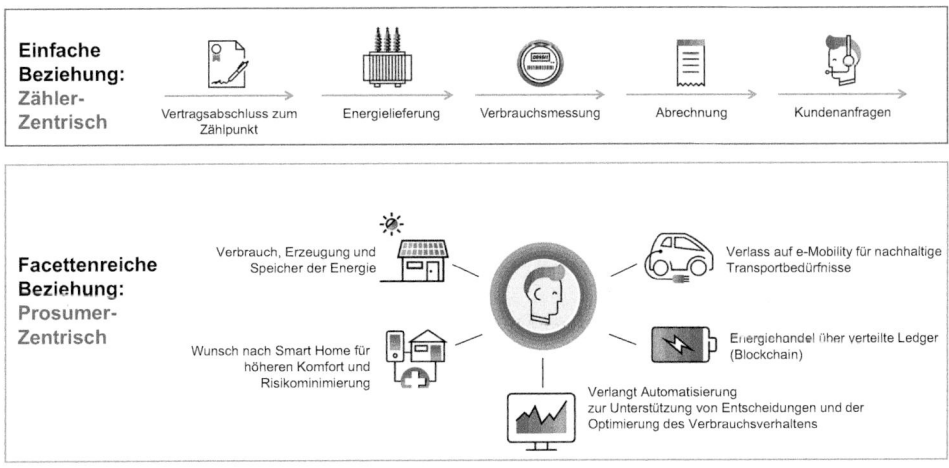

Abb. 18.1 Beispiel des fundamentalen Wandels der Versorgungsindustrie

18.1.2 Die Bedeutung der energiewirtschaftlichen Daten

Der Schlüssel zur Bewältigung der beschriebenen *Transformation* liegt darin, dem Energie-system eines Marktes ein digitales Informationsnetz zu unterlegen, welches die aktuelle Situation des Energienetzes (Einspeisung – Übertragung – Verteilung – Verbrauch) mit al-len erforderlichen physikalischen und kaufmännischen Parametern nicht nur realistisch wi-derspiegelt, sondern auch – mit abnehmender Zuverlässigkeit – kurz-, mittel- und langfris-tig prognostiziert. Jeder Marktteilnehmer, in seiner aus der Deregulierung entstanden Marktrolle, muss zur Erstellung und permanenten Aufrechterhaltung dieses Informations-netzes seinen rollenspezifischen Beitrag leisten. Dazu gehört auch, seinen Datenbeitrag permanent und zeitnah anderen Marktteilnehmern in einem gesetzlich oder branchenintern verbindlich abgestimmten Rahmen und Zeitrhythmus zur Verfügung zu stellen.

Das Skelett des Informationsnetzes stellen die *Stammdaten* der dem Energienetz zugrunde-liegenden installierten Infrastruktur von der Einspeisung bis zur Verbrauchsstelle mit ihren tech-nischen Daten und Lokationen, einschließlich der Stammdaten zu den hier installierten Mess-und Steuerungsgeräten. Aus administrativen und kaufmännischen Gründen enthält das Informationsnetz auch die Stammdaten der Akteure, insbesondere der Marktteilnehmer und Ver-braucher. Die Dynamik des Energienetzes kommt in den *Bewegungsdaten* zum Ausdruck, zuvor-derst den aus den zahllosen Messgeräten empfangenen physikalischen Daten. Diese Stamm- und Bewegungsdaten ermöglichen es, ein digitales Abbild des Versorgungsprozesses bei jedem ein-zelnen Marktteilnehmer und letztlich des gesamten Energienetzes im Markt zu schaffen.

Unser Augenmerk gilt vor allem den Bewegungsdaten. Diese Bewegungsdaten werden im technischen Bereich durchweg, im kaufmännischen Bereich deutlich zunehmend durch zeitlich äquidistante oder nicht äquidistante Zeitreihen repräsentiert. Wer die technischen und kaufmännischen Prozesse in der Wertschöpfungskette der Versorgungsindustrie unter Berücksichtigung zukünftiger Anforderungen analysiert, stellt fest, dass die Be- und Verar-beitung solcher Zeitreihen überall und stark zunehmend benötigt wird. In der Versorgungs-industrie werden Lösungen zur Be- und Verarbeitung von energiebezogenen Datenzeitreihen als *Energiedatenmanagementsysteme (EDM)* bezeichnet. Auf die Beschreibung und die Nutzung von Energiedatenmanagementsystemen konzentriert sich dieser Artikel im Folgen-den. Eben weil das EDM-System und die darin gesammelten bzw. abgeleiteten Daten von allen Marktrollen eines Versorgungunternehmens übergreifend benötigt werden, liegt es nahe, es als flexibel und universell einsetzbares System zu entwickeln und jeder Marktrolle als Cloud-Lösung zur Verfügung zu stellen. Den weiteren Erläuterungen zu EDM-Systemen wird daher im nächsten Absatz noch ein Exkurs in die Cloud-Technologie vorangestellt.

18.1.3 Cloud-Lösungen zur Beschleunigung der digitalen Transformation

Seit einigen Jahren haben führende Unternehmen aus allen Branchen teilweise bereits auf Cloud-Technologien gesetzt. Sie haben verstanden, dass sie Herausforderungen wie etwa eine verbesserte Kooperation von Teams oder die Verwendung unterschiedlichster Daten für Business-Entscheidungen am besten über Cloud-Technologien meistern können.

Dieser Trend zur vermehrten Verwendung der Cloud wird weiter voranschreiten, und Cloud-Services werden zunehmend an Bedeutung für die *digitale Transformation* gewinnen, die Verbreitung und das Innovationstempo werden weiter stark ansteigen und Unternehmen aller Größenklassen sowie sämtliche Marktrollen und Regionen durchdringen.

In der Versorgungsindustrie konnte man eine erste Adaption von *Line-of-Business-Lösungen* für beispielsweise die Personalwirtschaft oder auch die Beschaffung von Waren und Dienstleistungen feststellen. Allerdings sehen wir auch einen wachsenden Zuspruch bei Cloud-Applikationen für den klassischen industriespezifischen *Meter-to-Cash-Prozess*, aber weniger für die steuerungskritischen Bereiche wie beispielsweise die der SCADA-Systeme.

Bei der Cloud-Adaption werden die Versorgungsunternehmen jedoch keinen disruptiven Übergang von ihrer heutigen *On-Premise-Lösungslandschaft* in eine rein Cloud-basierte Umgebung wählen, sondern über einen längeren Zeitraum auch hybride Szenarien fahren. Eine solche Kombination aus *Cloud* und *On-Premise-Architektur* wird jedoch nur dann erfolgreich sein, wenn die Interoperabilität zwischen den Einsatzoptionen *On-Premise* und *Cloud* gewährleistet ist – und das ist nur dann gegeben, wenn eine einwandfreie und flexible Integration mit den unterschiedlichsten branchenspezifischen Diensten zur Verfügung gestellt wird.

Die Versorgungsindustrie hat spezielle Bedürfnisse, erfordert bestimmte Plattformmerkmale, die mit den unterschiedlichsten gesetzlichen Vorgaben konform gestaltet sein müssen. Daher wird es unausweichlich sein, dass sich die Unternehmen Cloud-Plattformen suchen, die auf ihren Fachbereich zugeschnitten sind.

Ein wesentlicher Bestandteil zur Beschaffung, Verarbeitung und Weiterleitung jedweder Art von Informationen stellt das *Internet of Things (IoT)* dar, das die Vernetzung von Dingen wie elektronischen Zählern oder anderen verbauten Einheiten (z. B. Transformatoren) ermöglicht und weiter vorantreibt.

Diese und weitere Entwicklungen bringen es mit sich, dass in Sensoren und anderen Entitäten gewaltige Datenmengen entstehen, die transportiert und über einen bidirektionalen Austausch der Plattform zugeführt, ausgewertet und teilweise auch wieder zurückgeführt werden müssen. Der Wettbewerb innerhalb der Versorgungsindustrie wird dadurch zu vollautomatisierten IoT-Geschäftsprozessen mit Echtzeitinformationen und sich selbst skalierenden Diensten führen.

Darüber hinaus werden neue Cloud-Entwicklungen die Integration von Information-und-Operational-Technologie (IT-OT-Integration) mit den Mitteln des IoT auch in der Zukunft weiter beschleunigen, da beide Hand in Hand arbeiten. Beispiel: Die über IoT verbundenen Geräte im Haushalt oder (Elektro-)Fahrzeuge verfügen über ein Cloud-basiertes Backend als Mittel zur Kommunikation und Speicherung von Informationen.

Vor allem Cloud-basiertes *Machine Learning (ML)*, fortschrittliche analytische Möglichkeiten und Echtzeitdatenanalysen via Cloud werden den Nutzen von IoT zukünftig entscheidend verbessern.

Gerade im Umfeld von *Künstlicher Intelligenz (KI)* und ML nehmen Cloud-Services eine Schlüsselrolle ein. Werkzeuge und Plattformen für maschinelles Lernen und Künstliche Intelligenz werden via Cloud einfacher zu handhaben und umfangreicher sein. Das

Zusammentreffen von durchdachten Machine-Learning-Verfahren, In-Memory-Technologien und nahezu unbegrenzter, kostengünstiger Rechenleistung aus der Cloud wird Unternehmen den Zugriff und die Verwendung solcher Technologien nachdrücklich erleichtern.

Mit all diesen neuen technologischen Optionen wird der Aspekt der (Cloud-)Sicherheit noch mehr an Bedeutung gewinnen: Security-Eigenschaften werden zunehmend ausgebaut und in bestehende, aber auch in neue Lösungen integriert. In diesem Zusammenhang ist insbesondere auch das Thema der europäischen *Datenschutz-Grundverordnung (DSGVO)* zu erwähnen, die empfindliche Strafen für nicht vorhandene oder unzureichende Maßnahmen zum entsprechenden Schutz persönlicher Informationen vorsieht.

18.2 Ein zukunftsweisendes Energiedatenmanagementsystem (EDMS)

Nach einer allgemeinen Betrachtung zum Thema Energiedatenmanagement wenden wir uns der historischen Entwicklung, aber auch den aktuellen Lösungsangeboten und Planungen solcher Systeme im Hause SAP zu.

18.2.1 Allgemeine Betrachtungen

Energiedatenmanagementsysteme im weiteren Sinne verfügen i. d. R. über 5 Prozesskomponenten:[1] Zähl- und Messeinrichtungen, Datenerfassung, Übertragung sowie Datenspeicherung und Analyse der Informationen (s. Abb. 18.2).

Energiezähler als Zähl- und Messeinrichtung dienen der Erfassung und der Messung der verbrauchten bzw. produzierten Energie. Hierbei stehen verschiedene Messtechnologien mit variierenden Messfähigkeiten zur Verfügung (Arbeit, Leistung, Blindenergie, Frequenz etc.). Traditionell erfassen die meisten Basiszähler lediglich den fortlaufenden Energieverbrauch. Mit der Einführung und Ausbreitung der *Smart Meter* werden diese und weitere Informationen wie etwa die Energiequalität als Messzeitreihen in feingranularen Einheiten (z. B. 15 Minuten) ermittelt und genutzt. Eine Steuerung des zunehmend aus erneuerbaren Energiequellen gespeisten Energienetzes wäre ohne die Erfassung der Erzeugungs- und Verbrauchswerte als Funktion der Zeit nicht möglich.

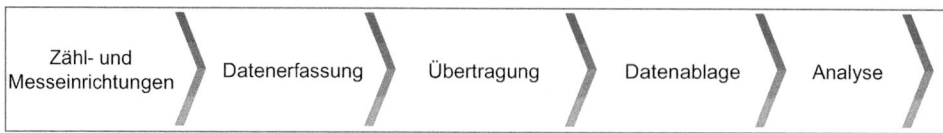

Abb. 18.2 Wesentliche Prozesskomponenten des Energiedatenmanagementsystems

---

[1] Vgl. Fowler et al. (2017, S. 2 ff.).

Die Datenerfassung beinhaltet die Kommunikationsgeräte und -protokolle und die dazu verwendete Software, damit Rohdaten aus den Zählern in ein Datenerfassungssystem übertragen werden können. Dieses System koordiniert die Sammlung von unterschiedlichsten Informationen aus allen angeschlossenen Zählern und bereitet die Übertragung der Daten in das finale Speichermedium vor. Neben den erwähnten Eigenschaften wird in solchen Lösungen aber auch beispielsweise die unterschiedliche Firmware der Zähl- und Messeinrichtungen administriert. Alle diese genannten Funktionen werden heute i. d. R. von sogenannten *Head-End-Systemen (HES)* zur Verfügung gestellt, könnten zukünftig aber auch direkt von OT-Kommunikationssystemen autorisierter Marktteilnehmer abgefragt werden.

Der Kommunikationsdienst unterstützt die unterschiedlichsten Übertragungsmöglichkeiten der Daten aus dem Erfassungs- in das System zur Datenspeicherung. Hinsichtlich der Datenstruktur des Datenspeichers sind weltweit anerkannte Standards wie beispielsweise der des *Common Information Models (CIM)* von essenzieller Bedeutung. Dadurch wird ein hoher Grad der Interoperabilität zwischen den Systemen unterschiedlicher Hersteller, aber auch eine entsprechende Skalierbarkeit und Effizienz für den Austausch großer Datenvolumen sichergestellt. Insbesondere der Aspekt der *Cyber Security* spielt dabei eine gewichtige Rolle, nicht nur um die oben beschriebenen Anforderungen der DSGVO zu erfüllen, sondern auch, um die Sicherheit gegenüber externen Angriffen zu gewährleisten.

Das System zur Datenspeicherung muss den massenhaften Import von Informationen unterstützen, die über den Kommunikationsdienst zur Verfügung gestellt werden. Neben diesem Massenprozessieren unterschiedlichster Daten sollte das unterstützende System auch in der Lage sein, eine entsprechende Qualitätssicherung und Administration der importierten Informationen zu ermöglichen. Ferner verlangen nachfolgende Anwendungen (z. B. Abrechnung von Energieverbräuchen) eine zeitnahe und verlässliche Aufbereitung der Daten.

Zähl- und Messergebnisse sind nur dann nützlich, wenn sie in entscheidungsrelevante Informationen umgewandelt werden können. Von daher ist die letzte – und wohl wichtigste – Komponente eines Energiedatenmanagementsystems seine Analysefähigkeit, mit der sinnvolle Informationen aus den Daten extrahiert werden. Diese lässt über eine web- oder anwendungsbasierte Oberfläche Abfragen auf die Datenspeicherung zu, um im Anschluss die Ergebnisse in den unterschiedlichsten graphischen oder tabellarischen Darstellungsformen zu ermöglichen. Schlussendlich können die Ergebnisse ggf. an eigene Folgeanwendungen oder an autorisierte Marktpartner weitergegeben werden.

18.2.2 Die Evolution des Energiedatenmanagementsystems bei SAP

Mit der Entwicklung und globalen Ausbreitung der industriespezifischen Lösung *SAP for Utilities (IS-U)* traf die SAP bereits in den 1990er-Jahren die Entscheidung, eine Lösung für die Aufnahme, Verwaltung und Weitergabe von Zeitreihen zu implementieren. Dieses *SAP-Energiedatenmanagement (SAP-EDM)*[2] wurde als integrierte Komponente des *IS-U*

---

[2] Vgl. hierzu auch SAP (2002).

entwickelt und unterstützt zahlreiche Prozesse für die Anwendung von Profilwerten: vom (Massen-)Import, einer Konsistenzprüfung und Ersatzwertbildung bis hin zu sämtlichen Aufgabenbereichen der Zeitreihenadministration und -darstellung.

Neben diesen Kernaufgaben des SAP-EDM wurde ein sehr starker Fokus auf die flexible und hochintegrierte Integration in die Prozesse der Abrechnung sowie der Energiemengenbilanzierung und Marktkommunikation gelegt. Dabei werden unterschiedlichste Formen der Abrechnung von Zeitreihen wie etwa *Time-of-Use*, *Real-Time-Pricing*, Ausnahmetage und -zeiten, aber auch mannigfache Ausprägungen der Energiemengenbilanzierung in vielen Ländern unterstützt.

Man hat allerdings auch erkannt, dass ein zukunftsweisendes Energiedatenmanagementsystem noch weitere Eigenschaften aufweisen muss, die zum damaligen Zeitpunkt der Entwicklung von SAP-EDM aus technologischen Gründen, v. a. aber auch aus der Perspektive des Marktes noch nicht gegeben waren. So werden heute beispielsweise Anforderungen für das Prozessieren von äquidistanten, aber auch nicht äquidistanten Zeitreihen gewünscht. Ferner haben sich die Bedarfe im Hinblick auf die Benutzeroberfläche und auch die Deployment-Optionen, die wir oben bereits beschrieben haben, signifikant geändert. Vor allem zeigt sich mit wachsender Umsetzung der eingangs beschriebenen Transformationen, dass alle Marktrollen eines Energieversorgungsunternehmens Bedarf an einem EDM-System haben. Dieser Entwicklung entsprechend kam man bei SAP zu dem Schluss, eine neue Lösungsgeneration des Energiedatenmanagementsystems aufzubauen, die im Folgenden beschrieben werden soll. SAP hat für diese nächste Lösungsgeneration den Namen „SAP Cloud for Energy" gewählt.

18.2.3 SAP Cloud for Energy

Alle diese in den vorangegangenen Abschnitten skizzierten Entwicklungen und Rahmenbedingen der Versorgungsindustrie sprechen für den Einsatz einer zentralen Cloudbasierten Plattform als Basis für die neue SAP-Cloud-for-Energy-Lösung.[3] Damit wird das *SAP Cloud for Energy* zu einem flexiblen und universell einsetzbaren Bindeglied zwischen der operativen und der kaufmännischen Welt.

Das bedeutet natürlich auch, dass SAP Cloud for Energy in der Lage sein muss, die unterschiedlichsten Arten von Geräten und Sensoren abzubilden, um beispielsweise deren Daten zu empfangen, zu validieren und zu persistieren, aber auch die bekannten Prozesse im Rahmen eines Gerätelebenszyklus (Einbau, Ausbau etc.) in Kooperation mit dem stammdatenführenden System zu unterstützen.

Ferner sollten alle gesammelten und aufbereiteten Informationen an die nachfolgenden Applikationen (eigene sowie die anderer Marktpartner) weitergeben, sodass die Daten mit Informationen aus diesen nachgelagerten Systemen sinnvoll korreliert werden können (Abb. 18.3).

---

[3]Vgl. hierzu auch SAP (o. J.).

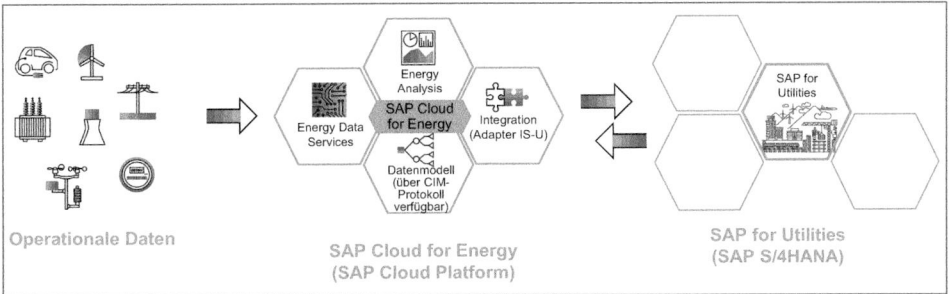

Abb. 18.3 SAP Cloud for Energy als Bindeglied zwischen der operativen und kaufmännischen Welt

SAP Cloud for Energy basiert auf der *SAP Cloud Plattform* und kann zahlreiche Eigenschaften und Funktionalitäten dieser Plattform wiederverwenden: so bietet die Komponente *Infrastructure as a Service (IaaS)* neben den bekannten Cloud-Anbietern (*Hyperscaler*) auch eine Option zur Verwendung der SAP-eigenen Datencenter. Darüber hinaus bietet sie mit ihrer Verfügbarkeit und Skalierbarkeit die Aufnahme und Verarbeitung hoher Datenvolumina aus den unterschiedlichsten Quellen. Wenn diese Daten nicht mehr In-Memory gehalten werden sollen, wird eine Big-Data-Option in einer entsprechenden Datenbank bereitgestellt.

Elemente der Komponente *Platform as a Service (PaaS)*, die an dieser Stelle auch für die Versorgungsindustrie von Bedeutung sind, stellen beispielsweise die Benutzerverwaltung, das Dokumentenmanagement oder das *IoT Application Enablement* mit einem eigenen Datenmodell dar. Dieses Datenmodell der SAP-Cloud-Plattform wurde insofern industriespezifisch erweitert, als es den CIM-Standard unterstützt, der von zahlreichen Organisationen und Verbänden innerhalb der Versorgungsindustrie (NIST, ENTSOE etc.) befürwortet wird.

Die in SAP Cloud for Energy verwendeten CIM-Entitäten basieren auf dem IEC 61968-9 Standard für die Stamm- und Bewegungsdaten. Dabei wird ein abstraktes UML-Modell zur Bereitstellung einer einheitlichen Semantik verwendet, und seine Hauptobjekte repräsentieren Objekte wie beispielsweise ein Gerät oder einen Zähler und dessen Beziehungen in der Versorgungswirtschaft.

Der modulare Aufbau von Cloud-Anwendungen wird durch die Implementierung von sogenannten Microservices (*SAP Energy Data Services*) erreicht. *SAP Cloud for Energy* besteht aus einer Vielzahl von diesen individuell, unabhängig voneinander einsetzbaren Microservices.

Der *SAP Energy Data Microservice* soll in der Lage sein, jedwede Art von strukturierten oder unstrukturierten Informationen – unabhängig von der Dimension, der Maßeinheit und natürlich auch dem Volumen – in Empfang zu nehmen, zu validieren und zu persistieren. Dabei darf nicht nur eine direkte bidirektionale Kommunikation zu denjenigen Systemen möglich sein, die Informationen aus Sensoren bzw. Geräten über die unterschiedlichen Protokolle auslesen und weiterreichen, sondern auch die Einbindung unterschiedlichster Applikationen wie SCADA, die die Daten aus der eher technischen Welt erfassen und zur Verfügung stellen.

Darüber hinaus müssen die *SAP Energy Data Services* Informationen aufbereiten, damit Applikationen als Konsumenten diese Daten zeitnah, qualitativ hochwertig und in der gewünschten Granularität nutzen können, um Entscheidungen zu treffen, Geschäftsprozesse zu betreiben und Informationen den Mitarbeitern des Versorgungsunternehmens sowie anderen Marktteilnehmern bzw. den Endkunden zu kommunizieren.

Ein weiterer wichtiger Aspekt stellt die Integration in die stammdatenführenden Systeme dar: Hierbei greift stets das Paradigma, dass nur die minimal erforderlichen Informationen zwischen dem Business-System wie beispielsweise einem *SAP for Utilities* als Bestandteil von S/4HANA und der SAP Cloud for Energy synchronisiert werden, um schließlich auch eine zielgerichtete, verlässliche und sichere Kommunikation der Bewegungsdaten zu garantieren. Es ist eine Standardschnittstelle implementiert, die die relevanten Stammdaten zwischen dem IS-U- und dem CIM-basierten *Datenmodell* unterstützt. Aber nicht nur die Integration in SAP-Systeme, sondern auch diejenige in andere Nicht-SAP-Applikationen kann über dieses Datenmodell in SAP Cloud for Energy erleichtert werden. Das bedeutet damit auch eine konsequente Trennung zwischen den eher technischen Informationen wie Ableseergebnissen, Zeitreihen etc. in SAP Cloud for Energy und den kaufmännisch relevanten Details wie z. B. Tarifdaten in den Business-Systemen. Die kaufmännischen Systeme können bei Bedarf die relevanten Informationen für Prozesse wie Abrechnung, Energiemengenbilanzierung, Marktkommunikation etc. entsprechend anfragen. Nach Erhalt dieser Anfrage in *SAP Cloud for Energy* werden die angeforderten Informationen ermittelt und an das anfragende System entsprechend zurückgereicht.

Neben diesen eher technischen Themen wie die der Infrastruktur und der Integration von SAP Cloud for Energy tragen die betriebswirtschaftlichen Anwendungen, die Informationen aus der Plattform nutzen und damit neue und bestehende Geschäftsmodelle flexibel und zielgerichtet unterstützen, signifikant zum Mehrwert für das Versorgungsunternehmen selbst, aber auch den Endkunden bei. Bei *Energy Analysis* handelt es sich um eine solche Anwendung. Sie setzt auf SAP Cloud for Energy auf, bedient sich der dortigen Daten und erreicht durch ihre potentiellen unterschiedlichen Anwendungsfälle einen deutlichen Mehrwert. Diese Applikation wird im folgenden Abschnitt erläutert.

Es dürfen aber nicht nur Anwendungen eines Herstellers auf dieser Plattform residieren, sondern es kann auch Partnern und Kunden die Möglichkeit gegeben werden, die Infrastruktur und Datenbasis zu nutzen, um eigene Lösungen zu implementieren.

18.2.4 Energy Analysis

Es besteht kein Zweifel daran, dass sich auch die Versorgungsindustrie den Herausforderungen von *Big Data* und deren Eigenschaften wie Volumen, Geschwindigkeit und Vielfalt stellen muss: Die Unternehmen werden mehr und mehr mit einer großen Menge an Daten konfrontiert, die erfasst, gespeichert und v. a. analysiert werden müssen, um ihren vollen Wert zu entfalten.

Zur gleichen Zeit sind die Endanwender aus den Fachbereichen des Unternehmens angehalten, flexible Planungen durchzuführen, welche auch nicht vorhersehbare Risiken berücksichtigen. Das bedeutet eine faktenbasierte Planung, die eher auf zeitnahen Informationen als dem Instinkt des Mitarbeiters beruht. Darüber hinaus müssen mehr personalisierte Produkte und Dienstleistungen dem Kunden gegenüber erbracht werden, die zu einer stärkeren Kundenbindung führen. Schließlich ist eine schnelle Reaktion auf Abweichungen und Warnungen innerhalb eines vorgegebenen Zeitraums unabdingbar geworden.

Alle diese Entwicklungen unterstreichen die hohe und zunehmende Bedeutung der Analyse und Konvertierung hoher Datenvolumina in aussagekräftige Informationen für den Endanwender sowie das umfangreiche Verständnis bezüglich des Verhaltens und der Bedarfe der Konsumenten.

Energy Analysis soll durch die Unterstützung folgender Geschäftsprozesse zu diesen Zielen beitragen:

Im Rahmen der *Aggregation* ermöglicht eine sehr flexible Berücksichtigung unterschiedlichster Parameter aus SAP- und Non-SAP-Systemen die Gruppierung von (Zeitreihen-)Informationen (wie z. B. getätigte Verbräuche oder prognostizierte Erzeugung): Das sind z. B. kaufmännische Parameter (Geschäftspartner, Bilanzkreise) oder auch technische Kriterien (SCADA). Diese Faktoren können einzeln oder auch in Kombination verwendet werden. Ferner wird die Möglichkeit gegeben, eine zeitliche Dimension von Tageswerten bis zu feingranularen Informationen in beispielsweise 60-Minuten-Intervallen zu nutzen. Nach Berechnung dieser Informationen werden die Resultate in graphischer, tabellarischer oder in anderen Formen zur Verfügung gestellt.

Weitere Geschäftsprozesse bzw. -analysen, die über Energy Analysis unterstützt werden sollen, sind u. a.:

- **Prognosen**, die es beispielsweise erlauben, im Rahmen unterschiedlichster Prozesse wie der Angebotserstellung oder des Fahrplanmanagements Modelle wie etwa ARIMA, Regressionen, aber auch kundeneigene Algorithmen einzubinden. Hierbei sollen Verbrauchstrends im Vorfeld erkannt und entsprechende Maßnahmen eingeleitet werden (Demand Response etc.).
- **Verbrauchsmustererkennung**, die das Verbrauchsverhalten von Kunden bzw. Kundengruppen mit ähnlichen Eigenschaften (Verbrauch, Größe Haushalt etc.) in bestimmte Segmente zusammenfassen, um Beschaffungs- oder Durchleitungsvolumen auch bei fehlender Smart-Meter-Messung als Zeitreihe berechnen zu können oder um Marketingkampagnen vorzubereiten. Des Weiteren können auch Ausreißer im Verbrauchsverhalten erkannt werden wie etwa bei einem Stromdiebstahl oder auch einer Wasserleckage.
- **Lastspitzenermittlung**, die einen hohen Energieverbrauch zu bestimmten Zeiten oder für einen einzelnen Kunden determiniert und damit eine individuelle Produktanpassung oder auch ein Demand-Response-Managementprogramm zur Folge haben kann.
- **Vergleiche/Benchmarking**, welche Gegenüberstellungen zwischen einzelnen Kunden oder Kundengruppen ermöglichen, die relative Energieeffizienz des Kunden berechnen oder auch Abweichungen von typischen Verbrauchsmustern ermitteln.

Alle Ergebnisse werden in *Energy Analysis* persistiert und können jederzeit auch von den unterschiedlichsten Nutzergruppen für Nachfolgeprozesse genutzt werden: Marketing-kampagnen durch den Mitarbeiter der Vertriebsorganisation im Versorgungsunternehmen oder beispielsweise die Visualisierung eines Peergruppenvergleichs für den Endkunden unter Berücksichtigung seines bevorzugten Kanals (Web, soziale Medien etc.).

18.3 Zusammenfassung

Der digitale Wandel in der Energiewirtschaft schreitet mit atemberaubender Geschwindig-keit voran und stellt die Branche vor Herausforderungen, bietet aber auch neue Möglich-keiten: Zum einen müssen bestehende Schlüsselprozesse der Versorgungsindustrie hoch automatisiert sein, um den operativen Aufwand zu reduzieren. Auf der anderen Seite soll eine Basis für die Gestaltung neuer Geschäftsmodelle und -prozesse zur Verfügung stehen, die sich aus den Anforderungen und Chancen der beschriebenen Transformation ergeben.

Das Thema der Erfassung, Verarbeitung und Nutzung energiewirtschaftlicher Daten, nicht nur für unterschiedliche analytische Anforderungen, nimmt hier eine zentrale Rolle ein.

SAP Cloud for Energy bietet eine offene Plattform, die auf den großen Datenlösungen von SAP sowie dem Internet der Dinge basiert und eine Grundlage für neue innovative Geschäftsideen bildet. Sie beinhaltet branchenrelevante Prozessunterstützung sowie ana-lytische Fähigkeiten, die es ermöglichen, große Mengen gesammelter Energiedaten besser zu verstehen und effektiv zu nutzen. Da diese Daten und Prozesse sich über die gesamte Wertschöpfungskette verteilen, wird SAP Cloud for Energy übergreifend und integrierend von allen Marktrollen eines Versorgungsunternehmens benötigt.

Mit dieser Fähigkeit und der Möglichkeit, sich leicht in etablierte Geschäftsprozesse integrieren zu lassen, wird *SAP Cloud for Energy* ein Werkzeug für Versorgungsunterneh-men sein, mit dem sie ihre Position im Markt festigen und ausbauen sowie neue Ge-schäftsfelder erschließen können.

Literatur

Fowler, K. M., Anderson, C., & Ford, B.E. (2017). *Energy data management system commercial product summary* (Sep. 2017). Prepared for the U. S. Department of Energy. Richland (W): Pacific Northwest National Laboratory. https://www.pnnl.gov/main/publications/external/tech-nical_reports/PNNL-26693.pdf. Zugegriffen am 10.04.2019.

SAP. (2002). *Energy data management, SAP Help Portal zum Energiedatenmanagement.* Walldorf: SAP SE. https://help.sap.com/saphelp_afs64/helpdata/ja/7d/a0023b288dd720e10000000a1140 84/content.htm?loaded_from_frameset=true. Zugegriffen am 10.04.2019.

SAP. (o. J.) *SAP cloud for energy. SAP's energy data management solution in the cloud for the digital economy.* Walldorf:SAP SE. https://help.sap.com/viewer/p/SAP_Cloud_for_Energy. Zu-gegriffen am 10.03.2019.

Holger Schweinfurth ist Chief Solution Expert in der Industry Business Unit (IBU) Utilities, die die Strategie und Roadmap der SAP SE für den globalen Versorgungsmarkt erarbeitet und definiert.

In dieser Rolle identifiziert und verfolgt er in Zusammenarbeit mit einem breiten Ökosystem weltweite Trends und Entwicklungen in der Versorgungsbranche. Darüber hinaus fokussiert er neben allen übergreifenden Strategien und Themen in der Versorgungsindustrie auf die Fragestellungen des Smart Metering, Internet der Dinge sowie der digitalen Transformation. Holger Schweinfurth fungiert in seiner Tagesarbeit als Bindeglied zwischen den weltweiten Kunden bzw. Partnern auf der einen und der SAP mit ihrer Produktentwicklung auf der anderen Seite. Dabei begleitet er den kompletten Produktlebenszyklus von der Idee und Aufnahme neuer potenzieller Lösungen über den internen SAP-Portfolioprozess bis zur Produktentwicklung und dem Rollout der Ergebnisse in den Markt. In der Vergangenheit hatte Holger Schweinfurth unterschiedliche Rollen im Produkt- und Solution Management inne, bei denen er u. a. Themen wie Geräteverwaltung, Energiedatenmanagement und Deregulierung begleitete.

Vor seiner Zeit bei SAP SE war er Unternehmensberater bei PricewaterhouseCoopers und hat zahlreiche SAP-Implementierungen primär im Telekommunikationssektor erfolgreich absolviert. Holger Schweinfurth hat ein Studium der Volkswirtschaftslehre und des Business Management an den Universitäten Heidelberg und Leeds abgeschlossen.

Produktionsfaktor Energie – Stromkosten als Einflussgröße in der Produktionsplanung

19

David Heim und Gregor Friedrich-Baasner

Nutzung neuer und digitalisierter Daten zur automatisierten und optimierten Produktionsplanung anhand von Strompreisen

Zusammenfassung

Dieses Kapitel beschäftigt sich mit den durch die Energiewende und die Digitalisierung entstehenden Herausforderungen sowie Auswirkungen auf Unternehmen und wie diese darauf reagieren können. Die Frage, wie neue und digitalisierte Informationsquellen und der stark fluktuierende Strompreis durch eine flexiblere Produktionsplanung genutzt werden können, wird untersucht. So soll die Produktionsplanung automatisiert durch eine webbasierte Plattform anhand der Stromverfügbarkeit und des Strompreises optimiert und auch automatisiert gesteuert werden. Dabei wird auf vorhandene Daten zurückgegriffen. In unserer Umsetzung wurden eine webbasierte Plattform erarbeitet, ein Optimierungsalgorithmus erstellt und die Zusammenarbeit beider an einer prototypischen Modellbildung getestet.

19.1 Motivation und Problemstellung

Die hohe Volatilität des Strompreises und die Eigenschaft von Strom, dass dieser direkt zum Produktionszeitpunkt verbraucht werden muss, legen eine hohe Relevanz von Produktion und Verbrauch nahe. Um beide Seiten anzunähern ist eine Flexibilisierung des Stromkonsums notwendig. Hier liegt nicht nur eine effiziente Nutzung der Ressource

D. Heim (✉) · G. Friedrich-Baasner
Universität Würzburg – Lehrstuhl für BWL und Wirtschaftsinformatik, Würzburg, Deutschland

© Springer Fachmedien Wiesbaden GmbH, ein Teil von Springer Nature 2020
O. D. Doleski (Hrsg.), *Realisierung Utility 4.0 Band 2*,
https://doi.org/10.1007/978-3-658-25589-3_19

„Strom" zugrunde, sondern ebenfalls ein massives Einsparpotenzial für Unternehmen. Insbesondere ist dies für stromintensive als auch in ihrer Produktion flexible Unternehmen zutreffend.

Laut Beschluss der Bundesregierung sieht die Energiewende in Deutschland eine Steigerung des Anteils an erneuerbaren Energien in der deutschen *Stromerzeugung* auf 45 % bis 2025 vor.[1] Auch heute schon spüren Unternehmen und private Haushalte die entstandene Preisentwicklung durch den Anteil von Ökostrom am gesamten Stromverbrauch, der aktuell bereits gut ein Drittel ausmacht. Beobachtet man die Strompreise an den Energiebörsen, wie beispielsweise der *Europäischen Energiebörse* (European Energy Exchange EEX) in Leipzig, bemerkt man bereits in kleinen Zeitintervallen starke Schwankungen. So zeigte der Preis am 10. Januar 2019 beispielsweise innerhalb eines Tages Differenzen zwischen 46,48 EUR/MWh und 85,15 EUR/MWh auf.[2] In der Kalenderwoche 48 im Jahr 2018 zeigten sich Differenzen zwischen 45 EUR/MWh und 90 EUR/MWh für den *Peakload-Preis*.[3] Ähnliche leicht darunter liegende Preise sind auch für den *Baseload-Preis* zu beobachten. Diese Beobachtungen lassen sich durch die veränderte Zusammensetzung in der Stromproduktion erklären. Steigt Deutschland, seinen Zielen entsprechend, auf erneuerbare Energien um und stellt gleichzeitig seine Kernkraftwerke ab, baut ein Großteil des Energienetzes auf erneuerbaren Energien auf. Dies gilt zumindest maßgeblich, wenn allein die in Deutschland selbst erzeugte Energie betrachtet wird. Durch diesen Wandel ändert sich die zentrale Stromproduktion von wenigen Kraftwerken zu einer *dezentralen Erzeugung* beispielsweise durch Solar- und Windanlagen in ganz Deutschland.

Die neuen Hauptlieferanten Solar- und Windenergie stehen hierbei nur eingeschränkt zur Verfügung. Sie richten sich nach den Sonnenstunden bzw. nach der Windintensität. Sind diese hoch, so ist auch eine größere Kapazität an Energie und damit an Strom verfügbar. Diese kann jedoch nach aktuellem Forschungsstand nur schwer gespeichert werden – zumindest nicht verlustneutral – und kommt zum größten Teil direkt auf den Markt. Demnach wird es entsprechend der Wetterlage entweder ein höheres Angebot an Strom geben und der Preis fällt, oder umgekehrt wird bei geringer Verfügbarkeit eine Nachfrage zu nicht genügendem Angebot entstehen. Eine These daraus ist, dass der Strom günstiger genutzt werden kann, wenn genügend Kapazitäten zur Verfügung stehen. Hieraus leitet sich auch die strukturpolitische Aufgabenstellung der bestmöglichen Nutzung des vorhandenen Stroms ab. Eine weitere Hypothese ist, dass mit zunehmendem Anteil an regenerativen Energien der Strompreis stärkeren Schwankungen ausgesetzt ist. Von diesen Schwankungen und damit verbundenen variablen Strompreisen können Verbraucher in unserem Modell in Zukunft profitieren.

Diese Art der dezentralen Erzeugung führt zu neuen Herausforderungen und Problemstellungen, die entsprechend adressiert werden müssen, und stellt insbesondere Energieversorgungsunternehmen (EVU) als auch Abnehmer vor neue Herausforderungen. So

---

[1] Vgl. BMJV (2017 § 1 (2)).
[2] Vgl. epexspot (2019a).
[3] Vgl. epexspot (2019b).

haben neben der Energiewende und der damit verbundenen *Dezentralisierung* auch Faktoren wie die Liberalisierung des Energiemarktes, Digitalisierung und ein stärkeres Kundenbewusstsein einen zentralen Einfluss. Doch ergeben sich auch neue Chancen, Möglichkeiten und Geschäftsmodelle. Insbesondere das klassische Versorgungsunternehmen steht durch wachsende Konkurrenz und Verbrauchererwartungen zunehmend unter Druck. So lassen sich Entwicklungen zu einer stärkeren Kundenorientiertheit, vermehrte Kooperation und Partnerschaften bei der Lösung komplexerer Fragestellungen und die zunehmende Entwicklung des Versorgungsunternehmens zum Dienstleister beobachten. Die damit verbundenen, neuen Geschäftsmodelle unterstützen die Optimierung und die hohe Skalierbarkeit für den Kundennutzen. Technologien wie *Smart Metering* fördern eine Kommunikationsinfrastruktur, die auch für unseren Lösungsansatz unabdingbar sind. Die Transparenz der Preisentwicklung und die Möglichkeit, auf Stromengpässe oder -überschüsse reagieren zu können und so einen Kostenvorteil zu erzielen, wird dadurch auch besonders für produzierende Unternehmen ermöglicht.

19.2   Der Lösungsansatz

Aus den Entwicklungen und Veränderungen in der Energiebranche entstehen für Unternehmen interessante Ansatzpunkte und die Notwenigkeit zur Evaluation der entstandenen *Chancen*. Dieser Beitrag untersucht daher, welche Auswirkungen die Entwicklungen im Energiebereich auf Unternehmen haben und wie diese darauf reagieren können. Außerdem werden die Fragen untersucht, wie neu gewonnene, digitalisierte Informationen genutzt werden können und wie man auf den hoch *fluktuierenden Strompreis* reagiert.

Der im Folgenden vorgestellte Ansatz untersucht insbesondere, wie Unternehmen unter Einbeziehung vorhandener und neu erhobener Daten den Stromverbrauch flexibel an die Stromproduktion anpassen können. Dies geschieht durch die Entwicklung einer prototypischen webbasierten *Plattform* zur Anpassung der Produktionsplanung an aktuelle Stromverfügbarkeit. Die Verfügbarkeit wird anhand des aktuellen Strompreises dargestellt und richtet sich an den Entwicklungen der Strombörse aus. Unsere entwickelte Plattform bietet eine Lösung dazu, wie Unternehmen diese Daten nutzen können, um ihre Produktion vollautomatisiert an sich ändernde Rahmenbedingungen anzupassen. Die webbasierte Plattform wurde entwickelt und auf ihre Integrierbarkeit in ein *Enterprise-Resource-Planning-(ERP)-System* getestet.

Der Einsatz von ERP-Systemen, welche der funktionsübergreifenden Unterstützung von Geschäftsprozessen sowie der integrierten Verwaltung der Unternehmensressourcen dienen, ist u. a. auf den gestiegenen Wettbewerbsdruck und das damit verbundene Ziel zur Senkung von Kosten zurückzuführen. Solche Systeme eröffnen für entsprechende Unternehmen vielfältige Vorteile im Bereich der Material- und Lagerkosten sowie in Bezug auf die Produktionsplanung, welche in unserer Lösung zum Tragen kommen.[4]

---

[4] Grabski und Leech (2007), Lenny Koh und Simpson (2005), Somers und Nelson (2001).

Übereinstimmend zeigt Leyh[5] in einer im Jahr 2011 durchgeführten Studie der Universität Dresden, dass die Einführung von ERP-Systemen hauptsächlich zur Einsparung von Kosten, Verbesserung des Kundenservice, Qualitätsverbesserungen, Anpassung der Durchlaufzeiten, Verbesserung der Informationsverarbeitung und Ressourcenverwaltung sowie Unterstützung bei Entscheidungsfindung durchgeführt wird. Dem ERP-System als zentralem System im Unternehmen, mit dem alle Ressourcen und Unternehmensprozesse verwaltet werden können und das dementsprechend eine konsistente Datenbasis bietet, wird eine bedeutende Rolle in unserem Ansatz zuteil. Die im Unternehmen durchgeführten betriebswirtschaftlichen transaktionalen Abläufe, wie z. B. die Produktion und damit die verbundenen Daten, können mit Hilfe des Systems geplant und gesteuert sowie die konsistente Datenbasis beim Anfallen neuer Daten gewahrt werden.

Unsere Lösung zeigt ein vereinfachtes Modell auf und geht beispielsweise davon aus, dass ein regelmäßiger Datenaustausch zwischen Unternehmen und Energieversorgungsunternehmen stattfindet, weshalb dieser Punkt hier nicht explizit adressiert wird. Die Verfügbarkeit aller Daten, die unsere Plattform benötigt, werden somit als gegeben angesehen, und wir bauen auf diesem Datenfundament auf. Des Weiteren steht die Einfachheit der Anwendung im Fokus. Die Plattform soll möglichst automatisiert agieren und dem Nutzer entsprechende Vorschläge unterbreiten, die dieser annehmen oder ablehnen kann. Dies führt in unseren Augen zu einer hohen Akzeptanz und Anwendbarkeit der Lösung. Die Plattform selbst stellt den Datenaustausch zwischen Stromanbieter und Stromkonsument dar, und der Fokus liegt hierbei auf produzierenden Unternehmen, die Kapazitäten und Freiheiten haben, ihre Produktionsplanung zu flexibilisieren.

Zur Ermittlung des optimalen Produktionsplans wurde ein *Optimierungsalgorithmus* entwickelt, der auf Basis des Strompreises die Produktionszeitpunkte ermittelt. Der Vorteil dabei ist der Ausgleich der Gesamtnetzlast, da durch die beidseitige Datenkommunikation Angebot und Nachfrage besser in Einklang gebracht werden können. Insbesondere durch die in Abschn. 19.1 erläuterten Argumente und Entwicklungen zu einem weniger flexibleren volatilen Angebot ist dies notwendig. Der Datenaustausch zwischen den verschiedenen Systemen, beispielsweise *Microsoft Dynamics NAV* oder *SAP S/4HANA* als ERP-System, erfolgt vollständig automatisiert. Die Datengenerierung erfolgt ebenfalls automatisiert durch *Smart Meter*, welche eine Erfassung in Echtzeit ermöglichen. In unserem Prototyp wurde der Datenaustausch simuliert, und lediglich die kontinuierlichen Verbrauchswerte der Maschinen waren relevant, wodurch der Einsatz intelligenter Steckdosen mit Messfunktion zur Erfassung der Verbrauchswerte anstatt eines Smart Meters wirtschaftlicher und für uns ausreichend war.

Unser Konzept beinhaltet darüber hinaus ein *Energiemanagementsystem (EMS)*, welches kontinuierlich die Energieeffizienz des Unternehmens verbessern soll. Dies kann mittels eines EMS erreicht werden, das den Energieverbrauch systematisch erfasst und gleichzeitig als Basis für zukünftige Investitionsentscheidungen dient. Des Weiteren können Ansatzpunkte zur Optimierung der Energieeffizient identifiziert und weitere Erkenntnisse

---

[5]Leyh (2011).

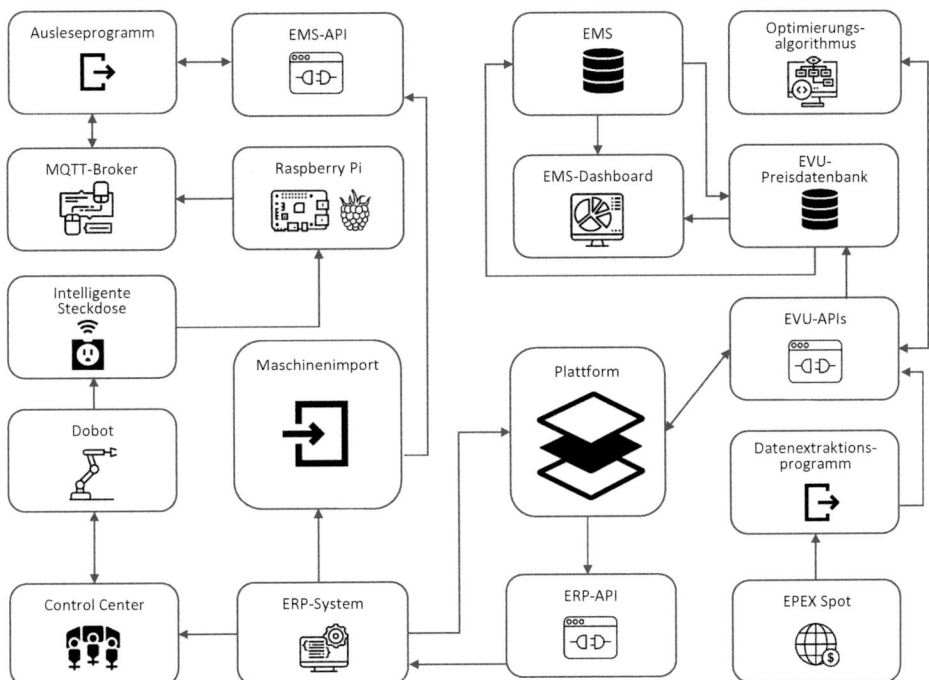

Abb. 19.1 Gesamtkonzept des Prototyps

über zukünftige Entwicklungen und Einflussfaktoren analysiert werden. Aus diesem Grund ist das EMS ein wichtiger Bestandteil der energiepreisbasierten *Produktionsplanung*, da die aktuellen Verbrauchswerte der einzelnen Maschinen die Datengrundlage für den Optimierungsalgorithmus darstellen. Hilfreich ist hierbei eine Option zur Visualisierung des EMS anhand eines Tools. Mit diesem können zum einen die Strompreise, der Stromverbrauch und die Produktionsplanung dargestellt werden und zum anderen so die praktische Anwendung der Ergebnisse und Erkenntnisse besser genutzt werden. Durch die große Datenmenge ist eine Nutzung der Daten allein aus der Datenbank ohne Aufbereitung kaum möglich. Es lassen sich aber standardisierte und individuell an die benötigten und gewollten Kennzahlen angepasste Abfragen und Visualisierungen erzeugen.

Mit der konkreten Umsetzung des Datenaustausches und der Datenverfügbarkeit zwischen den beteiligten Parteien beschäftigen sich zahlreiche aktuelle Forschungen und Praxisbeiträge. Im Energieumfeld sind dies insbesondere Konsumenten und EVUs. Für diesen Beitrag soll jedoch, wie bereits erwähnt, angenommen werden, dass die Daten ausgetauscht werden. Es wird demnach vorausgesetzt, dass sowohl Versorgern als auch Abnehmern die Daten zur Verfügung stehen. Insbesondere soll bekannt sein, wie viel produziert wird, wie hoch die Nachfrage ist, die aktuellen und prognostizierten *Wetterdaten* und das damit prognostizierte zukünftige Energieangebot der nächsten Tage und wie viel Energie zur Verfügung steht. Das Prinzip ist ähnlich dem an der Strombörse und bildet die Marktsituation ab.

19.3   Lösungsansatz und Praxisbeitrag

Das entwickelte Optimierungsmodell wurde mit Hilfe von Smart Metern in Form von *intelligenten Steckdosen* getestet. Zusätzlich wurde ein Infrastrukturkonzept erarbeitet, um die Umsetzbarkeit des *Algorithmus* zu testen. Es ist möglich, die Verbrauchswerte der Steckdosen in Echtzeit auszulesen. Insbesondere wurde getestet, ob und wie es möglich ist, einen Produktionsprozess durch Microsoft Dynamics NAV zu starten und zu steuern. Die Strompreise wurden anhand der Echtzeitdaten des *Day-Ahead-Marktes* des EPEX SPOT bestimmt und für die nächsten 72 Stunden vorhergesagt. Auch hier bietet das Modell Anreiz für EVUs, Strompreisprognosen anhand von internen und externen Daten möglichst präzise für ihre Kunden zur Verfügung zu stellen. Die Effizienz und Kostensenkung, die durch den Algorithmus erzielt werden kann, korreliert stark mit der Verfügbarkeit und Genauigkeit der Informationen. Eine gute Datenbasis ist daher essenziell.

Das Gesamtkonzept

Das Gesamtkonzept der Infrastruktur wird graphisch in Abb. 19.1 dargestellt. Die in der Abbildung dargestellten Schnittstellen (*Application Programming Interfaces – APIs*) dienen dabei primär dem Ziel, spezifische Informationen in Datenbanken zu schreiben. Hierdurch entfällt der direkte Schreibzugriff durch andere Programme, und die *Datensicherheit* bleibt gewährleistet. Auch in der praktischen Umsetzung ist es sinnvoll, dass nur berechtigte Personen Schreibzugriff auf die Datenbank haben. Die Stabilität und die Integrität der Datenbank können so gewährleistet werden. Zur Umsetzung des Prototypens wird eine API zum Datenexport aus dem ERP-System benötigt. Die extrahierten Informationen enthalten die Produktionsaufträge und ihre spezifischen Informationen. Relevant sind insbesondere die Produktionsschritte, die Produktionsauftragsnummer, die Produktnummer, der Lieferzeitpunkt und das Auftragsdatum. Der Stromverbrauch der verschiedenen Produktionsmaschinen wird über eine API in das Energiemanagementsystem eingetragen. Die Parameter enthalten Informationen zur internen Maschinenidentifikation und den Verbrauchswerten der Maschinen. Die Sensordaten zum Maschinenverbrauch werden in Echtzeit übertragen.

Die Schnittstelle zum EVU hat zwei wesentliche Aufgaben. Zum einen den Optimierungsalgorithmus und zum anderen den Import des Energiepreises. Der *Energiepreis* basiert auf den Daten der Strombörse, und die Notwendigkeit der genaueren und längeren Prognostizierung der Energieverfügbarkeit soll an dieser Stelle nicht ausführlicher diskutiert werden; lediglich in der Form, dass eine bessere *Prognose* auch bessere Ergebnisse der Optimierung begünstigen kann.

Sensoren und Sensordaten sind in diesem Prototyp als Bestandteil der intelligenten Steckdosen zu sehen, durch die es möglich ist, die Verbrauchswerte der Geräte, die an die Steckdosen angeschlossen sind, in Echtzeit auszulesen. Das Auslesen der Werte erfolgt durch einen *Raspberry Pi*. Um den erforderlichen netzwerkübergreifenden Datenaustausch mit externen Netzwerken zu ermöglichen, wurde das MQTT-Protokoll (Message Queuing Telemetry Transport) eingesetzt. Bei *MQTT* handelt es sich um ein Protokoll, das nach dem Publish/Subscribe-Prinzip zwischen Client und Server fungiert. In der hier vorgestellten Umsetzung bedeutet dies, dass zwei Clients und ein Server (auch MQTT-Broker genannt) eingesetzt werden. Der Publish-Client läuft auf dem Raspberry Pi und sendet die gemessenen Verbrauchswerte an den MQTT-Broker. Anschließend kopiert ein Ausleseprogramm, das u. a. einen Subscribe-Client beinhaltet, die Verbrauchswerte in die Datenbank des Energiemanagementsystems. Der Zugriff erfolgt nicht direkt. Das Ausleseprogramm formatiert die Verbrauchswerte in ein JSON-Format (JavaScript Object Notation), das an die EMS-API übermittelt wird, die wiederum den Stromverbrauch, basierend auf den übermittelten Informationen, in die Datenbank schreibt. Die in der EMS-Datenbank hinterlegten Verbrauchsdaten pro Maschine dienen als Grundlage für die Produktionsplanung durch den preisbasierten Optimierungsalgorithmus. Da die Maschineninformationen in der Datenbank des ERP-Systems für eine energiepreisbasierte Produktionsplanung nicht ausreichend sind, wurde ein Importprogramm entwickelt, mit dem es möglich ist, sämtliche relevanten in Microsoft Dynamics NAV angelegten Maschinendaten in das EMS zu importieren. In der Datenbank des EMS können die importierten Informationen beispielsweise um die benötigten Stromverbrauchsdaten erweitert werden. Das simulierte Energiemanagementsystem besteht in dieser Umsetzung aus zwei Komponenten: einer Datenbank und einem analytischen *Dashboard* zur Datenvisualisierung. Dabei ist erstmal nur die Datenbank für die Produktionsplanung relevant, und das analytische Dashboard dient der Visualisierung.

Die Maschinen, die in diesem Fall mit den intelligenten Steckdosen verknüpft sind, sind zwei Roboterarme. Es wird untersucht, ob und wie es umsetzbar ist, einen Produktionsprozess durch Microsoft Dynamics NAV zu starten und zu steuern. In der realisierten Umsetzung liest das Roboter-Control-Center periodisch die für Produktionsaufträge relevante Tabelle aus. Dieser Tabelle werden die Start- und Endzeitpunkte der einzelnen Produktionsschritte entnommen. Basierend auf den hinterlegten Zeitangaben werden anschließend durch das Control-Center die Produktionsschritte gestartet, indem die Roboterarme zu den jeweiligen Zeitpunkten entsprechend angesteuert werden.

Für eine strompreisbasierte Produktionsplanung sind neben den Verbrauchswerten der einzelnen Maschinen die Strompreise im Planungszeitraum relevant. Diese werden in der Strompreisdatenbank des Energieversorgungsunternehmens hinterlegt. Die Strompreisgrundlage stellen die Preise am Day-Ahead-Markt der EPEX SPOT dar. Es werden mindestens die Daten für die nächsten 72 Stunden benötigt. Der Prototyp basiert, wie bereits erwähnt, auf der Annahme, dass realitätsnahe Preisprognosen möglich sind. Für den Prototyp wurden extrahierte und prognostizierte Daten der Strombörse als Datenbasis verwendet. Anschließend werden die extrahierten und angepassten Daten via API in die Preisdatenbank des EVU geschrieben. Zunächst basiert das Modell auf Basis der Nettoenergiepreise und bezieht daher weder Steuern noch Netznutzungsentgelt mit ein.

Die Plattform stellt die Basis dieses Ansatzes dar. Diese dient der Informationsteilung zwischen EVU und deren Kunden sowie der preisbasierten Produktionsplanung. Zum Aufbau der Plattform wird ein Framework zur Erstellung der Webseite benötigt, um einen modularen Aufbau zu ermöglichen und eine Modifizierung zu vereinfachen. Es müssen eine serverseitige Laufzeitumgebung und eine Datenbanktechnologie zur Realisierung der Plattform ausgewählt werden. Besonders wichtig bei einer webbasierten Datenbank ist die Synchronisation des serverseitigen Modells, der Datenbank und des clientseitigen Models. Um eine reibungslose Anzeige der Daten zu unterstützen, empfiehlt sich Data-Binding, dabei werden Änderungen direkt gespeichert.

Zur multifunktionalen Anwendung auf verschiedenen Endgeräten empfiehlt sich die Einbindung weiterer Features, die beispielsweise zu einer automatischen Bildschirmanpassung führen. Insbesondere bei Zugriff durch viele Nutzer ist es empfehlenswert, die Sicherstellung einer schnellen Verarbeitung zu gewährleisten. In unserem Prototyp wurde hierzu auf die serverseitige Plattform Node.js zurückgegriffen. Bei der Auswahl der Datenbanktechnologie bietet sich eine dynamische Struktur an, um ein Modifizieren zu erleichtern.

Zunächst wurde nur ein Kundenunternehmen simuliert. Mittels der Plattform können Produktionsaufträge aus dem ERP-System importiert und zeitlich selektiert werden. Die zeitlich mittels strompreisbasierter Produktionsplanung anzupassenden Produktionsaufträge werden anschließend zur Produktionsplanung an ein eigens entwickeltes Optimierungsprogramm via API übergeben. Dieses plant die einzelnen Produktionsschritte so, dass minimale Kosten erzielt werden. Dabei werden jedoch einige Bedingungen beachtet, beispielsweise dass keine Leistungsspitzen im Stromverbrauch entstehen. Somit werden u. a. die Benutzungsstunden und folglich die Netznutzungsgebühren berücksichtigt. Der angepasste Produktionsplan wird anschließend wieder an die Plattform übergeben, welche die Informationen API-basiert in der Datenbank von Microsoft Dynamics NAV speichert.

Die Plattform

Die *Plattform* soll drei Kernfunktionen erfüllen. Diese bestehen aus Benutzerverwaltung, ERP-Systemkonfiguration und energiepreisbasierter Produktionsplanung. Das bedeutet, dass eine Änderung an registrierten Benutzern ermöglicht wird und deren Zugriffsrechte angepasst werden können. Des Weiteren sollen ERP-Systemkonfigurationen angelegt werden können, damit der Import und der anschließende Export der Produktionsaufträge automatisiert ablaufen kann. Hauptaufgabe ist die energiepreisbasierte Produktionsplanung, welche durch die Plattform umgesetzt wird.

Bei den Benutzerrollen wird zwischen drei verschiedenen Arten unterschieden: Webadministrator, Administrator sowie regulärer Benutzer. Ein Unternehmen wird in Form einer Domain abgebildet und jeder User seinem Unternehmen zugeordnet. Der Datenzugriff ist entsprechend auf Unternehmensebene beschränkt. Zugriff auf alle globalen Nutzer hat nur der Webadministrator. Der Administrator kann die Benutzer innerhalb seiner Domain verwalten sowie neue ERP-Systemkonfigurationen anlegen und Produktionsplanungen durchführen. Der reguläre Benutzer kann dagegen lediglich Produktionsplanungen für die ERP-Systeme durchführen, die für ihn von einem Administrator freigeschaltet worden sind. Auf diese Weise wird sichergestellt, dass Unternehmen den Zugriff der Benutzer entsprechend ihrem internen Berechtigungskonzept flexibel gestalten können.

Die Produktionsplanung

Für die *Produktionsplanung* werden das jeweilige Zielsystem aus den vorhandenen ERP-Konfigurationen ausgewählt und die Fertigungsaufträge importiert. Eine weitere Filterung nach Startdatum, Enddatum oder Fälligkeitsdatum der Produktionsaufträge ist möglich. Hierbei kann ein Zeitraum angegeben werden, in dem sich die Aufträge befinden müssen. Zudem kann der Benutzer einzelne Produktionsaufträge auch aus dem Scheduling löschen, um gezielt Anpassungen vorzunehmen. Darüber hinaus sind auch die Arbeitspläne einsehbar.

Beim Scheduling ist es möglich, ein Startdatum sowie die Arbeitszeiten der nachfolgenden 3 Tage anzugeben, um eine flexible Produktionsplanung zu erzielen. Nach einer erfolgreichen Produktionsplanung sind die Energiekosten und Einsparungen im Vergleich zur bisherigen Planung einsehbar. Zudem sind die einzelnen Arbeitsschritte inklusive Maschinenzuordnung graphisch dargestellt. Auch die Energiepreise im Produktionszeitraum sind für den Benutzer visualisiert. Im nächsten Schritt können die Produktionsaufträge mit den optimierten Laufzeiten wieder in das ERP-System exportiert werden.

Der Optimierungsalgorithmus

Für den *Optimierungsalgorithmus* wurden verschiedene bestehende Tools getestet. Aufgrund der Komplexität und der spezifischen Anforderungen an das Modell wurde allerdings entschieden, ein eigenes Modell zu entwickeln, welches bestehende und getestete Lösungen ergänzt.

Die Anforderungen an das Modell werden nachfolgend kurz erläutert. Die Zielfunktion hat die Aufgabe, die Energiekosten unter Berücksichtigung des Energiepreises und des Energieverbrauchs für laufende Maschinen zu minimieren. Die Nebenbedingungen stellen zum einen die Produktion und zum anderen den binären Status einer Maschine sicher. Logische Restriktionen sind die Limitierung der Maschine auf einen Auftrag pro Zeitfenster und die Vermeidung der Bearbeitung des Auftrags auf mehreren Maschinen zeitgleich. Der Algorithmus kontrolliert, ob ein Auftrag bereits abgeschlossen ist, und verhindert ein erneutes Starten. Ebenfalls stellt er sicher, dass alle Arbeitsschritte in der vorgegebenen Zeit abgeschlossen werden. Die Berücksichtigung der Umrüstzeiten wird integriert. In unserem Modell wird angenommen, dass ein Teilprozess ohne Unterbrechung und innerhalb der vorgegebenen Arbeitszeit erfolgen muss. Die Eingrenzung der Produktionszeit an die Arbeitszeiten des Unternehmens soll eine nahtlose Integration der Produktionsplanung in das ERP-System gewährleisten. Die wichtigste Nebenbedingung stellt sicher, dass die Bearbeitungsreihenfolge eingehalten wird. Zur Umsetzung wurde *Constraint Programming* in Verbindung mit dem Gurobi Solver als Solver verwendet. Wichtig in dem Energiekontext der Lösung ist auch die Berücksichtigung des vorher definierten Energielimits je Zeitfenster. Diese dienen zur Kontrolle der Netzlast und der Nutzungsstunden des Unternehmens. Hier sei angemerkt, dass diese Bedingung der momentanen Strompreiskalkulation und der Regularien der Netznutzung zugrunde liegen und eine Neugestaltung zur Ermittlung der Energiepreise eine neue kritische Würdigung erfahren sollte. Weitere Nebenbedingungen dienen zur Einrichtung der Startbedingungen für den Algorithmus.

Weitere Überlegungen über den aktuellen Stand des Prototyps hinaus bestehen darin, ob ein alternativer Algorithmus zur Optimierung der Produktionsplanung hinzugezogen werden sollte, der nicht nur die Energiekosten minimiert, sondern ebenfalls weitere variable Kosten wie Lohnkosten, Überstunden, Kosten für Fehlmengen oder Überproduktion berücksichtigt. Für die Entwicklung und Evaluation einer prototypischen webbasierten Plattform zur Anpassung der Produktionsplanung an Stromverfügbarkeiten wurde sich jedoch vorerst auf die Betrachtung der Stromverbrauchskosten beschränkt. Im konkreten Anwendungsfall können die individuellen Präferenzen und die Entscheidungsschwerpunkte des Unternehmens im Algorithmus und in der Optimierung berücksichtigt werden.

19.4   Abschließende Bemerkungen

In unserem dargestellten Prototyp können Produktionspläne aus ERP-Systemen exportiert und diese unter Einbeziehung der entsprechenden Strompreise neu eingeplant werden, um sich der Verfügbarkeit der Ressource Strom anzupassen und dadurch einen Kostenvorteil zu erzielen. Bisher berücksichtigt die automatische Produktionsplanung entsprechender Informationssysteme lediglich Mitarbeiter- und Materialverfügbarkeit sowie Maschinenkapazitäten. Dementsprechend wird die Produktionsplanung um den immer wichtiger werdenden Faktor Strom ergänzt und somit der Energiewandel unterstützt. Unser Entwurf bietet sowohl Energiekonsumenten als auch EVUs eine Möglichkeit, den Weg der voranschreitenden Digitalisierung gewinnbringend zu beschreiten.

Für Unternehmen ist insbesondere wichtig, bereits jetzt die entsprechenden Voraussetzungen und Schnittstellen zu schaffen, um bei der Realisierung mit optimalen Voraussetzungen für eine strompreisoptimierte Produktion schnell und flexibel reagieren zu können. Der präsentierte Lösungsansatz hat gezeigt, dass ein solches Modell automatisiert angewendet werden kann. Momentan basiert es auf Annahmen oder Vereinfachungen (auch systemisch), aber dennoch ist eine Umsetzung möglich.

Mit unserem Ansatz ist aber auch eine klare Forderung an EVUs verbunden, Daten gezielt zur Verfügung zu stellen und die Chancen der Energiewende und der daraus entstehenden neuen Geschäftsmodelle zu unterstützen.

Durch die Analysemöglichkeiten und die Datenverfügbarkeit ist eine Skalierbarkeit der Ergebnisse möglich. Die Auswirkungen und die Kosten der klassischen und der automatisierten, am Strompreis optimierten Produktionsplanung lassen sich gegenüberstellen. So kann der Kunde seinen Mehrwert gezielt abwägen und sich für eine Einbeziehung der Strompreisdaten entscheiden. Es wurde außerdem gezeigt, dass eine automatische Umsetzung und Steuerung mit Hilfe einer webbasierten Plattform möglich sind.

Neben der bereits dargestellten Erweiterung des Algorithmus um beispielsweise Lohnkosten, Fehlmengen und Überproduktion steht auch die Ausweitung der Plattform durch Anbindung weiterer ERP-Systeme im Fokus zukünftiger Forschung.

19.5   Danksagung

Abschließend möchten wir uns herzlich bei Prof. Dr. Axel Winkelmann und Maximiliane Günther bedanken, die uns bei der Entwicklung des gerade Gelesenen sehr unterstützt haben.

Literatur

BMJV. (2017). *Gesetz für den Ausbau erneuerbarer Energien (Erneuerbare-Energien-Gesetz – EEG 2017).* Erneuerbare-Energien-Gesetz vom 21. Juli 2014 (BGBl. I S. 1066), das zuletzt durch Artikel 1 des Gesetzes vom17. Dezember 2018 (BGBl. I S. 2549) geändert worden ist. Berlin: Bundesministerium der Justiz und für Verbraucherschutz (BMJV). https://www.gesetze-im-internet.de/eeg_2014/EEG_2017.pdf. Zugegriffen am 15.01.2019.

Epexspot. (2019a). *Day-Ahead-Auktion.* https://www.epexspot.com/de/marktdaten/dayaheadauktion/chart/auction-chart/2019-01-10/DE_LU. Zugegriffen am 15.01.2019.

Epexspot. (2019b). *Day-Ahead-Auktion.* https://www.epexspot.com/de/marktdaten/dayaheadauktion/chart/auction-chart/2018-12-03/DE_LU/7d/0d. Zugegriffen am 15.01.2019.

Grabski, S. V., & Leech, S. A. (2007). Complementary controls and ERP implementation success. *International Journal of Accounting Information Systems, 8(1),* 17–39. https://doi.org/10.1016/j.accinf.2006.12.002.

Lenny Koh, S. C., & Simpson, M. (2005). Change and uncertainty in SME manufacturing environments using ERP. *Journal of Manufacturing Technology Management, 16(6),* 629–653. https://doi.org/10.1108/17410380510609483.

Leyh, C. (2011). Why do companies implement ERP systems? – The goals and reasons behind ERP implementation projects. In P.-M. Léger, R. Pellerin & G. Babin (Hrsg.), *Readings on enterprise resource planning* (S. 19–35). Montreal: ERPsim Lab.

Somers, T. M., & Nelson, K. (2001). The impact of critical success factors across the stages of enterprise resource planning implementations. In *Proceedings of* of the 34th annual *Hawaii international conference on system sciences. HICSS-34,* S. 10. IEEE.

David Heim absolvierte ein Duales Studium an der Dualen Hochschule Baden-Württemberg in Mosbach. Er war zu dieser Zeit bei E.ON IT angestellt und bekam somit einen ersten Einblick in die Energiebranche. Im Anschluss an sein Bachelorstudium schloss er seinen Master of Sciene im Bereich Wirtschaftsinformatik als Vollzeitstudent an der Julius-Maximilians-Universität Würzburg 2015 ab. Anschließend folgte eine Anstellung als wissenschaftlicher Mitarbeiter am Lehrstuhl für Betriebswirtschaftslehre und Wirtschaftsinformatik von Prof. Dr. Axel Winkelmann. In 2019 will er sein Promotionsvorhaben erfolgreich abschließen. Seine Forschungsinteressen blieben durch das Bachelorstudium geprägt. So beschäftigte sich David Heim in seiner Masterthesis mit dem Thema „Framework-Entwicklung zur Marktsegmentierung für Smart-Meter-Dienstleistungen". Seine Doktorarbeit analysiert den Stand der Digitalisierung in der Energiebranche sowie die damit verbundenen Herausforderungen und Chancen. Darüber hinaus ist David Heim Autor zahlreicher Publikationen in nationalen und internationalen Zeitschriften zu den Themen Internet of Things, Digitalisierung und Enterprise Resource Planning.

Gregor Friedrich-Baasner studierte Wirtschaftsingenieurwesen an der Technischen Universität Clausthal sowie Wirtschaftswissenschaften und Wirtschaftsinformatik an der Julius-Maximilians-Universität Würzburg und schloss 2016 mit dem Master of Science ab. Anschließend begann er die Tätigkeit am Lehrstuhl für Betriebswirtschaftslehre und Wirtschaftsinformatik der Julius-Maximilians-Universität Würzburg von Prof. Dr. Axel Winkelmann als wissenschaftlicher Mitarbeiter. Diese Tätigkeit wird er 2019 mit einer Promotion abschließen. Gregor Friedrich-Baasner ist Autor zahlreicher Artikel in nationalen und internationalen Zeitschriften zu den Themen Internet of Things, Digitalisierung, Cloud Computing und Energie.

Betreiber digitaler Infrastrukturen – Pflichtaufgabe oder Basis neuer Geschäftsmodelle?

Benjamin Deppe

Probleme kann man niemals mit derselben Denkweise lösen, durch die sie entstanden sind. (Albert Einstein)

Zusammenfassung

Der Energiemarkt befindet sich seit Beginn der Liberalisierung 1998 in einem stetigen Wandel. Durch die Forcierung der Marktrolle des Messstellenbetreibers als Messdatenverteiler im Zuge des Messstellenbetriebsgesetzes 2016 und die Festlegungen zur Marktkommunikation 2020 im Dezember 2018 verlässt der Messstellenbetreiber endgültig den regulierten Bereich und findet sich im Wettbewerb um die Messstellen und den Innovationszyklus neuer Produkte wieder. Die Aufgaben und Anforderungen werden über den Betrieb und das Erfassen von Messwerten hinausgehen. Der Beitrag zeigt das sich daraus ergebende Spannungsfeld zwischen Lieferanten, Netzbetreibern, grundzuständigen und wettbewerblichen Messstellenbetreibern auf. Dazu werden auch der Wandel in den Erwartungen der Kunden und der Aufbau sowie Betrieb der notwendigen digitalen Infrastruktur aufgegriffen und in die Diskussion um die Bestandteile neuer Geschäftsmodelle einbezogen.

B. Deppe (✉)
Energienetze Mittelrhein GmbH & Co. KG, Koblenz, Deutschland

© Springer Fachmedien Wiesbaden GmbH, ein Teil von Springer Nature 2020
O. D. Doleski (Hrsg.), *Realisierung Utility 4.0 Band 2*,
https://doi.org/10.1007/978-3-658-25589-3_20

20.1 Entwicklung der Marktrolle des Messstellenbetreibers

Seit der Liberalisierung der Energiewirtschaft 1998 hat die Marktrolle des Messstellenbetreibers kontinuierliche Veränderungen erfahren. Der vorläufige Abschluss der Stärkung des
Messstellenbetreibers endete am 20. Dez. 2018 in der Festlegung der Bundesnetzagentur,[1]
indem *Messstellenbetreiber* auch in der Marktkommunikation die Bereitstellung abrech-
nungsrelevanter Messdaten zugeordnet und damit aus der Verantwortung des Verteilnetzbetreibers herausgelöst wurden. Damit werden die Forderungen des Messstellenbetriebsgesetzes[2] auch operativ umgesetzt und gelten sowohl für intelligente Messsysteme und moderne
Messeinrichtungen als auch für konventionelle Ferrariszähler und registrierende Leistungsmessung. Die Entwicklung des regulatorischen Rahmens sowie die sich daraus ergebenden Chancen und Veränderungen auf die Marktrollen des Lieferanten und Verteilnetzbetreibers werden in den folgenden Abschnitten beschrieben.

20.1.1 Regulatorischer Rahmen

Abb. 20.1 zeigt die Veränderung der Wertschöpfungskette in der Energiewirtschaft seit der
Liberalisierung 1998. Mit dem *Messstellenbetriebsgesetz (MsbG)* aus dem Jahr 2016
wurde die Marktrolle des Messdienstleisters abgeschafft, und der Messstellenbetreiber ist
für die gesamte Messstelle verantwortlich.

Bereits 2008 wurde durch die Liberalisierung des Messwesens versucht, an der wichtigen Kundenkontaktstelle des Kunden einen Wettbewerb zu etablieren. Mit dem *Energiewirtschaftsgesetz (EnWG)* wurde im Jahr 2011 dieser politische Wille bekräftigt und gleichzeitig die Weichen für intelligente Messsysteme (iMSys) gestellt. In den folgenden Jahren
zeigte sich ein nur schwach wachsender Markt von *wettbewerblichen Messstellenbetreibern (wMSB)*. Von 2015 bis 2018 sind die von wMSB betriebenen Messstellen lediglich um
rd. 90.000 Einheiten gestiegen und liegen dabei im Schnitt bei unter 1 % der Messstellen
eines gMSB.[3,4] Die Aufgaben des Messstellenbetriebes blieb in der Grundzuständigkeit
(gMSB) weiterhin eine Unteraufgabe der Netzbetreiber. Allerdings verloren diese vor allem
Messstellen mit hohen Jahresenergiebezügen sowie bundesweit vertretende Filialen an
bundesweit agierende wettbewerbliche Messstellenbetreiber. Begründet ist die Wahl eines
wMSB durch die Darstellung der Energiebezüge bundesweit verteilter Filialkunden aus
einer Hand, wodurch der gMSB die Kundenschnittstelle verliert. Abb. 20.2 veranschaulicht
die Folgen dieser Entwicklung. Bundesweit agierende Filialkunden benötigen für ein ganzheitliches Energiemanagement die Messdaten aus verschiedenen Netzgebieten. Durch den
Einsatz des wMSB können diese Messdaten an den Marktprozessen vorbei direkt visuali-

---

[1]Vgl. BNetzA (2018).

[2]Vgl. BMWi (2016, § 60).

[3]Vgl. Bundesnetzagentur und Bundeskartellamt (2015, S. 234 ff.).

[4]Vgl. Bundesnetzagentur und Bundeskartellamt (2018, S. 312 ff.).

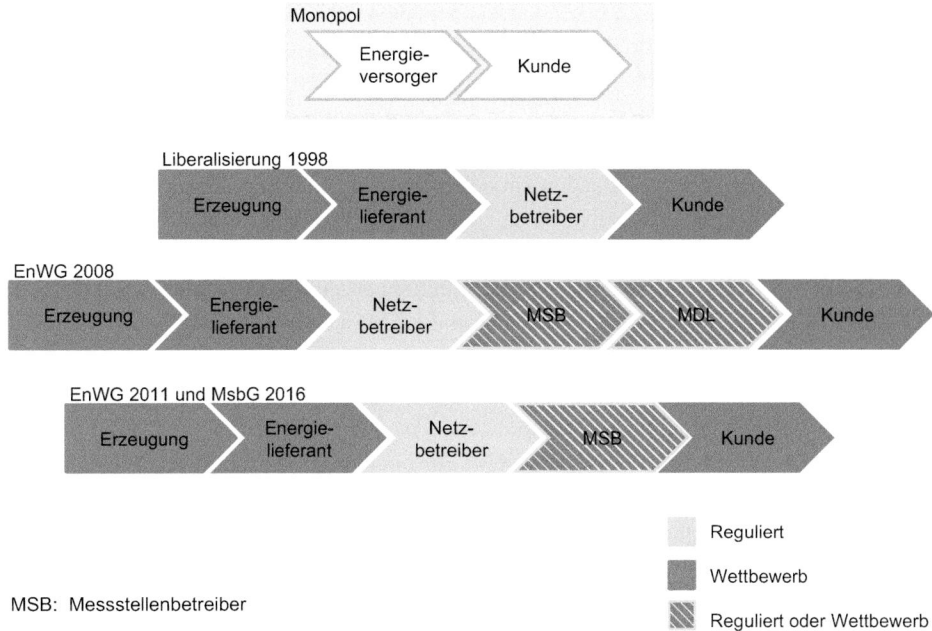

Abb. 20.1 Entwicklung der Wertschöpfungskette der Energiewirtschaft (Quelle: vgl. Deppe und Hornfeck 2014, S. 261)

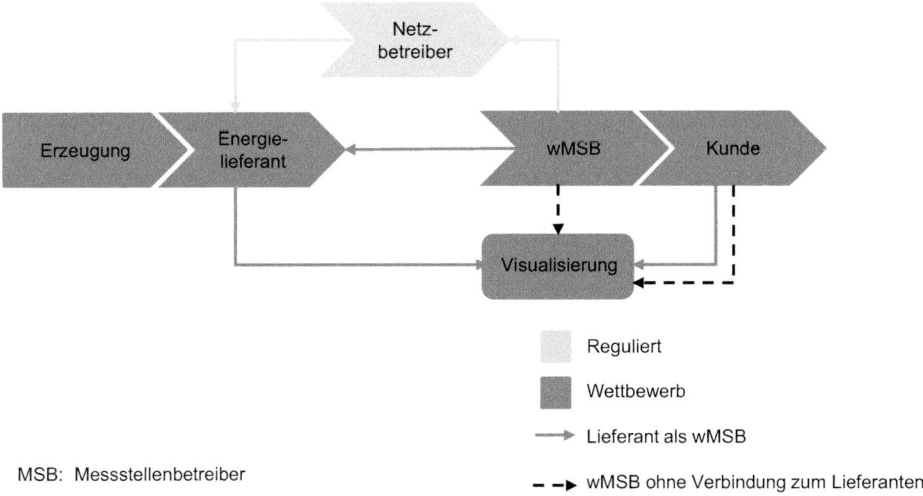

Abb. 20.2 Verteilung der Messdaten mit gMSB und wMSB (Quelle: vgl. Deppe 2017, S. 617)

siert und verarbeitet werden. Zu erkennen ist auch, dass der wMSB nicht auf einen Energie-lieferanten angewiesen ist, um diese Leistungen anzubieten.

Durch den wettbewerblichen Messstellenbetreiber werden den Kunden die Messdaten für alle Bilanzierungsverfahren – sowohl im *Standardlastprofil (SLP)* als auch bei der *registrierenden Leistungsmessung (RLM)* einheitlich zur Verfügung gestellt. Diese Entwicklung ging nach 2011 trotz der bestehenden Unsicherheiten hinsichtlich der Einführung intelligenter Messsysteme weiter, und es entstanden für die Kundengruppen im Filialsegment und unter 100.000 kWh Jahresenergiebedarf neue Geschäftsmodelle. Die finale Ausgestaltung des EnWGs erfolgte 2016 durch das Messstellenbetriebsgesetz (MsbG) und stärkte die Marktrolle des MSB erneut. Das MsbG räumt dem Messstellenbetreiber in der Grundzuständigkeit, aber auch der wettbewerblichen Rolle eine Reihe von Möglichkeiten ein. Unter anderem wird die zentrale Rolle des Messstellenbetreibers in der Messdatenverteilung und dem Zugriff auf Schalthandlungen zugeordnet. Das 2018 eingeführte Interimsmodell der BNetzA veränderte an der *Marktkommunikation* noch keine wesentlichen Elemente und ließ die serielle Kommunikation vom MSB über den VNB zu den weiteren Berechtigten bestehen. Mit der Festlegung vom 20. Dez. 2018 werden die Prozesse der Marktkommunikation zum 01. Dez. 2019 neu definiert.[5] Im Wesentlichen setzt der MSB ab dann die sternförmige Verteilung von abrechnungsfähigen Messdaten an die nachgelagerten Marktteilnehmer aus seinen Backend-Systemen oder durch das Gateway direkt um. Damit wandert der Prozess der Plausibilisierung und Ersatzwertbildung vom Netzbetreiber an den Messstellenbetreiber. Die Veränderungen in den Datenflüssen stellt Abb. 20.3 dar.

Der Messstellenbetreiber verfügt mit seiner Kundennähe über ein beträchtliches Potenzial. Daraus ergeben sich eine Reihe von Chancen, die durch die Marktkommunikation ab dem 01. Dez. 2019 weiter untermauert werden. Gleichzeitig wird auch deutlich, dass die

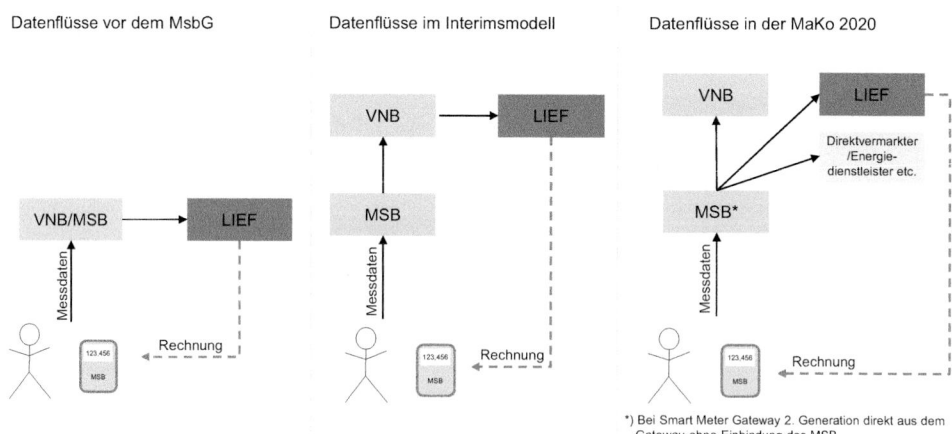

Abb. 20.3 Datenflüsse in der Marktkommunikation 2020

---

[5] Vgl. BNetzA (2018).

Rolle des grundzuständigen Messstellenbetreibers eher dem Umfeld des Grundversorgers gleicht als dem grundzuständigen Netzbetreiber. Die Messstelle ist jederzeit durch einen wettbewerblichen Messstellenbetreiber zu besetzen, und die Angebote an den Kunden können sich nicht nur auf den Einbau, den Betrieb und die Verteilung von Messdaten unter Verrechnung der Preisobergrenze und der Einhaltung der Rollout-Verpflichtungen beschränken. Mit der Verfügbarkeit von sogenannten *Smart Meter Gateways* der zweiten Generation wird in bestimmten Fällen der Datenversand direkt durch das Smart Meter Gateway erfolgen. In diesen Fällen beschränkt sich die Rolle des MSB auf den technischen Betrieb vor Ort.

Somit besteht die Herausforderung des grundzuständigen Messstellenbetreibers darin, den Verlust von Messstellen an wettbewerbliche Messstellenbetreiber so gering wie möglich zu halten. Die Erfahrung aus der Vergangenheit hat gezeigt, dass insbesondere die Messstellen mit einer hohen Preisobergrenze für Produkte außerhalb der Commodity-Lieferung zu begeistern sind. Inwieweit hier Zusatzleistungen zum Einsatz kommen können, muss jeder Messstellenbetreiber für sich entscheiden. Damit zeigt sich, dass allein die Festlegung einer Preisobergrenze und die Herauslösung aus dem Regulierungsregime der Netzbetreiber hohe Anforderungen an die Marktrolle des gMSB stellen. Die Prozesse müssen auch im Zuge der Grundzuständigkeit wettbewerblich ausgerichtet werden, da der grundzuständige Messstellenbetreiber einer Grundversorgung analog des Lieferanten entspricht und damit die Prozesse und das bisherige Selbstverständnis gravierend verändern. Gleichzeitig wird die Messstelle als eine zentrale Kundenkontaktstelle immer bedeutender.

Der nächste Abschnitt beschreibt die Möglichkeiten aus Sicht des wettbewerblichen Messstellenbetreibers und zeigt die komplizierte Situation des grundzuständigen Messstellenbetreibers auf.

20.1.2 Wettbewerbliche Sicht

Die Stärkung der Marktrolle des Messstellenbetreibers bildet die Grundlage zur Fortsetzung der steigenden Mengen von Messstellen, die von wettbewerblichen Messstellenbetreibern besetzt werden. Dabei zeigen sich am Markt aktuell unterschiedliche Ansätze. Diese lassen sich grob in 3 Kategorien einsortieren. Es sind dies

- bundesweit agierende Anbieter ohne Commodity-Produkte,
- bundesweite Anbieter mit Energiebeschaffungsprodukten sowie
- regional agierende wettbewerbliche Messstellenbetreiber aus der Rolle des Lieferanten heraus.

Damit stellt der wettbewerbliche Messstellenbetreiber an sich kein Produkt dar, sondern bildet die Basis für entsprechende Leistungen. Dabei reicht es aktuell aus, mehr zu bieten, als die grundzuständigen Messstellenbetreiber. Dies kann bei bundesweit verteilten Messstellen eine einheitliche Visualisierung mit Möglichkeiten zum *Energiemanagement* sein und auch eine gebündelte Beschaffung beinhalten. Auch bei regional verteilen Messstellen können dies aus

Lieferantensicht sinnvolle Ergänzungsprodukte sein. Darüber hinaus besteht bei Kunden unter erhald der Grenze für die registrierende Leistungsmessung (< 100.000 kWh) die Möglichkeit, eine *Visualisierung* zu erhalten und nicht zwangsläufig die hohen Messentgelte des grundzuständigen Messstellenbetreibers für registrierende Leistungsmessung bezahlen zu müssen.

Die Besetzung der Messstelle stellt somit einen direkten Endkundenkontakt her, der aufgrund eines möglicherweise notwendigen Zählerwechsels und der Auswahl neuer Visualisierungsdarstellungen eine höhere Wechselhürde bedeutet als eine reine Commodity-Lieferung. Damit besteht eine konkrete Gefahr für die etablierten lokalen Energieversorger – sowohl für den Lieferanten als auch für den Messstellenbetreiber. Nach der Liberalisierung haben die Lieferanten in ihren Versorgungsgebieten knapp jeden vierten Kunden an einen fremden Lieferanten verloren. Der Marktanteil der Messstellenbetreiber liegt derzeit noch bei rund 99 %. Die Verluste kommen jedoch überwiegend bei Messstellen mit registrierender Leistungsmessung zum Tragen und werden sich in dem höheren Preisobergrenzensegmet fortsetzen.

Durch die hohen rechtlichen Anforderungen an den Messstellenbetrieb von intelligenten Messsystemen ist es jedoch erforderlich, eine bestimmte kritische Masse an Messsystemen auf den Systemen zu betreiben oder gute skalierende Dienstleister ausgewählt zu haben. Dies gilt nicht nur für die wettbewerblichen Messstellenbetreiber, sondern auch für die grundzuständigen. Bei letzteren besteht die Gefahr, dass die gerechneten Business Cases bei einer zu starken Verlustquote nicht mehr haltbar sind. Somit ist es auch für grundzuständige Messstellenbetreiber zwingend notwendig, sich mit alternativen Angeboten außerhalb der Pflichtvorhaben beschäftigen.

In den bisherigen Diskussionen wurde die Visualisierung von Verbrauchswerten immer den Lieferanten zugeordnet. Im Zuge der Marktorientierung sollten sich Messstellenbetreiber die Frage stellen, ob diese Leistung nicht direkt von ihnen erbracht werden kann. Die ersten Messstellenbetreiber bieten die Funktion auch unter Einbeziehung der Erzeugungsanlagen bereits am Markt an und verzichten auf die Lieferung von Commodity-Produkten und fokussieren sich auf Energiemanagementfunktionen.

Solche Ansätze sind in der konservativen Energiewirtschaft selten, stellen aber ein hohes Gefährdungspotenzial für bestehende Geschäftsmodelle dar. Diese Gefahren verstärken sich mit den Liegenschaftsangeboten ab 2021.[6]

Durch diese Veränderungen in den Angebotsvarianten – die durchaus das Potenzial für disruptive Veränderungen mit Auswirkungen auf den Messstellenbetreiber, aber auch den Lieferanten haben können – verändert sich das Verhältnis der Marktrollen zueinander ebenfalls.

20.1.3 Verhältnis zu anderen Marktrollen

In der bisherigen Aufteilung der Marktrollen war der Messstellenbetreiber in der Kundenwirkung nicht oder wenig wahrnehmbar. Die Marktrolle stellt eine Unterfunktion des Netzbetreibers dar, der für die Sicherstellung der eichrechtlichen Vorgaben und die Erfassung,

---

[6]Vgl. BMWi (2016, § 6).

Plausibilisierung, die Bildung von Ersatzwerten und die Verteilung der Messwerte an den Lieferanten zuständig war.

Die überschaubaren wettbewerblichen Messstellenbetreiber fallen mit ihren Messstellen in der breiten Masse nicht auf und mussten die Messwerte zur Plausibilisierung an den Netzbetreiber übermitteln, der diese dann an die Lieferanten weitergab. Wie in Abb. 20.2 schon dargestellt, nutzen diese wMSB jedoch die Messdaten losgelöst von den Marktprozessen zur direkten Visualisierung für ihre Kunden.

In einigen Fällen haben die Lieferanten neben den Netzbetreibern ebenfalls und möglicherweise zu anderen Zeiten die Zählerstände von ihren Kunden erfragt, was zu einer verständlichen Verwirrung bei den Kunden geführt hat. Das MsbG hat dem Messstellenbetreiber hier eine Reihe von neuen Wegen aufgezeigt, die mit der Marktkommunikation verfestigt werden. Die spannende Frage in den nächsten Jahren wird sein, wer diese Chancen ergreift, und wer versucht, die alten Prozesse zu bewahren.

Das Verhältnis des Messstellenbetreibers zum Netzbetreiber wird sich dahingehend verändern, dass der Messstellenbetreiber künftig die Messwerte abrechnungsfertig liefert und diese dann direkt an den Netzbetreiber und Lieferanten kommuniziert (s. Abb. 20.3). Damit rückt der Messstellenbetreiber tiefer in die Verantwortung. Gleichzeitig wird die bestehende Kundennähe weiter ausgebaut. Der Messstellenbetreiber wechselt regelmäßig die Zähler – und wird im Zuge des Rollouts in den nächsten Jahren jeden seiner Kunden besuchen. Des Weiteren liest er jedes Jahr die Zählerstände ab – oder überträgt diese digital. Damit kann er einen entscheidenden Beitrag zum Kundenkomfort leisten. Die Frage ist: Belässt es der grundzuständige Messstellenbetreiber bei den pflichtmäßigen Tätigkeiten aus dem MsbG, oder bietet er seinen Kunden Leistungen an, die bisher eher in der Marktolle des Lieferanten erbracht wurden?

Die Veränderung in dem Verhältnis zwischen Messstellenbetreiber und Lieferant ist in dem im MsbG skizzierten Marktmodell die am stärksten zu diskutierende Veränderung. Hier kann zum einen die Rolle des Lieferanten den Messstellenbetrieb mitbringen und damit die Kundenbindung erhöhen und den grundzuständigen Messstellenbetreiber aus dieser Bindung verdrängen. Auf der anderen Seite kann der Messstellenbetreiber diese Schnittstelle sehr eng besetzen und den Lieferanten auf die Bereitstellung von Commodity-Produkten beschränken. Abb. 20.4 zeigt die beiden Varianten graphisch auf.

Somit ergibt sich für die seit 1998 im Wettbewerb stehenden Lieferanten ein neuer Konkurrent mit einem anderen Produktportfolio und der Chance, den Kunden dadurch enger an sich zu binden und gleichzeitig als unabhängiger Energievermittler aufzutreten. Hier kann zum einen die Rolle des Lieferanten den Messstellenbetrieb mitbringen und damit die Kundenbindung erhöhen und den grundzuständigen Messstellenbetreiber aus dieser Bindung verdrängen (Lieferant mit MSB-Leistung in Abb. 20.4). Auf der anderen Seite kann der Messstellenbetreiber diese Schnittstelle sehr eng besetzen und den Lieferanten auf die Bereitstellung von Commodity-Produkten beschränken (Lieferant ohne MSB Leistung in Abb. 20.4).

Für den grundzuständigen Messstellenbetreiber besteht die Gefahr des Verlustes von Messstellen. Abb. 20.5 stellt das Spannungsdreieck dar.

Lieferant <u>ohne</u> MSB Leistung   Lieferant <u>mit</u> MSB Leistung

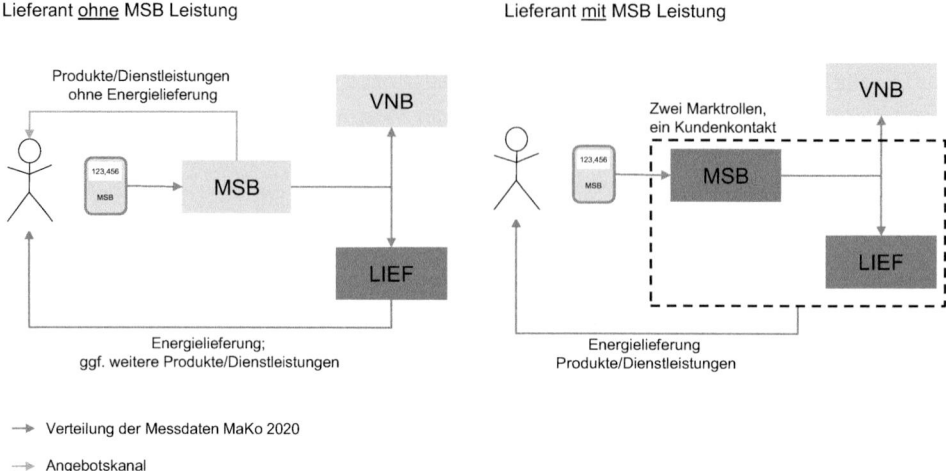

→ Verteilung der Messdaten MaKo 2020

→ Angebotskanal

Abb. 20.4 Spannungsfeld zwischen Lieferant und Messstellenbetreiber

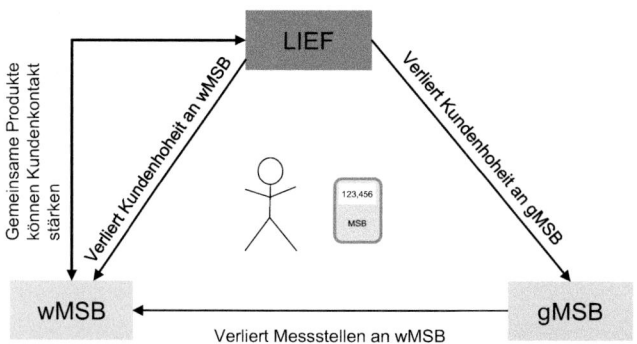

Abb. 20.5 Spannungsdreieck zwischen den Marktrollen

In diesen Konstrukten haben neue Player am Markt eine gute Ausgangsbasis, da sich diese nicht mit den historischen Marktrollenverteilungen auseinandersetzen müssen und die Chancen ergreifen können, sofern die notwendigen Skaleneffekte generiert werden. Zusammenfassend kann gesagt werden, dass die Messdaten und die sich aus der Kundenbindung ergebenden Möglichkeiten die Grundlage für die Geschäftsmodelle der Zukunft bilden. Die reine Erfassung und Weitergabe von Messwerten werden für ein erfolgreiches Geschäftsmodell nicht ausreichen.

Hier stellt die Veränderung in der Infrastruktur und die Abbildung der sternförmigen Kommunikation den grundzuständigen Messstellenbetreibern eine gute Ausgangsbasis zur Verfügung, sofern von historisch gewachsenen konservativen Ansichten und Auslegungen der Marktrolle Abstand genommen werden kann. Die räumliche Nähe zu den

Kunden bietet eine Reihe von Vorteilen, die es zu nutzen gilt, um sich von den Wettbewerbern abzusetzen. Klassisch beschränken sich Messstelletreiber im regulierten Umfeld auf die Medien Strom und Gas. Hier entsteht ein Verdrängungsmarkt mit verhältnismäßig wenig Neukundenpotenzial. Daher müssen für ein Wachstum neue *Geschäftsfelder* erschlossen und vorhandene Synergiepotenziale entschlossen genutzt werden. Auf diese Thematik geht der nächste Abschnitt näher ein.

20.2 Veränderung der Infrastruktur des Messwesens

Die bisherige Infrastruktur des Messwesens beschränkte sich auf die *Fernauslesung* von Zählern zur registrierenden Leistungsmessung über Festnetztelefon oder Mobilfunk. Für die Mehrzahl der Zähler wurden menschliche *Ableser* eingesetzt, entweder durch die Ablesung durch die Kunden selbst und Übermittlung der Zählerstände als Postkarte oder über internetbasierende Portale oder durch den Einsatz von Ablesern. Zur Umschaltung von Hoch- und Niedertarifen wurden *Rundsteuertechniken* ohne Rückkanal eingesetzt. Es ist somit unschwer zu erkennen, dass es durch die neuen Anforderungen an die Messdatenbereitstellung und die Verbindung der Messdatenerfassung mit der Steuerung von Anlagen sowie aufgrund der Ansprüche der Kunden zu einer grundlegenden Verschiebung dieser Infrastruktur kommen wird. So kamen bisher nur bei rund 1 % der Messstellen Fernabfragen zum Einsatz. Dieser Anteil wird sich auf mindestens 15 % erhöhen. Dies ist der Mittelwert der Pflichteinbaufälle. Wie unten ausgeführt ist es jedoch unwahrscheinlich, dass es bei dieser Quote bleiben wird. Dazu kommen die über den *CLS*-Kanal (*Controllable Local System*) zu steuernden Anlagen.

Dabei können im Wesentlichen vier Technologien zum Einsatz kommen.

- die normale und bereits erprobte Mobilfunktechnik,
- der Einsatz von kabelgebundenen Kommunikationsstrecken wie DSL oder Glasfaser,
- der Aufbau eines Breitband-Power-Line-Netzes oder
- die Nutzung von CDMA-Technologien.

An dieser Stelle wird keine Bewertung der einzelnen Optionen gegeben. Es wird jedoch schnell deutlich, dass sich der Messstellenbetreiber in einer Infrastrukturbetreiberrolle wiederfindet. Somit ist neben oben beschriebenen Skalierungsanforderungen an einen wirtschaftlichen Betrieb auch im Bereich der Kommunikation eine optimale und skalierende Technik zu etablieren. Insbesondere für grundzuständige Messstellenbetreiber bietet sich hier die Chance auf ein mögliches Geschäftsmodell. Dieses basiert auf einer sehr guten Ortskenntnis und Einschätzung darüber, welche Technologie für welche Gebiete sinnvoll ist. Gleichzeitig bietet sich aufgrund einer zu vermutenden höheren Menge an Abnahmestellen das Potenzial für den Aufbau und die Vermarktung einer leitungsgebundenen Infrastruktur.

Die Herausforderung in der Nutzung des CLS-Kanals bieten hier besonderen Chancen in der Entwicklung von *Mehrwertdiensten*. Gleichzeitig steigen auch in diesem Bereich die

Anforderungen an das Know-how der eingesetzten Mitarbeiter. Ebenso wirkt sich die Veränderung der kommunikativen Infrastruktur auf die etablierte Vor-Ort-Ablesung aus und ist in den Rollout-Plänen zu berücksichtigen. Auch der wettbewerbliche Messstellenbetreiber muss sich dieser Thematik bewusst sein und Mehrspartenlösungen berücksichtigen.

Der nächste Abschnitt geht auf die veränderten Anforderungen der Kunden ein und beschreibt die bestehenden Rückwirkungen zu diesem Abschnitt.

20.3   Einbindung des Kunden in die veränderte Datenwelt

Auch die Anforderungen der *Kunden* haben sich in den letzten Jahren gewandelt. Wie oben beschrieben wünschen sich immer mehr Filialkunden und Kunden im Verbrauchsbereich knapp unter 100.000 kWh eine Visualisierung und regelmäßige Bereitstellung von Messwerten – teilweise auch untertägig. Auch im Privatkundensegment sind vereinzelt solche Anforderungen zu erkennen, insbesondere im Bereich von *Prosumern*. Darüber hinaus steigt die Vorsicht der Kunden bei der Gewährung von Zutritten zu den Räumlichkeiten bei der Zählerablesung oder dem Zählerwechsel. Hier steigen die Anforderungen an die Vorabinformation und die Eingrenzung von Terminfenstern, wie dies in der Logistikbranche vorgelebt wird. Daneben ergeben sich viele Fragen hinsichtlich des Umgangs mit den Daten der Kunden, die an dieser Stelle jedoch nicht diskutiert werden können.

Damit verändert sich auch die Anforderung an die Einbindung des Kunden in die *Digitalisierung* der Energiewende. Es ist fraglich, ob der einfache Austausch des Zählers und Anhebung der Messentgelte auf das Niveau der Preisobergrenze ausreichend sind, die Akzeptanz zu erreichen, die notwendig ist, um innovative Produkte zu zusätzlichen Kosten zu vermarkten. Grundzuständige Messstellenbetreiber können mit der Strategie Gefahr laufen, die Kunden für den Wettbewerb zu sensibilisieren. Gleichzeitig bietet das Umfeld wettbewerblichen Messstellenbetreibern mit attraktiven Angeboten ein gutes Eintrittsfenster.

Unabhängig davon, ob es sich um einen grundzuständigen oder wettbewerblichen Messstellenbetreiber – und unabhängig davon, ob dieser aus der Rolle des Lieferanten operiert oder unabhängig agiert – handelt, besteht die besondere Herausforderung darin, die oben adressierten Anforderungen der Kunden bestmöglich zu erfüllen. Dazu gehören bei dem anstehenden Zählerwechsel eine gute Kommunikation im Vorfeld und eine zuverlässige Termintreue. Genauso zählt dazu insbesondere bei dem Einsatz intelligenter Messsysteme eine Strategie zum Umgang mit den anderen Energiearten wie Gas und Wasser. Es ist dem Kunden nur schwer zu erklären, dass der Stromzähler aus der Ferne abgelesen wird, dies jedoch für andere Energiearten nicht funktioniert. Insbesondere bei der Wasserablesung kommt erschwerend die Vermischung von regulierten und nicht regulierten Medien dazu, die dem Kunden aber nur schwer verständlich zu machen sein wird.

Die nächste folgerichtige Frage stellt sich bei der *Visualisierung* der Messdaten. Aktuell erfolgt diese nach verbreiteter Branchenmeinung durch den Lieferanten. Sofern die Verrechnung der Preisobergrenze erfolgt, erscheint diese Zuordnung auch für den Kunden nachvollziehbar. Kritisch wird es, wenn die Lieferanten die Verrechnung nicht übernehmen und der grundzuständige Messstellenbetreiber das Messentgelt direkt an den Kunden verrechnet. Fraglich ist, ob dies durch die Kunden ohne Visualisierung oder andere Mehrwerte akzeptiert wird. Einige unabhängige wettbewerbliche Messstellenbetreiber übernehmen die Visualisierung und darauf basierende Folgeprodukte direkt. In diesem Fall kann der Lieferant von dem direkten Kundenkontakt abgeschnitten werden.

Bei dem Einsatz moderner Messeinrichtungen ist die Frage zu klären, welchen *Mehrwert* diese dem Kunden bieten. Ohne auf die medial gut verbreitete Taschenlampendiskussion einzugehen ist schnell ersichtlich, dass dieses Vorgehen nicht in die heutige Zeit der Smartphones passen kann. Aktuell bestehen diverse technische Lösungen am Markt, dem Kunden hier Mehrwerte zu bieten. Allerdings stehen diese nicht immer im Einklang mit den Anforderungen des Bundesamtes für Sicherheit in der Informationstechnik (BSI). Hier wird sich in den nächsten Monaten sicher eine Lösung etablieren, die dann auch wieder durch die verschiedenen Marktrollen angeboten werden kann und sich ebenfalls auf die oben beschriebenen Themen auswirken wird.

Im Rahmen dieser Betrachtung wird deutlich, dass die oben aufgezeigte Veränderung im Verhältnis der Marktrollen nicht nur eine rein akademische Diskussion darstellt. Die Anforderungen der Kunden, die technische Entwicklung und die steigende Anzahl von guten und nutzbaren Ideen zur Einbindung der Kunden von einer reinen modernen Messeinrichtung bis hin zu einem Prosumer-Haushalt mit der Teilnahme an regionalen Energiemärkten zeigen deutlich, dass insbesondere der Messstellenbetreiber sich nicht nur auf die reinen Anforderungen des Gesetzes zurückziehen sollte, sondern sich in einen wettbewerbsorientierten Dienstleister verwandeln muss. Nur so kann er seine gute Ausgangsposition vorteilhaft nutzen.

20.4   Praktische Erfahrungen und Ausblick

In den vorangehenden Abschnitten wurden die Entwicklung der letzten Jahre und die sich daraus abzeichnende Entwicklung dargestellt. Gerade letztere bietet viel Raum für Diskussionen, die insbesondere von und innerhalb der etablierten Unternehmen geführt werden müssen, um den richtigen Umgang mit den digitalen Themen und den Veränderungen auf der Kundenseite zu finden.

Daneben sind in den letzten Monaten verstärkt Pilotprojekte durchgeführt worden. In diesen Projekten wurde und wird versucht, Antworten auf die drängenden Fragen zu finden. Dazu zählt die Frage, was ist technisch mit welcher Zuverlässigkeit umsetzbar, wie nimmt der Kunde die Angebote auf, und ist er bereit, dafür etwas zu bezahlen.

Die praktische Erfahrung zeigt zunächst, dass die Angebote auf mehr Kundengruppen als auf Kunden mit registrierender Leistungsmessung und Kunden mit SLP-Bilanzierung zugeschnitten sein müssen. In den ersten Analysen zeigt sich, dass die Gruppe der energieintensiven Betriebe unter 100.000 kWh mit hohen Anforderungen an die Visualisierung, Auswertung und Abrechnungsfähigkeit der Messwerte – insbesondere hinsichtlich der

Maximalleistung – in dieser Hinsicht von Interesse ist. Zum anderen existieren Anwendungsfälle für Prosumer und interessierte Bezugskunden. Eine weitere – insbesondere mit Blick auf die Liegenschaftsausschreibungen – relevante Gruppe stellen die *Wohnungswirtschaften* und Eigentumsgemeinschaften dar. Jede der genannten Gruppen hat eigene Schwerpunkte, die abzubilden sind, ohne jeweils völlig eigene Lösungen zu etablieren, um die Skalierungsfähigkeit sicherzustellen.

In einem ersten Schritt steht die Visualisierung der Verbräuche und damit verbundene Analysefunktionen im Vordergrund. Dies reicht von einer kennzahlengestützten Vergleichsdarstellung zur Energieoptimierung bis zur Darstellung von Erzeugung und Verbrauch in einem Objekt und einer klassischen pünktlichen und vollständigen Betriebskostenabrechnung für Warmwasser und Heizkostenverteiler.

Ebenfalls in der Diskussion steht die *Disaggregation* von Daten und daraus abzuleitenden Handlungsempfehlungen. Durch hohe zeitliche Auflösungen in der Messdatenerfassung von einer Sekunde bestehen hier durch mathematische Verfahren Möglichkeiten, die Verbraucher wie Kühlschränke, Waschmaschinen oder Haartrockner zu identifizieren und den Verbrauch entsprechend zuzuordnen und in Vergleichsgruppen damit seine Energieeffizienz zu bewerten. Pilotversuche haben gezeigt, dass dies grundsätzlich möglich ist, aber hohe Anforderungen an die Datenanalyse, Datenmenge und Datenqualität stellt. Für eine gute und akzeptable Genauigkeitsquote ist eine ausreichende Zahl von Messdaten notwendig. Auch für den Aufbau von Vergleichsgruppen sind ausreichend Kunden und Datenpunkte in den einzelnen Gruppen notwendig. Dadurch wird die Auswahl eines entsprechenden Partners mit ausreichend Datenpunkten zum Aufbau entsprechender Analysen wichtig. Dazu kann beispielsweise auf anonymisierte Datensätze mehrerer Unternehmen zugegriffen werden sofern das eigene Potenzial an Datenpunkten nicht groß genug ist oder ausreichend schnell erschlossen werden kann.

Des Weiteren besteht die Herausforderung, die Zugriffszahlen auf die Visualisierung nicht abklingen zu lassen und den Kunden zu der dauerhaften Beschäftigung mit dem Portal zu animieren. Hier hat sich gezeigt, dass dies ohne regelmäßige Neuerungen und Funktionserweiterung schnell abflacht. Daher ist zu überlegen, wie die Anwendung den Kunden automatisch Arbeit abnimmt und als Servicefunktion agieren kann. Auch hier zeigt sich der grundlegende Wandel der Anforderungen an den Messstellenbetreiber oder den Lieferanten. Letzterer ist – sofern er nicht als *wettbewerblicher Messstellenbetreiber* auftritt – auf die Umsetzungen durch den grundzuständigen Messstellenbetreiber angewiesen. Bis zur praktischen Umsetzung der *Interoperabilität* wird dies wie in der Vergangenheit ein eher komplexer Vorgang bleiben. Im Zielmodell sind hier zumindest bei intelligenten Messsystemen mehr Freiheitsgerade zu erwarten.

Die nächste Pilotphase konzentriert sich auf den Aufbau des *CLS-Managements* zur Durchführung von netzdienlichen Schalthandlungen, aber auch zur Verarbeitung von Schalthandlungen durch Betreiber virtueller Kraftwerke. Hier entsteht für wettbewerbliche Messstellenbetreiber in der Anbindung der regionalen Netzleitstellen eine weitere Komplexitätsstufe. Die darüber hinausgehende Ausbaustufe des CLS-Managements ist der Datentransport aus den Objekten in die Backend-Systeme. Hier stehen insbesondere die nicht regulierten Sparten sowie Serviceleistungen im Fokus. Damit ist es dann möglich, die Ablesungen aller Messeinrichtungen und weiterer Sensoren aus der Ferne umzusetzen und Zutritte zu den Objekten zu vermeiden. Zu untersuchen ist, inwieweit diese Ansätze durch Elemente eines Smart-City-Ansatzes, wie er aktuell in diversen LoRaWAN-Projekten erprobt wird, erweitert werden kann.

Ein Blick in die Zukunft ist immer mit Unsicherheiten behaftet. Dennoch zeichnet sich ab, dass die Verarbeitung von Messdaten zukünftig weit über die reine Abrechnung und Visualisierung von 15-Minuten-Werten hinausgehen wird. Auch wird die dazu aufgebaute Infrastruktur weit mehr sein als die Transportstrecke von Messdaten zur Abrechnung. Die digitale Infrastruktur wird in vielen Bereichen die Grundlage für Geschäftsmodelle in der Energiewelt der Zukunft sein. Ohne diese Infrastruktur vom Objekt bis zu den Backend-Systemen wird kein regionaler Handel möglich sein, aber auch kein ganzheitliches Energiemanagement oder die Befriedigung von Kundenansprüchen. Somit wandelt sich das Messwesen zu einem digitalen Infrastrukturbetreiber, der unterschiedlichen Parteien Zugang zu den Kunden und damit zu deren Bedürfniserfüllung bietet – oder gar Teile davon selbst übernehmen kann.

Dieser Wandel wird durch die aufgrund von Erfahrungen aus anderen Lebensbereichen beflügelten Erwartungen der Kunden beschleunigt. Hier zeigt sich, dass innovative Unternehmen ohne oder mit wenig Bezug zu den etablierten Energieversorgungsunternehmen durchaus schnell in den Markt einsteigen können.

Die Diskussion zu den Verhältnissen zwischen den Marktrollen wird in den nächsten Monaten, auch getrieben durch die Marktkommunikation 2020, an Dynamik gewinnen und den Umgang mit Messdaten und den Umgang mit der digitalen Infrastruktur verändern. Mit Blick auf die oben beschriebenen Faktoren ist eine nachhaltige Veränderung zu erwarten, die bewährte Prozesse und Denkweisen überholen wird.

Literatur

BMWi. (2016). Gesetz über den Messstellenbetrieb und die Datenkommunikation in intelligenten Energienetzen (Messstellenbetriebsgesetz – MsbG). In Gesetz zur Digitalisierung der Energiewende. *Bundesgesetzblatt* Jg. 2016, Teil I Nr. 43, S. 2034 ff. (29.08.2016). Berlin: Bundesministerium für Wirtschaft und Energie (BMWi). https://www.bmwi.de/Redaktion/DE/Downloads/Gesetz/gesetz-zur-digitalisierung-der-energiewende.pdf?__blob=publicationFile&v=4. Zugegriffen am 02.02.2019.

BNetzA. (2018). Beschluss in dem Verwaltungsverfahren zur weiteren Anpassung der Vorgaben zur elektronischen Marktkommunikation an die Erfordernisse des Gesetzes zur Digitalisierung der Energiewende („Marktkommunikation 2020 – MaKo 2020") (20.12.2018). Bonn: Bundesnetzagentur für Elektrizität, Gas, Telekommunikation, Post und Eisenbahnen (BNetzA). https://www.bundesnetzagentur.de/DE/Service-Funktionen/Beschlusskammern/1_GZ/BK6-GZ/2018/2018_0001bis0999/BK6-18-032/BK6-18-032_Beschluss.pdf?__blob=publicationFile&v=2. Zugegriffen am 02.02.2019.

Bundesnetzagentur, Bundeskartellamt. (2015). Monitoringbericht 2015 (Korrektur: 21.03.2016). Bonn: Bundesnetzagentur für Elektrizität, Gas, Telekommunikation, Post und Eisenbahnen &

Bundeskartellamt. https://www.bundesnetzagentur.de/SharedDocs/Downloads/DE/Allgemeines/Bundesnetzagentur/Publikationen/Berichte/2015/Monitoringbericht_2015_BA.pdf?__blob=publicationFile&v=4. Zugegriffen am 02.02.2019.

Bundesnetzagentur, Bundeskartellamt. (2018). *Monitoringbericht 2018*. Bonn: Bundesnetzagentur für Elektrizität, Gas, Telekommunikation, Post und Eisenbahnen & Bundeskartellamt. https://www.bundesnetzagentur.de/SharedDocs/Downloads/DE/Allgemeines/Bundesnetzagentur/Publikationen/Berichte/2018/Monitoringbericht_Energie2018.pdf?__blob=publicationFile&v=3. Zugegriffen am 02.02.2019.

Deppe, B. (2017). Intelligente Messsysteme – Mehrwert für unterschiedliche Stufen der Wertschöpfung. In O. D. Doleski (Hrsg.), *Herausforderung Utility 4.0 – Wie sich die Energiewirtschaft im Zeitalter der Digitalisierung verändert* (S. 613–623). Wiesbaden: Springer Vieweg.

Deppe, B., & Hornfeck, G. (2014). Transformationsprozess der Marktakteure. In C. Aichele & O. D. Doleski (Hrsg.), *Smart Market – Vom Smart Grid zum intelligenten Energiemarkt* (S. 257–281). Wiesbaden: Springer Vieweg.

Benjamin Deppe beschäftigt sich seit 2006 in verschiedenen beruflichen Stationen mit dem Themengebiet des Smart Metering unter Einbeziehung des Endkunden in Smart-Grid-Konzepte und kann auf eine Reihe von nationalen und internationalen Veröffentlichungen verweisen.

Herr Deppe arbeitete zunächst als wissenschaftlicher Mitarbeiter am Institut für Hochspannungstechnik und Elektrische Energieanlagen der TU Braunschweig und war zuletzt Leiter der Arbeitsgruppe Energiesysteme. Von 2011 bis 2017 war Herr Deppe in verschiedenen Gesellschaften der MVV Energie Gruppe beschäftigt. Bei der Energieversorgung Offenbach AG war er als Vorstandsassistent und Abteilungsleiter Netzoptimierung tätig. Für die Soluvia Metering war er als Prokurist und Abteilungsleiter für die Messdienstleistungen, das Projektmanagement und die Einführung intelligenter Messsysteme verantwortlich.

Aktuell verantwortet er bei den Energienetzen Mittelrhein als Bereichsleiter Messservice die Umsetzung des Messstellenbetriebsgesetzes und Transformation aus dem konventionellen Messwesen hin zu dem Betrieb intelligenter Messsysteme als Teil des Smart Grid und innovativer Kundenprodukte sowie den Aufbau digitaler Infrastrukturen.

Erfolgreiche Umsetzung von BPO-Projekten und Dienstleistungen als Smart-Meter-Gateway-Administrator

21

Jens Hartmann und Ralfdieter Füller

Zusammenfassung

Die Durchführung von BPO-Projekten im Bereich Smart-Meter-Gateway-Administration ist weitaus komplexer als vermutet, da in einer Vielzahl von unterschiedlichen Fachdisziplinen Expertenwissen benötigt wird. Durch ein vorausschauendes, aktives und standardisiertes Projektmanagement können potenzielle Fallstricke im Projekt ausgeräumt werden. Aus unserer Sicht ist die intensive Durchführung von strukturierten Tests in drei Phasen (Trockentests, Dummy-Tests und Echtgerätetests) mit unterschiedlichsten Testkonstellationen ein wesentliches Kriterium, um später einen weitestgehend reibungslosen Betrieb zu ermöglichen. Schließlich beschreiben wir den Einsatz eines intelligenten Ticketportals, das wir entwickelt haben, um Fehler und Probleme strukturiert und nachvollziehbar zu dokumentieren und es den Projektteilnehmern zu ermöglichen, aus bereits bekannten Fehlern zu lernen.

21.1 Die Rolle des Smart-Meter-Gateway-Administrators

Das Gesetz zur Digitalisierung der Energiewende (GDEW), das der Deutsche Bundestag im August 2016 beschlossen hat, regelt die Nutzung von Smart Metering, d. h. insbesondere den Einsatz von intelligenten Messsystemen in Deutschland.[1] Danach müssen rund 4,5 Mio. *intelligente Messsysteme (iMSys)* in den kommenden Jahren in Deutschland installiert werden. Um dies wirtschaftlich umsetzen zu können, kommt es darauf an, den

---

[1]Vgl. BMWi (2016).

J. Hartmann (✉) · R. Füller
GWAdriga GmbH & Co. KG, Berlin, Deutschland

© Springer Fachmedien Wiesbaden GmbH, ein Teil von Springer Nature 2020
O. D. Doleski (Hrsg.), *Realisierung Utility 4.0 Band 2*,
https://doi.org/10.1007/978-3-658-25589-3_21

Rollout-Prozess möglichst effizient und vor allem hochintegriert abzubilden.[2] Die Marktrolle des *Messstellenbetreibers (MSB)* beschäftigt sich neben der Messdatenverarbeitung, der Beschaffung und Logistik, dem Einbau, der Inbetriebnahme und der Konfiguration auch mit der Administration, der Überwachung, der Wartung und der informationstechnischen Anbindung von Messgeräten sowie von anderen an das *Smart Meter Gateway (SMGW)* angebundenen technischen Einrichtungen.[3] Des Weiteren muss der MSB als Smart-Meter-Gateway-Administrator aufgrund von § 25 Absatz 5 des Messstellenbetriebsgesetzes(MsbG)eineZertifizierungseinesInformation-Security-Managementsystems (ISMS) gemäß ISO/IEC 27001 nachweisen. Im Rahmen dieser Zertifizierungen sind insbesondere die Anforderungen der Technischen Richtlinie TR-03109-6 vom Bundesamt für Sicherheit in der Informationstechnik (BSI) zu berücksichtigen und die Einhaltung der Anforderungen durch BSI-zertifizierte Auditoren zu bestätigen.[4]

Die Vielzahl und die Komplexität dieser anspruchsvollen Aufgaben führen dazu, dass man von einer neuen Königsdisziplin in der Energiewirtschaft sprechen könnte. Schließlich benötigt man für die Gesamtheit der Aufgaben ausgesprochenes Fach-Know-how im Messwesen, in der Informations- und Kommunikationstechnik, der Informationssicherheit, der Logistik sowie im Elektrohandwerk. Der Gesetzgeber hat es daher erlaubt, dass der MSB Teile oder alle Aufgaben an einen Dritten vergeben kann.

21.2 BPO-Projekte als SMGW-Administrator

In diesem neuen und komplexen Geschäftsfeld der Energiewirtschat gibt es zwischenzeitlich unterschiedlichste Geschäftsmodelle. So haben sich die etablierten Energieversorgungsunternehmen *EWE* (Oldenburg), *RheinEnergie* (Köln) und *Westfalen Weser Netz* (Paderborn) im Jahr 2016 dazu entschlossen, *GWAdriga* als zentrale Instanz im Sinne eines technischen Gatekeepers für die – später auch sternförmige – Messwerterfassung und -übermittlung in Berlin zu gründen. Allein die Gesellschafter beabsichtigen, im Pflicht-Rollout rund 480.000 intelligente Messsysteme zu installieren, deren IT-technische Administration inklusive dem Messdatenversand sowie der Verwaltung von Auswerte- und Kommunikationsprofilen GWAdriga übernimmt. Neben den eigenen Gesellschafter bietet GWAdriga auch anderen Energieversorgern sowie Unternehmen der *Wohnungswirtschaft* Dienstleistungen als SMGW-Administrator und Messdatenmanager im *Business Process Outsourcing (BPO)* an. Das bedeutet insbesondere, dass die Auftraggeber für die Rolle als *grundzuständiger Messstellenbetreiber (gMSB)* oder als *wettbewerblicher Messstellenbetreiber (wMSB)* keine Zertifizierung gemäß BSI benötigen und im operativen Betrieb der intelligenten Messsysteme wirtschaftlich und Know-how-seitig an den Synergieeffekten durch die Bündelung der Aktivitäten mehrerer EVUs bei einem professionellen Dienstleister partizipieren können. Für die

---

[2] Vgl. Sobotka und Weber (2017, S. 13 f.).
[3] Vgl. BNetzA (o. J.).
[4] Vgl. BSI (2015).

Vorbereitung der BPO-Dienstleistung führt die GWAdriga strukturiere BPO-Projekte durch. Die hierbei eingesetzten Projektleiter besitzen alle eine Zertifizierung in der prozessorientierten Projektmanagementmethode Prince2.[5]

Im Folgenden werden die Erfahrungen aus BPO-Projekten der GWAdriga bei EVUs, die die Abrechnungssoftware SAP IS-U im Einsatz haben, beschrieben. Darüber hinaus unterstützt GWAdriga u. a. auch die Abrechnungssysteme Schleupen CS.VA und SIV kVASy. Die eigentliche BPO-Dienstleistung erbringt GWAdriga mittels der BTC-Systeme *AMM Meter Data Manager (MDM)* und *AMM Gateway Manager*. Während das MDM die Erfassung, Aufbereitung und Weitergabe von Messdaten gemäß den Anforderungen an einen gesetzlichen bzw. wettbewerblichen Messstellenbetreiber erfüllt, erfüllt das GWM alle Ansprüche an die Marktrolle Gateway-Administrator gemäß der TR-03109-6.[6]

21.2.1 Struktur der BPO-Projekte

In der Initialisierungsphase eines Projektes wird neben dem Inhalt, der Laufzeit, den Kosten und deren Finanzierung, den Projektteilnehmern insbesondere auch die Projektstruktur festgelegt. Gemäß *Prince2* ist der *Projektstrukturplan (PSP)* die vollständige Darstellung aller Elemente eines Projekts und ihrer Beziehungen.[7] Eine hierarchische Gliederung eines Projektes in Teilbereiche wie Teilprojekte, Arbeitspakete und Aufgaben ermöglicht es, die Komplexität des Projektes zu verringern. Prinzipiell sind BPO-Projekte im Bereich SMGW-Administration zwar inhaltlich anspruchsvoll, aber dennoch von überschaubarer Komplexität. Wir haben uns daher entschieden, unsere BPO-Projekte in fünf Arbeitspakete zu unterteilen. In Abb. 21.1 sind diese 5 Arbeitspakete (APs) sowie der übergeordnete Steuerungskreis dargestellt.

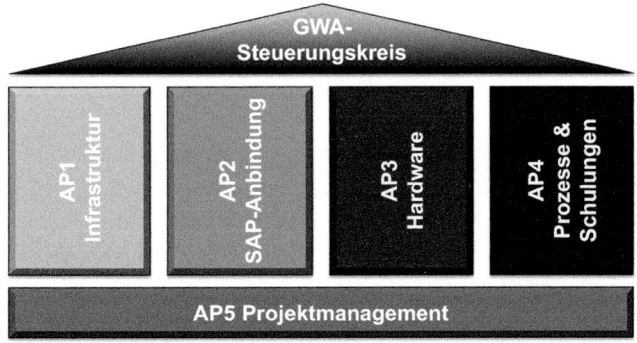

Abb. 21.1 Struktur eines BPO-Projektes (AP = Arbeitspaket)

---

[5] Vgl. Office of Goverment Support (2009).
[6] Vgl. BSI (2015).
[7] Vgl. Office of Goverment Support (2009).

Während im ersten Arbeitspaket die Vorgehensweise und die Inhalte rund um die IT-Infrastruktur festgelegt werden – z. B. welche Systeme sollen verbunden werden und welche IP-Version wird genutzt –, wird im Arbeitspaket 2 sichergestellt, dass das SAP-Customizing und die Tests abgestimmt durchgeführt werden. Im Arbeitspaket 3 widmen sich die Projektteilnehmer der eingesetzten Hardware. Gegenwärtig wollen neun Hersteller (devolo, Discovergy, Dr. Neuhaus, EFR, EMH, Kiwigrid, Landis+Gyr, PPC und Theben) Smart Meter Gateways anbieten.[8] Diese Gateways unterscheiden sich nicht nur äußerlich, sondern trotz der definierten gesetzlichen Anforderungen gemäß § 22 Absatz 1 MsbG, die vom BSI in Schutzprofilen und den Technischen Richtlinien spezifiziert wurden, im Funktionsverhalten und -umfang. Neben den Gateways werden auch die modernen Messeinrichtungen betrachtet, um sicherzustellen, dass eine Kompatibilität mit den verwendeten Gateways gegeben ist. Das Arbeitspaket 4 wiederum legt die Grundlage der BPO-Dienstleitung fest: die Geschäftsprozesse. Hierbei hat es sich als sinnvoll herausgestellt, die FNN-Richtlinie[9] als Grundlage für die Prozessdiskussionen zu nehmen. Schließlich braucht man, wie in jedem größeren Projekt, ein Arbeitspaket 5 für das Projektmanagement, in dem man regelmäßig den Projektfortschritt, den Verbrauch der Ressourcen und die Steuerungsinstrumente bespricht. Ein in regelmäßigen Abständen tagender Steuerungskreis stellt sicher, dass Auftraggeber und Auftragnehmer dasselbe Bild und Verständnis vom Projektfortschritt und Projektziel haben.

21.2.2 Die Übergabepunkte in den BPO-Projekten

Nachdem im Rahmen des Arbeitspakets 4 die Prozesse besprochen wurden, sollte zwischen den Projektpartnern Klarheit existieren, *wann, in welcher Form* und *welche Daten* übergeben werden. Bei der Frage „Wann?" helfen die Prozesse der FNN-Richtlinie.[10] Diese wurden in den Projekten in *Microsoft Visio* aufbereitet und nach den Abstimmungsdiskussionen in einem *Prozesshandbuch* dem Kunden zur Verfügung gestellt. Abb. 21.2 zeigt beispielhaft eine Darstellung aus dem Inbetriebnahmeprozess 3060 von SAP.

Bei der Frage „In welcher Form?" haben wir uns auf zwei Medien bei den Übergabepunkten für die BPO-Dienstleistung begrenzt: *WebServices* und *Tickets*. WebServices ermöglichen die Maschine-zu-Maschine-Kommunikation über das Protokoll der Anwendungsschicht Hypertext Transfer Protocol (HTTP) bzw. Hypertext Transfer Protocol Secure (HTTPS). Das Medium Tickets wurde spezifisch für die Übergabepunkte entwickelt. Details zu der Ausprägung werden in Abschn. 21.3.2 beschrieben.

---

[8]Vgl. BSI (2018).
[9]Vgl. VDE|FNN (2017).
[10]Vgl. VDE|FNN (2017).

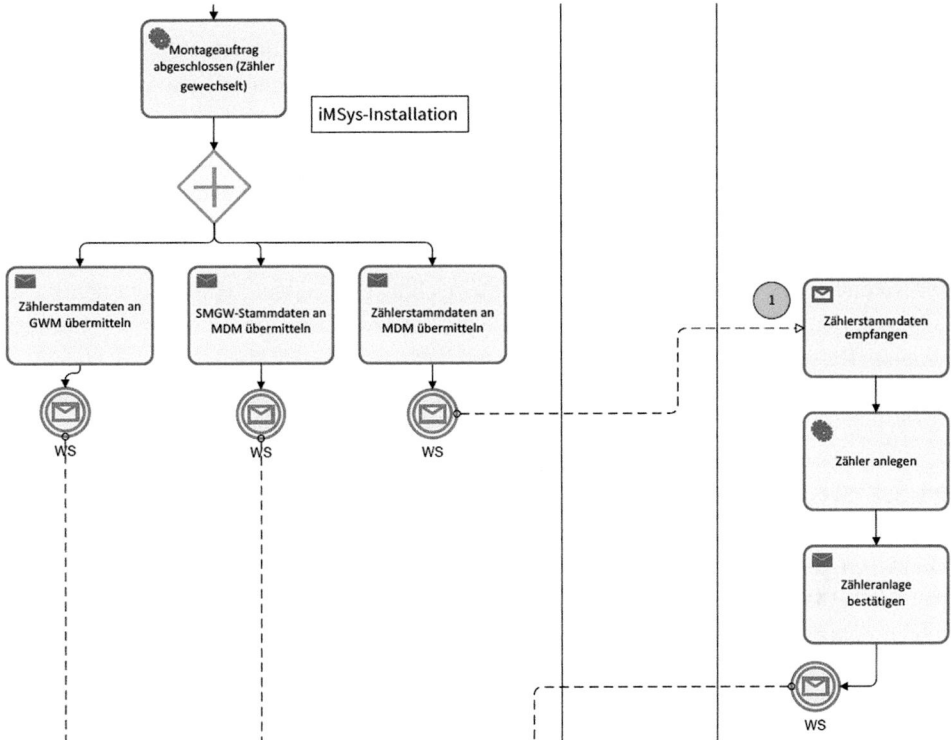

Abb. 21.2 Prozess Inbetriebnahme (IM4G 3060)

21.2.3 IM4G-Entwicklung für ein BPO-Projekt

SAP stellt WebServices für die Kommunikation mit GWM durch SAP *Intelligent Metering for German Energy Utiities (IM4G)* und für die Kommunikation mit dem MDM mit SAP Advanced Metering Infrastructure (AMI) zur Verfügung. Diese WebServices bauen auf den bereits existierenden Strukturen von Vertragsabrechnung, Kundenservice, Geräteverwaltung und -ablesung auf. Nachdem im Rahmen des Arbeitspakets 4 die Prozesse sowie die Übergabepunkte für die BPO-Dienstleistungen festgelegt wurden, können danach die vereinbarten, eingesetzten IM4G-WebServices mit Leben gefüllt werden. Dies geschieht in dem Arbeitspaket 2 „SAP-Anbindung". Hierzu benötigt das EVU entsprechende SAP-Entwickler, um die leeren WebServices mit den gewünschten Inhalten aus dem *SAP IS-U* zu füllen. GWAdriga unterstützt die Entwicklung dieser WebServices einerseits dadurch, dass den SAP-Entwicklern die streng hierarchisch aufgebauten WSDL-Dateien[11] jedes WebServices zur Verfügung gestellt werden, und anderseits durch

---

[11] WSDL steht für Web Services Description Language.

die Bereitstellung einer dreistufige Systemarchitektur jeweils von GWM und MDM im Form einer Entwicklungsumgebung (3-Wochen-System), Testumgebung (konsolidiertes System KON) und einer Produktivumgebung (PROD), die der dreistufigen Architektur der SAP-Umgebungen der Energieversorger entspricht.

21.3 Maßnahmen für erfolgreiche BPO-Projekte

Im Rahmen eines Projektes in der Energiewirtschaft gibt es viele Hürden. In den nachfolgenden Abschnitten beschreiben wir beispielhaft zwei aus unserer Sicht gerne unterschätzte Rahmenbedingungen für erfolgreiche BPO-Projekte im Bereich *Smart Metering*: den strukturierten Testbetrieb und das gebündelte Fehlermanagement.

21.3.1 Strukturierter und koordinierter Testbetrieb

Nichts wird bei IT-Projekten mehr unterschätzt als die Relevanz von umfangreichen *Tests*. Auch bei einem BPO-Projekt sind regelmäßige, strukturierte Tests unabdingbar. Wir empfehlen dabei einen dreiphasigen Ansatz. In der ersten Phase sollte man „Trockentests" durchführen. Das bedeutet, dass man die IM4G-WebServices im XML-Format zwischen dem EVU und dem BPO-Dienstleister austauscht, damit beide Seiten sich beim Füllen der Datenfelder in den IM4G-WebServices davon überzeugen können, dass man das gleiche Verständnis hinsichtlich Syntax und Semantik der Daten hat. In der zweiten Phase stehen dann sogenannte „Dummy-Tests" an. Hierbei handelt es sich um echte WebServices, die für virtuelle Geräte über die definierten Kommunikationskanäle elektronisch zwischen den gekoppelten Systemen, d. h. im beschriebenen Fall zwischen einem SAP IS-U und den GWAdriga-Systemen, ausgetauscht werden. Bei diesen Tests sind allerdings noch keine Echtgeräte, d. h. keine realen Gateways und Messeinrichtungen, im Einsatz. Nach erfolgreichen „Dummy-Tests" stehen dann in der dritten und letzten Phase „Echtgerätetests" an. Da während unserer Testphase noch keine zertifizierten Gateways vorlagen, haben wir beim „Echtgerätetest" zwar Geräte der sogenannten 0. Generation (G0) eingesetzt. Diese Geräte dürfen zwar nicht auf den Produktivsystemen zum Einsatz kommen, können aber sehr wohl intensiv auf den Testumgebungen in Betrieb genommen werden. Die strukturierten Tests in den BPO-Projekten haben dazu geführt, dass

1. die **Qualität** der Übergabepunkte verbessert und damit die Fehleranfälligkeit der BPO-Dienstleistung verringert wird,
2. das **Wissen** der involvierten Mitarbeiter um die BPO-Dienstleistung gestärkt wird,
3. die **Zusammenarbeit** zwischen den Vertragspartnern als auch innerhalb der eigenen Organisationen, d. h. beim Kunden und beim BPO-Dienstleister, gestärkt wird und
4. die **Steuerung** der Dienstleistung mittels *Service Level Agreements (SLA)* frühzeitig geübt und überprüft wird.

21.3.2 Service Management mittels Ticketportal

Ein wesentlicher Baustein im koordinierten Testbetrieb ist der Einsatz eines zugeschnittenen und *ITIL*-[12]konformen Ticketportals, welches von Anfang an im BPO-Projekt eingesetzt wird. Haben sich die Projektteilnehmer erst einmal daran gewöhnt, wichtige Informationen mittels E-Mail oder Telefon auszutauschen, ist es schwer, die Projektgruppe in Hinblick auf eine strukturierte und nachvollziehbare Kommunikation wieder umzustellen. Für unsere BPO-Projekte haben wir auf Basis der Unternehmenssoftware (ERP) Microsoft Dynamics 365, die im Backend Tickets, Kunden, Zugriffsberechtigten und Bearbeiter verwaltet, ein webbasiertes Frontend zum zweistufigen Anlegen sowie zum ITIL-konformen Nachfassen bei Anfragen (Service Requests), Störungen (Incidents) und Änderungswünschen (Change Requests) entwickelt. Abb. 21.3 zeigt eine Übersichtsansicht zu offenen Tickets im Rahmen eines Projektes.

Für das Anlegen von Tickets wurde auf der Kundenseite ein zweistufiges Berechtigungskonzept realisiert. In der Berechtigungsrolle „Standard" kann der Teilnehmer Ticketanfragen im Portal erstellen. Diese Anfragen werden durch einen oder mehrere *Dispatcher* verwaltet. Der Dispatcher kann die Anfrage ablehnen, weil z. B. schon ein entsprechendes Ticket existiert, modifizieren, z. B. durch zusätzliche Informationen einstellen, und in ein Ticket umwandeln. Erst wenn die Anfrage in ein Ticket umgewandelt wurde, wird GWAdriga als BPO-Dienstleister über das Ticket informiert, und die im SLA rechtlich vereinbarten Reaktions- und die Bearbeitungszeiten starten. Das Ticketportal wird damit zum Bündlersystem für Anfragen/Störungen aus den unterschiedlichen Disziplinen und Bereichen des Energieversorgers einerseits, und anderseits kann GWAdriga dort ihre Anfragen/Störungen aus den BPO-Dienstleistungen ablegen (Abb. 21.4).

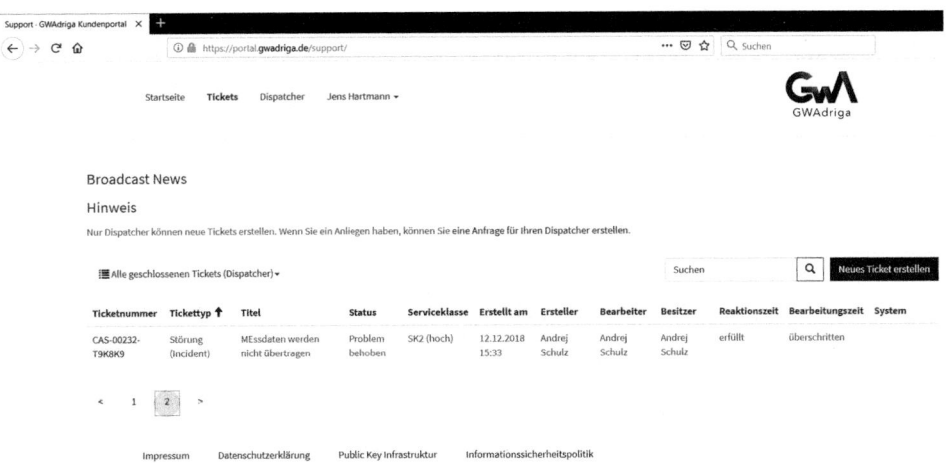

Abb. 21.3 Frontend-webbasiertes Ticketportal

---

[12]Vgl. Böttcher (2012).

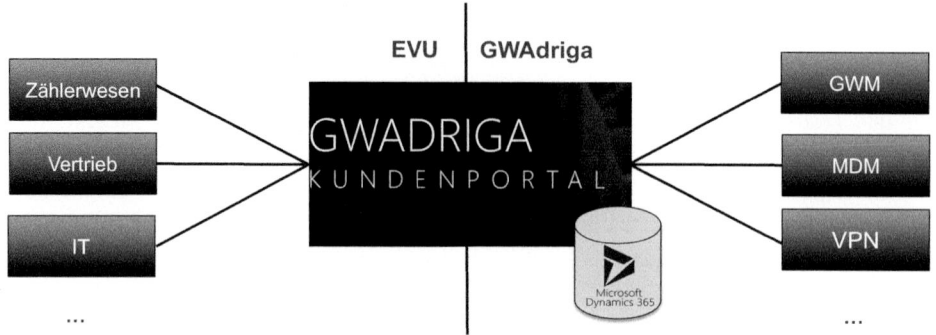

Abb. 21.4 Das Ticketportal als Bündler der verschiedenen Disziplinen und Systeme

21.4   Fazit und Ausblick

BPO-Projekte im Segment Smart-Meter-Gateway-Administration sind eine Möglichkeit für MSBs, die Komplexität dieser neuen Aufgabe zu bewältigen. So werden die neuen mit hohen Sicherheitsauflagen versehenen Dienstleistungen als SMGw-Administrator und Messdatenmanager an einen Dritten, der die Aufgaben für mehrere MSBs bündelt, übergeben. Zur erfolgreichen Durchführung eines BPO-Projektes ist ein vorausschauendes, aktives und standardisiertes Projektmanagement ebenso unabdingbar wie die intensive Durchführung von strukturierten Tests in drei Phasen (Trockentest, Dummy-Tests und Echtgerätetests). Hierbei hat sich die Nutzung eines intelligenten Ticketportals, welches für die Bedürfnisse der BPO-Dienstleistung optimiert wurde, als Erfolgskriterium herausgestellt. Unter diesen Rahmenbedingungen konnten BPO-Projekte mit unterschiedlichsten Energieversorgern in heterogenen IT-Landschaften erfolgreich gemeistert werden. Zukünftig werden die operativen Smart Meter Gateways den Übergang zum *Internet der Energie* ermöglichen.[13] Hierzu wurden bereits neue BPO-Projekte im Bereich CLS-Management gestartet.[14]

Literatur

BDI. (2008). *BDI initiativ IKT für Energiemärkte der Zukunft – Internet der Energie* (Dez. 2008). Bundesverband der Deutschen Industrie e.V. (BDI), BDI-Drucksache Nr. 418. Berlin: Industrie-Förderung Gesellschaft mbH.

BMWi. (2016). Gesetz zur Digitalisierung der Energiewende. *Bundesgesetzblatt* Jg. 2016 Teil I Nr. 43, S. 2034 ff (29.09.2016). Berlin: Bundesministerium für Wirtschaft und Energie (BMWi). https://www.bmwi.de/Redaktion/DE/Downloads/Gesetz/gesetz-zur-digitalisierung-der-energie-wende.pdf?__blob=publicationFile&v=4. Zugegriffen am 22.02.2019.

BNetzA. (o. J.) *Smart-Meter-Gateway-Administrator*. Bonn: Bundesnetzagentur für Elektrizität, Gas, Telekommunikation, Post und Eisenbahnen (BNetzA). https://www.bundesnetzagentur.de/

---

[13] Vgl. BDI (2008).
[14] Vgl. Pagel (2018).

SharedDocs/FAQs/DE/Sachgebiete/Energie/Verbraucher/NetzanschlussUndMessung/MsBG/FAQ_GatewayAdministrator.html. Zugegriffen am 22.02.2019.

Böttcher, R. (2012). *IT-Service-Management mit ITIL® – 2011 Edition: Einführung, Zusammenfassung und Übersicht der elementaren Empfehlungen*. Hannover: Heise Medien GmbH & Co. KG.

BSI. (2015). *TR-03109-6 Smart Meter Gateway Administration*, Version 1.0 (26.11.2015). Bonn: Bundesamt für Sicherheit in der Informationstechnik (BSI). https://www.bsi.bund.de/SharedDocs/Downloads/DE/BSI/Publikationen/TechnischeRichtlinien/TR03109/TR-03109-6-Smart_Meter_Gateway_Administration.pdf?__blob=publicationFile&v=4. Zugegriffen am 30.01.2019.

BSI. (2018). Martkanalyse zur Feststellung der technischen Möglichkeit zum Einbau intelligenter Messsystem nach §30 MsbG. Version 1.0 (31.01.2019). https://www.bsi.bund.de/SharedDocs/Downloads/DE/BSI/SmartMeter/Marktanalysen/Marktanalyse_nach_Para_30_MsbG.pdf?__blob=publicationFile&v=8. Zugegriffen am 30.01.2019.

Office of Goverment Support. (2009). *Erfolgreiche Projekte managen mit PRINCE2*. London: The Stationery Office Ltd.

Pagel, U. (2018). Nachts Speichern 2.0. In *energiespektrum* (Nr. 08/2018, 10.12.2018). Gilching: Henrich Publikationen GmbH.

Sobotka, M., & Weber, L. (2017). Mit Sicherheit ein hoher Aufwand: Der Prozess der Gateway-Administration im Überblick. In *Energiewirtschaftliche Tagesfragen (et)*. Berlin: EW Medien und Kongresse GmbH, Nr. 67, Heft 5, S. 13–14. https://www.gwadriga.de/wp-content/uploads/2017/08/PNR24064.pdf. Zugegriffen am 22.02.2019.

VDE|FNN. (2017). *Leitfaden Systeme und Prozesse. FNN-Hinweis*, Version 1.1 (31.05.2017). Frankfurt a. M.: VDE Verband der Elektrotechnik Elektronik Informationstechnik e.V.

Dr. Jens Hartmann (Jahrgang 1970) ist Experte für technische Prozesse in der Energiewirtschaft und der Telekommunikation. Er hat Elektrotechnik an der RWTH Aachen und NTNU Trondheim (Norwegen) studiert und leitet seit über 20 Jahren IT-Projekte. Seit 2002 berät er die Energiewirtschaft. Er war in leitender Funktion bei einem großen Energiekonzern und Geschäftsführer mehrerer IT-/Beratungsunternehmen. Sein Hauptaugenmerk gilt dabei den Prozessen des liberalisierten Energiemarktes und der wirtschaftlichen Stärkung von Energieversorgungsunternehmen. Bei GWAdriga leitete er die BPO-Projekte bei der RheinEnergie AG, Stadtwerke Düsseldorf AG und der LSW Netz GmbH & Co. KG. Jens Hartmann ist VDE-Mitglied und Autor zahlreicher Publikationen.

Dr. Ralfdieter Füller (Jahrgang 1967) studierte und promovierte an der University of Washington (Seattle) und der Eberhard-Karls-Universität Tübingen. Nach diversen Tätigkeiten im In- und Ausland sowie in der Automobilindustrie ist er seit 2002 in der Energiewirtschaft tätig. Dort leitete er zunächst die Unternehmensorganisation der Stadtwerke Leipzig und beschäftigte sich intensiv mit der Einführung von Projektmanagementsystemen, Geschäftsprozessmanagement- und Effizienzsteigerungssystemen und -projekten. Er verantwortete als Geschäftsführer ein Joint Venture dreier mitteldeutscher Stadtwerke für Smart Metering und war einer der Ideengeber und Geschäftsführer der 2016 gegründeten GWAdriga GmbH & Co. KG.

Ausprägung und Betrieb der neuen Funktion „Smart-Meter-Gateway-Administration"

22

José González und Jan-Philipp Blenk

Anforderungen und Möglichkeiten zur Ausgestaltung der Funktion der Smart-Meter-Gateway-Administration

Zusammenfassung

Das Gesetz zur Digitalisierung der Energiewende ist in Kraft gesetzt worden. Die Vorgaben für den Betrieb von Smart Meter Gateways stehen zumindest in einer ersten Version bereit. Mittlerweile sind verschiedene Unternehmen und Dienstleister erfolgreich für den Betrieb von Smart Meter Gateways zertifiziert, und auch die Gateway-Hersteller befinden sich im Zertifizierungsprozess. Dieser Beitrag beschäftigt sich mit den Anforderungen und Möglichkeiten der Ausgestaltung der Funktion der Smart-Meter-Gateway-Administration. Darauf aufbauend werden das Vorgehen und die gewonnenen Erkenntnisse aus Sicht der Stromnetz Hamburg GmbH als zertifizierter Smart-Meter-Gateway-Administrator vorgestellt.

22.1 Einführung

Mit der Veröffentlichung im Bundesgesetzblatt[1] ist mit dem *Gesetz zur Digitalisierung der Energiewende (GDEW)* am 01. August 2016 das *Messstellenbetriebsgesetz (MsbG)* in Kraft getreten. Dieses Artikelgesetz legt den verbindlichen Rechtsrahmen für den

---

[1] Vgl. BMWi (2016a).

J. González (✉) · J.-P. Blenk
Stromnetz Hamburg GmbH, Hamburg, Deutschland

© Springer Fachmedien Wiesbaden GmbH, ein Teil von Springer Nature 2020
O. D. Doleski (Hrsg.), *Realisierung Utility 4.0 Band 2*,
https://doi.org/10.1007/978-3-658-25589-3_22

Messstellenbetrieb *moderner Messeinrichtungen (mME)* und *intelligenter Messsysteme (iMSys)* in Deutschland fest. Den Anforderungen der 3. Binnenmarkt-Richtlinien Strom und Gas der Europäischen Union aus dem Jahr 2009[2] zum Aufbau einer Smart-Metering-Infrastruktur in den EU-Mitgliedstaaten wurde damit Rechnung getragen. Die zwischenzeitlich erlassenen Verordnungen und Richtlinien erhielten die dringend benötigte juristische Verbindlichkeit. Damit könnte der Rollout grundsätzlich beginnen. Verpflichtend ist der Rollout allerdings auch Anfang 2019 noch nicht. Die Feststellung der technischen Möglichkeit der Ausstattung der Messstellen mit iMSys durch das *Bundesamt für Sicherheit in der Informationstechnik (BSI)* steht weiter aus, da auch Ende Januar 2019 erst einer – statt der mindestens erforderlichen – drei Smart-Meter-Gateway-Hersteller (GWH) ein zertifiziertes *Smart Meter Gateway (SMGW)* auf den Markt bringen konnte.

Dass erst Ende 2018 die ersten zertifizierten iMSys durch einen Smart-Meter-Gateway-Administrator (GWA)[3] in Betrieb genommen[4] werden konnten, liegt in den komplexen Rahmenbedingungen und Anforderungen an Technologien, Prozessen, Know-how und Zertifizierungen begründet. Diese Themengebiete stehen dabei im Sinne eines „magischen Dreiecks" in Wechselwirkung miteinander, beeinflussen sich folglich gegenseitig und sind dem Spannungsfeld aus Vorgaben einerseits und Lösungsanbietern andererseits ausgesetzt (s. Abb. 22.1).

Der Beitrag ist folgendermaßen strukturiert: Aufbauend auf einer kurzen Einführung in Abschn. 22.1 werden die Einflussfaktoren auf das SMGW, als zentraler Bestandteil der GWA, in Abschn. 22.2 beschrieben. Nachfolgend werden die mit dem GWA-Betrieb einhergehenden Anforderungen in Abschn. 22.3 vorgestellt. Hierbei werden einerseits die Voraussetzungen für einen zertifizierten GWA-Betrieb in Abschn. 22.3.1 erläutert und Möglichkeiten der Ausgestaltung des GWA-Betriebs in Abschn. 22.3.2 aufgezeigt. Darauf

Abb. 22.1 Smart-Meter-Gateway-Administration: Herausforderungen

---

[2] Vgl. Europäisches Parlament und Europäischer Rat (2009a); vgl. Europäisches Parlament und Europäischer Rat (2009b).

[3] In diesem Beitrag wird die Abkürzung GWA sowohl für die Rolle des Smart-Meter-Gateway-Administrators als auch für die Funktion Smart-Meter-Gateway-Administration genutzt. Die Bedeutung ergibt sich aus dem jeweiligen Kontext.

[4] Vgl. Netze BW (2018).

aufbauend werden in Abschn. 22.4 die spezifischen Herausforderungen und der gewählte Ansatz bei der Stromnetz Hamburg als grundzuständiger Messstellenbetreiber dargestellt. Der Beitrag schließt mit einem kurzen Fazit und Ausblick.

22.2   Einflussfaktoren auf das Smart Meter Gateway

Im Folgenden werden ausgehend von den genannten Themenfeldern die auf das SMGW einwirkenden technologischen, regulatorischen und gesellschaftlichen Einflussfaktoren näher erläutert (s. Abb. 22.2).

Technologische Einflussfaktoren
Das SMGW ist die zentrale Instanz des iMSys und verfügt „über Funktionen zur Erfassung, Verarbeitung, Verschlüsselung und Versendung von Daten".[5] Dazu verbindet das SMGW die Zähler und Sensoren über das sogenannte *Local Metrological Network (LMN)* mit dem *Wide Area Network* oder Weitverkehrsnetz (WAN). Eine dritte Schnittstelle ermöglich dem Letztverbraucher den unmittelbaren Zugriff auf seine (Abrechnungs-)Daten über das *Home Area Network (HAN)*.

Regulatorische Einflussfaktoren
Das SMGW ist verantwortlich für die Tarifierung der über das LMN empfangenen Messwerte und unterliegt dabei den eichtechnischen Anforderungen der PTB 50.8 der Physikalisch-Technischen Bundesanstalt.[6] Die technischen Vorgaben hinsichtlich Datenschutz und Datensicherheit sind in den Technischen Richtlinien TR-03109 des BSI

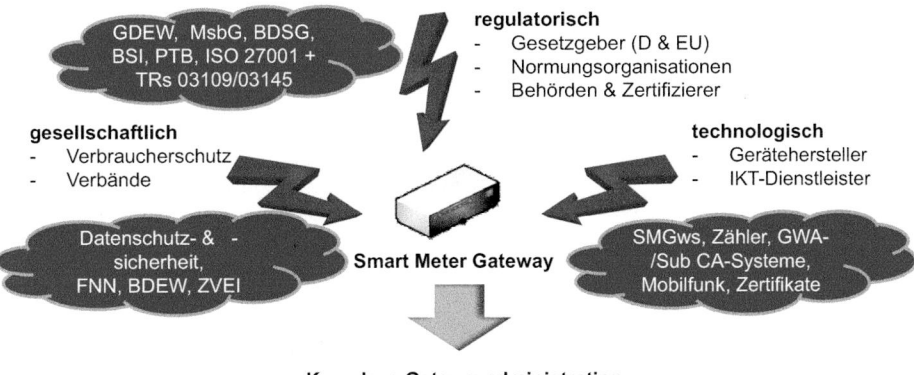

Abb. 22.2 Einflussfaktoren auf die Gateway-Administration (Quelle: González 2017, S. 34)

---

[5] Bundesnetzagentur (2019).
[6] Vgl. PTB (2014).

festgelegt.[7] Neben dem Ordnungsrahmen erstellt das Forum Netztechnik/Netzbetrieb im VDE (FNN) im Rahmen seines Projektes MS2020 Vorgaben zur standardisierten technischen Ausprägung von Hardware, Funktionen und Prozessen.[8]

Gesellschaftliche Einflussfaktoren

Über diesen Rahmen hinaus gibt es eine gesellschaftliche Diskussion zur Digitalisierung und zum steigenden Umweltbewusstsein. Deutlich wird dies auch in der politischen Agenda der Bundesregierung, auf der die Themen *Digitalisierung* und *Energiewende* ganz oben stehen. Letztendlich müssen die dafür entstehenden Kosten aber durch die Letztverbraucher getragen werden. Dazu wurde bereits 2013 eine durch das Bundeswirtschaftsministerium (BMWi) beauftragte Analyse des Nutzens der Einführung von mME und iMSys durchgeführt und den für die Letztverbraucher entstehenden Kosten gegenübergestellt.[9] Doch bereits vor dem eigentlichen Rollout-Beginn entstehen über Verbraucherschutzverbände immer wieder Diskussionen über den Nutzen der iMSys.[10]

Zur vollständigen Einordnung in den komplexen technischen, prozessualen und gesellschaftlichen Kontext werden abschließend die Rollen bei Einbau, Betrieb und Wartung von SMGWs dargestellt (s. Abb. 22.3).

Die zentrale Funktion übernimmt dabei der GWA. Er ist die einzige Instanz, die das SMGW konfigurieren darf. So initiiert er den Kommunikationskanal zum SMGW und veranlasst das Aufspielen von Profilen zur Tarifierung und Messwertübertragung. Im Sinne des Datenschutzes und der Datensicherheit unterliegt er in seiner Funktion dem Hauptaugenmerk bei der Zertifizierung durch das BSI.

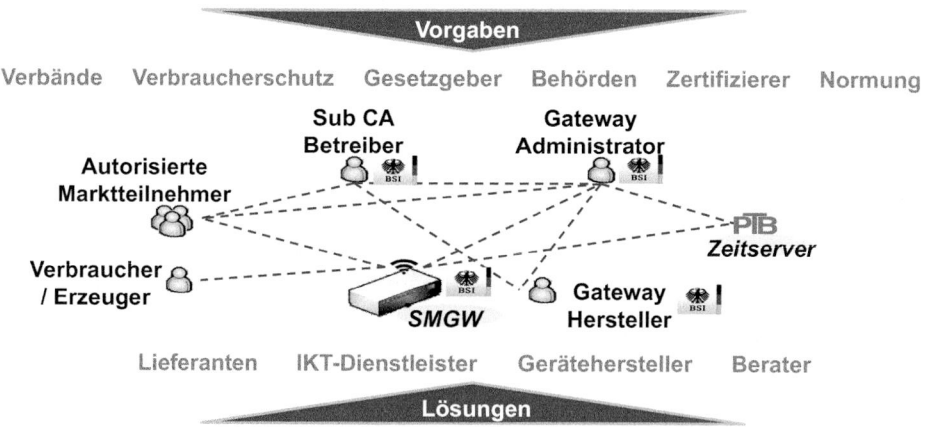

Abb. 22.3 Rollen und technische Komponenten bei der Smart-Meter-Gateway-Administration

---

[7]Vgl. BSI (2019a).

[8]Vgl. VDE|FNN (2019).

[9]Vgl. Ernst & Young (2013).

[10]Vgl. Verbraucherzentrale (2015).

Um den Schutz der übermittelten Messdaten zu gewährleisten, fordert das BSI zudem eine gegenseitige Authentisierung der Kommunikationspartner. Das BSI hat hierfür eine *Public Key Infrastructure (PKI)* mit einer staatlichen Root (Wurzel) als Vertrauensanker implementiert. Unterhalb der Root operieren Unternehmen als sogenannte Sub-Certification Authorities (Sub-CAs), beispielsweise untergeordnete Zertifizierungsstellen. Diese Sub-CAs übernehmen die Betreuung der Marktteilnehmer und stellen die notwendigen Zertifikate zur Verschlüsselung der Kommunikation und Authentisierung der Marktteilnehmer gemäß den Vorgaben der Root-CA aus. Sub-CA-Betreiber unterliegen ebenfalls einer ISO 27001-Zertifizierungspflicht und müssen zusätzlich die Konformität zur BSI TR-03145-1[11] gegenüber dem BSI nachweisen. Damit das SMGW nicht bereits im Herstellungsprozess kompromittiert werden kann, werden auch die GWHs streng kontrolliert und zertifiziert. Schließlich gibt es die Nutzer der Daten des SMGWs, also die Netz-(VNB) und Messstellenbetreiber (MSB), Lieferanten sowie weitere autorisierte externe Marktteilnehmer (EMT). Allerdings stehen diese nicht so zentral im Fokus der datenschutztechnischen Betrachtung, da sie ausschließlich passiv auf das SMGW einwirken können. Anders verhält sich dies mit zukünftig steuernd eingreifenden Akteuren, den sogenannten aktiven EMT. Auch sie unterliegen einer Zertifizierungspflicht.

22.3 Anforderungen an die Ausgestaltung der Funktion „Smart-Meter-Gateway-Administration"

Zur Wahrnehmung der Funktion GWA sind die in Abschn. 22.1 skizzierten Anforderungen an die Themenblöcke Zertifizierung, Prozesse, Know-how und Technologien durch die MSB zu erfüllen. Diese Themenbereiche stehen dabei im Spannungsfeld von externen, insbesondere regulatorischen, und internen Vorgaben sowie am Markt verfügbaren Lösungen.

Vorgaben an den GWA ergeben sich maßgeblich aus dem MsbG[12] und den dort referenzierten Quellen (s. hierzu insbesondere die Paragraphen § 25 Smart-Meter-Gateway-Administrator; Zertifizierung, § 22 Mindestanforderungen an das Smart Meter Gateway durch Schutzprofile und Technische Richtlinien und Anlage [zu § 22 Abs. 2 Satz 1]).[13] Im MsbG finden sich zahlreiche Verweise auf einzuhaltende BSI-technische Richtlinien, welche wiederum gegenseitige Verweise enthalten und weitere Dokumente referenzieren (s. Tab. 22.1 für mindestens zu betrachtende Quellen).

---

[11] Vgl. BSI (2017b).

[12] Vgl. BMWi (2016b).

[13] Unter https://www.bsi.bund.de/DE/Themen/DigitaleGesellschaft/SmartMeter/UebersichtSP-TR/uebersicht_node.html findet sich eine Übersicht der relevanten BSI Technischen Richtlinien und Schutzprofile für die GWA.

Tab. 22.1 Exemplarische Übersicht mindestens zu betrachtender Vorgaben für die Smart-Meter-Gateway-Administration

Quelle	Dokument
BSI	BSI: Protection Profile for the Gateway of a Smart Metering System (SmartMeter Gateway PP), BSI-CC-PP-0073
	BSI: Protection Profile for the Security Module of a Smart-Meter-Gateway (Security Module PP), BSI-CC-PP-0077
	Technische Richtlinie TR-03109-1, Anforderungen an die Interoperabilität der Kommunikationseinheit eines intelligenten Messsystems
	Technische Richtlinie TR-03109-2, Smart-Meter-Gateway-Anforderungen an die Funktionalität und Interoperabilität des Sicherheitsmoduls
	Technische Richtlinie TR-03109-3, Kryptographische Vorgaben für die Infrastruktur von intelligenten Messsystemen
	Technische Richtlinie TR-03109-4, Smart Metering PKI – Public-Key-Infrastruktur für Smart-Meter-Gateways
	Technische Richtlinie TR-03109-5, Kommunikationsadapter [Veröffentlichung folgt]
	Technische Richtlinie TR-03109-6: Smart-Meter-Gateway-Administration
	Technische Richtlinie TR-03116-3, eCard-Projekte der Bundesregierung (Kryptographische Vorgaben für die Infrastruktur von intelligenten Messsystemen)
	BSI: Zertifizierungsrichtlinie (Certificate Policy) der Smart-Metering-Public-Key-Infrastruktur (PKI)
ISO/IEC	DIN ISO/IEC 27001:2017-6: Informationstechnik – IT-Sicherheitsverfahren – Informationssicherheits-Managementsysteme – Anforderungen[a]
PTB	PTB-A 50.8 Smart Meter Gateway[b]
EU-Datenschutz-Grundverordnung	Verordnung (EU) 2016/679 des europäischen Parlaments und des Rates zum Schutz natürlicher Personen bei der Verarbeitung personenbezogener Daten, zum freien Datenverkehr und zur Aufhebung der Richtlinie 95/46/EG[c]

[a]Vgl. ISO/IEC (2017)
[b]Siehe PTB (2014)
[c]Siehe Europäisches Parlament und Europäischer Rat (2016)

Wesentliche Forderungen ergeben sich aus den 20 Mindestmaßnahmen an den GWA-Betrieb aus der BSI TR-03109-6[14] sowie der Certificate Policy der Smart Metering Public Key Infrastructure (CP SM-PKI).[15] In der CP SM-PKI werden grundlege Bedingungen zur Teilnahme an der Smart-Metering-PKI formuliert, um letztendlich die verschlüsselte, vertrauliche, integritätsgeschützte und authentifizierte Kommunikation zwischen den beteiligten Marktakteuren zu gewährleisten.

Für den GWA ergibt sich hieraus die zentrale Aufgabe, ein ISO 27001-zertifiziertes *Informationssicherheitsmanagementsystem (ISMS)* gemäß den spezifischen Vorgaben der BSI TR-03109-6 zu betreiben.

[14]Vgl. BSI (2015).
[15]Vgl. BSI (2017a).

Ein ISMS stellt ein abgestimmtes Regelwerk dar, um systematisch die Ziele der Informationssicherheit zu erreichen. Es dient der Umsetzung rechtlicher Anforderungen sowie betriebsinterner Vorgaben. Durch die schriftliche Dokumentation werden Führungskräften und Mitarbeitern verbindliche Informationen und Handlungsanleitungen bereitgestellt. Dabei sind Personen und Verantwortungsbereiche klar zu benennen.

Informationssicherheit hat den Schutz von Informationen als Ziel, unabhängig von der Art der Speicherung oder Verarbeitung.[16] Oftmals wird der Begriff in Literatur und Praxis mit IT-Sicherheit gleichgesetzt, dies greift aber zu kurz. Informationssicherheit ist umfassender zu verstehen und schließt sowohl elektronisch gespeicherte und verarbeitete Informationen (im Fokus der IT-Sicherheit) als auch solche ein, die anderweitig gespeichert und verarbeitet werden (wie Papierdokumente oder Sprache). Darüber hinaus sind – wie in Abb. 22.4 dargestellt – verschiedene Aspekte zu berücksichtigen – Maßnahmen zur Sicherstellung der Informationssicherheit können sowohl technischer als auch organisatorischer Natur sein und müssen dabei rechtliche und wirtschaftliche Aspekte berücksichtigen. Die Umsetzung von IT-technischen Maßnahmen ist damit nur ein Teilaspekt beim Betreiben eines ISMS. Tatsächlich macht die Dokumentation von Regelungen, Prozessen und Handlungsanweisungen sowie die Dokumentation von Maßnahmen als solche einen Großteil der Aufgaben aus. Die Basis für die Auswahl umzusetzender Maßnahmen im Rahmen des ISMS ist das Risikomanagement. Als erstes werden durch eine Risikoanalyse vorhandene Bedrohungen und Eintrittswahrscheinlichkeiten sowie daraus folgende Schadensauswirkungen untersucht. Auf dieser Basis werden Festlegungen zur Risikobehandlung getroffen, indem entweder geeignete Maßnahmen zur Risikominimierung, Risikovermeidung oder dem Risikotransfer ergriffen oder aber die Risiken akzeptiert werden.

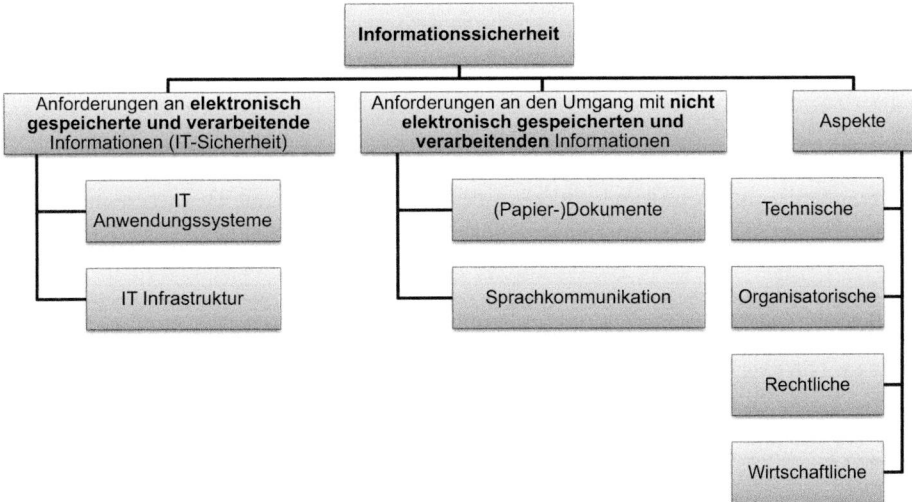

Abb. 22.4 Umfang und Aspekte der Informationssicherheit

---

[16]Vgl. BSI (2013).

Informationssicherheit ist kein Zustand, der einmal erreicht wird, sondern ein Prozess der kontinuierlichen Überarbeitung, Überprüfung und Bewertung des gegenwärtig erreichten Zustands. Diesen Managementsystemen inhärente Prozess der kontinuierlichen Verbesserung, auch als Plan-Do-Check-Act-Zyklus (PDCA) bezeichnet, erfolgt anhand der regelmäßigen Durchführung von Managementbewertungen, Penetrationstests sowie internen und externen Audits.

Ein ISMS im Umfeld des GWAs fokussiert im Wesentlichen die Schutzziele Vertraulichkeit, Integrität, Verfügbarkeit und Authentizität. *Vertraulichkeit* fordert, dass Informationen nur Berechtigten zur Verfügung stehen. Unter *Integrität* wird ein Schutz vor Löschung oder Veränderung/Manipulation durch Unberechtigte gefordert. Das Schutzziel der *Verfügbarkeit* zielt darauf ab, dass Informationen und IT-Anwendungen zur Verfügung stehen müssen, wenn sie für einen Geschäftsprozess benötigt werden. *Authentizität* stellt sicher, dass der Absender von Informationen bekannt und sicher identifiziert ist.

Das BSI fordert die Zertifizierung eines ISMS gemäß TR-03109-6. Hierbei besteht die Wahlmöglichkeit, eine Zertifizierung nach ISO/IEC 27001[17] nativ oder ISO 27001 auf Basis von IT-Grundschutz[18] durchzuführen.

Eine ISO/IEC 27001-native Zertifizierung folgt einem Top-down-Ansatz und ermöglicht eine risikobasierte Ausgestaltung von Sicherheitsmaßnahmen.[19] Die internationale ISO 27001-Norm stellt hierzu mit einem Gesamtumfang von etwa 30 Seiten lediglich einen groben Rahmen bereit, der individuell auszugestalten ist. Verpflichtend ist hierbei die Umsetzung aller Anforderungen der Abschnitte 4 bis 10 der Norm. Im dazugehörigen Anhang A der Norm sind 18 grobe Referenzmaßnahmenziele und weitere dazugehörige Referenzmaßnahmen aufgeführt, die auch Controls genannt werden. Deren Umsetzung ist zu prüfen und die Anwendung und Nichtanwendung der aufgeführten Maßnahmen zu dokumentieren. Die Dokumentation erfolgt in der sogenannten Erklärung zur Anwendbarkeit, die im Fachjargon Statement of Applicability (SoA) genannt wird.

Im Gegensatz dazu handelt es sich bei der ISO 27001-Zertifizierung nach IT-Grundschutz um eine vom BSI entwickelte Methodik, welche kompatibel zur internationalen ISO 27001-Norm ist.[20] Hierbei wird ein Bottom-up-Vorgehen verfolgt und mit den BSI-Standards, dem IT-Grundschutzkompendium und weiteren Dokumenten konkrete Anforderungen und Methoden bereitgestellt, die anzuwenden sind.

Beiden Vorgehensweisen gemeinsam ist die zwingende Berücksichtigung der Anforderungen der BSI TR-03109-6. Der Umfang einer ISO 27001-Zertifizierung eines Unternehmens wird erst durch den Geltungsbereich und die SoA transparent. Im Umfeld der Funktion GWA ist darauf zu achten, dass die Anforderungen der BSI TR-03109-erfüllt werden. Daher ist der reine Nachweis einer ISO 27001-Zertifizierung nicht ausreichend, Rückschlüsse sind erst möglich durch Prüfung des Geltungsbereiches (dieses Dokument

---

[17] Vgl. ISO/IEC (2017).
[18] Siehe BSI (2013).
[19] Vgl. Kersten et al. (2013, S. 9 ff.).
[20] Vgl. Kersten et al. (2013, S. 15 ff.).

definiert den Umfang) und der SoA (hier sind die umgesetzten und nicht umgesetzten Maßnahmen spezifiziert). Aufgrund der weiten Verbreitung der nativen Zertifizierung und der Kompatibilität der Methodik des IT-Grundschutzes werden im Folgenden die Anforderungen an eine native ISO 27001-Zertifizierung beschrieben.

22.3.1 Anforderungen an einen zertifizierten SMGWA-Betrieb

Für die Ausübung des GWA-Betriebs ist ein ISO 27001-zertifiziertes ISMS gemäß BSI TR-03109-6 erforderlich. Gleichzeitig fordert eine ISMS-Zertifizierung ein „gelebtes" ISMS. Diese Zwickmühle wird noch weiter verstärkt: Nur zertifizierte SMGWs dürfen in der BSI-Smart-Metering-Wirk-PKI (Wirk-PKI) betrieben werden. Ein GWA hat für die Teilnahme an der Wirk-PKI jedoch eine ISO 27001-Zertifizierung nachzuweisen. Aufgelöst werden kann dieses klassische „Henne-Ei-Problem" durch die Erprobung der Prozesse rund um den GWA-Betrieb in der vom BSI bereitgestellten Test-Smart-Metering-PKI (Test-PKI). Die Test-PKI ermöglicht die Erprobung sämtlicher Funktionen in einer Testumgebung und stellt auch keine Zertifizierungsvoraussetzungen an die hier einzusetzenden SMGWs. Der Nachweis der Anbindung eines GWA-Systems in der Test-PKI an eine Sub-CA-Test-PKI ist dabei sogar Voraussetzung, um in einen Wirk-Betrieb in der Wirk-PKI zu starten.

Die BSI TR-03109-6[21] fordert im Rahmen der 20 Mindestmaßnahmen aus Abschn. 4.5 die Umsetzung von organisatorischen/prozessualen, infrastrukturellen und technischen Anforderungen, welche sowohl Vorgaben an fachliche Prozesse bzw. Abläufe[22] als auch an IT-Betriebs-Prozesse[23] umfasst. In Tab. 22.2 sind die Mindestmaßnahmen im Überblick aufgeführt. Insbesondere Anforderungen an die Rollen der Fachanwender in Bezug auf das SMGW Admin Software Frontend, Administratoren und Datenbankadministratoren der SMGW-Admin-Software sowie Systemadministratoren in segmentierten Netzen werden adressiert.[24]

Die technische Richtlinie adressiert dabei sowohl Unternehmen, die selbst die Funktion GWA wahrnehmen, als auch Dienstleister, die diese für Dritte anbieten möchten.

Im Überblick betrachtet umfassen die Maßnahmen eine Vielzahl an Prozessbeschreibungen, Regelungen und Konzepte.[25] Daneben ist die Umsetzung technischer Anforderungen[26] definiert. Zusätzlich werden Vorgaben an die Schulung von Mitarbeitern (TR-03109-6 Abschn. 4.5.3) und infrastrukturelle Maßnahmen, insbesondere an die Ausgestaltung des Bedienarbeitsplatzes des Bedieners der SMGW-Admin-Software (TR-03109-6 Abschn. 4.5.6),

---

[21] Siehe BSI (2015).

[22] Siehe u. a. BSI (2015, Abschn. 4.5.1 (S. 81), 4.5.3 (S. 81), 4.5.6 (S. 82) und 4.5.19 (S. 94)).

[23] Siehe u. a. BSI (2015, Abschn. 4.5.1 (S. 81) und 4.5.6-14 (S. 82 ff.)).

[24] Vgl. BSI (2015, S. 82).

[25] Siehe BSI (2015, Abschn. 4.5.1-3 (S. 81), 4.5.4-8 (S. 82 ff.) und 4.5.15-20 (S. 95 f.)).

[26] Siehe BSI (2015, Abschn. 4.5.3 und 4.5.9-13).

Tab. 22.2 Mindestmaßnahmen nach BSI TR 03109-6

Kapitel	Überschrift
4.5.1	Dokumentation von Prozessabläufen und Verantwortlichkeiten
4.5.2	Sensibilisierung der Mitarbeiter
4.5.3	Inferenzprävention
4.5.4	Rollen- und Rechtekonzept
4.5.5	Regelungen zur Vorhaltezeit und Aufbewahrungsdauer von Daten
4.5.6	SMGW-Admin-Software und Frontend-SMGW-Admin-Software
4.5.7	Regelungen für Wartungs- und Reparaturarbeiten
4.5.8	Entwicklung und Umsetzung eines Anbindungskonzeptes
4.5.9	Einsatz Zeitserver mit gesetzlicher Zeit
4.5.10	Netzsegmentierung und -trennung
4.5.11	Integritätsschutz von IT-Systemen und IT-Komponenten
4.5.12	Dienstsegmentierung
4.5.13	Einsatz eines oder mehrerer Protokollierungsserver
4.5.14	Penetrationstest
4.5.15	Reaktion auf Verletzung der Sicherheitsvorgaben
4.5.16	Aufrechterhaltung der Informationssicherheit
4.5.17	Regelungen für den Einsatz von Fremdpersonal
4.5.18	Schlüsselmanagement
4.5.19	SMGW-Firmware-Update
4.5.20	Notfallkonzept

beschrieben. Neben den Vorgaben aus der TR-03109-Familie gilt es, eine Vielzahl weiterer Dokumente zu beachten. Die ISO 27001 fordert dabei generell die Einhaltung der gesetzlichen Vorgaben im Anwendungsgebiet, daher sind auch über die spezifischen Regelungen hinaus weitere Gesetze, Verordnungen und Vorgaben zu berücksichtigen. In Tab. 22.1 sind exemplarisch zu beachtende Vorgaben aufgeführt.

Beim Aufbau und Betrieb eines ISMS ist es von zentraler Bedeutung, den Anwendungsbereich, auch Geltungsbereich genannt, zu definieren. Damit wird festgelegt, für welchen Bereich die getroffenen Regelungen gelten. Für den GWA-Betrieb muss der Geltungsbereich mindestens die für den GWA-Betrieb gemäß TR-03109-6 relevanten Prozesse, IT-Systeme, Informationswerte und Organisationseinheiten umfassen. Ein weiterer zentraler Aspekt ist die Durchführung einer Risikoanalyse, um hieraus umzusetzende Maßnahmen zum Schutz der Informationswerte zu identifizieren. Informationswerte sind materielle Gegenstände, wie IT-Systeme oder vertrauliche Dokumente, und immaterielle Gegenstände, wie die Reputation.[27] Die ISO 27001-bietet mit dem Anhang A 114 Referenzmaßnahmen, die für die Risikominimierung angewendet werden können. Mit der Erklärung der Anwendbarkeit erfolgt schließlich an zentraler Stelle die Dokumentation der Maßnahmen zur Informationssicherheit, die berücksichtigt wurden bzw. nicht zur Anwendung kommen. Damit wird Transparenz über die umgesetzten Maßnahmen geschaffen. Neben den

[27]Vgl. Kersten et al. (2013, S. 54).

ISO 27001-Maßnahmen sind hier auch die GWA-spezifischen Anforderungen aus der TR-03109-6 und der CP-SM-PKI darzustellen.

Die Gültigkeit der ISO 27001-Zertifizierung erstreckt sich auf 3 Jahre und unterliegt einer mindestens jährlichen Überprüfung (s. Abb. 22.5). Größere Änderungen im Geltungsbereich, beispielsweise Standortwechsel, sind der Zertifizierungsstelle anzuzeigen. Der Zertifizierungsprozess sieht eine Erstzertifizierung als Vollprüfung vor, welche in einem zweistufigen Verfahren bestehend aus einer vorangehenden Dokumentenprüfung und einer anschließenden Vorortprüfung durchgeführt wird.[28] Im Rahmen der Vorortprüfung wird in erster Linie die Zertifizierungsfähigkeit der Organisation überprüft, diese ist die Voraussetzung für die 2. Stufe. Bei der Vollprüfung wird eine stichprobenbasierte Überprüfung aller Anforderungen vorgenommen. Hierbei werden insbesondere der Geltungsbereich, die Risikoanalyse, die Ergebnisse des internen Audits und der Managementbewertung sowie die gewählten Maßnahmen und der kontinuierliche Verbesserungsprozess geprüft. Die zwei folgenden Überwachungsaudits stellen Teilprüfungen dar und fokussieren sich auf den Umgang mit den identifizierten Abweichungen aus den vorangegangenen Audits, dem Änderungsmanagement sowie dem KVP. Im Anschluss an das zweite Überwachungsaudit steht die Rezertifizierung an, welche etwa 2/3 des Umfangs der Erstzertifizierung entspricht.

22.3.2 SMGWA Betriebsvarianten und deren Konsequenzen

Für die Ausgestaltung der Funktion Smart-Meter-Gateway-Administration ergeben sich für einen grundzuständigen MSB die klassischen Betriebsvarianten: Eigenbetrieb, Betrieb mit Dienstleisterunterstützung und Fremdbetrieb. Die hier beschriebenen Varianten ergeben sich aus den auf den Internetseiten des BSI aufgeführten Beschreibungen unter Fragen

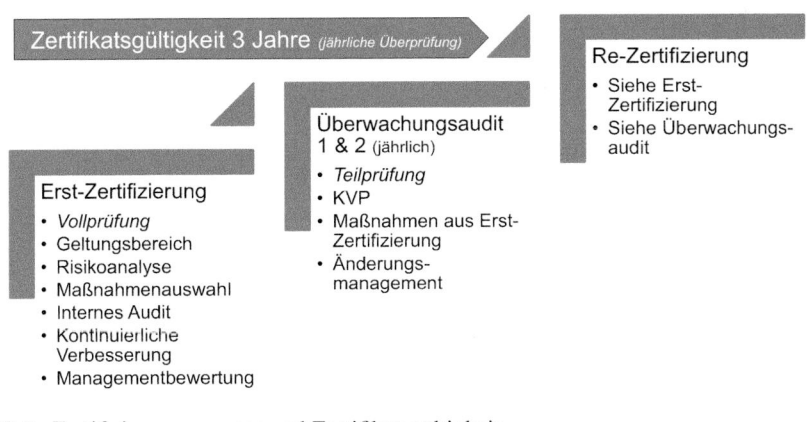

Abb. 22.5 Zertifizierungsprozess und Zertifikatsgültigkeit

---

[28]Vgl. Kersten et al. (2016, S. 80 ff.).

und Antworten zum Themenbereich der TR-03109-6-Smart-Meter-Gateway-Administrati-
on.[29] In der Praxis treten darüber hinaus Mischformen oder auch Kooperationen zwischen
MSB auf.[30] Zur Veranschaulichung werden aber lediglich die Grundvarianten und die sich
hieraus ergebenden Konsequenzen für die Verantwortung der identifizierten Themenfelder
aus Abschn. 22.3 sowie dem ISMS-Betrieb beschrieben, wie in Abb. 22.6 dargestellt.[31]

Eigenbetrieb
Bei einer Entscheidung für einen klassischen Eigenbetrieb durch den MSB liegen folglich
die Verantwortlichkeiten für sämtliche Handlungsfelder beim MSB. Dies beinhaltet die
Zertifizierung, Technologieentscheidungen, fachliche Prozesse und den dazugehörigen
IT-Betrieb sowie den Betrieb eines ISMS. Es erfolgt durch den MSB somit ein vollum-
fänglicher zertifizierter GWA-Betrieb nach BSI TR-03109-6. Dies stellt die anspruchs-
vollste und aufwendigste Variante dar. Hier gilt es, das nötige Know-how in allen Bereichen aufzubauen und das benötigte Personal bereitzustellen bzw. zu beschaffen.
Andererseits ermöglicht ein solcher Know-how-Aufbau, die Wahl der Betriebsvarianten
bewusster zu treffen und die benötigten Unterstützungsleistungen am Markt adäquat be-
auftragen zu können. Der Umfang der Zertifizierung und des ISMS-Betriebs ist hier am
größten, da alle Teilbereiche zu berücksichtigen sind.

Betrieb mit Dienstleisterunterstützung
In diesem Fall wird nur ein Teilbereich von Aufgaben im GWA-Betrieb durch Dienstleister übernommen. Die grundsätzliche Verantwortung für den GWA-Betrieb verbleibt
beim MSB. Der MSB ist aufgefordert, für die vergebenen Aufgaben Schnittstellen und

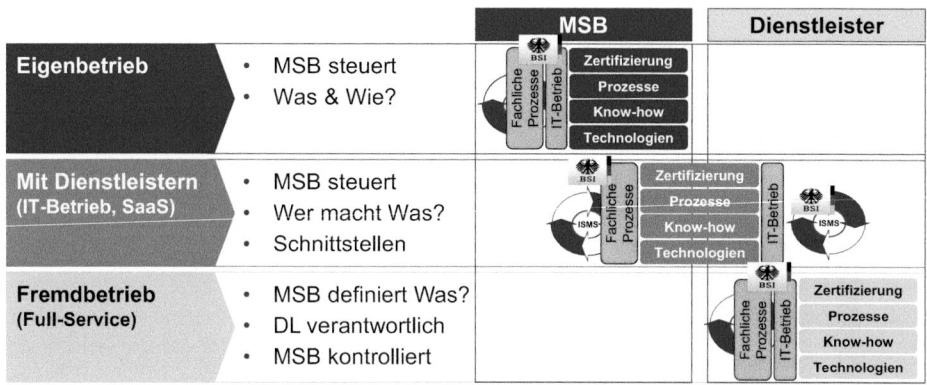

Abb. 22.6 Klassische GWA-Betriebsvarianten und Zertifizierung

---

[29] Vgl. BSI (2018a).

[30] Vgl. Brinker et al. (2017, S. 37).

[31] Auf die Darstellung von Betriebsvarianten wettbewerblicher MSB wird an dieser Stelle verzichtet,
s. Brinker et al. (2017).

Verantwortlichkeiten mit seinem Dienstleister abzustimmen. Folglich entfällt die Erfüllung der Anforderungen der verschiedenen Handlungsfelder auf MSB und Dienstleister. Typischerweise finden sich hier Konstellationen wieder, in denen Dienstleister den IT-Betrieb der für den GWA-Betrieb notwendigen Softwaresysteme übernehmen und diese Dienstleistung als *Software as a Service (SaaS)* anbieten. Durch die Trennung von fachlichen Prozessen, wie der Bedienung der GWA-Software oder der Beschaffung von SMGW, und dem IT-Betrieb ist letztendlich aufseiten des MSB und Dienstleisters jeweils ein eigenes ISMS zu betreiben und zu zertifizieren. Hieraus ergibt sich eine Abhängigkeit der Zertifizierung zwischen dem MSB und dem Dienstleister. Mit Verlust des zertifizierten IT-Betriebs des Dienstleisters wäre auch ein entsprechender GWA-Betrieb in der Konstellation durch den MSB nicht mehr möglich. Mit der Vergabe des IT-Betriebs an einen Dritten verbleibt aber die fachliche Verantwortung als GWA Betreiber sowie die Verantwortung für das ISMS beim GWA. Um den Anforderungen der TR 3109-6 gerecht zu werden, hat ein Dienstleister eine ISMS-Zertifizierung mit dem Geltungsbereich „IT-Betrieb für einen GWA nach BSI TR-03109-6" gegenüber dem MSB nachzuweisen. Der MSB ist verantwortlich für die Überprüfung der Einhaltung seiner ggf. individuellen Sicherheitsanforderungen durch den Dienstleister. Diese Form der Ausprägung ermöglicht es, sich auf Teilaspekte bzw. Kernkompetenzen zu konzentrieren. Mit einer Auslagerung des IT-Betriebs wäre diese Konzentration folglich die Ausübung der fachlichen Prozesse. Der Zertifizierungs- und ISMS-Betriebsumfang und demzufolge auch der eigene Personaleinsatz reduzieren sich auf die beim MSB verbleibenden Prozesse und IT-Systeme. Mit der Reduktion des Aufwands geht aber auch ein geringerer Erkenntnisgewinn einher, letztendlich kann nur für die selbst ausgeführten Prozesse fundiertes Erfahrungswissen aufgebaut werden. Vorteilhaft dabei ist, dass von Beginn an Schnittstellenaufgaben wahrgenommen werden können. Falls kein eigener interner IT-Betrieb vorgesehen bzw. vorhanden ist, bietet sich diese Form der Ausprägung an.

Fremdbetrieb

Im Falle einer Full-Service-Fremdvergabe geht die Verantwortung für den ISMS-Betrieb auf den Dienstleister über. Der MSB ist hier nur noch in der Rolle des Auftraggebers für die Überwachung und Vorgabe von Anforderungen zuständig. In diesem Fall ist nicht mehr der MSB, sondern der Dienstleister der verantwortliche GWA. Der Aufwand ist minimal, genau wie der Erkenntnisgewinn. Hier besteht das Risiko, dass ein MSB seine Grundzuständigkeit verliert.

Zusätzlich zu den klassischen Fällen sind die beiden folgenden Spezialfälle des GWA-Betriebs mit Dienstleisterunterstützung gemäß BSI möglich: ISMS-Betrieb bei MSB und Dienstleister (s. Variante A in Abb. 22.7), sowie ISMS-Betrieb durch Dienstleister (s. Variante B in Abb. 22.7). Hier ist trotz der Wahrnehmung fachlicher Prozesse aufseiten des MSB keine eigene ISMS-Zertifizierung erforderlich.[32] Damit reduziert sich der Aufwand des ISMS-Betriebs. In beiden Fällen wechselt die Steuerung der Aufgabenerfüllung im Rahmen des GWA-Betriebs vom MSB auf den Dienstleister, das klassische

---

[32] Vgl. BSI (2018a).

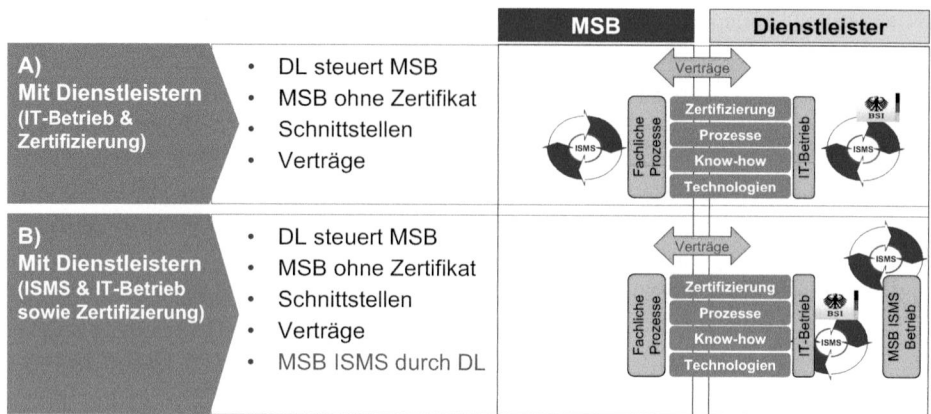

Abb. 22.7 GWA-Betriebsvarianten ohne Zertifizierungspflicht für den MSB

Auftragsverhältnis zwischen Auftraggeber und Dienstleister wird quasi umgekehrt. Trotzdem behält der MSB den Status als verantwortlicher GWA bei. Für diese Ausprägungen des GWA-Betriebs sind vertragliche Regelungen über die Verantwortungsbereiche zwischen den beiden Parteien erforderlich. Im Prinzip gelten die gleichen Vor- und Nachteile wie im Fall des GWA-Betriebs mit Dienstleisterunterstützung mit dem Unterschied, dass keine ISMS-Zertifizierung nötig ist.

ISMS-Betrieb bei MSB und Dienstleister

In diesem Fall verantwortet der Dienstleister die vollumfängliche Anforderungserfüllung und betreibt neben dem IT-Betrieb ein zertifiziertes ISMS gemäß BSI TR-03109-6 im Auftrag des MSB als verantwortlicher GWA. Der IT- und zertifizierte ISMS-Betrieb erfolgen hier typischerweise durch den Dienstleister. Aufgabe des Dienstleisters ist es, die beim MSB verbleibenden IT-Systeme und Prozesse im Hinblick auf die Einhaltung der Anforderungen zur Informationssicherheit gemäß BSI TR-03109-6 vertraglich einzufordern und deren Umsetzung zu überprüfen. In der Konsequenz entfällt damit die Pflicht zur ISMS-Zertifizierung für den MSB. Allerdings muss der MSB weiterhin ein ISMS ohne Zertifizierungspflicht betreiben. Hierbei kann der Dienstleister beratend und unterstützend mitwirken. Aufgrund des Wegfalls der Zertifizierungspflicht und die Möglichkeit der Betreuung durch den Dienstleister kann ein reduzierter Aufwand aufseiten des MSB angenommen werden. Entscheidend für eine Aufwandsbeurteilung sind die getroffenen vertraglichen Regelungen zwischen MSB und Dienstleister sowie die Vorgaben des Dienstleisters zur Erfüllung der Informationssicherheitsanforderungen. Kompetenzen und Erfahrungswissen aufseiten des MSBs im Hinblick auf den Themenbereich ISMS-Betrieb sind hier eingeschränkt.

ISMS-Betrieb durch Dienstleister

Im Gegensatz zur Ausprägungsform ISMS-Betrieb bei MSB und Dienstleister, bei der beide Parteien noch ein eigenes ISMS betreiben, wird das ISMS für die beim MSB verbleibenden Prozesse und IT-Systeme auch vom Dienstleister aufrechterhalten. Im Fall des ISMS-Betriebs

Tab. 22.3 Aufwände und Erkenntnisgewinne pro Themenbereich für den MSB

Varianten/Themenbereiche	Zertifizierung	Prozesse fachlich	Prozesse IT-Betrieb	Know-how	Technologien
Eigenbetrieb	maximal				
Mit Dienstleisterunterstützung	Mittel	Mittel	Minimal	Mittel	
A) ISMS-Betrieb bei MSB und Dienstleister	Entfällt	Mittel	Minimal	Mittel	
B) ISMS-Betrieb durch Dienstleister	Entfällt	Mittel	Minimal	Mittel	
Fremdbetrieb	Entfällt				

durch den Dienstleister ist somit auch die für ein ISMS nötige Organisation beim Dienstleister angesiedelt. Es ergeben sich die gleichen Vor- und Nachteile wie beim ISMS-Betrieb bei MSB und Dienstleister. Der Aufwand für den ISMS-Betrieb und der damit verbundene Kompetenzaufbau sind minimal. Dieser Ansatz ist vor allem für Unternehmen interessant, die Aufwände und den Kompetenzaufbau im Umfeld des ISMS-Betriebs scheuen.

In Tab. 22.3 sind die Aufwände und Erkenntnisgewinne pro Themenbereich für den MSB für die oben aufgeführten Varianten zusammenfassend dargestellt. Bei der Einschätzung „mittel" sind die spezifischen Ausgestaltungen der Verantwortungsbereiche zwischen MSB und dem Dienstleister für eine differenzierte Einschätzung zu berücksichtigen.

22.4 Herausforderungen und Vorgehen bei der Stromnetz Hamburg

Als kommunaler Stromverteilnetzbetreiber und grundzuständiger Messstellenbetreiber (gMSB) in der Hansestadt Hamburg steht die *Stromnetz Hamburg (SNH)* in der Pflicht, ca. 1,1 Mio. mME und etwa 100.000 iMSys in Hamburg auszurollen. Hierbei steht die Umsetzung der gesetzlichen Anforderungen als Pflichtanforderung unter besonderer Beachtung der Wirtschaftlichkeit, im Sinne eines verantwortlichen Umgangs mit öffentlichen Mitteln, im Vordergrund.

Die SNH ist der zweitgrößte Stadtnetzbetreiber Deutschlands und betreibt ein Rechenzentrum durch eine eigene Inhouse-IT. Ferner blickt die SNH auf jahrelange Erfahrungen im Betrieb unterschiedlicher Managementsysteme zurück (u. a. für Qualitäts-, Arbeitssicherheits- und Umweltmanagement) und betreibt ein integriertes Managementsystem (IMS), welches die einzelnen Managementsysteme zusammenführt. Neben den informationssicherheitstechnischen Zertifizierungsanforderungen aus der Funktion GWA unterliegt die SNH als Betreiber kritischer Infrastrukturen für den Netzbetrieb mit der durch den IT-Sicherheitskatalog geforderten ISO 27001-Zertifizierung in Bezug auf die Informationssicherheit ähnlichen Anforderungen.

Somit verfügt die SNH neben langjährigen IT- und MSB-Betriebserfahrungen über Managementsystemkompetenz und hohe Informationssicherheitsanforderungen. Vor diesem Hintergrund traf die Geschäftsführung der SNH die Entscheidung, die Funktion GWA im Eigenbetrieb auszuprägen, die erforderlichen IT-Systeme selbst zu betreiben und das benötigte Know-how in allen Themenbereichen aufzubauen. Ausgehend von der Komplexität und den in Abschn. 22.1 beschriebenen Anforderungen initiierte die SNH ein geschäftsbereichsübergreifendes Programm zur Adressierung der unterschiedlichen Themenfelder wie Gerätetechnik, IT, Rollout-Planung, Abrechnung, Marktkommunikation und Kundenkommunikation (s. Abb. 22.8).[33] Die einzelnen Themenfelder und Arbeitspakete auf Programmebene wurden aus der Linienhierarchie heraus besetzt und nur im Projekt Management Office mit externen Beratern ergänzt. Ziel ist ein schrittweiser Pilotbetrieb mit bis zu 1.000 SMGWs, um basierend auf den damit einhergehenden Erfahrungen die zukünftigen automatisierten Massenprozesse mit der dazugehörigen IT-Landschaft umzusetzen.

Im Folgenden werden die Erfahrungen und das Vorgehen der SNH anhand der vier Themenfelder Prozesse, Technologien, Know-how und Zertifizierung dargestellt.

Prozesse

Die Prozesse zwischen den beteiligten Akteuren wie GWA, Sub-CA, GWH und EMTs befinden sich immer noch in der Weiterentwicklung und kontinuierlichen Erprobung. Einerseits sind die Vorgaben aus den technischen Richtlinien und der CP-SM-PKI nicht interpretationsfrei. Der Interpretationsspielraum führt zu individuellen Umsetzungen und erschwert damit standardisierte Prozesse. Hier sind beispielsweise die Anforderungen an die sichere Lieferkette der SMGWs zu nennen, die bisher GWH-spezifisch bereitgestellt werden.[34] Andererseits sind bei den Vorgaben weitere Überarbeitungen zu erwarten, beispielsweise in Bezug auf die Marktkommunikation (Interims-/Zielmodell) und die SM-PKI-Prozesse.

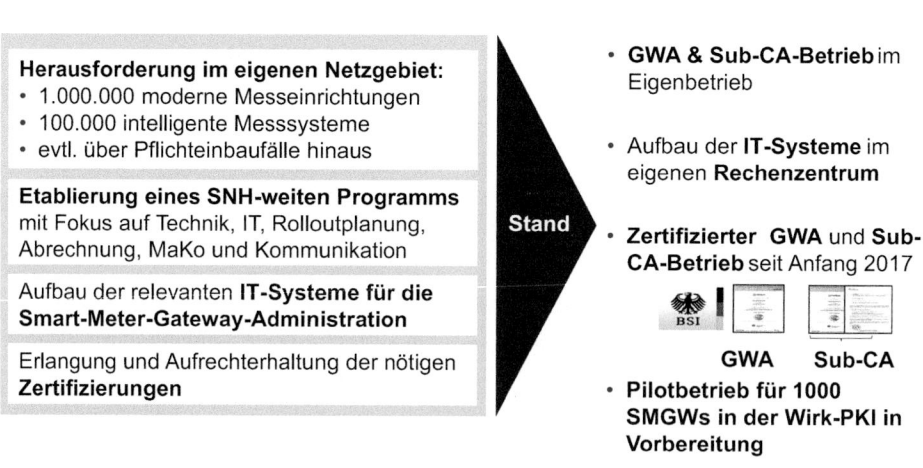

Abb. 22.8 Prämissen und Stand der Umsetzung zur Wahrnehmung der Funktion SMGWA

---

[33] Siehe Kap. 23 für weitere Ausführungen zu den Erfahrungen bei der Einführung intelligenter Messsysteme.

[34] Laut BSI sind abgestimmte GWH-übergreifende Anforderungen an die sichere Lieferkette in Arbeit.

Für einen effizienten GWA-Betrieb ist eine technologische Unterstützung nötig, welche sämtliche Tarifanwendungsfälle des SMGW sowie die für einen Massenbetrieb nötige Automatisierung, ermöglicht. Dies ist gegenwärtig am Markt noch nicht verfügbar.

Zur Erprobung hat sich die SNH daher frühzeitig für einen initialen „Stand-alone-Betrieb" (ohne automatisierte Schnittstellen) des GWA-Systems, aber mit der Anbindung an die eigene Sub-CA entschieden. Hierbei erfolgte bewusst im ersten Schritt der Verzicht auf eine vollumfängliche Integration des GWA-Systems in die SNH-IT-Landschaft. In diesem Zuge wurde schnell deutlich, dass fachliche und IT-technische Prozessgestaltungen unternehmensindividuell auszuprägen sind. Die weitere Integration in die bestehende IT-Landschaft sowie die Automatisierung erfolgt nun schrittweise und ist für einen effizienten Massenbetrieb auch zwingend erforderlich. Letztendlich sind die Prozesse und Aufgaben im Umfeld der Gateway-Administration auf einen automatisierten Betrieb ausgerichtet.

Zertifizierung

In Bezug auf die Zertifizierung wächst die Branchenerfahrung kontinuierlich. Mittlerweile sind 31 Unternehmen, GWA und (IT-)Dienstleister gemäß den Vorgaben zum sicheren SMGWA-Betrieb zertifiziert, mit PPC ein GWH. Weitere acht GWHs befinden sich im Zertifizierungsprozess.[35]

Die Vorgaben und Regelungen haben sich bei der SNH als sehr umfangreich und aufwendig dargestellt. Insgesamt wurden über 1.000 Anforderungen zur Umsetzung identifiziert. Durch den Rückgriff auf Regelungen des bei der SNH etablierten integrierten Managementsystems sowie den Betrieb und die Zertifizierung eines ISMS mit den Geltungsbereichen GWA nach TR-03109-6, Sub-CA nach TR-03145-1 und Netzbetrieb gemäß IT-Sicherheitskatalog war es möglich, erhebliche Synergien zu heben.[36] Für den ISMS-Betrieb bei der SNH wurde für alle drei vorgenannten Geltungsbereiche eine gemeinsame ISMS-Organisation aufgebaut. Aufgrund des risikobasierten Ansatzes zur Maßnahmenauswahl und der individuelleren Ausgestaltbarkeit der Maßnahmen erfolgte eine native ISO 27001-Zertifizierung. Diese ist in der Praxis auch aktuell der am häufigsten gewählte Zertifizierungsansatz. Im Sinne eines wirtschaftlichen Betriebs stellte die Ausgestaltung einer minimalen Betriebsorganisation aufgrund der geforderten Rollentrennungen eine erhebliche Aufgabe dar. Im Rahmen der jährlichen externen Audits stellte sich heraus, dass gerade die komplexen anspruchsvollen Anforderungen, aufgrund der erhöhten Aufmerksamkeit, gut beherrscht werden. Die vermeintlichen einfachen bzw. „kleinen" Aufgaben wurden jedoch eher unterschätzt und können zu Abweichungen führen. Bei der Erstzertifizierung wurde mit einem hohen Aufwand für die initiale Einführung und einem geringeren Aufwand für die weitere Aufrechterhaltung und den ISMS-Betrieb gerechnet. Tatsächlich stellte sich nach der Erstzertifizierung heraus, dass der eigentliche Aufwand

---

[35] Siehe BSI (2018b).

[36] Krause et al. (2017, S. 60).

erst beim Betrieb eines ISMS offensichtlich wird. Das Anwenden und Verbessern, das „Leben" der ISMS-Prozesse, erfordert das Mitwirken aller betroffenen Bereiche im Unternehmen und beschränkt sich nicht auf Informationssicherheitsbeauftragte und -managementsystemverantwortliche.

Technologien

Die für den GWA-Betrieb erforderlichen Technologien befinden sich noch stark in der Entwicklung. Zum einen fehlen beim SMGW als zentrale Komponente noch eine vollumfängliche Unterstützung für Tarifanwendungsfälle[37] und Interoperabilität. Auch die zum SMGW zugehörigen WAN-Kommunikationsprozesse, -module und -lösungen, wie Mobilfunk, Powerline oder DSL müssen in der SM-PKI noch erprobt werden. Gleiches gilt für die benötigten Softwaresysteme, wie die GWA- und Messdatenempfangssysteme, Backend-Systeme oder Integrationslösungen.

Bei der Auswahl geeigneter Technologien gilt es aufgrund der fehlenden Interoperabilität – insbesondere Austauschbarkeit als besonders hohen Grad von Interoperabilität – und Robustheit, die gegenseitigen Abhängigkeiten der Technologien bei der Technologie-/Systemwahl zu bedenken. Hierbei ist die über die gesamte Kommunikationskette nötige Kompatibilität der einzelnen Komponenten von der Gerätetechnik, mME und SMGW, Kommunikationstechnologien,[38] wie LTE, PowerLine und GPRS bis zum GWA-IT-System zu bedenken. Bei den heute am Markt verfügbaren Technologien ist genau auf die aktuell unterstützten Komponenten zu achten. Mit zunehmender Marktreife der Komponenten ist erst langfristig ein höherer Grad der Interoperabilität zu erwarten.

Vor diesem Hintergrund hat sich die SNH dazu entschieden, frühzeitig in die Erprobung verschiedener Technologien im Sinne einer Multi-Vendor-Strategie einzusteigen und hierbei im Rahmen einer Pilotphase zunächst nicht mehr als 1.000 SMGW bei ausgesuchten Kunden schrittweise zu erproben. Die hierbei gewonnenen Erfahrungen sollen letztendlich für die Ausgestaltung einer optimal integrierten und automatisierten Informations- und Koomunikationstechnologie Landschaft genutzt werden.

Know-how

Ein fundamentaler Baustein für einen erfolgreichen GWA-Betrieb stellt der Aufbau des nötigen Know-how, bestehend aus Fachkompetenz, Erfahrungs- und Prozesswissen, in der Linie dar. Sämtliche Marktakteure vom GWA-Betreibern, GWH, Sub-CA-Betreibern, Auditoren und Beratern befinden sich noch im Kompetenzaufbau. Die SNH hat sich durch die Erprobung von Technologien und die Qualifikation von Mitarbeitern dafür entschieden, das Wissen im eigenen Hause aufzubauen.[39] Im Programm und den dazugehörigen Projekten zur Einführung intelligenter Messsysteme (s. dazu weitere Details in Kap. 23)

---

[37] Siehe BSI (2019b, S. 79 ff.).

[38] Siehe Raquet und Liotta (2013, S. 393 ff.) für einen Vergleich möglicher Kommunikationstechnologien.

[39] Vgl. González (2017, S. 36).

wurden bewusst überwiegend interne Mitarbeiter eingesetzt, die nur punktuell durch externe Berater unterstützt wurden. Gerade das Erfahrungs- und Prozesswissen wird als wesentlich angesehen, um nicht nur für den Eigenbetrieb effiziente Vorgehensweisen etablieren zu können, sondern auch im Falle der zukünftigen Einbeziehung von Dienstleistern geeignete Leistungen ausschreiben zu können.

22.5   Fazit und Ausblick

In diesem Buchbeitrag ist deutlich geworden, wie komplex das Umfeld der Einführung intelligenter Messsysteme ist. Die Anforderungen sind vielfältig und oft nicht frei von Interpretationsspielräumen. Damit ist die Ausprägung stabiler Betriebsprozesse komplex und die Zertifizierung eine anspruchsvolle Aufgabe. Know-how ist nur schwer am Markt verfügbar und muss mühsam selbst aufgebaut werden. Die Technologien des intelligenten Messsystems sind nur teilweise am Markt verfügbar und vielfach unausgereift. Wesentliche Anforderungen an Interoperabilität und Robustheit sind noch nicht erfüllt. Kurz gesagt: Das Gesamtsystem der Smart-Meter-Gateway-Administration ist zu diesem Zeitpunkt noch unausgereift.

Doch gerade in diesem Umfeld hat sich die Stromnetz Hamburg GmbH frühzeitig entschieden, das Thema proaktiv anzugehen und die GWA im Eigenbetrieb auszuprägen. Die SNH wurde in der Folge als einer der ersten Verteilnetzbetreiber in Deutschland für die Smart-Meter-Gateway-Administration zertifiziert. Dabei hat es sich als großer Gewinn erwiesen, die Synergiepotenziale einer gemeinsamen Projekt- und Linienorganisation zur Einführung und Betrieb eines ISMS für die Geltungsbereiche Netzbetrieb, GWA und Sub-CA zu suchen. Die dafür notwendige intensive Auseinandersetzung mit den Regelwerken und Anforderungen sowie deren Umsetzung zeigen sich heute als unschätzbar wertvoll bei der Weiterentwicklung der Prozess- und IT-Systemlandschaft zur Einführung intelligenter Messsysteme. Vorteilhaft erwies sich auch die langjährige Erfahrung eines integrierten Managementsystems bei der SNH.

Das notwendige Know-how wurde im eigenen Hause aufgebaut, und nur punktuell wurden externe Berater hinzugezogen. Es hat sich gezeigt, dass für die Beurteilung der Angemessenheit von Sicherheitsmaßnahmen und deren Umsetzung unternehmensspezifisches Know-how unverzichtbar ist. Darüber hinaus sind die späteren Linienverantwortlichen bereits in der Projektphase in alle relevanten Tätigkeiten und Entscheidungen eingebunden, sodass ein nachhaltiger Kompetenz- und Erfahrungsaufbau gewährleistet ist, der beim Übergang in die operative Phase des Betriebs intelligenter Messsysteme unerlässlich ist.

Der Erfolg dieses Ansatzes zeigt sich in der Tatsache, dass die SNH mittlerweile beide Überwachungsaudits für das ISMS erfolgreich bestanden hat. Nicht zu unterschätzen ist dabei jedoch der Aufwand der notwendigen Anpassungen des ISMS aufgrund sich ändernder Anforderungen in den technischen Richtlinien des BSI.

Technologisch und IT-systemseitig wurde ein schrittweiser Ansatz verfolgt, bei dem zunächst ein GWA-System quasi „Stand alone" für die Erstzertifizierung und erste Betriebserfahrungen eingeführt wurde. Dies lässt Freiheitsgrade für die Ausprägung der finalen massentauglichen IT-Systemlandschaft offen, sodass die SNH heute in der Lage ist, die weiteren Schritte in Bezug auf massentaugliche Prozesse, System und IT-Landschaft eigenverantwortlich in Angriff nehmen zu können. Dies sichert zugleich eine wirtschaftliche Leistungserbringung, die gerade vor dem Hintergrund fixer Preisobergrenzen ein zentraler Bestandteil aller in dieses Umfeld fallenden Tätigkeiten sein muss.

Das Fundament zur Beherrschung des Gesamtsystems liegt in den langjährigen Erfahrungen als grundzuständiger MSB. Darüber hinaus gilt es nun, massenfähige Prozesse zu gestalten und hierfür die geeigneten Technologien auszuwählen. Die durch das frühzeitige Erproben eines zertifizierten Betriebs gesammelten Erfahrungen und Qualifikationen der Mitarbeiter werden sich im Folgenden als wesentlicher Faktor für den Erfolg dieser Maßnahmen zeigen. Das zertifizierte ISMS ermöglicht dabei die risikoorientierte Erfüllung der Anforderungen an die Informationssicherheit. Das etablierte ISMS gilt es weiterhin kontinuierlich weiterzuentwickeln. Der Fokus der GWA- und Sub-CA-Tätigkeiten auf das eigene Netzgebiet ist dabei konsequent, da der technologische und prozessuale Reifegrad in Bezug auf einen Massenbetrieb intern und extern im Gesamtsystem noch zu erreichen ist.

Literatur

BMWi. (2016a). Gesetz zur Digitalisierung der Energiewende. *Bundesgesetzblatt* Jg. 2016 Teil I Nr. 43, S. 2034 ff (29.08.2016). Berlin: Bundesministerium für Wirtschaft und Energie (BMWi). https://www.bmwi.de/Redaktion/DE/Downloads/Gesetz/gesetz-zur-digitalisierung-der-energiewende.pdf?__blob=publicationFile&v=4. Zugegriffen am 30.01.2019.

BMWi. (2016b). Gesetz über den Messstellenbetrieb und die Datenkommunikation in intelligenten Energienetzen (Messstellenbetriebsgesetz – MsbG). In Gesetz zur Digitalisierung der Energiewende. *Bundesgesetzblatt* Jg. 2016, Teil I Nr. 43, S. 2034 ff (29.08.2016). Berlin: Bundesministerium für Wirtschaft und Energie (BMWi). https://www.bmwi.de/Redaktion/DE/Downloads/Gesetz/gesetz-zur-digitalisierung-der-energiewende.pdf?__blob=publicationFile&v=4. Zugegriffen am 30.01.2019.

Brinker, T., Holm, A., & Saldenholz, C. (2017). Intelligenter Messstellenbetrieb. Einordnung der Akteure am Markt des iMSB. In *ew Spezial – Das Magazin für die Energiewirtschaft* (S. 34–38). Berlin: EW Medien und Kongresse, Heft IV.

BSI. (2013). *Glossar und Begriffsdefinitionen: IT-Grundschutz.* Stand 13. EL (Ergänzungslieferung) 2013. Bonn: Bundesamt für Sicherheit in der Informationstechnik (BSI). https://www.bsi.bund.de/DE/Themen/ITGrundschutz/ITGrundschutzKataloge/Inhalt/Glossar/glossar_node.html. Zugegriffen am 30.01.2019.

BSI. (2015). TR-03109-6 Smart Meter Gateway Administration, Version 1.0, 26.11.2015. Bonn: Bundesamt für Sicherheit in der Informationstechnik (BSI). https://www.bsi.bund.de/SharedDocs/Downloads/DE/BSI/Publikationen/TechnischeRichtlinien/TR03109/TR-03109-6-Smart_Meter_Gateway_Administration.pdf?__blob=publicationFile&v=4. Zugegriffen am 30.01.2019.

BSI. (2017a). *Certificate Policy der Smart Metering PKI.* Version 1.1.1 (09.08.2017). Bonn: Bundesamt für Sicherheit in der Informationstechnik (BSI). https://www.bsi.bund.de/SharedDocs/

Downloads/DE/BSI/Publikationen/TechnischeRichtlinien/TR03109/PKI_Certificate_Policy. pdf?__blob=publicationFile&v=6. Zugegriffen am 28.01.2019.

BSI. (2017b). *Technische Richtlinie BSI TR-03145-1: Secure CA operation, Part 1. Generic requirements for Trust Centers instantiating as Certification Authority (CA) in a Public-Key Infrastructure (PKI) with security level 'high'*. Version 1.1 (27.03.2017). Bonn: Bundesamt für Sicherheit in der Informationstechnik (BSI). https://www.bsi.bund.de/SharedDocs/Downloads/EN/BSI/Publications/TechGuidelines/TR03145/TR03145.pdf?__blob=publicationFile&v=2. Zugegriffen am 28.01.2019.

BSI. (2018a). *Fragen und Antworten zum Themenbereich der TR-03109-6 Smart Meter Gateway Administration* (04.03.2018). Bonn: Bundesamt für Sicherheit in der Informationstechnik (BSI). https://www.bsi.bund.de/DE/Themen/DigitaleGesellschaft/SmartMeter/AdministrationBetrieb/FAQ/faq_node.html. Zugegriffen am 30.01.2019.

BSI. (2018b). Erstes Smart Meter Gateway zertifiziert. *Presseinformationen des BSI*, (20.12.2018). Bonn: Bundesamt für Sicherheit in der Informationstechnik (BSI). https://www.bsi.bund.de/DE/Presse/Pressemitteilungen/Presse2018/Erstes_Smart_Meter_Gateway_zertifiziert_201218.html. Zugegriffen am 30.01.2019.

BSI. (2019a). *BSI TR-03109 Technische Vorgaben für intelligente Messsysteme und deren sicherer Betrieb*. Bonn: Bundesamt für Sicherheit in der Informationstechnik (BSI). https://www.bsi.bund.de/DE/Publikationen/TechnischeRichtlinien/tr03109/index_htm.html. Zugegriffen am 30.01.2019.

BSI. (2019b). *Technische Richtlinie BSI TR-03109-1: Anforderungen an die Interoperabilität der Kommunikationseinheit eines intelligenten Messsystems*. Version 1.0.1 (16.01.2019). Bonn: Bundesamt für Sicherheit in der Informationstechnik (BSI). https://www.bsi.bund.de/SharedDocs/Downloads/DE/BSI/Publikationen/TechnischeRichtlinien/TR03109/TR03109-1.pdf?__blob=publicationFile&v=3. Zugegriffen am 30.01.2019.

Bundesnetzagentur. (2019). *Moderne Messeinrichtungen/Intelligente Messsysteme*. Bonn: Bundesnetzagentur für Elektrizität, Gas, Telekommunikation, Post und Eisenbahnen. https://www.bundesnetzagentur.de/DE/Sachgebiete/ElektrizitaetundGas/Verbraucher/NetzanschlussUndMessung/SmartMetering/SmartMeter_node.html. Zugegriffen am 30.01.2019.

Ernst & Young. (2013). *Kosten-Nutzen-Analyse für einen flächendeckenden Einsatz intelligenter Zähler* (30.07.2013). Dortmund: Ernst & Young GmbH Wirtschaftsprüfungsgesellschaft, im Auftrag des Bundesministeriums für Wirtschaft und Energie (BMWi). https://www.bmwi.de/Redaktion/DE/Publikationen/Studien/kosten-nutzen-analyse-fuer-flaechendeckenden-einsatz-intelligenterzaehler.pdf?__blob=publicationFile&v=5. Zugegriffen am 30.01.2019.

Europäisches Parlament und Europäischer Rat. (2009a). Richtlinie 2009/72/EG des Europäischen Parlaments und des Rates vom 13. Juli 2009 über gemeinsame Vorschriften für den Elektrizitätsbinnenmarkt und zur Aufhebung der Richtlinie 2003/54/EG. *Amtsblatt der Europäischen Union, L 211/55* (14.08.2009). Brüssel: Europäisches Parlament und Europäischer Rat. https://eur-lex.europa.eu/LexUriServ/LexUriServ.do?uri=OJ:L:2009:211:0055:0093:DE:PDF. Zugegriffen am 30.01.2019.

Europäisches Parlament und Europäischer Rat. (2009b). Richtlinie 2009/73/EG des Europäischen Parlaments und des Rates vom 13. Juli 2009 über gemeinsame Vorschriften für den Erdgasbinnenmarkt und zur Aufhebung der Richtlinie 2003/55/EG. *Amtsblatt der Europäischen Union, L 211/94* (14.08.2009). Brüssel: Europäisches Parlament und Europäischer Rat. https://eur-lex.europa.eu/LexUriServ/LexUriServ.do?uri=OJ:L:2009:211:0094:0136:de:PDF. Zugegriffen am 30.01.2019.

Europäisches Parlament und Europäischer Rat. (2016). Verordnung (EU) 2016/679 des Europäischen Parlaments und des Rates vom 27. April 2016 zum Schutz natürlicher Personen bei der Verarbeitung personenbezogener Daten, zum freien Datenverkehr und zur Aufhebung der

Richtlinie 95/46/EG (Datenschutz-Grundverordnung), *Amtsblatt der Europäischen Union, OJ L 119, 04.05.2016*, S. 1–88. ELI, Brüssel: Europäisches Parlament und Europäischer Rat. http://data.europa.eu/eli/reg/2016/679/oj. Zugegriffen am 30.01.2019.

González, J. (2017). Stromnetz Hamburg gerüstet für die Herausforderungen des Smart Metering. *netzpraxis – Das Magazin für Energieversorgung, 56*(5), 34–37.

ISO/IEC. (2017). DIN EN ISO/IEC 27001:2017-06 Informationstechnik – Sicherheitsverfahren – Informationssicherheitsmanagementsysteme – Anforderungen; Deutsche Fassung EN ISO/IEC 27001:2017.

Kersten, H., Reuter, J., Wolfenstetter, K. D., & Schröder, K. W. (2013). *IT-Sicherheitsmanagement nach ISO 27001 und Grundschutz: Der Weg zur Zertifizierung* (4. Aufl.). Wiesbaden: Springer Fachmedien.

Kersten, H., Klett, G., Reuter, J., & Schröder, K. W. (2016). *IT-Sicherheitsmanagement nach der neuen ISO 27001: ISMS, Risiken, Kennziffern, Controls*. Wiesbaden: Springer Fachmedien.

Krause, A., Strade, R., Pietsch, M., & Slomski, H. (2017). IT-Sicherheitskatalog. Stromnetz Hamburg erhält ISMS-Zertifizierung. In *ew Sonderdruck – Das Magazin für die Energiewirtschaft, 116(3),60–63*. Berlin: EW Medien und Kongresse.

Netze BW (2018). Netze BW installiert als erster grundzuständiger Messstellenbetreiber zertifiziertes, intelligentes Messsystem (19.12.2018). Stuttgart: Netze BW GmbH. https://www.netze-bw.de/News/Netze-BW-installiert-intelligentes-Messsystem. Zugegriffen am 30.01.2019.

PTB. (2014). *Smart Meter Gateway. PTB-A 50.8 – PTB-Anforderungen* (Dez. 2014). Braunschweig/Berlin: Physikalisch-Technische Bundesanstalt. https://oar.ptb.de/files/download/56d6a9e2ab9f3f76468b4618. Zugegriffen am 30.01.2019.

Raquet, C., & Liotta, G. (2013). Datenübertragungstechnologien in Smart 15 Metering und Smart Grids1 Die richtige Kommunikation macht ein Smart Grid aus. In C. Aichele & O. D. Doleski (Hrsg.), *Smart Meter Rollout: Praxisleitfaden zur Ausbringung intelligenter Zähler* (S. 389–402). Wiesbaden: Springer Vieweg.

VDE|FNN. (2019). Intelligentes Messsystem – mehr als nur Verbrauchsmessung. *Forum Netztechnik/Netzbetrieb im VDE*. Frankfurt a. M.: VDE Verband der Elektrotechnik Elektronik Informationstechnik e. V. https://www.vde.com/de/fnn/themen/imesssystem. Zugegriffen am 30.01.2019.

Verbraucherzentrale. (2015). *Smart Meter Zwangsbeglückung* (10.02.2015). Berlin: Verbraucherzentrale Bundesverband e. V. https://www.vzbv.de/pressemitteilung/smart-meter-zwangsbeglueckung. Zugegriffen am 30.01.2019.

Dr. José González arbeitet seit April 2015 im Geschäftsbereich Metering der Stromnetz Hamburg GmbH als IT Koordinator. Er ist als Projektleiter im Umfeld der Einführung intelligenter Messsysteme involviert sowie als Informationssicherheitsbeauftragter zuständig für die Gateway-Administration und die Sub-Certification Authority in der Smart Metering PKI. Zuvor war Herr Dr. González zweieinhalb Jahre als IT-Projektleiter im Umfeld Kraftwerke und Netzbetreiber bei der Vattenfall Europe Information Services GmbH angestellt. Im Rahmen seiner etwa fünfjährigen Tätigkeit am OFFIS Institut für Informatik schloss er seine Promotion im Fach Informatik 2012 zu Referenzmodellen in der Energiewirtschaft ab. Nach erfolgreichem Studium der Wirtschaftsinformatik im Jahr 2004 war Herr Dr. González 4 Jahre als IT-Berater für ein führendes europäisches Energieunternehmen tätig.

Jan-Philipp Blenk ist seit Ende 2017 als Fachbereichsleiter für den Betrieb im Geschäftsbereich Metering der Stromnetz Hamburg GmbH verantwortlich für die operative Umsetzung des Messstellenbetriebs der ca. 1,1 Mio. Stromzähler in Hamburg. Damit einhergehend ist auch die Ausprägung der Rolle des Gateway-Administrators. Nach seinem Studium der Nachrichtentechnik an der TU Hamburg-Harburg zunächst im Bereich der Kraftwerksleittechnik im Vattenfall-Konzern tätig, beschäftigte er sich seit 2012 im Rahmen von zahlreichen Studien und Feldversuchen mit der Frage der kommunikationstechnischen Anbindung von Smart Meter Gateways. Parallel hierzu baute er seit 2014 im Zuge der Rekommunalisierung des Meterings der Stromnetz Hamburg GmbH ein Gerätemanagement zur Bedarfsplanung und Beschaffung der im Metering benötigten Zähler und Zusatzmaterialien auf.

Praxisbericht eines grundzuständigen Messstellenbetreibers zur Einführung intelligenter Messsysteme

Manfred Stübe und José González

Ein pragmatischer Ansatz zur Einführung intelligenter Messsysteme als grundzuständiger Messstellenbetreiber

Zusammenfassung

Die Einführung intelligenter Messsysteme stellt Messstellenbetreiber in der Energiewirtschaft vor eine Vielzahl von Herausforderungen. Mit dem Gesetz zur Digitalisierung der Energiewende steht ein regulatorischer Rahmen bereit. Eine Umsetzung ist unter Beachtung regulatorischer, technischer, prozessualer und wirtschaftlicher Vorgaben unternehmensspezifisch auszugestalten. Dieser Beitrag beschäftigt sich mit den Herausforderungen und dem bei der Stromnetz Hamburg als grundzuständigem Messstellenbetreiber für Strom gewählten Ansatz sowie den hierbei gewonnenen Erkenntnissen.

23.1 Hintergrund

Mit der Energiewende verändert sich die europaweite Stromversorgung grundlegend. Einer der Meilensteine zu einer auch zukünftig sicheren und effizienten Energieversorgung ist die Modernisierung aller Stromzähler. Deutschland legte bereits im Jahr 2008 die

M. Stübe (✉) · J. González
Stromnetz Hamburg GmbH, Hamburg, Deutschland

© Springer Fachmedien Wiesbaden GmbH, ein Teil von Springer Nature 2020
O. D. Doleski (Hrsg.), *Realisierung Utility 4.0 Band 2*,
https://doi.org/10.1007/978-3-658-25589-3_23

Grundlage mit einem Gesetz,[1] das den Einsatz von intelligenten Zählern[2] bei Neubau und Bestand regeln sollte. Parallel dazu entstand eine europäische Richtlinie,[3] welche 2009 in Kraft gesetzt wurde. Diese fordert die Mitgliedsstaaten auf, mindestens 80 % der Verbraucher bis 2020 mit intelligenten Messsystemen auszustatten. Den wirtschaftlichen Rahmen und die zur Einsatzregion passende Art des „intelligenten Messens" kann dabei jedes Mitglied mittels Bewertungsprozess selber festlegen. Im Jahr 2011 greift der deutsche Gesetzgeber diese Anforderungen an das Messwesen auf und integriert sie in das bestehende Bundesrecht[4] – jedoch zu diesem Zeitpunkt nicht abschließend. Er belässt sich die Freiheit, mit nachgeordneten Rechtsverordnungen die genannten Anforderungen an bundesweit einheitliche technische Mindeststandards sowie Eigenschaften, Ausstattungsumfang und Funktionalitäten zu bestimmen. Der nun gestartete, von der EU bis 2012 eingeforderte Bewertungsprozess[5] fand 2013 ein Ende und mündete 2015 in die ersten Entwürfe eines neuen, eigenständigen Gesetzes,[6] das Ende 2016 unter der dem zukunftsweisenden Slogan „Digitalisierung der Energiewende"[7] seine Inkraftsetzung erhielt.

Mit diesem Gesetz zur Digitalisierung der Energiewende und dem dazugehörigen Messstellenbetriebsgesetz wurde der verbindliche Rechtsrahmen für den intelligenten Messstellenbetrieb mit modernen Messeinrichtungen und intelligenten Messsysteme geschaffen. Erst im Dezember 2018 gelang es einem Smart Meter Gateway-Hersteller, das erste zertifizierte Smart Meter Gateway auf den Markt zu bringen. Ein Rollout-Start des intelligenten Messsystems bei sogenannten Pflichteinbaufällen[8] ist an eine Markterklärung gebunden. Die gesetzliche Regelung zur Markterklärung sieht vor, dass das Bundesamt für Sicherheit in der Informationstechnik (BSI) die technische Möglichkeit zum Einbau feststellt. Hierfür müssen mindestens drei von einander unabhängige Unternehmen zertifizierte Smart Meter Gateways gemäß den Anforderungen des Messstellenbetriebsgesetzes anbieten.[9]

Beginnend mit einem kurzen historischen Abriss wird in diesem Beitrag in Abschn. 23.2 auf die komplexen Herausforderungen bei der Einführung intelligenter Messsysteme eingegangen. In Abschn. 23.3 wird das Vorgehen bei der Stromnetz Hamburg anhand der Aufbau- und Ablauforganisation themenspezifisch dargestellt. Abschließend werden in Abschn. 23.4 die hierbei gewonnen Erkenntnisse vorgestellt und ein Ausblick auf weitere Aktivitäten gegeben.

---

[1] Vgl. BMWi (2008).

[2] Intelligente Zähler bzw. moderne Messeinrichtung (mME) als Synonym für ein technisches Gerät, das dem Letztverbraucher den tatsächlichen Energieverbrauch und die tatsächliche Nutzungszeit widerspiegelt.

[3] Vgl. Europäisches Parlament und Europäischer Rat (2009).

[4] Vgl. BMWi (2011).

[5] Vgl. Ernst & Young (2013).

[6] Vgl. BMWi (2016b).

[7] Vgl. BMWi (2016a).

[8] Vgl. BMWi (2016b, § 31).

[9] Vgl. BMWi (2016b, § 30).

23.2 Komplexität der Einführung intelligenter Messsysteme

Die Komplexität zur Einführung der intelligenten Messsysteme ergibt sich aus der Vielschichtigkeit der Anforderungen aus Gesetzen und Technischen Richtlinien, technisch am Markt verfügbaren Lösungen und politischen sowie öffentlichen Erwartungen in Bezug auf Digitalisierung und Energiewende. In diesem Spannungsfeld bewegt sich die Energiewirtschaft bereits seit mehreren Dekaden mit zunehmender Dynamik. Technologie, Gesellschaft und Politik beeinflussen dabei maßgeblich die Gestaltung von nachhaltig erfolgreichen Geschäftsmodellen, die Doleski als wichtiges Instrument zur Komplexitätsbewältigung beschreibt.[10]

Gesetzgeber und Aufsichtsbehörden
Die Gesetzesanpassungen im Energiewirtschaftsgesetz von 2011 verfolgten das Ziel, intelligente Messsysteme im Energiesektor zu etablieren. Unklar blieben auf lange Zeit jedoch der Umfang und der zu nutzende technische Standard für dieses Unterfangen. Trends zum Umfang sowie zu einem neuen Regulierungsregime mit Preisobergrenzen gaben die Kosten-Nutzen-Analyse von Ernst & Young sowie die im Jahr 2015 veröffentlichten Eckpunkte[11] zur Energiewende durch das Bundeswirtschaftsministerium. Verlässliche Anforderungen zur Gestaltung eines Geschäftsmodells für die Einführung von intelligenten Messsystemen wurden jedoch erst spät mit dem *Messstellenbetriebsgesetz (MsbG)* geschaffen.

Mit Inkrafttreten des Messstellenbetriebsgesetzes mussten mit Hochdruck branchen-einheitliche Marktprozesse[12] geschaffen werden. In kürzester Zeit wurden sogenannte Interimsprozesse designt. Ihre Anwendung erfolgt in den ersten 3 Jahren des *Rollouts* von intelligenten Messsystemen, bevor die Prozesse für eine Zielmarktkommunikation ab 2020,[13] ohne sternförmige Kommunikation des Smart Meter Gateways, noch einmal umfangreich erweitert werden sollen.

Als weiterer Entwicklungsstrang sind die Arbeiten des *Bundesamtes für Sicherheit in der Informationstechnik (BSI)* zu den funktionalen Standards der neuen Technologie zu nennen. Seinen Lauf nehmend mit dem Schutzprofil[14] für das *Smart Meter Gateway (SMGW)* und für das Sicherheitsmodul[15] entwickelten sich daraus die verbindlich anzuwendenden Technischen Richtlinien.[16] Diese sowohl von anderen oberen Bundesbehörden als auch von der Branche zu Anfang wenig beachteten Arbeiten erwiesen sich im späteren Verlauf als Herausforderung in ihrer Anwendung, zumal sie teilweise mit eichrechtlichen Vorgaben in Widerspruch standen.[17]

---

[10]Vgl. Doleski (2014, S. 658).
[11]Vgl. BMWi (2015).
[12]Vgl. BNetzA (2017).
[13]Vgl. BMWi (2016b, § 60 Abs. 2).
[14]Vgl. BSI (2014a).
[15]Vgl. BSI (2014b).
[16]Vgl. BSI (2019b) sowie BSI (2017a).
[17]Vgl. PTB (2014).

Mit Blick auf die zurückliegende Dekade mit ihren anfänglich gemächlichen Entwicklungen des rechtlichen Umfelds nahmen also die Vielschichtigkeit und gegenseitigen Abhängigkeiten der verschiedenen umzusetzenden Anforderungen an den intelligenten
Messstellenbetreiber immer mehr zu. Es entwickelte sich eine Eigendynamik, die in ihrem
zeitlichen Verlauf und ihrer Divergenz bezüglich der legalen Erwartungen an die Technologie als weltweit einmalig gelten kann.

Öffentlichkeit und Gesellschaft

In Verbindung mit der allgemein fortschreitenden Digitalisierung der Gesellschaft werden
auch höhere Maßstäbe an den *Datenschutz* und die *Datensicherheit* angelegt. In der Energiewirtschaft sollen die neuen und hohen technischen Sicherheitsstandards zur Nutzung und Verarbeitung von Messwerten die öffentliche Akzeptanz für das intelligente Messsystem stärken.[18]

Doch auch zehn Jahre nach Liberalisierung des Energiemarktes setzen sich in Hamburg
die wenigsten Anschlussnutzer mit ihrem Stromzähler und dem zuständigen Messstellenbetreiber auseinander.[19] Dies ist kaum verwunderlich, da die *Zählerinfrastruktur* an sich
keinen Mehrwert für die Kundenbelieferung mit Strom mit sich bringen kann. Die *Messdaten* werden, heute wie morgen, vertragsgerecht Lieferanten und Verteilnetzbetreibern
zur Verfügung gestellt. Sie entwickeln im Allgemeinen ihre Bedeutung gegenüber dem
Kunden erst in Verbindung mit einem Preis für die entnommene oder erzeugte Energie.
Selbst für interessierte Kunden hält der Markt bereits heute „intelligente" Lösungen ohne
Smart Meter Gateway bereit, um Messdaten jeglicher Granularität per Fernzugriff, gerne
auch direkt in einem Energiemanagement darstellend, zu liefern.

Entsprechend sichtbar ist daher der Stromvertrieb. Er hat für die Kunden subjektiv die
höhere Bedeutung. Mit dem Messstellenbetriebsgesetz wurden neben Neuregelungen zu
direkten Vertragsverhältnissen[20] mit den Anschlussnutzern auch gleich neue kommunikative Anforderungen[21] definiert. Hierdurch wurde die neue Rolle des intelligenten Messstellenbetreibers geschaffen, mit der Aufgabe, die Einführung und den Betrieb von modernen Messeinrichtungen und intelligenten Messsystemen zu übernehmen. Diese Rolle hat
entsprechende Kommunikations- und Vertragsbeziehungen mit verschiedensten Marktakteuren, wie Lieferanten, Letztverbrauchern oder Verteilnetzbetreibern, und Funktionsträ-
gern, wie Smart-Meter-Gateway-Administratoren, Sub-Certification-Authority-Betreibern
und Gateway-Herstellern, aufzubauen. Gemäß Bundesnetzagentur[22] haben sich 892 Betreiber von Stromnetzen der allgemeinen Versorgung als intelligente Messstellenbetreiber
registriert. Vor allem die größeren Messstellenbetreiber müssen nun aus dem Schatten der
Lieferanten hervortreten und eigenverantwortlich die Produkte des intelligenten Messstellenbetriebs gegenüber den Anschlussnutzern vermarkten.

---

[18]Vgl. BSI (o. J.).

[19]Vgl. auch Bundesnetzagentur und Bundeskartellamt (2018, S. 314, Abb. 133).

[20]Vgl. BMWi (2016b, § 9).

[21]Vgl. BMWi (2016b, § 37 Abs. 2 sowie § 35 Abs. 1).

[22]Vgl. Bundesnetzagentur und Bundeskartellamt (2018, S. 312).

Technologien

Der im Messstellenbetriebsgesetz geforderte Einbau von intelligenten Messsystemen begründet die verpflichtende Einführung dieser neuen Technologie bei über 10 % aller Zählpunkte in Deutschland.[23] Messsysteme mit Datenfernübertragung sind seit den 90er-Jahren im RLM-Segment für wenige Großkunden Standard. In seinem Aufbau ähnelnd besteht ein *intelligentes Messsystem (iMSys)* aus zwei Komponenten: einer modernen Messeinrichtung und einer Kommunikationseinheit, dem Smart Meter Gateway. Dieses bildet dabei die zentrale Kommunikationseinheit, welche neuerdings neben der Speicherung von empfangenen Messwerten der Zähler bzw. Sensoren, deren Verarbeitung und Tarifierung den verschlüsselten Versand der verarbeiteten Messwerte an berechtigte und authentisierte Marktteilnehmer ermöglicht.[24] Zusätzlich zu der Funktionalität der Messwerteverarbeitung ermöglicht das Smart Meter Gateway die kommunikative Anbindung an steuerbare Systeme, sogenannte *Controllable Local Systems (CLS)*. In Abb. 23.1 sind die Unterschiede und Funktionen konventioneller analoger Zähler, z. B. Ferrariszähler, im Vergleich zum intelligenten Messsystem dargestellt. Neben der erweiterten Speicherung von Werten steht beim intelligenten Messsystem zusätzlich eine Kommunikationsschnittstelle bereit, die höchsten Informationssicherheitsanforderungen genügt und nur durch zertifizierte Smart-Meter Gateway-Administratoren konfiguriert werden kann. Das SMGW muss dabei gemäß TR-03109-1 mindestens drei physische Schnittstellen für die folgenden Kommunikationsbereiche bereitstellen: das Lokale Metrologische Netz (*Local Metrological Network, LMN*), das Weitverkehrsnetz (*Wide Area*

	Ferrariszähler	moderne Messeinrichtung (mME)	intelligentes Messsystem (iMSys)	Kommunikationseinheit = Smart-Meter-Gateway (SMGW)
Gerätetechnik	analoger Zähler	digitaler Zähler ohne Kommunikationseinheit	digitaler Zähler mit Kommunikationseinheit	Kommunikations-schnittstelle
Funktion des Zählers	aktueller Zählerstand	aktueller Zählerstand gespeicherte Werte • Tages-, • Wochen-, • Monats- & • Jahresgenau 2 Jahre im Rückblick aufrüstbar mit einer Kommunikationseinheit zum iMSys	aktueller Zählerstand gespeicherte Werte 1/4h genau abrufbar • Tages-, • Wochen-, • Monats-, • Jahresanzeige	• Schnittstelle zwischen Zähler/Sensoren und Kommunikationsnetz • Kann ein oder mehrere Zähler/Sensoren anbinden • Automatische Datenübertragung • Proxy für steuerbare Systeme
Zuständigkeit Einbau, Messung und technischen Betrieb	örtlicher Netzbetreiber als Messstellenbetreiber	Grundzuständiger Messstellenbetreiber oder beauftragter Messstellenbetreiber		zertifizierter Smart Meter Gateway Administrator als grundzuständiger Messstellenbetreiber oder wettbewerblicher Messstellenbetreiber

Abb. 23.1 Unterschiede analoge Stromzähler, moderne Messeinrichtung und intelligente Messsysteme (Quelle: BNetzA o. J.)

---

[23] Vgl. Bundesnetzagentur und Bundeskartellamt (2018, S. 316, Tab. 97).

[24] Vgl. BSI (2019b, S. 14).

Network, WAN) und das Heimnetz (*Home Area Network, HAN*).[25] Im LMN erfolgt die Übertragung der Messwerte von den Zählern bzw. Sensoren zum Smart Meter Gateway. Das WAN dient zur Kommunikation zwischen Smart Meter Gateway und den Markt-teilnehmern innerhalb der Smart Metering Public-Key Infrastructure.[26] Über das HAN wird die Kommunikation mit den steuerbaren Geräten, Verbrauchern und Erzeugern, er-möglicht. Die steuerbaren Geräte werden als Controllable Local Systems bezeichnet. Das Smart Meter Gateway stellt über das HAN den Datenabruf für den Kunden bzw. Letztver-braucher und den Servicetechniker bereit. Die Netzwerke und Schnittstellen werden im Sinne einer Firewall-Funktionalität voneinander durch das Smart Meter Gateway getrennt. In Abb. 23.6 sind die Schnittstellen im Überblick dargestellt.

Für die Ausübung der Administration ist demzufolge ein ISO 27001-zertifiziertes *Informationssicherheitsmanagementsystem* gemäß BSI TR-03109-6 erforderlich.[27] Die Anforderun-gen an diesen zertifizierten Betrieb sind in Kap. 22 dieses Bands beschrieben. Die Vorgaben zur Informationssicherheit durch die technischen Richtlinien des BSI[28] und die regulatorischen Vorgaben aus dem Gesetz zur Digitalisierung der Energiewende wirken sich in vielfältiger Weise auf die gesamte Prozesskette beim Messstellenbetreiber bzw. Administrators aus.

Die Unterstützung der Kernprozesse ist nur durch eine integrierte Geräte-, Technologie- und IT-Landschaft, wie in Abb. 23.2 dargestellt, möglich. Eine Vielzahl an unterschiedlichen IT-Systemen ist zu betreiben, um die Kernprozesse rund um den Betrieb des intelligenten Messsystems unterstützen zu können. Vor dem Hintergrund der *Preisobergrenze* ist eine wirt-schaftliche Durchführung nur mit entsprechender Automatisierung möglich. Ein reibungslo-ses Zusammenwirken der Mess- und Kommunikationstechnologien mit den IT-Systemen setzt eine entsprechende Interoperabilität zwischen den einzelnen Komponenten voraus.

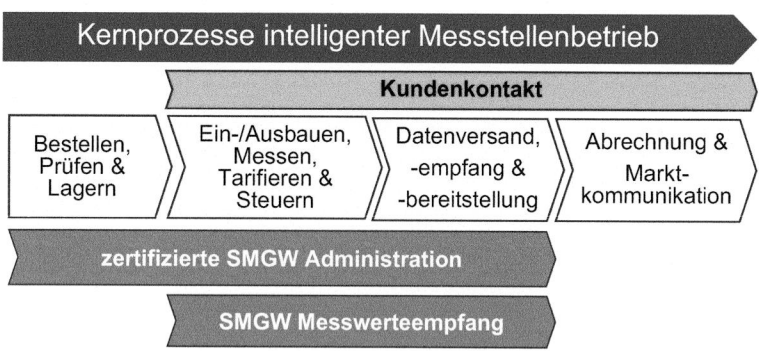

Abb. 23.2 Kernprozesse des intelligenten Messstellenbetriebs

---

[25] Vgl. BSI (2019b, S. 14).

[26] Die Smart-Metering-Public-Key-Infrastructure ermöglicht den authentisierten und verschlüsselten Messwerteversand auf Basis von Zertifikaten gemäß den Vorgaben aus BSI (2017a).

[27] Vgl. BSI (2015).

[28] Vgl. BSI (2019a).

Prozesse

Es wird deutlich, dass mit dem Rollout von intelligenten Messsystemen kein reiner Einbau eines zeitgemäßen Zählertyps mit Kommunikationseinheit, wie aus der klassischen Zählerfernauslesung bekannt, verbunden ist.[29] Vielmehr ergeben sich neue Anforderungen an die Organisation, Prozesse, Mess- und Kommunikationstechnologien, Kundenkommunikation und folglich die sie unterstützenden IT-Systeme. Dabei sind neben den technischen Prozessen zum Betrieb der Smart Meter Gateways auch die kaufmännischen Bestell- und Abrechnungsprozesse zu berücksichtigen. Dies erfordert zwangsläufig eine interdisziplinäre Herangehensweise bei der Einführung von intelligenten Messsystemen.

Hierdurch sind die intelligenten Messstellenbetreiber gezwungen, neue *Geschäftsprozesse* zur Abrechnung von Entgelten des Messstellenbetriebs sowie der effizienten Kundenkommunikation zu etablieren. Durch die Wahlmöglichkeit des Lieferanten, diese Entgelte weiterhin mitabzurechen oder nicht, ergeben sich weitere prozessuale Herausforderungen. Ferner fallen die Erläuterung der eigenen Rolle und Funktion, den damit einhergehenden Auftrag für das Gelingen der Energiewende und das Wissen über die neue Technologie mit ihren Prozessen ebenfalls in das Aufgabengebiet des *grundzuständigen Messstellenbetreibers (gMSB)*.

In Abb. 23.2 sind exemplarisch die Kernprozesse rund um den intelligenten Messstellenbetrieb dargestellt. Die Darstellung zeigt, dass eine enge Verzahnung von technischen Prozessen, wie dem Einbau oder dem Datenversand, und kaufmännischen Prozessen, wie der Tarifierung und der Abrechnung, besteht. Gemäß TR-03109-6 wird dazu eine organisatorische Trennung der Smart-Meter-Gateway-Administration, also der reinen Konfiguration der Kommunikationseinheit und des Messwerteversands, von der Rolle des Messdatenempfängers gefordert. Durch den zertifizierten Administrationsbetrieb ergeben sich neue organisatorische und prozessuale Anforderungen. Diese erstrecken sich nicht auf einzelne Prozessbestandteile, sondern wirken über Prozessgrenzen hinweg. Die Änderungen an den Prozessen führen letztendlich zu einem Wandel in der Betreiberorganisation und müssen durch geeignetes *Change-Management* eingeleitet werden.

Alle neuen Prozesse müssen technologisch unterstützt werden. Dabei stehen Technologie und Prozesse in umfangreichen Wechselwirkungen zueinander.

23.3   Vorgehen bei der Stromnetz Hamburg GmbH

Die *Stromnetz Hamburg GmbH* ist Eigentümerin des Stromverteilnetzes und versorgt rund 1,2 Mio. Haushalte und Gewerbebetriebe. Als 100 % kommunales Unternehmen verfolgt der zweitgrößte städtische Verteilnetzbetreiber Deutschlands mit seinen rund 1.200 Mitarbeitern die ökologischen, energie- und umweltpolitischen Ziele der der *Stadt Hamburg*. Ihr Handeln

---

[29]Vgl. Doleski und Janner (2013, S. 105 ff.).

richtet sich auf eine sichere, effiziente und umweltverträgliche Energieversorgung aus. Betroffen von der Einführung intelligenter Messsysteme sind rund 100.000 Zählpunkte. An den weiteren 1,1 Mio. Zählpunkten kommt mindestens die moderne Messeinrichtung zum Einsatz.

Die Stromnetz Hamburg betreibt alle IT-Systeme für den Messstellenbetrieb in einem eigenen Rechenzentrum. Ferner blickt der Verteilnetzbetreiber auf jahrelange Erfahrungen im Betrieb unterschiedlicher Managementsysteme zurück, u. a. für Qualitäts-, Arbeitssicherheits-, Umwelt- sowie Informationssicherheitsmanagement, und betreibt ein integriertes Managementsystem, welches die einzelnen Managementsysteme zusammenführt.

Prämissen als grundzuständiger Messstellenbetreiber

Aufgrund seiner hohen Anzahl von Zählpunkten ist der grundzuständige Hamburger Messstellenbetreiber von den Wettbewerbsbereichen Energieerzeugung sowie Energievertrieb entflochten. Er bedient die komplette Wertschöpfungskette des intelligenten Messstellenbetriebs in steuernder Weise und verstärkt sich vor allem in den Montagen durch Dienstleister.

Der Fokus zur Entwicklung des zukünftigen Kerngeschäfts mit dem intelligenten Messsystem liegt auf dem eigenen Netz. Mit dieser und weiteren Vorgaben aus dem unternehmerischen Umfeld wurde ein geschäftsbereichsübergreifendes und interdisziplinäres Programm zur Einführung von intelligenten Messsystemen aufgesetzt.

Auftrag und Aufbauorganisation

Als Auftrag für das Programm wurde die Analyse, Konzeption und Umsetzung des Rollouts für *moderne Messeinrichtungen (mME)* und *intelligente Messsysteme (iMSys)* für die Stromnetz Hamburg gemäß Messstellenbetriebsgesetz formuliert. Hierzu wird eingefordert, neben einer kontinuierlichen Umfeldanalyse auch eine entsprechende Zielbilddefinition für das neue Geschäftskonzept zum Betrieb intelligenter Messsysteme zu erarbeiten. Die Maßnahmenplanung und Umsetzung erfolgten im laufenden Betrieb.

Um den interdisziplinären und geschäftsbereichsübergreifenden technologischen, organisatorischen und prozessualen Anforderungen gerecht zu werden, wurden sechs Fokusbereiche zur Adressierung der verschiedenen Themenfeldern aus Abschn. 23.2 gebildet und mit jeweils themennahen Fachexperten besetzt. Diese Fokusbereiche untersuchen die Fragestellungen aus den oben genannten Themenfeldern. Zur Lenkung des Programms wurde ein regelmäßig tagendes Gremium aus Geschäftsführung und hauptsächlich betroffenen Geschäftsbereichsleitern der IT, Kundenmanagement und Metering eingesetzt. Ergänzend dazu wurden die Mitbestimmung und der interne Datenschutz sowie am Rollout interessierte Bereiche bestehend aus Controlling, Netzsteuerung, Regulierung und Asset-Management regelmäßig über die Entwicklungen informiert. Neben der fortwährenden Schärfung des Zielbilds und den dafür notwendigen Entscheidungsvorlagen organisiert und steuert die Programmleitung den Kommunikationsfluss vertikal sowie horizontal zwischen den Fokusbereichen. Aufgesetzt als Stab-Linien-Organisation nach Abb. 23.3 entwirft das Programm die Konzepte, koordiniert und stimmt die Umsetzungstätigkeiten aufeinander ab.

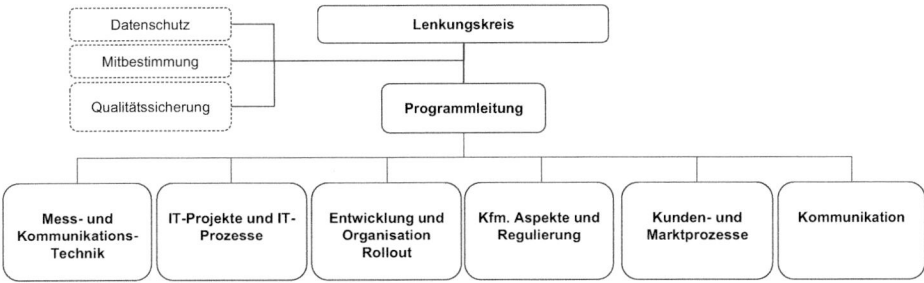

Abb. 23.3 Programmorganisation Einführung intelligenter Messsysteme bei der Stromnetz Hamburg

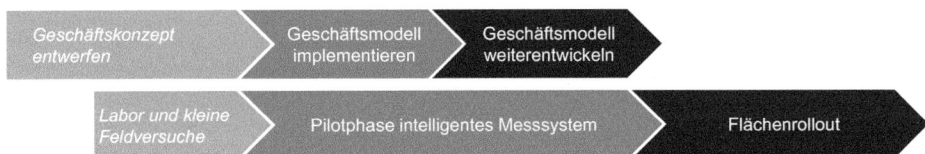

Abb. 23.4 Schematische Darstellung der Stadien der Geschäftsmodellentwicklung in Bezug auf die Einführung intelligenter Messsysteme

Programmvorgehen

Die Arbeiten an einem Geschäftskonzept für den grundzuständigen Messstellenbetreiber erstrecken sich entlang dem gesetzlichen Findungsprozess für den Messstellenbetrieb mit intelligenten Messsystemen und folgen der Logik des integrierten Geschäftsmodellansatzes iOcTen (integriertes Geschäftsmodell)[30], adaptiert dargestellt in Abb. 23.4.

Für die Implementierung des Geschäftsmodells ist ein Pilotzeitraum vorgesehen, in dem die neue und komplexe Technologie des intelligenten Messsystems einem kontinuierlichen Betrieb unterzogen wird. Unter realen Bedingungen im Feld wird sukzessive die Komplexität erhöht, in dem die Zahl der Anwendungen und Betriebsarten für das intelligente Messsystem solange gesteigert wird, bis ein dem Massenrollout[31] ähnlicher Zustand für die Betriebsorganisation erreicht ist. Eine schematische Darstellung liefert Abb. 23.5. Ist die Inbetriebnahme testweise erfolgreich gewesen, werden sogenannte friendly Customer in einem betriebsnahen Vorgehen mit der Technologie ausgerüstet. Verläuft diese Phase ohne nennenswerte Komplikationen, steigert sich die Anzahl an auszurüstenden Anlagen in der letzten Phase des Pilotprojektes deutlich. Auch die zu bewältigenden Betriebs- und Marktprozesse sowie Kundenkontakte nehmen zu diesem Zeitpunkt zu.

Die Verbesserungen am Geschäftsmodell müssen zeitnah und parallel zu den gesammelten Erfahrungen aus dem Pilotprojekt erarbeitet und umgesetzt werden, da nach den

---

[30]Vgl. Doleski (2014, S. 682).

[31]Bedeutende Anzahl von zu montierenden Geräten pro Zeit, die nur mittels automatisierter Prozesse bewältigt werden kann.

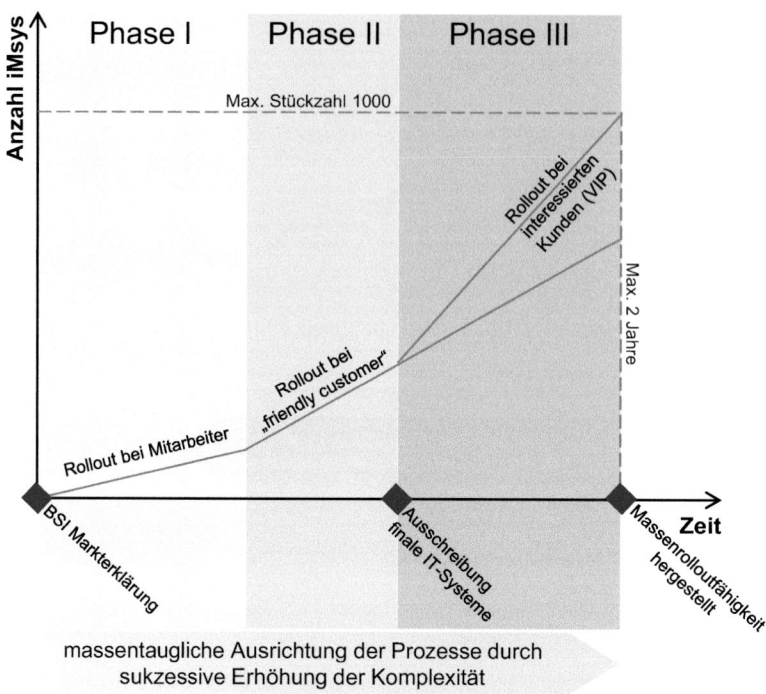

Abb. 23.5 Schematische Darstellung des Vorgehens im Pilotprojekt des intelligenten Messsystems

gesetzlichen Rahmenbedingungen ab 2020 große Teile des Marktes[32] für den Einsatz des intelligenten Messsystems geöffnet werden könnten. In diesem Punkt muss sich zeigen, ob die Parallelisierung des Vorgehens zur Weiterentwicklung des Messstellenbetriebs neben der Implementierung abbildbar sein wird.

Aufgrund der langjährigen Erfahrung im IT- und Messstellenbetrieb sowie durch die umfassende Managementsystemkompetenz entschied sich die Geschäftsführung, die Smart-Meter-Gateway-Administrationsfunktion und die sogenannten *Sub-Certification Authorities (Sub-CA)* im Eigenbetrieb auszuprägen. Die hierzu erforderlichen IT-Systeme werden ebenfalls selbst betrieben. Ausschlaggebend war der Wunsch, das Wissen um die neuen Kernprozesse in der Organisation aufzubauen und künftig profunde Entscheidungen zur weiteren Optimierung des intelligenten Messstellenbetriebs treffen zu können.

Entwicklung und Organisation Rollout

Die neue Technologie mit ihren eigenen und neuen Lebenszyklusprozessen[33] in die bestehenden Geschäftsprozesse des Messstellenbetreibers zu integrieren ist die Aufgabe dieses Fokusbereichs. Daraus ergeben sich Ableitungen für die Betriebsorganisation und die

---

[32] Vgl. BMWi (2016b, § 31).

[33] Vgl. VDE|FNN (2017, S. 22).

Eignung des Standorts, z. B. hinsichtlich der Logistik. Die Schaffung einer belastbaren Datenbasis für die Entwicklung einer operativ passenden Rolloutstrategie mit entsprechenden Mengengerüsten führt im weiteren Verlauf zur Planung der Montagen im Rollout.

Der Bereich ist die Keimzelle der späteren Linienorganisation für den intelligenten Messstellenbetrieb. Die Änderungen von gewohnten Betriebsabläufen und die Ausprägung ganz neuer Verfahren, u. a. durch Zertifizierungsanforderungen an die Gateway-Administration mit ihrer Rollentrennung, erfordert eine Neustrukturierung der betroffenen Bereiche mit deren Mitarbeitern. Sie bedarf daher der aktiven Mitgestaltung an den nötigen IT-Systemen und IT-Prozessen. Begleitende organisatorische Maßnahmen zu Veränderungen des Betriebs im Sinne eines Changemanagements sind obligatorisch. Für die neu geschaffenen bzw. veränderten Rollen und Aufgaben wurden Regelungen und Arbeitsanweisungen geschaffen. Die benannten Verantwortlichen müssen, für eine stärkere Sensibilisierung zur Informationssicherheit, nunmehr auch regelmäßige Schulungen und Prüfungen wahrnehmen.

Die Verifizierung der erstellten Prozesskonzepte sowie die Weiterentwicklung auf massentaugliche Betriebs- und Geschäftsprozesse erfolgt in einem Pilotversuch im Feld. Die Ausgestaltung des Vorgehens obliegt ebenfalls diesem Fokusbereich.

Kunden- und Marktprozesse
Mit dem Erscheinen des Referentenentwurfes des Messstellenbetriebsgesetzes im Jahr 2015 wurden neue Anforderungen an den grundzuständigen Messstellenbetreiber hinsichtlich direkter Vertrags- und Abrechnungsverhältnisse bekannt. Diese führten in ihrer Folge zu umfangreichen Anpassungen an den brancheneinheitlichen Marktprozessen.[34] Aus diesem Grund wurden in diesem Bereich betriebliche und systemseitige Vorbereitungen getroffen, um insbesondere die kaufmännischen IT-Systeme auf die künftigen Aufgaben des grundzuständigen Messstellenbetreibers vorzubereiten.

Besondere Beachtung erhält das neu aufzubauende Abrechnungsmanagement für den intelligenten Messstellenbetrieb, da sich mit Montage der neuen Messtechnik individuell direkte Abrechnungsverhältnisse mit den Anschlussnutzern ergeben können.

Eine hohe Effizienz eines jeden Kundenkontakts verbessert die wirtschaftliche Aktionsmöglichkeit des grundzuständigen Messstellenbetreibers. Ausgehend von dieser Prämisse werden Konzepte zur weitestgehenden Digitalisierung des Kundenkontakts entlang der gesamten Wertschöpfungskette des Messstellenbetriebs umgesetzt.

Mess- und Kommunikationstechnik
Aufgabe ist die gebündelte Bearbeitung aller Fragestellungen zur Mess- und Kommunikationstechnologie. Die hohen Standards[35] der *Messtechnik* geben häufig nur indirekte Anforderungen, insbesondere zur Bandbreite der Datenübertragung, vor. Demzufolge müssen die Themen Mess- und Kommunikationstechnik integriert betrachtet werden.

---

[34] Vgl. BNetzA (2017).
[35] Vgl. BSI (2019b).

Hierzu werden Marktanalysen, Bemusterungen sowie Labortests zur Gerätetechnik durchgeführt. In Bezug auf die Kommunikationstechnologien erfolgen im Umfeld des Mobilfunks Feldstärketests sowie Pilotierungen von PowerLine-Strecken im Hamburger Netzgebiet zur Verifizierung der Einsatzmöglichkeiten. Dazu werden unternehmensexterne und interne Standards herangezogen oder definiert.

Neben der zertifizierten Gateway-Administration und dem dort eingesetztem IT-System wurde ein Laborsystem außerhalb des Zertifizierungsbereiches eingeführt. Hiermit ist es möglich, die gerätetechnischen Funktionen der Smart Meter Gateways im Detail zu erproben und zu analysieren, ohne dabei den Zwängen der Zertifizierung zu unterliegen.

IT-Projekte und IT-Prozesse

Die Anforderungen des intelligenten Messstellenbetriebs an technische und kaufmännische IT-Systeme des Verteilnetz- und Messstellenbetreibers sind umfangreich. Zur Automatisierung und systemseitigen Unterstützung der Betriebsprozesse beginnend mit der Administration der Smart Meter Gateways, dem Messdatenempfang und deren Aufbereitung sowie den zentralen Datenhaltungssystemen gilt es, geeignete Lösungen zu entwickeln. Dabei müssen bestehende Systeme erweitert und neue Systeme in die bestehende IT-Architektur integriert werden. In Abb. 23.6 sind wesentliche und betroffene IT-Systeme schematisch aufgeführt.

Eine Besonderheit stellen die Zertifizierung der Gateway-Administration und der Aufbau eines Informationsmanagementsystems gemäß den Vorgaben der technischen Richtlinien[36] des Bundesamtes für Informationssicherheit zu Datensicherheit und-verschlüsselung dar, welche ausführlich im Kap. 22 beschrieben werden.

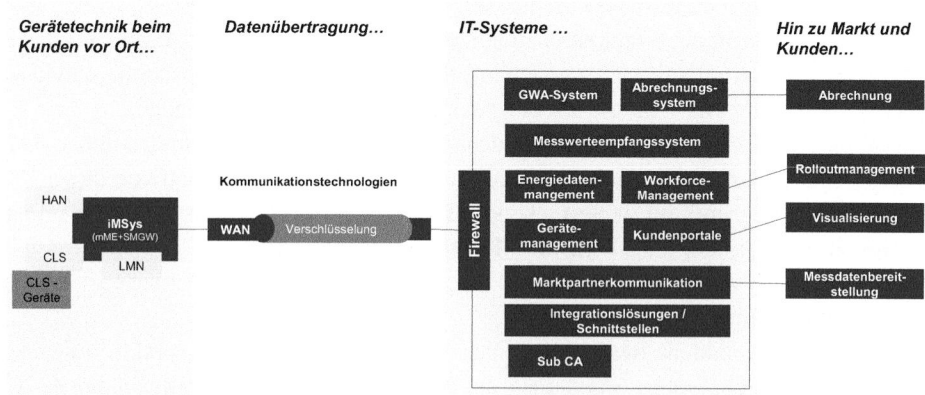

Abb. 23.6 Schematische Darstellung der Komponenten des intelligenten Messsystems von der Mess- und Kommunikationstechnik über die IT-Systeme hin zu marktrelevanten Funktionen

---

[36]Vgl. BSI (2019a).

Hierzu wurden unter der Leitung dieses Fokusbereiches alle IT-Projekte und die Zertifizierung der Gateway-Administration sowie des Sub-CA-Betriebs gebündelt. Als zentrales neues IT-System wurde ein zertifzierungsfähiges Administrationssystem ausgeschrieben und im Jahr 2016 eingeführt. Aufgrund der Neuartigkeit der Prozesse und der sich entwickelnden Vorgaben wurde auf ein detailliertes Lastenheft mit individuellen Anforderungen, insbesondere an die Integration in die IT-Landschaft, verzichtet. Stattdessen wurden im Wesentlichen die Einhaltung der technischen Richtlinien und die Möglichkeit eines Stand-alone-Betriebs ohne automatisierte Schnittstellen gefordert. Hiermit war die Zielstellung verbunden, den GWA-Betrieb zeitnah erproben und zertifizieren zu können, um auf einen Rollout-Start des BSI vorbereitet zu sein. Ferner sollte das System zunächst nur im Rahmen der Pilotphase zum Erfahrungsgewinn genutzt werden. Auf dieser Basis sollen die nötigen Anforderungen und Vorgaben für die spätere Entwicklung einer integrierten und automatisierten IT-Systemlandschaft zur Unterstützung massentauglicher Betriebsprozesse erfasst werden. Aufgrund der Verzögerungen des Rollout-Starts erfolgte dann eine schrittweise Optimierung und Integration. Neben dem Administrationssystem wurde auch ein Messwerteempfangssystem des gleichen Herstellers eingeführt. Darüber hinaus wurde für den Sub-CA-Eigenbetrieb ein IT-System implementiert.

Begleitend zur Einführung der Administrations- und Sub-CA-Systeme wurden ISO 27001-ISMS-Zertifizierungen laut den technischen Richtlinien TR-03109-6[37] und TR-03145-1[38] durchgeführt.

Als *Verteilnetzbetreiber* unterliegt die Stromnetz Hamburg den Anforderungen des IT-Sicherheitskatalogs für *kritische Infrastrukturen*. Daher wurde das Zertifizierungsprojekt für Smart-Meter-Gateway-Administration und den Sub-CA-Eigenbetrieb ebenfalls in das übergreifende Zertifizierungsprojekt für den Netzbetrieb eingebettet. Hierdurch waren zahlreiche Synergien möglich.

Ferner waren Anpassungen und Moduleinführungen in weiteren IT-Systemen zur Abrechnung, zum Workforce-Management, Kundenportale und zum Gerätemanagement erforderlich, die jedoch an dieser Stelle nicht weiter ausgeführt werden.

Aufgrund der über verschiedene IT-Systeme hinweg unterstützten Geschäftsprozesse wurde ein übergreifendes Testmanagement etabliert. Es umfasst die gesamte Kette der Kernprozesse von der kaufmännischen Beschaffung über die technische Inbetriebnahme und den Messwerteversand des Smart Meter Gateways bis hin zu den sich daran anschließenden Abrechnungs- und Marktkommunikationsprozessen. Neben den übergreifenden Tests, die insbesondere Schnittstellen beinhalten und das Zusammenwirken der verschiedenen IT-Systeme untersuchen, erfolgen pro IT-System darüber hinausgehende individuelle Funktionstests.

Kaufmännische Aspekte und Regulierung

Die Zusammenführung der im Programm gebildeten Prämissen in einer Wirtschaftlichkeitsbetrachtung war Aufgabe dieses Bereichs. Die ökonomische Darstellung und der Vergleich

---

[37]Vgl. BSI (2015).
[38]Vgl. BSI (2017b).

von Rollout-Strategien sowie Identifikation sensitiver Einflussgrößen auf die Rentabilität des Geschäftsmodells sind zwingend erforderlich. Auch die Erweiterung des Geschäftsmodells um Zusatzleistungen mit dem intelligenten Messsystem wird hier analysiert.

Des Weiteren fließen in diesem Bereich die Erkenntnisse aus dem Spannungsfeld zwischen Technik und Prozessen, Recht und Ökonomie zusammen. Die zentrale Bündelung von Ergebnissen und Ableitungen aus diesem Spannungsfeld wird in politisch aktive Verbände sowie an Behörden adressiert, um in geeigneter Weise frühzeitig auf konträre und für die Branche nachteilige Entwicklungen hinzuweisen.

Kommunikation

Die Modernisierung der gesamten Zählerinfrastruktur Hamburgs innerhalb von 16 Jahren[39] erfordert eine Kommunikationsstrategie, die zu reibungslosen Montagen bei erstmaliger Anfahrt beiträgt. Es kommt darauf an, die verschiedenen Gruppen der vom Rollout Betroffenen nach ihren informationellen Bedürfnissen zu unterscheiden. Ziel ist es, empfängerspezifische Maßnahmen und Inhalte zu konzeptionieren. Nur so wird es gelingen, die kundenseitige Akzeptanz, die durchaus als kritisch zu betrachten ist, zu verbessern.

Darüber hinaus gilt es, das Personal der Stromnetz Hamburg auf den Change-Prozess[40] zum intelligenten Messstellenbetrieb mitzunehmen und in geeigneter Weise über den Fortschritt und die Änderungen an den Arbeitsprozessen zu kommunizieren.

Erst mit dem Gesetzesentwurf zum Messstellenbetriebsgesetz im Jahr 2015 wurde klar, welche Rolle der grundzuständige Messstellenbetreiber künftig in der öffentlichen Wahrnehmung spielen könnte. Das Ziel ist es, das Vertrauen der Kunden in Technologie und Betreiber zu gewinnen und zu halten. Nachteilige Berichterstattung kann dieses Vertrauen nachhaltig gefährden und folglich das Unternehmen in der Erfüllung seines Auftrages behindern. Um in solchem Fall nicht reaktiv in Erklärungs- und Rechtfertigungszwänge zu geraten, ist eine Kommunikationsstrategie entwickelt worden, nach der sich bis heute die kommunikativen Maßnahmen des intelligenten Messstellenbetriebs ausrichten: Frühzeitig in sachlicher und konstruktiver Weise trägt Stromnetz Hamburg seine Rolle und Aufgabe als grundzuständiger Messstellenbetreiber verständlich nach außen und besetzt das Thema selbstgesteuert in gewünschter Weise.

Im ersten Schritt wurden Informationen zur Technologie, Rechtsrahmen und Pflichtveröffentlichen auf der Homepage des Unternehmens in ansprechender Weise und leicht auffindbar eingestellt. Weitere Kommunikationsmittel, wie Flyer mit integrierten Bedienungsanleitungen, sowie kurze Animationsfilme, die u. a. die Rollen und Verantwortlichkeiten im Energiemarkt verdeutlichen sollen, wurden veröffentlicht.

Die Sensibilität der Kunden bezogen auf die Einführung einer neuen Technologie lässt sich nur schwer messen, geschweige denn vorhersagen. Die Unwissenheit der Betroffenen über die Hintergründe und mangelnde Mitgestaltungsmöglichkeiten können in negativem Aktionismus münden und gilt daher als Risiko für den Erfolg des Geschäftsmodells.

---

[39] Vgl. BMWi (2016b, § 32).
[40] Veränderungsmanagement in Unternehmen.

Mit einem individuell abgestimmten Kommunikationsmodell, adressiert an Hamburger Institutionen, werden Informationen an geeigneter Stelle platziert, sodass den interessierten Kunden auf vielerlei Kanäle dieselben, qualifizierten Quellen zur Verfügung stehen. Behörden wie auch Vereine erhalten dadurch einen frühzeitigen und detaillierten Einblick in die Aufgabe des grundzuständigen Messstellenbetreibers. Dieses Vorgehen hat das Ziel, Missverständnisse und Fehlinterpretationen von vornherein zu vermeiden.

23.4   Erkenntnisse und Ausblick

Die *digitale Transformation* des Messstellenbetriebs erfordert deutlich mehr Transparenz, Mitgestaltung und Abstimmung des ordnungspolitischen Rahmens. Mit dem ersten, Ende 2018 zertifizierten Smart Meter Gateway[41] könnte der *Rollout* von intelligenten Messsystemen langsam in Fahrt kommen.[42] Der Weg in die Zukunft des intelligenten Messstellenbetriebs ist bisher kein leichter, und die Implementierung eines neuen Geschäftsmodells mit dem intelligenten Messsystem vollzieht sich nicht durch Abwarten. Die bis dato beständigen Verzögerungen, z. B. bei der Verfügbarkeit von zertifizierten Smart Meter Gateways oder bei der Markterklärung des BSI,[43] die den offiziellen Rollout bei Pflichteinbaufällen ermöglicht, erzeugen Leerlauf im Verifizierungsprozess und dienen nicht der zügigen Implementierung des neuen Geschäftsmodells.

Programmorganisation
Der Herausforderung, den Betrieb intelligenter Messsysteme wirtschaftlich auszuprägen, wurde mit einer schlanken *Stab-Linien-Programmorganisation* begegnet. Einerseits konnten praxisrelevante Erfahrungen aus dem operativen Messstellenbetrieb frühzeitig in alle Konzepte Eingang finden. Andererseits ist sichergestellt, dass das im Programm erworbene Know-how ohne Reibungsverluste in die betroffenen Fachbereiche übergehen kann.
Eine kontinuierliche Auslastung von Fachexperten kommt unter den steten Verzögerungen nur noch schwer zustande. Trotz des stetig vorhandenen und steigenden Projektlinienkonfliktes hat sich dieses Vorgehen als gewinnbringend erwiesen. Denn es ist gerade das äußerst komplexe Zusammenspiel von legalen, technischen und ökonomischen Anforderungen, die nur durch die kontinuierliche Zusammenarbeit der Fachexperten richtig durchdrungen werden kann. Ein agiles Projektmanagement hat sich zur Aufrechterhaltung des Kommunikationsflusses bewährt und bietet gerade für unterschiedlichste Konzeptphasen die Möglichkeit, die Anzahl an einzubeziehenden Mitarbeitern flexibel zu steuern. Ein sehr hohes Informationsniveau konnte mit dieser Methode über viele Querschnittsfunktionen und Abteilungen hinweg etabliert und gehalten werden.

---

[41] Vgl. BSI (2018).
[42] Vgl. Netze BW (2018).
[43] Vgl. BMWi (2016b, § 30).

Technologie

Interoperable Technik, im Sinne einer Austauschbarkeit von Komponenten, Robustheit und Reife von Technologien, ist im Zusammenwirken mit den Prozessen des intelligenten Messstellenbetriebs gegenwärtig am Markt nicht verfügbar. Dies bezieht sich sowohl auf die Messtechnik mit dem Smart Meter Gateway und der sogenannten Steuerbox, die Kommunikationstechnologien als auch auf die IT-Systeme im technischen und kaufmännischen Umfeld.

Der Betrieb und die Wartung der IT-Landschaft gestalten sich aufgrund der Vielzahl an Komponenten aufwendig. Insgesamt wurden im Gateway-Administrations- und Sub-CA-Umfeld über 60 Server, mehrere Sicherheitsmodule und eine Vielzahl an Firewall-Regeln implementiert.

Aufgrund der durch die technischen Richtlinien geforderten Informationssicherheitsanforderungen, insbesondere der verschlüsselten Kommunikation, aber auch der systeminhärenten Komplexität der IT- und Gerätelandschaft gestalten sich gerade die Fehleranalyse und das Störungsmanagement als besondere Herausforderung. Die verschlüsselte Kommunikation und die Vielzahl an miteinander interagierenden Komponenten lassen die Ereignisse in der technischen Kommunikation nur mit Aufwand nachvollziehen. Zur Fehleranalyse ist der Zugriff auf verschiedenste Datenquellen und Experten nötig. Oftmals müssen Gateway-Hersteller und Software-Dienstleister zusätzlich zur Klärung herangezogen werden. Das Störungsmanagement, bestehend aus Fehleridentifikation, -analyse und -behebung, gestaltet sich komplex und zeitaufwendig. Gegenwärtig wird an der Konzeptionierung eines IT-technisch unterstützten Störungsmanagements gearbeitet.

Gerade die Erprobung der Prozesse mit den eingeführten IT-Systemen und ersten *Smart-Meter-Gateway-Prototypen* konnte das theoretische Wissen aus den technischen Richtlinien um wertvolles Erfahrungs- und Prozesswissen ergänzen. Hierdurch konnten der aktuelle Stand der Technologien festgestellt und Lücken sowie Interpretationsspielräume in den Vorgaben identifiziert werden. Im weiteren Verlauf gilt es, diese schnellstmöglich mit Hilfe von Verbands- und Standardisierungsaktivitäten sowie multilateralen Abstimmungen in geeigneter Weise zu beheben. Erkenntnisse im Zusammenhang mit dem zertifizierten Gateway-Administrationsbetrieb können dem Kap. 22 in diesem Buch entnommen werden.

Die verbandsseitig organisierte Arbeit an der Standardisierung der Messtechnik sowie den dazugehörigen Betriebsprozessen wurde ohne Unterstützung durch eine Unternehmensberatung aus der Belegschaft der Stromnetz Hamburg heraus mit großem eigenem Personalaufwand bewerkstelligt. Das Engagement aller Beteiligten erweist sich bis heute als Gewinn für die Organisation. Nicht nur das erarbeitete tiefe technische und prozessuale Verständnis, sondern auch das branchenweite Netzwerk unter den Experten hilft bei der Analyse neu auftretender Fragestellungen zur Implementierung der neuen Technologie. Dennoch stellt die wiederkehrende, oftmals rein theoretische Analyse von technischen Richtlinien und deren Verknüpfungen untereinander die Mitarbeiter vor Herausforderungen. Zudem kann ein tiefergehendes und spartenübergreifendes Wissen zu den spezifischen Themen der Informatik, Elektro- und Nachrichtentechnik nicht über Weiterbildungsmaßnahmen geschult, sondern nur durch intensive Auseinandersetzung mit der Materie erworben werden.

Messstellenbetrieb

Zu beachten ist, dass sich die Masse an *Montagen* im Bereich moderner Messeinrichtungen abspielt, während der arbeitsintensive Fokus auf der Einführung *intelligenter Messsysteme* liegt. Bei der Stromnetz Hamburg hat es sich als sehr vorteilig erwiesen, bereits vor dem Rollout-Beginn der modernen Messeinrichtungen die extern vergebenen Montagemengen über mehrere Jahre hinweg kontinuierlich zu erhöhen. So konnten in einem enger werdenden Markt Dienstleister aufgebaut und Kapazitäten langfristig gebunden werden. Für den Rollout-Beginn war lediglich die Verfügbarkeit der vorgeschriebenen Gerätetechnik entscheidend; die logistischen Prozesse und Organisationskonzepte waren zu diesem Zeitpunkt bereits eingeführt.

Der Spagat zwischen dem Massengeschäft beim Einbau moderner Messeinrichtungen und individueller Betrachtung von Pflichteinbaufällen für intelligente Messsysteme ist vergleichbar dem heutigen Messstellenbetrieb. Jedoch erfordert die um Größenordnungen höhere Anzahl von intelligenten Messsystemen gegenüber dem „bekannten" Geschäft mit RLM-Anlagen neue Arbeitsmethoden. Das Dilemma entsteht dadurch, dass die Stückzahl gegenüber modernen Messeinrichtungen immer noch gering erscheint, die schiere Menge intelligenter Messsysteme aber ebenfalls massentaugliche Prozesse erfordert. Die Lösung hierfür ist, die Prozess- und Systemlandschaft stufenweise aufzubauen, sodass notwendige Automatisierung – und die damit verbundenen Entwicklungs- und Umsetzungsaufwendungen – erst zu einem Zeitpunkt anfallen, an dem die bewegten Gerätemengen es erfordern. Es zeigt sich hier, wie in vielen anderen Fällen auch, dass die wirklich kniffligen Probleme sich am Ende selten um die theoretische Betrachtung entspinnen, sondern vielmehr eher in der praktischen Umsetzung der komplexen Kernprozesse liegen. So kann für das Erlangen einer Zertifizierung für den Administrationsbetrieb die Lieferverzögerung eines vollkommen „unintelligenten" Schließzylinders einer Zugangstür ausschlaggebend und damit betriebsverhindernd werden. Auch Widersprüche in den Anforderungen verschiedener integrierter Managementsysteme aufzulösen bedarf einiges an Kreativität. Beispielhaft sei hier die Alleinarbeit in dem nur für berechtigte Personen zu betretenden Raum für die Smart-Meter-Gateway-Administration genannt.

Der Übergang der Prozess- und Systemlandschaft vom Projektstatus in den operativen Betrieb ist die kommende und wesentliche Herausforderung für die Organisation, da ein Parallelbetrieb der „alten" Welt mit dem intelligenten Messstellenbetrieb sichergestellt werden muss. Damit einhergehend entsteht eine Doppelbelastung, da insbesondere in der Pilotphase mit einem höheren Aufwand bei der Optimierung der neuen Systeme und Prozesse gerechnet wird, während beim Betrieb der bestehenden Systeme noch keine Entlastung eintritt. Auch ist beim intelligenten Messstellenbetrieb zunächst mit einem deutlich höheren Störungsaufkommen zu rechnen. Wesentlich für den Erfolg des neuen Geschäftsmodells ist ein hohes Maß an Motivation, Flexibilität sowie Lernbereitschaft aller involvierten Mitarbeiter.

Öffentlichkeit & Gesellschaft

Die Einführung der modernen Messeinrichtung verlief soweit ohne besondere Beachtung durch die Öffentlichkeit. Unklar und wenig messbar bleibt, inwieweit die Akzeptanz zur Einführung intelligenter Messsysteme in der Hamburger Öffentlichkeit mit Hilfe der genannten Kommunikationsstrategie gestärkt werden konnte. Eine größere Anzahl von Institutionen wurde proaktiv zum Thema Rollout digitaler Stromzähler angesprochen. Dazu zählen Institutionen wie der Hamburgische Beauftragte für Datenschutz und Informationssicherheit oder die Behörde für Soziales, aber auch Handels- und Handwerkskammern, der Grundeigentümerverband Hamburg, Verbraucherzentrale und weitere. Durchweg gewonnen wurde das Interesse an der Thematik. In vielen Fällen wurde ein fachlich tiefergehender Austausch angestoßen. Von dem Wandel betroffen zu sein wurde für die angesprochenen Institutionen oder deren Mitglieder transparent. Das gezielte Platzieren von Informationen für Interessierte wird durch die Institutionen unterstützt. Die Nutzung von Mitgliederplattformen, z. B. Themenabende, Magazine und Internet, wird häufig angeboten.

Darüber hinaus bleibt die Gretchenfrage der letzten Jahre, ob ein gesellschaftlicher Mentalitätswandel in der Energienutzung durch die Einführung intelligenter Messsysteme und moderner Messeinrichtungen erzielbar ist, weiterhin offen. Der Wandel des Messstellenbetreibers zum intelligenten Messstellenbetreiber ist hingegen in vollem Gange.

Literatur

BMWi. (2008). Gesetz zur Öffnung des Messwesens bei Strom und Gas für Wettbewerb. *Bundesgesetzblatt* Jg. 2008, Teil I Nr. 40, ausgegeben zu Bonn am 08.09.2008, S. 1790 ff. Berlin: Bundesministerium für Wirtschaft (BMWi). https://www.bmwi.de/Redaktion/DE/Gesetze/Energie/gesetz-oeffnung-messwesen.html. Zugegriffen am 20.02.2019.

BMWi. (2011). Gesetz zur Neuregelung energiewirtschaftsrechtlicher Vorschriften. *Bundesgesetzblatt* Jg. 2011, Teil I Nr. 41, ausgegeben zu Bonn am 03.08.2011, S. 1554 ff. Berlin: Bundesministerium für Wirtschaft (BMWi). http://www.bundesgerichtshof.de/SharedDocs/Downloads/DE/Bibliothek/Gesetzesmaterialien/17_wp/NeuregEnergVorschr/bgbl.pdf?__blob=publicationFile. Zugegriffen am 20.02.2019.

BMWi. (2015). *Baustein für die Energiewende: 7 Eckpunkte für das „Verordnungspaket Intelligente Netze".* Berlin: Bundesministerium für Wirtschaft (BMWi). https://www.bmwi.de/Redaktion/DE/Downloads/E/eckpunkte-fuer-das-verordnungspaket-intelligente-netze.pdf?__blob=publicationFile&v=1. Zugegriffen am 20.02.2019.

BMWi. (2016a). Gesetz zur Digitalisierung der Energiewende. *Bundesgesetzblatt* Jg. 2016, Teil I Nr. 43, S. 2034 ff. (29.08.2016). Berlin: Bundesministerium für Wirtschaft und Energie (BMWi). https://www.bmwi.de/Redaktion/DE/Downloads/Gesetz/gesetz-zur-digitalisierung-der-energiewende.pdf?__blob=publicationFile&v=4. Zugegriffen am 20.02.2019.

BMWi. (2016b). Gesetz über den Messstellenbetrieb und die Datenkommunikation in intelligenten Energienetzen (Messstellenbetriebsgesetz – MsbG). In Gesetz zur Digitalisierung der Energiewende. *Bundesgesetzblatt* Jg. 2016 Teil I, Nr. 43, S. 2034 ff. (29.08.2016). Berlin: Bundesministerium für Wirtschaft und Energie (BMWi). https://www.bmwi.de/Redaktion/DE/Downloads/Gesetz/gesetz-zur-digitalisie-rung-der-energiewende.pdf?__blob=publicationFile&v=4. Zugegriffen am 20.02.2019.

BNetzA. (2017). *Mitteilung Nr. 58 zur Umsetzung der Beschlüsse GPKE* (03.04.2017). Bonn: Bundesnetzagentur für Elektrizität, Gas, Telekommunikation, Post und Eisenbahnen (BNetzA). https://www.bundesnetzagentur.de/DE/Service-Funktionen/Beschlusskammern/BK06/BK6_81_GPKE_GeLi/Mitteilung_Nr_58/Mitteilung_Nr58_GPKE_GeLi_Gas_Inhalt.html?nn=269902. Zugegriffen am 20.02.2019.

BNetzA. (o. J.). *Moderne Messeinrichtungen/Intelligente Messsysteme.* Bonn: Bundesnetzagentur für Elektrizität, Gas, Telekommunikation, Post und Eisenbahnen (BNetzA). https://www.bundes-netzagentur.de/DE/Sachgebiete/ElektrizitaetundGas/Verbraucher/NetzanschlussUndMessung/SmartMetering/SmartMeter_node.html. Zugegriffen am 20.02.2019.

BSI. (2014a). *Protection profile for the gateway of a smart metering system (Smart meter gate-way PP)* (Version 1.3, 31.03.2014). Bonn: Bundesamt für Sicherheit in der Informationstechnik (BSI). https://www.bsi.bund.de/SharedDocs/Downloads/DE/BSI/Zertifizierung/Reporte/Repor-tePP/pp0073b_pdf.pdf?__blob=publicationFile&v=1. Zugegriffen am 20.02.2019.

BSI. (2014b). *Protection profile for the security module of a smart-meter-gateway (Security module PP)* (Version 1.03, 11.12.2014). Bonn: Bundesamt für Sicherheit in der Informationstechnik (BSI). https://www.bsi.bund.de/SharedDocs/Downloads/DE/BSI/Zertifizierung/Reporte/Repor-tePP/pp0077V2b_pdf.pdf?__blob=publicationFile&v=1. Zugegriffen am 20.02.2019.

BSI. (2015). *TR-03109-6 smart meter gateway administration* (Version 1.0, 26.11.2015). Bonn: Bundesamt für Sicherheit in der Informationstechnik (BSI). https://www.bsi.bund.de/Shared-Docs/Downloads/DE/BSI/Publikationen/TechnischeRichtlinien/TR03109/TR-03109-6-Smart_Meter_Gateway_Administration.pdf?__blob=publicationFile&v=4. Zugegriffen am 20.02.2019.

BSI. (2017a). *Certificate Policy der Smart Metering PKI* (Version 1.1.1, 09.08.2017). Bonn: Bun-desamt für Sicherheit in der Informationstechnik (BSI). https://www.bsi.bund.de/SharedDocs/Downloads/DE/BSI/Publikationen/TechnischeRichtlinien/TR03109/TR-03109-6-Smart_Me-ter_Gateway_Administration.pdf?__blob=publicationFile&v=4. Zugegriffen am 20.02.2019.

BSI. (2017b). *Secure CA operation, Part 1, Generic requirements for Trust Centers instantiating as Certification Authority (CA) in a Public-Key Infrastructure (PKI) with security level 'high'* (Version 1.1, 27.03.2017). Bonn: Bundesamt für Sicherheit in der Informationstechnik (BSI). https://www.bsi.bund.de/SharedDocs/Downloads/DE/BSI/Publikationen/TechnischeRichtli-nien/TR03109/TR-03109-6-Smart_Meter_Gateway_Administration.pdf?__blob=publicationFi-le&v=4. Zugegriffen am 20.02.2019.

BSI. (2018). Erstes Smart Meter Gateway zertifiziert. *Presseinformationen des BSI* (20.12.2018). https://www.bsi.bund.de/DE/Presse/Pressemitteilungen/Presse2018/Erstes_Smart_Meter_Gate-way_zertifiziert_201218.html. Zugegriffen am 20.02.2019.

BSI. (2019a). *BSI TR-03109 Technische Vorgaben für intelligente Messsysteme und deren siche-rer Betrieb.* Bonn: Bundesamt für Sicherheit in der Informationstechnik (BSI). https://www.bsi.bund.de/DE/Publikationen/TechnischeRichtlinien/tr03109/index_htm.html. Zugegriffen am 20.02.2019.

BSI. (2019b). *Technische Richtlinie BSI TR-03109-1: Anforderungen an die Interoperabilität der Kommunikationseinheit eines intelligenten Messsystems* (Version 1.0.1, 16.01.2019). Bonn: Bundesamt für Sicherheit in der Informationstechnik (BSI). https://www.bsi.bund.de/Shared-Docs/Downloads/DE/BSI/Publikationen/TechnischeRichtlinien/TR03109/TR03109-1.pdf?__blob=publicationFile&v=3. Zugegriffen am 20.02.2019.

BSI. (o. J.). *Digitale Gesellschaft – Smart Metering Systems*. Bonn: Bundesamt für Sicherheit in der Informationstechnik (BSI). https://www.bsi.bund.de/DE/Themen/DigitaleGesellschaft/Smart-Meter/smartmeter_node.html. Zugegriffen am 20.02.2019.

Bundesnetzagentur, & Bundeskartellamt. (2018). *Monitoringbericht 2018*. Bonn: Bundesnetz-agentur für Elektrizität, Gas, Telekommunikation, Post und Eisenbahnen, & Bundeskartellamt. https://www.bundesnetzagentur.de/SharedDocs/Downloads/DE/Allgemeines/Bundesnetzagen-tur/Publikationen/Berichte/2018/Monitoringbericht_Energie2018.pdf?__blob=publicationFile &v=3. Zugegriffen am 20.02.2019.

Doleski, O. D. (2014). Entwicklung neuer Geschäftsmodelle für die Energiewirtschaft – das integrierte Geschäftsmodell. In C. Aichele & O. . D. Doleski (Hrsg.), *Smart Market: Vom Smart Grid zum intelligenten Energiemarkt* (S. 643–703). Wiesbaden: Springer Vieweg.

Doleski, O. D., & Janner, T. (2013). Projektmanagement bei der Ausbringung intelligenter Zähler. In C. Aichele & O. . D. Doleski (Hrsg.), *Smart Meter Rollout: Praxisleitfaden zur Ausbringung intelligenter Zähler* (S. 105–129). Wiesbaden: Springer Vieweg.

Ernst & Young. (2013). *Ernst & Young: Kosten-Nutzen-Analyse für einen flächendeckenden Einsatz intelligenter Zähler* (30.07.2013). Dortmund: Ernst & Young GmbH Wirtschaftsprüfungsgesell-schaft, im Auftrag des Bundesministeriums für Wirtschaft und Energie (BMWi). https://www. bmwi.de/Redaktion/DE/Publikationen/Studien/kosten-nutzen-analyse-fuer-flaechendecken-den-einsatz-intelligenterzaehler.pdf?__blob=publicationFile&v=5. Zugegriffen am 20.02.2019.

Europäisches Parlament und Europäischer Rat. (2009). Richtlinie 2009/72/EG des Europäischen Parlaments und des Rates vom 13. Juli 2009 über gemeinsame Vorschriften für den Elektrizitäts-binnenmarkt und zur Aufhebung der Richtlinie 2003/54/EG. *Amtsblatt der Europäischen Union*, L 211/55 (14.08.2009). Brüssel: Europäisches Parlament und Europäischer Rat. https://eur-lex. europa.eu/LexUriServ/LexUriServ.do?uri=OJ:L:2009:211:0055:0093:DE:PDF. Zugegriffen am 20.02.2019.

Netze BW. (2018). *Netze BW installiert als erster grundzuständiger Messstellenbetreiber zertifizier-tes, intelligentes Messsystem* (19.12.2018). Stuttgart: Netze BW GmbH. https://www.netze-bw. de/News/Netze-BW-installiert-intelligentes-Messsystem. Zugegriffen am 20.02.2019.

PTB. (2014). *Smart Meter Gateway. PTB-A 50.8 – PTB-Anforderungen* (Dez. 2014). Braunschweig/ Berlin: Physikalisch-Technische Bundesanstalt. https://oar.ptb.de/files/download/56d6a9e2ab9f 3f76468b4618. Zugegriffen am 20.02.2019.

VDE|FNN. (2017). *Leitfaden Systeme und Prozesse*. FNN-Hinweis, Version 1.1 (31.05.2017). Frankfurt a. M.: VDE Verband der Elektrotechnik Elektronik Informationstechnik e.V.

Manfred Stübe ist seit 2015 Programm Manager zur Einführung intelligenter Messsysteme bei der Stromnetz Hamburg GmbH. Zu-vor war er 5 Jahre europaweit für die Vattenfall Research & De-velopment GmbH als Ingenieur mit Schwerpunkt Prozessoptimie-rung tätig, u. a. auf der Vattenfall CCS Oxyfuel Forschungsanlage. Manfred Stübe hat sein Studium der Verfahrenstechnik an der Tech-nischen Universität Hamburg-Harburg mit Diplom abgeschlossen.

Dr. José González arbeitet seit April 2015 im Geschäftsbereich Metering der Stromnetz Hamburg GmbH als IT-Koordinator. Er ist als Projektleiter im Umfeld der Einführung intelligenter Messsysteme involviert sowie als Informationssicherheitsbeauftragter zuständig für die Gateway-Administration und die Sub-Certification Authority in der Smart-Metering-PKI. Zuvor war Herr Dr. González zweieinhalb Jahre als IT-Projektleiter im Umfeld Kraftwerke und Netzbetreiber bei der Vattenfall Europe Information Services GmbH angestellt. Im Rahmen seiner etwa fünfjährigen Tätigkeit am OFFIS Institut für Informatik schloss er seine Promotion im Fach Informatik 2012 zu Referenzmodellen in der Energiewirtschaft ab. Nach erfolgreichem Studium der Wirtschaftsinformatik im Jahr 2004 war Herr Dr. González 4 Jahre als IT-Berater für ein führendes europäisches Energieunternehmen tätig.

Cloud-Anwendungen in der Praxis – mobile App zur Anbindung an den Sperrprozess am Beispiel eines mittelständischen Energieversorgerunternehmens

Andreas Thies und Manuel Maus

Zusammenfassung

Die Digitalisierung macht auch vor Energieversorgerunternehmen nicht halt. Der Bedarf an effizienten Geschäftsprozessen frei von Medienbrüchen und Verzögerungen im Prozessablauf führt zu gesteigerten Anforderungen an die IT sowie deren Lösungen und stellt die Energieversorgerunternehmen somit vor große Herausforderungen. Ein Schlüssel sind Cloud-basierte Anwendungen, welche agil entwickelt werden. Im Zuge dessen besteht für Energieversorgerunternehmen die große Chance, sich zu intelligenten Unternehmen zu entwickeln. Die *SAP Cloud Platform* der SAP bietet im Zuge dessen diverse Möglichkeiten, intelligente Anwendungen zu realisieren, um den Wandel zu einem intelligenten Unternehmen zu vollziehen. Das Beispiel der Anbindung der mobilen App SWIPmobile[GO] der cronos Unternehmensberatung GmbH an den Sperr-/Wiederinbetriebnahmeprozess im Backend SAP IS-U im Konzern der Energieversorgung Oberhausen AG zeigt hierzu in diesem Beitrag ein repräsentatives Beispiel aus der Praxis.

24.1 Wandel der Energieversorgerunternehmen

Das intelligente Unternehmen als Fortführung des transaktionalen sowie digitalen Unternehmens stellt den nächsten Evolutionsschritt auch für Energieversorgerunternehmen im Zuge der voranschreitenden Digitalisierung dar. Die Entwicklung dahin und welche

A. Thies (✉)
Energieversorgung Oberhausen AG, Oberhausen, Deutschland

M. Maus
cronos Unternehmensberatung GmbH, Münster, Deutschland

© Springer Fachmedien Wiesbaden GmbH, ein Teil von Springer Nature 2020
O. D. Doleski (Hrsg.), *Realisierung Utility 4.0 Band 2*,
https://doi.org/10.1007/978-3-658-25589-3_24

Hürden und Herausforderungen die Energieversorgerunternehmen gerade im Hinblick auf innovative Treiber wie das Cloudcomputing meistern müssen, werden in den nachfolgenden Abschnitten erläutert.

24.1.1 Herausforderungen der Energieversorgerunternehmen im Kontext von Cloudcomputing

Die Energieversorgung Oberhausen AG ist seit mehr als 100 Jahren der Energieversorger für Oberhausen. Im Mittelpunkt des unternehmerischen Denkens und Handelns steht das Engagement für die richtige Balance zwischen Nachhaltigkeit, Versorgungssicherheit und Wirtschaftlichkeit. Durch die geänderten Rahmenbedingungen in der Energiewirtschaft verringern sich die Gestaltungsspielräume der Branche. Der Erlös und Kostendruck steigt spürbar an. Die Energiewende, ein zunehmend dynamisches Marktumfeld und energiepolitische Unwägbarkeiten erfordern umfangreiche Anpassungen: Umstrukturierungen und Neuordnungen sind die Antwort der großen Energiekonzerne auf die Energiewende, aber auch die kleinen und mittleren Energieversorger müssen sich neu orientieren. Die große Aufgabe lautet jetzt für alle gleichermaßen: sich von klassischen Geschäftsfeldern lösen und neue aufbauen. Hierfür spielt die strategische Weiterentwicklung der IT-Landschaft insbesondere im Hinblick auf moderne und zukunftssichere Cloud-Anwendungen eine wichtige Rolle.

24.1.2 Entwicklung zum intelligenten Energieversorgerunternehmen

Wie die bisherigen Darstellungen deutlich machen, stehen insbesondere Energieversorgerunternehmen vor der großen Herausforderung, auf die sich schnell verändernden Technologien und Anforderungen aus dem Umfeld zu reagieren. Diese Situation ist als Chance zu begreifen und nicht als Risiko zu verstehen. Die Erfahrungen aus anderen Branchen haben teilweise eindrucksvoll deutlich gemacht, dass es gerade im Kontext der Digitalisierung wichtig ist, nicht den Anschluss zu verlieren und Chancen weiter zu entwickeln. Hier sei lediglich das Beispiel der Handysparte und der zurückliegenden unterschiedlichen Entwicklung der beiden Marken Nokia und Apple genannt.

Die *Digitalisierung* geht mit rasanten technologischen Entwicklungen einher, welche alle Lebenslagen und somit auch Unternehmensbereiche betrifft. Mit entsprechenden Entwicklungen im Unternehmen hin zum intelligenten Unternehmen kann die Digitalisierung einen positiven Effekt auf die Kundenbindung und Kundenzufriedenheit, Innovationsfähigkeit und Differenzierung am Energieversorgermarkt haben.[1]

---

[1] Vgl. Seubert (2018, S. 21).

Gemäß *SAP*[2] zeichnet sich ein intelligentes Unternehmen u. a. dadurch aus, dass es Datenbestände effektiv nutzt. Diese Unternehmen gehen auf individuelle Kundenwünsche ein, entwickeln innovative Geschäftsmodelle und verschaffen sich somit mehr Erfolgschancen. Die Entwicklung hin zu einem intelligenten Energieversorgerunternehmen wird durch die drei folgenden Faktoren beeinflusst:

- **Eine intelligente Software:** Hierunter fällt der digitale, stabile IT-Kern, welcher auch in den nachfolgenden Erläuterungen nochmals aufgegriffen wird.
- **Intelligente Technologien:** Hierzu gehören die neuen, innovativen Technologien wie beispielsweise das Internet der Dinge (Internet of Things, IoT), Blockchain, maschinelles Lernen oder auch Künstliche Intelligenz (KI).
- **Digitale Plattform:** Hier ist in erster Linie die Cloud-Plattform und für die weitere Betrachtung die SAP Cloud Platform zu nennen.

24.2   Cloud-Anwendungen

Die zum Teil disruptiven Auswirkungen, welche beispielsweise durch neue Anwendungsmöglichkeiten wie den Ansatz „Software as a Service" (SaaS) entstehen, sind in weitestgehend allen Unternehmensbereichen sichtbar. Cloud-Anwendungen spielen hierbei eine zentrale Rolle. Die SAP Cloud Platform stellt die adäquate Lösung der SAP diesbezüglich dar. Ein Überblick über diese Technologie sowie die Wege der Digitalisierung mittels der SAP Cloud Platform werden in den nachfolgenden Abschnitten dargestellt.

24.2.1 Überblick SAP Cloud Platform

Cloud-Anwendungen spielen im Zuge der voranschreitenden Digitalisierung und beim Wandel vom digitalen Unternehmen hin zum intelligenten Unternehmen eine zentrale Rolle. Es werden in der Literatur meist die drei folgenden Bereitstellungsmodelle bezüglich einer Cloud-Umgebung unterschieden:[3]

- Infrastructure as a Service (IaaS),
- Platform as a Service (PaaS),
- Software as a Service (SaaS).

Die *SAP Cloud Platform* ist die technische Basis der SAP für Cloud-Anwendungen. Die weitere Betrachtung der SAP Cloud Platform im Rahmen dieses Beitrags verfolgt den

---

[2]Vgl. SAP (o. J.).
[3]Vgl. Seubert (2018, S. 38).

Ansatz *Platform as a Service (PaaS)*, da die SAP als Anbieter der SAP Cloud Platform eine vollständige Hard- und Software-Infrastruktur inklusive der Aufgaben der Wartung und des Betriebs bereitstellt.

Das Angebot der SAP Cloud Platform umfasst neben diversen Entwicklungswerkzeugen und einer Laufzeitumgebung für Java, JavaScript und HTML5-Applikationen eine Vielzahl von Services und Funktionen. Diese Services und Funktionen können in die eigenen Anwendungen eingebunden werden, oder sie können entsprechend erweitert werden. Primär zählen hierzu Dienste zur Anbindung sowie die Integration von On-Premise-Lösungen, aber auch Services zu innovativen Themengebieten im Rahmen der Digitalisierung, wie beispielsweise das Internet der Dinge, Maschinelles Lernen, Big Data, Künstliche Intelligenz (KI) oder auch *Data Analytics*. Zudem stehen benutzerfreundliche Oberflächen und Dialogschnittstellen zur Verfügung, die mit den ERP- oder CRM-Systemen kommunizieren können und sich individuell erweitern lassen.[4] Und es können – wie das weitere Beispiel aus der Praxis zur Anbindung der mobilen App an den *Sperr-/ Wiederinbetriebnahmeprozess* im Backend-System *SAP IS-U* zeigt – bereits genutzte Anwendungen erweitert und zur mobilen Nutzung ergänzt werden.

Unternehmen können über die SAP Cloud Platform ihre bestehenden IT-Landschaften erweitern und relevante Geschäftsprozesse individuell gemäß ihren Anforderungen und der Unternehmensausrichtung anpassen. Dieses Vorgehen ist unabhängig davon, ob im Status quo bereits Cloud-Anwendungen bestehen oder lediglich On-Premise-Anwendungen oder On-Premise-Systeme zur Verfügung stehen. Die SAP Cloud Platform vereint somit diverse Anwendungen in einer Umgebung und garantiert durchgängige, effiziente Geschäftsprozesse. Sie dient als Bindeglied zwischen den einzelnen Lösungen. Unternehmen können mit der SAP Cloud Platform unterschiedliche Anwendungen kombinieren und auf einheitliche, integrierte Daten zurückgreifen, die nicht weiter voneinander isoliert betrachtet werden müssen. Darüber hinaus sind weitere Lösungen von Drittanbietern integrierbar, da die SAP Cloud Platform auf aktuelle IT-Standards setzt und über offene Schnittstellen verfügt.

Aufgrund des Ansatzes „Platform as a Service" (PaaS) müssen sich Unternehmen keine Gedanken über die zugrundeliegende Technik machen. Dazu gehört auch die *Skalierbarkeit*, je nach Bedarf die Performance der Infrastruktur kurzfristig erhöhen oder verringern zu können.

24.2.2 Digitalisierung mit der SAP Cloud Platform

In den nachfolgenden Abschnitten wird ein Blick auf die aktuell häufig anzutreffende, hybride IT-Landschaft und die unterschiedlichen Entwicklungsumgebungen der SAP Cloud Platform geworfen, welche den Weg der Digitalisierung hin zum intelligenten Unternehmen begleiten.

---

[4]Vgl. Kühnlein und Seubert (2016, S. 42 ff.).

24.2.2.1   Hybride IT-Landschaften

Unabhängig von den im weiteren Verlauf erläuterten technischen Rahmenbedingungen unterstützt oder forciert die SAP Cloud Platform vielmehr das agile Projektvorgehen im Zuge der Anwendungsentwicklung. Dieses Vorgehen bedeutet auch, dass für die Realisierung neuer Anwendungen neue Technologien ohne großen Aufwand und ohne umfangreiche Investitionen – beispielsweise in Infrastruktur – unkompliziert genutzt werden können: Es soll möglich sein, Ideen im Unternehmenskontext auszuprobieren.[5] Abb. 24.1 zeigt diesbezüglich schematisch eine potenzielle IT-Landschaft eines intelligenten Unternehmens: den stabilen Kern der IT mit den standardisierten Prozessen der traditionellen Wertschöpfungskette sowie die agile IT-Landschaft, welche den Raum und die Möglichkeiten für Innovationen liefert. Der stabile Kern der IT kann als das bestehende ERP-System betrachtet werden, in welchem die Datengrundlage existiert und welcher keine umfangreichen, laufenden Anpassungen erfahren soll. Darüber hinaus spiegelt die agile IT-Landschaft beispielsweise die SAP Cloud Platform wider. Hier sind laufende und teilweise auch umfangreiche Anpassungen sowie Erweiterungen möglich und sogar gewollt. Somit können neue skalierbare Funktionen erstellt und in die bestehenden Systeme integriert werden.

Wie die Abb. 24.1 zeigt, sind derzeit i. d. R. sogenannte *hybride IT-Landschaften* in der IT anzutreffen: Softwarearchitekturen, die eine bestehende Infrastruktur mit neuen Funktionalitäten aus der Cloud kombiniert. Die große und vielleicht wichtigste Herausforderung in der aktuellen Entwicklung auch für Energieversorgerunternehmen ist, die Brücke und Verbindung zwischen den vorhandenen IT-Systemen und der agilen IT-Landschaft

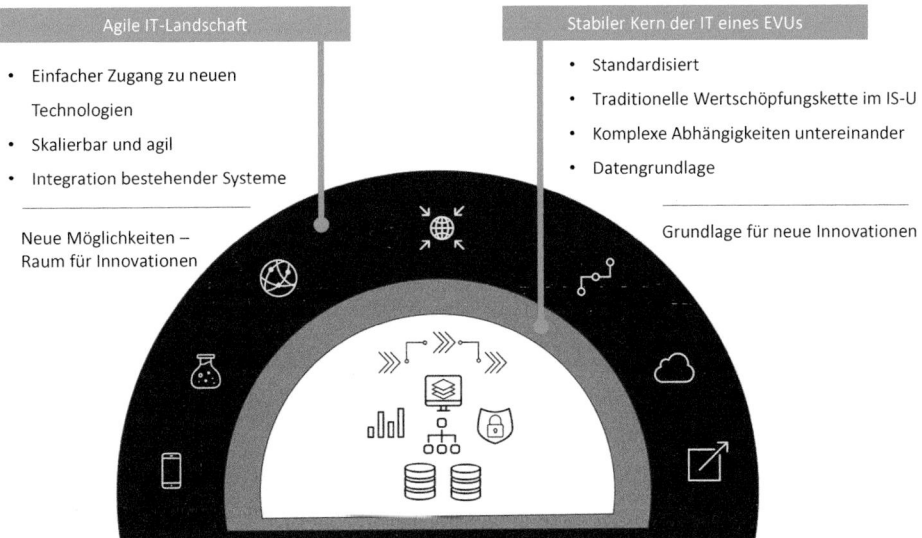

Abb. 24.1 Aufbau einer bezüglich der Digitalisierung erweiterten IT-Landschaft (Quelle: in Anlehnung an Seubert 2018, S. 26)

---

[5]Vgl. Seubert (2018, S. 26).

herzustellen. Die in der Vergangenheit getätigten Investitionen in den stabilen Kern sind somit nicht hinfällig und können durch neue, innovative Funktionen und Möglichkeit in der Cloud erweitert werden. Gelingt diese Verknüpfung im ersten Schritt durch geeignete Maßnahmen, gelingt auch der Weg in die Digitalisierung. Das in den nachfolgenden Abschnitten erläuterte Praxisbeispiel greift genau dieses Vorgehen auf. Der im SAP IS-U-Backend bestehende Sperr-/Wiederinbetriebnahmeprozess bleibt bestehen und erhält nur an ausgewählten Stellen Absprünge in die neuen Funktionen der Cloud. Die Lösung in der SAP Cloud Platform setzt mit einer agilen, integrierten Lösung auf dem Bestehenden auf und erweitert die Möglichkeiten der Nutzung mit allen Vorteilen einer App-basierten Oberflächenentwicklung. Hierzu folgt in den nächsten Abschnitten noch eine separate Betrachtung der Rahmenbedingungen und Chancen. Abschließend ist festzuhalten, dass die SAP Cloud Platform das reibungslose Zusammenspiel von SAP-Kernsystemen und den unterschiedlichen Angeboten im Kontext *Software as a Service (SaaS)* bzw. *Platform as a Service (PaaS)* ermöglicht.

24.2.2.2 Entwicklungsumgebung

Für die Umsetzung kundenspezifischer Anwendungen bietet die *SAP Cloud Platform* zusätzlich zu den zuvor erläuterten Services und Funktionen auch unterschiedliche Programmiersprachen an. Diese können zur Umsetzung kundenspezifischer Anwendungen in der SAP Cloud Platform genutzt werden. Die genaue Auswahl der zur Verfügung stehenden Programmiersprachen ist jedoch – genau wie die für die Implementierung angebotenen Services und Funktionen – inhärent mit der Technologie der SAP Cloud Platform verbunden. Hierbei sind in erster Linie die beiden folgenden Varianten zu nennen:

* Neo,
* Cloud Foundry.

Unabhängig von diesen Varianten der SAP-Cloud-Platform-Technologie stellt die SAP mit der SAP Web IDE eine Cloud-basierte Entwicklungsumgebung zur Verfügung, welche für die meisten der zur Verfügung stehenden Programmiersprachen genutzt werden kann.

24.2.3 Benutzeroberflächen

Das *Open Data Protocol (OData)* ist ein standardisiertes Webprotokoll für den Austausch von Daten zwischen verschiedenen Systemen. OData basiert dabei auf dem HTTP-Protokoll. Mit OData lassen sich Datendienste nutzen, die eine Datenabfrage und -änderung einer Datenbank mittels der Verwendung von HTTP-Nachrichten ermöglichen. Es können sämtliche sogenannte CRUD-Operationen (Create, Read, Update, Delete) über HTTP ausgeführt werden.

Daher spielt die Nutzung dieser OData-Funktionalitäten insbesondere bei der Entwicklung von Benutzerschnittstellen eine wichtige Rolle, wie es auch bei dem im weiteren

Verlauf darzustellenden Praxisbeispiel der mobilen Anbindung an den Sperr-/Wiederinbe-triebnahmeprozess im SAP IS-U der Fall ist. Es ist nicht zwingend erforderlich, relevante Daten aus dem Backend-System – in diesem Fall SAP IS-U – in der SAP Cloud Platform zu puffern oder gar zu sichern.

Durch die offenen Standards der SAP Cloud Platform können die zu nutzenden Frame-works für die Realisierung der Benutzeroberflächen frei gewählt werden. Die Editoren der SAP Cloud Platform erlauben dabei eine durchgängige Oberflächenentwicklung mit SA-PUI5 und Fiori. Neben der Oberflächenentwicklung für ihre eigene, native Cloud-Anwendung stellt die SAP Cloud Platform auch einen Portal-Service und Technologien zur Entwicklung mobiler Anwendungen zur Verfügung.[6]

SAPUI5 stellt eine Bibliothek der SAP in der SAP Cloud Platform zu Realisierung von Benutzeroberflächen der kundenspezifischen Anwendungen dar. Das Ergebnis wird so-wohl auf Desktop-PCs, als auch auf mobilen Endgeräten oder Tablets ausgeführt und kor-rekt dargestellt. Die Benutzeroberfläche bietet ein sogenanntes responsives Design und passt sich in diesen Fällen somit automatisch der Darstellungsmöglichkeit des jeweiligen Endgerätes an. Diese Anforderung findet sich auch in den SAP-Fiori-Design-Prinzipien wieder. Dazu bietet SAPUI5 weitere Programmiermöglichen wie beispielsweise mittels HTML5, JavaScript und CSS. Das Framework hält darüber hinaus diverse, vordefinierte Gestaltungsmöglichkeiten bereit wie beispielsweise Kacheln, graphische Darstellungen, Charts und Listen. *SAP Fiori* nutzt *SAPUI5* und definiert eine eigene Vorgabe für Benut-zeroberflächen.[7] Durch SAP Fiori als rollenbasierte, intuitive und geräteunabhängige Be-nutzerschnittstelle bestehen explizite Designprinzipien, die im Rahmen des nachfolgend erläuterten Praxisbeispiels berücksichtigt und angewandt wurden.

24.3 Praxisbeispiel – mobile App SWIPmobile[GO]

Nach den Herausforderungen der Energieversorgerunternehmen, den technologischen Möglichkeiten im Kontext des Cloudcomputings und gerade im Hinblick auf die Lösung *SAP Cloud Platform* zeigen die nachfolgenden Abschnitte die praktische Abbildung des-sen in einem Energieversorgerunternehmen: die Implementierung der mobilen App SWIP-mobile[GO] in der SAP Cloud Platform.

24.3.1 Anforderungsanalyse

Die durchgeführte Ist-Analyse der bestehenden Prozesslandkarte hat das Digitalisierungs-potenzial für den Sperr-/Wiederinbetriebnahmeprozess aufgezeigt.

---

[6]Vgl. Seubert (2018, S. 254).
[7]Vgl. Seubert (2018, S. 254).

Der Prozess der Sperrung und Wiederinbetriebnahme ist organisatorisch auf der Netzseite angesiedelt. Der Netzbetreiber erhält im Zuge des Prozessstarts den Auftrag eines Lieferanten, eine Sperrung für einen Zähler vorzunehmen. Die Hintergründe können beispielsweise ein Zahlungsverzug, ein Leerstand oder auch ein expliziter Kundenwunsch sein. In jedem dieser Fälle wird der Außendienstmitarbeiter die Sperrung vor Ort vornehmen müssen, nachdem der Endkunde entsprechende Mahnungen und auch Hinweise zur anstehenden Sperrung erhalten hat. Im Backend-System SAP IS-U auf Netzseite existiert bereits ein Planungs- und Monitoringtool, um genau diese Aufträge der Lieferanten zu listen, Aufträge an den Außendienst daraus zu generieren und diese zu monitoren. Abschließend ermöglicht dieses Tool auch die Rückmeldung an den jeweiligen Lieferanten.

Im Status quo werden die relevanten Sperraufträge aus dem vorgenannten Planungs- und Monitoringtool ausgedruckt und an die zuständigen Außendienstmitarbeiter übergeben. Diese arbeiten die ausgedruckten Sperraufträge ab. Auf den ausgedruckten Sperraufträgen werden die jeweils durchgeführten Sperrungen mit entsprechenden Rückmeldungen sowie die aktuellen Zählerstände dokumentiert. Nachgelagert findet im Backoffice die Erfassung dieser durchgeführten Sperrungen und ergänzten Hinweise manuell im SAP IS-U statt. Im Tagesverlauf eintretende Änderungen wie ein Storno des Sperrauftrags oder eine Wiederinbetriebnahme erfolgen über eine automatisierte E-Mail oder ggf. telefonisch aus dem Backoffice an den Außendienstmitarbeiter. Für den nachgelagerten Prozess der Wiederinbetriebnahme zur Auflösung der Sperrung existiert ein analoger Prozessablauf, der ebenfalls die dargestellten manuellen Arbeitsschritte sowie Medienbrüche beinhaltet.

Die folgenden drei Punkte sind als relevante Schwachstellen dieses Prozessablaufs im Status quo herauszustellen:

- **Asynchroner Prozessablauf:** Es findet keine Online-Kommunikation zwischen dem Außendienstmitarbeiter und dem SAP IS-U im Backend statt. Diverse Schritte im Gesamtprozess erfolgen zeitverzögert und asynchron.
- **Fehlende Integration:** Statusänderungen müssen außerhalb des implementierten IT-Prozesses per E-Mail oder auch telefonisch kommuniziert werden.
- **Manuelle Arbeitsschritte:** Der Prozess erfolgt mittels ausgedruckter Sperraufträge, handschriftlicher Erfassung der Sperrungen auf dem ausgedruckten Sperrauftrag und nachgelagerter manueller Erfassungen der Ergebnisse im Backend. Der Prozess im Status quo ist somit von einigen Medienbrüchen, ineffizienten Arbeitsabläufen beim Außendienst und im Backoffice sowie durch fehleranfällige Arbeitsschritte bei der Datenübernahme geprägt.

Ziel der neu zu implementierenden Lösung ist es, genau diese Schwachstellen zu vermeiden und unter den Gesichtspunkten der Digitalisierung die vollständige Prozessstrecke der Sperrung und Wiederinbetriebnahme zu optimieren. Hierzu werden auch die in den vorherigen Abschnitten dargestellten Möglichkeiten der Digitalisierung berücksichtigt sowie die Einbindung innovativer, agiler Lösungen forciert.

Auf Basis dieser grundlegenden Anforderungen existierte bereits die im weiteren Projektverlauf implementierte App SWIPmobile[GO] der cronos Unternehmensberatung GmbH, welche auf die Kundenbedürfnisse hin erweitert und in die Prozessabläufe im Konzern der Energieversorgung Oberhausen AG integriert wurde. Die App SWIPmobile[GO] ist für die SAP Cloud Platform entwickelt worden und steht im SAP Appcenter zur Verfügung.

24.3.1.1   Synchroner Prozessablauf

Der Prozess der Außendienstbearbeitung soll nicht mehr asynchron ablaufen. Die Kommunikation soll mittels einer direkten Schnittstelle synchron erfolgen. Eine Rückmeldung durch den Außendienst soll direkt im Backend-System SAP IS-U sichtbar sein. Gleiches gilt für Änderungen oder neue Anforderungen aus dem SAP IS-U. Auch diese sollen synchron und durch eine direkte Kommunikation beim Außendienst sichtbar sein. Hierdurch fallen mögliche Fehler bei der Dateneingabe nicht erst später beim *Datenaustausch* zwischen MDE-Geräten und Backend auf, sondern werden sofort bei der Dateneingabe in der Smartphone-App erkannt.

24.3.1.2   Prozessintegration

Im Status quo werden die Sperraufträge zu Arbeitsbeginn ausgedruckt, für eine Routenplanung sortiert und an den Außendienstmitarbeiter zur Durchführung der Sperrung übergeben. Zum Abschluss der Arbeitszeit werden die durchgeführten Sperrungen und Zählerstände im Backend erfasst. Relevante Statusänderungen an den Aufträgen sollen jedoch in den Prozess integriert werden, ohne dass ein Medienbruch entsteht und eine parallele Kommunikationsstrecke genutzt werden muss. Die Cloud-Anwendung soll hierzu Push-Benachrichtigungen ermöglichen, mittels derer der Außendienst direkt und synchron über relevante Statusänderungen oder Neuerungen bezüglich der relevanten Aufträge informiert werden kann. Über entsprechende Rückmeldungen kann der Außendienst diese dann wiederum direkt beantworten und zurückmelden, ohne dass eine parallele Kommunikationsstrecke genutzt werden muss und beispielsweise manuelle Eingaben von Rückmeldungen durch das interne Büro erfolgen müssen. Der vollständige Prozessablauf erfolgt integriert zwischen dem Backend SAP IS-U und der App als Cloud-Anwendung.

24.3.1.3   Datenerfassung mittels App auf dem Smartphone

Für die App als Cloud-Anwendung soll neben der SAP Cloud Platform als zugehörige Infrastruktur kein weiteres externes Drittsystem erforderlich sein, welches beispielsweise über umfangreiche Schnittstellen angebunden werden muss. Die Erfassung der Sperrungen, Wiederinbetriebnahmen sowie der relevanten Daten für die Rückmeldung erfolgt hierbei über eine App auf einem handelsüblichen Smartphone. Die Kommunikation von der App auf dem Smartphone an das Backend-System SAP IS-U soll über die standardisierten Kommunikationswege der SAP Cloud Platform erfolgen.

24.3.2 Projektvorgehen

Im Sinne der bereits erläuterten Vorgehensweise, neue, innovative Lösungen im Kontext der Digitalisierung zu erarbeiten, wurde auch in diesem Projektvorhaben ein agiles Vorgehen gewählt. Die Projektinitialisierung wurde mit den Keyplayern auf Seiten des Fachbereiches

und der IT der Energieversorgung Oberhausen AG sowie mit dem Entwickler- und Berater-
team der cronos Unternehmensberatung GmbH vorgenommen. Die bereits dargestellte Anforderungsanalyse wurde in dieser Konstellation detailliert besprochen. Basis für die Umsetzung der Anforderungen war die bereits bestehende und im Projekt initial präsentierte
App SWIPmobile[GO] in der Standardausprägung. Die Anforderungen für die kundenspezifischen Erweiterungen wurden besprochen, aufgenommen und gemäß agilem Projektvorgehen auf einem sogenannten Kanban-Board festgehalten. Sie wurden anschließend in den
einzelnen Entwicklungsphasen in enger Abstimmung mit allen Projektbeteiligten entwickelt. Einzelne Module und Funktionen wurden in sinnvollen Abgrenzungen direkt mit den
Keyplayern des Projektes getestet und freigegeben. Entsprechende Ergebnisse wurden im
Zuge dessen in regelmäßigen Projektmeetings besprochen und auf Basis des Kanban-Boards
festgehalten. Das in der Theorie dargestellte agile Vorgehen zur Realisierung neuer, innovativer Lösungen wurde hierbei in der Praxis erprobt und gelebt. Ohne umfangreiche Investitionen und Kosten sowie Aufwände wurden Lösungen auf Basis bestehender Standard-Apps
erweitert und auf kundenspezifische Bedürfnisse hin optimiert.

24.3.3 Projektziele und Ergebnisse

Die im Vorlauf dargestellten Ergebnisse der Anforderungsanalyse sowie das erläuterte Projektvorgehen haben eine Prozessoptimierung durch die Ausprägung der App SWIPmobile[GO] für die Energieversorgung Oberhausen AG zum Ziel gehabt. Das Backend-System
SAP IS-U wurde mit der SAP Cloud Platform verbunden. Gleichzeitig wurde die bereits im
Betrieb befindliche Kundenlösung mit einer intuitiven Fiori-Oberfläche zur mobilen Nutzung ergänzt. Im Ergebnis liest der Anwender die Daten zum Sperrbeleg direkt aus dem
Backend-System SAP IS-U, verändert die relevanten Daten und löst entsprechende Aktionen aus, ohne dafür Umwege über Schnittstellen oder externe IT-Systeme nehmen zu müssen. Abb. 24.2 zeigt die fiorisierten Oberflächen auf dem mobilen Endgerät. Dank der SAP
Cloud Platform und den dargestellten Funktionen und Services sind hierfür auch Erweiterungen möglich, die über den reinen Sperrprozess hinausreichen und benachbarte Prozessabläufe wie z. B. Tourenplanung, Routenmanagement und Navigation einbeziehen können.

Die Standardfunktionalitäten der bestehenden App SWIPmobile[GO] ließen sich mit der
SAP Cloud Platform an Kundenbedürfnisse anpassen, ohne dafür große Änderungen am
Backend-System SAP IS-U-System vornehmen zu müssen. Dies deckt sich mit der Anfor-
derung an die im Vorlauf erläuterte hybride IT-Landschaft eines intelligenten Unternehmens.

Mit einer vollständig neuen Applikation wurden neuartige und flexible Prozesse entwickelt (Service statt Produkt), die bisher nur mit größerem Aufwand im Backend-System
umgesetzt werden konnten.

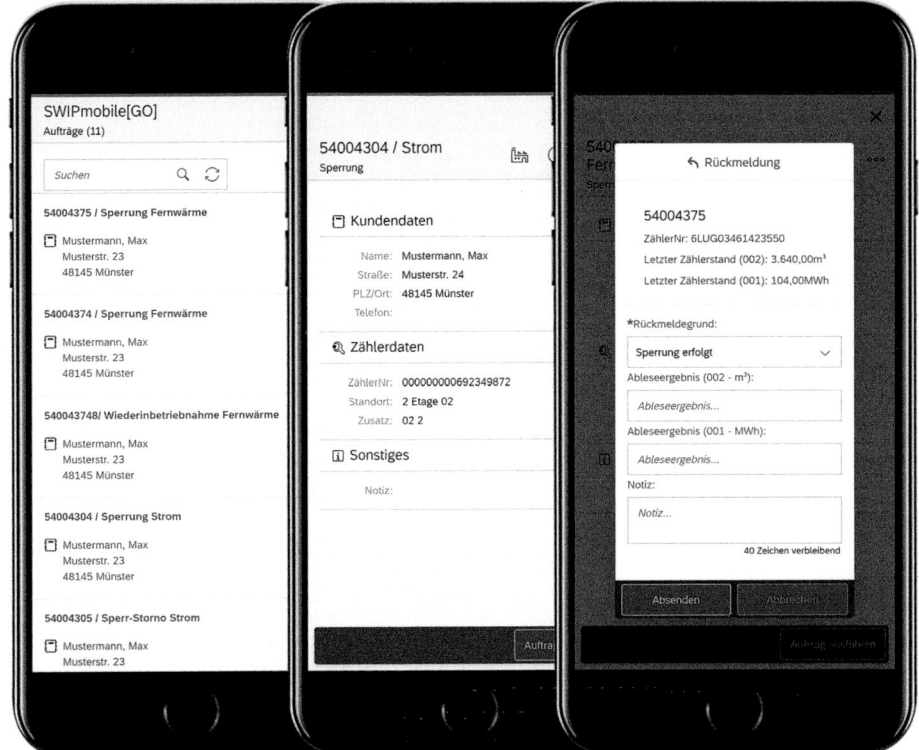

Abb. 24.2 Fiorisierte Oberflächen der App SWIPmobile[GO] auf dem mobilen Endgerät

Ebenso wichtig ist, den Anwendern via Digitalisierung ein Anwendererlebnis (User Experience, UX) zu bieten – etwa durch einfach zu bedienende und somit arbeitserleichternde Benutzeroberflächen. Berücksichtigt wurde dies auf Basis der Fiori-Designprinzipien im Zuge dieses Projektvorhabens und in enger Abstimmung zwischen den Keyplayern des Projekts.

Literatur

Kühnlein, S., & Seubert, H. (2016). *Native Anwendungsentwicklung mit SAP HANA*. Bonn: Rheinwerk.
SAP. (o. J.) *Produkte: Das intelligente Unternehmen*. Walldorf: SAP Deutschland SE & Co. KG. https://www.sap.com/germany/products/intelligent-enterprise.html. Zugegriffen am 09.02.2019.
Seubert, H. (2018). *SAP Cloud Platform – Services, Nutzen, Erfolgsfaktoren*. Bonn: Rheinwerk.

Andreas Thies verantwortet seit 2008 die IT der Energieversorgung Oberhausen AG und verfügt neben einem umfangreichen IT-Know-how über ein breit angelegtes Wissen zu energiewirtschaftlichen Prozessen über die komplette Wertschöpfungskette eines integrierten EVU. Seine derzeitigen Themenschwerpunkte sind die Entwicklung hin zu Utility 4.0, der Smart Meter Rollout, die Erstellung und Umsetzung der S/4HANA Roadmap sowie der Megatrend New Work.

Manuel Maus ist seit 2007 in der Beratung der Energiewirtschaft und seit 2012 bei der cronos Unternehmensberatung GmbH tätig. Als Prokurist und Bereichsleiter liegen seine Themenschwerpunkte im Projektmanagement und in der Beratung im Kontext energiewirtschaftlicher Prozesse und deren Umsetzung in IT-Systemen. Die Digitalisierung in der Energiewirtschaft, Utility 4.0, die aktuellen regulatorischen und technologischen Anforderungen im Rahmen dessen sowie die Entwicklung innovativer Apps in der SAP Cloud Platform sind hierbei aktuelle Fokusthemen.

Agiler Smart Meter Rollout: Kontinuierliche Entwicklung der Interimsprozesse für moderne Messeinrichtungen (mME) und intelligente Messsysteme (iMSys) unter Einsatz von agilen Methoden am Beispiel eines deutschen Verteilnetzbetreibers

Sebastian Lemke

Mit Agilität erfolgreich die Herausforderungen des Smart Meter Rollout bewältigen.

Zusammenfassung

Der Smart Meter Rollout legt den notwendigen Grundstein für die Digitalisierung der Energiewirtschaft. Die unklare Rechtslage und sich ständig ändernde regulatorische Vorgaben stellen die Marktteilnehmer vor große Herausforderungen. Agilität wirkt der Komplexität und Unsicherheit des Smart Meter Rollout entgegen und befähigt Unternehmen, sich an dynamische und komplexe Rahmenbedingungen schnell anzupassen. Im Zuge des Projekts „Smart Meter Rollout" eines deutschen Verteilnetzbetreibers wurde die agile Methode Scrum eingesetzt, um die notwendige Anpassung der bestehenden energiewirtschaftlichen Prozesse in kürzester Zeit und mit durchgehend hoher Qualität zuverlässig zu bewältigen. Die agile Vorgehensweise ermöglichte dem Projekt die kontinuierliche Auslieferung der notwendigen Interimsprozesse für moderne Messeinrichtungen (mME) und intelligente Messsysteme (iMSys). Das Projekt konnte zudem auf die kurzfristig erforderliche Einführung der MaLo-ID im Februar 2018 schnell reagieren und diese implementieren. Die erfolgreiche Umsetzung des Projekts „Smart Meter Rollout" führte im Dezember 2018 dazu, dass die agile Vorgehensweise nachhaltig für die kontinuierliche Weiterentwicklung der Smart-Meter-Prozesse im Unternehmen verwendet wird.

S. Lemke (✉)
Consistency GmbH & Co. KG, Düsseldorf, Deutschland

© Springer Fachmedien Wiesbaden GmbH, ein Teil von Springer Nature 2020
O. D. Doleski (Hrsg.), *Realisierung Utility 4.0 Band 2*,
https://doi.org/10.1007/978-3-658-25589-3_25

25.1   Einleitung

Wir befinden uns inmitten der Energiewende und werden es auch noch für weitere Jahrzehnte sein. Nach der Liberalisierung des Energiemarkts 1998[1] legt der *Smart Meter Rollout* den notwendigen Grundstein für die Digitalisierung der Energiewirtschaft.

Herausforderungen und Chancen des Smart Meter Rollout
Jedes Energieversorgungsunternehmen (EVU) steht im kommenden Jahrzehnt vor der Herausforderung, bis spätestens 2032 alle Verbrauchsstellen mit einem Jahresverbrauch größer als 6.000 kWh mit einem Smart Meter auszurüsten. Die Rechtslage zum Smart Meter Rollout ist mehrdeutig interpretierbar und regelmäßigen Änderungen unterworfen.[2] Dabei erfordert der Smart Meter Rollout eine Anpassung nahezu aller Geschäftsprozesse eines EVU.
Der Smart Meter Rollout bietet große Chancen für die Industrie. Wir leben in einem Informationszeitalter, Daten sind ein wertvolles Asset. Smart Meter erheben riesige Datenmengen und schaffen somit die Voraussetzung, disruptive Geschäftsmodelle rund um die Themen Smart Grid, Smart Market, Smart Home und Smart Cities zu entwickeln bzw. auszubauen.[3]

Agilität wirkt den Effekten der VUCA-Welt entgegen
Die Umwelt im Zuge des Smart Meter Rollout lässt sich als volatil, unsicher, komplex und mehrdeutig beschreiben – eine VUCA-Welt. Hierdurch entstehen Freiräume für Innovationen bei gleichermaßen hohen Risiken. Die Gewährleistung ständiger Anpassungsfähigkeit auf sich ändernde Rahmenbedingungen ist erforderlich. Bereits 2014 wurde der Begriff *VUCA* von Bennett und Lemoine als Akronym für eine Umgebung verwendet, die von hoher Volatilität („volatility"), Unsicherheit („uncertainty"), Komplexität („complexity") und Mehrdeutigkeit („ambiguity") geprägt ist.[4]
Agilität und *agile Methoden* wirken den Effekten der VUCA-Welt entgegen.[5] In den folgenden Abschnitten werden die Vorzüge von agilen Methoden im Rahmen der Implementierung von intelligenten Zählern aus Sicht eines deutschen *Verteilnetzbetreibers (VNB)* aufgezeigt.

25.2   Smart Meter: mME + SMGW = iMSys

Um die Energiewende zu meistern, müssen Stromerzeugung, Verbrauch und Stromnetze intelligent miteinander vernetzt werden. *Moderne Messeinrichtungen (mME)* und *intelligente Messsysteme (iMSys)* zur digitalen Erfassung von Verbrauchsdaten, die sogenannten Smart Meter, sind hierbei von zentraler Bedeutung.

---

[1] Vgl. BMWi (1998).
[2] Vgl. BDEW (2017).
[3] Vgl. Lauterborn (2013, S. 70 f.).
[4] Vgl. Bennett und Lemoine (2014, S. 27).
[5] Vgl. Hofert (2016, S. 234)

	Analoge Ferrariszähler ▶	Moderne Messeinrichtung mME ➕	Smart Meter Gateway SMGW ➖	Intelligentes Messsystem iMS
Zählertyp	analoger Zähler	digitaler Zähler (ohne SMGW)	Kommunikations- schnittstelle	digitaler Zähler (mit SMGW)
Haupt- Funktionen	• aktueller Zählerstand	• aktueller Zählerstand • historische Daten (tages-, wochen-, monats-, jahresscharf für die letzten 2 Jahre)	• Schnittstelle zwischen Stromzähler und intelligenten Kommunikationsnetz • Automatisierte Datenübertragung zum MSB	• Aktueller Zählerstand • gespeicherte Viertelstundenwerte (abrufbar tages-, wochen-, monats-, jahresscharf)
Administrator	Regionaler Netzbetreiber (als MSB)	Grundzuständiger MSB (gMSB)	Smart Meter Gateway Administrator (entweder gMSB oder wMSB)	Grundzuständiger MSB (gMSB)

Abb. 25.1 Übersicht: Eigenschaften analoger und intelligenter Messeinrichtungen. (Quelle: Consistency)

Im Rahmen des Smart Meter Rollout werden herkömmliche analoge *Ferrariszähler* durch moderne Messeinrichtungen ersetzt. Das *Smart Meter Gateway (SMGW)* rüstet eine mME zu einem iMS auf und bildet in Zukunft die Schaltzentrale des intelligenten Netzes (s. Abb. 25.1). Das SMGW unterliegt hohen Datenschutzanforderungen. Etwaige Geräte werden durch das Bundesamt für Sicherheit in der Informationstechnik (BSI) zertifiziert. Als Grundvoraussetzung für einen verpflichtenden Smart Meter Rollout in Deutschland, die sogenannte Markterklärung, müssen drei Smart Meter Gateways unabhängiger Dienstleister die Sicherheitstests des BSI bestehen.[6] Am 20. Dez. 2018 wurde das erste von drei SMGW erfolgreich zertifiziert.[7]

25.3   Herausforderungen für die Rolle des Netzbetreibers im Smart Meter Rollout

Mit dem *Gesetz zur Digitalisierung der Energiewende (GDEW)* wurde am 02. Sep. 2016 der Startpunkt für den Smart Meter Rollout in Deutschland gesetzt. Das *GDEW* regelt den Einbau und Betrieb von Smart Metern. Im Januar 2017 starteten erste Initiativen, die analogen Ferrariszähler durch digitale Messeinrichtungen abzulösen.[8] Das Messstellenbetriebsgesetz (MsbG), als Teil des GDEW, regelt die Aufgaben und Pflichten von *Messstellenbetreibern (MSB)*, die Einbauverpflichtungen bis 2032, preisliche Rahmenbedingungen der Kostenumlage auf Endkunden sowie die Sicherheitsstandards für die Datenkommunikation des intelligenten Netzes.

Für *Netzbetreiber* verändert das MsbG die Funktionen und Pflichten des Messstellenbetriebs. Die Plausibilisierung von *Messdaten* erfolgt nicht mehr durch den Netzbetreiber,

---

[6] Vgl. BMWi (2016, Kap. 3, § 19).

[7] Vgl. BMWi (2018b).

[8] Vgl. BMWi (2016).

sondern im Gateway des MSB. Zudem verlieren Netzbetreiber die Hoheit über aktuelle und historische Verbrauchsdaten. Der Messstellenbetrieb wird damit für den Wettbewerb geöffnet. Für Netzbetreiber, historisch häufig auch gleichzeitig MSB, verliert die Übernahme des Messstellenbetriebs zunehmend an Reiz, da viele Aufgaben eines neuen MSB aufgrund steigender Komplexität und Aufwände in der Prozessführung zu kostspielig werden. Dies ermöglicht *wettbewerblichen Messstellenbetreibern (wMSB),* in den Markt zu gelangen und spezifische Messdienstleistungen für Endkunden (B2B und B2C) anzubieten – so die Theorie.[9] Die Realität zeigt, dass eine hohe Unsicherheit durch sich stetig ändernde Gesetzgebung und ein negatives Kosten-Nutzen-Verhältnis dazu führen, dass wenige, ausschließlich auf Messstellenbetrieb spezialisierte Unternehmen, in den Markt drängen.[10] Der Schlüssel zum erfolgreichen Markteintritt liegt darin, die geringen Markteintrittsbarrieren durch die Etablierung hochautomatisierter Geschäftsprozesse auszunutzen. Darüber hinaus wird die Steuerung intelligenter Netze durch die vermehrte Einspeisung von Energie im Zuge des Smart Meter Rollout ein ständiger Komplexitätstreiber sein.[11]

Der Smart Meter Rollout – eine evolutionäre Restrukturierung energiewirtschaftlicher Prozesse

Der mehrstufige Smart Meter Rollout in Deutschland ist seit 2017 mit dem Einbau moderner Messeinrichtungen für Verbrauchsstellen ab 10.000 kWh Jahresstromverbrauch gestartet. Ab 2020 folgen Privathaushalte mit einem Jahresstromverbrauch höher als 6.000 kWh.

Für den Endkunden bedeutet der Smart Meter Rollout eine Chance zu vereinfachten Ablese- und Abrechnungsprozessen sowie eine erhöhte Verbrauchstransparenz, was insbesondere für Privatkunden mit Einspeisung über eigene Erzeugungsanlagen (Wind, Photovoltaik, Biogas) oder für Geschäftskunden im Rahmen des Energiemonitorings von Interesse sein wird. Für die Rolle des Netzbetreibers bieten intelligente Stromzähler die Chance eines effektiveren Managements der Energienetze. Netzbetreiber können die Smart Meter einfacher steuern und somit schneller Netzstabilisierungsmaßnahmen (Einspeisung oder Re-Dispatch) einleiten.[12] Der Einbau von iMSys bedeutet zudem für die Energiewirtschaft und deren Marktteilnehmer eine teils evolutionäre Restrukturierung der bestehenden Geschäftsprozesse und der eingebundenen IT-Architektur.

Der sequenziell geplante Smart Meter Rollout fördert die Verwendung eines inkrementellen Implementierungsansatzes mit Hilfe agiler Methoden, welche im folgenden Abschnitt näher erläutert sind.

---

[9] Vgl. Rieger und Weber (2017a, S. 194).

[10] Vgl. Rieger und Weber (2017b, S. 6 ff.).

[11] Vgl. Lauterborn (2013, S. 50 f.).

[12] Vgl. Munzinger (2018, S. 23).

25.4   Chancen und Nutzen von Agilität in einer VUCA-Umgebung

Der *systemtheoretische Ansatz* nach Luhmann vertritt die Hypothese, dass komplexe Phänomene nur mit Vorgehensweisen zu begegnen sind, die eine ähnliche Komplexität aufweisen.[13] Der Smart Meter Rollout weist diese Komplexität auf, die bereits in den vorherigen Abschnitten unter dem Akronym VUCA zusammengefasst wurde (s. Abschn. 25.1).

25.4.1 Was ist Agilität?

Agilität und agile Methoden sind ebenso komplexe Vorgehensweisen. Sie beruhen auf abstrakten Werten und Prinzipien. Eine konkrete Anwendung erfolgt durch agile Methoden und Rahmenwerke. Agile Methoden werden wiederum in spezifische Praktiken, Richtlinien und Strukturen überführt (s. Abb. 25.2)

Agilität ist zunächst ein Verhaltensmuster, das definiert, wie wir denken und handeln. Agilität beschreibt die Bereitschaft und die Fähigkeit von Individuen und Unternehmen, sich schnell an dynamische und komplexe Rahmenbedingungen anzupassen.[14]

25.4.2 Agile Werte und Prinzipien

Die agilen Werte und Prinzipien sind im sogenannten *agilen Manifest* beschrieben. Im Jahr 2001 wurde das agile Manifest entwickelt, um Menschen zu unterstützen, bessere Wege der Produktentwicklung zu finden. Es ist adaptierbar auf jegliche Produkte und

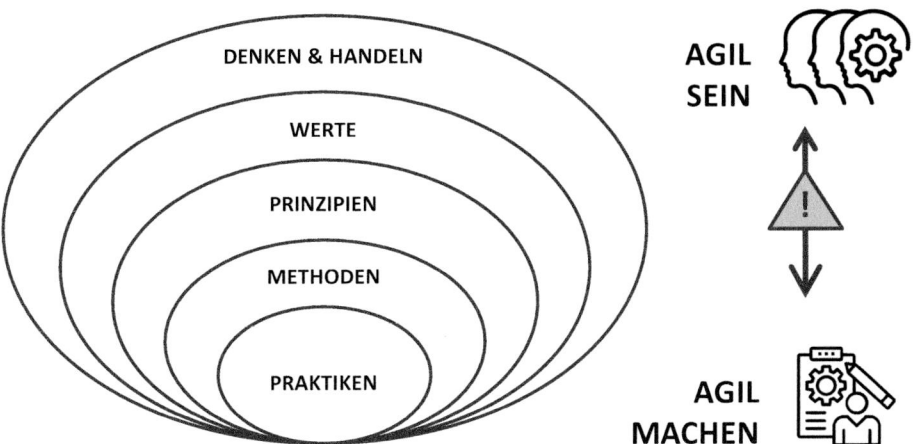

Abb. 25.2 Agilität – vom Verhaltensmuster zu konkreten Methoden und Praktiken

---

[13] Vgl. Luhmann (1995, S. 176 f.).
[14] Vgl. Gabler (2019, Agilität).

Industrien. Es entstand aus einer Zusammenarbeit von 17 Experten der Softwareentwicklung, um gemeinsame Werte aus den von ihnen entwickelten Methoden abzuleiten. Daraus
resultierten vier Werte und zwölf Prinzipien, die agiles Denken und Handeln bestimmen.[15]

4 agile Werte
1. Individuen und Interaktionen haben Vorrang vor Prozessen und Werkzeugen.
2. Funktionsfähige Produkte haben Vorrang vor umfangreicher Dokumentation.
3. Zusammenarbeit mit dem Kunden hat Vorrang vor Vertragsverhandlungen mit dem
   Kunden.
4. Das Eingehen auf Änderungen hat Vorrang vor strikter Planverfolgung.

12 agile Prinzipien
1. Begeistere deine Kunden ständig.
2. Heiße sich ändernde Kundenbedürfnisse stets willkommen und strebe nach kontinuierlicher Entdeckung neuer Kundenbedarfe.
3. Liefere regelmäßig werthaltige Ergebnisse aus.
4. Fachbereich und IT arbeiten in einem Team zusammen.
5. Erarbeite Produkte mit motivierten, verantwortungsvollen Menschen und gib ihnen
   die Freiheit zu lernen und erfolgreich zu sein.
6. Kommuniziere direkt und ehrlich, vorzugsweise von Angesicht zu Angesicht.
7. Die primäre Messung des Fortschritts ist das Ergebnis für unsere Kunden.
8. Halte ein gleichbleibendes Tempo und einen andauernden Rhythmus.
9. Schenke Exzellenz kontinuierlich Aufmerksamkeit.
10. „Keep it simple" = Maximiere den Umfang der nicht getanen Arbeit.
11. Arbeite in selbstorganisierenden und funktionsübergreifenden Teams.
12. Schaffe eine Lernkultur: alle Informationen transparent teilen, Verhaltensweisen stets
    überprüfen und anpassen.

In der heutigen Arbeitswelt existieren unzählige agile Methoden und Praktiken. Der folgende Abschnitt gibt einen Überblick der meistverwendeten Methoden und veranschaulicht deren Anwendung in einer Einordungshilfe.

25.4.3 Agile Methoden

Design Thinking,[16] Lean Startup,[17] Scrum, skaliertes Scrum und Kanban[18] sind agile Methoden, die zu verschiedenen Phasen der *Produktentwicklung* ihre Stärken entfalten. Abb. 25.3
zeigt eine Einschätzung des Autors, wann agile Methoden sinnvoll anzuwenden sind.

---

[15]Vgl. Beck et al. (2001).
[16]Für weitere Informationen vgl. Plattner et al. (2009).
[17]Für weitere Informationen vgl. Ries (2011).
[18]Für weitere Informationen vgl. Leopold (2016).

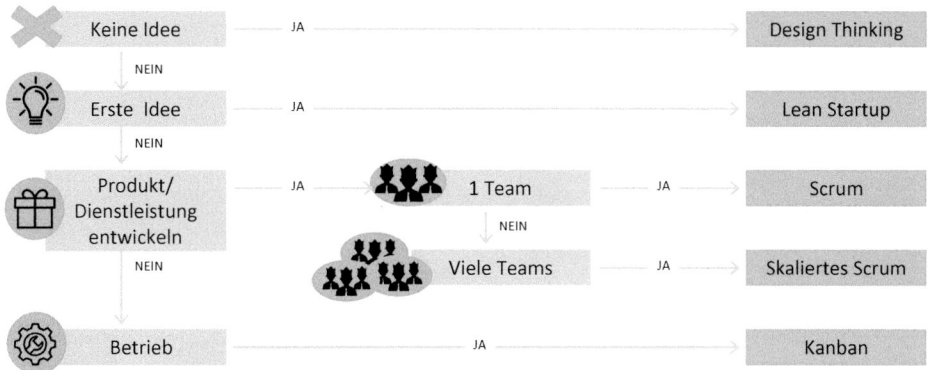

Abb. 25.3 Agile Methoden – Übersicht und Einordnung. (Quelle: Consistency)

Im Zuge des Smart Meter Rollout eines deutschen Verteilnetzbetreibers wurden Scrum und skaliertes Scrum als agile Methoden ausgewählt, um die Anpassung der bestehenden energiewirtschaftlichen Prozesse schnell, risiko-avers und effizient voranzutreiben. Diese Methoden werden im Folgenden näher erläutert.

25.4.4 Scrum und skaliertes Scrum

Scrum ist ein agiles Rahmenwerk, um Produkte und Prozesse (weiter) zu entwickeln. Das Rahmenwerk definiert im sogenannten Scrum Guide einen Prozess, drei Rollen, fünf Events, drei Artefakte und die dazugehörigen Zeitspannen.[19]

Der Scrum-Prozess
Der Scrum-Prozess (s. Abb. 25.4) ist ein iterativer Prozess, der die zu erledigende Arbeit in Sprints (definierte Arbeitsphasen von zwei bis drei Wochen)[20] einteilt. Ein *Sprint* ist hierbei in sich abgeschlossen und wiederholt sich kontinuierlich bei gleichbleibender Länge. Beginnend mit einer *Vision* wird ein *Product Backlog* (priorisierter Speicher von Anforderungen) erstellt. Jeder Product-Backlog-Eintrag erzeugt hierbei einen Wert für die Zielgruppe. Das Product Backlog und seine Einträge werden durch einen *Product Owner* verwaltet, der verantwortlich für den Produktwert und Gesamt-ROI (Return on Investment) ist.

Für jeden Sprint werden die höchst priorisierten Einträge in ein *Sprint Backlog* überführt (priorisierter Speicher von Aufgaben, um die selektierten Backlog-Einträge umzusetzen), welches im *Sprint Planning* durch das *Entwicklungsteam* festgelegt wird. Das Entwicklungsteam setzt die Kundenbedürfnisse, welche durch Backlog-Einträge

---

[19]Vgl. Schwaber und Sutherland (2017).

[20]Anm. des Autors: Auf Basis einer Vielzahl von agilen Projekten hat sich eine Sprintlänge von zwei bis drei Wochen als ideal herausgestellt. Der Scrum Guide definiert eine Länge von maximal einem Monat.

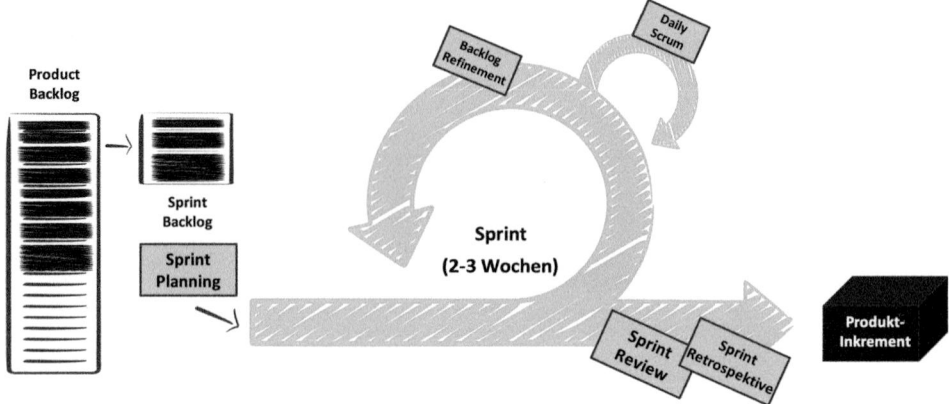

Abb. 25.4 Der Scrum-Prozess. (Quelle: Consistency)

beschrieben sind, bestmöglich um. Das Entwicklungsteam besitzt hierbei alle notwendigen Fähigkeiten, die Anforderungen des Sprint Backlog komplett umzusetzen, und besteht idealerweise aus drei bis neun Mitgliedern. Während des laufenden Sprints stimmt sich das Entwicklungsteam im *Daily Scrum* täglich ab, um das gesetzte Sprintziel zu erreichen. Hierbei wird das Team von einem *Scrum Master* unterstützt, der dafür sorgt, dass das Team funktioniert und stetig produktiver wird, ohne jedoch das Team hierarchisch zu kontrollieren. Das Product Backlog Refinement hilft dem Scrum Team, die Inhalte für den kommenden Sprint vorzubereiten.

Zum Ende eines Sprints werden die erzielten Ergebnisse den Kunden und Stakeholdern in Form eines *Sprint-Reviews* demonstriert. Das Ziel des Reviews ist es, frühzeitig Ergebnisse zu zeigen und werthaltiges Feedback für die weitere Umsetzung entgegenzunehmen. In einer *Sprint-Retrospektive* werden die Arbeitsweise des Teams reflektiert und gezielte Verbesserungsmaßnahmen vereinbart. Im Anschluss startet umgehend der nächste Sprint.

Sind die geplanten Umsetzungsmaßnahmen für ein Team zu groß, so kann Scrum skaliert werden. Hierzu arbeiten mehrere Scrum-Teams parallel in einer Umgebung. Die Teams arbeiten dabei im gleichen „Takt" und stimmen sich übergreifend ab. Bekannte Rahmenwerke sind hier das *Scaled Agile Framework* (SAFe), *Scrum@Scale, LeSS Huge* sowie das *Spotify-Modell*. Unabhängig vom verwendeten Rahmenwerk sind die Essenzen eines skalierten Vorgehens:

1. die Entwicklung einer übergreifenden strategischen Vision,
2. die gemeinsame und regelmäßige (i. d. R. vierteljährliche) Planung von Auslieferungen (Releases),
3. die Etablierung teamübergreifender Koordinationsmechanismen,
4. die Entwicklung eines Vorgehens zur kontinuierlichen Weiterentwicklung von Individuen, Teams und Prozessen.

25.4.5 Vorteile agiler Software-Entwicklung

Agile Software-Entwicklung nach Scrum unterstützt die inkrementelle Entwicklung der Kernfunktionen mit dem höchsten Wert für den Kunden. Im Kontext hoher Unsicherheit über den Zielzustand eines Prozesses beschleunigen agile Praktiken zunächst den Start der Umsetzung und unterstützen durch regelmäßiges Ausliefern eine kontinuierliche Annäherung an den Zielprozess/das Zielprodukt.[21]

Regelmäßige Auslieferungen
Das inkrementelle Design nach Scrum erlaubt das Einholen regelmäßiger Feedbacks von Kunden und Stakeholdern. Das Ziel jedes Sprints ist die Entwicklung eines potenziell releasefähigen Produkt-Inkrements, beispielsweise eine lauffähige Ausprägung eines Geschäftsprozesses, der umgehend an ausgewählten Pilotkunden getestet werden kann. Dies stellt Unternehmen, die noch nach traditionellen Vorgehensweisen agieren, vor große Herausforderungen, da interne Prozesse auf wenige Software-Auslieferungen im Jahr ausgerichtet sind. Im Laufe der letzten Jahrzehnte haben sich daher agile Praktiken etabliert, die eine hohe Auslieferungsqualität bei gleichzeitiger hoher Frequenz von Software-Releases sicherstellen.

Stabilisierung der Auslieferungsqualität je Sprint
Im Fokus der Qualitätssicherung bei agilen Entwicklungen steht das Testen. Innerhalb eines Sprints werden stets alle notwendigen Tests erfolgreich abgeschlossen, um das Produkt-Inkrement potenziell ausliefern zu können. Der manuell leistbare Testumfang ist aufgrund explorativer Datenkonstellationen und -komplexität limitiert. Agile Praktiken wie Test-Driven-Development und Testautomatisierung sind erforderlich, um die notwendige Auslieferungsqualität zu gewährleisten. Test-Driven-Development beschreibt hierbei die Fähigkeit, zunächst einen automatisierten Test zu schreiben. Der Entwickler produziert nur genau so viel Softwarecode, um den Test erfolgreich zu bestehen.[22] Testautomatisierung beschreibt die computergestützte Durchführung von Testfällen ohne menschliche Interaktion und wird insbesondere bei Unit-, Komponenten- und Regressionstests eingesetzt.[23]

Minimum Viable Product (MVP)
Das Bedürfnis nach schnellen Lösungen verbunden mit der Komplexität des Umfelds erfordert schlanke Strukturen und Prozesse. Es wird nur das absolut Notwendige in hoher Qualität und so schnell wie möglich ausgeliefert.[24] Agile Teams beschränken sich auf das *Minimum Viable Product (MVP)*. Ein MVP beschreibt nur die wirklich essenziellen

---

[21] Vgl. Kniberg (2015, S. 111).
[22] Vgl. Kniberg (2015, S. 105. f.).
[23] Vgl. Baumgartner et al. (2013, S. 122 und 143 ff.).
[24] Vgl. Brandes et al. (2014, S. 72).

Funktionalitäten des zu entwickelnden Produkts, nicht mehr. In zusätzlichen Auslieferungen kann das Produkt entsprechend weiterentwickelt werden, falls dies durch Kunden und Stakeholder im Rahmen einer stetigen Kosten-Nutzen-Betrachtung erwünscht ist.[25]

Im folgenden Abschnitt wird beschrieben, wie die agile Methode Scrum in einem skalierten Ansatz im Rahmen des Smart Meter Rollout eines nationalen Verteilnetzbetreibers angewandt wurde.

25.5 Agile Implementierungsleitlinien des Projekts Smart Meter Rollout eines deutschen Verteilnetzbetreibers

Die Herausforderung ist bekannt: Einer der größten Netz- und Messstellenbetreiber Deutschlands muss bis 2032 über vier Mio. mME sowie ca. eine Mio. iMSys in den Haushalten und Betrieben seiner Kunden einbauen. Das dafür aufgesetzte Projekt „Smart Meter Rollout" ist verantwortlich für die systemtechnische und prozessuale Implementierung der notwendigen Interimsprozesse, u. a. für Neuanlage, Gerätewechsel, Messdatenbereitstellung, Abrechnung und die dazugehörigen Marktkommunikationsprozesse.

25.5.1 Projektauftrag

Bei der Integration von mME und iMSys in die bestehenden Prozess- und Systemlandschaften des VNB und *grundzuständigen Messstellenbetreibers (gMSB)* galt es, die dynamischen Veränderungen der gesetzlichen und regulatorischen Vorgaben, technischen Machbarkeiten und Markterfordernisse permanent im Blick zu behalten. Im Zuge der Implementierung wurden darüber hinaus übergreifende Prozess- und Systemoptimierungspotenziale, insbesondere zur Vermeidung manueller Eingriffe, identifiziert und umgesetzt.

Die konkreten Zielsetzungen des Umsetzungsprojekts waren:

- die Interimsprozesse für mME und iMSys stufenweise agil mit schnellen Ergebnissen umsetzen,
- Lücken in den Prozessen auf Basis der gewonnen Erkenntnisse zu identifizieren,
- laufend neue Vorgaben aus dem Markt und den parallelen Rollout-Projekten zu berücksichtigen, um lauffähige Prozesse und Systeme sicherzustellen, welche die Interimsprozesse für Smart Meter abdecken.

Im Fokus des Projekts lag die effiziente Verwaltung des Messzählerbetriebs, um Planung, Disposition und Montage ideal zu koordinieren sowie die systemtechnische Abbildung der *Meter-to-Cash-Prozesse (M2C)*, welche bei der *Zählerablesung* beginnen und beim Erhalt der Kundenzahlung enden. Um diese Kernprozesse auf den Smart Meter Rollout vorzuberei-

---

[25] vgl. Ries (2011, S. 76 f.).

ten, mussten Systemfunktionalitäten in der Abrechnung, dem Gerätemanagement, im Vertrags- und Lieferantenmanagement und der Bilanzierung angepasst werden. Die operative Montage und Inbetriebnahme wurden im Kontext des Projekts nicht detailliert betrachtet.

Agiles Arbeiten setzt eine strikte Priorisierung voraus. Im Projekt wurden die folgenden Implementierungsleitlinien für eine kontinuierliche Entwicklung der Smart-Meter-Prozesse definiert:

- Umsetzung des Interimsmodells vor Etablierung der Zielprozesse.
- mME-Prozesse haben Vorrang vor iMSys-Prozessen (solange, bis die Markterklärung absehbar ist).[26]
- Energiebezug hat Vorrang vor Einspeisung.
- Die Sparte Strom wird höher priorisiert als die Sparte Gas.
- Umsetzung von Anwendungsfällen und Geschäftsprozessen anhand der erwarteten Anzahl von Prozessdurchläufen. Eine systemtechnische Abbildung der Massenprozesse ist wichtiger als die Implementierung von Sonderfällen.

Auf Basis der gesetzten Leitplanken erfolgte eine strikte Priorisierung der jeweiligen Geschäftsprozesse und Anwendungsfälle, die in eine kontinuierlich gepflegte Releaseplanung überführt wurde. Mit Hilfe der agilen Vorgehensweise konnten diese dann sukzessiv umgesetzt, getestet und ausgerollt werden.

Der Projektfokus lag zu Beginn auf der inkrementellen Auslieferung der Interimsprozesse mME, um einen flächendeckenden Einbau ab Januar 2017 sicherzustellen. Im Anschluss startete das Projekt die Erkundung der Interimsprozesse für iMSys. Hierzu erfolgte eine enge Zusammenarbeit mit den SMGW-Dienstleistern. Es galt die notwendigen Interimsprozesse für iMSys so schnell wie möglich unter realen Bedingungen zu pilotieren und sukzessive zu optimieren, um für eine anstehende Markterklärung gewappnet zu sein. Inmitten des laufenden Projekts wurde zudem die Einführung der Markt- und Messlokation zum 01. Feb. 2018 abgewickelt.

25.5.2 Agiles Umsetzungsvorgehen

Um die genannten Ziele und Herausforderungen in kürzester Zeit und mit durchgehender Qualitätssicherung zuverlässig bewältigen zu können, wurde das Projekt gemäß *Scrum-Framework* agil umgesetzt. Die Gründe für die Auswahl eines agilen Vorgehensmodells wurden durch das Projektteam wie folgt beschrieben:

- mME und iMSys stellen die Energiewirtschaft vor neue Herausforderungen, die es kontinuierlich zu erkunden gilt.
- Die Volatilität des Marktes erfordert eine schnelle Reaktionsfähigkeit während der Umsetzung.

---

[26]Anm. des Autors: Zum Projektstart war eine Markterklärung noch nicht absehbar.

- Eine partnerschaftliche Zusammenarbeit zwischen Kunden und Dienstleistern erhöht die Wahrscheinlichkeit einer erfolgreichen Umsetzung signifikant.
- Frühzeitig sichtbare Ergebnisse liefern wichtige Erkenntnisse über die Komplexität und Anpassungsfähigkeit der Prozesse und Systeme.

Das Projekt „Smart Meter Rollout" startete mit einem dreiwöchigen Mobilisierungs-Sprint (s. Abb. 25.5). Der Sprint diente dazu, die notwendigen Rahmenbedingungen zur Durchführung von *agilen Projekten* zu schaffen und gleichzeitig die agile Vorgehensweise zu erproben. Dazu zählten u. a. die Teambesetzung, die Vermittlung eines einheitlichen Verständnisses des Projektvorhabens, die Einführung einer Applikation zur Abbildung der Scrum-Artefakte sowie die Erstellung einer umfassenden Kommunikationsplattform.

Der zweite Sprint diente dem „Verstehen". Es wurden diverse Workshops mit Fachexperten aus allen Bereichen koordiniert, um ein gemeinsames Verständnis zu initialen Prozessabläufen, Datenflüssen, Systemarchitekturen und Designprinzipien zu erzeugen. Die beiden ersten Sprints lieferten die notwendige Grundlage, um ein agiles Projekt dieser Größenordnung stabil aufzustellen.

Die Umsetzungsphase startete direkt nach der Initialisierungsphase mit insgesamt 6 parallel agierenden Scrum-Teams. Die cross-funktionalen Teams bestanden aus nicht mehr als jeweils 10 Teammitgliedern und setzten sich u. a. aus Fachexperten, IT-Beratern, Software-Entwicklern, und Testern zusammen. Hierbei war es wichtig, dass jedes Scrum-Team die notwendigen Fähigkeiten besaß, um seine Sprint-Aufgaben eigenständig umzusetzen. Um möglichst geringe Abhängigkeiten zwischen den Teams zu erreichen, wurden diese entlang der Wertschöpfungskette von gMSB und VNB aufgestellt:

- Messzählerbetrieb (inkl. Planung/Disposition von (De-)Montage),
- Neuanlage (inkl. Stammdatenverwaltung),
- Gerätewechsel (inkl. Stammdatenverwaltung),
- Ablesung/Messdatenbereitstellung,

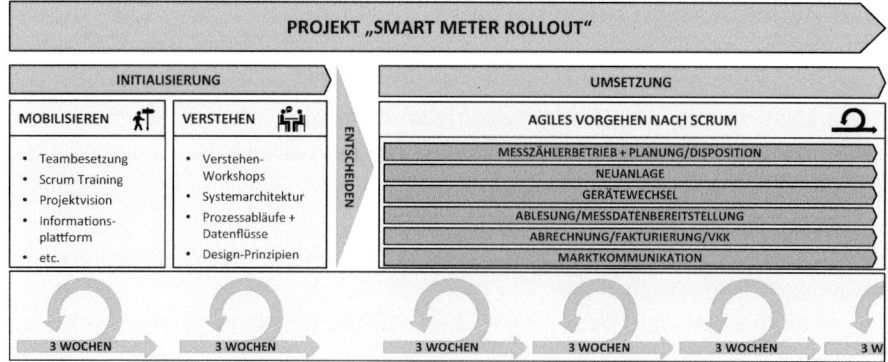

Abb. 25.5 Das agile Umsetzungsvorgehen im Projekt „Smart Meter Rollout". (Quelle: Consistency)

- Abrechnung/Fakturierung/Vertragskontokorrent,
- Marktkommunikationsprozesse.

Jedes Scrum-Team – bestehend aus Product Owner, Scrum Master und Entwicklungs-team – arbeitete in 3-Wochen-Sprints und war dafür verantwortlich, am Ende jedes Sprints vollständig getestete Systemfunktionalitäten bzw. potenziell lauffähige Prozessschritte ab-zubilden. Das gesamte Umsetzungsprojekt vereinbarte, jeweils nach ca. drei bis vier Sprints eine gemeinsame Auslieferung in die produktive Prozesslandschaft durchzuführen. Der Releaseprozess gestaltete sich als weniger aufwendig und risikoreich im Vergleich zu den Erfahrungen in traditionellen Software-Projekten mit einem einzigen GoLive am Ende des Projekts. Die Prüfung der Integrität von System- und Prozesskomponenten wurde durch die regelmäßigen Auslieferungen stark erleichtert.

Skaliertes Scrum im Projekt Smart Meter Rollout
Wie in Abschn. 25.4.4 beschrieben, benötigt ein skaliertes Scrum-Vorgehen Skalierungs-mechanismen, die eine effiziente Zusammenarbeit ermöglichen. Erforderlich sind u. a. eine übergreifende Vision, die regelmäßige Planung von Auslieferungen, die Etablierung übergreifender Abstimmungen sowie ein Ansatz zur kontinuierlichen Weiterentwicklung des Projekts. Im Folgenden ist die konkrete Ausprägung dieser Elemente beschrieben.

In einer Kick-off-Veranstaltung zu Projektbeginn wurde eine gemeinsame Vision erar-beitet, in der Ziel- und Kundengruppe, die Kundenbedürfnisse, die zu entwickelnden Pro-dukte und deren Eigenschaften abgebildet sind:

> „Für unsere Kunden mit einem Jahresverbrauch größer 6.000 kWh mit dem Bedürfnis, die bestehenden Kundenprozesse fortschreitend zu digitalisieren, bieten wir bis spätestens 2032 eine intuitive und reibungslose Umrüstung auf intelligente Zähler an, die auf einfachen, stan-dardisierten und automatisierten Geschäftsprozessen basiert und mittels agiler Methoden schnell und qualitativ hochwertig entwickelt wird, um den regulatorischen Unsicherheiten entgegenzuwirken und gleichzeitig kontinuierlich Kundenfeedback einzuholen.“[27]

Ab Projektstart kamen die sechs parallel agierenden Scrum-Teams nach jeweils vier Sprints zu einem übergreifenden „agilen Projekt Review und Planning Day“ zusammen. In diesen Events demonstrierten die Scrum-Teams ihren Stakeholdern gemeinsam die fertiggestell-ten Prozess-Inkremente und gaben einen Überblick, welche Themen in den letzten Sprints umgesetzt wurden und welche in den kommenden Sprints geplant waren. Außerdem wur-den nach Bedarf neue Sachverhalte und Anwendungsfälle teamübergreifend in einem Verstehen-Workshop diskutiert oder die anstehende Releaseplanung überprüft und aktua-lisiert. Zum Abschluss des Events reflektierten die Projektmitglieder ihre derzeitige Per-formance und identifizierten gezielte Optimierungsmaßnahmen zur Steigerung der über-greifenden Produktivität.

---

[27] Pichler (2008, S. 166 f.).

Im Projektalltag führten die Scrum-Teams rollenspezifische Abstimmungen durch. Alle Product Owner trafen sich wöchentlich für 90 Minuten im Product Owner Board mit dem Ziel, fachliche Abhängigkeiten zwischen den Teams zu identifizieren, diese gemeinsam zu priorisieren und eine effiziente Erarbeitung des Themas ohne Wartezeiten zu gewährleisten. Die Scrum Master der Teams kamen jede Woche für 90 Minuten im sogenannten Scrum Master Board zusammen. Sie fokussierten sich darauf, Hindernisse, die die Scrum-Teams in ihrer Produktivität einschränkten, schnell zu lösen. Oft wurden hier strukturelle Muster in der Organisation identifiziert, die alle Teams betrafen und somit gemeinsam bearbeitet werden konnten. Das Scrum Master Board überprüfte zudem die Einhaltung der Scrum-Methodik und coachte die Projektmitglieder kontinuierlich. Zudem trafen sich Vertreter der sechs Scrum-Teams zweimal wöchentlich im Scrum of Scrums für 15 Minuten, um sich über Abhängigkeiten in der Entwicklung auszutauschen oder aufkommende Fragen zu beantworten.

Ein wichtiger Aspekt ist, dass ein *agiles Projekt* stets so schlank und effizient wie möglich arbeitet. Aus diesem Grund dienten alle Meetings der Erfüllung eines definierten Zwecks, welcher stetig überprüft und ggf. angepasst wurde. Kontinuierliches Lernen und Weiterentwicklung waren hierbei tief verankerte Grundsätze des agilen Vorgehens.

Das Aufsetzen und Implementieren der Scrum-Methodik im Projekt wurde durch erfahrene *agile Coaches* begleitet. Sie unterstützten die Etablierung der Scrum-Teams, führten spezifisches 1 : 1-Coaching der Scrum-Rollen durch und reflektierten stetig das Projekt-Setup und die gewählten Skalierungsmechanismen hinsichtlich Praktikabilität und Nutzen.

Regelmäßiges Ausliefern von Prozessinkrementen im Projekt Smart Meter Rollout
Bereits nach wenigen Sprints lieferten die sechs Scrum-Teams erste Prozesse zur Inbetriebnahme und Betriebsführung von mME im Kontext des Interimsmodells aus. Der gelieferte Prozessumfang beinhaltete u. a. die folgenden Anwendungsfälle:

- Neuanlage,
- (Erst-)/Inbetriebnahme Wechsel von Ferrariszähler auf mME,
- Wechsel mME,
- Lieferantenwechsel mME (mit dem Fokus auf Zählerstandbeschaffung, Bilanzierungspflichten und Abrechnung der Netznutzungsentgelte),
- Integration erster Vertragskontokorrentschnittstellen zu Buchhaltung und Forderungsverfolgung.

In weiteren Umsetzungsphasen wurden die Prozesse und Systemfunktionalitäten auf Basis des Kunden- und Anwenderfeedbacks kontinuierlich weiterentwickelt und stabilisiert. Ein Schlüssel zum Erfolg des agilen Vorgehens war hierbei das Verständnis, dass nur durch regelmäßiges Ausliefern werthaltiges Feedback erzeugt werden kann.

Durch eine zu Projektbeginn noch unbekannte Anforderung, die Einführung der Marktlokations-Identifikationsnummer (MaLo-ID) zum 01. Feb. 2018, erfolgte eine kurzfristige Re-Priorisierung der initialen Projektplanung.[28] Die Kraft des agilen Vorgehens war hier besonders deutlich zu spüren. Es war nicht erforderlich, neue Projektstrukturen mit viel Aufwand aufzusetzen. Das bestehende Projektteam re-priorisierte gemeinsam die Arbeit und konzentrierte sich kurzfristig auf die Erfüllung der gesetzlichen Vorgaben – mit Erfolg. Nach erfolgreichem GoLive Anfang Februar 2018 fokussierten sich die Teams wiederum auf die ursprünglichen Prioritäten – die Interimsprozesse für Anlage und Betrieb von iMSys.

Da der verpflichtende Rollout für iMSys aufgrund der ausstehenden SMGW-Zertifizierung noch nicht starten konnte, etablierte das Projekt eine künstliche Umgebung mit 100 intelligenten Messsystemen. Im Zuge der kontinuierlichen Auslieferung durch die Scrum-Teams wurden u. a. folgende Anwendungsfälle in dieser Umgebung unter realen Bedingungen ausgerollt, zunächst mit dem Fokus auf die Fallklasse SLP-Kunde mit Strombezug:

- (Erst-)/Inbetriebnahme Wechsel von Ferrariszähler auf iMSys,
- Wechsel Smart Meter Komponente im iMSys (SMGW oder mME),
- Wechsel iMSys,
- Messdatenbereitstellung und Messwertverarbeitung,
- Abrechnung NNE,
- Stilllegung,
- Anschlussnutzerwechsel.

25.5.3 Erfolge und wichtige Erfahrungen am Projektende

Die agile Vorgehensweise nach Scrum ermöglichte dem Projekt „Smart Meter Rollout", die für den mehrstufigen Rollout erforderlichen systemtechnischen und prozessualen Anpassungen konsequent umzusetzen und schnell auf sich ändernde Marktbedingungen zu reagieren. Im Sinne des MVP-Gedanken konzentrierten sich die Scrum-Teams zunächst auf die unbedingt notwendigen Anpassungen und erzielten schnelle Ergebnisse. Die daraus gewonnenen Erkenntnisse flossen in die stetige Weiterentwicklung der Interimsprozesse je Sprint ein.

Die Scrum-Methodik etablierte eine neue Art der Zusammenarbeit zwischen Fachbereichen und IT-Dienstleistern, die auf gegenseitiger Wertschätzung beruhte und auf schlanke, effiziente Prozesse Wert legte. Hierbei lag die Stärke darin, dass die relevanten Personen tagtäglich fokussiert an einem gemeinsamen Ziel arbeiteten und der Arbeitsfortschritt stets transparent war. Die Fachbereiche waren aktiv im Projekt eingebunden und nahmen beispielsweise die Rolle des Product Owners ein, der die fachliche Priorisierung verantwortet. Somit wurde verhindert, dass das benötigte Wissen außerhalb des Projekts lag und zu ineffizienten Wartezeiten bei Fachfragen führte. Im direkten Austausch mit den

---

[28]Vgl. BMWi (2018a, S. 2).

Smart-Meter-Gateway-Herstellern konnten unklare Prozesse und Funktionalitäten frühzeitig gemeinsam erforscht, entwickelt und pilotiert werden. – ein Vorteil für beide Seiten,
da eine Integration nach dem Rollout deutlich schneller möglich sein wird.

Entscheidend für die erfolgreiche Implementierung des Scrum-Frameworks war zudem
die Einbindung von erfahrenen agilen Coaches, die das Projekt täglich begleiteten und
nachhaltig zum Projekterfolg beitrugen.

Fortführung des agilen Vorgehens nach Projektende
Zum geplanten Projektende im Dezember 2018 wurde, entgegen der ursprünglichen Annahmen, noch keine Markterklärung durch das BMWi kommuniziert. Die erfolgreiche
Umsetzung des Projekts führte jedoch dazu, dass die kontinuierliche Weiterentwicklung
der Smart-Meter-Prozesse in der agilen Vorgehensweise zukünftig fortgeführt werden. Die
agilen Scrum-Teams sind somit nachhaltig für die Umsetzung der Anforderungen des
Smart Meter Rollout für die kommenden Jahre verantwortlich. Die anstehende Markterklärung und der damit verbundene Massen-Rollout von intelligenten Messsystemen werden das Handeln in den kommenden Sprints bestimmen.

25.6   Fazit und Ausblick

Am Beispiel des Projekts „Smart Meter Rollout" wurde aufgezeigt, wie mittels agiler
Methoden herausfordernde regulatorische Anforderungen in gewachsenen System- und
Prozesslandschaften optimal umgesetzt werden können. Mit diesem Verständnis und der
Bereitschaft zu innovativen Maßnahmen gelingt es, schnelle werthaltige Ergebnisse zu
liefern, die Transparenz zu steigern, die Kommunikation zu verbessern und dadurch die
gestellten Aufgaben erfolgreich umzusetzen. Darüber hinaus initiiert Agilität einen spürbaren Kulturwandel im Unternehmen, der nachhaltig ist. Ein sichtbarer Ausdruck im Projekt stellte die enge, konstruktive und wertschätzende Zusammenarbeit zwischen den
Fachbereichen und den IT-Dienstleistern dar.

Die Anwendung agiler Methoden unterstützt Individuen und Unternehmen dabei, sich
an dynamische und komplexe Rahmenbedingungen schnell anzupassen und den Herausforderungen der VUCA-Welt entgegenzuwirken. Die Hürden des in diesem Buchkapitel
beschriebenen Smart Meter Rollout spiegeln den Anfang und noch nicht das Ende der
Energiewende wider. Darüber hinaus werden neue Trends und Technologien, wie beispielsweise *Cyber Security*, Energy+, Blockchain und Künstliche Intelligenz die Branche
vor ständig neue Aufgaben stellen und den Wettbewerb deutlich verschärfen.

> „Es ist nicht die stärkste Spezies, die überlebt, auch nicht die intelligenteste, es ist diejenige,
> die sich am ehesten dem Wandel anpassen kann" (Charles Darwin, 1809–1882)

Bereits Charles Darwin erkannte vor mehr als 150 Jahren, dass eine rasche Anpassung auf
sich ändernde Rahmenbedingungen einen kritischen Erfolgsfaktor in der Evolution darstellt.

Für die Energiewirtschaft bedeutet dies, dass nur die Unternehmen nachhaltig wettbewerbsfähig bleiben, die am effektivsten auf die Veränderungen des Marktes reagieren können. Agilität und die Anwendung agiler Methoden unterstützen Unternehmen dabei, innovative Geschäftsmodelle zu entwickeln, neue Produkte schnell zu verproben und regelmäßig Kundenfeedback einzuholen. Dies stellt einen entscheidenden Wettbewerbsvorteil dar.

Literatur

Baumgartner, M., Klonk, M., Pichler, H., Seidl, R., & Tanczos, S. (2013). *Agile Testing: Der agile Weg zur Qualität*. München: Carl Hanser.

BDEW. (2017). *Marktkommunikation: BDEW-Services zum Interimsmodell* (02. Nov. 2017). Berlin: BDEW Bundesverband der Energie- und Wasserwirtschaft e. V. https://www.bdew.de/energie/marktkommunikation-bdew-services-interimsmodell/. Zugegriffen am 02.03.2019.

Beck, K., et al. (2001). Manifest für Agile Softwareentwicklung. https://agilemanifesto.org/iso/de/manifesto.html. Zugegriffen am 02.03.2019.

Bennett, N., & Lemoine, G. (2014). What VUCA really means for you. *Harvard Business Review, 92*(1/2), 27.

BMWi. (1998). Gesetz zur Neuregelung des Energiewirtschaftsrechts vom 24.04.1998 (EnWG 1998). *Bundesgesetzblatt Jg. 1998, Teil I Nr. 23,* ausgegeben am 28.04.1998, S. 730 ff. Berlin: Bundesministerium für Wirtschaft (BMWi). https://dejure.org/BGBl/1998/BGBl._I_S._730. Zugegriffen am 02.03.2019.

BMWi. (2016). Gesetz zur Digitalisierung der Energiewende. *Bundesgesetzblatt* Jg. 2016 Teil I Nr. 43, S. 2034 ff. (29. Aug. 2016). Berlin: Bundesministerium für Wirtschaft und Energie (BMWi). https://www.bmwi.de/Redaktion/DE/Downloads/Gesetz/gesetz-zur-digitalisierung-der-energiewende.pdf?__blob=publicationFile&v=4. Zugegriffen am 02.03.2019.

BMWi. (2018a). *Die neue Marktlokations-Identifikationsnummer – Anwendungshilfe* (Version 1.6, 08. Mai 2018). Berlin: Bundesministerium für Wirtschaft und Energie (BMWi). https://www.bdew.de/media/documents/Awh_20180508_MaLo-ID-FAQ-Version-1-6.pdf. Zugegriffen am 02.03.2019.

BMWi. (2018b). Wichtiger Meilenstein für die Digitalisierung der Energiewende: Erstes Zertifikat für Smart-Meter Gateway übergeben (Pressemitteilung (20. Dez. 2018). Berlin: Bundesministerium für Wirtschaft und Energie (BMWi). https://www.bmwi.de/Redaktion/DE/Pressemitteilungen/2018/20181220-wichtiger-meilenstein-fuer-die-digitalisierung-der-energiewende.html. Zugegriffen am 02.03.2019.

Brandes, U., Gemmer, P., Koschek, H., & Schültken, L. (2014). *Management Y: Agile, Scrum, Design Thinking & Co.: So gelingt der Wandel zur attraktiven und zukunftsfähigen Organisation*. Frankfurt a. M.: Campus.

Gabler. (2019). Agilität. In: *Gabler Wirtschaftslexikon* (Revision vom 07. Jan. 2019). https://wirtschaftslexikon.gabler.de/definition/agilitaet-99882/version-368852. Zugegriffen am 02.03.2019.

Hofert, S. (2016). *Agiler führen: Einfache Maßnahmen für bessere Teamarbeit, mehr Leistung und höhere Kreativität*. Wiesbaden: Springer Gabler.

Kniberg, H. (2015). *Scrum and XP from the Trenches – How we do Scrum*. Etobicoke, Kanada: C4Media.

Lauterborn, A. (2013). Strategische Aspekte von Rollout-Projekten. In C. Aichele & O. D. Doleski (Hrsg.), *Smart Meter Rollout: Praxisleitfaden zur Ausbringung intelligenter Zähler* (S. 43–73). Wiesbaden: Springer Vieweg.

Leopold, K. (2016). *Kanban in der Praxis. Vom Teamfokus zur Wertschöpfung*. München: Hanser. ISBN: 3446443436, EAN: 9783446443433.

Luhmann, N. (1995). *Social systems*. Stanford: Stanford University Press.

Munzinger, M. (2018). Innovative Geschäftsmodelle im Smart Market als Reaktion auf die Energiewende. Master Thesis vorgelegt der Fakultät Wirtschaftswissenschaften, Westfälische Wilhelms-Universität Münster, Fachgebiet Energiewirtschaft. Münster.

Pichler, R. (2008). *Scrum: Agiles Projektmanagement erfolgreich einsetzen*. Heidelberg: dpunkt.

Plattner, H., Meinel, C., & Weinberg, U. (2009). *Design Thinking: Innovation lernen – Ideenwelten öffnen*. München: mi Wirtschaftsbuch, Finanzbuch.

Rieger, V., & Weber, S. (2017a). Energiewende 4.0 – Chancen, Erfolgsfaktoren, Herausforderungen, Barrieren für Stadtwerke und Verteilnetzbetreiber. In O. D. Doleski (Hrsg.), *Herausforderung Utility 4.0 – Wie sich die Energiewirtschaft im Zeitalter der Digitalisierung verändert* (S. 181–197). Wiesbaden: Springer Vieweg.

Rieger, V., & Weber, S. (2017b). Umfrage wettbewerblicher Messstellenbetrieb – Update 09/17. Köln: Detecon International GmbH. https://www.detecon.com/drupal/sites/default/files/2018-07/wmsb_umfrage_09_2017_2.pdf. Zugegriffen am 02.03.2019.

Ries, E. (2011). *The lean startup: How today's entrepreneurs use continuous innovation to create radically successful businesses*. New York: Crown Business Publishing. ISBN 9780307887894. OCLC 693809631.

Schwaber, K., & Sutherland, J. (2017). Der Scrum Guide – Der gültige Leitfaden für Scrum: Die Spielregeln (Deutsche Ausgabe, Nov. 2017). https://www.scrumguides.org/docs/scrumguide/v2017/2017-Scrum-Guide-German.pdf. Zugegriffen am 02.03.2019.

Sebastian Lemke bringt als studierter Wirtschaftsinformatiker seine Expertise seit vielen Jahren bei der Implementierung von agilen Werten und Prinzipien zur Organisationstransformation ein. Sebastian Lemke fokussiert sich hierbei auf die Befähigung von Mitarbeitern, begleitet den Wandel hin zu einer nachhaltigen Unternehmenskultur und berät Unternehmen strategisch in Zeiten hoher Unsicherheit, Komplexität und Volatilität. Sebastian Lemke ist Gesellschafter von consistency. consistency ist seit 2008 ein leistungsstarker Beratungspartner für Unternehmen in der Energiewirtschaft, Finanz-, Telekommunikationsbranche sowie im E-Commerce. Der Kompetenzschwerpunkt von consistency besteht in der fachspezifischen und strategischen Beratung, Befähigung und Umsetzung agiler Projekte und Unternehmenstransformationen.

Intelligente Messsysteme zur Unterstützung eines robusten Netzbetriebs: Messung, Steuerung und Koordinierung

Marcus Hörhammer und Julian Zimpel

Zusammenfassung

Wie können intelligente Messsysteme in die Smart Grids der Zukunft integriert werden? Dieser Beitrag beschreibt, wie intelligente Messsysteme marktseitige und netzseitige Prozesse sowie die Interaktion beider Seiten miteinander ermöglichen – für ein nachhaltiges, zuverlässiges und wirtschaftliches Gesamtenergiesystem. In den Forschungsprojekten PolyEnergyNet und Designetz hat die VOLTARIS GmbH intelligente Messsysteme bereits netzdienlich eingesetzt und deren Funktionsweise demonstriert: zur Ermittlung und Kommunikation netzdienlicher Parameter sowie zur Realisierung der Steuerfunktionalität zur Nutzung von Flexibilitäten. In den Forschungsvorhaben konnte gezeigt werden, dass Netzzustandsdaten von Messsystemen erfasst und über ein EMT-System einem Automatisierungssystem bereitgestellt werden können. Ebenso konnten Schalthandlungen durch die Messsysteme realisiert werden. Das hier beschriebene Mess- und Steuerkonzept mit dem Smart Meter Gateway als Kommunikationsplattform kann künftig zur Umsetzung aller energiewirtschaftlichen Anwendungen eingesetzt werden. Bei der Entwicklung von Mehrwertdiensten mit dem intelligenten Messsystem hat die Gewährleistung der sicheren Energieversorgung oberste Priorität. Um diese und weitere Herausforderungen der Energiewende zu meistern und um den Netzausbau einzusparen oder hinauszuzögern, wurden verschiedene Konzepte entwickelt mit dem Ziel, die Aktionen einzelner Marktteilnehmer effizient zu koordinieren und die Netzstabilität zu wahren.

M. Hörhammer (✉)
VOLTARIS GmbH, Maxdorf, Deutschland

J. Zimpel
VOLTARIS GmbH, Merzig, Deutschland

© Springer Fachmedien Wiesbaden GmbH, ein Teil von Springer Nature 2020
O. D. Doleski (Hrsg.), *Realisierung Utility 4.0 Band 2*,
https://doi.org/10.1007/978-3-658-25589-3_26

26.1   Aufgabenstellung

Der zunehmende Anteil der erneuerbaren Energien (EE) an der deutschen Stromerzeugung eröffnet große ökologische und ökonomische Chancen, deren Umsetzung die Energiewirtschaft vor große Herausforderungen stellt. Dazu kommt, dass die meisten EE-
Anlagen in der Mittel- und Niederspannungsebene angeschlossen sind und volatil
einspeisen. Die Einspeisung übersteigt teilweise den Bedarf, sodass es zu Rückspeisungen
kommt. Dem steht auf der Bedarfsseite die Durchsetzung der Elektromobilität gegenüber.
Diese führt zu hoher Stromnachfrage für die Ladevorgänge, was – besonders bei vielen
gleichzeitigen Ladevorgängen – hohe Netzkapazitäten notwendig macht. Allerdings sind
die historisch gewachsenen Netze teilweise nicht für diese neuen Anforderungen ausgelegt, was zu Engpässen und Überlastungen elektrischer Betriebsmittel führen kann. Alternativ bzw. ergänzend zu einem Netzausbau, der die Netzkapazitäten den Anforderungen
anpasst, wird das intelligente Netz, das Smart Grid, untersucht und umgesetzt.[1]

In einem Smart Grid werden Angebot und Nachfrage permanent aufeinander abgestimmt und gesteuert:[2] Engpässe und Überlastungen werden mittels Messtechnik und entsprechender Analysesysteme identifiziert bzw. prognostiziert und durch resultierende
Steuereingriffe behoben bzw. vermieden. Die entsprechende Mess- und Steuerungstech-
nik ist jedoch in den niederen Spannungsebenen bisher wenig verbreitet.[3]

Der *Rollout intelligenter Messsysteme* ist ein flächendeckendes und umfassendes Infra-
strukturprojekt, welches einen maßgeblichen Schritt zur Digitalisierung der Energiewirtschaft darstellt. Es ist naheliegend, dieses Vorhaben im Einklang mit der Energiewende
und mit der Nutzung von Synergien zu realisieren. Daher sollen intelligente Messsysteme
künftig Bausteine der *Smart Grids* werden und eine flexible und gleichzeitig sichere Energieversorgung ermöglichen. Zu diesem Zweck erbringen intelligente Messsysteme zwei
wesentliche Funktionen: Zum einen die *Messdatenerfassung*, welche insbesondere Netze
der unteren Spannungsebenen beobachtbar macht, und zum anderen die Steuerung flexibler Anlagen zur Anpassung von Energieflüssen – sowohl für marktseitige als auch für netzseitige Akteure.[4] Dieser intelligente Ansatz eines dezentralen Stromversorgungssystems
der Zukunft ist durch bidirektionale Informations- und Stromflüsse gekennzeichnet. Bisher passive Stromkonsumenten entwickeln sich zu Prosumern, die aktiv an der Gestaltung
des Stromversorgungssystems teilnehmen.

Im vorliegenden Text wird beschrieben, wie intelligente Messsysteme konkret zur Unterstützung eines robusten *Netzbetriebs* eingesetzt werden können. Zunächst werden die
Rahmenbedingungen der Einbindung beschrieben. Nachfolgend wird ein allgemeines
Modell zur Integration vorgestellt, das auf Basis der Forschungsprojekte PolyEnergyNet
und Designetz entstanden ist.

---

[1] Vgl. ETG (2015).

[2] Vgl. BDEW und ZVEI (2012, S. 6).

[3] Vgl. Heuck et al. (2010), Seidel et al. (2016, S. 21).

[4] Vgl. BSI (2019a, S. 15).

26.2   Rahmenbedingungen der Einbindung intelligenter Messsysteme

Zunächst wird die Systeminfrastruktur der Mess- und Backend-Systeme erläutert. Danach wird die Messdatenverteilung dargestellt, bevor am Ende des Abschnitts das BDEW-Ampelkonzept und die FNN-Koordinierungsfunktion als Konzepte zur notwendigen Koordinierung der Interaktion zwischen Markt und Netz beschrieben werden.

26.2.1 Intelligente Messsysteme: Grundlagen des Betriebs

Grundlage für die Einführung der intelligenten Messsysteme und deren Verwendung sind das Messstellenbetriebsgesetz (MsbG) und insbesondere die Technische Richtlinie BSI TR 03109 des Bundesamtes für Sicherheit in der Informationstechnik (BSI). Abb. 26.1 zeigt die Systembestandteile und Kommunikationsverbindungen, welche im Folgenden beschrieben werden.[5]

Die modernen Messeinrichtungen (mMe) zur Erhebung von *Messdaten* befinden sich im sogenannten *Local Metrological Network (LMN)* und werden über die LMN-Schnittstelle an das *Smart Meter Gateway (SMGW)* angeschlossen (drahtgebunden oder per Funk).[6] Neben dem Stromzähler werden auch die Zähler anderer Sparten (Gas, Wasser etc.) über die LMN-Schnittstelle mit dem SMGW verbunden. Das SMGW bildet die zentrale Kommunikationsplattform und kommuniziert über eine WAN-Verbindung mit den entsprechenden Backend-Systemen und Datenempfängern. Dabei können

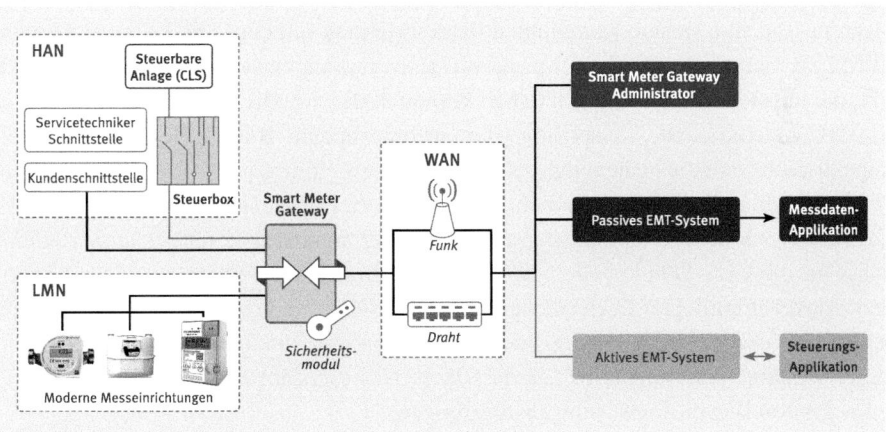

Abb. 26.1 Systembestandteile iMSys (Quelle: VOLTARIS)

---

[5] Vgl. BSI (2019a, S. 14).

[6] Bei der Verwendung einer Funkverbindung (z. B. wMBus) sind die geforderten Latenzzeiten vor dem Hintergrund der Eichgültigkeit bei abrechnungsrelevanten Werten zu beachten.

unterschiedliche Kommunikationstechnologien zum Einsatz kommen: Zu den derzeit etablierten Kommunikationstechnologien gehören Mobilfunk (GPRS, LTE), Powerline Communication, Glasfaser oder Ethernet. Einzelne Hersteller entwickeln darüber hinaus den Einsatz von 450 MHz-Funkmodulen.[7]

Zusätzlich zur LMN-Schnittstelle verfügt das SMGW über eine sogenannte HAN-Schnittstelle (*Home Area Network*). Über diese erhält der Nutzer Einblick in die im SMGW gespeicherten Daten. Zudem steht die Schnittstelle dem Servicetechniker für Parametrierungen oder zur Störungsbeseitigung bereit.

Die CLS-Schnittstelle (*Controllable Local System*) steht als Teil des HAN zur Verfügung, um z. B. über eine Steuerbox Steuerbefehle zu übermitteln oder Anlageninformationen auszutauschen. Dies ermöglicht es, Erzeugungs- und Verbrauchsanlagen anzusteuern. Ebenfalls über die *CLS-Schnittstelle* kann der Anschluss von *Submetering* erfolgen, z. B. die Einbindung von Heizkostenverteilern.[8]

Als Datenempfänger kennt das SMGW das System des *Gateway-Administrators* (GWA) sowie externe Marktteilnehmer (EMT) wie *Messstellenbetreiber*, Übertragungs- und Verteilnetzbetreiber, Lieferanten oder Direktvermarkter.

Dem GWA kommt eine besondere Bedeutung zu: Er ist verantwortlich für den sicheren technischen Betrieb von intelligenten Messsystemen. Dazu zählen Installation, Inbetriebnahme, Konfiguration, Administration und Wartung der SMGW. Ein Teil der Administration ist das Management von Zertifikatstripeln aus der BSI *Public Key Infrastructure (PKI)* und das Aufbringen dieser auf die SMGW. Diese Zertifikate dienen der Verschlüsselung des Dateninhalts, dem Aufbau des verschlüsselten und integritätsgesicherten Kommunikationskanals und der Signierung der Datenpakete. Die Systeme der EMT müssen ebenfalls Teilnehmer der PKI sein, um vom GWA als berechtigte Kommunikationspartner parametriert zu werden und eine sichere Kommunikationsverbindung mit dem SMGW zu etablieren.

EMT werden unterschieden in passive (diese empfangen lediglich Daten) und aktive EMT, die mit steuerbaren Anlagen (CLS) kommunizieren.[9] Mit Einführung der intelligenten Messsysteme und Umsetzung der erforderlichen Rahmenbedingungen sollen perspektivisch auch die bisher eingesetzten Funk- bzw. Tonfrequenz-Rundsteuertechniken abgelöst und über das SMGW bedient werden.[10] Vom Forum Netztechnik/Netzbetrieb im VDE (FNN) wurde u. a. ein erstes Lastenheft einer standardisierten *Steuerbox* zum Anschluss an die CLS-Schnittstelle bzw. Steuerfunktion für ein Erzeugungs- und Lastmanagement veröffentlicht.[11] Die 1. Generation der FNN Steuerbox ist mit 4 Relais versehen, um ein *Last- und Einspeisemanagement* an Anlagen mit Rundsteuertechnik auszuführen. Bei der Weiterentwicklung der Steuerbox liegt der Fokus auf digitalen Schnittstellen für die Integration komplexerer Anlagensteuerungen.

---

[7] Vgl. PPC (2018, S. 2).

[8] Vgl. BSI (2019b, S. 24).

[9] Vgl. BSI (2017, S. 13).

[10] Vgl. VDE|FNN (2017, S. 2).

[11] Vgl. VDE|FNN (2018a).

Über das aktive EMT-System können nun steuerbare Anlagen als *Flexibilitäten* genutzt werden. Unter Flexibilitäten versteht man die grundsätzliche Fähigkeit von Energieanlagen (sowohl Erzeuger als auch Verbraucher), ihren aktuellen Leistungsbezug oder die aktuelle Leistungserzeugung infolge eines externen Abrufs anzupassen. Flexibilitäten lassen sich unterscheiden in marktseitig, netzdienlich und systemdienlich, z. B.:[12]

- Redispatch, bei dem der Übertragungsnetzbetreiber die Einspeiseleistung von Erzeugungsanlagen bei prognostizierten Überlastungen anpasst,
- Einspeisemanagement,[13] bei dem der Netzbetreiber EEG- und Kraft-Wärme-Kopplungs (KWK)-Anlagen in ihrer Einspeiseleistung zur Vermeidung von Netzengpässen reduziert, oder
- Optimierung im Stromhandel, bei welcher Leistungsanpassungen als Reaktion auf Preissignale erfolgen.

Zur Umsetzung solcher und weiterer Smart-Grid-Anwendungen über das intelligente Messsystem prägt der aktive EMT ein CLS-Managementsystem aus, das die Administration der Steuerboxen und Anlagen übernimmt. Dazu zählen Parametrierung, Verwaltung von SMGW und Gruppen, Überwachung, Wartung und Ausführung von Steuerungen. Die Steuerungsfunktionen sind u. a. Direktbefehle und auch die Umsetzung von Fahrplänen. Weitere wichtige Bausteine sind die Priorisierung und Aggregation von Fahrplänen. So können verschiedene Fahrpläne für unterschiedliche Zwecke im System abgebildet und als aggregierter Fahrplan ausgeführt werden. Dadurch lassen sich Grund- oder Notfallfahrpläne auf den Steuerboxen hinterlegen und anschließend mit Fahrplänen für einen optimierten Betrieb aggregieren.

26.2.2 Messdatenverteilung: Zielmodell, Interimsmodell und MaKo 2020

Messdaten der mME werden von dem SWGW erfasst und gemäß parametrierten Tarifen versandt. Dabei darf der Versand von Messdaten laut MsbG nur an berechtigte Akteure erfolgen.[14] Das Gesetz sieht vor, dass SMGW die Datenaufbereitung eigenständig durchführen und somit z. B. die Bildung von Ersatzwerten und die Plausibilisierung intern vornehmen. Die in dieser Form aufbereiteten Daten sollen anschließend direkt zu den berechtigten EMT übermittelt werden (sternförmiger Versand). Abweichend dazu werden im Interimsmodell bis zum 31. Dez. 2019 Messwertkette und Marktkommunikation wie bislang über den Verteilnetzbetreiber abgewickelt.[15]

---

[12] Vgl. BDEW (2015, S. 3), BNetzA (2017, S. 6).

[13] Vgl. BMJV (2017, § 14 EEG).

[14] Vgl. BMWi (2016, § 49 Abs. 1 MsbG).

[15] Vgl. BNetzA (2016, S. 18).

Da sich aktuell abzeichnet, dass bis zum 1. Jan. 2020 die bis dahin zur Verfügung stehende SMGW-Generation die dezentrale Messwertverarbeitung voraussichtlich nicht beherrschen wird,[16] hat die Bundesnetzagentur die Einführung der Marktkommunikation 2020 (MaKo 2020) beschlossen.[17] Damit wurden die Aufgaben der Datenaufbereitung und der sternförmigen Verteilung an den Messstellenbetreiber und dessen EMT-System übertragen. Die Anwendung der MaKo 2020 soll zum Ende des Jahres 2019 starten und solange gelten, bis Gateways mit der erforderlichen Funktionalität zur Verfügung stehen.[18]

Die Modelle zur Messdatenverteilung gelten grundsätzlich für alle EMT, die mit einem SMGW kommunizieren. Dabei sind personenbezogene Daten, Mess-, Netzzustands- und Stammdaten (nach § 52 MsbG) verschlüsselt und in einem einheitlichen Format zu übertragen. Für die Verwendung in Smart Grids allerdings sind an dieser Stelle die abrechnungsrelevanten Messdaten von den Netzzustandsdaten abzugrenzen. Unter Netzzustandsdaten versteht man Messwerte zu Spannungen, Strömen, Phasenwinkeln und zugleich daraus errechenbare oder herleitbare Werte. Während Messwerte für entnommene Elektrizität oder Gas sowie Stammdaten (§§ 55, 57–59 MsbG) für eine Vielzahl von Zwecken (§§ 66–70 MsbG) von den EMT verwendet werden dürfen, ist die Erhebung von Netzzustandsdaten (§ 56 MsbG) ausschließlich in begründeten Fällen im Auftrag des Netzbetreibers erlaubt. Dabei darf die Erhebung nur dem Zwecke dienen, Pflichten aus den §§ 11–14 des Energiewirtschaftsgesetzes zu erfüllen, und muss vom Netzbetreiber dokumentiert werden. Zur Übermittlung von Netzzustandsdaten ist zudem in der BSI TR 03109 ein eigenes Auswerteprofil vorgesehen, welches die Messdaten pseudonymisiert.

26.2.3 Notwendigkeit der Koordination: BDEW-Ampelkonzept

Das intelligente Messsystem ist im Sinne des Gesetzes zur Digitalisierung der Energiewende und der Fortentwicklung entlang der Standardisierungsstrategie des BSI als sichere, datenschutzkonforme und interoperable Kommunikationsplattform vorgesehen. „Ziel ist, dass es nach und nach die bisher eingesetzten Techniken in allen energiewenderelevanten Anwendungsfällen ersetzt, die nicht diesen Anforderungen genügen."[19] Das SMGW stellt demnach zukünftig die universelle Kommunikationseinheit für mME, steuerbare Systeme sowie Mehrwertdienstleistungen dar. Dieser Architekturansatz sieht vor, dass der Messstellenbetreiber einer Vielzahl von EMT eine passive oder aktive Kommunikation mit dem SMGW diskriminierungsfrei ermöglicht. Dies gilt auch für die Steuerung über das SMGW, die vom Netzbetreiber, Direktvermarkter und Anlagenbetreiber gemäß § 33 MsbG verlangt werden kann.

---

[16]Vgl. BSI (2019c, S. 69).
[17]Vgl. BNetzA (2018a, S. 13).
[18]Vgl. BSI (2019c, S. 52).
[19]Vgl. BSI (2019c, S. 8).

Hierbei kann es zu Konflikten zwischen den Steuerbefehlen der (teils konkurrierenden) Marktteilnehmer kommen. Zudem können marktgetriebene Steuerungen einem sicheren Netzbetrieb entgegenstehen. Zur Lösung dieser Konflikte bedarf es deswegen einer effizienten Koordinierung.

Für die Realisierung von *Smart Grids*, die durch intelligente Interaktion von Markt und Netz den Herausforderungen der Energiewende begegnen, legte der Bundesverband der Energie- und Wasserwirtschaft e. V. (BDEW) im Jahr 2015 das Smart-Grids-Ampelkonzept vor.[20] Im Februar 2017 wurde dieses nochmals konkretisiert.[21] Ziel des Konzeptes ist es, Engpässe im Netz mit Hilfe des Zusammenwirkens der marktrelevanten Rollen (Lieferanten, Erzeuger, Händler, Direktvermarkter und Speicherbetreiber) mit den regulierten Rollen (Netzbetreiber, Messstellenbetreiber) unter Einsatz von Flexibilitäten zu verhindern. Symbolhaft hat man sich für eine Ampel entschieden, die den Grad der Interaktion wiedergibt. Die grüne Ampelphase bedeutet freie marktseitige Verfügbarkeit von Flexibilitäten ohne Mitwirkung des Netzbetreibers. In der roten Ampelphase droht eine Gefährdung der Netzstabilität, sodass der Netzbetreiber zur Wahrung der Versorgung direkt und diskriminierungsfrei mit flexiblen Anlagen, unter Ausschluss marktseitiger Akteure, agiert. Die grüne und die rote Ampelphase spiegeln die aktuell geltenden Regularien wider.

Zur Umsetzung von Smart Grids kommt nun die gelbe Phase hinzu. Während dieser ermittelt der verantwortliche Netzbetreiber den Zustand seines Netzgebietes und kommuniziert bei prognostizierten Engpässen seinen Flexibilitätsbedarf an einen Flexibilitätsmarkt mit dem Ziel, die rote Ampelphase zu vermeiden. Ein sinnvolles Werkzeug stellt hierbei eine Sensitivitätsbetrachtung dar, um Flexibilitäten mit hohem Beitrag zur Engpassbehebung zu priorisieren. Dabei wird mittels Berechnung die Auswirkung verschiedener Flexibilitätsabrufe auf einen Engpass ermittelt und anhand ihrer Wirksamkeit zu dessen Behebung bevorzugt eingesetzt.

Für die Ausgestaltung des Marktes sind verschiedene Mechanismen – Börsen, Handelsplattformen oder direkter Handel – denkbar. Allen Mechanismen liegt eine zuvor vertragliche Festlegung der Flexibilitätsparameter zugrunde wie Leistungsbereich, Erbringungsdauer, Häufigkeit und auch Vergütung. Ein wichtiges Kriterium für die Vergütung ist dabei das Abwägen der kurzfristigen Kosten für netzseitige Maßnahmen sowie der langfristigen Kosten für eine nachhaltige Erweiterung der Netzkapazitäten im betroffenen Bereich durch den Netzbetreiber. Als Teilnehmer am Flexibilitätsmarkt kommen grundsätzlich alle Betreiber flexibler Anlagen in Betracht. Der BDEW sieht hier konkretisierend, ähnlich einem Direktvermarkter für Erzeugungsanlagen, einen Aggregator vor, der mehrere Flexibilitäten vertraglich bündelt.[22] Sein aggregiertes Portfolio bietet er dann am Markt an. Berechtigte Marktteilnehmer werden über die Ampelphasen informiert und können dementsprechend ihre *Geschäftsmodelle* umsetzen. So entsteht die Interaktion zwischen Markt und Netz.

---

[20] Vgl. BDEW (2015).

[21] Vgl. BDEW (2017).

[22] Vgl. BDEW (2015, S. 8).

Die Netzbetreiber verantworten eine sichere und zuverlässige Energieversorgung und müssen insbesondere die netzbetrieblichen Anforderungen der Mess- und Steueraufgaben berücksichtigen. Neben Netzbetreiber, Flexibilitätsanbieter und Aggregator ist daher der Messstellenbetreiber eine weitere Rolle im *BDEW-Ampelkonzept*. Dieser übernimmt die messtechnische Ertüchtigung der netzdienlichen Flexibilität durch die Installation eines intelligenten Messsystems inklusive Steuerbox an der Anlage. Ausgangspunkt ist nun, dass der Netzbetreiber eine Prognose über den Zustand seines Netzgebietes erstellt.

Das Prognoseergebnis ergibt eine rote, gelbe oder grüne Ampelphase. Flexible Anlagen in Netzsegmenten mit grüner Ampelphase können ohne Anpassung Energie verbrauchen oder einspeisen. Wird die rote Ampelphase festgelegt, setzt der Netzbetreiber diskriminierungsfrei Steuersignale zur Leistungsanpassung im betroffenen Netzsegment ab. Die Anlagen verarbeiten das Steuersignal und begrenzen entsprechend die Leistung. In Netzsegmenten, für die eine gelbe Ampelphase prognostiziert wird, kommuniziert der Netzbetreiber den Marktteilnehmern seine Flexibilitätsnachfrage. Diejenigen Marktteilnehmer, die darauf ihre Flexibilität anbieten und den Zuschlag erhalten, ändern die Anlagenfahrpläne oder setzen direkte Steuerbefehle an die kontrahierten Flexibilitäten ab. Für den Fall, dass ein Engpass durch die gelbe Ampelphase nicht behebbar ist, ergänzt der Netzbetreiber diese durch weitere Netzsicherheitsmaßnahmen. Dies bedeutet abweichend zur Prognose eine rote Ampelphase im Netzsegment.[23]

Allein mit der *Anlagensteuerung* sind die Ampelprozesse jedoch nicht umsetzbar. Zusätzlich müssen mess- und steuerungstechnische Funktionen erbracht werden. Parallel erfolgt die Messung der Anlagen über das intelligente Messsystem. Anschließend stellt der Messstellenbetreiber den involvierten Teilnehmern die erhobenen Messdaten bereit. Darüber lässt sich zum einen die Bilanzierung abwickeln und zum anderen die Erbringung von Flexibilität nachweisen. Der Nachweis dient der Abrechnung der vereinbarten Vergütung in der gelben Ampelphase bzw. der Entschädigung von Anlagenbetreibern im Falle der roten Ampelphase.[24] Zudem machen die Messwerte nicht umgesetzte Steuerbefehle oder Störungen im Steuerprozess erkennbar, auf die der Netzbetreiber anschließend reagieren kann.

26.3 Modell zur Integration intelligenter Messsysteme in einen robusten Netzbetrieb

Zur Konzeption und Umsetzung der Integration von Messsystemen mit den Funktionen Messen und Steuern inkl. der Koordinationsfunktion in eine robuste Netzsteuerung hat die VOLTARIS GmbH an dem Forschungsprojekt PolyEnergyNet teilgenommen. Die Weiterentwicklung findet aktuell im Forschungsprojekt Designetz statt. Die beiden Projekte werden im Folgenden kurz vorgestellt.

---

[23] Vgl. BDEW (2017, S. 4 ff.).
[24] Vgl. beispielhaft BNetzA (2018b, S. 6).

26.3.1 Forschungsprojekt PolyEnergyNet

Im Forschungsprojekt *PolyEnergyNet*, das vom Bundesministerium für Wirtschaft und Energie (BMWi) gefördert wurde, war die Zielsetzung die Erforschung und exemplarische Realisierung resilienter Ortsnetze. Das Projekt startete im September 2014 und wurde im August 2017 abgeschlossen. Merkmal resilienter Ortsnetze ist ein robuster Netzbetrieb, sowohl bei hoher Volatilität von Einspeisung und Verbrauch als auch bei unvorhersehbaren Ereignissen bis hin zu Cyberangriffen. Dabei können sich Netze in autonomen Teilnetzen organisieren und so z. B. im Krisenfall eine Grundversorgung sicherstellen. Grundlage dafür war die Schaffung einer geeigneten Informationsbasis, die kritische Netzzustände feststellt, um diesen mit geeigneten Maßnahmen zu begegnen. Zur Umsetzung wurde ein spartenübergreifender (Poly-)Ansatz gewählt, um die Elektrizitätsnetze mit den Gas- und Fernwärmenetzen zu koppeln und weiteres Flexibilitätspotenzial bereitzustellen. Damit ließen sich durch Blockheizkraftwerke, Warmwasserspeicher oder Solarstromspeicher Versorgungsausfälle überbrücken.[25] In PolyEnergyNet demonstrierte *VOLTARIS* den Einsatz intelligenter Messsysteme zur Bereitstellung netzdienlicher Daten und Ansteuerung netzdienlicher Flexibilitäten.

26.3.2 Forschungsprojekt Designetz

Zudem ist VOLTARIS Partner im BMWi-Forschungsprojekt *Designetz*, einem der fünf Schaufenster für intelligente Energie (*SINTEG*). In Designetz entwickelt ein Konsortium von 47 Partnern aus Energiewirtschaft, Industrie, Forschung und Entwicklung im Zeitraum von Januar 2017 bis Ende 2020 eine „Blaupause" für wichtige Bausteine der Energiewende. In den Bundesländern Nordrhein-Westfalen, Rheinland-Pfalz und dem Saarland zeigen verschiedene Demonstratoren, wie die Versorgungsaufgabe der Zukunft nachhaltig, wirtschaftlich sinnvoll und effizient erfüllt werden kann. Es wird u. a. demonstriert, wie Netze intelligent gesteuert werden können, um den Herausforderungen der Energiewende zu begegnen. Untersuchungsgegenstand sind innovative Netzkonzepte und -komponenten, wie z. B. fernsteuerbare Ortsnetzstationen oder regelbare Ortsnetztransformatoren, die im Netz eingebracht und zu einem Gesamtsystem integriert werden. VOLTARIS als Experte für den *intelligenten Messstellenbetrieb* erbringt den Betrieb intelligenter Messsysteme, die Gateway-Administration, die *Marktkommunikation* und die Bereitstellung der Steuerfunktionalität über den CLS-Kanal.

26.3.3 Systemkomponenten und deren Zusammenspiel

Zur Verwendung von Messsystemen zur Unterstützung eines robusten Netzbetriebes lassen sich auf Basis der vorgestellten Forschungsprojekte grundsätzliche Komponenten, Systeme und Prozesse identifizieren, welche im Folgenden erläutert werden und in

---

[25]Vgl. Stadtwerke Saarlouis (2017, S. 11).

Abb. 26.2 dargestellt sind. Der Fokus der Beschreibung liegt darauf, wie Netzzustandsdaten aus Messsystemen in ein System zur *Netzautomatisierung* integriert und wie Steuerfunktionalitäten über die intelligenten Messsysteme bereitgestellt werden können.

Es lassen sich die folgenden Ebenen der Sensorik und Aktorik unterscheiden:

- **Ebene 1:** An Netzknotenpunkten oder in der Ortsnetzstation verbaute Sensorik und
  Aktorik.
- **Ebene 2:** Messsysteme mit Grid-Funktion sowie Steuerboxen, welche an Messstellen
  mit EEG-Anlagen, großen Verbrauchern, steuerbaren Anlagen und neuralgischen
  Punkten im Netz verbaut werden. Die Grid-Zähler erfassen Netzzustandsdaten als Mo-
  mentanwerte der Spannungen, Ströme, Leistungen und Phasenverschiebungswinkel.

Neben den Backend-Systemen der intelligenten Messsysteme, GWA-System und
EMT-System (vgl. Abschn. 26.2.1) ist insbesondere die übergeordnete Steuerung in einem
Automatisierungssystem von zentraler Bedeutung, die den in Abb. 26.3 dargestellten
Kernprozess ermöglichen soll.

Die Sensoren übermitteln die aktuelle Einspeise- und Lastsituation im Niederspannungsnetz an das Automatisierungssystem. Während die Netzsensorik direkt an das Automatisierungssystem kommuniziert, werden die Daten der Messsysteme über das EMT-
System weiterverteilt (vgl. Abb. 26.2). Im Projekt Designetz wird zur Kommunikation
zwischen EMT- und Automatisierungssystem das Übertragungsprotokoll IEC 60870-5-104
genutzt. Das Automatisierungssystem bestimmt den Netzzustand, z. B. über ein lastfluss-
basiertes Schätzverfahren. Der Vorteil eines Schätzverfahrens liegt darin, dass *Sensorik*

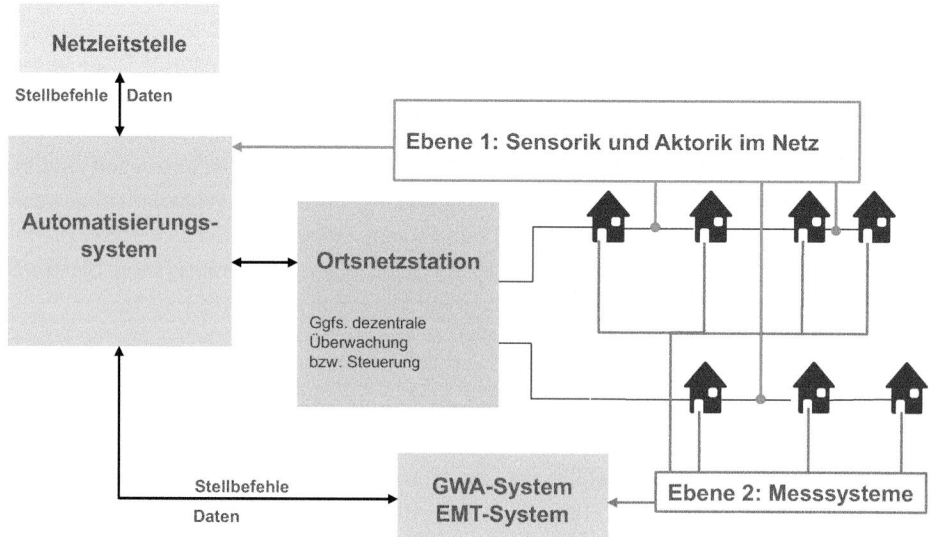

Abb. 26.2 Komponenten des integrierten Systems

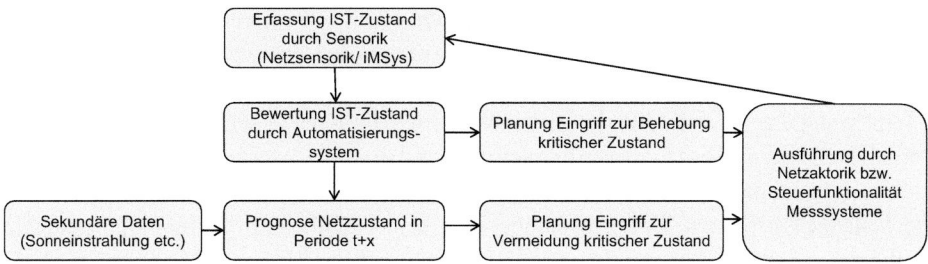

Abb. 26.3 Kernprozess des integrierten Systems

unter Beachtung der Schätzgüte kostenoptimal platziert werden kann. Studien weisen hierbei auf eine Ausbringungsquote für Messsensorik von zwischen 10 % und 33 % hin.[26]

Detektiert das System eine Überlastung durch Grenzwertbetrachtung, berechnet es mögliche Maßnahmen zum Gegensteuern. Die Maßnahmen reichen von gestuften Netzeingriffen über Blindleistungsmanagement bis hin zur Steuerung von Erzeugung und Verbrauch. Neben einer Erfassung und Analyse der Ist-Situation ist es sinnvoll, auch Prognoseverfahren unter Hinzuziehung weiterer Daten (wie z. B. die prognostizierte Sonneneinstrahlung zur Prognose anstehender Erzeugung von Photovoltaikanlagen) zu verwenden, um kritische Netzzustände zu prognostizieren und frühzeitig Gegenmaßnahmen zur Vermeidung dieser Zustände z. B. unter Nutzung von Flexibilitäten einzuleiten (vgl. dazu auch Abschn. 26.2.3).

Wenn Steuereingriffe durch die Funktionalität eingesetzter Messsysteme realisiert werden sollen, setzt das Automatisierungssystem entsprechende Befehle an das EMT-System ab, das mit den Steuerboxen vor Ort kommuniziert. Diese führen den Steuerbefehl (z. B. über Änderung der Relaisstellung) aus. Die Anlage vor Ort setzt dies in eine Leistungsanpassung um. In den beschriebenen Forschungsprojekten wurde das EMT-System von *VOLTARIS* zudem um Funktionen zur Umsetzung des *BDEW-Ampelkonzeptes* und zur Koordinierung von Steuerbefehlen erweitert (vgl. Abschn. 26.3.1 und 26.3.2).

Hinsichtlich der Ausprägung des Automatisierungssystems selbst gibt es verschiedene Ansätze: von einer Integration in die zentrale Netzleitstelle bis hin zu dezentralen Ansätzen mit verteilten, autonom agierenden Einheiten, z. B. in Ortsnetzstationen.[27] Auf die konkrete Ausprägung und Verortung des Automatisierungssystems soll an dieser Stelle nicht detailliert eingegangen werden.

Für die Umsetzung der energiewirtschaftlichen Anwendungen ist es ferner notwendig, auf eine zuverlässige Kommunikation zurückgreifen zu können. Ein Faktor dabei ist die Verfügbarkeit, um sicherzustellen, dass Daten immer dann übertragen werden können, wenn dies vorgesehen ist. Zudem ist die Erreichbarkeit auch von dezentral verteilten Komponenten wichtig. Dies gilt insbesondere für eine Anbindung unter erschwerten Bedingungen, wie

---

[26] Vgl. Echternacht (2015, S. 123).
[27] Vgl. dazu beispielhaft SAG (2013).

z. B. in ländlichen Netzgebieten oder einer Versorgung in Kellerräumen. Die Gebäudedurchdringung ist erfahrungsgemäß ein wichtiges Kriterium bei der typischen Einbausituation intelligenter Messsysteme.[28]

Als geeignete Kommunikationstechnik werden Funknetze im Frequenzbereich von 450 MHz gesehen. Werden diese für energiewirtschaftliche Zwecke betrieben, ließen sich in dem dezidierten Netz einzelne Anwendungen priorisieren und spezifische Sicherheitsmechanismen einsetzen. Damit bestünde auch kein Konflikt mit kommerziell genutzten Funknetzen für Massenanwendungen. Daher ließe sich die Kommunikation auch für den Betriebsfunk von Netzbetreibern nutzen, welche im Krisenfall den Netzwiederaufbau organisieren. Zudem bietet der Frequenzbereich eine hohe Ausbreitung und Gebäudedurchdringung.[29] Somit wäre sie als WAN-Verbindung für intelligente Messsysteme oder für verteilte Netzmanagementsysteme insbesondere in ländlichen Regionen geeignet.

26.3.4 Umsetzung des BDEW-Ampelkonzeptes

Zur Umsetzung des *BDEW-Ampelkonzepts* (vgl. Abschn. 26.2.3) und dessen Realisierung in einer Systemumwelt für die Energiewirtschaft bedarf es weiterer Detaillierung.

Daher wurde in den vorgestellten Projekten ein logisches Entscheidungsmodell erarbeitet und in das EMT-System integriert. Zentrales Ziel war es, Steuerfunktionalitäten unter Berücksichtigung von Prioritäten und Aggregation für verschiedene Marktteilnehmer bereitzustellen, eine effiziente Koordinierung für einen robusten Netzbetrieb und ein Gelingen der Interaktion zwischen Netz und Markt zu ermöglichen.

Dazu werden im System Steuerbefehle anhand ihres Zweckes priorisiert. Notbefehle des Netzbetreibers in der roten Ampelphase sind am höchsten priorisiert. Die Ampelphase selbst wird als Zustandssignal vom Netzsystem an das EMT-System gesendet. Nach dieser Priorität folgen netzdienliche Flexibilitätsabrufe der gelben Ampelphase. Die niedrigste Priorität erhalten marktseitige Anfragen. Liegen alle priorisierten Steuerbefehle vor, erfolgen die Aggregation zu einem resultierenden Fahrplan und die Umsetzung an der Anlage.

Die Koordinierung zweier unterschiedlich priorisierter Steuerbefehle ist in Abb. 26.4 beispielhaft dargestellt. Zudem ist der physische Schaltzustand am Beispiel eines Relais in der roten Kurve zu sehen.

Die Festlegung der Ampelphasen erfolgt auf der Grundlage einer Netzzustandsprognose des Netzbetreibers.

Ferner veröffentlichte das FNN im September 2018 den Vorschlag einer Koordinierungsfunktion auf Betriebsebene.[30] Damit ein robuster Netzbetrieb aufrechterhalten werden kann, ist ein geregelter Informationsaustausch zwischen Netzbetreibern und

---

[28]Vgl. Ernst & Young (2013, S. 30).

[29]Vgl. EURELECTRIC (2012, S. 16).

[30]Vgl. VDE|FNN (2018b).

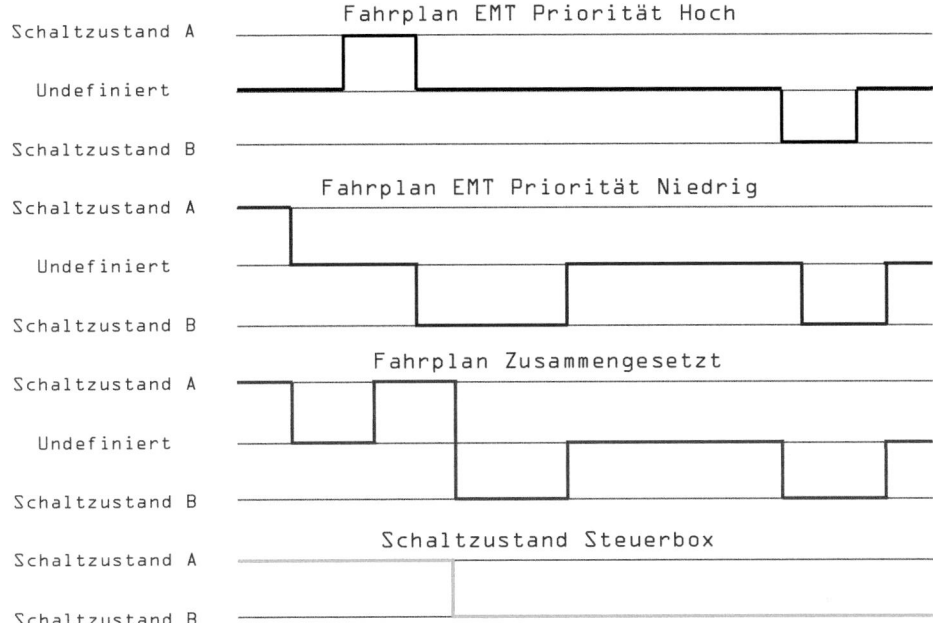

Abb. 26.4 Beispiel einer Koordinierung zweier unterschiedlich priorisierter Steuerbefehle

Marktteilnehmern sicherzustellen. Sowohl das erwartete Verbrauchs- und Erzeugungsverhalten von Kundenanlagen als auch die zulässigen Netzparameter in Abhängigkeit des Netzzustands müssen kommuniziert werden. Die Koordinierungsfunktion stellt dafür – als System auf Betriebsebene des Netzbetreibers – eine Brücke zwischen Steuerboxen und Anlagen sowie den aktiven EMT dar. Die Engpassfreiheit soll durch die Steuerung flexibler Anlagen sichergestellt werden. Dazu kann der Netzbetreiber für Anlagen oder Netzsegmente technische Rahmenbedingungen festlegen. Steuerbefehle werden dann diskriminierungsfrei gegen diese Bedingungen detailliert geprüft und ausgeführt oder zurückgewiesen. Die Koordinierungsfunktion übernimmt, entsprechend einem *CLS-Management-System*, die Administrationsaufgaben sowie die Kommunikation mit den Steuerboxen. Funktional setzt sie den Status quo der Priorisierung von Marktteilnehmern auch im Zielmodell um. Die Koordinierungsfunktion stellt außerdem, analog zur bekannten Rundsteuertechnik, ein Broadcasting durch Verwaltung der Punkt-zu-Punkt-Verbindungen zu den intelligenten Messsystemen bereit. Darüber hinaus werden Berechtigungen organisiert, um neben Einzel- auch Gruppenschaltbefehle zu ermöglichen.[31]

Im Besonderen stellen Gruppenschaltungen ab einem kritischen Leistungsabruf eine Gefahr für die Versorgungssicherheit dar. Während Einzelanlagen wenig Einfluss auf den

---

[31] Vgl. VDE|FNN (2018b).

Netzzustand haben, könnte eine gleichzeitige Leistungsanpassung vieler Anlagen zu un-
beherrschbaren Problemen im Netzbetrieb führen. Auch diese Problematik adressiert die
Koordinierungsfunktion und macht somit den Netzbetrieb in der Einsatzumgebung von
intelligenten Messsystemen robust. Entscheidend wird hierbei auch eine Integration in die
Netzleitsysteme sein: Zunächst zur Ertüchtigung der SMGW zum Steuern und künftig,
um die Zusammenarbeit der Netzbetreiber in der Kaskade zu automatisieren.[32]

Im laufenden Projektvorgehen Designetz soll die bereits implementierte Funktionalität
der BDEW-Ampel um die Aspekte der Koordinierung nach FNN ergänzt und verglichen
werden.

26.4   Fazit

Bei der Entwicklung neuer Geschäftsmodelle, Zusatzleistungen und Mehrwertdienste mit
dem intelligenten Messsystem hat die Gewährleistung der sicheren Energieversorgung
oberste Priorität. Um diese und weitere Herausforderungen der Energiewende zu meistern
und um Netzausbau einzusparen oder hinauszuzögern, wurden verschiedene Konzepte
entwickelt mit dem Ziel, die Aktionen einzelner Marktteilnehmer effizient zu koordinieren
und die Netzstabilität zu wahren.

Dieser Beitrag zeigt auf, wie intelligente Messsysteme in moderne Verteilnetzmanage-
mentsysteme integrierbar sind und damit zur Bildung von Smart Grids beitragen. Des
Weiteren wird beschrieben, wie intelligente Messsysteme in Smart Grids marktseitige und
netzseitige Prozesse als Plattform und darüber hinaus die Interaktion beider Seiten miteinander ermöglichen – im Sinne eines nachhaltigen, zuverlässigen und kostengünstigen
Gesamtenergiesystems.

In den Forschungsprojekten PolyEnergyNet und Designetz hat VOLTARIS intelligente
Messsysteme bereits netzdienlich eingesetzt und deren Verwendung demonstrieren können: Zum einen zur Ermittlung und Kommunikation netzdienlicher Parameter und zum
anderen zur Realisierung der Steuerfunktionalität zur Nutzung von Flexibilitäten und damit im Rahmen eines übergeordneten Netzsteuerungssystems. In den bisherigen Forschungsvorhaben konnte gezeigt werden, dass Netzzustandsdaten von Messsystemen
erfasst und über das EMT-System einem Automatisierungssystem bereitgestellt werden
können. Ebenso konnten Schalthandlungen durch Messsysteme realisiert werden.

Ferner wurde das BDEW-Ampelkonzept im EMT-System umgesetzt, um Synergien in
der Netzautomatisierung und der Interaktion zwischen Netz und Markt nutzen zu können.
Es bedarf einer klaren Regelung, die das Zusammenspiel bei netz- und marktseitiger Steuerung koordiniert. Auf Basis der Projektergebnisse wurde ein abstrahiertes Modell für eine
Integration intelligenter Messsysteme in die *Netzautomatisierung* entwickelt.

[32] Vgl. VDE (2017, Kap. 5, S. 18 ff.).

Vor dem Hintergrund der bisherigen Arbeiten verbleiben verschiedene Fragestellungen, die im noch laufenden Projekt Designetz und weiteren Forschungsprojekten zu klären sind. Dazu gehört die Frage, wie sich der optimale Ausbringungsgrad von Messsystemen zur Unterstützung der Netzautomatisierung vor dem Hintergrund verschiedener Netztopologien gestaltet.

Darüber hinaus ist zu klären, bis zu welchem Grad intelligente Messsysteme anderweitige Netzsensorik vor dem Hintergrund verschiedener Netztopologien und -spezifika ergänzen oder zum Teil auch substituieren können.

Literatur

BDEW. (2015). Diskussionspapier – Smart Grids Ampelkonzept Ausgestaltung der gelben Phase (10.Mär. 2015). Berlin: BDEW Bundesverband der Energie- und Wasserwirtschaft e.V. https://www.bdew.de/media/documents/20150310_Smart-Grids-Ampelkonzept.pdf. Zugegriffen am 20.03.2019.

BDEW. (2017). Diskussionspapier – Konkretisierung des Ampelkonzepts im Verteilungsnetz (10. Feb. 2017). Berlin: BDEW Bundesverband der Energie- und Wasserwirtschaft e. V. https://www.bdew.de/media/documents/20170210_Konkretisierung-Ampelkonzept-Smart-Grids.pdf. Zugegriffen am 20.03.2019.

BDEW, & ZVEI. (2012). Smart Grids in Deutschland: Handlungsfelder für Verteilnetzbetreiber auf dem Weg zu intelligenten Netzen (Mär. 2012). Berlin/Frankfurt a. M.: BDEW Bundesverband der Energie- und Wasserwirtschaft e. V, & ZVEI – Zentralverband Elektrotechnik- und Elektronikindustrie e.V. https://www.bdew.de/media/documents/Pub_20120327_BDEW_ZVEI_Smart-Grid-Broschuere.pdf. Zugegriffen am 20.03.2019.

BMJV. (2017). Gesetz für den Ausbau erneuerbarer Energien (Erneuerbare-Energien-Gesetz – EEG 2017). Erneuerbare-Energien-Gesetz vom 21. Juli 2014 (BGBl. I S. 1066), das zuletzt durch Artikel 1 des Gesetzes vom 17. Dezember 2018 (BGBl. I S. 2549) geändert worden ist. Berlin: Bundesministerium der Justiz und für Verbraucherschutz (BMJV). https://www.gesetze-im-internet.de/eeg_2014/EEG_2017.pdf. Zugegriffen am 20. Mär. 2019.

BMWi. (2016). Gesetz über den Messstellenbetrieb und die Datenkommunikation in intelligenten Energienetzen (Messstellenbetriebsgesetz – MsbG). In Gesetz zur Digitalisierung der Energiewende. *Bundesgesetzblatt* Jg. 2016, Teil I Nr. 43, S. 2034 ff. (29. Aug. 2016). Berlin: Bundesministerium für Wirtschaft und Energie (BMWi). https://www.bmwi.de/Redaktion/DE/Downloads/Gesetz/gesetz-zur-digitalisierung-der-energiewende.pdf?__blob=publicationFile&v=4. Zugegriffen am 20.03.2019.

BNetzA. (2016). Festlegungen im Verwaltungsverfahren zur Anpassung der Vorgaben zur elektronischen Marktkommunikation an die Erfordernisse des Gesetzes zur Digitalisierung der Energiewende – Beschluss Az.: BK6-16-200 und BK7-16-142 (20. Dez. 2016). Bonn: Bundesnetzagentur für Elektrizität, Gas, Telekommunikation, Post und Eisenbahnen (BNetzA). https://www.bundesnetzagentur.de/DE/Service-Funktionen/Beschlusskammern/1_GZ/BK6-GZ/2016/2016_0001bis0999/BK6-16-200/BK6_16_200_Festlegung.html. Zugegriffen am 20.03.2019.

BNetzA. (2017). Flexibilität im Stromversorgungssystem: Bestandsaufnahme, Hemmnisse und Ansätze zur verbesserten Erschließung von Flexibilität. Diskussionspapier (03. Apr. 2017). Bonn: Bundesnetzagentur für Elektrizität, Gas, Telekommunikation, Post und Eisenbahnen (BNetzA).

https://www.bundesnetzagentur.de/SharedDocs/Downloads/DE/Sachgebiete/Energie/Unternehmen_Institutionen/NetzentwicklungUndSmartGrid/BNetzA_Flexibilitaetspapier.pdf?__blob=publicationFile&v=1. Zugegriffen am 20.03.2019.

BNetzA. (2018a). Festlegung im Verwaltungsverfahren zur weiteren Anpassung der Vorgaben zur elektronischen Marktkommunikation an die Erfordernisse des Gesetzes zur Digitalisierung der Energiewende („Marktkommunikation 2020" – „MaKo 2020") – Beschluss Az.: BK6-18-032 (20. Dez. 2018). Bonn: Bundesnetzagentur für Elektrizität, Gas, Telekommunikation, Post und Eisenbahnen (BNetzA). https://www.bundesnetzagentur.de/DE/Service-Funktionen/Beschlusskammern/1_GZ/BK6-GZ/2018/2018_0001bis0999/BK6-18-032/BK6_18_032_Festlegung.html. Zugegriffen am 20.03.2019.

BNetzA. (2018b). Leitfaden zum Einspeisemanagement – Version 3.0 (Jun. 2018). Bonn: Bundesnetzagentur für Elektrizität, Gas, Telekommunikation, Post und Eisenbahnen (BNetzA). https://www.bundesnetzagentur.de/SharedDocs/Downloads/DE/Sachgebiete/Energie/Unternehmen_Institutionen/ErneuerbareEnergien/Einspeisemanagement/Leitfaden3_0_E/Leitfaden3.0final.pdf?__blob=publicationFile&v=3. Zugegriffen am 20.03.2019.

BSI. (2017). Certificate Policy der Smart Metering PKI (Version 1.1.1, 09. Aug. 2017). Bonn: Bundesamt für Sicherheit in der Informationstechnik (BSI). https://www.bsi.bund.de/SharedDocs/Downloads/DE/BSI/Publikationen/TechnischeRichtlinien/TR03109/PKI_Certificate_Policy.pdf?__blob=publicationFile&v=6. Zugegriffen am 20.03.2019.

BSI. (2019a). Technische Richtlinie BSI TR-03109-1 (16. Jan. 2019). Bonn: Bundesamt für Sicherheit in der Informationstechnik (BSI). https://www.bsi.bund.de/SharedDocs/Downloads/DE/BSI/Publikationen/TechnischeRichtlinien/TR03109/TR03109-1.pdf?__blob=publicationFile&v=1. Zugegriffen am 20.03.2019.

BSI. (2019b). Marktanalyse zur Feststellung der technischen Möglichkeit zum Einbau intelligenter Messsysteme nach § 30 MsbG (31. Jan. 2019). Bonn: Bundesamt für Sicherheit in der Informationstechnik (BSI). https://www.bsi.bund.de/SharedDocs/Downloads/DE/BSI/SmartMeter/Marktanalysen/Marktanalyse_nach_Para_30_MsbG.pdf?__blob=publicationFile&v=8. Zugegriffen am 20.03.2019.

BSI. (2019c). Standardisierungsstrategie zur sektorübergreifenden Digitalisierung nach dem Gesetz zur Digitalisierung der Energiewende. Bonn: Bundesamt für Sicherheit in der Informationstechnik (BSI). https://www.bmwi.de/Redaktion/DE/Downloads/S-T/standardisierungsstrategie.pdf?__blob=publicationFile&v=4. Zugegriffen am 20.03.2019.

Echternacht, D. (2015). Optimierte Positionierung von Messtechnik zur Zustandsschätzung in Verteilnetzen. Dissertation. In A. Moser (Hrsg.), *ABEV Aachener Beiträge zur Energieversorgung*. Aachen: Print Production M. Wolff.

Ernst & Young. (2013). Ernst & Young: Kosten-Nutzen-Analyse für einen flächendeckenden Einsatz intelligenter Zähler (30. Jul. 2013). Dortmund: Ernst & Young GmbH Wirtschaftsprüfungsgesellschaft, im Auftrag des Bundesministeriums für Wirtschaft und Energie (BMWi). https://www.bmwi.de/Redaktion/DE/Publikationen/Studien/kosten-nutzen-analyse-fuer-flaechendeckenden-einsatz-intelligenterzaehler.pdf?__blob=publicationFile&v=5. Zugegriffen am 20.03.2019.

ETG. (2015). ETG-Fachbericht 145 zur zukünftigen Wechselwirkung von elektrischem Netz und Energiemarktaktivitäten: Von Smart Grids zu Smart Markets 2015. Beiträge der ETG-Fachtagung, 25.–26. März 2015 in Kassel. Berlin: Energietechnische Gesellschaft im VDE (ETG), ISBN 978-3-8007-3897-7.

EURELECTRIC. (2012). Public Consultation on Use of Spectrum for more efficient energy production and distribution. EURELECTRIC response paper (Apr. 2012). Brüssel: Union of the Electricity Industry – EURELECTRIC aisbl.. https://www3.eurelectric.org/media/27130/radio_spectrum_for_sg_response_paper_final-2012-030-0373-01-e.pdf. Zugegriffen am 20.03.2019.

Heuck, K., Dettmann, K.-D., & Schulz, D. (Hrsg.). (2010). Grundzüge der Betriebsführung und Planung von elektrischen Energieanlagen. In *Elektrische Energieversorgung: Erzeugung, Übertragung und Verteilung elektrischer Energie für Studium und Praxis (S* (S. 491–533). Wiesbaden: Vieweg+Teubner.

PPC. (2018). Smart Meter Gateways – Der digitale Schlüssel zum Kunden und zur Immobilie. Mannheim: Power Plus Communications AG. Publikationsnummer PPC 18 2071 4D. https://www.ppc-ag.de/wp-content/uploads/2017/09/PPC-Flyer-SMGW-PPC-18-2071-3D_WEB.pdf. Zugegriffen am 20.03.2019.

SAG. (2013). Intelligentes Verteilnetz-Management – Transparent. Sicher. Wirtschaftlich. Dortmund: SAG GmbH, 8S_SAG_iNES_5-2013. https://www.spie-sag.de/wAssets-de/docs/publikationen/broschueren/broschuere-ines-intelligentes-verteilnetz-management.pdf. Zugegriffen am 20.03.2019.

Seidel, H., Mischinger, S., & Heuke, R. (2016). *Beobachtbarkeit und Steuerbarkeit im Energiesystem. Handlungsbedarfsanalyse der dena-Plattform Systemdienstleistungen* (Jul. 2016). Berlin: Deutsche Energie-Agentur GmbH (dena). https://www.dena.de/fileadmin/dena/Dokumente/Pdf/9184_Beobachtbarkeit_und_Steuerbarkeit_.pdf. Zugegriffen am 20.03.2019.

Stadtwerke Saarlouis. (2017). PolyEnergyNet: Resiliente Polynetze zur sicheren Energieversorgung (Abschlussbericht Sep. 2017). Saarlouis: Stadtwerke Saarlouis GmbH. https://www.polyenergynet.de/wp-content/uploads/PolyEnergyNet-Abschlussbericht-2017.pdf. Zugegriffen am 20.03.2019.

VDE. (2017). VDE-AR-N 4140 Anwendungsregel: 2017-02: Kaskadierung von Maßnahmen für die Systemsicherheit von elektrischen Energieversorgungsnetzen (Feb. 2017). Berlin: VDE.

VDE|FNN. (2017). Steuerung mit dem intelligenten Messsystem: Schrittweise Weiterentwicklung. FNN-Info (Apr. 2017). Berlin: VDE Verband der Elektrotechnik Elektronik Informationstechnik e.V. – Forum Netztechnik/Netzbetrieb im VDE (FNN). https://www.vde.com/resource/blob/1603870/adf7264e2e91b5142fceac3a8f2f1bf0/vde-fnn-steuerbox-infoblatt-data.pdf. Zugegriffen am 20.03.2019.

VDE|FNN. (2018a). Lastenheft Steuerbox – Funktionale und konstruktive Merkmale. FNN-Hinweis (Version 1.0, 23 Feb. 2018). Berlin: VDE Verband der Elektrotechnik Elektronik Informationstechnik e. V. – Forum Netztechnik/Netzbetrieb im VDE (FNN).

VDE|FNN. (2018b). KOF – Koordinierungsfunktion auf Betriebsebene. FNN-Hinweis (Sep. 2018). Berlin: VDE Verband der Elektrotechnik Elektronik Informationstechnik e.V. – Forum Netztechnik/Netzbetrieb im VDE (FNN). https://www.vde.com/resource/blob/1769758/9004a095608f2226ab921769a94869f1/koordinierungsfunktion%2D%2D-hinweis-data.pdf. Zugegriffen am 20.03.2019.

Marcus Hörhammer, Jahrgang 1980, studierte Wirtschaftsingenieurwesen mit Fachrichtung Elektrotechnik (Abschluss Diplom)
und Energiemanagement (Abschluss Master). Während seiner Stu-
diengänge und auch nach Abschluss arbeitete er am Institut für
Technologie und Arbeit und betreute Projekte u. a. in den Bereichen
Innovations-, Prozess-, und Strategiemanagement. Seit 2012 ist
Marcus Hörhammer bei VOLTARIS tätig und verantwortet den Bereich Produktentwicklung und Vertrieb. Er beschäftigt sich dabei
insbesondere mit den Themen intelligenter Messstellenbetrieb,
Mehrwertdienste sowie dem netzdienlichen Einsatz intelligenter
Messsysteme.

Julian Zimpel, Jahrgang 1989, studierte von 2009 bis 2015 Wirtschaftsingenieurwesen Fachrichtung elektrische Energietechnik an der
RWTH Aachen. Während des Studiums arbeitete er u. a. bei der SAG
GmbH im Bereich Strategie, Marketing und Kommunikation sowie
bei der Trianel GmbH im Bereich Trading and Origination. Nach seiner Abschlussarbeit am Institut für Elektrische Anlagen und Energiewirtschaft (IAEW) wechselte er zur VOLTARIS GmbH. Dort betreut
er seit 2016 als Fachreferent im Bereich Produktentwicklung und
Projektmanagement die BMWi-Forschungsprojekte PolyEnergyNet
sowie Designetz.

Die Gateway-Administration im intelligenten Messwesen: Von der Integration verschiedener Sparten sowie CLS bis zu daten- und steuerungsbasierten Services der Zukunft

27

Gert Schneider und Markus Gerdes

Zusammenfassung

Die Autoren stellen dar, wie Smart Metering als Enabling-Technologie der Digitalisierung der Energiewende verstanden werden muss. Nach einer Einordnung des intelligenten Messwesens in die Energieversorgung skizzieren sie verschiedene Anwendungsszenarien für klassische Mess- und Zählwerte sowie insbesondere CLS-Bereiche. Dabei zeigen sie auf, wie Mehrwerte für alle Marktrollen entstehen, die den Massen-Rollout von intelligenten Messsystemen betriebswirtschaftlich nachhaltig werden lassen. An drei Praxisbeispielen illustrieren sie schließlich den bereits heute erreichten Stand der Technik, der in von ihnen begleiteten Projekten nachgewiesen wurde, und zeigen die damit verbundenen Potenziale sowie Handlungsfelder auf, die das Heben dieser Potenziale ermöglichen.

27.1 Die Digitalisierung der Energiewende und das intelligente Messwesen

Wenn von der „Digitalisierung der Energiewende" die Rede ist, treffen zwei große Umwälzungen in der Energieversorgung aufeinander. Die politisch und gesellschaftlich gewollte Energiewende, die die Ablösung fossiler, CO_2-intensiver Energieträger sowie den bereits beschlossenen Ausstieg aus der Kernenergie hin zu einer durch regenerative, ökologisch nachhaltige Energieträger bereitgestellten Stromversorgung erreichen soll, wird häufig genau auf eben den Wechsel der Energiequellen reduziert. Die eigentliche

G. Schneider (✉) · M. Gerdes
BTC Business Technology Consulting AG, Oldenburg, Deutschland

© Springer Fachmedien Wiesbaden GmbH, ein Teil von Springer Nature 2020
O. D. Doleski (Hrsg.), *Realisierung Utility 4.0 Band 2*,
https://doi.org/10.1007/978-3-658-25589-3_27

Herausforderung ist der Systemwechsel, der durch die Verlagerung von zentralen und planbar steuerbaren Großkraftwerken hin zu kleinen Erzeugungseinheiten entsteht, die teils intrinsisch diskontinuierlich wie im Fall der Photovoltaik oder stark fluktuierend wie bei der Windenergie Strom einspeisen und überdies im Bundesgebiet höchst ungleich verteilt sind. Gleichzeitig ändert sich schleichend – aber nicht weniger fundamental – auch die Verbrauchsseite. Zeichnete sich der private Stromverbrauch über Jahrzehnte durch eine vorhersagbare Bedarfsseite aus, brechen diese Verbrauchsmuster heute immer mehr auf. Überdies haben alle Bemühungen, den Energieverbrauch der Privathaushalte durch Effizienzinitiativen zu reduzieren, bislang nicht den erhofften Erfolg gezeigt.

Neu in dem Gefüge aus Verbrauch und Erzeugung hinzugekommen sind private Prosumer, die ihre Stromautarkie durch Speichertechnologien teils beträchtlich erhöhen, und seit der Ankündigung der Bundesregierung, den Personen- und Warentransport durch Förderung von Elektrofahrzeugen zu elektrifizieren, auch eine neue, große Verbrauchsklasse mobiler Verbraucher und Speicher. Erwartbar wird das auf die Grundlast in Deutschland sowie auf die zeitlichen und örtlichen Verbrauchsmuster erhebliche Auswirkungen haben – aber auch Chancen eröffnen, Erzeugung und Verbrauch zusammenzuführen.

Während die lokalen Ungleichgewichte bei Erzeugung und Verbrauch durch geeignete Infrastrukturmaßnahmen wie Stromtrassen technologisch konservativ gelöst werden können und die Anpassung des Kraftwerksparks eine Fragestellung des klassischen Anlagen- und Maschinenbaus ist, erfordert die Auflösung der zeitlichen Abweichung den Einsatz neuartiger Informationstechnologie – die Digitalisierung. Sie bedeutet hier nicht nur eine Umstellung alter Prozesse auf digitale Formate, sondern umfasst vielmehr die Gesamtheit der Herausforderungen, die sich hinter dem Begriff verbergen: Erfassung, logische und teils intelligente Verarbeitung und Bereitstellung von großen Datenmengen sowie Prozessautomatisierung zeitkritischer Vorgänge in Echtzeit unter gleichzeitig hohen und höchsten Anforderungen an Zuverlässigkeit, Datensicherheit und Datenschutz.

Dem *intelligenten Messsystem (iMSys)* kommt dabei übereinkommend eine Schlüsselrolle zu. So können iMSys auf Verteilnetzebene über deren angebundene Sensoren helfen, Verbrauch und Erzeugung auf dieser Ebene besser zu erfassen, sie erlauben es den Privatverbrauchern, ihr Verhalten besser einzuschätzen, und eröffnen zudem einen sicheren Kommunikationsweg zu steuerbaren Verbrauchs- und Erzeugungseinheiten im Verteilnetz. Indem der Gesetzgeber all diese Anforderungen in ein Stück Infrastruktur – das *Smart Meter Gateway* – projiziert hat, wird verständlich, dass die technische Umsetzung entsprechend komplex ist. Gleichzeitig ermöglicht sie aber – so das Ergebnis der Kosten-Nutzen-Analyse der Bundesregierung[1] – einen wirtschaftlichen *Rollout* intelligenter Messsysteme, der allein durch die Abbildung einer dieser Anwendungsfälle nicht gegeben wäre. So erklärt sich der vielmals beklagte deutsche Sonderweg in der Umsetzung der EU-Verordnungen (3. Binnenmarkt-Richtlinienpaket für Strom und Gas)[2] nicht etwa

---

[1] Vgl. Ernst & Young (2013).
[2] Vgl. Europäisches Parlament und Europäischer Rat (2009a, b).

durch eine unnötige Überregulierung, sondern durch die Betrachtung des Smart Meterings nicht nur aus Sicht des eigentlichen Treibers der EU-Verordnung, Energietransparenz für den Endnutzer, sondern im umfänglichen Begreifen des Smart-Meter-Gateways als einen zentralen Bestandteil in der Gesamtarchitektur der Energiewende.

27.2   Einordnung der Smart-Meter-Gateway-Administration

Eben genau aus diesem Verständnis heraus ist auch die Verortung der Verantwortung für den Zugang zum Smart Meter Gateway in der Funktionsrolle des Smart-Meter-Gateway-Administrators bei der Marktrolle des Messstellenbetreibers zu verstehen. Der Einsatz intelligenter Messsysteme erhöht den Aufgaben- und Verantwortungsbereich des Mess-stellenbetreibers massiv: Zukünftig besteht seine Kernaufgabe nicht mehr darin, als „Er-möglicher" oder Enabler einer sicheren Abrechenbarkeit der Energieströme zwischen den Marktpartnern wie Energievertrieben, Privatverbrauchern, Verteilnetzbetreibern und Klei-nerzeugern zu fungieren, sondern er bringt die Infrastruktur aus, die in jeder Hinsicht der Schlüssel zur Dynamisierung der Komponenten im Verteilnetz ist. Während anfangs be-rechtigterweise eine Scheu der Messstellenbetreiber vor der Übernahme dieser Aufgabe und der damit einhergehenden Verantwortung erkennbar war, verstehen mehr und mehr Akteure aus der Energieversorgung – insbesondere *Energievertriebe* – auch die damit ver-bundenen Chancen der Hoheit über intelligente Messsysteme und entscheiden sich dafür, ihre Geschäftätigkeit über ihren Kernbereich hinaus zu erweitern und auch als *wettbe-werbliche Messstellenbetreiber (wMSB)* zu agieren und in dieser Rolle die Smart-Meter-Gateway-Administration zu organisieren. Darüber hinaus setzen sich auch Unternehmen aus angrenzenden Geschäftsfeldern wie beispielsweise der Wohnungswirtschaft oder – über die Elektromobilität – auch aus der Automobilindustrie damit auseinander, ob und in welcher Form sie Energiedienstleistungen wie den Messstellenbetrieb übernehmen sollen.

Natürlich wird ein Großteil der Akteure dabei die Smart-Metering-Infrastruktur nicht im Sinne des Messstellenbetriebs selbst organisieren, sondern sie lediglich als passiver oder aktiver externer Marktteilnehmer (EMT), freilich entgeltlich, nutzen wollen. Während sich so Erlöspotenziale für den Messstellenbetreiber über die Preisobergrenze hinaus ergeben, wachsen gleichzeitig die Anforderungen an die IT-Infrastruktur. Egal in welcher Rolle, wer Zugriff auf die Smart-Metering-Infrastruktur haben will, muss sich über die Smart-Meter-PKI authentifizieren. Der verschlüsselte Empfang der Mess- und Zählwerte muss sicherge-stellt werden. *Stammdaten* müssen über die Marktrollen und Systemgrenzen hinweg syn-chronisiert, Steuerbefehle und Anfragen in Echtzeit übertragen und verarbeitet werden. IT-Systeme werden so ganz neu verknüpft: ERP-Systeme, Netzleitsysteme, virtuelle Kraft-werke – sie alle empfangen und senden Daten von und an die IT-Infrastruktur des intelligen-ten Messwesens. Der Letztverbraucher kann mindestens über ein Portal Zugriff auf seine Daten nehmen, und der Verteilnetzbetreiber bekommt für sein Netzdatenmanagement eine neue Datenquelle und damit auch Daten aus der Niederspannungsebene. Dabei muss die IT-Infrastruktur in der Orchestrierung flexibel den jeweiligen Anwendungsfall bedienen.

27.3 Anwendungsfälle – jetzt und in der Zukunft

Im Projekt „Digitalisierung der Energiewende: Barometer und Top-Themen" werden die Hauptanwendungsfälle des Smart Meterings strukturiert aufbereitet, bewertet und veröffentlicht, sodass an dieser Stelle darauf verzichtet werden kann, diese im Detail zu beschreiben. In der Veröffentlichung ordnen die Autoren die Anwendungsfälle unterschiedlichen Geschäftsfeldern zu.[3] Im ersten Cluster finden sich dabei die Anwendungsfälle wieder, die im Kern schon heute realisierbar sind und lediglich eines zertifizierten Smart Meter Gateways und einer modernen Messeinrichtung bedürfen. Neben dem grundzuständigen und wettbewerblichen Messstellenbetrieb, ggf. mit weiteren Medien neben Strom, finden sich dort die Anwendungsfälle, die den Letztverbraucher im Fokus haben: die digitale Verbrauchsabrechnung, dynamische Tarife und Energietransparenz. Diese Themen bieten dem Messstellenbetreiber allerdings nur limitierte Erlösmöglichkeiten über die Preisobergrenzen hinaus. „Netzdienliche Messung und Steuerung" deuten aber schon auf den zweiten Cluster hin, der zwar mit Smart Grid überschrieben ist, aber bei genauem Hinschauen nicht nur Themen des Verteilnetzbetriebs beschreibt. So ist offen, ob Flexibilitäten, z. B. von Gewerbekunden, Wärmepumpen oder Prosumern, netzdienlich eingesetzt werden können oder eher zur Beschaffungsoptimierung wie der Regelenergieerbringung dienen sollen, also Marktsignalen gehorchen. Gemein ist diesen Anwendungsfällen, dass sie ohne den durch den Smart-Meter-Gateway-Administrator bereitgestellten CLS-Kanal *(Controllable Local System)* und – bei Bedarf – eine Steuerbox nicht realisierbar sind, da i. d. R. der aktive EMT die Umsetzung durchführt. Auch erfordern sie weitere beteiligte IT-Systeme – netzdienliche Signale z. B. aus Netzleitsystemen, Marktsignale beispielsweise aus einem virtuellen Kraftwerk, sodass die Komplexität im Einzelfall höher ist als bei der ersten Gruppe von Anwendungsfällen. Auch vom zeitlichen Horizont liegen sie, obgleich technisch heute schon möglich, aufgrund der Komplexität im Zusammenspiel der beteiligten Akteure noch in der (nahen) Zukunft.

In den weiteren Blöcken finden sich schließlich die Anwendungsfälle, z. B. aus dem Themenbereich Elektromobilität wie private und (semi-)öffentliche Ladesäulen, aber auch nicht weiter ausdifferenzierte, weil noch etwas offene Anwendungsfelder wie Smart Home oder Smart Building, deren zeitlicher Horizont nachgelagert ist und bei denen sich die genauen Anwendungsfälle erst noch finden müssen.

Entscheidend ist, sich zu vergegenwärtigen, dass die genannten Anwendungsfälle nicht etwa Alternativen in einem Möglichkeitsraum darstellen, sondern parallel und gleichzeitig über dieselbe Infrastruktur teils konkurrierend, dabei aber stets diskriminierungsfrei abgebildet werden sollen. Dem Smart-Meter-Gateway-Administrator kommt dabei die Funktion zu, den Zugriff zum Smart Meter Gateway und zu den dahinter liegenden Komponenten wie moderner Messeinrichtung und CLS-Geräten zu ermöglichen, gleichzeitig aber auch die Autorisierung und Authentifizierung sicherzustellen. Berechtigte Interessenskonflikte beispielsweise in der Priorisierung von netz- und marktdienlichen Schalthandlungen

---

[3] Vgl. Edelmann und Fleischle (2019).

werden durch Konzepte einschlägiger Verbände bereits adressiert – Vorrangschaltung und Koordinierungsfunktion sind zwei der Schlagwörter –, diese aufzulösen wird jedoch nicht zu den Aufgaben des Smart-Meter-Gateway-Administrators gehören. Festzulegen, wem an seiner Statt diese Aufgabe zugeschrieben wird, ist Sache der Regulierung und soll im Folgenden nicht weiter betrachtet werden.

In erfrischender Weise ist die Technik der Regulierung voraus. Die Funktionen im Smart Meter Gateway sind beim überwiegenden Teil der Hersteller ausgeprägt. Das betrifft insbesondere den Kanalaufbau in den verschiedenen HAN-Kommunikations-Szenarien. Der aufgebaute Kanal kann dann von autorisierten aktiven EMTs genutzt werden, um CLS-Geräten direkt oder über eine Steuerbox Steuerbefehle und andere Parametrierungen zukommen zu lassen und gleichzeitig Sensoren- und Statuswerte zu empfangen. Gleichzeitig sind nicht nur moderne Messeinrichtungen der Sparte Strom verfügbar, sondern auch Gas-, Wasser- und Wärmezähler, um Multisparten-Metering zu unterstützen. Das bedeutet, dass die technischen Einzelkomponenten selbst für die komplexen Anwendungsfälle schon heute verfügbar sind und in Pilotprojekten eingesetzt werden können, auch wenn der Zugriff bei konkurrierenden Interessen im Detail noch zu klären ist.

27.4 Status und Praxisbeispiele

Die BTC Business Technology Consulting AG hat sich früh positioniert, alle Komponenten für das intelligente Messwesen bereitzustellen. Dies betrifft insbesondere die Funktionsrollen des Smart-Meter-Gateway-Administrators sowie des passiven und aktiven EMTs. Der Vorteil dabei ist, dass das Zusammenspiel der IT-Komponenten der verschiedenen Rollen so frühzeitig umgesetzt werden kann, auch wenn deren Kommunikation noch nicht im Sinne einer Marktkommunikation standardisiert ist, sofern sie untereinander über Schnittstellen zur Kommunikation verfügen. Zusätzlich zur Nutzung von verfügbaren Standardschnittstellen ermöglicht die, frühzeitig mit potenziellen Marktakteuren in Pilot- und Prototypprojekte einzusteigen, ohne aufwendige Integrationsprojekte durchführen zu müssen, gleichzeitig aber unter realitätsnahen Bedingungen das Zusammenspiel ausprobieren zu können. Dass dabei die IT-Komponenten in einer *Software-as-a-Service-Umgebung* bereitgestellt werden können, verringert die Einstiegshürde auf Seiten der interessierten Unternehmen zusätzlich, insofern Projekt- und Betriebskosten minimiert werden.

So konnten im Lauf der letzten Jahre Erfahrungen mit Marktakteuren wie Verteilnetzbetreibern, Energievertrieben, Energiehandel und Systemdienstleistern gewonnen werden, deren Zielsetzung, Fokus und Zugang im Thema Metering höchst unterschiedlich war.

Eine zentrale Erkenntnis ist, dass, rein von der technischen Seite, die Übermittlung von Schaltbefehlen an Feldgeräte nicht davon abhängig ist, ob eine Schalthandlung netz- oder marktdienlich durchgeführt wird. Die beteiligten Umsysteme verhalten sich sowohl in den Dateninhalten als auch in den Datenformaten sehr ähnlich. Ob ein Netzleitsystem oder ein virtuelles Kraftwerk einen Steuerbefehl über die CLS-Infrastruktur übermitteln will – die aktuelle Verbrauchs- bzw. Erzeugungssituation in Form der Ist-Leistung soll bekannt sein, der Status der Anlage ermittelt bzw. der Erfolg des Schaltbefehls zurückgemeldet werden. Die Steuerbefehle sind syntaktisch identisch, und selbst protokollseitig sind es oft bewährte Datenprotokolle wie IEC 60870-5-104. Die Anforderungen an die Struktur der Steuerbefehle ist dabei sehr ähnlich: Neben atomaren Schaltungen in den gängigen Schaltzuständen 0 %, 30 %, 60 % und 100 % werden Fahrpläne benötigt, die zeitgesteuert oftmals auch autonom durch die Steuerbox an Anlagen übermittelt bzw. von CLS-Geräten abgefahren werden.

Ebenfalls übereinstimmend ist in den verschiedenen Projekten stets die Prämisse gewesen, dass der Steuerbefehl nicht von der CLS-Software des aktiven EMT selbst initiiert wird, sondern diese den CLS-Kanal verwaltet und entweder die Kommunikation zwischen CLS-Gerät und initiierendem System ermöglicht oder aber im Fall einer Steuerbox den Befehl üblicherweise in den Protokollen IEC 61850 oder IEC 60870-5-104 entgegennimmt und entweder in ein herstellerspezifisches proprietäres Protokoll der Steuerbox überführt oder im Zielzustand eine Übersetzung mitunter entfällt, weil auch die Steuerbox in IEC 61850 kommuniziert. Beide Wege werden über heute am Markt verfügbare Steuerboxen bereits realisiert, und auch die oben erwähnten fachlichen Anforderungen, wie die Abbildung komplexer, priorisierter Fahrpläne oder Wischerbefehle werden unterstützt. Als vorteilhaft hat sich in den von BTC durchgeführten Projekten erwiesen, dass die Software BTC | AMM Control Manager auch über weitgehende Funktionen eines passiven EMTs verfügt, sodass auch Mess- und Zählwerte von modernen Messeinrichtungen oder Smart-Grid-Zählern entgegengenommen werden können und in die Prozesskette mit einbezogen werden können, indem Momentanwerte an das den Schaltbefehl initiierende System übermittelt werden können. Bei der marktdienlichen Steuerung durch virtuelle Kraftwerke ist darüber hinaus stets auch die historische Situation relevant, weil diese für die Prognose der kurz- und mittelfristigen Last- oder Erzeugungssituation genutzt werden kann.

Zuletzt müssen neben den oben beschriebenen fachlichen Funktionen der CLS-Software insbesondere in dem Fall, dass eine Steuerbox eingesetzt wird, auch vorgelagerte Dienste wie das Firmware-Management oder die Zeitsynchronisation der Steuerbox abgebildet sein, um das Gesamtsystem dauerhaft zuverlässig zu betreiben. In den durchgeführten Projekten konnte auf eine automatisierte Stammdatensynchronisation verzichtet werden, sofern der Prototypcharakter die Anzahl der eingesetzten Steuerboxen und CLS-Geräte auf einige Dutzend bis maximal kleine dreistellige Anzahlen begrenzte. Gleichwohl sind Architekturen erstellt worden, die den Weg in Richtung einer die Stammdaten verteilenden zentralen Instanz wie dem ERP-System des Besitzers der Asset Steuerbox weisen. Dieses hat die Datenhoheit über die Stammdaten und übermittelt den verschiedenen Akteuren konsistent die entsprechenden notwendigen Informationen. Naturgegeben benötigt die CLS-Software mehr Attribute aus dem Stammdatensatz als ein Netzleitsystem, das im Einzelfall nicht einmal die Geräte-ID einer Steuerbox kennt, sondern lediglich über ein Gruppenkennzeichen verfügt, mit dem in der CLS-Software eine logisch miteinander verknüpfte Gruppe von Steuerboxen oder CLS-Geräten adressiert werden kann. Diese Verteilarchitektur hat den Vorteil, eine hohe Datenkonsistenz bei gleichzeitiger Datensparsamkeit herzustellen. Die prototypische Realisierrung in einem Projekt befindet sich zum Zeitpunkt der Niederschrift in Umsetzung, um anschließend die Tragfähigkeit im Betrieb zu prüfen.

Eine weitere Besonderheit in den von BTC durchgeführten Projekten ist, dass unterschiedliche Betriebsmodelle der Marktakteure verprobt wurden. Neben dem klassischen On-Premise-Modell und dem Software-as-a-Service-Modell, in dem ein Marktpartner direkt die CLS-Software bedient und in ihr arbeitet, ist in einem Projekt auch das BPO-Modell (*Business-Process-Outsourcing-Modell*) zur Anwendung gekommen, in dem der Marktakteur sich eines Dienstleisters bedient, der die CLS-Software fachlich bedient. Wie bei dem Smart-Meter-Gateway-Administrator ist dies auch beim Thema CLS ein gangbarer Weg, sofern sich die Software durch einen hohen Automatisierungsgrad auszeichnet. Überdies werden in ihr keine fachlichen Entscheidungen getroffen: so wie die Smart-Meter-Gateway-Administrationssoftware BTC | AMM Gateway Manager lediglich Profilinformationen entgegennimmt und auf syntaktische Integrität überprüft sowie die Berechtigung der Marktpartner sicherstellt, erzeugt auch die CLS-Software i. d. R. keine Steuerbefehle, sodass die Arbeit in ihr keinerlei fachlicher Entscheidungskompetenz bedarf.

Alle Betriebsmodelle haben sich in der Praxis bewährt und erlauben den Betrieb einer CLS-Infrastruktur unabhängig von dem ausgeprägten Anwendungsfall. Welchem Betriebsmodell der Vorzug zu geben ist, entscheidet sich mithin ausschließlich an den Rahmenbedingungen des Marktakteurs. Als einer dieser Entscheidungsfaktoren sei hier die Unternehmensgröße genannt. Anders als bei der Smart-Meter-Gateway-Administration, die nahezu bar jedes energiewirtschaftlichen Kontexts ist, ist das CLS-Management deutlich näher an den Kernprozessen der Marktakteure verortet.

Inhaltlich sind in den Bestandsprojekten der BTC so unterschiedliche Anlagen wie Photovoltaikanlagen und Nachtspeicherheizungen bei Privatkunden sowie andere steuerbare Erzeuger im Gewerbekundenbereich adressiert worden. Für die Marktakteure stehen dabei nicht nur die technische Machbarkeit, sondern insbesondere das Sammeln von Erfahrungswerten hinsichtlich Zuverlässigkeit, Skalierbarkeit und Latenz der CLS-Kette im Vordergrund, die maßgebliche Einflussfaktoren für die Einsetzbarkeit der CLS-Infrastruktur sind.

Neben diesen eher klassischen Projekten, in denen Steuern und Schalten im Fokus der Marktakteure steht, agiert BTC mit anderen Marktakteuren ebenfalls in den Themenfeldern Submetering und Mehrsparten-Metering über den CLS-Kanal. Dabei wird der Kanal lediglich dazu genutzt, Mess- und Sensorenwerte aus dem Feld zu empfangen. In den Projekten haben sich zwei wesentliche Alternativen zur Abbildung dieser Anwendungsfalles gezeigt: die Entschlüsselung, inhaltliche Verarbeitung und Vorhaltung der Messwerte der CLS-Geräte wie beispielsweise Heizkostenverteilern oder anderer Sensoren zur späteren Bereitstellung an ein Abrechnungssystem in der CLS-Software BTC | AMM Control Manager sowie eine Variante, in der die CLS-Software lediglich dazu genutzt wird, das Kanalmanagement zu übernehmen sowie die über den CLS-Kanal eingehenden Nachrichten im Sinne der Smart Meter PKI kryptographisch zu behandeln, um sie dann entschlüsselt einem Backend-System zu übergeben, das dann die inhaltliche Prozessierung übernimmt.

Die Vorteile beider Lösungsmodelle liegen auf der Hand. Die erste Variante vereinfacht die IT-Architektur, insofern Schnittstellen reduziert werden. Gleichzeitig können in der CLS-Software Messzeitreihen unterschiedlicher Klassen von CLS-Geräten miteinander verschnitten werden, sodass *Bündelprodukte* für die Wohnungswirtschaft in einem derartigen Szenario besser abgebildet werden können. Die zweite Variante, in der die CLS-Software nur reduzierte Funktionen ausübt, hat so lange einen Vorteil, wie die Protokolle zur Kommunikation mit den CLS-Geräten nicht standardisiert und vereinheitlicht sind. In den jeweiligen Backend-Systemen, an die die Nachrichten weitergeleitet werden, sind die einzelnen proprietären Protokolle – oft aber eben nur genau eines – implementiert, sodass darauf verzichtet werden kann, diese in der CLS-Software zu reimplementieren.

Insbesondere in der ersten Umsetzungsalternative erweist sich wiederum als Vorteil, dass die Software BTC | ANNM Control Manager über beliebige Funktionen des passiven EMTs verfügt, sodass dort gleichzeitig die Zähl- und Messwerte moderner Messeinrichtungen, Sensoren und von CLS-Geräten verarbeitet werden können. Die konfigurierbare Prozessierung der Messdaten erlaubt es, Daten verschiedener Quellen unterschiedlich zu verarbeiten – eine sinnvolle, wenn nicht gar notwendige Voraussetzung: ein klassischer Zählerstandsgang auf 15-Minuten-Basis bedarf einer anderen Behandlung als die maximal zwei Messwerte je Monat eines Heizkostenverteilers, auch wenn beide Zeitreihen am Ende in einer Abrechnung an den Letztverbraucher münden. Ebenso lassen sich hochauflösende Messdaten aus Sensoren erfassen und für weitergehende datenbasierte Services bereitstellen.

Erkennbar wird so bereits der Großteil der Anwendungsfälle aus „Digitalisierung der Energiewende: Barometer und Top-Themen"[4] umgesetzt, auch wenn sie bislang noch isoliert betrachtet werden, da die technische Machbarkeit zunächst demonstriert werden sollte. Dies wird sich in den Jahren 2019 und 2020 ändern. Neben der Einbettung der CLS-Software in die entsprechende IT-Umgebung der Marktakteure werden erste Projekte durchgeführt werden, in denen die Anwendungsfälle miteinander in einer Instanz der CLS-Software verschmelzen. So wird in einem Projekt das Mehrfamilienhaus der Zukunft aus Sicht des Smart Metering umgesetzt. Die Herausforderung besteht darin, dass die Verbräuche der Mieter nicht nur über ein klassisches Mehrsparten-Metering erfasst und zur Abrechnung gebracht werden müssen, sondern die im Mieterstrommodel betriebene PV-Anlage sowie die halböffentlichen Ladestationen für Elektrofahrzeuge ebenfalls berücksichtigt werden müssen. Dabei sollen die PV-Anlage sowie die Ladezyklen der Elektrofahrzeuge dazu ge-

---

[4]Vgl. Edelmann und Fleischle (2019).

nutzt werden, durch über den CLS-Kanal übertragene Steuerbefehle markt- und netzdienliche Flexibilitäten bereitzustellen. Die klassische Energieversorgung wird verlassen, wenn man wie geplant weitere Sensoren in den Wohneinheiten anbindet: Beispielsweise den Rauchmelder zum Erfassen von dessen Batteriestatus oder Feuchtigkeitssensoren zur Schimmelprävention. Das Mosaik der Anwendungsfälle wird hier also zusammengefügt, um sich dem Gesamtbild anzunähern.

Die Projektpartner sind dabei zuversichtlich, dass die technische Seite nicht zum Hemmschuh werden wird, da die erforderlichen Komponenten wie Steuerboxen, CLS-Geräte, Sensorik, Ladestationen, die CLS-Software und die Backend-Komponenten verfügbar sind. Lediglich Fragen wie die nach der Rolle zum Auflösen der Interessenskonflikte bzw. Datenaustauschformate sind noch offen, deren Beantwortung aber zum Erreichen der Projektziele nicht essenziell erforderlich ist. Im Gegenteil erhoffen sich die Projektpartner, aus den Projekten Impulse setzen zu können.

27.5 Fazit und Ausblick

Mit dem Vorliegen erster zertifizierter Smart Meter Gateways ist der Startschuss für den Rollout-Beginn intelligenter Messsystem gefallen. Aus Effizienzgründen ist es dringend geboten, in dem bevorstehenden Rollout das intelligente Messsystem vollständig, d. h. da, wo erforderlich, mit CLS-Sensoren und -Aktoren zur vollständigen Nutzung der Funktionsbreite und zur Umsetzung von Mehrwert stiftenden Anwendungsfällen direkt mit auszubringen. Damit gelingt zudem die Transformation zum digitalen Umsorger beispielsweise auch in Smart-City-Projekten.

Die BTC hat mit ihren Kunden und Partnern in verschiedenen Projekten gezeigt, dass die technische Machbarkeit dem nicht widerspricht. Im Gegenteil konnte mit in der Zertifizierung befindlichen Gateways in den vergangenen Jahren gezeigt werden, dass die erforderliche Technik den benötigten Reifegrad erreicht hat, auch wenn bislang lediglich isolierte Anwendungsfälle betrachtet wurden. Zur Synthese der einzelnen Anwendungsfälle bedarf es – so die bisherigen Erkenntnisse – weniger weiterer technischer Innovation, sondern vielmehr des Gestaltungswillens aus Politik und Verbänden, Prozess- und Datenformatfestlegungen zu verabschieden. Nachdem dies erfolgt ist, steht mit der CLS-Infrastruktur rund um das Smart Meter Gateway ein performanter, wirtschaftlich kostengünstiger Baustein für die Digitalisierung der Energiewende zur Verfügung, der den Messstellenbetrieb durch die nicht in die Preisobergrenze des Pflicht-Rollouts fallenden Zusatzdienste überdies monetär attraktiver machen kann und somit die Marktrolle des (intelligenten) Messstellenbetreibers seines Maßes der Verantwortung entsprechend entlohnt.

Alle Signale aus der Branche der klassischen Energieversorgung wie auch angrenzender Sektoren lassen vermuten, dass viele Akteure diese Einschätzung teilen, sodass wir in den kommenden Jahren erleben werden, dass die Systemkomponenten im Verteilnetz ihren Beitrag zur Energiewende leisten werden.

Literatur

Edelmann, H., & Fleischle, F. (2019). Barometer Digitalisierung der Energiewende. Ein neues Denken und Handeln für die Energiewende. Studie im Auftrag des Bundesministeriums für Wirtschaft und Energie, Berichtsjahr 2018 (30. Jan. 2019). Dortmund/Düsseldorf: Ernst & Young GmbH Wirtschaftsprüfungsgesellschaft. https://www.bmwi.de/Redaktion/DE/Publikationen/Studien/barometer-digitalisierung-der-energiewende.pdf?__blob=publicationFile&v=20. Zugegriffen am 10.03.2019.

Ernst & Young. (2013). Kosten-Nutzen-Analyse für einen flächendeckenden Einsatz intelligenter Zähler (30. Jul. 2013). Dortmund: Ernst & Young GmbH Wirtschaftsprüfungsgesellschaft, im Auftrag des Bundesministeriums für Wirtschaft und Energie (BMWi). https://www.bmwi.de/Redaktion/DE/Publikationen/Studien/kosten-nutzen-analyse-fuer-flaechendeckenden-einsatz-in-telligenterzaehler.pdf?__blob=publicationFile&v=5. Zugegriffen am 10.03.2019.

Europäisches Parlament und Europäischer Rat. (2009a). Richtlinie 2009/72/EG des Europäischen Parlaments und des Rates vom 13. Juli 2009 über gemeinsame Vorschriften für den Elektrizitätsbinnenmarkt und zur Aufhebung der Richtlinie 2003/54/EG. Amtsblatt der Europäischen Union, L 211/55 (14. Aug. 2009). Brüssel: Europäisches Parlament und Europäischer Rat. https://eur-lex.europa.eu/LexUriServ/LexUriServ.do?uri=OJ:L:2009:211:0055:0093:DE:PDF. Zugegriffen am 10.03.2019.

Europäisches Parlament und Europäischer Rat. (2009b). Richtlinie 2009/73/EG des Europäischen Parlaments und des Rates vom 13. Juli 2009 über gemeinsame Vorschriften für den Erdgasbinnenmarkt und zur Aufhebung der Richtlinie 2003/55/EG. Amtsblatt der Europäischen Union, L 211/94 (14. Aug. 2009). Brüssel: Europäisches Parlament und Europäischer Rat. https://eur-lex.europa.eu/LexUriServ/LexUriServ.do?uri=OJ:L:2009:211:0094:0136:de:PDF. Zugegriffen am 10.03.2019.

Dr. Gert Schneider ist Senior Business Development Manager bei BTC AG. Er ist seit 10 Jahren mit energiewirtschaftlichen Themen mit Schwerpunkt im intelligenten Messwesen bei seinem Arbeitgeber befasst. Dabei gehörte zu seinen Aufgabenfeldern der Aufbau der Smart Metering Suite BTC | AMM, dessen Entwicklung er seit 2010 leitete und maßgeblich mitprägte. In diesem Zusammenhang hat er sich intensiv mit der IT- und Systemarchitektur des intelligenten Messwesens und der angrenzenden Bereiche der Energiewirtschaft auseinandergesetzt. Daneben hat er in Innovations- und Kundenprojekten aktiv den Rollout intelligenter Messsysteme zu Feldstudien begleitet. Aktuell betreibt er Geschäftsfeldentwicklung mit Schwerpunkt Smart-Meter-Gateway-Administration, Messdatenveredlung und CLS-Dienste. Seinem Studium der Mathematik folgte die Promotion in Codierungstheorie und Kryptographie. Er ist Autor verschiedener Fachpublikationen.

Dr. Markus Gerdes ist Senior Business Development Manager bei BTC AG. Er beschäftigt sich mit Kunden- und Innovationsprojekten im Umfeld von Smart Metering sowie weitergehenden Nutzenpotenzialen und Geschäftsmodellen des Smart Meterings als Enabling-Technologie. Auch durch seine vorherigen Beschäftigungen u. a. bei der Fraunhofer Gesellschaft sowie diversen Forschungs- und Beratungstätigkeiten im Umfeld der Energiewirtschaft, der Informationstechnologie und der Informationssicherheit verfügt er über einen großen Erfahrungsschatz in den Bereichen Smart Metering, Smart Grid, Digitalisierung und Cyber-Sicherheit. Seinem Studium der Wirtschaftsmathematik folgte die Promotion im Bereich der Wirtschaftsinformatik. Er ist Autor verschiedener Fachpublikationen.

Erschließung des Geschäftsfeldes Submetering zum Ausbau kommunaler, digitaler Dienste

28

Sascha Reif

Die Konvergenz von Wohnungswirtschaft und Energiewirtschaft bietet langfristige Chancen

Zusammenfassung

Die EVH prüft aus unterschiedlichen strategischen Überlegungen heraus, eine Dienstleistungsgesellschaft zur Erbringung von Submetering-Leistungen zu gründen. Die Gesellschaft soll den Rollout und Betrieb einer Submetering-Infrastruktur vornehmen und eine Heizkostenverteilabrechnung anbieten. Hierzu soll eine fernauslesbare Submetering-Infrastruktur aufgebaut werden. Wesentlich für den Erfolg einer solchen Dienstleistungsgesellschaft ist es, für die Beschaffung von Geräten und Montagekapazitäten die erforderliche Skalierung durch eine hohe Anzahl an betreuten Wohneinheiten zu erzielen. Zudem ist eine hohe Automation der Prozesse über die gesamte Wertschöpfungskette bis hin zu den Kundensystemen aus der Wohnungswirtschaft erforderlich. Als zukünftige Chance wird die mittelfristige Erweiterung des Geschäftsmodells um datenbasierte, smarte Dienste gesehen.

28.1 Einleitung

Für die Energiewirtschaft gibt es zwei wesentliche Aspekte, einerseits den gesetzlichen Rahmen und andererseits die hohen Renditen, die im Submetering erwirtschaftet werden können, um sich mit dem wohnungswirtschaftlichen Submetering intensiv zu befassen.

S. Reif (✉)
Trianel GmbH, Aachen, Deutschland

© Springer Fachmedien Wiesbaden GmbH, ein Teil von Springer Nature 2020   383
O. D. Doleski (Hrsg.), *Realisierung Utility 4.0 Band 2*,
https://doi.org/10.1007/978-3-658-25589-3_28

Der Gesetzgeber hat mit dem *Messstellenbetriebsgesetz (MsbG)* neue regulatorische und wirtschaftliche Anreize gesetzt, energiewirtschaftliche und wohnungswirtschaftliche Messwesen zu koppeln. Die hohen Kosten, die der sicheren Kommunikationsinfrastruktur gemäß den Sicherheitsvorgaben des Bundesamts für Sicherheit in der Informationstechnologie (BSI) für intelligente Messsysteme immanent sind, erfordern zusätzliche Anwendungsfälle und Synergien. *Submetering* ist ein Anwendungsfall, der heute schon über ein skalierbares Geschäftsmodell verfügt.

Die hohen Renditen, die durch die etablierten Anbieter im Submetering erzielt werden, lassen einen Einstieg in das Geschäftsfeld attraktiv erscheinen. Der Oligopolmarkt, der diese hohen Renditen ermöglicht, steht aber durch das Bundeskartellamt unter Beobachtung, wie in der Sektoruntersuchung Submetering untersucht und dokumentiert wurde.[1] In dieser Marktuntersuchung fordert das Bundeskartellamt mehr Wettbewerb und sieht insbesondere Stadtwerke als die relevanten neuen Anbieter.

Zusätzliche Marktbewegungen wird es durch die Anpassung der *Energieeffizienz-Richtlinie 2012/27/EU* geben.[2] Der Anpassungsvorschlag der EU fordert in Artikel 9c, dass ab 01. Jan. 2020 alle neu installierten Wärmemengenzähler, Warmwasserzähler und Heizkostenverteiler fernauslesbar sein müssen. Der gesamte Austausch auf eine fernauslesbare Infrastruktur soll am 01. Jan. 2027 abgeschlossen sein. Ferner wird in Artikel. 10 die in der Energiewirtschaft bekannte Anforderung nach einer leicht verständlichen und auf Wunsch elektronisch verfügbaren Rechnung definiert. Die prozessualen Anforderungen zwischen den beiden Mess- und Abrechnungswelten gleichen sich demnach weiter an.

Aus diesen Beweggründen heraus hat die EVH Mitte 2017 erste Gespräche mit der Wohnungswirtschaft in Halle (Saale) aufgenommen, um die Nachfrage nach einer Submetering-Dienstleistung zu eruieren. Die positiven Rückmeldungen und das große Interesse an einer solchen Dienstleistung führten dazu, dass sich die EVH aktuell in einem konkreten Umsetzungsprojekt zur Gründung einer solchen Dienstleistungsgesellschaft befindet. Nachfolgend werden die wesentlichen Strategieoptionen und Fragestellungen dargestellt, die im Rahmen der Umsetzung eines solchen Geschäftsmodells diskutiert wurden.

28.2   Submetering als strategisches Geschäftsfeld für die Energiewirtschaft

Messen, Abrechnen und der Betrieb von Messinfrastrukturen unter strikten regulatorischen Vorgaben sind seit jeher das Kerngeschäft der Energieversorger. Die erforderlichen, wesentlichen Kompetenzen sind im Unternehmen vorhanden. Durch die Artverwandtheit der Geschäftsmodelle sind die Risiken gut einschätzbar. Die in Abb. 28.1 dargestellte *SWOT-Analyse* zeigt die wesentlichen strategische Aspekte auf.

---

[1] Vgl. Bundeskartellamt (2017).
[2] Vgl. Europäisches Parlament und Europäischer Rat (2018).

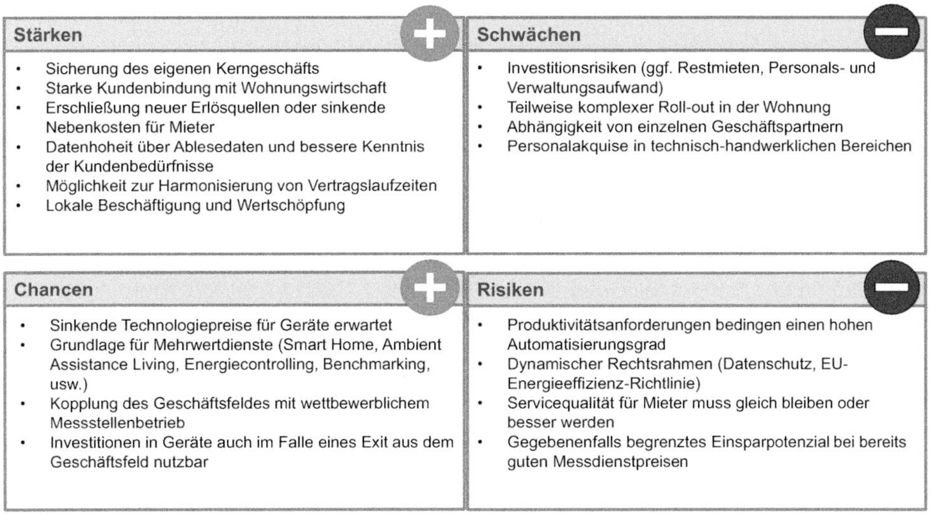

Stärken ➕	Schwächen ➖
• Sicherung des eigenen Kerngeschäfts • Starke Kundenbindung mit Wohnungswirtschaft • Erschließung neuer Erlösquellen oder sinkende Nebenkosten für Mieter • Datenhoheit über Ablesedaten und bessere Kenntnis der Kundenbedürfnisse • Möglichkeit zur Harmonisierung von Vertragslaufzeiten • Lokale Beschäftigung und Wertschöpfung	• Investitionsrisiken (ggf. Restmieten, Personals- und Verwaltungsaufwand) • Teilweise komplexer Roll-out in der Wohnung • Abhängigkeit von einzelnen Geschäftspartnern • Personalakquise in technisch-handwerklichen Bereichen
Chancen ➕	Risiken ➖
• Sinkende Technologiepreise für Geräte erwartet • Grundlage für Mehrwertdienste (Smart Home, Ambient Assistance Living, Energiecontrolling, Benchmarking, usw.) • Kopplung des Geschäftsfeldes mit wettbewerblichem Messstellenbetrieb • Investitionen in Geräte auch im Falle eines Exit aus dem Geschäftsfeld nutzbar	• Produktivitätsanforderungen bedingen einen hohen Automatisierungsgrad • Dynamischer Rechtsrahmen (Datenschutz, EU-Energieeffizienz-Richtlinie) • Servicequalität für Mieter muss gleich bleiben oder besser werden • Gegebenenfalls begrenztes Einsparpotenzial bei bereits guten Messdienstpreisen

Abb. 28.1 SWOT-Analyse Submetering

Die wesentlichen Treiber für die EVH zur Aufnahme der Geschäftstätigkeit sind die Möglichkeiten zur Ausdehnung des eigenen Geschäfts und die stärkere Bindung der wohnungswirtschaftlichen Kunden.

Getrieben durch den Margenverfall im klassischen Versorgungsgeschäft und den immer stärker werdenden Wettbewerb branchenfremder Anbieter ist Submetering durch die Möglichkeit der Skalierung des Geschäftsmodells ein interessantes, neues Geschäftsfeld – insbesondere, wenn in einer langfristig ausgelegten Perspektive unterstellt wird, dass Smart Home und *Ambient Assisted Living (AAL)* durch eine zunehmende Produktreife breite Marktanteile erzielen werden. Für die EVH ist das Submetering der erste Schritt in die Wohnung des Kunden. Die in der Branche gern geführte These: „Wer den Zähler hat, hat den Kunden" wird in einer immer stärker vernetzten Welt an Bedeutung verlieren. Kunden werden langfristig mit der zunehmenden Fähigkeit von elektronischen Geräten zur Vernetzung im Internet der Dinge oder Internet of Things (IoT) ganzheitliche Lösungen suchen. Für Sicherheitslösungen, Gesundheitsdienste und ganzheitliche Raumwärmekonzepte bringen Energieversorger eine hohe Vertrauensbasis, die lokalen Netzwerke und Kompetenzen mit, um diesen Bedarf zu decken.

Das Submetering bietet für den Versorger zudem die kommunikationstechnische Voraussetzung, um auch weitere smarte Dienste wie Smart Home oder AAL in die Wohnung zu bringen. Auf Basis der gewonnenen Informationen zum Verbrauchsverhalten und zu den Strukturinformationen der Wohnung können bei entsprechenden Opt-in-Optionen zur datenschutzkonformen Datennutzung wertvolle Informationen über den Mieter und Kunden gewonnen werden. Auf Basis dieser Informationen können weitere Mehrwertangebote und Koppelprodukte zielgruppenspezifisch angeboten werden.

Aus aktueller Sicht ist die stärkere Bindung der wohnungswirtschaftlichen Kunden an die EVH der stärkste Treiber gewesen, das Geschäftsfeld zu erschließen. Als Fernwärmeversorger ist die Hauptstrategie wesentlicher Teil der Strategie des Unternehmens die Sicherung des Wärmeabsatzes im Versorgungsgebiet.

Mit dem *Liegenschaftsmodell* nach § 6 MsbG öffnet der Gesetzgeber dritten Wettbewerbern einen einfacheren Zugang zum Messstellenbetrieb. Das Liegenschaftsmodell birgt insbesondere für Energieversorger mit einem Fernwärmeportfolio die Gefahr, dass das Oligopol der etablierten wohnungswirtschaftlichen Messdienstleister die Geschäftsaktivitäten in den Bereich des energiewirtschaftlichen Messwesens ausdehnt und auf dieser Basis dezentrale Versorgungskonzepte etabliert. Auch *Mieterstrommodelle*, die durch die Wohnungswirtschaft ohne das Versorgungsunternehmen realisiert und direkt über die Miete abgerechnet werden, gefährden das Kerngeschäft. Dies insbesondere bei neu errichteten Immobilien, die mit „integrierten Energiekonzepten" vermietet werden.

Solche Energiekonzepte können sich signifikant auf den kommunalen Ergebnisbeitrag der Versorgungsunternehmen auswirken und unterlaufen die energetische und emissionstechnische Gesamtoptimierung einer Stadt, die mit dem Fernwärmenetz erzielt werden kann. Zur Absicherung des Kerngeschäfts ist es für die Fernwärmeversorger deshalb von großer Bedeutung, über ganzheitliche Messkonzepte die Kundenbeziehung und Datenhoheit halten zu können.

Denn der Wettbewerbsdruck durch die klassischen Submetering-Dienstleister wird steigen, da das klassische Geschäftsfeld dieser Dienstleister langsam durch stärkere Regulierung und kontinuierlichen Marktanteilsverlust unter Druck gerät. Mit dem Verkauf der ista Deutschland GmbH im Jahr 2017 an einen chinesischen Finanzinvestor[3] und dem Verkauf von Techem an eine internationale Investorengruppe[4] 2018 wird sich der Druck, weitere Geschäftsfelder zu erschließen, deutlich erhöhen. Dadurch gerät das klassische Geschäft der Versorger unter Druck, und auch in den zukünftig interessanten neuen Geschäftsfeldern positionieren sich Wettbewerber.

Zudem wird sich die Konvergenz der Prozesse zwischen *Wohnungswirtschaft* und Energiewirtschaft verstärken. Zukünftig müssen sowohl für das wohnungswirtschaftliche Messen von Wärmemengen als auch, zumindest bei Pflichteinbaufällen von intelligenten Messsystemen, beim energiewirtschaftlichen Messen fernauslesbare Messinfrastrukturen bei den Kunden betrieben werden. Überall dort, wo fernauslesbare Messinfrastrukturen betrieben werden, haben Kunden den Anspruch auf eine monatliche Verbrauchsinformation. Für die Wohnungswirtschaft ist diese Regelung ab 2022 umzusetzen.[5] Der wettbewerbliche Messstellenbetrieb wird folglich, insbesondere für die großen wohnungswirtschaftlichen Messdienstleister, zu einem interessanten Markt, da diese heute schon in der Masse der größeren Mietobjekte engagiert sind. Eine frühzeitige Sicherung des lokalen Marktes ist für die EVH deshalb von strategischer Bedeutung.

---

[3] Ista (2017).

[4] Vgl. Reifenberger und Hedtstück (2018).

[5] Vgl. Europäisches Parlament und Europäischer Rat (2018, Anhang VIIA).

28.3   Beweggründe für die Wohnungswirtschaft zur Kooperation

Die oligopole Marktstruktur führte in der Vergangenheit zu hohen Gewinnen bei den etablierten Abrechnungsdienstleistern. Dies hat eine latente Preisunzufriedenheit in der Wohnungswirtschaft zur Folge. Da diese Kosten allerdings vollumfänglich auf die Mieter umlagefähig sind, ist der Bedarf zur Kostenoptimierung i. d. R. zweitrangig. In Abhängigkeit der Größe des wohnungswirtschaftlichen Unternehmens können die aktuell angebotenen Preisniveaus der etablierten Anbieter unterboten werden. Die Vielzahl von geführten Gesprächen mit kleinen, mittleren und großen Vermietern hat aber gezeigt, dass die qualitativen Faktoren für die Vergabe der Dienstleistung in stärkerem Maße ausschlaggebend sind.

Teile der Wohnungswirtschaft haben in der jüngeren Vergangenheit eine Abnahme der Servicequalität der angebotenen Submetering Dienstleistungen wahrgenommen. Die Servicequalität ist für diese Unternehmen aber der wesentliche Vergabefaktor. Jede Mieterrückfrage, die auf eine schlechte Qualität der *Heizkostenverteilabrechnung* und der zugehörigen Messinfrastruktur zurückzuführen ist, verursacht nicht umlagefähige Kosten. Ein glaubhaftes Leistungsversprechen, eine bessere Servicequalität als die bisherigen Dienstleister abzugeben, ist somit für die Dienstleistung wesentliches Argument für den Dienstleisterwechsel. Gut qualifizierte Ansprechpartner vor Ort erfüllen neben einer gut organisierten Montagemitarbeitersteuerung diese Anspruchshaltung.

Ein weiteres wichtiges Kriterium für den Wechsel auf einen lokalen Anbieter ist die Vereinbarung eines Konzeptes zur gemeinsamen Datennutzung. Auch für die Wohnungswirtschaft werden Daten aus der Liegenschaft für zukünftige Geschäfts- und Servicemodelle eine immer größere Bedeutung gewinnen. Die Entwicklung neuer Dienste wie AAL durch die Wohnungswirtschaft, bei der auf Sensordaten aus der Heizkostenverteilabrechnung zurückgegriffen werden soll, werden durch bisherige Abrechnungsdienstleister nicht unterstützt. Dies ist gerade in Quartieren, in denen Telemedizinzentren erprobt und etabliert werden, ein großes Hindernis zur weiteren Steigerung der Verweildauer von älteren Mietern in den Wohneinheiten.

Städte mit einer großen organisierten oder kommunalen Wohnungswirtschaft werden aufgrund der tiefen kommunalen Vernetzung einen großen Fokus auf eine lokale Wertschöpfung setzen. Der niedrige Outsourcing-Grad, mit dem ein lokales Angebot von Submetering-Dienstleistungen üblicherweise realisiert wird, unterstützt diese Anspruchshaltung.

Bei Fernwärmeversorgern kann zudem eine *Mieterdirektabrechnung* der Wärmelieferung das ausschlaggebende Argument sein, die etablierten Dienstleister abzulösen. Hier sollte durch den Versorger eine sehr sorgfältige Abwägung der Vor- und Nachteile bei der Aufgabe des Sammelinkassos für die Fernwärmeversorgung durch die Wohnungswirtschaft vorgenommen werden.

Bei mittleren und großen wohnungswirtschaftlichen Unternehmen wird als Dienstleistung üblicherweise die reine Heizkostenverteilabrechnung nachgefragt. Ein erweitertes Angebot zur Übernahme der kompletten Betriebskostenabrechnung kann für kleine wohnungswirtschaftliche Unternehmen hingegen eine hohe Attraktivität haben.

Die Erzielung von Ertragspotenzialen oder aber die Senkung der Mietnebenkosten durch eine günstigere Betriebskostenabrechnung kann auf der monetären Seite im Fokus der Wohnungswirtschaft bei der Entscheidung stehen.

28.4 Strategieoptionen zur Realisierung der Submetering-Dienstleistung

Die Aufbauorganisation der Dienstleistung und die strategische Ausrichtung der Dienstleistung sind wesentliche Fragestellungen zur Klärung des Geschäftsmodells. Auch die Ausrichtung und Leistungstiefe der Dienstleistung ist mit den möglichen Kunden frühzeitig zu diskutieren sowie das Sourcing des erforderlichen Personalbedarfs zu eruieren.

28.4.1 Direkte Dienstleistung versus Dienstleistungsgesellschaft

Zur Realisierung der Dienstleistung sind grundsätzlich zwei wesentliche Varianten geeignet: die direkte Erbringung aus dem Versorgungsunternehmen und die Gründung einer Dienstleistungsgesellschaft, gegebenenfalls gemeinsam mit der Wohnungswirtschaft. Beide Varianten haben Vor- und Nachteile, die es gemäß der spezifischen Marktsituation des einzelnen Versorgungsunternehmens untereinander abzuwägen gilt.

Die erste Variante zur Erbringung der Submetering-Dienstleistung direkt aus der bestehenden Organisation kann insbesondere aus dem Gedanken getrieben werden, den wettbewerblichen Messstellenbetrieb um eine Mehrwertdienstleistung Submetering zu ergänzen. Innerhalb der bestehenden Organisation ist das einfach möglich. Zudem kann eine Kopplung mit anderen bestehenden Produkten, wie z. B. einem Heizungs-Contracting erfolgen. Die schnellste „Time to Market" wäre in diesem Modell ebenfalls gegeben. Ein weiterer Aspekt ist, dass das Dienstleistungsangebot, im Gegensatz zu einer gesellschaftsrechtlichen Kooperation mit wohnungswirtschaftlichen Unternehmen allen Unternehmen wettbewerbsneutral angeboten werden kann. Als Risiko ist in diesem Modell der permanent erforderliche Dienstleistungsvertrieb zu sehen. Das Versorgungsunternehmen ist nur einer von unterschiedlichen Anbietern, sodass mit Laufzeitende der Verträge oder bei Inbetriebnahme neuer Gebäude das eigene Angebot jedes Mal erneut im Wettbewerb steht.

Durch eine gesellschaftsrechtliche Verflechtung mit ausgewählten wohnungswirtschaftlichen Unternehmen entfällt dieses Risiko. Zudem entsteht durch die Einbringung des Mess- und Abrechnungsgeschäftsvolumens eine hohe Planungssicherheit im Geschäftsmodell. Durch die im Modell dauerhaft planbare Menge an Mess- und Abrechnungsleistungen für definierte Wohneinheiten lassen sich im Markt auch bessere Beschaffungskonditionen für Geräte und Montagedienstleistungen verhandeln. Eine Verknüpfung weiterer Leistungen aus dem Versorgerumfeld ist auch in diesem Szenario möglich. Ob eine Überführung des wettbewerblichen Messstellenbetriebs in diesem Szenario Sinn macht, ist kritisch zu diskutieren. Da der Messstellenbetrieb i. d. R. in einem gesamten

Versorgungsgebiet oder auch überregional angeboten werden soll und zukünftig mit weiteren Mehrwertdiensten eines Versorgers verknüpft werden kann, liegt es nahe, diese Aufgabe weiterhin im Versorgungsunternehmen anzusiedeln. Über Dienstleistungsverträge zur gemeinsamen Nutzung der hochsicheren Kommunikationsinfrastruktur des *wettbewerblichen Messstellenbetreibers (wMSB)* kann eine Kopplung der beiden Messwelten erfolgen. Konsequenz ist, dass die vertragliche, prozessuale und IT-technische Umsetzung der Leistungen komplexer wird als in der ersten Variante.

Die kommunalrechtlichen Aspekte bei Gesellschaftsgründung sind bundeslandspezifisch

Vor der Gründung einer Dienstleistungsgesellschaft ist zu prüfen, inwieweit eine Beteiligung des Versorgers als kommunales Unternehmen an einer solchen Gesellschaft konform zum Kommunalverfassungsgesetz des jeweiligen Bundeslandes ist. Die Stadtwerke Halle ließen die Beteiligung an einer Submetering-Dienstleistungsgesellschaft hinsichtlich des *Kommunalverfassungsgesetzes* des Landes Sachsen-Anhalt (KVG LSA) über eine spezialisierte Anwaltskanzlei gutachterlich prüfen. Dieses Gutachten kommt zu dem Ergebnis, dass die Voraussetzungen des § 128 KVG LSA erfüllt werden und somit eine Beteiligung rechtens ist, wenn die zusätzlichen Anforderungen des § 129 Nr. 2 bis 6 KVG LSA durch den Gesellschaftervertrag geregelt werden. Insbesondere muss sichergestellt werden, dass der öffentliche Zweck des Unternehmens gewährleistet ist. Somit ist eine Beteiligung von nicht kommunalen, wohnungswirtschaftlichen Unternehmen im Vorfeld mit dem zuständigen Landesverwaltungsamt zu klären. Ob solche Konstellationen möglich sind, ist vom Bundesland abhängig, in dem das gründende Versorgungsunternehmen angesiedelt ist.

▶ Eine sehr frühzeitige Prüfung, ob Unternehmen mit kommunalem und nicht kommunalem Hintergrund in einer gemeinsamen Gesellschaft kooperieren können, ist deshalb zu empfehlen.

28.4.2 Dienstleistungsbestandteile im Submetering

Hinsichtlich der Frage, welche Dienstleistungen die Gesellschaft anbieten soll, wurde im Rahmen des Projektes bei der EVH für die initiale Phase entschieden, dass der Aufbau und Betrieb der technischen Infrastruktur für die Messung von Wärme, Warm- und Kaltwasser, den Betrieb von Rauchwarnmeldern sowie die Heizkostenverteilabrechnung umgesetzt werden soll. Produkte und Geschäftsmodelle, die auf Daten oder smarten Diensten basieren, werden als zukünftige Chance gesehen. In der Planung wurden diese aber nicht weiter berücksichtigt.

Aufgrund der Anforderungen der zukünftig novellierten Energieeffizienzrichtlinie, der in Teilen geplanten Kopplung der Submetering-Infrastruktur mit dem wettbewerblichen Messstellenbetrieb und den zukünftigen Potenzialen für smarte Dienste soll eine funkbasierte Infrastruktur aufgebaut werden.

Für eine solche funkbasierte Infrastruktur stehen unterschiedliche Technologien am Markt zur Verfügung. Die EVH prüft aktuell in unterschiedlichen Pilotobjekten, ob die klassischen *Gateway*-basierten Funknetze, die heute üblicherweise in der Wohnungswirtschaft zum Einsatz kommen, verwendet werden sollen, oder die LoRaWAN-Technologie (Long Range Wide Area Network). Walk-by-Auslesungen, bei denen Mitarbeiter in den Gebäuden vor Ort die Funksignale der Messsensoren empfangen, werden nur in Sonderfällen eingesetzt. Notwendig kann dies in Strukturen werden, in denen die Gebäudephysik eine adäquate Durchdringung des Funksignals verhindert. Insbesondere in Neubauten, in denen eine ungünstige Positionierung der unterschiedlichen Messgeräte im Gebäude kombiniert mit den stark dämpfenden Eigenschaften einer Isolierung der Fußbodenheizung auftritt, kann es aus Kostengründen sinnvoller sein, auf ein Walk-by-Verfahren zurückzugreifen.

Als Sensorik werden Heizkostenverteiler, Wärmemengenzähler, Kalt- und Warmwasserzähler sowie Rauchmelder des Typs C mit Umfeldüberwachung eingesetzt. Bei diesen Rauchmeldern ist eine jährliche Sichtprüfung nicht mehr erforderlich.

In der initialen Ausprägung der geplanten Gesellschaft soll eine reine *Heizkostenverteilabrechnung* umgesetzt werden. Ob perspektivisch eine *Betriebskostenabrechnung* angeboten werden soll, hängt stark von der Größe der Dienstleistung des anfragenden Wohnungsunternehmens ab. Für kleinere und mittelgroße Wohnungsunternehmen ist dieses Angebot eine interessante Erweiterung der Produktpalette. Gerade Unternehmen, die sich perspektivisch mit Nachfolgeregelungen in ihrer Betriebskostenabrechnung befassen müssen, stellen sich vermehrt die Frage der Kernkompetenzen. Große Wohnungsunternehmen verfügen heute schon über größere Abteilungen zur Abwicklung der Betriebskostenabrechnung, sodass hier wenig Nachfrage bestehen wird.

Bei der individuellen Betrachtung des Business Case werden sich der spezifische Leistungsumfang und insbesondere die eigene Wertschöpfungstiefe nach dem Potenzial der zu betreuenden Wohneinheiten ausrichten müssen. Bei dieser unternehmensspezifischen Planung sind die technischen und kaufmännischen Tätigkeiten im Zusammenhang mit der Submetering-Dienstleistung zu untersuchen. Wesentliche montagetechnische Arbeiten sind die kontinuierliche Planung des Rollouts der Geräte sowie deren Störungsbehebung, die Montage der zentralen Kommunikationskomponenten (Gateways), Zähler und Rauchwarnmelder sowie das Aufmaß der Heizkörper mit der Erfassung der Heizkörperfaktoren zur Ermittlung der Umrechnungsfaktoren für die Heizkostenverteiler. Zu den kontinuierlichen Tätigkeiten der Abrechnung zählen die Ablesung der Messgeräte, die Heizkostenverteilabrechnung und deren Weiterleitung an die Betriebskostenabrechnung. Neben dem klassischen Reporting und der Kontrolle der verschiedenen Leistungen ist die Kontrolle der Rauchmelder per Sichtprüfung oder bei neuartigen Rauchmeldern des Typs 3 per Fernauslesung auch aus Haftungsgründen von hoher Bedeutung.

Wärmedirektabrechnung sehr kritisch prüfen

Eine intensive Diskussion wurde um den Wunsch geführt, in der Gesellschaft für mit Fernwärme versorgte Kunden eine Wärmedirektabrechnung einzuführen. Die an der Gesellschaft beteiligten Wohnungsunternehmen hatten ein hohes Interesse, die aktuelle Situation des Sammelinkassos für die Fernwärmeversorgung aufzulösen.

Ob eine der zu erbringenden Dienstleistungen auch die direkte Wärmeabrechnung mit den einzelnen Mietern sein soll, ist intensiv zu prüfen. Zu berücksichtigen ist, dass durch i. d. R. fehlende Sperrregler zu jeder einzelnen Wohnung das Inkasso in letzter Konsequenz durch eine Sperrung nicht durchgesetzt werden kann. Wohnungswirtschaftliche Unternehmen ihrerseits haben mit dem Kündigungsrecht des Mietverhältnisses ein sehr gutes Instrument, um das Inkasso durchzusetzen. Soll eine Umsetzung der Wärmedirektabrechnung erfolgen, ist zu klären, wie das Inkassorisiko in das Dienstleistungspreismodell eingepreist werden kann. Dies kann insbesondere dann kritisch werden, wenn verschiedene potenzielle Nachfrager der Dienstleistung unterschiedliche Bonitätsrisiken in ihrer Mieterstruktur aufweisen. Eine Sozialisierung des Bonitätsrisikos über das Preismodell kann schwierig werden, da hierdurch die Messkosten für alle Mieter steigen. Als dritter Punkt ist in Versorgungsgebieten, in denen die Fernwärme satzungsgemäß Vorrang genießt, ein solches Modell diskriminierungsfrei allen Abnehmern und Vermietern anzubieten.

Die Verlagerung des Inkassorisikos von dem Wohnungsunternehmen auf den Versorger kann aber ein wesentliches Vertriebsargument für die Vergabe der Heizkostenverteilabrechnung an einen neuen Dienstleister sein und würde ein lokales Alleinstellungsmerkmal darstellen, weshalb eine Prüfung grundsätzlich zu empfehlen ist.

28.4.3   Markteintrittsbarriere durch unterschiedliche Vertragslaufzeiten

Die Sensorik, die im Submetering verwendet wird, hat unterschiedliche Nutzungsdauern und damit verschiedene Laufzeiten der Mietverträge mit den Abrechnungsdienstleistern. Die Mietzeiten von Heizkostenverteilern und Rauchmeldern orientieren sich an der erwarteten Batterielebensdauer und belaufen sich auf 10 Jahre. Bei Kaltwasserzählern (6 Jahre), Warmwasserzählern (5 Jahre) und Wärmemengenzählern (5 Jahre) orientieren sich Nutzungsdauer und Vertragslaufzeit an den Eichfristen der Messgeräte. Aus diesen unterschiedlichen Vertragslaufzeiten ergibt sich, wie das Bundeskartellamt schon festgestellt hat, eine Markteintrittsbarriere. Wie Abb. 28.2 in Anlehnung an die Sektorenuntersuchung[6] zeigt, gibt es theoretisch nur alle 30 Jahre ein Zeitfenster, in dem alle Verträge gleichzeitig auslaufen.

Für die Produktdefinition und die Kapitalbedarfsermittlung eines Business Case ist zu klären, wie mit diesem Umstand verfahren werden soll. Häufig besteht in den Verträgen mit dem Abrechnungsdienstleister die Möglichkeit, die Altgeräte durch eine Restmietenübernahme zu erwerben. Dieses Szenario ermöglicht eine schnelle Umstellung der Immobilien auf den neuen Dienstleister. Zu prüfen ist, ob es sich bei den Altgeräten um proprietäre Technik handelt und ob sich diese in die geplante eigene Funkinfrastruktur integrieren lässt. Auf Basis der Abwägung, wie hoch die Investitionen in das neue Geschäftsfeld sein können und welche Betriebsrisiken in der Übernahme proprietärer Technologie gesehen werden,

---

[6]Vgl. Bundeskartellamt (2017, S. 60).

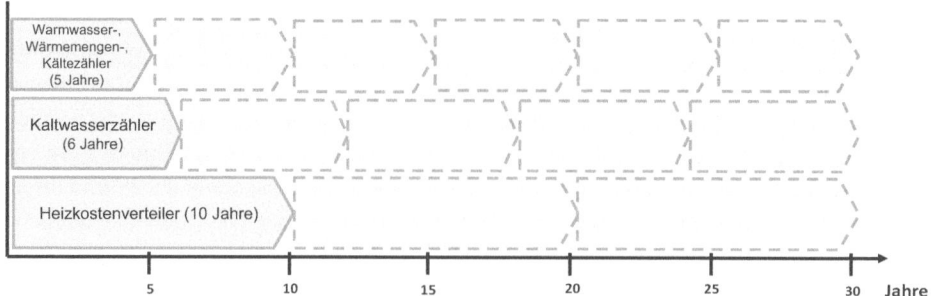

Abb. 28.2 Bindungseffekte aufgrund unterschiedlicher Vertragslaufzeiten

entscheidet sich die Übernahme der bestehenden Technik. Wenn die Alttechnik nicht über-nommen werden soll, sind weitere Varianten für den Transitionspfad, bis vollumfänglich auf eigene Submetering-Komponenten zurückgegriffen werden kann, zu prüfen und umzu-setzen.

Einige Dienstleister bieten auch für ihre Bestandsgeräte das Ablesemanagement an, sodass die Heizkostenverteilerwerte von diesem Dienstleister als Datensatz zur Verfügung gestellt werden. Im Rahmen eines hybriden Dienstbetriebs für eine Übergangszeit werden sowohl Ablesewerte und Daten der eigenen Heizkostenverteilabrechnung als auch die Daten des bisherigen Ablesedienstleisters zur Abrechnung der Gebäudebestände heran-gezogen. Auch hier ist zu prüfen, ob die eingesetzten oder geplanten IT-Systeme das pro-prietäre Datenformat des Dienstleisters verarbeiten können.

Theoretisch möglich wäre auch ein Geschäftsmodell, bei dem nur die Heizkostenver-teilabrechnung an sich abgewickelt wird, und der Betrieb sowie die Ablesung der Submetering-Infrastruktur verbleiben beim bisherigen Dienstleister. Die spätere Erweite-rung um smarte Dienste wäre in diesem Modell allerdings schwer möglich.

28.4.4 Sourcing-Strategie – Eigenleistung versus Outsourcing

Grundsätzlich ist zu klären, wie bei den Themen Montage, Entstörung, Lagerbewirtschaf-tung, Disposition, Kundenkommunikation und Terminplanung, Ablesung und Abrech-nung die personellen Kapazitäten in der Umsetzung geplant werden sollen. Je nach Grad der eingesetzten externen Dienstleister ist eine mehr oder minder komplexe Dienstleister-steuerung erforderlich.

Die Entscheidung, zu welchem Grad mit eigenem Personal und in welchem Umfang auf externe Dienstleister zurückgegriffenen werden soll, ist neben der Anzahl der zu be-treuenden Wohneinheiten auch stark vom gewünschten Qualitäts- und Servicelevel ab-hängig, der angeboten werden soll. Insbesondere die Montageleistungen, Entstördienste und die zugehörige Disposition können durch externe Dienstleister zu attraktiven Konditionen angeboten werden – unter der Voraussetzung, dass der Mieter zu vereinbar-ten Terminen in der Wohnung angetroffen wird und keine baulichen oder dekorativen

Maßnahmen am Installationsort der Messgeräte durch diesen vorgenommen worden sind. Teuer wird die sogenannte Restantenbearbeitung in eben diesen Fällen. Von daher empfiehlt es sich, die Restantenbearbeitung und eine stichprobenhafte Kontrolle der Montagedienstleister, wenn möglich mit eigenem Personal, zu bearbeiten. Je höher die Servicequalität, insbesondere in der direkten, persönlichen Kommunikation mit dem Mieter sein soll, umso eher bietet sich auch hier der Einsatz von eigenem, in dieser Hinsicht sehr gut geschultem Personal an. Dieser Aspekt wird immer im Spannungsfeld der resultierenden Montagekosten zu diskutieren sein.

In der Variante mit der niedrigsten eigenen Wertschöpfungsquote wird nur die Abrechnung mit eigenem Personal umgesetzt. In diesem Modell wird der komplette technische Betrieb von dem etablierten Dienstleister oder einem neuen technischen Dienstleister übernommen.

28.5 Wirtschaftlichkeitsbetrachtung

Auf den ersten Blick suggerieren die hohen Margen, die von den großen Akteuren im Submetering erwirtschaftet werden, ein einträgliches Geschäftsmodell. Grundsätzlich ist aber festzuhalten, dass die hohen Margen durch eine sehr hohe Anzahl betreuter Wohneinheiten und der daraus resultierenden Skalierung in der Beschaffung oder Eigenproduktion von Komponenten und Systemen begründet liegen. Eine hohe Fertigungstiefe über die gesamte Wertschöpfungskette und die Verlagerung von Wertschöpfung in Länder mit günstigeren Lohnkostenstrukturen sind weitere Faktoren für den großen wirtschaftlichen Erfolg der großen Submetering-Dienstleister.

Zudem sind die heute am Markt durch die etablierten Hersteller durchgesetzten Preismodelle sehr stark von der Größe des wohnungswirtschaftlichen Unternehmens abhängig. Je größer der Wohnungsbestand eines Unternehmens ist, desto höher sind die gewährten Rabatte für die Gerätemieten und Dienstleistungspreise. Diese können sich je nach Größe des Unternehmensbestandes bis um das Doppelte unterscheiden.

Immer häufiger ist auch festzustellen, dass Anbieter mit deutlichen Preisnachlässen reagieren, wenn sie aufkommenden Wettbewerb in einem Versorgungsgebiet feststellen.

Deshalb ist bei der Wirtschaftlichkeitsbetrachtung genau zu prüfen, ob und wie die Skalierung im eigenen Geschäftsmodell sichergestellt werden kann und wie sich die möglichen Erlösstrukturen in Anbetracht der potenziellen Kunden und Partner darstellt.

Um in einer ersten Iteration eine Wirtschaftlichkeitsbetrachtung vornehmen zu können, kann von einem durchschnittlichen Erlös je Wohnung von 70 EUR bis 80 EUR gerechnet werden.[7] Die Kostenseite wird beeinflusst durch die strategischen Entscheidungen zur Fertigungstiefe, dem Ausleseverfahren (walk-by, drive-by, AMM, LoRaWAN) und der eingesetzten Zählertechnologie.

---

[7]Vgl. Bundeskartellamt (2017, S. 33).

Wesentliche Einflussgrößen für die Wirtschaftlichkeit sind auf der kaufmännischen Seite die Rabatte, die bei der Beschaffung der Geräte und der Vergabe der Montageleistungen an externe Dienstleister erzielt werden können. Über Einkaufskooperationen wird in einem nächsten Schritt versucht, die Beschaffungssituation weiter zu verbessern.

Auf der technischen Seite werden Planung und Disposition der Montagekapazitäten eine weitere wesentliche Rolle spielen. Da die Installation der Geräte in der Wohnung erfolgt, ist regelmäßig eine Anpassung der in der Rollout-Planung vorgesehenen Montagetermine gegen Wunschtermine der Mieter erforderlich. Essenziell ist zudem ein maximaler Automatisierungsgrad zwischen dem Workforce-Management-Prozess bei der Montage und der Übergabe der Montagedaten in die Anlage der Objekte und Wohneinheiten für die Abrechnungsprozesse. Weitere hohe Automatisierung ist beim Datenaustausch zwischen dem System der Heizkostenverteilabrechnung und den Systemen zur Betriebskostenabrechnung, gemäß den Formatvorgaben der Arbeitsgemeinschaft Heiz- und Wasserkostenverteilung, erforderlich.[8]

28.6   Fazit

Für die EVH verbinden sich mit dem Angebot einer Submetering-Dienstleistung zum einen die Möglichkeit, das eigene Kerngeschäft zu sichern, und zum anderen Chancen, die erschlossen werden sollen. Wesentlicher Faktor, weshalb das Geschäftsfeld unter den Prämissen und aus Sicht der EVH als attraktiv bewertet werden kann, ist die sehr enge und partnerschaftliche Zusammenarbeit, die in Halle zwischen dem Versorgungsunternehmen und der Wohnungswirtschaft gepflegt wird. Eine sehr enge Zusammenarbeit mit breiten Teilen der Wohnungswirtschaft wurde im Rahmen der strategischen Partnerschaft zum langfristigen Betrieb einer ökologischen und wirtschaftlich rentablen Fernwärmeversorgung durch die „Energieinitiative-Halle" begründet.[9] Durch diese Partnerschaft bestehen ein sehr guter Zugang zur Wohnungswirtschaft und der gemeinsame Wille, weitere Themen partnerschaftlich zu entwickeln. Im Sinne dieser Kooperation soll eine weitere konkrete Maßnahme die geplante Gründung einer Dienstleistungsgesellschaft für Submetering sein. Auf dieser Basis kann gemeinsam zwischen den Unternehmen ein belastbares und skalierungsfähiges Geschäftsmodell für Submetering entwickelt werden. Die Möglichkeit zur Skalierung der Dienstleistung und der Zugang zur Wohnungswirtschaft sind die wesentlichen Erfolgsfaktoren, um eine dauerhaft erfolgreiche Submetering-Dienstleistung im Markt zu positionieren.

---

[8] Vgl. Arbeitsgemeinschaft Heiz- und Wasserkostenverteilung (2007).
[9] Vgl. EVH (2016).

Literatur

Arbeitsgemeinschaft Heiz- und Wasserkostenverteilung. (2007). Standard-Datenaustausch zwischen Software der Wohnungswirtschaft und Abrechnungsunternehmen für Heiz-, Warm- und Kaltwasserkosten (Version 3.06, 01. Dez. 2007). Arbeitsgemeinschaft Heiz- und Wasserkostenverteilung e. V. und Fachvereinigung Heizkostenverteiler Wärmekostenabrechnungen e.V. http://www.arge-heiwako.de/files/2016-06-06_arge_fhw_standard_306_1.pdf. Zugegriffen am 15.04.2019.

Bundeskartellamt. (2017). Sektoruntersuchung Submetering – Darstellung und Analyse der Wettbewerbsverhältnisse bei Ablesediensten für Heiz- und Wasserkosten (Mai 2017). Bonn: Bundeskartellamt. https://www.bundeskartellamt.de/SharedDocs/Publikation/DE/Sektoruntersuchungen/Sektoruntersuchung%20Submetering.pdf?__blob=publicationFile&v=3. Zugegriffen am 15.04.2019.

Europäisches Parlament und Europäischer Rat. (2018). Richtlinie (EU) 2018/2002 des europäischen Parlamentes und des Rates vom 11. Dezember 2018 zur Änderung der Richtlinie 2012/27/EU zur Energieeffizienz. Brüssel (BE): Europäisches Parlament und Europäischer Rat. https://eur-lex.europa.eu/legal-content/DE/TXT/PDF/?uri=CELEX:32018L2002&from=EN. Zugegriffen am 15.04.2019.

EVH. (2016). *Die Energie Initiative in Halle*. Halle (Saale): EVH GmbH. https://energieinitiative-halle.de/energie-initiative-halle/. Zugegriffen am 15.04.2019.

Reifenberger, S., & Hedtstück, M. (2018). *Macquarie verkauft Techem an die Partners Group* (Finance 25. Mai 2018). Friedberg: Frankfurt Business Media GmbH. https://www.finance-magazin.de/deals/private-equity-private-debt/macquarie-verkauft-techem-an-die-partners-group-2015041/. Zugegriffen am 15.04.2019.

Ista. (2017). *CVC Capital Partners Fonds V verkauft seine ista-Anteile* (27. Jul. 2017). Essen: ista International GmbH. https://newsroom.ista.com/pressemitteilungen/details/cvc-capital-partners-fonds-v-verkauft-seine-ista-anteile/. Zugegriffen am 15.04.2019.

Sascha Reif verantwortet bei der EVH GmbH seit Anfang 2017 als Leiter Digitalisierung | Neue Geschäftsfelder die IT- und Digitalisierungsstrategie, deren Umsetzung und den Aufbau neuer Geschäftsfelder, wie die Gründung einer Submetering Gesellschaft. Zudem leitet er seit Anfang 2019 kommissarisch den Bereich Vertrieb | Marketing | Innovation. Zuvor war er bei der Trianel GmbH Leiter Smart Metering. Tiefgreifende technologische und energiewirtschaftliche Erfahrungen konnte er während seiner über 10-jährigen Tätigkeit bei der Schleupen AG in unterschiedlichen Positionen sammeln. Neugeschäft und Forschungsprojekte entwickelte er als Business Development Manager, ein Meter Data Management System als kommissarischer Bereichsleiter. Kunden- und Anforderungsmanagement setzte er als Produktmanager um sowie prozessuale und organisatorische Änderungen in Versorgungsunternehmen während seiner Tätigkeit als Berater. Seine ersten Erfahrungen mit der Versorgungswirtschaft sammelte er während seines kaufmännisch-energiewirtschaftlichen Studiums zum Betriebswirt (FH) an der Hochschule für Wirtschaft und Umwelt Nürtingen-Geislingen.

Digitalisierung der Messdienstlösungen für die Immobilienwirtschaft – die Bündelung von Metering und Submetering wird die Wertschöpfungsketten aufbrechen und neu ordnen

29

Hans-Lothar Schäfer

Der vorliegende Beitrag zeigt die Chancen auf, die aus der Digitalisierung und der Regulierung zum Smart Meter Rollout entstehen

Zusammenfassung

In einer Zeit, in der Digitalisierung und Automatisierung nicht nur Schlagwörter, sondern relevante Einflussfaktoren auf das Geschäftsumfeld sind, ändern sich auch in der Immobilienwirtschaft die Anforderungen an Messdienstlösungen. Verwalter und Eigentümer von wohnungswirtschaftlich oder gewerblich genutzten Immobilien legen immer mehr Wert darauf, die Datenhoheit zu übernehmen und Prozesse weitestgehend zu automatisieren. Nur so wird die nötige Transparenz über alle Schritte hinweg ermöglicht und die Grundlage für die energetische Optimierung der Immobilie und die Erfüllung der Gesetzesanforderungen gelegt. Innovative und verfügbare Technologien rund um Zählerfernauslesung, Cloud-Services und Smart Meter Gateways erlauben es, diese Anforderungen zu erfüllen.

Erforderlich ist nun die Umsetzung im Markt, sowohl bei Anbietern und Versorgern, als auch bei immobilienwirtschaftlichen Kunden. Dieser Veränderungsprozess und ein mögliches Zielbild hin zu offenen, digitalisierten, und spartenübergreifenden Messdienstlösungen mit hohem Nutzeffekt für Mieter und Vermieter wird im Folgenden dargestellt.

H.-L. Schäfer (✉)
Qivalo GmbH, Mannheim, Deutschland

© Springer Fachmedien Wiesbaden GmbH, ein Teil von Springer Nature 2020
O. D. Doleski (Hrsg.), *Realisierung Utility 4.0 Band 2*,
https://doi.org/10.1007/978-3-658-25589-3_29

29.1 Einleitung

Die digitale Transformation von Geschäftsmodellen macht auch vor dem lange stabilen Markt für Messdienstlösungen nicht halt. Hier wirken mehrere Trends in die gleiche Richtung: Wertschöpfungsketten werden aufgebrochen und neu zusammengesetzt.

29.1.1 Ausgangssituation

Der Markt für Messdienstlösungen charakterisierte sich bisher durch starre Prozesse, an denen dominierende und etablierte Messdienstleister festhalten. *Messdienstlösungen* im Sinne dieses Beitrages sind alle Dienstleistungen und die Gerätetechnik zur Erhebung von Messdaten in Gebäuden und deren Weiterverarbeitung. Der Prozess beginnt bei der Installation von Messtechnik und Ableseinfrastruktur und endet bei der Verarbeitung der Messdaten in Kombination mit anderen Daten wie Kosten- und Mieterinformationen.

Der Beitrag behandelt Messdienstlösungen für vermietete und gewerblich genutzte Immobilien. Grundsätzlich lassen sich einzelne Erkenntnisse auch auf alle anderen Immobilien übertragen.

In diesem Marktsegment dominieren heute zwei Anbietergruppen für die beiden Anwendungen Metering und Submetering:

- **Metering:** Für *Metering* sind das die grundzuständigen Messstellenbetreiber bzw. lokalen Netzbetreiber. Mit Metering sind das Messen, Ablesen und die Datenverarbeitung der Stromzähler, Gaszähler und Hauptzähler für Wasser und Fernwärme gemeint.
- **Submetering:** Für *Submetering* sind das die Abrechnungsdienste, die im Auftrag der Vermieter den Wärme- und Wasserverbrauch der vermieteten Wohnungen oder Gewerbeeinheiten messen, ablesen und auf Basis der Mieter- und Kostendaten den Kostenanteil für die einzelne Einheit ermitteln.

In Abb. 29.1 ist ersichtlich, dass die beiden *Wertschöpfungsketten* der traditionellen Messdienstmodelle zwar sehr ähnlich, aber aus historischen und Marktstrukturgründen voneinander getrennt sind. Diese Trennung führt jedoch aus Sicht der Mieter und Vermieter zu Ineffizienzen und Kostennachteilen:

- Es werden unterschiedliche Technologien zur *Ablesung* verwendet. Im Falle der *Fernablesung* führt dies zu doppelten Infrastrukturen wie Datensammlern und IT-Backend-Systemen.
- Die Daten werden getrennt erhoben, getrennt der jeweiligen Abrechnung zugeführt und dies auch noch zu unterschiedlichen Zeitpunkten. Die gemeinsame Verwendung der Daten für Analysezwecke oder auch übergreifende Abrechnungszwecke wie z. B. Kosten für Allgemeinstrom und Gas ist nur mit manuellen Zwischenschritten, Fehlerquellen und Zeitverlust möglich.

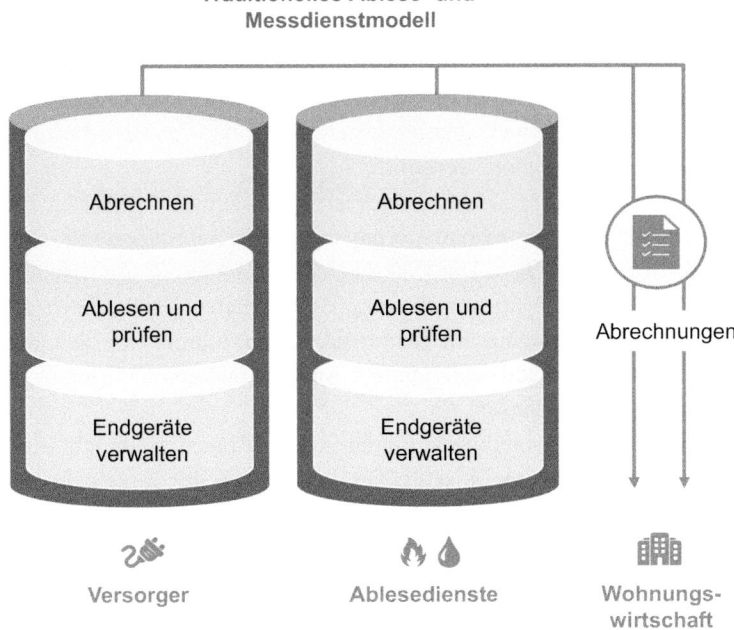

Abb. 29.1 Traditionelles Ablese- und Messdienstmodell

- Die Abhängigkeit von verschiedenen Dienstleistern mit unterschiedlichen Vertrags-
  strukturen und -laufzeiten, mit Neigung zu proprietären Technologien, und nicht offenen Schnittstellen ist hoch. Dies verhindert Innovation durch übergreifende Prozesse
  und Datennutzung.

Das grundlegende Designprinzip orientierte sich an der Anwendung, die vertikal organisierten Wertschöpfungsketten wurden von den darauf fokussierten Marktakteuren aufgebaut. Spätestens mit dem Übergang zu fernablesbaren Zählern ist diese Trennung kontra-
produktiv. Sie bildet die alte „Denke" nach Hauptaufgabe ab, aber steht dem zunehmenden
Bedarf nach Digitalisierung, Prozessautomatisierung und der energetischen Optimierung
der Gebäude im Wege.

29.1.2 Veränderung der Wertschöpfungsketten hin zur Datenorientierung

Wie in anderen Industrien treiben Technologien, Kundenbedarf und Regulierung nun disruptive Veränderungen von tradierten Geschäftsmodellen. Dies wird dazu führen, dass die
beiden in sich geschlossenen Wertschöpfungsketten aufgebrochen und die einzelnen Bausteine neu zusammengesetzt werden.

Dabei wird die Trennung der Datenebene von der Anwendungsebene eine entscheidende und nutzenstiftende Rolle spielen. Das Designprinzip wechselt quasi von der vertikalen Anwendungsorientierung hin zur horizontalen Datenorientierung.

Abb. 29.2 zeigt ein Designprinzip, in dem die Daten als Kernelement genutzt werden: Die Herausbildung einer modernen, smarten Dateninfrastruktur und der davon getrennten Anwendungsebene hat verschiedene Vorteile:

- **Datenverfügbarkeit:** Die klare Fokussierung auf diesen Schritt sorgt für ständige und uneingeschränkte *Verfügbarkeit*. Die Daten beinhalten nicht nur die Verbrauchswerte, sondern auch alle für die Weiterverarbeitung erforderlichen Stammdaten der Geräte. Die Daten können über verschiedene Schnittstellen bereitgestellt werden, die den Bedarf an schneller Verfügbarkeit, individueller Analyse und automatisierter Anbindung an bestehende IT-Systeme decken.
- **Prozessoptimierung:** Die ständige Verfügbarkeit der Daten ermöglicht die Optimierung aller *Prozesse*. Ein Bespiel hierfür: Die Einbindung des Allgemeinstromzählers oder Gaszählers in die verbrauchsabhängige Abrechnung ersetzt das manuelle Ablesen zum Jahreswechsel und sorgt für eine schnelle Bereitstellung der Kostendaten.
- **Innovation:** Konkrete Anwendungen wie z. B. Heizungsmonitoring, die die erhobenen Daten zur Grundlage haben, können einfach und flexibel eingebunden werden. Die *Innovationsgeschwindigkeit* von Standardanwendungen wird zunehmen. Auch kundenindividuelle Anwendungen müssen einfach umsetzbar sein.

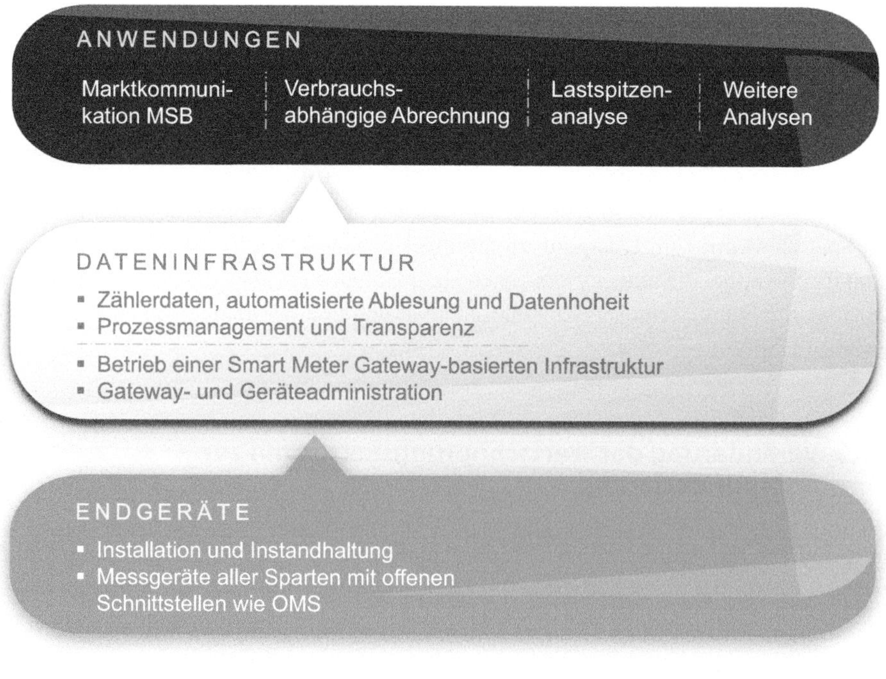

Abb. 29.2 Dateninfrastruktur im Metering und Submetering

- **Unabhängigkeit:** Die *Abhängigkeit* von Dienstleistern wird deutlich kleiner, weil Standardschnittstellen zwischen Daten- und Anwendungsebene für eine leichte Austauschbarkeit der Dienstleister und damit höheren Wettbewerb sorgen.
- **Kosten:** Eine gemeinsame Infrastruktur für Ablesung und Datenhaltung wird von allen Zählerarten geteilt.
- **Datenschutz:** Verschlüsselte Übertragungsprotokolle und zertifizierte Gateway-Services sorgen für höchste *Datensicherheit*.

29.2 Die Marktveränderung wird getrieben von starken Trends

Derart stabile Märkte wie Submetering und Metering verändern sich nur, wenn starke Trends einwirken. Genau dies sehen wir aktuell, wobei sich die Trends gegenseitig verstärken.

Regulierung
In Deutschland hat der Gesetzgeber mit dem *Messstellenbetriebsgesetz (MsbG)* vom 29. Aug. 2016 (auch bekannt unter *Gesetz zur Digitalisierung der Energiewende (GDEW)*, dem das MsbG zugeordnet ist) und den begleitenden Verordnungen starke Marktaktivitäten ausgelöst. In diesem Gesetz wird der Rollout *intelligenter Messsysteme (iMSys)* geregelt, deren Kernelement ein Smart Meter Gateway (SMGW) ist. Der politische Wille zur *Bündelung* verschiedener Sparten wie Heizwärme, Strom und Gas in einem SMGW ist nicht nur ausdrücklich in den Begründungen zum Gesetzentwurf genannt, sondern auch in den einzelnen Regelungen umgesetzt:

- Die Zählerschnittstelle *Local Metrological Network (LMN)* erlaubt neben der Ablesung von Strom- und Gaszählern auch andere Zählertypen und Sensoren.
- Das international standardisierte und von vielen Herstellern unterstützte Kommunikationsprotokoll *Open Metering System (OMS)* für die Funkablesung von Zählern und Sensoren aller Medien ist zwingender Bestandteil des SMGW.
- Die spartenübergreifende Bündelung wird insbesondere mit dem § 6 (Auswahlrecht des Anschlussnehmers) gefördert. Dieses Auswahlrecht gibt z. B. dem Vermieter von Mehrfamilienhäusern die Möglichkeit, den Messstellenbetrieb für alle Zähler im Gebäude, auch für die Stromzähler der Mieter, einheitlich zu organisieren.
- Im Falle der Bündelung durch den Anschlussnehmer können sogar laufende Verträge für den Messstellenbetrieb entschädigungslos beendet werden.

Die spartenübergreifende Bündelung bringt den Gebäudeeigentümer in eine starke und nutzenstiftende Rolle. Je mehr Zähler über das SMGW ausgelesen werden, desto stärker ist die Kostendegression, und desto eher sind Mehrwerte auf Basis der erhobenen Daten realisierbar. Diese Rolle muss aber aktiv ausgeübt werden, indem die traditionellen Messdienstlösungen durch spartenübergreifende Lösungen ersetzt werden. Dies beinhaltet z. B. auch die Hauptzähler für Wasser, Fernwärme, Füllstandssensoren für Öltanks, und Temperatur- oder Luftfeuchtesensoren.

Technologie und Digitalisierung

Sowohl am Beginn der Wertschöpfungskette, bei den Zählern, als auch am Ende, in den Anwendungen, ermöglichen ausgereifte Technologien, Standards und darauf basierende Marktstrukturen eine erhebliche Prozessautomatisierung.

Für Zähler aller Sparten gibt es das standardisierte und offene Funkprotokoll OMS. Dieses ist auch für batteriebetriebene Messgeräte und Sensoren geeignet und deckt daher die gesamte Spanne der möglichen Zähler ab. Die jüngste Generation dieses Standards, die „OMS Generation 4", erfüllt auch die anspruchsvollen Datensicherheitsrichtlinien des Bundesamts für Sicherheit in der Informationstechnik (BSI) für die *Zählerfernablesung*. Die Standardisierung in Verbindung mit der Interoperabilität der Zähler reduziert die Abhängigkeit von einzelnen Dienstleistern oder Herstellern und verstärkt Wettbewerb und Innovation.

Am Ende der Wertschöpfungskette spielen die sogenannten Cloud-basierten Technologien eine wichtige Rolle für die Digitalisierung: *Cloud-Software* ist aus Kundensicht leicht skalierbar, weil keine lokalen Installationen außer einem auf allen Geräten ohnehin vorhandenen Browser vorausgesetzt werden. Cloud-Software ist leicht vernetzbar und erlaubt die flexible Einbindung fremder Funktionalität wie z. B. verbrauchsabhängige Abrechnung. Anwender können sich aus einem Baukasten verschiedener WebServices bedienen. Cloud-Technologie und *Machine-to-Machine (M2M)* Kommunikation bilden die Basis für ein individuell vernetztes Ökosystem verschiedener Anwendungen und Datenquellen.

Kundenbedarf

Technologie und Regulierung treiben die Anforderungen und den Bedarf bei Kunden an, der Markt zieht die Veränderung in die gleiche Richtung. Immobilienunternehmen und Vermieter benötigen die Daten und modulare Anwendungen aus mehreren Gründen:

- um ihre Gebäude energetisch besser verwalten zu können,
- um Verwaltungsprozesse zu optimieren und
- um den eigenen Anteil an der Wertschöpfung zu erhöhen.

Auswirkungen der Trends

Diese Trends – Regulierung, Technologie und Kundenbedarf – wirken nicht nur in die gleiche Richtung, sie verstärken sich auch gegenseitig. Die Regulierung sorgt für das Vorhandensein einer standardisierten und wettbewerblich organisierten Ableseinfrastruktur in den Gebäuden. Die kritische Masse wird sicher erreicht, Innovation und unternehmerische Tätigkeit werden ausgelöst. Technologie und Kundenbedarf führen zu Skalierung und Kostendegression. Kostendegression wiederum macht den Smart Meter Rollout wirtschaftlicher. Die Attraktivität des Marktes sorgt für Innovation, viele Start-up Unternehmen sind aktiv und werden Mehrwertangebote für Vermieter und Mieter entwickeln.

29.3 Künftige Markstrukturen und Rollen im Markt

Die dargestellte Neugestaltung der *Wertschöpfungskette* bietet wie jede andere Veränderung auch Chancen und Risiken sowohl für die existierenden Marktteilnehmer als auch für Start-ups. Ein lange sehr stabiler Markt mit einem Volumen von mehr als drei Mrd. EUR pro Jahr alleine in Deutschland wird zumindest in Teilen neu vergeben. Die Erfahrung aus anderen Branchen zeigt, dass neue Akteure die fehlenden Skaleneffekte mehr als kompensieren können: Sie sind schnell, fokussiert, innovativ, und sie tragen keine Altlasten wie z. B. das Risiko der Kannibalisierung des traditionellen Geschäftsmodells.

Die in Abb. 29.3 dargestellte Rollenverteilung ist bereits heute in der Anbieterstruktur im Markt erkennbar und auch zunehmend in Ausschreibungen der immobilienwirtschaftlichen Kunden sichtbar:

So gibt es für alle Gerätetypen mehrere Anbieter von Sensoren und Messgeräten mit OMS-Schnittstelle. Dies bringt enorme wirtschaftliche und technische Vorteile. Die Abhängigkeit von einzelnen Dienstleistern und Herstellern wird reduziert, da das Anbieterspektrum erweitert ist. Die Innovationsgeschwindigkeit steigt, weil der international akzeptierte und interoperable Standard einen attraktiven Nachfragemarkt schafft.

Das Gleiche gilt für die Anbieter von SMGWs für die Ablesung und Datenweiterleitung: Getrieben von der Smart Meter-Regulierung und dem OMS-Standard sind zunehmend spartenübergreifend einsetzbare Gateway-Lösungen verfügbar. Die Lösungen

ANWENDUNGEN
- Software-Anbieter
- Messstellenbetreiber
- Energieberater

DATENINFRASTRUKTUR
- Gateway-Hersteller, Administratoren, Portalanbieter
- Lösungsanbieter wie Qivalo

ENDGERÄTE
- Diverse Hersteller für Strom-, Gas-, Wasserzähler, Heizkostenverteiler etc.

Abb. 29.3 Rollen im gebündelten Metering und Submetering-Markt

unterscheiden sich zwar, aber in jedem Fall sind die regulativen Vorgaben und die Anforderungen an die Interoperabilität mit Messgeräten auf der einen und Marktkommunikationsprozessen auf der anderen Seite einzuhalten. Dies ist ein deutliches Zeichen für Innovation in einem wettbewerblich gesetzten Rahmen.

Ein Beispiel auf der Dienstleisterseite ist das erst 2017 gegründete Unternehmen Qivalo mit Sitz in Mannheim. *Qivalo* positioniert sich als Anbieter einer smarten Dateninfrastruktur, die dem immobilienwirtschaftlichen Kunden die uneingeschränkte Hoheit über alle Zählerdaten im Gebäude gibt. Durch die Bündelung von Metering und Submetering in einer SMGW-basierten Plattform schafft Qivalo ein vollständig gemanagtes System zur automatisierten Erfassung von Daten der Haupt- und Wohnungszähler über alle Medien rund um die Immobilie. Dabei ermöglicht eine systemoffene und funkbasierte Infrastruktur den Gebäudebetreibern und Verwaltern die vollständige Transparenz der Verbrauchswerte und Prozesse. Ergänzende, aber nicht zwingende Produktbestandteile sind die Installation und Vermietung der Endgeräte auf der unteren Ebene, und auf der oberen Ebene Softwarelösungen für die verbrauchsabhängige Abrechnung und Analysen wie *Heizungsmonitoring*. So wird nachhaltig die Grundlage für alle zukünftigen Energieeffizienzthemen und weitere datenbasierte Optimierungen geschaffen.

29.4   Praxisbeispiel

Qivalo ist ein Joint Venture der MVV Energie in Mannheim und der Immobiliengruppe Rhein-Neckar (IGRN) mit einem Verwaltungsbestand von mehr als 100.000 Wohneinheiten und ca. 2,5 Mio. qm Gewerbefläche. Qivalo agiert zwar unabhängig von den Joint-Venture-Partnern im Drittmarkt, aber insbesondere die Umstellung des von der IGRN verwalteten Wohnungsbestandes war eines der ersten umgesetzten Projekte und relevant für das Erreichen der kritischen Masse.

Dieses Projekt dient daher als Praxisbeispiel für die vielfältigen Nutzen einer offenen und digitalisierten Messdienstlösung.

Bis zum Jahr 2017 hat die IGRN für ihren verwalteten Bestand mit mehr als 20 Dienstleistern für Submetering und mehr als 100 *grundzuständigen Messstellenbetreibern* (*gMSB*) für Metering zusammengearbeitet. Diese Zersplitterung auf viele Dienstleister und die Trennung von Metering und Submetering in einer Liegenschaft führt zu suboptimalen Prozessen.

Die IGRN hat im Jahr 2017 gemeinsam mit Qivalo und MVV ein Zielbild definiert, mit dem insbesondere folgende Vorteile gegenüber dem traditionellen Messdienstmodell realisiert werden sollten:

Prozesshoheit
Alle Ablesedaten für alle Zählertypen sollen direkt nach der Abrechnungsperiode verfügbar sein, Schätzungen aufgrund dauerhaft defekter oder nicht installierter Geräte sollen auf einen Wert kleiner als 0,5 % verringert werden. Dies erfordert sowohl die Bündelung

Metering und Submetering in einer Ablesetechnologie als auch die ständige Überwachung und Instandhaltung des Messgeräteparks während der Abrechnungsperiode.

Die bisher notwendige manuelle und fehleranfällige Ablesung der Hauptzähler für Gas, Öl, Wasser, Allgemeinstrom oder Fernwärme zum Ende der Abrechnungsperiode durch die Hausmeister soll durch Einbindung in die Messdienstlösung automatisiert werden. In Verbindung mit der Energiebeschaffung durch eine Tochtergesellschaft der IGRN ist so die Rechnungsstellung für Allgemeinstrom und Gas innerhalb eines Monats nach Ende der Abrechnungsperiode möglich.

Korrekturen der verbrauchsabhängigen Abrechnung sollen selbstständig und noch am Tag der WEG-Versammlung möglich sein. Umständlicher Austausch von Daten und Ergebnissen mit mehreren und langwierigen Qualitätsschleifen sollen entfallen.

Letztlich bedeutet Prozesshoheit, dass die Abrechnungserstellung zu jedem vom Verwalter gewünschten Zeitpunkt möglich ist und dass Korrekturen ad hoc durchführbar sind.

Datenhoheit

Der strategisch bedeutsamste Punkt im Zielbild ist die Datenhoheit, d. h. die uneingeschränkte Verfügbarkeit der Ablesewerte und Metadaten aller Zähler im Gebäude. Damit werden weitere Anwendungen außerhalb der verbrauchsabhängigen Abrechnungen möglich, ohne dass die IGRN an einen Dienstleister gebunden ist. Beispiele für solche Anwendungen sind Heizungsmonitoring zur Optimierung des Nutzungsgrades, Verbrauchsanalysen auf Gebäude oder Nutzerebene zur Identifikation von energetischen Schwachstellen oder Lastspitzenanalysen zwecks Tarifoptimierung.

Der Zugriff auf die Daten ist sowohl per Download als auch mit einer Webservice-Schnittstelle für die automatisierte Weiterverarbeitung möglich.

Datenschutzrechtliche Einschränkungen sind dabei zu beachten, aber im Verwaltungsprozess umsetzbar abzubilden. Die Lösung besteht darin, dass Messprofile je Nutzer fallabhängig einstellbar sind. Messprofile definieren die Datensparsamkeit wie z. B. jährliche, 2-mal monatliche oder tägliche Ablesung. Die Einstellung der Messprofile soll per Fernwirkung änderbar sein, nicht erlaubte Ablesewerte dürfen außerhalb der Wohnung nicht gespeichert werden.

Kosten

Die Gesamtkosten für Submetering und Metering steigen selbst bei einer Umstellung auf höherwertige Technik nicht, bei gleichartiger Technik fallen die Gesamtkosten für Geräte und Dienstleistung um mindestens 25 %.

Unkontrollierbare Preiserhöhungen und versteckte Nebenkosten für Nutzerwechsel, Verbrauchsanalysen, Ablesebenachrichtigung etc. entfallen.

Vertragsbindung

Der Wechsel erfolgt, indem bestehende Verträge mit den bisherigen Dienstleistern möglichst kostengünstig abgelöst werden und die o. g. Kostenziele auch unter Berücksichtigung von Restmietraten von Beginn an erreicht werden. Dies geschieht durch Verteilung der Restmietraten auf den ersten Vertragszeitraum mit Qivalo.

Die neue Vertragsgestaltung ermöglicht einen problemlosen Wechsel des Dienstleisters nach jeweils einer 5-Jahres-Periode, ohne dass Restmietraten anfallen.

Kundenbindung

Für den fremdverwalteten Bestand ist die Kundenbindung ein wichtiges Ziel. Die Prozesshoheit verbessert die Servicequalität, die Datenhoheit erlaubt Mehrwertangebote.

Ergebnis

Dieses aus immobilienwirtschaftlicher Sicht definierte Zielbild hat Qivalo zu einem Lösungsportfolio umgesetzt, das auch im Drittmarkt angeboten wird.

Auf Basis dieser „intelligenten Dateninfrastruktur" gemäß Abb. 29.4 wurde im ersten Schritt der Eigenbestand der IGRN mit einem Volumen von ca. 3.500 Wohnungen zum Jahreswechsel 2017/18 umgerüstet. Für das Wirtschaftsjahr 2017 hat die IGRN bereits verbrauchsabhängige Abrechnungen durchgeführt, wobei zu Beginn die Experten der Qivalo unterstützt haben.

Im Laufe des Jahres 2018 und abhängig von den Entscheidungen in den WEG-Versammlungen wurde die Umrüstung des Fremdbestandes der IGRN gestartet, und auch hier wurden bereits mehrere Tausend Wohnungen umgerüstet.

Die o. g. qualitativen und quantitativen Ziele wurden erfüllt: Die IGRN hat uneingeschränkten Zugriff auf Ablesewerte und Metadaten aller Zähler, erstellt die verbrauchsabhängigen Abrechnungen im Rahmen ihrer immobilienwirtschaftlichen Prozesse ohne umständliche Abstimmung mit einem Dienstleister und hat die Kosten für die verbrauchsabhängige Abrechnung um ca. 20 % gesenkt bei gleichzeitiger Einführung moderner Fernablesetechnik.

Ein wichtiges Ergebnis für die IGRN als Fremdverwalter ist die höhere Kundenbindung, weil sämtliche Prozesse in der Hand des Verwalters liegen. Dieses Argument führt zu einer schnellen Zustimmung in den WEG-Versammlungen.

Abb. 29.4 Intelligente Dateninfrastruktur Qivalo

29.5   Handlungsempfehlungen

Nachfolgende Handlungsempfehlungen für Immobilienunternehmen und Versorger lassen sich nunmehr ableiten:

Für Immobilienunternehmen
Entscheidend ist die Definition eines Zielbildes, das sich nicht an den traditionellen Mess-dienstmodellen orientiert, sondern die grundlegenden Trends im Umfeld einbezieht. Dies sind insbesondere Bündelung von Metering und Submetering sowie Digitalisierung der Prozesse beginnend mit der Digitalisierung der Daten.

Innerhalb des Zielbildes sollte die *Make-or-Buy-Entscheidung* erfolgen. Die Grund-regel hier ist: Alles, was weitgehend automatisiert werden kann und Routinecharakter hat, kann auch im Haus durchgeführt werden. Alles, was eher einmaligen Charakter hat, Skaleneffekte und umfangreiche manuelle Tätigkeiten benötigt, sollte eher outgesourct werden.

Beispiel dafür ist die verbrauchsabhängige Abrechnung:

Gerätemanagement und Messstellenbetrieb bis zur Datenbereitstellung sind sinnvoll bei einem Dienstleister angesiedelt. Die Abrechnung auf Basis der gelieferten Gerätedaten kann besser im Rahmen der Betriebskostenabrechnung im Wohnungsunternehmen voll-ständig automatisiert erfolgen. Eventuelle Unplausibilitäten bei Kosten- und Nutzerdaten müssen ohnehin dort geklärt werden, umständliche Rückkopplungsschleifen mit externen Dienstleistern lassen sich so vermeiden.

Für Versorger
Die Marktveränderung bietet für Versorgesr Chancen und Risiken. Die lokale Kundenbe-ziehung der Versorger zu den Immobilienunternehmen und Vermietern ist ein wesentlicher Wettbewerbsvorteil. Diesen Wettbewerbsvorteil zu nutzen erfordert aber Angebote an die Immobilienwirtschaft, die den Bedarf nach Prozesshoheit und Datenhoheit unterstützen. Dafür wiederum benötigen Versorger Lösungen und Partnerschaften. Die intelligente Da-teninfrastruktur der Qivalo ist für Versorger bestens geeignet, um ein solches Marktange-bot aufzubauen.

Die Handlungsempfehlung ist hier ähnlich wie für die Immobilienwirtschaft: Defini-tion eines Zielbildes unter Berücksichtigung der Markttrends und Kundenbedürfnisse, dann Make-or-Buy-Entscheidungen für die einzelnen Module.

Ein wichtiger Punkt dabei ist: Die Komplexität des Submeterings von Endgerätema-nagement bis hin zur Integration der verbrauchsabhängigen Abrechnungen in den ERP-Systemen der Immobilienwirtschaft wird gerne unterschätzt. Mit fernablesbaren Systemen und der Bündelung zum Metering steigt die Komplexität noch. Daher ist die Zusammenarbeit mit einem Dienstleister wichtig, der ein modulares Lösungshaus an-bietet und die Bündelung in diesem Lösungshaus auch abgebildet hat. Richtig umge-setzt erlaubt eine solche Lösung einen wirtschaftlich sinnvollen Rollout der intelligen-ten Messsysteme.

Hans-Lothar Schäfer ist seit 01. Juli 2017 CEO der Qivalo GmbH, eines neugegründeten Unternehmens mit Sitz in Mannheim. Nach seinem Abschluss als Diplom Physiker hat er mehr als 30 Jahre Erfahrung im Submetering-Markt gesammelt, u. a. bis 2015 als CEO eines führenden Submetering-Dienstleisters. Hans-Lothar Schäfer bringt seine fundierten Kenntnisse der Submetering-Prozesse und der Gerätetechnik in Qivalo ein, um gemeinsam mit den Gesellschaftern Immobiliengruppe Rhein-Neckar und der MVV Energie offene und digitalisierte Messdienstlösungen für die Immobilienwirtschaft zu schaffen.

Teil III

Energy Services in der smarten Energiewelt

30

Smarte Energiedienstleistungen dank offenen Behördendaten und flexiblen Schnittstellen

Martin Hertach

Gemeinsam sind wir stark

Zusammenfassung

Die Schweiz hat ihre energiepolitischen Ziele auf den Ausstieg aus der Kernenergie fokussiert. Die Versorgungssicherheit soll durch Energieeffizienz, den Ausbau der Wasserkraft und von erneuerbaren Energien sowie, wenn nötig, durch fossile Stromproduktion und Importe gewährleistet werden. Doch nebst den gewohnten Maßnahmen des staatlichen Handelns sollen auch neuartige Lösungen aus der Welt der Digitalisierung einen Beitrag zur Erreichung der Ziele leisten. Diese Lösungen beinhalten beispielsweise die Öffnung von Behördendaten sowie den Vertrieb von Daten anhand programmierbarer Schnittstellen. Die Kombination dieser beiden Ansätze ermöglicht smarte Energiedienstleistungen, welche Informationen für gezielte Anwendungen verfügbar macht. Dazu hat das Bundesamt für Energie große Datenbestände geöffnet und in konkreten Projekten den Vertrieb anhand von programmierbaren Schnittstellen erfolgreich umgesetzt. Zwei Projekte werden in diesem Beitrag vorgestellt: Erstens gibt der nationale Solarenergiepotenzialkataster (Sonnendach.ch und Sonnenfassade.ch) für jede Dach- und Fassadenfläche der Schweiz anhand einer Web-Anwendung sowie einer

---

Teile dieses Manuskriptes wurden bereits im Dialogpapier „Digitalisierung" des Bundesamtes für Energie publiziert.

M. Hertach (✉)
Bundesamt für Energie BFE, Bern, Schweiz

© Springer Fachmedien Wiesbaden GmbH, ein Teil von Springer Nature 2020
O. D. Doleski (Hrsg.), *Realisierung Utility 4.0 Band 2*,
https://doi.org/10.1007/978-3-658-25589-3_30

Programmierschnittstelle Auskunft zum Solarenergiepotenzial. Zweitens zeigt die nationale Dateninfrastruktur Elektromobilität (DIEMO) die Ladestellen für Elektrofahrzeuge schweizweit und betreffend Verfügbarkeit in Echtzeit an.

30.1 Die Schweizer Energiestrategie 2050 und die Strategie „Digitale Schweiz"

Der Schweizerische Bundesrat hat am 25. Mai 2011 den Richtungsentscheid für einen schrittweisen Ausstieg aus der Kernenergie gefällt.[1] Die bestehenden Kernkraftwerke sollen am Ende ihrer sicherheitstechnischen Betriebsdauer stillgelegt und nicht durch neue ersetzt werden. Um die Versorgungssicherheit zu gewährleisten, setzt der Bundesrat im Rahmen der neuen *Energiestrategie 2050* auf verstärkte Einsparungen (Energieeffizienz), den Ausbau der Wasserkraft und der neuen erneuerbaren Energien sowie, wenn nötig, auf fossile Stromproduktion (Wärmekraftkopplungsanlagen, Gaskombikraftwerke) und Importe. Zudem sollen die Stromnetze rasch ausgebaut und die Energieforschung verstärkt werden. Für diesen tiefgreifenden Umbau des Versorgungssystems hat der Bundesrat die Energiestrategie 2050 erarbeitet.

Des Weiteren fördert die Schweizer Landesregierung die Entwicklung der Digitalisierung. Gemäß der *Strategie Digitale Schweiz* der Schweizerischen Eidgenossenschaft nutzt die Schweiz die Chancen der Digitalisierung, indem sie gute Rahmenbedingungen für eine gesteigerte Ressourceneffizienz sowie eine verbesserte Versorgungssicherheit, Wirtschaftlichkeit und Umweltverträglichkeit des Energieversorgungssystems setzt.[2] Die Energieversorgung und Energiewirtschaft werden durch den vermehrten Einsatz von Informations- und Kommunikationstechnik intelligenter und flexibler. Die Technik wird genutzt, um mit der wachsenden Komplexität umzugehen, und ermöglicht Kosteneinsparungen, z. B. über höhere Automatisierungsgrade.

Die Ziele der Energiestrategie 2050 im Bereich Energieeffizienz will der Bundesrat hauptsächlich mit der Umsetzung konkreter Maßnahmen wie beispielsweise der Reduktion des Energieverbrauchs im Schweizer Gebäudepark, durch steuerliche Anreize für Gebäudesanierungen oder Emissionsvorschriften für Fahrzeuge erreichen. Ergänzend betreibt das Bundesamt für Energie die Plattform *EnergieSchweiz*, die alle Aktivitäten in den Bereichen erneuerbare Energien und Energieeffizienz unter einem Dach vereint.[3] Im Rahmen von EnergieSchweiz besteht die Möglichkeit, Projekte im Bereich der Digitalisierung zu initiieren und zu fördern. Dabei ist ein vielversprechender Ansatz die Öffnung von geschlossenen Datenbeständen als sogenannte „*Open Data*", die dann für eine Vielzahl von Nutzungen und neue digitale Anwendungen zur Verfügung stehen. Ein weiterer Ansatz

---

[1] Vgl. Bundesrat (2011a).
[2] Vgl. Schweizerische Eidgenossenschaft (2018).
[3] Vgl. EnergieSchweiz (2018).

aus der Welt der Digitalisierung ist die Förderung von Dienstleistungen, welche in Form von offenen und programmierbaren Schnittstellen anstatt in Form von geschlossenen Tools bereitgestellt werden. Durch die Kombination von Open Data und offenen programmierbaren Schnittstellen können smarte Energiedienstleistungen entstehen, welche in der heutigen Zeit der Digitalisierung eine größere Chance auf Erfolg versprechen als herkömmliche Ansätze.

30.2   Offene Behördendaten in der Schweiz

In der heutigen Gesellschaft spielen Daten eine wichtige Rolle. Wir alle profitieren täglich von der Auswertung und Vernetzung zahlreicher digitaler Informationsquellen – oft ohne uns dessen bewusst zu sein: Von der Wetterprognose im Radio über die Reiseplanung anhand verschiedener Mobilitätsträger bis zur Ferienbuchung über das Internet. Solche modernen digitalen Dienstleistungen sind nur möglich, wenn die dazu notwendigen Daten verfügbar sind.

Auch der Staat besitzt wertvolle Datenbestände, die als wichtige Quelle für digitale Dienstleistungen dienen können. Die Erhebung dieser staatlichen Daten wurde mit Steuergeldern finanziert, weshalb der Anspruch besteht, diese Daten für die Nutzung durch die Bevölkerung zu öffnen. Man spricht in diesem Zusammenhang von sogenannten „offenen Behördendaten" (*Open Government Data OGD*), der aktiven Bereitstellung nicht gesetzlich geschützter Datenbestände der öffentlichen Verwaltung zur freien Einsichtnahme und Wiederverwendung. Der Bundesrat definiert OGD folgendermaßen:

> OGD verbindet das Konzept des offenen Regierungs- und Verwaltungshandelns (Open Government) mit dem Konzept der offenen Zugänglichkeit zu Daten (Open Data). Eine Veröffentlichung von Daten im Sinn von OGD kommt für jene Daten in Frage, die im Besitz der Verwaltung sind und deren Verwendung nicht einschneidend eingeschränkt ist, insbesondere aus datenschutz-, urheberrechts- und informationsschutzrechtlichen Gründen. Typische Beispiele sind Statistik-, Geo-, Umwelt- oder Energiedaten.[4]

Gemäß dem Verein Opendata.ch entsteht durch die Öffnung von Behördendaten Nutzen in 3 Stoßrichtungen:

1. Transparenz ermöglicht den Bürgerinnen und Bürgern, die Vorgänge innerhalb der Verwaltung besser zu sehen und zu verstehen.
2. Innovation wird gefördert, indem mit den offenen Daten neue Dienstleistungen ermöglicht werden.
3. Kosteneinsparungen, indem wichtige Datenbestände nur einmal zentral gepflegt werden, sowie viele Nutzende die Daten stetig kontrollieren.[5]

---

[4] Bundesrat (2011b, S. 6).
[5] Vgl. Gassert et al. (2011).

Aus diesen Gründen hat der Schweizerische Bundesrat am 16. April 2014 eine erste Open-Government-Data-Strategie[6] verabschiedet und diese am 30. November 2018 erneuert.[7] Die Strategie verfolgt das Ziel der Bereitstellung von Behördendaten zur freien Wiederverwendung, womit der Wirtschaft Rohdaten zu innovativen Geschäftsmodellen zur Verfügung gestellt sowie die Transparenz der Verwaltungstätigkeiten gefördert und die verwaltungsinterne Effizienz gesteigert werden. Als integraler Bestandteil der Strategie wurde mit *opendata.swiss* das Portal der Schweizer Behörden für offene, d. h. frei verfügbare Daten lanciert. Das Portal bietet über 6.000 Datensätze von Bund, Kantonen und Gemeinden an (Stand Dezember 2018).

Aus eigener Kraft kann das *Bundesamt für Energie (BFE)* diese Entwicklung mit der Öffnung der eigenen Datenbestände als „Open Government Data" fördern. Ende 2018 waren bereits über 90 Datensätze des Bundesamtes für Energie im Portal der Schweizer Behörden für offene Daten (https://opendata.swiss) verfügbar. Dabei handelt es sich schwerpunktmäßig um räumliche Daten (Geodaten) sowie statistische Daten. Die geöffneten Daten fördern einerseits die Transparenz der Behördentätigkeit und können andererseits als Datenquellen für neue innovative Ideen und Geschäftsmodelle in der Privatwirtschaft dienen.

Des Weiteren fördert das Bundesamt für Energie in Zusammenarbeit mit der Energiebranche die Öffnung und Zugänglichkeit strategisch wichtiger Datenbestände. Bei sich dynamisch und neu entwickelnden Märkten wie beispielsweise der geteilten Mobilität (Shared Mobility) bestehen oftmals keine landesweiten Übersichten und Datenbestände der zur Verfügung stehenden Infrastrukturen. Jedoch wäre genau dies für die Wahrnehmung der Bevölkerung in der frühen Entwicklungsphase dieser neuen und energieeffizienten Lösungen wertvoll. Im Rahmen von EnergieSchweiz kann das Bundesamt für Energie die Zusammenarbeit mit den Betreibenden dieser Infrastrukturen initiieren, um schweizweit harmonisierte und aggregierte Datenbestände zu schaffen. Die Bedingung ist natürlich, dass diese Daten offen sind und auch über offene und standardisierte Schnittstellen zur Verfügung gestellt werden. Somit wird eine wichtige technische Grundlage für die Weiterentwicklung der neuartigen Lösungen bereitgestellt, welche in langer Sicht auch zur Steigerung der Energieeffizienz beiträgt.

30.3 Application Programming Interfaces (APIs) als moderne Vertriebsmethode von Daten und Dienstleistungen im Energiebereich

Ein *Application Programming Interface (API)* ist ein Weg, um Daten und Dienstleistungen gemäß klar definierten, technischen Anforderungen bereitzustellen. In der deutschen Sprache wird der Begriff Programmierschnittstelle verwendet. Er verdeutlicht gut, dass eine API zwei Maschinen oder Computer-Anwendungen ermöglicht, miteinander über ein

---

[6] Vgl. Bundesrat (2014).

[7] Vgl. Bundesrat (2018).

Netzwerk (meistens das Internet) zu kommunizieren. Die Kommunikation verläuft nach einem Frage-Antwort-Schema. Die Fragen sind in der Struktur zwar vordefiniert, lassen sich aber durch Parameter anpassen bzw. programmieren. Beispielsweise gibt eine API Auskunft über *Wasserkraftwerke* der Schweiz. Anpassen, respektive programmieren lassen sich in der Frage der Typ oder die installierte Leistung der Wasserkraftwerke, sodass nur die gesuchten Werke als Antwort geliefert werden.

Als Analogie für APIs dient die Sprache für die Verständigung zwischen Menschen. Maschinen nutzen für die Kommunikation untereinander APIs (s. Abb. 30.1).

Die Schweizerische *Bundesgeodateninfrastruktur* ist ein gutes Beispiel für eine API. Die Bundesgeodateninfrastruktur stellt über 600 Geodaten des Bundes der Öffentlichkeit zur Verfügung. Einerseits als Kartenanwendung im Internet (https://map.geo.admin.ch) mit einem entsprechenden *User Interface* für die Kommunikation zwischen Mensch und Maschine. Andererseits für die Kommunikation zwischen Maschinen als API (https://api3.geo.admin.ch) für den direkten Zugriff auf die eigentlichen Daten in den Karten. Damit ermöglicht die API die Entwicklung weiterer externer Anwendungen auf Basis der Daten der Bundesgeodateninfrastruktur.

Eine Hauptfunktion der API ist es, auf räumliche Anfragen mit Information zu antworten, also beispielsweise, ob sich an einer eingesendeten Koordinate eine Gemeinde mit dem Label „Energiestadt" befindet. Genau dieser Anwendungsfall setzt die Web-Anwendung www.energiestadtfinder.ch um. Im Beispiel in Abb. 30.2 lokalisiert sich der Nutzende über die Ortungsfunktion seines mobilen Gerätes. Er befindet sich in der Hauptstadt Bern auf dem Bundesplatz (Schweizer Landeskoordinate 600428, 199489). Die Anwendung sendet im Hintergrund eine Anfrage an die API, welche zurückgibt, dass sich an dieser Position die Energiestadt Bern befindet. Anhand weiterer Datenquellen und APIs könnten weitere Daten verknüpft werden, beispielsweise zur Bevölkerungsstruktur. Zum Schluss informiert die Anwendung den Nutzenden über das Ergebnis.

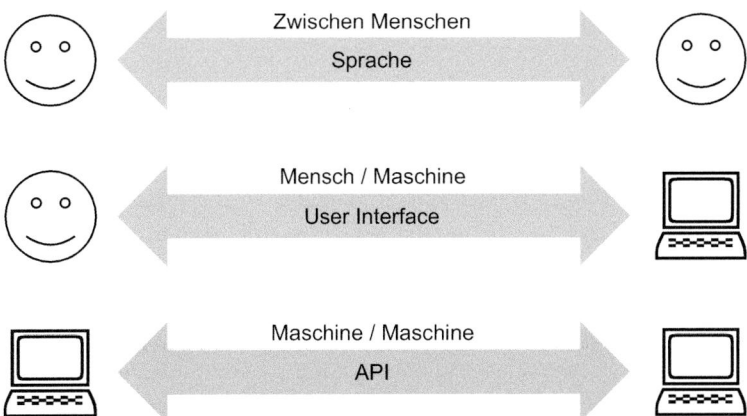

Abb. 30.1 Vergleich der Kommunikation zwischen Menschen untereinander, Menschen und Maschinen, Maschinen und Maschinen

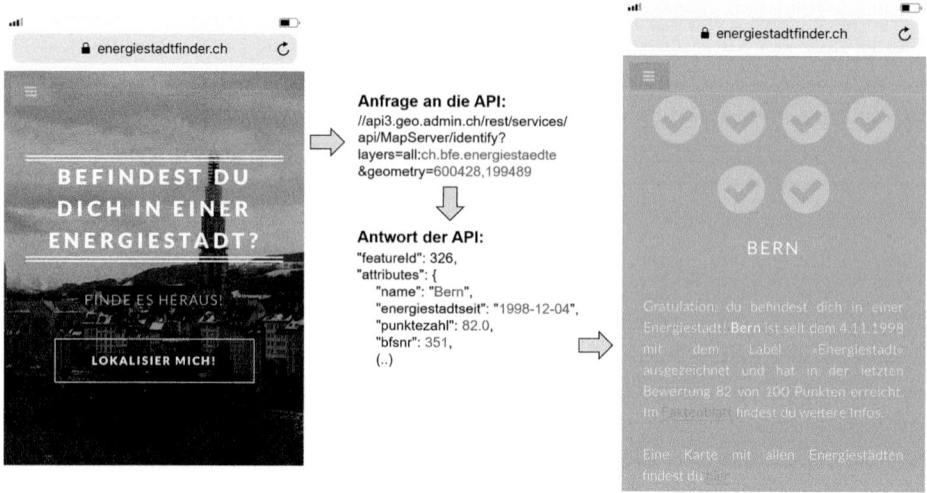

Abb. 30.2 Beispiel einer Nutzung der API der Bundesgeodateninfrastruktur durch die Anwendung www.energiestadtfinder.ch. Aufgrund der Position eines Benutzers stellt die Anwendung fest, ob er sich in einer Gemeinde mit dem Label „Energiestadt" befindet

Das Beispiel der API der Bundesgeodateninfrastruktur verdeutlicht die Vorteile von Programmierschnittstellen:

- **Vernetzung von Anwendungen und Plattformen:** Kunden, Mitarbeitende oder auch Drittentwickler können dank einer API einfach auf die Daten und Dienstleistungen zugreifen und weitere Anwendungen aufbauen. Damit kann die Reichweite der eigenen Daten und Dienstleistungen massiv erweitert werden.
- **Standardisierte Anwendungsfälle:** Die API deckt klar definierte Anwendungsfälle ab. Der Datenherr definiert also im Voraus, welche Fragen der API gestellt werden können, und bildet die Logik für die Auswertung der Daten zur Beantwortung der Frage auf seiner Seite ab. So kann automatisch die korrekte Anwendung der angebotenen Daten oder Dienstleistungen beim Datennutzenden gewährleistet werden.
- **Stets aktuelle Daten:** Der Kunde bezieht die Daten dank der API stets aktuell von der Quelle, womit keine redundanten Daten gehalten werden müssen.
- **Modularisierung von IT-Systemen:** Umfangreiche IT-Systeme sind komplex und aufwendig in der Wartung und Weiterentwicklung. APIs erlauben es, solche Systeme in verschiedene Module aufzutrennen, welche für sich einfacher zu warten sind, indem sie den Fluss von Daten und Dienstleistungen zwischen diesen Modulen ermöglichen.

APIs sind keine neue Entwicklung und erleichtern die Kommunikation zwischen Anwendungen schon seit Jahren. Jedoch befeuert eine aktuelle Entwicklung den Einsatz von APIs enorm: Noch nie gab es so viele Geräte wie Smartphones, Internet-of-Things-Geräte, Fernseher und sogar Armbanduhren, welche mit dem Internet verbunden sind. Eine Schätzung geht von 20 Mrd. Geräten im Jahre 2020 aus,[8] Tendenz stark steigend. Die Applikationen (Apps), welche auf diesen Geräten betrieben werden, kommunizieren ständig über das Internet und ihre APIs mit dem Hersteller, anderen Apps oder weiteren Datenquellen. Die Vernetzung aller internetfähigen Geräte basiert im Wesentlichen auf APIs.

Eine wichtige Unterscheidung bei APIs betrifft den Nutzerkreis:

- **Private APIs** werden für interne Abläufe in Organisationen oder die Zusammenarbeit mit Partnern verwendet. Beispielsweise betreibt die New York Times verschiedene interne APIs, sodass Abteilungen sofort auf Daten anderer Abteilungen zugreifen und diese auswerten können. Diese Lösung für den internen Datenaustausch ist so erfolgreich, dass sich die New York Times sogar entschloss, die API öffentlich zugänglich zu machen und somit die Reichweite für ihre Inhalte weiter zu verbessern.[9]
- **Public APIs** sind für die Verwendung durch die breite Öffentlichkeit vorgesehen. Das Akzeptieren der Nutzungsbedingungen reicht für die Verwendung meist aus. Die API der Bundesgeodateninfrastruktur ist beispielsweise eine öffentliche API.

30.4   Konkrete Beispiele von Umsetzungen in die Praxis

Folgende Beispiele zeigen, wie das Bundesamt für Energie die Öffnung von Daten sowie die Bereitstellung von Schnittstellen für die Umsetzung der Energiestrategie 2050 einsetzt.

30.4.1 Sonnendach.ch und Sonnenfassade.ch: Der nationale Solarenergiepotenzialkataster

Die Sonnenenergie, welche in Form von Licht und Wärme auf die Erdoberfläche trifft, kann aktiv durch Sonnenkollektoren zur Wärmeerzeugung und Stromproduktion genutzt werden. Die Photovoltaik (PV) ist eine wichtige Technologie für die nachhaltige Energieversorgung der Zukunft. Das Potenzial von Solarstrom in der Schweiz ist beträchtlich: bis zum Jahr 2050 könnten rund 20 % des derzeitigen Strombedarfs durch Photovoltaik erzeugt werden.

Im Rahmen der nationalen Energiestrategie 2050 und gemäß Energiegesetz (EnG, SR 730.0) sollen einheimische und erneuerbare Energien verstärkt genutzt werden. Das Bundesamt für Energie hat als geeignetes Fördermittel ein „Solarpotenzialkataster Schweiz" identifiziert, welches alle Hausdächer gemäß ihrer Eignung für die Nutzung von Solarenergie darstellen soll. Das brachliegende Potenzial der Solarenergienutzung soll sichtbar werden, und die Behörden sollen wichtige Hinweise für die Planung bezüglich Zonenausscheidungen und Bewilligungsverfahren erhalten.

---

[8]Vgl. Gartner (2017).
[9]Vgl. New York Times (2009).

In der Bundesverwaltung sind optimale Grundlagen für die Erstellung eines *Solarpotenzialkatasters Schweiz* vorhanden, welches sich qualitativ von bestehenden Lösungen abhebt und flächendeckend erstellt werden kann: Das Bundesamt für Landestopografie (swisstopo) erfasst sämtliche Dachflächen der Schweiz hochaufgelöst in 3D, das Bundesamt für Meteorologie und Klimatologie (MeteoSchweiz) verfügt über detaillierte Strahlungsdaten und das Bundesamt für Energie über das Know-how im Photovoltaik- und Geoinformationsbereich.

Durch den Solarpotenzialkataster Schweiz soll sichergestellt werden, dass sämtliche Kantone und Gemeinden der Schweiz über dieses Planungsinstrument verfügen. Zudem sind erstmals landesweite Vergleiche möglich.

Die Realisierung des Projektes fand in den Jahren 2015 und 2016 statt. Das Bundesamt für Landestopografie, das Bundesamt für Meteorologie und Klimatologie und das Bundesamt für Energie lancierten www.sonnendach.ch im Februar 2016 (s. Abb. 30.3). Als Ergänzung lancierten die Bundesämter ein Jahr später ebenfalls einen Solarpotenzialkataster für Hausfassaden (www.sonnenfassade.ch).

Sonnendach.ch und *Sonnenfassade.ch* zeichnen sich durch folgende Eigenschaften aus:

Abb. 30.3 Die Web-basierten Anwendungen Sonnendach.ch sowie Sonnenfassade.ch stehen zur einfachen Nutzung für mobile Endgeräte zur Verfügung. Dank des responsiven Designs passen sich die Anwendungen automatisch an die Endgeräte an

- **Kundenfreundlichkeit/einfache Handhabung:** Es stand von Anfang an die Anforderung im Zentrum, eine einfache Anwendung zu schaffen, welche leicht zu bedienen ist und welche vor allem einfach verständlich kommuniziert. Daher wurden zuerst im Dialog mit künftigen Nutzergruppen Empfehlungen für die Entwicklung des User-Interfaces erarbeitet. Anschließend entwickelten das Bundesamt für Landestopografie und das Bundesamt für Energie mit internen Ressourcen die User-Interfaces, welche heute auf www.sonnendach.ch sowie www.sonnenfassade.ch online sind. Es handelt sich dabei um Webseiten in responsivem Design, welches sich an das Gerät anpasst und auch auf kleinen mobilen Geräten funktioniert.
- **Hohe Qualität der Solarpotenzialberechnung:** Dank den maßgeschneiderten Datengrundlagen von MeteoSchweiz und swisstopo und den Berechnungen der Firma Meteotest konnten genaue Abschätzung der Solarpotenziale durchgeführt werden.
- **Zielgerichtete Planungsinstrumente:** Aufgrund der errechneten Einzelpotenziale wurde eine Methodik entwickelt, um Gesamtpotenziale für ganze Gemeindegebiete zu errechnen. Diese Information stellt für Gemeinden eine wichtige Entscheidungsgrundlage dar, welche bei Planungsvorhaben sowie Bewilligungsverfahren einbezogen wird.
- **Vernetzung mit Kantonen und Gemeinden:** In Zusammenarbeit mit Kantonen und Gemeinden konnte die Verbreitung der Anwendungen www.sonnendach.ch sowie www.sonnenfassade.ch forciert werden. Diverse Kantone binden die Daten über die API direkt in ihre kantonalen Geoportale ein. Für Gemeinden besteht die einfache Möglichkeit, die Anwendungen in die eigene Webseite einzubetten. Ähnlich wie man beispielsweise Medieninhalte wie Videos in Webseiten einbindet, kann man auch Sonnendach.ch in die eigene Webseite integrieren.
- **Offene Schnittstelle:** Sämtliche Informationen stehen für Abfragen anhand der API der Bundesgeodateninfrastruktur bereit. Somit besteht die Möglichkeit, weitere Anwendungen aufzubauen, welche auf den Daten von Sonnendach.ch basieren. Dies erfolgt bereits: Regionale Energiedienstleister haben auf der Basis von Sonnendach.ch sogenannte Solar-Planer erstellt, mit welchen Privatpersonen eine maßgeschneiderte erste Offerte für eine Solaranlage erstellen können.
- **Offene Daten:** Die berechneten Solarenergiepotenziale der Schweizer Gemeinden stehen als Open Data zur Verfügung. Zudem können auch sämtliche Daten der einzelnen Dachflächen in generalisierter Form beim Bundesamt für Energie bezogen werden.

30.4.2 Aufbau der nationalen Dateninfrastruktur Elektromobilität (DIEMO)

Fossile Treibstoffe verursachen über ein Drittel des heutigen Energieverbrauchs der Schweiz.[10] Daher liegt es auf der Hand, dass beim motorisierten Individualverkehr ein enormes Energieeffizienzpotenzial besteht. Elektrisch betriebene Fahrzeuge können wesentlich zur Effizienzsteigerung beitragen.

---

[10]Vgl. Bundesamt für Energie (2018).

Ein wichtiger Erfolgsfaktor für die Verbreitung von Elektroautos ist die Verfügbarkeit von öffentlichen *Ladestationen*. Im Rahmen des Berichts „Elektromobilität: Masterplan für eine sinnvolle Entwicklung" beauftragte der Bundesrat die Bundesverwaltung, eine koordinierende Rolle im Bereich Ladeinfrastruktur für die Elektromobilität zu übernehmen.[11] In diesem Zusammenhang lancierte EnergieSchweiz die Stakeholder-Plattform „Plattform Ladenetz Schweiz" zur koordinierten Entwicklung eines diskriminierungsfreien, möglichst flächendeckenden Schweizer Ladenetzes für *Elektrofahrzeuge*. Eine konkrete Idee aus der Plattform Ladenetz ist der Aufbau einer „Nationalen Dateninfrastruktur Elektromobilität (DIEMO)", welche erstmals ein vollständiges und diskriminierungsfreies Abbild der Ladeinfrastruktur zeigt und Daten gemäß Open-Data-Richtlinien verfügbar machen soll. Einerseits soll eine moderne, skalierbare technische Infrastruktur bereitgestellt werden, andererseits sollen Lösungen aufgezeigt werden, die zu einem qualitativ hochwertigen Datenbestand führen.

Das Bundesamt für Energie setzt DIEMO in enger Zusammenarbeit mit den Betreibenden von Ladeinfrastrukturen, dem Bundesamt für Landestopografie sowie weiteren Bundesämtern um. Insbesondere die Ladeinfrastrukturbetreibende als Datenherren haben eine Schlüsselrolle inne. Um eine diskriminierungsfreie Gesamtsicht zu schaffen, müssen sich sämtliche Akteure zur Öffnung ihrer Daten in Form von „Open Data" verpflichten und ihre Daten in Echtzeit zur Verfügung stellen. Die Bundesämter bauen gemeinsam eine Dateninfrastruktur auf, welche die Daten der verschiedenen Betreibenden von Ladeinfrastruktur harmonisiert, zusammenführt und anschließend in Form einer programmierbaren Schnittstelle, als Daten-Download und als Kartenvisualisierung publiziert. Aktuell besteht bereits eine erste produktive Version, welche in der Bundesgeodateninfrastruktur bereitgestellt wird (s. Abb. 30.4) und die Ladeinfrastruktur mit Echtzeitinformation der Verfügbarkeit (frei oder besetzt) darstellt.

30.5   Ausblick

Offene Behördendaten sind heutzutage anerkannte Instrumente für die Erhöhung der Transparenz der Behördentätigkeit sowie zur Förderung innovativer Geschäftsideen in der Privatwirtschaft. In der Schweiz sind bereits heute zahlreiche Datenbestände in Form von offenen Daten verfügbar. Im Energiebereich hat das Bundesamt für Energie verschiedene Daten bereits geöffnet und wird in Zukunft noch weitere Datensammlungen für die Bevölkerung verfügbar machen.

Offene Schnittstellen sind Treiber für Innovation. In der Umsetzung relativ kostengünstig, tragen sie innerhalb von Organisationen zur Effizienzsteigerung von Abläufen bei oder ermöglichen den Eintritt in neue Märkte. Es lassen sich gezielte und maßgeschneiderte Angebote für Kunden realisieren. Auch für die öffentliche Hand stellen APIs eine interessante Möglichkeit für die Erbringung von Dienstleistungen dar. Verfolgt beispielsweise eine Ver-

---

[11]Vgl. Schweizerische Eidgenossenschaft (2015).

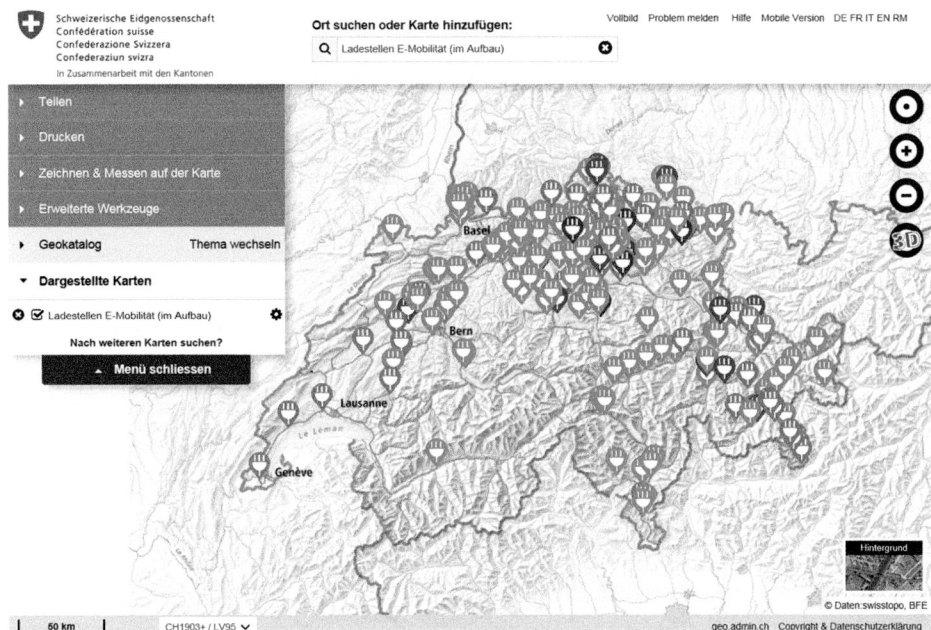

Abb. 30.4 Die Dateninfrastruktur Elektromobilität visualisiert den Zustand der Ladeinfrastruktur in Echtzeit im Kartenviewer der Bundesgeodateninfrastruktur. Die Farbe des Symbols zeigt die Verfügbarkeit: Grün steht für verfügbare Ladestellen, Rot für besetzte Ladestellen. Link zur interaktiven Kartenanwendung: https://s.geo.admin.ch/7eecac1009

waltungseinheit das Ziel, wichtige Grundlagendaten (beispielsweise statistische Daten) möglichst zugänglich zu machen, wäre die Bereitstellung einer API für diese Daten ein geeigneter Weg.

Die Umsetzung der Schweizer Energiestrategie 2050 kann durch neuartige Ansätze und Maßnahmen aus dem Bereich der Digitalisierung unterstützt werden. Der in diesem Beitrag beschriebene Ansatz der Kombination von offenen Daten vertrieben über offene Schnittstellen wurde vom Bundesamt für Energie erfolgreich in den zwei beschriebenen Beispielen umgesetzt. Auch in Zukunft wird das Bundesamt für Energie auf diesen Ansatz setzen, um gezielt Entwicklungen in der Energiewelt zu fördern.

Literatur

Bundesamt für Energie. (2018). *Energieverbrauch 2017 um 0,4 % gesunken.* https://www.uvek. admin.ch/uvek/de/home/uvek/medien/medienmitteilungen.msg-id-71240.html. Zugegriffen am 21.01.2019.

Bundesrat. (2011a). *Bundesrat beschliesst im Rahmen der neuen Energiestrategie schrittweisen Ausstieg aus der Kernenergie* (25.05.2011). Bern: Eidgenössisches Departement für Umwelt,

Verkehr, Energie und Kommunikation UVEK. https://www.uvek.admin.ch/uvek/de/home/uvek/medien/medienmitteilungen.msg-id-39337.html. Zugegriffen am 07.12.2018.

Bundesrat. (2011b). Bericht des Bundesrates in Erfüllung des Postulats Wasserfallen 11.3884 vom 29.09.2011. Open Government Data als strategischer Schwerpunkt im E-Government. https://www.egovernment.ch/index.php/download_file/force/345/3631/. Zugegriffen am 21.01.2019.

Bundesrat. (2014). *Bundesrat verabschiedet Open Government Data-Strategie Schweiz 2014–2018* (16.04.2014). Bern: Der Bundesrat. https://www.admin.ch/gov/de/start/dokumentation/medien-mitteilungen.msg-id-52688.html. Zugegriffen am 07.12.2018.

Bundesrat. (2018). *Bundesrat will die Nutzung offener Verwaltungsdaten stärker fördern* (30.11.2018). Bern: Der Bundesrat. https://www.admin.ch/gov/de/start/dokumentation/medien-mitteilungen/bundesrat.msg-id-73188.html. Zugegriffen am 12.12.2018.

EnergieSchweiz. (2018). *Über EnergieSchweiz*. Ittigen: Bundesamt für Energie (BFE). https://www.energieschweiz.ch/page/de-ch/ueber-energieschweiz?p=18724. Zugegriffen am 12.12.2018.

Gartner. (2017). *Gartner says 8.4 billion connected „things" will be in use in 2017, up 31 percent from 2016* (07.02.2017). Egham: Gartner Inc. https://www.gartner.com/newsroom/id/3598917. Zugegriffen am 12.12.2018.

Gassert, H., Laux, C., Golliez, A., & Aschwanden, C. (2011). Open Government Data für die Schweiz. Ein Manifest. Verein Opendata.ch 03.05.2011, Version 1.0. http://opendata.ch/files/2011/06/OGD-Manifest-Schweiz-1.0.pdf. Zugegriffen am 12.12.2018.

New York Times. 2009). Announcing the article search API (04. Feb. 2009). New York: The New York Times Company. https://open.blogs.nytimes.com/2009/02/04/announcing-the-article-search-api/. Zugegriffen am 12.12.2018.

Opendata.swiss. (2018). *Bundesamt für Energie*. https://opendata.swiss/de/organization/bundesamt-fur-energie-bfe. Zugegriffen am 21.01.2019.

Schweizerische Eidgenossenschaft. (2015). *Bericht in Erfüllung der Motion 123.652 Elektromobilität. Masterplan für eine sinnvolle Entwicklung* (13.05.2015). Bern: Schweizerische Eidgenossenschaft. https://www.parlament.ch/centers/eparl/curia/2012/20123652/Bericht%20BR%20D.pdf. Zugegriffen am 12.12.2018.

Schweizerische Eidgenossenschaft. (2018). *Strategie Digitale Schweiz* (Sep. 2018). https://www.bakom.admin.ch/dam/bakom/de/bilder/bakom/digitale_schweiz_und_internet/strategie_digitale_schweiz/strategie/Strategie%20digitale%20Schweiz.pdf.download.pdf/Strategie_DS_Digital_2-DE.pdf. Zugegriffen am 07.12.2018.

 **Martin Hertach** leitet seit 2010 den Dienst Geoinformation im Bundesamt für Energie (BFE) in Bern. In dieser Funktion ist er für die Umsetzung der nationalen Geoinformationsgesetzgebung im Energiebereich zuständig und verantwortet sämtliche Vorhaben des Bundesamtes, welche im Schwerpunkt räumliche Daten zur Problem-analyse sowie Entscheidungsfindung verwenden. Zudem trägt unter seiner Leitung der Dienst Geoinformation aktiv zur Umsetzung der Energiestrategie 2050 bei, indem er neuartige Ansätze zur Förderung von erneuerbaren Energien sowie zur Steigerung der Energieeffizienz verfolgt, wie beispielsweise den nationalen Solarenergiepotenzialkataster Sonnendach.ch. Zudem setzt Martin Hertach die Open-Government-Data-Strategie des Bundesrates im BFE um und arbeitet in der Spurgruppe Digitalisierung mit, welche die digitale Transformation der Energiewelt untersucht. Martin Hertach studierte Umweltnaturwissenschaften an der ETH Zürich und bildete sich in 3D-Geoinformation an der Fachhochschule Nordwestschweiz weiter.

Bereitstellung von künstlicher Intelligenz über Schnittstellen als Analytics as a Service

31

Claudius Hundt und Peter Karcher

Nutzen Sie das Potenzial Ihrer Daten für die besten Entscheidungen und die besten Mehrwerte!

Zusammenfassung

Die Digitalisierung hat viele Aspekte. Die Aufgaben reichen von der einfachen digitalen Erfassung von Dokumenten, dem Erfassen von Prozess-, Produkt- und Kundendaten, der Standardisierung von Schnittstellen bis zur kompletten Automatisierung von Prozessen. Darüber hinaus müssen nichttechnische Aspekte bewältigt werden. Dazu zählen die Qualifikation der Mitarbeiter, die Einführung kundenzentrierter und agiler Arbeitsweisen, die Umsetzung der Datenschutzanforderungen, die Gewährleistung der IT-Sicherheit und vieles mehr. Dies alles bedeutet als ständige Investition in die Zukunft einen nicht unerheblichen finanziellen Aufwand.

In vielen Unternehmen wurden einige dieser Aspekte oder Teile davon in den letzten Jahren initiiert oder bereits umgesetzt. Nun gilt es, konkrete Prozesse und Produkte auf Basis der verfügbaren Daten weiter zu verbessern. Häufig ist erst dieser Schritt, der Einbindung der aus den Daten generierten Informationen in Prozesse und Produkte,

---

SANDY Energized Analytics betreibt das DataLab der EnBW und ist auch im Drittmarkt aktiv. Der Fokus liegt auf der Energiewirtschaft und Energiemanagement-Anwendungen sowie auf der Transport- und Logistik-Branche. Mit der eigenen Plattform beantwortete SANDY Ende 2018 ca. 1,2 Mio. KI-Anfragen vollautomatisch und trägt damit zu einer neuen Wertschöpfung von Daten bei.

C. Hundt (✉) · P. Karcher
SANDY Energized Analytics – Eine Innovation der EnBW AG, Köln, Deutschland

© Springer Fachmedien Wiesbaden GmbH, ein Teil von Springer Nature 2020   423
O. D. Doleski (Hrsg.), *Realisierung Utility 4.0 Band 2*,
https://doi.org/10.1007/978-3-658-25589-3_31

einer derjenigen, der nach den Investitionen in die Rahmenbedingungen der Digitalisierung echten Mehrwert generiert und auch monetär positive Auswirkungen hat. Dieser zentrale Aspekt der Digitalisierung bildet daher den Kern dieser Betrachtung. Im Mittelpunkt steht die Beantwortung einiger zentraler Fragen: Wie können die verfügbaren Daten in neue, bisher nicht vorhandene Informationen umgewandelt werden und wie können damit Prozesse und Produkte weiter optimiert werden? Wie können künstliche Intelligenz und Analytics dafür genutzt werden? Und schließlich: Wie kommt man über die *Proof-of-Concept*-Phasen (PoC) hinweg und erreicht einen echten operativen und dauerhaften monetären Mehrwert?

31.1 Nutzung von Daten und künstlicher Intelligenz für digitale Energiedienstleistungen

Warum beschäftigen sich gerade alle mit dem Thema „Künstliche Intelligenz", ist das nicht ein alter Hut? Sollte nicht der Schwerpunkt vielmehr auf Daten liegen und vor allem auf der dauerhaften Bereitstellung von intelligenten Services? Und wie können überhaupt Anwendungsfälle mit Potenzial gefunden werden? Nachfolgend wird eine mögliche Vorgehensweise dargestellt, um KI zu operationalisieren und dauerhaft davon zu profitieren.

31.1.1 Warum überhaupt?

Die IT hat sich in den letzten Jahren rasant weiterentwickelt und verändert. Über die *Cloud* steht heute große Rechenleistung skalierbar und wirtschaftlich zur Verfügung. Die Speicherung von Daten kostet nur noch einen Bruchteil dessen, was noch vor ein paar Jahren aufgerufen wurde. Auch der Betrieb hochverfügbarer *Infrastruktur* ist in der Cloud möglich, ohne eigene große Rechenzentren aufbauen und betreiben zu müssen. Und wichtig: Diese Möglichkeiten stehen jedem zur Verfügung. Sie ermöglichen somit auch Unternehmen und Personen Zugang zu diesen Ressourcen, für die der finanzielle Aufwand vor wenigen Jahren noch ein natürliches Ausschlusskriterium für die Marktteilnahme gewesen wäre! Der verhältnismäßig einfache Zugang zu dieser Rechenleistung ermöglicht darüber hinaus die wirtschaftliche Entwicklung und den Betrieb von intelligenten *Algorithmen* und KI-Anwendungen, die bis vor Kurzem nur im Umfeld teurer Forschungsprojekte denkbar waren.

Datenvirtualisierungs- und Cloud-Lösungen machen es heute einfacher, *Datensilos* aufzulösen und bestehende Daten auf übergeordneter Ebene zusammenzuführen. Dadurch ergeben sich komplett neue Verknüpfungsmöglichkeiten und Datenkonstellationen, was z. B. eine übergeordnete Optimierung von Anlagenbetrieb und Energiehandel möglich macht. Und neue Produkte generieren mit neuen digitalen Kontaktpunkten oder unter Verwendung von Sensorik (z. B. in Form von intelligenten Messsystemen) Unmengen von neuen Datenpunkten. Das Potenzial an Daten und die damit verbundenen Möglichkeiten für intelligentere Produkte und Prozesse sind also enorm.

Das Thema der *künstlichen Intelligenz (KI)* erlebt aktuell eine Renaissance und ein großes mediales Interesse, weil es einfache auf Bild- und Spracherkennung basierende Anwendungsbeispiele gibt, die für jeden zugänglich sind. Diese aktuelle Aufmerksamkeit sowie die anschaulichen Beispiele über den Nutzen von KI in Kombination mit den jetzt vorhandenen kostengünstigen Technologien führen dazu, dass dieser Teil der *Digitalisierung* in eine Phase übergeht, in der nicht nur Kosten entstehen, sondern nun auch Profit erzeugt werden kann. Insbesondere ist der Nutzen umso größer, je weniger die aus Daten gewonnenen Informationen nur in einer statischen Präsentation oder einer einmaligen Analyse verbleiben und je öfter sie in Prozessen und Produkten dauerhaft und gewinnbringend eingesetzt werden.

Technologisch steht der Nutzung nichts mehr im Wege. Die Frage nach dem „Warum" kann daher an dieser Stelle zunächst mit „Weil es geht!" beantwortet werden. Und weil der Nutzen die Kosten übersteigt und der Einsatz von KI und Analytics damit viele neue Produkte, Features, Prozesse und Einblicke ermöglicht. Voraussetzung ist die Bereitschaft, mit einem „neuen Denken und Herangehen" daran zu arbeiten, die vorhandenen Fähigkeiten für sich einzusetzen, um mittelfristig nicht ins digitale Hintertreffen zu geraten.

31.1.2 Was ist zu beachten? Was sind die Herausforderungen?

Viele Firmen zeigen bereits, dass Daten, wenn sie richtig genutzt werden, einen entscheidenden Wettbewerbsvorteil darstellen. Aber nur Daten zu generieren, reicht nicht aus. Wie kommt man also dahin, Daten gewinnbringend einzusetzen? Mediale Erfolgsstorys suggerieren, dass „künstliche Intelligenz" einfach auf Daten angewendet werden muss, um ein Projekt erfolgreich zu machen. So einfach funktioniert das aber leider nicht. Stattdessen ist ein etwas mühsamerer Weg zu beschreiten, auf welchem unterschiedliche Expertisen zum Einsatz kommen.

SANDY Energized Analytics ist ein internes Start-up der *EnBW*, betreibt auch das DataLab der EnBW und beschäftigt sich seit 2014 mit genau diesen Fragestellungen. *SANDY* hat in dieser Zeit zahlreiche Workshops zur Ideengenerierung analytischer Use Cases durchgeführt und mehrere Dutzend davon für interne Fachabteilungen der EnBW, aber auch für externe Kunden bearbeitet. Die meisten dieser Cases wurden erfolgreich umgesetzt und werden nun durch die analytische Plattform 'SANDY' operativ 24/7 bereitgestellt und über Schnittstellen in Prozesse und Produkte eingebunden. Aus dieser Erfahrung heraus stellen wir unsere Best Practices vor: vom Finden wertvoller Use Cases bis zur operativen Einbindung und real nachweisbarem Return on Investment (ROI).

Auf Grundlage der Praxiserfahrung der letzten vier Jahre hat SANDY vier Phasen herausgearbeitet, die bei der Entwicklung datenbasierter Use Cases durchlaufen werden sollten.

Phase 1: Use-CaseFindung
Die Herausforderung besteht zunächst darin, Anwendungsfälle mit konkretem Praxisbezug und echtem Mehrwert zu identifizieren. Denn Analytics und KI können immer nur Teil einer Lösung sein, die in Zusammenarbeit mit den späteren Abnehmern, also den Produktmana-

gern und den Product- oder Process Ownern, erarbeitet werden muss. Den Startpunkt bildet i. d. R. ein Workshop mit einem interdisziplinären Team. Hierbei sind neben dem Business Owner und weiteren Experten aus dem jeweiligen Geschäftsfeld auch ein *Data Scientist* und ein „Daten-Denker" notwendig. Nur dann sind sowohl das Fachwissen über das Produkt und die Prozesse als auch die Fähigkeit, Daten und deren Veredelung in verschiedenen Anwendungsfällen und innerhalb einer Wertschöpfungskette „zu denken" abgedeckt.

Mögliche Fragestellungen in dieser Phase sind:

• In welchem Geschäftsfeld und in welchen Prozessen steckt das größte Potenzial für datenbasierte Mehrwerte?
• Wie können businessspezifische Fragestellungen identifiziert und im Detail beantwortet werden?
• Welches sind die Cases mit dem größten wirtschaftlichen Hebel in Bezug zum Entwicklungsaufwand?
• Wie können die gleichen Daten an unterschiedlichen Stellen der Wertschöpfungskette und in unterschiedlichem Kontext mehrfach genutzt werden?
• Welche Daten sind bereits vorhanden und wo sind sie zu finden?
• Welche Komplexitäten sind bei einer späteren vollautomatischen Umsetzung zu meistern?

Phase 2: Modellentwicklung

In einem nächsten Schritt geht es darum, für einen konkreten Anwendungsfall auf Basis konkreter Daten ein Modell zu entwickeln, welches die vorab formulierte analytische Fragestellung beantworten kann. Ein Data Scientist ist für die Entwicklung einer Lösung verantwortlich, die den Kern der Gesamtlösung darstellen wird. Unterstützt wird er hierbei von Datenspezialisten.

Mögliche Fragestellungen in dieser Phase sind:

• Wie sind die Qualität und der Umfang der einmalig bereitgestellten Daten?
• Wie können Daten aus unterschiedlichen Quellen dauerhaft bereitgestellt und zusammengeführt werden?
• Wie werden die notwendigen Datenschutz- und Security-Anforderungen berücksichtigt?
• Welches sind die mathematischen Verfahren für die Modellierung des intelligenten Algorithmus bzw. Prognosemodells?
• In welcher Form kann KI konkret zum Einsatz kommen?
• Können die Zielvorgaben bzgl. der Prognosequalität erreicht werden?

Phase 3: Proof of Concept (PoC)

Nach der Modellentwicklung geht es nun in direktem Schulterschluss mit dem Business Owner darum, in einem ersten Testbetrieb herauszufinden, ob der konkrete Mehrwert für den Fachbereich erreicht wird. In dieser Phase fließen wertvolle Erkenntnisse zurück, die zur weiteren Optimierung der Prognosequalität beitragen können. Diese Phase kann sich je nach Komplexität der Modelle über wenige Wochen bis zu mehreren Monaten erstrecken.

Mögliche Fragestellungen sind:

- Liefert das Modell den gewünschten Business Value?
- Ist die Qualität der operativen Daten gegeben?
- Welche Anforderungen gibt es an Antwortzeiten und Anfragevolumen?
- Wie muss der erste Wurf einer virtuellen Infrastruktur und Architektur aussehen?

Phase 4: Operationalisierung
Am Ende steht die Entscheidung, den analytischen Mehrwert operativ 24/7 bereitzustellen. In diesem Fall werden *Schnittstellen* (RESTful API) zur Datenübergabe und Rückgabe der Ergebnisse definiert und auf beiden Seiten implementiert. Der Betrieb von KI-Lösungen umfasst im Prinzip alle Anforderungen, die auch an einen „normalen" *Software-as-a-Service-Betrieb (SaaS)* gestellt werden. Einige Aspekte, die für KI-Verfahren charakteristisch und speziell sind, werden im Folgenden skizziert:

- **Verarbeitung von Massendaten:** Erhebliche Datenmengen werden permanent entgegengenommen, verarbeitet und umgehend einer KI-Lösung für die Analyse oder Prognose zur Verfügung gestellt.
- **Flexible Verfahren:** KI-Verfahren zeichnen sich dadurch aus, dass sie adaptiv sind und sie sich ändernden Rahmenbedingungen anpassen können. Dies wird erreicht, indem alte Modelle (der KI-Kern) automatisch ersetzt werden. Zusätzlich müssen eine Versionierung der Modelle sowie der lückenlose Live-Betrieb gewährleistet werden.
- **Qualitätsmonitoring der Modellgüte:** Da auch in den adaptiven Prozessen kein Data Scientist mehr die Güte der Anpassung manuell überprüft, wird die Qualität permanent selbstständig überprüft. Nur wenn Qualitätsgrenzen verletzt werden, muss manuell eingegriffen werden.
- **Monitoring der Inputdaten:** KI-Verfahren sind darauf angewiesen, dass die Inputdaten immer verfügbar sind, z. B. die Lastmessung der Industriekunden des letzten Tages. Fehlerhafte oder nicht eintreffende Inputdaten sind häufige Fehlerquellen. Ein Monitoring dieser Werte ist daher wesentlich.
- **Fehlerlogging aus dem Inneren der KI-Verfahren:** Die KI-Verfahren sind je nach Use Case hochkomplex. Ein Logging an eine zentrale Stelle hilft beim operativen Betrieb, Fehler schnell beheben zu können.
- **Zentrales Fehlerlogging:** Alle involvierten Komponenten liefern Fehler und Warnungen an eine zentrale Stelle, um bei Bedarf eine schnelle Fehlerbehebung zu ermöglichen.

31.1.3 Herausforderung Operationalisierung von KI

Um die zuvor genannten Fähigkeiten im Betrieb gewährleisten zu können, werden bei SANDY diese Aspekte bereits in der Modellentwicklung berücksichtigt. Da dies konsequent berücksichtigt wird, ist die Operationalisierung der Use Cases innerhalb kürzester

Zeit möglich. Dies ist wichtig, um lange IT-Entwicklungszyklen zu vermeiden und den Mehrwert für den Kunden zeitnah bereitzustellen.

Von zentraler Bedeutung ist die sehr enge Zusammenarbeit von (Cloud-)Entwicklern, Datenbankspezialisten und Data Scientists bereits während der Entwicklung, vor allem aber bei der Inbetriebnahme, da die Testphase, z. B. im Vergleich zu reinen SaaS-Projekten, wesentlich komplexer ist. Die starke Abhängigkeit eines KI-Verfahrens von den Inputdaten und die gewollten dynamischen Eigenschaften des Modells machen es schwierig, die Lösung bezüglich aller möglichen Eventualitäten zu testen. So kann es vorkommen, dass in der Anfangsphase ein möglicher saisonaler Effekt in den Daten erst nach einem halben Jahr auftritt. In diesem Fall können bei Bedarf schnell und unkompliziert Anpassungen auch mithilfe eines automatisierten Deployments vorgenommen werden. Daher hat sich der *Dev-Ops*-Ansatz mit einer schnellen Reaktionszeit für Release-Anpassungen bei SANDY bewährt. Optimierungen am Code und an den Modellen deployen wir bei Bedarf sofort!

Die Verprobung im Rahmen eines *Proof of Concept (PoC)* und der sich anschließende tatsächliche 24/7-Betrieb unterscheiden sich in Komplexität und Aufwand i. d. R. erheblich.

Analytische KI-Modelle operativ zu betreiben, stellt höhere Anforderungen dar als die Durchführung einer PoC-Studie oder die Erstellung einer Einmalanalyse. Viele Unternehmen/Beratungen und auch Start-ups verkaufen PoC-Studien, Show Cases oder Einmalberatungen für künstliche Intelligenz, *Data Science* oder *Deep Learning*. Dies ist zwar gut und wichtig, um sich einem Thema zu nähern, bedeutet aber noch keinen dauerhaften Profit für den Kunden, denn die analytische Lösung ist noch nicht in den Prozess oder das Produkt des Kunden eingebunden. Eine KI- oder Machine-Learning-Lösung operativ zu betreiben, ist sehr viel aufwendiger und es gibt aktuell nicht viele Unternehmen und Anbieter, die dies wirklich im Portfolio haben.

Wesentliche Anforderungen sind:

1. Skalierbarkeit der Lösung
2. Monitoring der Lösung (Daten, Qualität, Fehler)
3. Robustheit der Lösung
4. Verfügbarkeit
5. Reaktionszeit
6. Adaptivität
7. Fehlerbehandlung

Fazit

Es bedarf unterschiedlicher Fähigkeiten, um datenbasierte Mehrwerte und künstliche Intelligenz nutzbar zu machen. Dies sind neben dem Businessbezug und der Generierung von relevanten Use Cases die Bereitstellung und Verarbeitung von qualitativ hochwertigen Daten, die Validierung und Entwicklung von *selbstlernenden Algorithmen* sowie der robuste und zuverlässige Betrieb einer Infrastruktur, in der hochfrequent große Datenmengen verarbeitet und Analysen und Prognosen erstellt werden können.

Der Aufbau eigener Fähigkeiten und eigener Infrastruktur kostet Zeit und Geld. Ressourcen, die nicht unbedingt zur Verfügung stehen, denn neue Wettbewerber und Mitbewerber nutzen externe Fähigkeiten im Rahmen von *Shared Services* bereits und lassen so auch Analytics und KI bereits heute in ihren Produkten und Prozessen wirken.

Die SANDY-Plattform bietet die komplette Infrastruktur und betreibt entsprechende Use Cases (Praxisbeispiele siehe Abschn. 31.3). Dabei handelt es sich um individuelle Entwicklungen für einzelne Kunden, wie z. B. zur Prognose der Residuallast eines Differenzbilanzkreises zur Optimierung des Energiehandels oder die Prognose von Energieträgermengen von Energienetzen und -strängen zur Optimierung und Simulation von Netzzuständen.

Darüber hinaus stehen komplette energiewirtschaftliche Services zur Verfügung, die per RESTful API in Form von *Analytics as a Service (AaaS)* anderen Systemen und dem Drittmarkt bereitgestellt werden. Dies sind z. B. Erzeugungs- und Lastprognosen für *virtuelle Kraftwerke*, Energieverbrauchsprognosen für Strom und Gasverbräuche von Endkunden für die Erstellung optimaler Abschläge oder die Ermittlung raumindividueller optimaler Vorheizzeitpunkte z. B. für Smart-Home-Systeme zur energetischen Optimierung von Heizsystemen.

31.2   Daten, Analytics und KI

Daten und deren analytische Bearbeitung haben entsprechend ihrer Anwendung unterschiedlichen Nutzen. Eine prägnante Veranschaulichung ist die Sicht eines Autofahrers auf das Verkehrsgeschehen.

Business Analytics – Was geschah?
Der Blick des Fahrers auf die zurückgelegte Strecke im Rückspiegel eines Autos beschreibt die heute am weitesten verbreitete Art, aus Daten Informationen zu gewinnen. Dies ist die nachträgliche Sicht auf Dinge und damit der Blick in die Vergangenheit und erfolgt i. d. R. in Data Warehouses mit der nachträglichen Analyse und Auswertung von Informationen in Form von Reportings. Auf Basis historischer Daten wird im Nachgang zu Ereignissen versucht, Zusammenhänge zu erkennen, Dinge zu verstehen und Optimierungspotenzial abzuleiten. So kann nach einem Ereignis entsprechend darauf reagiert werden und Anpassungen können vorgenommen werden. Oder die bisherige Vorgehensweise bestätigt sich. Der Name hierfür ist *Business Analytics* oder *Business Intelligence*.

Diagnostic Analytics – Warum geschah es?
Der Blick des Fahrzeugführers auf das Armaturenbrett beschreibt das Hier und Jetzt. Der Fahrer weiß in Echtzeit, was gerade passiert, wie schnell er fährt und ob Motor und Elektronik fehlerlos arbeiten. Abstandssensoren warnen ihn vor möglichen Gefahren in seinem Umfeld und Systeme ermitteln auf Basis der aktuellen Fahrweise den Kraftstoffverbrauch und, in Kombination mit dem noch vorhandenen Tankvolumen, die daraus abgeleitete Reichweite. Das Navigationssystem liefert Informationen von außen und von

anderen Verkehrsteilnehmern, mit deren Hilfe die beste Entscheidung für die zu fahrende Wegstrecke getroffen werden kann (kürzeste, schnellste, schönste Strecke). All dies ermöglicht eine sichere, transparente und zielgerichtete Fahrweise. Diese Art der Informationsverarbeitung wird als Neartime oder Realtime Analytics bezeichnet. Daten werden direkt in dem Moment des Entstehens oder zeitnah danach verarbeitet und in nützliche Informationen umgewandelt.

Predictive Analytics – Was wird passieren?
Der nach vorne gerichtete Blick durch die Frontscheibe des Fahrzeugs ist der Blick in die Zukunft. Das Meistern aktueller und durchaus auch komplexer Verkehrssituationen durch den Fahrer ist gelernt. Durch Erfahrung und Ableitung von Maßnahmen wird gebremst, gelenkt, geblinkt oder Gas gegeben. Fast alle auftretenden Situationen sind bekannt und der Fahrer weiß mehr oder weniger sicher, was zu tun ist. So lässt ein einsam auf die Straße rollender Ball vermuten, dass möglicherweise als nächstes ein Kind hinterhergerannt kommt. In der Regel führt allein die Ansicht des Balls dazu, dass sich die Aufmerksamkeit des Fahrers erhöht und er bremst. Auf Basis bekannter Abhängigkeiten ahnen wir Dinge voraus. Genauso verhält es sich im Geschäftsleben. Die Erfahrung lässt uns Wirkmechanismen kennen und bereits im Voraus den Einfluss von sich ändernden Rahmenbedingungen erahnen. Daten und deren automatische Analyse ermöglichen dies um ein Vielfaches präziser und vor allem automatisiert. Der Oberbegriff für diese Art von Analytics lautet *Predictive Analytics*.

Prescriptive Analytics – Wie kann man es geschehen lassen?
Die nächste Ausbaustufe ist, dass nicht nur vorhergesagt wird, was wahrscheinlich passiert, sondern es werden mögliche Aktionen vorgeschlagen. Im Falle des Autos und des Balls auf der Straße sind Abbremsen, Ausweichen oder Weiterfahren mögliche Aktionen. Für jede Aktion können die Folgen ermittelt und dem Fahrer angezeigt werden. Dazu werden die einzelnen Wahrscheinlichkeiten und das jeweils damit verbundene Risiko bestimmt. Dieses Kombinieren von Vorhersagen und möglichen Handlungen wird in der Literatur mit *Prescriptive Analytics* bezeichnet.

In einer weiteren Ausbaustufe Richtung selbstfahrendem bzw. autonomem Fahren geht es noch einen Schritt weiter. Beim Vorliegen einer Bewertungsmetrik kann die jeweils beste Aktion automatisch vom System ermittelt werden. Im Beispiel des Autofahrens ist das Bewertungskriterium wahrscheinlich die Vermeidung von Unfällen. Damit wird das Abbremsen als beste Handlung ausgewählt werden. Wäre das Bewertungskriterium allerdings eine minimale Reisezeit, könnte das Ausweichen favorisiert werden.

In der Mathematik ordnet man diese beiden letzten Ansätze auch der mathematischen Optimierung zu.

Doch was genau ist nun künstliche Intelligenz? Die Begriffe *künstliche Intelligenz (KI)* oder *Artificial Intelligence (AI)* werden heute als Reizwörter für zahlreiche „Heil bringende" Lösungen oder Geschäftsmodelle benutzt. Jeder will „irgendwas mit KI" machen oder im Angebot haben. Dabei ist der Begriff nicht neu. KI beschreibt letztendlich eine Menge statistischer Verfahren und die automatisierte Verarbeitung auch großer Datenmengen in kürzester Zeit. Die entwickelten Algorithmen sind in der Lage, sich selbstständig auf Basis der aktuellsten Daten neu zu trainieren und sich damit ändernden Rahmenbedingungen selbstständig anzupassen und somit immer den bestmöglichen Output zu generieren. Dadurch, dass KI nicht detailliert definiert ist und viele unterschiedliche Interpretationen erlaubt, bieten heute viele Unternehmen KI in ihren Produkten an. Echte KI-Lösungen zu entwickeln und operativ mit sich automatisch selbst trainierenden Algorithmen auf Basis großer Datenmengen bereitzustellen, ist durchaus komplex und muss verstanden werden.

Wie genau nun KI-Methoden zur Anwendung kommen, entscheidet aber letztendlich der jeweilige Use Case und damit das detaillierte Verständnis für den datengetriebenen Mehrwert innerhalb eines Produktes oder Prozesses. Der erfahrende Data Scientist nutzt die für einen spezifischen Anwendungsfall bestmögliche Methode, welche aber auch nachher im operativen Betrieb robust und zuverlässig mit unterschiedlichen Datenqualitäten zurechtkommen muss. Hierfür ist viel Erfahrung notwendig, gerade im Hinblick auf Modelle, die bspw. bei enormem Datendurchsatz wirtschaftlich und zuverlässig mehrere Tausend Prognosen je Stunde liefern müssen und keine Downtime erlauben. Auch wird individuell entschieden, welche Parameter in welcher Frequenz nachgelernt werden müssen, jede Nacht oder einmal im Monat. Denn auch das automatische Nachlernen benötigt Rechenleistung und sollte wirtschaftlich eingesetzt werden.

31.3 KI-Anwendungsfälle in der Praxis

Im Folgenden zeigen wir Beispiele, die dem oben beschriebenen Schema entsprechen, d. h. sie beinhalten selbstlernende, intelligente Algorithmen (KI), die über eine definierte Schnittstelle von Prozessen oder Produkten im operativen Einsatz genutzt werden.

Die Anwendungsfälle werden im Rahmen moderner, modular aufgebauter IT-Anwendungen genutzt. Dabei werden Fähigkeiten über Schnittstellen in ein zentrales System als *Software as a Service (SaaS)* oder wie im Fall von SANDY als *Analytics as a Service (AaaS)* eingebunden.

Mit dieser modularen Struktur können Prozesse oder Produkte größtenteils nach Bedarf aus bestehenden Bausteinen zusammengesetzt werden. Vorteil: Bestandteile einer Lösung müssen nicht jedes Mal neu entwickelt werden und diese Lösungen sind immer auf dem aktuellsten Entwicklungsstand.

31.3.1 Optimierung der Bewirtschaftung eines Netzbetreiber-Bilanzkreises durch die Nutzung von Online-Smart-Meter-Daten

Siehe dazu die Ausführungen in Kap. 32 („Optimierung der Bewirtschaftung eines Netzbetreiber-Differenzbilanzkreises durch die Nutzung von Online-Smart-Meter-Daten") in Teil III des ersten Bandes.

31.3.2 Intelligente Heizungssteuerung für einzelne Räume

Digital regelbare Heizungsventile gehören heute zum technischen Standard. Gesteuert wird meist jedoch manuell oder anhand fester Zeitpläne. Sinn des Services „Intelligentes Vorheizen"[1] ist es, Daten zu nutzen, um durch ein selbstlernendes System das raumspezifische Aufheizverhalten zu lernen und das Aufheizen der Räume individuell so zu starten, dass zu einem gewünschten Zeitpunkt die Wohlfühltemperatur verfügbar ist. Anders als bei konventionellen „smarten" Heizungssteuerungen werden Räume nicht nach einem festen Zeitplan erwärmt und damit auch zu Zeiten, zu denen sie noch gar nicht genutzt werden. In diesem Fall werden Parameter direkt aus dem Thermostatventil herangezogen, um die erforderliche Zeit zu berechnen, die ein Raum benötigt, um von der Temperatur aus dem abgesenkten Betrieb auf die eingestellte Wunschtemperatur im Normalbetrieb zu gelangen.

Der Endkunde profitiert von einer energieeffizienteren und komfortableren Heizungssteuerung. Komfortgewinn und Energieeinsparungen sind der konkrete Mehrwert.

Das intelligente Vorheizen basiert auf einem selbstlernenden SANDY-Prognose-Service. Es ist einfach und schnell in bestehende Systeme integrierbar, da die verwendeten Cloud-Services über Standardschnittstellen abrufbar sind.

Nutzungsszenario
Ein Kunde möchte in einem Raum morgens um 07:00 Uhr eine Temperatur von 21 Grad C vorfinden.

Zu später oder zu früher Heizzeitpunkt
Ein Smart-Home-System oder eine Thermostatsteuerung öffnet und schließt die Heizkörperventile zu vorgegebenen Zeitpunkten. Im vorliegenden Fall (Abb. 31.1 „Zu spät") wird die Soll-Temperatur um 07:00 Uhr aus der Nachtabsenkung von 17 Grad C auf 21 Grad C angehoben.

Das Thermostatventil öffnet und das Aufheizen des Raums beginnt. Dies hat zur Folge, dass um 07:00 Uhr die eingestellte Zieltemperatur von 21 Grad C noch nicht erreicht ist. Es wird also zum Wunschzeitpunkt im betreffenden Raum zu kalt sein. Daraufhin passt der Kunde die Zeiten an und beginnt mit dem Aufheizen des Raumes bereits um 06:10 Uhr (Abb. 31.2 „Zu früh"), um die gewünschte Zieltemperatur zu erreichen. Allerdings ist der Raum in diesem Fall zu früh aufgeheizt und die bereitgestellte Wärme wird gar nicht genutzt.

Der Kunde könnte nun versuchen, sich in mehreren Stufen dem optimalen Aufheizzeitpunkt anzunähern. Allerdings ist dieses Verfahren zeitaufwendig und in einigen Umgebungen sogar unmöglich, wie z. B. in Büros oder großen Gebäuden mit vielen Räumen.

---

[1]Vgl. SANDY (2019a).

Abb. 31.1 Zu spät

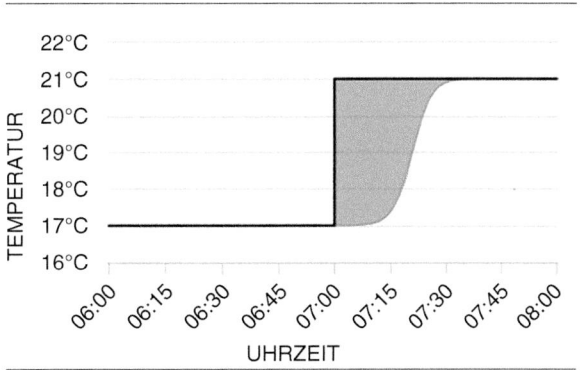

Zu spät

Abb. 31.2 Zu früh

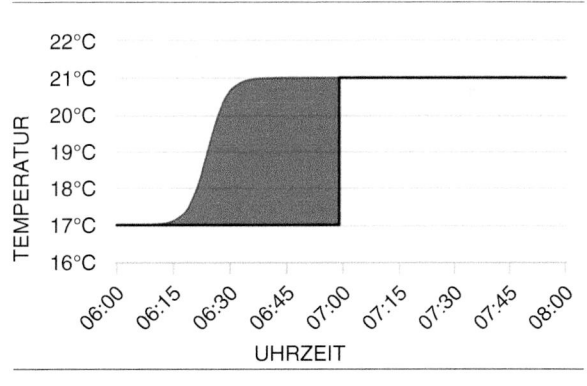

Zu früh

Optimaler Heizzeitpunkt durch intelligentes Vorheizen

Im vorliegenden Fall (Abb. 31.3 „Genau richtig") wurde der optimale Vorheizzeitpunkt durch SANDY auf Basis bestehender Daten aus dem Thermostatventil ermittelt. Der Kunde hat ganz bequem seine Wunschtemperatur von 21 Grad C für 07:00 Uhr im System hinterlegt, der Startzeitpunkt für das Aufheizen wurde anhand der gelernten Rahmenparameter individuell für diesen Raum ermittelt. So kann die Heizungssteuerung zu einem optimalen Zeitpunkt mit dem Aufheizen des Raums beginnen und der Raum ist zum richtigen Zeitpunkt warm, ohne dass dabei Energie verschwendet wurde oder der Kunde genervt war.

Dieses Beispiel verdeutlicht das Optimierungspotenzial einer Heizungssteuerung durch die Einbeziehung eines automatisiert gelernten, raumspezifischen Aufheizzeitpunktes.

Abb. 31.3 Genau richtig

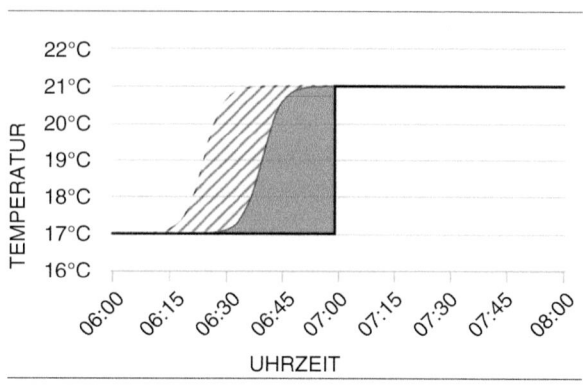

Genau richtig

Details

- Cloud-Dienst mit Unterstützung für temporären Offline-Betrieb, Kommunikation über RESTful-API.
- Sensorische Daten des Thermostats senden ca. alle fünf Minuten Ist- und Soll-Raumtemperatur.
- Einsatz in Smart Home und Smart Office.
- Tägliches individuelles Trainieren des Aufheizverhaltens sämtlicher Räume.
- Das KI-Verfahren lernt pro Raum aus den historischen Daten das Aufheizverhalten des Raumes. Anhand dessen kann für einen Raum und eine gegebene Zieltemperatur ermittelt werden, wie lange der Raum zum Aufheizen benötigt. Dieser Wert wird an eine Smart-Home-Box vollautomatisch zurückgespielt, welche dann die eigentliche Regelung der Heizung durchführt.
- Das Energieeinsparpotenzial im Zusammenhang mit dem Einsatz des Smart-Home-Systems liegt bei bis zu 30 %.

31.3.3 Transformatorprognosen für Verteilnetzbetreiber

Die Umsetzung der von den europäischen Übertragungsnetzbetreibern erstellten Anforderungen der *Generation and Load Data Provision Methodology (GLDPM)*[2] verpflichtet Verteilnetzbetreiber Prognosen über die Einspeisung und Last für die nächsten 48 Stunden stundenscharf an den Übertragungsnetzbetreiber zu liefern. Dabei müssen die Last und die Einspeisung noch zusätzlich in 17 verschiedene Energieträgerarten (z. B. Photovoltaik, Wind, Biogas etc.) aufgeteilt werden. Die Datenlage ist bei den einzelnen Transformatoren sehr unterschiedlich. Es stehen i. d. R. historische Zeitreihen zur Verfügung und für

---

[2] Vgl. ENTSO-E (2017).

einige Transformatoren sind sogar Untermessungen vorhanden (z. B. große Photovoltaik-anlagen oder Industriekunden). Eine besondere Herausforderung liegt dabei darin, dass sich die Topologie des Netzes ändern kann, z. B. aufgrund von Netzschaltungen bei Reparaturen. Dies betrifft sowohl die historischen als auch die zu prognostizierenden Daten.

Für die Prognosen müssen permanent die aktuellen Daten verfügbar sein. Dies ist insbesondere aufgrund der hohen erwarteten Anzahl von Transformatoren ein nicht unerheblicher Aufwand allein bezüglich der Datenhaltung.

Details

- Viertelstundenscharfe Prognose über Einspeisung und Lasten für die nächsten 48 Stunden.
- Cloud-Dienst, Kommunikation über Message Queues.
- Entwicklungszeit bis zum ersten Betrieb: drei Monate (ohne Berücksichtigung der Topologie, ohne Berücksichtigung von Untermessungen).
- Prognose-Anfragen für bis zu 1.000 Transformatoren innerhalb einer Stunde.
- Damit bis zu 18.000 Einzelenergieträgerprognosen pro Stunde.
- Das KI-Verfahren berechnet für jeden Transformator ein individuelles Modell. Dieses wird permanent angepasst und passt sich den Veränderungen in den realen Umweltbedingungen an.

31.3.4 Gasverbrauchsprognose

Der Gasverbrauch eines Haushaltes wird durch verschiedene Faktoren beeinflusst. Neben baulichen Veränderungen und Änderungen in den Verbrauchsgewohnheiten hat vor allem das Wetter Einfluss auf den Verbrauch. Das „Gasjahr eines Kunden" und damit dessen jährlicher Gasverbrauch läuft aus Energieversorgersicht i. d. R. nicht wie kalkuliert, und die geplanten Abschläge des Kunden passen nicht. Hohe Nachzahlungen oder Gutschriften sind keine Seltenheit. Vor allem Nachzahlungen sind für den Kunden unerfreulich, werden oftmals dem Energieversorger angelastet und sind ein Grund für den Kunden, sich nach einem alternativen Anbieter umzusehen.

Um Nachzahlungen und Gutschriften zu minimieren, kann mit dem SANDY-Abschlags-Check Gas[3] jederzeit eine etwaige Abweichung vom vorausgesagten Verbrauch auf Grund von Wetteränderungen berechnet werden. Dadurch lassen sich Abschläge bedarfsorientiert anpassen und die Kunden haben stets einen Überblick über Verbrauch und Kosten. Die sich daraus ergebende finanzielle Planungssicherheit trägt zur Kundenzufriedenheit bei. Zudem verringern sich Kündigungen aufgrund hoher Nachzahlungen. Die höhere Genauigkeit des intelligenten SANDY-Algorithmus kommt insbesondere dann zum Tragen, wenn mehrere unterjährige Zählerstände bereitgestellt werden. Dieser Service ist z. B. in eine Handy-App eines nationalen Energieversorgers eingebunden. Mithilfe dieser App

---

[3] Vgl. SANDY (2019b).

können Endkunden die Zählerstände einfach und bequem unterjährig sammeln und automatisch digitalisieren. Diese erhöhte Informationsdichte wird genutzt, um z. B. eine noch genauere Prognose und damit unterjährige Anpassungen des Abschlags vorzunehmen.

Details

- Über den Aufruf der Funktionalität „Abschlags-Check" in einer Endkunden-Smartphone-App wird der Aufruf einer API ausgelöst. Die gesammelten Zählerstände werden über eine Schnittstelle anonymisiert vom Partnerunternehmen übergeben und der prognostizierte Verbrauch bis zur nächsten Abrechnung wird in nahezu Echtzeit zurückgespielt. In Verbindung mit Grund- und Verbrauchspreis erhält der Endkunde direkt diese Information mit dem Vorschlag für einen passenden Abschlag sofort zur Verfügung gestellt.
- Berücksichtigung PLZ-spezifischer historischer Wetterdaten.
- Cloud-Dienst mit Unterstützung für temporären Offline-Betrieb.
- Kommunikation über eine moderne RESTful-API.
- Zusammen mit Stromverbrauchsprognose: mehr als 500.000 Abfragen pro Monat (Stand Dezember 2018).

31.3.5 Prognose für ein virtuelles Kraftwerk

Für eine *digitale Plattform*, die unabhängige Verbraucher und Erzeuger von Strom zusammenbringt und zu einem virtuellen Kraftwerk vereint, werden Erzeugungs- und Verbrauchsprognosen bereitgestellt. Dies sind Erzeugungsprognosen für PV-, Biogas- und Windanlagen und Lastprognosen für Industrieanlagen und Batterieladesäulen. Für jede Anlage im Portfolio wird eine individuelle Prognose benötigt. Die Prognosen werden viertelstundenscharf für die nächsten sieben Tage bereitgestellt. Dafür stehen die historischen Lastdaten der RLM-Zähler bzw. Erzeugungsdaten zur Verfügung. Das ständig wachsende Portfolio des virtuellen Kraftwerks erfordert es, dass neue Anlagen automatisch aufgenommen und diese ohne Datenhistorie ab dem ersten Tag mit einer Prognose versorgt werden.

Details

- Cloud-Dienst mit RESTful-API.
- Prognostizierte Anlagen: aktuell im mittleren dreistelligen Bereich.
- Die Herausforderung für den KI-Ansatz besteht darin, einen so allgemeinen Ansatz zu entwickeln, dass er das sich permanent ändernde Last- und Produktionsverhalten berücksichtigt. Ebenso können Anlagen ab dem ersten Tag prognostiziert werden. Die anfänglich geringere Prognosequalität wird schnell angepasst, um schon nach wenigen Tagen eine hohe Genauigkeit zu erlangen.

31.4 Zusammenfassung

Die ersten Schritte in die Digitalisierung sind vielfältig und kosten Geld. Der Nutzen ergibt sich erst, wenn die Prozesse effizienter und Produkte intelligenter geworden sind. Wir haben anhand verschiedener Use Cases gezeigt, wie die Früchte der Digitalisierung aussehen können, indem die neuen Daten komplett in Prozesse und Produkte eingebunden werden. Intelligente Algorithmen helfen dabei, aus Daten Information und aus Informationen Aktionen abzuleiten.

Literatur

ENTSO-E. (2017). *Generation and Load Data Provision Methodology approved; Common Grid Model Methodology subject to amendments* (11.01.2017). Brüssel: European Network of Transmission System Operators for Electricity (ENTSO-E), Verband Europäischer Übertragungsnetzbetreiber. https://www.entsoe.eu/2017/01/11/gldm-cgm-amendments/. Zugegriffen am 01.03.2019.

SANDY. (2019a). *SANDY-Prognose-Service: Intelligentes Vorheizen*. Köln: SANDY Energized Analytics. https://energizedanalytics.com/project/intelligentes-vorheizen/. Zugegriffen am 01.03.2019.

SANDY. (2019b). *SANDY-Prognose-Service: Abschlags-Check Gas*. Köln: SANDY Energized Analytics. https://energizedanalytics.com/project/abschlags-check-gas/. Zugegriffen am 01.03.2019.

Claudius Hundt ist Dipl.-Ing., Dipl.-Wirt.-Ing. und seit mehr als zehn Jahren in der Energiewirtschaft tätig. Bereits im Jahr 2008 entwickelte er als Produktmanager bei Yello Strom digitale Produkte und Services rund um Energiedaten. Seine Kernkompetenzen liegen in der Entwicklung und dem Betrieb von KI- und Analytics-Mehrwerten sowie in der Identifizierung und operativen Umsetzung wertvoller, datenbasierter Use Cases unter Anwendung agiler und kundenzentrierter Methoden. Gemeinsam mit Peter Karcher hat er Ende 2014 im Rahmen eines internen Innovationsprogrammes der EnBW das Start-up SANDY Energized Analytics und 2017 das EnBW DataLab aufgebaut.

Dr. Peter Karcher ist Chief Data Scientist bei SANDY Energized Analytics und Lead Data Scientist im EnBW DataLab. Als Diplom-Informatiker (TU Braunschweig) mit Master Abschlüssen in Mathematical Sciences (USA, University of Montana in Missoula) und Statistics (USA, University of California in Santa Barbara) sowie einem PHD in Statistics (USA, University of California in Santa Barbara) ist er kein Data-Science-Quereinsteiger, sondern hat die ganze Breite und Tiefe in Bezug auf Machine Learning, künstliche Intelligenz und statistische Modellierung von Grund auf gelernt. Dazu kommen 18 Jahre Berufserfahrung in den Industrien Biotechnologie/Pharma, E-Commerce und Energie.

Dank Schwarmintelligenz und einer smarten Servicewelt in der Energiewirtschaft zum Stromnetz der Zukunft

Klaus Nagl und Philipp Graf

Um die gesteckten Klimaziele einhalten zu können, brauchen wir nicht nur ein smartes, sondern ein flexibles Stromnetz. Ein solches Stromnetz der Zukunft benötigt eine smarte Servicewelt. Für diese Flexibilität im laufenden Betrieb haben wir bei der Consolinno Energy die Begriffe Smart Grid 2.0 oder FlexGrid bzw. FlexGrid ready geprägt.

Zusammenfassung

Der Ruf nach Integration dezentraler Flexibilitäten zur Stabilisierung des Netzes wird immer lauter. Die Hürden der Präqualifikation virtueller Kraftwerke für die Regelleistungsdarbietung sind hoch und so stellt sich die Frage nach weniger stark regulierten Maßnahmen, die zur Integration dezentraler regelbarer Einheiten ergriffen werden könnten. Dies alles soll im besten Fall noch proaktiv als Fahrplan gemeldet werden und nicht reaktiv funktionieren wie bei der Regelleistung. Im Rahmen des Smart Metering rückt die fahrplanmäßige Betrachtung von Endverbrauchern und Anlagen weiter in den Vordergrund, und Flexibilität, im Sinne möglicher Fahrplanänderungen, bietet ein einheitliches Framework zur Abbildung von Markt- und Netzdienstleistungen. Flexibilitätsprotokolle können für die Darbietung eines Potenzials für Redispatch-Maßnamen oder für die Teilnahme an lokalen Flexibilitätsmärkten genutzt werden. Ebenso bieten fahrplanbasierte Anwendungen auf regelbaren Einheiten der Endverbraucher Möglichkeiten für neue Stromprodukte, welche den individuellen Bedürfnissen des Netzes vor Ort gerecht werden.

K. Nagl · P. Graf (✉)
Consolinno Energy GmbH, Pentling (Matting), Deutschland

© Springer Fachmedien Wiesbaden GmbH, ein Teil von Springer Nature 2020
O. D. Doleski (Hrsg.), *Realisierung Utility 4.0 Band 2*,
https://doi.org/10.1007/978-3-658-25589-3_32

32.1 Smarte Services – vom Haus zur Zelle zum Schwarm

Im folgenden Abschnitt wird der Zusammenhang vom Haus als proaktivem Teilnehmer im Stromnetz erläutert, bis hin zur Begriffsprägung der Zelle und des Quartiers im Zusammenhang mit Smart Services im Stromnetz der Zukunft.

32.1.1 Endkunde als aktiver Teil des Stromnetzes der Zukunft

In der Energiewirtschaft ist das einzelne Haus immer noch etwas Starres, repräsentiert durch ein *Standardlastprofil (SLP)*. Ein intelligentes und innovatives Haus jedoch kann, wie in Abb. 32.1 zu sehen ist, aus vielfältigen Anlagenkombinationen bestehen und Verbindungen zu seiner umliegenden Nachbarschaft haben.

Dieses Haus ist hierbei als sogenannter Prosumer zu sehen, der mit seiner Umgebung Energie austauschen kann. Hierfür braucht es *dezentrale Intelligenz* auf Hausebene und diese muss auf dezentraler Hardware vor Ort aufsetzen, um Serviceprodukte anbieten zu können. Ein Service könnte hier z. B. ein *Lieferantenwechsel*, aber auch Teilnahme an Community-Stromprodukten sein. So wird das Haus Teil eines *Schwarms*, einer organisierten Gemeinschaft, welche Ziele verfolgen kann.

Zwei Punkte sind essenziell, wenn man das Haus als Teil eines Schwarms verstehen will. Zunächst handelt es sich nicht primär um einen physikalischen Verbund, obwohl letztendlich physikalische Dienstleistungen angeboten werden, sondern um einen informationstechnischen. Zweitens ist das Haus durch den Schwarm nicht fremdbestimmt, sondern bietet als Individuum Services für Netzbetreiber und Marktakteure an, die jedoch erst in der Abstimmung mit anderen ihre Schlagkraft haben. Ein Beispiel hierfür wäre atypische Netznutzung eines Schwarms von Endverbrauchern.

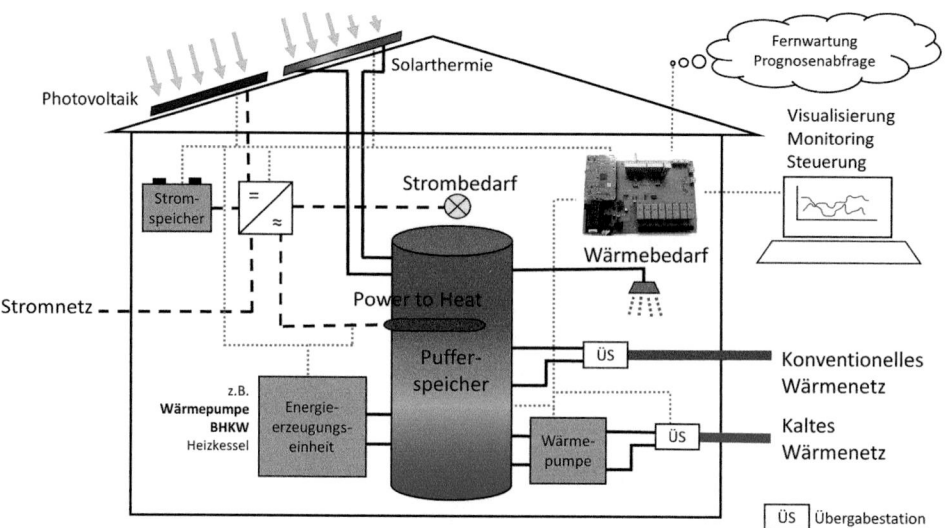

Abb. 32.1 Haus mit innovativem Energieversorgungskonzept

32.1.2 Die Bildung einer Zelle – das Quartier

Aus Sicht der Immobilienwirtschaft ist der nächste größere Verbund von Endverbrauchern ein *Quartier*. Üblicherweise versteht man unter Quartieren geplante Wohnanlagen. Diese werden oft mit zentralen Energieversorgungskonzepten versehen. Für die Energiewende sind vor allem hocheffiziente und erneuerbare gekoppelte Versorgungskonzepte in den Fokus gerückt, wie Wärmepumpenlösungen oder hocheffiziente KWK-Anlagen, da diese als regelbare Einheiten für die Integration volatiler erneuerbarer Energie benötigt werden.

Aus Sicht der Energiewirtschaft ist also besonders das elektrische *Regelpotenzial* dieser größeren Anlagen interessant, sie dienen als „Kopf" des Quartiers. So kann ein Quartier als der kleinste Verbund von Endverbrauchern verstanden werden, den man kontrollieren muss, um das elektrische Regelpotenzial dieser Anlagen ausschöpfen zu können.

Um als Quartier, welches zentral über eine Erzeugeranlage versorgt wird, am Markt partizipieren und zugleich einen Teil zur *Netzstabilität* beitragen zu können, benötigt dieses eine zentrale Intelligenz und dezentrale intelligente Verbraucher (Abb. 32.2). Dies ist wieder mit entsprechender Hardware zu realisieren. Innerhalb dieses Quartiers werden die entsprechenden Energieflüsse, elektrische wie thermische, durch die Intelligenz optimiert. Dies kann z. B. bedeuten, dass Warmwasserspeicher gezielt beladen werden, um Verteilverluste der Wärmebereit-

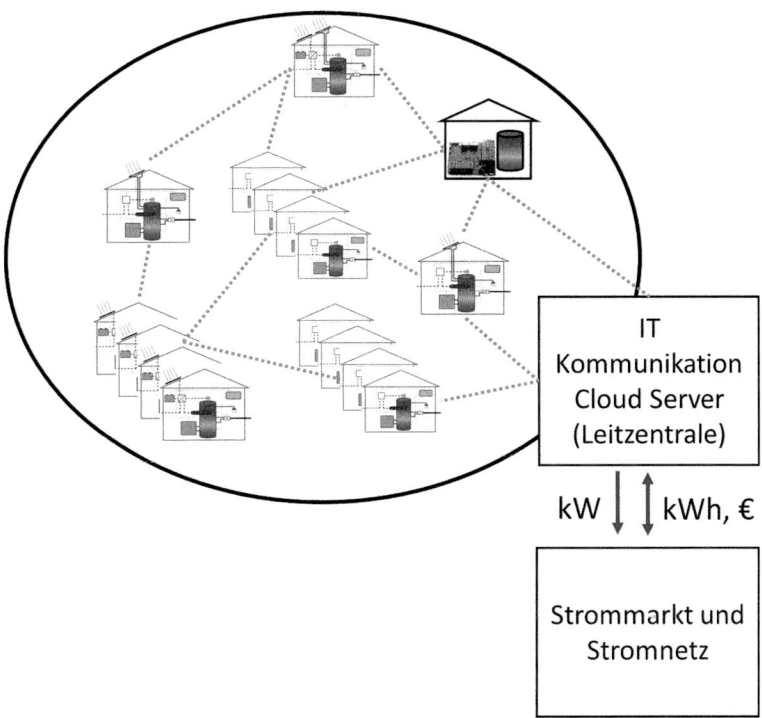

Abb. 32.2 Informationsstruktur eines innovativen Nahwärmenetzes mit Kommunikation mit dem Stromnetz und -markt

stellung zu minimieren. Das Gesamtoptimum kann sich allerdings in Zukunft nicht mehr auf nur lokale Anforderungen beschränken, sondern hat weitere Parameter aus dem Strommarkt und Stromnetz zu berücksichtigen, um ein Gelingen der Energiewende zu ermöglichen. Mögliche smarte Serviceprodukte wären die Implementierung einer Spot-Markt-optimierten Fahrweise für Direktvermarkter oder Lieferanten, wie in Abb. 32.3 zu sehen, oder netzdienliche Maßnahmen für den Verteilnetzbetreiber. Diese Services können in einer *offenen Plattform* durchaus parallel existieren, vielmehr müssen sie dies in Zukunft auch, da das Quartier Einfluss auf das vorgelagerte Netz hat. Diese Services werden aktuell vom *Consolinno* Fahrplanmanagement abgedeckt.

Dieses Konzept kann man erweitern, indem man mehrere solcher Quartiere zu einem *virtuellen Kraftwerk* bündelt. Man bewirtschaftet das virtuelle Kraftwerk dann als dynamisches Portfolio, welches Dienstleistungen für den dezentralen Energiemarkt der Zukunft erbringen kann (Abb. 32.4).

Das mit Intelligenz und Hardware ausgestattete virtuelle Kraftwerk hat nun eine ganz andere Schlagkraft als ein einzelner Erzeuger. An der Europäischen Strombörse (*European Power Exchange, EPEX*) ist die minimale Menge 0,1 MW, welche day ahead gehandelt werden kann. Bei *Regelleistung* muss man mindestens 1 MW anbieten. Für das Portfolio ergeben sich also neue Geschäftsmodelle und somit Möglichkeiten der Optimierung – auch über Day-Ahead- und den Regelleistungsmarkt hinaus. Der Schwarm aus Quartieren kann für Übertragungsnetzbetreiber Redispatch-Maßnahmen anbieten oder für *Bilanzkreisverantwortliche* aktiv in den Intraday-Handel gehen.

Zusammenfassend lässt sich sagen, dass sich mit einem hierarchisch skalierbaren System, ausgehend von einem Schwarm auf Hausebene bis hin zu einem Schwarm von Quartieren, verschiedenste Szenarien und Produkte sowie Dienstleistungen abbilden lassen. Dies ist der Kern des Consolinno Fahrplan- und Portfoliomanagements.

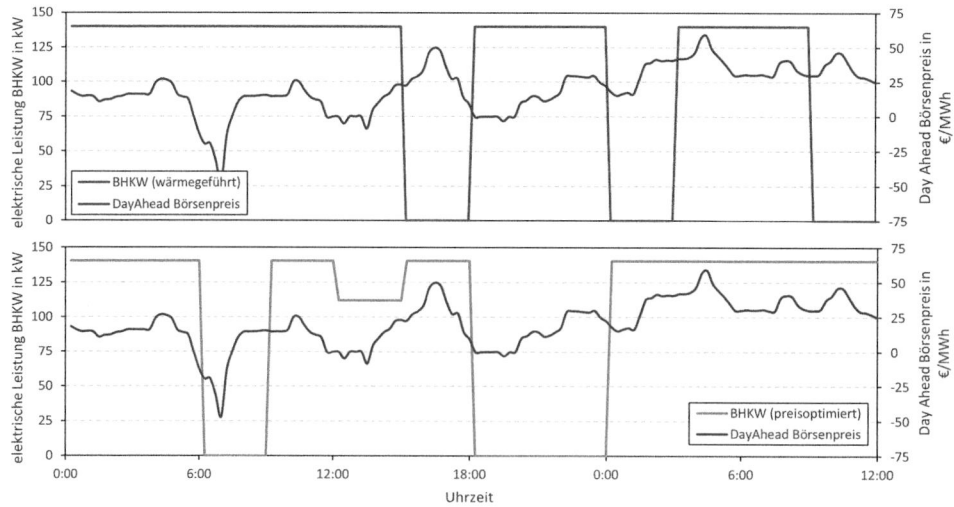

Abb. 32.3 Day-Ahead-optimierter Fahrplan

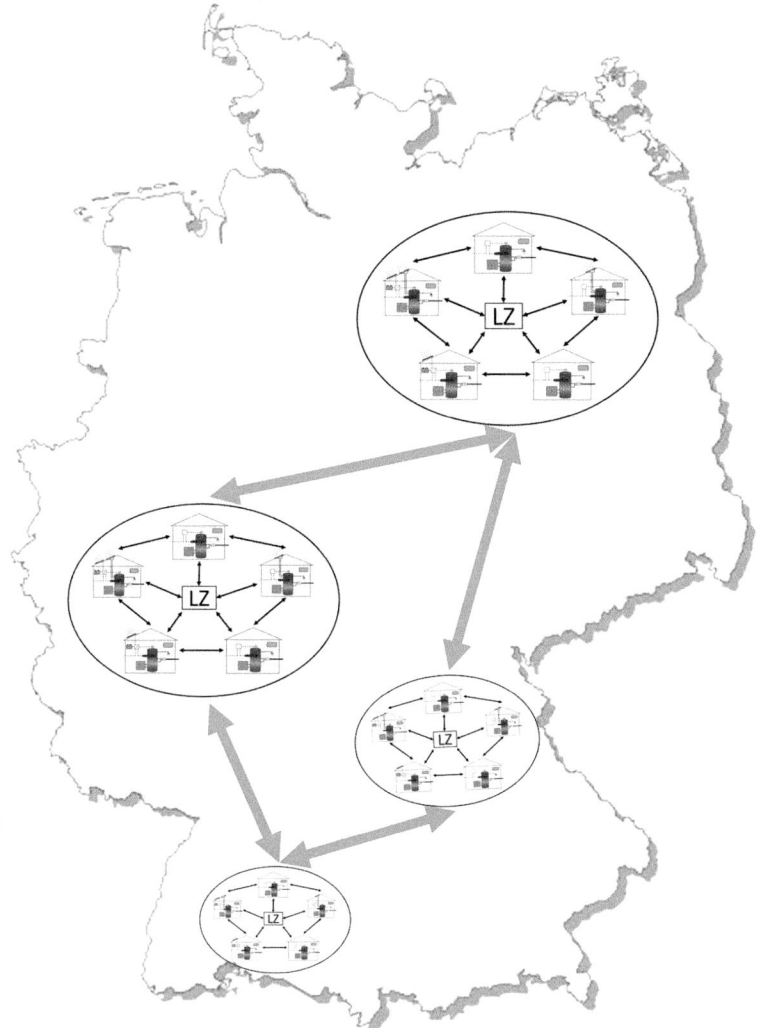

Abb. 32.4 Landkarte mit vernetzten Quartieren

32.2   FlexGrid ready – Stromnetz der Zukunft

Im Folgenden wird der zukünftige Begriff der Flexibilität in der Energiewirtschaft und dessen Wichtigkeit aus Sicht der Consolinno Energy erläutert. Zuerst wird der Prozess der künftigen Flexibilität und deren Abruf aus Anlagen- und Netzbetreibersicht erklärt. Im zweiten Teil des Abschnittes wird ihre Wichtigkeit für die dezentrale Energiewende erklärt und am Beispiel eines Quartierskonzeptes dargestellt.

32.2.1 Flexibilitätsprozess – was ist ein Flexibilitätsabruf?

Der große Stromverbrauch im Süden Deutschlands im Gegensatz zur Windstromproduktion im Norden macht dem heutigen Stromnetz zu schaffen. Hier braucht es zum einen eine klare Netzausbaustrategie, zum anderen werden Redispatch-Maßnahmen und Engpassmanagement in Zukunft immer mehr an Bedeutung gewinnen. Die Prozesse für *Redispatch* müssen auf dezentrale Erzeuger ausgeweitet und weiter automatisiert werden, um die nötige Reaktionsfähigkeit und Schlagkraft zu erreichen. Dies wird mit einem neuartigen Flexibilitätsprozess erreicht.

Zur Stabilisierung des Stromnetzes müssen *Übertragungsnetzbetreiber (ÜNB)* kontinuierlich Energiemengen verlagern, um den Leistungsfluss zu ermöglichen. Notwendig hierfür ist die Information, inwieweit Erzeugungsanlagen ihre Stromproduktion regeln können – positiv wie negativ. Dies wird allgemein als Flexibilität bezeichnet.

Bei einem Flexibilitätsabruf, wie ihn die *Consolinno Energy* und die *Tennet TSO* durchführen, werden Flexibilitäten vollautomatisiert im laufenden Betrieb ermittelt und dem ÜNB zur kurzfristigen Engpassplanung zur Verfügung gestellt.

Um diese Flexibilität geeignet feststellen zu können, wird eine hinreichende Kenntnis der Anlage benötigt. Diese wird im Prozess von der Consolinno Energy dem Netzbetreiber zur Verfügung gestellt. Die Anlage wird zu einem sogenannten Agenten erweitert – das bedeutet, dass die Anlage selbstständig mittels künstlicher Intelligenz (KI) ihr Flexibilitätspotenzial feststellt und mitteilt sowie Regelabrufe in den laufenden Betrieb als Fahrplanänderung integriert.

Diese Flexibilitäten können mittels Schwarmintelligenz weiter aggregiert oder direkt kontinuierlich dem ÜNB mitgeteilt werden. Consolinno nennt dieses Agentenmodell *FlexA*.

Neue Flexibilitäten werden so in Zeitspannen zwischen 20 Minuten und 36 Stunden vor Erbringungszeit mitgeteilt. Dies ist ein bislang einzigartiger Prozess in der Stromwirtschaft.

Die Anlage befindet sich dabei in der normalen Vermarktung bzw. Betriebsweise, also in allen bisherigen Marktmechanismen, und meldet zusätzlich freie Flexibilitätsmengen in Form von Fahrplänen, die der Übertragungsnetzbetreiber aktiv in die Planung einbinden kann. Dieser fahrplanbasierte Ansatz unterscheidet sich grundsätzlich von reaktiven Verfahren wie bspw. der Regelleistung.

Die Informationsstruktur des Prozesses ist hochskalierbar und vollautomatisierbar. Flexibilitäten verschiedenster Kleinanlagen können dabei leicht aggregiert werden, um die Wirkungskraft konventioneller Großkraftwerke zu erreichen. Dies ist notwendig, um die Stabilität des Stromnetzes der Zukunft zu erhalten, in dem nach und nach zentrale konventionelle Großkraftwerke durch dezentrale volatile Erzeuger ersetzt werden.

32.2.2 Im Sinne der Energiewende – FlexGrid ready bei Quartierslösungen

Der Prozess eines Flexibilitätsabrufs soll nun am Beispiel eines *Quartiers*, ausgestattet mit einer *KWK-Anlage* oder einer *Wärmepumpe*, näher erläutert werden.

In Abb. 32.5 ist zu sehen, wie die Erzeugeranlage als „Kopf" des Quartieres agiert (siehe auch Tab. 32.1). Das Quartier meldet seine *Messwerte*, wie Speicherfüllstände und Last, an die zentrale Leitwarte (1). In der Leitwarte wird auf Basis der Wetterdaten eine Lastprognose erstellt. Die Lastprognose und die Speicherfüllstände bilden nun die Randbedingungen für die Fahrplanerstellung der Erzeugungsanlage. Diese orientiert sich bestmöglich an der Strompreisprognose, und der *Fahrplan* stellt die Wärmeversorgung sicher (2). In einem nächsten Schritt wird das freie Potenzial des Fahrplans bestimmt. Es wird für jeden Zeitschritt des Fahrplans bestimmt, wie weit die Erzeugung hoch- oder runtergeregelt werden kann, ohne dass die Wärmeversorgung im Planungshorizont gefährdet wird. Dies wird in Form eines Flexibilitätsprotokolls dem Netzbetreiber kommuniziert (3). Der Netzbetreiber registriert mögliche Anforderung vom Netz (4) und ruft darauf Potenziale der Anlage ab (5), welche dann in Form von Fahrplanänderung umgesetzt werden (6).

32.3 Netz- und marktdienliche Maßnahmen – Lieferantenverträge und Apps

Gebündelte dezentrale Erzeugeranlagen wie BHKW werden in Zukunft weiter wichtig bleiben, sei es in der *Regelenergiebereitstellung* oder sogar im *Engpassmanagement*.

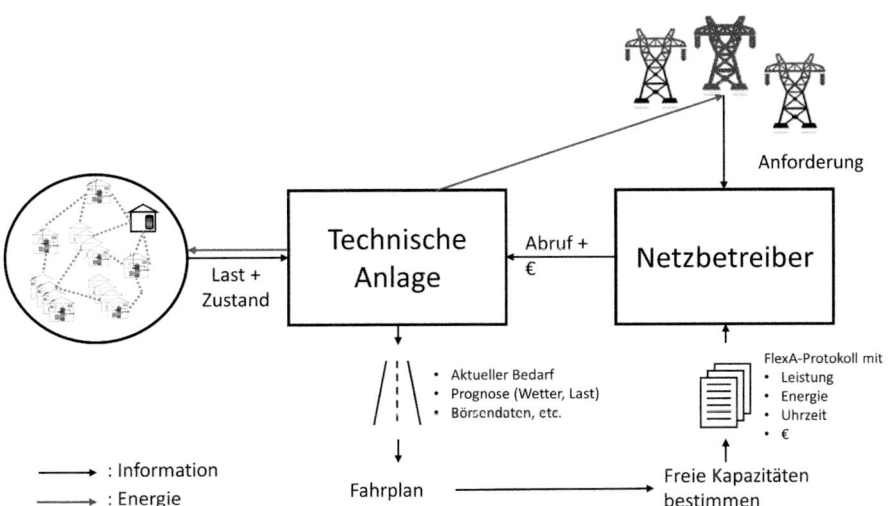

Abb. 32.5 Quartier-FlexA-Prozess

Tab. 32.1 Flexibilitätsprotokoll

Zeit	Pos. Preis in €/ MWh	Pos. Leistung in kW		Pos. Energie in kWh	Neg. Preis in €/MWh	Neg. Leistung in kW		Neg. Energie in kWh	Fahrplan in kW
		Min	Max			Min	Max		
14:00	45	0	80	320	5	0	85	340	200
15:00	45	0	70	210	20	200	200	400	200
16:00	45	0	70	140	20	200	200	200	200
17:00	45	0	70	70	0	0	0	0	0
18:00	45	0	0	0	5	0	130	650	200

Flexibilitätsprotokoll für zwei Kraftwerke mit einem gemeinsamen Summenfahrplan am 06.01.2018 (Minimalleistung 70 kW, Maximalleistung 140 kW jeweils)

Wann und wie erhalten aber die viel beschworenen *Prosumer* ihr Gesicht, ihre klare Identität im Strommarkt und wie kann dies endkundengerecht umgesetzt werden? Eines ist klar, hochindividuelle vertragliche Konstrukte wie bei Direktvermarktungsverträgen können eine massenhafte Integration für Markt- und Netzdienstleistungen von Batteriespeichern, Wärmepumpen und Mikro-BHKW nicht ermöglichen. Hier sind skalierbare Produkte und Marktprozesse zu schaffen. Der Abstimmung von Lieferanten und Netzbetreibern auf Bilanzierungsebene kommt hier eine grundlegende Bedeutung zu, wie an der Entwicklung vom Grundversorger hin zu beliebigen Lieferanten von Wärmepumpentarifen exemplarisch zu sehen ist. Zwischen Lieferanten und Netzbetreibern besteht in diesem Zusammenhang die größte Reibung.

Zunächst sollen aber die Anforderungen rekapituliert werden, damit Endverbrauchern die Möglichkeit gegeben wird, Dienstleistungen für Markt und Netz zu tätigen.

Zunächst werden *Energiemanagementsysteme* (EMS, Hardware) benötigt, welche fähig sind, verschiedenste Anlagen (Wärmepumpen, Batterien, BHKW etc.) anzusteuern und auszulesen (*Smart Metering*). Dies bildet bereits den ersten Business Case ab: Hochaufgelöste Verbrauchsdaten der Endverbraucher bringen dem Verteilnetzbetreiber Ersparnisse durch bessere Lastprognosen.

Der nächste Schritt ist die Nutzung regelbarer Ressourcen beim Kunden, seien es Wärmepumpen, Batterien, E-Mobility oder BHKW. Idealerweise läuft auf den Energiemanagementsystemen ein einheitliches Betriebssystem, so dass Anwendungen und Algorithmen nachhaltig genutzt, leicht eingebunden und erweitert werden können.

Mit Hardware und Betriebssystem ist folglich die Möglichkeit gegeben, Regelprozesse auf den Anlagen umzusetzen. Dies bildet den zweite Business Case ab: Der Endverbraucher kann Anwendungen auf seiner Anlage zulassen, welche markt- und netzdienliche Maßnahmen realisieren. Diese Anwendung übernehmen dann die Orchestrierung der Endverbraucher als Teilnehmer eines Schwarms.

Als netzdienliche Maßnahmen kann der Verteilnetzbetreiber etwa Wärmepumpen vom Netz nehmen, um Spitzenlasten zu kappen. Dies entspricht dem klassischen Wärmepumpentarif. Jedoch hat der Netzbetreiber, im Gegensatz zum Lastabwurf mit Rundfunksteuersignal, genaue Informationen über die Wärmepumpe im Vorfeld, z. B. den Betriebszustand oder wie lange sie ausgeschaltet bleiben kann, ohne dass der Warmwasserspeicher zu kalt wird. Eine Vielzahl weiterer Maßnahmen sind zudem vorstellbar, wie z. B. die Vermeidung von Lasten in Hochlastzeiten, sogenannte atypische Netznutzung, oder das Anbieten von Energien als Optionen in lokalen Flexibilitätsmärkten, welche dort aggregiert werden und dem Übertragungsnetz als Potenzial für Redispatch-Maßnahmen dargeboten werden.

Übernimmt der Lieferant das Prognoserisiko und beliefert die Endkunden direkt als Lastgang, ergeben sich auch für ihn Anwendungen. Viele als Lastgang betrachtete Endkunden könnten als Portfolio bewirtschaftet werden. Dieses Portfolio ist nicht starr in dem Sinne, dass es durch eine feste Lastprognose beschrieben wäre, sondern dynamisch, weil regelbare Anlagen darin integriert sind. Diese Dynamik nutzt der Lieferant dann, um das Portfolio fahrplanmäßig für Beschaffungsstrategien zu optimieren. Das heißt, der Lieferant schickt optimierte Lastgänge an seine Endkunden, die diese mithilfe ihrer regelbaren Einheiten bestmöglich realisieren. Die besseren Preise bei der Strombeschaffung kann der Lieferant zum Teil an die Endkunden weiterreichen.

Tatsächlich haben also sowohl das Verteilnetz als auch der Lieferant Interesse daran, das EMS der Endverbraucher zu steuern.

Unabhängig davon, ob der Endverbraucher Dienstleistungen für Markt oder Netz tätigt, hat das Verfügbarmachen der Dienstleistung möglichst einfach zu erfolgen. Aus einem App-Store wählt sich der Endverbraucher mögliche Stromtarife aus, welche eventuell mit Anwendungen gekoppelt sind. Er wird über Hardwarevoraussetzungen informiert, die den Anwendungen zugrunde liegen, wie bspw. nötige Steuerungsmodule oder Batteriespeicher und Wärmepumpen. Fehlende Hardware kann der Verbraucher direkt im App-Store kaufen beziehungsweise zum Stromtarif hinzubuchen.

Bei jedem Tarif wird der Verbraucher über mögliche Lese- und Schreibzugriffe auf seine Anlagen aufgeklärt. Er wählt aus, ob er gewisse zusätzliche Anwendungen aktivieren oder deaktivieren will. Nach Zustimmung und Authentifizierung werden die entsprechenden Algorithmen, welche die Regelprozesse umsetzen, auf das EMS heruntergeladen und die Anlage kann nun die Anwendungen ausführen. Gleichzeitig wird vom App-Store der vertragliche Lieferantenwechselprozess zum nächstmöglichen Datum initiiert. Das heißt, dem Lieferanten, welcher den Stromtarif anbietet, wird mitgeteilt, den Wechselprozess zu initiieren. Der Anlage wird der Beginn des neuen Vertrags mitgeteilt und die Anwendung zu diesem Zeitpunkt initialisiert. Mögliche Anwendungen zum früheren Vertrag werden dann deaktiviert und gelöscht.

Die Kommunikation der Regelung wird über kontinuierliches Fahrplanmanagement umgesetzt, das heißt, den Austausch von 15-Minuten-scharfen Erzeugungslastprognosen jeder Anlage. Flexibilitäten, sprich Regeloptionen, werden mithilfe von genormten Flexibilitätsprotokollen ausgetauscht.

Durch diese Prozesse können dezentrale Flexibilitäten effektiv als tragende Säule in das Stromnetz integriert werden. Dies bietet einen skalierbaren Ansatz, das Stromnetz weiter zu optimieren, so dass es den großen Herausforderungen der Energiewende gewachsen ist. Das Wichtige ist hier der Bottom-up-Ansatz. Die Innovation startet beim

Endkunden und generiert dort von Anfang an Mehrwert. Einfache Optimierungen vor Ort, wie Eigenverbrauchsoptimierung oder Hochlastzeitvermeidung, benötigen noch keine Informationsstruktur nach außen. Der fahrplanbasierte Ansatz garantiert jedoch, dass, sobald die Kommunikationsschnittstellen geklärt sind, auch gezieltes Aggregieren und Abrufen von Flexibilität möglich ist. Aus Sicht der *Consolinno* wird das Anbinden eines Energiemanagementsystems zu Hause bald so normal sein, wie sich mit einer *Fritz!Box* zu verbinden.

Klaus Nagl, eigentlich theoretischer Physiker, kam als Quereinsteiger in die Energiewirtschaft und beschäftigt sich mit den Bereichen Data Science, Netzwirtschaft und Energiewirtschaft. Hierbei insbesondere auch mit der energetischen Optimierung und der idealen Auslegung von Quartieren im Hinblick auf den Strommarkt und das Stromnetz. Er entwickelte Algorithmen und Analysesysteme für diese Tätigkeitsbereiche. Da aber die bisher zur Verfügung stehende Hardware nicht ausreichend war, um seine Algorithmen umzusetzen, begann er eigene Hardware zu entwickeln, die mittlerweile Marktreife hat und im Einsatz ist.

In oben genannten Bereichen arbeitet er seit 2012 selbstständig als Berater und gründete 2017 als Konsequenz hieraus die Consolinno Energy GmbH. Sie bündelt das komplette Know-how in den Bereichen Quartierskonzepte, Strommarkt, Netzwirtschaft, Abrechnungswesen sowie Data Science und künstliche Intelligenz (KI). Für all diese Bereiche bietet sie umfangreiche Software as a Service-Lösungen sowie eigene Hardware an.

Dr. Philipp Graf arbeitet als Chief Data Scientist bei Consolinno Energy und begleitet, neben den Bereichen KI (Schwarmintelligenz), Modellierung und Algorithmen, die Produktentwicklung für das Stromnetz der Zukunft.

Hüseyin Kazanc und Florian Kauffeldt

Zusammenfassung

Dieses Kapitel beschäftigt sich mit künstlicher Intelligenz in der Energiewirtschaft. Zunächst wird eine Einleitung gegeben, in der die Bedeutung von künstlicher Intelligenz im Allgemeinen dargelegt wird. Im darauffolgenden Abschnitt werden historische Anfänge der künstlichen Intelligenz aufgezeigt, eine Abgrenzung der Begriffe „künstliche Intelligenz" und „maschinelles Lernen" vorgenommen und gängige maschinelle Lernstile erläutert. Im letzten Abschnitt werden zahlreiche Einsatzmöglichkeiten von künstlicher Intelligenz im Rahmen der Energiewirtschaft diskutiert sowie ein aktuelles Praxisbeispiel basierend auf einem Forschungsprojekt der DSC Unternehmensberatung und Software GmbH beschrieben.

33.1 Einleitung

„Künstliche Intelligenz ist Treiber des digitalen Wandels" (WELT, 12. Dez. 2018), „Künstliche Intelligenz verändert die Welt wie Elektrizität" (FAZ, 25. Apr. 2018), „Wenn Roboter zu Kollegen werden" (SPON, 05. Jan. 2017),[1] „If tech experts worry about artificial intelligence, shouldn't you?" (The Guardian, 16. Dez. 2018), „How cheap labor drives China's AI ambitions" (NY Times, 25. Nov. 2018), diese und andere Schlagzeilen verdeutlichen eines: Künstliche Intelligenz wird zunehmend als Schlüsseltechnologie des 21. Jahrhunderts aufgefasst, aber warum eigentlich?

---

[1] Boße (2017).

H. Kazanc (✉) · F. Kauffeldt
DSC Unternehmensberatung und Software GmbH, Schriesheim, Deutschland

© Springer Fachmedien Wiesbaden GmbH, ein Teil von Springer Nature 2020
O. D. Doleski (Hrsg.), *Realisierung Utility 4.0 Band 2*,
https://doi.org/10.1007/978-3-658-25589-3_33

Die künstliche Intelligenz und eines ihrer ältesten Teilgebiete, das „maschinelle Lernen", sind die Kernkomponenten der sogenannten *Industrie 4.0*. Dieser Begriff steht für die vierte industrielle Revolution basierend auf einer neuen Stufe der Organisation und Steuerung der gesamten Wertschöpfungskette durch die intelligente Vernetzung von Maschinen und Abläufen.[2] Das Bundesministerium für Bildung und Forschung (BMBF) führt in diesem Zusammenhang aus: „Die Wirtschaft steht an der Schwelle zur vierten industriellen Revolution. Durch das Internet getrieben, wachsen reale und virtuelle Welt zu einem Internet der Dinge zusammen. Mit dem Projekt Industrie 4.0 wollen wir diesen Prozess unterstützen" und „Das Zukunftsprojekt Industrie 4.0 zielt darauf ab, die deutsche Industrie in die Lage zu versetzen, für die Zukunft der Produktion gerüstet zu sein. Sie ist gekennzeichnet durch eine starke Individualisierung der Produkte unter den Bedingungen einer hoch flexibilisierten (Großserien-)Produktion".[3]

Zusammenfassend lässt sich sagen, dass künstliche Intelligenz eine ähnliche Bedeutung erlangen könnte wie die erste industrielle Revolution (Industrie 1.0), welche vor allem durch die Erfindung der Dampfmaschine und die daraus resultierende Mechanisierung gekennzeichnet war, die Elektrifizierung (Industrie 2.0) sowie die Automatisierung (Industrie 3.0). Die hohe Bedeutung von künstlicher Intelligenz belegen auch Geschäftswertanalysen. Beispielsweise kommt das Beratungsunternehmen „Gartner" zu dem Schluss, dass sich der Geschäftswert von künstlicher Intelligenz bereits heute auf 1,2 Billionen US-Dollar beläuft und bis 2022 weiter auf 3,9 Billionen US-Dollar steigen wird.[4]

Eines der wichtigsten und ältesten Teilgebiete und Forschungsziele der künstlichen Intelligenz ist das *„maschinelle Lernen"*. Dieses Gebiet beschäftigt sich im Wesentlichen damit, dass Maschinen bzw. Computer selbstständig aus Daten lernen, ohne explizit darauf programmiert zu werden.[5] Bisher wurde maschinelles Lernen u. a. im Bereich der *Robotik* eingesetzt: Maschinen können inzwischen sehen, lesen, zuhören, verstehen, interagieren und sogar künstlerisch tätig sein. Im Alltag begegnet man momentan maschinellen Lernalgorithmen vor allem im Rahmen der automatischen Mustererkennung. Beispiele hierfür sind die Bilderkennung bei Facebook und Apples Spracherkennungssoftware (Siri). E-Mail-Spamfilter basieren mittlerweile oftmals ebenfalls auf maschinellen Lernalgorithmen. Des Weiteren wird die Analyse großer Datenmengen (Big Data Analytics) – z. B. bei Amazon oder Google – häufig mithilfe von maschinellen Lernalgorithmen durchgeführt.

Aktuelle Entwicklungen deuten darauf hin, dass maschinelle Lernalgorithmen Sachbearbeiter unterstützen oder sogar einfache Sachbearbeitertätigkeiten übernehmen sollen. In diesem Zusammenhang hat die BBC die satirische Website „Will a robot take your job?" ins Leben gerufen, die die Wahrscheinlichkeit berechnet, mit welcher ein bestimmter Beruf in den nächsten Jahren durch künstliche Intelligenz bzw. maschinelle Lernalgorithmen

---

[2] Vgl. Bauer et al. (2014, S. 19).
[3] BMBF (o. J.).
[4] Vgl. Gartner (2018).
[5] Koza et al. (1996, S. 153).

ersetzt wird. Beispielsweise berechnet die BBC-Website für einen Versicherungssachbearbeiter eine Ersetzungswahrscheinlichkeit von 97 %.[6] Wenngleich diese Website satirisch motiviert ist, so sind die Ergebnisse nicht unbedingt realitätsfern, wie die folgenden Kapitel zeigen werden.

33.2 Was ist künstliche Intelligenz und Machine Learning?

Dieser Abschnitt beschäftigt sich mit dem Wesen von künstlicher Intelligenz und maschinellem Lernen. Zunächst werden die historischen Ursprünge der Konzepte aufgezeigt. Danach folgen eine detailliertere Beschreibung von künstlicher Intelligenz und maschinellem Lernen sowie eine Abgrenzung dieser Begriffe. Abschließend werden maschinelle Lernalgorithmen und deren grundlegende Methoden behandelt.

33.2.1 Historische Anfänge

Je nach Betrachtungshorizont können die Grundlagen der künstlichen Intelligenz sehr früh eingeordnet werden. Beispielsweise in den 1930er-Jahren bei Kurt Gödels Untersuchungen zur Prädikatenlogik[7] oder noch viel früher bei Gottfried Wilhelm Leibniz.[8] Als Gründungsepoche der künstlichen Intelligenz im modernen Sinne können jedoch die 1950er-Jahre angesehen werden. So erschien der Begriff „künstliche Intelligenz" erstmals in einem Forschungsantrag mit dem Titel „A proposal for the dartmouth summer research project on artificial intelligence" für einen Workshop im Sommer 1956 am Dartmouth College in Hanover (New Hampshire).[9] Vorausgegangen war ein Durchbruch in der Computerentwicklung: Zwischen 1936 und 1938 entwickelte der Ingenieur *Konrad Zuse* (1910–1995) einen programmierbaren mechanischen Rechner (Z1), der als erster Computer der Welt gilt.[10] Das Nachfolgemodell Z3, welches im Jahr 1941 entwickelt wurde, gilt als erster funktionsfähiger Digitalrechner weltweit.[11] In der Folge entstanden in den frühen 1950er Grundlagen für computerisierte Schachprogramme, z. B. durch Arbeiten von Claude Shannon und Arthur Samuel.[12]

Auf theoretischem Gebiet wurden ebenfalls wesentliche Entwicklungen erzielt. Beispielsweise schufen John von Neumann und Oskar Morgenstern mit ihrem Buch *Theory of games and economic behavior* ein strukturiertes Rahmenwerk für Situationen mit

---

[6] Vgl. BBC (2015).
[7] Siehe Ertel (2008, S. 6).
[8] Siehe Press (2016).
[9] Vgl. McCarthy et al. (1955).
[10] Vgl. Rojas (1997, S. 5).
[11] Siehe z. B. Trautman (1994).
[12] Vgl. z. B. Press (2016).

strategischer Interaktion („Spiele"). Dieses Buch gilt als einer der fundamentalen Eck-pfeiler der modernen Spieltheorie.[13] Die *Spieltheorie* beschäftigt sich mit dem optimalen Verhalten rationaler Akteure in Spielen. Die theoretischen Konzepte der Spieltheorie kön-nen somit auch als Grundlage für das rationale Handeln intelligenter Maschinen in Spielen dienen. Von besonderer Bedeutung für die künstliche Intelligenz ist *Alan Turings* Arbeit „Computing machinery and intelligence". Turing leitet sein Werk ein, indem er die Frage stellt, ob Maschinen denken können. Nachfolgend schlägt er den später sogenannten Turing-Test vor. Dieser Test dient dazu festzustellen, ob Maschinen intelligentes Verhalten aufweisen können, so dass dieses nicht von menschlichem Verhalten unterschieden wer-den kann. Der Test erfolgt, indem ein Mensch ohne Sicht- und Hörkontakt einem anderen Menschen und einer Maschine Fragen stellt. Wenn er nach der Befragung nicht eindeutig feststellen kann, welcher von beiden die Maschine ist, dann hat die Maschine den Turing-Test bestanden.[14]

Die Prägung des Begriffs Machine Learning wird häufig Arthur Samuel zugeschrieben. In seiner Arbeit untersucht er maschinelles Lernen im Spiel „Dame".[15] Kurz zuvor hatte Frank Rosenblatt ein einfaches künstliches neuronales Netz entwickelt (das Perzeptron), welches als eine der Grundlagen moderner neuronaler Netze angesehen werden kann.[16] In den folgenden Jahren setzte eine starke Entwicklung im Bereich künstlicher Intelligenz beziehungsweise maschineller Lernalgorithmen ein. Marvin Minsky, der am Forschungs-antrag für den Workshop am Dartmouth College mitgewirkt hatte, verlieh dieser Entwicklung Ausdruck: 1970 wird er zitiert mit der Aussage, dass in drei bis acht Jahren Maschinen mit der Intelligenz eines durchschnittlichen Menschen existieren werden.[17]

33.2.2 Begriffe und Abgrenzung

Der Begriff *künstliche Intelligenz (KI)* löst bei vielen Menschen starke Assoziationen aus. Denkt man an KI, so denkt man an intelligente menschenähnliche Roboter wie z. B. in den Science-Fiction-Filmen „Terminator" (1984) oder „I, Robot" (2004). Gemeinhin wird aber zwischen „schwacher" und „starker" KI unterschieden. Zielsetzung der starken KI ist es, tatsächlich eine Maschine zu erschaffen, die menschenähnlich denken kann und ein menschähnliches Bewusstsein besitzt. Bei der schwachen KI hingegen soll intelligentes Verhalten modelliert und von Computern eingesetzt werden, um komplexe Probleme zu lösen. Die Tatsache, dass Computer sich intelligent verhalten können, bedeutet jedoch nicht, dass sie im menschlichen Sinne intelligent sind.[18] Die schwache KI löst damit

---

[13]Vgl. von Neumann und Morgenstern (1944).

[14]Vgl. Turing (1950, S. 433 ff.).

[15]Vgl. Samuel (1959).

[16]Vgl. Rosenblatt (1958).

[17]Vgl. Press (2016).

[18]Vgl. Coppin (2004, S. 5).

konkrete Anwendungsprobleme durch intelligente Lösungen für Einzelbereiche. Eine umfassende intelligente Vernetzung der einzelnen schwachen KI-Lösungen könnte zu einem intelligenten Gesamtsystem im Sinne der Industrie 4.0 führen. Nach derzeitigem Forschungs- und Entwicklungsstand sind in absehbarer Zeit keine wesentlichen Entwicklungen im Bereich der starken KI zu erwarten.

Die Begriffe „künstliche Intelligenz" und „maschinelles Lernen" werden häufig synonym verwendet. Dies ist jedoch nicht ganz richtig. Im Allgemeinen wird maschinelles Lernen als Teilgebiet der künstlichen Intelligenz verstanden. Das bedeutet, dass maschinelles Lernen immer zugleich künstliche Intelligenz ist, künstliche Intelligenz jedoch nicht unbedingt maschinelles Lernen sein muss. Eine scharfe Abgrenzung der Begriffe ist allerdings schwierig. Einer der Gründe hierfür ist, dass keine einheitliche Definition des Begriffs „Intelligenz" existiert. Trotz dieser Schwierigkeiten sollen im Folgenden Unterschiede zwischen den Begriffen aufgezeigt werden. Definitionen von künstlicher Intelligenz implizieren meistens, dass Maschinen intelligent denken oder handeln. Eine Studie der Fraunhofer-Gesellschaft definiert künstliche Intelligenz wie folgt:

> „Künstliche Intelligenz ist ein Teilgebiet der Informatik mit dem Ziel, Maschinen zu befähigen, Aufgaben intelligent auszuführen."[19]

Dabei bleibt jedoch offen, was „intelligent" bedeutet sowie auf welchen Methoden und Techniken die Lösung basiert. In Bezug auf *maschinelles Lernen (ML)* führt die Studie aus:

> „Maschinelles Lernen bezweckt die Generierung von Wissen aus Erfahrung, indem Lernalgorithmen aus Beispielen ein komplexes Modell entwickeln. Das Modell, und damit die automatisch erworbene Wissensrepräsentation, kann anschließend auf neue, potenziell unbekannte Daten derselben Art angewendet werden."[20]

Diese Beschreibung ist wesentlich enger als diejenige, die in der Einleitung genannt wurde, welche Arthur Samuel zugeschrieben wird.[21] Außerdem bleibt unbestimmt, was ein „komplexes Modell" ist. Beide Beschreibungen verdeutlichen jedoch, dass maschinelles Lernen sich auf den Bereich der künstlichen Intelligenz bezieht, bei dem sich Maschinen selbstständig Wissen aneignen, wohingegen allgemeine künstliche Intelligenz sich auch auf intelligente Ausgabenausführung ohne selbstständigen Wissenserwerb beziehen kann. Damit eignet sich insbesondere maschinelles Lernen dazu, Prognosen für unbekannte Daten aufzustellen und damit Entscheidungsprozesse durch Empfehlungen zu unterstützen oder sogar eigene Entscheidungen zu treffen. Der nächste Abschnitt beschäftigt sich detaillierter mit maschinellen Lernalgorithmen.

---

[19] Döbel et al. (2018, S. 8).

[20] Döbel et al. (2018, S. 8).

[21] Koza et al. (1996, S. 153): „Paraphrasing Arthur Samuel (1959), the question is: How can computers learn to solve problems without being explicitly programmed?"

33.2.3 Machine-Learning-Algorithmen und -Methoden

Künstliche Intelligenz und maschinelles Lernen sind gekennzeichnet durch die Verbindung zahlreicher interdisziplinärer Konzepte, bspw. der Logik, der *Psychologie* und *Spieltheorie*. Für das maschinelle Lernen sind insbesondere statistische Methoden von großer Bedeutung. Ausdruck dessen ist eine Auswertung in der Fraunhofer-Studie. Demnach ergab die Befragung von Data Scientists und Machine-Learning-Fachleuten, dass die „logistische Regression", „Entscheidungsbäume" und „Random Forests" die drei am häufigsten verwendeten Methoden im Bereich des maschinellen Lernens sind.[22] Alle drei Methoden sind vorwiegend statistischer Natur.

Es existiert eine Vielzahl von unterschiedlichen maschinellen Lernalgorithmen. Üblicherweise erfolgt eine Einteilung der *Lernalgorithmen* nach Lernstil. Dabei unterscheidet man zwischen den folgenden drei Lernstilen:

- **Überwachtes Lernen** („supervised learning")
- **Unüberwachtes Lernen** („unsupervised learning")
- **Bestärkendes Lernen** („reinforcement learning")

Diese Lernstile werden im Folgenden erläutert.[23]

Überwachtes Lernen („supervised learning")

Überwachte Lernverfahren lernen auf der Grundlage von vorklassifizierten Trainingsdatensätzen. Diese Datensätze enthalten Eingabewerte sowie korrekte Ausgabewerte und lernen das System an. Damit kann das System dann z. B. Vorhersagen für Datensätze mit unbekannten Ausgabewerten treffen. Eine Zielsetzung besteht dabei in der automatischen Klassifizierung. *Künstliche neuronale Netze (KNN)* benutzen bspw. überwachte Lernverfahren, indem die Gewichte der Verbindungen in ihrem Netzwerk so angepasst werden, dass sie die Trainingsdaten akkurater einordnen können. Typische Verfahren beim überwachten Lernen umfassen Regressionen, Entscheidungsbäume und Bayes-Modelle.

Unüberwachtes Lernen („unsupervised learning")

Unüberwachtes Lernen erfolgt ohne jegliche menschliche Intervention. Dieser Lernstil wird insbesondere zur automatischen Identifizierung von Datenstrukturen eingesetzt. Das heißt, es können Muster identifiziert und Daten sinnvoll strukturiert werden, auch wenn keine Vorklassifikation oder Trainingsdatensätze mit Ausgabewerten vorhanden sind. Ein Einsatzgebiet des Lernstils ist z. B. die Analyse großer Datenmengen (*Big Data Analytics*). Zu den unüberwachten Lernalgorithmen zählt z. B. der *k-Means-Algorithmus* zur Clusteranalyse.

---

[22] Döbel et al. (2018, S. 11).

[23] Teilweise in Anlehnung an Coppin (2004, S. 285 f.).

Tab. 33.1 Aufgaben, Verfahren und Modelle von überwachtem, unüberwachtem und bestärkendem Lernen

	Aufgabe	Verfahren	Modelle
Überwachtes Lernen	Regression	Lineare Regression	Regressionsgerade
		Klassifikations- und Regressionsbaumverfahren (CART)	Regressionsbaum
	Klassifikation	Logistische Regression	Trennlinie
		Iterative Dichotomizer (ID3)	Entscheidungsbaum
		Stützvektormaschine (SVM)	Hyperebene
		Bayes-Inferenz	Bayes-Modelle
Unüberwachtes Lernen	Clustering	K-Means	Clustermittelpunkte
	Dimensionsreduktion	Kernel Principal Component Analysis (PCA)	Zusammengesetzte Merkmale
Bestärkendes Lernen	Sequenzielles Entscheiden	Q-Learning	Strategie

Quelle: In Anlehnung an: Döbel et al. (2018, S. 10)

Bestärkendes Lernen („reinforcement learning")

Das *bestärkende Lernen* erfolgt dadurch, dass das System belohnt wird, wenn es richtige Ergebnisse erzielt, und bestraft wird, wenn es falsche Ergebnisse produziert. Es unterscheidet sich vom überwachten Lernen dadurch, dass keine korrekten Eingabe-Ausgabe-Paare vorhanden sein müssen (Traingsdatensätze). Der Unterschied zum unüberwachten Lernen besteht darin, dass eine Lenkung bzw. Überwachung in Form der Umweltrückmeldung (Belohnung/Bestrafung) erfolgt. Bestärkendes Lernen kann bspw. dazu verwendet werden, den schnellsten Weg durch einen Raum zu erlernen. Ein Vertreter dieses Lernstils ist der *Q-Learning-Algorithmus*.

Die keineswegs erschöpfende Tab. 33.1 fasst die Lernstile und einige ihrer Lernaufgaben, Lernverfahren und Modelle zusammen.

33.3 Einsatzmöglichkeiten von künstlicher Intelligenz in der Energiewirtschaft

Die Energiewirtschaft befindet sich im stetigen Wandel. Seit einigen Jahren werden Energieversorger zu einer immer höheren Transformationsgeschwindigkeit gezwungen. Vielfältige technologische Entwicklungen erzeugen sehr große Datenmengen. Diese gilt es zu analysieren und zu bearbeiten. Nicht nur das Volumen der Daten, sondern auch die Möglichkeit, Prozesse effizienter zu gestalten, führt zu der Suche nach neuen Unterstützungsmöglichkeiten für die Energiewirtschaft.

Im Zuge der *Digitalisierung* werden voraussichtlich insbesondere die Möglichkeiten der sogenannten Echtzeitverarbeitung einen besonderen Einfluss auf die weitere Entwicklung der Energieversorger haben. Zunächst war „Echtzeitverarbeitung" nur ein Begriff für technische Softwaresteuerung. Inzwischen umfasst das Thema auch Unternehmensplanungslösungen in den kaufmännischen Softwarebereichen. In diesem Bereich und auch in anderen Bereichen wachsen IT-Lösungen der technischen Seite und der kaufmännischen Seite immer mehr zusammen. Das *Internet of Things (IoT)* wird diesen Prozess noch weiter beschleunigen.

Eine Zusammenfassung der Treiber des technologischen Wandels ergibt folgende Stichpunkte, mit denen sich die Energieversorger in naher Zukunft u. a. beschäftigen müssen:

- Immer höhere Prozessverarbeitungsgeschwindigkeiten in *Echtzeit* (Real Time)
- Sehr große Datenvolumen und das nicht nur durch die umfassende Einbindung von *Sensoren* (IoT)
- Sichere und schnelle sowie direkte Abwicklungsmöglichkeiten von Transaktionen (*Blockchain*)
- Steigender Kostendruck für alle Anbieter am Energiemarkt

Bei der Bewertung dieser Herausforderungen stellt sich schnell heraus, dass menschliche Fähigkeiten in Bezug auf die sehr hohen Verarbeitungsgeschwindigkeiten und großen Datenvolumina sehr begrenzt sind. Hier bieten sich nun Entwicklungen in den Bereichen der künstlichen Intelligenz an, um diese Herausforderungen zu bewältigen. Dieses Kapitel basiert auf dem Erfahrungswissen aus der Arbeitspraxis der Autoren. Die nächsten Unterkapitel sollen die neuen Möglichkeiten vorstellen sowie verschiedene Anwendungsmöglichkeiten der künstlichen Intelligenz in der Energiewirtschaft aufzeigen. Ein konkretes Beispiel aus dem Unternehmensberatungshaus DSC aus Schriesheim schließt dieses Kapitel ab.

33.3.1 Anwendungsfälle der künstlichen Intelligenz bei den Energieversorgern

Künstliche Intelligenz wird erst seit kurzer Zeit in der Energiewirtschaft eingesetzt und muss in den nächsten Jahren noch ihren Wirkungsbereich entfalten. Nichtsdestotrotz existiert eine Vielzahl von Anwendungsmöglichkeiten für künstliche Intelligenz bei Energieversorgern. Aus heutiger Sicht lassen sich die Anwendungsmöglichkeiten folgenden Obergruppen zuordnen:

- Entlastung der Mitarbeiter bei routinemäßigen Tätigkeiten (Sachbearbeiter)
- Beherrschung der starken Komplexität bei den Energieversorgern
- Unterstützung bei Entscheidungsfindungsprozessen
- Valide Vorhersagen für Kundenverhalten oder eine Vielzahl von Energiemarktteilnehmern
- Hohe Verarbeitungsgeschwindigkeit

33.3.2 Digitale Assistenten und Routinetätigkeiten bei Sachbearbeitern

Digitale Assistenten können bei der Aufgabenbewältigung die Mitarbeiter eines Energieversorgungsunternehmens unterstützen und ggf. partiell oder vollumfänglich einzelne Arbeitsplätze übernehmen. Dabei sind digitale Assistenten nie krank und unterliegen auch keinen Stimmungsschwankungen oder schwankender Leistungsfähigkeit. In vielerlei Hinsicht können digitale Assistenten ihren Beitrag in der Energiewirtschaft leisten, um die Ziele einer nachhaltigen Organisation zu erreichen. Der Einsatz digitaler Assistenten ist z. B. immer zweckmäßig bei Tätigkeiten, die im Wesentlichen auf die Abarbeitung einfacher Vorgänge ausgerichtet sind. Charakteristisch für derartige Tätigkeiten ist, dass deren Bewältigung auf relativ einfachen Zusammenhängen basiert und eine häufige Wiederholung von bestimmten Arbeitsschritten erfolgt. Im privaten Bereich haben digitale Assistenten wie z. B. *Alexa* von Amazon oder *Siri* von Apple große Bekanntheit erlangt.

33.3.3 Intelligente Netzsteuerung durch künstliche Intelligenz

Unsere heutige Energiewelt basiert zunehmend auf erneuerbaren Energien und diese wiederum auf vielen kleinen verschiedenen Erzeugungsanlagen, welche gemeinsam koordiniert und auf den genauen Energiebedarf abgestimmt werden müssen. Ein KI-gestütztes intelligentes System kann die voraussichtlichen *Wetterdaten* mit den *Erzeugungsanlagen* und deren Erzeugungskapazitäten abgleichen. Auf dieser Basis erfolgt die Berechnung für die Abstimmung der voraussichtlich produzierten Strommenge mit vorhandenen *Speichern* und dem prognostizierten Verbrauch. Hierfür muss die Verarbeitung von sehr großen Datenmengen in *Echtzeit* erfolgen. Der Betrieb von Kraftwerken aller Arten kann so optimiert werden, ebenso wie das gesamte Netz selbst. Künstliche Intelligenz hilft, die Netze optimal auszulasten, die Erzeugungskapazitäten bedarfsgerecht auszurichten, und baut somit ein intelligentes System auf, das zum Vorteil aller Energiemarktteilnehmer dienen wird.

33.3.4 Zahlungseingangszuordnungen von Überweisungen

Vielfältige Einsatzmöglichkeiten für *künstliche Intelligenz* ergeben sich bei den Finanzabteilungen. Hier müssen sehr viele Transaktionen durchgeführt werden, die sehr schnell große Volumina erreichen können. Eine heute schon umgesetzte KI-Lösung ermöglicht die richtige Zuordnung von Eingangszahlungen (Geldüberweisungen) zu den jeweiligen Empfängern im System für den Fall, dass die Überweisungen ungenaue Angaben oder Fehler enthalten. Häufig beinhalten die Angaben aus dem Überweisungsträger einen „Zahlendreher" in der Rechnungsnummer oder weitere kleine Unschärfen wie z. B. einen nicht vollständigen Namen. Durch diese Lösung ist es möglich, aufwendiges manuelles

Clearing zu vermeiden und einen automatisierten Abgleich von Zahlungen und Forderungen schnell durchzuführen. Dadurch steigt die Effizienz der Finanzabteilungen. Die Lösung basiert auf Abgleichkriterien aus historischen Daten, welche die Zahlungseingänge automatisch den Forderungen zuordnen und diese dann verrechnen. Insbesondere extrahiert die Lösung aus den Avisen weitere Informationen und kann folgende Tätigkeiten verrichten:

- Automatisierter Abgleich von Zahlungen mit Rechnungen
- Erkennen und Extrahieren relevanter Informationen
- Qualitätssicherung der Vorgänge

33.3.5 Weitere Anwendungsfälle der künstlichen Intelligenz

Eingangs wurde beschrieben, dass es sehr viele Anwendungsfälle für künstliche Intelligenz gibt. Eine erschöpfende Beschreibung aller Anwendungsfälle ist nur schwer möglich und übersteigt den Rahmen dieses Buches. Das Interesse an der künstlichen Intelligenz innerhalb der Energiewirtschaft wächst jedoch kontinuierlich. Im Folgenden werden zwei weitere Beispiele diskutiert, um das breite Anwendungsspektrum der künstlichen Intelligenz zu verdeutlichen.

33.3.5.1 Chatbots im Kundenservice
Sogenannte *Chatbots* bieten breite Einsatzmöglichkeiten, auch außerhalb der Energiewirtschaft. Chatbots sind in der Lage, einen Mitarbeiter aus dem *Kundenservice* zu entlasten, indem sie mit dem Kunden die ersten Informationen austauschen und eine konkrete Kanalisierung der Anfrage zum richtigen Sachbearbeiter vornehmen. Der Kunde kann meistens nicht feststellen, ob ein Mensch die Kommunikation führt oder ob eine Maschine die richtigen Fragen stellt. Das heißt, dass Chatbots in einer gewissen Hinsicht häufig den Turing-Test, der in Abschn. 33.2.1 umrissen wurde, bestehen. Im Kundenservice bestehen sehr hohe Fallzahlen. Chatbots sind in der Lage, den Kundenservice zu entlasten und Kunden zu den richtigen Experten umzuleiten.

33.3.5.2 Energiehandel und Prognosemöglichkeiten an der Strombörse
Künstliche Intelligenz wird auch bei der *Strombörse* angewandt. Softwareagenten beobachten den täglich durchgeführten Energiehandel und optimieren eigenständig ihr Verhalten bei der Preisabgabe in Millisekunden.

33.3.6 DSC-Projekt „Automatische Plausibilisierung von Zählerständen"

Derzeit wird bei der DSC Unternehmensberatung und Software GmbH in Kooperation mit Energieversorgern sowie Partnern in einem Pilotprojekt eine Lösung für die automatische Plausibilisierung von Zählerständen entwickelt. In der heutigen Unternehmenspraxis werden im *SAP System* eines Energieversorgungsunternehmens *Zählerstände* als unplausibel gekennzeichnet. Täglich wird eine Liste so gekennzeichneter Zählerstände an einen Mitarbeiter ausgegeben, der diese auf Plausibilität prüft und ggf. freigibt.

Die Liste der als unplausibel gekennzeichneter Zählerstände ist groß und deren Überprüfung nimmt viel Zeit in Anspruch, insbesondere die Einzelfallprüfungen. Bei den Prüfungen werden aber vorwiegend ähnliche Datenkonstellationen berücksichtigt und häufig ähnliche Entscheidungen getroffen. Die Vorgehensweise der Sachbearbeiter kann daher gut durch maschinelle Lernalgorithmen nachgebildet werden. Maschinelle Lernverfahren werden zuerst mit Datenbeständen trainiert und ermöglichen es, dass anschließend Entscheidungsfälle schneller und effizienter bearbeitet werden können.

33.3.6.1   Herausforderung der Lösung

Wie im vorherigen Abschnitt beschrieben, besteht die Herausforderung darin, dass eine intelligente Lösung eine große Liste mit unplausiblen Zählerständen automatisch abarbeiten und ggf. freigeben soll. Abb. 33.1 zeigt ein Beispiel einer Liste mit unplausiblen Zählerständen.

33.3.6.2   Kriterien des Machine-Learning-Algorithmus

Abb. 33.2 und 33.3 zeigen die Basiskriterien des Algorithmus sowie ein grobes Ablaufdiagramm.

Unplausible Ableseergebnisse

Bea.	VerbStelle	Material	Serälnummer	ZWrk	AbgelZählS	Ablesedat.	AZeit	VK	NK	Aa	AS	UPP	AP	AblHw	FAH	AT	AA	Abl	MDE	SrvMld/Auf	ADat un.AE	AblAuf ged	Anlage	A
	50000016	I0192001	100000598796	2	0,000	31.12.2009	23:59	3	3	1	2	06			01	01	900						60554301	2
	50000016	I0192001	100000598796	2	0,000	31.12.2009	23:59	3	3	1	2	06			01	01	900						60000005	2
	50000016	I0192001	100000598796	2	0,000	01.01.2010	00:00	3	3	1	2	95			01	04							60554301	2
	50000016	I0192001	100000598796	2	0,000	01.01.2010	00:00	3	3	1	2	95			01	04							60000005	2
	50000016	I0192001	100000598796	2	0,000	29.09.2011	23:59	3	3	1	2	95			01	01	900						60000005	2
	50000016	I0192001	100000598796	2	0,000	29.09.2011	23:59	3	3	1	2	95			01	01	900						60554301	2
	50000016	IRLM0001	10002645	1	13	01.01.2012	00:00	2		1	2	97			01	71	900						60000005	0
	50000016	IRLM0001	10002645	1	13	01.01.2012	00:00	2		1	2	97			01	71	900						60554301	0
	50000017	IRLM0001	10000600	1	17	01.03.2012	00:00	2		1	2	97			01	71	900						60554302	0
	50000017	IRLM0001	10000600	1	17	01.03.2012	00:00	2		1	2	97			01	71	900						60000006	0
	50000017	IRLM0001	10000600	1	17	31.08.2015	23:59	2		1	3	05			01	03							60000006	1
	50000017	IRLM0001	10000600	1	17	31.08.2015	23:59	2		1	2	95			01	03							60554301	0
	50000017	IRLM0001	10000600	1	17	01.09.2015	00:00	2		1	2	95			01	03							60000006	1
	50000017	IRLM0001	10000600	1	17	01.09.2015	00:00	2		1	2	95			01	03							60554302	0
	50000018	IRLM0001	10001395	1	13	01.11.2011	00:00	2		1	2	97			01	81	900						60000007	0

Abb. 33.1 Liste unplausibler Zählerstände (Quelle: DSC 2018)

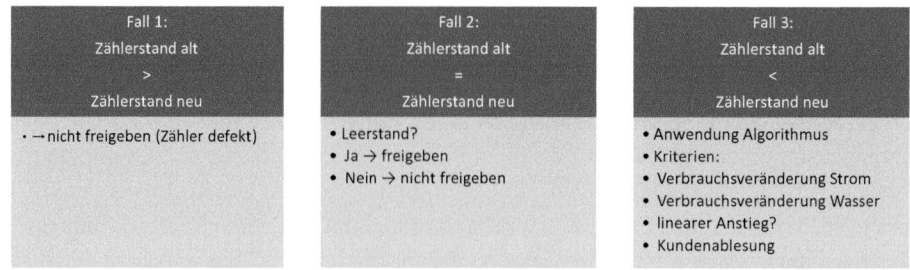

Abb. 33.2 Basiskriterien Algorithmus (Quelle: DSC 2018)

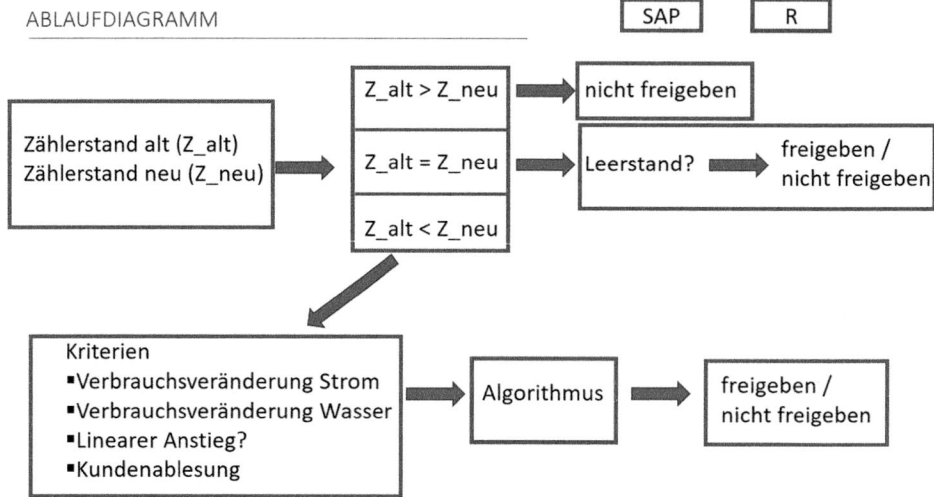

Abb. 33.3 Ablaufdiagramm (Quelle: DSC 2018)

33.3.6.3 Technische Architektur der Softwarelösung

Die Softwarelösung basiert auf Programmen im SAP-Umfeld und einem externen Programm für statistisch-mathematische Berechnungen. Die Bestandteile der Lösung sind folgende *ABAP-Programme*:[24]

- Programm 1: Baut im SAP einen Datensatz der Ableseergebnisse gemäß Entscheidungskriterien auf (Z-Tabelle ZEABL).
- Programm 2: Erzeugt aus dem SAP System eine CSV-Datei.

---

[24]ABAP steht für „Advanced Business Application Programming" und ist eine Programmiersprache der SAP.

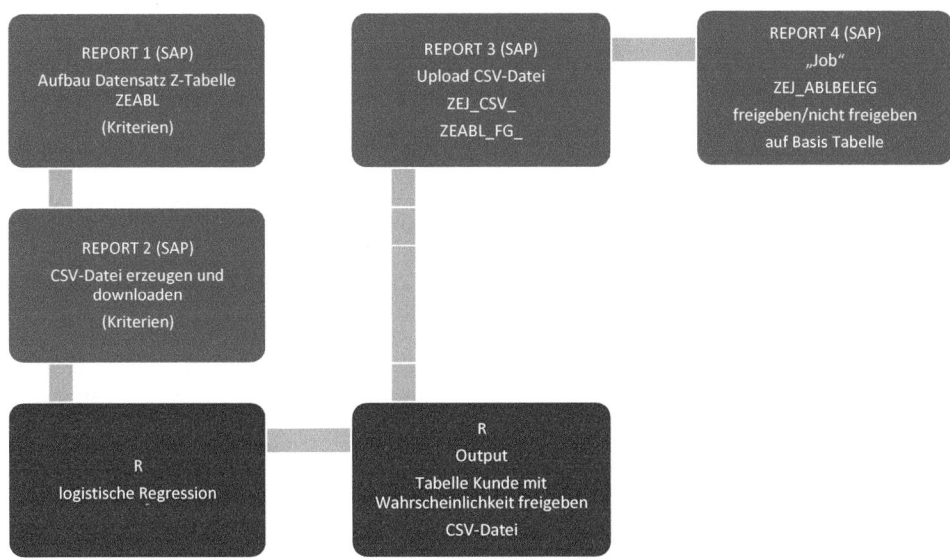

Abb. 33.4 Technische Umsetzung (Quelle: DSC 2018)

Der Inhalt der *CSV-Datei* wird in das externe Programm „R" gebracht. Dieses Programm wertet die Daten aus und berechnet den Algorithmus. Im Ergebnis entsteht eine Outputtabelle zu den Ableseergebnissen, die beinhaltet, ob diese freigegeben werden sollen.

- Programm 3: Bringt die Outputtabelle wieder in das SAP-System. Upload CSV-Datei ZEJ_CSV_ZEABL_FG.
- Programm 4: Ist ein zyklischer JOB ‚ZEJ_ABLBELEG', der die Ableseergebnisse nach der Outputtabelle freigibt.

In Abb. 33.4 wird die technische Umsetzung für einen der Algorithmen – die logistische Regression – graphisch illustriert.

Literatur

Armbruster, A. (2018). Künstliche Intelligenz verändert die Welt wie Elektrizität. *Frankfurter Allgemeine Zeitung* (25.04.2018). https://www.faz.net/aktuell/wirtschaft/eu-legt-strategie-fuer-kuenstliche-intelligenz-vor-15559372.html. Zugegriffen am 22.01.2019.

Bauer, W., Schlund, S., Marrenbach, D., & Ganschar, O. (2014). *Industrie 4.0 – volkswirtschaftliches Potenzial für Deutschland.* Berlin/Stuttgart: BITKOM und Fraunhofer IAO.

BBC. (2015). *Will a robot take your job?* London: British Broadcasting Corporation. https://www.bbc.com/news/technology-34066941. Zugegriffen am 22.01.2019.

BMBF. (o. J.). *Digitale Wirtschaft und Gesellschaft*. Berlin: Bundesministerium für Bildung und Forschung. https://www.bmbf.de/de/zukunftsprojekt-industrie-4-0-848.html. Zugegriffen am 22.01.2019.

Boße, A. (2017). Wenn Roboter zu Kollegen werden. In *SPIEGEL ONLINE* (05.01.2017). Hamburg: SPIEGEL ONLINE GmbH & Co. KG. http://www.spiegel.de/spiegel/unispiegel/kuenstliche-intelligenz-wenn-roboter-zu-kollegen-werden-a-1126611.html. Zugegriffen am 22.01.2019.

Coppin, B. (2004). *Artificial intelligence illuminated*. London: Jones and Bartlett.

Döbel, I., Leis, M., Vogelsang, M., Neustroev, D., Petzka, H., Riemer, A., Rüping, S., Voss, A., Wegele, M., & Welz, J. (2018). Maschinelles Lernen: Kompetenzen, Forschung, Anwendung. Fraunhofer-Gesellschaft in Kooperation mit Forschungszentrum Maschinelles Lernen im Fraunhofer-Cluster of Excellence Cognitive Internet Technologies Fraunhofer-Allianz Big Data & Künstliche Intelligenz.

DPA. (2018). Künstliche Intelligenz ist Treiber des digitalen Wandels. *Welt Online* (12.12.2018). https://www.welt.de/newsticker/dpa_nt/infoline_nt/netzwelt/article185402946/Kuenstliche-Intelligenz-ist-Treiber-des-digitalen-Wandels.html. Zugegriffen am 22.01.2019.

DSC. (2018). *Machine Learning – Plausibilisierung von Zählerständen*. Schriesheim: Unternehmensberatung und Software GmbH, Internes Dokument.

Ertel, W. (2008). *Grundkurs künstliche Intelligenz. Eine praxisorientierte Einführung*. Wiesbaden: Springer.

Gartner. (2018). *Gartner says global artificial intelligence business value to reach $1.2 trillion in 2018* (Pressemitteilung, 25.04.2018). https://www.gartner.com/newsroom/id/3872933. Zugegriffen am 22.01.2019.

Koza, J. R., Bennett, F. H., Andre, D., & Keane, M. A. (1996). Automated design of both the topology and sizing of analog electrical circuits using genetic programming. In J. S. Gero & F. Sudweeks (Hrsg.), *Artificial intelligence in design '96* (S. 151–170). Dordrecht: Springer.

McCarthy, J., Minsky, M. L., Rochester, N., & Shannon, C. E. (1955). A proposal for the Dartmouth summer research project on artificial intelligence. *AI Magazine, 27*, 1–3.

Naughthon, J. (2018). If tech experts worry about artificial intelligence, shouldn't you? *The Guardian* (16.12.2018). https://www.theguardian.com/commentisfree/2018/dec/16/tech-experts-worried-about-artificial-intelligence-pew-research-center. Zugegriffen am 22.01.2019.

Press, G. (2016). A very short history of Artificial Intelligence (AI). *Forbes* (30.12.2016). https://www.forbes.com/sites/gilpress/2016/12/30/a-very-short-history-of-artificial-intelligence-ai/#3cda-170e6fba. Zugegriffen am 22.01.2019.

Rojas, R. (1997). Konrad Zuse's legacy: The architecture of the Z1 and Z3. *Annals of the History of Computing, IEEE, 19*, 5–16.

Rosenblatt, F. (1958). The perceptron: A probabilistic model for information storage and organization in the brain. Cornell Aeronautical Laboratory, *Psychological Review, 65*, 386–408.

Samuel, A. (1959). Some studies in machine learning using the game of checkers. *IBM Journal of Research and Development, 3*, 210–229.

Trautman, P. S. (20. April 1994). A computer pioneer rediscovered, 50 years on. *The New York Times*.

Turing, A. (1950). Computing machinery and intelligence. *Mind, 49*, 433–460.

Von Neumann, J., & Morgenstern, O. (1944). *Theory of games and economic behavior*. Princeton: Princeton University Press.

Yuan, L. (2018). How cheap labor drives China's AI ambitions. *The New York Times* (25.11.2018). https://www.nytimes.com/2018/11/25/business/china-artificial-intelligence-labeling.html. Zugegriffen am 22.01.2019.

Hüseyin Kazanc (Dipl.-Ing. (DH), M.Sc.) hat an der Hochschule Mannheim ein Studium der Elektrotechnik abgeschlossen. Danach hat er seinen Master of Science im Bereich Energiewirtschaft an der Universität Koblenz absolviert. Nach seinem Berufseinstieg bei der ABB als Entwicklungsingenieur für Schaltanlagen wechselte Herr Kazanc zu der SAP AG, für die er über zehn Jahre im Bereich Softwareentwicklung tätig war. Seit 2017 ist Herr Kazanc Prokurist bei der DSC GmbH und leitet verschiedene Innovationsprojekte bei Kunden aus der Energiewirtschaft.

Dr. Florian Kauffeldt hat an der Ruprecht-Karls-Universität Heidelberg studiert und promovierte 2016 mit summa cum laude in Wirtschaftstheorie, insbesondere Spieltheorie. Neben seiner Tätigkeit im Bereich der Entwicklung maschineller Lernalgorithmen für die DSC GmbH ist er seit 2018 Vertretungsprofessor für Quantitative Methoden und Allgemeine Betriebswirtschaftslehre an der Hochschule Heilbronn. Davor war er u. a. für die Ernst & Young GmbH und die KPMG AG tätig.

Agile Transformation eines kommunalen Energiedienstleisters – ein Erfahrungsbericht

Timo Eggers und Dirk Hardt

Zusammenfassung

„Alles, was erfunden werden kann, wurde bereits erfunden", sagte Charles Duell als Chef des amerikanischen Patentamts im Jahr 1899. Bill Gates wiederum sah auf jedem Schreibtisch, in jedem Haus einen Personal Computer. Vision und Tradition standen sich immer schon polarisierend gegenüber: Das Thema „Arbeiten nach agilen Werten" spaltet nicht nur die Energiebranche in gleicher Weise. Für die eine Fraktion ist es schon nicht mehr neu und für die andere immer noch ein Reizthema. Die einen arbeiten mit diesen Methoden nachgewiesen erfolgreicher und wollen oder können sich arbeiten „ohne agil" gar nicht mehr vorstellen. Die Konventionellen und Veränderungsaversen sind skeptisch. Agile „Experimente" in technisch sensiblen Bereichen können nicht nur lebensgefährlich sein, sondern können unser tägliches Leben total lahmlegen. Das hat nicht nur Marc Elsberg in seinem Buch „Blackout" (Elsberg 2013) eindrücklich beschrieben. Die Agilen leben und arbeiten nicht nur sprachlich in einer für die anderen scheinbar eigenen Welt von Scrum, Kanban, Product Owner und Scrum Master. Die Beständigen halten sie für arrogant und besserwisserisch. Sie arbeiten lieber, anstatt Zettel zu kleben. Um es vorwegzunehmen, beides hat seine Berechtigung. An den Schnittstellen kommt es zu Spannungen. Wie lebt und arbeitet also die Quantum als Energiedienstleister agil, während ihre Gesellschafter und Kunden das nicht tun? Warum arbeiten wir heute nach agilen Werten und Konzepten? Wie machen wir was anders? Einige dieser Fragen versuchen wir mit dem nachfolgenden Beitrag zu beantworten.

T. Eggers (✉) · D. Hardt
Quantum GmbH, Ratingen, Deutschland

© Springer Fachmedien Wiesbaden GmbH, ein Teil von Springer Nature 2020
O. D. Doleski (Hrsg.), *Realisierung Utility 4.0 Band 2*,
https://doi.org/10.1007/978-3-658-25589-3_34

34.1   Aufbau und Einführung

Der vorliegende Erfahrungsbericht über die *agile Transformation* eines kommunalen Energiedienstleisters beginnt nach dieser Einführung mit der Frage, was in unserem Falle den Anstoß gab, ganz auf agile Werte und Konzepte zu setzen, und auf welche Vorarbeiten wir aufsetzen konnten. Unser grundsätzliches Vorgehen bei der Einführung agiler Arbeitsweisen beschreiben wir in dem nachfolgenden Abschnitt, um dann ganz konkret darauf einzugehen, was in unserem agil „tickenden" Unternehmen heute anders funktioniert als vorher und was das für positive Effekte für uns hat. Weiter werden wir rückblickend über unsere negativen und positiven Erfahrungen berichten und Lösungsansätze aufzeigen, die uns in verschiedenen Situationen geholfen haben. Wir schließen diesen Erfahrungsbericht mit einem Fazit der bisherigen Entwicklung und einem großen Dank an die Mitwirkenden.

Die Abhandlung in diesem Buch lässt auf Grund der vielfältigen Themen, welche im Gesamtwerk berechtigterweise zu Wort kommen, nur begrenzten Raum für das Thema „Arbeiten nach agilen Werten". Daher war es eine besondere Herausforderung, die uns wichtigsten Themen, in aller gebotenen Kürze darzustellen. Wir werden an dem Thema und auch an der schriftlichen Niederlegung weiter arbeiten und haben vor, zu einem späteren Zeitpunkt ein eigenes Buch als Erfahrungsbericht zu veröffentlichen.

Eine weitere Herausforderung war es, zu versuchen, möglichst vielen Interessen und Ansprüchen der Leser gerecht zu werden. Wir würden uns sehr freuen, wenn Menschen mit unterschiedlichsten Rollen, Verantwortungen und Erfahrungen etwas Lehrreiches oder Anregendes finden könnten. Sollten Sie Anfänger in diesem Thema sein, dann könnte der Teil „Wie" eventuell für Sie mit zu vielen Fachbegriffen gespickt sein. Warum haben wir das Kapitel dann so geschrieben? Wir wollten den Fortgeschrittenen in dem Thema einen etwas tieferen und fundierteren Einblick in das „Wie" geben. Sollten Sie das Thema agiles Arbeiten eher skeptisch sehen, lesen Sie bitte auf jeden Fall weiter. Vielleicht finden Sie in unserer kritischen Auseinandersetzung Fakten und Argumente, die einige Ihrer berechtigten Fragen beantworten. Worauf wir leider hier auch noch nicht eingehen können, ist die Beschreibung des Umgangs an den Schnittstellen mit Kunden, Gesellschaftern, Teams und Dienstleistern, die nicht nach agilen Werten arbeiten. So viel sei an dieser Stelle lediglich gesagt: Nur mit gegenseitigem Respekt, beiderseitiger Offenheit, Toleranz und Akzeptanz sowie achtsamer und gewaltfreier Kommunikation lassen sich Erfolge trotz unterschiedlicher Arbeitskulturen schaffen und sichern.

Die Darstellungen werden von zwei Autoren geschrieben, die den Veränderungsprozess in den verschiedenen Phasen rollenbedingt aus unterschiedlichen Blickwinkeln wahrgenommen haben. Ein langjährig erfahrener Geschäftsführer, der in der Energiebranche auf vielfältige Branchen-, Leitungs- und Führungserfahrungen zurückblicken kann, und ein Unternehmensentwickler und Innovationsmanager, der seine beruflichen Wurzeln in der IT- und Energieberatung hat. Wo der eine u. a. die Aufgabe hat, die vielfältigen Interessen der verschiedenen Anspruchsgruppen an das Unternehmen auszubalancieren, soll der andere das Unternehmen im weitesten Sinne weiterentwickeln und innovieren. Beide eint in zehnjähriger Zusammenarbeit das Ziel, die Quantum langfristig zukunftssicher aufzustellen.

Da der Artikel auf den subjektiven Erfahrungen der Autoren basiert, haben wir für die folgenden Darstellungen i. d. R. die „Wir-Form" gewählt. In einigen Fällen, in denen wir der Sichtweise eines der Autoren besonderes Gewicht verleihen wollen, verwenden wir auch die „Ich-Form" ergänzt um die jeweilige Rolle.

34.2   Warum arbeiten wir heute nach agilen Prinzipien?

Ein Energiedienstleister macht aus der Not eine Tugend

Das Unternehmen, über dessen Weg in eine ganzheitlich nach agilen Konzepten arbeitende Organisation wir in diesem Artikel erzählen wollen, ist ein Kind der in Deutschland vor ca. 20 Jahren eingeleiteten Energiemarktliberalisierung. Damals wollten auch Stadtwerke vom Potenzial offener *Energiemärkte* profitieren. Sie gründeten zusammen mit anderen Stadtwerken sogenannte Beschaffungskooperationen, über die sie ihre gebündelten Beschaffungsmengen an den Energiemärkten einkauften und so Preisvorteile im Energieeinkauf generierten.

Die *Quantum* aus Ratingen ist eine solche *Beschaffungskooperation* von aktuell 15 Stadtwerken, die über das 20-köpfige Team der Quantum rund 4 TWh Strom und 8 TWh Gas an den Energiemärkten beschaffen lassen. Das Unternehmen verfolgt also im Kern auch heute noch denselben Unternehmenszweck wie zur Gründung und positioniert sich als neutraler, unabhängiger Non-Profit-Dienstleister für den Energieeinkauf.

In den letzten Jahren litt die Quantum, wie viele kommunale Beschaffungskooperationen, unter dem intensiver werdenden Wettbewerbsdruck im Energiehandel und im Portfoliomanagement. Die Absatzmengen der Stadtwerke im angestammten Versorgungsgebiet erodieren langsam, aber stetig. Die Energieerzeugung wird zunehmend dezentraler. Dies reduziert die Beschaffungsmengen der Quantum. Die Kosten für die Beschaffungsdienstleistung müssen in der Kooperation also auf immer weniger Kilowattstunden aufgeteilt werden. Langfristig wirkt sich das negativ auf den Vertriebserfolg der Stadtwerke aus. Unser Job ist es allerdings, den Vertriebserfolg durch günstige Beschaffung zu steigern.

Als Reaktion auf diese Entwicklungen starteten wir im Herbst 2014 ein weitreichendes Kooperationsprojekt mit einer anderen Beschaffungsgesellschaft ähnlicher Größenordnung. Gegenstand der *Kooperation* war die Hebung von Synergien und der Zugang zu neuen Dienstleistungen des jeweils anderen Partners. Nach drei Jahren intensiver und kräfteraubender Kooperationsarbeit mussten wir 2017 leider konstatieren, dass die operative Kooperation zwar gelungen war, die gesellschaftsrechtliche Verflechtung allerdings scheiterte. Als Folge musste die Kooperation wieder rückabgewickelt werden. Dies hatte, wie bei jeder Trennung, viele verschiedene Gründe, wobei für uns rückblickend letztlich auch kulturelle Unterschiede ausschlaggebend waren („*Culture eats strategy for breakfast*").

Die Quantum ging mit einem stark verkleinerten Team geschwächt aus diesem gescheiterten Kooperationsprojekt hervor. Wir mussten dennoch sofort wieder durchstarten, um die verlorenen Jahre hinsichtlich Kostensenkung, Prozessautomatisierung und der Entwicklung neuer Geschäftsfelder wieder aufzuholen.

Wichtige Vorarbeiten der agilen Transformation

Parallel zum Kooperationsprojekt hatte sich im Team der Quantum eine methodische und kulturelle Entwicklung manifestiert, die bei der Neuausrichtung der Quantum nicht ignoriert werden sollte.

Bereits Jahre zuvor hatte alles mit dem Weiterbildungswunsch eines Mitarbeiters begonnen. Sein Team beschäftigte sich mit der Entwicklung des digitalen *Kundenportals* der Quantum. Er wollte sich von Boris Gloger, einem Coach und Managementberater für agile Transitionen, als Product Owner zertifizieren lassen. Das Team hatte einige Fehlschläge mit klassischen Methoden der Softwareentwicklung nach dem *Wasserfallprinzip* hinter sich und begann nun, erste Bausteine aus dem agilen Methodenbaukasten wie *User Stories* oder 2-wöchige Sprint-Planungen auszuprobieren. Nach und nach bekam das Team die komplexe Eigenentwicklung besser in den Griff. Es lieferte schneller kleine funktionsfähige Bausteine, die sich an den aktuellen Bedürfnissen der Nutzer orientierten. Mit der Zeit war das Vertrauen der Geschäftsführung groß genug, die Verantwortung für das jährlich sechsstellige Entwicklungsbudget komplett in die Verantwortung des Teams zu delegieren. Das Projekt wird mittlerweile vollständig agil gesteuert und controlled.

Ebenfalls mit einem Training begann die Beschäftigung der Quantum mit ausgeprägt nutzerorientierten Problemlösungsmethoden wie z. B. dem *Design Thinking*. Mitarbeiter und Geschäftsführung absolvierten Design-Thinking-Seminare am Hasso-Plattner-Institut in Potsdam. Wir gewannen Prof. Ulrich Weinberg als Impulsgeber für unseren Kundentag und starteten mit seinen Studenten ein Projekt zur Erforschung des für die Energiebranche neuen Kundentypus, des sogenannten Prosumers. Er war es auch, der uns nahelegte, das siloprägte „Brockhaus-Denken" hinter uns zu lassen und uns mehr auf das Netzwerkdenken zu fokussieren, einem Denk- und Handlungskonzept, das von Kollaboration, kreativer Verknüpfung und vor allem von „Enthierarchisierung" geprägt ist.

Eine dritte, für die *agile Transformation* wichtige Vorarbeit war eine ebenfalls vom Denken in offenen Netzwerken geprägte *Open-Innovation-Initiative*. Zeitlich parallel zum Kooperationsprojekt entwickelten einige Mitarbeiter der Quantum unter dem Namen „*Energie für morgen (EFM)*" Aktivitäten rund um die zukünftige Entwicklung der Energiewelt.

Auslöser für diese Initiative war die Befürchtung, dass die Arbeit an der eingangs beschriebenen Kooperation viel Aufmerksamkeit und Energie nach innen lenken würde. Zudem wurde langfristig ein schwächer werdendes Kerngeschäft erwartet. Deswegen verabredete sich ein Team, bestehend aus drei bis fünf Mitarbeitern, jeden Freitag und für eine lange Zeit auch außerhalb der Büroräume und -zeiten, um sich intensiv mit den Markt- und Technologieentwicklungen einer digitalen, dezentralen und dekarbonisierten Energiewelt zu beschäftigen. Sie besuchten junge, innovative Energieunternehmen, vernetzten sich mit den progressiven Vordenkern der Branche und veranstalteten offene Eventformate, die den Austausch zwischen den Akteuren jenseits von Hierarchie und Wettbewerbsdenken förderten. Ohne zu weit vorgreifen zu wollen, sei an dieser Stelle erwähnt, dass diese EFM-Initiative mit all ihren Ausläufern heute wesentlich zur wirtschaftlichen Stabilität und Zukunftsfähigkeit der Quantum beiträgt.

Neuausrichtung nach einer Krise

Die gescheiterte Kooperation bedingte eine strategische und strukturelle Neuausrichtung der Quantum. Eine der größten Herausforderungen war, mit deutlich weniger Ressourcen wachsende Aufgaben zu bewältigen.

Die Gesellschafter glaubten weiterhin an ihre Vorteile durch die Quantum und unterstützten die Neuausrichtung u. a. durch eine Kapitalaufstockung. Gleichzeitig war ihnen die Konzentration auf das Kerngeschäft der Energiebeschaffung wichtig. Einige Mitarbeiter wollten die Quantum bei dieser Gelegenheit gleich gesamtagil ausrichten. Dass agiles Arbeiten nachweislich erfolgreicher als klassisches Vorgehen ist, hatten sie bei einzelnen Aktivitäten bereits bewiesen. Die Geschäftsführung stand vor der Entscheidung, die *Strategie* auf klassischem Wege weiterzuentwickeln und dann das Arbeiten nach agilen Werten nach und nach einzuführen oder Strategieentwicklung und Arbeiten nach agilen Werten sofort ganzheitlich bei der Quantum anzuwenden und damit auch das in Teilen der Belegschaft bereits vorhandene Momentum zu nutzen. Die Entscheidung fiel auf die letztere Variante. Aus heutiger Sicht war es eine gute Entscheidung.

34.3   Wie sind wir bei der Einführung agiler Arbeitsweisen vorgegangen?

Organisatorisch war die *Quantum* vor der Umstellung auf agile Arbeitsweisen aufgrund des hohen Umsatzes strukturell nach dem sogenannten Sechs-Augen-Prinzip aufgestellt. Damit folgten wir den gesetzlichen Anforderungen sowie geltenden Branchenstandards. Dementsprechend waren die Ausführung von Handelsgeschäften, deren Kontrolle und der letztendliche Finanzfluss organisatorisch in verschiedene Bereiche getrennt. Auch in der agilen Transformation des Unternehmens haben wir einen Weg gefunden, das Sechs-Augen-Prinzip fortbestehen zu lassen. Die Ebene der vormaligen Bereichsleiter, die zusammen mit der Geschäftsführung die Geschäftsleitung bildeten, ist entfallen. Die Organisation besteht nunmehr aus einer Teamstruktur mit *Product Owner* und *Scrum Master*.

Uns wurde schnell klar, dass wir bei der speziellen Kombination aus strategischer und kultureller Neuausrichtung des Unternehmens mit externer Hilfe schneller und besser vorankommen würden. Gefunden haben wir diese Unterstützung bei den Coaches von agile42, einem Berliner Unternehmen, das sich auf die ganzheitliche agile Transformation von Unternehmen spezialisiert hat und heute weltweit zu einem der führenden Anbieter in diesem Bereich zählt.

Agile Grundlagen und Analyse der Ist-Situation

Wir starteten im Herbst 2017 mit einem Workshop für das gesamte Team der Quantum. Grundlegende Begriffe, Werte und Prinzipien agiler Arbeitsweisen wurden vermittelt und vereinbart. Insbesondere Übungen wie das „Ball Point Game" halfen uns und unserem Team, die Logik und Vorteile agiler Prozesse besser zu verstehen. Im Kern geht es darum, möglichst viele Bälle möglichst schnell durch die Hände der Teammitglieder zu bewegen.

Nach anfänglichen Schwierigkeiten konnten mithilfe von *Reviews* (Was haben wir geschafft?) und *Retrospektiven* (Wie haben wir zusammengearbeitet und was können wir verbessern?), in denen der Prozess überprüft und adaptiert wurde, schnell deutlich bessere Ergebnisse erzielt werden. Weitere Übungen erhöhten die Lerneffekte und Aha-Momente, insbesondere was die verschiedenen Rollen und Verantwortungen in agilen Scrum-Teams angeht.

Diese ersten Lernerfahrungen beim Arbeiten nach agilen Prinzipien wurden ergänzt durch eine Ist-Aufnahme der Organisationskultur der Quantum. In verschiedenen Workshops und Interviews sowohl mit der Geschäftsführung als auch mit den einzelnen Mitarbeitern wurde ein sogenanntes Kulturprofil des Unternehmens (*Organizational Culture Profile, CVF*) erstellt.

Dabei stellte sich u. a. heraus, dass Vision, Strategie und operative Umsetzung nicht kongruent waren. Einige Unzulänglichkeiten hatten gute Gründe. Beispielsweise waren etliche Prozesse notwendigerweise eher von *Compliance-Anforderungen* als von großem Kundennutzen geprägt. In anderen Fällen waren es eher unangenehme und unbefriedigende Erkenntnisse. Aus heutiger Sicht machten uns Priorisierungskonflikte, eine zu starke Konsensorientierung und Mitarbeiter, die sich gefühlt nicht genügend autorisiert sahen, langsamer in Entscheidungen und deren Umsetzung.

Erlauben Sie uns bereits an dieser Stelle einen kurzen kommentierenden Rückblick. Von der Ist-Analyse waren wir in Teilen negativ überrascht. Wir waren der Meinung, dass die Quantum ein nach absolut zeitgemäßen und in einigen Bereichen auch sehr fortschrittlichen Führungsstilen und Arbeitsmethoden agierendes Unternehmen war. Dennoch gab es offenbar Defizite. Rückblickend, nach einem Jahr agiler Arbeit und Transformation, werden diese Defizite im Vergleich klarer. In drei Sätzen zusammengefasst: Das Niveau war schon ganz gut. Die zeitgemäße (agile) Latte liegt höher. Jetzt sind wir da auch drübergesprungen. Es bleibt die Gewissheit, dass die Latte wieder höher gelegt werden wird. Und wir werden wieder springen.

Wie sahen nun unsere wesentlichen Veränderungen aus?
Umstellung der klassischen Linienorganisation auf eine matrixähnliche Teamstruktur. Entwicklung einer klaren Strategie mittels „*Agile Strategy Map*".[1] Darüber hinaus eine für alle transparente Darstellung und Priorisierung aller laufenden Initiativen, Projekte und tagesgeschäftlichen Aufgaben. Und weiterhin die Etablierung eines *Pull-Systems*, das den Teams erlaubt, sich in einer nachhaltigen Geschwindigkeit priorisierte Aufgaben zu „ziehen". Diese Teams wollten wir *crossfunktional* so zusammensetzen, dass sie über alle notwendigen Kompetenzen verfügen, um ein Produkt oder ein Projekt vollständig von Anfang bis zum entstehenden Kundenwert („end-to-end") zu liefern. Dabei sollte der Kunde insbesondere durch kurze und systematische Feedbackschleifen wieder mehr in den Mittelpunkt gerückt werden. Über eine transparente, ehrliche und wertorientierte Fortschrittskontrolle wollten wir jedem jederzeit den Überblick ermöglichen.

---

[1] Vgl. dazu agile42 (2019).

Nach und nach wurden neue „agile Teams" gegründet. Die Strategie wurde als ständige Aufgabe eines Strategiekreises laufend überarbeitet und auf dem Strategiebord mit allen geteilt. Ein Taktikbord (Portfoliobord) wurde etabliert, auf welchem sich alle laufenden Projekte und Initiativen wiederfinden.

Exkurs zum Sprachgebrauch: Bords und Boards

Im weiteren Verlauf werden Sie immer wieder die beiden Begriffe Bord und Board lesen. Dabei handelt es sich weder um Willkür noch um Tippfehler. In unserem Quantum-Sprachgebrauch, der hier und da von dem allgemeingültigen für agiles Arbeiten abweicht, handelt es sich bei einem Bord um ein physisch an der Wand hängendes Brett. Als Board wird eine Gruppe von Menschen bezeichnet, die grundsätzlich ähnlich wie ein Team arbeitet. Einige „Team"-Kriterien werden allerdings nicht erfüllt. Beispielsweise haben wir definiert, dass ein Team mindestens 80 % seiner Regelarbeitszeit gemeinsam an Themen und Projekten arbeitet und enge tägliche und zweiwöchige Arbeits- und Besprechungsrhythmen hat. Teams arbeiteten i. d. R. mit Scrum und Boards eher mit Kanban. Die Mitglieder der Boards können nicht immer alle in der gleichen Intensität an gleichen Themen und Projekten arbeiten. Nach den positiven Erfahrungen der ersten Teamgründungen haben wir uns für den Weg dieser Sondergruppierung entschieden, konkret für die Themen Vertrieb und Innovation (EFM). Zwei Gründe waren für diese Entscheidung besonders ausschlaggebend: Erstens war die Zusammenarbeit der Teams aus den nachfolgend beschriebenen Gründen sehr erfolgreich. Diesen Erfolg wollten wir in der Abarbeitung möglichst aller Aufgaben der Quantum nutzen. Zweitens haben wir festgestellt, dass ein, wenn auch schrittweises, so doch gesamtheitliches Umstellen auf agiles Arbeiten den größten Erfolg für das Unternehmen und damit für die Kunden bringt.

Euphorie bei der Etablierung des ersten Pilotteams

Zurück zu der Formierung und Entwicklung der neuen Teams. Zunächst haben wir ein Pilotteam zusammengestellt, dass sich voll auf unser höchstpriorisiertes Projekt fokussieren sollte: die Automatisierung unserer Kernprozesse.

Das Team sollte die strategisch zentrale Aufgabe der Kostensenkung durch *Prozessautomatisierung* voranbringen. Die Gründung war relativ einfach. Die benötigten IT-Kompetenzen waren klar und standen glücklicherweise mit drei bereits vorhandenen Mitarbeitern zur Verfügung. Das neue Team musste allerdings weitestgehend von tagesgeschäftlichen Aufgaben befreit werden, damit sich seine Mitglieder hinreichend auf ihre neuen Aufgaben fokussieren konnten. Das erforderte eine gewisse Aufgabenumverteilung und Mehrbelastung für andere Mitarbeiter, ohne dass diese abschätzen konnten, ob sich die Investition in das neue Automatisierungsteam für sie lohnen würde. Diese offene Frage führte zumindest anfänglich zu einer gewissen Skepsis. Das neue Team wurde um Product Owner und Scrum Master ergänzt. Zwei Mitarbeiter konnten aufgrund von Fortbildung und Projekterfahrung aus den zuvor beschriebenen agilen „Vorläuferprojekten" sowie vorhandener Führungserfahrung die Rollen und Verantwortung übernehmen. Es entstand also quasi ein in der Teamzusammensetzung und der *Scrum-Methodik* lehrbuchmäßiges

Scrum-Team, welches sich zudem um die für agile Teams typische Aufgabe der Softwareentwicklung kümmern sollte.

Das Team begann sofort, in zweiwöchigen *Sprints* ein vom Product Owner priorisiertes Backlog abzuarbeiten, sich täglich in 15-minütigen *Dailys* abzustimmen und die Ergebnisse am Sprint-Ende im *Review Meeting* den Nutzern und Kunden zu präsentieren. In der sich anschließenden Retrospektive wurde zusammen mit dem *Scrum Master* analysiert, wie man die Zusammenarbeit im Team im nächsten Sprint, also in den nächsten zwei Wochen, verbessern kann. Dabei ist eine besonders wichtige positive Erfahrung, dass aus jeder Retrospektive mindestens eine Verbesserungsmaßnahme sofort umgesetzt wird.

Dieses erste Scrum-Team funktioniert bis heute am besten. Die Teammitglieder liefern stetig kleinere Automatisierungspakete aus, sie verbessern sich von Sprint zu Sprint, bilden sich fort, bauen neue Kompetenzen auf und werden ihre Dienstleistung mittelfristig auch extern vermarkten. Bei alledem sind die Stimmung und die Moral im Team ausgesprochen hoch, da es regelmäßig von den Nutzern für seinen gelieferten Mehrwert gelobt wird. Den anderen Mitarbeitern helfen die vom Team entwickelten Werkzeuge, ihre Arbeit effizienter zu machen. So hat sich auch für sie ihre anfängliche Investition in die Mehrbelastung gelohnt, weil sie jetzt besser arbeiten können als zuvor. Letztlich ist das beste Argument immer noch der Erfolg, der für sich spricht.

Ernüchterung bei der Formierung weiterer Teams

Trotzdem wollten wir ausprobieren, ob agile Konzepte auch in diesen Bereichen ihre positive Wirkung entfalten können. Wir entschlossen uns also in einem zweiten Schritt zu dem Experiment, die Aufgabenbereiche Vertrieb und EFM im Rahmen von Boards zu bearbeiten. Die entsprechenden Mitarbeiter trafen sich ab sofort in einem wöchentlichen Rhythmus, um gegenseitig den Fortschritt zu kommunizieren und weiter zu planen. Gleichfalls begann das Team mit Retrospektiven, um mindestens alle zwei Wochen nach Verbesserungsmöglichkeiten zu suchen und Lernzyklen zu initiieren.

Allerdings zeigten das Automatisierungsteam und auch diese beiden Board-Experimente, dass Arbeiten nach agilen Werten keine Wunderwaffe für alte kulturelle Probleme ist. Im Gegenteil, die erhöhte Transparenz macht auch bisherige Defizite (z. B. zu wenig Mitarbeiter für zu viele Themen) für alle noch deutlicher. Das hat zunächst einmal negative Auswirkung auf die Arbeitsdynamik und das Teamgefühl.

Dazu kommt, dass in diesen Bereichen auch die Geschäftsführung inklusive Assistenz gemeinsam in der Rolle „Board-Mitarbeiter" tätig sind. Das kann beim Sender wie beim Empfänger gleichermaßen in Einzelfällen zu Missverständnissen führen, aus welcher Rolle jetzt gerade gesprochen wird und ob es die in dieser Situation richtige Rolle ist. Trotz der Verbesserungspotenziale setzen wir auch die Arbeit in den Boards weiter fort. Der wichtigste Grund für uns ist die Steigerung der Transparenz für alle Beteiligten, die zu vermehrtem und besserem Ressourceneinsatz bei diesen Themen führt. Zudem steigt die Entscheidungsgeschwindigkeit, da alle Beteiligten regelmäßig kurz zusammenkommen. Die Schlagzahl und der Output wird gesteigert.

Für die Prozessautomatisierung hatten wir also ein sehr gut funktionierendes Team auf den Weg gebracht. Dazu zwei Boards für die Bereiche Vertrieb und Innovation. An der Optimierung der Arbeit in den Boards arbeiten wir bis heute und haben noch nicht alle gesteckten Ziele erreicht. Insgesamt waren ca. 50 % der Mitarbeiter in diese ersten Gehversuche mit agilen Teams und Boards involviert. Dies hatte auch zur Folge, dass bei der anderen Hälfte der Mitarbeiter, die sich mit den überwiegend tagesgeschäftlichen Aufgaben der Quantum befassen, der Wunsch entstand, sich auch in einer agilen Art und Weise neu zu formieren. Kulturell ist uns wichtig, alle Mitarbeiter als ein „Gesamtteam" zu einen. Dies könnte eventuell durch eine „Wir-versus-Die-Gruppierung" gefährdet werden – wir, die Innovativen, Guten und Erfolgreichen, versus die Rückständigen und Langsamen.

Ausweitung auf das gesamte Unternehmen
Um die Veränderungsdynamik und das agile Momentum auf die gesamte Quantum auszuweiten, gründeten wir ein Scrum-Team im Herzen des Kerngeschäftes der Quantum. Dadurch entstand das anzahlmäßig größte und heterogenste Team der Quantum. Neue und ehemalige Führungskräfte, progressive und konservative Mitarbeiter, unterschiedlichste Charaktertypen und Kompetenzen, quer durch die verschiedensten Aufgabenbereiche. Die Arbeitslast teilt sich zu 80–100 % auf wiederkehrende Aufgaben des Tagesgeschäftes und nur zu 0–20 % Zeit für Projektgeschäft auf. Zudem sind etliche Aufgaben prozess- und marktbedingt in ein enges zeitliches Korsett gezwängt und erlauben keine Verschiebung, von Fehlern ganz zu schweigen. Aufgrund des täglichen Scrum- und des dreiwöchigen Sprint-Rhythmus mit allen zugehörigen Abstimmungen ist der Fokus und die *Lerndynamik* im Tagesgeschäftsteam höher als bei den Boards für Vertrieb und Innovation. Die kulturellen Herausforderungen durch ein größeres Team aus unterschiedlichen Typen und Charakteren sind größer als in den anderen Teams und Boards. Insbesondere das neue Rollenverständnis von ehemaliger Führungskraft, Mitarbeiter, Product/Lane Owner und Scrum Master produziert Abwehrhaltungen, Missverständnisse und Diskussionen. Auch hier sind wir noch nicht zufrieden und bei allen kleinen Erfolgen, die uns ermuntern, mit diesem Team in dieser Struktur fortzufahren, gefühlt eher immer noch am Beginn einer langen, – aber am Ende sicher erfolgreichen – Reise. Konsequenterweise werden wir unser neues Geschäftsfeld „Wertorientierte Vertriebssteuerung" in die Vertriebs-Board-Struktur integrieren.

34.4   Was machen wir in einem agilen Management-Framework konkret anders?

Was konkret machen wir also anders oder neu mit dem Arbeiten nach agilen Werten? Was ist Bekanntes oder gar Bewährtes mit anderer Nomenklatur? Was ist Evolution und was Revolution? Oder hat da „Beraterintelligenz" in einer neuen Serienstaffel PowerPoint-Kino ihr altes Geschäftsmodell neu verfilmt und digital „remastert"? Nett anzusehen, aber im Grunde immer wieder die alten Geschichten? Nun, es ist ein wenig von allem. Was wir für uns zum Erfolg umgesetzt haben, wollen wir Ihnen auf den folgenden Seiten am Beispiel unseres Unternehmens zeigen.

Durchgängigkeit und Transparenz in der Unternehmenssteuerung

Was uns besonders überzeugt, an unserer individuellen Art nach agilen Werten zu arbeiten, ist die Durchgängigkeit und Schlüssigkeit des gesamten Vorgehens sowie die physische Transparenz für alle in einem sogenannten *Obeya-Raum*.[2] Die Unternehmensvision und Strategie befindet sich physisch auf einem „Strategiebord" an einer Wand, die aktuellen Zielvereinbarungen auf der zweiten und die taktischen Maßnahmen des sogenannten „Taktikbords" auf der dritten Wand des gleichen Raumes. So sind auf gewisser Abstraktionsebene für alle die wichtigsten strategischen und taktischen Maßnahmen in einem Raum ersichtlich. In diesem Raum findet sowohl die strategische Arbeit des Strategiekreises, bestehend aus Geschäftsführung, Product Owner und Scrum Master der Quantum, statt, als auch die regelmäßigen „Taktikbordmeetings" mit allen Teammitgliedern.

Die Unternehmensvision befindet sich ganz oben auf der „*Strategiewand*", weil sich aus ihr alle strategischen Handlungsfelder und Maßnahmen ableiten und auf sie einzahlen müssen.

Vision und Strategie mit ihren Handlungsfeldern und Maßnahmen werden vom Strategiekreis erarbeitet und weiterentwickelt. Hauptsächlich geschieht dies in regelmäßigen 14-täglichen Strategiebordmeetings. Abgesehen davon geschieht dies in Klausuren des Strategiekreises, an denen auch zweimal im Jahr einige Gesellschafter und Kunden teilnehmen. In den einmal monatlich stattfindenden „Open-Quantum-Days" sind die Mitarbeiter gebeten, pro Veranstaltung ihrerseits mindestens eine strategische Idee oder ein Handlungsfeld vorzuschlagen und zu pitchen.

Aus den strategischen Maßnahmen leiten sich mögliche Erfolgsfaktoren ab. Sogenannte *Experimente* liefern den empirischen und faktischen Beweis, dass es sich entweder um erwiesene Erfolgsfaktoren handelt oder dass diese verworfen werden müssen. Im letzteren Fall müssten neue, geeignetere Erfolgsfaktoren für die strategische Maßnahme gefunden und bewiesen werden. So wird sichergestellt, dass Optimierung zur ständigen, nicht rastenden Aufgabe wird. Es besteht allerdings auch die Möglichkeit, dass Erfolgsfaktoren betriebs- und energiewirtschaftlicher Erfahrung sowie gesundem Menschenverstand folgend als erwiesen angesehen werden können. In diesen Fällen erübrigen sich Experimente.

Alle nachgewiesenen Erfolgsfaktoren finden sich in der Erfolgsgeschichte des Unternehmens wieder. Damit Erfolg auch Erfolg bleibt, ist es wichtig, notwendige Bedingungen zu realisieren. Erfolg zu haben ist wie Schwimmen gegen den Strom. Wer aufhört, nachhaltig daran zu arbeiten, treibt zurück. Erfolgsfaktoren sollen vor allem von den Teams formuliert und in die Diskussion eingebracht werden. Diese Einbeziehung soll sicherstellen, dass die Teammitglieder durch ihre Mitgestaltung die Strategie auch als ihre (an-)erkennen und sich entsprechend selbst darauf verpflichten.

Die Teams formulieren die notwendigen Bedingungen, die zur Realisierung der Erfolgsfaktoren erforderlich sind. Wird der Strategiekreis von der Notwendigkeit überzeugt,

---

[2] Obeya-Raum: Japanisch für „großer Raum", eine wichtige Komponente des Toyota-Produktionssystems für schnellste Kommunikation und kürzeste Entscheidungswege.

ist es dessen Dienstleistung, die benötigten Ressourcen zur Verfügung zu stellen. Diese Diskussion findet regelmäßig 14-täglich zwischen Strategiekreis und den Teams als Teil des Taktikmeetings am Strategiebord statt.

Strategie-, Taktik- und Zielbords

Das *Strategiebord* (Abb. 34.1) ist in vier vertikale Bereiche von links nach rechts strukturiert. Links befindet sich die Erfolgsgeschichte der Quantum, die aus den erwiesenen *Erfolgsfaktoren* besteht. Rechts davon befindet sich der Bereich für das laufende Jahr mit den strategischen Handlungsfeldern, Maßnahmen und den dazugehörigen möglichen Erfolgsfaktoren sowie den dazu gehörenden notwendigen Bedingungen. Weiter im Anschluss finden sich die gleichen Inhalte für das Folgejahr und den Zeitraum zwei bis fünf Jahre in die Zukunft.

Erfolgsfaktoren und notwendige Bedingungen gehen teilweise in Zielvereinbarungen und teilweise in *Chancenskizzen* ein. Zielvereinbarungen werden als jährliche Unternehmensziele und als Quartalsziele zwischen Teams, Boards und Strategiekreis vereinbart. In den gleichen Veranstaltungen werden die Zielerfolge präsentiert und gefeiert. Alle aktuell vereinbarten Ziele finden sich als Zielkarten auf dem Zielbord.

Die dritte Wand, das Taktikbord (Abb. 34.2) ist in fünf Abschnitte von links nach rechts unterteilt. Der erste Abschnitt enthält die Ladezone für Ideen und Chancen. Die erste, sich nach rechts anschließende Qualifikationsphase beantwortet im Wesentlichen die Frage, was uns, vor allem den Kunden, das Produkt oder Projekt für Vorteile oder Werte bringen soll. Danach wird in der Planungsphase die Frage nach dem Aufwand beantwortet. Stehen Aufwand und Nutzen im richtigen Verhältnis, schließt sich die Realisierungsphase an. In der letzten Phase, der Monitoringphase, beurteilen wir, ob wir das Richtige, in der erwarteten

Abb. 34.1 Mitarbeiter des Strategiekreises vor dem Strategiebord

Abb. 34.2 Taktikbord

Zeit, geliefert haben und welche Erkenntnisse wir daraus für zukünftige Produkte und Projekte ziehen können.

Chancenskizzen

Zur besseren, faktenbasierten Diskussion, Beurteilung und Verfolgung der einzelnen Projekte und Produktideen bedienen wir uns sogenannter *Chancenskizzen* (Abb. 34.3). Diese stellen auf hoher Abstraktionsebene das Warum, Wie und Was aus strategischer und kommerzieller Wertesicht für den Kunden dar. Mit *Metriken* verfolgen wir möglichst empirisch den Projektverlauf und nutzen die Erkenntnisse vor allem für eine Verbesserung der zukünftigen Sprint-Planung. Diskussionen und vor allem Entscheidungen des Übergangs von einer in die nächste Phase geschehen in 14-täglichen Taktikbordmeetings. Daran nehmen alle Teams teil. Der für alle verpflichtende Teil besteht aus zehn Minuten Strategie und zehn Minuten Taktik. Sollten sich einzelne Punkte als diskussionswürdig erweisen, werden die Detaildiskussionen anschließend in kleineren Gruppen fortgesetzt.

Die Chancenskizzen wiederum sind Teilinhalt und Strukturierungselement der Scrum- und Kanban-Bords der einzelnen Teams und Boards (Abb. 34.4). In den täglichen beziehungsweise wöchentlichen Team- und Board-Arbeitsmeetings werden diese schließlich in Sprints und Einzelaufgaben aufgeteilt und von den Mitarbeitern abgearbeitet.

34.5   Erfolge und positive Effekte der agilen Ausrichtung

Höhere Kunden- und Nutzerorientierung

Durch regelmäßige Iterationsschleifen und Feedbackrunden mit Kunden und Nutzern erreichen wir schnellere Lernzyklen, fokussierteres Arbeiten und letztlich Produkte, die der (interne) Kunde und Nutzer wirklich haben will.

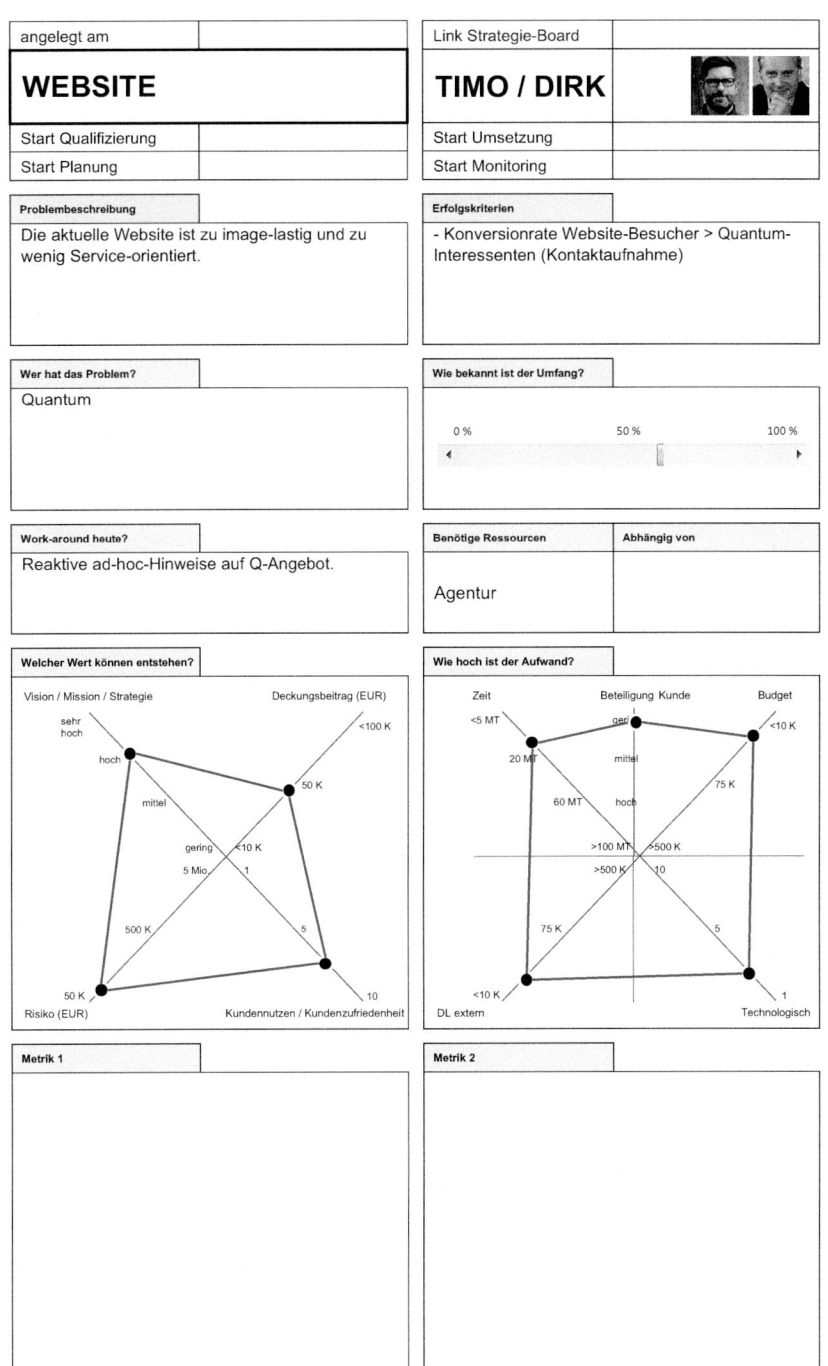

Abb. 34.3 Chancenskizze

Abb. 34.4 Scrum-Bord Team Gold

Höhere Produktivität

Durch gestiegene Transparenz bei den täglichen Arbeiten in den Teams und zielgerichteteren Einsatz von Ressourcen und Kompetenzen sowie zunehmende Automatisierung steigt der Output.

Schnellere Lieferung von Projekten und Produkten

Durch kurze tägliche Besprechungen (Daily) und regelmäßige (14- oder 21-tägliche) Projektergebnisbewertungen (Sprint-Review), Teamfeedbackrunden (Retrospektive) sowie fokussiertes, konzentriertes Arbeiten wird die Gesamtlaufzeit von Projekten verkürzt und einzelne Produktbausteine werden schneller geliefert.

Wachsende Kompetenz

Durch für alle transparente und ständig sichtbare Kompetenz- und Fähigkeitenmetriken der Teammitglieder kommt es zu einem gezielteren Einsatz von Kompetenzen und persönlichen Fortbildungsmaßnahmen, die das Team fördern und die Unternehmenskompetenz erweitern. So haben wir z. B. in einem Team im Rahmen der Automatisierung unserer eigenen Prozesse so viel gelernt, dass wir unsere Erkenntnisse nun auch als Dienstleistung „Automatisierung von energiewirtschaftlichen Prozessen" vermarkten können.

Hohe Durchgängigkeit von Vision und Mission bis zur operativen Umsetzung
Durch konsequente Ab- und Herleitung aus Vision und Strategie werden nur Projekte und tagesgeschäftliche Aufgaben umgesetzt, die konkret darauf einzahlen. Unterstützt wird dieses Vorgehen durch die physische Visualisierung der übergeordneten Unternehmensaufgaben auf Strategie-, Ziel-, und Taktikbord in einem Raum. Das Taktikbord wiederum hat über die Chancenskizzen definierte Schnittstellen zu den Scrum- und Kanban-Bords der Teams.

Gestiegene Identifikation und Selbstverpflichtung aller Mitarbeiter
Durch die ständige sichtbare Arbeit der Geschäftsführung an der Unternehmensvision sowie den strategischen Handlungsfeldern und die Möglichkeit der Mitarbeiter, an der Strategie mitzuarbeiten, steigt die Identifikation jedes Einzelnen mit den Unternehmensaufgaben. Dies wiederum führt zu schlüssigeren Zielvereinbarungen.

Stärkere Delegation von Verantwortung und Steigerung der Entscheidungsgeschwindigkeit
Durch die Mitarbeit aller an der Strategie und einer 14-täglichen Besprechung der taktischen Maßnahmen am „Taktikbord" hat jeder auf entsprechender Abstraktionsebene einen Überblick, was im Unternehmen vor sich geht. Vision und strategische Handlungsfelder entwickelt und entscheidet die Geschäftsführung mit dem Strategiekreis. Die einzelnen aus den Handlungsfeldern abgeleiteten strategischen und taktischen Maßnahmen werden gemeinsam erarbeitet und operative Entscheidungen werden in und durch die Teams getroffen. Dadurch erhöht sich die Qualität und Geschwindigkeit von Entscheidungen.

Attraktivität als Arbeitgeber
Durch Beteiligung an der Erarbeitung und Entwicklung der Unternehmensstrategie und durch mehr Entscheidungskompetenz identifizieren sich die Mitarbeiter mehr mit ihren Teams und dem Gesamtunternehmen, was dessen Attraktivität letztlich nicht unerheblich steigert.

Mehr Spaß an der Arbeit
Durch höhere gelebte Eigenverantwortung und Entscheidungskompetenz sowie Transparenz der Erfolge der Teams und jedes Einzelnen wachsen der Zusammenhalt und der Spaß in den Teams und an der Arbeit.

34.6 Ängste, Rückschläge und Auswege

Im zurückliegenden Jahr haben wir etliche interne und externe Gespräche mit allen Anspruchsgruppen geführt. Wir haben mit sachlichen und auch mal mit emotionalen Argumenten um die besten Lösungen und Vorgehensweisen gerungen. Ja, manchmal mehr oder weniger lautstark gestritten. Manches war energiespendend, einiges frustrierend, hier und da waren wir amüsiert und Zeiten der Sorge waren auch dabei. Vieles hat nur Wochen gedauert, bis es „schon wieder" geändert wurde. So hat es ein Jahr gekostet, bis wir heute so halbwegs der Auffassung sind, im Arbeiten nach agilen Werten angekommen zu sein. Die meisten Investitionen haben sich gelohnt. Wir wissen, unser Weg der Veränderung ist noch lang. Und gerade diesen Weg werden wir mit Freude und Erfolg weiter beschreiten.

Das Wichtigste auf einem schwierigen Weg
Sollten Sie sich, gleich uns, auf den Weg machen, seien Sie auf einiges gefasst. Man wird Sie nicht uneingeschränkt dafür lieben, was Sie tun. Es gibt gerade am Anfang mindestens genauso viel Widerstand und Skepsis wie Unterstützung und Tatendrang. Wir hatten vielleicht einen ganz speziellen Vorteil: Veränderungsbereitschaft und -willen aus der Notwendigkeit der Situation heraus. Gleichwohl hatten auch wir wahrscheinlich mit ähnlichen Anteilen von Veränderungsängsten in allen Anspruchsgruppen und bei allen Beteiligten zu kämpfen, wie andere auch.

Der aus unserer Sicht wichtigste Punkt: Eine derartige Veränderung muss von der höchsten zuständigen Managementebene nicht nur akzeptiert, sondern mit voller Kraft und mit allen zur Verfügung stehenden Ressourcen und Maßnahmen mit vorangetrieben werden. Mal „ein bisschen" agil arbeiten in möglichst nur einer, am besten der IT-Abteilung – die sind sowieso anders als die anderen – ist zum Scheitern verurteilt. Und ohne engagierte Mitarbeiter geht sowieso nichts.

Umgang mit Verantwortung
Eine meiner größten Sorgen als Geschäftsführer war es, dass bei der Verantwortungs- und Aufgabenverlagerung wichtige Aufgaben „zwischen die Ritzen" fallen. Ich fürchtete, dass diese dort verschollen blieben, bis die daraus erwachsenden negativen Konsequenzen plötzlich und unerwartet, gleichsam als feindliche U-Boote, wieder auftauchten.

Unbeliebte Aufgaben und Feedback
Demnach lohnt es sich, wie bei jedem Verantwortungswechsel, ein besonderes Augenmerk auf die Ausführung ungeliebter Tätigkeiten zu haben. Das was seinen Neigungen entspricht, tut jeder gern. Auch an Scrum- und Kanban-Bords hängen oft als lästig empfundene Aufgaben. Darüber hinaus muss nun ein Team lernen, vermehrt offenes, wertschätzendes, individuelles, persönliches und professionelles *Feedback* zu geben. Für manchen ist dies eine unangenehme Aufgabe. Es ist immer schwerer, „mit" als „über" zu sprechen. Langjährige Führungskräfte weisen in dieser Disziplin oft Defizite auf. Dabei ist nicht nur die gute Ausführung eine Kunst. Im erfolgreichen Fall ergibt sich positive Verhaltensänderung und belohnt den teils auch erheblichen emotionalen Aufwand eines weiteren persönlichen Gesprächs.

Personalentscheidungen und Verantwortung
Was für einige selbst im Team schwer wiegt, ist die Verantwortung für Personalmaßnahmen, die erforderlich werden, falls eben keine Verhaltensänderung eintritt. Im ärgsten Fall

würde das bedeuten, dass ich mit verantwortlich bin, wenn jemand seinen Arbeitsplatz verliert? Ich soll sogar (mit) die Entscheidung treffen?

An dieser Stelle eine klarstellende Anmerkung aus der Sicht des Geschäftsführers: Als langjährige Führungskraft habe ich Verständnis für dieses (Mit-)Empfinden. Allerdings ist und bleibt klar: Ein System sucht sich seine Menschen und die Menschen suchen sich ihr System. Jeder hat immer die Wahl und entscheidet, was er oder sie tut. Demnach ist jeder für sein eigenes Handeln und die daraus erwachsenden Konsequenzen verantwortlich. Auch ein agiles Team kann nur funktionieren, wenn jeder seinen fairen Beitrag leistet. Die Toleranz hört da auf, wo sie die Freiheit des anderen einschränkt.

Hier und da wird der Wunsch nach mehr Mitsprache oder autonomer Entscheidung der Teams bei Gehältern und Einstellungen formuliert. Gerne werden dann Unternehmen zitiert, in denen (angeblich) die Mitarbeiter die Gehälter selber bestimmen, die Teammitglieder Einstellungen vornehmen und die Geschäftsführer von der Belegschaft gewählt werden. In besonders situierten eigentümergeführten Unternehmen, wo der Eigentümer eher Fach- (z. B. IT-) als Führungsexpertise hat, mag das im gegenseitigen Interesse liegen und sogar das Beste für das Unternehmen sein. In den meisten Unternehmen ist das weder von den Eigentümern gewünscht, noch ergibt es Sinn. Wir wissen von einem Unternehmen, das seit Jahren komplett agil arbeitet und in welchem die Mitarbeiter gemeinsam alle Gehälter, von allen, vor und mit allen, transparent diskutieren und festlegen wollen. Die Konsequenz gestand uns die Geschäftsführerin ein: Die Mitarbeiter können sich wohl nicht recht einigen und es hat seit Jahren keine Gehaltserhöhung mehr gegeben.

Nun, ob es in dem Unternehmen wirklich keine Gehaltserhöhungen gab, mag ich nicht beurteilen, allein die mögliche Realität zeigt die Schwierigkeit des Themenfeldes auf. An dieser Stelle gestehen wir schon mal, dass wir dieses Thema für uns auch noch nicht neu geregelt haben und es somit Bestandteil unseres Ausblicks dieses Erfahrungsberichtes bleiben muss. Bei den Personal-Einstellungen werden wir allerdings, was die fachliche Eignung und die Passung in die Teams angeht, die vorhandenen Team-Mitglieder stärker an der Kandidatenauswahl und Einstellungsentscheidung beteiligen.

Beim Übergang auf das Arbeiten nach agilen Werten geht es neben der methodischen Vielfalt wie gesagt auch darum, dass Verantwortung ebenfalls und gerade für unpopuläre oder ungeliebte Aufgaben verlagert wird oder, präziser gesagt, genommen („gepullt") und abgearbeitet wird.

Was tun Sie also, wenn Sie als erfahrene Führungskraft sehen, dass konkrete Aufgaben nicht getan werden? Wenn Sie die negativen Konsequenzen durch Nichthandeln absehen können, ja es Sie sogar förmlich anspringt? Unterstellen wir mal, dass Ihre Weitsicht hier die richtigen Schlüsse gezogen hat. Sie finden sich also in einem täglichen Dilemma wieder, nicht mehr Anweisungen erteilen zu wollen und vielleicht auch nicht mehr zu sollen. Können und sollten Sie darauf „warten", dass jemand freiwillig die Aufgabe nimmt? Nicht zu vergessen die Identifikationskrise, die fast jeder Beteiligte durchläuft. Das trifft auf Geschäftsführung und Führungskräfte genauso zu wie auf Teammitglieder. Die Eine fragt: *„Habe ich dafür überhaupt noch die Verantwortung? Habe ich hier überhaupt noch was zu sagen?"* Der Andere sagt: *„Auch wenn ihr als Geschäftsführung sagt, es gibt jetzt keine Geschäftsleitung mehr und das Team soll diese Aufgabe selbstständig nehmen (pullen)* *und abarbeiten, so werdet ihr doch immer noch als Geschäftsleitung wahrgenommen und deshalb ist und bleibt das auch eure Aufgabe!"*

Wachsende Anforderungen an Führungskräfte

Hier bestätigt sich das, was im Zusammenhang mit agilen Konzepten oft gesagt und geschrieben wird. Die Rolle der Führungskraft in einem agilen Kontext verändert sich weiter. Für den einen oder die andere fundamental. Nicht erst im agilen Kontext brauchen Führungskräfte andere Kompetenzen und Haltungen als die sogenannten klassischen. Daran arbeiten wir seit Jahrzehnten. Auch hier ist interessant, dass es beinahe so viele Meinungen über das aktuelle Führungs- und Entscheidungsmodell in einem Unternehmen gibt wie Beteiligte im System. Selbst wenn ein Geschäftsführer meint, schon lange kooperativ zu führen, heißt das noch lange nicht, dass seine Führungskräfte oder die Mitarbeiter das auch so sehen. Wie heißt es doch so schön im Kommunikationsmodell: Der Empfänger entscheidet, was gesagt wurde und der Geführte entscheidet, wie er aktuell geführt wird.

Beim agilen Arbeiten werden die Defizite transparenter Das situative Führen von unterschiedlichsten Charakteren und das Einsetzen von Kompetenzen sowie das Delegieren von Aufgabe und Verantwortung werden noch wichtiger. Ohne dass ein Entscheidungs- und Verantwortungsvakuum entsteht, muss ein Teil der Verantwortung in die Teams gegeben und von diesen genommen werden. Wenn das letztendlich gelingt, ist die Führungskraft im agilen Kontext eher beratender, befähigender *Team-Coach*. Gleichwohl braucht es, vor allem in der Übergangszeit, in vielen Situationen jemanden, der mindestens die Diskussion im angemessenen Zeit- und Aufwandsrahmen zu einer Entscheidung führt oder diese in seiner Rolle und Verantwortung trifft.

Unsere Anteilseigner sehen auch weiterhin die Gesamtverantwortung und Führung des Unternehmens bei der Geschäftsführung. Gleichzeitig lassen sie uns mit großem Vertrauen den Veränderungsprozess durchführen. Und als Geschäftsführer macht es Freude, weiter zunehmend schrittweise Verantwortung zu delegieren, wo und wenn es erfolgversprechend ist sowie Verantwortungsbewusstsein und Kompetenz vorhanden ist.

▶ Hier noch eine persönliche Anmerkung an jene, die nach (mehr) Entscheidungsvollmacht streben: Führen Sie sich immer die Konsequenzen für sich selbst, für die, die Ihre Entscheidungen betreffen, und das Gesamtunternehmen vor Augen, die aus Ihrem Handeln entstehen können und werden. Tun Sie das gründlich. Überlegen Sie gut, ob Sie das dauerhaft wollen. Insbesondere wenn es darum geht, unpopuläre Entscheidungen zu treffen. Seien Sie ehrlich mit sich und bei der Beantwortung der Frage, ob Sie über die notwendigen Kompetenzen verfügen und ob Sie es wirklich ("besser") können. Und an die Führungskollegen appelliere ich gerne: Haben Sie den Mut und die Geduld, auch mal an angemessener Stelle etwas laufen zu lassen. Halten Sie es aus, dass Mitarbeiter es vielleicht sogar besser als sie machen oder leider aus den gleichen Fehlern, die wir selbst gemacht haben, lernen wollen. Und das, obwohl wir es vorher gesagt haben. Riskieren Sie die Delegation. Mancher hat mich sehr po-

sitiv überrascht. Das hätte nicht passieren können, wenn ich meine eigenen
Vorstellungen immer durchgesetzt hätte.

An dieser Stelle wäre es richtig und wichtig, auf Führen im agilen Kontext tiefer einzugehen. Hier sprächen Themen wie das von Dave Snowden entwickelte situative Führen im
Cynefin-Framework,[3] agile Führungsstile sowie gewaltfreie und achtsame Kommunikation zur Sache. Im Rahmen des Beitrags in diesem Buch steht nur ein begrenzter Platz zur
Verfügung. Wir werden unsere Erkenntnisse und Erfahrungen zu diesen Themenkomple-
xen demnächst an anderer Stelle veröffentlichen.

„*Was tun?*", sprach Zeus. Sorgen Sie als Erstes dafür, dass Ihre Führungskräfte sich
auch (weiterhin) als solche verstehen und ihre neuen Rollen und Verantwortlichkeiten
annehmen. Product und Lane Owner sowie Scrum Master sind Führungskräfte in diesem
Sinne. Bei einer Umorganisation kann es Entwicklungen in beiden Richtungen geben.
Ehemalige Führungskräfte gehen als Mitglieder in Teams auf. Oder Mitarbeiter mit entsprechenden Kompetenzen übernehmen eine der neuen Führungsrollen. Definieren Sie
gemeinsam mit Ihrem neuen Führungskreis das neue Rollenverständnis und die dazugehö-
renden Verantwortlichkeiten. Sorgen Sie insbesondere bei diesem Thema für Klarheit und
Unmissverständlichkeit.

Rollen und Verantwortlichkeiten
Als ein mögliches Beispiel erwähnen wir hier auszugsweise unser Modell der Rollen und
Verantwortlichkeiten (Abb. 34.5).

Geschäftsführung gemeinsam mit Product Owner und Scrum Master verantwortet,
erarbeitet, entwickelt und diskutiert als Strategiekreis permanent mit den Teams die Strategie und die strategischen Handlungsfelder. Die Geschäftsführung gibt die Unternehmensziele vor und die Teams bringen ihre Vorschläge für Quartals- und Individualziele in
die Vereinbarung ein.

Product Owner sind Führungskräfte, die mit Kunden und *Stakeholdern* die Anforderungen an und von Produkten erarbeiten. Sie verantworten Kundennutzen, Funktion, Design und Wirtschaftlichkeit der Produkte und Dienstleistungen. Sie managen die Span-
nungsfelder zwischen Kundenwünschen, strategischen Anforderungen und operativer
Umsetzung.

Scrum Master sind Führungskräfte, die u. a. dafür sorgen, dass die Teams das bekommen, was sie zur Erledigung der Arbeiten brauchen. Sie sorgen dafür, dass die Teams ihre
Ziele erreichen. Sie managen das Spannungsfeld zwischen strategischen Anforderungen
und operativen Machbarkeiten.

Mitarbeiter in Teams und Boards sorgen für die effiziente operative Umsetzung. Bei
ihnen wächst die Eigen- beziehungsweise Teamverantwortung hinsichtlich Effektivität,
Effizienz, selbstständigem Ziehen von Aufgaben und selbstständigem Lösen von Teilen
der Personalaufgaben und -konflikte.

---

[3] Vgl. Snowden (2000).

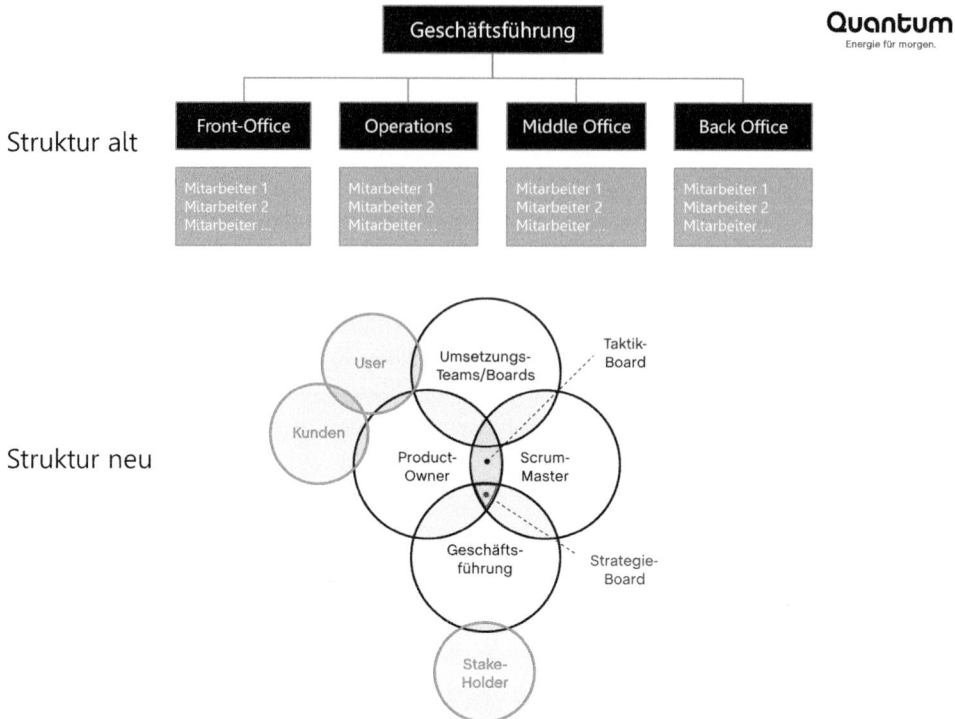

Abb. 34.5 Struktur alt und neu

Präsentieren und diskutieren Sie als neues Führungsteam die neue Rollen- und Verantwortungsverteilung gemeinsam mit allen Mitarbeitern und geben angemessen Gelegenheit für Feedback und Veränderungsvorschläge. Sorgen Sie hier insbesondere dafür, dass
alle nicht nur die gleichen Worte hören, sondern auch das gleiche Verständnis erwerben. In
diesem Zusammenhang gibt es noch eine handelsgesetzliche Komponente. Die Or-
ganfunktion „Prokurist" wird unabhängig von der neuen Teamstruktur nötig sein, um das
Unternehmen angemessen und jederzeit nach außen vertreten zu können. Möglicherweise
bietet es sich an, dass die gleiche Person wie zuvor Prokurist bleibt, unabhängig davon,
welche Rolle und Verantwortung sie in der neuen Teamstruktur hat.

(Soll-)Bruchstelle Fluktuation
Mit dem neuen *Rollenverständnis* kann sich eine Sollbruchstelle ergeben. Wie immer im
Leben suchen einige als Vorangänger die Herausforderung und sehen in der Veränderung
mehr Chancen als Risiken, während andere sich risikoaverser verhalten und mitgenommen werden wollen. Einzelne bleiben eher zurück und/oder verlassen Teams und/oder das
Unternehmen. Wie schon gesagt: Ein System sucht sich seine Menschen und Menschen
suchen sich ihr System.

Haben Sie also ein Augenmerk auf Ihre Leistungsträger. Jahrelang geschätzte und erfolgreiche Führungskräfte könnten in eine Identitätskrise geraten oder sich beim Wechsel von Verantwortungen degradiert fühlen.

Zusätzlich gibt es, ob wir es wahrhaben wollen oder nicht, neben den kulturellen Spannungen zwischen unterschiedlichen Charakteren ein Generationsproblem. Auch das ist seit den alten Griechen nichts Neues. Schon Platon machte sich um sein Griechenland beim Betrachten seiner Nachfahren Sorgen. Beides sind auch keine typischen „agilen" Probleme, sondern werden in diesem Kontext ebenfalls nur heftiger präsent.

Generationsunabhängig begegnen uns immer wieder Mitarbeiter, die sich Führung im Sinne von „*Sag mir, was ich machen soll*" wünschen und in dem neuen Umfeld nicht mit der wachsenden Verantwortung zurechtkommen. Für einige entzaubert sich vielleicht die diffuse Traumvorstellung, dass agiles Arbeiten so etwas heißt wie „Jetzt gibt es mehr Work-Life-Balance als Arbeit und wir brauchen keine Führungskräfte mehr". Das Gegenteil ist der Fall. Höhere Transparenz im und für das Team sorgt für, nennen wir es einmal so, „mehr Motivation" oder für die Englischsprachigen unter uns mehr „peer pressure".

Genauso falsch ist die Aussage „*Ach ja, agil arbeiten; jeder macht was er will, keiner macht was er soll, aber alle machen mit*". Ein solches Verhalten würde in die Anarchie führen und den Untergang des Unternehmens bedeuten. Gute Teams zeichnen sich dadurch aus, dass der Scrum Master tatsächlich darauf achten muss, dass sie sich nicht zu viel aufladen, weil sie so viel Spaß an ihrem eigenen Erfolg haben. Ja, auch das haben wir schon erlebt. Ein Teammitglied meinte auf unserer letzten Weihnachtsfeier: „*Wir machen hier nur noch das, worauf wir Bock haben.*" Einige Tage danach habe ich ihn gefragt, was er damit meinte. „*Unser Product Owner füllt uns unser Backlog. Das arbeiten wir zunehmend effizienter ab. Wir können am Feedback der Nutzer und Kunden sehen, dass wir die richtigen Dinge richtig machen. Das macht uns im gesunden Maß stolz und wir haben Bock auf das, was wir machen.*" Bis dahin kann es teilweise ein steiler und dorniger Pfad sein. Aber wie man sieht, lohnen sich diese Investitionen.

Veränderungsbereitschaft versus Beständigkeit
Aber zurück zum Thema *Veränderungsbereitschaft*. Ob jemand in diesem Sinne „alt", „traditionell" oder „veränderungsavers" ist, hat manchmal ganz und gar nichts mit Lebensalter, Rolle oder Verantwortung im Unternehmen zu tun. Diese Menschen outen sich durch so „sinnvolle" Fragen wie: „*Müssen wir denn jeden Tag alles neu erfinden?*", „*Warum müssen wir hier ständig alles wieder hinterfragen?*", „*Warum können wir denn nicht mal eine Sache so lassen, wie wir sie seit Jahren machen?*", „*Nur weil das jetzt agil ist, müssen wir …?*", „*Klebt ihr hier eigentlich nur noch Zettel oder arbeitet ihr auch noch?*", „*Warum habe ich das Gefühl, dass ihr viel zu viel über Methode sprecht, als zu arbeiten?*".

Sofern Sie sensibel und lange genug im Geschäft sind, erkennen Sie hier mehrheitlich sehr alte Killerfragen, teilweise im neu formulierten Gewand. Oft hilft dann sauberes Argumentieren in Form von Erfolgsfaktoren wie z. B.: „*Durch gestiegene Transparenz bei den täglichen Arbeiten in den Teams und zielgerichteteren Einsatz von Ressourcen und Kompetenzen und zunehmende Automatisierung erwarten wir eine Steigerung des Outputs.*" Manchmal ist es allerdings auch besser, eine Erfolgsgeschichte durch Taten und

Fakten zu schreiben und diese für sich sprechen zu lassen, anstatt die Methodik wie eine Monstranz vor sich herzutragen.

Auch die Veränderungswilligen bedürfen der Aufmerksamkeit. Der eine oder die andere neigen vielleicht dazu, situativ über das Ziel hinauszuschießen. Gerade von den Kritikern werden sie dann als die Jungen, Streber, Drangvollen, manchmal als zu überheblich, zum Selbstverliebtsein neigend gesehen. *„Die meinen wohl alles besser zu können."* Hier und da ist ein Schuss vor den Bug gut, um wieder auf den richtigen Kurs zu kommen. Manchmal wird die möglicherweise allzu schnelle Kritik den aufrichtigen, kreativen Bestrebungen nicht gerecht. Mal unter uns: Wer kann schon von sich behaupten, immer adressatengerecht, situativ korrekt, emotional angemessen, rational sauber und strukturiert zu argumentieren? Übrigens habe ich nicht ganz so selten, wie es mir lieb gewesen wäre, in ehrlicher Selbstbetrachtung festgestellt, dass ich immer dann besonders emotional auf Handlungen und Ausdrucksweisen reagiere, wenn man mit mir macht, was ich selber früher mit fehlendem Respekt vollbracht habe. Mit anderen Worten: Das Schlimmste im Leben ist, das eigene Fehlverhalten im Handeln anderer gespiegelt zu bekommen. Vergessen Sie, sofern sie fortgeschrittenen Alters sind, bitte nicht, dass sie auch mal jung waren und dass Erfahrungen nicht immer nur hilfreich und richtig sind. Und wer mag es schon, als jung und damit unreif bezeichnet zu werden oder zumindest das Gefühl zu haben?

Andererseits, wenn ich manchmal höre, dass durch Agilität jetzt endlich alles besser, schneller, höher, weiter wird, dann frage ich mich als Vertreter der Baby-Boomer-Generation, wie unsere Eltern und Großeltern es geschafft haben, so ganz ohne „agiles Arbeiten", „Scrum und Kanban-Bords", „Product Owner" und „Scrum Master" Nachkriegsdeutschland wieder aufzubauen und das Wirtschaftswunder zu bewerkstelligen.

Zwischenfazit: agil oder nicht agil

Anstatt Unterschiede und Generationskonflikte herauszustellen, nutzen Sie zeitgemäße Methoden für zeitgemäße Situationen. Egal von wem die Idee kommt oder wer was wie warum weiterentwickelt hat. Die Frage *„Wer hat's erfunden?"* belustigt allenfalls in der Werbung. Das Argument und die Idee zählen und nicht, von wem diese kommt. Respekt, achtsame und gewaltfreie Kommunikation helfen hier weiter (Abb. 34.6 und 34.7).

Wichtig ist es, das richtige Maß zu finden, zwischen dem Erhalt und dem Absichern des nachgewiesen Bewährten und dabei gleichzeitig offen und bereit zu bleiben. Alles zum richtigen Zeitpunkt sinnvoll zu hinterfragen und gegebenenfalls schnell und konsequent die angemessenen Änderungen ein- und durchzuführen.

Handlungsprinzip der besten Ressource

Letztlich wollen wir hier noch ein Handlungsprinzip erwähnen. Für alle Aufgaben werden, wo immer es geht, die besten Ressourcen genutzt, unabhängig von Hierarchie oder Rolle. Was wäre, wenn eine Führungskraft die beste operative Kompetenz hat oder Ressource darstellt? Dies sollte sicherlich nur übergangsweise als Problem existieren, vor allem in kleinen Einheiten und Unternehmen mit insgesamt wenigen Mitarbeitern. Langfristig muss anhand einer Kompetenzmatrix und mithilfe von gezielter Fortbildung die Teamkompetenz erweitert werden.

Abb. 34.6 Achtsame und gewaltfreie Kommunikation

Die besondere Herausforderung für alle Beteiligten ist, die jeweilige Rollen- und Verantwortungsverteilung situativ zu erkennen. Das bedeutet für die Führungskraft, in einer auf diese Weise notwendigen speziellen operativen Funktion und Situation sich in das Team als eine Ressource einzufügen und die Rolle eines Teammitglieds auszuüben. Andererseits gilt es für die Teammitglieder, in einer vielleicht zeitlich eng angrenzenden aber in anderem Kontext stehenden Situation, in welcher die Führungskraft ihre Rolle und Verantwortung ausfüllt, diese auch geeignet zu akzeptieren und zu respektieren. Hier hilft wieder gute und klare Kommunikation und deren ständige Verbesserung.

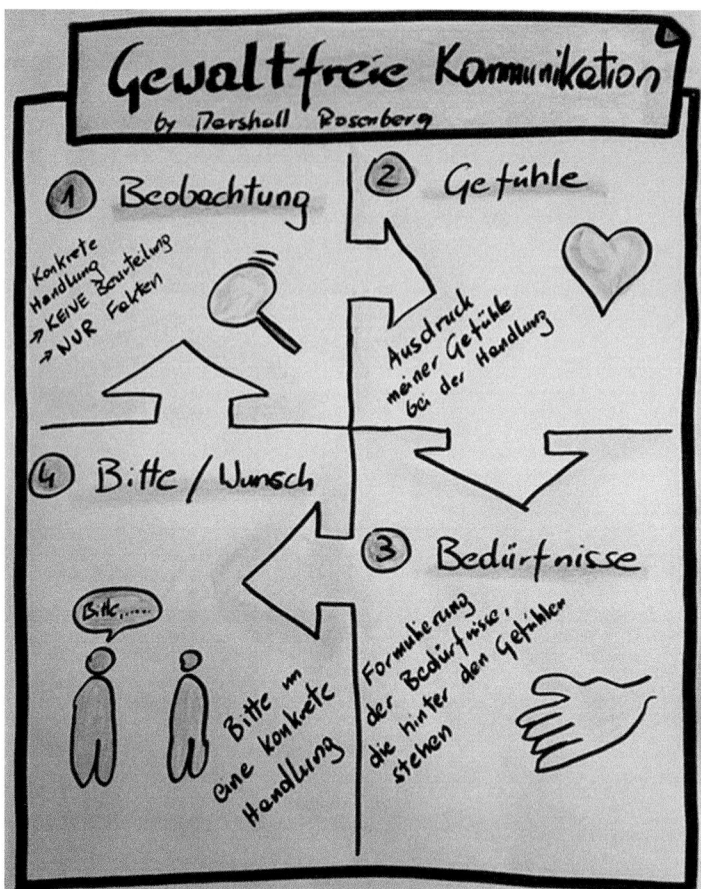

Abb. 34.7 Achtsame und gewaltfreie Kommunikation

34.7 Rückblick und Reflexion

„Ich weiß, dass ich nicht(s) weiß." Vielen klugen Menschen ist dieses Zitat, welches angeblich auf Platon und Sokrates zurückzuführen ist, schon so oder leicht verändert in den Mund gelegt worden. Mit den meisten können und wollen wir uns nicht im Geringsten vergleichen. Zu *einer* Überzeugung sind wir allerdings gelangt: Nie waren die Veränderung der *Energiewirtschaft* und deren Geschwindigkeit so stark und so notwendig wie heute. Wir müssen uns selbst quasi neu erfinden. Gleichzeitig verfügten wir niemals zuvor über die aktuellen technischen und vertrieblichen Möglichkeiten, die wiederum nur eine Stufe einer Entwicklung sind, deren Ende wir noch lange nicht erreicht haben und zumindest wir nicht absehen können.

Dies bringt also einen immer größer werdenden Spagat mit sich. Einerseits ist die öffentliche Daseinsversorgung und -vorsorge im klassischen Sinne, mindestens im Bereich

Energie, zu gewährleisten. Andererseits sollen parallel dazu die Chancen der Veränderung so genutzt werden, dass das Unternehmen auch zukünftig eine wertschöpfende Daseinsberechtigung hat.

Traditionsunternehmen, wie die traurigerweise oft zitierte Kodak, haben nicht überlebt, obwohl Letztgenannte zu den Pionieren der Digitalisierung ihrer Branche gehörte. Der Erfolg unkonventioneller Unternehmer wie Elon Musk wird von Traditionalisten und etablierten Marktteilnehmern gern geneidet, die Nachhaltigkeit in Frage gestellt. Beides ist in Reinform auf das Unternehmen, für welches wir arbeiten, weder in Größe noch Inhalt anwendbar. Gleichwohl führt die Analyse logischerweise zu der Erkenntnis, Veränderung als Chance zu nutzen. Das heißt, ganz persönlich für mich als Geschäftsführer habe ich erkannt, dass es ein munteres „*Weiter so!*" und ein Stützen allein auf mittlerweile vielfältig gemachte Erfahrungen, ein Schöpfen aus dem Fundus allein nicht sein kann.

Ein langjähriger Geschäftsfreund hat die IHK Bochum auf agiles Arbeiten umgestellt. Auf einem Kundentag von uns stellte er die Entwicklung eindrücklich dar. Auf die Frage, was denn seine Mitglieder zu den Veränderungen sagten, antwortete er: „*Na, die Innovativen freuen sich, dass es endlich voran geht. Und die Traditionalisten sehen den Erfolg und sagen sich, wenn das also richtig und zielführend ist, dann ist das, was ich tue …*" Er führte den Satz nicht zu Ende und fügte mit einem Lächeln hinzu: „*Das ist dann keine schöne Erkenntnis.*"

Es ist nicht sinnvoll, ausschließlich an Tradiertem festzuhalten, so erfolgreich es in der Vergangenheit auch gewesen sein mag, um sich in Wahrheit dahinter aufgrund von Zukunfts- und Veränderungsängsten zu verstecken. Jede Zeit, jeder Zusammenhang und jedes System hat seine neue Herausforderung und erfordert zur erfolgreichen Bewältigung angepasstes, angemessenes, sprich verändertes Handeln.

Ja, Agilität ist natürlich kein Selbstzweck, genauso wenig wie Zielvereinbarungen oder Arbeitszeitregelungen kein Selbstzweck sind. Ja, es tut gut zu überlegen, wo und wie Sie es in Ihrer Firma einführen. Ja, es mag Bereiche geben, wo es weniger oder gar nicht sinnvoll ist, ständig alles agil abzuarbeiten. Konstruieren wir mal ein absurdes Beispiel in der technischen Unterhaltung des Gasnetzes: Die Anwendung von „Fail early and often" („Mache früh und oft Fehler") scheint nicht in jedem Fall zielführend zu sein. „*Oh, Ihr Haus ist explodiert? Verzeihung, wir haben da mal einen Versuch mit neuen Muffen gemacht. Wir bitten die Unannehmlichkeiten zu entschuldigen!*" Das ist augenfällig polemisch, populistisch und soll daher hier nicht seriös diskutiert werden.

Gleichwohl gibt es traditionelle Technologieunternehmen und Bereiche, in denen 3.000 Menschen, übrigens nicht ausschließlich Entwickler oder Programmierer, zusammen agil erfolgreich arbeiten. Ja, es mehren sich die Kollegen aus dem kommunalen Versorgungsbereich, die ganze Stadtwerke mit über 100 Mitarbeitern auf Arbeiten nach agilen Werten umgestellt haben.

Es bleibt eines jeden eigene Entscheidung, wie und mit welchen Methoden sie und er ihr Unternehmen erfolgreich führen. Wir haben viel Respekt und Achtung davor und sind weitab von arrogantem Besserwissertum. Lediglich lautet das Fazit dieses Abschnittes: „*Geht nicht!*" ist auch in dieser Hinsicht schlicht und einfach falsch.

Unser Gesamtfazit

Wir würden es wieder tun. Und wären wir in und für andere Unternehmen verantwortlich, auch dort. Einen weiteren Rat geben wir Ihnen gerne mit, auf Ihre gedankliche Reise der Auseinandersetzung mit diesem Thema: Versuchen Sie es nicht alleine. Wir haben, wie oben beschrieben, sicher seit einigen Jahren zunehmend positive Erfahrungen mit einzelnen agilen Methoden gemacht. Indem wir zunächst einzelne Projekte nach Scrum gesteuert und z. B. unsere Strategie mithilfe von Business Model oder Value Proposition Canvases und Kanban entwickelt haben. Auch, in dem wir das gesammelte und geteilte Wissen aus z. B. Scrum- und Design-Thinking-Seminaren, an denen wir teilgenommen haben, vermehrt anwandten. Das war gut und hilfreich, um sich Methoden als solchen zu nähern, Berührungsängste abzubauen, ungefährliche Erfahrungen zu machen und (kleine) Erfolge zu erzielen. Sollten Sie allerdings beabsichtigen, ganze Bereiche oder Unternehmen umzustellen, holen Sie sich externe Hilfe.

Abschließend geben wir Ihnen ein Zitat aus dem agilen Manifest mit auf Ihren Weg: *„Auf Veränderung zu reagieren ist wichtiger, als strikt einen Plan zu verfolgen."*[4]

Unser Dank

Gleichfalls ist es uns ein Bedürfnis, auch hier und an dieser Stelle Dank zu sagen.

Danke für die Zusammenarbeit mit agile42, insbesondere Konrad Pogorzala. Mit euch haben wir sehr gute Erfahrungen gemacht und Erfolge erzielt. Ohne Konrad und seine Kollegen wären wir wohl nicht so weit, wie wir sind. Außerdem haben sie uns freundlicherweise gestattet, die teilweise von ihnen (mit-)entwickelte Methode in unseren Beitrag einfließen zu lassen.

Danke den Mitarbeitern, mit denen alles begann. Danke denen, die investiert haben und mehr auf sich genommen haben und immer noch auf sich nehmen. Danke unseren Gesellschaftern und Kunden, die uns vertraut haben, uns gewähren ließen und weiterhin zu uns standen und stehen; wenn auch manchmal mit einiger Skepsis ob unserer Methoden. Und danke allen, die täglich mit uns arbeiten und uns unterstützen, damit wir wiederum besser für sie Dienst leisten können.

Vielleicht mögen Sie, liebe Leserin, lieber Leser, Kontakt mit uns aufnehmen, um uns Feedback zu geben, mit uns zu diskutieren oder um uns wissen zu lassen, ob Sie Interesse an einer umfänglicheren Veröffentlichung haben. Wir würden uns sehr freuen.

Literatur

agile42. (2019). *Agile strategy map*. Berlin: agile42 GmbH. https://www.agile42.com/en/all-agile/agile-strategy-map/. Zugegriffen am 15.03.2019.
agilemanifesto. (2019). *Manifest für Agile Softwareentwicklung*. Snowbird: agile42 GmbH. http://agilemanifesto.org/iso/de/manifesto.html. Zugegriffen am 18.02.2019.

---

[4]Vgl. dazu agilemanifesto (2019).

Elsberg, M. (2013). *Blackout – Morgen ist es zu spat.* München: Blanvalet.
Snowden, D. (2000). Cynefin: A sense of time and place – The social ecology of knowledge management. In C. Despres & D. Chauvel (Hrsg.), *The present and the promise of knowledge management* (Okt. 2000). Butterworth: Heinemann. https://storyconnect.nl/wp-content/uploads/2015/07/Knowledge-Horizons-The-social-ecology-of-knowledge-management-.pdf. Zugegriffen am 15.03.2019.

Timo Eggers ist Dipl.-Kfm., startete 2001 als Managementberater (Convergence Utility Consultants, heute: Pöyry) in die Energiewirtschaft und arbeitet seit 2008 als Unternehmensentwickler und Kommunikationsexperte bei der Quantum GmbH, einem innovativen Stadtwerke-Netzwerk mit Fokus auf Energiebeschaffung und Portfoliomanagement. Als kreativer und agiler Macher versucht er dort als Gründer der Open-Innovation-Initiative „Energie für Morgen", Neues schneller in die (Energie-)Welt zu bringen. Inhaltlich beschäftigt sich Timo Eggers vor allem mit der agilen Transformation verbunden mit einem Faible für gute Gestaltung und Markenführung.

Dirk Hardt blickt auf mehr als 30 Jahre Berufserfahrung entlang der sogenannten Wertschöpfungskette Energie zurück. Einige sagen, er kenne die Energiewirtschaft von der Kohlenzeche bis zur Steckdose. Dabei war er für verschiedene Unternehmen in verantwortlicher Position als Geschäftsführer oder Aufsichtsratsmitglied tätig. Sein beruflicher Werdegang begann in der Rohstofferzeugung und führte über den internationalen Rohstoffhandel in die Energiewirtschaft. Unter anderem hat er am Aufbau des TXU-Konzerns in Deutschland maßgeblich mitgewirkt. Als Geschäftsführer im Stadtwerke-Kiel-Konzern hat er die 24sieben Handel und Vertrieb gegründet. Für die atel war Dirk Hardt in Zentral-Mittel-Europa tätig. Als Partner der K.GROUP hat er führende Unternehmen der Energiewirtschaft beraten. Seit August 2008 ist Herr Hardt Geschäftsführer der Quantum, einer Kooperation kommunaler Stadtwerke, mit dem Kerngeschäft Energiebeschaffung, Portfoliomanagement und energienahe Dienstleistungen, wie „Energie für Morgen (EFM)" und wertorientierte Vertriebssteuerung.

Agile Geschäftsmodellentwicklung mittels Lean-Start-up-Konzept und Implementierungspfade für ein B2B-Energiemonitoring am Beispiel von regionalen Energieversorgern

Christian Haag

Durch agiles Management nachhaltig Innovationen schaffen

Zusammenfassung

In einer Branche, die sich massiv im Wandel befindet, nicht nur durch politische und regulatorische Vorgaben, sondern auch durch gesellschaftlichen Druck, ist die Unternehmenssicherung von essenzieller Wichtigkeit. Das gilt grundsätzlich für jede Branche, aber insbesondere für die Energiebranche, die durch disruptive Ereignisse und die Notwendigkeit der Versorgungssicherheit für den Wohlstand eines Landes verantwortlich ist. In diesem Zusammenhang müssen sich Energieversorger, mit ihren jahrzehntelang gewachsenen Strukturen, in Zukunft immer wieder neu erfinden und neue innovative Produkte und Dienstleistungen für Kunden schaffen. Die klassischen Ansätze des Business Development in Unternehmen bringen nicht die Innovationsleistung, die Start-ups an den Tag legen. Hier müssen radikal neue Herangehensweisen bei Energieversorgern implementiert werden. Das Lean-Start-up-Konzept verspricht solch ein Potenzial zu besitzen und auf jede Branche und Idee anwenden zu können. Nachfolgend wird die Lean-Start-up-Methode bei einem regionalen Energieversorger für ein Energiemonitoring angewendet.

C. Haag (✉)
Consistency GmbH & Co. KG, Düsseldorf, Deutschland

© Springer Fachmedien Wiesbaden GmbH, ein Teil von Springer Nature 2020
O. D. Doleski (Hrsg.), *Realisierung Utility 4.0 Band 2*,
https://doi.org/10.1007/978-3-658-25589-3_35

35.1   Einleitung

Unternehmen sind bestrebt, gegen globale Konkurrenz – idealerweise mittel- bis langfristig – wettbewerbsfähig zu sein. Die Realität sieht jedoch anders aus. Hier sind Unternehmen mehr und mehr damit beschäftigt, sich kurzfristige Wettbewerbsvorteile zu sichern,
um weiterhin am Markt bestehen zu können. Früher wie heute ist es von zentraler Wichtigkeit, eine kurze „Time to Market" zu besitzen.[1] Dieses Motto müssen sich vor allem neue
Unternehmen (*Start-ups*) zum Leitgedanken machen. Etablierte und insbesondere große
Unternehmen beherrschen aufgrund ihrer Größe und damit verbundenen Trägheit diese
Herangehensweise oft nur rudimentär. Oftmals lähmen interne Prozesse etablierte Unternehmen, ihnen fehlt es meist nicht an Ideen oder Budget, sondern eher an Dynamik und
Flexibilität, ihre neuen Ideen schnell in den Markt zu bringen. Dabei die richtige Zielgruppe zu adressieren, ist sowohl für etablierte als auch für neue Unternehmen eine der
größten Herausforderungen. Dabei spielt ein passgenaues Leistungsangebot eine Rolle, für
welches Unternehmen Kenntnisse über den Markt, die Kunden und deren Bedürfnisse benötigen. Diesen Bedarf müssen neue Ideen und daraus generierte neue Produkte zwingend
erfüllen. Doch wie können Unternehmen, unabhängig von Größe und Budget, diese Herausforderungen angehen? Einen Ansatz bietet das Lean-Start-up-Konzept von Eric Ries.[2]

In diesem Zusammenhang wird nachfolgend der Fokus auf regionale Energieversorger
gelegt, deren traditionelles Geschäftsmodell, das primär aus dem Verkauf von Energie besteht, nicht mehr in der Breite funktioniert wie noch vor der *Energiemarktliberalisierung*
1998.[3] Des Weiteren ist bei einer Vielzahl von regionalen Energieversogern die klassische
Entwicklung von neuen Geschäftsmodellen langwierig und kompliziert. Hier müssen oftmals etablierte Strukturen und bürokratische Hürden umgangen werden, um überhaupt
neue Ideen in die Unternehmenslandschaft einzubringen. *Innovationen* bei einem Energieversorger erfolgreich zu platzieren, ist ein Aspekt der Nachhaltigkeit für den Fortbestand.
Leider sind Energieversorger oft nur auf den ersten Blick innovativ. Dort existieren die
grundlegenden Strukturen für eine *Innovationskultur* meist nicht. Neben neuen und zusätzlichen Konkurrenten ist die Digitalisierung für Energieversorger ebenfalls von wachsender Wichtigkeit. Nicht nur, dass die Digitalisierung den Unternehmen neue Chancen
bietet, es sind meist auch Anforderungen der Kunden, unabhängig davon, ob die Zielgruppe aus dem gewerblichen oder privaten Bereich kommt. Nachfolgend wird die agile
Geschäftsmodellentwicklung mit dem Lean-Start-up-Konzept für regionale Energieversorger im B2B-Bereich vorgestellt.

---

[1] Vgl. Reichwald (1992, S. 6).
[2] Vgl. Ries (2014, S. 25).
[3] Vgl. Europäisches Parlament und Europäischer Rat (1996) sowie BMWi (1998).

35.2 Einführung in das Lean-Start-up-Konzept

Die Lean-Start-up-Idee fußt ursprünglich auf dem Gedankengut von Lean Management bzw. Lean Productions Systems.[4] Grundidee hier ist die Vermeidung von Verschwendung und die Etablierung von schlanken sowie effizienten Prozessen/Hierarchien. Das *Lean-Start-up-Konzept* folgt einem ähnlichen Prinzip. Die Lean-Start-up-Methodik kann sowohl bei einer Unternehmensgründung wie auch einem Produkt-Launch angewendet werden, unabhängig von der Branche. Bei Start-ups geht meist die Gründung mit dem Launch eines Produktes oder einer Dienstleistung einher. Aus diesem Grund wird im Folgenden auch nur noch auf Produkte referenziert. Ziel beim „*Lean Start-up*" ist die Produkteinführung mit limitierten Ressourcen, insbesondere Geld, Marktzugang und -kenntnisse sowie auch Kompetenzen. Lange Vorplanungen und strategische Entscheidungen sind nicht im Fokus, sondern herrscht vielmehr „learning-by-doing" vor, so dass die Idee frühzeitig im Markt präsent ist.[5]

Durch die Erstellung eines frühen Prototyps, der nur Kernfunktionalität umfasst, oder besser gesagt eines *Minimum Viable Product (MVP)*, kann ein Unternehmen sich mit einem Produkt schneller als andere am Markt platzieren und im Prozess lernen. Ein MVP umfasst meist nur ca. 20 % der Produktfeatures/-funktionalitäten, die grob 80 % der Nutzer abfragen. Darum bringen diese Unternehmen in regelmäßigen Abständen neue Releases ihres Produktes auf den Markt. Diese Releases beinhalten nach und nach immer mehr Funktionen und werden immer ausgereifter. Das Unternehmen lernt mehr und mehr bei jeder Iterationsstufe/Feedbackschleife, wie in Abb. 35.1 dargestellt.[6] Entsprechend der Abbildung lernt das Unternehmen durch jeden Iterationsschritt hinzu. Ein MVP ist für *Early Adopters* gedacht. Diese Zielgruppe fungiert sozusagen als Testgruppe und gibt erstes Feedback. Diese Personen sind auf Kernfunktionen fokussiert und verschmerzen den

Abb. 35.1 Drei Phasen der Feedbackschleife zum Lean-Start-up

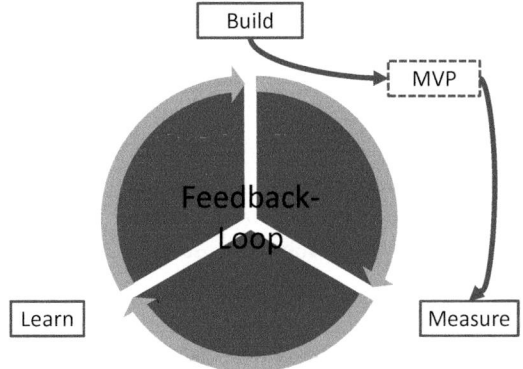

---

[4]Vgl. Groth et al. (1994, S. 115).
[5]Vgl. Ries (2014, S. 15).
[6]Vgl. Ries (2014, S. 74).

einen oder anderen Fehler im Produkt. Das Unternehmen erhält somit sehr frühzeitig Feedback über den grundsätzlichen Mehrwert und die Notwendigkeit eines Produktes. Gleichzeitig fungiert diese Gruppe als Multiplikator für das Produkt im Freundeskreis und über die sozialen Medien.

Selbstverständlich muss der Kunde auf einfache Weise die Möglichkeit haben, dem Unternehmen Feedback zukommen zu lassen. Kanäle dafür können Like/Dislike Buttons, Social Media, Chats oder E-Mails sein. Ein direkter persönlicher Kontakt wie z. B. der Betrieb von Ladenlokalen oder telefonisches Feedback wird aufgrund der zu hohen Kosten selten angewandt. In manchen Fällen ist auch eine Incentivierung hilfreich oder gar notwendig. Incentivierungen können Lob oder Sichtbarkeit auf Social-Media-Plattformen oder in entsprechenden Communitys sein, Wettbewerbe, der vorzeitige oder vergünstigte Zugang zum nächsten Release oder sogar das Zurverfügungstellen des Produktes als kostenloses Probeexemplar. Hier sind noch viele weitere Incentivierungsvarianten denkbar, die durchaus ein spannendes Feld des Customer Engagement widerspiegeln.

35.3 Differenzierungsmerkmale des B2C- und B2B-Geschäfts

Eins ist sicher: *Diversifikation* ist eine Schlüsselstrategie, um auf schwankende Absätze in einem Markt oder durch Kunden (z. B. saisonale Schwankungen) zu reagieren. Besonders wenn es einem Markt schlecht geht oder regulatorische Vorgaben aufgestellt werden, können so diversifizierte Unternehmen schnell und flexibel darauf reagieren. Nachfolgend werden unterschiedliche Zielgruppen als Diversifikationsmerkmal beschrieben. B2B-Kunden besitzen ein anderes Anforderungsprofil als B2C-Kunden. Des Weiteren sind im B2B-Bereich i. d. R. höhere Margen möglich, was durch individuellere Leistungen zu erklären ist. Der B2C-Markt zeichnet sich zudem als ein Massenmarkt mit teils eher geringen Margen aus. Hier ist es wichtig, Produkte anzubieten, die individualisiert sind, aber sich aus Standardkomponenten zusammensetzen lassen. Ein sogenannter modularer Baukasten bildet eine Lösung dieses Problems. Deutsche Unternehmen befinden sich immer stärker im internationalen Wettbewerb. Somit sind nicht nur Personalkosten von zentraler Wichtigkeit, sondern zunehmend auch Energiekosten und der Digitalisierungsfortschritt. Neben anderen adressiert das Industrie-4.0-Konzept ebendiese Aspekte.

Aktuell interessante Produkte im Energiesektor für B2C-Kunden sind Smart-Home-Anwendungen, E-Mobilitätslösungen und Systeme mit Photovoltaikanlagen inkl. Speicher. Allerdings gibt es bei diesen Produkten viel Konkurrenz durch andere Unternehmen, insbesondere in letzter Zeit durch Start-ups, die in den Markt drängen. Ein regionaler Energieversorger kann hier nur durch Kooperationen Wettbewerbsvorteile erzielen. Ein aktuell und auch zukünftig stark wachsendes Produktesegment für den B2B-Markt ist der Themenbereich von *Industrie 4.0*, darunter fallen Sensorik, Aktorik, Internet of Things (IoT), Automatisierung und Digitalisierung. Hier kann ein regionaler Energieversorger als Partner für Unternehmen auftreten und eigene Lösungen im Bereich IoT anbieten. Technologien der

Zukunft, um das Potenzial von Industrie 4.0 zu heben, sind stark von Hardware (Sensoren, Aktoren, Datenübertragungstechnologien etc.) und Software (Plattformen, Apps etc.) getrieben. Die Wahl der richtigen Komponenten ist für Anwender schwierig, da entweder das Wissen über das Produktangebot fehlt, die Anwendbarkeit im eigenen Unternehmen unklar ist oder die Konfiguration der einzelnen Bausteine nicht bekannt ist. Für Datenübertragungstechnologien stehen z. B. ZWave, Zigbee, LoRaWAN, WLAN, LemonBeat oder Bluetooth zur Auswahl, um nur ein paar zu nennen. Kabelgebundene Lösungen erweisen sich oft als zu aufwendig und zu kostenintensiv. Diese wichtige Komponente der Konnektivität ist für die Vernetzung von Sensoren und später auch Aktoren notwendig, um stabile, störungsresistente und reaktionsschnelle Verbindungen zu garantieren. Häufig kommt von der IT-Abteilung zusätzlich die Vorgabe, die Systeme von der vorhandenen IT-Infrastruktur aus Sicherheitsgründen zu trennen. Maßgeblich ist hier die Netzwerktechnologie zu nennen. Große Bandbreiten sind in einem ersten Schritt nicht erforderlich. Wichtigste Aspekte sind hier Reaktionsschnelligkeit und Reichweite, so dass Anlagen schnell und zuverlässig angesteuert werden können. Dies ist für schnelle Produktionsprozesse und bei Notfallsituationen zwingend erforderlich. Eine weitere Herausforderung für moderne, regionale Energieversorger im B2B-Geschäft ist die Identifikation von neuen Geschäftsmodellen und neuen Incentivierungen für den Vertrieb. Zukünftig darf nicht mehr der Verkauf von Energie „belohnt" werden, sondern z. B. die Ersparnis. Dieses neue Verhaltensmuster in ein traditionelles Unternehmen zu etablieren, ist eine langwierige und herausfordernde Aufgabe. Zielführender ist die (Aus-)Gründung eines Unternehmens, um eine neue, frische Kultur zu generieren. Kunden fragen nach Lösungen, die über die reine Lieferung von Energie hinausgeht; sogenannte E+-Lösungen sind die Zukunft. Hier können noch attraktive Margen generiert werden.

35.4 Agile Geschäftsmodellentwicklung für ein Energiemonitoring

Im Nachfolgenden wird die Entwicklung und die Implementierung eines Energiemonitoringsystems für regionale Energieversorger vorgestellt. Die klassische Herangehensweise würde eine Recherche über mögliche geeignete Produkte vorausschicken, die wahrscheinlich so viele Ergebnisse liefert, dass eine Evaluierung nur schwer möglich ist. Jedoch wurden durch Kundenbefragungen das enorme Potenzial und die Notwendigkeit eines Energiemonitorings sichtbar, um ebenfalls dort aktiv zu werden. Anschließend wird ein klassisches Projekt mit Meilensteinen und Verantwortlichkeit aufgesetzt und mit Personen besetzt, die zurzeit verfügbar sind. In dem nachfolgend beschriebenen Vorgehen wurde von diesem traditionellen Ablauf abgesehen und es wurden Projekte bei unterschiedlichen Regionalversorgern mit agilen Methoden unterstützt. Nachdem die grobe Richtung für ein neues Produkt (Vertrieb eines Energiemonitoringsystems) definiert wurde und klassische Projektmanagementansätze in diesem Kontext wenig Erfolg versprechend waren, wurde über die Lean-Start-up-Methodik das weitere Vorgehen festgelegt.[7] Entsprechend der Methodik wurden iterative Feedbackschleifen durchgeführt und ein MVP erstellt. Um die Lean-Start-up-Methodik nachhaltig zu implementieren, wurde die *Scrum-Methodik* angewendet und lieferte den Handlungsrahmen. Entsprechend des Scrum-Guides wurden

- ein *Product Owner*, idealerweise aus dem Energieversorgungsunternehmen,
- ein *Scrum Master*, hier sollten Unternehmen, die nicht ausgeprägte und fundierte Erfahrungen bei agilen Methoden haben, sich extern unterstützen lassen, und
- ein *Entwicklungsteam*, bestehend aus drei bis sieben crossfunktionalen Personen, definiert.

Am Anfang wurden Entwicklungsteams über interne Ausschreibungen ohne Vorgaben für Alter, Ausbildungsstand oder Position im Unternehmen gesucht. Das Team sollte idealerweise aus Programmierern, (Wirtschafts-)ingenieuren sowie Marketing und Vertrieb zusammengesetzt sein. Consistency wurde als externer Berater für das agile Projektmanagement beauftragt und hat die Entwicklung des Monitoringsystems sowie die Initiierung des Kulturwandels begleitet. Eine Vielzahl von Aufgaben wurde in ersten Workshops definiert und im Team gemeinsam priorisiert. Darunter fielen u. a. der Funktionsumfang der ersten Versionen, das Programmieren der Plattform, Technologie-Scouting für mögliche Anbieter von Hardwarelösungen, Zielgruppenansprache, Vertriebsmodelle und Usability-Aspekte. Die Aufgaben wurden im sogenannten *Product Backlog* eingepflegt und das Entwicklerteam hat entschieden, welche Aufgaben im nächsten Sprint bearbeitet wurden. Das Product Backlog kann als ein Aufgabenspeicher verstanden werden und das *Sprint Backlog* als ein Aufgabenspeicher für den nächsten zweiwöchigen Sprint. Jede Aufgabe im Sprint Backlog sollte am Ende des Sprints ein Inkrement, ein brauchbares und lauffähiges Teilprodukt hervorbringen. Zur Erfüllung der Anforderungen der Kunden wurden diese in regelmäßige Stakeholder-Treffen nach dem ersten Sprint eingebunden. So haben alle Beteiligten frühzeitig einen Austausch gestartet und Fortschritte sowie Missverständnisse aufgeklärt. Nach und nach entwickelte das Entwicklerteam eigene Ideen zur Weiterentwicklung des Produktes, welche in weiteren Sprints und Reviews mit Stakeholdern vorgestellt, verfeinert und teilweise auch ausgeführt wurden. Die erste Funktion, die in der Plattform umgesetzt wurde, war die einfache Einbindung von Sensoren. Durch diesen Ansatz wurde die initiale Kopplung der Sensoren an die Plattform, das Authentifizieren, erprobt und erste Messwerte wurden zurück an das Gateway gespielt. Auch Hardwarekomponenten wurden über die Projektlaufzeit mehrfach ausgetauscht, bis die optimale Lösung gefunden wurde.

[7] Weiterführende Literatur zum Thema Scrum sind unter Leopold (2016) oder Sutherland und Schwaber (2017) zu finden.

35.5 Implementierung auf unterschiedliche Anwendungsfälle

Vorweg muss gesagt werden, dass es keine universelle Umsetzungs-/Implementierungsstrategie gibt. Rahmenbedingungen, individuelle Anforderungen und Budget müssen für jeden Anwender betrachtet werden, um anschließend gemeinsame Lösungen zu identifizieren und umzusetzen. Energieversorger erhalten regelmäßig Anfragen über die Möglichkeit der Energieoptimierung. Neben den klassischen Angeboten zur Energieeinsparung, wie LED-Beleuchtung und Bewegungsmelder sowie Geräte und Anlagen, die nicht unmittelbar benötigt werden, komplett auszuschalten und nicht in den Ruhezustand zu versetzen, sind zukünftig innovativere Ansätze erforderlich. Erster Anknüpfungspunkt für ein *Energiemonitoring* ist die Schaffung von Transparenz. Den Energieverbrauch einzelner Anlagen oder Produktionsschritte sichtbar zu machen, ist für Unternehmen bereits ein signifikanter Mehrwert. Unternehmen haben größtenteils nur sehr große energetische Bilanzhüllen, vornehmlich die Gebäudegrenzen. Sie wissen i. d. R. sehr genau, was an elektrischer Energie pro Jahr abgenommen wird, aber wo die Energie verbraucht wird, darüber gibt es bestenfalls Vermutungen oder Schätzungen. Hier helfen die anlagen-/gerätespezifischen Sensoren, die über Funktechnologie in ein zentrales Gateway eingebunden sind. Das lokale Gateway wird in den Räumlichkeiten des Unternehmens installiert und auf einem *Dashboard* werden die gemessenen Werte grafisch angezeigt. Die Sensoren können neben der Energieaufnahme auch die Umgebungstemperatur, Luftfeuchtigkeit und Schallpegel aufnehmen. Um allen Sicherheitsaspekten gerecht zu werden, erfolgt der Datentransfer zwischen Sensoren und lokalem Gateway verschlüsselt und zwischen Gateway und Cloud über eine gesicherte VPN-Verbindung (Virtual Private Network).

Durch die Diversifikation auf unterschiedliche Branchen ändern sich auch die Anwendungsfälle sowie die Mehrwerte für ein Energiemonitoring. Der regionale Energieversorger kann neben dem Verkauf von Produkten und Nutzungslizenzen auch Wissen über die spezifische Branche gewinnen. Somit ist es ihm möglich, bessere, passgenauere Produkte für Kunden zu entwickeln, was bereits einen Mehrwert darstellt. Der modulare Baukasten stellt dabei einen entscheidenden Lösungsansatz dar. Durch diese Herangehensweise wird die Partnerschaft gestärkt. Sie senkt die Abwanderungsrate von Kunden zu anderen Energieversorgern.

In den nachfolgenden Abschnitten werden die unterschiedlichen Branchen und Anwendungsfälle anhand von folgenden Eckpunkten näher beleuchtet:

- Grobe Beschreibung der Branche und des Anwendungsfalls
- Warum ist Energiemonitoring für diese Branche von Interesse?
- Wie sieht das Geschäftsmodell für Energieversorger und Kunden aus?
- Was sind Nachfolgeprodukte bzw. Produkte zur Erweiterung der Produktpalette?

In diesem Beitrag steht das produzierende Gewerbe im Fokus, nichtsdestotrotz werden hier auch exemplarisch andere Anwendungsfälle kurz angerissen, um das Potenzial eines Energiemonitorings darzulegen.

Rahmenbedingungen für Anwender sind immer wieder, dass kein Eingriff in vorhandene IT-Infrastruktur getätigt, der laufende Betrieb oder die laufende Produktion durch die Installation nur minimal beeinträchtigt wird sowie ein positiver Business Case nach ca. drei Jahren. Diese Rahmenbedingungen können i. d. R. durch frühzeitigen Austausch mit den entsprechenden Abteilungen eingehalten werden.

35.5.1 Produzierendes Gewerbe

Das produzierende Gewerbe umfasst in diesem Zusammenhang alle Unternehmen, die in ihren Gebäuden und Hallen physikalische Produkte herstellen. Selbstverständlich können diese Produkte ebenfalls digitale Komponenten enthalten. Kunden der Unternehmen bekommen hier jedoch ein anfassbares Produkt geliefert/verkauft.

Die Ersparnis in Bezug auf Energie kann, je nach Verbrauch und Kundenauslastung, fünfstellig sein. Des Weiteren können die hohen Verbraucher im Unternehmen identifiziert werden und Maßnahmen ergriffen werden, um eine Lösung dafür zu finden. In manchen Fällen sind nur die Betriebsparameter falsch eingestellt, in anderen Fällen ist die Maschine einfach veraltet und eine Neuinvestition sollte in Erwägung gezogen werden. In wieder anderen Fällen bewegt sich der Verbrauch aber auch innerhalb der normalen Parameter und der Maschinenverbrauch entspricht den Verbrauchsanforderungen konkurrierender Produkte/Anlagen. Allerdings kann so durch diese Erkenntnis wiederum die Auslastung der Maschine so verändert werden, dass multiple Leerläufe und Stand-by-Zeiten, die über den Tag verteilt sind, gebündelt werden. Dieses Vorgehen erhöht die Taktung der Maschine und vermeidet oder verringert Leerlaufzeiten. In den Zeitintervallen, in denen die Maschine nicht verwendet wurde, konnte sie komplett ausgeschaltet werden.

Zum Thema Energieflexibilität wurde auch im Jahr 2018 eine DIN SPEC veröffentlicht, die sich dem Thema in aller Breite annimmt.[8] Die DIN SPEC umfasst Aspekte für weitere Anwendungen, das Erstellen einer Verbrauchsprognose, die Erkennung von Flexibilität in der Produktion und das Anbieten der eigenen Flexibilität auf einer Plattform.

35.5.2 Dienstleistungsunternehmen

Dienstleistungsunternehmen sind in diesem Zusammenhang alle Unternehmungen, die ihren Kunden eine *Dienstleistung* anbieten, die hauptsächlich durch die Einbringung von Personal oder die Nutzung von digitalen Hilfsmitteln (Computern, Laptops, Server etc.) erstellt oder erbracht wird. Zum Beispiel fallen in diese Kategorie Beratungsfirmen, wie größere Steuerberatungsfirmen, und juristische Dienstleistungen und Softwarefirmen. Des Weiteren muss nicht noch differenziert werden, wer der Eigentümer des Gebäudes ist. In der Regel hat ein Mieter nur indirekt einen Mehrwert durch ein Energiemonitoring. Allerdings sind Betreiber

---

[8] Vgl. DIN (2018).

(Facility-Management-Unternehmen) durchaus interessiert an einem Monitoring. Zum Beispiel können zusätzliche Daten aus dem System über eine zentrale Leitwarte generiert und die Fahrt von Technikern oder anderem Personal reduziert werden. Im Folgenden werden Unternehmen für Facility Management näher betrachtet. Des Weiteren kann die Anlagentechnik, wie z. B. Klimatechnik, Aufzuganlagen, Lichttechnik und Warmwasseraufbereitung, über einen zentralen Leitstand beobachtet werden.

Die Implementierung von *Sensoren* für die elektrische Leistungsmessung von Aufzügen und an der Klimatechnik kann direkt im zentralen Technikraum des Gebäudes vorgenommen werden. Das Messen von Temperatur und Schallpegel erfolgt direkt an den Einheiten und wird wie bereits beschrieben über Funk an das Gateway angebunden. Die entsprechenden Sensoren für die einzelne Raumbelegung können an der Decke angebracht werden. So werden Temperatur, Luftfeuchtigkeit und Schallpegel gemessen. Durch diese Daten ist eine Steuerung des Lichts und der Klimatechnik möglich.

Büros, die tagsüber nicht belegt sind, oder Büros, in denen Licht und Klimatisierung nach Dienstschluss eingeschaltet sind, können ausgeschaltet werden. Dies spart dem Mieter Geld und der Gebäudebetreiber kann so dem Mieter eine zusätzliche Dienstleistung anbieten. Besonders interessant für den Facility Manager ist die Sicherstellung eines ordnungsgemäßen Betriebs der Aufzug- und Klimatechnik. In der Regel kündigen sich Schäden an diesen Einheiten durch einen stetig steigenden Geräuschpegel an. Aufgrund des Messens des Schallpegels und des Überschreitens von Schallgrenzwerten können Techniker frühzeitig über einen Schaden informiert oder es können kurz bevorstehende Wartungsintervalle vorgezogen werden.

In Zukunft ist auch das Monitoring von kritischen Temperaturen denkbar. So können frühzeitig Anlagenkomponenten überwacht werden, die u. a. auch nachts betrieben werden. Mögliche Fehlfunktionen und Ausfälle werden in diesem Zusammenhang erkannt und es besteht die Möglichkeit, Maßnahmen zu ergreifen, die eine Ausweitung des Problems verhindern.

35.5.3 Hotels

Unter den Begriff Hotels werden ebenfalls Pensionen oder auch Hostels zusammengefasst. Also Unternehmen, die als Dienstleistung Übernachtungen aus einer gewerblichen Sicht anbieten. Hotels mit einem ausgeprägten zusätzlichen Angebot, wie Restaurant, Schwimmbad, Whirlpool und Sauna, sind in diesem Zusammenhang besonders interessant.

Durch die unterschiedlichen Nutzer von Energie in den verschiedenen Bereichen wie Hotelzimmer Küche, Restaurant, Wellness (Pool, Sauna etc.), in die man nicht uneingeschränkten Einblick oder Zugriff hat, ist ein Monitoring für Energie durchaus interessant. Besonders die großen Verbraucher wie die Summe aller Zimmer, die Küche und der Wellnessbereich weisen signifikante Einsparpotenziale auf. Insbesondere die Klimatechnik und die Warmwasseraufbereitung stellen große Verbraucher dar, wobei diese Verbraucher in Hinsicht auf Monitoring i. d. R. bereits ausgestattet sind. Jedoch können durch eine intelligente Steuerung dieser Aggregate signifikante Einsparungen erzielt werden. Insbesondere wenn die zentrale Klimatechnik nicht belegte Zimmer nicht heizt oder kühlt und entsprechende Zimmer erst kurz vor Ankunft eines Gastes klimatisiert werden. Genau diese Themen wurden der Geschäftsleitung vorgeschlagen und anschließend mit den entsprechenden Modulen umgesetzt. Weitere Schritte für eine Implementierung sind in Planung. Auch hier kann der Energieversorger durch den Verkauf von Beratungsdienstleistungen, Komponenten und Nutzungslizenzen Umsatz generieren.

Durch die Implementierung in die Haustechnik (Smart-Building-Technik) erstreckt sich die Umsetzung über einen längeren Zeitraum. Auch hier ist die Funktechnik im Vorteil und bietet eine schnelle und unkomplizierte Möglichkeit neue Komponenten einzubinden.

35.5.4 Einzelhandel mit Verkaufsfilialen

Hierunter fallen Unternehmen wie Supermärkte, Discounter, Autohäuser, Baumärkte und Möbeleinrichtungshäuser und weitere Unternehmen des klassischen Einzelhandels. Also in diesem Fall Unternehmen, die Produkte zum Verkauf/zur Vermietung anbieten. Auch wenn es sich um überschaubare Gebäude handelt, ist ein Energiemonitoring durchaus interessant, um Kenntnis über einzelne große Verbraucher zu erhalten, wie z. B. Kühltheken, Druckluft-erzeugung oder Beleuchtung. Hier können Stand-by-Zeiten, Gerätezustand und untypische Verbrauchsmuster erkannt werden. In diesem Zusammenhang können Mitarbeiter Wartungen, Reinigung oder Reparaturen optimal in den betrieblichen Ablauf eingliedern. Zentrales Augenvermerk liegt meist auf Kühlgeräten und Beleuchtung. Somit werden die entsprechenden Kühlgeräte mit Sensoren ausgestattet. Für die Beleuchtung sind aggregierte Messwerte von Interesse und aus diesem Grund wird der Verbrauch i. d. R. raumweise erfasst.

Durch diese Maßnahme können Kühlgeräte identifiziert werden, die eine zu hohe Leistungsaufnahme, verglichen mit baugleichen Geräten, aufweisen. Der Energieversorger hat die entsprechenden Module aus dem Baukasten genutzt und die Sensoren durch eine Partnerfirma installieren lassen. Der Verkauf der Komponenten und die Nutzung der Cloud-Lösung generierten Umsatz und die Supermarktkette bezieht weiterhin Strom vom Energieversorger. In einem nächsten Schritt ist die Integration der eigenen Solaranlagen geplant und die Flexibilisierung von Kühlleistungen. So sollen z. B. Kühlaggregate vor Sonnenuntergang und Verkaufsschluss noch einmal Kühlen, um so in der Nacht möglichst wenig an Energie zu verbrauchen.

35.5.5 Weitere denkbare Anwendungsfälle

Die zuvor genannten Anwendungsfälle sind keine abschließende Liste. Selbstverständlich muss immer das Kosten-Nutzen-Verhältnis berücksichtigt werden oder der generierte Mehrwert, wie z. B. proaktive Wartung oder Ausfallsicherung. So können weitere Anwendungsfälle für ein Energiemonitoring, wie Krankenhäuser, Betreiber von Serverzentren, Kühlhäusern oder Gewächshäusern, durchaus interessant sein, allerdings wird auf diese nicht näher eingegangen.

35.6   Zusammenfassung/Ausblick

Die agile *Geschäftsmodellentwicklung* nach dem Prinzip des Lean Start-ups bietet Unternehmen eine einzigartige Möglichkeit, sich gegenüber der Konkurrenz zu differenzieren und weitere, neue Geschäftsfelder zu erschließen. Die zentralen Erfolgsfaktoren bei der Entwicklung von neuen Produkten sind Präzision, Schnelligkeit und Ressourcenschonung. Diese können durch den Lean-Start-up-Ansatz adressiert werden. Das Energiemonitoring ist eine Dienstleistung, welche Unternehmen dazu befähigt, den Verbrauch zu messen, um erste Kenntnis daraus abzuleiten, wo sich gegebenenfalls „Stromfresser" im Unternehmen befinden. Dabei ist es erst einmal unerheblich, in welcher Branche das Unternehmen tätig ist. Selbstverständlich ist die Erkenntnis aufgrund des unterschiedlichen Verbrauchs für produzierende Unternehmen relevanter als für Buchhaltungsunternehmen. Der Energieversorger bildet die (Strom-)Schnittstelle zum Kunden und besitzt somit auch den direkten Kontakt zum Kunden. Ziel darf es in Zukunft nicht mehr sein, dem Kunden möglichst viel Strom zu verkaufen. Der Energieversorger muss den Kunden überzeugen, einen Mehrwert durch das Energiemonitoring zu erhalten. Dies kann vielfältig sein, besonders da dieses Thema in vielen Unternehmen noch gar nicht betrachtet wurde, außer vielleicht durch die Installation von Energiesparlampen und Bewegungsmeldern für entsprechende Lampen. Jedoch kann das Monitoring weitaus mehr erreichen, wie z. B. die Gesamtanlage beobachten, Schwachstellen in der Produktion auffinden, ein Verschleißmonitoring von Anlagen und Maschinen durchführen und somit den Wartungsbedarf analysieren. Daraus können wiederum dynamische Wartungsintervalle erzeugt werden, die Maschinenausfälle verhindern. Durch die Implementierung von Sensoren in eine entsprechende IoT-Plattform kann eine langfristige Partnerschaft generiert werden, die Vertrauen erzeugt. Durch dieses tiefgehende Anlagenwissen ist der Energieversorger in einer Position, die sich nicht ohne erheblichen Mehraufwand substituieren lässt. So können eine vertrauensvolle Partnerschaft und Zusammenarbeit entstehen. Der Mehrwert ist für jeden Kunden individuell zu identifizieren und zu erschließen. Eine Blaupause, die man auf alle Kunden anwenden kann, wird es nicht geben. Dafür unterscheiden sich viele Parameter zu stark. Allerdings muss auch erwähnt werden, dass die Einführung und der Betrieb eines Energiemonitoringsystems nicht über Nacht geschieht und es durchaus ein Prozess sein kann, der sich über mehrere Monate erstreckt. Der Ansatz eines modularen Baukastens hat sich als Erfolg versprechendes Konzept erwiesen. Doch Energiemonitoring/-management ist ein kontinuierlicher Prozess. Um valide Zusammenhänge zu erkennen, bedarf es einer längeren Beobachtungszeit.

   In einem weiteren Schritt und als Ausblick sind Aktorik sowie Auswertung der Daten von Interesse, um das volle Potenzial von Industrie 4.0 oder besser gesagt Energie 4.0 zu heben. Die gemessenen Werte müssen mit einer entsprechenden Aktorik versehen werden. Nur so können die gemessenen Sensorwerte durch fundierte Logarithmen oder intelligente Rechner analysiert und Schlüsse daraus gezogen werden. Die Aktorik setzt die Erkenntnisse in entsprechende Maßnahmen zur Steuerung der Anlagentechnik um. In zukünftigen Anwendungen ist zudem der Einsatz von künstlicher Intelligenz zur Auswertung und Optimierung der Anlage denkbar. Die optimale Umsetzung von Industrie 4.0 in Unternehmen sollte durch agile Methoden unterstützt werden, so dass Agile Industry 4.0 in Unternehmen

Einzug findet. Durch die Kombination von Industrie 4.0 und Agilität können sich Unternehmen zukunftssicher aufstellen und von den Mehrwerten profitieren.

Literatur

BMWi. (1998). Gesetz zur Neuregelung des Energiewirtschaftsrechts vom 24. April 1998. *Bundesgesetzblatt* Jg. 1998, Teil I Nr. 23, ausgegeben zu Bonn am 28. Apr. 1998. S. 730 ff(28.04.1998). Berlin: Bundesministerium für Wirtschaft (BMWi). https://dejure.org/BGBl/1998/BGBl._I_S._730. Zugegriffen am 30.03.2019.

DIN. (2018). *DIN SPEC 91366 – Referenzmodell zur Charakterisierung der Energieflexibilität von Industrieunternehmen*. Berlin: Beuth. https://www.beuth.de/de/technische-regel/din-spec-91366/286549869. Zugegriffen am 30.03.2019.

Europäisches Parlament und Europäischer Rat. (1996). Richtlinie (EU) 96/92/EG des Europäischen Parlaments und des Rates vom 19. Dezember 1996 betreffend gemeinsame Vorschriften für den Elektrizitätsbinnenmarkt (EU-Richtlinie 96/92/EG). Amtsblatt der Europäischen Union, L 27/20 (19.12.1996). Brüssel (BE): Europäisches Parlament und Europäischer Rat. https://eur-lex.europa.eu/legal-content/DE/TXT/PDF/?uri=CELEX:31996L0092. Zugegriffen am 30.03.2019.

Groth, U., et al. (1994). Kooperatives Beschaffungsmanagement im Rahmen von Wertschöpfungspartnerschaften mit Zulieferern. In A. Kammel (Hrsg.), *Lean Management: Konzept – Kritische Analyse – Praktische Lösungsansätze*. Wiesbaden: Gabler.

Leopold, K. (2016). *Kanban in der Praxis. Vom Teamfokus zur Wertschöpfung*. München: Hanser. ISBN: 3446443436, EAN: 9783446443433.

Reichwald, R. (1992). Die Wiederentdeckung der menschlichen Arbeit als primärer Produktionsfaktor für eine marktnahe Produktion. In R. Reichwald (Hrsg.), *Marktnahe Produktion: Lean Production – Leistungstiefe – Time to Market – Vernetzung – Qualifikation*. Wiesbaden: Gabler.

Ries, E. (2014). *The lean startup: How today's entrepreneurs use continuous innovation to create radically successful businesses*. New York: Crown Business Publishing. ISBN 9780307887894. OCLC 693809631.

Schwaber, K., & Sutherland, J. (2017). *Der Scrum Guide – Der gültige Leitfaden für Scrum* (Die Spielregeln. Deutsche Ausgabe, Nov. 2017). https://www.scrumguides.org/docs/scrumguide/v2017/2017-Scrum-Guide-German.pdf. Zugegriffen am 30.03.2019.

Dr. Christian Haag hat an der RWTH Aachen im Fachbereich Bergbau und Bauingenieurwesen studiert und im Fachbereich Maschinenwesen 2013 promoviert. 2013 hat er ein Spin-off gegründet, welches F&E-Dienstleistungen im Bereich elektrische Netze anbietet, und dieses bis 2018 geleitet. Zudem hatte er während dieses Zeitraums die administrative Leitung eines Forschungskonsortiums mit über 40 wissenschaftlichen und wirtschaftlichen Kooperationspartnern. Forschungsaufgabe des Konsortiums war die Entwicklung von Gleichstromlösungen im nationalen und internationalen Energiesystem. Christan Haag ist Senior-Berater bei consistency.

consistency ist seit 2008 ein leistungsstarker Beratungspartner für Unternehmen in der Energiewirtschaft, Finanz-, Telekommunikationsbranche sowie im E-Commerce. Der Kompetenzschwerpunkt von consistency besteht in der fachspezifischen und strategischen Beratung, Befähigung und Umsetzung agiler Projekte und Unternehmenstransformationen.

Strom wird erlebbar: eine App schafft Energietransparenz für den Kunden

Olaf Ruchay und Thomas Jaletzky

Zusammenfassung

Mit dem Ziel, die Potenziale des gesetzlichen Smart Meter Rollouts direkt nutzbar zu machen, wurde von innogy und enviaM mit Unterstützung der Bluberries GmbH und weiterer Dienstleister eine Smartphone- und Web-Applikation entwickelt. Durch Verständlichkeit und Transparenz wird ein neuer Standard in der Stromverbrauchsdarstellung etabliert und der Einstieg in die digitale Energiewelt erleichtert. Grundlage der auf einem Smart Meter basierenden Kundenlösung ist neben einer hoch performanten Plattform sowie den Algorithmen zur echtzeitfähigen Massendatenverarbeitung eine Empfangseinheit, die die Verbrauchsdaten der Endkunden sicher übermittelt. Diese Daten werden aufbereitet und nutzerfreundlich in der Applikation visualisiert. Der Kunde erhält Informationen zu seinem Echtzeitstromverbrauch sowie Erkenntnisse auf Einzelgeräteebene und identifiziert somit sowohl Stromfresser als auch Einsparpotenziale, etwa durch eine Änderung seines Verbrauchsverhaltens. Eine Vielzahl an innovativen Modellen zur Datenmonetarisierung gehen einher mit starken Kundenbindungseffekten – bei gleichzeitiger sorgfältiger Beachtung von Vorgaben der Datenschutz-Grundverordnung (DSGVO).

O. Ruchay (✉)
Bluberries GmbH, München, Deutschland

T. Jaletzky
innogy SE, Dortmund, Deutschland

© Springer Fachmedien Wiesbaden GmbH, ein Teil von Springer Nature 2020
O. D. Doleski (Hrsg.), *Realisierung Utility 4.0 Band 2*,
https://doi.org/10.1007/978-3-658-25589-3_36

36.1 Der iONA Service schafft Transparenz und Bewusstsein für Strom

Bisher kommt die Überraschung für viele Stromkunden einmal pro Jahr per Post mit der Nebenkostenabrechnung und beschert ihnen eine etwaige Nachzahlungsaufforderung – ohne ausreichende Möglichkeiten für den Kunden (außer dem gelegentlichen Blick auf den Stromverbrauchszähler im Keller), den tatsächlichen Verbrauch im Auge behalten und reagieren zu können.

Mit Unterstützung der auf die Energiewirtschaft spezialisierten Unternehmensberatung *Bluberries* und weiterer Dienstleister haben *innogy* und *enviaM* das Produkt iONA als Energy Insight Service entwickelt, um das Bedürfnis der Kunden nach transparenter Darstellung des Stromverbrauchs zu bedienen. Der gesetzliche Smart Meter Rollout wird genutzt, um Privatkunden mittels einer Smartphone- und Web-Applikation einen echten Mehrwert zu bieten: Den Kunden soll nicht nur ein einfacher Einstieg in die digitale Energiewelt ermöglicht werden, sondern sie sollen zum digitalen Energiemanager im eigenen Haushalt werden – und dies einfach, transparent und sicher.

Kunden der beiden Energieversorger ist es durch die *iONA-Applikation* für Smartphones (iOS und Android; siehe für iOS Abb. 36.1) und alternativ eine Web-App möglich, eine Liveanzeige des Stromverbrauchs ihres Haushalts zu betrachten und auch die tatsächlich angefallenen Kosten im Blick zu behalten. Eine Langzeitanalyse sorgt für Durchblick und hält zahlreiche Vergleiche im Zeitverlauf bereit. Mit *iONA* ist Schluss mit der Ablesung des Zählerstands im Keller. Die App identifiziert darüber hinaus, welche Geräte wie viel Strom verbrauchen – sie spürt also „Stromfresser" im Haushalt auf und bietet zudem einen Alarm für ungewöhnliche Verbrauchsspitzen. Die Zeiten, in denen Kunden von Energieversorgern hoffen mussten, dass der Abschlag passt, gehören durch die innovative Lösung von innogy und enviaM ebenfalls der Vergangenheit an – mit der App kann durch den Nutzer jederzeit selbst überprüft werden, ob die Abschlagshöhe dem individuellen Verbrauchsverhalten entspricht oder ggf. angepasst werden sollte, um Nachzahlungen oder zu hohe Vorauszahlungen zu vermeiden. Die „böse Überraschung" bei der jährlichen Stromrechnung entfällt.

36.2 Die Mehrwerte der Digitalisierung der Energiewende sind für Endverbraucher kaum wahrnehmbar

Mit dem *Gesetz zur Digitalisierung der Energiewende (GDEW)* aus dem Jahr 2016 wurden die gesetzlichen Rahmenbedingungen für den Rollout von digitalen Zählern (Smart Meter) festgelegt.[1] 2017 wurde mit dem Rollout von digitalen, intelligenten Stromzählern begonnen – zunächst für Letztverbraucher mit über 10.000 kWh Jahresstromverbrauch und Anlagenbetreiber mit einer installierten Leistung über 7 kWp. Letztverbraucher mit

---

[1] Vgl. BMWi (2016a).

Abb. 36.1 Dashboard der Smartphone-App

einem Stromverbrauch von 6.000–10.000 kWh und Anlagenbetreiber mit einer installierten Leistung von 100 kWp werden schrittweise bis 2020 mit *Smart Metern* ausgestattet – jedoch sind bis spätestens 2032 alle Verbraucher, und daher auch alle Privathaushalte laut *Messstellenbetriebsgesetz (MsbG)* mit modernen Messeinrichtungen auszustatten (§ 29 Abs. 3 S. 1 MsbG).[2]

Für Endverbraucher mit geringerem Stromverbrauch (kleiner 6.000 kWh) und kleinere Anlagenbetreiber sind die gewohnten, alten Ferrariszähler aber lediglich gegen *moderne Messeinrichtungen (mME)* auszutauschen, um der gesetzlichen Vorgabe zu genügen. Diese mMEs bringen den Kunden initial keine Vorteile, da diese Zähler nicht in ein Kommunikationsnetz eingebunden sind und somit über eine digitale Energieverbrauchsanzeige direkt am Zähler hinaus keine spürbaren Vorteile für die Verbraucher bieten. Im Gegenteil erhöhen sich die Messentgelte und eine Ablesung des Zählerstands durch den

---

[2]Vgl. BMWi (2016b).

Messstellenbetreiber ist weiterhin notwendig. Damit geht die mit dem gesetzlichen *Smart Meter Rollout* eigentlich gewünschte Digitalisierung und Verbrauchstransparenz standardmäßig an ca. 80 % der deutschen Haushalte vorbei.

36.3 Der iONA-Service als innovative Kundenlösung

Genau an dieser Stelle setzen innogy und enviaM mit dem *iONA Energy Insight Service* an und machen die Potenziale der Smart-Meter-Technologie erst im vollen Umfang für ihre Endkunden nutzbar.

Basis des iONA-Services stellen ein meDa-Zähler und die *iONA-Box* dar. Die meDa-Zähler erfüllen alle Vorgaben des Messstellenbetriebsgesetzes sowie des Eichrechts für eine moderne Messeinrichtung, bieten den Letztverbrauchern aber darüber hinaus den Vorteil, in ein Heimnetzwerk einbezogen werden zu können und somit Daten des Zählers an eine Empfangseinheit innerhalb des Hauses weiterleiten zu können. Diese Empfangseinheit ist die oben genannte iONA-Box, die Verbrauchsdaten vom meDa-Zähler empfängt und diese anschließend über die existierende DSL-Leitung des Kunden an eine hoch performante Plattform mit Algorithmen zur echtzeitfähigen Massendatenverarbeitung weiterleitet. Hierbei erfolgt eine Übermittlung und Weiterverarbeitung der Daten des Nutzers an das Backend ausschließlich DSGVO-konform und erst nach expliziter Einwilligung des Kunden. Die Datenweiterverarbeitung erfolgt anonymisiert und dient u. a. dazu, dem Kunden sein *Verbrauchsverhalten* zu visualisieren und Energy Insights zu ermöglichen.

In der Cloud werden die sicher übermittelten Verbrauchsdaten verarbeitet, gespeichert und schließlich nutzerfreundlich mittels der *iONA-App* auf dem Smartphone (iOS und Android) oder direkt am heimischen Computerbildschirm visualisiert.

Der Innovationsgeist von innogy und enviaM zeigt sich hier insbesondere in der Nutzung von Smart-Meter-Daten zur Aufschlüsselung der Verbrauchsdaten nach Geräten (Disaggregation). Statt komplexe und teure Geräte in den Haushalten installieren zu müssen, nutzt der iONA Energy Insight Service das Non-Intrusiv Load Monitoring (NILM) vom Technologiepartner NET2GRID, einem der weltweit führenden Unternehmen für Echtzeit- Energiedatenanalyse. Diese technisch spezialisierte Lösung verfügt über eine sehr hohe Skalierbarkeit und kann dreiphasige Messdaten in sekundenscharfer Auflösung verarbeiten. Der intelligenten, selbstlernenden und automatisierten Plattform ist es zudem möglich, anhand spezifischer Verbrauchsmuster ausgewählte Geräteklassen selbstständig zu erkennen und deren Verbräuche aufzuschlüsseln. Diese Informationen sind der Schlüssel, um im Sinne der Energiewende beim Kunden ein verändertes Bewusstsein für Strom und einen veränderten Umgang mit Energie herbeizuführen.

Im täglichen Massenbetrieb mit mehreren Hunderttausend Nutzern müssen entsprechend viele Echtzeitdatenverbindungen gemanagt und eingehende Messdaten laufend aggregiert, analysiert und den Kunden via App bereitgestellt werden.

36.4 Fokus der Entwicklung von iONA waren Kundenbedürfnisse und klare Mehrwerte

Während des gesamten Entwicklungsprozesses des iONA Energy Insight Services stand der Kunde im Fokus. So wurden permanent die *Kundenbedürfnisse* analysiert, um den Mehrwert für die Nutzer zu maximieren. Hierzu wurde ein detaillierter Feldtest mit über 1.000 Pilotkunden durchgeführt, der durch das unabhängige Leibniz-Institut für Wirtschaftsforschung RWI (vormals Rheinisch-Westfälisches Institut für Wirtschaftsforschung) begleitet wurde. Die neunmonatige Interaktionsmöglichkeit der Teilnehmer mit einem App-Prototypen mündete allgemein in ein stark positives Feedback, wie die Auswertung der qualitativen und quantitativen Erhebungen zeigte.

Im Rahmen der Studie wurden Rückmeldungen und Daten von mehr als tausend am Feldtest teilnehmenden Haushalten ausgewertet und vier begleitende, qualitative Befragungen der Teilnehmer durchgeführt. Fünf verschiedene Experimentalgruppen wurden gebildet (Abb. 36.2):

- **Gruppe 1** erhielt reine Visualisierungsdaten,
- **Gruppe 2** erhielt zusätzlich zu den Visualisierungsdaten noch Geräteinformationen (*Disaggregation*),
- **Gruppe 3** erhielt zusätzlich zu Visualisierung und Disaggregation monetäre Incentives für die eigene Effizienzverbesserung,
- **Gruppe 4** erhielt zusätzlich zu Visualisierung und Disaggregation nichtmonetäre Incentivierung im Sinne eines Ranglistenplatzes (sozialer Vergleich),
- **Gruppe 5** erhielt zusätzlich zu Visualisierung und Disaggregation monetäre Incentivierung aufgrund des durch Stromeinsparung erreichten Ranglistenplatzes.

Die Ausgangsfrage hierbei war, welche App-Elemente zur stärksten Kundeninteraktion führen.

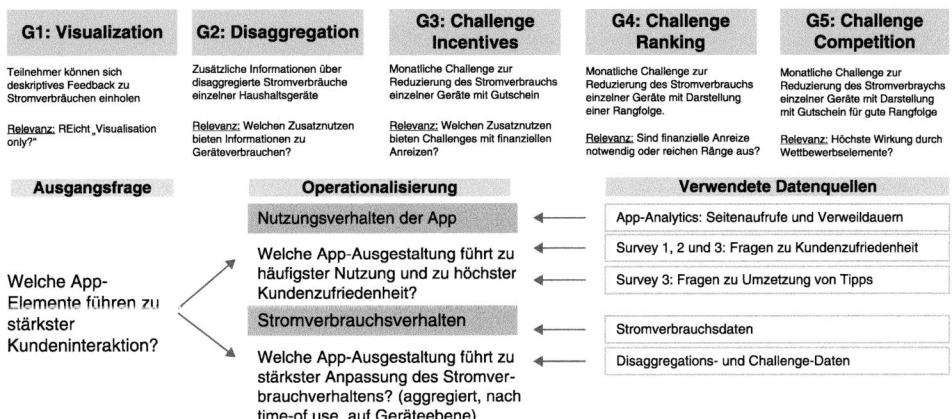

Abb. 36.2 Überblick über das Forschungsdesign der Studie des RWI

Diese Frage manifestiert sich wiederum in zwei Ausprägungen:

- **Stromverbrauchsverhalten:** Welche App-Ausgestaltung führt zur stärksten Anpassung des Stromverbrauchverhaltens?
- **Nutzungsverhalten:** Welche App-Ausgestaltung führt zur häufigsten Nutzung und zur höchsten Kundenzufriedenheit?

Zum Stromverbrauchsverhalten konnte ermittelt werden, dass die Datendisaggregation auf Einzelgeräteebene kurzfristig zu einer starken Verringerung des Stromverbrauchs und insbesondere bei stromintensiven Geräten zu einer Verhaltensänderung der Studienteilnehmer führte.[3] Demgegenüber konnte durch Effizienz-Challenges lediglich ein leichter und kurzfristiger Einsparungseffekt ermittelt werden, während sich langfristig kaum Einspareffekte zeigten.

Auf besonders starkes Interesse der Testkunden stießen neben der oben bereits erwähnten Funktionalität der Disaggregation (Geräteerkennung) die Funktionen Strombudget (Abschlagskontrolle), aktuelle Leistung und historischer Vergleich der Verbrauchsdaten. Demgegenüber waren monetäre und nichtmonetäre Incentivierung Funktionalitäten, die auf ein geringeres Nutzerinteresse stießen (Abb. 36.3).

Abschließend konnte konstatiert werden, dass die Mehrzahl der Teilnehmer einen solchen Service auch nach Studienende weiterhin nutzen möchte. Dies bestärkte innogy und enviaM, basierend auf den Feldtestergebnissen und dem darüber erhaltenen Teilnehmerfeedback, ein Smart-Meter-basiertes Kundenprodukt zu entwickeln, das zwischenzeitlich unter dem Namen *iONA* gelaunchert wurde.

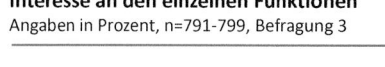

Interesse an den einzelnen Funktionen
Angaben in Prozent, n=791-799, Befragung 3

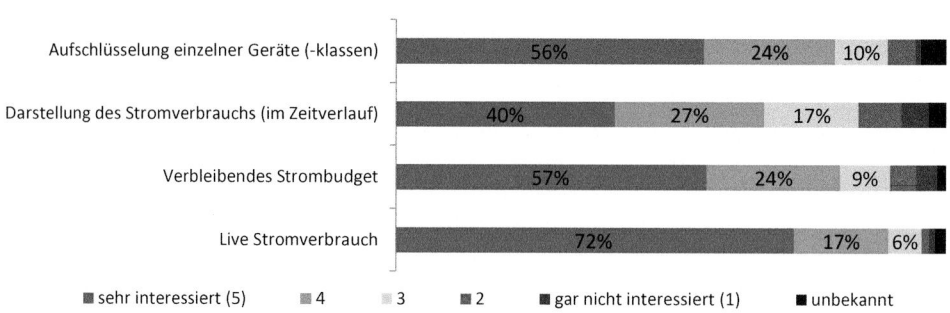

Abb. 36.3 Bewertung von Funktionalitäten durch die Studienteilnehmer

---

[3] Andor et al. (2019).

36.5 Der iONA-Service bietet eine umfassende Visualisierungslösung für Stromverbrauchsdaten

Nach positiver Verprobung des Prototyps wurde auf Basis der gewonnenen Erkenntnisse mit der Entwicklung der iONA-Smartphone- und -Web-Applikationen als Produkt für den Kunden begonnen.

36.5.1 Agile Vorgehensweise in der Entwicklung garantiert höchste Produktqualität

Mit *Scrum* wurde ein agiler Produktentwicklungs- und Projektmanagementansatz gewählt, um Backend und Frontend zu entwickeln – wobei sich an dieser Stelle allein auf die Entwicklung des Frontends konzentriert werden soll.

Dieses *agile Framework* stellte sicher, dass die in der Pilotstudie am häufigsten nachgefragten Funktionen so aufbereitet und umgesetzt werden konnten, dass der größte *Kundennutzen* generiert wurde. Es wurden zunächst User Stories entwickelt, die einen genauen Einblick in die Bedürfnisse der Kunden ermöglichten, um anschließend diese User Stories auf Tasks herunterzubrechen, die von den Entwicklern nach sorgfältiger Priorisierung schließlich in neun vierwöchigen Sprints umgesetzt wurden.

Schließlich gewährleistete die agile Vorgehensweise ein klares Rollenverständnis und damit eine klare Aufgabenverteilung zur Projektabwicklung. Relativ kurze, iterative Sprintzyklen garantierten eine hohe Transparenz für alle beteiligten Personen und die Möglichkeit, durch stetige Verbesserung eine hohe Produktqualität zu liefern.

Ebenso begleiteten stets umfangreiche UX-/UI-Tests – wobei UX für *User Experience* und UI für *User Interface* steht – und Sicherheitsaudits die Produktentwicklung. Neben der Gewährleistung einer hohen Produktqualität bürgt auch ein Auditbericht dafür, dass die Daten der innogy- und enviaM-Kunden „vom Zähler bis zur *App*" sicher übertragen, gespeichert und DSGVO-konform verarbeitet werden.

36.5.2 Einfachheit und Transparenz sind Kern des iONA-Produkts

Das Zielbild der iONA-Lösung, für den Kunden einen einfachen Einstieg in die digitale Energiewelt zu bieten und den Nutzer schlussendlich zum digitalen Energiemanager im eigenen Haushalt zu machen, erforderte große Sorgfalt beim UX-Design. Hierfür wurde vom ersten Schritt des „*Onboardings*" (initiale Verbindung der Empfangseinheit und der *App* mit dem Zähler) bis zur tatsächlichen Nutzung der App besonderes Augenmerk auf eine intuitive, klare Gestaltung gelegt:

Das Onboarding der App führt den Kunden mit wenigen Schritten durch den Installationsprozess der Empfangseinheit. Für jeden relevanten Schritt sind zudem bebilderte Anleitungen vorhanden, um auch technisch weniger versierten Kunden das Nutzungserlebnis des *iONA Energy Insight Service*s zu ermöglichen. Darüber hinaus werden für eine problemlose Einrichtung der iONA-Box sämtliche Verbindungsarten für die Erstinstallation unterstützt – von Bluetooth über Access Point bis WPS (Wifi Protected Set-up).

Nach dem Durchlaufen des Onboardings findet sich der Nutzer auf der Hauptoberfläche wieder – dem Dashboard. Dieses *Dashboard* ist für den Kunden komplett individualisierbar (Abb. 36.4). Jede auf dem Dashboard angezeigte Funktion kann in drei verschiedenen Detailgraden und Größen angezeigt werden. Es können aber auch nicht benötigte Funktionen ausgeblendet werden, damit für jeden Nutzer die für seine Bedürfnisse optimale Anzeige und Bedienbarkeit erreicht werden kann. Per Tap oder Klick auf die jeweilige Funktionalität ist zudem eine Detailansicht für den Nutzer verfügbar. Hier findet selbst der Experte alle Informationen im gewünschten Detailgrad. Der Nutzer entscheidet somit selbst darüber, in welcher Detailtiefe er informiert wird.

Letztlich münden die Ergebnisse in sieben Grundfunktionen:

Abb. 36.4 Vielfältige Individualisierungsoptionen durch den Edit Mode

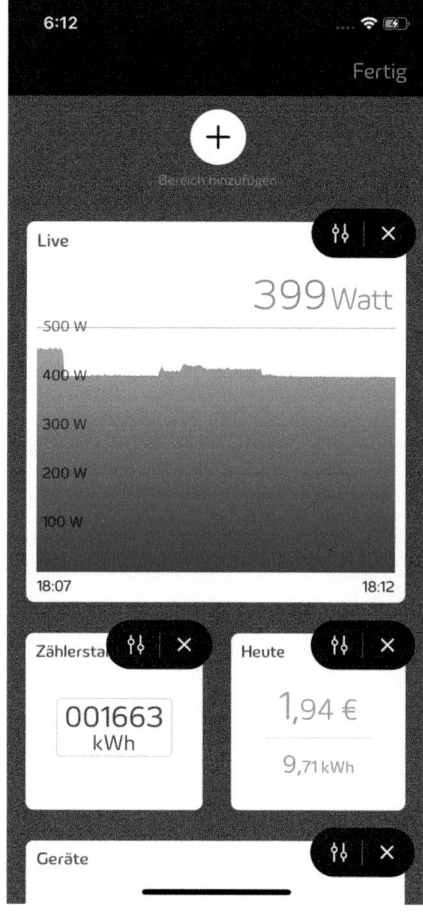

Live

„Live" gibt dem Nutzer einen Eindruck vom aktuellen, kumulierten Verbrauch seines Haushalts (Abb. 36.5). Ein Graph mit vier zeitlichen Dimensionen (5 Minuten, 1 Stunde, 12 Stunden, 1 Tag) schafft auf einen Blick Transparenz über den Verlauf des Stromverbrauchs in der gewählten Periode. Zudem wird eine haushaltsspezifische Einordnung in eine von drei Verbrauchskategorien (niedrig, mittel, hoch) vorgenommen, damit der Verbraucher mit zunehmender Nutzung der App letztlich befähigt wird, sein Energieverbrauchsverhalten selbstständig anzupassen.

Heute

Ein Überblick über die heute entstandenen Kosten im Vergleich zur jeweiligen Vorwoche wird über die Funktion „Heute" gewährleistet. So kann sich beim Nutzer ein Bewusstsein für die „abstrakte Größe" Strom und eine Verbindung zu den tatsächlich anfallenden Kosten entwickeln.

Abb. 36.5 Detailansicht des Liveverbrauchs

Vergleich

Verbräuche können weiterhin in zeitlicher Dimension detailliert und umfassend auf Tages-, Wochen-, Monats- und Jahresbasis mittels des „Vergleichs" untersucht werden. Dies umfasst auch den Vergleich von Zeiträumen, die durch den Nutzer eigenständig definiert werden können. So wird der Nutzer einerseits für schleichende Veränderungen in seinem Verbrauchsverhalten sensibilisiert, andererseits hat er direkt die Auswirkungen von Einsparungsbemühungen vor Augen.

Geräte

„Ist mein Kühlschrank ein Stromfresser?" Dieser Frage wird mit der Funktion „Geräte" auf den Grund gegangen (Abb. 36.6). Der lernfähige *Algorithmus* im Backend erkennt über spezifische Verbrauchsmuster einzelne Geräte und bereitet dem Nutzer auf, welche Geräte wie viel Energie verbrauchen und wie viel Geld bspw. der Strom für den Kühlschrank im Monat kostet. Zudem kann der Nutzer in der Detailansicht den Energieverbrauch und die

Abb. 36.6 Detailansicht der Gerätedisaggregation

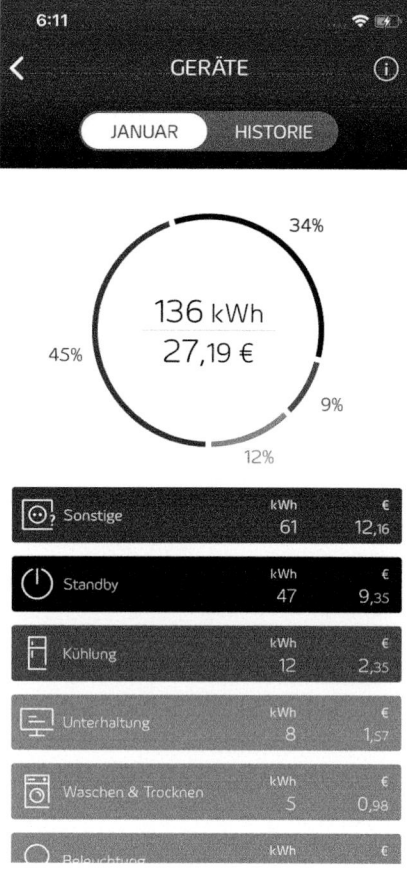

Kosten der einzelnen Geräte im Zeitverlauf (monatlich aggregiert) einsehen. So kann der Nutzer per Blick in die App ineffiziente oder defekte Geräte ermitteln und bei Bedarf gegen moderne, energieeffiziente Geräte austauschen.

Verbrauchsalarm

Die iONA-App warnt mittels der Funktion „Verbrauchsalarm" – sofern vom Nutzer gewünscht und in der App aktiviert – bei ungewöhnlich hohen Verbrauchsspitzen des Haushalts. Eine Überschreitung eines automatisiert für jeden Haushalt ermittelten Schwellenwerts führt zum Versand einer Push-Mitteilung, um den Verbraucher über einen ungewöhnlich hohen Energieverbrauch (Lastspitze) zu informieren. Hierfür wird in der detaillierteren Darstellung auch die aktuelle Leistung in Abhängigkeit des Schwellenwerts dargestellt. Versierte Nutzer der App können hier zukünftig auch ihre eigene Verbrauchsschwelle festlegen, bei der sie informiert werden wollen.

Zählerstand

Den Gang in den Keller erspart die Anzeige des „Zählerstands". Hier können sowohl der aktuelle Zählerstand als auch historische Zählerstände abgerufen werden. Zukünftig sollen Zählerstände auch direkt an den jeweiligen Energieversorger über die App versandt werden können.

Rechnungs-Check

iONA ist ein Produkt, das sich ständig weiterentwickeln und neue Services anbieten wird. So können iONA-Kunden perspektivisch mittels der Funktion „Rechnungs-Check" überprüfen, inwieweit ihre geleisteten Vorauszahlungen (Abschläge) ausreichen, um die tatsächlichen Stromverbrauchskosten zu decken, oder evtl. Nachzahlungen bzw. Gutschriften zu erwarten sind. Das vermeidet etwaige „böse Überraschungen" bei der Jahresabrechnung bzw. ermöglicht die unterjährige Anpassung der Abschlagzahlung beim Energieversorger.

36.6   iONA als Basis für weitere intelligente Services

Das *iONA-Produkt* soll insbesondere zur Kundenzufriedenheit beitragen und dadurch den Kunden stärker an die Unternehmen binden. Auch rechnen die Unternehmen mit Kosteneinsparungen, da iONA-Nutzer seltener den Kundenservice kontaktieren. Die App reduziert mit umfangreichen Informationen Rückfragen zum Verbrauch und zur Abrechnung.

Perspektivisch kann der iONA-Service auch als Ausgangspunkt für eine Reihe von weiteren intelligenten Services verstanden werden. Es sind hier bereits einige Use Cases von innogy und enviaM angedacht, um den Nutzern anhand der von ihnen geteilten Daten den Alltag zu erleichtern:

Ineffiziente Geräte können durch iONA erkannt werden. Aufsetzend darauf kann in Zukunft eine individuelle Energieberatung erfolgen und es können in Kooperation mit Handelspartnern moderne energiesparende Geräte über die App offeriert werden. Dies schont den Geldbeutel und die Umwelt. Auch maßgeschneiderte Energietarife und individuelle Abrechnungszyklen können das bestehende Produktportfolio erweitern.

Die Erkennung der Gerätelaufzeit und -häufigkeit, z. B. der Waschmaschine, kann dazu genutzt werden, auf Kundenwunsch automatisiert Verbrauchsmittel wie Waschpulver nachzubestellen und liefern zu lassen.

Perspektivisch wird iONA auch über versehentlich nicht abgeschaltete Geräte informieren oder Verbrauchsmuster über den Tagesverlauf erkennen können. Die Sorge um Großeltern oder Eltern könnte somit in Zukunft durch iONA genommen werden. Auf Kundenwunsch könnte etwa eine Abweichung im gewohnten Energieverbrauchsmuster älterer Mitbürger darin münden, ein Signal an Angehörige abzusetzen.

Das Leistungsspektrum von iONA ist momentan auf Services rund um Energie fokussiert. iONA wird sich aber perspektivisch als Alltagshelfer positionieren und die durch die Energiewende bereitgestellten Möglichkeiten zu klaren Mehrwerten für die Kunden formen.

36.7   Erst mit iONA kommen die Mehrwerte der Energiewende beim Kunden an

Die Digitalisierung der Energiewende hätte ohne iONA für fast 80 % der Haushaltskunden keinen spürbaren Mehrwert geschaffen. Dass die gesetzliche Vorgabe lediglich die Installation einer mME – also eines letztlich „nichtsmarten" Meters – vorsieht, haben innogy und enviaM erkannt und durch iONA adressiert. Durch die Initiative von innogy und enviaM, den iONA Energy Insight Service ins Leben zu rufen, konnte ein Ansatz gefunden werden, ein breites Kundenspektrum an den Errungenschaften der Energiewende teilhaben zu lassen.

iONA bietet dem Nutzer eine in dieser Form neue und einzigartige Transparenz über den Stromverbrauch in ansprechend und einfach aufbereiteter Form. Sie spricht alle Menschen an, die mehr über ihren Strom wissen möchten und in den nächsten Jahren einen modernen Stromzähler verbaut bekommen. Ein neuer Standard in der Verbrauchsdarstellung wurde geschaffen – aber auch die Basis für ein umfangreiches Dienstleistungsspektrum.

Seit Januar 2019 ist die iONA-Lösung für Kunden von innogy und enviaM im Apple App Store, im Google Play Store oder auch im Web verfügbar.

Literatur

Andor, M. A., Gerster, A., & Götte, L. (2019). *Disaggregated consumption feedback and energy conservation – Evidence from a randomized controlled trial*. Mimeo.

BMWi. (2016a). Gesetz zur Digitalisierung der Energiewende. Bundesgesetzblatt 2016 Teil I Nr. 43, S. 2034 ff. (29.08.2016). Berlin: Bundesministerium für Wirtschaft und Energie (BMWi). https://www.bmwi.de/Redaktion/DE/Downloads/Gesetz/gesetz-zur-digitalisierung-der-energiewende.pdf?__blob=publicationFile&v=4. Zugegriffen am 01.02.2019.

BMWi. (2016b). Gesetz über den Messstellenbetrieb und die Datenkommunikation in intelligenten Energienetzen (Messstellenbetriebsgesetz – MsbG). In: Gesetz zur Digitalisierung der Energiewende. *Bundesgesetzblatt* 2016 Teil I Nr. 43, S. 2034 ff. (29.08.2016). Berlin: Bundesministerium für Wirtschaft und Energie (BMWi).. https://www.bmwi.de/Redaktion/DE/Downloads/Gesetz/gesetz-zur-digitalisierung-der-energiewende.pdf?__blob=publicationFile&v=4.   Zugegriffen am 01.02.2019.

Olaf Ruchay   hat an der LMU München Rechtswissenschaften studiert, absolvierte in München und Oberbayern seine Vorbereitung zum Assessorexamen und wurde 1998 bei der RAK München als Rechtsanwalt zugelassen.

Seit 2011 ist er Geschäftsführer der Bluberries GmbH, einer Unternehmensberatung mit Spezialisierung auf die Energiewirtschaft. Seine Tätigkeitsschwerpunkte sind vor allem Innovation und Veränderungsmanagement, der kulturelle Wandel in Unternehmen sowie Restrukturierung und Kostensenkung.

Von 2004 bis 2011 war er freiberuflicher Berater, u. a. für führende deutsche Energiewirtschaftskonzerne. Von 1998 bis 2003 arbeitete Olaf Ruchay als Berater bei der Strategieberatung Roland Berger, zunächst im Kompetenzbereich Construction/Real Estate und Engineered Products in München, später im Kompetenzbereich Restructuring in Berlin.

Thomas Jaletzky   studierte an der Universität Siegen Wirtschaftswissenschaften.

Nach mehr als 15 Jahren Beratertätigkeit in verschiedenen Managementberatungen, zuletzt als Partner und Prokurist in der RWE Consulting, wechselte er 2011 in das Beteiligungsmanagement der RWE Deutschland AG und 2015 in die dortige Vertriebssteuerung.

Seit dem 1. Juli 2017 leitet Thomas Jaletzky innerhalb der innogy SE die Vertriebssteuerung B2C Deutschland. Die deutsche innogy-Gruppe beliefert ca. 8 Mio. Haushaltskunden mit Strom und Gas und ist damit bundesweit Marktführer.

Daneben bietet innogy ihren Kunden innovative Produkte rund um Photovoltaik, E-Mobility, Wärme und Smart Home. iONA ist ein weiteres neues und innovatives Produkt in diesem Spektrum, dessen Entwicklung Thomas Jaletzky als Projektleiter verantwortete.

Digitaler Vertrieb für Energiedienstleistungen

Johannes Alte-Teigeler

Vom Abnehmer zum Kunden, vom Kunden zum E-Business Customer

Zusammenfassung

Seit 2014 hat die Bundesregierung mit der digitalen Agenda die Digitalisierung zur Chefsache gemacht. Begonnen mit dem schnellen Internetanschluss für alle Privathaushalte über Industrie 4.0 bis hin zur Digitalisierung der Energiebranche. Utility 4.0 ist nicht mehr wegzudenken. Lag zu Beginn der Digitalisierung des Energiemarktes der Fokus noch auf Themen wie Smart Metering und Smart Grid, hält nun der digitale Vertrieb mit modernen E-Business-Projekten Einzug in die Utility-Welt. Die Energiebranche ist technologisch prädestiniert für eine Digitalisierung, dem stehen jedoch die immerwährenden alten Strukturen und Denkweisen der Energieversorger entgegen. Diese gilt es mit neuen Prozessen und digitalen Tools aufzubrechen und an die neuen Kundenbedürfnisse anzupassen. Die technologische Einbindung von internen und externen Marktpartnern ist für die Erfüllung dieser Bedürfnisse unabdingbar. Bestehende IT-Strukturen und vertriebliche Vorgehensweisen sehen den Kunden der Energieversorger bisher nur mittelbar im Fokus; dies muss rundum geändert werden. Neben der Berücksichtigung von Usability, Kundenbindung und innovativen Endkundenanwendungen müssen Energieversorger neue Produkte und Dienstleistungen entwickeln und auch kombinieren und das, bevor es andere, branchenfremde Player übernehmen.

J. Alte-Teigeler (✉)
Enedi GmbH, Velbert, Deutschland

© Springer Fachmedien Wiesbaden GmbH, ein Teil von Springer Nature 2020
O. D. Doleski (Hrsg.), *Realisierung Utility 4.0 Band 2*,
https://doi.org/10.1007/978-3-658-25589-3_37

37.1   Vom Energieversorger zum Energiedienstleister

Energieversorger verstanden sich bisher als erster Ansprechpartner für die *Daseinsvorsorge* der Kunden und deren Beratung. Der sichere Infrastrukturbetrieb ist eine „stille Kernkompetenz", Regionalität ist das Alleinstellungsmerkmal, Servicequalität, Vertrauen und Kundennähe sind die Ankerpunkte des Stadtwerke-Wertversprechens.[1]

Diese Merkmale und Ankerpunkte verbunden mit der bestehenden Kundenbeziehung sind als Voraussetzung für den Energieversorger als Energiedienstleister einzigartig und die eigentliche Chance, die genutzt werden muss. Hinzu kommt die Wahrnehmung eines „Corporate Citizenship", also eines Unternehmens, das spürbar Engagement vor Ort zeigt.

Der Wandel zum digitalen Energiedienstleister kann nur mit flexiblen und Cloud-basierten Tools und der absoluten Bereitschaft der Mitarbeiter zur Mitwirkung gelingen.

Durch die Digitalisierung und damit durch die Verfügbarkeit von Informations- und Kommunikationstechnologie (IKT), z. B. durch das Internet, hier insbesondere dessen Nutzung mittels Desktop-Computern, Tablets und Smartphones, entstehen interessante Möglichkeiten für neue Dienstleistungen und Geschäftsmodelle. Dass digitale Energiedienstleistungen in erster Linie mit Serviceangeboten zur Hebung von Energieeffizienzpotenzialen verknüpft werden sollten, kann für ambitionierte Energieversorger nicht das Maß der Dinge sein.[2] Energieversorger müssen im Zuge der Digitalisierung mit neuen Geschäftsmodellen am Markt antreten, die Produkte, Dienstleistungen und Lösungen in Form integrierter IT-Cloud-Lösungen für den Kunden anbieten und dabei auch Bedürfnisse des Kunden außerhalb der Energiewelt ansprechen und somit Kauferlebnisse schaffen (Customer Journey). Dies gilt für alle digitalen Energiedienstleistungen, die für den Kunden in Frage kommen, die wirtschaftlich vom Energieversorger geleistet werden können und die in der Gesamtstruktur Sinn machen.

37.1.1   Organisationsstrukturen

Die Mitarbeiter in den Organisationsstrukturen von Energieversorgern haben i. d. R. eine gute Ausbildung, sind technisch versiert und nicht so leicht aus der Ruhe zu bringen. Vorgegebene Prozesse werden exzellent abgearbeitet und unter allen qualitäts- und sicherheitsrelevanten Regeln abgeliefert. Die Steuerung von Partnerunternehmen zählt ebenfalls zu den Kernkompetenzen eines EVU-Mitarbeiters.

Die bisher an Sparten bzw. Produkten ausgerichtete *Organisationsstruktur* des Vertriebs ist jedoch für den neuen Wettbewerb zunächst einmal nicht geeignet. Kundendaten sind zählpunktbasiert über mehrere Silos verteilt und Produkte und Dienstleistungen nicht synchronisiert. Um als Energieversorger auch als Energiedienstleister auftreten zu können – und tatsächlich vom Kunden auch so gesehen zu werden –, sind nicht nur die Mitarbeiter

---

[1] Vgl. Erdmann et al. (2016, S. ii.).
[2] Siehe dazu ausführlich Richard und Vogel (2017).

des *Vertriebs* auf Kundendienstleistung einzustimmen, sondern die gesamte Organisation. Gute Vertriebsstrukturen und engagierter Kundenangang müssen zum Schluss auch das versprochene Produkt oder die zugesagte Dienstleistung liefern.

Durch geeignete Cloud-basierte Prozessabbildungen kann die vorhandene Organisationsstruktur überbrückt und die Einbindung aller benötigten Mitarbeitereinheiten gesichert werden. So können alle relevanten Akteure eines EVU und externe Partner gesichert in den Prozess eingebunden werden.

Eine grundsätzliche *Dienstleistungsmentalität* gegenüber dem Endkunden wird jedoch den Vertriebserfolg von digitalen Energiedienstleistungen maßgeblich beeinflussen.

37.1.2 Bestehende IT-Struktur

Die bestehende IT-Struktur bildet alle bisherigen Bedürfnisse und Prozesse des klassischen Energieversorgers ab. Alle IT-Systeme sind auf die Energieversorgung – mittlerweile angepasst an die Erfordernisse des liberalisierten Energiemarkts – ausgerichtet. Alle Prozesse für die Energieversorgung werden end-to-end abgebildet. IT-Tools für Energiedienstleistungen werden bisher nur als Insellösungen angeboten oder bestehende Lösungen wurden kostenintensiv angepasst.

Die zentrale Herausforderung für die IT-Bereiche ist zunächst die IT-Sicherheit und die Prozessoptimierung. Die grundsätzlichen Lösungen dieser Aufgabenstellungen sind zu meistern, vertriebliche Aspekte müssen aber schon frühzeitig in die Überlegungen mit einbezogen werden. Ein EVU muss mit den bestehenden Kunden kommunizieren und die Kundendaten nicht nur verwalten, sondern auch vertrieblich nutzen.

Neue IT-Tools müssen die bestehenden IT-Strukturen nicht ersetzen, müssen aber über Schnittstellen eine optimale Ergänzung darstellen. Der Einstieg mit neuen IT-Tools muss *agil* erfolgen. Mit über Monate ausgearbeiteten Pflichtenheften oder Aufgabenbeschreibungen kann die Produkt- und Dienstleistungsidee sich selbst zeitlich überholen. Die neuen IT-Tools und die damit verbundenen Prozesse müssen wachsen und auch mit, während und nach der Einführung flexibel bleiben. Agile Softwareentwicklung erhöht die Transparenz und Flexibilität, führt im Softwareentwicklungsprozess zu einem schnelleren Einsatz der entwickelten Systeme und minimiert so Risiken.

37.1.3 Zusammenarbeit mit Partnern

Bisher erfolgte die Zusammenarbeit mit anderen Unternehmen meist in einer Auftraggeber- (EVU) und Auftragnehmerkonstellation (Dienstleister wie z. B. Tiefbauunternehmen, Montageunternehmen etc.). Die Aufgabenstellungen wurden in allen Bereichen durch umfangreiche und umfassende Ausschreibungen abgefragt. Aufgrund der kommunalen oder konzerninternen Vorgaben werden sich hier Anpassungen nur bedingt durchführen lassen, sind aber notwendig.

Zukünftig werden *Partner*, insbesondere im handwerklichen Bereich, ein hohes Gut. Um diese Partner an sich zu binden, ist eine optimale Kommunikation über neue Kanäle (wie z. B. Cloud-basierte Applikationen über Smartphone) notwendig und es sind in der Wertschöpfungskette dem Partner genau die Aufgaben abzunehmen, die vielleicht nicht dessen Kernkompetenz betreffen (z. B. Vertrieb oder Abrechnung).

37.1.4 Kundenbeziehung

Mit der Liberalisierung des Energiemarktes fand ein Wandel vom Abnehmer zum Kunden statt. Mit dem Wandel vom Energieversorger zum Energiedienstleister ist eine weitere Anpassung zum digitalen E-Business Customer unumgänglich. Eine bedeutende Rolle im Markt für *Energiedienstleistungen* wird der Energieversorger künftig spielen, der die Kundenbedürfnisse am schnellsten und am besten versteht und es schafft, mit intelligenten Konzepten Mehrwerte für seine Kunden zu generieren und sie damit langfristig an das EVU zu binden. Es ist schnell und flexibel auf veränderte Anforderungen zu reagieren.

Der Energieversorger hat z. B. mit der Erstellung eines Hausanschlusses oder mit der Lieferung und Montage einer *Wallbox* als eines der ersten Unternehmen die Möglichkeit, den Kunden mit einer Vielzahl von Produkten langfristig an sich zu binden. Wird diese Chance nicht genutzt, sind die Kosten für eine spätere Gewinnung dieses Kunden um ein Vielfaches höher.

Benötigt wird eine *Plattform* für Kundenbindung, die Energieversorger/Energiedienstleister dabei unterstützt, positive Kundenerfahrungen über mehrere Kanäle hinweg zu gewährleisten.

Der digitale E-Business Customer ist der Mittelpunkt und es muss sichergestellt werden, dass jeder Akteur, der mit dem Kunden – egal ob im Vertrieb, Service oder Handel – interagiert, über relevante Informationen und Einblicke verfügt, um Kunden bei der Erreichung ihrer Ziele zu unterstützen.

37.2   Der digitale Kunde

Amazon, Zalando, aber auch Unternehmen wie Check24 und Verivox müssen zunächst der Benchmark für zukünftige Aktivitäten der Energieversorger sein. Die Zeiten der Kundenzentren, Beratungs- und Informationsveranstaltungen, bedingt auch des Call-Centers sind vorbei oder enden. Auf dieser Kundenebene wird zukünftig kein Geschäft mit Marge generiert.

Die *Kundenansprache* muss über unterschiedliche Kanäle erfolgen, vorzugsweise über digitale Medien. Die digitale Landschaft der Energieversorgungsunternehmen, wie z. B. die Homepages, bildet jedoch einen fast nicht zu überbietenden „Einheitsbrei" und weckt beim Kunden kein Interesse an Produkten oder Dienstleistungen, sofern diese überhaupt angeboten werden. Digitale Kunden gehen i. d. R. über ihr Smartphone oder ein Tablet kurz auf die Seite der Energieversorger, um vielleicht einen Zählerstand oder die Öffnungszeiten des Schwimmbades einzugeben bzw. abzufragen. Die Click-Raten sind trotz der Tristesse zahlreicher Seiten hoch, weil es immer noch einige Anlässe zum Besuch gibt. Diese Chance muss genutzt werden. Unabhängig davon, wie digital ein Kunde aufgestellt ist, sollte immer ein digitaler Eingangskanal genutzt werden. So sind die Kundenzentren (soweit noch vorhanden), Call-Center, externe Vertriebsdienstleister als auch Mitarbeiter des Energieversorgers im Außendienst so auszustatten, dass sie mögliche Anfragen von Kunden direkt aufnehmen können und bei der Leadgenerierung einen erheblichen Mehrwert schaffen.

Kleine Energieversorger können auf engagierte, kompetente und hilfsbereite eigene Mitarbeiter aufsetzen und Cloud-basiert immer mehr Produkte und Dienstleistungen in den Prozess bringen. Sämtliche Eingangskanäle können in den Bereichen Schnelligkeit und Kundenkomfort z. B. durch geschickt aufgesetzte *Customer Journeys* optimiert werden. Wichtig ist natürlich auch, dass dem Mitarbeiter alle relevanten Kundeninformationen auf einem Desktop zur Verfügung stehen, und dies nicht auf Zählpunktbasis, sondern aus der Kundensicht. Über die Customer Journey werden verschiedene Produktgruppen, die zwar technisch zusammengehören, aber aufgrund der Organisationsstruktur des Energieversorgers keine Verknüpfungen haben, über die bestehenden Strukturen hinweg verbunden.

37.3 Der digitale Prozess

Für Energieversorger ist mit der Übernahme von Energiedienstleistungen die Digitalisierung sämtlicher Prozesse unumgänglich. Da es sich bei Energiedienstleistungen meist um noch nicht etablierte Prozesse handelt, ist der Einsatz neuer Technologien notwendig. Die Umwandlung von bestehenden Prozessen und natürlich auch neuen Prozessen in *digitale Prozesse* sollte agil erfolgen. Das heißt, die Prozesse können nach und nach digitalisiert werden, ohne dass eine monatelange Entwicklungsplanung bspw. in Form eines Pflichtenhefts erfolgt. Insbesondere bei der Einführung neuer Produkte und Dienstleistungen muss schnell und *agil* gehandelt werden, Konkurrenz wird in jeder Phase bei der Einführung vorhanden sein. Gegebenenfalls sind Produkte oder Dienstleistungen auch wieder aus dem Vertriebsprozess zu entfernen, wenn sich Probleme bei der Abwicklung ergeben oder sich kein Erfolg einstellt.

37.3.1 Vertriebsprozess

Die über verschiedene Kanäle aufgesetzte Leadgenerierung und damit die Form der Leads sind immer in identischer Art und Weise zu halten – unabhängig vom Kanal. Die identischen *Leads* für Produkte oder Energiedienstleistungen gehen zentral ein und sind möglichst personenscharf entsprechend dem jeweiligen Verantwortungsbereich zu verteilen.

Mit Verteilung des jeweiligen Leads beginnt der definierte Prozess mit den notwendigen Abläufen, der Festlegung der beteiligten internen und externen Akteure und zeitlichen Vorgaben für die Prozessschritte. Sämtliche Prozessschritte werden automatisiert protokolliert, Anlage und Informationen sowie die komplette Kommunikation mit dem Kunden gesichert. Der *Vertriebsprozess* von der Leadgenerierung bis zum Auftrag wird digital abgebildet. Bei der Abbildung des Prozesses sind natürlich – insbesondere wenn ein regulierter Bereich mit einbezogen werden muss – alle regulatorischen Vorgaben einzuhalten. Externe Partner, mit denen EVU bisher nur am Rande gearbeitet haben (wie z. B. Autohäuser, Versicherungen, Wohnungsbaugesellschaften oder Vertriebseinheiten), können auch eingebunden werden und wirken als Multiplikatoren.

Das *CRM-System* muss in der Lage sein, den Kunden nicht nur auf Zählpunktbasis zu verwalten. Dem Kunden, der z. B. digital einen Hausanschluss angefragt und erstellt bekommen hat, ist natürlich neben den klassischen Commodity-Produkten auch eine Heizung, Solaranlage oder eine Wallbox für Elektromobilität anzubieten. Gemeinsam mit dem digitalen Kunden muss der „Loyality Loop" gelingen, d. h. auch wenn zum Zeitpunkt des ersten oder zweiten Angebots ein Produkt für den Kunden nicht relevant war, kann es späterunter anderen Umständen (z. B. eine starke Preisreduzierung von Speichern oder die Etablierung der Elektromobilität) wieder durchaus zu Interesse seitens des Kunden kommen. Auch wenn Unternehmen wie Booking.com oder Amazon mit ihren Kaufvorschlägen an der „Es-nervt-Grenze" arbeiten – der Erfolg gibt ihnen Recht.

Der Vertriebsprozess muss mit all seinen Facetten digital abgebildet werden. Wobei alle internen und externen Akteure durch den Prozess zu steuern sind, und dies bis zum Auftrag oder einer definitiven Absage für das jeweilige Produkt.

37.3.2 Backend-Prozess

Mit erfolgtem Auftrag ist nicht zuletzt auch im Hinblick auf die Kundenbindung eine optimale Erfüllung der Aufgabenstellung – sei es Lieferung oder Dienstleistung – zu gewährleisten. Neben einem sauber abgestimmten digitalen Prozess sind die Einbindung und Steuerung von Partnern unabdingbar. Dies gilt für interne und externe *Partner*.

Wie zum Start des Vertriebsprozesses sind eine möglichst personenscharfe Zuordnung, zeitliche Vorgaben mit Eskalationsregeln und gut vorbereitete Abläufe einzuhalten.

Die Abarbeitung der einzelnen Prozessschritte unter Einbindung aller benötigten Akteure erfolgt gewerkeübergreifend, unabhängig davon, ob ein interner oder externer Partner involviert ist. Da dieser Prozess digital gesteuert ist, ergibt sich eine bisher nicht dagewesene Sicht auf den Kunden, sprich den digitalen Kunden oder E-Business Customer.

Der verantwortliche Mitarbeiter beim Energieversorger muss einen Überblick über den aktuellen Status des Projektes erhalten und jederzeit in den Prozess eingreifen können. Hierbei muss die Kommunikation mit allen Akteuren auch für die jeweils relevanten Akteure sichtbar sein.

Alle beteiligten Akteure müssen ebenfalls im Rahmen ihrer zuvor zugewiesenen Rolle Zugriff auf das Projekt haben. Dies gilt für Meldungen, Aufträge, Kundeninformationen, allgemeine Informationen, aber auch für die Möglichkeit, weitere Unterprozesse anzustoßen.

37.4 Beispiel für digitale Energiedienstleistungen

Nachfolgend wird ein ausgewähltes Praxisbeispiel für digitale Energiedienstleistungen vorgestellt.

37.4.1 Akteure im Anwendungsbeispiel

Bei diesem Anwendungsbeispiel gehen wir von einer vierköpfigen, jungen Familie aus, die im Versorgungsgebiet ein Haus baut und einen Strom- und Wasseranschluss benötigt. Das EVU wird entsprechend von dem Kunden angefragt – der Grundversorger im jeweiligen Versorgungsgebiet ist hier immer noch der erste Ansprechpartner. Angefragt wird also zunächst der Grundversorger, welcher in diesem Beispiel auch der Kunden- und *Prozesskoordinator (ProKo)* ist. Dies gilt nicht nur für den Vertrieb von Produkten und Dienstleistungen, sondern auch für den eigentlichen Prozess „Herstellung eines Hausanschlusses" (*Hausanschlussprozess*). Das heißt natürlich im Umkehrschluss, dass es wenig Sinn macht, dass der Netzbetreiber den eigentlichen Kundenkontakt hält.

Der ProKo ist gegenüber dem Kunden verantwortlich für alle angeforderten Produkte und Dienstleistungen und demnach auch für die Steuerung und den erfolgreichen Abschluss des gesamten Prozesses. Unter- bzw. Teilprozesse werden entsprechend delegiert, wobei hier neben internen Akteuren auch Partner wie z. B. Netzbetreiber für Wasser und Strom, Tiefbauunternehmen, Montageunternehmen, Heizungsanlagenhersteller, Heizungsinstallateur, Solartechnikunternehmen, Elektroinstallationsunternehmen, Lieferant Smart Home, Lieferant Wallbox etc. eingebunden werden müssen.

37.4.2 Beispielhafter Ablauf

Unabhängig davon, welcher Kanal vom Kunden oder auch vom Energieversorger zur Kommunikation genutzt wird, muss das Ergebnis der Kommunikation bzw. der Anfrage in immer gleicher „Konsistenz" und Struktur im Cloud-System des Energieversorgers zum Abschluss vorliegen. Alle Akteure müssen dabei entsprechend ihrer Prozessrolle einen Zugang zu die erforderlichen Informationen haben und mit dem System auch arbeiten können.

Vertriebsprozess

Der Erstkontakt der Familie läuft in unserem Beispiel über eine telefonische Anfrage bezüglich der benötigten Hausanschlüsse im Kundenzentrum des Energieversorgers (i. d. R. des Grundversorgers bzw. dem Versorger mit dem besten Marketingauftritt). Die Anfrage kann mit dem Hinweis auf die *Homepage* des Energieversorgers – Bereich Hausanschluss – bearbeitet oder, je nach Kompetenz des Mitarbeiters bzw. Kunden, auch direkt am Telefon ins digitale System aufgenommen werden. Alle benötigten Daten werden in beiden Fällen, geführt über eine Customer Journey, abgefragt, d. h. im Falle des Hausanschlusses auch Dokumente wie z. B. eine Flurkarte oder Grundrisse. Zusätzlich werden vertrieblich relevante Informationen wie z. B. Art der geplanten Wärmeerzeugung, Interesse an Elektromobilität o. Ä. abgefragt. Nach Beendigung der Abfrage sind so mehrere verschiedene Leads generiert worden. In unserem Beispiel wurde vom Kunden neben der Beauftragung eines Strom- und Wasseranschlusses auch noch Interesse an einer Heizung (z. B. Luftwärmepumpe) und an einer Wallbox bekundet.

Im Vertriebssystem des Energieversorgers liegen nun die (Stamm-)Kundendaten und Anfragen über Strom- und Wasserhausanschluss, Heizungsanlage und Wallbox vor. Der ProKo verteilt nunmehr die Aufgabenstellungen an die verschiedenen Akteure.

Die Anschlussanfrage wird vom ProKo direkt und möglichst namens- bzw. abteilungsscharf zum Netzbetreiber weitergeleitet, der den weiteren Teilprozesse verantwortet und Ergebnisse (Angebot für den Netzanschluss mit möglichen Terminen) an den ProKo in der vorgegebenen Bearbeitungszeit zurückspielt. Die Einhaltung von Terminen überwacht, unter Berücksichtigung der Kundenzufriedenheit, der ProKo, der ja für den Vertriebsprozess und den Kunden insgesamt verantwortlich ist, über entsprechende Eskalationsmarker. Anhand der Eskalationsmarker können Engpässe oder Schwachstellen im Prozess erkannt und entsprechende Maßnahmen eingeleitet werden.

Die Anfrage bezüglich der Heizungsanlage geht in unserem Beispiel zunächst an Vertragspartner aus dem Heizungs- und Installationsbereich. Handelt es sich um eine Standardanfrage wie in unserem Fall, so kann der ProKo direkt vom Fachpartner hinterlegte Preise und Produkte zu einem Teilangebot ausarbeiten. Dies gilt in diesem Fall auch für die Wallbox.

Alle Akteure haben ihre jeweils eigene Sicht auf die Kundendaten und auch, wie beim Strom- und Wasserhausanschluss, auf die Daten anderer Akteure. So können z. B. beim Hausanschluss, wie in diesem Beispiel, gleichzeitig der externe Akteur für die Tiefbauarbeiten beauftragt und auch die Termine (nach Auftragsvergabe durch den Kunden) entsprechend koordiniert werden.

Der ProKo ist die Schnittstelle zum Kunden, sammelt alle einzelnen Angebote und führt diese zu einem Paket zusammen. Dem Kunden wird so ein Gesamtpaket vorgelegt, welches von keinem anderen Anbieter so oder ähnlich angeboten werden kann.

Die Verfolgung des Angebotes, sprich der eigentliche Vertriebsprozess, kann natürlich vom ProKo wiederum zurück zum eigentlichen Vertrieb bzw. Kundenbetreuer delegiert werden. Es obliegt natürlich auch dem Vertrieb, im Rahmen eines sogenannten „Loyality Loop" dem Kunden weitere Produkte oder Dienstleistungen (wie z. B. eine passende Solaranlage und/oder einen Speicher) anzubieten.

Abwicklungsprozess

Mit der Auftragsvergabe durch den Kunden beginnt zum einen der erneute Vertriebsprozess mit der Kennzeichnung des Kunden für etwaige neue Produkte oder Dienstleistungen und zum anderen natürlich der Abwicklungsprozess.

Die Sicherung des optimalen Ablaufs des Abwicklungsprozesses obliegt weiterhin dem ProKo. Er sorgt für die Verteilung der einzelnen Aufgabenstellungen und die entsprechende Erfüllung. Zudem hält er den Kontakt zum Kunden. In unserem Fall erteilt er den Auftrag für die Hausanschlüsse möglichst personenscharf an den jeweiligen Netzbetrieb und übergibt auch in diesem Fall den Unterprozess. Während der Netzbetrieb die Erstellung des Hausanschlusses verantwortet und entsprechende Partner, wie z. B. das Tiefbauunternehmen und die Montageeinheit, beauftragt und in den Prozess einbindet, kümmert sich der ProKo um die Koordination der weiteren Unterprozesse. Auch hier werden gewerkeübergreifend interne und externe Partner eingebunden. Alle Akteure nutzen die gleiche Plattform, um z. B. Termine abzugleichen, Dokumente abzulegen (Aufmaße, Bilder der Maßnahme, Rechnungen, Korrespondenz etc.), weitere Aufgaben und Prozesse anzustoßen und zu überwachen. Alle Informationen stehen somit auch allen Akteuren im jeweils benötigten Umfang zur Verfügung, d. h. auch bei einer Kundenanfrage kann eine sach- und fachgerechte Aussage getroffen werden.

Die über die Cloud-basierte Plattform angestoßenen Unterprozesse sind mit Eskalationsmarkern zu versehen, eine Übersicht über den Stand des jeweiligen Projektes muss für die relevanten Akteure transparent sein. Nur wenn das Zusammenspiel aller internen und externen Akteure gut läuft, können die Kundenbedürfnisse und damit die Kundenbindung sichergestellt werden.

Mit der Herstellung des Hausanschlusses, der Lieferung und Installation der Luftwärmepumpe und der Lieferung und Montage der Wallbox werden zwar diese Prozesse abgeschlossen und entsprechend die Daten zur Abrechnung via Schnittstelle dem IT-Grundsystem bereitgestellt, der Kunde wird aber im Rahmen eines Loyality Loops bereits für weitere Dienstleistungen wie z. B. die Lieferung eines Speichers, einer Solaranlage oder die simple Wartung der Heizungsanlage im System vorgemerkt.

Die regelmäßige Kommunikation mit dem Kunden über weitere Produkt- und Dienstleistungsangebote werden über stetig wachsende CRM-Systeme sichergestellt. Nur so kann eine langfristige und ertragreiche Kundenbindung gelingen.

37.5 Fazit

Die Transformation vom Energieversorger zum Energiedienstleister wird für die Energieversorger kein Selbstläufer. Chancen und Voraussetzungen für das Gelingen dieser Umwandlung sind ausreichend – wie wohl in keiner anderen Branche – vorhanden. Doch allein der Wille, als Dienstleister zu agieren, reicht bei den immer noch bestehenden Strukturen und der Mentalität eines Großteils der Mitarbeiter nicht aus. Über die Digitalisierung der Prozesse sind alle Akteure in den Dienstleistungsprozess mit einzubinden und der Fokus ist auf den Kunden zu richten. Cloud-basierte IT-Tools müssen die bestehenden IT-Strukturen ergänzen und die Möglichkeit eröffnen, auch über bestehende Organisationsstrukturen hinweg Prozesse digital abzubilden. Die Geschwindigkeit, mit der diese Transformation erfolgreich durchgeführt wird, ist der Schlüssel zum Erfolg als digitaler Energiedienstleister.

Literatur

Erdmann, G., Graebig, M., Pyka, A., & Yadack, M. (2016). *„SW-Agent" – Die Rolle von Stadtwerken in der Energiewende: Eine agentenbasierte Simulation der Interaktion und Akzeptanz der kommunalen Akteure* (22.12.2016). Berlin und Hohenheim: Bundesministerium für Bildung und Forschung (BMBF). http://www.transformation-des-energiesystems.de/sites/default/files/SW-Agent_Abschlussbericht.pdf. Zugegriffen am 15.02.2019.
Richard, P., & Vogel, L. (2017). *Digitalisierung als Enabler für die Steigerung der Energieeffizienz – Eine Analyse digitaler Energiedienstleistungen sowie Handlungsempfehlungen zur verstärkten Nutzung ihrer Potenziale* (Nov. 2017). Berlin: Deutsche Energie-Agentur GmbH (dena). https://www.dena.de/fileadmin/dena/Dokumente/Pdf/9228_dena-Analyse_Digitalisierung_Enabler_Steigerung_Energieeffiienz.pdf. Zugegriffen am 15.02.2019.

Johannes Alte-Teigeler ist in Mülheim an der Ruhr geboren, studierte von 1984 bis 1989 Elektrotechnik/Energietechnik in Bochum und startete direkt im Anschluss bei den Stadtwerken Velbert im klassischen Netzbetrieb. Mit der Liberalisierung des Energiemarktes im Mai 1998 in Deutschland gründete er die EVB Energie AG, die sich vom Energieversorger zum Energiedienstleister mit über 300 Mitarbeitern wandelte. Die EVB Energie AG übernahm für eine Vielzahl von bundesweit aktiven Energieversorgern und Netzbetreibern Aufgabenstellungen rund um die Liberalisierung des Energiemarktes. Die EVB Energie AG wurde im Sommer 2010 an die Diehl-Gruppe veräußert und Alte-Teigeler verblieb noch drei Jahre in der Geschäftsführung. Seit 2010 begleitet Alte-Teigeler mit seiner Beteiligungsgesellschaft ATV Energie GmbH mehrere Start-ups im Energieumfeld mit Rat und Tat. Aktuell leitet er als Geschäftsführer das gemeinsam mit den Stadtwerken Velbert 2016 gegründete Energiedienstleistungsunternehmen ENEDI GmbH und unterstützt die Vertriebsaktivitäten des Start-ups e·pilot GmbH in Köln.

Energiedienstleistungsvertrieb 4.0

38

Florian Meyer-Delpho

Digital und dezentral – vertriebliche Herausforderungen für Strukturen klassischer EVU

Zusammenfassung

Energieversorger stehen vor einem radikalen Umbruch ihrer Ergebnispools. Das zukünftige Geschäft bedingt andere Regeln und folgt anderen Logiken als die einst zentralistische, mit hohen Markteintrittsbarrieren „gesegnete" alte Energiewirtschaft. Kleine, dynamische Player und Start-ups können in dieser demokratisierten, vertrieblastigen Energiewelt die etablierten Player in vielen Bereichen schlagen, allem voran im Vertrieb. Die eigenen Stärken gut genutzt, können aber auch die großen Versorger in der neuen Energiewelt erheblich profitieren.

38.1 Versorger stehen vor erheblichen Herausforderungen

Energieversorger stehen vor dem wohl tiefgreifendsten Umbruch ihrer Geschichte. Zahlreiche Versorger leiden seit Jahren unter rückläufigen Ergebnissen. Zunehmend können Stadtwerke Garantieausschüttungen an ihre oft kommunalen Anteilseigner nicht mehr bedienen, und das bei immer noch eher moderaten Wechselquoten der Kunden. Verluste im angestammten Commodity-Geschäft selbst im kleinen Prozentbereich bringen nachhaltige Ertragsprobleme für die kommunalen Unternehmen. Die bei den meisten Versorgern noch passable Ertragssituation täuscht hierbei: Verpflichtende Gewinnabführungsgarantien füh-

F. Meyer-Delpho (✉)
Greenergetic GmbH, Bielefeld, Deutschland

© Springer Fachmedien Wiesbaden GmbH, ein Teil von Springer Nature 2020
O. D. Doleski (Hrsg.), *Realisierung Utility 4.0 Band 2*,
https://doi.org/10.1007/978-3-658-25589-3_38

ren dazu, dass auch bei augenscheinlich nur gering geschmolzenen Ergebnissen bereits keine ausreichenden Ausschüttungen mehr vorgenommen werden können. Bei kommunalen Anteilseignern, deren Kassen leer sind und die mit den Abführungen fest planen, führt dies bereits heute bei einigen Versorgern zu Problemen.

Auch ein nur geringer Rückgang von Kundenzahlen kann daher die finanzielle Gesundheit eines Energieversorgungsunternehmens empfindlich ins Wanken bringen, denn diese Trends sind meist nachhaltig negativ und ein sich selbst beschleunigender Prozess. Aufgrund der Reaktionsgeschwindigkeiten in den meist tradierten Unternehmensstrukturen ist zudem ein eintretender Trend nicht leicht umkehrbar.

Mit dem Aufkommen der Sektorkopplung, eines elektrifizierten Mobilitäts- und Wärmesektors verbunden mit zunehmend digitalisierten und damit reduzierten Transaktionskosten, streben schon jetzt neue Player auf den Markt. Anders als in Zeiten der Liberalisierung, in denen lediglich die Wahl des Commodity-Anbieters flexibel wurde, setzt sich der Kunde bei der Anschaffung neuer Wärme- oder Mobilitätslösungen mit dem Thema Energieversorgung der Zukunft ganz grundsätzlich auseinander und damit auch zwangsläufig mit seinem Stromanbieter.

Verschärfend kommt hinzu, dass seit der Liberalisierung massiv gestiegene Strompreise in Summe dazu führen, dass für den Kunden ein Wechsel des Stromanbieters nicht mehr eine Frage von wenigen EUR Ersparnis pro Jahr ist, sondern – zusammen mit Mobilität und ggf. Wärme –der Unterschied je Kunde sehr bald einen vierstelligen Betrag pro Jahr ausmachen kann. Der Wechselaufwand lohnt sich also zunehmend.

38.2 Beitrag im digitalen, dezentralen Produktvertrieb

Energieversorger sind gut beraten, nicht mehr auf die Trägheit der Kunden zu setzen. Digitalisierung, Transparenz und die Notwendigkeit, sich jetzt mit seiner eigenen Energieversorgung auseinanderzusetzen (Anschaffung E-Auto, Wechsel der Heizung, ggf. auch Wärmepumpe), werden dazu führen, dass die Wechsel zunehmen und nachhaltiger *Churn* die Ergebnisse der EVU empfindlich trifft.

Gleichzeitig birgt diese Entwicklung für die Energieversorger enorme Vorteile. Geschickt eingefädelt, kann das EVU sich als ganzheitlicher *Lösungsanbieter* präsentieren. Gerade die – zugegeben stotternd – begonnene Elektrifizierung der Mobilität eröffnet den Versorgern massive Potenziale und deutlich ertragsstärkere Kundengruppen. So verdoppeln bspw. Besitzer von Einfamilienhäusern, die ein Elektrofahrzeug nutzen, ihren Strombedarf bei nahezu identischem *Cost to Serve (CTS)*.

Wer glaubt, im Stromvertrieb eines EVU lohne sich der Blick auf die E-Mobilität nicht, da die Entwicklung der „Stromer" auf Deutschlands Straßen bislang durchweg enttäuscht, der könnte in wenigen Jahren vertriebliches Lehrgeld zahlen müssen. Wer die Verbreitung des Automobils in Deutschland nach Ausführungen im Buch *Taumelnde Giganten – gelingt der Autoindustrie die Neuerfindung?* verfolgt, stellt fest dass nach langen Jahren der

Stagnation zwischen 1920 und 1950 auf 1.000 Einwohner noch 1950 gerade einmal 50 Autos kamen.[1] Bis 1985 verzehnfachte sich diese Zahl auf 500 Autos je 1.000 Einwohner. Inzwischen liegt diese Quote heute bei ca. 650 PKW je 1.000 Einwohner. Studien sagen, dass in wenigen Jahren eine Million private E-Tankstellen gebaut werden. Übertragen wir diese Entwicklung auf die E-Mobilität, so stehen wir hier vor einem Boom, der vertrieblich genutzt werden muss, damit mit der E-Mobilität auch die Karten in der Stromversorgung neu gemischt werden. Die Gründung von eigenen Stromversorgern durch ernst zu nehmende OEM[2] der Automobilbranche (*Elli* von VW) und Mobilitätsdienstleister (*DB Energie*) ist ein klares Indiz. Die wenigsten der zukünftigen Wettbewerber sind vertrieblich derart schwach aufgestellt wie die über tausend deutschen Energieversorger.

Zu Recht macht sich die Branche Sorgen, ob sie die anstehende Digitalisierung übersteht. Noch immer steht der Beweis aus, dass Energieversorger im kleinteiligen, digitalen, dezentralen Produktvertrieb signifikante Ergebnisbeiträge erwirtschaften können.

38.2.1 Herausforderungen für Energieversorger

Energieversorger stehen vor fundamentalen, systemimmanenten Herausforderungen:

- Wille zur Veränderung in ausreichender Geschwindigkeit und aktive Innovationssprünge
- Kooperation mit Start-ups, das Zukaufen neuer Strukturen oder sonstige Eigenaktivitäten der Energieversorger bislang begrenzt ergebniswirksam
- Schaffung neuer Produktwelten, in denen sich die Kunden dauerhaft fangen lassen, bislang verhalten erfolgreich

Bislang haben es Energieversorger in breiter Zahl in beeindruckender Weise geschafft, weitgehend alle Trends und Einstiege ins EDL-Produktgeschäft zu verschlafen. Wer hat schon 2003 auf Solarenergie gesetzt und konsequent Erzeugungskapazitäten im dezentralen Solargeschäft aufgebaut, geschweige denn Vertriebsstrukturen geschaffen, damit inzwischen rund 50 GWp solare Erzeugungskapazität im deutschen Markt nicht mehrheitlich in die Hände von Klein- und Kleinstgesellschaften sowie Betreibervereinen fallen? Allenfalls der Einstieg in das Großanlagengeschäft im EE-Bereich gelingt den Energieversorgern leidlich gut.

38.2.1.1 Herausforderungen auf der Kundenseite

Damit stehen Energieversorger in Zeiten von Energiewende und Digitalisierung vor erheblichen vertrieblichen Herausforderungen:

---

[1] Vgl. Canzler und Knie (2018).
[2] OEM steht für Original Equipment Manufacturer, in diesem Falle die Automobilhersteller.

- Austauschbarkeit: Kunden werden aktiv und wechseln.
- Service Erwartungen steigen analog zu anderen Branchen und Märkten.
- Neue Wettbewerber und Geschäftsmodelle entstehen.
- Misstrauen und Wunsch nach eigenem Beitrag und Autarkie der Kunden.
- Aus Konsumenten werden Produzenten – Prosumer.
- Eigene Energieerzeugung ist bereits wirtschaftlich attraktiver als Bezug aus dem Netz.
- Lösungen werden dezentraler, intelligenter und vernetzter.

Ergo: Digitalisierung der Kundenbeziehung als Zukunftsaufgabe!

38.2.1.2 Herausforderungen auf der Produktseite
Zu den wesentlichen Herausforderungen auf der Produktseite zählen u. a.:

- Kleinteilige, individuelle Projekte, hoher Initialaufwand
- Spezialisiertes Produktmanagement für PV, Speicher, Heizungen
- E-Commerce und Onlinemarketingerfahrung
- Engpassfaktor IT: Marktprozesse, Regulierung, Abrechnung usw.
- Vertrieb: Ressourcen, Fachberatung, Telesales, Projektmanagement
- Energieberatung: Zeit für Projektkoordination und Nachverfolgung

Das Marktumfeld für den Vertrieb von EDL-Produktkomponenten (Abb. 38.1) verändert sich fundamental in Produktzuschnitt (zunehmend Non-Commodity-Produkte), Vertriebswegen und Wettbewerbsstrukturen.

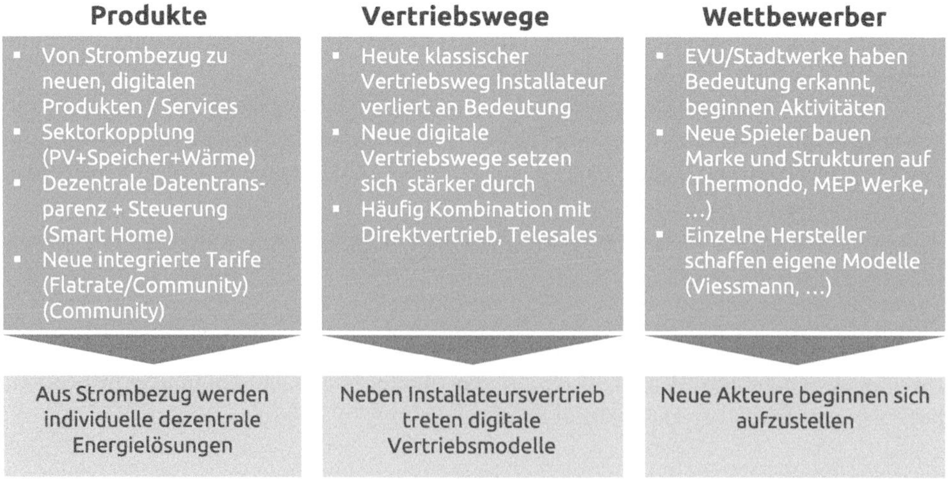

Produkte	**Vertriebswege**	**Wettbewerber**
▪ Von Strombezug zu neuen, digitalen Produkten / Services ▪ Sektorkopplung (PV+Speicher+Wärme) ▪ Dezentrale Datentransparenz + Steuerung (Smart Home) ▪ Neue integrierte Tarife (Flatrate/Community) (Community)	▪ Heute klassischer Vertriebsweg Installateur verliert an Bedeutung ▪ Neue digitale Vertriebswege setzen sich stärker durch ▪ Häufig Kombination mit Direktvertrieb, Telesales	▪ EVU/Stadtwerke haben Bedeutung erkannt, beginnen Aktivitäten ▪ Neue Spieler bauen Marke und Strukturen auf (Thermondo, MEP Werke, …) ▪ Einzelne Hersteller schaffen eigene Modelle (Viessmann, …)
Aus Strombezug werden individuelle dezentrale Energielösungen	Neben Installateursvertrieb treten digitale Vertriebsmodelle	Neue Akteure beginnen sich aufzustellen

Abb. 38.1 Das Marktumfeld verändert sich fundamental (Quelle: Greenergetic)

38.2.2 Grundvorrausetzungen für erfolgreichen EDL-Vertrieb

Der Abgesang auf die Energieversorger ist verfrüht. Energieversorger haben noch immer eine hinreichende Ausgangslage, um ihr EDL-Geschäft zu vitalisieren. Folgende Grundvorrausetzungen eröffnen dem *Utility 4.0* Chancen für die Märkte der Zukunft:

- Energieversorger sind weiterhin vertrauensvoller Ansprechpartner in zahlreichen Energiefragen.
- Die Vertriebe wandeln sich und ziehen tendenziell anderes Personal an als historisch.
- Umgang mit dezentralen Strukturen in der Energieproduktion ist zunehmend verstanden.
- Die Entwicklung in Richtung Elektrifizierung von Wärme und Mobilität erschließt erstmals neue Chancen mit signifikanten weiteren Ergebnisbeiträgen.

Erfolgreicher EDL Vertrieb verläuft über hybride Kanäle:

- Information online
- Beratung offline
- Angebotserstellung online/Telesales
- Abschluss im Direktvertrieb vor Ort/im Info-Center.

Erfolgreicher EDL-Vertrieb beim Energieversorger bedeutet nicht weniger als die Änderung der *DNA* eines Energieversorgers. Der *Kunde* muss in den Köpfen der Mitarbeiter vom „Abnehmer" zum „Absatzpotenzialträger" werden. Und die Mitarbeiter eines Energieversorgers sollten es als erste Pflicht sehen, den Kunden mit Zusatzleistungen zu bedienen, anstatt diesen möglichst schnell wieder „loswerden" zu wollen. In angloamerikanischen Strukturen ist dies grundsätzlich besser verankert als in den tradierten Strukturen eines deutschen Energieversorgers:

> There is only one boss. The customer. And he can fire everybody in the company from the chairman on down, simply by spending his money somewhere else.[3]

38.2.3 Herausforderungen und deren Lösungsansätze

Die Gefahr, gefeuert zu werden, sollte freilich nicht die Haupttriebfeder sein, sich mit digitalem, kundenorientiertem Vertrieb zu beschäftigen. Was viele Vertriebsleiter bereits wissen, ist in der DNA der meisten EVU hingegen noch nicht angekommen. Wer es

---

[3] Reiss (2014) zitiert Sam Walton (Gründer von Walmart).

schafft, sein Unternehmen auf Vertrieb zu polen, wird auch in Zukunft erfolgreich sein. Der Nachteil: Anders als Energieinfrastrukturinvestitionen der Vergangenheit, die sich mit Excel-Sheets und verhältnismäßig sicher prognostizierbaren GuV-Rechnungen rechtfertigen lassen, ist die Investition in den Aufbau von Vertriebsstrukturen deutlich risikoreicher, also eher ein Venture-Geschäft als ein Asset-Geschäft, und birgt – neben der Voraussetzung der Bereitstellung umfangreicher finanzieller Mittel – weitere massive Herausforderungen:

Konkrete vertriebliche Herausforderungen

- Mindset der Mitarbeiter
- Vertriebliche Aktivitäten und Strukturen
- Systemische Infrastruktur
- Innovative Produkte

Konkrete vertriebliche Lösungsansätze

- **Aufbau von Vertriebsstrukturen.** Neue dynamische Vertriebsstrukturen sind in vielen Energieversorgungsunternehmen schwer durchzusetzen oder gar nicht gewünscht. Vertriebliches Denken und Handeln mag mit Workshops und Schulungen transportiert werden können, einen „Sammler" zum „Jäger" zu machen ist allerdings enorm schwer.
- Daher: Aufbau eigener, separater Vertriebsstrukturen, die mit Personal außerhalb der Energieversorgerwelt besetzt werden und auch außerhalb der eigenen Konzernstruktur in eigenen Betriebslogiken entstehen. Dies misslingt oft genug, da die Nähe und Vorgaben eines Konzerns eben doch nicht so ganz einfach zu überspringen sind, insbesondere wenn diese separate Einheit von ebenjenen Konzernmitarbeitern aufgebaut werden muss.
- **Verbindung von Servicecenter mit Vertrieb.** Noch ist es eher Regel als Ausnahme, dass Kundenservice und Vertrieb als getrennte Einheiten laufen, getrennt gesteuert und sogar gegensätzlich incentiviert sind. Der Servicebereich eines EVU (oft ausgelagert an Dienstleister) ist in den seltensten Fällen mit vertrieblichen Zielen incentiviert. Den Mitarbeitern über eine strukturierte Datenanalyse und intelligente Gesprächsführungshilfen den Zugang zu den Kunden zu erleichtern und sie identifizieren zu lassen, was absatzfördernde Kundenbedürfnisse sind, ist sicherlich eine zukünftige Aufgabenstellung der Servicecenter der EVU. – Für Dienstleister eine große Chance, sich mit weiteren Produkten zu positionieren, für Servicecenterverantwortliche die Chance, am zukünftigen Erfolg des Unternehmens maßgeblich beteiligt und nicht nur passive „Beschwerdehotline" zu sein.
- **Anreicherung der Kundendaten und Schaffung von Querverbindungen zwischen Commodity und Non-Commodity:** EVU verfügen über Datenschätze, die in den meisten Vertriebsabteilungen nicht gehoben werden (können). Ein Kunde, der beim Servicecenter eines EVU anruft, sollte für die Mitarbeiter transparent sein: Welchen Vertrag, welchen Preis, seit wann Kunde, wie oft zahlungssäumig. Gleichsam sollte der

Servicemitarbeiter und die Marketingabteilung die Kunden sehr individualisiert ansprechen und anschreiben können.

- Heute kämpfen die Vertriebe sehr häufig mit der mangelnden Verbindung von Commodity- und Non-Commodity-Vertrieb. Nicht nur sind diese beiden Bereiche oft unterschiedlichen Abteilungen zugeordnet (Non-Commodity-Vertrieb liegt nicht selten noch im Verantwortungsbereich der Technik), auch die Maßnahmen im Vertrieb sind nicht aufeinander abgestimmt.

- Es gehört zu einer wahren Geschichte, dass ich bei einem mittelgroßen EVU versuchte, die Kollegen des Gasanschlussvertriebs dazu zu motivieren, auch nach Interesse an PV-Anlagen bei Kunden zu fragen. Erfreulicherweise waren die Kollegen willens, dies zu tun, gaben aber korrekterweise zu bedenken, dass eine vertriebliche Kontaktaufnahme zu einem fremden Produkt nicht DSGVO-konform sein könne. Die Lösung erschien simpel: Es sollten nur diejenigen Kunden angesprochen werden, die auch tatsächlich einen Gashausanschluss bei dem EVU letztlich bestellt hatten. Dabei stellte sich heraus, dass die Abteilung, die die Angebote für Gashausanschlüsse erstellt und den Kundenkontakt hält, keinerlei Informationen darüber hatte, wer letztlich auch bestellt hatte und einen Gasanschluss geliefert bekam. Hier ist zwingend geboten, die Prozesse miteinander zu verbinden, um vertriebliche Aktivität überhaupt erst möglich zu machen. Wie soll ich Cross-Selling für Non-Commodity-Produkte erreichen, wenn ich nicht einmal rückgespielt bekomme, ob der Kunde z. B im Commodity gewonnen wurde?

- **Verfügbarkeit eines CRM.** Es klingt banal, aber ein leistungsfähiges CRM ist bei zahlreichen EVU noch nicht im Einsatz. Der Aufbau eines CRM ist eine grundlegende Basisarbeit, die eine digitale und strukturierte Vertriebsarbeit überhaupt erst möglich macht. Die Einbindung des CRM in die Stammsysteme ist eine zweite Herausforderung, angesichts derer aufgrund der Komplexität der Verbindung dieser beiden System oft bereits vor dem ersten Schritt (losgelöstes CRM) kapituliert wird.

- **Aufbau paralleler Vertriebsstrukturen (Telesales).** Nicht jeder Vertriebskanal passt zu jedem EVU oder gar zu jedem Produkt. Klar ist aber: Ohne Aufbau von Vertriebskanälen kein erfolgreicher Vertrieb. Hierbei ist es sinnvoll, die Kanäle in sportlichen Wettbewerb zu stellen und gegeneinander zu messen. Nur wenn Marketingkampagnen und Vertriebskanäle End-to-End gegeneinander gemessen werden können, können diese Aktivitäten auch optimiert werden. Zudem ist die Rückkoppelung von Erfolg an Vertriebler enorm hilfreich für deren Motivation.

- **Entwicklung neuer, digitaler Produkte und Services.** Die Chancen aus einer digitalisierten, dezentralen, erneuerbaren Energiewende sind: Aufbau einer kontinuierlichen, digitalen Kundenbeziehung über Produkte mit teilweise 20 Jahre andauernden Kundenlebenszyklen (PV, Wärmepumpen und Heizungen), zudem die Identifikation von Kaufanlässen anhand von Nutzungsverhalten. Die Digitalisierung aller Produkte und Prozesse steigert Qualität, Service und Kundenwert!

- **Portfoliobereinigung mit den richtigen Kunden.** Verlust von Kunden allein muss nicht zwingend ein Nachteil sein. Wie es ein Vertriebsleiter ausdrückte: Kunden an den Wettbewerb zu verlieren, kann ein Segen sein – solange es die richtigen sind.

Kundenportfoliobereinigung kann also im Zweifel sogar DB-fördernd werden. Ein Versorger kann es sich durchaus leisten, tausende von Kunden zu verlieren, wenn er die richtigen, ertragreichen Kunden dagegen langfristig bindet. Diese Kunden kann er dann als elektrischer Wärmeversorger und Mobilitätsdienstleister attraktiv binden. Aber diese Bindung (und Neugewinnung) bedingt eine differenzierte Betrachtung und Akquisestrategie – beginnend mit einer differenzierten Vergütung für die Akquise von Kunden an die o. g. Vertriebskanäle (Studentenhaushalte bringen in den Vertrieben der Energieversorger oft die gleichen Provisionen wie die Akquise einer 300 m^2-Villa).

Literatur

Canzler, W., & Knie, A. (2018). *Taumelnde Giganten: Gelingt der Autoindustrie die Neuerfindung?* München: oekom.

Reiss, R. (2014). How top CEOs transform companies around the customer, like the new Kentucky Derby videoboard. In *Forbes* (21.04.2014). New York City: Forbes Media LLC. https://www. forbes.com/sites/robertreiss/2014/04/21/how-top-ceos-transform-companies-around-the-custo-mer-like-the-new-kentucky-derby-videoboard/#36f93e4932ac. Zugegriffen am 15.03.2019.

Florian Meyer-Delpho ist Gründer der Greenergetic GmbH, eines Full-Service- und SaaS-White-Label-Dienstleisters für Energiever-sorger für den Verkauf von dezentralen Energieprodukten wie PV Anlagen, Speicher, Ladeboxen etc. an Endkunden und Gewerbebe-triebe.

Er begann seine berufliche Laufbahn nach dem Studium der internationalen Betriebswirtschaft an der Cologne Business School und einem MBA in Nachhaltigkeitsmanagement an der Leuphana Universität Lüneburg in der Solarbranche 2004, wo er neben zahlreichen PV-Betreibergesellschaften zunächst den weltweit größten B2B-Marktplatz pvXchange GmbH für PV-Komponenten mit aufbaute, um dann 2012 die Greenergetic GmbH zu gründen, welche 2019 an die Innogy SE verkauft wurde und bis dahin neben einigen Finanzinvestoren u. a. seit 2015 die innogy SE zu ihren Gesellschaftern zählte. Heute ist er Gründer der Installion GmbH, einem Marktplatz für Elektrikerkapazitäten.

Mieterstrom als moderne Dienstleistungslösung für die Wohnungswirtschaft und Eigentümergemeinschaften

39

Markus Borgiel und Sören Smietana

Zusammenfassung

In dem folgenden Kapitel geht es um den Aufbau eines Mieterstrommodells unter Berücksichtigung digitaler Messtechnik. Dabei werden mögliche Auswirkungen auf Prozessabläufe, Qualifikationen, Kommunikations- sowie Abrechnungsprozesse näher betrachtet und erläutert. Der Text soll Ihnen eine Hilfestellung in Bezug auf die anstehenden Veränderungen und Herausforderungen beim Wechsel in die digitale Welt geben. Abschließend wird ein Ausblick auf die Weiterentwicklung des Mieterstrommodells und die daraus resultierenden, möglichen Dienstleistungen gegeben. Der Einfachheit halber wird in der Beschreibung die männliche Form verwendet.

39.1 Grundlagen

Der Koalitionsvertrag der Bundesregierung sieht bis zum Jahr 2030 vor, dass die Stromerzeugung zu 65 % auf regenerativen Rohstoffen basiert.[1] Um dieses Ziel voranzutreiben, besteht akuter Handlungsbedarf. Hier sehen sich die *Stadtwerke Witten* als kommunales Energieversorgungsunternehmen in der Pflicht, eine Vorreiterrolle einzunehmen. In den letzten Jahren profitierten hauptsächlich Gewerbetreibende und Hausbesitzer von Förderungen aus dem Erneuerbare-Energien-Gesetz (EEG) und dem Kraft-Wärme-Kopplungsgesetz (KWKG). Um auch Eigentümergemeinschaften und

---

[1] Vgl. BMWi (o. J.).

M. Borgiel (✉) · S. Smietana
Stadtwerke Witten GmbH, Witten, Deutschland

© Springer Fachmedien Wiesbaden GmbH, ein Teil von Springer Nature 2020
O. D. Doleski (Hrsg.), *Realisierung Utility 4.0 Band 2*,
https://doi.org/10.1007/978-3-658-25589-3_39

Mieter daran partizipieren zu lassen, besteht die Möglichkeit, eine Dienstleistung „Mieterstrom" anzubieten. Die Stadtwerke Witten haben im Jahr 2017 beschlossen, dieses Produkt auf den Markt zu bringen, um allen Interessenten die Möglichkeit zu bieten, aktiv an der Energiewende teilzunehmen.

Um das Produkt anbieten zu können, haben die Stadtwerke Witten einige wegweisende Entscheidungen getroffen. *Mieterstrom* sollte zukunftsorientiert, digital und unter wirtschaftlichen Aspekten angeboten werden. Eine wichtige Voraussetzung war, auf zukunftsweisende Smart-Meter-Technologien bei der Messtechnik zurückzugreifen sowie ein Portal einzuführen, welches als Datendrehscheibe und zur Visualisierung der Erzeugungs- und Einspeisewerte dient. Dies führte dazu, dass sowohl Prozessabläufe im Messstellenbetrieb als auch die Datenübertragung zur Erstellung der Jahresabrechnungen analysiert und neu aufgestellt werden mussten. Um eine Basis für ein Produkt zu schaffen, wurde im ersten Schritt zusammen mit einer ortsansässigen *Wohnungswirtschaft* ein Testobjekt ausgewählt. Anhand dieses Testobjektes sind die Erfahrungen gesammelt worden.

39.2 Neue Prozesse durch digitale Möglichkeiten im Messstellenbetrieb

Die Entscheidung, das Produkt auf Basis von neuen Messsystemen aufzubauen, schafft Vorteile aufgrund viertelstundengenauer Messwerte. Dadurch lassen sich die Ein- und Ausspeisung sowie der Verbrauch zeitgleich darstellen und eine kostenaufwendige Ablesung vor Ort ist nicht mehr notwendig. Diese neue Prozessvariation brachte darüber hinaus gravierende Änderungen in den Anforderungen an den *Messstellenbetrieb* und seine Mitarbeiter mit sich, welche nachfolgend im Wesentlichen erläutert werden.

39.2.1 Mieterstrom bei den Stadtwerken Witten

In diesem Abschnitt werden die grundlegenden Aspekte eines Mieterstromprojekts dargestellt.

Das Mieterstromobjekt besteht aus einem Neubau mit drei aufeinanderfolgenden Bauabschnitten. Das Objekt wurde, anders als im Mieterstromgesetz vorgesehen, mit einem *Blockheizkraftwerk (BHKW)* ausgestattet. Um Erfahrungen mit der Technik und den Systemen zu sammeln, wurde bewusst auf den Einsatz einer Photovoltaikanlage verzichtet. In jedem Bauabschnitt befinden sich sechs bis acht Stromzähler. Im normalen Netzbetrieb werden diese Zähler als Messungen des grundzuständigen Messstellenbetreibers eingebaut und genutzt. Im Mieterstromobjekt sind sie als Untermessungen durch den *Vertrieb* angelegt. Zusätzlich wird eine Messung für die Erzeugung des im BHKW produzierten Stroms, ein Zähler für den Verbrauch der Heizungsanlage und ein Zweirichtungszähler für Energiebezug und -lieferung installiert. Dieser dient hauptsächlich als Kontrollmessung. Alle Messungen sind als *moderne Messeinrichtungen (mME)* entsprechend dem Messstellenbetriebsgesetz (MsbG) ausgerüstet worden.

Neben den Versorgungszählern für Elektrizität verfügt das Objekt jeweils über eine Hauptmessung für Wasser und eine für Erdgas (Zentralversorgung). Die Weiterberechnung erfolgt über eine Heizkostenverteilung. Auf den Einbau von Wärmemengenzählern kann kundenseitig verzichtet werden.

Für die Kommunikation zum Gateway werden die Zähler mit drahtgebundenen M-Bus-Modulen ausgestattet und über einen Pegelwandler an ein Gateway der ersten Generation angeschlossen. Das System erfüllt somit noch nicht die geforderten BSI-Standards. Um diese Teststellung voranzubringen, wurde vom Kunden jeweils eine Einwilligung zum Einbau und zur Nutzung des Messsystems nach § 19 Abs. 5 Satz 2 MsbG eingeholt. Pro Bauabschnitt befindet sich ein Gateway in der Unterverteilung. Das Gateway sendet die *Daten* zur weiteren Verarbeitung an ein webbasiertes *Smart-Meter-Portal* (Abb. 39.1). Dieses leitet die Informationen an das Mieterstromportal weiter. Per Datenaustauschformat *MSCONS* werden die aufbereiteten Daten im nächsten Schritt zur endgültigen Abrechnung als Zählerstände an das *SAP IS-U* übermittelt.

An zwei Beispielen kann aufgezeigt werden, dass sich die Veränderungen als deutlich komplexer herausgestellt haben, als anfangs angenommen. So war eine Nutzung von Wireless-M-Bus-Modulen aufgrund der bestehenden Marktsituation nicht möglich, da die Prozessoren der Module nur mit intelligenten Zählern, nicht aber mit der modernen Messeinrichtung kompatibel waren. Die herkömmlichen intelligenten Zähler sind in der Form, in der wir sie benötigten, am Markt nicht mehr verfügbar. Daher wurde die Übergangslösung mit drahtgebundenen Systemen und Pegelwandlern zur Umsetzung in einem Impulssignal gefunden. Diese Lösung wird, sobald verfügbar, durch intelligente Messsysteme mit entsprechenden Standards ersetzt.

Die zweite, bislang noch nicht gelöste Herausforderung ist die Parallelwelt von drei Systemen. Die Kundendaten sowie die jeweiligen *Stammdaten*, welche die Zählertechnik betreffen, müssen jeweils im Smart-Meter-Portal, im Mieterstromportal und im SAP IS-U händisch gepflegt werden. Dabei besteht die Gefahr von Datenschiefständen. Um diesen vorzubeugen, wurde folgende organisatorische Maßnahme getroffen: Alle Prozesse werden lediglich von einem Sachbearbeiter abgewickelt. Im nächsten Schritt finden daher zwingend der automatische Systemabgleich und der Datenaustausch statt. Als Stammsystem fungiert das SAP IS-U.

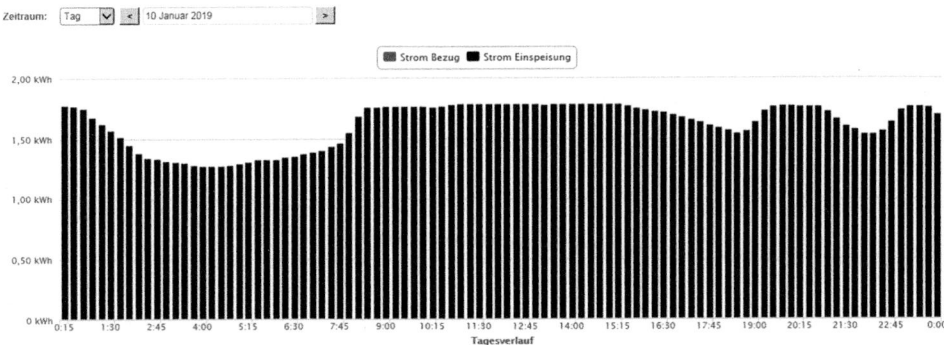

Abb. 39.1 Trianel Smart-Meter-Portal: Erzeugung BHKW

Vom Zählermonteur zum „Allrounder"

Bislang wurde der klassische *Zählermonteur* seinem erlernten Handwerksberuf entsprechend eingesetzt. Bei den Stadtwerken Witten ist für die Sparte Strom eine elektrotechnische Ausbildung mit Zusatzqualifikation „Arbeiten unter Spannung" zwingend erforderlich. In einigen Fällen werden Elektromonteure mit der Zusatzqualifikation „Fachkraft für festgelegte Tätigkeiten – Gaszählerwechsel" ausgebildet, welche allerdings keine Ausbildung ersetzt und nur für einfache Tätigkeiten eingesetzt werden kann.

Für den Zählermonteur im Gas- und Wasserbereich ist eine Ausbildung im Gas- und Wasserhandwerk erforderlich. Zusatzqualifikationen werden dem Aufgabengebiet entsprechend durchgeführt (z. B. „Fachkraft für die thermische Messung nach FW 608").

Grundsätzlich werden die Monteure, ihrer Ausbildung entsprechend, hauptsächlich für den Turnuswechsel, die In- und Außerbetriebnahme von Zählern sowie zur Störungsbeseitigung eingesetzt.

Die Planung der anstehenden Arbeiten im Zählerwesen wird über ein *Workforce-Management-System* mit Kartenplanung durchgeführt, um möglichst hohe Stückzahlen mit wenig Fahraufwand zu erreichen.

Einhergehend mit der Ausbildung bringt der Elektroinstallateur wesentliche Grundlagen in der Kommunikationstechnik mit. Elektrofachkräfte können mit der Zusatzausbildung „Arbeiten unter Spannung" qualifiziert werden. Somit schafft diese Ausbildung die Grundlage für den Monteur.

Zusätzlich kann die Qualifikation für den Einbau von Gas-, Wasser- und Wärmemengenzählern erworben werden.

Anhand des Beispiels Mieterstrom wird beschrieben, warum es unumgänglich ist, diese klassische Struktur aufzubrechen und den Monteur qualitativ aufzuwerten, um Skaleneffekte zu nutzen. Des Weiteren wird ein grober Einblick in die Themen gegeben, mit denen er sich auseinandersetzen muss.

Der zukünftige Zählermonteur sollte allein aus wirtschaftlichen Aspekten den Einbau und Wechsel von Zählern in den Grundsparten beherrschen und durchführen dürfen. Darüber hinaus sind Kenntnisse und Erfahrungen hinsichtlich neuer Kommunikationstechniken notwendig. So sollte der Monteur in Zukunft in der Lage sein, u. a. die Anbindung an das *Local Metrological Network (LMN)*, welches die Verbindung der Zähler untereinander und mit dem Gateway darstellt, herstellen und überprüfen zu können. Dies kann über verschiedene Wege, wie z. B. Pegelmessungen, geschehen.

Die Wellen des Wireless Mbus Signals überlagern sich durch die Reflektion an der Zählerschranktür. Auch hier sind Kenntnisse über die vorherrschende Technik notwendig. So wurde z. B. in einer der Teststellungen festgestellt, dass ein Modul mit zu hoher Sendeleistung bei geschlossenem Schaltschrank keine Daten versenden kann, da sich das Signal überlagert und somit eine Störung verursacht. Des Weiteren muss der Monteur nicht nur den Verbindungsaufbau in Richtung des *Gateway-Administrators* über die WAN-Schnittstelle kontrollieren und interpretieren können, sondern auch erste Sofortmaßnahmen durchführen, dazu gehört z. B., die richtige Positionierung der Antenne ausfindig zu machen. Hierzu sind Fähigkeiten vonnöten, die über die bisherigen Arbeiten hinausgehen.

In den ersten Versuchsobjekten war es notwendig, die Parametrierung am Gateway über umständliche Wege durchzuführen. Umgesetzt wurde dies mit einem Mini-WLAN-Router. Die Kommunikationsart des Gateways wurde über eine feste Ethernet-Verbindung mit einem GPRS-Modem über USB eingestellt. Der Router wurde dabei mit einem USB-Stick mit GPRS-Karte versehen und per Ethernet-Kabel an das Gateway angeschlossen. Durch diese Maßnahme konnte das Gateway so parametriert werden, dass es eine Verbindung über das USB-Modem hergestellt hat.

Im zweiten Schritt wurde der Prozess der Parametrierung an den Anfang des Arbeitsschrittes in die Werkstatt gelegt, so dass die Vorbereitung des Gesamtsystems zu diesem Zeitpunkt bereits durch den Monteur vorgenommen werden konnte. Somit wird das Gesamtsystem nur noch eingebaut sowie die Verbindung vor Ort hergestellt und überprüft. Als Beispiel dient hier das Verbindungssignal. Über eine LED am Modem wird eine Verbindung zum Mobilfunknetz angezeigt. Diese Verbindung kann man auch im Smart-Meter-Portal einsehen. Bedingt durch eine zu geringe Bandbreite konnte allerdings kein Up- oder Download von Daten stattfinden. Der Austausch der Antenne gegen ein leistungsstärkeres Produkt hat Abhilfe geschaffen.

Workforce-Management
Aufgrund der vorher beschriebenen Vorgänge muss die Arbeit in der Planung grundlegend anders gestaltet werden. Für die Installation der Anlagen sollte daher genug Zeit eingeplant werden. Es hat sich als überaus sinnvoll erwiesen, die Systeme schon in der Werkstatt vorzubereiten und im Smart-Meter-Portal anzulegen. Somit kann eine Kommunikation zwischen den Zählern schon vorab sichergestellt und die Fehlersuche vor Ort auf ein Minimum reduziert werden.

Der Einsatz eines *Workforce-Management-Systems* ist auch hier unumgänglich. Nimmt man die zukünftigen, hochsensiblen Prozesse bei intelligenten Messsystemen als Standard, werden die Messsysteme bereits an dieser Stelle im Workforce-Management angelegt und an das führende Abrechnungssystem SAP IS-U versandt. Dadurch kann händischer Aufwand eingespart und durch das Einlesen über Barcodes die Gefahr von Zahlendrehern vermieden werden.

39.2.2 Kundenportal zur Visualisierung der Verbrauchs- und Erzeugungszahlen

Neben der Veränderung des Messkonzeptes und den damit verbundenen Anpassungen der Prozesse im Messstellenbetrieb stellt die Datenlieferung zur Abrechnung und die Gestaltung dieser eine große Herausforderung dar. Die Stadtwerke Witten nutzen dafür ein *Onlineportal*, welches die Daten für den Eigentümer und den jeweiligen Mieter darstellt sowie alle abrechnungsrelevanten Informationen über eine Schnittstelle dem jeweiligen Kunden zuordnet.

Jede beteiligte Partei kann über das *Mieterstromportal* (Abb. 39.2) auf die jeweils benötigten Werte zugreifen. Über einen individuellen Login ist der Datenschutz der einzelnen Verbrauchsdaten der Mieter sichergestellt. So kann jeder Mieter die Gesamtheit der
Verbräuche, die Erzeugungszahlen des Objektes und seinen individuellen Anteil darstellen
lassen.

Um eine ordnungsgemäße Rechnungserstellung ohne große manuelle Eingriffe im Abrechnungssystem gewährleisten zu können, werden die Daten der Erzeugung, die Verbrauchsdaten der Mieter und die aus dem Netz eingespeiste Menge in dem Mieterstromportal ermittelt und über eine Standardschnittstelle in das Abrechnungssystem importiert.
Der Datenimport kann bedarfsorientiert, z. B. bei Ein- und Auszügen oder zum Jahreswechsel zur Erstellung der Jahresrechnungen, erfolgen.

Die Stadtwerke Witten haben sich dazu entschlossen, die Vergütung der erzeugten
Menge des BHKW über den Strompreis an die jeweiligen Mieter des Objektes weiterzugeben. Dadurch partizipieren alle teilnehmenden Mieter an dem Projekt und die Abbildung der Erzeugungsmengen und Verbrauchsdaten ist auf der Verbrauchsstellenebene einfacher und kann durch die beteiligten Parteien besser nachvollzogen werden. Somit
werden zur Erstellung einer Abrechnung „nur" die Verbrauchswerte der jeweiligen Verbrauchsstelle benötigt.

Aufgrund der eingebauten Messtechnik wäre auch eine andere Form der Abrechnung
möglich. Die Messtechnik erlaubt auf Viertelstundenbasis die Ermittlung der Mengen, die
aus der Erzeugung des BHKW im Objekt verbraucht, und jener Mengen, die aus dem Netz

Abb. 39.2 Mieterstromportal Stadtwerke Witten von der Trianel

hinzugekauft werden. Diese können dann auch pro Verbrauchsstelle (Wohnung) ermittelt und über besagte Schnittstelle dem einzelnen Verbraucher (Mieter) zugeordnet werden. Die Werte müssen dann als Verbrauchswerte der jeweiligen Verbrauchsstelle zu Abrechnungszwecken zugeordnet werden.

Dieser Schritt ist als weitere Ausbaustufe vorgesehen. Hierfür ist allerdings der erste Schritt unabdingbar: Die Technik muss störungsfrei laufen und die Prozesse müssen fehlerfrei abgebildet sein. In einem neuen Testszenario können daraufhin die besagten viertelstundengenauen Abrechnungen vorgesehen werden.

Allerdings kann die Genauigkeit der Zuordnung der erzeugten Mengen zu fehlendem Profit bei einigen teilnehmenden Mietparteien führen. Der Verbrauch sollte bestenfalls zur gleichen Zeit wie die Erzeugung stattfinden. Dies kann aber häufig nicht gesteuert werden. Dadurch kann es zu unterschiedlichen Einsparungen bei den betroffenen Mietparteien kommen. Lösungen bieten Smart-Home-Produkte, die über Sensorik oder aus der Ferne gesteuert werden können. Als Beispiel können Waschmaschine und Trockner genannt werden, die sich über Sensorik in Abhängigkeit von der aktuellen Erzeugung einschalten.

39.3 Aufbau im Bestandssystem

Auf der Systemseite wurden noch einige Probleme gelöst, die im „Standard" des Abrechnungssystems nicht vorgesehen waren. Eine der größten Herausforderung im Mieterstromprojekt der Stadtwerke Witten besteht im diskriminierungsfreien Netzzugang nach dem Energiewirtschaftsgesetz (EnWG) im System des Netzbetreibers. Auch im Vertriebssystem wird größtenteils der „Standard" des Abrechnungssystems genutzt.

39.3.1 Aufbau des Kunden im Netzsystem

Im System des Netzbetreibers ist auf den Eigentümer eine Anlage mit der Messung für die Entnahme aus dem Stromnetz aufgebaut. Die Anlage ist als Kundenanlage auf den Lieferanten Stadtwerke Witten angemeldet, wird netzentgeltseitig als Eigenverbrauch gegenüber den Stadtwerken Witten abgerechnet und dient zudem der Mengenbilanzierung. Sämtliche Marktkommunikationsprozesse laufen über diese Anlage. Die Anlagen der Mieter können aufgebaut werden, sind jedoch bis zu einem möglichen Lieferantenwechsel inaktiv. Die Kundenzähler sind als Geräteinfosätze angelegt. Sollte ein Mieter durch einen anderen Lieferanten als die Stadtwerke Witten versorgt werden, ist hier ein manueller Eingriff durch den Netzbetreiber notwendig. Der Geräteinfosatz wird dann durch einen Zähler des grundzuständigen Messstellenbetreibers im Netzsystem integriert und die Marktlokation muss für den Kunden aufgebaut werden.

Ein weiterer Schritt für die Zukunft ist der Einsatz eines eigenen Systems für den Messstellenbetrieb, um die Modelle sauber getrennt vom Netzbetrieb darzustellen. Erst dann kann die vorgeschriebene Kommunikation des Messstellenbetreibers mit dem jeweiligen Netzbetreiber und Lieferanten erfolgen.

Die übrigen Zähler in dem Mieterstromkonstrukt bleiben davon unberührt und können trotz Wechsels eines Mieters in dem Modell abgerechnet und bilanziert werden. In der Praxis hat sich gezeigt, dass es Kunden gibt, die von den Stadtwerken versorgt werden, aber nicht am *Mieterstrommodell* teilnehmen wollen. Über die Gründe kann man nur spekulieren. Diese Kunden werden im Netzsystem bezüglich der Bilanzierung wie bisher „fremdversorgte" Kunden behandelt.

39.3.2 Aufbau des Kunden im Vertriebssystem

In dem System des Lieferanten sind alle Mieter, sofern sie durch die Stadtwerke Witten versorgt werden, als *Kunden* aufgebaut. Sie unterscheiden sich kaum von dem üblichen Aufbau anderer Kunden im Lieferantensystem. Alle Kunden werden jährlich abgerechnet und haben einen eigenen Tariftyp, der die Inhalte des Mieterstromabkommens enthält. Die Zähler sind beim Kunden aufgebaut und die abrechnungsrelevanten Mengen werden zukünftig über die Messlokation vom Messstellenbetrieb zur Verfügung gestellt. Um dieses Konstrukt wie beschrieben aufzubauen, bedienen sich die Stadtwerke Witten zukünftig über einen Dienstleister der Rolle des *wettbewerblichen Messstellenbetreibers (wMSB)*. Dieser ist für den Aufbau der Konstrukte und die Verwaltung der Daten zuständig.

Das Stammdatenkonstrukt kann über die Marktlokation im Standard nicht automatisch angestoßen werden. Hier ist ebenfalls ein manueller Eingriff notwendig, um einen Wechsel des Lieferanten zu ermöglichen. Die Anlagen haben im Lieferantensystem ein Kennzeichen und sind für die Sachbearbeiter des Lieferantenwechsels zu identifizieren, damit ein Wechsel stattfinden kann.

Alle weiteren Prozesse im Lieferantensystem sind im Sinne der Kunden ausgeprägt. Es werden Abschlagspläne angelegt und die Abrechnung erfolgt zur gewohnten Zeit, so dass der Kunde durch die neuen Abläufe für das Mieterstromangebot keine Beeinträchtigungen erfährt.

Sollten sich die gesetzlichen Anforderungen oder der Bedarf des Kunden in Richtung unterjährige Abrechnung entwickeln, ist auch dieses ohne größere Schwierigkeiten im Modell der Stadtwerke Witten abbildbar. Die zukünftig verbauten intelligenten Messsysteme dienen als Grundlage dieser Möglichkeit. Dadurch können *lastabhängige Tarife* und monatsgenaue Abrechnungen angeboten werden. Im SAP IS-U müssen hierfür die Voraussetzungen in der Tarifierung gelegt werden. Die Tarifierung wird dann, wie bei den heutigen Sondervertragskunden bzw. RLM-Kunden, durch den Tariftyp auf monatliche Abrechnung ggf. mit unterschiedlichen Preisen für unterschiedliche Anwendungsfälle, wie last- oder *zeitvariable Tarife,* umgestellt. Somit wäre eine viertelstundengenaue, monatliche Abrechnung ohne Probleme möglich.

Auch die Rechnung (Abb. 39.3) ist im gewohnten Design aufgebaut und kann nach Abstimmung mit dem jeweiligen Eigentümer zusätzliche Informationen enthalten. So können neben den üblichen Informationen des Strommixes die produzierte Menge des Objektes und die damit verbundene Einsparung an CO_2 dargestellt werden.

Ihr **Stromverbrauch** in der Zeit vom 03.07.2018 bis 31.12.2018
Aktueller Tarif: Unser Strom. Stadtwerke Daheim
Aktueller Arbeitspreis: 25,51 ct/kWh (brutto)

Ihre Verbrauchsmenge Strom   Lagezusatz: 1. OG links

	Datum	Stand kWh	Zählwerk	Differenz kWh	x	Faktor	Verbrauch kWh
Zählernummer: 18280005							
Anfangszählerstand	03.07.2018	235	HT				
Maschinelle Schätzung	31.12.2018	1.232	HT	997	x	1,0000	997
Aktueller Verbrauch (182 Tage)						**HT**	**997**
Vorjahresverbrauch (201 Tage)						HT	1.657

Berechnung Ihrer Stromkosten

	Abrechnungszeitraum von - bis	Verbrauch bzw. Anteil	Preis	Anteil Tage	Betrag €
Tarif: Unser Strom. Stadtwerke Daheim					
Arbeitspreis HT	03.07.2018 - 31.12.2018	997 kWh	25,51 ct/kWh		254,33
Grundpreis	03.07.2018 - 31.12.2018	1	99,00 EUR/a	182/365	49,36
Summe					**303,69**
In Summe enthalten 19% USt.					48,49

Ausweis der Netzentgelte sowie Steuern und Abgaben

Im Rechnungsbetrag von 303,69 € sind anteilig Netzentgelte sowie Steuern und Abgaben enthalten, die wir nicht beeinflussen können. Dazu gehören Abgaben gemäß Erneuerbare-Energien- und Kraft-Wärme-Kopplungsgesetz, Stromsteuer, § 19 StromNEV Umlage, Offshore-Haftungsumlage und Abschaltbare Lasten. Diese Beträge weisen wir nicht gesondert aus. Enthalten sind außerdem die folgenden Entgelte für Netznutzung, Messung und Konzessionsabgabe:

Netto €

Abb. 39.3 Rechnung der Stadtwerke Witten an Mieterstromkunden

In dem Modell der Stadtwerke Witten findet keine Benachteiligung auf Grundlage des Energiewirtschaftsgesetzes (§ 42a EnWG) statt. Alle Anforderungen werden im Sinne der Kunden erfüllt.

39.4 Weiterentwicklung von Mieterstrom und zusätzlichen Dienstleistungen

Aktuell betreiben die Stadtwerke Witten zwei Mieterstromprojekte in dem beschriebenen Modell. Eins ist bereits umgesetzt, dass andere befindet sich aktuell in der Umbauphase. Weitere Anfragen liegen vor, so dass dieses Modell zukünftig in weiteren Objekten eingesetzt wird. Auch eine Umsetzung mit einer durch die Stadtwerke Witten betriebenen Photovoltaikanlage ist in naher Zukunft vorgesehen. Dieses Modell des Mieterstroms eröffnet viele Möglichkeiten. Die Stadtwerke müssen sich als Partner ihrer Kunden verstehen und ihre Stärken nutzen. Ziel ist es, Dienstleistungen anzubieten, die aufeinander aufbauen. So können in den Objekten der Wohnungsbaugesellschaften neben Mieterstrom mit Smart-Metering andere intelligente Lösungen angeboten werde, wie Sub-Metering, digitales Betreiben von Rauchmeldern oder das Verwalten notwendiger Kommunikation der vor Ort verbauten Geräte. Weiterhin sind Smart-Home-Lösungen und der Einsatz von variablen Tarifen denkbar. Eine wichtige Rolle wird auch die Integration von Lademöglichkeiten für Elektromobilität aus regenerativen Energien spielen. Das Lademanagement und die Umsetzung als Quartierslösung runden das Angebot ab. Als Infrastrukturunternehmen und Datenadministrator vor Ort bieten sich Stadtwerke dafür an und können ihre Produktpalette im Rahmen der fortlaufenden Digitalisierung erweitern und für verschiedene Kundengruppen interessante, ganzheitliche Lösungen anbieten.

Literatur

BMWi. (o. J.). *Erneuerbare Energien*. Berlin: Bundesministerium für Wirtschaft und Energie (BMWi). https://www.bmwi.de/Redaktion/DE/Dossier/erneuerbare-energien.html. Zugegriffen am 09.01.2019.

Markus Borgiel lebt im Herzen des Ruhrgebiets. Aufgrund seiner Vergangenheit kann er als Kind der Energiewirtschaft bezeichnet werden.

Er begann seine berufliche Laufbahn mit einer Ausbildung zum Industriekaufmann bei der Stadtwerke Herne AG. Nach dem Sammeln erster Berufserfahrungen bei den Stadtwerken Herne absolvierte er ein Studium zum Diplom-Kaufmann (FH) in Mönchengladbach. Im Anschluss trat er unterschiedliche Führungspositionen in der Energiewirtschaft an. Dabei hat er insbesondere Aufgaben übernommen, die neu aufgebaut oder den neuen Anforderungen angepasst werden mussten.

Bis zu seinem Wechsel zu den Stadtwerken Witten war Herr Borgiel für die Entwicklung von Lösungen mit Hilfe von IT bei einem Abrechnungs- und Servicedienstleister tätig.

Seit 2016 ist er als Prokurist für den Vertrieb und die Beschaffung bei der Stadtwerke Witten GmbH verantwortlich. Seine größten Herausforderungen sieht er in dem Aufbau neuer Geschäftsfelder und Lösungen für Stadtwerke als Partner vor Ort für unterschiedliche Kundengruppen.

Sören Smietana wohnt in Witten und ist ein „Eigengewächs" der Stadtwerke Witten GmbH.

Nach seiner Ausbildung zum Elektroniker für Betriebstechnik wurde er im Messstellenbetrieb für alle Sparten eingesetzt. Nebenberuflich absolvierte er eine Weiterbildung zum Industriemeister Elektrotechnik sowie zum zertifizierten Energiewirtschaftsmanager. 2014 wechselte er in den Innendienst im Messstellenbetrieb und war maßgeblich an Testprojekten zu Smart Meter und der Umsetzung zum Gesetz zur Digitalisierung der Energiewende bei den Stadtwerken Witten beteiligt. Unter anderem fiel hier auch die Umsetzung von Mieterstrom in seine Zuständigkeit. Seit Juni 2018 ist er im Vertrieb für die Einführung von Produkten zu den Themen PV, Speicher und Elektromobilität zuständig.

Die größten Herausforderungen sieht er darin, den Faktor Mensch in Digitalisierungsprozessen nicht zu vernachlässigen, sowie in der Kompatibilität der unterschiedlichen Systeme.

Wie eine regionale und digitale Plattform die Wandlung zum Utility 4.0 unterstützen und komplettieren kann

Benjamin Wirries

Zusammenfassung

Sinkende Marktanteile und Margen stellen viele regionale EVU vor die Herausforderung, sich mit dem Aufbau neuer Dienstleistungen zu beschäftigen. Die wenigsten dieser Dienstleistungen sind erfolgreich und haben das Potenzial, die wegbrechenden Erträge zu kompensieren. Ein entscheidender Grund hierfür liegt in völlig unterschiedlichen Vertriebswegen für Commodities und für diese neuen Dienstleistungen. Ohne eine radikal umgestaltete Vertriebsstruktur werden EVU auch in Zukunft mit diesen neuen Dienstleistungen keine positiven Erträge erwirtschaften. Für einen Vertrieb, der in Zukunft erfolgreich agiert, spielt der Aufbau von digitalen Kontaktpunkten zu potenziellen Kunden und digitalen Abschlussmöglichkeiten eine entscheidende Rolle. Wie eine regionale und digitale Plattform bei diesem Prozess eine wertvolle Ausgangsbasis sein kann, dabei die Abhängigkeit von externen Plattformen minimiert und die Netzwerkfunktion von kommunalen EVU vor Ort perfekt aufgreifen kann, wird in diesem Kapitel behandelt.

40.1 Ausgangssituation von vielen regionalen/kommunalen EVU

Der Energiemarkt nimmt mit seinen regulatorischen Besonderheiten, der Eigentümerstruktur vieler kommunaler Unternehmen und der Energiewende sicherlich eine Sonderstellung in unserer Volkswirtschaft ein. Um zukünftige Entwicklungen, Herausforderungen und evtl. auch Lösungen für diesen Markt abzuleiten, wird an dieser Stelle zuerst die Vergangenheit und die Ist-Situation des Marktes beleuchtet, insbesondere der kommunalen EVU.

B. Wirries (✉)
awebu GmbH, Hannover, Deutschland

© Springer Fachmedien Wiesbaden GmbH, ein Teil von Springer Nature 2020
O. D. Doleski (Hrsg.), *Realisierung Utility 4.0 Band 2*,
https://doi.org/10.1007/978-3-658-25589-3_40

40.1.1 Historie

Die Struktur der EVU im *Energiemarkt* ist auch heute, rund 20 Jahre nach Liberalisierung des Strommarktes und 12 Jahre nach Liberalisierung des Gasmarktes sehr stark von den Jahrzehnten eines reglementierten Marktes geprägt. Die nach der Liberalisierung vorhergesagte „Insolvenzwelle", insbesondere für kleinere kommunale EVU, ist ausgeblieben und viele Unternehmen erzielen, zumindest im Energiebereich, stabile Erträge.[1] Diese Erfahrung aus den vergangenen 20 Jahren verleitet schnell zur Annahme, dass sich die Entwicklung in den nächsten 20 Jahren ähnlich fortschreiben lässt.

40.1.2 Vernetzung in der Region/Stadt

Regionale und kommunale EVU sind in ihrem Vertriebs-/Netzgebiet häufig sehr gut vernetzt. Sie kennen die relevanten Akteure, unterhalten Geschäftsbeziehungen zu diesen und stehen mit den Politikern vor Ort in engem Kontakt. Über die Jahrzehnte sind häufig wirtschaftlich enge Verflechtungen entstanden, wobei insbesondere Handwerker und EVU voneinander profitieren. Zu 95 % besteht dieses Netzwerk aus Firmen oder Handwerkern, die den *digitalen Vertrieb* sicher nicht als ihre Kernkompetenz sehen und einem steigenden Wettbewerb über digitale Vertriebswege ausgesetzt sind (z. B. lokaler Heizungsbauer vs. Thermondo). Sie befinden sich somit in einer ähnlichen Situation wie die EVU.

40.1.3 Viele EVU kennen ihre Kunden nicht

Die EVU haben häufig eine sehr lange Geschäftsbeziehung mit ihren Kunden. Viele *Kunden* sind seit Jahrzehnten bei dem gleichen Energieversorger. Dennoch kennen die EVU ihre einzelnen Kunden nicht besonders gut. Häufig sind die Verbrauchsdaten über die letzten Jahrzehnte dokumentiert, vielleicht auch noch die Zahlungsmoral der Kunden, aber mehr Informationen liegen nicht vor.

Viele EVU haben kein adäquates *CRM-System*, in dem Kontakte mit dem Kunden transparent und auswertbar dokumentiert sind. Sie haben dieses Wissen und die Daten nicht, weil sie das in der Vergangenheit nicht brauchten. Es gibt auch heute – 20 Jahre nach Beginn der Liberalisierung des Energiemarktes – kommunale EVU, die einen Marktanteil bei den Privathaushalten von deutlich über 80 % in ihrem Vertriebsgebiet aufweisen.

Neue Kunden werden ganz automatisch gewonnen, wenn das EVU vor Ort der Grundversorger ist. Dieser Sonderumstand im Vertrieb gilt bei allen neuen Dienstleistungen, die EVU erschließen können, nicht mehr.

---

[1] Vgl. Papenstein et al. (2018).

40.1.4 Sichtbarkeit von EVU in digitalen Medien

Regionale und kommunale EVU sind in den *digitalen Medien* häufig sehr wenig sichtbar. Aus der Historie heraus ist dies auch verständlich. Viele dieser EVU scheinen davon auszugehen, dass der Markt schon weiter so gut funktionieren wird, wie in den letzten 20 Jahren. Eine *Webseite* ist i. d. R. vorhanden und wurde auch diversen Relaunches unterzogen. Die Webseite fungiert jedoch eher als Schaukasten für die Unternehmen, nicht als das Mittel, um Kunden zu gewinnen, zu halten und neue Geschäftsfelder zu etablieren. Eine wirtschaftliche Bedeutung wird diesem Medium von vielen Geschäftsführern kommunaler EVU nicht beigemessen.

40.2 Herausforderungen für regionale und kommunale EVU?

Die Energiewende und der Eintritt von Filialisten sowie branchenfremden Stromvermarktern stellen EVU vor immer größere Probleme. Auf diese Probleme können EVU mit ihren häufig historisch gewachsenen, starren Strukturen nur unzureichend reagieren. Aufgrund der Trägheit ihrer Kunden und deren geringem Impuls, den Energieversorger zu wechseln, sind die oben genannten Marktanteile vor Ort (Abb. 40.1) zwar heute noch Realität. Die Frage ist jedoch, ob diese „luxuriösen" Zustände auch in Zukunft weiter existieren werden.

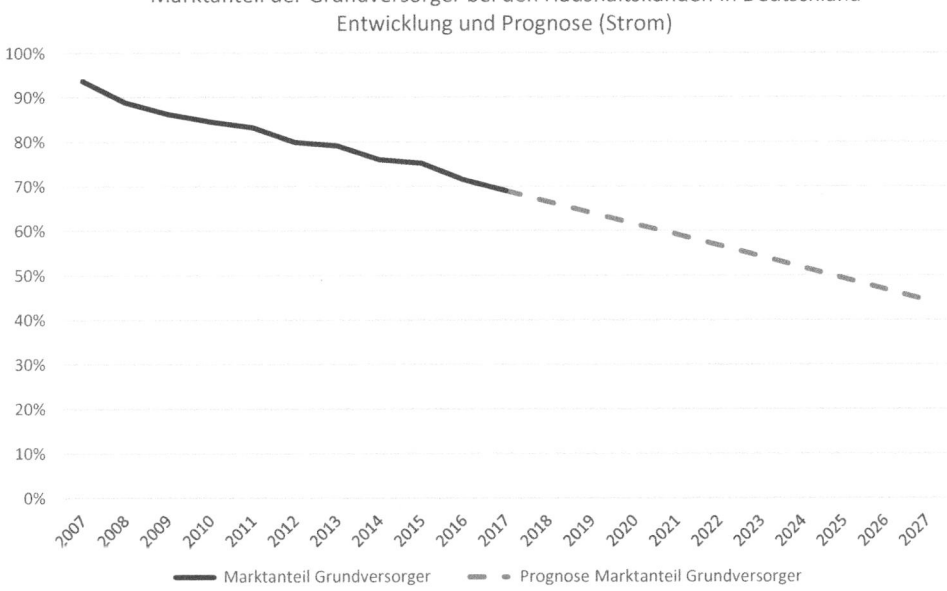

Abb. 40.1 Kumulierter Marktanteil von Grundversorgern im jeweiligen Netzgebiet bei Privathaushalten in Deutschland (Quelle: Bundesnetzagentur (o. J.) sowie eigene Prognosen, basierend auf dem Mittelwert der Marktanteilsverluste der Jahre 2007–2017)

Das alte Geschäftsmodell der EVU droht in den nächsten Jahren stark an Lukrativität einzubüßen. Einige Gründe dafür sind:

Geringere Vertriebsmengen
Eigenstromverbrauch und *Mieterstrommodelle* werden in Zukunft die Vertriebsmengen im Elektrizitätsmarkt verringern. EVU versuchen hier durch eigene Angebote den Markt mitzugestalten. Eine Kompensation der zukünftig wegbrechenden Vertriebsmengen wird jedoch nicht möglich sein. Ob dies durch die Mobilitätswende und die Elektromobilität erreicht werden kann, ist fraglich. Dies gilt insbesondere für kleine und mittlere EVU mit kommunalem Schwerpunkt.

Verändertes Wechselverhalten
Untersuchungen zeigen, dass Verbraucher, die einmal über ein *Preisvergleichsportal* einen Lieferantenwechsel im Energiebereich vollzogen haben, mit hoher Wahrscheinlichkeit in Zukunft diesen Weg wieder beschreiten werden. Trotz eines in Bezug auf die Wechselbereitschaft zunächst trägen Marktes lernen immer mehr Menschen, wie einfach es ist, den Energieanbieter zu wechseln. Dieser Trend wird sich in Zukunft weiter fortsetzen und ggf. verstärken (Abb. 40.2).

Abb. 40.2 Kundenwechsel von Stromversorgern bei Privathaushalten in Deutschland (Quelle: Bundesnetzagentur (o. J.) sowie eigene Prognosen, basierend auf dem Mittelwert der Marktanteilsverluste der Jahre 2007–2017)

Sinkende Margen im Vertrieb

Die Preisvergleichsdienste sorgen für weiter sinkende Margen im Vertrieb. Insbesondere beim Strom kommt hinzu, dass der Preisanteil, den ein EVU beeinflussen kann, in den letzten Jahren immer geringer geworden ist. Der Vertrieb von Energie, die einstige Cash-cow der EVU, wird so zum Sorgenbereich der Branche.

Eintritt von branchenfremden Wettbewerbern

Immer mehr *branchenfremde Unternehmen* fassen im Energievertrieb Fuß. Neben Lebensmitteldiscountern steigen auch Werbefirmen und Autobauer in den Markt ein. Der Wettbewerb wird sich durch diese marktfremden Firmen deutlich verschärfen.

Droht der Eintritt von globalen Digitalkonzernen?

Viele EVU konzentrieren sich auf die „vordergründig" nicht preissensitiven, wenig wechselaffinen Kunden.

Einiges deutet jedoch darauf hin, dass diese Kundengruppe weniger fest an die jeweiligen EVU gebunden ist, als von diesen angenommen wird, bzw. weiter unterteilt werden müsste.[2] Auch wenn diese Kunden nicht so stark preissensitiv sind, können auch sie zu Wechselkunden werden. Dazu benötigt man jedoch andere und sehr individuelle Wechselanreize. Diese Anreize kann ein Anbieter nur dann bei den einzelnen Kunden platzieren, wenn er den Kunden und seine Vorlieben sehr genau kennt.

Es entsteht ein großes Problem für die Branche, wenn Wettbewerber in den Markt eintreten, für die der Kunde quasi gläsern ist. Denn die Möglichkeit, den Preis sehr niedrig zu halten, ist bei Strom und Gas begrenzt. Einen Großteil des Endpreises für den Kunden können EVU nicht beeinflussen (Steuern, Abgaben, Umlagen). Große Unternehmen wie *Amazon*, *Google*, *Facebook* und *Alibaba* sind jedoch darum bemüht, die Kunden bis ins Detail zu kennen. Sie arbeiten quasi daran, *Kundenwünsche* zu kennen, bevor der Kunde oder Nutzer überhaupt weiß, dass diese Wünsche existieren. Und sie müssen im Zweifel mit dem Vertrieb von Energie kein Geld verdienen.

Der Verkauf von Commodities über intelligentes Bundling, mit flexiblen Abrechnungsmodalitäten oder weitreichenden innovativen Zusatzservices, ist für diese Firmen sicher leicht in atemberaubender Qualität zu erreichen. Einfach weil sie die technischen, personellen und datentechnischen Kapazitäten haben.

Zusätzlich würde ihnen der Verkauf von Strom (evtl. etwas nachrangig auch Gas) eine Menger neuer Daten einbringen, die sie nutzen könnten um, ihr Gesamtgeschäft weiter zu stärken.

Häufig wird davon gesprochen, Daten seien das „Öl des 21. Jahrhunderts". Für große Firmen und Plattformen trifft das sicherlich auch zu. Bei EVU sind jedoch öfters folgende Aussagen zu hören: „Wir haben jede Menge Daten, wissen damit aber nichts anzufangen."

Der Besitz von Daten ist dabei nicht entscheidend. Es geht darum, die Daten intelligent zu nutzen. In Zukunft wird nicht derjenige den Kunden am besten halten können, der

---

[2]Vgl. BDEW (2017).

einfach nur die günstigsten Preise hat, sondern derjenige, der seine Kunden und deren Bedürfnisse am besten kennt und diese auch bedienen kann.

Dies funktioniert nur über qualitativ gute und ausreichend viele Daten. Die Stromverbrauchsdaten der letzten 30 Jahre einer Zählerstelle helfen dem EVU da im Zweifel wenig weiter, wenn es diese Daten nicht sinnvoll anreichern, verknüpfen und auswerten kann.

40.2.1 Warum die Entwicklung von neuen Dienstleistungen für EVU so schwierig ist

Kunden wünschen sich häufig zusätzliche Dienstleistungen und Services von ihrem Energieversorgungsunternehmen.[3] Auf fast allen Veranstaltungen der EVU-Branche wurde in den letzten fünf Jahren das Thema „neue *Dienstleistungen*" penetriert. Alle Verantwortlichen nennen in den zahlreichen Umfragen der Branche die Entwicklung neuer Dienstleistungen als zentralen Punkt, wenn es um die Zukunftsfähigkeit der Branche geht. Dabei werden in jedem Jahr neue Dienstleistungen in der Branche „hochgelobt", viele EVU entwickeln diese Dienstleistungen für den eigenen Kundenstamm. Der „Heilsbringer" unter den neuen Dienstleistungen scheint jedoch noch nicht gefunden zu sein, denn Erfolgsmeldungen hört man nur in den wenigsten Fällen. Einzelne Dienstleistungen werden auf absehbare Zeit das Versorgungsgeschäft nicht ersetzen können und benötigen im Aufbau bei den EVU häufig wesentlich mehr finanzielle, personelle und strukturverändernde Kapazitäten, als ursprünglich geplant.

40.2.1.1 Keine einfachen Tests von neuen Dienstleistungen möglich

Als Versorger mussten und müssen kommunale EVU im Rahmen der *Daseinsvorsorge* sehr zuverlässig planen und vorausschauend handeln. Dies ist den Unternehmen quasi in ihre DNA übergegangen. Viele dieser EVU tun sich daher schwer in der Entwicklung neuer Dienstleistungen. Häufig wird geschaut, was andere kommunale EVU in diesem Bereich machen, dieses wird dann kopiert. Der vermeintlich sichere und planbare Weg.

Im Start-up-Bereich wird eine Technik genutzt, um neue Produkte zu entwickeln, die der „DNA" von Energieversorgungsunternehmen radikal widerspricht: das sogenannte Minimum Viable Product (MVP), welches frei übersetzt so viel wie „minimal überlebensfähiges Produkt" bedeutet. Hier werden Prototypen von Produkten auf den Markt gebracht, um zu schauen, ob sie von den Kunden angenommen werden oder nicht. Diese Technik hat den Vorteil, dass man sehr schnell Dinge austesten kann und ein ehrliches Feedback von den Kunden bekommt.

Häufig hört man an dieser Stelle Sorgen von EVU, dass der Ruf des Unternehmens ja leiden könnte. Einfache Produkttests unter dem Namen des EVU unterbleiben daher.

---

[3] Vgl. Sauer (2017, S. 10).

40.2.1.2 Langsame Umsetzung

Kommunale EVU – insbesondere die großen Akteure – weisen häufig behördenartige Strukturen auf. Diese Strukturen sind über Jahrzehnte gewachsen und es ist zu befürchten, dass es ebenso Jahrzehnte braucht, um diese Unternehmen flexibel und schneller zu machen. Aus diesem Grund sind viele EVU auch nicht besonders schnell beim Entwickeln neuer Dienstleistungen.

Um neue Dienstleistungen zu entwickeln, müssen daher „Freiheitsinseln" geschaffen werden, in denen viele Regeln, die aus den letzten Jahrzehnten stammen, nicht gelten. Die es ermöglichen, Produkte schnell auf den Markt zu bringen, um sie dann wie in Abschn. 40.2.3.5 beschrieben zu testen.

Wenn bereits fünf andere Unternehmen in einer Region die gleiche Dienstleistung erbringen, braucht es nicht unbedingt noch ein EVU, das diese Dienstleistung als sechstes Unternehmen anbietet.

40.2.1.3 Vertriebsstrukturen entsprechen häufig noch den alten Märkten

Die gewohnten Vertriebswege der letzten Jahrzehnte werden in Zukunft nur noch begrenzt funktionieren und lassen sich nicht sinnvoll für die neuen Dienstleistungen übertragen. Um mit den neuen Dienstleistungen positive Erträge erwirtschaften zu können, müssen die Vertriebskosten wesentlich günstiger gestaltet werden, als dies noch beim Vertrieb von Strom und Gas möglich war. Dabei werden digitale Vertriebswege an Bedeutung gewinnen müssen. Für viele kommunale EVU bedeutet heute digitaler Vertrieb immer noch ausschließlich die Listung in einem *Preisvergleichsportal*. Die eigenen digitalen Kontaktpunkte werden auffallend wenig für den Vertrieb genutzt.

40.2.1.4 Neue Dienstleistungen tragen nur unzureichend zum Geschäftsergebnis bei

In den meisten Fällen hört man von EVU, die sich mit neuen Energiedienstleistungen befassen, dass der Aufbau Zeit benötigt. Sie werden häufig als Investition in die Zukunft gesehen und als notwendige Maßnahme, um dem Strukturwandel der Branche zu begegnen. Die wenigsten neuen Dienstleistungen erwirtschaften jedoch in der Branche positive Deckungsbeiträge. Die benötigten Wachstumsraten für einen wirtschaftlich sinnvollen Betrieb dieser Dienstleistungen werden in den wenigsten Fällen erreicht. Dies zusammen mit relativ hohen Bereitstellungskosten für die Dienstleistungen, die auf den „verkrusteten" Strukturen aus der Vergangenheit beruhen, sorgt dafür, dass viele *Energiedienstleistungen* relativ schnell aus dem Angebot der EVU wieder verschwinden. Aus heutiger Sicht scheint es absolut abwegig, dass ein oder zwei neue Dienstleistungen die wegbrechenden Erträge aus dem Strom- und Gasgeschäft kompensieren können. EVU müssen sich darauf einstellen, in Zukunft eine wesentlich größere Anzahl an Produkten zu vertreiben.

40.2.2 Der Vertrieb eines EVU wird in Zukunft digitale Vertriebswege erschließen müssen, um neue Dienstleistungen effektiv vertreiben zu können

Auffallend ist an dieser Stelle, dass junge Unternehmen oder Unternehmen aus anderen Branchen häufig die gleichen Dienstleistungen wesentlich besser skalieren können und kostendeckend erbringen. Dies erstaunt auf den ersten Blick umso mehr, da diese Unternehmen häufig nicht über einen großen Kundenstamm und ein solches Renommee am Markt verfügen wie die EVU.

Die Strukturen sind in diesen Unternehmen jedoch deutlich anders ausgerichtet. Sie verfügen über die Fähigkeit, ihr *Geschäftsmodell* schnell an die vorherrschenden Bedingungen anzupassen, müssen nicht auf regionale Partner Rücksicht nehmen und die Interessen von Kommunalpolitikern im Aufsichtsrat in ihre Strategie einbeziehen, wie es viele EVU müssen. Insbesondere nutzen diese Unternehmen jedoch die Möglichkeiten, die Vertriebswege zu digitalisieren. Während für viele EVU die einzige Digitalisierung des Vertriebs darin besteht, sich auf einem Preisvergleichsportal listen zu lassen und so den Erstkontakt zu dem Kunden aus der Hand zu geben, werden bei den innovativen Unternehmen alle Möglichkeiten des digitalen Vertriebs ausgeschöpft. Dazu zählen u. a. *Suchmaschinenoptimierung* (Search Engine Optimization, SEO), *Suchmaschinenwerbung* (Search Engine Advertising, SEA), Social Media Marketing (SMM), Affiliate Marketing oder andere Kanäle, über die Leads und Abschlüsse erzielt werden können. Zudem sind die Webseiten dieser Unternehmen nicht einfach nur hübsch anzusehen und stellen eine „Visitenkarte" für die Unternehmen dar. Sie sind stark darauf ausgerichtet, direkt Kontakte zu potenziellen Kunden oder Abschlüsse für die Produkte der Unternehmen zu erzielen.

Die Branche wird daher in Zukunft wesentlich aktiver im Bereich des digitalen Vertriebs agieren müssen, um sowohl die alten als auch die neuen Dienstleistungen kostendeckend an die Kunden bringen zu können. Der Vertrieb dieser neuen Dienstleistungen funktioniert komplett anders als der Vertrieb der Commodities Strom und Gas.

Dabei ist die Digitalisierung des Vertriebs ein Bereich, der Geschäftskunden und Geschäftspartner von kommunalen EVU (z. B. Handwerker, Dienstleister etc.) häufig selbst betrifft und auch diese vor große Herausforderungen stellt. Der Vertrieb über die digitalen Kanäle stellt keine Kernkompetenz dieser Unternehmen dar.

40.2.3 Digitale Kontaktpunkte zu Endkunden sind der Ausgangspunkt für einen erfolgreichen Vertrieb der Zukunft

Um Dienstleistungen digital erfolgreich vertreiben zu können, sind *digitale Kontaktpunkte* zu Endkunden unerlässlich. Eine Disziplin, die von vielen EVU in der Vergangenheit jedoch vernachlässigt wurde, wie Abb. 40.3 zur Sichtbarkeitsentwicklung von EVU-Webseiten bei der organischen Suche von Google im Vergleich zur Sichtbarkeitsentwicklung von Preisvergleichsseiten verdeutlichen soll.[4]

Denn nur ein Unternehmen, das über eine ausreichend große Anzahl von digitalen Kontaktpunkten verfügt, kann diese nutzen, um über die digitalen Kanäle Produkte und Dienstleistungen effektiv zu vertreiben, ohne in Abhängigkeit von davorgeschalteten Plattformen zu geraten (siehe Preisvergleichsseiten). Dabei bieten digitale Kontaktpunkte u. a. die im Folgenden beschriebenen Möglichkeiten für den Vertrieb.

40.2.3.1 Reichweite erlangen – Sichtbarkeit steigern

Der digitale Vertrieb ist sehr darauf angewiesen, große Mengen von Personen an die digitalen Kontaktpunkte zu bringen, über die das Unternehmen einen Abschluss erlangen kann. Der sogenannte *Conversion-Trichter* wirft nur dann Verträge oder Kunden heraus, wenn er genug Input bekommt (Abb. 40.3). Zur Orientierung: Die Conversion-Rate im E-Commerce-Bereich liegt je nach Branche durchschnittlich zwischen 0,4 % und 10,4 %.[5] Bei einer Conversion-Rate von 2 % bedeutet dies, dass 100 Besucher auf eine Webseite kommen müssen, um zwei Kunden hierüber zu generieren. Im Dienstleistungsbereich ist diese Conversion-Rate häufig noch niedriger (Abb. 40.4).

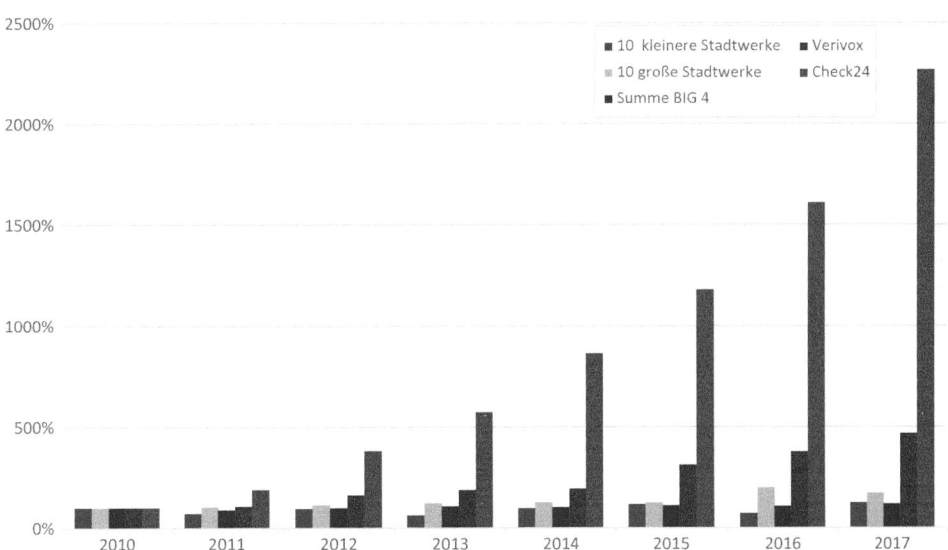

Abb. 40.3 Eigene Untersuchungen zur Sichtbarkeit von Webseiten bei google.de mit Hilfe des Tools Sistrix mit hinterlegtem Sichtbarkeitsindex

---

[4] Hinweis: Je größer der Sichtbarkeitsindexwert, desto mehr Google-Nutzer haben die Chance, mit der Webseite des Unternehmens über die Google-Suche in Kontakt zu kommen bzw. diese zu sehen.

[5] Vgl. Inteliad (2018).

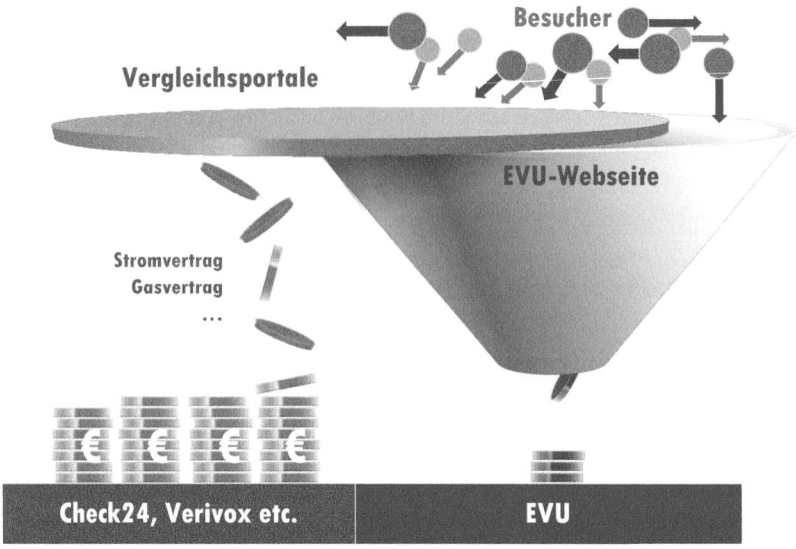

Abb. 40.4 Bild eines sogenannten Conversion-Trichters. Nur wenn viele Besucher auf die Web-seite eines EVU gelangen, bestehen Umsatzpotenziale. Aktuell drängen sich immer stärker die Ver-gleichsportale zwischen die digitale Schnittstelle der EVU und die Kunden.

Situation EVU-Branche

Die meisten EVU haben jedoch sehr geringe Besucherzahlen auf ihrer Webseite/ihren Apps.

Insbesondere wenn man die Bedeutung der Unternehmen vor Ort in der „Offlinewelt" betrachtet, ergibt sich hier eine eklatante Differenz zwischen Onlinepräsenz der Unter-nehmen und Präsenz vor Ort in den Städten. Viele kommunale EVU schalten Werbung in Zeitungen und auf Plakaten oder hängen Fahnen mit ihrem Logo auf. Suchmaschinenwer-bung z. B. über Google AdWords schalten viele Stadtwerke nicht. Wenn man Vertriebsmit-arbeitern von kommunalen EVU fragt, was sie gegen den steigenden Druck durch die Vergleichsportale unternehmen, ist die Antwort häufig nur ein hilfloses Schulterzucken.

40.2.3.2 Kunden besser verstehen

Wie oben beschrieben kennen die meisten EVU insbesondere ihre Privatkunden nicht be-sonders gut. Es liegen zwar viele Daten zu Zählern und Kunden vor. Aber über die Interes-sen, Wünsche und Vorlieben der Kunden ist nichts bekannt. Hier bieten digitale Kontakt-punkte eine gute Möglichkeit, dies zu ändern. Auf digitalen Kanälen lassen sich Informationen zu den Kunden sammeln, die dann automatisiert in CRM-Systeme übertragen werden können und dort ein umfassendes Bild vom Kunden ergeben. Dieses Wissen über den Kunden dient natürlich nicht nur einem Selbstzweck. Ziel ist es, darüber zufriedenere Kunden zu generieren. Der Kunde hat heute wesentlich bessere Möglichkeiten, sich auf di-gitalem Wege über Preise zu informieren. EVU sollten daher auch Möglichkeiten schaffen, um sich ebenfalls gut über ihre Kunden und deren Wünsche informieren zu können.[6]

---

[6]Vgl. Granados et al. (2010).

Situation EVU-Branche

Viele EVU scheuen sich davor ihre Kunden besser kennenzulernen. Aus der Branche sind zum Teil Aussagen wie diese zu hören:

- „Ich möchte möglichst wenig Kontakt mit meinen Kunden."
- „Ich habe Angst, dass mich die Kunden als „Datenkrake" wahrnehmen, wenn ich Daten abfrage."

Zusätzlich herrscht eine gewisse Verunsicherung über die Änderungen, die die *Datenschutz-Grundverordnung (DSGVO)* mit sich gebracht hat.

40.2.3.3 Kunden besser binden

Doch nur wer seine Kunden versteht und kennt, hat auch eine Idee, wie er sie zielgerichtet an sich binden kann. *Kundenbindung* kann nur funktionieren, wenn sie auf die individuellen Wünsche, Vorlieben und Interessen der einzelnen Kunden eingeht.

Hierbei bietet es sich an, zu ermitteln, welche Maßnahmen bei welcher Kundengruppe die besten Resultate generiert. Diese können auch von Onlinebefragungen gestützt werden. Tab. 40.1 gibt ein Resultat aus einer solchen Onlinebefragung wieder.[7]

Situation EVU-Branche

Sehr viele EVU nutzen die gleichen Kundenbindungsmaßnahmen. Diese werden häufig nicht differenziert für unterschiedliche Kundengruppen verwendet. Die Branche ist es gewohnt, mit *Commodities* zu arbeiten. Kundenbindung funktioniert jedoch nicht über Commodities.

40.2.3.4 Kunden bessere/passende Angebote machen

Kunden bekommen häufig von vielen Unternehmen Werbung und Angebote zugesendet. Die wenigsten sind dabei passend und interessant für den Kunden. Das erzeugt für die Unternehmen hohe Kosten und genervte Kunden. Wer seine Kunden kennt und ihnen zum richtigen Zeitpunkt die interessanten Angebote unterbreitet, sticht damit aus den negativen Erfahrungen mit anderen Anbietern heraus.

Tab. 40.1 Frage: Wünschen Sie sich ein Bonus- und/oder Loyalitätsprogramm z. B. Rabatte für treue Kunden, Einkaufsrabatte bei Händlern vor Ort, Zuschuss für Beitrag zum Energiesparen, Rabatte auf andere Dienstleistungen neben Strom und Gas etc.?

Altersklasse 18–29 Jahre	Altersklasse 30–39 Jahre	Altersklasse 40–49 Jahre	Altersklasse 50–59 Jahre	Altersklasse >60 Jahre
84 %	70 %	67 %	76 %	60 %

---

[7]Vgl. Sauer (2017, S. 10).

Situation EVU-Branche

Viele EVU betreiben auch heute noch Marketing und Werbung mit der Gießkanne. So werden häufig die Städte mit Plakatwerbung überzogen, anstatt Möglichkeiten zu nutzen, die Kunden individuell zu erreichen.

40.2.3.5 Den Vertrieb von neuen Dienstleistungen in Zukunft erfolgreich gestalten

Neue Dienstleistungen werden bei vielen EVU mit hohem Aufwand aufgebaut. Häufig wird dann hinterher festgestellt, dass der hohe Aufwand nicht durch einen entsprechenden Ertrag gedeckt wird. Der Gedanke, unkomplizierte Testprodukte oder Pilotprodukte an den eigenen Kunden auszutesten, ist nicht besonders verbreitet. Im Start-up-Umfeld ist diese Vorgehensweise jedoch häufig zu sehen. Solche *Minimum Viable Products (MVP)* haben den Vorteil, dass sie sehr einfach bereitgestellt werden können, um zu sehen, ob ein Interesse des Marktes an einem Angebot besteht. Ist der Test erfolgreich, so kann mit dem Ausbau des Produktes begonnen werden. Ist der Test nicht erfolgreich, wird das nächste Produkt auf Markttauglichkeit getestet.[8]

Situation EVU-Branche

Basierend auf der Versorgerrolle planen viele EVU ihre neuen Dienstleistungen erst sehr exakt und aufwendig, um zum Markteintritt ein perfektes Produkt zu haben. Ein Mitarbeiter eines EVU berichtete vom Aufbau einer Photovoltaikdienstleistung, an der zwei Jahre mit fünf Mitarbeitern in Vollzeit gearbeitet wurde. Hinterher wurde festgestellt, dass pro Jahr nur 20 Anlagen verkauft wurden. Das Produkt wurde daraufhin eingestellt.

In der gleichen Zeit hätten sicherlich zehn andere Produkte getestet werden können, wenn man einen MVP-Ansatz gewählt hätte.

40.2.3.6 Partnern vor Ort einen Mehrwert durch eine Kooperation bieten

Viele regional agierende Unternehmen, die Geschäftskunden von EVU oder Handwerkspartner sind, stehen vor einem ähnlichen Problem. Bei den Handwerkern, aber auch in anderen Wirtschaftsbereichen werden immer mehr Aufträge über *Onlineplattformen* vergeben, die sich auf eine Branche spezialisiert haben und als Kernkompetenz die digitale Lead- oder Auftragsgenerierung aufweisen. Zusätzlich sind diese Unternehmen im Internet häufig nur mit einer Webseite vertreten, die eine Visitenkarte darstellt.

Hier könnte ein EVU, insbesondere Stadtwerke oder regional agierende EVU, den Partnern und Geschäftskunden einen Mehrwert bieten, wenn es selbst über viele digitale Kontaktpunkte zu seinen Privatkunden verfügen und eigene Kompetenzen im digitalen Vertrieb von Dienstleistungen entwickeln würde.

---

[8]Vgl. Ries (2011, S. 92 ff.).

40.2.4 Wie ein Stadtportal ein EVU in diesem Prozess unterstützen kann

Google ist mit Abstand die größte und erfolgreichste Suchmaschine in der DACH-Region. Ein zunehmender Anteil von Suchanfragen bei Google hat einen lokalen Bezug. Google nannte bereits 2011 eine Größenordnung von 20 % für die Suche mit Desktopcomputern und 40 % für die mobile Suche.[9] Inzwischen hat die Zunahme an mobilen Endgeräten dafür gesorgt, dass die Suchanfragen mit lokalem Bezug deutlich zugenommen haben. Dabei weisen lokale Suchanfragen eine deutlich höhere Wahrscheinlichkeit für einen Kauf oder Geschäftsabschluss auf als nichtlokale Suchanfragen, und sie sorgen dafür, dass sehr zeitnah die gesuchten Orte besucht werden oder mit den Dienstleistern Kontakt aufgenommen wird.[10]

Wir können also festhalten:

a. Es gibt viele Suchanfragen mit einem eindeutigen lokalen Bezug.
b. Die lokalen Akteure (Geschäftsleute, Handwerker, Dienstleister, Kommunen, aber auch EVU) sind häufig nicht besonders gut darin, diese digitalen Suchanfragen auch digital oder online zu bedienen. Es handelt sich hier nicht um deren Kernkompetenz.
c. Überregionale Unternehmen, die sich auf ein Gewerk bzw. eine Dienstleistung spezialisieren, drängen in diese Nische und vermitteln anschließend Leads, im günstigen Fall an die lokalen Unternehmen, im ungünstigen Fall an weiter entfernte Unternehmen. Dadurch erhalten diese überregionalen Unternehmen den Zugang zu den Kunden und versuchen so auch, Koppelprodukte wie z. B. Strom und Gas mitzuverkaufen. Zusätzlich findet ein Teil der Wertschöpfung an einem anderen Ort statt.
d. Regionale und kommunale EVU müssen sich digitale Vertriebswege für ihre neuen Dienstleistungen aufbauen. Dazu brauchen sie digitale Kontaktpunkte zu den Kunden, die sie i. d. R. nicht in ausreichendem Umfang aufweisen.
e. Sie haben vor Ort ein Netzwerk aus Geschäftskunden, Dienstleistern und Handwerkern, die vor einem ähnlichen Problem stehen und die häufig selbst Kunden bei dem EVU vor Ort sind.
f. EVU tun sich bei der Entwicklung und dem Austesten neuer Dienstleistungen sehr schwer.

Was liegt also näher, als selber eine digitale Plattform, ein *Stadtportal*, für die Stadt oder die Region zu erstellen, welches

- das Ziel hat, alle regionalen Suchanfragen für eine Stadt optimal beantworten zu können,
- darüber digitale Kontaktpunkte zu Menschen aus der Stadt/Region schafft,
- die Sichtbarkeit des EVU im digitalen Bereich deutlich steigert,
- Kunden des EVU über individuelle Vorteile besser an das Unternehmen bindet,

---

[9] Vgl. Google (2011).
[10] Vgl. Google (2014).

- es ermöglicht, neue Geschäftsfelder einfach auszutesten, und
- den eigenen Partnern aus der Region Leads (Lead = erfolgreiche Kontaktanbahnung eines Produkt- oder Dienstleistungsanbieters zu einem potenziellen Interessenten) oder Abschlüsse verschafft und so Wertschöpfung in der Region hält, an der das EVU im Idealfall mitverdienen und so diese Partner enger an das EVU binden kann.

Es geht am Ende darum, das *Netzwerk*, das viele regionale EVU bereits in Jahrzehnten aufgebaut haben, mit möglichst wenig Aufwand zu digitalisieren und dabei den Kunden als Individuum besser kennenzulernen und seine Bedürfnisse zu verstehen. Ziel ist es, über dieses Verstehen einen besseren Service und bessere Angebote für den einzelnen Kunden entwickeln zu können. Hierüber werden sich in Zukunft neue regionale Geschäftsmöglichkeiten ergeben und eine Abgrenzung zu reinen Energievertrieben wird ermöglicht. Regionale EVU sind häufig stolz auf ihre Präsenz vor Ort und ihre Regionalität. Es wird Zeit, diese positiven Eigenschaften und Alleinstellungsmerkmale in einen digitalen Kontext zu übertragen.

Digitalisierung bedeutet in vielen Fällen, dass Wertschöpfung zentralisiert wird. Aus den allermeisten Städten und Regionen fließt damit Geld ab. Kommunale EVU haben die Möglichkeit, dem entgegenzuwirken und Wertschöpfung im Ort zu halten. Im eigenen Interesse, aber auch im Interesse der lokalen Politik und der örtlichen Betriebe.

Literatur

BDEW. (2017). *BDEW Kundenfokus 2017/2018 – Repräsentativbefragung bei Privathaushalten im Bundesgebiet, Ergebnisbericht* (Nov. 2017). Berlin: BDEW Bundesverband der Energie- und Wasserwirtschaft e. V. https://www.bdew.de/media/documents/BDEW-Kundenfokus-HH-2017. pdf. Zugegriffen am 12.03.2019.
Bundesnetzagentur. (o. J.). *Monitoringberichte (2006–2018)*. Bonn: Bundesnetzagentur für Elektrizität, Gas, Telekommunikation, Post und Eisenbahnen. https://www.bundesnetzagentur.de/DE/Sachgebiete/ElektrizitaetundGas/Unternehmen_Institutionen/DatenaustauschundMonitoring/Monitoring/Monitoringberichte/Monitoring_Berichte.html. Zugegriffen am 12.03.2019.
Google. (2011). *Ads are just answers* (Google. 02.10.2011). https://googleblog.blogspot.com/2011/10/ads-are-just-answers.html. Zugegriffen am 12.03.2019.
Google. (2014). *Understanding consumers' local search behavior*. https://www.thinkwithgoogle.com/advertising-channels/search/how-advertisers-can-extend-their-relevance-with-search-download/. Zugegriffen am 12.03.2019.
Granados, N., Gupta, A., & Kauffman, R. J. (2010). Information transparency in business-to-consumer markets: Concepts, framework and research agenda. *Information Systems Research, 21*(2), 208–209. https://doi.org/10.1287/isre.1090.0249.
IntelliAd. (2018). *intelliAd E-Commerce Branchenindex – Q1 | 2018*. München: intelliAd Media GmbH. https://www.intelliad.de/ecommerce-branchenindex. Zugegriffen am 12.03.2019.
Papenstein, B., Rams, A., & Eilrich, M. (2018). *Krise abgesagt? Finanzierungsverhältnisse kommunaler Versorger und Konzerne* (Sep. 2018). Düsseldorf: PricewaterhouseCoopers GmbH Wirtschaftsprüfungsgesellschaft. https://www.pwc.de/de/offentliche-unternehmen/pwc-evu-studie-2018.pdf. Zugegriffen am 12.03.2019.

Ries, E. (2011). *The lean startup: How today's entrepreneurs use continuous innovation to create radically successful businesses*. New York: Crown Business Publishing.

Sauer, N. (2017). *Umfrage zur Zufriedenheit mit dem Energieversorger von Privathaushalten*. Hannover: awebu GmbH. https://www.awebu.de/download/umfrage-zur-zufriedenheit-mit-energieversorger/. Zugegriffen am 12.03.2019.

Benjamin Wirries (M. sc. Agrar) schrieb seine Masterarbeit über regenerative Energien und nachwachsende Rohstoffe. Nach einer Zeit als Angestellter in einem Pflanzenzuchtunternehmen gründete er 2007 zusammen mit einem Gesellschafter einen Onlineshop für Energiesparprodukte und arbeitete in der Energieberatung. Diese Shops betrieb er auch als erste White-Label-Lösung für EVU, wobei er feststellte, wie wenig Besucher EVU auf ihre Webseite bekommen. 2016 gründete er dann die awebu GmbH. Die awebu GmbH entwickelt ein White-Label-Stadtportal, mit dem EVU ihre Sichtbarkeit im Internet mit regionalem Bezug stark steigern können und ganz einfach neue Geschäftsmodelle ausgetestet werden können. Zusätzlich bietet das Portal die Möglichkeit, Geschäfts-, aber auch Privatkunden stärker an das jeweilige Stadtwerk zu binden.

Blue Print für die dezentrale Energiewirtschaft – Cross Marketplace for Utility 4.0

41

Richard Siebert und Andreas Engl

Governance-Modell eines intelligenten Energieökosystems für Smart Energy Communities

Zusammenfassung

Integrierte Energiewende bedeutet für die Energiearchitektur-Chiemgau GmbH (EAC), dass die verschiedenen technischen Anlagen, Infrastrukturen und Märkte aus den unterschiedlichen Sektoren Energie, Industrie, Gebäude und Verkehr aufeinander abgestimmt und in ein intelligentes Energieversorgungssystem – den Smart Energy Communities – überführt werden. Diese Integration findet in Regelzonen zwischen lokaler, regionaler und überregionaler Ebene statt. In diesem Beitrag wird ein realistischer Transformationspfad, der Informations-und-Kommunikationstechnologie(IKT)-Pfad, vorgestellt. Die Digitalisierung ermöglicht es, verschiedene Komponenten in Erzeugung und Verbrauch zu steuern und aufeinander abzustimmen – auch über die Grenze des eigenen Betriebs oder Hauses hinweg. Algorithmen erlauben es, den Betrieb technischer Erzeuger- und Verbraucheranlagen zum Nutzen aller Akteure und der Stabilität des Gesamtsystems intelligent zu steuern. Dadurch verändern sich die klassischen Wertschöpfungsketten der Energiewirtschaft und neue Wertschöpfungsnetzwerke entstehen. Die Umsetzung dieses IKT-Transformationspfads zu einer durchgängigen Digitalisierung in der Energiewirtschaft, gepaart mit den Anforderungen der Regulierer, ist

R. Siebert (✉)
Energiearchitektur Chiemgau GmbH, Prien am Chiemsee, Deutschland

A. Engl
Erzeugergemeinschaft für Energie in Bayern eG, Bodenkirchen, Deutschland

© Springer Fachmedien Wiesbaden GmbH, ein Teil von Springer Nature 2020
O. D. Doleski (Hrsg.), *Realisierung Utility 4.0 Band 2*,
https://doi.org/10.1007/978-3-658-25589-3_41

für ein mittelständisches Stadtwerk oder Erzeugergemeinschaft mit den eigenen Ressourcen technisch und wirtschaftlich kaum machbar. In diesem Beitrag nennen wir die Zielstrukturen in der neuen Energiewelt Smart Energy Communities (SMEC). Das beschriebene Cross-Marketplace-for-Utility 4.0-Governance-Modell „CMP4U Marketplace" stellt einen Methodenrahmen zur Entwicklung dieser IKT-Infrastruktur dar.

41.1 Bedarfseinschätzung einer CMP4U-Marketplace-Lösung

Das Bundesministerium für Wirtschaft und Energie (BMWi) führt mit den Programmen der Smart Service Welten Cluster Energie und dem *SINTEG-Programm* die Entwicklung neuer Wertschöpfungsnetzwerke über Sektorgrenzen hinweg erfolgreich durch.

Die Branchenakteure greifen intensiv nach dem Geschäftspotenzial der Energiewende und bringen unterschiedlich ausgerichtete Lösungen auf den Markt. Ein ganzheitlicher Ansatz für die zu erweiternden Geschäftsmodelle der Smart Energy Communities und interoperable, geprüfte Module werden nicht oder nur mit hohem Aufwand erreicht. Realistische Transformationspfade zeigen sich auf, IT-Technologien wie gesicherte Cloud-Umgebungen sind verfügbar. Was jedoch fehlt, ist ein Lösungsrahmen für die Fachexperten aus der Energiewirtschaft – keine Entwickler und Informations- und Kommunikationstechnologie(IKT)-Experten, sondern Anwender:

- **Zielgruppen:** Energiegenossenschaften, Erzeugergemeinschaften, Prosumer mittlerer und kleinerer Anlagen, kommunale Energieversorger, Stadtwerke, Netzbetreiber und Kommunen, die den Schritt hin zum Energieversorgungsunternehmen (EVU) für eine dezentrale Energie-Wirtschaftszone wagen wollen.
- **Lösungsrahmen:** dena-Leitstudie Integrierte Energiewende.[1]

Hieraus werden zwei ausgewählte Szenarien für das Zeitfenster 2020–2050 betrachtet, die die Projektaufgabe der Energiewende ansprechen.

Werden die einzelnen Detailaufgaben auf die Akteure der Energiewirtschaft verteilt, so sind in Deutschland und über die Grenzen hinweg bei den Big Five in der EU[2], fertige Lösungen aus der Energiewirtschaft oder aus geförderten Projekten ab 2010 bis heute als Insellösungen proprietär verfügbar.

Laufende Forschungsprojekte des BMWi, wie die der Smart Service Welten II, bauen darauf auf und werden einen hohen Automatisierungsgrad der vernetzten Energie-IKT-Systeme liefern. Geschäfts- und Regelprozesse werden auf simulierten lokalen Energienetzmodellen folgen und einen Anteil >50 % an erneuerbaren Energiesystemen einplanen und steuern können.

---

[1] Vgl. Bründlinger et al. (2018, S. 23 ff.).
[2] Zu den Big Five in der EU zählen Deutschland, England, Frankreich, Italien und Spanien.

Der *Energy-only-Markt (EOM)* wird abgelöst mit regionalen, dezentralen Versorgungs-netzwerken in Form von *Smart Energy Communities (SMEC)*. Aber wo bleiben die ver-antwortlichen Akteure mit ihren Marktrollen in Deutschland?

Hier ist auch der Regulierer angesprochen, mit neuen Modellen in der dezentralen Ver-sorgung den Gesetzesrahmen zu modernisieren. Die EU treibt hier gemeinsam mit Deutsch-land in die richtige Richtung. Die durch die IKT zu liefernden Funktionen und Sicherheiten gehen über den im Jahr 2019 anlaufenden *Smart Meter Rollout* weit hinaus. Der Ansatz der Regulierer und des Bundesamts für Sicherheit in der Informationstechnik (BSI), in der Form die Detailspezifikation für Hard- und Software die Technik vorzugeben, siehe TR3109ff, würde aus Sicht der Autoren den Rahmen für das Projekt Energiewende nach Zeit und Aufwand sprengen.

41.2   Steckbrief und Projektaufgabe der CMP4U-Lösung

Hier können wir Plattformen der erfolgreichen Player wie Google, Amazon und Microsoft als Vergleich heranziehen.

Nur die IKT-Rahmenbedingungen, der rechtliche Rahmen mit zentralen, verpflichten-den Geschäftsprozessen sowie die Qualitätssicherung werden vorgegeben und nicht die IT-technische Lösung (Detailspezifikation z. B. TR3109 ff). Der Erfolg der IT Lösung auf der Cloud-Umgebung der genannten globalen Player wird durch die Akzeptanz der An-wender – hier der Marktteilnehmer und Serviceprovider/Entwickler – bestimmt.

Eine analoge Lösung werden wir in Deutschland auch für die flächendeckende Integra-tion der Energiewende für die Versorgungssysteme der nächsten Generation – den *Uti-lity 4.0* – aufzubauen haben. Der hier dazu gewählte Name: *CMP4U Marketplace* liefert einen möglichen Governance-Methodenrahmen bis zur Private-Cloud-Instanz.

Zielanwender für den CMP4U Marketplace sind neben den typischen Stadtwerken auch kommunale Organisationen, Genossenschaften, Erzeugergemeinschaften und deren Kunden. Die Anwender oder Marktteilnehmer wählen zu ihren Aufgaben aus dem Ange-bot des CMP4U Marketplace die Domain Prozessentwicklung und erzeugen daraus einen Hardware-/Software-Bedarfskatalog (Release), um die angebotenen IT-Services über den Marktplatz zusammenzuführen und auf einer individuellen Cloud-Instanz für sich auto-matisiert zu implementieren. Die Hersteller und deren IT-Lösungen unterliegen dem freien Wettbewerb mit all seinen Vorteilen für die Anwender und Regulierer. (Funktionalität, Qualität, Zulassung, IKT Service und Kosten)

Die einfache Integrierbarkeit, Interoperabilität und Qualität der abgebildeten Prozesse in die IKT-Infrastruktur der Energieversorgungsnetze, ist ein Erfolgsfaktor für den An-bieter/IT Provider und damit der Schlüssel für eine marktwirtschaftlich getriebene Inte-gration der Energiewende durch alle beteiligten Anwender (Abb. 41.1).

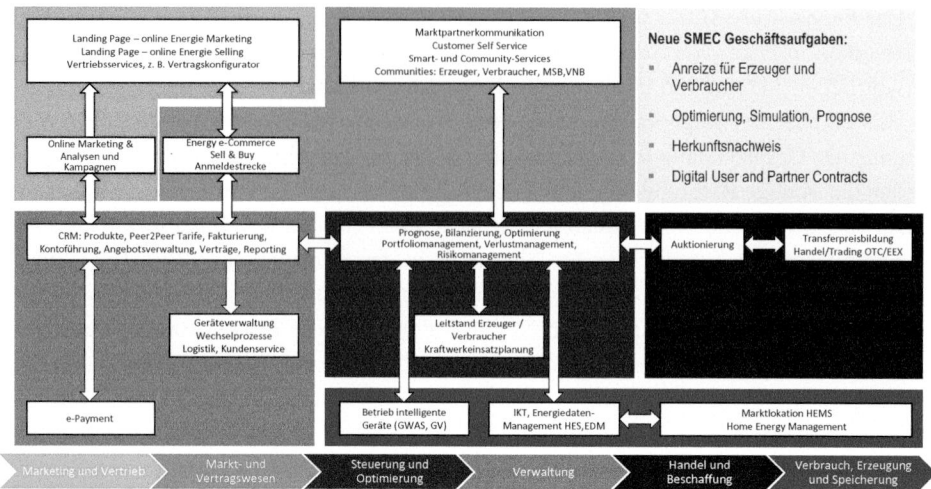

Abb. 41.1 Prozesslandkarte der Versorgungswirtschaft mit neuen Prozessen für Smart Energy Communities (SMEC)

Die integrierte Energiewende als ganzheitlicher Ansatz ohne EEG-Umlage oder anderer lokal organisierter Finanzierungsmodelle, ist das wirtschaftliche und nachhaltige Ziel für die SMEC Energie-Wirtschaftszoneversorgung Utility 4.0.

Im Sinn der Anforderungen für solche dezentralen Versorgungsnetze lauffähige Geschäftsprozesse für Strom und später Gas liefern zu können, sollen in einer Prozessbibliothek geprüfte, freigegebene IT-Services/Energy Services bis hin zu kompletten Applikationen und spezifischen Softwaremodulen angeboten werden. Eine Expertengruppe in Deutschland, wie z. B. der Verein Deutscher Ingenieure (VDI) und *Forum Netztechnik/ Netzbetrieb* (FNN) im Verband der Elektrotechnik Elektronik Informationstechnik e.V. (VDE) zusammen mit der BSI, könnten die Betreiber der Prozessbibliothek auf dem CMP4U Marketplace sein.

Die konfigurierten Prozesse ergeben eine zugeschnittene IKT-Lösung mit Hardware/ Software und Prognosemodellen sowie Schnittstellen zu den IKT-Bestandssystemen und kommenden Infrastrukturen, wie der Smart Meter Rollout. Angenommen wird eine private Energy-Cloud-Umgebung (z. B. BNetzA) inklusive der benötigten IT-Security-Prozesse (z. B. Energy Blockchain) bis zu den Erzeuger- und intelligenten Messsystemen.

Die *Erzeugergemeinschaft für Energie in Bayern eG* und die *regionalwerke* sehen einen Cloud-basierten Cross Utility 4.0 Marketplace (CU4MP) als zukünftige Lösung für einen dezentral organisierten Energiehandel (Beschaffung und Vermarktung in der dezentralen Energie-Wirtschaftzone) und insgesamt für eine Integration der Energiewende in die Versorgungswirtschaft.

41.3   Herausforderung aus der Integration der Energiewende für die Energiewirtschaft

Kleine und mittlere Energieversorger oder Energiegenossenschaften können sich ihre Geschäftsprozesse zu ihrem intelligenten Energieökosystem selbst konfigurieren. Sie werden in die Lage versetzt, eigene Versorgungsnetzwerke mit hohem Automatisierungsgrad einzurichten (SMEC-Campus-Regelzonen). Alle Stakeholder, wie beispielsweise Händler, Lieferanten Netzbetreiber, Prosumer etc., werden an der Wertschöpfung im dezentralen Energieökosystem mithilfe von Digital Contracts automatisiert beteiligt.

Die konfigurierten SMEC-Ökosysteme sollen z. B. Anreizmodelle und Optimierungen der gesetzlichen Abgaben zu einer Post-EEG-Community, mit stabilen wirtschaftlichen Rahmenbedingungen für u. a. kleinere Investoren in ländlichen Regionen bereitstellen.

Nicht betrachtet werden dazu die so entstehenden Geschäftsmodelle gegenüber dem aktuellen Rechtsrahmen. Die sich ergebenden rechtlichen Anforderungen sind parallel zu bewerten und als Empfehlung für einen Feldtest und späteren Betrieb gegenüber dem Regulierer und Politik vorzustellen.[3]

41.4   Der Cloud-basierte CMP4U Marketplace als Lösung

Durch die tiefe Integration des Netzleitsystems, dem CRM- und Trading-System bis zum Smart Meter Gateway (SMGW) oder Home Energy Management (HEMS) der Objekte, sind die auf den ersten Blick naheliegenden Software-as-a-Service(SaaS)-Lösungen über Versorgerkooperationen wieder nur durch das vereinfachte generische Framwork der Regulierer proprietär und nicht zielführend.

Dies geht nur über den CMP4U- IT-Plattformansatz mit sich wettbewerblich über den KRITIS Framework standardisierenden Anbietern. Mit prototypisch aufgesetzten SMEC-Geschäftsmodellen wird es neuen Betreibern von dezentralen Energie-Wirtschaftszonen ermöglicht, erste Schritte für die organisatorische und stromtechnische Integration der erweiterten Prozesse im Feld zu testen.

41.4.1 Typologie Leistungsangebot/Marktadressierung (LA/MA)

Hier wird einer der realistischen Transformationspfade, wie ihn die dena-Leitstudie anspricht, als Konzept vorgestellt.[4] Die Transformation des heutigen Modells Energiewirtschaft Deutschland hin zu dezentralen, sich selbst organisierenden und lokalen Versorgungswirtschaften, den SMEC. Bestehende Marktrollen sind zu transformieren und neue

---

[3]Anmerkung: Betrachtet werden hier Schlüsselanwendungen und Prozesse einer intelligenten Community aus bereits abgewickelten und laufen Forschungsprojekten der Länder und des BMWi.

[4]Vgl. Bründlinger et al. (2018).

mit einzubinden wie z. B. ein SMEC-Bilanzkreiskoordinator oder auch BIKO-SMEC (Abb. 41.3 zum SMEC-Rollenmodell).

EVU als Anbieter von bestehenden Marktrollen wie Lieferant (Strom) nehmen beispielsweise den Marktgebietsverantwortlichen-SMEC (MGV-SMEC) hinzu, um die im SMEC-Bilanzkreis vorhandenen Bedarfe an Strommengen als Händler (Over the Counter, OTC) und als Lieferant dynamisch und automatisiert beschaffen und vermarkten zu können. Die Nutzenpotenziale eines Cloud-basierten Leistungsangebots werden hier als regionale Wertschöpfung – anders als in den wettbewerblichen Märkten – interpretiert.

Die CMP4U-Marketplace-Plattform stellt bereit:

- Die Projektierung einheitlicher Entwicklungsrahmen für KMU-Versorgungswirtschaften für die Transformation in neue Rollen
- Stufenweise Ausprägung der Geschäftsprozesse mit steigenden Mess-, Optimierungs- und Automatisierungsprozessen, z. B. Online-Kundenansprache zu seinem wirtschaftlichen Verhalten.
- Über die individuelle Cloud-Instanz wird je nach Marktrolle ein prozessadäquates Leistungssystem, bestehend aus SMEC-Stromprodukten und Geschäftsanwendungsfällen mithilfe der Konfiguration durch die Fachexperten der Versorgungswirtschaft selbst bestimmt. Entwicklungspartner und Regulierer monitoren die Verfügbarkeit und Qualität der Cloud-Instanz nach dem KRITIS Frameworkanforderungen.
- Der jeweils nach dem Stand der Technik angewandte oder vorgeschrieben Automatisierungs- und Digitalisierungsrahmen inklusive Security, wird auf diesem CMP4U Cloud Marketplace von den Anbietern und Partnern bereitgestellt und von BSI, FNN, Verbands kommunaler Unternehmen e.V. (VKU), Physikalisch-Technische Bundesanstalt (PTB) empfohlen.
- Durch den Zusammenschluss der Nutzer (Versorgungswirtschaft), den Anbietern von Hardware-/Softwaremodulen und Softwareservices/Building Blocks, den Partnern und Regulierern für Standards und Security entsteht Transparenz und ein einheitlicher Methodenrahmen auf diesem entscheidenden CMP4U Cloud Energy Marketplace. (SMEC Community der Energiewirtschaft mit Anschluss an die globale IKT Entwicklergemeinschaft)
- Nutzenpotenziale und Differenzierungspotenziale zur Stärkung der Dienstleistungen zu den neuen Produkten einer dezentralen Versorgungswirtschaft SMEC werden durch die Nachfrage der Marktteilnehmer und Angebote der CMP4U-Marketplace-Partner wettbewerblich und marktwirtschaftlich gehoben.
- Zeichnen sich neue Technologien, wie die *Blockchain* ab, können diese frühzeitig für die Geschäftsprozesse der SMEC ausgewählt werden.
- Über den CMP4U Marketplace bildet sich eine breite Test- und Anwender-Community zur Optimierung oder auch Verwerfung von neuen Technologien oder Lösungswegen. Die Dynamik der IKT findet im Schulterschluss mit den Regulieren statt. Die Kultur der weltweiten IKT Industrie und Entwicklergemeinschaft wird mit in den Stand der Entwicklung dymaisch mit einbezogen. Die Plattformcharakteristik ermöglicht es neue Technologien über Releaswechsel den Marktteilnemer gesteuert anzudienen.

41.4.2 Cloud-Organisationsform

Welche *Cloud-Organisationsform (COF)* für die CMP4U Cloud gewählt wird, hängt von den spezifischen Anforderungen des Energiemarkts und hier von den Regulierern in Deutschland ab.[5] Dieses Konzept der CMP4U-Cloud-Organisation sieht eine heterogene Landschaft vor, die vereinfacht vorgestellt wird.

Public Cloud
Public Cloud (Pu) ist eine sich im Eigentum eines IT-Dienstleisters befindliche und von diesem betriebene Cloud-Umgebung. Der Zugriff erfolgt i. d. R. über das Internet. Viele Kunden oder Unternehmen teilen sich eine virtualisierte Infrastruktur: Pu für die Bereitstellung des SMEC-Rollenmodells und Tools für die Transformation in die SMEC-Geschäftsaufgaben und für das Design der SMEC-Geschäftsprozesse inklusive Akteure, Systeme und Schnittstellen (Transaktionen, Sequenzmodell) sowie der Prozesse des Security-Leistungsangebots, Generierung der Geschäftsaufgaben und Vorgänge (Back Log). Erweitert wird die IKT-Generierung aus dem Energy Process Release heraus. In einer ersten Stufe kann die Kommunikationsmatrix innerhalb der Private-Cloud-Instanz durch IT-Experten manuell angelegt werden.

Private Cloud
Private Cloud (Pv) ist eine unternehmenseigene und von diesem Unternehmen selbst betriebene Cloud-Umgebung. Der Zugang ist beschränkt, also nur für das Unternehmen selbst und autorisierte Geschäftspartner zugängig.

Pv für die Hardware-/Softwaremodule/Building Blocks mit Generierung, Konfiguration, Implementierung und Release Management, Bereitstellung einer SMEC-Rolleninstanz, z. B. Netzbetreiber mit Bilanzkreiskoordinatorfunktionen oder Lieferant mit Marktgebietsverantwortlichenfunktionen.

Security Pv für das Angebot von Security-Lösung mit Zulassung oder Kommentierung durch das BSI als Security-Leistungsangebot/-Marktadressierung.

41.4.3 Cloud-Service-Ebene für den CMP4U Marketplace

Für den CMP4U Marketplace werden nachfolgende die Serviceebenen unterschieden:

- **Platform as a Service (PaaS)**, liefert Anwendungsinfrastruktur in Form von technischen Frameworks (Datenbanken und Middleware) oder die gesamte Anwendungssoftware.
- **Software as a Service (SaaS)** ist eine Form von Cloud Computing, bei der Nutzer eine Applikation über das Internet beziehen. Dabei werden Infrastrukturressourcen und Applikationen zu einem Gesamtbündel kombiniert. Beim SaaS nutzt ein Kunde Server, Storage, Netzwerk und die übrige Rechenzentrumsinfrastruktur als abstrakten, virtualisierten Service über das Internet.

---

[5] Vgl. dazu insbesondere BIKTOM (2009).

41.4.4 Ergebnisziele der Anwender eines Cloud-basierten CMP4U Marketplace

Die Anwender und somit unsere Zielgruppen rekrutieren sich aus veränderten Organisationsformen von dezentralen Energiewirtschaften in Form von sich selbst organisierenden Smart Energy Communities.

Über das BMWi gefördert, entwickelt eine Reihe von Forschungsprojekten dazu passende Geschäftsprozesse mit unterschiedlicher Spezialisierung. Exemplarisch seien hier die *Projekte SINTEG* und *Smart Service Welten II* zu nennen.

Eine Kombination der erweiterten und neuen Geschäftsanwendungen aus diesen Forschungsprojekten wird für das Back Log auf dem CMP4U Marketplace gesammelt. Die dezentralen SMEC-Versorgungswirtschaften können sich aus diesem Back Log ihr Leistungsangebot für den Betrieb von SMEC-Energiewirtschaftszonen mit Stromkunden konfigurieren. Ergebnis muss es sein, für alle Marktrollen individuelle und für den Betrieb erforderliche Geschäftsprozesse inklusive der IKT-Infrastruktur definieren und konfigurieren zu können (Abb. 41.2).

Zu den wesentlichen Ergebniszielen der Anwender eines Cloud-basierten CMP4U Marketplace zählen:

* Hardwarekomponenten wie SMGW, Ladesysteme etc. können ausgewählt und bestellt werden.
* Das Versorgungsunternehmen kann in den Stufen Labor-, Feldtest- und Produktiv-Rollout-Konfiguration unterschiedliche Ausprägungen wählen und Software-/Hardware-Releases generieren.
* Das Versorgungsunternehmen muss auf der CMP4U-Pv eine IKT-Instanz erhalten. Darauf sind Hardware-/Software-Releases für die funktionale Bereitstellung seiner spezifischen Geschäftsaufgaben hinterlegt.
* Das Versorgungsunternehmen muss zusätzliche Dienstleistungen wie Prozess- und Projektmanagement, Serviceorganisation und Marketing aus einem Pool von Experten über den CMP4U Marketplace abfragen können.

Beispiele, um das Szenario zu erläutern

Der Prozess day ahead Optimierung/Prognose in der SMEC Energiewirtschaftszone- wird von den Marktrollen Lieferant, Marktgebietsverantwortlicher (MGV) oder Einsatzverantwortlicher (EIV) in unterschiedlicher Ausprägung von Teilprozessen und Aufgaben bei der Erfüllung ihrer Geschäftsaufgaben eingesetzt.

Am Beispiel Lieferant ergeben sich aus der Optimierung mit Prognose für den folgenden Tag verschiedene Tarifangebote an die gewerblichen oder privaten Stromkonsumenten sowie Erzeuger und Prosumer Angebote für die Erfüllung derer Erlöserwartungen, im SMEC Quartier Energy Deals abzuschließen. (automatisierter Handel mit regionalen Strompaketen in der Emergie Wirtschaftszone)

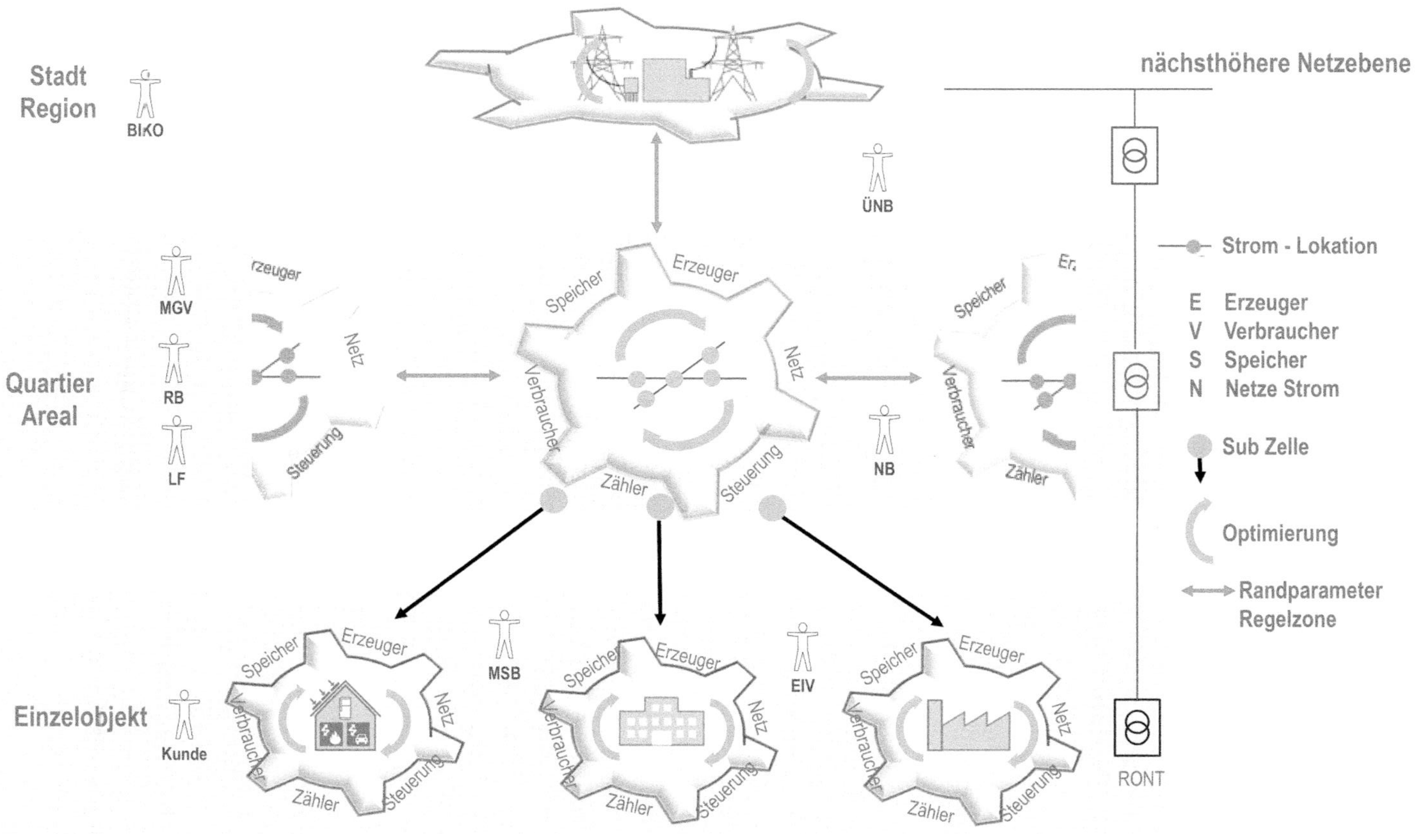

Abb. 41.2 Ökosystem einer Smart Energy Community in Anlehnung an Franklins smarte Infrastruktur (Quelle: in Anlehnung an Franklins smarte Infrastruktur, Thomann 2017)

Diese Geschäftsaufgabe kann nur erfüllt werden, wenn aus dem Ökosystem SMEC Lokationen wie beispielsweise Stadt, Quartier oder Einzelobjekt mit ihren Objekten Erzeuger, Verbraucher, Speicher, Leitungen digital vernetzt sind (s Abb. 41.2).

Der Versorger hat zuvor für die Rolle ‚Lieferant' die Geschäftsprozesse auf dem CMP4U Marketplace entwickelt und die erforderlichen Hardware-/Softwarepakete generiert und in seiner CMP4U-Pv-Instanz aufgesetzt.

41.4.5 Ergebnisziele der Anbieter und Betreiber eines Cloud-basierten CMP4U Marketplace

Die wesentlichen Ergebnisziele von Anbietern und Betreibern von Dienstleistungen, Hardware- und Softwaremodulen über den Cloud-basierten CMP4U Marketplace für deren Endkunden sind:

- Einhaltung der Vorgaben für den Betrieb kritischer Infrastrukturen – hier IKT-Ausstattung.
- Durch den zentralisierten Betrieb der CMP4U Energy Cloud werden wichtige Schlüsselthemen wie Verfügbarkeit, Interoperabilität, Monitoring und IKT-Sicherheit über dem Regulierer nahestehende Expertengruppen wie beispielsweise BSI, Bundesverband der Energie- und Wasserwirtschaft e.V. (BDEW), PTB, BMWi überwacht (Monitoring).
- Der jeweils nach dem Stand der Technik angewandte oder vorgeschrieben Automatisierungs- und Digitalisierungsrahmen inklusive Security wird auf dieser CMP4U Cloud von den Anbietern und Partnern des BSI, FNN, VKU, PTB empfohlen.
- Die Einhaltung der Vorgaben für den Betrieb kritischer Infrastrukturen durch die auf dem CMP4U Marketplace angebotenen Hardware-/Software- und IKT Komponenten beruht auf Freiwilligkeit der Anbieter.
- Deren Einhaltung gepaart mit Anwenderfreundlichkeit steigert die Nachfrage und ist ein klarer Wettbewerbsvorteil.
- Regulierer und nahestehende Expertengruppen als Betreiber des CMP4U Marketplace müssen einen Paradigmenwechsel für kritische Infrastrukturen einleiten.
- Digitale Technologien werden durch Nachfrage und Wettbewerb optimiert.
- Die Dezentralisierung der Stromversorgung reduziert die Kritikalität.
- Durch den Zusammenschluss der Nutzer (Versorgungswirtschaft), den Anbietern von Hardware-/Softwaremodulen und Building Blocks, den Partnern und Regulierern für Standards und Security auf dem CMP4U Marketplace entsteht Transparenz und ein einheitlicher Methodenrahmen.
- Anbieter und Betreiber nutzen jeweils für ihre Ziele den CMP4U Marketplace als Wertschöpfungsnetzwerk und Vermarktung der IKT-Produkte und -Lösungen über Sektorgrenzen hinweg.

41.5   Lösung: Ein Rollenmodell des CMP4U Marketplace, Anwender, Anbieter und Betreiber einer Smart Energy Community

Das BDEW-Rollenmodell[6] für die Marktkommunikation wurde auf europäischer Ebene gemeinsam u. a. von dem Verband Europäischer Übertragungsnetzbetreiber (ENTSO-E) und der European Federation of Energy Traders (EFET) mit dem Ziel entwickelt, die Kommunikation zwischen den Marktpartnern der Energiewirtschaft im Rahmen des elektronischen Datenaustauschs zu erleichtern.

Das BDEW-Rollenmodell aus dem Jahr 2016 muss für SMEC erweitert oder angepasst werden. Es ist ein perfekter Aufsatzpunkt für alle Marktteilnehmer und Betroffene (Umfeld), deren Geschäftsprozesse (Stories für das Back Log) eindeutig klarzustellen. Insbesondere können Anforderungen der Regulierer (Reporting) und Gesetzgeber (Marktkommunikation) verwechslungsfrei und transparent entwickelt werden.

41.5.1 CMP4U-Community-Rollenmodell für die Marktkommunikation im deutschen dezentralen Energiemarktansatz

Verwendet wird der Methodenrahmen aus dem BDEW-Rollenmodell.[7] Enthalten sind Grundzüge eines Rollenmodells im europäischen Kontext. Für die Ableitung der Geschäftsprozesse werden die Smart-Grid-Architectur-Model(SGAM)-Architektur zusammen mit von VDE/FNN empfohlenen, neuen Aufgaben für den Smart Meter Rollout berücksichtigt.

Hier wird dieser Ansatz verwendet, um die bei der Ausführung eines Geschäftsprozesses entstehenden Daten und Transaktionen zu dem automatisierten Datenaustausch einzuhängen.

41.5.1.1   Hardware-/Softwaremodule und Building Blocks und Interoperabilität

Dieses Ziel wird für den CMP4U Marketplace heruntergebrochen auf die Ebene der Hardware-/Softwaremodule und Building Blocks (μ-Services) für deren Interoperabilität, um den Aufbau einer IKT-Infrastruktur aus Lösungen verschiedener Anbieter zu ermöglichen. Sich in Deutschland und der EU ergebende Standards werden über den CMP4U Marketplace kommuniziert und empfohlen. Diese setzen ihre Verbreitung über den technologischen Wettbewerb fort.

41.5.1.2   BDEW-Basisrollenmodell – Einleitung

In einem Rollenmodell werden Rollen, Gebiete und Objekte definiert, die typischerweise ihre Anwendung in der Marktkommunikation des Energiemarkts finden, und deren Beziehungen untereinander dargestellt. Dabei werden nur gesetzliche, regulatorische und

---

[6] Vgl. BDEW (2016).
[7] Vgl. ebd.

technische Vorgaben, die für die Marktkommunikation relevant sind und zur Modellierung von Marktprozessen benötigt werden, in einer grafischen und textuellen Notation in Anlehnung an die UN CEFACT/Unified Modelling Methodologie/Unified Modelling Language (UMM/UML) dargestellt.

Für die *SMEC* werden die Marktrollen mit der hier gewählten UML-Notation ergänzt. Im Kontext dazu sind die CMP4U-Anwendergeschäftsaufgaben sachlich ableitbar. Neue Marktrollen für die Betreuung des CMP4U Marketplace – SMEC Community werden hinzugefügt.

41.5.1.3 Begriffsbestimmungen zu BDEW-Basisrollenmodell

Das BDEW-Basisrollenmodell unterscheidet folgende Artefakte:

- **Rollen:** Geschäftsaufgaben und Verantwortlichkeiten von natürlichen bzw. juristischen Personen werden Marktrollen zugeordnet. Jede einzelne Aufgabe und jede Verantwortung, die in der Marktkommunikation benötigt wird, ist genau einer Rolle zugeordnet. Dabei können natürliche oder juristische Personen mehrere Rollen einnehmen. Nach der Modellierungslogik eines Rollenmodells werden die Rollen einer natürlichen oder juristischen Person getrennt dargestellt. Dies erlaubt den Datenaustausch so zu modellieren, dass die Verantwortung einer Rolle in einem Prozess und nicht die Verantwortung eines Unternehmens dargestellt wird.
- **Marktrollen:** Eine Rolle kann nicht zwischen zwei Unternehmen aufgeteilt werden. Marktrollen agieren in Gebieten bzw. Zonen und verwalten und nutzen Objekte (Abb. 41.3).
- **Objekte:** Aufgaben und Funktionen werden Gebieten und Objekten zugeordnet. Gebiete und Objekte kennzeichnen sich durch strukturelle Merkmale (Zuordnung bestimmter Attribute).
- **Gebiete:** Gebiete (z. B. Bilanzierungsgebiete) und Objekte (z. B. Marktlokationen) werden von Rollen verwaltet und genutzt. Im europäischen Sprachgebrauch werden Gebiete und Objekte unter dem Begriff Domains zusammengefasst.

41.5.2 Neues Rollenmodell mit Kurzbeschreibung der aktuellen und neuen Marktrollen zu einer Smart Energy Community, unterstützt durch den CMP4U Marketplace

Die Beschreibung der Geschäftsprozesse und Aufgaben zwischen den Rollen und dem daraus resultierenden Datenaustausch ist Bestandteil der Geschäftsprozess Entwicklung auf der CMP4U-Marketplace-Plattform (s. auch die grafische Darstellung von Rollen, Gebieten und Objekten zu Aufgaben aus SMEC-Prozessen in Abb. 41.3).

Diese Beschreibung erfolgt im Rahmen der Ausgestaltung von Prozessbeschreibungen bzw. Datenformaten in Abschn. 41.6.

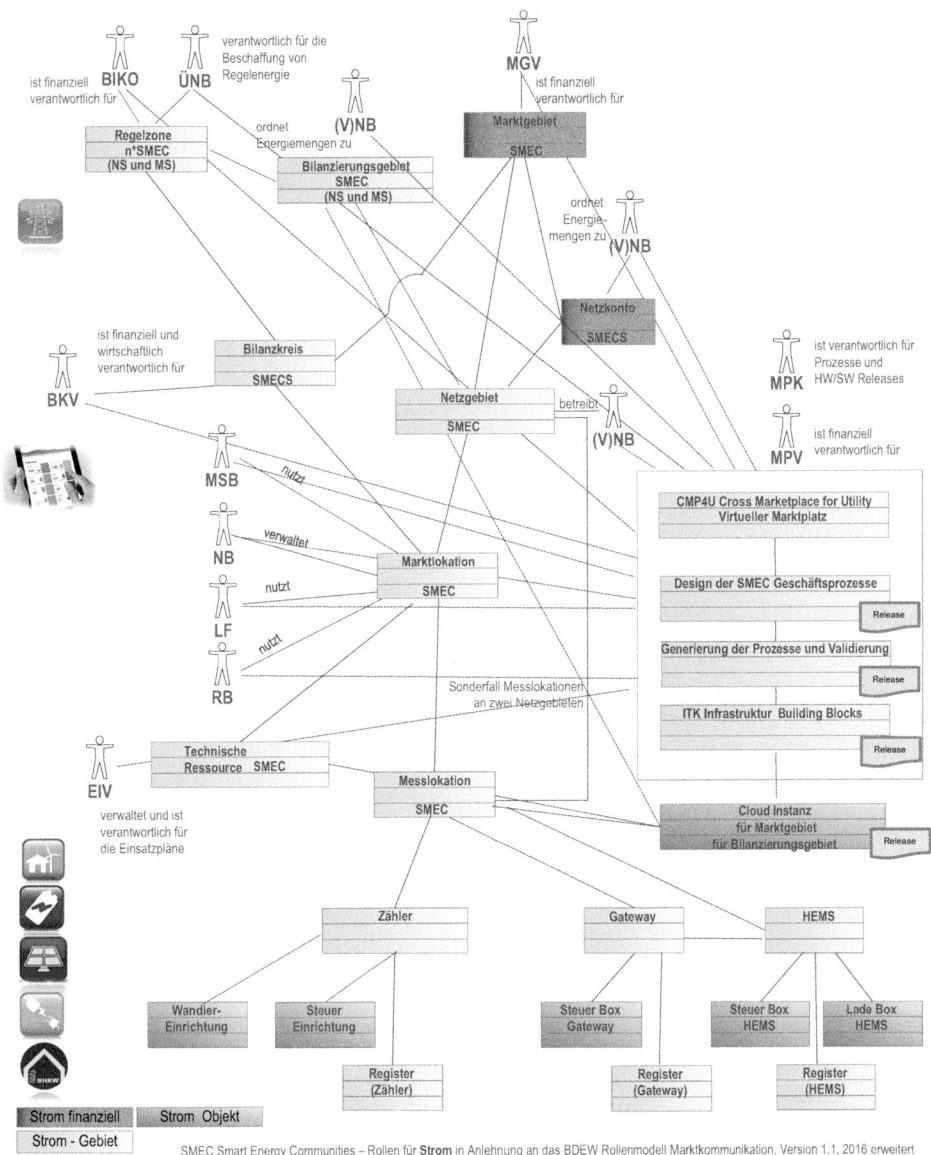

Abb. 41.3 Smart-Energy-Community(SMEC)-Rollenmodell als sachliche Basis für die Konfiguration der Geschäftsprozesse und Marktkommunikation bzw. Schnittstellen und IT-Transaktionen, geliefert durch den CMP4U Marketplace

41.6   Lösung: Ein CMP4U Cloud Marketplace

Die Anwendung des CMP4U-Rollenmodells in der Marktkommunikation für zukünftige SMEC in dezentralen Räumen/Lokationen schafft eine sachliche und interpretati-
onsfreie Basis für die Ausgestaltung von Markt-, Geschäftsprozessen und Datenformaten in der neuen SMEC. Diese Vorgehensweise unterstützt ebenfalls die Skalierbarkeit
und Wiederverwendbarkeit von Prozessmodulen (Baukastenprinzip), so wie sie von
Hardware-/Softwarepartnern auf dem CMP4U Marketplace bereitgestellt werden.

Diese SMEC-Prozessmodule werden stetig mit jeder Verwendung weiterentwickelt
und werden über neue Release-Stände auf der CMP4U-Marketplace-Cloud an die Anwender angeboten.

Die Hardware-/Softwarekomponenten werden durch die Nachfrage und Anwendung der
Marktteilnehmer und Angebote der Partner auf dem CMP4U Marketplace wettbewerblich
und marktwirtschaftlich kontinuierlich weiterqualifiziert. Neue Technologien, wie die
Blockchain, können frühzeitig für die Geschäftsprozesse der SMEC ausgewählt werden.

Über den CMP4U Marketplace bildet sich eine breite Test- und Anwender-Community
zur Optimierung oder auch Verwerfung von neuen Technologien oder Lösungswegen
(Agile Development Train, ADT).

41.6.1 Ablauf einer IKT-Infrastrukturgenerierung für Smart Energy Communities auf der CMP4U Cloud

Das Governance-Modell des CMP4U Marketplace beschreibt grob das aufzubauende Design, Steuerungs- und Regelungssystem der SMEC-Organisation. Die Abb. 41.4 zeigt exemplarisch die organisatorische, partnerschaftliche Konzeption zur Sicherstellung einer
vertrauensvollen Kooperation zwischen Kunden (z. B. Stadtwerke und Software-/Hard-
wareanbieter) und IT-Dienstleistern im Rahmen einer CMP4U-Geschäftsbeziehung.

41.6.2 Design der Smart-Energy-Community-Geschäftsprozesse – Domain D

Design Thinking: Die Produktentwicklung aus Sicht des Kunden. Am besten die aktive
Einbindung des Kunden in den Entwicklungsprozess (Abb. 41.5).

Produktentwicklung als Beispiel der Biogasbauer mit seiner 100 Kilowatt-Block-
heizkraftwerk(BHKW)-Anlage in dem zukünftigen SMEC-Stromnetz (Abb. 41.4).

Produkt: Stromabnahmetarif ohne EEG, seine Erlösewartung ausreichend für einen
wirtschaftlichen Betrieb inklusive Wartung und Reinvestition. Fahrweise der Biogasan-
lage mit Priorität auf optimierter Fahrweise für maximale wirtschaftliche Erlöse. Netzdienliche Fahrweise, um die Versorgung des SMEC-Bereichs sicherzustellen.

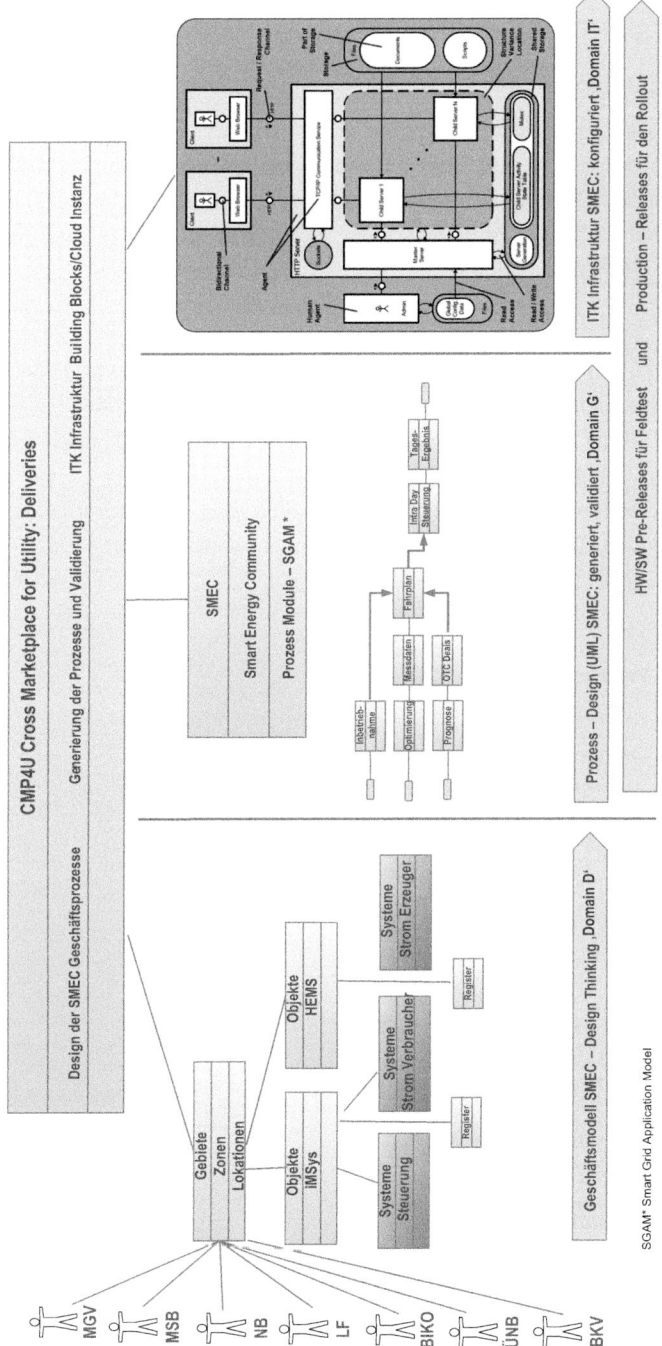

Abb. 41.4 Aufbau des Governance-Modells zu CMP4U Cross Marketplace for Utilities

Die hier beschriebenen Szenarien in Anlehnung an den Design-Thinking-Methoden-rahmen sind frei erfunden und sollen nur einen Bezug zur praktischen Anwendung in der smarten Energiewirtschaft aufzeigen.

Empathy-Phase
Nutzer verstehen und den Problemraum abstecken: Biogas-Bauern können mit den gege-benen Rahmenbedingungen und EEG-Förderung nicht kostendeckend produzieren. Für Investitionen zeichnet sich kein langfristiges Modell ab. Zusätzliche Leistungen für die Pflege der Umwelt werden nicht finanziell gewürdigt. Ein Abschalten nach Auslaufen der EEG-Förderung für Kleinanlagen ist unumgänglich (Abb. 41.5).

Define-Phase
Probleme definieren, Nutzerbedürfnisse beobachten und erkennen: Mangels Digitalisie-rung ist die netzdienliche Integration in ein lokales Stromverteilnetz einer Kommune nicht möglich. Nachweis der lokalen Stromversorgung von Wärmepumpen über den Herkunfts-nachweis ist nicht möglich (Abb. 41.5).

Ist Biogas im Überschuss vorhanden, können keine zusätzlichen Einnahmequellen aus der Vermarktung von Biogas mangels Gasnetz genutzt werden. Einfamilien- und Mehrfa-milienhäuser sowie kleine und mittlere Unternehmen (KMU) würden gern lokale Energie

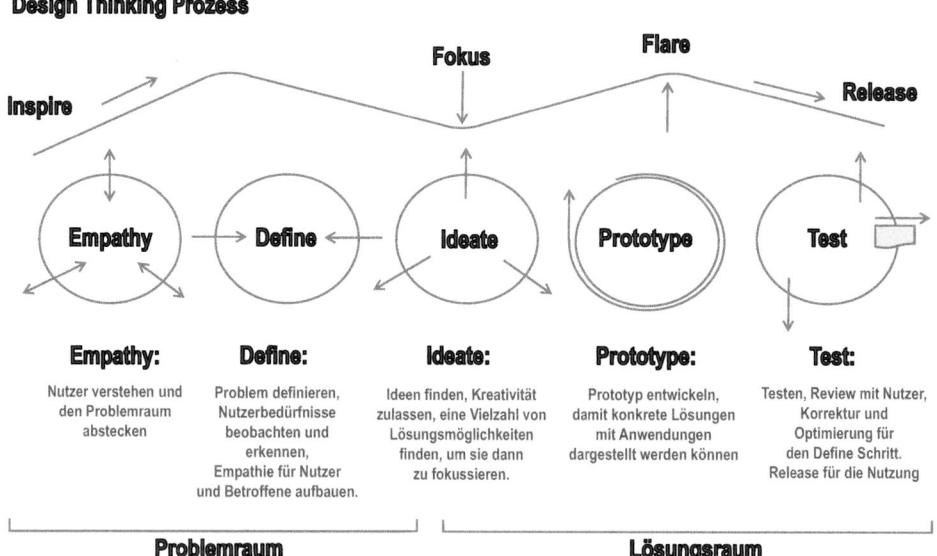

Abb. 41.5 Design-Thinking-Methodenrahmen für die Entwicklung von Produkten und Dienstleis-tungen für die SMEC – Vorgehensschritte und Iterationen

aus Erneuerbaren einsetzen und sind bereit, sich an einer Optimierung von Strom- und Wärmeversorgung zu beteiligen.

Ideale Phase: Lösungsraum finden und Fokussierung der Lösungen
Ideen finden, Kreativität zulassen und sachlichen Bewertungsrahmen anwenden.

Über eine Ausnahmeregelung können die Biogasbauern dem oder den Stromnetzbereich oder -bereichen den erzeugten Strom an die interessierten Stromkunden liefern. Erzeuger und Verbraucher sind digital vernetzt und werden über einen prognostizierten Fahrplan gesteuert. Über den Herkunftsnachweis erfolgen die Abrechnungen und die Vergütungen minutengenau über den automatisierten OTC-Energiehandel (Peer-to-Peer).

Der Lieferant zusammen mit dem Marktgebietsverantwortlichen entwickelt und konfiguriert die erforderlichen Geschäftsprozesse über die CMP4U-Cloud-Plattform.

Prototyp über eine Testinstanz mit Test-Release auf der CMP4U Cloud
Prototyp entwickeln, damit konkrete Lösungen dargestellt werden können. Hierüber muss die wirtschaftliche Optimierung im Kontext des regulatorischen Rahmes harmonisiert werden. Dies bedeutet auch eine Abgrenzung und Einrichtung einer Ausnahmezone für eine SMEC-Versorgungs-Community (Abb. 41.5).

41.6.3 Generierung der Prozesse und Validierung – Domain G

Aus der Designphase ist das Back Log (Jira) mit den Geschäftsaufgaben (Epics, Stories) zu den Marktrollen (Schlüsselbegriffe) ausgewählt oder neu angelegt worden.

Ausgehend von der Marktrolle (Hauptprozess) wird die Marktkommunikation (Teilprozess) als Filter für den Generator eingegeben und eine Auswahl nach Gebieten, Objekten und Systemen getroffen. Der Generator bildet das Ergebnis als UML-Diagramm ab. Aufgaben oder Unterprozesse, Abhängigkeiten zu Ergebnissen aus anderen Marktrollen können auch ausgewählt oder neu angelegt werden.

Die Prozessdokumentation inklusive der Notation aus dem Back Log wird generiert.

Die adressierten Marktteilnehmer können über die Prozesssimulation den Geschäftsablauf mit ihren Fachexperten nachjustieren. Als Abschluss erfolgt die Abnahme (Quality Gate – ready for Software Release Konfiguration) und Erstellung des Release-Dokuments – Geschäftsprozess.

Für den Übergang zur Generierung der Software Building Blocks (μ-Services) werden aus der Aufgabe der Marktkommunikation alle notwendigen Transaktionen für die Erfüllung des Prozesses, das *Datenmodell* und die Transaktion in administrierten Teilschritten für die vollständige Umsetzung der Geschäftsaufgabe (z. B. Reststandard) ausgewählt oder neu angelegt. Die Konfigurations- und Implementierungsdetails sind Bestandteil der generierten Release-Dokumentation.

41.6.4 IKT-Infrastruktur aus Building Blocks und Cloud-Instanz – Domain IT

Die Generierung der IKT-Infrastruktur aus den ausgewählten IT-Services (Building Blocks) und das Konfigurieren einer Private-Cloud-Instanz sind wesentlich für Anwender-freundlichkeit in der Energiewirtschaft. Lösungen aus anderen hochentwickelten Branchen, wie der Telekommunikation, müssen herangezogen werden.

41.6.4.1 IKT-Instanz auf der CMP4U Marketplace Cloud (möglicherweise hybride Struktur der Cloud)

Fundamental-modeling-concepts(FMC)-Norm und Interoperabilität: Verwendung des FMC-Block-Diagramms zur Modellierung von Systemen aus CMP4U Software Building Blocks (μ-Services), Datentöpfen und Interaktionen auf hoher Ebene.

41.6.4.2 IKT-Infrastruktur aus Building Blocks

Die Schnittstellenanforderungen zu den individuellen Use-Case-Transaktionen werden von dem CMP4U-Konfigurator übernommen und in eine Protokoll- und Security-Schicht zwischen den Software Building Blocks (μ-Services) eingebettet. Ein Protokoll-Handler übernimmt die Steuerung und Fehlerbehandlung.

Eine generische Enterprise-Workflow-Steuerung der CMP4U-Cloud-Instanz koordiniert die Interaktionen zwischen den konfigurierten Software Building Blocks, setzt die Kommunikationsmatrix auf und stellt ein Monitoring/Tracing bereit.

41.6.4.3 Die individuelle Cloud-Instanz für den Marktteilnehmer aus dem Versorgungsgeschäft der Smart Energy Community - Wirtschaftszone

Der CMP4U Marketplace liefert Nutzen für Verbraucher- und Erzeugergemeinschaften, Marktteilnehmer wie Netzbetreiber, Stadtwerke und Kommunen mit kleinteiligen Erzeugern, MSB/ÜNB und Software-/Hardwareanbietern gleichermaßen.

Angesprochen ist der komplette Anwender- und Anbieterkreis aus dem Smart Meter Rollout und zukünftige Teilnehmer an dezentralen Versorgungsgemeinschaften-SMEC.

Für die Politik entsteht eine Road Map, um das digitale Netzwerk zur Integration der Energiewende zu entwerfen.

Für KMU-Stadtwerke, Erzeugergemeinschaften etwa, werden bislang kaum erschwingliche IT-Werkzeuge und Softwareapplikationen bedarfsgerecht (Pay-per-use) und unmittelbar über einen Test- und Qualifizierungspfad zur Verfügung gestellt. Dabei können sie intelligente Services schnell und unkompliziert durch den CMP4U Marketplace mit Self-Service-Funktion nutzen.

Durch den CMP4U-Katalog granularer, kombinierbarer SMEC-Hardware-/Software-services wird die Produktion auch stark individualisierter Produkte ermöglicht. Die verbrauchsbasierte Abrechnung und Skalierbarkeit werden durch eine Cloud-Instanz realisiert, die sich der Auftragslage anpasst.

Der CMP4U-Katalog in seiner finalen Ausprägung muss über die Hardware-/Software-services alle Geschäftsprozesse aus dem Smart Meter Rollout und aus den Forschungs-programmen des BMWi – SINTEG, Smart Service Welten II – Energie anbieten. Dieser Startumfang wird durch die Hardware-/Softwarepartner ständig weiterentwickelt, hier ins-besondere im Kontext der sich verändernden regulatorischen Rahmenbedingungen.

Marktteilnehmer, die eine SMEC- Lösung oder Teilprozesse daraus einführen wollen, können durch hochwertige und durch die Betreiber der CMP4U-Marketplace-Plattform validierte Dienste der zugelassenen Hardware-/Softwarepartner nutzen und so zum Lö-sungsanbieter von dezentralen SMEC-Geschäftsmodellen werden.

Hardware-/Softwarepartner wiederum können durch den CMP4U Marketplace und die SMEC-Nutzer-Community neue Vermarktungskanäle erschließen und ein Ökosystem kom-patibler, interoperabler Dienste mit ausgewählten Hardwareobjekten auf einer sicheren, ver-fügbaren Plattform anbieten. Die verbrauchsbasierte Abrechnung erlaubt Preismodelle, die sich an die Umsatzentwicklung ohne hohe Risiken durch die regionalen Versorger anpassen.

41.6.4.4   Lösung Datensicherheit

Eine bestehende Cloud-Instanz wird für einen neuen Kunden (z. B. Stadtwerk) provisio-niert und an die speziellen Kundenanforderungen angepasst. Zusätzliche Leistungsres-sourcen können bei Bedarf zugeschaltet werden, ohne dass ein Techniker vor Ort sein muss.

Um den vom Regulierer (BSI) für Versorgungswirtschaften (Stadtwerk) geforderten Datenschutz zu gewährleisten, ist die CMP4U Cloud mit den IT-Services für Geschäfts-prozesse – Fachanwendungen vollständig von den Daten getrennt.

Alle Daten können in einer Pv-Infrastruktur in der lokalen IT des Kunden liegen. Auf sie wird nur im jeweiligen Bearbeitungsfall VPN-verschlüsselt von der SaaS-basierten Anwendung aus CMP4U-Cloud-Instanz zugegriffen.

Durch dieses Konstrukt der hybriden SaaS-Lösung kann die Abnahme auch durch den jeweiligen kommunalen Datenschutzbeauftragten vorgenommen werden (Informationssi-cherheitsmanagementsystem[ISMS]-Organisation je Stadtwerk) In der Erprobung befindli-che Blockchain Anwendungen in der Absicherung der Stammadten, Handelsgeschäfte oder der gesicherten Abrechnung von Leistungen können als Building mit einbezogen werden.

41.6.4.5   Herauszustellende Effekte

Die wesentlichen Effekte sind:

- Vollständigkeit der Geschäftsprozesse durch Vorlagen und UML basierte, einheitliche Prozessplanung , interoperable zu allen Marktteilnehmer
- Konzentration auf die organisatorische und fachliche Umsetzung im Rollout
- Breite, normierte und interoperable Basismodule Hardware/Software von performan-ten Anbietern
- Einheitliche Betriebskosten (SaaS) und Pay-per-Use-Abrechnung, als Unterstützung für Start Ups in der dezentralen Energieversorgung
- Referenzrahmen für die Projektplanung (Zeit, Funktion, Kosten) und Realisierung

41.7   Innovation: Erweiterte Geschäftsaufgaben in einer Smart Energy Community

SMEC sind in der Startphase ab 2020 der Tesla unter den Stromversorgungsnetzen. Der Endkunde mit seinen Funktionen als Verbraucher, Erzeuger und Speicher ist hochautomatisiert und online mit weiteren Endkunden, aber auch mit den Entscheidern der Community vernetzt. Klassische Geschäftsaufgaben, wie die Abrechnung der Netzentgelte, müssen erweitert werden, um beispielsweise Angebot, Steuerung und minutengenaue Abrechnung von Flexibilitäten im SMEC-Marktgebiet anzubieten.

Die Unique Selling Proposition (USP) einer SMEC ist die stromtechnische und wirtschaftliche Optimierung mit Erneuerbare-Energien-Erzeugern.

Die Engineering-Plattform CMP4U Marketplace ermöglicht ihren Kunden, Dienstanbietern für die Geschäftsprozessentwicklung, Hardware-/Software-Serviceanbietern sowie den Plattform-Betreibern, individuelle Dienstleistungen und systemische Lösungen für die Utilities 4.0 als SaaS und Pay per Use auf einer gesicherten Hybrid-Cloud-Umgebung anzubieten.

Insbesondere KMU wie Stadtwerke, kleinere Netzbetreiber oder Erzeugergemeinschaften können dadurch profitieren, etwa durch einfach zu nutzende Services zu ihren Energieprodukten ohne große Investitionen in eine eigene Serviceinfrastruktur. Erzeuger mit kleineren Anlagen erhalten eine Rückvergütung ohne EEG-Förderung aus den lokal erwirtschafteten Stromerlösen.

Die Innovation liegt im ganzheitlichen Ansatz für die Fachexperten der Energiebranche. Ausgehend von der Modellierung von Produkten und Geschäftsmodellen der Energiewende können validierte Geschäftsprozesse konfiguriert und in generierten Software-Releases auf Cloud-Instanzen gesichert verwendet werden.

41.8   CMP4U-Entwicklungsumgebung in der Praxis

Mit der Einführung des *EEG* im Jahr 2000 erfolgte ein Wandel im Energiemarkt, von ehemals wenigen zentralen Energieerzeugungsanlagen hin zu vielen regional verteilten Kleinanlagen auf Basis erneuerbarer Energien. Diese neuen EEG-Anlagen verlieren nach 20 Betriebsjahren ihre Einspeisevergütung und müssen sich anschließend in einem Einheitsmarkt (Commodity) behaupten, ohne die eigenen Produktvorteile wie Marke und Qualität ausspielen zu können.

Im Gegensatz zur nun vorhandenen Vielfalt im Bereich der Energieerzeugung hat sich das *Handelssystem* bisher noch nicht geändert. Zahlreiche Kleinanlagen auf Basis erneuerbarer Energien müssen mit großen Erzeugungskapazitäten in einem europaweiten, zentralen Graustrommarkt konkurrieren. Die Erzeugergemeinschaft für Energie in Bayern eG (EEB) erwartet aus diesem Grund, dass sog. Post-EEG-Anlagen keine ausreichenden Einnahmen aus der Stromvermarktung erzielen, wenn ihre EEG-Vergütung nach 20 Betriebsjahren endet. Reine Einspeiseanlagen auf Basis regenerativer Energien verlieren im Zuge dessen ihr Geschäftsmodell, wenn Vermarktungserlöse nur unsicher prognostizierbar und zu gering sind oder sich sogar negative Strompreise ergeben können.

Aus Sicht der EEB ist mit dem Beginn des Post-EEG-Zeitalters, ab dem 1. Januar 2021, eine Änderung im Energiehandelssystem notwendig. Nur eine monetäre Bewertung der Vorteile regionaler und regenerativer Versorgungsstrukturen in einem neuem Handelssystem kann einen drohenden Rückbau der entsprechenden Energieerzeugungsanlagen verhindern, um die Marktreife der Energiewende zu erreichen.

41.8.1 Voraussetzungen für eine marktreife Energiewende

Die EEB kennt die Herausforderungen, vor denen die EEG-Anlagenbetreiber im täglichen Geschäftsbetrieb stehen, und was es bedeutet, wenn sie ihre EEG-Vergütung nach 20 Betriebsjahren verlieren. Der Co-Autor dieses Beitrags Andreas Engl betreibt seit dem Jahr 2012 ein Solarfeld in Bayern mit einer installierten Leistung von 940 kWp. Mit diesem Solarpark besitzt er jedoch nur ein relativ unbedeutendes Kraftwerk im deutschen Energiemarkt, so wie viele andere Anlagenbetreiber seit der Einführung des EEG. Dementsprechend klein ist der Einfluss des Autors als Einzelner auf die unterschiedlichen Dienstleister, die er benötigt, ebenso auf die Medien und die Politik oder auf den europäischen Energiemarkt. Umgekehrt groß ist im Gegenzug dazu das Risiko für einen wirtschaftlichen Weiterbetrieb im Anschluss an die 20-jährige EEG-Vergütungsdauer. Aus diesen Gründen heraus entstand die Idee einer Organisationsstruktur, bestehend aus der Vielzahl an Biogas-, Fotovoltaik-, Wind- und Wasserkraftwerksbetreibern in Bayern, als eine gemeinsame Interessensvertretung. Im Gegensatz zur Rechtsform eines Vereins oder Verbands wurde eine Genossenschaft gewählt, die einen wirtschaftlichen Geschäftsbetrieb und somit eine gemeinschaftliche Vermarktung unter einer Dachmarke ermöglicht.

41.8.2 Genossenschaftliche Produktionsgemeinschaft

Im Jahr 2015 wurde mit der *EEB* ein einzigartiger genossenschaftlicher und erzeugerübergreifender Zusammenschluss von Betreibern regenerativer Energieanlagen gegründet. Ähnlich dem Beispiel landwirtschaftlicher Vermarktungsgenossenschaften, soll die EEB ihre Mitglieder im täglichen Geschäftsbetrieb unterstützen und Vorteile für den Einzelnen ermöglichen. Das gelingt mit einer Vielzahl von Kooperationen aus Wirtschaft und Wissenschaft sowie einer entsprechenden politischen und medialen Öffentlichkeitsarbeit. Als übergeordnetes Geschäftsziel wurden das Erreichen einer marktreifen Energiewende und damit verbunden sichere Vermarktungserlöse auch im sog. Post-EEG-Zeitalter festgelegt. Aus Sicht der EEB bedarf es dafür der Sicherung eines entsprechenden Absatzmarkts und die möglichst einfache Gestaltung der notwendigen Prozesse für die Anlagenbetreiber.

41.8.3 Kommunale Vertriebsgemeinschaften

Die EEB strebt im Rahmen der Stromvermarktung eine strategische Zusammenarbeit mit kommunalen Stadt- und Gemeindewerken an. Kommunale Energieversorger genießen ein hohes Vertrauen in der jeweiligen Bevölkerung und beliefern als grundzuständiger Versorger den Großteil der Verbraucher im eigenen Netzgebiet (Absatzmarkt). Nach den Überlegungen der EEB sollte das jeweils zuständige Stadt- oder Gemeindewerk im Netzgebiet eines Anlagenbetreibers auch im Anschluss an das EEG-Zeitalter die bewährten Prozesse beibehalten und dementsprechend eine monatliche Abrechnung erstellen und die Marktkommunikation übernehmen (Prozessvereinfachung).

Für die Anlagenbetreiber außerhalb von Netzgebieten kommunaler Energieversorger gründete der Autor im Jahr 2016 die *regionalwerke*, einen Stromanbieter als sog. Stadtwerk der Region. Die ‚regionalwerke' sollen demnach ebenfalls einen Absatzmarkt für Post-EEG-Strommengen sichern und einfache Abrechnungsprozesse für Anlagenbetreiber gewährleisten, allerdings ausschließlich außerhalb kommunaler Netzgebiete auftreten (Abb. 41.6). Gemeinsam mit den Stadt- und Gemeindewerken sowie durch einen einheitlichen Produkt- und Markenauftritt kann der Bekanntheitsgrad auf ein entsprechend hohes Niveau gesteigert werden.

Die ‚regionalwerke' entwickeln aktuell ein Projekt zur Transformation in das erste virtuelle Gemeindewerk, an dem sich alle Kommunen als Mandanten ohne eigenem Stadt- oder Gemeindewerk beteiligen können. Die Umwandlung der ‚regionalwerke' in ein Kommunalunternehmen ist aus Sicht des Gründers notwendig, da die Energieversorgung im Sinn der Daseinsvorsorge auch außerhalb der Stadtwerknetze in kommunalen Händen liegen sollte. Dieser Schritt schafft einen wesentlichen Anstieg der kommunalen und regionalen Wertschöpfung, wenn die Einnahmen aus der Energieversorgung vor Ort gebunden werden. Darüber hinaus werden mit zunehmender Digitalisierung des Energiemarkts auch sensible Kundendaten verarbeitet, die ein hohes Kundenvertrauen voraussetzen.

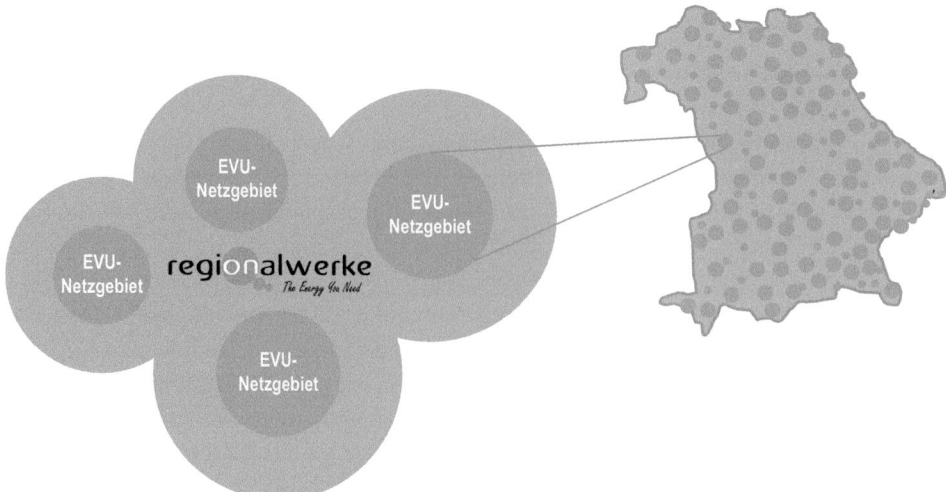

Abb. 41.6 Kommunale Vertriebsgemeinschaft, bestehend aus Stadt- und Gemeindewerken sowie den ‚regionalwerken'

Die Organisation einer entsprechenden Smart Energy Community, z. B. eines Stadt-werknetzgebiets, würde im Konzept der ‚regionalwerke‘ in der Verantwortung des jeweili-gen Stadtwerks liegen. Im Sinn einer subsidiären Energiewende von unten nach oben, soll sich eine SMEC zuerst im direkten *Quartiernetz* optimieren und im Fall von Mehr- oder Mindermengen mit angrenzenden Energiequartiernetzen über Regelzonen hinweg austau-schen. Für diese Organisation eines regionalen Energiehandels benötigen kommunale Energieversorger neue Geschäftsprozesse, bereitgestellt durch entsprechende Softwareser-vices von der CMP4U-Marketplace-Plattform.

41.8.4 Regionaler Energiehandel

Die EEB verfolgt das Ziel einer marktreifen Energiewende über den Zusammenschluss eines virtuellen EEB-Kraftwerks und der Vermarktung der Strommengen im regionalen Kontext an kommunale EVU, zur Versorgung der jeweiligen Energiequartiere. Damit nutzt die EEB einen Intermediär zur Risikominimierung. Gleichzeitig müssen weder die EEB noch ihre Mitglieder als Stromanbieter auftreten und entsprechende gesetzliche Vor-gaben erfüllen. Diese Aufgabe übernehmen kommunale Versorger, die sich im Gegenzug qualitativ hochwertige Strommengen als eindeutigen Wettbewerbsvorteil für ihr Portfolio sichern können: Regional und regenerativ erzeugt aus Bürgeranlagen.

41.8.5 Digitale Vermarktungsplattform – regional energy exchange

Ein dezentraler Energiemarktplatz, *regional energy exchange*, an dem die Akteure einer regionalen Energiewende teilnehmen, soll das Herzstück für das künftige Beschaffungs- und Vermarktungsmodell darstellen (Abb. 41.7). Dieser wird als außerbörsliche *Handels-plattform* (OTC) digitale Handelsverbindungen einer regionalen Energiewende automati-siert organisieren, dokumentieren und abrechnen.

Eine optimale Organisation eines regionalen Energiemarktplatzes setzt neben dem Einsatz eines *Energiemanagements* und Energy-Trading-and-Risk-Management(ETRM)-Systems auch eine detaillierte Konfiguration aller Nutzer voraus und demnach die Kenntnis über die Netzinfrastruktur, Erzeuger und Verbraucher sowie einer vorhandenen Flexibilität über tägli-che Prognosen. Eine entsprechende Software kann mithilfe der Blockchain-Technologie die relevanten Kriterien eines Nutzers sicher abspeichern, um daraus Stromlieferbeziehungen im Marktgebiet sowie einen Nachweis zur physikalischen Stromversorgung herstellen. Die Qua-lität der generierten Daten aus den jeweiligen Nutzerkonfiguratoren bestimmt die Organisa-tionskosten einer Energiezelle und den möglichen Grad einer regenerativen Energieversor-gung. Ein Nutzerkonfigurator soll insgesamt zu günstigeren Systemkosten für alle Beteiligten führen, beispielsweise durch eine geringe Belastung der Stromnetze. Dieser Schritt führt zu einer intelligenten und zeitgleichen Abstimmung zwischen Erzeugung und Verbrauch inner-halb eines Marktgebiets, wenn Preisvorteile für alle Akteure nutzbar werden.

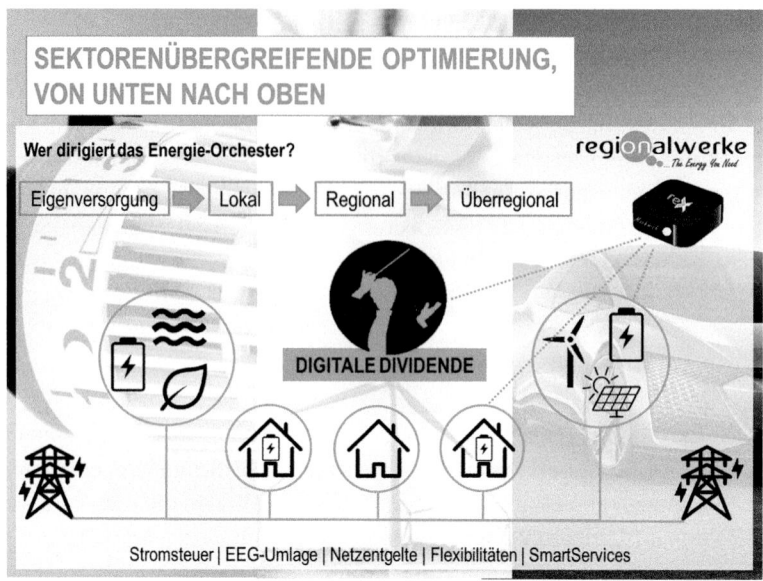

Abb. 41.7 Funktionsprinzip eines regionalen Energiehandels mithilfe einer digitalen Vermarktungsplattform – regional energy exchange.

Ein wie hier beschriebener, Cloud-basierter Cross Market Place for Utility 4.0 (CMP4U) kann als Entwicklungsumgebung für eine EEB und deren zusammengeschlossene Partner dienen, um neue Geschäftsprozesse zu entwickeln. Die benötigten IT-Services und eine Private-Cloud-Umgebung kann aus den besten Anbietern in Deutschland gewählt und konfiguriert werden. Von großer Bedeutung ist die Beteiligung und Überwachung der Regulierer, um eine stabile Stromversorgung zu ermöglichen.

Die EEB und die ‚regionalwerke' sehen in einer Cloud-basierten CMP4U-Entwicklungsumgebung die zukünftige Lösung für einen dezentral organisierten Energiehandel mit hohem Automatisierungsgrad und insgesamt für die Integration einer marktreifen Energiewende. Kommunale EVU erhalten einen relativ einfachen Marktzugang und können regionale Energiemengen gezielt vor Ort vermarkten. Sie können durch die digitalisierten Geschäftsprozesse hochwertige Strommengen aus der Region für ihre Kunden sichtbar machen und über den CMP4U als Entwicklungsumgebung zudem ihre Marktakteure mit weiteren *Smart Services* nach individuellen Wünschen ausstatten. Regenerative Anlagenbetreiber profitieren ebenfalls über einen gesicherten Absatzmarkt und höhere Einnahmen. Aus diesem Grund werden die ‚regionalwerke' und die EEB diese Strategie weiterverfolgen und das Projekt für diese CMP4U-Plattform-Entwicklungsumgebung weiter unterstützen.

Literatur

BDEW. (2016). *Rollenmodell für die Marktkommunikation im deutschen Energiemarkt: Strom und Gas* (Version 1.1, 23.08.2016). Berlin: BDEW Bundesverband der Energie- und Wasserwirtschaft e.V. https://www.bdew.de/media/documents/Awh_20160823_Anwendungshilfe-Rollenmodell-MAK-v1-1.pdf. Zugegriffen am 15.03.2019.

BIKTOM. (2009). *Cloud Computing – Evolution in der Technik, Revolution im Business. BIKTOM-Leitfaden* (Okt. 2009). Berlin: Bundesverband Informationswirtschaft, Telekommunikation und neue Medien e.V. (BIKTOM). https://www.bitkom.org/sites/default/files/file/import/090921-BITKOM-Leitfaden-CloudComputing-Web.pdf. Zugegriffen am 15.03.2019.

Bründlinger, T., Elizalde König, J., Frank, O., Gründig, G., Jugel, C., Kraft, P., Krieger, O., Mischinger, S., Prein, P., Seidl, H., Siegemund, S., Stolte, C., Teichmann, M., Willke, J., & Wolke, M. (2018). *dena-Leitstudie Integrierte Energiewende: Impulse für die Gestaltung des Energiesystems bis 2050. Ergebnisbericht und Handlungsempfehlungen* (Jul. 2018). Berlin: Deutsche Energie-Agentur GmbH (dena). https://www.dena.de/fileadmin/dena/Dokumente/Pdf/9262_dena-Leitstudie_Integrierte_Energiewende_Ergebnisbericht.pdf. Zugegriffen am 15.03.2019.

Thomann, R. (2017). *Franklin – Smarte Infrastruktur in Mannheims neuem Stadtteil* (11. Dez. 2017). Vortrag in Stuttgart, Mannheim: MVV Energie AG. https://um.baden-wuerttemberg.de/fileadmin/redaktion/mum/intern/Dateien/Dokumente/2_Presse_und_Service/Veranstaltungen/Präsentationen/2017/171211_Smart-Grids-Kongress/05_Thomann.pdf. Zugegriffen am 11.12.2017.

Richard Siebert. Nach dem Studium an der technischen Hochschule Rosenheim begann Richard Siebert seine berufliche Laufbahn als Planungsingenieur für die Fabrikautomation bei Audi, Ingolstadt. In den nächsten 20 Jahren sammelte er nationale und internationale Erfahrungen als verantwortlicher Projektleiter und Solution Architekt komplexer IT-Projekte. Seine Schwerpunkte liegen in der Automatisierung, der Telekommunikation, sowie seit 2010 in der Information- und Kommunikationstechnologie für die Energiewirtschaft.

Seit 2014 hat Richard Siebert mit Partnern die Energiearchitektur-Chiemgau GmbH mit den Geschäftsfeldern der topologischen Planung dezentraler Energieversorgung durch erneuerbare Energien und der Einführung und Implementierung der Digitalisierung mit iMSys gegründet. Seit 2017 ist er Konsortialpartner im Forschungsprojekt SMECS des BMWi Smart Service Welten II, Cluster Energie.

Mit diesem Hintergrund der Projekterfahrung und Zertifizierungen der Deutschen Gesellschaft für Projektmanagement e.V. (GPM) unterrichtet Richard Siebert die Vielfalt, aber auch die Herausforderungen internationaler Projekte an der technischen Hochschule Rosenheim.

Andreas Engl studierte Landschaftsarchitektur und Energiemanagement, für eine Energiewende im Einklang mit der Natur. Er betreibt seit dem Jahr 2012 die „umweltfreundlichste Solaranlage Bayerns", ein Solarfeld mit einer installierten Leistung von 940 kWp und über 500 dokumentierten Tier- und Pflanzenarten. Im Jahr 2015 gründete er mit weiteren Erneuerbare-Energien-Gesetz(EEG)-Anlagenbetreibern die Erzeugergemeinschaft für Energie in Bayern eG, einen einzigartigen genossenschaftlichen und erzeugerübergreifenden Zusammenschluss von regenerativen Energieanlagen. Gemeinsam sollen das Ziel einer marktreifen Energiewende und damit sichere Vermarktungserlöse auch im sog. Post-EEG-Zeitalter erreicht werden.

Im Jahr 2016 begann Andreas Engl den Stromvertrieb mit den, ‚regionalwerken', die er als „Stadtwerke der Region" gründete. Aktuell wird die Umwandlung in das erste virtuelle Gemeindewerk vorbereitet, damit sich die Gemeinden über einen interkommunalen Zusammenschluss beteiligen können. Gemeinsam mit bestehenden bayerischen Kommunalunternehmen und einer außerbörslichen Stromhandelsplattform „regional energy exchange" soll im Post-EEG-Zeitalter die Vermarktung regionaler und regenerativer Strommengen gelingen.

Teil IV

Utility-4.0-Anwendungsfälle nach dem Verschwimmen früherer Branchengrenzen

Digitaler Zwilling für die Realisierung Utility 4.0

42

Julius Golovatchev

Smarte Digitalisierung durch Internet of Things – Digitale Zwillinge für Utility 4.0

Zusammenfassung

Die digitale Transformation bei der Realisierung von Utility 4.0 führt offensichtlich zu neuen Geschäftsmodellen. Neue Technologien werden eingesetzt, um die reale und digitale Welt miteinander zu verknüpfen. Digitale Trends treiben eine neue Generation von Utility-Unternehmen und führen zur Entstehung von digitalen Ökosystemen. Dieses digitale Weltmodell wird unsere reale Welt mit ihren Gegenständen, Prozessen und ganzen Systemen abbilden und ständig mit ihr in Interaktion sein.

Digitale Zwillinge sind die Enabler für die Entstehung solcher Ökosysteme. Sie schaffen die Transparenz, die notwendig ist, um Produkte, Prozesse und Systeme virtuell zu designen, zu testen und zu optimieren. Die moderne Internet-of-Things(IoT)-Technologie kann jedoch eine neue Dimension in Bezug auf die Überwachung und Steuerung eines Betriebszustands eines Produkts oder Prozesses abdecken. Leider ist es ein sehr komplexes Thema und hat großen Einfluss auf interne und externe Prozesse. Die technischen Herausforderungen sind auf verschiedene Bereiche verteilt. Der Geschäftswert ist schwer zu erkennen. Daher sind auch die Risiken hoch und eine fundierte Strategie ist notwendig. Dies beinhaltet ein organisches Wachstum mit Kundennutzen und ein konsequentes Changemanagement im Unternehmen. Neben einer erfolgreichen Implementierung digitaler Zwillinge bietet dieser Beitrag einen pragmatischen Ansatz, um Zugang zur Digitale-Zwilling-Technologie zu erhalten. Er deckt den Bereich vom konzeptionellen Verständnis eines digitalen Zwillings bis zur erfolgreichen Implementierung mit einem Prototyp ab.

J. Golovatchev (✉)
Detecon International GmbH, Köln, Deutschland

© Springer Fachmedien Wiesbaden GmbH, ein Teil von Springer Nature 2020
O. D. Doleski (Hrsg.), *Realisierung Utility 4.0 Band 2*,
https://doi.org/10.1007/978-3-658-25589-3_42

42.1   Einleitung: Digitale Transformation zu Utility 4.0

Neue Technologien, veränderte regulatorische Rahmenbedingungen sowie neue gesellschaftliche Prämissen haben die Energiewirtschaft nicht erst vor Kurzem zu einer Transformation ihrer Wertschöpfungsstrukturen geführt. Die Liberalisierung und Digitalisierung haben einen Transformationsprozess dieser Strukturen in der Energiewirtschaft
eingeleitet, der durch die gleichzeitige Veränderung von technischen und sozialen Rahmenbedingungen noch beschleunigt wird.

Der Enabler für die Beschleunigung der Transformation während der Realisierung *Utility 4.0* liegt in der Informationalisierung der Verteilnetze sowie des Hausanschlusses, dem
Smart Grid und dem Smart Meter. Die Möglichkeit, Informationen über den aktuellen
Energiekonsum und -fluss innerhalb des Energienetzes zu erheben und zukünftig noch
besser auswerten zu können, ermöglicht neue Geschäftsmodelle mit völlig neuen Produkten in geänderten Wertschöpfungskonfigurationen. Beispielsweise werden Geschäftsmodelle wie das Demand Side Management erst durch die gestiegene Informationstranspa-
renz über den nahe Echtzeitverbrauch sowie die Fähigkeit, Steuerungsinformation zu den
Endgeräten zu übertragen, ermöglicht. Weitere technische Innovationen, die die Beherrschung der ungeheuren Datenmenge – Stichwort *Big Data* – erst ermöglichen, sind auf
den Weg gebracht und stellen essenzielle Bausteine für zukünftige Geschäftsmodelle dar.[1]

Mit der Realisierung Utility 4.0 stehen Unternehmen vor der Herausforderung, ihr Pro-
duktsortiment in Richtung Smart-Energy-Produkte neu zu entwickeln. Hatten diese Unternehmen auch schon in der Vergangenheit mit einer steigenden Komplexität aufgrund einer
Vielzahl an Tarifmodellen zu kämpfen, müssen diese Unternehmen zukünftig Herausforderungen von einer ganz neuen Qualität begegnen. Unternehmen müssen mit einer wachsenden Produktvielfalt umgehen lernen, dessen Umfang weit über einer vielleicht heute
schon unüberschaubaren Tarifvielfalt hinausgeht. Darüber hinaus müssen sie der zunehmenden Innovationsdynamik schneller mit den richtigen Unternehmensentscheidungen
begegnen können. Übersetzt in die Produktwelt bedeutet dies, dass sich Unternehmen von
einem klassischen Ein-Produkt-Unternehmen mit einem begrenzten Leistungsumfang zu
einem Full-Service-Provider mit einem äußerst komplexen Produktportfolio wandeln
müssen.[2] Eine steigende Produktkomplexität in einer zunehmend vernetzten Welt, die fortschreitende Digitalisierung sowie die sich immer schneller wandelnden Marktanforderun-
gen schaffen eine rasant wachsende Welle neuer Unsicherheiten im Geschäfts- und Tech-
nologieumfeld. Im Ergebnis hat bzw. wird diese Entwicklung zu einem komplexen
Produktportfolio führen, dessen Beherrschung im härter werdenden Wettbewerb die erfolgreichen Anbieter von den weniger erfolgreichen unterscheiden wird. Gerade bei Neu-
produkten ist festzustellen, dass Unternehmen in der Energiewirtschaft häufig die Balance
zwischen Kunden- und Kostenorientierung verlieren. Auch eine *Customer Journey* über
alle Kanäle hinweg ist heute in der Energiewirtschaft keine Seltenheit mehr. Die nahtlose

[1] Vgl. hierzu Budde und Golovatchev (2014).
[2] Vgl. hierzu Doleski (2016).

Bedienung des Kunden über alle Kanäle hinweg stellt jedoch Anforderungen an eine einheitliche Bereitstellung von Produktinformationen, übergreifende Prozesse im Customer Service sowie die zugrundeliegende Technologie.[3]

Bei der Digitalisierung von Produkten, Dienstleistungen und Kundenschnittstellen muss die *Digital Customer Experience* im Vordergrund stehen. Und das erfordert in vielen Unternehmen auch ein Umdenken. Produkte, Dienstleistungen und die Kundeninteraktionen sind nicht voneinander getrennte und in sich geschlossene Einheiten, sondern modular miteinander verknüpft. Gemeinsam machen sie das Kundenerlebnis aus, und dieses muss dem Kunden einen echten Mehrwert bringen. Die Digitalisierung der Energiewirtschaft verändert lineare *Wertschöpfungsketten* zu komplexen *Wertschöpfungsnetzwerken* und wird zum wesentlichen Instrument für die Entwicklung neuer Geschäftsmodelle. Aus den Erfahrungen in anderen digitalen Märkten ist zu erwarten, dass sich Infrastrukturbetreiber, Plattformanbieter und Verwalter von Kundenschnittstellen als Marktrollen in zukünftigen Energiemärkten bilden. Das ehemalige Energieversorgungsunternehmen wird zum *digitalen Energiedienstleistungsunternehmen*, das innovative datenbasierte Produkte maßgeschneidert anbietet. Die digitale Evolution bei der Realisierung Utility 4.0 führt zu neuen Geschäftsmodellen. Neue Technologien werden eingesetzt, um die reale und digitale Welt miteinander zu verknüpfen. Digitale Trends treiben eine neue Generation von Utility-Unternehmen und führen zur Entstehung von digitalen Ökosystemen. Dieses digitale Weltmodell wird unsere reale Welt mit ihren Gegenständen, Prozessen und ganzen Systemen abbilden und ständig mit ihr in Interaktion sein. Dabei kann prinzipiell alles miteinander verbunden sein – das Denken und Handeln in Silos wird komplett aufgelöst. Die *Kollaboration* verschiedener Unternehmen und Personen wird zum erfolgskritischen Momentum.

Digitale Zwillinge sind die Enabler für die Entstehung solcher Ökosysteme. Sie schaffen die Transparenz, die notwendig ist, um Produkte, Prozesse und Systeme virtuell zu designen, zu testen und zu optimieren. Neue Anwendungen und Geschäftsmodelle können so digital verprobt werden, Unternehmen können Ad-hoc-Partnerschaften eingehen usw. Getrieben wird diese Entwicklung durch neue technologische Möglichkeiten. Die fortschreitende Adaption von Technologien wie *Augmented Reality (AR)* und *Virtual Reality (VR)* eröffnet Möglichkeiten, die Lücke zwischen der realen und digitalen Welt zu schließen. Die erweiterte Realität bietet eine zusätzliche virtuelle Ebene computergenerierter Informationen, die mit der realen Weltsicht in Einklang gebracht wird. Die virtuelle Realität hingegen ersetzt den Blick auf die reale Welt und Umwelt komplett. Mit steigendem Reifegrad dieser Technologien wird auch die Zahl der Anwendungsmöglichkeiten in den verschiedenen Bereichen der Utility-Industrie steigen.

Ökosysteme und Modularität sind zwei der zentralen strukturellen Veränderungen, die Unternehmen – auch in der Energiewirtschaft – durchlaufen müssen, um auch in Zukunft erfolgreich agieren zu können. Ökosysteme ermöglichen den Unternehmen in der Utility-Industrie, den Fokus auf die jeweiligen Kernkompetenzen zu legen und bei dem Rest auf

---

[3] Vgl. hierzu Golovatchev und Felsmann (2017).

andere Partner zu vertrauen. Durch den Einsatz standardisierter digitaler Zwillinge können die jeweiligen Kompetenzen direkt miteinander kombiniert und Arbeitsprozesse effizient gestaltet werden, wodurch Wertsteigerungen realisiert werden. Eine modulare Arbeitsweise ist für die Zukunft der Unternehmen von Bedeutung, um neue Ideen, Modelle und Start-ups zu integrieren und so die eigenen Kompetenzen zu ergänzen bzw. zu erweitern. Eine standardisierte Bauweise digitaler Zwillinge vereinfacht diese Entwicklung. Auch im privaten Bereich wird das Leben jedes Einzelnen zunehmend digitalisiert und vernetzter – Wearables, Connected Home, Connected Car und Smart City sind nur einige der Entwicklungen, die zunehmend die verschiedenen Lebensbereiche prägen werden. Die Kombination von neuen Businessmodellen mit technologischen Entwicklungen führen dazu, dass Konsumenten zunehmend in die Wertschöpfungskette eingebunden werden und selbst höhere Erwartungen haben. Der Einsatz digitaler Zwillinge stützt dieses Empowerment der Konsumenten. Damit der digitale Zwilling auch im Alltag von Konsumenten durchgängig und reibungslos eingesetzt werden kann, ist es wichtig, dass die Unternehmen sich untereinander vernetzen und ihre Systeme aufeinander abstimmen.

Die Idee eines digitalen Zwillings entwickelte sich im Kreis von Produktlebenszyklusmanagement(PLM)-Experten. Es ist eine virtuelle Darstellung eines Produkts bzw. Prozesses oder ein Computer-aided-Design(CAD)-Modell liefert die Geometrie. Ein PLM-Tool liefert Funktions- und Architekturinformationen. Was ist das Besondere an einem digitalen Zwilling? Er bringt Echtzeitinformationen zu einem Modell. Aus diesem Grund gewinnt der Einsatz digitaler Zwillinge mit dem technischen Fortschritt im *Internet of Everything (IoE)* an Bedeutung. IoE bietet eine Lösung, um Produktentwicklung und Produktlebenszyklus auf ein neues Niveau zu bringen. Die Hersteller können ihr Produkt auf dem Feld beobachten. Sie erhalten Einblicke in die Verwendung des Produkts, Prozesses bzw. Systems. Eine direkte Rückkopplungsschleife vom Kunden an den Hersteller wird eingerichtet. Hersteller können Anpassungen am Produkt vornehmen, während es vom Kunden verwendet wird. Wesentliche Änderungen und Entscheidungen für das Produkt werden offensichtlich. Der digitale Zwilling hat das Potenzial, Methoden und Werkzeuge in jeder Phase des PLM signifikant zu verändern. Nun stellt sich die Frage, warum nicht jedes Unternehmen, auch in der Utility-Industrie, einen digitalen Zwilling hat oder zumindest daran arbeitet, einen zu implementieren?

42.2   Digitaler Zwilling: Definitionen, Konzepte und Potenziale für die Utility 4.0

Der digitale Zwilling wurde von Gartner als einer der „Top 10 Strategic Technology Trends for 2018" identifiziert und gilt als Enabler neuer digitaler Ökosysteme. Nach einer Schätzung des Analysten wird es im Jahr 2020 mehr als 20 Mrd. vernetzte Sensoren und Endpunkte sowie *Digitale Zwillinge* von Milliarden von Dingen geben.[4] Während der

---

[4]Vgl. Gartner (2018).

Einsatz von digitalen Zwillingen in Unternehmen derzeit noch in der Anfangsphase steckt, wird bis 2020 erwartet, dass 30 % der G2000-Unternehmen Daten von digitalen Zwillingen von Internet-of-Things(IoT)-Produkten nutzen werden, um damit die Innovationsraten sowie die Produktivität zu steigern.

Was sind digitale Zwillinge? Und warum sind Unternehmen aus verschiedenen Industrien so begeistert von ihnen? Ein digitaler Zwilling ist ein *virtuelles dynamisches Modell*, das alles enthält, was über ein Objekt bekannt ist. Mit anderen Worten, digitale Zwillinge sind exakte Nachbildungen ihrer physischen Gegenstücke, die sich in Echtzeit mit der aktuellen Umgebung ändern, um Unternehmen (und anderen Personen) zu helfen, eine beliebige Anzahl von Systemen zu überwachen, zu testen, zu behandeln und zu warten. Sie werden durch die Integration von Echtzeitortsdaten, Temperaturdaten, Energieverbrauch und anderen relevanten Daten ständig mit Daten bereichert.

Aktuell gibt es viele verschieden Definitionen für digitale Zwillinge. Diese ergeben sich aus den verschiedenen Betrachtungsweisen und Industrien. Für Utility kann ein digitaler Zwilling wie folgt definiert werden.

▶ **Definition 1: Digitaler Zwilling** Ein *digitaler Zwilling* ist eine digitale Repräsentation einer realen Entität oder eines realen Systems. Die Implementierung eines digitalen Zwillings ist ein gekapseltes Softwareobjekt, das eine einzigartige physische Einheit widerspiegelt. Es beruht auf Sensor- oder anderen Daten, um den Zustand des Objekts zu verstehen und potenziell darüber zu berichten. Zusätzlich zum Empfangen von Feeds von der realen Entität kann ein digitaler Zwilling Daten, Software, Modelle und Aktualisierungen zu der realen Entität oder einem System in der Nähe herunterladen. Daten von mehreren Zwillingen können für eine zusammengesetzte Ansicht über mehrere reale Entitäten aggregiert werden. Diese Definition erweitert das Konzept des digitalen Zwillings in Richtung eines Ökosystems, das Daten verschiedener Zwillinge miteinander verknüpft.[5]

Auf konzeptioneller Ebene identifizierten Forschungen des Fraunhofer-Instituts für Intelligente Analyse- und Informationssysteme einige Schlüsselmerkmale digitaler Zwillinge:

- **Vollständigkeit:** Digitale Zwillinge können mehrere Merkmale physischer Dinge enthalten, um allgemeine Anwendungsfälle zu antizipieren. Diese Merkmale können räumliche, materielle, strukturelle und gestalterische Attribute sein oder Aspekte ihrer nahen Umgebung, wie Nutzung, Wetter oder Zeitpläne, enthalten. Die Granularität, mit der ein physisches Objekt durch seinen Zwilling dargestellt wird, kann jedoch je nach den Anforderungen seiner Verwendung reichen: von der bloßen Identifizierung bis zur Darstellung auf atomarer Ebene. Beachten Sie, dass digitale Zwillinge virtuelle aggregierte Ansichten von Daten und Informationen sein können, die sich in verschiedenen Quellen befinden.

---

[5] Vgl. hierzu Gartner (2018).

- **Verknüpfung:** Digitale Zwillinge können auf verschiedene Weise mit anderen digitalen Zwillingen verknüpft werden. Beziehungen zwischen digitalen Zwillingen können als „Teil von", „erfordert", „kommuniziert mit" usw. beschrieben werden. Eine verkettete Datendarstellung eines digitalen Zwillings erleichtert die Verknüpfung zwischen zwei Zwillingen durch die Verwendung einer eindeutigen Kennung.
- **Interoperabilität:** Interoperabilität ist eine wichtige Voraussetzung für die Verknüpfung. Das bedeutet, dass digitale Zwillinge miteinander verurteilen und Entscheidungen treffen können, anstatt isoliert zu arbeiten. Warum ist das interessant? Denken Sie an Menschen mit digitalen Zwillingen. Um zu verstehen, wie der Körper arbeitet und seine Gesundheit verbessert, muss Ihr digitaler Zwilling mehr modellieren als die physischen Teile des Körpers. Es muss modellieren, wie der gesamte Körper zusammenarbeitet. Dieses Modell umfasst nicht nur Organe, Knochen und andere Teile, sondern beschreibt auch Prozesse wie Blutfluss, Stoffwechsel und die Interaktionen zwischen Organen. Beinschmerzen können nicht durch ein Beinproblem verursacht werden, sondern durch einen eingeklemmten Nerv in der Wirbelsäule. Ein Stand-alone-Modell eines Beins hilft Ihnen nicht bei der Diagnose dieses Problems. Und wenn Sie nur Medikamente gegen die Beinschmerzen geben, ohne eine Behandlung für das Wurzelproblem zu finden, würde sich Ihr Zustand nicht verbessern.
- **Instanziierung:** Es ist wichtig, zwischen einem instanziierten und einem nichtinstanziierten abstrakten digitalen Zwilling zu unterscheiden. Ein abstrakter Zwilling kann in der objektorientierten Programmierung mit einer abstrakten Klasse verglichen werden. Sie deckt Funktionen ab, die alle digitalen Zwillinge gemeinsam haben, sind aber an sich kein voll funktionsfähiger digitaler Zwilling. Ein instanziierter digitaler Zwilling ist voll funktionsfähig. Seine Instanz definiert bestimmte Funktionen, die nicht mit anderen digitalen Zwillingen gemeinsam genutzt werden.
- **Evolution und Rückverfolgbarkeit:** Digitale Zwillinge entwickeln sich im Lauf der Zeit mit der Entwicklung eines physischen Objekts, verfolgen jedoch deren Entwicklung. Um eine unabhängige Wartung und Versionskontrolle zu ermöglichen, sollten die Eigenschaften aus verschiedenen Domänen, die sich auf das physische Objekt beziehen, in voneinander verschiedenen Submodulen des gesamten digitalen Zwillings dargestellt werden. Wichtig ist, dass digitale Zwillinge mehr sind als nur ein *3D-Modell* einer physischen Sache. Sie sind auch nicht nur eine bloße Benutzeroberfläche, die die Fernsteuerung eines physischen Gegenstands oder eine digitale Ansicht eines Gegenstands ermöglicht, der sich nur auf einen bestimmten Aspekt konzentriert.

Ein digitaler Zwilling ist die virtuelle Darstellung eines physischen Objekts, wobei operative Daten und andere Datenquellen verwendet werden, um die Überwachung und dynamische Kontrolle des Objekts zu ermöglichen. Dies deckt den gesamten Bereich angefangen von einer Lebenszyklusphase bis hin zum gesamten *Produktlebenszyklus* ab. Die Reife eines digitalen Zwillings wird abhängig von der Ebene der Kommunikation und dem Grad der Standardisierung definiert. Der Grad der Kommunikation beschreibt dabei die Verbindung zwischen dem digitalen Zwilling und dem physischen Objekt. Der Grad der Standardisierung spiegelt dabei die Modellierung der Daten- und Datenquellen wider.

Ausgehend von der Definition des digitalen Zwillings ergibt sich eine mehrdimensionale Betrachtung eines möglichen Reifegrads. Hierbei spielen sowohl der Grad der Kommunikation zwischen dem digitalen Zwilling und dem physischen Objekt eine Rolle als auch ein Grad der *Standardisierung* in Bezug auf die Modellierung der Daten- und Datenquellen. Beim Grad der Kommunikation wird unterschieden zwischen den verschiedenen Richtungen der Kommunikation sowie der intelligenten Verarbeitung der Daten. Der Grad der Standardisierung bezieht sich auf die Modellierung der Informationen, die ausgetauscht werden sollen.

Der Grund für die zunehmende Verbreitung von digitalen Zwillingen ist hauptsächlich auf zwei Faktoren zurückzuführen: Die Fähigkeit, statische, Echtzeit-, strukturierte und unstrukturierte Daten in *Echtzeit* zu integrieren und diese Daten mit fortschrittlichen Datenverarbeitungsmethoden wie *Artificial Intelligence (AI)* und *Machine Learning (ML)* zu kombinieren oder Hochleistungsrechnen zu betrachten. Wichtig ist, dass der mit einem digitalen Zwilling geschaffene Geschäftswert von den analytischen Fähigkeiten abhängt, mit denen er eingesetzt wird. Da digitale Zwillinge für alle Informationen, die sich auf ein Asset beziehen, zu einer einzigen Informationsquelle geworden sind, können sie für die *deskriptive Analyse* verwendet werden. Die Information der Betreiber über aktuelle Ereignisse basierend auf Trendinformationen zu historischen oder aktuellen Ereignissen stellt den niedrigsten oder grundlegenden Geschäftswert dar, der durch den Einsatz von digitalen Zwillingen erstellt werden kann. Auf nächst höherer Ebene werden digitale Zwillinge für diagnostische Analysen verwendet. Diagnoseanalysen helfen dem Bediener, die Gründe für eine aktuelle Situation zu verstehen, indem er vergangene Daten nutzt, um zu verstehen, warum etwas passiert ist. Noch mehr Geschäftswert wird geschaffen, wenn digitale Zwillinge für *Predictive Analytics* verwendet werden. Die Verwendung aktueller und historischer Fakten zur Vorhersage zukünftiger oder unbekannter Ereignisse kann Bedienern von Maschinen helfen, Wartungsarbeiten durchzuführen, bevor ein Teil ausfällt. Der höchste Geschäftswert wird durch *präskriptive Analysen* generiert. In diesem Fall untersuchen die digitalen Zwillinge eine Reihe möglicher Aktionen, um Aktionen zu empfehlen und die Entscheidungsfindung basierend auf diagnostischen und vorausschauenden Analysen komplexer Daten zu unterstützen. Insbesondere können digitale Zwillinge Probleme nicht nur antizipieren und vorhersagen, sondern sie geben dementsprechend auch proaktive Maßnahmen vor. Dies wird durch die Kombination von Echtzeitdaten des genauen Status mit *Ähnlichkeitslerntechniken* erreicht, die auf das Wissen von Tausenden anderer ähnlicher digitaler Zwillinge zugreifen und Tausende von Simulationen ausführen, um individuelle Ergebnisse zu optimieren und Abschwächung zu erreichen. Darüber hinaus kann der digitale Zwilling den Betreibern eine *Prognose* über die Auswirkungen der Implementierung der vorgeschlagenen Optionen sowie eine Einschätzung der Vertrauenswürdigkeit der betreffenden Auswirkungen geben, damit diese sich tatsächlich realisieren kann, sodass der Bediener die optimale Entscheidung treffen kann.

Im Allgemeinen wird die Anwendung der Analytik von beschreibend zu prognostizierend verordnet. Die Art und Weise, wie Daten und Analysen angewendet werden, ändert sich also vom bloßen Sammeln von Informationen und dem Ausführen grundlegender

Trends bis hin zu der Frage, wie Daten und Analysen für echte Optimierung genutzt werden können. Wir sehen eine Verschiebung der Nutzung von Daten zum Schutz physischer Vermögenswerte vor finanziellen Abwärtsbewegungen (Ausfall von Ausrüstungsgegenständen, die zu Nichtverfügbarkeit und teuren Reparaturen führen), hin zu einem Aufwärtspotenzial (zeitlich genau abgestimmte Instandhaltung, die Betriebsrisiko und Ertrag in Einklang bringt). Da die Analysen wertvollere Einblicke in die operationellen Risiken und Chancen bieten, müssen sie sowohl mit den Personen, die operative Entscheidungen treffen, als auch mit den fortschrittlichen Steuerelementen verbunden sein, die die Maschinen an die gewünschten Ergebnisse anpassen und manövrieren können.

Schließlich zeigt unsere Erfahrung in Kundenprojekten, dass der digitale Zwilling dazu verwendet wird, auf mehreren Achsen nachweisbaren geschäftlichen Nutzen zu schaffen:[6]

- **Individuell:** Der digitale Zwilling wird auf einzelne Assets angewendet und verfolgt den Verlauf und die Leistung über die Lebensdauer des Assets.
- **Anpassungsfähig:** Die Digital-Zwilling-Infrastruktur und -Modelle sind anpassbar. Zum Beispiel können sie auf ein anderes Teil oder eine andere Anlageklasse übertragen oder sich an neue Szenarien oder neue Faktoren anpassen.
- **Fortlaufend:** Die Digital-Zwilling-Modelle werden kontinuierlich aktualisiert, wenn das physische Asset betrieben wird. Der digitale Zwilling stellt jederzeit eine genaue Darstellung des aktuellen Status des Vermögenswerts dar; die Leistung des Modells ändert sich mit jeder Brennzeit.
- **Skalierbar**: Der Nutzen wird abgeleitet, wenn Hunderte oder Tausende ähnlicher Assets einen digitalen Zwilling haben. Ein digitaler Zwilling, der ein einzelnes Asset verfolgt, lernt von ähnlichen Assets.

In Abb. 42.1 sind die Definitionen und Potenziale des digitalen Zwillings dargestellt.

42.3 Herausforderungen der Realisierung von digitalen Zwillingen für Utility 4.0

Der digitale Zwilling hat längst Einzug in die Industrie gehalten und revolutioniert dort in bestimmten Teilbereichen die Abläufe und Prozesse. Als virtuelles Abbild des Produkts, der Produktion oder der Performance ermöglicht er eine nahtlose Verknüpfung der einzelnen Prozessschritte. Das steigert durchgängig die Effizienz, minimiert die Fehlerquote, verkürzt die Entwicklungszyklen und eröffnet außerdem neue Geschäftsmöglichkeiten – sorgt also für eine nachhaltig gesteigerte Wettbewerbsfähigkeit. Flächendeckend hat sich der digitale Zwilling aber noch nicht etabliert. Im industriellen Alltag (auch in der Energiewirtschaft) findet man allenfalls die Anwendung in Teilbereichen.

---

[6]Vgl. hierzu Völl et al. (2018).

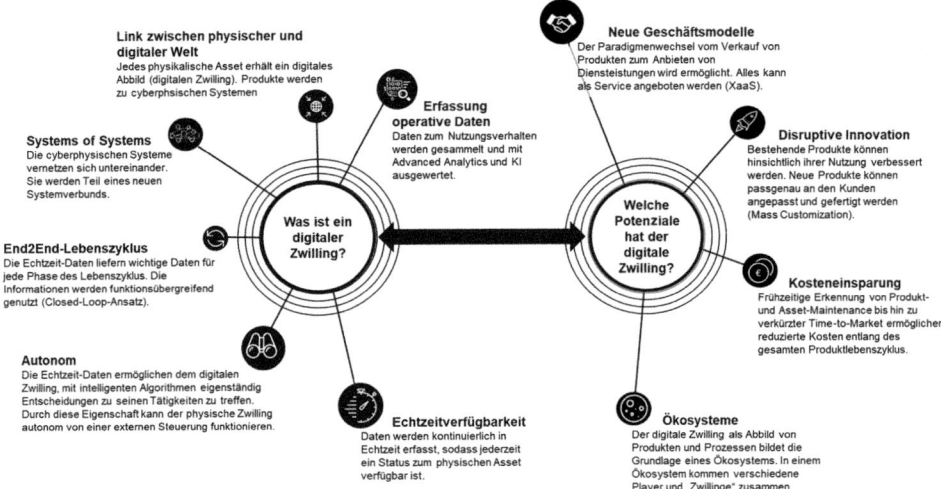

Abb. 42.1 Definition und Potenziale des digitalen Zwillings

Digitale Zwillinge haben einen Einfluss auf das Geschäftsmodell, was die Realisierung und Einführung erschwert.

Der Einsatz digitaler Zwillinge in der Energiewirtschaft ist mit einigen Herausforderungen verbunden, da deren Einsatz für energiewirtschaftliche Prozesse derzeit noch durch unterschiedliche Kriterien limitiert ist. Neben technischen Kriterien wie Geschwindigkeit, Sicherheit und Zuverlässigkeit sind Digitale-Zwilling-Anwendungen in der Energiewirtschaft insbesondere von ihrer Wirtschaftlichkeit und Akzeptanz abhängig und auch in ihrem jeweiligen regulatorischen Umfeld zu betrachten. Exemplarisch sind im Folgenden einige vieldiskutierte Herausforderungen aufgeführt. Wenn die Absicht besteht, einen digitalen Zwilling zu implementieren, ist es absolut notwendig, das dahinterliegende Konzept zu verstehen.

Sehr oft beginnt das Problem schon mit dem Verständnis. Wie in Abb. 42.2 gezeigt, gibt es verschiedene Ansichten und Implementierungen zu diesem Thema. Eine allgemeine Definition eines digitalen Zwillings ist schwer zu finden, da er immer individuell ist. Es ist wichtig sicherzustellen, dass das Top-Management geschlossen hinter der Idee der Implementierung des digitalen Zwillings steht. Die Investitionen können zwischen den verschiedenen Anwendungsfällen variieren. Besonders wenn die Referenz ein großes Projekt ist. Dann wird es schwierig sein, den Wert anzugeben, da das Management Angst vor der Investition hat. In der Tat können einige Anwendungsfälle mit einer geringeren Investition implementiert werden. Als Praktiker empfehlen wir die Entwicklung eines Prototyps. Es wird auch helfen, alle technischen Herausforderungen zu erfassen, die in diesem Beitrag behandelt werden. Wenn die verwendete Technologie für den Anwendungsfall klar ist, können die Kosten viel einfacher berechnet werden. Folglich ist es einfacher, den dahinterliegenden Geschäftsfall zu berechnen. Viele Unternehmen stehen vor der Herausforderung, die richtige Orientierung in den zahlreiche Anwendungsfällen und Möglichkeiten zu finden, die

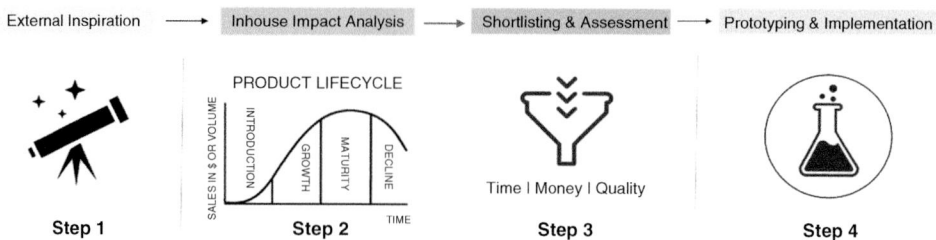

Abb. 42.2 Vierstufiges Verfahren zur Identifizierung, Auswahl und Implementierung von digitalen Zwillingen

digitale Zwillinge bieten. Die Entwicklung einer kurz-, mittel- und langfristigen Strategie, die gleichzeitig ganzheitlich und konsistent ist, ist nicht einfach. In diesem Zusammenhang ist die Zuordnung der richtigen internen und externen Ressourcen (Finanzen und Personal) noch schwieriger. *Customer Experience* sollte in den Mittelpunkt jeder digitalen Zwilling-Strategie, jedes Anwendungsfalls oder der Aktivität stehen. Der auf Technologie ausgerichtete Ansatz – „Was kann ich mit dem digitalen Zwilling machen?" – und dann nach einem geeigneten Anwendungsfall suchen ist eher ungeeignet für die Realisierung des digitalen Zwillings. Der effektivere Weg ist, sich systematisch und unnachgiebig darauf zu konzentrieren wie und wo das Unternehmen Customer Experience massiv verbessern kann. Wir haben einen vierstufigen Prozess entwickelt, der dazu beitragen soll, einen funktionalen Rahmen für Unternehmen zu schaffen, die sich im Anfangsstadium ihrer digitalen Zwillingsreife befinden:[7]

Schritt 1. Externe Inspiration

Aufgrund des relativ jungen Entwicklungsstadiums sind digitale Zwillinge für die Mehrheit der Unternehmen in der Utility-Industrie noch sehr neu. Angesichts der Vielzahl möglicher Anwendungsfälle und des starken Abstraktionsniveaus ist es schwierig, eine konkrete Vorstellung von Anwendungsfällen zu erhalten. Daher wird dringend empfohlen, ein detailliertes Verständnis der Anwendungsfälle und Aktivitäten zu erarbeiten, an denen andere Kunden aus anderen Branchen arbeiten. Um ein ganzheitliches Bild zu erhalten ist reguläre Scouting-Aktivitäten unabdingbar. Dabei sollen sowohl die Dialoge von Technologieanbietern, als auch mit innovativen Start-ups geführt werden. Externe Inspiration ist sehr hilfreich, um greifbares Input zu erhalten, das die Entwicklung von relevanten Anwendungsfällen für das Unternehmen fördert. Es wird empfohlen, externe Hilfe und Rat von Agenturen/Beratern einzuholen, die über ein starkes Netzwerk und Zugang zu digitalen Zwillingen bei Kunden, Anbietern und Start-ups verfügen.

Schritt 2. Inhouse-Impact-Analyse

Als nächster Schritt müssen die internen Potenziale der Anwendung digitaler Zwillinge im Mittelpunkt stehen. Digitale Zwillinge können sich über den gesamten *Produktlebenszyklus* hinweg auswirken, angefangen beim Prototyping bis hin zum After-Sales-Management.

---

[7]Vgl. Völl et al. (2018).

Wir empfehlen, die Inhouse-Analyse nach den Phasen der Produktlebenszyklen durchzuführen, um die Phasen zu unterscheiden und einen klaren Fokus festzulegen.

Eine sehr hilfreiche Übung ist es, die Top 5 der wichtigsten Herausforderungen zu erarbeiten, die heute in jeder Phase bestehen. Anschließend hilft es, die Anwendungsfälle zu
ermitteln, die die Kundenzufriedenheit erheblich beeinflussen können. In diesem Schritt
sollte angestrebt werden, relevante Anwendungsfälle in jeder Phase des Produktlebenszyklus zu entwickeln.

Schritt 3. Shortlisting & Assessment
Nach dem Erstellen einer Longlist in jeder Phase wird, jede dieser Ideen einer strengen
und systematischen Bewertung mit Fachexperten (Berater, Verkäufer, interne Mitarbeiter,
Kunden) unterzogen, um herauszufiltern an welchen Themen lohnt es sich zuerst zu arbeiten. Die Bewertung muss in vier Bereichen durchgeführt werden:

a. Technisch: Wie komplex wäre ein digitaler Zwilling für den Anwendungsfall?
b. Kunde: Wie würden Kunden direkt oder indirekt davon profitieren?
c. Kommerziell: Welche Kosten entstehen für Prototyping und Skalierung?
d. Strategisch: Wird dieser Anwendungsfall in mehr als fünf Jahren existieren und relevant sein?

Um zu beurteilen, wie Kunden von dem Anwendungsfall profitieren würden, ist es hilfreich, die Auswirkungen in drei Dimensionen zu bewerten: Zeit (z. B. beschleunigt den
Prozess), Geld (Kosteneinsparung durch *Predictive Maintenance* oder Erzielung von Einnahmen durch Monetarisierung von Daten des digitalen Zwillings) und Qualität (z. B. Verringerung der Fehlerquote, Verbesserung der Konstruktionsqualität). Die meisten Unternehmen, besonders im produzierenden Gewerbe, legen großen Wert auf diese Dimensionen.
Der Anwendungsfall muss erhebliche Auswirkungen auf einen oder mehrere dieser Bereiche haben.

Schritt 4. Prototyping & Implementierung
Nach der Bewertung werden nun funktionsfähige Prototypen erstellt. Diese müssen vor
Ort getestet werden, um die endgültige Lösung im Maßstab umzusetzen. In dieser Phase
ist es sehr wichtig, die Abhängigkeiten aller Lösungen für den gesamten Produktlebenszyklus, die internen Abläufe und Prozesse umfassend zu berücksichtigen. Insbesondere
für Kunden, die im Bereich der digitalen Zwillinge einen neuen Entwicklungsstand erreicht haben, ist der Bau von Prototypen, die nicht tief in IT-Systeme integriert sind und
keine großen Plattformen erfordern, ein entscheidender Weg, um zu verstehen, ob die
Lösung vielversprechend ist. Die Pilotierung des Prototyps für einige Monate liefert wertvolle Rückmeldungen und hindert ein Unternehmen daran, umfangreiche Investitionen in
nicht geeignete Lösungen zu tätigen. Der Prototyp hilft auch, dass Potenzial des digitalen
Zwillings zu kommunizieren. Die Menschen müssen den digitalen Zwilling live erleben.
Technische Herausforderungen bei der Realisierung von digitalen Zwillingen sind mit

Aufbau und Funktion der IT- und technischer Architektur verbunden. Die Wertschöpfungskettebetrachtung spielt eine wichtige Rolle, um einen Überblick über diese Herausforderungen zu erhalten.[8]

Die Architektur für den digitalen Zwilling hat viele Gemeinsamkeiten bzw. ist mit einer IoT-Architektur identisch. Die Architektur besteht aus physischen Geräten, einem optionalen Geräteverwaltungs-System, einer Konnektivitätslösung, einer Plattform und aus der eigentlichen Anwendung. Die physischen Geräte erfassen die Daten des echten Zwillings. Er transportiert die Informationen zur Plattform oder wird vorübergehend in der Geräteverwaltung gespeichert. Die Geräteverwaltung hat die Aufgabe, alle Geräte zu steuern. Dies ist manchmal notwendig, wenn die Geräte von verschiedenen Lieferanten stammen oder das Gerät selbst komplex ist. Dieses Geräteverwaltung-System kann auch in dem Gerät implementiert werden. Deshalb wird es in der Literatur nicht einheitlich erwähnt. Normalerweise stellt ein Mobilfunknetz die Verbindung zwischen dem Gerät und der Plattform her. Die Plattform selbst ist der verwaltende Teil der Architektur auf der Softwareseite. Am Ende haben wir die eigentliche Anwendung für den Endbenutzer. Während die allgemeine Architektur immer die gleiche ist, sind die Eigenschaften des gesamten Systems immer unterschiedlich (siehe auch Abb. 42.3). Es hängt stark von der Technologie für Konnektivität, Plattform und insbesondere der Anwendung ab.

Der digitale Zwilling verfügt im Gegensatz zur IoT-Plattform über Kontextinformationen durch Abhängigkeiten und Interaktionen. Diese Informationen sind nicht auf das dargestellte Objekt beschränkt, sondern umfassen auch die Umgebung. Darüber hinaus unterscheidet sich ein digitaler Zwilling in seiner Anwendung. Er hat immer einen Bezug zu seinem Produktlebenszyklus. Der Detaillierungsgrad hängt von der Produktlebenszyklusphase ab.

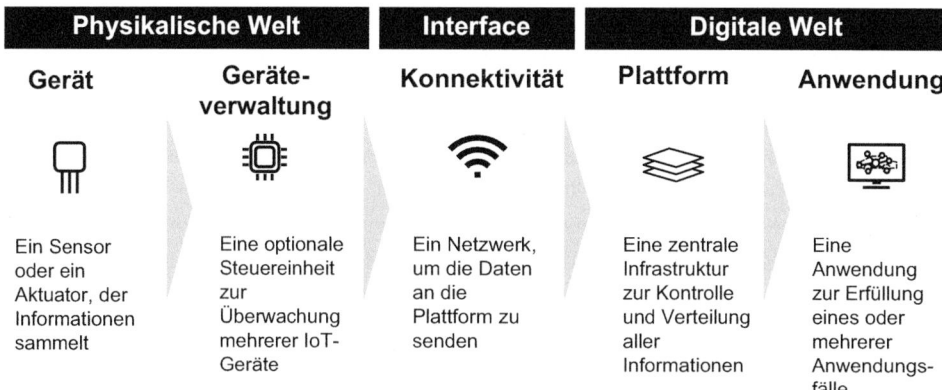

Abb. 42.3 Die Architektur des digitalen Zwillings

---

[8]Vgl. hierzu Budde und Golovatchev (2014).

42.4   Realisierung Utility 4.0: Digitalisierungsbeispiele durch Internet of Things und digitale Zwillinge

Der Energiesektor meistert zwei großen Herausforderungen: Erstens muss er die Energiewende bewältigen, zweitens steht er vor dem *Digitalisierungsprozess*. Um am Markt bestehen zu können, müssen sich Unternehmen gewinnbringend auf die Transformation einstellen und neue Geschäftsmodelle in der *digitalen Welt* aufbauen. Da das konventionelle Energiegeschäft erheblich von sinkenden Gewinnen betroffen ist, hat die *digitale Transformation* in fast allen Branchen massive Veränderungen in der Geschäftslogik zur Folge. Telekommunikations-, Medien- und Handelsunternehmen waren die ersten, die vom Innovationsdruck betroffen waren, was Internetfirmen wie Skype, Google und Amazon ausgelöst haben. Die Transformation und Digitalisierung veranlasst die Unternehmen, das Produktportfolio in Richtung Smart-Energy-Produkte drastisch zu erweitern. Obwohl diese Unternehmen in der Vergangenheit bereits mit zunehmender Komplexität konfrontiert waren (z. B. komplexe Preismodelle für Business-to-Business[B2B]-Kunden), werden sie aufgrund dieser neuen Herausforderungen an neue Grenzen stoßen. Sie müssen sich der neuen Innovationsdynamik im Markt stellen und müssen daher rechtzeitig die richtigen Entscheidungen treffen. Das bedeutet, dass die Unternehmen von einem One-fits-all-Produkthersteller mit einem begrenzten Produktspektrum zu einem Full-Service-Provider werden müssen, der maßgeschneiderte Lösungen als Smart-Energy-Produkte mithilfe von Massenproduktion anbietet.[9]

Die Konsumenten oder B2B-Kunden stehen am Ende einer definierbaren Wertschöpfungskette und eines Netzwerks. Die gesamte Wertschöpfung ist auf die Befriedigung der Kundenbedürfnisse ausgerichtet, die der Anpassung des eigenen Produkts den Bedürfnissen und Erfahrungen der Kunden eine besondere Rolle einräumt. Unternehmen, die über ausgeprägte Fähigkeiten in den Bereichen Innovation, Servicequalität (Customer/Service Experience) und Markteintritt verfügen, können diese Schnittstellenposition besonders erfolgreich einnehmen und so die Kundenbeziehungen pflegen. In Zeiten von *Social Media*, *Big Data* und Internet werden die Verwaltung von Informationen und Innovationen zu zwei wichtigen Erfolgsfaktoren. IoT-Geräte waren bereits der Motor für Innovationen im Bereich *Smart Grid*.[10] Die Intelligenz dieser Geräte kann herkömmliche Netze in intelligente, datengesteuerte Netze verwandeln. Die Implementierung eröffnet neue Geschäftsmöglichkeiten für bestehende und neue Stakeholder wie Versorger und Netzbetreiber, Informations-und-Kommunikationstechnologie-Unternehmen und nicht zuletzt die Kundenhaushalte könnten auch von intelligenten Netzen profitieren. Mit intelligenten Messgeräten ausgestattet, ist es bereits heute möglich, den Verbrauch zu messen und zu verfolgen, die Heizung fernzusteuern und die Energie effizient zu beziehen. *Smart Metering* bringt den Kunden viele wesentliche Vorteile. Während der Verbrauch sofort nachverfolgt werden kann, kann die Abrechnung transparenter erfolgen. Anstelle von Schätzungen, die

---

[9]Vgl. hierzu Golovatchev et al. (2017).
[10]Vgl. hierzu Golovatchev et al. (2010).

auf dem prognostizierten Verbrauch basieren, kann der Echtzeitverbrauch berechnet werden. Diese Daten können von den Kunden auch dazu verwendet werden, ihre Rechnungen radikal zu reduzieren, da aktuelle Informationen über ihren Verbrauch es ihnen ermöglichen, ihren Energieverbrauch effizienter zu steuern und zu nutzen. Dies wird sich natürlich auch erheblich auf die Preisgestaltung auswirken. In der Regel wird die Preisgestaltung für Strom durch Angebot und Nachfrage geprägt und erreicht zu bestimmten Zeitpunkten einen Höchststand, wohingegen Tiefstwerte Kunden dazu bringen könnten, Energie zu besseren Preisen zu beziehen. Da die Marktpreise transparenter wären, würden die Kunden ihre Konsumgewohnheiten überdenken und dadurch sowohl Energie als auch Geld sparen. Die Fernbedienung von Energieverbrauchern zu Hause zeigt ebenfalls ein interessantes Szenario. Durch das Anschließen von Waschmaschinen, Geschirrspülern, Heizungen usw. können Kunden die mobile Steuerung jederzeit ein- und ausschalten. Sie könnten auf veränderte Marktpreise reagieren und Tiefstände innerhalb eines Tages nutzen. Um den Herausforderungen der Energieversorger zu begegnen, müssen die Unternehmen die Chance der Digitalisierung in Form von neuen, wesentlich komplexeren Geschäftsmodellen nutzen. Diese werden durch branchenübergreifende Partnerschaften, sehr enge Kundenbeziehungen und mithilfe digitaler Technologien realisiert. Ein Beispiel für eine solche Innovation ist der aufstrebende Markt für intelligente Haushaltsgeräte, der typischerweise als „Smart" oder „Connected Home" bezeichnet wird. Unternehmen aus verschiedenen unabhängigen Branchen wie Energie, Telekommunikation, Gebäudetechnik und Telekommunikation arbeiten zusammen, um solche Produkte und Lösungen auf den Markt zu bringen. Andere Märkte mit ähnlichen Konstellationen, von denen erwartet wird, dass sie für Energieversorger relevant werden, sind Städte oder Regionen mit intelligenten Infrastrukturen und öffentlichen Dienstleistungen (*Smart Cities*). Das Facility- und Energiemanagement inklusive Energiedienstleistungen sowie der Ausbau von dezentralen Infrastrukturen und Prosumer-Lösungen werden in den kommenden Jahren von großer Bedeutung sein. Infolge der wachsenden Nachfrage nach maßgeschneiderten Produkten und der Dynamik technologischer Entwicklungen wird das Angebot an Mehrwertdiensten, das von Energieversorgungsunternehmen angeboten wird, größer und komplexer.

Nachdem wir ein wenig Licht in die Definition von Smart-Energy-Produkten gebracht haben, stellt sich die Frage, warum Komplexität ein wichtiges Thema für die Energiewirtschaft ist, das angemessen verwaltet werden muss. Anbieter müssen bereit sein, mit der ständig wachsenden Komplexität fertig zu werden. Wenn sie die damit verbundenen organisatorischen und technischen IT-Herausforderungen meistern wollen, müssen sie einen ganzheitlichen Ansatz für das PLM entwickeln, mit dem sie ihr Produktportfolio schnell anpassen können.

Digitale Zwillinge sind für alle vernetzten Objekte denkbar. Bisherige Anwendungen im Manufacturing-Kontext sind nur der Einstieg in eine deutlich umfassendere Digitalisierung. Mit der Realisierung der Utility 4.0 steigt die Relevanz von digitalen Zwillingen für die Energiewirtschaft. Dabei zeigt sich ein breites Spektrum potenzieller Einsatzfelder sowohl im B2B- als auch im Business-to-Consumer(B2C)-Bereich.

Energieeffizienz

Ein digitaler Zwilling erhöht *Energieeffizienz*. Der digitale Zwilling einer Anlage kann vielfältig genutzt werden, um alle Aspekte des Anlagenbetriebs zu simulieren und zu optimieren. Dies ist keine Zukunftsmusik, sondern schon heute bei Anlagenbauern eine täglich genutzte Praxis. Schichtmodelle werden mit dem Hochfahrverhalten der Anlage abgeglichen; das Herunterfahren der Anlagen für die Mittagspause oder die Wochenenden wird simuliert, bewertet und optimiert, noch bevor der Anlagenbetrieb festgelegt wird. Die *Energiedaten* können heute effizient über die speicherprogrammierbare Steuerung (SPS) erfasst werden. Diese Zusatzfunktion ergänzt die klassische Anlagensteuerung. Die erfassten Verbrauchswerte sind entscheidend für den nächsten Schritt: die aktive Beeinflussung des Betriebsverhaltens der Anlage auf Basis von kontinuierlichen Simulationsergebnissen. Weitere Einsparpotenziale von mehr als 20 % ergeben sich, wenn die Produktionsanlagen mit ihrer Abwärme als Teil der Gesamtinfrastruktur (Gebäude etc.) betrachtet werden. Mit der Simulation des Energieverbrauchs entsteht eine neue Optimierungsdimension.

Smart City

Digitale Zwillinge ganzer Städte führen unterschiedliche Standortdaten zur intelligenten Verkehrsteuerung zusammen. Der Einsatz von den digitalen Zwillingen ermöglicht smartes *Parkraummanagement*, vernetzte *Straßenbeleuchtung* sowie Kommunikation mit Antriebsinfrastruktur, z. B. Ladesäulen, Batteriewechselstationen, Wasserstofftankstellen etc.

Energieerzeugung

Digitale Zwillinge von Windrädern ermöglichen u. a *Predictive Maintenance*. Die Sensordaten von Windparks und (virtuellen) Kraftwerken machen kontinuierliche Überwachung und Optimierung von Wartungs- und Serviceintervallen anhand der spezifischen Lebensdauer möglich.

Smart Home

Der digitale Zwilling des Hauses umstürzt die vernetzte Steuerung von Licht, Klimatisierung, Alarmsystem. Die Analytics ermöglicht individuelle Anpassung an Nutzungsmuster.

42.5   Fazit

Digitale Zwillinge befinden sich zurzeit noch in einem sehr frühen Stadium ihrer Entwicklung, mit vielen Unsicherheiten im Markt und im Ökosystem. Die Wertschöpfung für Hersteller und Kunden ist jedoch in vielen Bereichen des Produktlebenszyklus unbestritten. Das Tempo der Innovation und die Vielfalt der IoT-Sensoren werden digitale Zwillinge viel heterogener machen und die Multi-Fold-Architektur erhöht die Komplexität. In den nächsten fünf Jahren werden digitale Zwillinge von immer mehr Herstellern angenommen, wobei die Zwillinge, die sie entwerfen, immer ausgefeilter werden. Die Durchdringungsrate wird wachsen und die PLM-Landschaft erheblich verändern. Mit der Realisierung der Utility 4.0 steigt die Relevanz von digitalen Zwillingen auch für die Energiewirtschaft. Die wichtigsten Hürden für die heutige Einführung, wie fehlende Standardisierung, Interoperabilität und Lieferantenbindung, werden langsam verschwinden. Es ist noch nicht entschieden, wer den Wandel vorantreiben wird – Großunternehmen (Top-down-Ansatz) oder mittelgroße Unternehmen (*Bottom-up-Ansatz*). Unternehmen, die sich in einer sehr frühen Phase der Digitalen-Zwilling-Einführung befinden, sollten jetzt mit der Entwicklung einer umfassenden kurz-, mittel- und langfristigen Strategie beginnen, die ganzheitlich, kundenorientiert und organisch ist. Die Implementierung digitaler Zwillinge im Maßstab ist vergleichbar mit einer vollständigen Umstellung auf ein Enterprise-Resource-Planning(ERP)-System – sie ist komplex, erfordert viele Ressourcen und erfordert ein erhebliches Änderungsmanagement. Da die Technologie im Lauf der Zeit immer reifer wird, sehen wir das interne Änderungsmanagement als einen der wichtigsten und am meisten unterschätzten Erfolgsfaktoren in diesem Übergang. Verschiedene Teams in der gesamten Organisation müssen während der Implementierungsphase zusammenarbeiten und sie unterstützen. Dies kann nicht durch einen traditionellen Top-down-Managementansatz vorgegeben werden, sondern eher durch eine organische und umfassende Methode, die auf Experimenten, Prototyping, Pilotierung und anschließender Skalierung digitaler Zwillinge in Bereichen mit höchstem Kundennutzen basiert.

Literatur

Budde, O., & Golovatchev, J. (2014). Produkte des intelligenten Markts. In C. Aichele & O. D. Doleski (Hrsg.), *Smart Market – Vom Smart Grid zum intelligenten Energiemarkt* (S. 593–620). Wiesbaden: Springer Vieweg.

Doleski, O. D. (2016). *Utility 4.0 – Transformation vom Versorgungs- zum digitalen Energiedienstleistungsunternehmen. Essentials.* Wiesbaden: Springer Vieweg.

Gartner. (2018). *Top 10 strategic technology trends for 2018.* Stamford: Gartner, Inc.

Golovatchev, J., & Felsmann, M. (2017). Modulare und durchgängige Produktmodelle als Erfolgsfaktor zur Bedienung einer Omni-Channel-Architektur – PLM 4.0. In O. D. Doleski (Hrsg.), *Herausforderung Utility 4.0 – Wie sich die Energiewirtschaft im Zeitalter der Digitalisierung verändert* (S. 199–210). Wiesbaden: Springer Vieweg.

Golovatchev, J., Budde, O., & Hong, C.-G. (2010). Integrated PLM-process-approach for the development and management of telecommunications products in a multi-lifecycle environment. *International Journal of Manufacturing Technology and Management, 19*(3), 224–237.

Golovatchev, J., Chatterjee, P., Kraus, F., & Schüssl, R. (2017). PLM 4.0 – Recalibrating product development and management for the era of Internet of Everything (IoE). In J. Ríos, A. Bernard, A. Bouras & S. Foufou (Hrsg.), *Product lifecycle management and the industry of the future* (S. 81–91). PLM 2017.

Völl, C., Chatterjee, P., Ruach, A., & Golovatchev, J. (2018). How digital twins enable the next level of PLM – A guide for the concept and the implementation in the Internet of Everything Era. In P. Chiabert et al. (Hrsg.), *PLM 2018, IFIP AICT 540*, S. 238–249.

Dr. Julius Golovatchev ist Associate Partner und PLM Competence Leader bei der Detecon Consulting (Deutsche Telekom Group) in Köln. Als diplomierte Mathematiker promovierte er in der Ökonomie. Mit mehr als 20 Jahren Berufserfahrung im Bereich des Innovations- und Produktmanagements in der Telekommunikationsindustrie und in der Beratung ist er einer der Pioniere auf den Gebieten Produktentwicklung und Produktlebenszyklusmanagement (PLM) in der Dienstleistungsbranche. In seiner Funktion als Client Partner und Projektmanager war er für mehrere Innovations-, Forschungs-und-Entwicklungs- und Produktentwicklungsprojekte in Deutschland sowie weltweit verantwortlich. In der Energiewirtschaft liegt sein Fokus auf der Digitalen Transformation und der Einführung neuer Produkte und Services. Er ist Autor von zahlreichen Publikationen mit dem Themenschwerpunkt PLM und Innovationsmanagement in der Service-Industrie und ein gefragter Referent und Moderator auf internationalen Konferenzen.

Smart Buildings und neue Stadtteile im digitalen Netz

43

Thomas Dürr und Michael Schneider

Zusammenfassung

Die Digitalisierung und Dezentralisierung der Energieerzeugung macht auch vor den Stadtwerken, Energiedienstleistern und Netzbetreibern nicht halt. Doch was bedeutet dies genau? Wo ergeben sich neue Geschäftsfelder und was für Möglichkeiten bieten neue Technologien? Der folgende Beitrag fasst Anfragen und Projekte aus vielen Ländern der Welt zusammen. Aus den einzelnen Puzzleteilen ergibt sich ein Bild, aus dem man erkennen kann, was ein möglicher Lösungsraum für die Stadtwerke und Energiedienstleister der Zukunft sein kann. Dabei geht es nicht darum, alles selbst zu machen. Geschicktes Partnering, Fokussierung auf die Teile der Wertschöpfungskette, die man am meisten beherrscht, und neue Formen der Finanzierung von Energielösungen stehen zur Verfügung. Gekoppelt mit einer leistungsfähigen Informations- und Kommunikationstechnologie, die die Daten der dezentralen Messstellen sammelt und zeitnah zu Informationen verarbeitet, lassen sich Skaleneffekte erzielen, die auch aus vielen kleine Schwankungen Erträge ermöglichen. Daten, die auch der Netzbetreiber in seinem zukünftigen Smart Grid nutzen kann, um sein Netz stabil zu halten und Ausbaukosten im Mittel- und Niederspannungsnetz zu sparen. Die Möglichkeiten moderner Technik, nebst den sozioökonomischen Faktoren, wird am Beispiel eines Stadtentwicklungsprojekts in Wien, der Seestadt Aspern, verdeutlicht.

T. Dürr (✉)
Siemens AG, Nürnberg, Deutschland

M. Schneider
Siemens AG, Erlangen, Deutschland

© Springer Fachmedien Wiesbaden GmbH, ein Teil von Springer Nature 2020
O. D. Doleski (Hrsg.), *Realisierung Utility 4.0 Band 2*,
https://doi.org/10.1007/978-3-658-25589-3_43

43.1 Einführung

Energiedienstleistung als Strategie für das Geschäft von morgen? Die Diskussion um die Zukunftsfähigkeit hat klassische Stadtwerke und Energiedienstleister erfasst, aber auch neue Player im Kampf um die beste Energieversorgung auf den Plan gerufen. Insbesondere Unternehmen aus dem Technologiesektor, der Wohnungswirtschaft, der Telekommunikation, dem Automobilbereich oder dem Einzelhandel engagieren sich zunehmend in deren angestammten Bereich, um ihr Geschäftsmodell um Energieversorgung zu erweitern und/oder die eigene Situation kostengünstiger oder nachhaltiger zu gestalten.

Mit einem vorhergesagten Zuwachs von etwa 1,5 Mio. Einwohnern pro Woche werden bis 2050 etwa zwei Drittel der Menschheit in Städten leben.[1] In Deutschland wachsen diese auch, aber geringer. Etwa 30 % der Einwohner leben in Städten größer 100.000 Einwohner.[2] Damit steigt deren Energiebedarf. Daraus ergibt sich eine Zunahme des Verkehrs und damit punktuell eine weitere Verschärfung der Umweltbelastung, was wiederum die Elektrifizierung des Verkehrs beschleunigen wird.

Der Ausbau erneuerbarer Energien konzentrierte sich bisher v. a. auf die ländlichen Regionen. Zu- und Umbau des Netzes war einfach. In der Stadt ist dies deutlich schwieriger. Umso wichtiger ist es, Aufwände zu reduzieren, indem man in intelligente Gebäude und Netze investiert. Der Fokus liegt dabei entweder auf Einzelgebäuden oder der Optimierung des Gesamtsystems (Quartier, Stadtteil), indem intelligente Gebäude und Stromnetze so mit Energieanbietern und Dienstleistern verbunden werden, dass Weiterentwicklungen z. B. in den Bereichen dezentralen Erzeugung, Energiespeicherung, Wärmepumpen und Elektromobilität genutzt werden können. Die Einbindung der Bewohner und smarte *Informations- und Kommunikationstechnologie (IKT)* spielen dabei eine wesentliche Rolle.

Der nachfolgende Beitrag fasst wesentliche Trends zusammen und zeigt die zukünftige Rolle smarter Gebäude und neuer Stadtteile für die Energiewirtschaft am Beispiel der *Seestadt Aspern* in Wien auf. Aspern ist eines der innovativsten und größten Stadtentwicklungsprojekte Europas, in dem nachhaltige Lösungen für die Smart Cities und Smart Grids der Zukunft entwickelt und implementiert werden.

43.2 Energiedienstleistung: Strategien und Systeme für das Geschäft von morgen

Was sich für neue Geschäftsmöglichkeiten und Anforderungen an die Netze und den regulatorischen Rahmen daraus ergeben, soll im Folgenden genauer beleuchtet werden.

---

[1] Vgl. United Nations (2018).
[2] Vgl. BBSR (o. J.).

43.2.1 Marktentwicklungen

Die Energiewelt wird künftig zu großen Teilen dezentral und digital sein. Betroffen sind Prozesse, Daten und Steuerungen, wobei die Integration und Steuerung der dezentralen Assets und bei den Verbrauchern installierte Smart Meter erst neue, darauf aufbauende Geschäftsmodelle ermöglichen.

Zuallererst entwickelten sich Geschäftsmodelle, die sehr leicht durch intelligente Datenanalyse gewinnen. Dazu zählen die Zählerablesung und -abrechnung oder neue Energietarife individuell anzubieten – ein hochprofitabler Bereich. Dies zeigen die letzten Übernahmen von *ista* bzw. *Techem* durch *Infrastrukturanbieter* oder der Merger von Minol Messtechnik mit der dänischen Brunata. Zwei Dinge sind hier wichtig: zum einen sichere Renditen für Pensionsfonds, zum anderen Gelder, die investiert werden wollen und nun mangels Alternativen infrastrukturnah angelegt werden. Die hohe Konzentration von etwa 70–80 % auf fünf Unternehmen ruft natürlich das Kartellamt auf den Plan. Rund 74 EUR an Kosten im Jahr pro Wohnung (Stand 2014, aktuellere Daten gibt es nicht) ergeben einen Markt von etwa 1,5 Mrd. EUR. Hinzu kommen langlaufende Verträge und proprietäre Systeme. Diese machen das Geschäft langfristig attraktiv. Kein Wunder, dass die Regulierungsbehörde nun u. a. Interoperabilität fordert.[3] Dahinter steht ein noch viel größerer Markt, das vernetzte, smarte Home mit all seinen Dienstleistungen, auf das auch Google mit Nest und seiner Brandmelder Acquisition schaut und nur darauf wartet, dass der Smart Meter Rollout nun Fahrt aufnimmt.

Geschäftsmodelle, die auf die Vermittlung von Kunden, auf die Geschäftsanbahnung in Marktplätzen oder das Verarbeiten von Daten zu Informationen aufbauen, sind nur der Beginn einer neuen Welle.

Zu dem großen Stadtwerkesterben, das seit Beginn der Liberalisierung vorausgesagt wurde, ist es nicht gekommen. Im Gegenteil: Durch die *Dezentralisierung* der Erzeugung kommt es vermehrt zur Rekommunalisierung und damit einem Anstieg der Netzbetreiber und *Energieversorgungsunternehmen (EVU)*. Viele Städte und Gemeinden erkennen wieder den Wert der Energieversorgung als Teil der (kommunalen) Daseinsvorsorge. Dies wird verstärkt durch die Idee der Peer-to-Peer- oder *SINTEG-Projekte*:[4] lokale Engpässe mit lokalen Flexibilitäten zu lösen. Stadtwerke spielen daher auch in Zukunft eine wichtige, wenn auch veränderte Rolle – trotz Markteintritts neuer Wettbewerber.

Das größte Plus der Energieversorger und Stadtwerke ist und bleibt der direkte Kontakt zu ihrer Kundenbasis mit einem häufig über Jahrzehnte gewachsenen Vertrauensverhältnis. Als Unternehmen können sie die Chance nutzen, ihre bestehenden Kunden aktiv in die neue Welt des Internets der Dinge (IoT) zu führen, und als Dienstleister auf Haushaltsebene, die ihren Mehrwert über Know-how und maßgeschneiderte Sorglospakete generieren. Möglich

---

[3] Vgl. Bundeskartellamt (2017, S. 6 bzw. S. 77).
[4] SINTEG steht für das Förderprogramm „Schaufenster intelligente Energie".

erscheinen damit Geschäftsmodelle wie Wärmeflatrates oder die Lieferung von einem Stück warmer Wohnung mit Wohlfühltemperatur – *Comfort as a Service (CaaS)*.[5]

Durch die Digitalisierung lassen sich Wertschöpfungsketten einfacher aufbrechen, aufteilen und neu kombinieren. Das Gleiche gilt für die Wertschöpfungstiefe, die man entweder allein oder mithilfe von Ecosystem oder Partnering neu definiert oder erweitert. Stadtwerke sollten dies nutzen, da sie die Vielzahl an Themen, auch mit Blick auf die eigene Ressourcenlage, nicht allein schaffen können. Damit beschleunigt man auch die digitale Entwicklung – ohne die oft vorhandenen internen Barrieren.

Eine Vielzahl weiterer Geschäftsmodelle hat sich rund um die dezentrale Energieerzeugung, die Energieeffizienz und Wärme etabliert. In diesem Zusammenhang spielt auch *Mieterstrom* eine zunehmende Rolle. Mieterstrom bezeichnet ein Konzept zur dezentralen Stromversorgung von Eigentumswohnungen und Mietshäusern, häufig als Quartierstrom bezeichnet. Gemäß Institut Wohnen und Umwelt, sehen etwa 70 % der Wohnungsunternehmen die Stromversorgung von Mietern als ein künftiges Betätigungsfeld. Sie besitzen meist nicht das erforderliche Energie-Know-how, zudem ist die Umsetzung komplex. Daher wird Mieterstrom in über 70 % der Fälle nicht selbst, sondern mit Energieversorgern realisiert. „Dabei sind Größe und Flexibilität der beteiligten Unternehmen zu berücksichtigen. Energiedienstleister oder Energiegenossenschaften sind prädestiniert für Wohnungsgenossenschaften oder Vermieter mit einer kleineren Anzahl an Wohneinheiten. Energieversorgungsunternehmen bzw. Stadtwerke sind Kooperationspartner für mittlere und große private oder kommunale Wohnungsunternehmen."[6]

Eine weitere Möglichkeit ist das Einspar-Contracting. Ausgehend von einer einfachen Fernwartung werden hier nun langfristige Energielieferungen mit Einsparaktivitäten kombiniert. Weitere digitale Elemente gibt es vor allem im standardisierten Kleinanlagen-Contracting, bei dem der digitale Vertrieb boomt. Wir sehen gelungene Ansätze der Integration von Partnern in die Automatisierung von Prozessen, in der Angebotslegung oder der Anlageninstallation. Beispiele sind *Milk the Sun* oder *Greenergetic*. Hier kann eine Stadt deren Lösungsbausteine in ihr eigenes Portal integrieren und die Abwicklung der Anfrage erfolgt dann im Namen der Stadt. Es ist offensichtlich, derjenige, der Digitalisierung am schnellsten und weitreichendsten umsetzt, wird andere verdrängen.

Darauf aufbauend ergeben sich viele *Geschäftsmodelle* rund um den Bau und Betrieb dezentraler Energiesysteme, die auf der Geschäftsidee basieren, ein (Mit-)Eigentum an den Assets zu behalten (z. B. Quartierslösungen, Nahwärmekonzepte). Neben dem dafür notwendigen Energie-Consulting der verschiedenen Interessensvertreter sichert es dem Wohnungsunternehmen und Stadtwerk einen nachhaltigen Kundenzugang. Zusammen übernehmen sie sowohl die Energielieferung als auch den Betrieb der dazugehörigen Technik und ermöglichen so die Erbringung zusätzlicher wertschöpfender Tätigkeiten wie Ablese-, Wartungs- und Betriebsdienstleistungen. So entwickelt man sich vom Commodity-Anbieter zum Dienstleistungsanbieter und Lösungspartner.

---

[5] Vgl. Bigliani et al. (2018, S. 2).
[6] Großklos et al. (2018, S. 3).

Der Sinn ist klar ein wirtschaftlicher. Je engmaschiger die Kette zwischen Energie-quelle und Wohnung, umso höher ist die Marge.

Dieser Ansatz ist natürlich sehr kapitalintensiv. Berücksichtigt man zudem, dass man heute zunehmend Geld an den kurzfristigen Märkten durch algorithmisches Trading unter Ausnutzung kleinster Marktschwankungen verdient, ist die logische Konsequenz, dass man versucht, schnell zu wachsen – ohne langfristiges Investment in Erzeugungsanlagen. Der Schlüssel zum Erfolg liegt darin, dass man diese Erzeuger mit Partnern plant und er-richtet, an eine zentrale Steuerungsplattform anbindet und als Subskriptionsmodelle lang-fristig an sich bindet.

Energy as a Service (EaaS) beinhaltet darüber hinaus das Versprechen, alle Aktivitäten zum Anschluss, zur Überwachung, zur Steuerung und zum Billing mit zu erledigen. Da-rüber hinaus enthält es Services zur Einsatzoptimierung und Marktteilnahme.

Mithilfe der Digitalisierung lässt sich natürlich auch das Vertriebsgebiet einfach und kostengünstig erweitern. Eine Möglichkeit, z. B. neue, jüngere Kunden zu gewinnen, wäre, deren Spieltrieb bzw. die Lust, sich mit anderen zu messen, auszunutzen (*Gamifica-tion*), um sie zur Eingabe ihrer wesentlichen Energie- und Kundendaten online zu bewe-gen. Damit wird der Vertriebskanal erweitert und automatisiert, um so einen initialen Kun-denkontakt herzustellen (z. B. https://eco-web.siemens.com/wizard).

Mit genaueren Vorhersagemethoden, genügend angeschlossenen Assets (oft Tausende) und vertraglich zugesagten Lastprofilen kann eine Optimierung auf das gesamte Asset-Portfolio vorgenommen werden, indem man diese addiert und seine Einkaufs- bzw. Einsatzplanung darauf optimiert. Mengen, die frühzeitig bekannt und sicher vorhersagbar sind, werden früh-zeitig, d. h. billigst, eingekauft. Sich ergebende Peaks können nur kurzfristig vorhergesagt werden. Einige werden in ihrer Höhe nicht kommen und können vernachlässigt werden. An-dere müssen teuer und kurzfristig eingekauft werden, wenn sie doch eintreten. Dies kann ver-mieden werden, wenn man das Risiko des Einkaufs durch ins Feld gebrachte *Speicher* ver-mindert und damit früher und billiger einkaufen kann. Alternativ kann man Assets, die eine gewisse Flexibilität zugesagt haben, verschieben (z. B. Elektroautos laden; Abb. 43.1).

E-Mobilität wird die Netzbetreiber sowohl im ländlichen (geringe Vermaschung), als auch im städtischen Bereich (beschränkte Baustellenanzahl, Auslegung Netzanschluss) herausfordern und zwingt aufgrund der langen Vorlaufzeiten heute bereits zu Investitio-nen. Im Rahmen der Städte hatte man es bisher mit geringen Ladekapazitäten der Batte-rien und kurzen Fahrstrecken zu tun. Das wird sich in den nächsten Jahren ändern. Die neuen Fahrzeugmodelle werden deutlich mehr Ladekapazitäten zu billigeren Preisen an-bieten. Durch die so verbesserte Kostenposition und dem Druck auf die Städte, die Luft-verschmutzung zu reduzieren, werden auch mehr Pendler umsteigen und längere Strecken mit dem Elektroauto zurücklegen. Dadurch steigt aber auch der Bedarf nach höheren La-deleistungen, nicht nur in den Ein- oder Mehrfamilienhäusern, sondern auch an den bis-herigen Tankstellen. Hinzukommen alle Arten von Parkplätzen (Firmenparkplätze, Ein-kaufszentren etc.). Nicht zu vergessen ist der Strombedarf der Logistikbranche und Handwerker für deren Elektrifizierung. Die schwierige Vorhersage des Anstiegs der Elek-tromobilität macht die Ausbauentscheidung daher nicht leicht.

Stromversorger – Über tausende Verträge aufaddierte individuelle Lastgänge wollen günstigst beschafft werden. Flexibilitäten reduzieren das Einkaufsrisiko

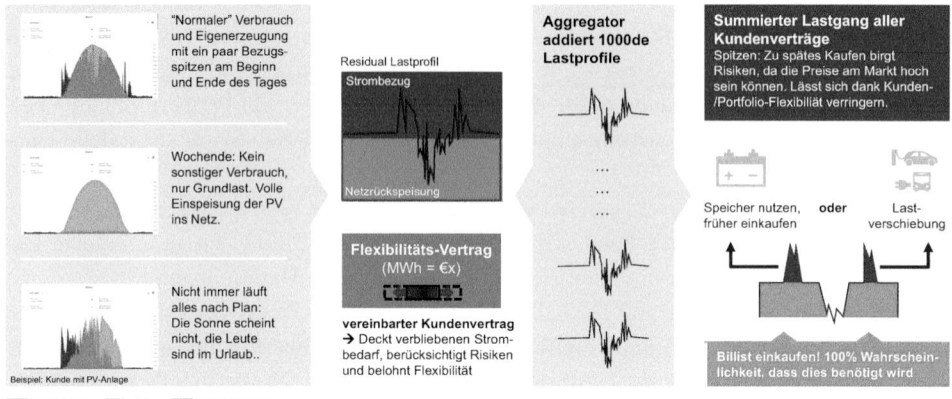

Abb. 43.1 Einsparung durch Abgleich der vertraglichen Lastprofile mit den aggregierten Erzeugungs-bzw. Verbrauchsprofilen (Quelle: Siemens)

Intelligente Lösungen können die Ausbaukosten reduzieren. Neben Softwarelösungen, die das gleichzeitige Laden verhindern, zählt auch ein veränderter regulatorischer Rahmen dazu, der es z. B. dem Verteilnetzbetreiber ermöglicht, marktbasiert oder unter dem Aspekt der Netzdienlichkeit lokale Flexibilitäten zu nutzen oder eine Steuerung unter Angabe einer Mindestladekapazität erlaubt.[7]

Variable *Stromtarife* wären eine andere Steuerungsmöglichkeit, um das Laden der E-Autos zu entzerren und die Kosten für gleichzeitiges Laden zu reduzieren, wobei unterschiedliche Anforderungen an Ladedauer und Flexibilität der Fahrer unterschiedliche Tarifangebote nach sich ziehen.[8]

43.2.2 Der Markt regelt nicht alles, smarte Netzbetreiber brauchen Smart Grids

Zur Stabilisierung elektrischer Netze gibt es verschiedene Lösungsansätze: die Speicherung von überschüssigem Strom oder den Ausbau der Verteilnetze; beides eher investitionsintensive Vorhaben. Üblicherweise wird der Verteilnetzbetreiber versuchen, sein Netz zunächst mit den klassischen Verfahren zu steuern (Abb. 43.2). Dazu gehören der herkömmliche Netzausbau, also „Investitionen in Kupfer", sowie die Netzrekonfiguration. Weitere Maßnahmen sind die aktive Spannungs- und Blindleistungsregelung. Die Netzrekonfiguration

---

[7] Vgl. FGH (2018, S. 49 ff.).

[8] Siehe hier beispielsweise innogy (o. J.).

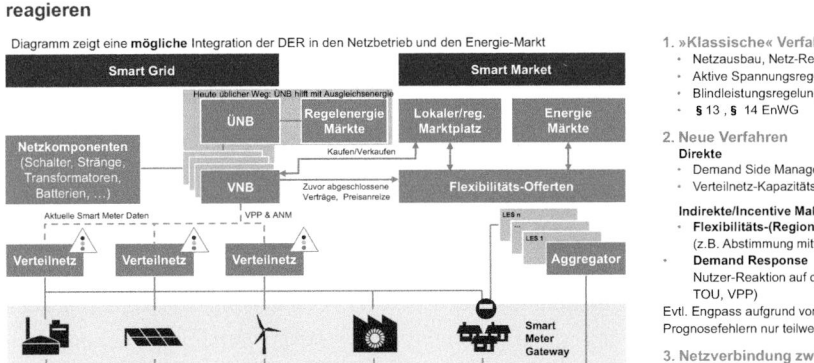

Abb. 43.2 Wesentliche Hebel des Verteilnetzbetreibers, um Netzengpässe zu vermeiden. Klassisch ist nicht immer billiger (Quelle: Siemens)

stößt im ländlichen, wenig vermaschten Bereich an Grenzen. Im innerstädtischen Bereich limitieren hohe Infrastrukturkosten und Dauer den Netzausbau.

Durch den Ausbau der Erneuerbaren und dem zunehmenden Stromhandel anderer in seinem Netz, wird es für Netzbetreiber immer aufwendiger, die Spannung im Netz stabil zu halten bzw. Überlastungen von Assets zu vermeiden.[9] Durch den Anstieg der *Prosumer* wirkt die bisherige Netznutzungsentgeltssystematik nicht mehr verursachergerecht. Der Netzanschluss des Prosumers dient hauptsächlich der Einspeisung von Überschussenergie, die nicht zum Eigenverbrauch benötigt wird. Die Kosten des Netzausbaus werden aber nur auf die verbrauchten Kilowattstunden umgelegt und führen so zu steigenden Netzentgelten. Was die Eigenerzeugung noch attraktiver macht und hohe Netzausbaukosten nach sich zieht, da „[…] elektrische Niederspannungsnetze entweder auf Nachfragespitzen oder auf Erzeugungsspitzen ausgelegt werden müssen."[10] Da keiner den Anstieg der Netzentgelte will, wäre Sparen beim längst nötigen Ausbau angesagt.

Das Verteilnetz muss folglich in Zukunft näher an den Kapazitätsgrenzen betrieben werden. Was eine bessere Instrumentalisierung, Datenanbindung und -analyse sowie Steuerbarkeit bedingt, um frühzeitig Netzengpässe zu erkennen und Gegenmaßnahmen ergreifen zu können. Der Netzbetreiber müsste die Möglichkeit haben, diese dezentralen Assets zur Änderung zu bewegen (Abb. 43.2). Er könnte Maßnahmen zur Vermeidung durch direkte oder indirekte/incentive Maßnahmen anwenden. Hier wird der Nutzer über Preisanreize motiviert, sein Verhalten zu verändern. Beispiele wären *Time-of-Use-Tarife* (feste Unter- und Obergrenzen) oder Variable Peak Pricing (Preise nach oben variabel). In diesen Fällen

---

[9] Vgl. Agora (2018, S. 41 ff.).

[10] ISI (2016, S. 50).

hat der Netzbetreiber bereits eine Vertragsbeziehung zu den Teilnehmern. Man könnte sich aber auch ein eher marktgetriebenes Modell vorstellen. Hier steht die Idee im Vordergrund, lokale Probleme lokal zu lösen. Dabei werden Flexibilitäten auf lokalen Marktplätzen gehandelt, die der Verteilnetzbetreiber beauftragt und bei bestimmter Netzsituation (Stichwort Gelbe Ampel nach Bundesverband der Energie- und Wasserwirtschaft e. V. [BDEW]) aktivieren dürfte. Die deutschen SINTEG-Projekte testen dies gerade.[11]

Regulatorischer Rahmen ist anzupassen

Die Energiewende hat für das Netz auf den verschiedenen Netzebenen unterschiedliche Auswirkungen. Zum einen bedarf es einer gewissen Sicherheit des Transports im Übertragungsnetz, zum anderen lokaler Flexibilitäten im Mittel- und Niederspannungsnetz. Entsprechend wurden *Redispatch-Vorgaben* und die Entlohnung von rückspeisenden Power-to-Heat-Anlagen oder Stromspeichern in letzter Zeit angepasst bzw. für Stromgroßverbraucher Ausnahmeregelungen bewilligt, d. h. im spezifischen Fall hat der Regulator entsprechende Ausnahmeregelungen technik- und kundenfokussiert eingeführt. Im Gegensatz zu Erzeugungs- und Speicheranlagen gelten Verbrauchsanlagen als Letztverbraucher (im Sinn des § 3 Nr. 25 Energiewirtschaftsgesetzes [EnWG]) und Strombezug wird entsprechend mit Abgaben belastet (z. B. Erneuerbare-Energien-Gesetz(EEG)-Umlage, Netzentgelte, Steuer). Dies gilt unabhängig davon, ob sie flexibel agieren oder nicht.

Die Berechnung der Netzentgelte erfolgt durch Festsetzung einer Erlösobergrenze für die betroffenen Netzbetreiber. Diese Obergrenze wird vor Beginn der Regulierungsperioden für jedes Jahr der kommenden fünfjährigen Regulierungsperiode ermittelt.[12] Jährliche Effizienzgewinne sind dabei zu erzielen. Inzwischen zeigt sich, dass die dezentrale Einspeisung keinen Netzausbau einspart, sondern für den Anschluss in lastschwachen Gebieten einen Netzausbau erst erforderlich macht. Das Problem beim Netzbetreiber: Dieser verschlechtert durch (insbesondere Software-) Innovation u. U. sogar seine Bewertung, da Effizienzmaßnahmen nicht messbar sind, wenn der Referenzpunkt nicht mehr gilt. Dabei könnten Probleme mit den Leistungsbilanzen der Energiebereitstellung und dem Verbrauch durch Synergieeffekte verschiedener Verbrauchergruppen, wie z. B. Wohnen, Büro und Gewerbe, genutzt werden, um möglichst viel der erneuerbar erzeugten Energie vor Ort verwerten zu können.

Diesbezüglich stellt der energiewirtschaftliche Rechtsrahmen und dessen Fortentwicklung eine relevante Stellschraube dar. Es wäre wünschenswert, wenn Flexibilitäten und Speicher von smarten Gebäuden und insbesondere Quartieren bzw. Stadtteilen verstärkt in den Fokus des Regulators rücken, denn das derzeitige System zur Entlohnung und Bewertung von Netzbetreibern behindert die rasche Entwicklung der Netze und führt bereits jetzt zu Problemen mit dezentralen Prosumern. „Grundsätzlich sollten Anreize für netz-, markt- oder systemdienliche Flexibilität dabei technologieneutral gewährt werden, damit ein Großteil des technischen Potenzials auch wirtschaftlich erschlossen werden kann. Dadurch wäre auch sichergestellt, dass jede Flexibilitätsoption im Wettbewerb die Art von Flexibilität bereitstellen kann, für die sie technisch und wirtschaftlich besonders geeignet ist. Dadurch kann sich

---

[11] Vgl. Dürr (2018).
[12] Vgl. Bundesnetzagentur (2017).

auch ein höheres Maß an Wettbewerb entfalten."[13] Man sollte dabei nicht nur die kurzfristig bereitgestellte Flexibilität im Auge behalten, sondern berücksichtigen, dass durch Nachholeffekte der Lastverschiebungen ein späteres Netzproblem wieder entstehen könnte.

43.2.3   Automatisierte und integrierte IT-Architektur ist die Voraussetzung

Die *IT-Architektur* in der dezentralen Welt ist komplex und wird durch die zunehmende Digitalisierung immer mehr Daten erfassen und verarbeiten. Hierbei wird die Netz- und die Gebäudeebene sowohl bei der Planung als auch bei der aktuellen Steuerung enger verzahnt. Der *digitale Zwilling* und die Verzahnung der beteiligten Komponenten mithilfe von „plug and automate" wird zum Paradigma, je kleiner und kostensensitiver die einzubindenden Assets sind. Die Systeme werden „on premises" oder in der Cloud laufen, je nach Intelligenz, Kundennutzen und Sicherheitsbedürfnis. Ein System für alle Anforderungen wird es nicht geben. Plattformen, die Standardaustauschformate wie *Common Information Model (CIM)* und *Building Information Modeling (BIM)* nutzen, werden die Basis darstellen. In der Seestadt Aspern hat sich eine Unterteilung als zielführend und wegweisend empfohlen (Abb. 43.3). Details zu den beteiligten Systemen und deren ökonomischer Nutzen werden im folgenden Praxisteil nun genauer beschrieben.[14]

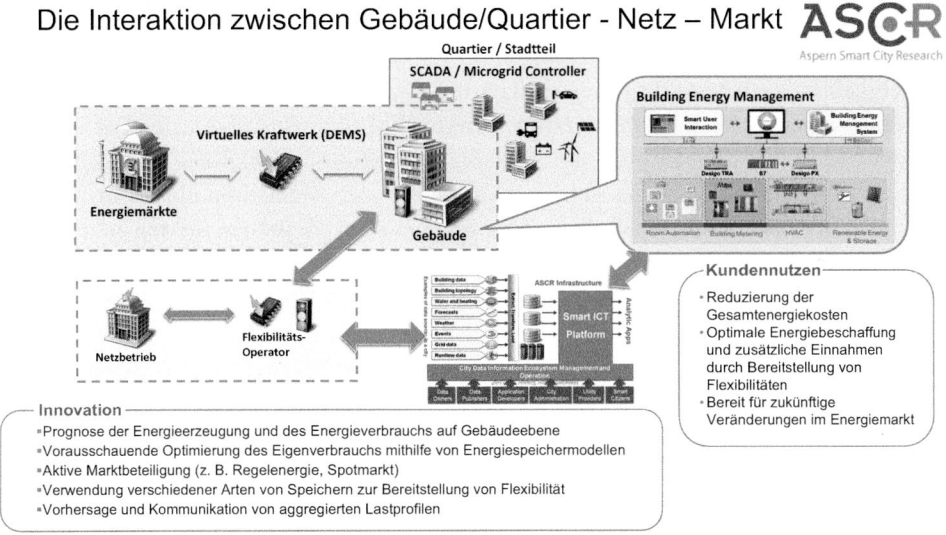

Abb. 43.3 Beteiligte Informations-und-Kommunikationstechnologie-Komponenten für zukünftige Gebäude bzw. Stadtteile, die mit dem Netz online interagieren (Quelle: ASCR)

---

[13] Doderer et al. (2019, S. 93–95).

[14] Siehe auch Dürr und Heyne (2017).

43.3 Aus der Praxis: Aspern Seestadt 360°

Aspern, die Seestadt Wiens, ist eines der größten Stadtentwicklungsgebiete Europas. Bis 2028 entsteht im Nordosten Wiens ein Stadtteil, in der das ganze Leben Platz hat. In mehreren Etappen werden hochwertiger Wohnraum für mehr als 20.000 Menschen und fast ebenso viele Arbeitsplätze geschaffen. Für dessen Entwicklung wurde eine eigene Forschungsgesellschaft, die *Aspern Smart City Research (ASCR)*, von der *Siemens AG Österreich* (44,1 %), *Wien Energie GmbH* (29,95 %), *Wiener Netze GmbH* (20 %), Wirtschaftsagentur Wien (4,66 %) und Wien 3420 Holding GmbH (1,29 %) ins Leben gerufen. Ein Kooperationsmodell in dieser Größenordnung ist bis dato einmalig. Bis 2018 stand ein Budget von 38,5 Mio. EUR zur Verfügung, das zum Ende 2017 um weitere 45 Mio. EUR erhöht und die Kooperation – unter der Bezeichnung ASCR 2.0 – bis 2023 verlängert wurde. Das ASCR-Forschungsprojekt kann im eigens erstellten Demo Center besucht werden. Dort erhält der Besucher einen hervorragenden Überblick über Schwerpunkte und Ergebnisse dieser Initiative.

Im Rahmen der ASCR sollte ein Teil der technischen Lösungen für die Energiewelt von morgen in einem realen Umfeld entwickelt werden. Mithilfe realer Daten von intelligenten Gebäuden, der Netzinfrastruktur und angenommenen Energiemarktmodellen wurde das Gesamtsystem unter Wahrung der Interessen der involvierten *Stakeholder* optimiert. Dabei geht es auch um Lösungen, die intelligente Gebäude zu aktiven Playern am Energiemarkt werden lassen. Solche Gebäude optimieren die eigene Energieproduktion, den Bezug und den Bedarf nach der jeweiligen Marktsituation und erstellen automatisch Flexibilitätsangebote für die anderen Marktteilnehmer. Nachdem eine rein nach Marktkriterien realisierte Systemoptimierung sehr rasch zu Szenarios führt, die die bestehende Netzinfrastruktur hoffnungslos überlasten, ist die Einbindung des *Verteilnetzes* in die Gesamtoptimierung ebenfalls ein wesentlicher Schwerpunkt in Aspern. Hier geht es v. a. um die Möglichkeiten einer effizienteren Auslastung der vorhandenen Infrastruktur und um neue Methoden für den zukünftigen Netzausbau. Sämtliche Lösungen basieren auf einem übergreifenden modularen IKT-Konzept, das für die Herausforderungen der breiten Datenerfassung und Bearbeitung auf allen Ebenen konzipiert worden ist. Big-Data-Modelle konnten darauf aufbauend entwickelt und erprobt werden. Darüber hinaus wurden die Bewohner im Feldtestgebiet eingebunden und deren Verhalten im Rahmen der begleitenden sozialwissenschaftlichen Forschung untersucht.

Wir haben mit den Experten des ASCR, Oliver Juli und Dr. Andreas Schuster gesprochen und die bisherigen wesentlichen Ergebnisse auf Basis des ersten Abschlussberichts zusammengefasst.[15]

---

[15] Vgl. ASCR (2018).

43.3.1 Forschungsthemen und beteiligte Gebäude im Überblick

Zu den wesentlichen Forschungsthemen des *Stadtentwicklungsprojekts* Aspern zählen:

- Intelligente Gebäude, die mit dem intelligenten Stromnetz kommunizieren und ihre Energieflexibilitäten für Marktteilnehmer verfügbar machen
- Kostengünstige Erfassung des aktuellen Netzzustands bis zum Kundenanschluss
- Neue Methoden der Netzplanung, die einen effizienten und bedarfsorientierten Netzausbau ermöglichen
- Neue Technologien, die Netzengpässe frühzeitig erkennen und über dezentrale intelligente Steuer- und Regelkomponenten eine mögliche Netzüberlastung vermeiden
- Intelligente Konzepte für IKT für ein smartes Energiesystem und eine Datenanalyse, die potenzielle neue Geschäftsfelder aufzeigt
- ASCR 2.0 (bis 2023): Vertiefung der Forschung in den Bereichen Smart Building und Smart Grid mit folgenden Schwerpunkten:
  - Integration der Elektromobilität und Erweiterungen im Bereich des Flexibilitätsmanagements
  - Integriertes Management der Systemkomplexität mit dem Ziel, die Systembedienung für das Betriebspersonal und die Anwender so einfach wie möglich zu gestalten
  - Unterstützung einer weitestgehenden Automatisierung der Betriebsprozesse (OPEX-Minimierung) durch Plug-and-Play-Konzepte und einer entsprechenden Tool-Chain

Das *Living Lab Seestadt Aspern* besteht aus drei großen Forschungsgebäuden: Studentenwohnheim, Bildungscampus und Wohngebäude. Hinzu kommen das Smart-Grid-Testfeld, eine Datenzentrale sowie zwei Referenzgebäude. Ein Parkhaus (SeeHUB) mit *Elektromobilität* und Bürogebäude kommen jetzt in der Ausbauphase dazu (Abb. 43.4).

Abb. 43.4 Blick auf die Seestadt Aspern im Nordosten Wiens (Quelle: ASCR)

Das Studentenwohnheim *GreenHouse* in der Seestadt Aspern ist das weltweit energie-
effizienteste Studierendenwohnheim mit *Passivhaus-Plus-Standard*. Es verfügt über
313 Heimplätze und 261 Wohneinheiten, Gemeinschaftsräumen zum Kochen und Lernen,
Sauna-, Musik- und Fitnessräumen, dem Waschsalon und einem Partyraum. Auf dem
Dach sind 738 Fotovoltaikpaneele mit einer Gesamtfläche von mehr als 1.200 m² montiert.
Mit einer installierten Leistung von 221,4 kWp werden damit jährlich etwa 215.865 kWh
Strom erzeugt. In den Batteriespeicher mit 150 kW und einer Energiespeichergröße von
150 kWh wird bei sonnigem Wetter der Stromüberschuss der Fotovoltaikanlage gespei-
chert. Dazu wurden neben einer hocheffizienten, bedarfsgesteuerten Lüftungsanlage mit
Wärmerückgewinnung, einer optimierten Gebäudehülle v. a. alle stromverbrauchenden
Komponenten optimiert und Standby-Funktionen vermieden. Zwei energieoptimierte Ro-
tationswärmetauscher gewinnen 85 % der Wärme sowie die notwendige Luftfeuchtigkeit
im gesamten Haus zurück. Hinzu kommen zwei E-Patronen mit je 8 kW, die regelbar sind.
Die Aufzüge arbeiten mit Bremsrückgewinnungsenergie und kommen ohne Öl und
Maschinenraum aus. Die Gebäudeinfrastruktur wird über das Siemens-Desigo-Ge-
bäudeautomationssystem und das *Building Energy Management System (BEMS)* gesteuert, das wiederum mit einem *virtuellen Kraftwerk* gekoppelt ist. Dieses aggregiert die
Flexibilitätsangebote aller Gebäude zusammen mit Kleinkraftwerken und macht sie für
den Energiehandel nutzbar.

Betrachtet man in diesem Zusammenhang die auftretenden Zusatzkosten der installierten *Erzeugungsanlagen* und *Speicher*, so ließe sich diese im Studentenwohnheim für eine
Einzelzimmerbelegung mit moderaten Mieterhöhungen decken. Die Kosten für eine Fotovoltaikanlage würden beispielsweise durch eine moderate Mieterhöhung der Einzimmer-
apartments von etwa 1,5 % bzw. 6 EUR pro Monat ausgeglichen. Samt Stromspeicher
müsste die Miete um etwa 3,5 % oder 14 EUR pro Monat erhöht werden. Wobei die vorher
genannten zusätzlichen Erlösmöglichkeiten dabei nicht berücksichtigt wurden.

Technisch gesehen bietet das *Wohngebäude* (Abb. 43.5) auch einiges: sieben Wärmepumpen mit einer Leistung von etwa 700 kW, eine Solarthermieanlage mit 90 kW, eine
Fotovoltaikanlage mit 15 kWp, eine Hybridanlage mit 20 kW elektrischer und 60 kW
thermischer Leistung, ein Erdspeicher von 40.000 kWh, sechs Warmwasserspeicher zu
2.000 l sowie ein elektrischer Speicher mit etwa 2 kWh. Eine Ringleitung in der Tiefgarage dient quasi als Verteiler für das Wärmenetz und ermöglicht, die jeweils ökonomischste
Technologie (Wärmepumpe, Erdspeicher, Solarthermie) gemäß der aktuellen Jahreszeit
und Bedarf zu nutzen. Gegenüber konventionell erzeugter Fernwärme ergab sich mithilfe
des Ökostroms eine Emissionseinsparung von etwa 77 %.

Der Bildungscampus (Abb. 43.5) mit Kindergarten und Volkshochschule wird von zwei
Wärmepumpen mit zusammen 510 kW Leistung, einer Solarthermieanlage (90 kW), einer
Heizpatrone (70 kW) zur Warmwasseraufbereitung sowie einer Fotovoltaikanlage mit
58 kWp versorgt. Dank des zusätzlichen Wärmerückgewinnungssystems und einer hochwertigen Gebäudehülle gilt der Campus als wärmeautarkes Gebäude, d. h. auch in den kältesten
Winterperioden kommt er ohne zusätzlichen Wärmeanschluss oder sonstige Backup-Wärme-
quellen (z. B. Gasbrennwertkessel) aus. Mithilfe zusätzlicher Abwärmerückgewinnung aus

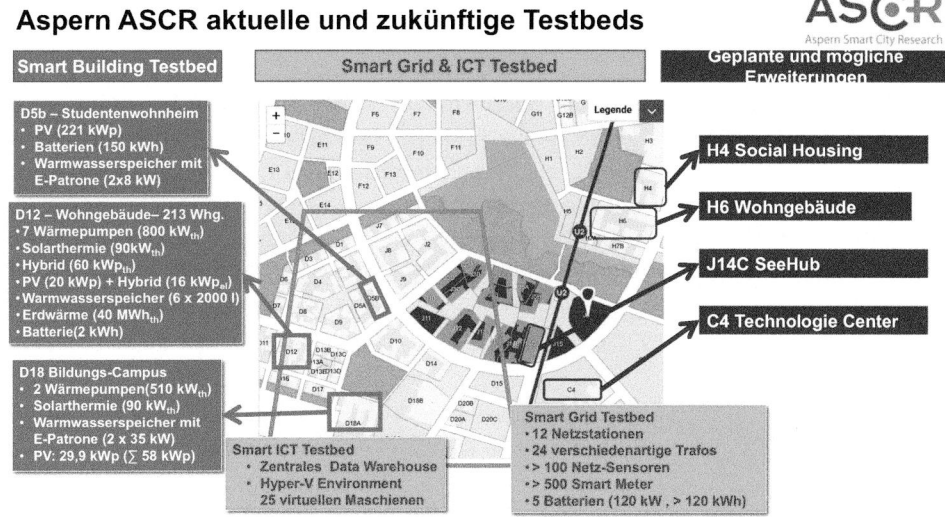

Abb. 43.5 Aktuelle und zukünftige (potenzielle) Testgebäude im Rahmen von Aspern (Quelle: ASCR)

der Körpertemperatur der Gebäudenutzer und der Betriebstemperatur der Maschinen lassen sich jährlich etwa 10.000 EUR an Energiekosten einsparen.

Insgesamt werden im Testbed des ASCR 111 Einheiten im Wohngebäude mit *Sensorik* überwacht. In 15 Referenzzimmern des GreenHouse erfolgt ein erweitertes Monitoring mit der Messung von Energieverbrauch, Temperatur, Feuchte, Wasserverbrauch und Fensterlüftungsverhalten.

Zusätzliche Daten nutzen, um den Energieverbrauch zu senken
Der Schwerpunkt der sozialwissenschaftlichen Aktivitäten fand im Wohngebäude statt. Die Bewohner haben dort im Vorfeld ihr Einverständnis gegeben, dass sämtliche Energiearten und raumkomfortbezogenen Parameter auf Haushaltsebene aufgezeichnet und wissenschaftlich ausgewertet werden dürfen.[16] Zunächst wurde versucht, anhand einer sozialwissenschaftlichen Befragung zu Beginn deren Einstellung, Wertehaltung und Verhaltensweisen zu verstehen. Es stellte sich heraus, dass fast die Hälfte der Befragten (48 %) technisch kompetent und an Energie und Nachhaltigkeit interessiert sind. Diese sog. Professionals waren für technische Erläuterungen und fachliche Diskussionen zugänglich und interessierten sich für Nachhaltigkeit. Ein weiteres Drittel (30 %), die OptimiererInnen hatten wenig technisches und energierelevantes Wissen, hatten jedoch ein hohes Interesse an der Einsparung von Energiekosten und ein gewisses Interesse an Nachhaltigkeit. Diese Gruppe möchte einfache Anleitungen bzw. intuitiv richtig bedienbare Produkte, die ihr helfen, Energiekosten zu sparen. Wenig technische Kompetenz und Interesse an Energiethemen

---

[16] Vgl. ASCR (2016).

bzw. Nachhaltigkeit hatten 13 % der Befragten; 9 % hatte kein Interesse an den vorgenannten Themen. Da alle Teilnehmer das bewusst mitgemacht hatten, muss man annehmen, dass
die Anzahl der Professionals im realen Umfeld geringer sein müsste.

Alle wesentlichen Verbrauchsdaten werden für die Teilnehmer in einer *Smartphone-App*
veranschaulicht. Nutzer erhalten so nicht erst mit der Jahresabrechnung Informationen zu
ihrem persönlichen Strom, Wärme- und Wasserverbrauch. Die Darstellung der Daten erfolgt auf 15-Minuten- bzw. Ein-Stunden-Basis. Allerdings liegen diese Daten dort erst am
Folgetag vor. Wichtig war den Teilnehmern v. a. ein Kostenvergleich (Energie und Heizung) der eigenen Kosten mit jenen von Durchschnittsverbrauchern.

Selbst bei interessierten Menschen gilt: Die Zeit, um sich kontinuierlich über die aktuelle Netzstabilität oder den CO_2-Verbrauch Gedanken zu machen, ist im normalen Alltags-
leben begrenzt.

Darüber hinaus erhielten die Teilnehmer am Piloten eine *Home Automation* (Raum-
regler) und ECO-Schalter. Mit dem System kann die Raumtemperatur aus der Ferne gesteuert werden, z. B. auf dem Heimweg aus dem Winterurlaub kann die gewünschte
Temperatur über Internet oder Smartphone-App eingestellt werden. Als weitere Komfort-
funktion der App gab es eine Anti-Schimmel-Funktion (automatische Erhöhung der Lüf-
tungsstufe bei erhöhter Luftfeuchtigkeit) und die Möglichkeit, individuell programmier-
bare Profile für die Heizung anzulegen. Mit dem ECO-Schalter können bestimmte
Steckdosen in der Wohnung auf einmal ein- und ausgeschaltet werden. Die Steckdosen
konnte man dabei selbst auswählen. Meist wurden Medien (Drucker, Scanner, TV, Radio
etc.) und Küchengeräte ausgewählt (z. B. Kaffeemaschine). Damit war es nicht mehr nötig, mehrere Standby-Geräte einzeln abzuschalten. Das wird mithilfe von ECO-Schaltern
in einem Schritt erledigt. Die Daten zeigen eine Tendenz der Verringerung des Stromverbrauchs in Abhängigkeit der Aktivierung des Eco-Schalters.

Zwischen Juni 2017 und Ende 2018 wurden für ausgewählte Haushalte (*zeitvariable
Stromtarife*) (*Time-of-Use, TOU*) mit und ohne *Critical Peak Pricing (CPP)* angeboten.
Diese beinhalten bis zu vier Preisstufen. Man unterscheidet zwischen Hochtarif in den
Morgen- und Abendstunden und Niedrigtarif in den Mittags- und Nachtstunden. Am Wo-
chenende ist der Tarif einheitlich (Abb. 43.6). Events kann der Versorger über die Smart
Home Control App kommunizieren. Auf diese Art werden etwa zwei Tage vorher geson-
derte Stromtarife für Zeiten eines Netzengpasses von etwa zwei bis drei Stunden kommuniziert, in denen der Strompreis entweder sehr hoch oder sehr niedrig sein wird (CPP).
Profitiert haben hier naturgemäß Haushalte mit höherem Stromverbrauch. Sie sparten bis
zu 100 EUR im Halbjahr. Die Auswertungen deuten darauf hin, dass die Tarifmodelle
dazu beitragen, den Verbrauch zeitlich zu verschieben, wogegen eine absolute Verbrauchs-
reduktion eher nicht erreicht wird. Für zukünftige Aktivitäten wären Tarifsimulationen mit
höheren Vergleichstarifen zu überlegen, da für die kommenden Jahre größere Preiserhöhungen an den Strommärkten zu erwarten sind. Da die Preisunterschiede nur sehr gering
waren, gab es kaum Effekte. Damit ergibt sich die Notwendigkeit, den Automatisierungsgrad zu erhöhen bzw. den Preisanreiz zu verstärken. Geschirrspülmaschinen bieten hier
Chancen, Waschmaschinen eher nicht.

Abb. 43.6 Genutzte Time-of-Use-Stromtarife in Aspern

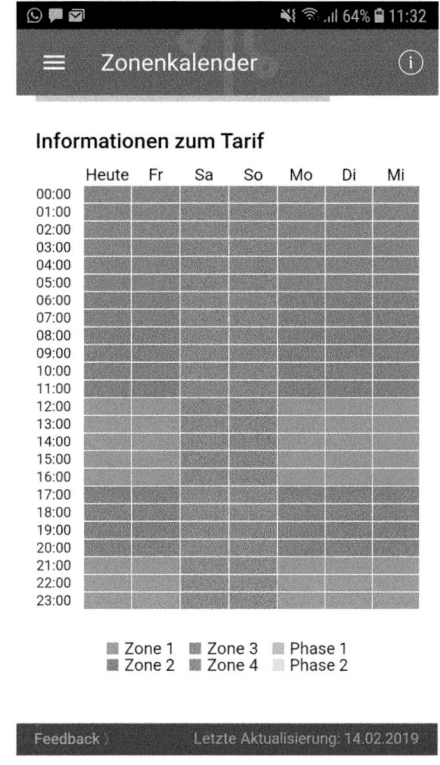

Mehr als 100 Haushalte machen mit, allerdings sinkt trotz Interesses die Bereitschaft im Lauf der Zeit und pendelt sich auf niedrigem Niveau ein. Für die Akzeptanz der App-Nutzer zur Teilnahme gilt: sehr einfache Bedienbarkeit, klare Zusammenhänge zwischen Ursache und Wirkung, sinnvolle Voreinstellung fördern.

Für Kleinkunden war es bisher wirtschaftlich nicht vertretbar, einen Lastprofilzähler einzubauen, um aktuelle Werte zu bekommen. Man ordnete ihnen daher *standardisierte Lastprofile (SLP)* zu. Diese Lastprofile gelten als Fahrpläne für die Beschaffung und Netzabsicherung. Sie wurden vor etwa 20 Jahren festgelegt. Durch die geplante flächendeckende Einführung von *Smart Metern* in Österreich sollen diese nun häufiger aktualisiert werden.[17] Aktuell erfolgt dies jährlich.[18] Auch die Messungen in Aspern zeigen, dass diese nicht der Realität in modernen Gebäuden entsprechen und zu erheblichen Abweichungen bei der Beschaffung führen.

Fazit

Für den privaten Bereich gilt wenig Überraschendes: Keine Mittagsspitze mehr, da weniger gekocht wird. Erst abends zieht der Stromverbrauch wieder an. In geringem Ausmaß kön-

---

[17] Vgl. FFE (o. J.).
[18] Vgl. APCS (2019).

nen Lastverschiebungen in den Wohnungen durch entsprechende Tarifmodelle erreicht werden. Wobei automatisierte Mechanismen in Verbindung mit finanziellen Anreizen zur Lenkung des Nutzungsverhaltens im Vergleich zu manuellen Eingriffen des Endnutzers mehr Bedeutung beizumessen ist. Eco-Schalter und Lüftungsanlage spielen in Bezug auf den Energiemarkt keine große Rolle. Energiewirtschaftlich relevant sind die zusätzlichen Stromverbrauchsspitzen, die durch die zunehmende Installation von Kühlanlagen infolge von Überwärmung im Zeitraum April bis September entstehen. Für Energieunternehmen kann sich hier ein mögliches Geschäftsmodell durch wassergeführte Kühlsysteme ergeben.

43.3.2 IT-Innovation für smarte Gebäude. Smarte Netze und neue Dienstleistungen

Die dezentralen Assets in Smart Homes, Gebäuden, Quartieren und Stadtteilen interagieren mit dem Smart Grid über unterschiedliche Systeme und erzeugen dabei eine Vielzahl an Daten, auf denen wiederum weitere Serviceleistungen aufgebaut werden können. Die benötigten Komponenten dazu werden im Folgenden auf Basis der Ergebnisse aus Aspern dargestellt und bewertet.

43.3.2.1 Building Energy Management System: Energiekosten senken, Flexibilität für Bauträger und Gebäudebetreiber

Ziel für Aspern war es auch zu zeigen, wie energieautarke und energieeffiziente Gebäude durch den Einsatz erneuerbarer Versorgungskonzepte ihren Eigenverbrauch marktdienlich erhöhen und zur Steigerung der System- und Kosteneffizienz auf die Tarifsituation, Netzengpässe oder Umweltsituation reagieren können. Die Schlüsselrolle hierbei spielte ein sog. *Building Energy Management System (BEMS)*. Es optimiert den Eigenverbrauch in den verschiedenen Gebäudetypen und liefert vielversprechende Nutzungsmöglichkeiten alternativer Gebäudetechnik (z. B. Wärmepumpen, Solarthermie, Fotovoltaikanlagen oder Stromspeicher). Letztere sind zwar seit vielen Jahren in der Baubranche etabliert, allerdings sind diese meist nicht aufeinander abgestimmt und oft werden Strategien nur zur betriebswirtschaftlichen Optimierung der einzelnen Komponente implementiert, das gesamtheitliche Optimum aber wird außer Acht gelassen.

Aus diesem Grund war es notwendig, das BEMS weiterzuentwickeln, sodass es die vorhandenen Flexibilitäten in diesem Sinn nutzt, u. a. durch Verschiebung der Wärmeerzeugung von Wärmepumpen in Zeiten maximaler Erzeugung der installierten Fotovoltaikanlagen, mithilfe von Energieumwandlung (Wärmepumpe, Elektroheizstäbe) gegebenenfalls die Energie in elektrische und thermische Speicher puffert und eine Interaktionsmöglichkeit mit dem Verteilnetzbetreiber und Energiemärkten eröffnet.

Hierbei wurden drei Anwendungsfälle implementiert:

1. **Minimale Betriebskosten:** Das Gebäude optimiert seinen Strombezug sowie die Einspeisung ins Netz basierend auf Preisprognosen für die nächsten 24 Stunden.

2. **Optimaler Energieeinkauf:** Das Gebäude plant, basierend auf Preisprognosen für den nächsten Tag, ein kostenoptimiertes Lastprofil, das den Energiebedarf in seinem zeitlichen Verlauf zeigt und kauft diesen am Day-Ahead-Markt ein.

3. **Flexibilität anbieten und bereitstellen:** Das Gebäude plant seinen Energieverbrauch so, dass Flexibilität extern vermarktet werden kann (z. B. Regelenergiemarkt). Flexibilität, das sind Stromreserven, die das Gebäude aktuell nicht benötigt. Dabei werden Energiebezugskosten und Preisprognosen für positive und negative Flexibilitätsabrufe berücksichtigt.

Ermöglicht wurde dies durch ein weiterentwickeltes BEMS, das die Möglichkeit schaffte, Erzeuger- und Verbrauchsanlagen unter Berücksichtigung von Prognosen (u. a. variable Energietarife) intelligent zu bewirtschaften. Dieses System steuert die Komponenten des Prosumers aktiv mithilfe von Forecast-Methoden durch unterschiedliche Betriebsmodi. Es besteht dabei aus vier Hauptkomponenten, die von der Planung am Vortag bis zur aktuellen Steuerung alle Schritte übernehmen (Abb. 43.7). Durch den kaskadierten Aufbau (Day-Ahead Planning, Intraday Replanning, Load Management und Base Controller) kann bei Prognosefehlern oder kurzfristigen Ereignissen die zuverlässige Betriebsweise gewährleistet werden.

Damit auf Änderungen jederzeit reagiert werden kann, ist das System rückgekoppelt. Darüber hinaus können bei Netzengpass (rote Ampel) eine Änderungsvorgabe an das

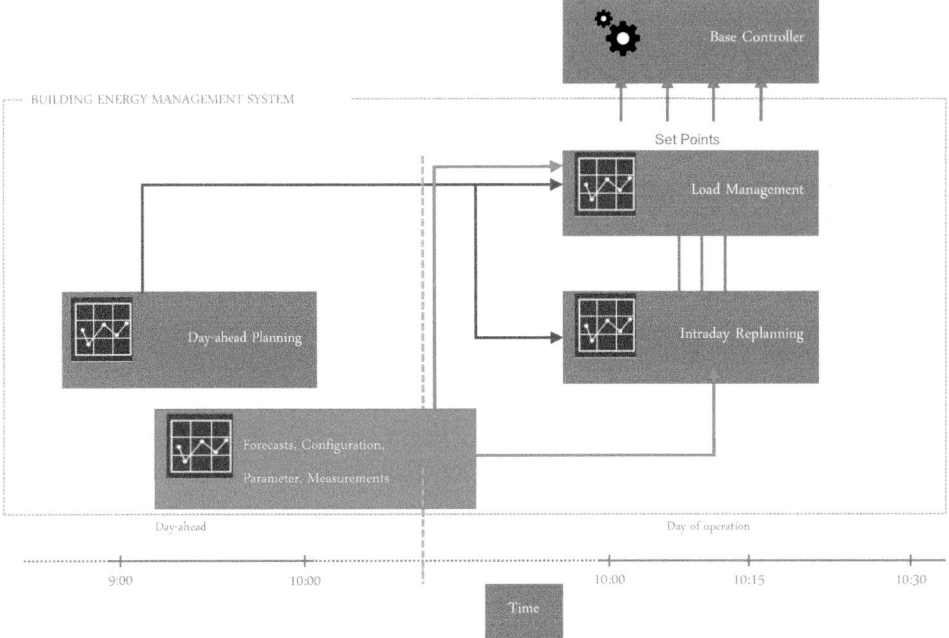

Abb. 43.7 Beteiligte Hauptkomponenten in einem Building Energy Management System (BEMS)

Smart Building gesendet oder mithilfe einer Anfrage bezüglich freier Flexibilität potenzielle zukünftige Netzprobleme gelöst werden (gelbe Ampel).

Experten der ASCR-Gesellschafter haben in der Seestadt Aspern erstmals nachgewiesen, dass Stromreserven über das eigene Gebäude hinaus anderen Energiesystemen angeboten werden können. Das Studentenwohnheim GreenHouse wurde als eines der ersten europäischen Wohngebäude für den Handel am *Regelenergiemarkt* angemeldet. Es kann sowohl negative als auch positive Regelenergie bereitstellen. Im Vergleich zu einem Referenzpunkt kann es bei Bedarf entweder z. B. 90 kW mehr oder 30 kW weniger Energie als geplant verbrauchen. Die Flexibilität ist in beiden Fällen für jeweils 15 Minuten verfügbar. Die Verbindung zum Energiemarkt via Virtual Power Plant (VPP) bzw. zur intelligenten Trafostation, wird mithilfe eines Übertragungsprotokolls XMPP (Extensible Messaging and Presence Protocol) umgesetzt. XMPP wird sowohl für die Übermittlung von Lastprognosen und Energietarifen als auch für den Handel mit Flexibilitäten zwischen Gebäude und virtuellem Kraftwerk bzw. Verteilnetz genutzt. Damit werden auch Notsignale aus dem Verteilnetz übermittelt, um unmittelbare Änderungen der Last auszulösen. Statt XMPP wäre Message Queuing Telemetry Transport (MQTT) heute eine Alternative.

Als Teil eines virtuellen Kraftwerks, das viele kleine Erzeugungsanlagen zusammenschließt, wird das Studentenwohnheim in Aspern aktiv ins VPP der Wien Energie eingebunden und vermarktet.

Fazit

Die komplexe Energieversorgungslösung für den Wohnbau zeigt, dass auch großvolumige Bauten im urbanen Umfeld ohne Fernwärme- oder Gasanschluss die Energienachfrage decken können. Das hierfür weiterentwickelte BEMS erlaubt dem Bauträger, mit wenig Konfigurationsaufwand die neuartigen Herausforderungen zu meistern. Damit lässt sich zukünftig ein deutlich flexiblerer Gebäudebetrieb umsetzen, der auf flexible Stromtarife, Netzanforderungen und Wetterprognosen reagiert.

Langfristig können damit bisher wenig genutzte ökonomische Erlöse realisiert, weitere Lastspitzen im Betrieb und somit teure Netzausbauten vermieden werden. Mit der Teilnahme am Strommarkt und den dort generierten Zusatzeinnahmen können darüber hinaus die Betriebskosten weiter gesenkt werden. Die Kostenersparnis im Vergleich zu einem Normalbetrieb ist dabei stark von der gewählten Tarifstruktur und Prognosegüte abhängig. Außerdem ist das Potenzial in den Wintermonaten höher als in den Sommermonaten. Damit ergibt sich für das Optimierungspotenzial eine Bandbreite. Ein Lastfolgebetrieb gegenüber den Ein-Stunden-Preisen der *Energy Exchange Austria (EXAA)* wurde umgesetzt.

Üblicherweise müssen Einzelkomponenten am Regelenergiemarkt präqualifiziert werden. Dies ist zeitaufwendig und teuer. Ziel muss es daher sein, Gebäude als Ganzes qualifizieren zu können. Das ist entscheidend für die künftige Vermarktung, weil die Kosten für die Einzelqualifikation der Komponenten zu hoch wären. Die Vision der Experten geht weiter: „Künftig sollen alle Gebäude automatisch als qualifiziert gelten, die mit solchen

Siemens-Energiemanagementprodukten ausgerüstet sind. Zugleich entsteht ein Mehrwert, weil unterschiedliche Produkte wie virtuelle Kraftwerkskomponenten, Gebäude- oder Industrieautomatisierungssysteme sofort miteinander funktionieren."

43.3.2.2 Virtuelle Kraftwerke, die Klammer über Gebäude und Stadtteile

Der vorige Abschnitt fokussierte auf die betriebswirtschaftliche Gebäudeoptimierung, indem man den Eigenverbrauch der produzierten Energie erhöhte bzw. die Energiekosten minimierte. In einem Campus oder *Quartier* bzw. als Aggregator ergeben sich jedoch noch weitere Optimierungsmöglichkeiten, indem man einzelne Gebäude und zusätzliche flexible Erzeuger zusammenfasst.

Hier kommt das *virtuelle Kraftwerk* (*Virtual Power Plant, VPP*) ins Spiel. Es fasst sowohl regional wie überregional in den vorhandenen Versorgungsgebieten die Assets zusammen und hilft so, die derzeit noch geltende Mindestangebotsgröße auf den Regelenergiemärkten (meist 5 MW) zu erreichen.

Je nach Strategie des VPP-Betreibers ergeben sich dabei z. B. folgende Möglichkeiten:

- Handel an der Strombörse (Day-Ahead, Intraday, Terminmärkte)
- Direktvermarktung (Over-the-Counter[OTC]-Verträge)
- Regelenergiebereitstellung (Primärregelleistung [PRL], Sekundärregelleistung [SRL] und Minutenreserve [MRL/TRL])
- Vermeidung von Ausgleichsenergie in Bilanzgruppen (Prognosefehler bei volatiler Erzeugung)
- Vermeidung von Lastspitzen und Netzüberlastungen
- Eigenverbrauchsoptimierung, etwa von Gebäuden und Elektroautos
- Blindleistungsbereitstellung, Demand Response oder Demand Side Management.

Systemisch bedingt kennt der VPP-Betreiber heute die regionale Netzsituation nicht. Umgekehrt sind beim Netzbetreiber geplante Änderungen in der Erzeugung bzw. im Verbrauch (Fahrplanänderungen), die durch den VPP-Betreiber verursacht werden können, unbekannt (z. B. Teilnahme am Regelenergiemarkt). Dadurch können unerwartete Lastspitzen z. B. durch Zuschalten der Schnellladesäulen bei Elektrofahrzeugen entstehen. Das sollte sich in Aspern ändern. Als VPP wird das *Siemens Decentralized Energy Management System (DEMS)* eingesetzt. Es kommuniziert mit dem jeweiligen Gebäude. Dieses stellt die Verbindung zum lokalen BEMS her, das wiederum geplante Fahrpläne an die des VPP-Einsatzes anpasst. Mithilfe des zusätzlichen Flex-Operators (FlexOp) wird sichergestellt, dass gegebenenfalls vorliegende Netzrestriktionen nicht verletzt werden, indem mögliche Lastverbrauchprognosen im Netzabschnitt genutzt werden (Abb. 43.8).

Man kann sich nun fragen, ob das VPP die einzelnen Assets des Gebäudes sehen soll oder diese über das BEMS nur als summierte Flexibilität nutzbar werden sollen. Bei der letzten Variante wird das BEMS selbst entscheiden, welcher Mix die gewünschte Flexibilität im Fall eines Abrufs erfüllen wird. Das erlaubt eine optimale Bewirtschaftung der

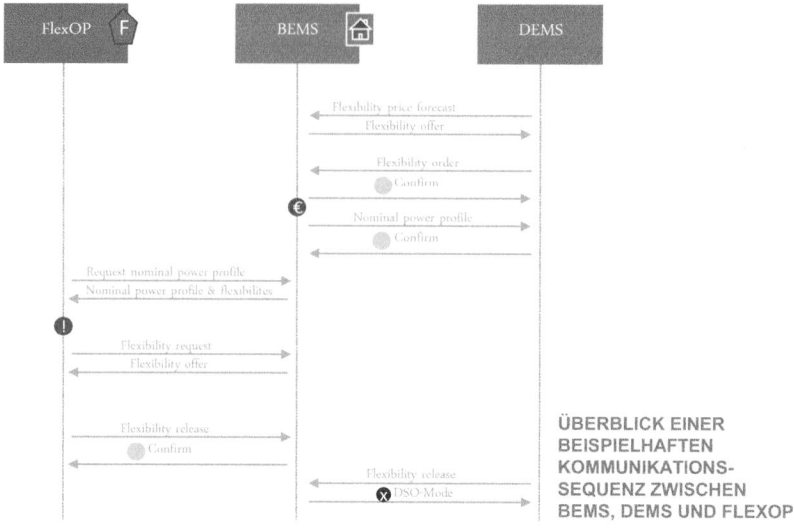

Abb. 43.8 Rückgekoppelter Abstimmprozess zwischen virtuellem Kraftwerk und Gebäude

Einheiten im Gebäude und reduziert die Komplexität des übergeordneten VPP und die Anschlusskosten. Der umgekehrte Fall ist auch gut vorstellbar, weil hierdurch z. B. die Speicher zur Netzdienlichkeit genutzt werden können, wenn nachts der Windstrom kaum Verbraucher findet und *Redispatch-Maßnahmen* vermieden werden könnten.

Die erste Abschätzung im Rahmen des Förderprojekts SC-DEMO Aspern hat folgendes Marktpotenzial ergeben: jährlicher Umsatz von bis zu 30 Mio. EUR, wenn die Gebäude mit jeweils 30 kW Leistung am negativen Tertiärregelenergiemarkt anbieten. Im Detail wurden folgende Kosten bzw. Erlöspotenziale ermittelt:

- Kosten DEMS, Fernwirkeinheit und Datenübertragung etwa 500–1.000 EUR pro Jahr und Gebäude
- Erlöse je kW für Tertiärregelenergie zwischen 29 und 44 EUR pro Jahr (positive oder negative Regelenergie)
- Bei etwa 164.745 Gebäuden und 20 % befähigter Gebäude (d. h. etwa 1 GW in Wien).

Fazit

Durch die in der ASCR entwickelten Lösungen stehen Energieversorgern und Netzbetreibern neue Werkzeuge zur Verfügung, um bisher ungenutzte Flexibilität in städtischen Gebäuden aktivieren und vermarkten zu können. Diese werden durch ein weiterentwickeltes VPP bereitgestellt. Mithilfe des eingesetzten Produkts DEMS wurden in den durchgeführten Feldtests aus technischer Sicht die entwickelten Funktionalitäten sehr gut unter Beweis gestellt. Wirtschaftlich konnten die Effekte angedeutet werden, bedürfen aber noch einer Langzeituntersuchung, da sowohl das saisonale Verhalten (Sommer/Winter) als auch eine geänderte Altersstruktur noch genauer betrachtet werden müssen.

43.3.2.3 Niederspannungsnetze im urbanen Bereich: Smart-Grid-Migrationspfad

Auswirkungen der heute für den Netzbetreiber sichtbaren Folgen der dezentralen Erzeugung sind:

- Die bisherigen Regeln zur Netzauslegung verlieren Ihre Gültigkeit.
- Es kommt zu lokalen Spannungsanhebungen (Spannungsproblem).
- Zu viele Elektroautos können die Strangsicherung auslösen (Stromproblem).
- Unflexible Energiepreise in Verbindung mit existierender Gebäudetechnik bzw. Ladestationen haben ein hohes Potenzial, das Netz an seine Belastungsgrenzen zu bringen.
- Dezentrale Erzeugung in Kombination mit Elektromobilität kann zur thermischen Überlastung einzelner Kabelabschnitte führen.

Das *Verteilnetz* muss folglich in Zukunft näher an den Kapazitätsgrenzen betrieben werden. Damit dies nicht überlastet wird, haben sich drei Schritte als zielführend herauskristallisiert.

Monitoring als Basis für zukünftige Smart Grids

Speziell entwickelte *Netzsensoren* liefern zeitlich synchronisiert aktuelle Messwerte aus dem *Niederspannungsnetz*. Die Messwerte werden validiert und mit zusätzlicher Information bezüglich des Ursprungs der Messwerte (Verknüpfung mit der Netztopologie) in einer zentralen Datenbank abgelegt. Auf die gleiche Art und Weise werden auch Daten von anderen Quellen wie z. B. Smart Meter oder Leitungsschutzschalter mit integrierter Messelektronik erfasst und abgelegt. So entsteht eine skalierbare Datenbasis, die für eine *Netzüberwachung* (Netzleitsystem, Siemens Spectrum 7), eine Analyse von Netzereignissen oder Planungs- und Optimierungszwecke verwendet werden kann. Darüber hinaus wurden die Sensoren so gestaltet, dass deren Messwerte auch für zukünftige lokal stattfindende Steuer- und Regelprozesse mithilfe verteilter intelligenter Netzkomponenten verwendet werden können. Im Vordergrund stand eine kostengünstige Erfassung des aktuellen Netzzustands bis zum Kundenanschluss, eine möglichst selbstkonfigurierende Feldsensorik („plug and automate", d. h. sie melden sich automatisch beim überlagerten System an) und ein kostenoptimiertes Messkonzept. Aufgrund der Datenschutzverordnung in Österreich kann man davon ausgehen, dass die Notwendigkeit für diese Sensoren nicht durch Smart Meter abgelöst werden, da Kunden kaum einer höherfrequenten Messung einfach zustimmen und die heute gängigen Smart Meter nicht in vollem Umfang die benötigten Daten liefern können.

Ausblick ASCR 2.0: Bereitstellung eines IoT-fähigen modularen Sensorkonzepts, das auch die Temperaturmessung von Netzassets unterstützt, sowie die prozesstechnisch optimale Integration von Datenquellen anderer Hersteller.

Die über das Monitoring gewonnenen Daten werden für folgende Applikationen verwendet

- Grid Bottleneck Detection: In der Niederspannungsebene wird laufend ermittelt, ob ein Netz-Asset nach einstellbaren Kriterien thermisch Belastungsgrenzen erreicht oder überschreitet oder ob mit hoher Wahrscheinlichkeit ein Spannungsproblem gemäß EN 50160 vorliegt. Darüber hinaus können auch Alarmkriterien für die Netzasymmetrie, die Blindleistung und den Oberschwingungsanteil festgelegt werden.
- Behandlung von Anschlussanfragen: Mithilfe des Tools können aus den Daten an einem bestimmten Netzanschlusspunkt der Worst Case der bisher aufgetretenen Netzbelastung herausgefiltert werden und diesem Worst Case ein Lastprofil aus einer Kundenanschlussanfrage überlagert werden. Das Ergebnis dient dann als Basis für den weiteren Umgang mit den Anschlussanfragen.
- Lastflussprognose über Niederspannungstrafostationen: Auf Basis von aktuellen Lastflussmesswerten aus typischen Trafostationen zusammen mit aktuellen Wetterdaten und einer Wetterprognose wird eine Day-Ahead- und eine Sieben-Tage-Lastprognose erstellt. Über eine Zusammenfassung aller Trafostationen über die Typisierung gelangt man zu einer Lastprognose für das Gesamtnetz. Das dabei verwendete Set von *Prognosealgorithmen* passt sich sehr rasch an Veränderungen an. Die feine Granularität auf Trafostationsebene ermöglicht die schnelle Identifikation von Verhaltensänderungen nach Netzgebieten. Aperiodische Ereignisse (z. B. lokale Großveranstaltungen) können in einem Lernmodus erfasst und bei ähnlichen, zukünftig geplanten Ereignissen in einem Kalender vorab der Prognose hinterlegt werden.
- Ausblick ASCR 2.0: Erstellung eines Konzepts für eine szenariobasierte Hochrechnung zukünftiger Netzlasten mit Schwerpunkt auf einer Modellierung von typischen Anschlussnutzern sowie der Erstellung eines konsistenten Tool-Konzepts für die zukünftige Netzplanung.

Aktives Netzmanagement (zwei Bereiche adressiert)

Aktives Netzmanagement (zwei Bereiche adressiert):

1. Netzbetreiberinterne Netzoptimierung, z. B. durch zusätzliche Spannungsregler, lastabhängiger Netzverschaltung, Netzsymmetrierung und Blindleistungskompensation
2. Automatische Steuerung von bestimmten Lasten oder Erzeugungsanlagen im Kundenbereich nach festgelegten vertraglich vereinbarten Kriterien

Um beide Bereiche im Sinn einer möglichst hohen Netzverfügbarkeit abdecken zu können, wurde im Rahmen des ASCR ein Plattformkonzept für dezentrale Steuer und Regelaufgaben entwickelt. Dieses besteht aus Linux-basierten Feldkomponenten, auf denen mehrere unterschiedliche Applikationen, die die eigentlichen Steuer- und Regelaufgaben repräsentieren, installiert werden können. Jede einzelne Applikation läuft dabei in

einem eigenen Container und ist damit von den anderen Applikationen und vom Betriebssystem funktional weitestgehend entkoppelt. Der Datenaustausch zwischen den Applikationen erfolgt über einen eigenen Datenbus. Damit können bereits heute benötigte Funktionen wie z. B. komplexere dezentral ausgelagerte Überwachungsfunktionen (z. B. Grid
Watch Dog) oder Spannungsregler sofort realisiert werden. Wenn sich im Lauf der Zeit die
Anforderungen z. B. an die Koordinierung von Ladevorgängen konkretisieren, können
diese Funktionen durch die Installation von entsprechenden Apps nachgerüstet werden.

Ausblick ASCR 2.0: Entwicklung von Apps für die Ermittlung der verfügbaren Netz-
ressourcen und temporäre Zuteilung dieser an bestimmte Assets im Kundenbereich sowie
die Entwicklung von Apps zur lokalen Optimierung von Garagen mit einer hohen Dichte
von Ladestationen (Einsatz von Batteriespeichern und lokaler Erzeugung zur Reduktion
von Leistungsspitzen am Netzanschlusspunkt).

43.3.2.4   Einsatz dezentrale Stromspeicher und Elektromobilität

Bei *Stromspeichern* denkt man oft an Netzdienlichkeit, v. a. an Wirk- und Blindleistungsmanagement, oder auch Stromphasensymmetrierung und DIP-Kompensation.[19] Nachdem
die Netzdienlichkeit in den meisten Fällen durch einen geeigneten Inverter des Batterie-
systems abgedeckt werden kann, steht in Aspern eine hybride Speichernutzung, d. h. netzdienlich und energetisch im Vordergrund. Dabei werden auch die Intraday-Vermarktung
und Eigenverbrauchsoptimierung berücksichtigt.

Eine erste Analyse zeigt, dass beim Szenario Zentral (Stromspeichersystem in den Trafostationen) die höchsten Verluste (Batterie plus Inverter) entstehen, gefolgt vom Szenario
Dezentral (einzelnes Stromspeichersystem, z. B. am Strangende eines Niederspannungs-
abzweigs) und dem Szenario Verteilte Speicher (verteilte Kleinspeicher an Netzverknüp-
fungspunkten der Kunden).

Weitere Ergebnisse: Die Phasensymmetrierung brachte bei der Verlustminimierung wenig. Der Einsatz bezüglich der Blindleistungskompensation erfolgte problemlos, was eine
Reduktion der Blindleistungsbereitstellung in den übergeordneten Netzebenen ermöglichen
würde. Peak Shaving half, die vorgegebenen Leistungsobergrenzen einzuhalten. Quantifi-
zierbare Werte müssen allerdings noch in einer Langzeitstudie ermittelt werden. Der vorwiegend finanzielle Nutzen für den Einsatz von Speichern ist es, die Eigenverbrauchsquote
zu erhöhen, z. B. im Eigenheim, Studentenwohnheim in Aspern.

Alle Anwendungen haben derzeit gemein, dass der wirtschaftliche Einsatz von elektro-
chemischen Speichern für einen einzelnen Zweck aufgrund derzeitiger Preise meist nicht
darstellbar ist. Nur der Mehrfachnutzen scheint erfolgversprechend. So könnten Stromlieferanten Strom bei niedrigen Preisen einlagern, um so dann zu Zeiten höherer Preise, Kunden den Strom auch billiger anbieten zu können, Verteilnetzbetreiber könnten den Stromspeicher für Netzdienstleistungen nutzen. Das Puffern von Leistungsspitzen in den untersten
Netzebenen zur Vermeidung von verstärkten Ausbaumaßnahmen in hoheren Netzebenen
als auch der Beitrag von Netzspeichern zur Stabilisierung der Netzfrequenz und Lieferung

---

[19] DIP bedeutet hier Absenkung und ist im beschriebenen Kontext ein kurzzeitiger Spannungsein-
bruch, der in der EN 50160 (Norm für einzuhaltende PQ-Parameter) beschrieben ist.

von Kurzschlussleistung bei erhöhtem Einsatz von dezentraler Erzeugung müssen noch näher untersucht werden. Das Ein- und Ausspeichern bei Stromspeichern wird heute rechtlich unterschiedlich behandelt, was den Einsatz nicht fördert. Man müsste bessere Regeln finden und könnte Analogien, z. B. bei *Pumpspeicherwerken* oder *Power-to-Heat-Anlagen*, nutzen. Da diese Regularien aber aktuell fehlen, wäre zu hinterfragen, wer die Anlagen (aus Sicht der Entflechtung Netz/Erzeugung) errichten oder betreiben darf.

Fazit

1. Die Einhaltung der Netzstabilität heute und in Zukunft sind Aufgaben des Verteilnetzbetreibers. Kurzfristige Netzspitzen werden zukünftig häufiger und volatiler auftreten, d. h. die Netzbelastung nimmt eher zu. Durch das geänderte Bezugs- und Einspeiseverhalten der Kunden und volatiles Einspeisen wird der Bedarf an Bereitstellung von Flexibilitäten größer. Stromspeicher in der Netzinfrastruktur würden den Verteilnetzbetreiber bei benötigten Netzdienstleistungen entlasten.
2. Wirtschaftlich wird der Einsatz nur, wenn mehrere Szenarien gleichzeitig genutzt werden. Daher muss regulatorisch der Rahmen erweitert und Netzbetreiber, Energieversorger und Kunden berücksichtigt werden.

Mit dem zuvor beschriebenen System soll zukünftig auch die *Elektromobilität* gemanagt werden, indem bei Heimladestationen (maximal 22 kW) der Kunde eine Kommunikationsverbindung zur Trafostation aufbaut und im Netz anfragt, ob er diese die Leistung voll nutzen kann oder nicht. Das Netz prüft, auf Basis seiner üblichen etwa 3,7 kW pro Haushalt, ob ein Netzengpass im jeweiligen Segment entstehen würde, und erteilt eine temporäre Freigabe. Während des Ladevorgangs steht die Ladesäule in Verbindung mit der Tarfostation, sodass diese umgehend reagieren kann, wenn der Verbrauch über ein kritisches Maß steigt. Als Basis dienen Lastvorhersagen am Niederspannungstrafo. Damit soll vermieden werden, dass es, wegen volatiler Einspeisung und Verbrauch, zu mehr Ausgleichsenergiekosten kommt, weil Messwerte fehlen. Mithilfe von Typisierung wurde erreicht, dass ein kleiner Anteil (etwa 10–15 %) instrumentalisiert werden musste und trotzdem Aussagen zum Netzbereich möglich sind.

43.3.2.5 Big Data – Nutzen und Mehrwert aus der Welt der Daten

In den Testbeds der ASCR werden jeden Tag etwa 1,5 Mio. Messwerte aus 111 Haushalten, mehr als 100 Monitoring-Geräten im Niederspannungsnetz und den Trafostationen erfasst und in einem Data Warehouse gesammelt. Im ersten Schritt wird eine unstrukturierte Analyse durchgeführt, um zu prüfen, ob Abweichungen oder Besonderheiten auftreten, aber auch um Fehler in den Daten oder fehlende Daten zu identifizieren. Dabei werden *Machine-Learning-Algorithmen* eingesetzt.

In Summe wurden 200 Fragestellungen untersucht. Auszugsweise einige der Ergebnisse:

- Neue Modelle zur Lastprognose für Wiener Netze von Trafostationen

- Automatisierte Anschlussbeurteilung neuer Verbraucher- und Erzeugerlasten fürs Verteilnetz
- Automatisierte Erkennung der aktuellen Netztopologie mithilfe realer Messwerte (>85 % Genauigkeit)
- Automatische Erkennung der jeweils aktiven Erzeuger im Netzsegment
- Optimierte Haushaltslastmodellberechnung im urbanen Raum (12 % weniger Fehler entsprechen etwa 66 MWh pro Jahr im Vergleich zu Standardlastprofilen)
- Kurzzeitprognosen verbessert (85 % Genauigkeit)
- Zustandsschätzung (State Estimation) für urbane Nieder- und Mittelspannungsnetze (>96 %)
- Klassifizierung von Lastprofilen zu repräsentativen Verbraucher-/Prosumer-Gruppen

Darüber hinaus können durch explorative Analysen neue bzw. unbekannte Zusammenhänge innerhalb der vorhandenen Daten identifiziert werden, z. B. Erkennung von abweichenden Betriebszuständen mithilfe von Nachbarschaftsanalyse, Sequenzanalyse oder Musteridentifikation.

Durch ein Simulationsmodell (*digitaler Zwilling*), das Netz- und Gebäude enthält, konnte die Fehlerkorrektur während der Inbetriebnahme des Energiesystems deutlich beschleunigt werden. In realen Bauprojekten wären diese erst viel später entdeckt oder zumindest lange nicht bemerkt worden. Daher sollten solche Systeme bereits frühzeitig bei der Planung eines großvolumigen Baus/Campus eingesetzt werden. Damit können zukünftige Varianten oder Optimierungen von Gebäuden bzw. Änderungen von Rahmenbedingungen (z. B. Energietarife, Bauvorschriften) für unterschiedliche Stakeholder vergleichend analysiert und beurteilt werden.

Bares Geld durch smarte Datenanalyse

Die Analyse von Gebäude- und Stromnetzdaten bringt Netzbetreibern, Gebäudeeigentümern, aber auch Energieversorgern Kosten- und Erlösvorteile. Für Gebäude gilt auch, wenn die Bedarfsprognose besser ist, kann man das Gebäude betriebswirtschaftlich besser optimieren, Speicher besser nutzen und Systeme können störungssicherer zur Energieversorgung genutzt werden. Die durchgeführten Datenanalysen und entwickelten Datenmodelle helfen somit, Kosten zu minimieren bzw. Erlöse zu maximieren.

43.4 Zusammenfassung und Ausblick

Will man die in Kattowitz (Dezember 2018) vereinbarten gemeinsamen Regeln für die praktische Umsetzung der Ziele des Pariser Abkommens erreichen, muss man die größten CO_2-Emissionsverursacher angehen. Hinter der Schwerindustrie (29 %) stehen die Gebäude (18 %) an zweiter Stelle und die Energieversorgung kommt an fünfter Stelle (15 %).[20] Die gewünschten Reduktionen in der Dekarbonisierung erfordern Durchbrüche

---

[20]Vgl. ASCR (2018, S. 67).

beim Gebäudemanagement, bei den Speichern und dem Smart Grid, das die dezentralen Verbraucher und Anlagen einbindet.

Aspern zeigt hier wie ambitionierte Ziele bereits heute effektiv umgesetzt werden können. Der pilotartige Charakter ist dabei nun in eine Umsetzung mit Produktcharakter zu überzuführen und kann als Blaupause für weitere Gebäude und Quartiere dienen. Die nächsten Jahre werden im ASCR noch viel Neues bringen. So plant die ASCR bereits heute Lösungen zur Eigenbedarfsoptimierung von Gemeinschaftsfotovoltaikanlagen für die Wirtschaftsagentur Wien in der Seestadt. Diese soll Österreichs erste Mieterstromanlage werden. Mit der Idee eines echten Anergienetzes, das mehrere smarte Gebäude mit einer wassergeführten Wärmeversorgung und Kühlung verbindet, sollen neue Erkenntnisse für innerstädtische Energielösungen gewonnen werden.

Die bisherigen Ideen zu speichern, gingen eher von einem kurzfristigen Zeitraum aus. Umweltschonende Beheizung und zukünftige Kühlung von Gebäuden können dabei kaum von solarer Wärme und Energie über alle Jahreszeiten hinweg gedeckt werden. So könnte solare Energie aus dem Sommer im Winter genutzt werden, indem sie mithilfe von *Power-to-X (P2X)*[21] umgewandelt und gespeichert wird.

Das Potenzial zur Lastverschiebung aufgrund von Verhaltensänderungen des Smart User wird auch in Zukunft nicht sonderlich hoch sein. Intelligent agierende Gebäude stehen hier eher zur Verfügung. Wobei gilt, dass diese Gebäude über ein BEMS-ähnliches System verfügen sollten, das möglichst über „plug and automate" eingebunden werden kann, um Rollout-Kosten zu reduzieren.

Mithilfe integrierter IKT und zentraler Datenhaltung werden darauf aufbauende Dienstleistungsfunktionen stark wachsen und durch geschickte Partnerschaften disruptive Geschäftsmodelle nach sich ziehen. Der geschickte Einsatz von Finanzierungsmodellen wird dabei den Trend verstärken, dass Energie ein Service wird oder zumindest eine Kombination aus Produkt und Dienstleistung, die Verkehr, Strom und Wärme/Kälte verbindet und das Fundament für zukünftiges Wachstum darstellt. Wie in Abschn. 43.1 beschrieben, wird „as a service" nicht nur dort kommen.

Bei Aussagen zu neuen Geschäftsfeldern für Smart Buildings muss zwischen dem freien Markt und dem regulierten Bereich unterschieden werden. Der regulierte Bereich hat einen Fokus auf Effizienzeinhaltung und Richtlinien, der freie Markt einen starken Fokus auf Rentabilität. Um diese unterschiedlichen Anforderungen unter einen Hut zu bekommen, bedarf es des hier vorgestellten modularen Ansatzes mit zentraler Datenplattform, standardisierten Schnittstellen und Austauschformaten.

---

[21]P2X oder auch Power-to-X ist der Sammelbegriff für unterschiedliche Technologien (z. B. Power-to-Heat [P2H] oder Power-to-Gas [P2G]) zur Speicherung bzw. anderweitigen Nutzung von Stromüberschüssen.

Literatur

Agora. (2018). *Stromnetze für 65 Prozent Erneuerbare bis 2030. Zwölf Maßnahmen für den synchronen Ausbau von Netzen und Erneuerbaren Energien* (Jul. 2018). Berlin: Agora Energiewende. https://www.agora-energiewende.de/fileadmin2/Projekte/2018/Stromnetze_fuer_Erneuerbare_Energien/Agora-Energiewende_Synchronisierung_Netze-EE_Netzausbau_WEB.pdf. Zugegriffen am 18.02.2019.

APCS. (2019). *Synthetische Lastprofile – Prognose von Verbrauchswerten mittels Lastprofilen.* Wien: APCS Power Clearing and Settlement AG. https://www.apcs.at/de/clearing/technisches-clearing/lastprofile. Zugegriffen am 18.02.2019.

ASCR. (2016). *ASCR-Forschungsprojekt – Seien Sie dabei!* Wien: Aspern Smart City Research (ASCR). https://www.ascr.at/wp-content/uploads/2017/09/Erstinformation.pdf. Zugegriffen am 18.02.2019.

ASCR. (2018). *Aspern smart city research 2013–2018, Abschlussbericht ASCR 1.0* (Dez. 2018). Wien: Aspern Smart City Research (ASCR). https://www.siemens.com/content/dam/internet/siemens-com/at/unternehmen/themenfelder/ingenuity-for-life/pdf-ingenuity-for-life/ascr-abschlussbericht-2018-web.pdf. Zugegriffen am 18.02.2019.

BBSR. (o. J.). *Unterschiede zwischen Stadt und Land vergrößern sich.* Bonn: Bundesinstitut für Bau-, Stadt- und Raumforschung (BBSR). https://www.bbsr.bund.de/BBSR/DE/Home/Topthemen/wachsend_schrumpfend.html. Zugegriffen am 18.01.2019.

Bigliani, R., Segalotto, J.-F., Skalidis, P. (2018). Utilities' new business models: As-a-service breaking through (Jul. 2018). London: IDC-Whitepaper. https://www.capgemini.com/wp-content/uploads/2018/08/IDC-Utilities-New-Business-Models-2018.pdf. Zugegriffen am 18.02.2019.

Bundeskartellamt. (2017). *Sektoruntersuchung Submetering: Darstellung und Analyse der Wettbewerbsverhältnisse bei Ablesediensten für Heiz- und Wasserkosten* (04.03 2017). Bonn: Bundeskartellamt. https://www.bundeskartellamt.de/SharedDocs/Publikation/DE/Sektoruntersuchungen/Sektoruntersuchung%20Submetering.pdf?__blob=publicationFile&v=3. Zugegriffen am 18.02.2019.

Bundesnetzagentur. (2017). *Ermittlung der Netzkosten* (21.03.2017). Bonn: Bundesnetzagentur für Elektrizität, Gas, Telekommunikation, Post und Eisenbahnen. https://www.bundesnetzagentur.de/DE/Sachgebiete/ElektrizitaetundGas/Unternehmen_Institutionen/Netzentgelte/Anreizregulierung/WesentlicheElemente/Netzkosten/Netzkostenermittlung_node.html. Zugegriffen am 18.02.2019.

Doderer, H., Kondziella, H., Koch, C., Guder, J. (2019). Technologieneutralität und ökologische Wirkung als Maßstab der Regulierung von Flexibilitätsoptionen im Energiesystem. In *Energiewirtschaftliche Tagesfragen (et)* (Nr. 70, 1–2, S. 93-95). Berlin: EW Medien und Kongresse GmbH.

Dürr, T. (2018). Virtuelle Kraftwerke für Smart Grids. In *Netzpraxis* (Juni 2018). S 26–29. Berlin: EW Medien und Kongresse GmbH.

Dürr, T., & Heyne, J.-C. (2017). Virtuelle Kraftwerke für Smart Markets. In O. D. Doleski (Hrsg.), *Herausforderung Utility 4.0 – Wie sich die Energiewirtschaft im Zeitalter der Digitalisierung verändert* (S. 653–681). Wiesbaden: Springer Vieweg.

FFE. (o. J.). *Standardlastprofile Österreich: Bewertung der aktuellen Standardlastprofile und Analyse zukünftiger Anpassungsmöglichkeiten im Strommarkt.* München: Forschungsgesellschaft für Energiewirtschaft mbH. https://www.ffegmbh.de/kompetenzen/system-markt-analysen/423-standardlastprofile-oesterreich. Zugegriffen am 18.02.2019.

FGH. (2018). *Metastudie Forschungsüberblick – Netzintegration Elektromobilität. Im Auftrag des Forum Netztechnik/Netzbetrieb im VDE (VDE|FNN) und des Bundesverbands der Energie- und Wasserwirtschaft e.V. (BDEW).* Mannheim: Forschungsgemeinschaft für elektrische Anlagen und Stromwirtschaft e.V. (FGH). Dez. 2018. https://www.bdew.de/media/documents/20181210_

Metastudie-Forschungsueberblick-Netzintegration-Elektromobilitaet.pdf. Zugegriffen am 18.02.2019.

Großklos, M., Behr, I., Hacke, U., Weber, I., Lohmann, G. (2018) Evaluation des Hessischen Förderprogramms für Pilotvorhaben zum Mieterstrom (05.Dez.2018). Darmstadt: Institut Wohnen und Umwelt(IWU). https://www.iwu.de/fileadmin/user_upload/dateien/energie/ake50_mieterstrom/Eval_Mieterstrom_Hessen_Endfassung_2018_12_05.pdf. Zugegriffen am 18.02.2019.

innogy. (o. J.). *Spontanes Laden bei innogy – so funktionert's.* Dortmund: innogy eMobility Solutions GmbH. https://www.innogy-emobility.com/Elektromobilitaet/ueber-elektromobilitaet/neues-angebot-an-ladestationen. Zugegriffen am 18.02.2019.

ISI. (2016). *Auswirkungen von Elektromobilität und Photovoltaik auf die Finanzierung deutscher Niederspannungsnetze. Endbericht im Auftrag der Stiftung Energieforschung Baden-Württemberg* (23.12.2016). Karlsruhe: Fraunhofer-Institut für System- und Innovationsforschung ISI. https://www.isi.fraunhofer.de/content/dam/isi/dokumente/cce/2016/SEF_Endbericht.pdf#page=34&zoom=100,0,249. Zugegriffen am 18.01.2019.

United Nations. (2018). *68 % of the world population projected to live in urban areas by 2050, says UN* (16 03 2018). New York: United Nations. https://www.un.org/development/desa/en/news/population/2018-revision-of-world-urbanization-prospects.html. Zugegriffen am 18.02.2019.

Thomas Duerr ist derzeit Senior Business Developer – Smart Grid und beschäftigt sich dort vorwiegend mit der Entwicklung von neuen Geschäftsmodellen/Märkten und Lösungen für Netzbetreiber insbesondere im Umfeld der europäischen Energiewende v. a. mit virtuellen Kraftwerken, Optimierern, Portfolio-Management- und Handelssystemen, sowie Softwarelösungen für die Elektromobilität. Er hat weltweit Projekte durchgeführt, u. a. virtuelle Kraftwerke in Deutschland eingerichtet, Remote Diagnostic Center in Australien und für Siemens PV das zentrale Monitoringkonzept für den Service konzipiert und am Low-Carbon-London-Projekt mitgewirkt. Er gewann mehrere IT-Awards: IT Project of the Year in Asia Pacific for the Power Industry, Best new Business Modell for Big Data, und hat Preisprognosen für den europäischen Strommarkt entwickelt. Er hält internationale Vorträge und veröffentlichte mehrere Fachbeiträge (z. B. zusammen mit RWE: Kraftwerke der Zukunft, VGB Maastricht 2013).

An der technischen Universität Erlangen Nürnberg studierte er Elektrotechnik und ist seit 1990 bei Siemens.

Michael Schneider leitet das Software Product House & Consulting (SW&C) innerhalb der Siemens Geschäftseinheit Digital Grid. SW&C vereint die erfolgreichen Softwareproduktfamilien für Netzsimulation, Netzsteuerung und -betrieb sowie der dezentralen Netzapplikationen. Darüber hinaus gehören Beratungsleistungen rund um Digitalisierung und Weiterentwicklung von Energieversorgungsnetzen sowie Cloud-basierte Betriebsdienstleistungen (Managed Services) zum Portfolio. Mit seinem Team treibt er Forschungs- und Entwicklungsthemen wie Internet of Things (IoT) und digitaler Zwilling aktiv voran und unterstützt damit Kunden bei einem erfolgreichen Wandel hin zu einer nachhaltigeren, dezentralen und digitalen Energieinfrastruktur.

Michael Schneider studierte technisch-orientierte Betriebswirtschaftslehre an der Universität Stuttgart und machte seinen MBA an der University of Dartmouth, Massachusetts, USA. Er ist seit 17 Jahren bei der Siemens AG und hatte in früheren Positionen u. a. die weltweite Strategieverantwortung für die Divisionen Energy Management sowie Smart Grid.

Smart Citizenship – Stadtwerke als Smart-City-Entwicklungsträger für, mit und in Städten

44

Bernhard Schumacher und Martin Selchert

Der Zweck des Staates ist das Glück seiner Bürger

Zusammenfassung

Die Anforderungen an Städte steigen – deren Mittel sind begrenzt. Smart Cities füllen die entstehende Lücke durch innovative Technologien und gesellschaftliche Innovationen. Stadtwerke sind als Entwicklungsträger zur Smart City gut positioniert und können durch Partnerschaften ihr Potenzial schneller entfalten. MVV Smart Cities hat über das Konversionsareal FRANKLIN jahrelangen Erfahrungsvorsprung als Smart-City-Architekt, Lösungsanbieter und smarter Betreiber. Diese Erfahrung stellt MVV Smart Cities den Städten und Stadtwerken als Partner zur Verfügung. Im ersten Schritt wird im MVV Smart City Assessment ein gemeinsamer Smart-City-Bebauungsplan erarbeitet. Dann unterstützt MVV Smart Cities bei der schnellen Realisierung von Value Clustern, User Stories und vernetzten Quartierlösungen für, mit und in Städten. Im Ergebnis befähigen Stadtwerke die urbanen Akteure zur Smart Citizenship und werden so Mitgestalter der kommunalen Zukunft.

B. Schumacher (✉)
MVV Energie AG, Mannheim, Deutschland

M. Selchert
Hochschule Ludwigshafen/Rhein, Schifferstadt, Deutschland

© Springer Fachmedien Wiesbaden GmbH, ein Teil von Springer Nature 2020
O. D. Doleski (Hrsg.), *Realisierung Utility 4.0 Band 2*,
https://doi.org/10.1007/978-3-658-25589-3_44

44.1   Smart City: Schlüsselfaktor zur Erfüllung der Ziele von Städten und Bürgern

Smart-City-Konzepte helfen Städten und Bürgern, ihre Ziele effizienter zu erreichen, stehen aber in der Umsetzung vor erheblichen Herausforderungen.

44.1.1   Smart City: Technische und gesellschaftliche Innovationen ermöglichen eine effizientere Erfüllung der Ziele

Smart City beschreibt ganzheitliche Entwicklungskonzepte, die darauf abzielen, durch technische und gesellschaftliche Innovationen effizienter die Ziele von Städten und – in letzter Konsequenz – die Ziele der Bürger, gesellschaftlichen Organisationen und Unternehmen in den Städten zu erfüllen.[1] Die große Attraktivität der Smartness für Städte ergibt sich daraus, dass bei begrenzten Mitteln die Anforderungen steigen. Die Begrenzung der Mittel zeigt sich – mit starken regionalen Unterschieden – in der aktuell hohen kommunalen Gesamtverschuldung, seit 2005 mehr als verdoppelten Kassenkrediten und den verschiedenen Formen von Schuldenbremsen.[2]

Auf der anderen Seite steigen die Anforderungen.[3] Der *demografische Wandel* mit älter werdender Bevölkerung und zunehmender Diversität sowie neue regulatorische Herausforderungen z. B. bezüglich Umwelt oder Datenschutz müssen bewältigt werden. Zudem steigen die Ansprüche der Bürger im Hinblick auf Transparenz und Reaktionsgeschwindigkeit, Teilhabe und Inklusion sowie Lebensqualität und Nachhaltigkeit. Schließlich stehen Städte im Standortwettbewerb um Fachkräfte und Investitionen und müssen sich den Anforderungen digital transformierender Unternehmen stellen. Die steigenden Ansprüche werden oft über partizipative Initiativen der Leitbildentwicklung zu ambitionierten *Visionen* und strategischen Zielen der Städte.

Für die sich öffnende Lücke zwischen Zielen und Mitteln stellt der Einsatz innovativer *Technologien* eine mögliche Strategie für Städte dar, wobei insbesondere Digitaltechnologien große Fortschritte machen. Aber auch durch leistungsfähigere Sensoren und Smart Meter sowie Netzwerktechnologien wie LoRaWAN, 5G und Glasfaser und durch Cloud Computing wachsen die Möglichkeiten der Vernetzung im Internet of Things (IoT). Portale und Apps bieten einen schnellen, effizienten Austausch zwischen Städten und Bürgern, Organisationen und Unternehmen. Durch die umfassende Vernetzung der Dinge und

---

[1] Für eine Übersicht von Definitionen und Einflussfaktoren vgl. Nam und Pardo (2011, S. 282–291); zur Ontologie auf Basis von 36 Definitionen und expliziter Stakeholderperspektive vgl. Ramaprasad et al. (2017, S. 13–24); zur Orientierung am öffentlichen Gemeinwohl am Beispiel der Stadt Barcelona in Albers (2018).

[2] Vgl. Bertelsmann Stiftung (2017, S. 124–128); zu Konsequenzen der diversen Schuldenbremsen vgl. Wolff (2014).

[3] Vgl. Burmeister und Rodenhäuser (2016).

Akteure in der Stadt entsteht *Big Data*, das durch Analytik zu *Smart Data* wird und die Grundlage für effizienzsteigernde Automatisierung und Steuerung darstellt.

Ist die Smart-City-Infrastruktur installiert, lässt sie sich auf viele Bereiche des urbanen Lebens anwenden. Aus Sicht einer Utility 4.0 – der *MVV Smart Cities* – stellt sich das dann wie in Abb. 44.1 illustriert dar.

Erkennbar bildet das horizontale Smart-City-Management-Segment die übergreifende informationstechnische und gesellschaftliche Basis einer Smart City, während die vertikalen Segmente die Anwendung vernetzter innovativer Technologien auf urbane Lebensbereiche abbilden.

Das Versprechen höherer Effizienz einer Smart City wird auch in der Praxis tatsächlich eingelöst, wie Analysen diverser Anwendungen zeigen. So erreicht die Stadt *Dubai*[4] durch *Smart Mobility* 8 % weniger und 7 % schnelleren Verkehr, die Reduktion der in Staus verbrachten Zeit um 17 % und eine Reduktion des CO_2-Ausstoßes um 16 %. Im Smart City Business Case für *Brüssel*[5] erzielen allein Smart-Energy-Anwendungen bereits eine Relation zwischen Nutzen und Investitionen von 6:1 bei einer Amortisation von elf Jahren, Smart-Environment-Anwendungen sogar eine Nutzen-Investitions-Relation von 14:1 bei vier Jahren Amortisation. Die Stadt *Mannheim* halbiert durch die neue Straßenbeleuchtung die dafür anfallenden Kosten; die Investitionen amortisieren sich in 19 Jahren.[6]

Smart City Management

- (1.1) Smart City Assessment
- (1.2) Integrierte Stadt-Entwicklungsplanung (Umwelt, Sicherheit, Mobilität)
- (1.3) Smarte Areal-Entwicklung: Nachhaltige Planung und bürgernahe Projektentwicklung
- (1.4) Smart City Information Mgmt.: Sicheres und effizientes Mgmt. öffentlicher Daten und Netze
- (1.5) Smart Billing: Basis für Anreizsysteme und administrative Effizienz

Smart Energy	**Smart Mobility**	**Smart Infrastructure**	**Smart Living**
(2.1) Smart Grids	(3.1) Smartes städtisches (E-)Flotten Mgmt.	4.1 Digitales Wasser-Management	(5.1) Smart Environment: Messung + Maßnahmen
(2.2) Smart Meter Mgmt.	(3.2) Smarter ÖPNV/ Autonomer E-Bus	4.2 Digit. Abfall-Mgmt.	(5.2) Virtual City
(2.3) Smartes Energie-Quartier	(3.3) Intelligente Parkraum-Bewirtschaftung	4.3 Smarte städtische Gebäude	(5.3) Smart / Social City (Community)
(2.4) Smart Economy	(3.4) Smart Urban Mobility: Multimodal, Shared	4.4 Smartes Mmgt. öffentl. Infrastruktur (Brücken, Netze, Grünanl.)	(5.4) Ambient Assisted Living
(2.5) Energie-Community	(3.5) Urbane E-Mobilitäts-netzwerke (LIS)	4.5 Smarte öffentliche Beleuchtung	(5.5) Local Service Commerce
		4.6 Smartes Bau-Mgmt.	

Abb. 44.1 Utility-4.0-Smart-City-Segmente am Beispiel MVV Smart Cities

---

[4] Vgl. Riegel et al. (2017, S. 18).

[5] Vgl. Siemens (2017, S. 40, 52).

[6] Vgl. Stadt Mannheim (2017).

44.1.2 Die Umsetzung von Smart Cities steht vor einer Vielzahl struktureller Herausforderungen

Einerseits bietet *Smartness* den Städten also großes Entwicklungspotenzial. Andererseits ist die Transformation in eine Smart City ein langwieriger und herausfordernder Prozess. Da *Technologie* das Fundament der Smart City darstellt, muss das Wissen dafür vorhanden sein: Schon entlang der technologischen Wertschöpfungskette wurden 50 benötigte Kompetenzen identifiziert.[7] Gerade innovative Technologien haben zudem bereits per se ein hohes inhärentes Risiko, das in der Smart City noch durch die *Komplexität* vernetzter Architekturen steigt. Risiken entstehen auch, wenn Verkehr gesteuert wird oder sich Senioren auf Technologie verlassen. Wesentlich ist also die Kompetenz, Technologien in vernetzten Architekturen von Design über Bau und Test bis zu Betrieb und Erhaltung sicher zu beherrschen.

Die Smart City ist neben der technischen auch eine gesellschaftliche Innovation – etwa im Bürgerdialog, dem Grad städtischer Transparenz oder in neuen Formen gemeinsamer Entscheidung.[8] Ganze Bevölkerungsgruppen ändern ihr Verhalten, wie z. B. Pendler im Rahmen der *Smart Urban Mobility*. Über eine *Quartier-App* wird ein intensiveres Miteinander praktiziert. Diese Verhaltensänderung auf Quartier- oder gar Stadtebene erfordert überzeugende Kommunikation. In der *Transformation* zur Smart City müssen unter widerstreitenden Interessen handlungsfähige Mehrheiten organisiert werden, ohne Minderheiten zu benachteiligen. Eine zweite wesentliche Kompetenz auf dem Weg zur Smart City ist daher das gesellschaftliche *Change Management*.

Schließlich steigern Smart-City-Anwendungen zwar nachweislich die Effizienz, erfordern selbst aber wieder erhebliche Investitionen. Den oben in Abschn. 44.1.1 angesprochenen Smart-City-Anwendungen liegen Investitionen im zwei- bis dreistelligen Millionen-Euro-Bereich zugrunde, was auch für Großstädte eine Herausforderung darstellt. Zudem sind solche Entwicklungen keine einfachen Projekte, sondern hochkomplexe Programme, die professionell gesteuert werden müssen. Wichtige Kompetenzen liegen daher im *Programmmanagement* und der Finanzierung von Smart-City-Transformationen – von Fördermitteln über Investoren bis zur Entwicklung neuer Geschäftsmodelle.

44.2 Stadtwerke sind geeignete Entwicklungsträger für die Transformation zur Smart City

Stadtwerke sind von ihren Kernkompetenzen als Entwicklungsträger der Smart City gut positioniert, müssen sich allerdings weiterentwickeln, um diese Kompetenzen zum Tragen zu bringen.

---

[7]Vgl. Riegel et al. (2017, S. 14 f.).
[8]Vgl. Albers (2018); Louven (2018).

44.2.1 Stadtwerke sind als Umsetzer von Smart Cities gut positioniert

An den in Abschn. 44.1.2 identifizierten Herausforderungen der *Smart City* entscheidet sich die Eignung von Entwicklungsträgern. Um das Ergebnis vorwegzunehmen: Es gibt nicht einen Träger, der alles beherrscht, wohl aber ein zunehmend klares Muster erfolgreicher Zusammenarbeit.

Zunächst wäre an die *Stadtverwaltungen* zu denken, die natürlich eine primäre Verantwortung für die Entwicklung der Stadt haben. Die meisten Groß- und Mittelstädte in Deutschland haben auch ein eigenes Ressort für Stadtentwicklung. Allerdings sind kommunale Entscheidungsstrukturen i. d. R. auf die Verwaltung des Bestehenden ausgelegt, weniger auf die Veränderung – etwa die strengen Dezernatsgrenzen und z. T. mangelnde Erfahrung mit übergreifendem Programmmanagement. Öffentliche Ausschreibungen sind eine weitere Hürde,[9] weil dadurch Verzögerungen eintreten, die dem kurzen Lebenszyklus digitaler Technik nicht entsprechen: Bis eine Technik installiert werden darf, ist sie bereits veraltet. Angesichts kommunaler Entlohnungsnachteile gegenüber der freien Wirtschaft leiden Stadtverwaltungen auch stärker unter dem Fachkräftemangel, gerade bei der Gewinnung benötigter Digitalexperten.

Stadtverwaltungen sind daher für eine schnelle *Transformation* zur Smart City auf Unterstützung angewiesen. Betrachtet man die Landkarte der Anbieter, dann stellt sie sich wie in Abb. 44.2 dar.

Technologieanbieter für Telekommunikation, Informationstechnologie und weitere Smart-City-relevante Bereiche haben ihre Stärke in der Beherrschung einer oder mehrerer

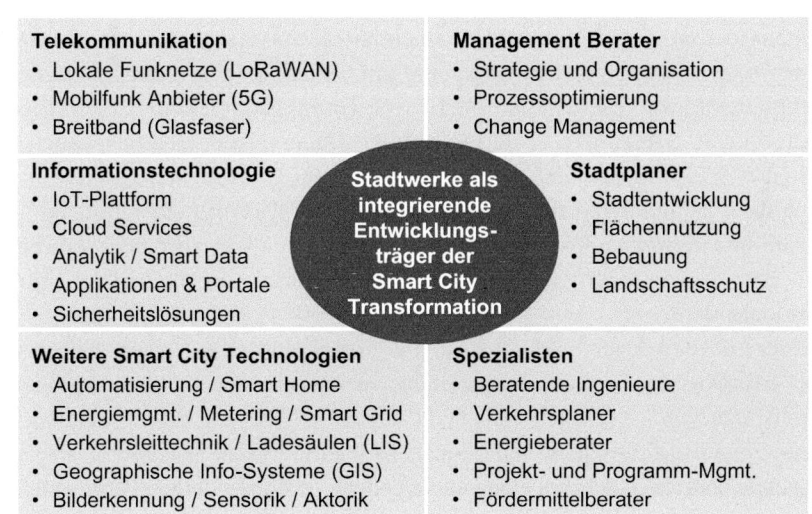

Abb. 44.2 Positionierung von Stadtwerken als Entwicklungsträger von Smart-City-Transformation

---

[9] Vgl. Louven (2018).

Technologien. Sie verfügen aber i. d. R. nicht über kommunale Präsenz und Kompetenz in Deutschland. Ebenso fehlt die Erfahrung im gesellschaftlichen Change Management. Und es gilt: „Wer einen Hammer hat, für den ist jedes Problem ein Nagel", d. h. Technologieanbieter haben primär ein wirtschaftliches Interesse, ihre Produkte zu verkaufen.

Dienstleistungsanbieter im Smart-City-Umfeld lassen sich in Managementberater, Stadtplaner und diverse Spezialisten unterteilen. Sie verfügen über konzeptionelle Kompetenz und fachliche Tiefe in ihren jeweiligen Teildisziplinen. Es fehlt aber wiederum die technologische Umsetzungskompetenz; für gesellschaftliches Change Management im kommunalen Umfeld gibt es i. d. R. keine Referenzen – und es liegt keine Erfahrung im risikobewussten Betrieb komplexer *Netzwerkstrukturen* vor.

Im Gegensatz dazu sind *Stadtwerke* als zentrale Entwicklungsträger für die Transformation zur Smart City über die ganze Breite gut positioniert. Design, Bau, Betrieb und Wartung ausfallsicherer kommunaler Netzwerke im Bereich Strom, Gas, Wasser, Fernwärme ist ihr Kerngeschäft. Sie kennen und gestalten das Verhalten von Bürgern und Unternehmen, sind erfahren im Management großzahliger *Dauerschuldverhältnisse*. Sie integrieren schon heute diverse Technologien, nutzen Ansätze der *Smart Energy* oder *Smart Infrastructure* zur Effizienzsteigerung ihrer eigenen Anlagen.

44.2.2 MVV Smart Cities befähigt die Stadtwerke als Partner zum kommunalen Smart-City-Entwicklungsträger zu werden

Stadtwerke sind zwar gut positioniert, müssen sich aber weiterentwickeln, um ihr Potenzial zum *Smart-City-Entwicklungsträger* zu entfalten. So verfügen Stadtwerke zwar über sehr gute Netzwerkmanagementkompetenz, aber weniger über Kompetenz mit Netzwerktechnologien wie LoRaWAN, Internet-of-Things-Architekturen oder dem Plattformmanagement. Sie steuern heute großzahlige Dauerschuldverhältnisse, beherrschen aber selten *Citizen-Engagement* oder *Smart Data*. Im Change Management haben sie bisweilen den Nachteil, dass der Prophet im eigenen Land oft nichts gilt. Sie verfügen über detaillierte Kenntnis der Lage kommunaler Netze, nicht aber über ganzheitliches Quartier- oder *Stadtentwicklungs-Know-how*. Die Kenntnis der *Smart-City-Förderlandschaft* ist lückenhaft.

Viele der Lücken können Stadtwerke über erfahrungsbasiertes Lernen selbst schließen. Aber das erfordert viel Zeit, die sie angesichts der rasanten Entwicklung des Markts mit Wachstumsraten von 16,5 % pro Jahr nicht haben.[10] Selbst die eigene Stadtverwaltung wird – erst einmal auf die Chancen der Smart City aufmerksam geworden – eine ambitionierte Agenda vorgeben und sich einen entsprechend leistungsfähigen Partner suchen. Erfahrungslernen hat neben zeitlichen auch wirtschaftliche Nachteile: Das Stadtwerk müsste

---

[10]Vgl. Riegel et al. (2017, S. 10).

erheblich in den Erfahrungsaufbau investieren – mit unsicherem Ausgang. Selbst im Erfolgsfall kann das Stadtwerk die Erfahrung i. d. R. nur im eigenen Umfeld einsetzen, was die Rendite auf diese Investitionen reduziert.

Will das Stadtwerk die Lücken über klassisches Outsourcing schließen, vergibt es sich auch die strategische Chance auf neue, zukunftsweisende Geschäftsmodelle.

Da also weder „make" noch „buy" die Optionen der Wahl sind, bietet sich ein Partneransatz an. Dabei bleibt das Stadtwerk der Entwicklungsträger, beschleunigt aber das Lernen durch die Nutzung des Know-hows eines bereits erfahrenen Partners. Wenn dieser *Partner* dann selbst kommunales Unternehmen ist, reduzieren sich kulturelle Reibungsverluste. Zudem ergeben sich so Möglichkeiten, langwierige und aufwendige öffentliche Ausschreibungen durch schnellere Verfahren im Rahmen des Vergaberechts zu ersetzen. Auf diese Weise sinkt das wirtschaftliche Risiko; die strategischen Chancen des Smart-City-Ansatzes bleiben für das Stadtwerk erhalten.

In diesem Sinn agiert *MVV Smart Cities*, ein Geschäftsbereich des Mannheimer Energieunternehmens MVV Energie AG, als Smart-City-Partner von Stadtwerken. MVV Smart Cities verfügt als Entwicklungspartner der Stadt Mannheim für *FRANKLIN*, eine der größten Smart-City-Konversionsflächen in Deutschland, über einen langjährigen Erfahrungsvorsprung. Diese Erfahrung bietet MVV Smart Cities den Stadtwerken in drei Formen an: als Architekt, Lösungsintegrator und smarter Betreiber.

MVV Smart Cities als Architekt

Als Architekt unterstützt MVV Smart Cities das Stadtwerk mit Planungs- und Designkompetenz, orchestriert die Stakeholder über Dezernatsgrenzen der Stadtverwaltung hinweg, stellt die Kenntnis der Förderlandschaft zur Verfügung und entwickelt eine optimal auf die spezifischen Ziele der Stadt abgestellte Smart-City-Entwicklungsagenda. Wie jeder Architekt unterstützt MVV Smart Cities das Stadtwerk in der Spezifikation der Anforderungen und in der kundenorientierten Auswahl der besten Anbieter je Teilleistung; zudem wird gewährleistet, dass sich alle Teilleistungen zu einer funktionsfähigen Smart-City-Anwendung zusammenfügen.

MVV Smart Cities als Lösungsintegrator

Als Lösungsintegrator verfügt MVV Smart Cities über technologische Umsetzungskompetenz, z. B. im Bereich LoRaWAN, bei Citizen-Engagement und Virtual-City-Anwendungen. Somit lassen sich zielkonforme Lösungen aus marktseitig verfügbaren Komponenten und Dienstleistungen erstellen.

MVV Smart Cities als Betreiber

Als erfahrener smarter Betreiber fokussiert sich MVV Smart Cities auf Services, die den Stadtwerken überregionale Synergien bieten, während die lokale Wertschöpfung beim Stadtwerk selbst liegt.

44.3   Schritt 1: Mit dem MVV Smart City Assessment zum Bebauungsplan der Smart City

In Literatur und Praxis wird noch diskutiert, ob sich die Transformation zur Smart City top-down überhaupt planvoll gestalten lässt und es wird befürchtet, dass (supra-)nationale Institutionen und Technologiekonzerne mit Finanzkraft und Technologie die Top-down-Initiativen für ihre Interessen nutzen, während *Bottom-up-Ansätze* nicht zu einer effizienten, vernetzten Architektur führen.[11] Aus der Erfahrung mit FRANKLIN und anderen *Smart-City-Projekten* ist bei MVV Smart Cities die Überzeugung gereift, dass beides erforderlich ist. Über eine strategische Top-down-Planung wird die demokratisch legitimierte Leitung der Stadt befähigt, eine Smart-City-Entwicklung vorzudenken, die den städtischen Zielen und spezifischen Gegebenheiten bestmöglich entspricht. Dann wird dieser strategische Rahmen durch priorisierte, aufeinander aufbauende Initiativen ausgefüllt, die jeweils auch in Zwischenstufen tragfähig und nutzstiftend sind. Aus der Akzeptanz der Initiativen lernend, kann in der Stadt dann im Dialog mit den urbanen Akteuren die strategische Planung überprüft und weiterentwickelt werden.

Mit dem Ziel einer methodisch-strategischen *Top-down-Planung* ist das MVV Smart City Assessment entwickelt worden, das in einen konkreten *Smart-City-Bebauungsplan* der Stadt mündet. Die Abb. 44.3 zeigt diesen Assessmentansatz im Überblick.

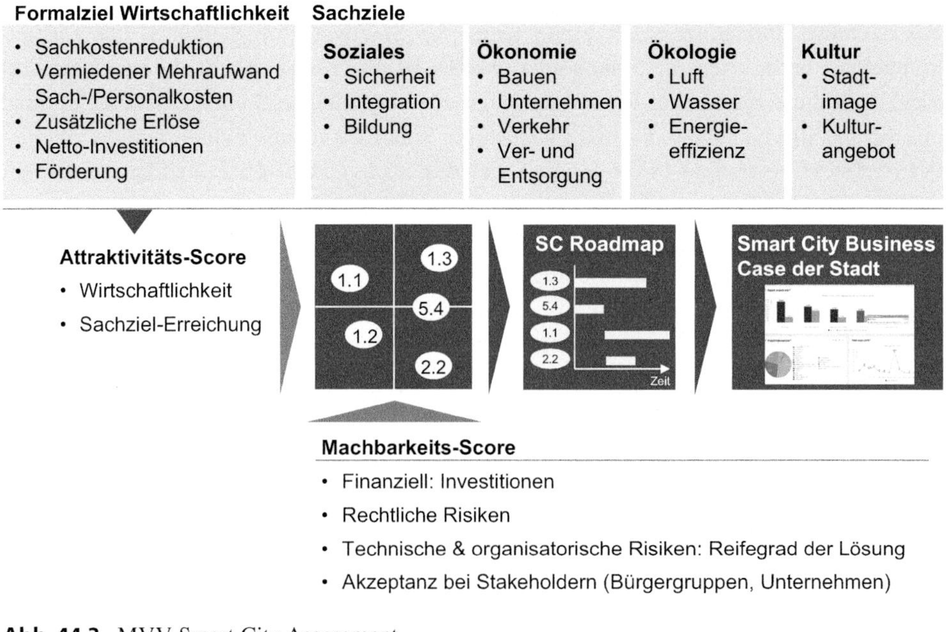

Abb. 44.3 MVV Smart City Assessment

---

[11] Ferronato und Ruecker (2018); Capdevila und Zarlenga (2015); Cardullo und Kitchin (2018).

Ausgangspunkt ist das individuelle Zielsystem der Stadt. In der Regel gibt es bereits städtische Ziele, sonst werden diese in Workshops mit den urbanen Akteuren erarbeitet. In jedem Fall müssen sie mit Blick auf die Spezifika der Smart City operationalisiert und priorisiert werden. Dieser Zielbildungsprozess wird von Change Managern moderiert.

Entscheidend ist im Anschluss die Kenntnis des Zielerfüllungspotenzials der jeweiligen Smart-City-Anwendung sowie die Erfahrung, welche Wirkung in der Kombination von Anwendungen zu erzielen ist. Zudem unterstützt MVV Smart Cities mit der Einschätzung der Machbarkeit, indem die Anforderungen herausgearbeitet und mit den Gegebenheiten der Stadt abgeglichen werden. So ergibt sich eine stadtspezifische Priorisierungsmatrix der Smart-City-Anwendungen. Sie dient in der nächsten Phase dazu, über Zwischenschritte einen modularen Gesamtbebauungsplan der Smart City zu entwickeln, wozu – wie bei jedem Architekten – Designkompetenz und Erfahrung gehören. Aus dem Bebauungsplan lässt sich ein Entwicklungsfahrplan über die Zeit ableiten. So wird deutlich, welche Anwendungen zu welchem Zeitpunkt in welcher Weise welchen Anwendern zur Verfügung stehen. Kombiniert mit den Erfahrungswerten über Akzeptanzraten und Verhaltensänderungen lassen sich dadurch die resultierenden Zielwirkungen der Gesamtbebauung einschätzen – ebenso wie die benötigten personellen und finanziellen Ressourcen. Da MVV Smart Cities auch über die Kenntnis von Fördermitteln und Smart-City-Geschäftsmodellen verfügt, ist gewährleistet, dass am Ende des Prozesses ein realisierbarer Plan steht, keine digitale Utopie.

Ein MVV-Smart-City-Assessment-Projekt dauert je nach Größe der Stadt, Ausgangsbasis und Anspruchsniveau zwischen vier Wochen und sechs Monaten. Beteiligt sind alle relevanten Stakeholder der Stadt und das Stadtwerk. Ein solcher Bebauungsplan hat den Vorteil, dass die demokratisch legitimierte Stadtspitze der Smart-City-Entwicklung die gewünschte Richtung geben kann. Im Prozess werden die Fachkompetenzen aller Dezernate strukturiert involviert. Während ein *Einfach-mal-machen-Ansatz* bei manchen Innovationsthemen zielführend ist, endet er bei *Netzwerkarchitekturen* wie der Smart City leicht in Chaos und Ineffizienz: Das wird durch eine klare strategische Perspektive vermieden. Auch dient der Smart-City-Bebauungsplan den Verantwortlichen für Stadtentwicklung und dem Kämmerer als Leitfaden für Einzelentscheidungen – etwa im Umgang mit Anbietern im Smart-City-Applikationsmarkt oder in der Positionierung gegenüber den Ansprüchen städtischer Akteure.

44.4   Schritt 2: Fokussierte und vernetzte Umsetzung der Smart City für Städte, mit Städten und in Städten

Die Umsetzung von Smart Cities ist dann erfolgreich, wenn sie von Anfang an in abgrenzbaren Umfängen vernetzt angelegt ist. Aus diesen Anfängen lassen sich parallel für Städte, mit Städten und in Städten komplexere Smart-City-Architekturen realisieren, die darauf zielen, dass Stadtwerke die Infrastruktur einer Smart Citizenship zur Verfügung stellen und damit kommunale Mitverantwortung übernehmen.

44.4.1 Fokussierte, vernetzte Umsetzung: Value Cluster, User Stories und Quartierlösungen

Mit dem *MVV Smart City Assessment* wird groß gedacht – um dann fokussiert umzusetzen. Drei Konzepte haben sich dabei als praktisch erfolgsrelevante Bausteine erwiesen: Value Cluster, User Stories und Quartierlösungen. Ein *Value Cluster* besteht aus einer *Smart-City-Basistechnologie*, die eine Vielzahl von Anwendungen ermöglicht: Hier ergibt sich für die Stadt die beste Relation von Nutzen und Investition. Anwendungen stiften aber nur dann einen Wert, wenn sie so umfassend sind, dass sie alle Voraussetzungen für die Anwender erfüllen und deren Zielen dienen: Ein Auto ist nur dann wertvoll, wenn alle vier Räder montiert sind. Das prüft und gewährleistet die User Story. Vernetzt man mehrere Anwendungen und mehrere Interessengruppen, dann steigen das Nutzenpotenzial, aber auch die Komplexität wie das Risiko exponentiell. Hier haben sich Quartierlösungen als Bezugsgröße und Lernfeld bewährt.

Value Cluster am Beispiel LoRaWAN

Das *Long Range Wide Area Network (LoRaWAN)* ist ein mobiles Niedrigenergienetzwerkprotokoll, das sich als Standard für das städtische Internet-of-Things (IoT) etabliert. Als Kombination aus einer Smart-City-Basistechnologie und einer Vielzahl von Anwendungen ist LoRaWAN ein gutes Beispiel für ein Value Cluster (Abb. 44.4).

Jede einzelne Anwendung steigert die Effizienz, z. B. durch den Wegfall von zeitaufwendigen und unangenehmen Begehungen bei Kontrollen der Trinkwasserschächte. Zudem steigt die Qualität, weil z. B. ein kritischer Schwellenwert sofort angezeigt und die

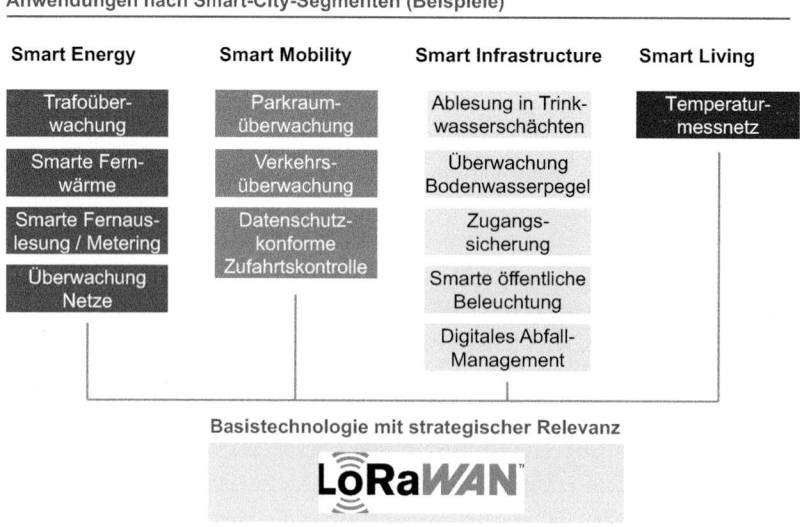

Abb. 44.4 Long Range Wide Area Network (LoRaWAN) Value Cluster

Dynamik der Veränderung laufend kontrolliert wird, damit z. B. bei erwartet hoher Belastung auf Spielplätzen rechtzeitig gewarnt werden kann. Diese Beispiele zeigen, dass LoRaWAN eine notwendige, aber nicht hinreichende Komponente für den Mehrwert im Value Cluster darstellt: Es braucht auch eine geeignete Datenplattform und -analytik.

LoRaWAN ist ein sehr niederschwelliges, da schnell zu realisierendes Value Cluster, das zudem nur vergleichsweise geringe Investitionen erfordert. Es eignet sich daher sehr gut als Startpunkt im Bebauungsplan der Smart City. Andere Value Cluster basieren z. B. auf dem High Resolution Smart Metering, vernetzter Ladesäuleninfrastruktur für E-Mobilität, Energiemanagement etc.

User Story am Beispiel smarter urbaner Mobilität
Würde die Zufahrt in die Innenstadt mit dem Pkw z. B. durch eine LoRaWAN-gestützte Luftmessungs- und Verkehrsregelung gesperrt, entstünde ein Verkehrschaos: Die Akzeptanz einer solchen Anwendung wäre nicht gegeben. Viel eher gelingt das, wenn man aus der Sicht des Betroffenen denkt und Mobilität über viele Alternativen gewährleistet. In einer User Story sähe dies dann wie in Abb. 44.5 schematisch dargestellt aus.

Hier zeigt sich, dass mehrere Subsegmente der Smart City in der Erlebniskette des Bürgers ineinandergreifen und damit einen spürbaren Vorteil bieten. Nur so gelingt es, die benötigte Akzeptanz und Verhaltensänderung herbeizuführen. Denn wenn Familie Pendler erlebt, dass sie sich auf die smarte urbane Mobilität (*Smart Urban Mobility*) verlassen kann, dann wird sie diese Angebote wahrnehmen, stellt dann fest, dass sie den eigenen Pkw kaum noch nutzt und schafft das eigene Fahrzeug ab, was wiederum die Auslastung und Rentabilität der Smart-Urban-Mobility-Angebote steigert.

Personae: Familie Pendler | **Smart City Subsegmente**

- Familie: Herr Pendler (HP), Frau Pendler (FP), mit 2 Kindern im Kindergarten
- Wohnen im EFH im Vorort, haben eine PV Anlage
- Er arbeitet Vollzeit in der Stadt, sie ist selbständig
- Ein eigener E-PKW
- Große Einkäufe in der Stadt

1.5 Smart Billing
2.1 Smart Grid
3.2 Smarter ÖPNV
3.3 Smarter Parkraum
3.4 Smart Urban Mobility
4.6 Smartes Bau-Mgmt.
5.1 Smart Environment

User Story/Day-in-a-Life

Vorabend: Weg definieren	Morgens: Disponieren	Hinfahrt inkl. Störungen managen	Rückfahrt
• HP muss zur Arbeit • FP bringt die Kinder zu Kita, muss dann ggf. zum Kunden in die Stadt • App zeigt Baustellen, ggf. NOx-Sperre • Intermodal-App zeigt die beste Verbindung	• HP fährt mit dem PKW, meldet ihn am Ziel im Smart Grid an • Kunde bestätigt FP Termin 15:00 Uhr • FP bucht per App die Verbindung mit S-Bahn und Stadtbus	• Anruf am späten Vormittag: Kind muss zum Arzt; Kunde fragt per Mail bei FP, ob Termin schon 14:00 Uhr möglich ist • FP verschiebt die Uhrzeit ihrer Fahrt; geht zur Kita, bucht E-Bike mit Kindersitz, fährt das Kind zum Arzt, dann in die Apotheke und zur Oma • FP stellt das E-Bike am lokalen S-Bahnhof ab und fährt mit ÖPNV zum Kundentermin	• Nach dem Termin greift FP auf den Smart Mobility E-Car Pool zu, fährt noch einkaufen, holt dann die Kinder ab • Automatische Registrierung und Gesamtabrechnung: Parkraum-Nutzung, Fahrten, Lade-Vorgang, etc.

Abb. 44.5 User Story und Persona von Familie Pendler in der Smart City

Smarte Quartierlösung am Beispiel FRANKLIN

Wenn dann mehrere User Stories miteinander integriert werden, entstehen intelligente Quartierlösungen, wie *MVV Smart Cities* sie in Mannheim auf dem Quartier FRANKLIN realisiert hat (Abb. 44.6).

Die Konversionsfläche FRANKLIN wird zu einem Stadtteil Mannheims mit 4.000 Haushalten und 10.000 Einwohnern, allerdings abseits der zentralen Einkaufsstraßen und in einer Entfernung von etwa 10 km zum Hauptbahnhof. Die Ausgangssituation ähnelt also der Familie Pendler, wie sie in der User Story oben festgehalten ist. Während bei Familie Pendler aber nach der Abschaffung des Pkw die Infrastruktur noch auf das eigene Auto ausgelegt ist, konnte man auf FRANKLIN von Anfang an smarte urbane Mobilität einplanen. Die *Blue Village FRANKLIN Mobil (BVFM)* bietet E-Fahrzeuge im Carsharing-Modus; VRN Nextbike stellt E-Bikes zur Verfügung; ein autonomer E-Bus-Shuttle bietet allen Anwohnern eine Hop-on-Mobilität. Mit der FRANKLIN Quartier-App werden alle Mobilitätsdienstleistungen automatisch erfasst und abgerechnet. Die Angebote werden durch Investoren auf FRANKLIN finanziert, was die finanzielle Belastung für die Stadt Mannheim reduziert. Dafür hat sie die Anforderungen für Parkflächen reduziert, was über eine erhöhte Bebauungsdichte die Rendite für Investoren steigert und über einen großzügigeren Ausweis von Grünflächen den Bewohnern nutzt. Unter Berücksichtigung der erwarteten E-Mobilität und der nachhaltigen Wärmelösungen, konnte gleich auch ein intelligentes *Energiekonzept* mit grüner Fernwärme, öffentlicher und privater Ladeinfrastruktur und dazu passendem dezentralem *Energiemanagement* realisiert werden.

Dabei dient FRANKLIN als Keimzelle: Der autonome E-Bus muss zukünftig nicht an der Quartiergrenze Halt machen, sondern kann auch in anderen Stadtteilen eingeführt werden, sodass dann mit dem in ganz Mannheim realisierten Value Cluster vernetzter E-Ladesäulen die Smart Mobility stadtweit ausgerollt werden kann.

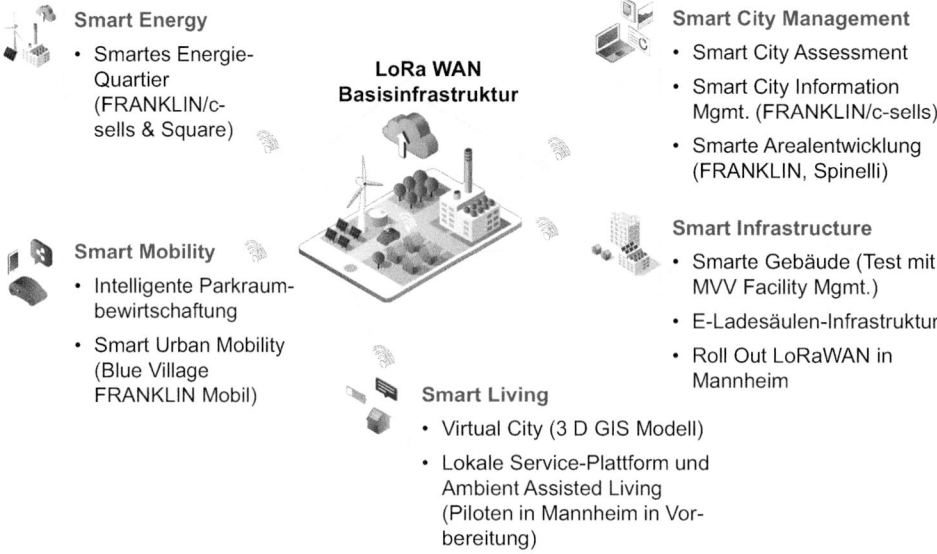

Abb. 44.6 Smarte Quartierlösung am Beispiel FRANKLIN in Mannheim

44.4.2 Smart-City-Ansätze werden parallel für Städte, mit Städten und in Städten realisiert

Die in Abschn. 44.4.1 beschriebenen Umsetzungskonzepte sollten nicht, wie es einige Städte praktiziert haben und viele der Smart-City-Evolutions- oder Reifegradmodelle suggerieren, erst für die Stadtverwaltung, dann für die Stadt-Bürger-Interaktion und schließlich für die Vernetzung von Bürgern untereinander realisiert werden.[12] Intelligenter und schneller ist die parallele Umsetzung von Smart-City-Ansätzen für Städte, mit Städten und in Städten.

Smart-City-Ansätze für Städte
Bei Smart-City-Ansätzen für Städte ist die Stadtverwaltung im Fokus. Über die reine Digitalisierung der Verwaltung hinaus ist auch hier das gesamte Technologieportfolio der Smart City zu nutzen, z. B. die Effizienzsteigerung im Grünflächenmanagement durch eine LoRaWAN-gestützte Bewässerungssteuerung, ein E-Flottenmanagement der Fahrzeuge oder ein elektronisches Baumkataster. Auch z. B. die Umsetzung energieeffizienter Gebäude, die virtuelle Stadt auf Basis des Geoinformationssystems (GIS) etc. sind *Smart-City-Anwendungen* für Städte.

Smart-City-Ansätze mit Städten
An diesen Beispielen lässt sich aber auch gut verdeutlichen, dass es – wo möglich – sinnvoller ist, gleichzeitig Smart City mit Städten umzusetzen, bei denen die *Stadtverwaltung* ein Akteur ist, aber auch Bürger, gesellschaftliche Organisationen und Unternehmen beteiligt sind. Das E-Flottenmanagement für die Fahrzeuge der Stadt profitiert von öffentlicher E-Ladesäuleninfrastruktur. Werden gleich die halböffentlichen *E-Ladesäulen* bei Supermärkten, Hotels, Parkhäusern etc. mit vernetzt und in ein intelligentes *Parkraummanagement* und Abrechnungssystem eingebunden, ist die Auslastung des Netzwerks von Anfang an höher – was wiederum die Kosten aller Beteiligten senkt. Wird z. B. das kommunale Schwimmbad energieoptimiert und gleich mit den produzierenden Unternehmen am Ort vernetzt, dann ergeben sich gegebenenfalls effizientere Lösungen.

Smart-City-Ansätze in Städten
Schließlich gibt es Smart-City-Anwendungen *in Städten*, bei denen die Stadtverwaltung gar nicht beteiligt sein muss, oft nur den regulatorischen Rahmen definiert und gegebenenfalls anfänglich koordiniert, dann den urbanen Akteuren den Raum lässt, sich miteinander zu vernetzen. Solche Ansätze können z. B. bei Quartier-Apps beobachtet werden, in offenen Infrastrukturen, Co-Entwicklungsszenarien etc.[13] Hier wird Smart City zur *Plattform* für lokale Akteure, die Smart City sichtbar zur Smart Citizenship.

---

[12] Zu dieser Kritik an bisherigen Ansätzen vgl. auch Albers (2018) als Erkenntnis aus der Smart City Barcelona sowie Louven (2018) als Erkenntnis aus der Smart City Santander.
[13] Vgl. für den Fall Barcelona Capdevila und Zarlenga (2015).

44.5   Smart Citizenship: Stadtwerke in kommunaler Mitverantwortung zur Befähigung von Bürgern und Unternehmen

Smart Citizenship wird z. T. auf Technologien zur Beteiligung der Bürger an der Entwicklung von Smart Cities bezogen,[14] als zukünftiges Steuerungsparadigma dem paternalistischen Staatsverständnis gegenübergestellt[15] oder als Zukunftsvision einer Smart City 2.0 beschworen.[16] Wir sehen pragmatisch, dass Smart Cities nur mit Smart Citizenship erfolgreich sein können: Urbane Akteure steigern die Anforderungen an die Städte und werden über Smart-City-Infrastrukturen befähigt, durch Eigeninitiative und Verhaltensänderung diese Ziele zu erreichen. Besonders deutlich kommt das in zwei zukunftsträchtigen Smart-City-Ansätzen in Städten zum Ausdruck, die wir im Folgenden vorstellen: Local Service Commerce und Ambient Assisted Living.

Local Service Commerce

E-Commerce wächst seit der Jahrtausendwende in Deutschland mit durchschnittlich 24 % pro Jahr und hat 2018 ein Business-to-Consumer-Umsatzvolumen von 50 Mrd. EUR überschritten.[17] In der Konsequenz ist der lokale Einzelhandel auf dem Rückzug – und damit ein wichtiger Gewerbesteuerzahler. Hotels zahlen an Internetvermittler wie HRS oder Booking.com hohe Gebühren. Amazon bietet Home Services an und könnte sich damit zwischen die im Internet kaum aktiven lokalen Dienstleister wie Gärtner, Handwerker etc. und ihre Kunden schieben.

MVV Smart Cities prüft daher, bereits 2019 ein Portal anzubieten, auf dessen Basis eine bisher noch nicht gekannte Transparenz, Prozessgeschwindigkeit und gleichzeitig Sicherheit im Einkauf lokaler Dienstleistungen realisiert wird. Die Angebote werden von den lokalen Dienstleistern selbst eingestellt; sie erhöhen ihre Sichtbarkeit, gewinnen neue Kunden und binden bestehende Kunden fester an sich. MVV Smart Cities stellt die digitale Infrastruktur zur Verfügung, ermöglicht qualitativ hochwertige, sichere und fehlerfreie Geschäftsprozesse – und spielt damit die Stärken eines Stadtwerks aus, inklusive der Marke, die bei einer 2018 durchgeführten Latent-Demand-Choice-Based-Conjoint-Analyse als ein Erfolgsfaktor identifiziert werden konnte. Die Stadt Mannheim muss nicht investieren und hat trotzdem den Vorteil, dass dieser Smart-Citizenship-Ansatz die Basis der lokalen Gewerbesteuerzahler und Arbeitsplätze sichert sowie den Nutzen für die Bürger und Unternehmen erhöht.

Ambient Assisted Living

Ein zweites Beispiel für Smart Citizenship auf Basis einer gemeinsamen Plattform ist *Ambient Assisted Living (AAL)*. Damit werden Smart-Home-Technologien bezeichnet, die

---

[14] Vgl. Niederer und Priester (2016).

[15] Vgl. Cardullo und Kitchin (2018).

[16] Vgl. Kresin (2016).

[17] Vgl. HDE (2018, S. 4).

dazu dienen, Senioren das sichere Wohnen in vertrauter Umgebung länger zu ermöglichen. Unabhängig von der technologischen Realisierung reicht nicht das Signal, dass der Senior die Herdplatte beim Verlassen der Wohnung angelassen hat oder im Bad gestürzt ist, sondern es muss in diesen Fällen auch eine sofortige Aktion ausgelöst werden. Das aber setzt verlässlich verfügbare, vernetzte Unterstützer voraus – eine Smart-City-Lösung.

Selbst die Soforthilfe im Notfall wäre nicht ausreichend, um dem Senior den Verbleib in der eigenen Wohnung zu ermöglichen: Es müssten auch Dienstleistungen im Alltag verfügbar sein, z. B. für den Einkauf, Reinigung, Körperpflege etc. Die Basis könnte die oben erwähnte Local-Service-Commerce-Plattform darstellen; zusätzlich erforderlich wäre ein auch für nicht internetaffine Senioren leichter Zugang, der zudem nur zu seniorengerechten, zertifizierten Leistungen führt. Dann kann der Senior dem Anbieter nach Bestellung und Bestätigung ohne Angst die Tür öffnen und kann darauf vertrauen, dass z. B. der Taxifahrer ihn – wenn erforderlich – am Ziel bis zur Haustür geleitet.

Benötigt wird also eine Smart-Citizenship-Lösung der Vernetzung von Seniorenwohnung mit ausgewählten lokalen Dienstleistern, Ärzten und Pflegediensten, spezialisierten Mobilitätsanbietern etc. Erst wenn aus Sicht des Seniors alle benötigten Komponenten vorhanden sind, kann er auf einen der knappen und teuren Plätze im Pflegeheim oder eine teure persönliche häusliche Rundumpflege verzichten – im Sinn des unter Abschn. 44.4.1 genannten und auch für Smart-City-Anwendungen gültigen Prinzips, dass ein Auto erst dann fährt, wenn alle vier Räder montiert sind.

Local Service Commerce und Ambient Assisted Living zeigen für Stadtwerke eine neue Rolle auf. Waren sie bisher infrastrukturorientierte Anbieter von Strom, Gas, Wasser oder Fernwärme, werden sie im Rahmen der technologischen und gesellschaftlichen Smart-City-Innovationen zu Infrastrukturanbietern für Smart Citizenship von Unternehmen und Bürgern.

44.6 Smart Citizenship im Miteinander von Stadt, Stadtwerk und MVV Smart Cities

Ausgangspunkt war die Feststellung, dass die Anforderungen der lokalen Akteure an Städte steigen, die aber nur begrenzte Mittel haben und mit den innovativen Technologien und gesellschaftlichen Innovationen der Smart City diese Lücke schließen können. Smart City beschreibt also keinen Zustand, sondern eine Entwicklung, eine Transformation, die sich in zwei Schritten denken lässt: der Perspektiventwicklung über ein MVV Smart City Assessment mit dem Ergebnis des gemeinsamen Smart-City-Bebauungsplans und der parallelen, schnellen Umsetzung für, mit und in Stadten.

Die Leitungsgremien der Stadt haben dabei zunächst die wichtige Rolle, ein Zielprofil zu entwickeln, als demokratisch legitimierte Vertreter der Bürger ein Gesamtwohl zu definieren. Daraus leiten sich Prioritäten für die Umsetzung ab. Wo immer die Stadt nur Spielräume für die urbanen Akteure öffnen muss – wie z. B. bei Local Service Commerce oder Ambient Assisted Living – ermöglicht sie Smart Citizenship. Bevor rein auf die Verwaltung bezogene Initiativen gestartet werden, sollte die Stadt prüfen, ob sie gemeinsam *mit* urbanen Akteuren effizientere Ergebnisse erreichen kann. Nur wo das nicht der Fall ist, sollten interne Projekte für die Stadtverwaltung durchgeführt werden, wobei die Stadt dann nicht allein ihre Prozesse digitalisieren, sondern durch vernetzte Smart-City-Technologien eine höhere Effizienz anstreben sollte.

Stadtwerke sind sehr gut als Smart-City-Entwicklungsträger positioniert, können ihre Kernkompetenzen in einem neuen technologischen Umfeld nutzen. Als Utility 4.0 erschließen sie sich neue Geschäftsmodelle und positionieren sich in einem zukunftsträchtigen Geschäftsfeld. Erforderlich ist aber zum einen, dass sie zur schnellen Entfaltung ihres Potenzials die aufgezeigten Lücken schließen, wozu sich eine Partnerschaft mit erfahrenen Unternehmen wie der MVV Smart Cities anbietet. Zum zweiten müssen sie ihr Selbstverständnis erweitern, von einem Strom-, Gas-, Wasser- und Fernwärmeanbieter zu einem Anbieter vernetzter, digitaler Infrastruktur. Damit legen sie die Grundlage für Smart Citizenship und werden so zum Mitgestalter kommunaler Zukunft.

MVV Smart Cities bietet die in vielen Jahren auf einem der größten *Smart-City-Konversionsareale* Deutschlands gewonnenen Kompetenzen und Erfahrungen den Städten und ihren Stadtwerken in einem partnerschaftlichen Ansatz an. Dort agiert sie in der Rolle des Architekten, Lösungsintegrators und des smarten Betreibers, inklusive der Smart-Citizenship-Ansätze des Local Service Commerce und Ambient Assisted Living. In der Kooperation mit weiteren Städten und Stadtwerken ist es möglich, gemeinsam das Lernen zu beschleunigen, Risiken und erforderliche Investitionen für alle Beteiligten zu reduzieren.

So verstanden und gemeinsam getragen von Städten, Stadtwerken und MVV Smart Cities als Partner, ist Smart Citizenship keine ferne Zukunftsvision, sondern schon heute umsetzbare und erlebbare Realität von, für und mit Bürgern, gesellschaftlichen Organisationen und Unternehmen in der Stadt.

Literatur

Albers, E. (2018). *Interview: Wie Barcelona eine offene „Smart City" im Dienste des Gemeinwohls plant. netzpolitik.org* (09.09.2018). Berlin: netzpolitik.org e.V. https://netzpolitik.org/2018/freie-software-als-oeffentliches-gut-und-was-rathaeuser-dafuer-tun-koennen. Zugegriffen am 14.01.2019.

Bertelsmann Stiftung. (2017). *Kommunaler Finanzreport 2018.* Gütersloh: Bertelsmann Stiftung. https://www.bertelsmann-stiftung.de/fileadmin/files/Projekte/79_Nachhaltige_Finanzen/Finanzreport-2017.pdf. Zugegriffen am 14.01.2019.

Burmeister, K., & Rodenhäuser, B. (2016). *Stadt als System: Trends und Herausforderungen zukunftsresilienter Städte.* München: Oekom.

Capdevila, I., & Zarlenga, M. I. (2015). Smart city or smart citizens? The Barcelona case. *Journal of Strategy and Management, 8*(3), 266–282.

Cardullo, P., & Kitchin, R. (2018). Smart urbanism and smart citizenship: The neoliberal logic of ‚citizen-focused' smart cities in Europe. *Environment and Planning C: Politics and Space.* https://doi.org/10.1177/0263774X18806508.

Ferronato, P., & Ruecker, S. (2018). Smart citizenship: Designing the interaction between citizens and smart cities. https://doi.org/10.21606/dma.2017.480.

HDE. (2018). *Online-Monitor 2018.* Berlin: Handelsverband Deutschland (HDE e.V.). https://einzelhandel.de/images/HDE-Publikationen/HDE_Online_Monitor_2018_WEB.pdf. Zugegriffen am 14.01.2019.

Kresin, F. (2016). Smart cities value their smart citizens. In V. Mamadouh & A. Wageningen (Hrsg.), *Urban Europe. Fifty tales of the city* (S. 181–186). Amsterdam: Amsterdam University Press.

Louven, S. (2018). Santander ist eine „Smart City" – doch bislang haben das die Bewohner nicht gemerkt. *Handelsblatt Online* (18.07.2018). Düsseldorf: Handelsblatt GmbH https://www.handelsblatt.com/technik/forschung-innovation/digitalisierung-santander-ist-eine-smart-city-doch-bislang-haben-das-die-bewohner-nicht-gemerkt/22809128.html?ticket=ST-344879-MQXWS5hRlG9ltKmt2XSa-ap2. Zugegriffen am 14.01.2019.

Nam, T., & Pardo, T.A. (2011). Conceptualizing smart city with dimensions of technology, people, and institutions. In: J. C. Bertot, K. Nahon, S. Ae Chun, L. F. Luna-Reyes, V. Atluri (Hrsg.), The proceedings of the 12th annual international conference on digital government research (12.06.2011). (S. 282-291). College Park: Digital Government Research Center., ISBN 978-1-4503-0762-8.

Niederer, S., & Priester, R. (2016). Smart citizens: Exploring the tools of the urban bottom-up movement. *Computer Supported Cooperative Work, 25*(2–3). https://doi.org/10.1007/s10606-016-9249-6.

Ramaprasad, A., Sánchez-Ortiz, A., Syn, T. (2017). A unified definition of a smart city. In: M. Janssen, K. Axelsson, O. Glassey, B. Klievink, R. Krimmer, I. Lindgren, P. Parycek, H. J. Scholl (Hrsg.), *Electronic government 16th IFIP WG 8.5 international conference, EGOV 2017.* (St. Petersburg, Russia) (S. 13 – 24). Basel: Springer International Publishing.

Riegel, L., Schick, M., & Feistl, M. (2017). *Der deutsche Smart-City-Markt 2017–2022. Zahlen und Fakten.* Frankfurt a. M.: Arthur D. Little GmbH. https://www.eco.de/wp-content/blogs.dir/management-summary-der-deutsche-smart-city-markt-2017-2022.-zahlen-und-f.pdf. Zugegriffen am 14.01.2019.

Siemens. (2017). *The business case for smart cities: Brussels.* London: Siemens plc. https://w3.siemens.com/topics/global/en/intelligent-infrastructure/Pages/smart-city-brussels.aspx. Zugegriffen am 14.01.2019.

Stadt Mannheim. (2017). *Neue Straßenbeleuchtung bis 2026.* Mannheim: Stadt Mannheim. 05.07.2017. https://www.mannheim.de/de/nachrichten/neue-strassenbeleuchtung-bis-2026. Zugegriffen am 14.01.2019.

Wolff, S. (2014). Kommunale Investitionstätigkeit ausgebremst? Auswirkungen von Schuldenbremse, Fiskalpakt und Doppik-Umstellung. In T. Lenk, M. Kuntze, O. Rottmann & M. Gessner (Hrsg.), *KfW New Economic Research* (Fokus Volkswirtschaft, Nr. 64, 28.07.2014). https://www.kfw.de/PDF/Download-Center/Konzernthemen/Research/PDF-Dokumente-Fokus-Volkswirtschaft/Fokus-Nr.-64-Juli-2014.pdf. Zugegriffen am 14.01.2019.

Bernhard Schumacher ist bei der MVV Energie AG verantwortlich für das größte Konversionsprojekt Deutschlands. Auf dem ehemaligen amerikanischen Militärgelände des Benjamin Franklin Vil-
lages entsteht das „Quartier der Zukunft" mit modernster
Infrastruktur von Smart Metering, über Smart Grid und Smart
Energy bis hin zu Smart Mobility und Smart Living. Auf Basis der
Erfahrungen dieses „Living Labs FRANKLIN" und der bereits davor durchgeführten Innovationsprojekte in Walldorf und der Modellstadt Mannheim entwickelt Schumacher mit seinem Team das
neue Geschäftsfeld MVV Smart Cities. Vor dieser Aufgabe war
Schumacher in verschiedenen Führungsfunktionen für das Ver-
triebsgeschäft im Business-to-Consumer- und Business-to-Busi-
ness-Bereich der MVV verantwortlich. Das Thema Innovation begleitet sein Berufsleben bereits seit seinem Studium. So behandelte
er in seinen Diplomarbeiten die Themen „Entwicklung und Aufbau
von Sensoren mit Elektronik-Vorverarbeitung und angekoppeltem
Bus-System für die Diagnose von Verschleißteilen" und „Analyse
und Systematisierung des Informationsflusses bei Produktinnovati-
onsprozessen".

Prof. Dr. Martin Selchert ist Professor für Strategie, Innovation
und Marktorientiertes Management an der Hochschule Ludwigsha-
fen/Rhein und leitet den Masterstudiengang Wirtschaftsinformatik.
Nachdem er als Associate Principal im Telekom-, IT- und Multime-
dia-Sektor von McKinsey & Company an die Hochschule gewech-
selt ist, lehrt und forscht er im Bereich der Strategie und Wirtschaftlichkeit innovativer Technologien, etwa im Bereich Customer
Engagement, Arbeitswelt 2.0, agile Organisation und digitale Geschäftsmodelle. Er unterstützt mittelständische Unternehmen bis zu
DAX-Konzernen als Lotse der digitalen Transformation von der Geschäftsidee mit Design Thinking über die Markt- und Kundenana-
lyse bis zu Geschäftsmodell, Preis- und Produktstrategie, Business
Case bis zu Change-, Programm- und Projekt Portfolio Management. Dabei verbindet er wissenschaftliche Methodik mit Beratungserfahrung und Branchenkenntnis bei Utilities, Prozess- und
Fertigungsindustrie sowie diversen Dienstleistungsbranchen.

Versorgung neu Denken – mit Internet of Things zur Infrastruktur der Zukunft

Robert Thomann und Vinzent Grimmel

Versorger schaffen mit dem Internet der Dinge die Infrastruktur der Zukunft

Zusammenfassung

Gesellschaftliche und technologische Entwicklungen bringen neue Herausforderungen und Chancen für den urbanen Raum und dessen Infrastruktur mit sich. Mit den Mitteln der Digitalisierung wird aus der bestehenden Infrastruktur eine smarte Infrastruktur, die flexibel auf Anforderungen reagieren kann und dadurch effizienter und kostengünstiger ist. Dabei kommen v. a. die Bausteine neuer IT-Plattformen wie Internet of Things und künstliche Intelligenz zum Einsatz. Sie vernetzen Sensoren und Aktoren im Feld, analysieren deren Daten und optimieren die Nutzung der Infrastruktur. Auf dem 144 ha großen Innovationsareal FRANKLIN in Mannheim wird die Infrastruktur der Zukunft umgesetzt und in der Praxis erprobt. Dabei wird der Vorteil einer vernetzen, smarten Infrastruktur unter Berücksichtigung von Energie, Mobilität und Umweltdaten und Gebäuden deutlich.

R. Thomann (✉) · V. Grimmel
MVV Energie AG, Mannheim, Deutschland

© Springer Fachmedien Wiesbaden GmbH, ein Teil von Springer Nature 2020
O. D. Doleski (Hrsg.), *Realisierung Utility 4.0 Band 2*,
https://doi.org/10.1007/978-3-658-25589-3_45

45.1   Herausforderung heutiger Infrastruktur

Die bestehende Infrastruktur in Deutschland gerät zunehmend an Auslastungsgrenzen. Im Bereich der Energienetze lässt sich dies an zunehmende Redispatch-Maßnahmen der Bundesnetzagentur erkennen. So waren 2017 im Vergleich zum Vorjahr über 60 % mehr Leistung an Einspeisereduktionen und sogar 100 % mehr Leistung an Einspeiseerhöhungen notwendig, um die Netzstabilität zu gewährleisten.[1] Das voranschreitende Ausreizen der aktuellen Infrastruktur beschränkt sich dabei nicht nur auf die Energiewirtschaft. Symptome wie vermehrte Staus, überfüllte Straßen oder eine wachsende Unpünktlichkeit im öffentlichen Personennahverkehr lassen Rückschlüsse auf den Zustand der Infrastruktur Deutschlands zu. Eine besondere Rolle spielt dabei die Infrastruktur der Städte. Durch zunehmende *Urbanisierung* und den *demografischen Wandel* ist die städtische Infrastruktur besonders starken Belastungen ausgesetzt, da hier von einer fortschreitenden Verdichtung der Bevölkerung ausgegangen werden muss.

Ein naheliegender und v. a. in der Vergangenheit praktizierter Ansatz zur Lösung von Engpassproblemen war der Ausbau der bestehenden Infrastruktur. Die Planung und Umsetzung des Ausbaus beruhen dabei stets auf Hypothesen über das zukünftige Verhalten und die Bedarfe der Bürgerinnen und Bürger. Investitionen in Infrastrukturen sind jedoch sehr kosten- und zeitintensiv und werden auf lange Planungsräume ausgelegt. Diese Trends und die Verhaltensweisen der Bevölkerung können sich jedoch sehr schnell ändern. Es drohen Fehlinvestitionen und unterausgelastete Infrastrukturen, die ihrerseits höhere Folgekosten auslösen. So wird seit einigen Jahren darüber diskutiert, ob in Deutschland zu wenig Wasser verbraucht wird. Durch rückläufige Abwassermengen können Schäden am Kanalsystem entstehen, denen durch aufwendiges Spülen mit Frischwasser vorgebeugt werden soll.

Herausforderungen an Strominfrastruktur
Nachhaltigkeit prägt zunehmend das politische Handeln und die rechtlichen Rahmenbedingungen der *Infrastrukturanbieter*. Allen voran ist hierbei die Energiewende zu nennen. Dem Fraunhofer-Institut für Solare Energiesysteme (ISE) nach stammten 2018 bereits 40,4 % der Nettostromerzeugung aus erneuerbaren Quellen.[2] Dabei handelt es sich um dezentrale und nur eingeschränkt regelbare Erzeugungsleistungen, die ihre elektrische Arbeit vorwiegend auf Nieder- oder Mittelspannungsebene in das Netz einspeisen. Gerade auf diesen Spannungsebenen gibt es jedoch nur wenige Informationen über die aktuellen Ist-Zustände in den Stromnetzen. Speicherkapazitäten stehen v. a. in Pumpspeicherkraftwerken und nicht in dezentral verteilten Flexibilitäten wie Batteriespeichern zur Verfügung. In der Konsequenz erfolgt weiterhin eine Steuerung auf der Höchstspannungsebene, was die oben skizzierten Redispatch-Maßnahmen durch die Übertragungsnetzbetreiber bei entsprechend hohen volkswirtschaftlichen Kosten nach sich zieht.

---

[1] Vgl. Bundesnetzagentur und Bundeskartellamt (2017); vgl. Bundesnetzagentur und Bundeskartellamt (2018).
[2] Vgl. Fraunhofer ISE (2019).

Herausforderungen an Wärmeinfrastruktur

Erfolgt die Umstellung auf erneuerbare Energien im Strombereich in großen Schritten, gestaltet sich die Umstellung der *Wärmebereitstellung* ungleich schwieriger. Mit Blick auf die Nachhaltigkeitsziele der Bundesregierung ist die Wärmewende jedoch von großer Bedeutung: Etwa 50 % der jährlich erforderlichen Primärenergie wird für die Bereitstellung von Wärme benötigt.[3] Laut Umweltbundesamt stammten 2017 jedoch lediglich 13,9 % der für Wärme und Kälte benötigten Energie aus erneuerbaren Energien.[4] Ein bundesweites Netz für Wärme existiert nicht. Ein Ausgleich zwischen Wärmeerzeugung und -verbrauch ist daher nur unter besonderen Voraussetzungen in regionalen Fern- oder Nahwärmenetzen möglich. Etwa 10 % der benötigten Wärmeenergie in Deutschland werden durch *Fernwärme* gedeckt.[3] In der Vergangenheit wurde diese Wärme überwiegend durch Kraft-Wärme-Kopplung in größeren Erzeugungsanlagen oder Kraftwerken erzeugt. Diese Struktur lässt sich im Vergleich zur Stromproduktion, bei der zentrale Netze existieren, nur ungleich schwerer auf erneuerbare Energien übertragen. So erreichen erneuerbare Energien seltener die in den bestehenden Fernwärmenetzen eingesetzten, hohen Vorlauftemperaturen von über 100 °C. Dezentrale Wärmeerzeugungskapazitäten wie Blockheizkraftwerke stehen nur sehr begrenzt und zur Verfügung. Nah- und Fernwärmenetze bieten dabei durch das Einspeisen von erneuerbaren Energien und einen Einbau von Speicherkapazitäten hohe Potenziale für den Ausbau erneuerbarer Wärme.

Herausforderungen an Verkehrsinfrastruktur

Ein weiterer Baustein hin zu einer modernen, nachhaltigen Wirtschaft sind moderne und umweltfreundliche Mobilitätskonzepte. Den öffentlichen Diskurs dominieren hier seit Jahren Elektromobilitätslösungen und eine Abkehr von konventionellen Verbrennungsmotoren. Wurde das Thema von Politik und Wirtschaft lange Zeit nicht ernst genommen, haben erste europäische Regierungen mittelfristig Verkaufsverbote für Verbrennungsmotoren angekündigt. Neben ansprechenden Modellen für Kunden und einem Aufbau der *Ladeinfrastruktur* erfordert eine verstärkte Nutzung der *Elektromobilität* einen Ausbau von Netzkapazitäten. So können sich durch ähnliche Lebensrhythmen innerhalb eines Quartiers beim gleichzeitigen Laden mehrere Elektrofahrzeuge – insbesondere bei Nutzung von Hochvoltschnelladetechnik – erhebliche Netzengpässe ergeben. Bestehende Hausanschlüsse von Mehrfamilienhäusern sind nicht auf derartige Belastungen ausgelegt. Den Endverbrauchern drohen in der Konsequenz hohe Kosten durch Ersatzinvestitionen. Aber auch bei Neubauten ergeben sich bei der Auslegung von Netzanschlüssen für das parallele Laden mehrerer Elektroautos erhebliche Mehrkosten für Immobilienkunden. Mit einer steigenden Bevölkerungsdichte in den Städten steigen auch die Anzahl der Mobilitätsnutzer und der erforderliche Ladeinfrastrukturbedarf im öffentlichen Raum. Im Bereich der Mobilität zeigt sich exemplarisch zudem die zunehmende Vernetzung von Problemen für Infrastrukturen. So bedeutet eine steigende Nutzung von Elektrofahrzeugen

---

[3] Vgl. Umweltbundesamt (2018a).
[4] Vgl. Umweltbundesamt (2018b).

nicht zwangsläufig eine Entlastung der Straßeninfrastruktur. Bisher vorgestellte Elektrofahrzeuge haben im Vergleich zu Modellen mit Verbrennungsmotoren aus dem gleichen
Segment aufgrund des hohen Batteriegewichts häufig ein höheres Fahrzeuggewicht. In der
Konsequenz ist mit einer stärkeren Abnutzung von Straßen und Brücken sowie höheren
lokalen Umweltbelastungen durch Brems- und Reifenabrieb zu rechnen. Ähnlich wie bei
den Stromnetzen in den unteren Spannungsebenen fehlt es auch hier an einer kontinuierlichen Überwachung der Infrastrukturqualität.

Herausforderungen an Infrastrukturanbieter

Bei der Lösung der hier dargestellten Probleme können Versorgungsunternehmen wie
Stadtwerke einen signifikanten Beitrag leisten, da sie über langjährige Erfahrungen bei
Planung, Ausbau und Betrieb von Strom-, wie Wärmenetzen oder weiteren *Infrastruk-
tureinrichtungen* verfügen. Der Markt bietet mittlerweile außerdem eine Vielzahl innovativer Technologien wie moderner Netz- und Speichertechnik, die als Bausteine in
einer integrierten Gesamtlösung eingesetzt werden können. Die entsprechenden Technologien sind jedoch aufgrund ihrer geringen Verbreitung mit sehr hohen Kosten verbunden und tragen sich für sich allein genommen häufig nicht. Gleichzeitig geraten
Energieversorger durch wettbewerbliche und regulatorische Vorgaben zunehmend unter Kostendruck. Transformationsprozesse, im Zuge der Energiewende erforderliche
Infrastrukturinvestitionen, aber auch Verantwortung für kommunale Haushalte oder
Anteilseigner verringern den Spielraum für die Erprobung und den Einsatz innovativer
Technologien.

Das klassischen Zieldreieck der Energieversorgung aus Umweltfreundlichkeit, Wirtschaftlichkeit und Versorgungssicherheit gerät im urbanen Raum daher in naher Zukunft
zunehmend unter Druck, da Verbesserungen bei Wirtschaftlichkeit und Umweltfreundlichkeit notwendig sind, ohne die bestehend hohe Versorgungsqualität zu gefährden. Lö-
sungsstrategien wie ein Ausbau bestehender Infrastrukturen und Ersatzinvestitionen sind
mit den Wirtschaftlichkeitszielen kaum vereinbar und erscheinen vor dem Hintergrund
von sich stärker wandelnden und ausdifferenzierenden Technologien und Nutzerbedürf-
nissen wenig flexibel. Insellösungen, die nur eine der Zieldimensionen adressieren, geraten an ihre Grenzen.

Digitale Lösungsansätze

Ein anderer Ansatz zur Lösung von Infrastrukturproblemen besteht in einer besseren Steuerung und einer Verteilung von Auslastungen zur Vermeidung von Engpässen. Ergaben
sich in der Vergangenheit v. a. technologische Hürden, stehen mittlerweile günstige und
verlässliche Technologien zur Verfügung, die eine Steuerung von Infrastrukturen ermöglichen. Eine Nachrüstung und bessere Auslastung der bestehenden Systeme ist dabei deutlich kostengünstiger als ein generalistisch geplanter, aufwendiger Ausbau. Durch die zunehmende Flexibilität in der Steuerung können Trends und Verhaltensänderungen bei
geringeren Folgekosten besser begegnet werden. Viele solcher Lösungen werden im urbanen Kontext unter dem Begriff der Smart City zusammengefasst.

Eine mögliche Lösung besteht daher in der „digitalen Flucht nach vorne" in der Nutzung von digitalen Technologien, die eine integrierte Lösung der unterschiedlichen Problemfelder ermöglicht. *Smart City* als ein Beispiel einer derartig integrierten, digital gestützten Lösung liegt dabei in der DNA eines Energieversorgers: Neben Planung, Bau und Betrieb sind Nähe und Abstimmung mit lokalen politischen Entscheidungsträgern sowie Orientierung an den Kundenbedürfnissen essenziell für den Erfolg. Innovative Services benötigen dabei eine innovative Infrastruktur.

45.2 Bausteine der Infrastruktur der Zukunft

Bereits seit Jahrzenten werden Infrastrukturkomponenten mithilfe von *Informations- und Kommunikationstechnologie (IKT)* angebunden, wie z. B. Schaltanlagen im Stromnetz mit der Leitwarte eines Energieversorgungsunternehmens. Die Digitalisierung und eine Implementierung der damit einhergehenden IT-Plattformen vereinfacht nicht nur die Anbindung von Anlagen oder Geräten, es werden vielmehr neue Prozesse mit einem bisher nicht erreichten Automatisierungsgrad ermöglicht. Entwicklungen im Bereich der künstlichen Intelligenz (KI) haben in den letzten Jahren erhebliche Fortschritte gemacht. Dadurch können Aufgaben von IT-Systemen übernommen werden, die bisher nicht oder nicht wirtschaftlich automatisiert werden konnten.

45.2.1 IT-Plattformen

Ein wesentlicher Vorteil moderner *IT-Plattformen* ist die hohe Kompatibilität der Softwarebausteine untereinander. Die Bausteine bilden dabei einzelne Funktionen oder Services der Plattform ab, wie etwa *Datenbanken* oder *Analysesysteme* (Abb. 45.1). Meist setzen die unterschiedlichen Bausteine auf der gleichen Basis wie z. B. einer Cloud-Plattform auf und können für verschiedenste Anwendungen verwendet werden. Die Kompatibilität der

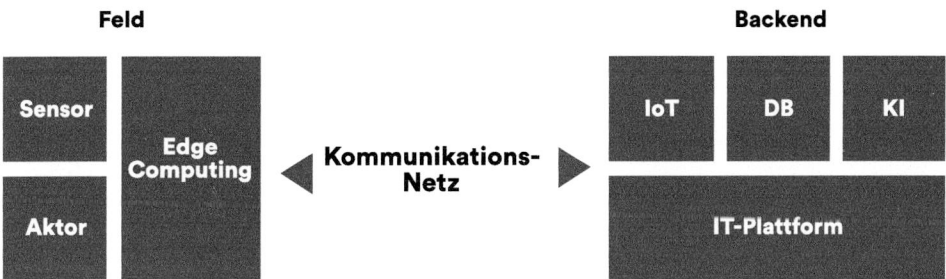

Abb. 45.1 IT-Architektur für die smarte Infrastruktur bestehend aus Komponenten im Feld, die über ein Kommunikationsnetz an eine IT-Plattform angebunden ist. *IoT* Internet der Dinge; *DB* Datenbank; *KI* künstliche Intelligenz

einzelnen, auf einer IT-Plattform aufgesetzten Anwendungen ist folglich systemimmanent, eine Kopplung der verschiedenen Anwendungsbereiche bzw. Sektoren wird erheblich vereinfacht.

Internet der Dinge

Im Bereich der vernetzten Infrastruktur kommen v. a. Plattformen zum Einsatz, die sog. Internet-der-Dinge(IoT))-Bausteine besitzen. Der Markt bietet eine Vielzahl von Plattformen, die IoT-Dienste integriert haben, z. B. Microsoft Azure, Amazon AWS oder SAP Leonardo. Aufgabe der IoT-Dienste ist eine Anbindung und Verwaltung der Geräte im Feld. Zu diesem Zweck wird eine digitale Repräsentanz bzw. ein digitaler Zwilling der Komponenten modelliert und im System hinterlegt. Der *digitale Zwilling* ermöglicht neben der Verwaltung der Komponenten, z. B. im Sinn eines Asset-Managements u. a. die Komponente anzusprechen bzw. Informationen abzufragen. Im Umfeld von *Industrie 4.0* wurde hierzu das Referenzmodell RAMI 4.0[5] entwickelt, das Komponenten hierarchisch über den gesamten Produktlebenszyklus hinweg abbildet. Vergleichbare Modelle finden auch im Bereich der Infrastruktur Anwendung. Über das Modell können funktionale und zeitliche Wirkzusammenhänge auf der Plattform abgebildet und Optimierungen durchgeführt werden.

Edge Computing

Eine für den Bereich der Infrastruktur wesentliche Erweiterung der Plattformsysteme ist das sog. Edge Computing. Bei *Edge Computing* werden Berechnungsprozesse, die in der Vergangenheit von einer zentralen Plattform ausgeführt wurden, teilweise auf dezentrale IT-Komponenten bzw. *Knoten* ausgelagert. Dadurch erhöht sich die Verarbeitungskapazität des Systems. Gleichzeitig können Funktionen wie bestimmte Analysen unmittelbar vor Ort ausgeführt werden. Damit ist es möglich, resiliente Systeme aufzubauen, die auch bei einer Unterbrechung der Kommunikation mit einem zentralen System autark funktionieren. Anforderungen des *Datenschutzes* setzen außerdem voraus, dass bestimmte Daten gar nicht übertragen oder nur anonymisiert gespeichert werden dürfen. Eine Verarbeitung vor Ort stellt sicher, dass kritische Daten trotz der Funktion des Systems erst gar nicht entstehen müssen, da nur anonymisierte Berechnungsergebnisse und keine Daten übertragen werden, die z. B. Rückschlüsse auf Personen zulassen. Gleichzeitig verringert sich die Latenz des Systems, da die Übertragungszeiten verringert werden. Gute IoT-Systeme managen das Zusammenspiel zwischen zentraler Cloud und dezentraler Edge dynamisch, ohne dass für den Entwickler ein großer Aufwand entsteht.

---

[5] Gemeinsam von ZVEI und VDI/VDE-GMA, DKE und den Mitgliedern der ehemaligen Verbändeplattform Industrie 4.0 Bitkom und VDMA entwickelte Referenzarchitekturmodell und Industrie-4.0-Kompontente.

Datenhaltung

Eine wesentliche Aufgabe einer *IT-Plattform* ist die Speicherung von Daten aus verschiedenen Datenquellen. Abhängig von der Art der zu speichernden Daten und der gewünschten Anwendung kommen unterschiedliche Datenbank(DB)-Typen zum Einsatz. So müssen z. B. strukturiert vorliegende Stammdaten anders gespeichert werden als Zeitreihen eines Umweltsensors. Die Kosten einer Plattform skalieren dabei mit der Menge an zu speichernden Daten, sodass Lösch- oder Agreggationskonzepte notwendig sind, um die Kosten der Lösung in einem wirtschaftlichen Rahmen zu halten. Löschkonzepte sind besonders wichtig, wenn es um personenbezogene Daten geht. Aggregationsstrategien sind wichtig, wenn die erhoben hochauflösenden Daten nach einer gewissen Zeit keinen informatorischen Mehrwert gegenüber Aggregaten mehr haben. Das ist z. B. der Fall bei sekündlichen Daten über Energieverbräuche, die zwar für Detailauswertungen über Profile für einen kurzen Zeitraum von Interesse sind, aber nach längerer Zeit keinen Mehrwert mehr bieten und folglich auf 15 Minuten oder Stunden aggregiert werden.

Ein wichtiger Aspekt für die Interoperabilität der Datenbanken ist ein adäquates *Datenmodell*, das beschreibt, in welchem Format die Daten gespeichert werden. Details haben hier häufig große Auswirkungen, z. B. ob die Speicherung von Energiemengen in Kilowattstunden oder Wattstunden erfolgt oder in welchem Zusammenhang Daten zueinander stehen. Hier können Ansätze, wie z. B. im *Common Information Model (CIM)* beschrieben, hilfreich sein. Moderne Datenplattformen liefern oft Hilfestellungen zum Aufsetzen eines tragfähigen Informations- und Datenmodell.

Künstliche Intelligenz

IT-Plattformen bieten zunehmend unterschiedliche Funktionalitäten aus dem Bereich der *künstlichen Intelligenz (KI)*. Für den Betrieb von Infrastruktur kommen v. a. Methoden der Mustererkennung bzw. Segmentierung mithilfe neuronaler Netzwerke zum Einsatz. Auf Basis historischer Daten können neuronale Netzwerke so angelernt werden, dass eine Erkennung von Anomalien, z. B. Abweichungen vom Normalzustand im Betrieb von Anlagen, möglich ist. Bei komplexeren Modellen können darüber hinaus auch die Ursache identifiziert und gegebenenfalls Gegenmaßnahmen eingeleitet werden. Damit können automatisierte Überwachungsaufgaben umgesetzt werden, die bisher aus Kostengründen nicht möglich waren. Die Technologie ermöglicht beispielsweise die Erkennung eines bestehenden Wasserrohrbruchs oder die Vorhersage eines Ausfalls von Infrastrukturkomponenten wie eines Transformators.

45.2.2 Kommunikationstechnologie

Die Anbindung und Vernetzung der Infrastrukturkomponenten im Feld setzt eine effektive und anwendungsspezifische *Kommunikationstechnologie* voraus. Obwohl der kommende 5G-Mobilfunkstandard ein großes Spektrum an Anwendungsfeldern abdecken soll, sind im Zuge einer Kommunikationsgesamtstrategie unterschiedliche Technologien einzusetzen.

Hohe Bandbreite

Ein Datenkommunikationsnetz auf der Basis von Lichtwellenleitern (*Glasfaser*) ist eine relativ zuverlässige und störunempfindliche Technologie, die einen sehr hohen Datendurchsatz ermöglicht. Lichtwellenleiter sind bereits seit Jahren in der Fernwirktechnik im Versorgungsnetz verbaut und stellen ein Kommunikationsrückgrat für kritische Infrastrukturen da. Allerdings ist die Erweiterung der Kommunikationsstrecke relativ aufwendig und mit hohen Kosten verbunden, weshalb sie für einfache Anwendungen nicht wirtschaftlich eingesetzt werden kann.

Flexible Kommunikation

Ebenfalls im Bereich der vernetzen Infrastruktur kommen die verschiedenen Generationen der *Mobilfunktechnologie* zum Einsatz. Wenn eine Abdeckung durch einen Provider gegeben ist, reicht bei der Installation einer Fernauslesung eine Stromverbindung, um eine relativ performante Kommunikationsstrecke aufzubauen. Von einer Datenübertragung mit hohem Datendurchsatz bis hin zur energiesparsamen Kommunikation können insbesondere die aktuellen Mobilfunktechnologien und der kommende *5G Standard* für mannigfaltige Anwendungsfälle eingesetzt werden. Allerdings ist auch hier Verfügbarkeit seitens der Provider erforderlich. Ein Auf- oder Ausbau eines Mobilfunknetzes, um die Funkqualität punktuell zu verbessern, ist u. a. aufgrund der hohen Kosten nicht möglich.

Geringer Stromverbrauch

Im Umfeld der Versorger etabliert sich aktuell eine weitere Datenkommunikationstechnologie mit dem Namen *Long Range Wide Area Network (LoRaWAN)*. Dabei handelt es sich um ein Netzwerkprotokoll, das sich durch eine relativ hohe Reichweite (etwa 10 km abhängig vom Anwendungsfall und Umfeld) und einen niedrigen Energieverbrauch auszeichnet. Dies geht aber zulasten einer niedrigen Datenübertragungsrate von 292 Bit/s bis 50 kBit/s.[6] Diese Datenübertragung ist jedoch für eine Vielzahl an Anwendungen aus dem IoT-Bereich ausreichend. Besonderer Vorteil dieser Technologie ist die relativ einfache und kostengünstige Umsetzung. Daher ist es bereits für einfache Anwendungen im Kontext von Smart Infrastruktur bzw. Smart City wirtschaftlich sinnvoll, ein eigenes Kommunikationsnetz aufzubauen. Darüber hinaus ist eine Nachverdichtung problemlos möglich, sodass perspektivisch eine vollständige Netzabdeckung erreicht werden kann. Neben LoRaWAN gibt es noch vergleichbare Technologien, wie Sigfox oder das auf der LTE-Technik aufbauende Narrow-Band-IoT, die allerdings weniger weit verbreitet sind.

Daneben gibt es weitere Kommunikationsprotokolle auf unterschiedlichen Frequenzbändern, die hauptsächlich innerhalb von Gebäuden Anwendungen finden, wie z. B. Zigbee, nOcean oder Bluetooth. Aufgrund ihrer geringen Reichweite werden diese meist mit einem anderen der oben beschriebenen Kommunikationssysteme gekoppelt. Ebenfalls im innerstädtischen Raum werden zunehmend öffentliche WLAN-Hotspots angeboten.

---

[6]Vgl. Wikipedia (2019).

Für die Umsetzung einer smarten Infrastruktur werden je nach Verfügbarkeit und Anforderungen verschiedene Kommunikationstechnologien zum Einsatz kommen. Bei der Implementierung müssen die Restriktionen der einzelnen Technologien berücksichtigt werden. Unterschiedlichen Technologien haben verschiedene Reaktionszeiten (Latenzen) und Zuverlässigkeiten bei der Datenübertragung, was ein intelligentes Management von Datenlücken erforderlich macht.

45.2.3 Sonsorik und Aktorik im Feld

Neben einer passenden IT-Plattform und Datenübertragung machen die *Sensoren* und *Aktoren* im Feld eine Infrastruktur intelligent. Auch hier gab es in den letzten Jahren erhebliche Fortschritte bei Technologie und Wirtschaftlichkeit. Mit einer zunehmenden Menge eingesetzter Sensoren in Konsumprodukten, wie z. B. Autos oder Smartphones und auch im Zuge eines wachsenden Angebots an günstigen IoT-Sensoren, wie z. B. für den LoRa-Funkstandard, werden die Geräte immer günstiger. Dies gilt eingeschränkt auch für Aktorik, d. h. Knoten, die eine Steuerung von Komponenten ermöglichen. Eine Nachrüstung ist im Vergleich zu Sensoren, die lediglich Daten aufnehmen, häufig jedoch deutlich komplexer und kostenintensiv.

Bereits heute existieren unzählige Sensoren im Feld, die bisher jedoch kaum fernausgelesen werden und erst nach und nach an ein Kommunikationsnetz und eine IT-Plattform angebunden werden. Ein Beispiel dafür sind die Verbrauchszähler für Strom, Wärme, Wasser etc., die bisher weitestgehend mit einer erheblichen zeitlichen Verzögerung und teilweise nicht automatisiert ausgelesen werden. Durch die Einführung von *intelligenten Messsystemen (iMSys)*[7] verpflichtet der Gesetzgeber die Energieversorgungsunternehmen, bei bestimmten Kunden Stromzähler zu verbauen, die an ein Kommunikationsnetz angeschlossen sind. Das vom *Bundesamt für Sicherheit in der Informationstechnik (BSI)* mitkonzipierte System ermöglicht eine sichere Kommunikation mit dem Zähler und perspektivisch mit energetisch relevanten Komponenten in der Anlage des Kunden. Durch eine Erweiterung des Standards ist es auch möglich, zusätzliche Informationen auszulesen, die nach entsprechender Aufbereitung als Mehrwert dem Kunden angeboten werden können.

45.2.4 Zusammenspiel der Bausteine

Durch das Zusammenspiel der IT-Plattformen mit den Kommunikationstechnologien und den Sensoren und Aktoren im Feld entsteht auf Basis heutiger Infrastruktur eine *smarte Infrastruktur* der Zukunft. Dies wird begünstigt durch geringere Kosten und v. a. durch die einfachere Handhabung moderner Systeme, wodurch die Technologie selbst mehr in den Hintergrund rückt und das fachliche Wirken hervorgehoben wird. Die immanente Kompatibilität der

---

[7] Begriffsdefinition entsprechend BMWi (2016).

Bausteine ermöglicht es, einfach neue Verknüpfungen herzustellen. Hierin besteht der wesentliche Mehrwert einer digitalen bzw. smarten Infrastruktur, da aus der Verknüpfung neue Funktionen und Erkenntnisse möglich sind. Für die vernetze Infrastruktur gilt: Das Ganze ist mehr als die Summe der Einzelbausteine.

45.3   Innovationsareal FRANKLIN

Das Zusammenspiel der verschiedenen Technologien und Lösungen wird in Mannheim im neuen Stadtteil *FRANKLIN* getestet und weiter verbessert.

Bis zum Jahr 2011 wurden von der US Army in Mannheim Flächen in einer Größenordnung von etwa 500 ha verteilt über unterschiedliche Standorte militärisch genutzt. Nach dem Abzug der US Army gingen die Flächen an die Stadt Mannheim, die die Areale mit einer städtischen Entwicklungsgesellschaft zu Wohngebieten umbaut. Eines der größten zusammenhängenden Gebiete ist das etwa 144 ha große FRANKLIN-Areal. In einem aufwendigen Prozess mit intensiver Bürgerbeteiligung wurde das Areal konzipiert. Dabei wurde u. a. großer Wert auf eine nachhaltige und wirtschaftliche Energieversorgung sowie moderne Mobilitätskonzepte gelegt. Seit 2018 leben die ersten Bewohner auf FRANKLIN, die Anzahl wächst stetig. Nach Fertigstellung der Aufsiedlung sollen auf FRANKLIN fast 10.000 Menschen leben. Darüber hinaus gibt es verschiedene soziale Einrichtungen, ein Nahversorgungszentrum und Bereiche für die Kreativwirtschaft.

High-Resolution-Metering[8]
Grundlage für eine optimale und smarte *Infrastruktur* ist das Wissen über deren aktuelle Ist-Zustände. Dazu müssen entsprechende Sensoren verbaut und die gemessenen Werte direkt übertragen und verarbeitet werden. In FRANKLIN sind in den einzelnen Wohngebäuden u. a. Strom, Wärme- und Wasserzähler installiert, die die Verbräuche im Sekunden- bzw. Minutenbereich messen und übertragen (Abb. 45.2). Im regulierten Bereich bei Strom kommt ein intelligentes Messsystem zum Einsatz, dass an ein Glasfasernetz angeschlossen ist und die technischen und gesetzlichen Anforderungen erfüllt. Messwerte, die nicht der gesetzlichen Regulierung unterliegen, werden ebenfalls über ein intelligentes Messsystem oder mit einer anderen Technologie übertragen, wie z. B. der LoRAWAN-Funktechnologie. Darüber hinaus ist auf FRANKLIN eine Vielzahl weiter Sensoren verbaut, die Auskunft über den Zustand der Versorgungsnetze, der Ladesysteme für Elektrofahrzeuge und der Umwelt geben. Alle diese Daten werden direkt übertragen, wodurch ein Echtzeitsensornetzwerk entsteht.

Smarte Wärmezelle
Die Wärmeversorgung für FRANKLIN erfolgt größtenteils durch ein Fernwärmenetz. Im Vergleich zu üblichen Fernwärmenetzen wird hier das Temperaturniveau auf 75 °C abge-

---

[8] High Resolution steht für hochauflösend.

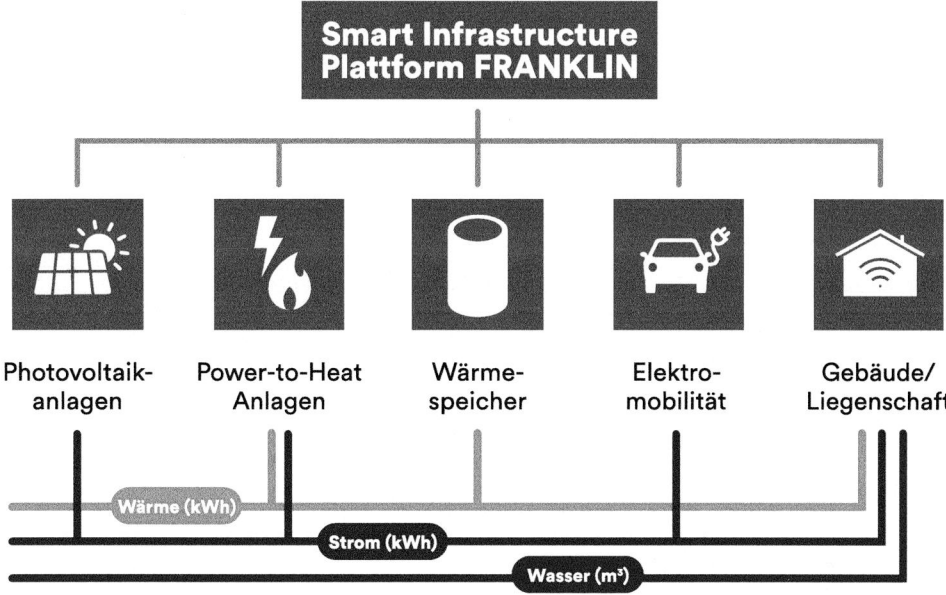

Abb. 45.2 Bausteine der vernetzten Infrastruktur auf FRANKLIN im Rahmen des Förderprojekts C/sells

senkt. Das geringere Temperaturniveau reduziert die Wärmeverluste, die Alterung des Netzes und erleichtert die Integration von nachhaltigen Wärmequellen wie Solarthermie- oder Power-to-Heat-[9]Anlagen. Dabei muss sichergestellt werden, dass auch in Zeiten einer geringen Wärmeabnahme, z. B. in den Sommermonaten, an allen Stellen des Wärmever- sorgungsnetzes ausreichend hohe Temperaturen für das Erwärmen von Brauchwasser be- reitgestellt werden können. Um dieser Herausforderung zu begegnen, wird auf FRANKLIN ein vernetztes und sich selbst regulierendes Versorgungssystem eingesetzt. Dieses „Smarte Wärmezelle" genannte System besteht aus zwei *Power-to-Heat-Anlagen* (jeweils 300 kW), die *Fotovoltaik*-betrieben Strom in Wärme wandeln, und einer intelligenten Steuerung auf Basis einer IT-Plattform (Abb. 45.2). Die regenerativ erzeugte Wärme wird gezielt an Stel- len im Netz eingebracht, an denen Versorgungsbereiche liegen, die im Sommer Gefahr laufen, das notwendige Niveau nicht zu erreichen. Durch die Power-to-Heat-Anlage wird das Temperaturniveau örtlich und zeitlich begrenzt so angehoben, dass die Versorgung zu jeder Zeit garantiert wird. Das setzt allerdings voraus, dass auch die Abnahme aus dem Wärmenetz in die Gebäude aktiv gesteuert werden kann. Daher sind die entsprechenden Häuser mit steuerbaren Wärmespeichern ausgestattet. Durch das Zusammenspiel der Po- wer-to-Heat-Anlage mit der aktiven Steuerung der Beladung des Wärmespeichers in den

---

[9] Unter dem Überbegriff Power-to-Heat (P2H) sind Verfahren zu verstehen, bei denen mithilfe von Strom Wärme erzeugt wird. Zum Beispiel fallen Elektrodenkessel oder Wärmepumpen unter diese Kategorie.

Häusern kann die Versorgungsqualität mit nachhaltig erzeugter Wärme jederzeit sichergestellt werden. Überdies koppelt die Power-to-Heat-Anlage das Stromnetz mit dem Wärmenetz, wodurch das gesamte energetische System flexibler wird und auf die Herausforderung, die u. a. durch die fluktuierenden erneuerbaren Energien entstehen, ausgleichend reagieren kann.

Ladeinfrastruktur und Mobilität

FRANKLIN als modernes *Quartier* mit einer Vielzahl an Neubauten bekommt zahlreiche Ladepunkte für die *Elektromobilität*. Sowohl öffentliche, halböffentliche als auch private Ladepunkte müssen auf FRANKLIN in das Stromnetz integriert werden, wobei jeweils unterschiedliche Aspekte berücksichtigt werden. Im öffentlichen Bereich liegt der Schwerpunkt auf schnellem Laden mit hoher Leistung, wohingegen im privaten Bereich das Laden auf die Anforderungen der Gebäudeinfrastruktur abgestimmt zu erfolgen hat. In beiden Fällen ist es notwendig, zunächst Transparenz über den Ladevorgang zu erhalten, um im Fall von Netzengpässen reagieren zu können. Auch hier ist es von Vorteil, dass die einzelnen Sektoren miteinander gekoppelt sind (Abb. 45.2). So kann die Ladeleistung entsprechend dem Bedarf an Mobilität oder der Leistungsverfügbarkeit angepasst werden. Darüber hinaus können auch andere flexible Verbraucher, wie die oben beschriebene Power-to-Heat, derart gesteuert werden, dass deren Verbrauch komplementär zum Bedarf von Ladevorgängen erfolgt. Konkret bedeutet dies, dass die Power-to-Heat-Anlage die Leistung vorübergehend drosselt, wenn an den öffentlichen Ladesäulen hoher Bedarf an Ladeleistung besteht. Indirekt wird dadurch auch der Anteil an erneuerbarer Energie für die Mobilität erhöht.

Über den privaten Pkw und den ÖPNV hinaus wurde auf FRANKLIN ein *E-Carsharing-System* implementiert, bei dem sowohl im öffentlichen Bereich frei zugängliche als auch fest in den Liegenschaften verortete Elektropoolfahrzeuge zum Einsatz kommen. Darüber hinaus steht eine Flotte von E-Rollern zur Verfügung.

Die vernetzte Infrastruktur und Quartiermanagement

Analog zur Kopplung der einzelnen Infrastrukturkomponenten im Feld muss auch die digitale Seite der Komponenten verknüpft werden. Stand heute ist die Steuerung des Netzes nicht mit den intelligenten Messsystemen oder der Ladeinfrastruktur gekoppelt. Auf FRANKLIN erhalten daher alle verbauten Infrastrukturkomponenten einen digitalen Zwilling auf der Smart-Infrastruktur-Plattform FRANKLIN. Diese Plattform erhält alle relevanten Daten über die Infrastrukturkomponenten nahezu in Echtzeit, entweder mithilfe direkt angebundener Sensoren oder indirekt, z. B. über das IT-Backend der Ladeinfrastruktur. Die Informationen werden verarbeitet, verknüpft und Erkenntnisse und Aktionen werden abgeleitet. So kann aus den Daten der hochaufgelösten Verbrauchszähler (High-Resolution-Metering) mittels Mustererkennung abgeleitet werden, ob es zu einem Wasserbruch gekommen ist oder ob ein Kunde z. B. den Herd angelassen hat. Wird ein Problem erkannt, werden Kunden, die eine entsprechende Einwilligung erteilt haben, direkt kontaktiert. Nur durch die direkte Übertragung und Auswertung kann ein sinnvoller

Eingriff und somit ein Mehrwert entstehen. Die Smart-Infrastruktur-Plattform FRANK-
LIN wird im Rahmen des Förderprojekts C/sells[10] entwickelt, das von der Bundesrepublik
Deutschland durch einen Beschluss des Bundestags im Rahmen der *SINTEG-Projekte*[11]
gefördert wird.

Durch die Verknüpfung der Informationen aus den einzelnen Sektoren entsteht weiterer
Mehrwert. Verbrauchsinformationen für Strom und Wärme ermöglichen bessere *Prognosen*, die wiederum dazu genutzt werden, den Einsatz der Power-to-Heat-Anlage zu planen.
In die Planung gehen überdies auch die Wettervorhersage und der Zustand der Warmwasserspeicher ein. Bei spontanem Bedarf an Wärme (z. B. Vollbad) oder Strom (z. B. Lade-
bedarf) kann flexibel und optimiert reagiert werden.

Ähnlich wie im Bereich der öffentlichen Infrastruktur können auch durch die Vernetzung der einzelnen Komponenten in Gebäuden und Liegenschaften Vorteile erzielt werden. Auf FRANKLIN wird u. a. im Projekt SQUARE getestet, wie Bestandsgebäude effizient saniert und digitalisiert werden können. Dabei werden Bausteine wie Fotovoltaik,
Batteriespeicher, Wärmepumpen und Ladepunkte für Elektromobilität miteinander kombiniert, die dann aktiv gesteuert werden. Das verwendete Energiemanagementsystem für
SQUARE optimiert aber nicht nur die Liegenschaft des Kunden, sondern ist auch aktiver
Baustein im *Energiemanagement* des Gesamtquartiers FRANKLIN. Die Energiemanage-
mentkomponente der Smart-Infrastruktur-Plattform FRANKLIN ist verbunden mit der
Steuerungskomponente in der Liegenschaft. Dadurch wird ein Optimum über das gesamte
Quartier FRANKLIN erreicht.

45.4   Vernetzt und gemeinsam in die Zukunft

Lösungen für Smart Cities liefern Ansätze, bestehende Infrastrukturprobleme zu adressieren und zukünftige Entwicklungen besser abzufangen. Gleichzeitig zeigen erste Auswertungen, dass das Bruttoinlandsprodukt von Smart Cities im Vergleich zu Städten ohne
entsprechende Lösungen schneller wächst. Aufgrund der hohen Komplexität und des Ver-
netzungsgrads der unterschiedlichen technischen Bausteine ist es notwendig, alle relevanten Stakeholder und deren Interessen aufseiten der Städte, Bürger, Stadtgesellschaften und
anderer beteiligter Institutionen zusammenzuführen. Neben einer Bereitschaft für Innovation und Kooperation erfordert die Umsetzung einer *Smart City* außerdem ein Neudenken
klassischer Geschäftsmodelle und Gewinnverteilungen. So können sich manche Einzelbausteine einer intelligenten Stadt wirtschaftlich allein nicht tragen, sind jedoch unerlässlich für das Gesamtbild einer Smart City, das hohe Wertschöpfungspotenziale bietet.

---

[10] C/sells ist ein Schaufenster für die dezentrale Energiewende mit einem intelligenten Energiesystem und zeigt, wie die Energiewende aussehen kann: zellulär, partizipativ und vielseitig.

[11] Das „Förderprogramm Schaufenster intelligente Energie" SINTEG des BMWi befasst sich mit
dem Ausbau intelligenter Netze und mit der Frage, wie die Energieversorgung von morgen und über-
morgen aussehen wird.

Ähnliche Mechanismen sind bereits aus der Gegenwart bekannt: So können der städtische öffentliche Nahverkehr oder Schwimmbäder zwar häufig nur defizitär betrieben werden, sie sind für die Gesamtattraktivität einer Stadt aber dennoch von hoher Bedeutung.

Die technische Komplexität, die mannigfaltigen Stakeholder und das erforderliche partizipative und strukturierte Vorgehen bei Entwurf und Ausgestaltung der individuellen Smart City erfordert einen kontinuierlichen und gesteuerten Prozess. Am Anfang steht dabei der Entwurf einer Smart-City-Vision, die auf die jeweilige Stadt und deren individuelle Handlungs- und Problemfelder angepasst wird. Neben einer Analyse städtischer Problemfelder und der darauf passenden technischen Lösungen müssen insbesondere die Synergien und Wechselwirkungen zwischen den geplanten Maßnahmen und den Auswirkungen auf die städtischen Zielsysteme betrachtet werden. Ein methodengestütztes Vorgehen ist hier von hoher Bedeutung, da viele Smart-City-Lösungen unterschiedliche Ziele adressieren und schnell eine sehr hohe Komplexität und Vernetzung entsteht.

Als Beispiel kann ein E-Carsharing betrachtet werden. Als Einzelmaßnahme zahlt es u. a. auf das UN-Nachhaltigkeitsziel „09 Industrie, Innovation und Infrastruktur", nicht jedoch auf „07 Bezahlbare und saubere Energie" ein. Zusätzlich wird nun ein Energiemanagementsystem installiert, sodass Energieflüsse intelligent gesteuert werden können. Die Infrastruktur des E-Carsharing kann nun durch das Energiemanagementsystem zur energetischen Regelung eingesetzt werden. Dadurch wirkt das E-Carsharing in Kombination mit einem Energiemanagementsystem zusätzlich auf das Ziel „07 Bezahlbare und saubere Energie".[12] Alle Maßnahmen werden dann hinsichtlich ihrer Zielwirkung und Umsetzbarkeit bewertet und priorisiert. Am Ende des Prozesses eines solchen Smart City Assessment steht ein konkreter Fahrplan mit priorisierten Maßnahmen, die dann sukzessive umgesetzt werden können.

Der Erfolg der Ansätze ist dabei auch maßgeblich von der Mitwirkung der Bürgerinnen und Bürger einer Stadt abhängig. Eine Lösung kann daher nur dann erfolgreich implementiert werden, wenn die Smart City in der Lage ist, die Qualität individueller Entscheidungen zu verbessern. So werden die Bürgerinnen und Bürger ihr Mobilitätsverhalten beispielsweise nur dann ändern, wenn für sie erlebbar wird, dass multimodale Smart-City-Mobilitätslösungen, egal ob ÖPNV, E-Mobility oder Sharing-Lösungen, besser in der Lage sind, sie komfortabel und schnell von A nach B zu bringen als eine individuell und losgelöst von diesen Informationen getroffene Entscheidung. Die Bedürfnisse der Endnutzerinnen und -nutzer müssen in den Fokus der Bemühungen gestellt werden. Neben einer Ausgestaltung der technischen Lösungen erfordert die Implementierung von Smart-City-Lösungen daher umfangreiches Know-how über die User Experience und die zu adressierenden Zielgruppen. Innovationsareale wie Benjamin FRANKLIN Village ermöglichen als Living Lab die Ausgestaltung von Smart-City-Lösungen gemeinsam mit der Zielgruppe und unter begrenzten Risiken für die handelnden Akteure. Von Stadtverwaltung über Partnerunternehmen bis hin zu den Bürgern gilt daher: Die Zukunft muss gemeinsam gestaltet werden.

---

[12] Zu den UN-Nachhaltigkeitszielen siehe BMZ (o. J.).

Literatur

BMWi. (2016). *Gesetz zur Digitalisierung der Energiewende.* Berlin: Bundesministerium für Wirtschaft und Energie (BMWi*). Bundesgesetzblatt* Jg. 2016, Teil I Nr. 43, ausgegeben zu Bonn am 01.09.2016. https://www.bmwi.de/Redaktion/DE/Downloads/Gesetz/gesetz-zur-digitalisierung-der-energiewende.pdf?__blob=publicationFile&v=4. Zugegriffen am 01.02.2019.

BMZ. (o. J.). *Agenda 2030: 17 Ziele für nachhaltige Entwicklung.* Berlin: Bundesministerium für wirtschaftliche Zusammenarbeit und Entwicklung (BMZ). https://www.bmz.de/de/ministerium/ziele/2030_agenda/17_ziele/index.html. Zugegriffen am 01.02.2019.

Bundesnetzagentur, & Bundeskartellamt. (2017). *Monitoringbericht 2017.* Bonn: Bundesnetzagentur für Elektrizität, Gas, Telekommunikation, Post und Eisenbahnen, & Bundeskartellamt. https://www.bundesnetzagentur.de/SharedDocs/Downloads/DE/Allgemeines/Bundesnetzagentur/Publikationen/Berichte/2017/Monitoringbericht_2017.pdf;jsessionid=05D95C7D87608789907ACB60FEC483DC?__blob=publicationFile&v=4. Zugegriffen am 01.02.2019.

Bundesnetzagentur, & Bundeskartellamt. (2018). *Monitoringbericht 2018.* Bonn: Bundesnetzagentur für Elektrizität, Gas, Telekommunikation, Post und Eisenbahnen, & Bundeskartellamt. https://www.bundesnetzagentur.de/SharedDocs/Downloads/DE/Allgemeines/Bundesnetzagentur/Publikationen/Berichte/2018/Monitoringbericht_Energie2018.pdf?__blob=publicationFile&v=3. Zugegriffen am 01.02.2019.

Fraunhofer ISE. (2019). *Jährlicher Anteil erneuerbarer Energien an der Stromerzeugung in Deutschland* (28.01.2019). Freiburg: Fraunhofer-Institut für Solare Energiesysteme ISE. https://www.energy-charts.de/ren_share_de.htm?source=ren-share&period=annual&year=all. Zugegriffen am 01.02.2019.

Umweltbundesamt. (2018a). *Energieverbrauch für fossile und erneuerbare Wärme* (18.12.2018). Dessau-Roßlau: Umweltbundesamt. https://www.umweltbundesamt.de/daten/energie/energieverbrauch-fuer-fossile-erneuerbare-waerme#textpart-1. Zugegriffen am 01.02.2019.

Umweltbundesamt. (2018b). *Erneuerbare Energien in Zahlen* (10.12.2018). Dessau-Roßlau: Umweltbundesamt. https://www.umweltbundesamt.de/themen/klima-energie/erneuerbare-energien/erneuerbare-energien-in-zahlen#textpart-1. Zugegriffen am 01.02.2019.

Wikipedia. (2019). Long Range Wide Area Network. In *Wikipedi* (Die freie Enzyklopädie, Bearbeitungsstand, 25.01.2019). https://de.wikipedia.org/wiki/Long_Range_Wide_Area_Network. Zugegriffen am 01.02.2019.

Dr. Robert Thomann ist Innovationsmanager aus Überzeugung und mit Leidenschaft. Bereits während der Promotion auf dem Gebiet der technischen Informatik speicherte er Daten auf tesa-Film und war dabei, als die neugegründete Firma aus der Idee ein kommerzielles Produkt machte. Heute sind bei der tesa scribos GmbH mehr als 50 Menschen in Lohn und Brot. Auch bei seiner nächsten Stelle als Innovationsmanager bei Carls Zeiss Vision beschäftigte er sich mit innovativen Themen u. a. mit der Datenbrille. Heute beschäftigt er sich mit der wirklich großen Herausforderung unserer Zeit: der Energiewende. Als Innovationsmanager bei der MVV Energie AG in Mannheim leitet er diverse Forschungsprojekte wie „Modellstadt Mannheim" oder „Strombank" zu den Themen erneuerbare Energien, intelligente Netze und Zähler, dezentrales Energiemanagement und Energiespeicherung. Für MVV sitzt er im Executive Board des Netzwerks Smart Production (Industrie 4.0), betreut

Innovationscluster (StoREgio und SmartGridsBW) und Start-ups. Heute ist er maßgeblich am Aufbau der MVV Smart Cities beteiligt.

 **Vinzent Grimmel** ist Programmmanager bei MVV Smart Cities. Für die Energiewende engagiert er sich beruflich seit seinem Studium der Umweltwissenschaften 2007, zunächst v. a. im Bereich Windenergie. Dabei hat er sich viele Jahre beim Projektierer juwi mit der Entwicklung und Programmierung von Modellen und Forschungs- und Entwicklungsthemen auseinandergesetzt. Es folgte ein Studium der Energiewirtschaft, ein separates Studium der Psychologie und ein Abstecher in die Unternehmensberatung. Seit 2017 unterstützt er die MVV Energie AG mit vollem Tatendrang.

Das Internet der Dinge als Basis für Prozessoptimierung und neue Geschäftsmodelle im Markt der Energieversorgungsunternehmen

Sascha Schlosser

Wie Stadtwerke und Energieversorgungsunternehmen im Zeitalter von Digitalisierung 4.0 zukunftsfähig bleiben

Zusammenfassung

Zunehmender Wettbewerb und die Energiewende rütteln an den etablierten Geschäftsmodellen von Stadtwerken und regionalen Energieversorgern. Die Digitalisierung wirkt als Katalysator des Wandels. Die Unternehmen der Branche stehen vor der Herausforderung, sich auf den Paradigmenwechsel einstellen und neue Betätigungsfelder erschließen zu müssen. Die Digitalisierung hilft ihnen dabei. Beispielsweise in Form von Internet-of-Things(IoT)-Anwendungen auf Basis der LoRaWAN-Funktechnologie. Damit werden lokale Versorger jeder Größenordnung in die Lage versetzt, in wichtigen Tätigkeitsbereichen ihre Prozesseffizienz zu verbessern und v. a. neue Geschäftsfelder aufzubauen – z. B. im Bereich Smart-City-Anwendungen. Hier eröffnet sich ein Kosmos an Möglichkeiten. Allerdings ist Schnelligkeit gefragt. Nur wer die Rolle des IoT-Infrastrukturbetreibers rasch besetzt, profitiert vom Standortvorteil.

46.1 Digitalisierung in Zeiten des Internets der Dinge

Digitalisierung ist für die Energiewirtschaft kein Neuland mehr. Schon mit der Einführung von Lochkartensystemen zur Speicherung von Daten oder später dem Einsatz von PC für die Textverarbeitung waren Energieversorger am Puls der Zeit, wenn es darum

S. Schlosser (✉)
ZENNER International GmbH & Co. KG, Saarbrücken, Deutschland

© Springer Fachmedien Wiesbaden GmbH, ein Teil von Springer Nature 2020
O. D. Doleski (Hrsg.), *Realisierung Utility 4.0 Band 2*,
https://doi.org/10.1007/978-3-658-25589-3_46

ging, Massenprozesse zu automatisieren. Diese Digitalisierungslösungen waren allerdings zunächst immer isolierte Anwendungen, eingeführt mit dem Ziel, traditionelle Prozesse zu optimieren.

In den letzten zehn Jahren hat sich das Digitalisierungstempo sukzessive erhöht. Mit dem Siegeszug der Smartphones wurde das Internet mobil und allgegenwärtig. Auch das Ausmaß und die Qualität der Digitalisierung haben sich stark erhöht. Heute dominieren Schlagworte wie Big Data, Cloud, künstliche Intelligenz und Internet der Dinge (IoT) den Digitaldiskurs und die Anwendungsrealität. In Kombination mit der Energiewende bewirkt die Digitalisierung 4.0 in der Energiewirtschaft einen Paradigmenwechsel in allen Tätigkeitsbereichen. Bestehende Geschäftsmodelle funktionieren nicht mehr oder nur noch bedingt. Alte Rollenmuster verschwimmen. Alles hängt plötzlich mit fast allem zusammen. Die von jeher auf Versorgungssicherheit mit sanfter Evolution eingestellte Branche muss mit den umwälzenden Folgen einer bislang nicht gekannten Veränderungsdynamik klarkommen. Vieles muss neu gedacht werden. Die Versorgungswirtschaft muss sich neu erfinden. Macher sind gefragt.

Neue Herausforderungen verlangen nach neuen Lösungsansätzen

Womit wir beim Thema Management wären. Die *Digitalisierung* der Energieversorgung insgesamt hängt ab von vielen komplexen und volatilen Impulsen aus Wirtschaft, Politik, Gesellschaft, Recht und Technologie. Die Digitalisierung des einzelnen Energieversorgers hingegen steht und fällt v. a. mit einem Faktor: der aktiven Bereitschaft des Erst- bzw. Letztentscheiders, neue Wege zu gehen und dabei auch neue „Verkehrsmittel" zu benutzen. Und zwar ohne exakt vorhersagen zu können, wohin die Reise letztlich führt oder wie lange sie dauern wird.

Unternehmerische Krisen erzeugen i. d. R. einen ökonomisch gelernten, wie auch historisch bewährten Methodenreflex: Wir brauchen eine Strategie! Einen dezidierten Masterplan, um unsere Ziele im Blick zu behalten und um die Kontrolle zu bewahren.

Doch genau darin liegt das Problem. Denn all das, was das Phänomen Digitalisierung im Wesen ausmacht, wie z. B. volatile und bereichsübergreifende Abhängigkeiten, Komplexität oder Vielfältigkeit und Dynamik, ist mit den klassischen Managementmethoden (identifizieren, analysieren, strukturieren usw.) nicht mehr zu bewältigen.

Digitalisierung ist auch Kopfsache

Das *Aufwand-Nutzen-Verhältnis* kippt genau an dem Punkt, wo die *disruptive Kraft* von außen schneller und stärker wirkt, als die eigene Organisation von innen mit vertretbarem Aufwand geordnet antizipieren und reagieren kann. Und dieser Punkt liegt nicht in weiter Ferne, sondern kommt immer näher oder ist sogar schon erreicht. Digitalisierung ist nicht nur eine Technik-, System- oder Softwarefrage, sondern auch Kopfsache, d. h. die Frage nach der inneren Haltung dazu. Sie erfordert ein neues, verändertes Denken und Handeln bei den beteiligten Entscheidern. Heute gilt mehr denn je: Mit Methoden von gestern lassen sich die Herausforderungen von morgen nicht lösen.

Aktiv und bewusst zu wollen und zuzulassen, das gelernte Selbstverständnis selbstkritisch zu hinterfragen – das ist der Kern der gemeinsamen Herausforderung. Nur so können die Marktteilnehmer gemeinsam kreativ, agil und flexibel auf die Industrialisierung 4.0 reagieren und neue Lösungsmethoden schaffen, die den Randbedingungen einer im Wandel befindlichen Zeit gerecht werden.

Wie isst man einen Elefanten? In vielen kleinen Stücken!
Was heißt das nun für die unternehmerische Agenda im Energieversorgungsunternehmen (EVU)? Häufig macht es Sinn, sich im allerersten Schritt auf wenige, vermeintlich kleine neue Themen zu fokussieren und diese isoliert, d. h. parallel zur bestehenden Organisationskultur anzugehen und proaktiv zu testen. Die dabei gewonnenen Erfahrungswerte erzeugen bereits nach kurzer Zeit einen beträchtlichen Mehrwert und eine Basis, auf der kurzfristig zielgerichtet weitere Schritte ins Auge gefasst werden können. Erweist sich der erste kleine Schritt als Fehltritt, ist der Schaden minimal, der Erkenntnisgewinn hingegen maximal. Mit dem *Prinzip der kleinen Schritte* vermeidet man zudem den Paralyseeffekt, der durch eine übermächtig scheinende Herausforderung eintreten kann. Die Alternative funktioniert nach dem Motto: Wie isst man einen Elefanten? In vielen kleinen Stücken! Das Internet der Dinge bietet dafür zahlreiche Möglichkeiten.

Schlüssel zur selbstbestimmten kommunalen Daseinsvorsorge
Die Bedeutung lokal organisierter Digitalisierung können Stadtwerke schon mit Blick auf die eigene Zukunft gar nicht hoch genug veranschlagen. Sinkende Vertriebsmargen im klassischen *Energievertrieb* und rückläufige Stromabsatzmengen durch immer mehr Prosumer schmälern die wirtschaftliche Basis der Unternehmen. Im Kerngeschäft sehen sich Stadtwerke mit hochspezialisierten externen Dienstleistern konfrontiert, die mit innovativen digitalen Services werthaltige Kunden abwerben. Digitalisierung bedeutet für die Versorger also eine Bedrohung, bietet jedoch in noch viel größerem Maß neue *Chancen*. Denn intelligent eingesetzte Digitalisierungsinstrumente wie intelligente Messsysteme und IoT-Technologie versetzen Stadtwerke in die Lage, auf die Herausforderungen des Markts nicht nur zu reagieren, sondern aktiv und sogar proaktiv Akzente zu setzen. Das können beispielsweise intelligentes Lastmanagement für Fotovoltaikanlagen- und Stromspeicherbetreiber sein oder der Aufbau und Betrieb von Ladesäuleninfrastrukturen für Elektromobile. Die genannten Digitalisierungstechniken – und dies gilt insbesondere für jene aus der IoT-Welt – ermöglichen aber v. a. den Aufbau neuer Geschäftsfelder im Bereich Smart-City-Anwendungen und damit die Realisierung von Wachstumsstrategien. Zugespitzt könnte man sagen: Die Digitalisierung legt Stadtwerken und Kommunen den Schlüssel zu einer auch künftig selbstbestimmten kommunalen *Daseinsvorsorge* in der Hand.

Digitalisierung verzeiht kein Zögern
In den folgenden Abschnitten wird aufgezeigt, wie Versorger die Reise in die Zukunft des IoT beschreiten können, wie und wo sie Effizienzpotenziale nutzen und neue Geschäftsmodelle entwickeln können. Was mancher als Vertreibung aus dem Paradies empfindet, birgt tatsächlich vielfältige neue Chancen. Stadtwerken ermöglicht die

Digitalisierung den Aufbruch in eine neue Welt – und die liegt vor ihrer eigenen Haustür. Als *Infrastrukturbetreiber* und Daseinsvorsorgedienstleister sind Stadtwerke und regionale Energieversorger prädestiniert, die digitale Zukunft der Städte und Kommunen aktiv mitzugestalten.

Stadtwerke brauchen Entschlossenheit, Mut und nicht zuletzt neues Denken, wenn sie diese neue Rolle maßgeblich selbst mitgestalten wollen. Denn was Digitalisierung nicht verzeiht, sind langes Zögern oder Abwarten. Außerdem: Wenn Stadtwerke die Kommunen nicht auf dem Weg zur *Smart City* unterstützen, wird es jemand anderes tun. Viele globale IT-Unternehmen wollen sich dieses Betätigungsfelds bemächtigen. Deshalb sollten Stadtwerke das verfügbare IoT-Instrumentarium beherzt in die eigene Hand nehmen und beginnen, die Städte damit smart zu machen. So entstehen vor Ort neue, langfristige Arbeitsplätze und die Wertschöpfung bleibt in der Kommune.

46.2   Das Internet der Dinge

Im weitesten Sinn bedeutet der Begriff *Internet der Dinge* (engl. *Internet of Things*) eine Vernetzung von intelligenten Gegenständen, Geräten und Maschinen über das Internet. Dazu erhalten die Gegenstände eine digitale Identität und können im Netzwerk datenbasierte Informationen austauschen oder Befehle entgegennehmen. IoT-Anwendungen ermöglichen die Digitalisierung analoger Prozesse über räumliche Grenzen hinweg und damit eine neue Dimension der *Prozessautomatisierung*. Funktionen wie Messen, Steuern und Überwachen lassen sich per IoT komfortabel und effektiv aus der Ferne erledigen.

Eine zentrale Herausforderung im IoT ist der sichere und kostengünstige Transport von *Messdaten* aus den Sensoren im Feld in die Backend-Systeme bzw. umgekehrt die Übermittlung von Steuerimpulsen an die Endgeräte. Diese Problematik betrifft insbesondere die Überbrückung der letzten Meile, also der Strecke vom Endgerät bis zu einem Anschlusspunkt, wo das Telefonfestnetz oder eine Glasfaserleitung verfügbar sind. Eine Verkabelung Hunderter oder gar Tausender *Sensoren* und *Aktoren* ist wirtschaftlich eben so wenig sinnvoll, wie jeden Sensor oder Aktor im Feld mit einer *SIM-Karte* auszurüsten und über konventionellen Mobilfunk anzusprechen – ganz abgesehen von anderen damit verbundenen Nachteilen, die im Folgenden noch erläutert werden.

Game-Changer LoRaWAN
Das Problem der Überbrückung der letzten Meile löst in sehr vielen Anwendungsfällen die Long-Range-Wide-Area-Network(LoRaWAN)-Funktechnologie. Sie ist keineswegs eine neue Erfindung, rückte aber erst vor etwa drei Jahren verstärkt in den Blickpunkt. LoRaWAN gilt in vielen Bereichen potenzieller IoT-Anwendungen als Game Changer. Die Funktechnologie ist auf dem Weg, zum führenden Standard für die Datenkommunikation in IoT-Architekturen zu werden.

46.3   Was ist und kann LoRaWAN?

LoRaWAN zählt zur Familie der *Low Power Wide Area Networks (LPWAN)*. In beiden Fällen ist der Name Programm: Die Technologie zeichnet sich durch hohe Reichweiten, sehr gute Gebäudedurchdringung und sehr geringen Energieverbrauch der batteriebetriebenen Endgeräte aus. Sender und Empfänger (sog. IoT-Gateway) können bis zu 15 km auseinanderliegen und dennoch miteinander kommunizieren. Zudem verfügen LoRaWAN-Signale über die Eigenschaft, selbst massive Mauern durchdringen zu können, sodass auch Geräte in Kellerräumen und Schächten adressierbar sind.

All dies sind zentrale funktionale Vorteile, wenn in IoT-Projekten Daten aus Endgeräten in Backend-Systeme und umgekehrt Steuerbefehle an Geräte im Feld übermittelt werden. Anwendungsfälle gibt es beliebig viele. Trafofernüberwachung, Füllstandkontrolle von Abfallbehältern, die Steuerung der Straßenbeleuchtung, die Überwachung von Parkplätzen, Mehrspartenauslesung und Schachtzählerauslesung beispielsweise sind typische Anwendungen, die heute bei den First Movern mit der LoRaWAN-Funktechnologie realisiert werden (dazu mehr unter Abschn. 46.4.2).

46.3.1 Die LoRa Alliance

Gegründet 2015 auf dem Mobil World Congress, ist die LoRa Alliance eine offene, weltweite Non-Profit-Organisation, die IoT-Lösungen entwickelt und umsetzt.[1] Das gemeinsame Ziel der Mitglieder ist es, einen offenen Standard für LPWAN-Netzwerke zu schaffen. Inzwischen arbeiten weltweit mehr als 500 Unternehmen aus den unterschiedlichsten Branchen in dem Konsortium mit. Jedes Mitglied kann sich aktiv einbringen und an der Weiterentwicklung des offenen Protokollstandards LoRaWAN mitwirken. Die Mitglieder der LoRa Alliance arbeiten gemeinsam daran, Geräte und Lösungen so zu gestalten, dass diese weltweit interoperabel und standardisiert miteinander kommunizieren können. Produkte und Lösungen die dem *LoRaWAN-Protokoll* entsprechen, können durch dedizierte Zertifizierungsunternehmen der LoRa Alliance zertifiziert werden.

Das LoRaWAN-Protokoll nutzt in Europa lizenzfreie Frequenzbänder im Bereich von 868 MHz, d. h. es fallen keine Lizenzkosten für die Nutzung an. Quasi jeder kann ein solches IoT-Netzwerk selbst aufbauen und betreiben. Diese Unabhängigkeit von anderen Technologieanbietern und Netzbetreibern findet bei vielen Unternehmen starke Wertschätzung.

46.3.2 Sicherheitsaspekte

Ein im Zeitalter der Digitalisierung immer wichtiger werdender Aspekt moderner Kommunikationssysteme ist die Sicherheit. LoRaWAN arbeitet mit einer 128-Bit-Verschlüsselung im Funkprotokoll. Die Basis sind die Standards der LoRa Alliance, die

---

[1]Vgl. LoRa Alliance (o. J.).

auf standardisierte *Verschlüsselungsverfahren* setzen. Der Application Session Key wird zur Verschlüsselung der Nutzlast eingesetzt. Der Network Session Key wiederum dient zur Berechnung des Message Integrity Codes. Damit wird festgestellt, dass es sich wirklich um eine Nachricht vom jeweiligen Gerät handelt, die unterwegs nicht manipuliert oder durch Übertragungsfehler verändert wurde. So ist die eineindeutige Kommunikation von Messwerten und Steuersignalen zwischen jedem Endgerät und dem LoRaWAN-Server gewährleistet. Auch der Datentransfer an sich ist höchst robust, weil LoRaWAN dank breitbandiger Signalübermittlung unempfindlich gegenüber Störstrahlung ist.

46.3.3 Wirtschaftlichkeit

Ein wichtiges Argument für LoRaWAN sind die extrem günstigen Betriebskosten. Dies hängt mit der Energieeffizienz der batteriebetriebenen Endgeräte zusammen. Strom wird nur in dem Moment verbraucht, wenn Sensoren bzw. Aktoren zeit- oder ereignisgesteuert Daten mit dem *Backend-System* austauschen. Im Aktivitätsmodus wird nur so viel elektrische Leistung für das Sendesignal in Anspruch genommen, wie für die Erreichbarkeit des nächsten *IoT-Gateways* maximal erforderlich ist. Durch diesen sparsamen Betriebsmodus werden Batterielaufzeiten von bis zu zehn Jahren und mehr erreicht, d. h. der Betreiber muss wenig Zeit für die Wartung der Geräte aufwenden. Nur im Störfall und beim Batteriewechsel muss ein Monteur vor Ort eingreifen.

46.3.4 Internet-of-Things-Architektur

Die Architektur des IoT-Systems besteht grundsätzlich aus vier Komponenten (Abb. 46.1): Endgeräten mit LoRaWAN-Modul, IoT-Gateways für das Einsammeln und Weiterleiten der Daten, Daten-Cloud mit IoT-Plattform als Backend-System sowie Applikationen (zur Visualisierung der Daten, Steuerung von Anwendungen etc.). Die IoT-Gateways sind i. d. R. über Festnetzleitungen der Telekom oder EVU-eigene Telekommunikationsnetzwerke mit dem Backend-System verbunden. Das IoT-Backend-System kann entweder im EVU-eigenen Rechenzentrum betrieben werden („on premise") oder als Cloud-Lösung genutzt werden.

46.3.5 Anwendungsspektrum

LoRaWAN ist ein Protokoll zur Übertragung von kleinen Datenmengen. Das typische Spektrum reicht von 250 bit/s bis 50 kbit/s. Bei vielen Überwachungs- und Steueraufgaben in der *Smart City* kann es somit genutzt werden. Typische Anwendungen sind beispielsweise die Zählerfernauslesung, die Steuerung der Straßenbeleuchtung, das Gebäudemanagement, die Parkraumbewirtschaftung oder das Abfallmanagement. Auch im

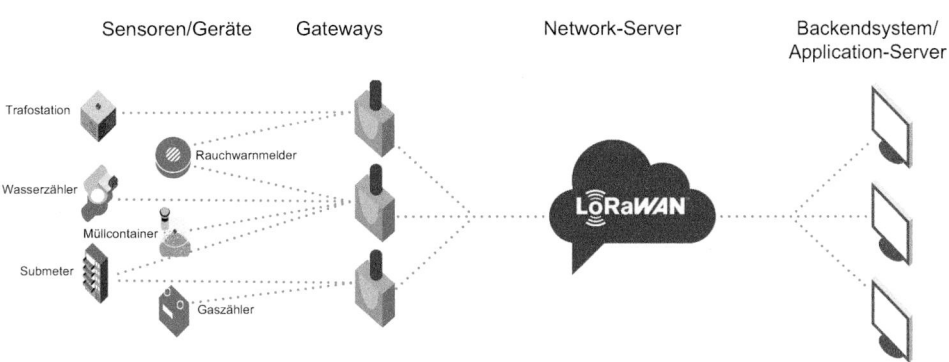

Sensoren/Geräte   Gateways   Network-Server   Backendsystem/
                                                                          Application-Server

Trafostation

Rauchwarnmelder

Wasserzähler

Müllcontainer

Submeter

Gaszähler

LoRaWAN

Abb. 46.1 Aufbau eines Internet-of-Things-Netzwerks mit LoRaWAN

Bereich der Erfassung von Umweltdaten wie Luft- und Wasserqualität kommt die Technologie zum Einsatz. Nicht geeignet ist LoRaWAN überall dort, wo extrem große Datenmengen anfallen (etwa bei der Videoüberwachung).

46.3.6 Regeln für den Netzbetrieb

Wer gewerblich ein öffentliches Funknetz betreibt oder öffentlich zugängliche Telekommunikationsdienste erbringt – was bei LoRaWAN der Fall ist, unterliegt automatisch dem
Telekommunikationsgesetz (TKG)[2] und hat alle damit verbundenen Pflichten zu erfüllen.
Gleiches gilt für die Anforderungen der *Bundesnetzagentur* an Telekommunikationsnetz-
betreiber in Deutschland. So hat der Funknetzbetreiber beispielsweise unter bestimmten
Voraussetzungen dritten Marktteilnehmern diskriminierungsfrei Netzzugang zu gewähren, die geltende Datensicherheits-und -schutzpflichten einzuhalten und Sonderzugriffs-
möglichkeiten durch das Bundeskriminalamt und den Bundesnachrichtendienst sicherzustellen. Am einfachsten lassen sich die regulatorischen Anforderungen an den
Funknetzbetrieb erfüllen, indem die Stadtwerke einen einschlägig spezialisierten Dienstleister einschalten, der für sie alle behördlichen Angelegenheiten abwickelt.

46.3.7 Alternative LPWAN-Technologien

Mit Sigfox und Narrowband-IoT (NB-IoT) gibt es zwei alternative LPWAN-Technologien.
Beide müssen von externen Netzbetreibern zur Verfügung gestellt werden, der Aufbau
eigener Netze ist nicht möglich. Dies hat den Nachteil, dass Nutzer beispielsweise nur bedingt Einfluss auf die lokale Netzabdeckung haben. Außerdem fallen monatliche Kosten
für die Netznutzung an. Andererseits bietet beispielsweise NB-IoT gegenüber LoRaWAN

---

[2] Vgl. BMJV (2017).

und Sigfox vergleichsweise hohe Datenübertragungsraten. Alle drei Technologien haben ihre Berechtigung und werden je nach Anforderungsprofil und Anwendungsfall in der Praxis eingesetzt.

Wenn Stadtwerke und Energieversorger heute IoT-Projekte starten, spielen häufig Aspekte wie Autonomie und Flexibilität eine zentrale Rolle. Die Unternehmen legen großen Wert darauf, die Hoheit über das Netz und die Daten zu behalten. Mit LoRaWAN ist der freie, selbstbestimmte, flexible und wirtschaftliche Betrieb von Funknetzen in einem offenen Frequenzband möglich.

46.4   Frei konfigurierbare und regulierte Einsatzszenarien

Die Digitalisierungswelle bewegt sich seit Längerem aus zwei Richtungen auf Stadtwerke und Energieversorger zu, zum einen durch den *Rollout* intelligenter Messsysteme (iM-Sys), der 2019 nach langer, intensiver Vorbereitungsphase starten wird. Intelligente Messsysteme sind laut *Messstellenbetriebsgesetz (MsbG)*[3] bei Stromverbrauchern mit jährlichen Verbrauchsmengen von über 10.000 kWh (seit 2017) und über 6.000 kWh (ab 2020) verpflichtend einzubauen. Ebenso bei steuerbaren Verbrauchseinrichtungen wie z. B. Wärmepumpen sowie bei allen dezentralen Stromerzeugungsanlagen ab 7 kW installierter Erzeugungsleistung.

Intelligente Messsysteme bestehen aus einem elektronischen Stromzähler und einer Kommunikationseinheit, dem *Smart Meter Gateway (SMGW)*. Über das SMGW werden u. a. Verbrauchs- und Leistungsdaten aus den Zählern hochauflösend und in Echtzeit aus den elektronischen Zählern zu den verschiedenen berechtigten Nutzern transportiert. Alle Prozesse im Umfeld von iMSys und SMGW sind vom Gesetzgeber reguliert und unterliegen strengen IT-Sicherheitsregeln.

Die zweite Digitalisierungswelle ist die Phalanx unterschiedlichster IoT-Anwendungen v. a. auf LoRaWAN-Basis, z. B. in den Bereichen *Smart Home*, *Smart Building* und *Smart City*. Die IoT-Welt funktioniert v. a. markt- sowie technikgetrieben und entwickelt eine starke Wachstumsdynamik, wie zahlreiche Pilotprojekte in ganz Deutschland zeigen.

46.4.1 Treffpunkt Controllable-Local-Systems-Schnittstelle

Diese beiden Digitalisierungsströme werden mit dem flächendeckenden iMSys-Einbau teilweise zusammenwachsen. Treffpunkt ist die *Controllable-Local-Systems(CLS)-Schnittstelle* am Smart-Meter-Gateway (SMGW). An dieser Schnittstelle ist es möglich, LoRaWAN Sensoren via IoT-Gateway als Datensammler mit den IoT-Backend-Systemen zu verbinden und somit die besonders sichere Kommunikationsstrecke via SMGW zu nutzen.

---

[3] Vgl. BMWi (2016).

Warum werden IoT und iMSys nur teilweise zusammenwachsen? Sinnvollerweise wird man primär bei Indoor-IoT-Anwendungen auf den SMGW-Kommunikationskanal zugreifen – sofern ein SMGW im Gebäude selbst oder in einem benachbarten Gebäude existiert. Den Datentransfer von Outdoor-IoT-Anwendungen – und davon gibt es beliebig viele – wird man vorrangig – mit der unter Abschn. 46.3.4 beschriebenen klassischen IoT-Architektur organisieren.

Potenzielle Indoor-Anwendungen sind beispielsweise:

- Mehrspartenzählerauslesung
- Submetering
- Rauchmelder-Management
- Leckagekontrolle von Versorgungsleitungen
- Gebäudeklimatisierung
- Sicherheitsmanagement
- Ambient Assited Living etwa für ältere und behinderte Menschen

Vorteile für Smart-Meter-Gateway-Nutzer und -Betreiber

Was spricht für die Nutzung des SMGW zum Transport der IoT-basierten Daten? Sowohl der IoT-Dienstleister als auch der betroffene Messstellenbetreiber profitieren davon. Der IoT-Dienstleister (das kann z. B. der unternehmenseigene Vertrieb sein) kann eine Kommunikationsstrecke nutzen, die gegebenenfalls ohnehin bereitsteht oder bereitgestellt wird. Er muss sich ab dem IoT-Gateway nicht mehr um die Organisation des weiteren Datentransfers kümmern. Außerdem nutzt er einen besonders sicheren, nach Vorgaben des *Bundesamts für Sicherheit in der Informationstechnik (BSI)* ausgestalteten Kommunikationskanal.

Der Messstellenbetreiber andererseits kann für die Nutzung des SMGW ein Entgelt verlangen. So lockert er das enge Korsett der *Preisobergrenze* bei Einbau und Betrieb intelligenter Messsysteme und verkürzt seinen Return on Investment. Eine Win-win-Situation.

46.4.2 Exkurs Externer Marktteilnehmer

Wer die CLS-Schnittstelle benutzt, betritt die regulierte Systemwelt.[4] Und die verlangt das Einhalten gewisser Spielregeln. Wer an der CLS-Schnittstelle des SMGW andockt, ist automatisch ein sog. *externer Marktteilnehmer (EMT)*. Hier unterscheidet das MsbG nach aktivem und passivem EMT. Passive EMT können via SMGW nur Daten empfangen – etwa Messdaten, um beispielsweise Abrechnungen zu erstellen oder Netzzustände zu ermitteln. Aktive EMT andererseits dürfen SMGW-basiert daneben auch nachgelagerte Geräte steuern. Typische Anwendungsfelder sind hier v. a. das Schalten von Stromerzeugungsanlagen

---

[4]Vgl. Heß (2019).

(z. B. Fotovoltaikanlagen, Blockheizkraftwerke) und Steuern von Lasten (wie Wärmepumpen, Wärmespeichern oder Ladestationen für Elektromobile).

Für aktive EMT verlangt der Gesetzgeber, dass sie ein *Informationssicherheitsmanagementsystem (ISMS)* nach *DIN ISO/IEC 27001* einführen und sich entsprechend zertifizieren lassen.[5] Alternativ können EMT gemäß IT-Grundschutz die vom BSI definierten einschlägigen Sicherheitsmaßnahmen umsetzen.

Diesen Aufwand ersparen sich aktive EMT, indem sie einen zertifizierten Plattformbetreiber als Bindeglied einschalten, der für sie als Gegenpart am SMGW fungiert, also stellvertretend für den IoT-Dienstleister Daten empfängt und sendet. Somit brauchen sich Nutzer einer EMT-Plattform nur als passiver EMT registrieren zu lassen bzw. der Nutzer muss sein Sicherheitskonzept nur deutlich reduzierten Anforderungen anpassen.

46.5   Praxis und Beispiele

Wie geht man ein IoT-Projekt an? Welche Anwendungen eignen sich? Was ist zu beachten? Der Start ist viel einfacher, als mancher vielleicht denkt.

46.5.1 Aller IoT-Anfang ist leicht

An dieser Stelle kommen wir auf den eingangs geäußerten Appell zurück, IoT-Projekte einfach zu beginnen und den ersten Schritt in Richtung Digitalisierung zu tun. Die charakteristischen Eigenschaften von IoT-Lösungen unterstützen diese agile Vorgehensweise perfekt. Beispielsweise ist es möglich, eine singuläre IoT-Anwendung im kleinsten Maßstab zu starten. Wächst die Zahl der einzubindenden Endgeräte und Anwendungen, lässt sich die Infrastruktur flexibel skalieren. Dies und der Umstand, dass ein LoRaWAN zu vergleichsweise geringen Kosten aufgebaut werden kann, senken das finanzielle Risiko.

Man kann ein IoT-Projekt also sowohl spontan als Versuchsballon starten als auch auf Basis eines ausgeklügelten, strategiebasierten Gesamtkonzepts. Beides ist zielführend. LoRaWAN-Projekte sind per se agil – weil man Erfolge oder Fehlschläge unmittelbar registriert und entsprechend die nächsten Schritte planen kann. Wichtig ist nur, dass schnell gestartet wird.

Vorteile für Smart-Meter-Gateway-Nutzer und -Betreiber
In welchem Bereich soll man mit der Digitalisierung beginnen? Die Antwort auf diese Frage orientiert sich oft an den speziellen Bedürfnissen eines Versorgungsunternehmens. Im Fokus könnte beispielsweise stehen, die Trafostationen im Netzgebiet aus der Ferne überwachen zu können, um Prozesskosten zu sparen und das Ausfallrisiko zu senken.

---

[5]Vgl. DIN-Normenausschuss Informationstechnik und Anwendungen (NIA) (2015).

Mancher Versorger möchte wiederum das Submetering oder andere datenbasierte Energiedienstleistungen als neues Geschäftsfeld etablieren.

IoT-Lösungen können sowohl unabhängig vom iMSys-Rollout realisiert werden als auch in konzertierter Vorgehensweise. Letzteres ist aufgrund der Tatsache, dass beide Bereiche bislang häufig organisatorisch im Netzbereich aufgehängt sind, grundsätzlich sinnvoll. Noch nicht vorhandene SMGW in Gebäuden, wo IoT-Anwendungen realisiert werden sollen, sind aber kein Grund, mit der Umsetzung von IoT-Projekte zu warten. Alle skizzierten Indoor- und Outdoor-Anwendungen lassen sich prinzipiell End-to-End auf Basis der LoRaWAN-Systemtechnik realisieren. Bereits vorhandene IoT-Anwendungen können später mit überschaubarem Aufwand mit dem SMGW verbunden werden.

Die IoT-Technik ist auf allen Funktionsebenen marktreif und verfügbar. Vielerorts entstehen in der aktiven Projektarbeit neue Ideen für weitere Einsatzfelder, was wiederum dafür sorgt, dass kontinuierlich weitere Sensoren für entsprechende LoRaWAN-Anwendungen entwickelt werden.

46.5.2 Praxisbeispiele

Nichts vermittelt die positiven Effekte LoRaWAN-basierter IoT-Anwendungen besser als realisierte und funktionierende Use Cases. Die folgenden Beispiele sind ausnahmslos in der Praxis realisiert. Die Aufzählung ließe sich um ein Vielfaches verlängern.

Füllstandüberwachung von Abfallbehältern
Überfüllte Abfallbehälter sind insbesondere an stark frequentierten Stellen in Städten ein häufig auftretendes Phänomen. Lösen lässt sich dieses Problem, indem *Füllstandsensoren* in den Behältern installiert werden. Diese übermitteln in regelmäßigen Abständen Informationen zum aktuellen Füllstand, die im Backend-System per Ampeldarstellung für die Disposition der Abfuhrfahrzeuge visualisiert werden. Erreicht die Füllhöhe ein zuvor festgelegtes, kritisches Maß, wird dies dem Mitarbeiter im Abfallfahrzeug automatisiert angezeigt. Somit ist ein bedarfsgerechtes Ansteuern und Leeren der Abfallbehälter möglich. Die Route der Müllfahrzeuge lässt sich intelligent planen, was unnötige Anfahrten zu weniger frequentierten Behältern vermeidet. Die Einsatzzeiten der Müllabfuhr können optimiert, die Kosten reduziert und die Abgasemissionen im Stadtgebiet verringert werden.

Fernüberwachung von Ortsnetztrafostationen
Als Knotenpunkte in den lokalen Verteilnetzen werden *Trafostationen* im Verlauf der Energiewende mehr und mehr zu Drehscheiben für volatile lokale Energieströme. Per Fernüberwachung lassen sich drohende Netzausfälle frühzeitig erkennen und dadurch vermeiden. Geeignete Sensoren detektieren neben den klassischen Netzzustandsdaten auch Anomalien im Betrieb, etwa Überhitzung, erhöhte Luftfeuchtigkeit oder eine geöffnete Zugangstür. Der Zustand der Stationen wird in einer dafür entwickelten Anwendung visualisiert und lässt sich auf diese Art und Weise lückenlos in Echtzeit überwachen.

Schachtzählerauslesung

Die manuelle Auslesung von Schachtzählern stellt Wasserversorger regelmäßig vor große Herausforderungen, da die Schächte meist nicht unmittelbar zugänglich sind. Geltende Arbeitsschutzrichtlinien verlangen, dass Schachtzähler aus Sicherheitsgründen immer von zwei Personen gemeinsam abgelesen werden. Der geöffnete Schacht ist abzusichern, damit kein Dritter zu Schaden kommen kann. Eine manuelle Ablesung ist somit aufwendig und kostenintensiv. Der Arbeitsaufwand ist umso größer, je häufiger die Zähler in Augenschein genommen werden müssen. Dank LoRaWAN-Technologie lassen sich Zähler und Sensoren an unzugänglichen Orten zuverlässig in beliebiger Frequenz auslesen.

Mehrspartenauslesung

Oft werden Energie- und Wasserzähler von unterschiedlichen Lieferanten separat ausgelesen. Ist kein unmittelbarer Zugang zu Gebäuden möglich, führt dies zu aufwendiger und oft lückenhafter Datenerfassung. Durch den Einsatz der LoRaWAN-Technologie können Stadtwerke die Ablesungen bündeln und den gesamten Ablauf digitalisieren. LoRaWAN-fähige Zähler bzw. aufgesetzte Optical-Character-Recognition(OCR)-Geräte übertragen die *Messdaten* in regelmäßigen Abständen an IoT-Gateways. Von dort aus können die Daten entweder unmittelbar in die Backend-Systeme übermittelt werden – oder auch über die SMGW der intelligenten Messsysteme.

Submetering

Ein großes Neubauprojekt wurde mit *Submetering-Technologie* und Rauchmeldern auf LoRaWAN-Basis ausgerüstet: 336 Kaltwasserzähler, 246 Warmwasserzähler, 199 Wärmemengenzähler, 600 Rauchwarnmelder und 160 Strommessgeräte wurden installiert. Die knapp 1.700 Geräte können mit nur drei LoRaWAN-Gateways ausgelesen bzw. gesteuert werden. Der weitaus größte Teil der Sensoren ist sogar redundant ins Netz eingebunden. Dank hoher Funkreichweite verringerte sich der Aufwand zum Einrichten der Infrastruktur vor Ort gegenüber anderen Technologien erheblich. Deutliche Kostenvorteile ergeben sich zudem durch verringerten Personaleinsatz im Betrieb: Alle Zählerstände können zu jeder Zeit fernausgelesen werden. Die Betreuung der Messgeräte und Sensoren kann vom PC aus erledigt werden.

Leckage-Prävention

Bei einem gemeinsam mit einem regional tätigen IT-Dienstleister realisierten Projekt verhindert ein mit dem Wasserzähler verbundenes und aus der Ferne schaltbares Absperrventil im Fall eines Rohrbruchs drohende Schäden in Gebäuden, z. B. Sporthallen. Zähler und Absperrventil sind über die LoRaWAN-Infrastruktur mit einem Monitoring-System verbunden. Stellt die Software anhand der übermittelten Zählerwerte fest, dass ein voreingestellter Durchflussmaximalwert überschritten wird, sendet sie ein Signal an das smarte Ventil, das automatisch schließt und damit den Wasserfluss stoppt. Das Entsperren lässt sich gleichermaßen aus der Ferne LoRaWAN-basiert bewerkstelligen.

Smart Parking

Verkehrsexperten schätzen, dass bis zu 30 % des Verkehrs-Aufkommens in Städten durch Autofahrer entstehen, die einen Parkplatz suchen. Durch die Installation von *Parkplatz-sensoren*, die den Belegungszustand per LoRaWAN-Funk an ein Backend-System übertragen, und eine damit verbundene App, die Autofahrern freie Parkplätze anzeigt, lässt sich diese Quote reduzieren. Die Funktechnologie macht es beispielsweise auch möglich, aus der Ferne zu erkennen, ob es sich bei einem freien Parkplatz um einen Behinderten-parkplatz oder einen Parkplatz mit Ladesäule für Elektromobile handelt. Ein weiteres typisches Einsatzfeld von Parkplatzsensoren ist die Überwachung von Rettungswegen.

46.6 Fazit

Die Digitalisierung ist die Zukunft der Energie- und Versorgungswirtschaft. Für Stadtwerke und Energieversorger bieten sich vielfältige neue Chancen und Perspektiven. Datenbasierte Energiedienstleistungen oder Smart-City-Anwendungen in einer innovativen Infrastruktur sind nur einige von unzähligen neuen Anwendungsfällen.

Die Zukunft gestaltet sich nicht von allein und zwangsläufig positiv. Im Zeitalter der Digitalisierung kommt es mehr denn je auf die leitenden Personen in den Unternehmen und deren Handeln an. Flexibilität, Agilität, integratives Denken, Schnelligkeit und Entscheidungsfreude sind gefragt.

Apropos integratives Denken: IoT ist nicht allein eine technische Angelegenheit, sondern als Querschnittsaufgabe zu betrachten. Insbesondere den eigenen Vertrieb gilt es einzubeziehen. Er hat den Finger am Puls der EVU-Endkunden und kennt deren Wünsche. Nur wenn alle Abteilungen im Digitalisierungsboot sitzen und mitgenommen werden, kann es gelingen, nachhaltige neue IoT-basierte Geschäftsmodelle aufzusetzen.

Literatur

BMJV. (2017). Telekommunikationsgesetz (TKG) vom 22. Juni 2004 (BGBl. I S. 1190), das zuletzt durch Artikel 1 des Gesetzes vom 29. November 2018 (BGBl. I S. 2230) geändert worden ist. Berlin: Bundesministerium der Justiz und für Verbraucherschutz (BMJV). https://www.geset-ze-im-internet.de/tkg_2004/TKG.pdf. Zugegriffen am 02.04.2019.

BMWi. (2016). Gesetz über den Messstellenbetrieb und die Datenkommunikation in intelligenten Energienetzen (Messstellenbetriebsgesetz – MsbG). In: Gesetz zur Digitalisierung der Energiewende. *Bundesgesetzblatt Jg.* 2016, *Teil I Nr. 43*, S. 2034 ff (29.08.2016). Berlin: Bundesministerium für Wirtschaft und Energie (BMWi). https://www.bmwi.de/Redaktion/DE/Downloads/Gesetz/gesetz-zur-digitalisierung-der-energiewende.pdf?__blob=publicationFile&v=4. Zugegriffen am 02.04.2019.

DIN-Normenausschuss Informationstechnik und Anwendungen (NIA). (2015). *Informationstech-nik – IT-Sicherheitsverfahren – Informationssicherheits-Managementsysteme – Anforderungen (ISO/IEC 27001:2013 + Cor. 1:2014)*. Berlin: DIN Deutsches Institut für Normung e.V., Beuth.

Heß, S. (2019). Regelkonforme Datenaustauschprozesse für SMGW-basierte Services und Geschäftsmodelle. In *Energiewirtschaftliche Tagesfragen (et)*. Berlin: EW Medien und Kongresse GmbH, Nr. 67, Heft 01–02/2019, S. 20–21.
LoRa Alliance. (o. J.). *LoRa Alliance*. Fremont (CA): LoRa Alliance. https://lora-alliance.org/. Zugegriffen am 02.04.2019.

Sascha P. Schlosser Jahrgang 1978, schloss das Studium für Medienwissenschaft & Kommunikationsdesign an der Makromedia Akademie für Neue Medien (2000–2003) sowie das Studium der allgemeinen Betriebswirtschaftslehre an der Westdeutschen Akademie für Kommunikation in Köln (2003–2005) jeweils mit Diplom ab. Zu seinen ersten beruflichen Stationen zählen Vertriebstätigkeiten u. a. bei Arvato Services und Kabel Deutschland (2006–2010). Als Bereichsleiter Marketing und Vertrieb beim kommunalen Messdienstleistungsunternehmen co.met GmbH in Saarbrücken (2010–02/2017) verinnerlichte der Autor die Prozesse der Energiewirtschaft und insbesondere der Digitalisierung des Messwesens. Seit März 2017 ist Schlosser Geschäftsführer der ZENNER International GmbH & Co. KG in Saarbrücken. Unter seiner Regie vollzieht der über 100 Jahre alte Anbieter für Mess- und Systemtechnik den Wandel zum Komplettanbieter intelligenter, Internet-of-Things-basierter Komplettlösungen für Stadtwerke, Energieversorger, und Kommunen.

Pragmatisches Vorgehensmodell für die Smart City der Zukunft – Gestaltungsempfehlung und Methodenkasten für einen standardisierten Ansatz

47

Patrick Ellsäßer und Philipp Küller

Der Langsamste, der sein Ziel nicht aus den Augen verliert, geht immer noch geschwinder als der, der ziellos umherirrt

Zusammenfassung

Urbanisierung, demografischer Wandel und digitale Transformation sind nur ein paar der Megatrends, die täglich den Alltag der Menschen beeinflussen. Dies wirkt sich auch auf die Städte aus, in denen wir leben. Städte haben die Aufgabe, sich den Bedürfnissen ihrer Bewohner anzupassen und dem Fortschritt zu folgen. Allerdings hat die Vergangenheit gelehrt, dass ein Hype auch zur Inflation einer Begrifflichkeit führen kann. Jedoch ist die Bedeutung von Smart City so stark, dass sie dieses Image abschüttelte und sich aktuell in einer substanziellen Expansionsphase befindet. Um diese weiter voranzutreiben, gilt es, die vorhandenen Domänen zu filtern und die Städte darauf aufbauend zu entwickeln. Das vorliegende Kapitel beschreibt ein agiles Vorgehensmodell, das Städten helfen soll, sich ihrem Wunsch, smarter zu werden, anzunähern. Für die Entwicklung einer Smart City wurde ein Methodenkasten definiert, der sowohl die Zielvorgaben, die Strategie und die Governance behandelt, als auch Vorschläge zur Entwicklung von Projektideen diskutiert.

P. Ellsäßer (✉) · P. Küller
Fujitsu TDS GmbH, Neckarsulm, Deutschland

© Springer Fachmedien Wiesbaden GmbH, ein Teil von Springer Nature 2020
O. D. Doleski (Hrsg.), *Realisierung Utility 4.0 Band 2*,
https://doi.org/10.1007/978-3-658-25589-3_47

47.1   Intelligente Städte: Am Ende des Tals der Enttäuschungen

Der technologische Fortschritt und die Digitalisierung machen auch vor Städten, Kommunen und Landkreisen keinen Halt. Sie bieten neue Handlungsoptionen für die wirtschaftlichen, sozialen und politischen Herausforderungen unserer Gesellschaft. Herausforderungen entstehen aber auch durch den demografischen Wandel, die Urbanisierung und die Entstehung neuer Mobilitätsmuster, die gerade in diesen Regionen besonders zusammentreffen. Das bedeutet, dass auf Städte und Kommunen neue Herausforderungen zukommen und sich diese grundsätzlich neu aufstellen müssen, um die Herausforderungen zu bewältigen und dabei als Ort und Quelle von Innovationen im globalen Wettbewerb die Arbeitsplätze von morgen in der Region zu sichern. – Nachfolgend eine Auswahl dieser Herausforderungen:

Digitale Transformation. Digitale Technologien durchdringen den Alltag der Menschen und weben sich eng in die Gesellschaft – es entsteht eine Dualität der Systeme. Unter der digitalen Transformation kann man dabei die verstärkte Nutzung von Informations- und Kommunikationstechnologien (IKT) zur Entscheidungsunterstützung und zur Automatisierung verstehen.[1] Die *digitale Transformation* verändert dabei Lebens- sowie Arbeitsweisen und wirkt sich direkt auch auf Geschäftsmodelle, Produkte und Dienstleistungen aus.

Demografischer Wandel. In allen Volkswirtschaften war, ist und wird das Leben, egal ob aus wirtschaftlicher oder sozialer Sicht, ganz entscheidend von der demografischen Entwicklung bestimmt. Die Veränderungen des Altersgefüges – beeinflusst von Fertilität, Mortalität und Migration[2] – führt besonders in Industrienationen zu großen finanziellen und mehr noch zu organisatorischen Herausforderungen. Gesellschaftliche Systeme müssen dabei auf eine alternde Gesellschaft umgebaut und angepasst werden, ohne dabei die finanziellen Rahmenbedingungen zu überschreiten.

Wissensgesellschaft. Wissen entwickelt sich zum zentralen Standortfaktor der Zukunft: „Wissen ist die zentrale Tauschmaterie und der überragende Produktionsfaktor unserer Organisationen".[3] Dabei wird die Entwicklung hin zur Wissensgesellschaft heute als einer dieser Megatrends verstanden, der das Leistungsvermögen bietet, grundlegende Veränderungen in allen Bereichen des Lebens zu bewirken.

Klimawandel, Ressourcenknappheit und Nachhaltigkeit. Die Veränderung der Rahmenparameter des Lebens auf der Erde – insbesondere das sich verändernde Klima und die knapper werdenden Ressourcen – haben ein grundlegendes Umdenken in der Gesellschaft in Deutschland und in anderen Ländern initiiert. Ein nachhaltiger Umgang mit der Erde und ihren Ressourcen wird stärker denn je eingefordert und in vielen nachhaltigen Projekten – beispielsweise im Umbau des Energiesystems hin zu erneuerbaren Energieformen – realisiert.

---

[1] Vgl. Fett und Küller (2017, S. 547).
[2] Vgl. Dickmann (2004, S. 12 ff.).
[3] Cachelin et al. (2010, S. 20).

Urbanisierung. Ein weiterer globaler Trend ist die zunehmende Urbanisierung.[4] Immer mehr Menschen ziehen in die großen Städte und deren Umland, da sie sich hier ein besseres Leben und bessere Perspektiven erhoffen. In Europa sind es laut Taubenböck et al. 75 % und in Nordamerika 83 % der Bevölkerung, die in Städten lebt.[5] Die Gründe hierfür sind im Bevölkerungswachstum, den Produktivitätsfortschritten, der Globalisierung samt höherer Mobilität und Öffnung der Volkswirtschaften, der Überlegenheit der Städte bei der Bereitstellung von öffentlichen Gütern oder dem Klimawandel zu suchen.[6] Durch den Wegzug verlieren die ländlichen Regionen weitere Bewohner, was die Attraktivität für Unternehmen schmälert und somit zu einer sich verstärkenden Spirale führt.

Einige Städte und Regionen versuchen mit partiellen Smart-City-Ansätzen, diese Probleme zu adressieren. Obwohl durch eine Gesamtstrategie viele diese Probleme noch effizienter gelöst werden könnten, wird der notwendige Gesamtblick auf die Herausforderungen der Stadt oft vernachlässigt.

Für die Städte und Kommunen im ländlichen Raum wird eine der wesentlichsten Herausforderungen sein, die Infrastruktur und die öffentlichen Dienste auch weiterhin betreiben zu können, wenn immer weniger Menschen dort leben. Dies wird dazu führen, dass die öffentliche *Daseinsvorsorge* neu interpretiert und disponiert werden muss. Außerdem muss über Konzepte nachgedacht werden, die die Standortattraktivität im ländlichen Raum wieder nachhaltig erhöhen, damit auch neue Einwohner und Unternehmen sich in diesen ländlichen Regionen niederlassen.

Metropolen und große Städte hingegen kämpfen mit der Herausforderung, dass die bestehenden Infrastrukturen und Dienstleistungen, wie Straßen, öffentliche Einrichtungen, Öffentlicher Personennahverkehr (ÖPNV) oder Verwaltungsdienste, durch einen verstärkten Zuzug immer mehr belastet werden und teilweise, besonders zu Stoßzeiten, an ihre Kapazitätsgrenzen stoßen. Daher muss die vorhandene Infrastruktur besser und effizienter genutzt und gesteuert werden, um die Neuinvestitionen auf ein Minimum zu begrenzen.

Verschärft wird die Situation der Städte und Regionen durch einen verstärkten Wettbewerb untereinander. Sowohl Unternehmen und Institutionen als auch Bürger, Arbeitskräfte und Studierende wählen heute ihren Standort bewusst aus. Entsprechend ist die Attraktivität einer Stadt oder Region heute ein entscheidendes Merkmal und beeinflusst maßgeblich die Ansiedlung von Unternehmen bzw. den Zuzug von Menschen.

Nachdem das Themenfeld Smart City zunächst über lange Jahre in der Praxis vorwiegend aus Pilotprojekten, Leuchttürmen und Machbarkeitsstudien bestand, findet seit einiger Zeit eine starke Auseinandersetzung der kommunalen Hand mit dem Thema statt und es werden vermehrt Lösungen präsentiert, die es nun über den Status Forschung und Entwicklung hinaus geschafft und eine tatsächliche Produkt- bzw. Servicereife erreicht haben. Diese neue Generation von Lösungsansätzen unterscheidet sich insofern von vorangegangenen Ansätzen, dass der Versuch unternommen wird, nicht nur ein Prestige-

---

[4]Vgl. Müller-Seitz et al. (2016, S. 1).

[5]Vgl. Taubenböck et al. (2015, S. 6).

[6]Vgl. Grömling und Haß (2009, S. 28).

projekt durchzuführen, sondern einen echten Mehrwert für die Stakeholder zu generieren, den die öffentliche Hand als Auftraggeber auch monetär argumentieren kann. Nach dem „Tal der Enttäuschungen" entstehen somit echte Smart City Use Cases, die gemeinsam von Verwaltung und Wirtschaft realisiert werden können.

Stadtwerke und Versorgungsunternehmen können hierbei eine neue Rolle als kommunaler Smart-City-Partner im Ökosystem der Region einnehmen und im Beziehungsgeflecht zwischen Bürgern, Verwaltung, Wirtschaft, Wissenschaft und Politik unterschiedlichste Mehrwerte für alle Seiten generieren. Die kommunalen Unternehmen haben dabei einige besondere Vorzüge:

- Die kommunalen Unternehmen erben oftmals das Vertrauen der Städte und Kommunen – können zudem oftmals deutlich agiler, flexibler agieren und somit Smart-City-Projekte forcieren.
- Als Betreiber kommunaler Infrastrukturen, wie Straßenbeleuchtungen, Energienetze oder Parkhäuser sind sie selbst Stakeholder der Smart City.
- Technologische Dienstleistungen, wie Rechenzentren oder Telekommunikationsnetze, gehören häufig bereits in das Portfolio der kommunalen Betriebe und werden bereits vertrauensvoll für die öffentliche Hand erbracht.

So lassen sich gemeinsam Themen, wie der demografische Wandel, Urbanisierung, Verlust des stationären Handels, Entstehung neuer Mobilitätsmuster, Verlagerung von Arbeitsplätzen oder Umweltverschmutzung adressieren und bewältigen. Dies gilt gleichermaßen für Metropolen und den ländlichen Raum.

47.2   Quo vadis: Smart City

Der Begriff Smart City wurde in den vergangenen zehn Jahren nahezu inflationär verwendet. Dabei bezog sich smart lange Zeit ausschließlich auf den Einsatz von *IKT*. In der jüngeren Vergangenheit wird jedoch mit smart auch wieder der eigentliche Sinn, nämlich intelligentes Handeln, verknüpft.[7] Im städtischen Kontext bezieht sich der Begriff z. B. auch auf den nachhaltigen Umgang mit Ressourcen, den Umbau des Mobilitätssystems hin zur Kundenorientierung oder auf die Schaffung von energieeffizienten Gebäudeinfrastrukturen.

Der Begriff Smart City entzieht sich dabei in praktischer als auch wissenschaftlicher Literatur einer einheitlichen Definition.[8] Caragliu et al. sowie Giffinger und Haindlmaier mahnen dabei an, dass das Smart-City-Konzept viele Gesichter hat und es daher keine abschließende Definition geben kann.[9] Als Arbeitsdefinition dient daher folgender Vorschlag, der aus der Synthese der bestehenden Fachliteratur entstanden ist:[10]

---

[7] Vgl. Haarstad (2016, S. 1).

[8] Cocchia (2014, S. 55).

[9] Caragliu et al. (2011, S. 67 ff.); Giffinger und Haindlmaier (2010, S. 12 ff.).

[10] Giffinger und Haindlmaier (2010, S. 13); Harrison et al. (2010, S. 2); Caragliu et al. (2011, S. 70); Yoshikawa et al. (2012, S. 111); Dameri (2013, S. 2549); Angelidou (2014, S. S3); Hisatsugu (2014, S. 5).

▶ **Definition 16: Smart City** Unter einer *Smart City* versteht man eine Stadt, die systematisch die Lebensqualität verbessert, die Umwelt schützt, die Wirtschaft unterstützt, die Sicherheit erhöht und die Infrastruktur stetig weiter zum Wohl seiner Menschen entwickelt. Der systematische und vernetzte Einsatz von IKT ist dabei in vielen Fällen obligatorisch.

Das Themenspektrum einer Smart City ist dabei so umfassend und gleichzeitig einzigartig wie die Städte und Regionen selbst. Ausgehend von der häufigen Wiedergabe in der Literatur kann das Domänenmodell von Griffinger et al. als weithin akzeptiert angesehen werden. Die Autoren unterteilen dabei die Smart-City-Themenfelder grob in sechs *Smart-City-Domänen* als oberste Gliederungsebene: Economy, Governance, People, Living, Environment und Mobility.[11] Abb. 47.1 stellt das große Themenspektrum anhand von einigen Beispielen, geordnet nach den sechs Domänen von Griffinger et al., dar.

Ganzheitliche und umfassende Smart-City-Visionen, Strategien und Architekturen sind heute leider nur partiell zu finden. Viele Städte und Kommunen fokussieren einzelne Bereiche und Anwendungen zur Lösung einzelner, akuter Probleme. Die Möglichkeiten der Digitalisierung werden bisher meist nur zu Informationszwecken genutzt. Viele Optionen und Möglichkeiten bleiben dabei gänzlich ungenutzt. Hinzu kommen massive *Datensilos* zwischen den einzelnen Akteuren einer Region.

Mit Blick auf die anstehenden, eingangs erwähnten Herausforderungen der Städte und Regionen ist es jedoch an der Zeit, sich von Pilotvorhaben zu lösen und über nachhaltige und ganzheitliche Smart-City-Konzept nachzudenken. Der nachfolgende Abschn. 47.3 liefert dazu Anregungen, wie die Etablierung einer Smart City durch geeignete Vorgehensweisen unterstützt werden kann.

47.3 Pragmatische Entwicklung einer Smart City

Kommunen, Städte, Regionen und Landkreise sind allesamt über Jahrhunderte gewachsene Systeme mit einer überwältigenden Komplexität, die von einer einzelnen Person kaum erfasst werden können. Doch wie kann ein Smart-City-Architekt nun dieses komplexe Gebilde „smart machen" und dabei nicht zum Erliegen bringen? Wie kann diese *Komplexität*[12] überhaupt beherrscht werden?

Bei der Entwicklung komplexer IT-Systeme in Unternehmen werden diese oftmals nach dem Divide-et-Impera-Verfahren (teile und herrsche) in kleinere Aufgabengebiete aufgeteilt und später wieder logisch zu einer Gesamtlösung (re-)konstruiert. Gerade im Zuge der Serviceorientierung konnte mit sog. Service-Domänen die Komplexität aufge-

---

[11] Giffinger et al. (2007, S. 14).

[12] Komplexität kann dabei sowohl als Charakteristik einer Aufgabe als auch eines Systems oder dessen Umfeld gesehen werden. Die Komplexität wird dabei maßgeblich von den Elementen und deren Abhängigkeiten untereinander beeinflusst. Dynamik und fehlende Übersicht verstärken den Komplexitätsgrad.

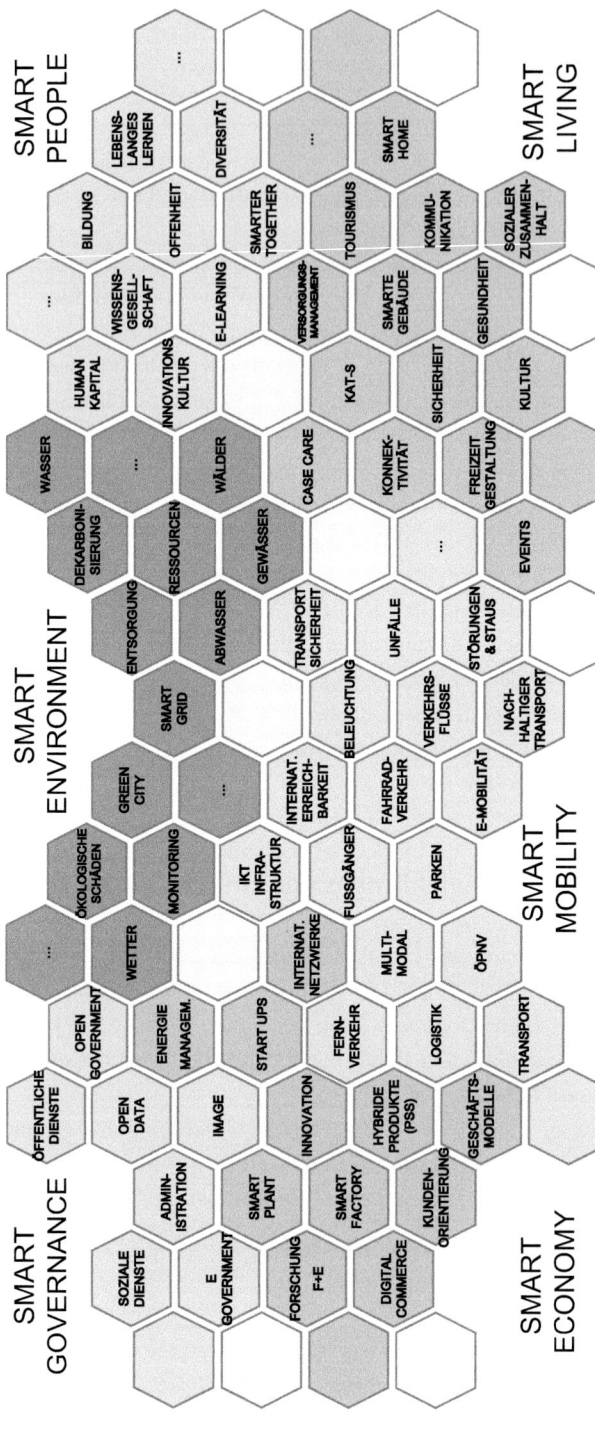

Abb. 47.1 Smart-City-Themenfelder in sechs Domänen nach Giffinger et al. (2007)

teilt und somit greifbarer für die involvierten Mitarbeiter gemacht werden. Problematisch und daher oftmals Kern von Grundsatzdebatten ist dabei jedoch die Frage, wie diese Domänen sinnvoll gebildet werden und wie die Zusammenarbeit und somit die stabile Konstruktion zwischen den Domänen sichergestellt werden kann. Dabei werden in der gängigen Fachliteratur drei grundsätzliche Möglichkeiten diskutiert, die wie folgt auf die Einführung einer Smart City übertragen werden können:

I. **Top-down:** Sukzessive Einführung der Smart City durch sequenzielles Vorgehen innerhalb der Domänen gemäß Vorgaben eines Smart-City-Programmmanagements
II. **Bottom-up:** Punktuelle Analyse und Einführung von Smart-City-Bausteinen im Rahmen von laufenden Projekten, bei denen aktueller Handlungsbedarf besteht
III. **Hybrid:** Evolutionäres Vorgehen in Verbindung mit der Koordination der Projekte durch ein strategisches Smart City Competence Center unter Einhaltung einer klaren Governance

Unterzieht man die drei Varianten einer detaillierten Betrachtung, wird offensichtlich, dass keine der drei Varianten frei von Nachteilen ist. Die Tab. 47.1 stellt die wichtigsten Stärken und Schwächen dieser Varianten einander gegenüber.

Tab. 47.1 Stärken und Schwächen der Ansätze

	Top-down	Bottom-up	Hybrid
Stärken	• Konsistentes Smart-City-System durch die gegebene Gesamtsicht auf alle Domänen • Keine signifikanten Lücken oder Überschneidungen	• Die Etablierung der Smart City in der Kommune entsteht nebenbei im laufenden Projektbetrieb • Geringer Aufwand und einfachere Kostenallokation	• Konsistentes Smart-City-System durch die gegebene Gesamtsicht auf alle Domänen • Keine signifikanten Lücken oder Überschneidungen • Etablierung der einzelnen Bausteine im Rahmen der Projekte; am Bedarf der Domänen orientiert und nach gemeinsamen Regelungen durchgeführt
Schwächen	• Separate Aufgabe in der Kommune • Kostenallokation oftmals problematisch • Nicht unbedingt am Handlungsbedarf der einzelnen Domänen orientiert • Hohe Komplexität	• Projekt-Scope deckt sich meist nicht mit dem Bedarf der Smart City und endet an Domänengrenzen • Verlust der Idealsicht auf alle Domänen der Kommune: es entsteht eine unvollständige Smart City • Gefahr von unnötigen Redundanzen und Kopplungen	• Der Betrieb eines Competence Center stellt eine separate Aufgabe mit Funding in der Kommune dar

Das hybride Vorgehen vereint die wesentlichen Vorteile der beiden anderen Vorgehensweisen und ist gerade in einer Smart City zu bevorzugen, da es die Gesamtsicht auf die Smart City wahrt, die stringente Konstruktion eines Gesamtsystems erlaubt, die diversen Akteure in eine einheitliche Richtung steuert und dennoch die Umsetzung projektgetrieben durch die diversen, teilweise eigenständigen Akteure in der Stadt oder Region erfolgen kann. Entsprechend erläutert der vorliegende Abschnitt die beiden, im hybriden Vorgehen kombinierten, Ansätze top-down (Abschn. 47.3.1) und bottom-up (Abschn. 47.3.2). Die Abb. 47.2 gibt zudem einem Überblick über die einzelnen Maßnahmen zur Etablierung der Smart City und fungiert als Navigator durch die beiden nachfolgenden Abschnitte.

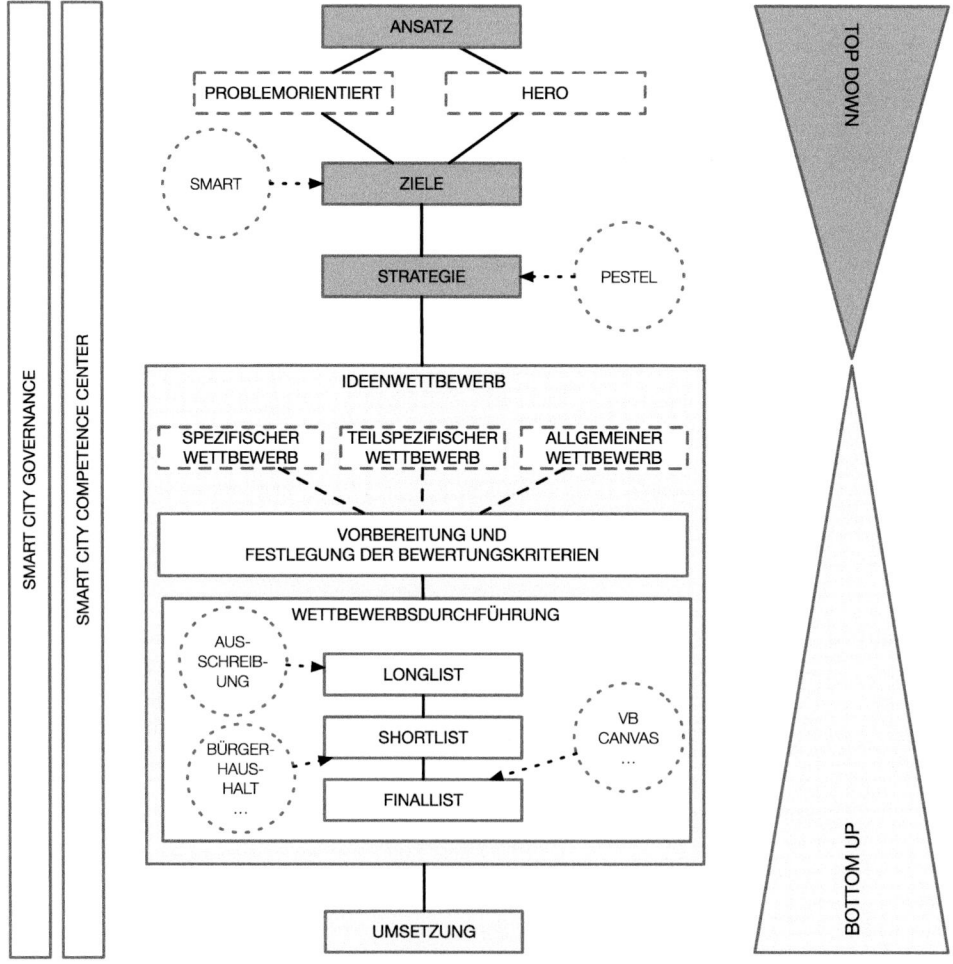

Abb. 47.2 Strategische Entwicklung der Smart City

47.3.1 Top-down: Smart City Governance und Competence Center

Eine Stadt oder Region setzt sich aus einer Vielzahl von miteinander interagierenden Akteuren zusammen und kann keinesfalls als ein in sich „geschlossenes Ganzes aus institutioneller Sicht verstanden werden".[13] Vielmehr treffen unterschiedliche Einzelinteressen von Akteuren, wie Bürgerinnen und Bürgern, Unternehmen, Touristen, Pendlern, Legislativen, politischen Verwaltungen, Vollzugsverwaltungen, Verwaltungssupports (z. B. kommunale Rechenzentren), infrastrukturellen Institutionen der Stadt (z. B. Stadtwerke), Judikativen, Public Private Partnerships, Parteien, Verbänden oder Vereinen, aufeinander. Diese Heterogenität der Stakeholder und ihrer Interessen erfordert einen Ordnungsmechanismus: Die *Smart City Governance*.

Unter dem Begriff Governance kann man im Allgemeinen einen Ordnungsrahmen verstehen, der rechtliche und faktische Vorgaben enthält und sowohl vom Gesetzgeber als auch von den Stakeholdern definiert wird. Walser und Haller definieren Governance dabei wie folgt:

▶ **Definition 17: Governance** „Governance ist die Etablierung von Richtlinien und der kontinuierlichen Überwachung (seitens eines Governance-Gremiums) von deren Umsetzung (seitens eines Management-Gremiums) durch die Mitglieder des zu bestimmenden Leitungs- oder Governance Organs oder -Gremiums. Es beinhaltet die erforderlichen Mechanismen zur Austarierung der Gewalten der Mitglieder (inklusive Rechenschaftspflicht) sowie die Hauptaufgabe, die Prosperität und Überlebensfähigkeit der Organisation zu stärken."[14]

Als Organ hat sich in der Smart City ein Competence Center empfohlen. Als organisatorische Einheit werden im *Competence Center (CC)* die Aufgaben gebündelt, die als Kernkompetenz über alle Akteure hinweg benötigt werden. Dabei gilt es bei der Etablierung des CC eindeutig zu klären, (a) welcher Gestaltungsbereich dem CC zusteht, (b) wie die Arbeitsteilung zwischen dem CC und den Akteuren in der Stadt/Region geregelt ist und (c) welche Weisungsbefugnis dem CC verliehen werden. Grundsätzlich sollte ein CC mit eigenen Gestaltungsmöglichkeiten, Ressourcen und Budget ausgestattet sein, damit es nicht zu einem Marketingwerkzeug ohne sinnhafte Funktion verkommt.

Die Aufgabengebiete der Smart City Governance werden in ISO 37106:2018 detailliert beschrieben. Deren Vorgänger liefert eine gute Übersicht über die Themenfelder (Abb. 47.3), die als Teil einer integrierten Smart City Governance bearbeitet werden sollten. Entsprechend liegt der Fokus auf dem eher praktischen Vorgehen zur Identifikation und Umsetzung von Smart-City-Projekten. Dabei gilt es noch im Zuge der Smart City Governance zu erarbeiten, welche Vision, welche Strategie und welche Ziele verfolgt werden. Die gesamte Vorgehensweise, um Smart-City-Projekte zu identifizieren, lassen sich Abb. 47.2 entnehmen.

---

[13] Walser und Haller (2016, S. 21).

[14] Ebd. (S. 20).

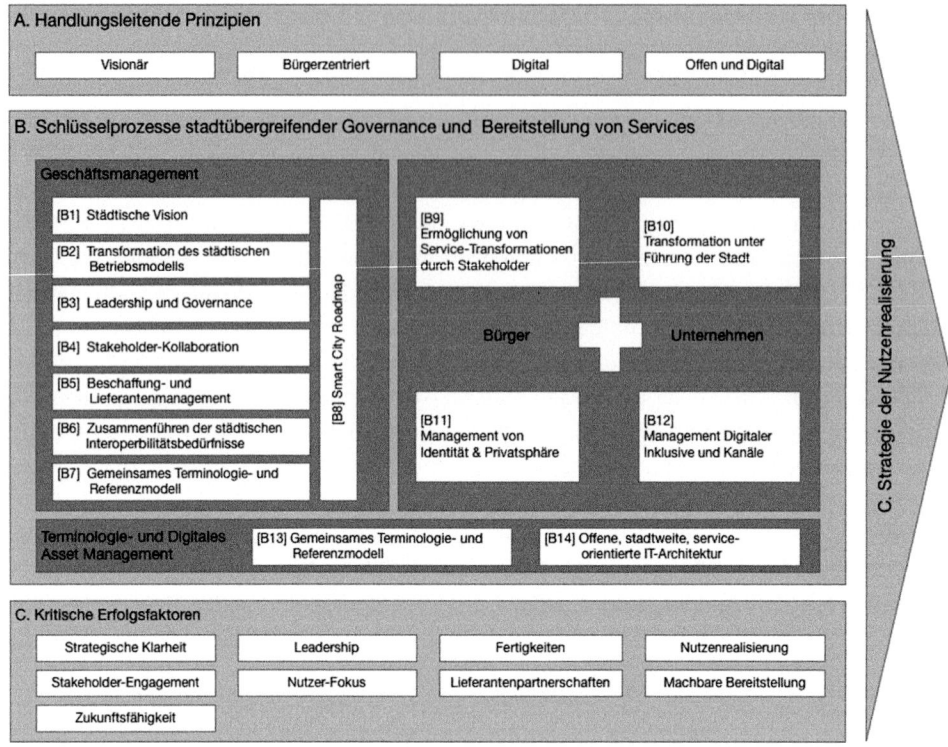

Abb. 47.3 Smart City Framework nach IEC 2014 (eigene Darstellung)

47.3.1.1 Entwicklung von Zielen in der Smart City

So unterschiedlich Städte und Kommunen sind, so breit ist auch das Spektrum an Motivationen, eine intelligente Stadt zu etablieren. In vielen Fällen steht ein langfristiger, visionärer Plan hinter den Bemühungen der Stadt – oftmals verbunden mit dem Ziel, als Pionier wahrgenommen zu werden. Jedoch ist der Schritt, eine Smart City zu werden, nicht immer aus freien Stücken gewählt, sondern oftmals auch ein Versuch, bereits vorhandene oder absehbare Problemfelder zu bekämpfen. Vor der Definition von Zielen ist daher ratsam, die Motivation der Stadt bzw. Region zu hinterfragen. Dabei lassen sich zwei grundsätzliche Ansätze unterscheiden:

1. **Problemorientierter Ansatz:** Die Smart City stellt in diesem Ansatz die Lösung für ein vorherrschendes oder entstehendes Problem dar, dass es bürgerorientiert zu lösen gilt.
2. **Hero-Ansatz:** Der Hero-Ansatz (Transformationsführerschaft) beschäftigt sich mit dem Gedanken, wie eine ideale Zukunft der Stadt aussehen soll und was hierfür benötigt werden könnte. Bei diesem Ansatz ist die Smart City somit die Lösung für eine bereits formulierte Vision.

Die Wahl des verfolgten Ansatzes wirkt sich maßgeblich auf die Strategie (Abschn. 47.3.1.2), den Ideenwettbewerb und dessen Bewertung (Abschn. 47.3.2) aus. Während die Pioniere (Hero) oftmals die neusten, teilweise noch pilothaften Lösungen im Sinn des State of the Art (aktueller Stand der Technik) suchen, orientieren sich problemorientierte Kommunen eher an *Good Practices* (Standards) oder *Best Practices* (bereits Bewährtes).

Für die Etablierung einer Smart City ist es zunächst ratsam, übergeordnete *Ziele* zu definieren, die dem gewählten Ansatz folgen. Definierte, dokumentierte und kommunizierte Ziele geben dabei auf der einen Seite eine gemeinsame Richtung für alle Akteure der Smart City vor, erlauben auf der anderen Seite aber auch eine regelmäßige, kritische Bewertung der Zielerreichung.

Ausgehend von regionalen Spezifika lassen sich an dieser Stelle keine Musterziele definieren. Vielmehr ist relevant, die wichtigsten Stakeholder an den Tisch zu holen und gemeinsam Ziele zu verabschieden. Für die Definition von Zielen sollte dabei das SMART-Prinzip als Qualitätskriterium angelegt werden:

- **S** → Spezifisch: Eindeutig definiert und präzise formuliert.
- **M** → Messbar: Messbarkeitskriterien sollten als klare Größe formuliert werden.
- **A** → Akzeptiert: Alle müssen sich mit dem Ziel identifizieren können.
- **R** → Realistisch: Ziel muss möglich und realistisch sein; machbar, aber gleichzeitig fordernd.
- **T** → Terminiert: Terminvorgabe, bis wann das Ziel erreicht sein muss.

Die ausformulierten Ziele der Stadt lassen sich nun auch in kurz-, mittelfristige und langfristige Ziele kategorisieren. Diese taktischen und strategischen Ziele werden dann abschließend gemessen und überprüft. Final wird sich die Stadt an ihren selbstformulierten Zielen bewerten müssen. Anhand der Bewertung wird dann ersichtlich, ob die Ziele erreicht, zu einem gewissen Teil erreicht oder verfehlt wurden. Darüber hinaus lässt sich mithilfe der Ziele eine Strategie für die Stadt formulieren, die mit als Grundlage für den Entwicklungs- und Bewertungsprozess eines Anwendungsfalls gilt.

47.3.1.2 Smart-City-Strategie

Aufbauend auf den gesetzten Zielen stellt die *Strategie* einen Plan und eine Reihe von Handlungen zusammen, die zur Erreichung der Ziele dienen sollen. Der Strategiebegriff kann dabei nach Henry Mintzberg in etwa so umschrieben werden:

- Strategie ist wie eine Perspektive und somit auch Vision und Richtung
- Strategie kann als ein Plan interpretiert werden, der anleitet, wie man von einem Punkt zum anderen Punkt gelangt
- Strategie ist ein grundlegendes Handlungsmuster, das über einen längeren Zeitraum hinweg verfolgt wird, aber im Zeitverlauf auch angepasst oder weiterentwickelt werden muss, um den Gegebenheiten der Realität gerecht zu werden.

Entsprechend bedingt eine Strategie mindestens ein Ziel (Abschn. 47.3.1.1), aber auch mindestens zwei alternative Wege, um dieses Ziel zu erreichen. Das Einschränken der Wege ist nur dann sinnvoll, wenn es mindestens zwei mögliche Wege zur Erreichung des Ziels gibt.

Bei der Entwicklung von Strategien gilt es dabei, drei grundlegende Schritte durchzuführen:

A. **Standortbestimmung:** Analyse des aktuellen Zustands und Erarbeitung der Herausforderungen.
B. **Strategieentwurf:** Entwurf eines Zielbilds und Skizzierung des Soll-Zustands nach der Umsetzung.
C. **Strategieumsetzung:** Festlegung der Maßnahmen, der zeitlichen Planung und der Überwachung.

Als erstes untersucht die Stadt ihr Makroumfeld, um mögliche Risiken und Chancen zu identifizieren. Es müssen also zunächst einmal die Rahmenbedingungen geschaffen werden. Zu diesem Zweck empfiehlt sich die Political-Economic-Sociocultural-Technological-Environment-Legal(PESTEL)-Analyse oder eine ihrer Abwandlungen.[15] Anhand dieser Analyse lassen sich die relevanten Einflussfaktoren erkennen, die sich auf die Stadt und ihre Strategie auswirken (Tab. 47.2).

Tab. 47.2 PESTEL-Analyse mit beispielhaften Einflussfaktoren auf Städte und Regionen

Politik (Political)	Wirtschaft (Economical)	Gesellschaft (Sociocultural)
• Anpassung von politischen Zielvorgaben • Erhöhung von Steuern und Abgaben • Anpassung der Förderlandschaft/-höhe • Einschränkungen des Innovationsraums	• Veränderung der Binnen- oder globalen Märkte • Abwanderung von Unternehmen oder Forschungseinrichtungen • Veränderungen der Marktmechanismen • Ausbildung neuer Anforderungen der Wirtschaft an Standorte	• Steigende Kriminalität • Veränderung der Zusammensetzung der Gesellschaft • Emanzipierung des Bürgers und Etablierung von Prosumers • Anpassung der Erwartungshaltung und des Konsumverhaltens
Technologie (Technological)	**Umwelt (Environmental)**	**Gesetze (Legal)**
• Neue technologische Möglichkeiten innerhalb des städtischen/regionalen Kontexts • Anforderungen von Bürgern/ Unternehmen an Infrastrukturtechnologien (z. B. Sensornetze) • Etablierung von neuen Technologien (z. B. E-Autos)	• Verstärkung des Klimawandels • Gesteigerte Anzahl von Umweltkatastrophen (z. B. Sturm, Erdrutsch, Flut) • Aufkommen weiterer Umweltveränderungen • Gesellschaftlicher Druck zum Umweltschutz	• Gesetzesänderungen in Bezug auf städtische Infrastrukturen (z. B. Baurechtlich) • Gesetzesänderungen im Bereich Umweltschutz/ Immissionen • Verzögerung notwendiger Gesetzesänderungen • Gesetzlicher Innovationsdruck (z. B. E-Government)

[15] Das Akronym PESTEL steht dabei für die sechs Betrachtungsperspektiven der Makro-Umweltanalyse: Political, Economic, Sociocultural, Technological, Environment und Legal.

Um zu vermeiden, dass es zu Abweichungen in dieser Analyse kommt, sollten die externen und internen Perspektiven einbezogen werden. Es ist zudem wichtig, dass bei der Anwendung der PESTEL-Analyse nur die Einflussfaktoren berücksichtigt werden, die einen reellen Einfluss auf die Stadt bzw. die Region haben. Darüber hinaus bietet sich die Möglichkeit, vorhandene Datenschätze sinnvoll zu analysieren und so auch evidenzbasierte Erkenntnisse zu sammeln und für strategische Entscheidungen heranzuziehen.

Nach Standortbestimmung (PESTEL) und Zielbildbestimmung (SMART) sollte der Modus von top-down zu bottom-up wechseln, um sehr bedarfsorientiert die einzelnen Maßnahmen zu erschließen. Mögliche Ansätze werden im nächsten Abschnitt dargestellt.

47.3.2 Bottom-up: Vorgehensmodell zur Identifikation und Umsetzung von Smart-City-Projekten

Bei der Ermittlung von potenziellen Smart-City-Projekten sollten die Bürger möglichst frühzeitig eingebunden werden. Ideen sollten kollektiv identifiziert und gemeinsam zur Umsetzungsreife gebracht werden. Ein Ideenwettbewerb bietet hierfür einen guten Einstieg, erfordert jedoch auch eine grundlegende Vorbereitung. Alternativ bieten sich auch diverse Kreativformate wie Barcamps, World Cafés oder Ideenwerkstädten zur Zusammenarbeit zwischen Verwaltung und Stakeholder an.

47.3.2.1 Einstieg in den Ideenwettbewerb

Für den Erfolg des Ideenwettbewerbs sind einige Vorbereitungen und Festlegungen zu treffen. Dabei ist es essenziell, dass die strategischen Überlegungen (Abschn. 47.3.1) bereits gereift sind und ein grundlegendes Verständnis über die zu entwickelnde Smart City vorliegt. So wird schnell ersichtlich, welche Wettbewerbsform geeignet erscheint.

- **Spezifischer Wettbewerb:** Bei einem *spezifischen Wettbewerb* wird nur das Themenfeld im Zuge des Wettbewerbs ausgeschrieben, das aufgrund der strategischen Analysen als primäres Themenfeld identifiziert wurde. Die Zielgruppe ist hierbei diejenige, die in diesem Umfeld wirkt oder betroffen ist. Die Stadt sollte den Wettbewerb so gestalten, dass es nicht zu einer Grundlagenermittlung kommt.
- **Teilspezifischer Wettbewerb:** Bei einem *teilspezifischen Wettbewerb* ist die Erkenntnis vorhanden, dass ein Optimierungsbedarf in mehreren Bereichen notwendig ist. Die Stadt sollte in diesem Fall für die benötigten Bereiche die Thematik oder das Problem formulieren, auf diese sich dann die jeweiligen Zielgruppen mit ihren Lösungsansätzen bewerben sollen. Es werden auch, ähnlich wie beim spezifischen Wettbewerb, spezielle Branchen oder Bereiche durch den Wettbewerb angesprochen und andere Themenfelder bewusst – zumindest für den Moment – ausgeschlossen.
- **Allgemeiner Wettbewerb:** Beim *allgemeinen Wettbewerb* wird von der Stadt keine Thematik oder Problemstellung vorgegeben. Hier haben die Bewerber einen komplett freien Handlungsspielraum bezüglich ihrer Projektidee, die sich lediglich an zu definierende Auswahlkriterien halten muss. Dies bedeutet aber auch, dass sich alle Branchen und Arbeitsbereiche mit unterschiedlichsten Problemstellungen und Lösungsansätze bewerben sollen.

Bevor es zu einer Umsetzung des Wettbewerbs kommen kann, müssen zuvor *Bewertungs-kriterien* definiert werden. Anhand dieser kommt es zu einem effizienteren Wettbewerb, da sich Bewerber gezielt vorbereiten können. Themen, wie asymmetrische Informationen, würden hierbei lediglich eine Ineffizienz zur Folge haben.

Die nachfolgenden fünf Kriterien stellen einen Vorschlag für die Bewertung von Smart-City-Ideen dar und können im Wettbewerb und ganz besonders in der abschließenden Bewertung berücksichtigt werden:

- **Aktualität:** Ein Bedarf oder eine Idee besitzen eine gewisse Bedeutsamkeit für die unmittelbare Gegenwart – sie sind aktuell bedeutsam. Jedoch kommt es zu einem kontinuierlichen Verfall der Aktualität und so muss ein Abgleich der Aktualität erfolgen. In Bezug auf die Smart City sind beispielsweise die Bedarfsabdeckung, der Stand der Technik, die Wahrnehmung, die Nutzung und die eingesetzte Software beeinflussende Faktoren, die es abzuklären gilt.
- **Anpassungsfähigkeit:** Die Anpassungsfähigkeit oder auch Flexibilität spielt eine elementare und entscheidende Rolle in der Smart City. Zunächst muss jedoch die Positionsbestimmung der Anpassungsfähigkeit durchgeführt werden. Hierfür empfiehlt sich die *Strenghts-Weaknesses-Opportunities-Threats(SWOT)-Analyse*.[16]
- **Bürgerorientierung:** Der Mensch ist die elementare Rolle einer Stadt. Deshalb muss auch eine Projektidee auf die Tatsache hin untersucht werden, ob und – wenn ja – in welchem Maß jenes Projekt dem Bürger einen positiven Nutzen liefert. Um dies zu untersuchen, kann das Projekt mithilfe der Methoden der Marktforschung genauer betrachtet werden – auch Experimente unter Einbeziehung der Zielgruppe sind geeignet.
- **Mehrwert:** Als Mehrwert wird hier die Wahrnehmung der Bürger verstanden, was einen Anwendungsfall attraktiver als andere macht und was einem Bürger mehr Wert ist. Als Analysewerkzeug ist beispielsweise eine Value Proposition Canvas (Abb. 47.4) tauglich.
- **Nachhaltigkeit:** Anhand der Segmente für Nachhaltigkeit (Ökologie, Ökonomie und Soziales) und ihren Inhalten lassen sich Nachhaltigkeitsziele für die Stadt definieren, anhand derer sich die Stadt immer wieder selbst kontrollieren kann. Als Werkzeuge können Kennzahlensysteme mit *Key Performance Indicator (KPI)* oder Key-Goal-Indikatoren (KGI) zum Einsatz kommen. Ein weiterer Ansatz zur Bemessung liefert die OECD, die die Messgrößen in ein Pressure-State-Response-Schema einordnet.

Im Zuge des nachfolgenden Wettbewerbs ist bereits zu Beginn eine klare und offene Kommunikation erforderlich. Insbesondere die verfolgten Ziele und die Bewertungskriterien sollten im Zuge der Durchführung transparent kommuniziert werden.

---

[16] Das Akyronm SWOT steht englisch für Strengths (Stärken), Weaknesses (Schwächen), Opportunities (Chancen) und Threats (Risiken). Sie dient als Instrument der strategischen Planung und Positionsbestimmung.

Smart City Value Proposition Map

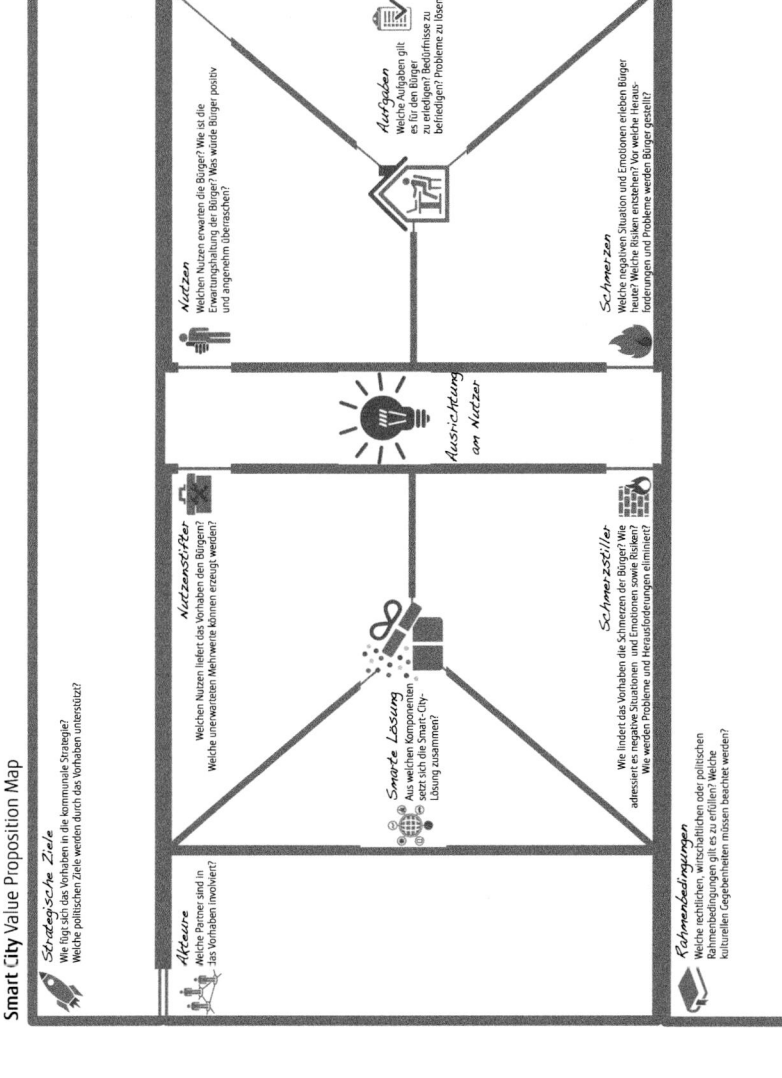

Abb. 47.4 Smart City Value Proposition Canvas (Quelle: in Anlehnung an Osterwalder et al. 2014)

47.3.2.2 Wettbewerbsdurchführung

Nachdem die Stadt ihr strategisches Vorgehen ausformuliert hat und der Kriterienkatalog
definiert wurde, ist nun eindeutig, ob es zu einem spezifischen, teilspezifischen oder allgemeinen Wettbewerb kommt. Innerhalb des Wettbewerbs gilt es die nachfolgende Vorgehensweise zu verfolgen, um effizient, nachhaltig und mit größten Erfolgsaussichten zu arbeiten.

Schritt 1 – Per offenem Ideenwettbewerb zur Longlist

Im Zuge eines offenen Wettbewerbs erhalten Bürger als auch Unternehmen die Möglichkeit, eigene Ideen für ein Smart-City-Projekt zu beschreiben und einzureichen. Im Ergebnis entsteht eine noch unqualifizierte Liste von Ideen. Die *Longlist* lässt sich zu einer reinen Ideensammlung zusammenfassen.

Um möglichst viele und diverse Ideen zu erhalten, sollte der Zugang und der Aufwand
zur Beschreibung der Ideen möglichst gering gehalten werden und erst in einem späteren
Schritt des mehrstufigen Verfahrens erfolgen. Aus gleichem Grund sollte auch der Gebrauch von Fachtermini vermieden werden.

Schritt 2 – Mit Bürgerbeteiligung zur Shortlist

Im zweiten Schritt soll es zu einer aktiven Partizipation der Bürger bei der Auswahl von
Ideen für die Smart City kommen. Mit dieser frühen Möglichkeit der Partizipation soll die
Bewusstseinsbildung und Akzeptanz für die Thematik unterstrichen werden und die Bür-
ger sollen für die Vorhaben sensibilisiert werden.

Die Möglichkeiten reichen dabei von einem Bürgerentscheid über digitale Bürgerhaus-
halte bis hin zu offenen Veranstaltungsformaten (Informationsveranstaltungen, öffentliche
Diskussionen und interaktive Veranstaltungen, wie Informations-Parcours), bei denen die
Themen vorgestellt und diskutiert werden. Bei digitalen Formaten (Bürgerentscheid, Bür-
gerhaushalt) werden entsprechende webbasierte Lösungen eingesetzt, die eine hohe Usability (z. B. Kategorien, Filterung etc.) bieten.

Bei Veranstaltungsformaten sollte bei einer großen Anzahl von Ideen eine Vorselektion
vorgesehen werden. Eine Informationsveranstaltung sollte unbedingt über mehrere Tage
und an einem zentralen und frequentierten Punkt, z. B. Marktplatz, Bahnhofshalle oder
Pop-up-Lokation, stattfinden. Hierbei sollte den Bürgern die Chance gegeben werden,
Fragen zu stellen und unverständliche Punkte zu besprechen. Sie sollten aber auch gleichzeitig von der Notwendigkeit überzeugt und für den Stadtgedanken, sich zu einer Smart
City zu entwickeln, gewonnen werden. Oftmals bietet sich auch ein Methodenmix an, um
alle Zielgruppen adäquat ansprechen zu können.

Die Maßnahmen zur Bürgerbeteiligung führen zu einer Shortlist von möglichen Projekten. Die nun vorliegenden Projektideen sind aus Sicht der Stakeholder für eine Umsetzung grundlegend geeignet, jedoch steht noch eine detaillierte Planung und Überprüfung
der Machbarkeit aus.

Schritt 3 – Intensive Analyse als Basis für die Erstellung der Finallist
Während die bisherigen Schritte dazu notwendig waren, die u. U. hohe Anzahl von Ideen zügig zu priorisieren und zu filtern, zielen die folgenden Schritte darauf ab, die verbliebenen Projektideen auf der Shortlist auf ihre Umsetzbarkeit und ihren Mehrwert für die Stadt zu prüfen, um schließlich die finale Liste zu erstellen. Aufgrund des hohen Aufwands für die Verwaltung sollte die *Shortlist* entsprechend der verfügbaren Personalressourcen, die für die Prüfung zur Verfügung stehen, dimensioniert werden.

Nach dem hohen, aber wichtigen Aufwand zur Partizipation der Bürger, muss nun analysiert werden, welche Projektideen Sinn ergeben und welche aufgrund der vorangegangenen Dialoge und Abstimmungen der Stakeholder aus der Liste fallen. Für diese Analyse sollten u. a. folgende Überlegungen berücksichtigt werden:

- Mehrwert des Projekts
- Nachhaltigkeit des eventuellen Projektergebnisses
- Ausmaß der strategischen Ausrichtung des Projekts
- Zeitlicher Horizont des Projekts
- Dringlichkeit des Projekts
- Grobe Verfügbarkeit der benötigten Kapazitäten
- Art und Höhe der Projektrisiken

Die übrigen Projektideen sollten anschließend mithilfe des Value Proposition Canvas weiter analysiert werden. Die von Osterwalder et al. entwickelte und im Buch *Value Proposition Design* erschienene Leinwand beleuchtet die beiden Komponenten Kundensegmente und Werteversprechen im Detail.[17] Ziel des Value Proposition Design ist es, die möglichen Projekte der Stadt und deren zu bewältigenden Aufgabe, mit den Bedürfnissen der Bürger in Einklang zu bringen. Die Darstellung der Value Proposition Canvas in Abb. 47.4 wurde zudem angepasst und um Smart-City-Spezifika erweitert.

Das Bewertungsschema für eine abschließende Priorisierung der Anwendungsfälle kann auf Basis der oben genannten Bewertungskriterien (Aktualität, Anpassungsfähigkeit, Bürgerorientierung, Mehrwert und Nachhaltigkeit) entwickelt werden. Die so qualifizierten und priorisierten Projektideen können einem Entscheidungsgremium (z. B. Gemeinderat, Steering Board) zur Entscheidung vorgelegt werden. Die finale Anzahl der umzusetzenden Projekte hängt schließlich von den verfügbaren Mitteln und den finanziellen Vorgaben (Minimum, Maximum, Optimum) ab.

47.4 Think big. Start small. Act now.

Die vielfach zitierten Worte von Barnabas Suebu eignen sich auch für die Etablierung von Smart Cities.

---

[17] Osterwalder et al. (2014).

Think big. Viele Städte sind mit kleinen, isolierten Projekten gestartet. Dabei ist es bei einem so komplexen System, wie einer Stadt oder gar einer Region, essenziell, niemals den Überblick zu verlieren und die übergeordneten Ziele und Visionen im Blick zu behalten. Die Strategie der Smart City und deren Governance müssen sich nahtlos in die Entwicklung der Region und der Stadt einfügen. Es gilt, früh eine Vision, eine Strategie und eine Governance als Instrument der Führung in der Smart City zu definieren und ein Competence Center als zentralen Ansprechpartner und Koordinator für alle Belange der Smart City zu etablieren.

Start small. Der große Wurf wird bei einer Smart City selten möglich sein. Konsequenterweise sollte iterativ mit kleinen Projekten gestartet werden und die Smart City peu à peu und bedarfsorientiert in der Stadt und der Region realisiert werden. Für die Motivation und die Überzeugungsarbeit sind gerade Quick Wins anstelle von Big Bangs angesagt.

Think big. Start small. Impliziert dabei die in diesem Beitrag vorgeschlagene hybride Einführungsstrategie und kombiniert dabei die Vorteile einer zentralen Führung, wie sie bei einem Top-down-Ansatz zum Einsatz kommt, mit dem dezentralen, bedarfsorientierten Vorgehen des Bottom-up-Ansatzes.

Act Now. Nachdem sich der Smart-City-Hype der letzten Jahre gelegt hat, ist es nun an der Zeit, mit substanziellen Themen zu starten. „Act now" bedeutet dabei nicht, dem Trend hinterher zu hetzen und mit aller Gewalt Projekte zu realisieren. Vielmehr ist nun der Zeitpunkt gekommen, sich nachhaltig Gedanken zu machen und tragfähige Konzepte zu entwickeln. Die Themenvielfalt bietet dabei Potenzial für jede Kommune und wird perspektivisch einen großen Mehrwert für das Zusammenleben bieten.

Die Etablierung einer intelligenten Stadt ist dabei weder ein Projekt von wenigen Monaten noch von wenigen Jahren. Das Thema Smart City wird die Städte, Kommunen und Regionen noch einige Jahrzehnte begleiten. Umso wichtiger ist es, in eine vernünftige Strategie und eine Governance mit der nötigen Weitsicht zu investieren. Schließlich wusste schon Gotthold Ephraim Lessing: Der Langsamste, der sein Ziel nicht aus den Augen verliert, geht immer noch geschwinder als der, der ziellos umherirrt.

Literatur

Angelidou, M. (2014). Smart city policies – A spatial approach. *Cities, 41*, 3–11. https://www.researchgate.net/publication/274166044_Smart_city_policies_A_spatial_approach. Zugegriffen am 01.02.2019.

Cachelin, J. L., Oswald, H., & Maas, P. (2010). Auf Wissen setzen. *Personal*, 62 (7/8), 20–22.

Caragliu, A., Del Bo, C., & Nijkamp, P. (2011). Smart cities in Europe. *Journal of Urban Technology, 2*(18), 65–82.

Cocchia, A. (2014). Smart and digital city: A systematic literature review. In R. P. Dameri & C. Rosenthal-Sabroux (Hrsg.), *Smart city – How to create public and economic value with high technology in urban space* (S. 55–145). Cham/Heidelberg/New York/Dordrecht/London: Springer.

Dameri, R. P. (2013). Searching for smart city definition – a comprehensive proposal. *International Journal of Computers & Technology, 11*(5), 2544–2551. https://www.researchgate.net/publication/283289962_Searching_for_Smart_City_definition_a_comprehensive_proposal. Zugegriffen am 01.02.2019.

Dickmann, N. (2004). Grundlagen der demografischen Entwicklung. In Institut der deutschen Wirtschaft (Hrsg.), *Perspektive 2050 – Ökonomik des demografischen Wandels* (S. 12–32). Köln: Deutscher Instituts.

Fett, P., & Küller, P. (2017). Kundenfokus: Startpunkt für die digitale Transformation bei Stadtwerken. In O. D. Doleski (Hrsg.), *Herausforderung Utility 4.0 – Wie sich die Energiewirtschaft im Zeitalter der Digitalisierung verändert* (S. 545–573). Wiesbaden: Springer Vieweg.

Giffinger, R., & Haindlmaier, G. (2010). Smart cities ranking: An effective Instrument for the positioning of cities? (25.01.2010). *ACE: Architecture, City and Environment, 4*(12), 7–25. https://upcommons.upc.edu/bitstream/handle/2099/8550/ACE_12_SA_10.pdf?sequence=7&isAllowed=y. Zugegriffen am 01.02.2019.

Giffinger, R., Fertner, C., Kramar, H., Kalasek, R., Pichler-Milanović, N., & Meijers, E. (2007). *Smart cities – Ranking of European medium-sized cities.* Final report (Okt. 2007). Wien: Centre of Regional Science, Vienna University of Technology. http://www.smart-cities.eu/download/smart_cities_final_report.pdf. Zugegriffen am 01.02.2019.

Grömling, M., & Haß, H.-J. (2009). *Globale Megatrends und Perspektiven der deutschen Industrie.* Köln: Deutscher Instituts.

Haarstad, H. (2016). Who is driving the ,smart city' agenda? Assessing smartness as a governance strategy for cities in Europe. In A. Jones, P. Ström, B. Hermelin & G. Rusten (Hrsg.), *Services and the green economy* (S. 199–218). London: Palgrave Macmillan.

Harrison, C., Eckman, B., Hamilton, R., Hartswick, P., Kalagnanam, J., Paraszczak, J., & Williams, P. (2010). Foundations for smarter cities. *IBM Journal of Research and Development, 54*(4), 1–16. http://fumblog.um.ac.ir/gallery/902/Foundations%20for%20Smarter%20Cities.pdf. Zugegriffen am 01.02.2019.

Hisatsugu, T. (2014). Smart cities and energy management – Fujitsu's approach to smart cities. *Fujitsu Scientific & Technical Journal, 50*(2), 3–10.

Müller-Seitz, G., Seiter, M., & Wenz, P. (2016). *Was Ist Eine Smart City? – Betriebswirtschaftliche Zugänge aus Wissenschaft und Praxis.* Wiesbaden: Springer Gabler.

Osterwalder, A., Pigneur, Y., Bernards, G., & Smith, A. (2014). *Value proposition design: How to create products and services customers want.* Hoboken: Wiley.

Taubenböck, H., Wurm, M., Esch, T., & Dech, S. (2015). Globale Urbanisierung – Perspektive aus dem All: Der Versuch eines Resümees. In H. Taubenböck, M. Wurm, T. Esch & S. Dech (Hrsg.), *Globale Urbanisierung* (S. 289–291). Berlin/Heidelberg: Springer Spektrum.

Walser, K., & Haller, S. (2016). Smart governance in smart cities. In A. Meier & E. Portmann (Hrsg.), *Smart City – Strategie, Governance und Projekte* (S. 19–46). Wiesbaden: Springer Vieweg.

Yoshikawa, Y., Sato, A., Hirasawa, S., Takahashi, M., & Yamamoto, M. (2012). Hitachi's vision of the smart city: Hitachi's smart city theme. *Hitachi Review, 61*(3), 111–118. http://www.hitachi.com/rev/pdf/2012/r2012_03_all.pdf. Zugegriffen am 01.02.2019.

Patrick Ellsäßer Nach seinem Studium des Innovations- und Tech-
nologiemanagements arbeitet Patrick Ellsäßer seit 2016 bei Fujitsu.
Seine Laufbahn innerhalb des Konzerns begann im Prozessmanagement. Im Jahr 2017 ging er den logischen Schritt und wechselte in die
Consultingsparte des Informations-und-Kommunikationstechnologie-
Unternehmens. Ellsäßer verantwortet seit 2018 das Thema Process
Mining und setzt Projekte mit nationalen und internationalen Kunden
um. Aufgrund seines Hintergrunds unterstützt Ellsäßer die Kunden
des japanischen Konzerns in diversen strategischen Themen. Darüber
hinaus arbeitet er aktuell an einer Forschungsarbeit, bei der untersucht
wird, wie sich die digitale Transformation auf die Führung von Unternehmen auswirkt.

Philipp Küller ist studierter Wirtschaftsinformatiker und arbeitet
seit 2016 als Senior Consultant bei Fujitsu in Neckarsulm. Philipp
Küller befasst sich in der Beratung mit der Digitalisierung von Geschäftsprozessen, Geschäftsmodellen und Unternehmensarchitektu-
ren. Zuvor verantwortete er als wissenschaftlicher Mitarbeiter am
Electronic Business Institut der Hochschule Heilbronn diverse For-
schungs- und Transferprojekte auf nationaler und internationaler
Ebene. Aktuell promoviert Philipp Küller am Lehrstuhl von
Prof. Dr. Krcmar an der Technischen Universität München und befasst sich hierbei mit Geschäftsmodellen und Unternehmensarchi-
tekturen in der dezentralen Energiewirtschaft.

Glasfaser als Geschäftsmodell für Stadtwerke – die Rolle von Stadtwerken beim Breitbandausbau

48

Heike Hahn und Martin Fornefeld

Zusammenfassung

Glasfasergeschäftsmodelle für Stadtwerke liegen bei Entscheidern derzeit ganz weit oben. Die Gründe liegen auf der Hand: Bei zurückgehenden Margen im Kerngeschäft ist zu überlegen, sich im Infrastrukturbereich breiter aufzustellen. Hinzu kommt, dass die Nachfrage nach Glasfasererschließungen insbesondere im gewerblichen Bereich, aber auch in Schulen, Bildungseinrichtungen und Krankenhäusern sehr hoch ist. Welche Modelle zur Wahl stehen und wie die jeweilige Ausprägung sein kann, wird in diesem Beitrag anhand von Beispielen beleuchtet: So haben sich die Stadtwerke Herten entschieden, das durch sukzessives Mitverlegen entstandene Glasfasernetz um ein kleinteiligeres Verteilnetz in Neubaugebieten und Gewerbestandorten zu ergänzen – und sich dabei auf die Ebene des Infrastrukturanbieters von Glasfasernetzen zu beschränken. Demgegenüber haben die Stadtwerke Hilden auf der grünen Wiese ein volles Angebotsprogramm mit passiver und aktiver Glasfaserinfrastruktur und Diensten entwickelt. Beide Lösungen arbeiten dabei erfolgreich nach einem eigenwirtschaftlichen Ansatz. Die Gemeindewerke Nümbrecht als drittes Beispiel haben sich ebenfalls für einen umfassenden Dienstleistungsansatz mit voller Wertschöpfung über aller Ebenen des Glasfasernetzausbaus entschieden, jedoch den Einstieg in das Glasfaserversorgungsmodell über einen geförderten Ausbau nach der Förderrichtlinie Breitband des Bundes gewählt. Alle drei Modelle zeigen, wie ein Stadtwerk sich erfolgreich im Glasfasermarkt positionieren kann und wie facettenreich die Ausgestaltung ausfallen kann.

H. Hahn (✉)
conlenergy unternehmensberatung gmbh, Essen, Deutschland

M. Fornefeld
MICUS Strategieberatung GmbH, Düsseldorf, Deutschland

© Springer Fachmedien Wiesbaden GmbH, ein Teil von Springer Nature 2020
O. D. Doleski (Hrsg.), *Realisierung Utility 4.0 Band 2*,
https://doi.org/10.1007/978-3-658-25589-3_48

48.1   Stadtwerke suchen neue Geschäftsmodelle

Stadtwerke sind seit Jahren darum bemüht, nachlassende Ergebnisse im Vertrieb von Strom und Gas mit neuen Geschäftsmodellen und Angeboten zu kompensieren – und sich gleichzeitig effizienter aufzustellen. Daher sind viele von ihnen bereits auf dem Weg vom Energieversorgungsunternehmen hin zum digitalen Energiedienstleistungsunternehmen: Prozesse werden zunehmend automatisiert, Online-Kundenkontaktkanäle geschaffen und digitale Geschäftsmodelle entwickelt. Zudem verstärken etliche Stadtwerke ihre Positionierung als Infrastrukturbetreiber. Klassischerweise betreiben sie Strom-, Gas-, Wärme- und/oder Wassernetze – was liegt da näher, als auch über eine Telekommunikationsinfrastruktur nachzudenken? Zumal der Bedarf an hohen *Übertragungsgeschwindigkeiten* für immer größere *Datenmengen* zunimmt, viele Städte hier aber deutlich unterversorgt sind: So sind in Deutschland laut einer Studie des Fraunhofer-Instituts für System- und Innovationsforschung (ISI) im Auftrag der Bertelsmann-Stiftung nur 6,6 % der Haushalte technisch bedingt in der Lage, einen direkten Glasfaseranschluss zu erhalten – im ländlichen Bereich sinkt die Abdeckung sogar auf gerade einmal 1,4 %.[1] Das Ziel der Bundesregierung, dass jeder Einwohner mit einer Geschwindigkeit von 50 MBit in der Sekunde durch das Internet surfen können sollte, wurde dementsprechend auch verfehlt.[2]

Für Gewerbegebiete, *Schulen* und *Krankenhäuser* wird bereits heute eine 100 %ige Glasfasererschließung gefordert und neuerdings auch gefördert. Neue *Technologien* wie *künstliche Intelligenz* oder *Augmented Reality* schaffen neue Anwendungen, beispielsweise zur Wartung von Geräten und Anlagen, zur Visualisierung von komplexen Produkten oder Objekten mithilfe von 3D-Modellen. In der Medizin üben Studenten eine Operation im Videospiel, Ärzte werden bei echten Operationen durch Roboter unterstützt oder lassen abstrakte Muster in einem Röntgenbild durch Computer analysieren. Auch zur Realisierung eines *Internet der Dinge* als ein mit Sensoren, Aktoren und Software ausgestattetes Netzwerk von diversen Geräten, Maschinen, Gebäuden, Fahrzeugen etc. wird Bandbreite benötigt. Diese erst ermöglicht es, für welche Anwendung auch immer, Daten in Echtzeit zu sammeln, auszutauschen und zu verarbeiten.

48.2   Glasfasergeschäftsmodelle im Überblick

Stadtwerke können sich auf unterschiedlichen Wertschöpfungsstufen am Ausbau des Glasfasernetzes beteiligen. Hier ergibt sich eine Dreiteilung in die Bereiche *Infrastruktur*, *Betreiber* und *Provider* (Abb. 48.1).

Zwei Geschäftsmodelle sind für Stadtwerke besonders geeignet:

- Stadtwerke in der Rolle des Infrastrukturinhabers
- Stadtwerke in der Rolle des Infrastrukturinhabers und als Anbieter von Diensten (Provider)

---

[1] Vgl. Heuzeroth (2017).
[2] Vgl. Hauser (2018).

Abb. 48.1 Wertschöpfungsstufen Glasfaser für Stadtwerke

Infrastruktur-anbieter
- Tiefbau
- Leerrohr
- Fasern

Betreiber
- Netzelemente
- Management
- Aktive Technik

Provider
- Dienste
- Dienstleistungen

Stadtwerke in der Rolle des Infrastrukturinhabers

In der Rolle des *Infrastrukturinhabers* errichten Stadtwerke eigenständig die Infrastruktur, wobei Leerrohre und Glasfasern in ihrem Eigentum bleiben. *Betrieb* und *Providing* als weitere *Wertschöpfungselemente* werden von einem externen Dienstleister übernommen. Die Stadtwerke verpachten diesem ihr Netz, sodass der Kunde seine Leistungen direkt vom externen Dienstleister beziehen kann. Dieses Modell eignet sich insbesondere bei kleineren *Erschließungsgebieten* (<1.000 Anschlüssen) oder einzelnen Glasfaserstrecken, die als Backbone genutzt werden können. Dies ist das Modell der Stadtwerke Herten, das im Folgenden in Abschn. 48.3 beschrieben wird.

Stadtwerke in der Rolle des Infrastrukturinhabers und Providers

Im zweiten *Betreibermodell* sind die Stadtwerke ebenfalls in der Rolle des Infrastrukturinhabers und errichten ein eigenes *Netz*. Darüber hinaus treten sie bei dieser Variante auch als *Provider* auf und bieten dem Kunden im Namen der Stadtwerke über *White-Label-Produkte* z. B. Telefonie, Internet oder TV an. Hier werden Providerleistungen für ein fertiges *Breitbandprodukt* von einem Dritten angeboten, aber unter dem Namen der Stadtwerke vermarktet. Der *Betrieb* wird ebenfalls vom externen Dienstleister übernommen. Die Stadtwerke wirken so aktiv an der Vermarktung und dem Vertrieb der Produkte mit, aber der Aufbau und Betrieb von kostenintensiven organisatorischen und technischen Strukturen kann vermieden werden. Dieses Modell eignet sich besonders für große *Erschließungsgebiete*, in denen eine hohe Kundenzahl generiert werden kann. Die Stadtwerke Hilden und die Gemeindewerke Nümbrecht haben dieses Modell gewählt. Während die Stadtwerke Hilden sich für den *eigenwirtschaftlichen Ausbau* entschieden haben, haben sich die Gemeindewerke Nümbrecht erfolgreich im Vergabeverfahren der Gemeinde für den geförderten Ausbau auf Basis des Bundesförderprogramms Breitband des Bundes durchgesetzt. Beide Modelle werden nachfolgend in Abschn. 48.4 und 48.5 dargestellt.

48.3   Hertener Stadtwerke als Infrastrukturinhaber

Integration des bestehenden Leerrohr- und Glasfasernetzes in den Breitbandausbau
Die *Hertener Stadtwerke GmbH* hat sich zum Ziel gesetzt, ihr bereits bestehendes Leer-
rohr- und Glasfasernetz weiter auszubauen. Mit Beraterunterstützung sollte nun eine *Strategie* zu dessen Vermarktung entwickelt werden. Entscheidend war, Bereiche im Stadtgebiet zu identifizieren, die sich über das vorhandene Netz sinnvoll erreichen und damit
unter wirtschaftlichen Aspekten durch den Breitbandausbau integrieren lassen.

Erster Schritt war dementsprechend eine Versorgungsanalyse, die zum Ergebnis hatte,
dass das Hertener Stadtgebiet bereits zu 93 % mit Bandbreiten von über 50 Mbit/s versorgt
ist. Dennoch bleibt eine Unterversorgung, und zwar von Gebieten v. a. im Norden und
Süden des Stadtgebiets sowie in den Randbereichen der Stadtteile. Festgestellt wurde
auch, dass die bestehenden Leerrohr- und Glasfaserinfrastrukturen der Hertener Stadtwerke sehr gute Voraussetzungen für einen attraktiven *Netzausbau* bieten: In fast allen
Ausbau-Clustern sowie in der Entwicklungsfläche Zeche Ewald lassen sich durch eine
Mitnutzung bestehender Netzinfrastrukturen Einsparungen bei Tiefbau und Material vornehmen, wodurch sich die *Ausbaukosten* deutlich reduzieren.[3]

Fibre-to-the-Building-Konzepte zur Erschließung der unterversorgten Gebiete
Während das bestehende Trassennetz konsequent und zielgerichtet weiterentwickelt
wurde, erfolgte die Erschließung der unterversorgten Gebiete durch ein *Fibre-to-the-
Building-Konzept (FTTB)*, also durch das Verlegen von Glasfasern bis in das Gebäude des
Kunden. Dies gilt auch für die neuen Erschließungsgebiete Zeche Ewald (als Entwicklung
eines ehemaligen Zechengeländes zu einer hochmodernen Gewerbefläche) und Comeni-
ussiedlung (als Neubausiedlung mit Einfamilienhausbebauung).

Auf Basis der *Netzplanung* wurden die *Investitionskosten* ermittelt und *Wirtschaftlich-
keitsbetrachtungen* durchgeführt. Erfreuliches Ergebnis: Alle Ausbauprojekte erzielen
ohne den Einsatz von Fördermitteln ein positives Ergebnis innerhalb der vorgegebenen
Abschreibungszeiträume.[4]

Einbindung von Smart-Meter-Gateways
Mit Blick auf die sich anschließende Vermarktung kam der Einbindung von *Smart Meter
Gateways (SMGW)* im Sinn der Anforderungen des *Messstellenbetriebsgesetzes (MsbG)*
eine besondere Bedeutung zu. Bei Einbindung der SMGW über Glasfaserkabel – was entsprechend der gesetzlichen Vorgaben möglich ist – kann der Betreiber dem Kunden weitere Dienste anbieten oder Glasfasern, die nicht für das Auslesen der *intelligenten Zähler*
genutzt werden, vermarkten.

---

[3] Vgl. Hahn und Fornefeld (2018, S. 3).
[4] Vgl. Hahn und Fornefeld (2018, S. 4).

Verpachtung der Infrastruktur

Um das entstandene Netz optimal vermarkten zu können, haben die Hertener Stadtwerke Grundsätze entwickelt, die den Umgang mit bestehenden, aber auch zukünftigen Glasfaser- und Leerrohrkapazitäten regeln und deren Vermarktung beschreiben. Ergebnis ist ein neues und einheitliches Vertragswerk, das aus einem Rahmenvertrag und drei Leistungsverträgen (*Dark Fiber*, Geschäfts – und Haushaltskunden) besteht.

Damit haben die Hertener Stadtwerke für die Vermarktung des Glasfasernetzes im Stadtgebiet das Modell des reinen *Infrastrukturanbieters* umgesetzt, d. h. die Netze werden verpachtet, Betrieb und Providing werden von einem Telekommunikationsunternehmen durchgeführt.

48.4   hildenMedia: Ein Stadtwerk macht Glasfaser

Stadtwerke als Infrastrukturbetreiber – auch von Glasfaser

Für Hans-Ullrich Schneider, Geschäftsführer der *Stadtwerke Hilden*, gehört das schnelle Internet genauso zur *Daseinsvorsorge* wie Strom, Gas und auch Wasser. Zudem, dessen ist er sich sicher, werde das Angebot von *Gigabit-Netzen* im hart umkämpften Kernsegment der Stadtwerke zu deren zukunftsweisendem Geschäftsfeld. Bereits im Jahr 2002 hatte der Aufsichtsrat den Beschluss gefasst, einen *Backbone* durch Hilden zu bauen. Dieses Rückgrat einer flächendeckenden Glasfaserabdeckung war die vorausschauende Investition in die Lebens- und Arbeitswelt, die wir heute und in Zukunft noch viel mehr vorfinden werden. „Das sind wir den Unternehmen, Immobilienbesitzern und Bürgern schuldig", so Schneider. Darüber hinaus wusste Schneider schon früh, dass Glasfaser die Basis ist, um die Stadtwerke-eigene Infrastruktur auf eine intelligentere Ebene zu hieven: Trafostationen, Verteilerkästen, Smart Meter – auch die Zukunft des Energievertriebs ist digital und erfordert smarte Systeme und schnelle Datenleitungen.[5]

Auftrieb durch das Gesetz zur Digitalisierung der Energiewende

Mit dem *Gesetz zur Digitalisierung der Energiewende (GDEW)* erhielt das Vorhaben 2016 neuen Antrieb. Stadt und Stadtwerke waren entschlossen, ihre Zukunft auf nichts anderem zu bauen als auf Glasfaser: „Wenn wir eins können, dann können wir *Netze*. Wir sind also prädestiniert dazu, die Stadt mit *Glasfaser* zu versorgen", argumentierte Schneider. Um sich in dem dennoch unbekannten Terrain sicher zu bewegen, nahm der Geschäftsführer ein Beratungshaus in Anspruch, deren Kernkompetenz darin besteht, Glasfaserprojekte zu realisieren. Deren tiefe Marktkenntnis zu Preisen und Playern, Hürden und Herangehensweise ergänzte das Know-how des Stadtwerks perfekt. Gemeinsam wurde ein Projektplan entwickelt, der schon im Januar 2018 erste Gewerbetreibende zu Pilotkunden werden ließ. Mit *hildenMedia* ist ein durchgerechnetes und tragfähiges Produktpaket für digitale Telefonie und Internet entstanden. Noch vor Ostern 2018 konnten die Stadtwerke Hilden im ersten Bauabschnitt zuverlässiges, ultraschnelles, stabiles Breitbandinternet anbieten – nach nur 19 Monaten Vorbereitung.

[5]Vgl. Hahn und Fornefeld (2018, S. 3).

Stadtwerke als Vorreiter in Hilden

Die von Anfang an durchdachte Herangehensweise versetzt die Stadtwerke Hilden heute in eine komfortable Situation: Sie sind die ersten Anbieter von *Highspeed-Internet-Produkten* in der nordrhein-westfälischen Gemeinde mit rund 55.000 Einwohnern. Schneider erklärt das Vorgehen: „Schritt eins war für uns dabei die *Wirtschaftlichkeitsbetrachtung.* Auch wir als Stadtwerke müssen natürlich Gewinne machen, aber wir denken langfristig und bürgernah – wir sehen unsere Kunden Tag für Tag und wollen ihnen ins Gesicht schauen können."[6] So konnte der Aufsichtsrat im November 2016 den Beschluss fassen, das Projekt hildenMedia in die Tat umzusetzen, da sich die Wirtschaftlichkeit des Ausbaus in vier Gewerbegebieten durch die Analyse als positiv bestätigte.

Geschäftsmodell ohne Förderungen

Für Schneider und das Stadtwerk war eines klar: Das nun aufzusetzende Geschäftsmodell sollte ohne Förderungen auskommen. Alles sollte aus eigenen Mitteln finanziert werden, um bei der Vermarktung frei agieren zu können. Im ersten Schritt wurden Ausschreibungen für den Betrieb und die Vermarktung des Glasfasernetzes erarbeitet. „Wir haben uns mithilfe der Beratung durch die Ausschreibungen gearbeitet und heute sehr gute, zum Teil lokal ansässige Anbieter für den Vertrieb unserer Produkte gefunden", so Schneider. Parallel mussten Anträge bei der *Bundesnetzagentur* gestellt werden, die die Stadtwerke als Telekommunikationsanbieter legitimieren musste. Die Feinplanung für den Tiefbau hatte begonnen und der *Rollout* der Marketingkampagne entstand. Mitte Juni 2017 begann der Vorvertrieb der ausgearbeiteten hildenMedia-Produkte in den Segmenten Internet und Telefonie in den Gewerbegebieten für *Gewerbe- und Privatkunden.* Erfreulicherweise bewahrheitete sich die damals zugrunde gelegte Annahme, dass rund 40 % der Kunden zu hildenMedia wechseln würden. Die nächste Hürde zum *Gigabit-Netz* Hilden war genommen – die Ausschreibungsphase für den Bau begann.

Wettbewerb nicht aufschrecken

Als ein Erfolgsfaktor im umkämpften Telekommunikationsmarkt kann gelten, den Wettbewerb nicht aufzuschrecken. Deshalb wurde die Vorvermarktung im Sommer 2017 gezielt mit lokalen Marketingmaßnahmen durchgeführt. So ist es gelungen, die Aufmerksamkeit des Wettbewerbs erst dann auf sich zu ziehen, als im Januar 2018 erste Pilotkunden angebunden werden sollten. „Aber keine Sekunde früher. Wir hatten alles ausgearbeitet, die Produkte standen, die Preise waren kalkuliert, der Vorvertrieb gelaufen, die Ausschreibungen entschieden, die Bagger bestellt", sagte Schneider. „Wir nehmen die Konkurrenz ernst, aber wir brauchen uns nicht vor ihr zu verstecken – denn wir haben die Nase vorn." Viele Hildener können sich also glücklich schätzen, bald in einem Highspeed-Internet surfen. Und dabei bleibt es nicht: Nachdem die vier Gewerbegebiete mit *Fibre-to-the-Home (FTTH)*, also dem Verlegen von Glasfasern bis in die Wohnung bzw. die Büroräume des Kunden, angeschlossen sein werden, wird aufgrund des anhaltenden Interesses bei Unternehmen und Bürgern das Stadtgebiet sukzessive weiter ausgebaut.

---

[6] Hahn und Fornefeld (2018, S. 3).

48.5   Gemeindewerke Nümbrecht – Mit Förderung zur Glasfaser

Aus Nümbrecht, für die Region

Nümbrecht, etwa 50 km östlich von Köln gelegen, ist eine Gemeinde und ein heilklimatischer Kurort im Oberbergischen Kreis. Wie viele andere Kommunen im ländlichen Raum sieht sich auch Nümbrecht mit siedlungs- und entwicklungsstrukturellen Herausforderungen konfrontiert. Die 17.000 Einwohner der Gemeinde verteilen sich auf insgesamt 91 Ortschaften – es ergibt sich ein stark disperses Siedlungsgefüge mit vielen kleinen Dörfern und Weilern. Diese Orte zu erhalten und gleichzeitig die gute Außendarstellung der Gemeinde als attraktiver Lebens- und Arbeitsmittelpunkt zu wahren und zu stärken, ist das Ziel von Politik und Verwaltung. Im Zeitalter der Digitalisierung stellt dabei auch die Verfügbarkeit von Breitbandinternet ein zentrales Attraktivitätsmerkmal dar. Daher sollen alle bestehenden Orte im Gemeindegebiet langfristig an das Glasfasernetz angebunden werden. So werden die Ortschaften als Lebensstandort gestärkt, für bestehende und neu ansiedelnde Unternehmen wird ein wichtiger Standortfaktor zukunftssicher bereitgestellt.

Bei dieser Zielsetzung spielen die *Gemeindewerke Nümbrecht (GWN)* eine wesentliche Rolle. Als lokales Unternehmen und 100 %ige Tochter der Gemeinde Nümbrecht stellen die Gemeindewerke die Versorgung ihrer Bürgerinnen und Bürger sicher. Die Anfänge der GWN liegen in dem 22 Jahre zurückliegenden Erwerb des lokalen Stromnetzes, das in der Zwischenzeit umfassend saniert wurde. Durch die Unabhängigkeit gegenüber großen Stromkonzernen verbleiben die erwirtschafteten Gewinne direkt in der Gemeinde Nümbrecht.

Chance durch Förderung

Dass der Einstieg in das Geschäftsfeld *Breitband* auch ohne bereits bestehende Breitbandinfrastrukturen gelingt, zeigt das Beispiel der Gemeindewerke Nümbrecht sehr anschaulich. Als klassisches Versorgungsunternehmen bedient die GWN die Geschäftsfelder Stromnetz, Stromvertrieb, Gasvertrieb, Wasser, Betriebsführung Abwasser und Wärme. Durch die Breitbandförderung des Bundes und der Länder bestand die Chance, diese Geschäftsfelder sinnvoll um das Thema Breitband zu erweitern, denn ein Großteil des beim Ausbau anfallenden wirtschaftlichen Risikos wird durch die Förderung neutralisiert. Die Gemeindewerke Nümbrecht nutzen diese Chance und führen den geförderten Breitbandausbau in der Gemeinde Nümbrecht durch. Die Gemeinde selbst hatte im Vorfeld einen erfolgreichen Förderantrag im Bundesprogramm Breitband gestellt. Der Förderantrag wurde mit 50 % vom Bund im Rahmen einer Wirtschaftlichkeitslückenförderung bewilligt, das Land NRW hat weitere 50 % zur Förderung des *Glasfaserausbaus* beigetragen. Der Fördergegenstand umfasst dabei alle Gebiete in der Gemeinde Nümbrecht, die weder derzeit, noch innerhalb der nächsten drei Jahre auf *Bandbreiten* von größer als 30 Mbit/s zugreifen können, sog. weiße *Next-Generation-Access-Network(NGA)*-Flecken. Im Februar 2017 führte die Gemeinde Nümbrecht ein europaweites Ausschreibungsverfahren zum Ausbau dieser unterversorgten Gebiete durch. Im Ergebnis setzte sich die GWN erfolgreich im Wettbewerb durch. Bereits im Oktober 2017 erfolgte der erste Spatenstich als Startschuss für den geförderten Breitbandausbau. Nach Abschluss der Bauarbeiten werden alle unterversorgten Teilnehmer mit FTTB versorgt sein.

Der Förderprozess – kein Selbstläufer

Den Chancen des geförderten Breitbandausbaus stehen die Herausforderungen des komplexen Förderverfahrens und der umfänglichen Förderbedingungen gegenüber. So sind umfassende *Geographisches-Informationssystem(GIS)-Nebenbestimmungen* zur Darstellung der Ausbauplanungen im georeferenzierten Bezug einzuhalten. Es bestehen weitgehende Vorgaben zur Nutzung eines einheitlichen Materialkonzepts, in dem die Dimensionierung, Verwendung und Verlegung von Leerrohren und Glasfasern vorgegeben sind. Darüber hinaus gibt es umfängliche Dokumentationspflichten für den Nachweis des realisierten Ausbaus. Auch der Mittelabruf ist nur mit einer Vielzahl von Nachweisen möglich. Zusätzlich ist die Einrichtung eines Open-Access-Zugangs verpflichtend, der anderen Telekommunikationsdienstleistern den Zugang zur geförderten Infrastruktur zu definierten Preis- und Technikbedingungen erlaubt. All das stellt insbesondere für kleine Netzbetreiber – wie Stadtwerke – eine große Herausforderung dar, insbesondere wenn man neu in das Geschäftsfeld der Telekommunikationsleistungen einsteigt. Um die Herausforderungen des Förderverfahrens vollumfänglich zu erfüllen, wurde auf die Expertise eines Beraters für Glasfaserprojekte zurückgegriffen.

Hohe Nachfrage aus der Bevölkerung

Im Dezember 2017 begann die Vermarktung der Produkte in den Bereichen Internet und Telefonie. *TV-Angebote* sollen im Jahr 2019 folgen. Nach Abschluss der ersten beiden Bauphasen konnte die GWN bereits sehr viele der unterversorgten Teilnehmer als Neukunden gewinnen. Mit schon über 1.000 abgeschlossenen Verträgen in den ersten Bauphasen wurde eine sehr hohe Anschlussquote erreicht. Eine an die Anforderungen der Bürgerinnen und Bürger angepasste *Vermarktungsstrategie* und die vormals schlechte Internetversorgung sind hierbei zwei wichtige *Erfolgsfaktoren*. Nach Abschluss der Bauarbeiten werden über 5.000 Haushalte an das Glasfasernetz der GWN angeschlossen sein.

48.6 Nur drei von vielen erfolgreichen Projekten

Alle Beispiele sind Projekte der *Micus Strategieberatung*, die Partner der *con|energy unternehmensberatung* beim Thema Breitband ist. Während Micus sich auf die Versorgungsanalyse des Breitbandausbaus sowie die Definition passender Dienstleistungsprodukte fokussiert, ist con|energy stärker gefordert, wenn es zum einen um die Etablierung von Breitband in die vorhandenen Unternehmensstrukturen geht, z. B. durch Hebung von Synergien oder der Überprüfung, Ergänzung und Verknüpfung mit den energiewirtschaftlichen Bestandsprodukten. Zum anderen unterstützt con|energy bei der Entwicklung ganz neuer Lösungen für Privat- und Geschäftskunden. Gemeinsam stellen die Partner Strategiekonformität sicher, passen die Aktivitäten in die MsbG-Strategie ein und unterstützen die Kommunikation intern und extern, z. B. mit Stakeholdern.

Literatur

Hahn, H., & Fornefeld, M. (2018). Stadtwerk goes Glasfaser – Lukratives Geschäftsmodell oder „nur" Daseinsvorsorge? In *Zeitschrift für Energie, Markt, Wettbewerb (emw)*, Nr. 6, Dezember 2018, Auszug aus dem Heft, S. 2–4. https://micus-duesseldorf.de/images/download/pressemitteilungen/emw_18-6_19_emw-trends_Stadtwerk-goes-Glasfaser.pdf. Zugegriffen am 12.02.2019.

Hauser, J. (2018). Schnelles Netz? Ziel verfehlt! In *FAZ.NET* (31.12.2018). Frankfurt a. M.: Frankfurter Allgemeine Zeitung GmbH. https://www.faz.net/aktuell/wirtschaft/diginomics/bundesregierung-verfehlt-breitbandausbau-ziel-fuer-2018-15964760.html. Zugegriffen am 12.02.2019.

Heuzeroth, T. (2017). So vermurkst Deutschland den Ausbau des schnellen Internets. In *WELT.de* (10.05.2017). Berlin: Axel Springer SE. https://www.welt.de/wirtschaft/webwelt/article164428115/So-vermurkst-Deutschland-den-Ausbau-des-schnellen-Internets.html. Zugegriffen am 12.02.2019.

Dr. Heike Hahn ist Dipl.-Kauffrau und promovierte Wirtschafts- und Sozialwissenschaftlerin. Nach der Assistenzzeit am Lehrstuhl Marketing der TU Dortmund war sie neun Jahre in überwiegend leitenden Positionen im Marketing eines Telekommunikationsanbieters tätig. Seit 2006 ist sie bei der conlenergy unternehmensberatung gmbh beschäftigt, heute als Mitglied der Geschäftsleitung. Sie begleitet Energieversorgungsunternehmen u. a. bei ihrer digitalen Transformation und ist Referentin auf Konferenzen sowie Autorin zahlreicher Beiträge.

Dr. Martin Fornefeld ist promovierter Ingenieur. Nach seiner dreijährigen Assistententätigkeit an der Technischen Universität Clausthal mit Auslandsstudien in USA (Berkeley) und Asien und einer dreijährigen Managementtätigkeit bei Siemens Nixdorf Informationssysteme AG war er neun Jahre Direktor einer internationalen Unternehmensberatung mit Gesamtprokura und zuletzt Partner der Gesellschaft. Er ist seit 2000 Geschäftsführer und Gesellschafter von MICUS Strategieberatung GmbH in Düsseldorf. Schwerpunkt der Beratung sind Planungen zum Breitbandausbau und Marktstudien.

Breitbandausbau – eine Chance für kommunale Infrastrukturdienstleister!?

49

Daniel Knipprath

Breitband – ein Geschäftsfeld mit Herausforderungen und Chancen für Energieversorgungsunternehmen

Zusammenfassung

Die Bundesrepublik Deutschland ist auf dem Weg in die digitale Gesellschaft. Alle Digitalisierungsideen benötigen eines: eine geeignete Technologie zur Sicherstellung des wachsenden Datentransfers. Hier bietet die Breitband- bzw. Glasfasertechnologie eine echte Zukunftsperspektive. Der Weg zur digitalen Gesellschaft bringt Chancen für Energieversorgungsunternehmen, sofern sie sich als kommunale Infrastrukturdienstleister verstehen. Der Ausbau eines Breitbandnetzes durch einen kommunalen Energieversorger kann eine Möglichkeit sein, sinkenden Margen im Strom- und Gasmarkt zu begegnen und ein neues Geschäftsfeld zu gewinnen. Darüber hinaus bildet er die Basis, um den Anforderungen in der Energiewelt in Bezug auf die Mess- und Regeltechnik zu begegnen. Der Ausbau muss allerdings strategisch geplant werden, um die Auswirkungen auf die Prozesslandschaft, die Organisation sowie die IT-Landschaft richtig bewerten zu können. Das folgende Kapitel beschäftigt sich mit den strategischen Fragestellungen im Rahmen des Breitbandausbaus und liefert Einblicke in die erweiterte Prozesslandschaft. Darüber hinaus werden Fragestellungen in Bezug auf organisatorische Herausforderungen diskutiert und IT-technische Auswirkungen aufgezeigt. Zusammenfassend kann festgehalten werden, dass der Breitbandausbau eine große Chance für Energieversorgungsunternehmen darstellt, die aber in all ihren Facetten durchdacht und bestmöglich vorbereitet sein muss.

D. Knipprath (✉)
EnergieMarkt Beratungsgesellschaft mbH, Drensteinfurt, Deutschland

© Springer Fachmedien Wiesbaden GmbH, ein Teil von Springer Nature 2020
O. D. Doleski (Hrsg.), *Realisierung Utility 4.0 Band 2*,
https://doi.org/10.1007/978-3-658-25589-3_49

49.1   Der Weg in die digitale Gesellschaft

Die Bundesrepublik Deutschland ist auf dem Weg in die digitale Gesellschaft. Neue Technologien und Dienstleistungen durchdringen nahezu jeden Bereich des täglichen Lebens und Wirtschaftens. Auch von politischer Seite werden mehr und mehr die Rahmenbedingungen für den Weg in das digitale Zeitalter geschaffen; Digitalisierung ist in aller Munde. Wie dieses Buch zeigt, sind auch in der Energiewirtschaft die Anforderungen der Digitalisierung hoch, und die Entwicklungen ist stetig steigend – es ist davon auszugehen, dass dieser Trend auch noch eine lange Zeit anhält. Für Energieversorger stellt dieser Weg eine große Herausforderung dar – sowohl im technischen als auch im prozessual-organisatorischen Sinn. Allerdings kann er auch eine große Chance bedeuten. Kommunale Energieversorgungsunternehmen (EVU), die sich weitgreifender als kommunale Infrastrukturdienstleister verstehen, können die Situation nutzen, um neue Märkte zu erschließen bzw. einen möglichen Markteintritt zu bewerten. Als kommunale Infrastruktur kann neben den klassischen Strom- und Gasnetzen auch die Bereitstellung anderer wichtiger Einrichtungen/Infrastrukturen für die Kommune verstanden werden. Aus diesem Verständnis abgeleitet, können EVU ebenfalls vielversprechende Optionen in der Bereitstellung einer geeigneten Infrastruktur für moderne Informations- und Kommunikationsdienste sehen. Diese ist zwingend notwendig, um den heute schon bestehenden und zukünftig weiter wachsenden Anforderungen aus dem Digitalisierungstrend eine technologische Basis zu geben. Eine geeignete – und auch von der Politik geförderte – Technologie ist die des Glasfasernetzes. *Glasfaser* bietet technologisch eine – im Vergleich zur Kupfertechnologie – bedeutend höhere und konstantere Datentransferrate, die es ermöglicht, große Datenmengen in geringen Übertragungszeiten zu transferieren. Der Aufbau eines *Glasfasernetzes* und die Ausgestaltung dieses neuen Geschäftsfelds können eine große Chance für kommunale Infrastrukturdienstleister darstellen. EVU müssen sich allein schon angesichts der Herausforderungen der Energiewirtschaft – z. B. der Optimierung der Mess-, Steuer- und Regeltechnik in den Commodities Strom und Gas, Smart Meter, Smart Grid – Gedanken um deren technologische Abbildung machen. Allerdings kann sich mit dieser verpflichtenden Umsetzung auch die Möglichkeit eröffnen, den Eintritt in den Markt der Telekommunikation und des Internets zu bewerten. Der Aufbau dieses neuen Geschäftsfelds – wie bei anderen neuen Geschäftsfeldern auch – ist allerdings eine große Herausforderung für die Prozesslandschaft und die Organisation eines klassischen EVU. Darüber hinaus sind natürlich wirtschaftliche Aspekte und Umsetzungsszenarien in die strategischen Vorüberlegungen einzubeziehen.

49.2   Breitbandausbau als Geschäftsmodell

Seit geraumer Zeit sind EVU auf der Suche nach künftigen *Geschäftsfeldern*, um die derzeit eher sinkenden Margen im Strom- und Gasvertrieb perspektivisch zu kompensieren. Dies hat u. a. zur Folge, dass sich klassische EVU mehr und mehr als infrastrukturelle Dienstleister und Diensteanbieter verstehen, um den bisher fokussierten Blick auf den

Energiemarkt zu erweitern. Dies bedeutet, dass der Geschäftsauftrag eher in der ganzheitlichen Bereitstellung und dem Betrieb von Infrastrukturen sowie Diensten für die Kommune interpretiert wird. Aufgrund der hohen Anforderungen und signifikanten Entwicklungen beim Thema *Digitalisierung* im Strom- und Gasmarkt wird hierbei auch zwangsläufig der strategische Blick auf dieses Thema und den Markt der Digitalisierung gelegt. Neben dem eher aus der Politik und Regulierung resultierenden Antrieb hat das Thema Digitalisierung auch eine in den letzten Jahren wachsende Relevanz beim Endkunden erreicht. Der Kunde wünscht einen Diensteanbieter, der aktuellen und künftigen Anforderungen gerecht wird. Streaming-Dienste, Smart-Home-Applikationen und damit verbundene Ansprüche an hohe Down- und Upload-Raten sind mittlerweile eine Selbstverständlichkeit in den Augen des Endkunden. Durch diesen grundlegenden Bedarf auf der Endkundenseite entsteht seit Jahren ein großer Markt für Internet- und Telekommunikationsdienste. Allerdings bedarf es geeigneter Infrastrukturen, um den derzeitigen, aber auch künftigen Anforderungen gerecht zu werden. Hierdurch entsteht eine große Chance für kommunale Infrastrukturdienstleister.

Neben diesen Aspekten spielen natürlich auch andere – z. B. politische – Bestrebungen in diesem Prozess eine wichtige Rolle. Bund und Länder fördern den Ausbau digitaler Infrastruktur. Die aktuelle Bundesregierung hat sich im Koalitionsvertrag das Ziel gesetzt, ganz Deutschland bis Ende 2025 mit einem Gigabit-Netz zu versorgen; darüber hinaus sollen in der laufenden Legislaturperiode alle Gewerbegebiete, Schulen sowie Krankenhäuser an das Gigabit-Netz angeschlossen werden. Hierfür hat sich die derzeitige Koalition verständigt, über vier Jahre hinweg weitere insgesamt 10 – 12 Mrd. EUR zu investieren.[1] Die Bewertung geeigneter Förderprogramme sowie die Ableitung daraus folgender Handlungsstrategien bilden einen weiteren elementaren Baustein in den strategischen Vorüberlegungen für ein neues Geschäftsmodell.

49.2.1 Die strategische Ausrichtung liefert die Basis

Die Gründe für die strategische Bewertung eines möglichen *Glasfaser-/Breitbandausbaus* sind vielfältig. EVU kämpfen gegen sinkende Margen im Strom- und Gasvertrieb und arbeiten seit Langem an der Identifikation neuer Geschäftsfelder – sei es, um nur zwei Beispiele zu nennen, der Ausbau von kreativen Energiedienstleistungen oder auch die Entwicklung von Contracting-Modellen. Im Rahmen dieser Überlegungen rückt immer häufiger das oben genannte Geschäftsfeld in den Fokus vieler EVU. Häufig sind aber auch Bitten der kommunalen Gesellschafter der Stein des Anstoßes. Die Optionen, ob und v. a. in welchem Maß sich ein *kommunaler Infrastrukturdienstleister* in diesem Markt aufstellen kann, sind vielfältig. Auch die Art der strategischen Auseinandersetzung mit einem neuen Geschäftsfeld findet unterschiedliche Angangsformen.

---

[1] Vgl. BMVI (2018).

Eine Möglichkeit ist sicherlich, sich im ersten Schritt mit der Marktsituation auseinanderzusetzen. Hierbei geht es im Wesentlichen um die genaue Analyse der Mitbewerbersituation. Welche Marktteilnehmer sind im Netzgebiet des Energieversorgers als Infrastrukturanbieter für Telekommunikationsdienste aktiv? Welche Technologien werden von den Marktteilnehmern eingesetzt (FTTC, FTTB, FTTH[2] o. ä.)? Welche Diensteanbieter sind aktiv?

Durch die marktzutrittsfreien Kupferleitungen ist bereits eine Vielzahl Diensteanbieter aktiv. Aber auch im Bereich der Netzverlegung von Glasfaser sind schon zahlreiche Mitbewerber – wie die Deutsche Glasfaser oder auch die Telekom – in vielen Kommunen in allen Bundesländern vorgedrungen. Die Bewertung, ob und in welchem Maß ein eigener Ausbau sinnvoll ist, hängt stark von dieser Situation ab. Sollten Mitbewerber bereits in den dicht besiedelten Gebieten – auch mit anderen Technologien (z. B. Very High Speed Digital Subscriber Line [VDSL]) – aktiv sein, muss man sich die Frage nach den vertrieblichen Chancen intensiv stellen. Im Fall von sog. Überbauungen – das bedeutet das Vorliegen von Infrastruktur mit ebenfalls hohen Datentransferraten – muss dezidiert bewertet und entschieden werden, ob ein eigener Ausbau sinnvoll ist und wenn ja, ob ein Voll- oder ein Teilausbau – z. B. bei der Fokussierung auf Gewerbegebiete – der richtige Weg ist.

Auch die Frage nach der zu verwendenden Technologie muss natürlich im Fokus der ersten strategischen Betrachtung stehen, da ja Alternativtechnologien neben der Verlegung der kabelgebundenen Glasfaser denkbar sind (Funktechnologien o. ä.). Loebbecke formulierte allerdings bereits im Jahr 2006 die wesentlichen Vorteile der Digitalisierung über *Kabel* wie folgt:

> Erstens wird eine störungsfreie und witterungsunabhängige Datenübertragung mit hoher Qualität erreicht. Zweitens kommt es zu einer erheblichen Ausweitung der verfügbaren Übertragungskapazitäten beziehungsweise Bandbreite. Drittens kann durch die Digitalisierung eine rückkanalfähige Verbindung von den Haushalten zu den Kabelbetreibern ausgebaut werden. Dies macht dann interaktive Leistungsangebote realisierbar. Viertens bietet das digitale Kabel die Interoperabilität vormals getrennter Dienste (zum Beispiel gleichzeitige Sprach- und Datendienste).[3]

Neben diesen von Loebbecke formulierten Vorteilen der kabelgebundenen Glasfasertechnologie orientieren sich auch politisch getriebene Bestrebungen hin zur Glasfaser. Bund und Länder haben ein weitreichendes Förderprogramm für den Ausbau von Glasfaserleitungen in unterversorgten Gebieten ins Leben gerufen. Diese Förderprogramme bieten für

---

[2] FTTC (Fibre-to-the-Curb) bedeutet die Verlegung der Glasfaser bis zur Bordsteinkante/zum Straßenrand bzw bis zum Kabelverzweiger (KVZ). Der Weg bis zum Endkunden wird über die bestehenden Kupferleitungen abgebildet.

FTTB (Fibre-to-the-Building) bedeutet die Verlegung der Glaserfaser bis zum Gebäude bzw. bis zum Hausübergabepunkt.

FTTH (Fibre-to-the-Home) bedeutet die Verlegung der Glasfaser bis in die Wohnung des Endkunden.

[3] Loebbecke (2006, S. 367).

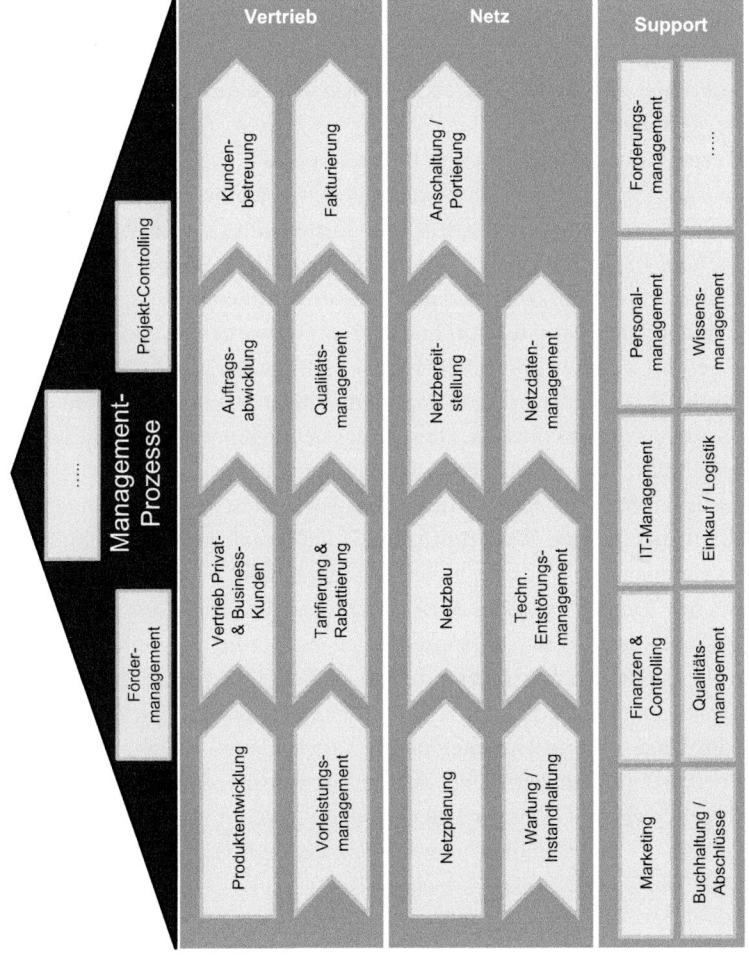

Abb. 49.1 Prozessmodell Telekommunikation der EnergieMarkt Beratungsgesellschaft mbH

Kommunen die Möglichkeit, im Rahmen eines *Betreibermodells* oder eines *Wirtschaft-lichkeitslückenmodells* Fördergelder für den Ausbau zu erhalten. Im Fokus dieser Förderung stehen die sog. weißen Flecken bzw. unterversorgten Gebiete. Die Bundesregierung hat sich mit diesen Förderprogrammen zum Ziel gesetzt, ein flächendeckendes *Gigabit-Netz* gemeinsam mit den Telekommunikationsanbietern in Deutschland zu schaffen. Damit sollen alle verbleibenden weißen Flecken (verfügbare Rate <30 Mbit/s) in das zukünftige Gigabit-Netz integriert werden.[4]

Auch dieser Aspekt – die Nutzung von Förderprogrammen – darf in der strategischen Bewertung eines möglichen *Glasfaserausbaus* nicht fehlen, da er starke Implikationen auf die wirtschaftliche Abbildung des neuen Geschäftsfeldes hat und beispielsweise zu dem Ergebnis führen kann, die oben beschriebene Marktausrichtung ausschließlich auf förderfähige Gebiete zu orientieren.

All die skizzierten Facetten müssen in eine umfassende Erfolgsvorschaurechnung für das neu entstehende Geschäftsfeld Breitband münden, um eine Entscheidungs- und Steuerungsbasis für den wirtschaftlichen Erfolg aufzubauen und sicherzustellen.

Dieser Abschnitt hat einen groben Überblick über die strategischen Fragestellungen gegeben, mit denen sich ein kommunaler Infrastrukturdienstleister auseinandersetzen muss, um einen möglichen Markteintritt konzeptionell bewerten zu können. Natürlich gibt es noch eine Vielzahl weiterer Fragestellungen – z. B. die der grundsätzlichen Abbildbarkeit unter wirtschaftlichen oder Liquiditätsgesichtspunkten –, die im Rahmen eines Strategieprozesses bewertet werden müssen. Diese Fragestellungen wurden in diesem Abschnitt nicht näher ausgeführt, sind aber ebenso wichtig und zu bedenken.

In einem nächsten Schritt – nach erfolgreicher Strategiebewertung – folgen die Fragen der Strategieimplementierung. Was ist prozessual und organisatorisch vorzubereiten und zu beachten, wenn man den Weg erfolgreich bestreiten will?

Ein wesentliches Element ist dabei der Aufbau sowie die Gestaltung der unternehmensinternen Prozessabläufe. Aus der wissenschaftlichen Theorie abgeleitet, können hier im Wesentlichen die Methoden des *Business Process Redesign* bzw. des *Business Process Reengineering* benannt werden.[5] Die zentralen Fragestellungen, die sich hier ergeben, sind: Welche Prozesse sind im Unternehmen bereits bekannt? Welche Prozesse sind neu bzw. müssen neu etabliert werden? Und welche Auswirkungen auf bestehende oder neue Prozessschnittstellen sind zu erwarten? Der folgende Abschnitt soll sich genau mit diesen Herausforderungen der unternehmensinternen *Prozesslandschaft* beschäftigen.

---

[4] Vgl. BMVI (2018).
[5] Vgl. vertiefend Galliers (1998) sowie Hammer und Champy (1993).

49.2.2 Die strategische Entscheidung determiniert die Prozesslandschaft

Wie im vorangegangenen Abschnitt beschrieben, kann der Breitbandausbau eine Chance für kommunale Infrastrukturdienstleister bieten, ein neues Geschäftsfeld aufzubauen.

Um das Geschäftsfeld allerdings effizient ausgestalten zu können, müssen sich die Unternehmen auf eine angepasste und erweiterte Prozesslandschaft vorbereiten und diese in der Umsetzung sicherstellen. Einen Überblick über die Prozesslandschaft im Breitbandgeschäft bietet Abb. 49.1. Diese ist an das „Branchenprozessmodell zur Ermittlung von Gemeinkosten in der Telekommunikationsindustrie" angelehnt, das in der Modellversion 2.0 seit 2007 von der *Bundesnetzagentur (BNetzA)* eingesetzt wird.[6]

Das in Abb. 49.1 gezeigte *Prozesshaus der Telekommunikation* zeigt die wesentlichen Wertschöpfungsketten und Teilprozesse, die in der Umsetzung des Geschäftsfelds relevant sind. Die Kern- bzw. wertschöpfenden Prozesse, die es zu bedienen gilt, sind im Wesentlichen die des Netzes – oder anders formuliert: die der technischen Abwicklung sowie die des Vertriebs.

Die Relevanz der einzelnen Prozesse ist zentral abhängig von der gewählten Strategie: Will ich mich als Unternehmen als reiner Netzbetreiber aufstellen, oder soll auch die Rolle eines Diensteanbieters eingenommen werden? Im Folgenden werden die Auswirkungen diskutiert, die entstehen, falls beide Rollen eingenommen werden.

Einige der in Abb. 49.1 gezeigten Elemente sind in einem klassischen EVU im Umfeld der Strom- und Gasprozesse bereits gelebte Praxis. So besteht z. B. ein grundsätzliches Verständnis über Grob- und Feinplanungen eines Flächen- oder Teilnetzes, und auch das prozessuale Wissen über Verlegemethoden und grundsätzliche Netzbauaktivitäten ist aus den tradierten Geschäften abzuleiten. Allerdings ist ein breites technisches Wissen über den netztechnischen Aufbau eines Breitbandnetzes notwendig, um den Ansprüchen eines stabilen Netzsystems gerecht zu werden. Auf die hiermit ebenfalls eng verbundenen Know-how-Aspekte wird im Abschn. 49.2.3 näher eingegangen.

Neue Prozesse auf der netztechnischen Seite ergeben sich u. a. aus den Anforderungen der Netzbereitstellung, bei denen es im Wesentlichen um die Anbindung an vorgelagerte Netze geht. Hierbei ist im Speziellen auf die systemtechnische Ausgestaltung der Anbindung sowie auf die damit verbundene vertragstechnische Abbildung zu achten. Auch im Bereich des operativen Netzbaus sind die Spezifika des Breitbandgeschäfts – Verlegetiefen, Verlegearten o. ä. – mit zu beachten. Im Speziellen im Bereich des förderfähigen Ausbaus sind die gesetzten Regeln und Rahmenbedingungen in die prozessuale Abwicklung zu integrieren.

Ein gänzlich neuer Prozess, der durch den Aufbau des Geschäftsfelds entsteht, ist der Prozess der Anschaltung und Portierung. Dieser muss bei der Strategieimplementierung ebenfalls neu ausgestaltet und prozessual verankert werden. Im Wesentlichen handelt es sich hierbei zum einen um die vertragsseitige Abwicklung mit Voranbietern, zum anderen

---

[6]Bundesnetzagentur (2019).

aber auch um die technische Anschaltung vor Ort beim Kunden. Hierbei steht u. a. die Einrichtung der Fritz!Box-Anlagen in Kombination mit dem Glasfasermodem im Vordergrund. Sicherlich bieten diese Teilprozesse eine Möglichkeit zur hohen *Automatisierung*, allerdings müssen auch hierfür geeignete Prozesse – z. B. die des Auto-Provisioning – ebenfalls durchdacht und etabliert werden. Diese Etablierung bringt wiederum Anforderungen mit sich, die sowohl prozessual als auch IT-technisch abgewickelt werden müssen.

Ein weiterer, nicht minder komplexer Prozess im Breitbandgeschäft ist der Prozess der Netzdokumentation. Vorgaben und Richtlinien, im Speziellen die Dokumentation gemäß den GIS-Nebenbestimmungen für einen förderfähigen Ausbau, sind umfangreich und implizieren ein gut vorbereitetes IT-System. Neben diesem bildet die dezidierte Netzdokumentation die Basis für einen reibungslosen Netzausbau und Netzbetrieb. Für diese Inhalte ist ebenfalls ein hohes fachliches Know-how wichtig, das bereits bei der prozessualen Ausgestaltung beachtet werden muss.

Auf der Vertriebsseite sind v. a. die Aktivitäten rund um das Produkt- sowie das Vertragsmanagement in den Fokus zu stellen. Ist man z. B. auf der Energieseite bereits auf vorgeprägte bzw. vordefinierte Produktbestandteile ausgerichtet, so bietet sich im Telekommunikationsumfeld ein höherer Grad an individuell gestaltbaren Produkten an. Dieser Freiheitsgrad bietet zum einen natürlich die Chance auf eine gute Marktdurchdringung, allerdings bringt diese Freiheit auch die Notwendigkeit mit sich, eine klare Vertriebs- und Produktstrategie prozessual zu implementieren. Im Speziellen die Vertriebsstrategie muss eindeutig – auch auf langfristige Sicht – etabliert werden, da zukünftig neue innovative Dienstleistungen und Produkte über die Breitbandtechnologie abwickelbar sind.

Neben diesen neuen Aspekten auf der Vertriebsseite haben die grundsätzlichen Markteigenschaften bei *Telekommunikations-* und *Internetdiensten* wesentliche Implikationen auf die Vertriebsprozesse. Der Markt der Telekommunikationsdienste ist im Vergleich zum Energiemarkt als dynamischer und sensibler zu bewerten. Kunden wollen schneller und dynamischer informiert werden, wechseln aktuell noch häufiger Angebote und reagieren in großen Teilen sensibler auf Qualitätseinbußen. Diesen Herausforderungen ist bei der Ausgestaltung der vertrieblichen Prozesslandschaft Rechnung zu tragen. Der Fokus bei der Ausgestaltung und Etablierung muss auf einer hohen Effizienz der Prozessabwicklung und einer starken Kundenorientierung liegen.

Die vorangegangenen Absätze sollten Beispiele an neuen oder andersartigen Prozessen im Telekommunikationsgeschäft geben und die prozessualen Herausforderungen – mit Fokus auf die wertschöpfenden Prozesse – aufzeigen. Welche Prozesse konkret beim Aufbau des Geschäftsfelds in den Mittelpunkt zu stellen sind, muss aus der in Abschn. 49.2.1 geführten Strategiediskussion abgeleitet werden.

Unterstützende oder auch übergreifende Managementprozesse wurden in diesem Abschnitt nicht näher betrachtet, sind allerdings auch für die operative Abwicklung des Breitbandgeschäfts wichtig. Ein besonderer Fokus sollte hier auf den Prozessen des Berichtswesens bzw. Controllings liegen. Die Steuerung und die durchgehende Kontrolle des Investitionsvolumens sowie die Bewertung der Erfolgsvorschau des Breitbandgeschäftes sind wesentlich, um wirtschaftliche Effekte steuern zu können. Darüber hinaus müssen, sollte die Entscheidung auf einen förderfähigen Ausbau fallen, die Prozesse aus den För-derprogrammen aufgestellt und bestmöglich abgewickelt werden (z. B. das Mittelabruf-verfahren bei Bund und Ländern).

49.2.3 Bereiten Sie die Organisation auf das neue Geschäftsfeld vor

Wie in den vorangegangenen Abschnitten aufgezeigt, ist die Herleitung einer geeigneten Strategie sowie die Bewertung der prozessualen Auswirkungen eine große Herausforde-rung für einen kommunalen Energieversorger bzw. Infrastrukturdienstleister.

Neben der strategischen und der zwingend daraus folgenden prozessualen Ausrichtung ist die Bewertung und Bewältigung der organisatorischen Herausforderungen ein weiterer wesentlicher Faktor in der Umsetzung und Etablierung eines neuen Breitbandgeschäfts-felds. Wie Abschn. 49.2.2 gezeigt hat, kommt durch den Aufbau des neuen Geschäftsfelds eine Vielzahl von neuen Prozessen hinzu. Darüber hinaus erweitert sich das inhaltliche Spektrum bestehender Prozessstrukturen. Auf Basis dieser Erkenntnisse kann schnell ab-geleitet werden, dass die Organisation stark von diesem *Veränderungsprozess* betroffen ist und gut durchdacht, vorbereitet und begleitet sein will. Diese Effekte äußern sich zum ei-nen in der reinen Sicht auf die Linienorganisation inklusive der Ressourcenbetrachtung, d. h. Fragestellungen wie: Müssen eigene Teams oder Abteilungen für das Breitbandge-schäft geschaffen werden? Können die derzeitigen Mitarbeiter das zusätzliche Geschäft mitgestalten und abwickeln? Welche und wie viele Ressourcen werden für den sukzessi-ven Aufbau des Geschäftsfelds benötigt und an welchen Stellen muss zuerst agiert wer-den? Zum anderen muss neben diesen Fragestellungen auch der Fokus auf die Verände-rung des Faktors Mensch in Bezug auf die derzeit beschäftigten Mitarbeiter gelegt werden.

In der reinen Linien- und Ressourcenbetrachtung müssen sich die *Organisationen* durch neue – häufig fachspezifische – Aufgaben sowohl auf der Ressourcen- als auch auf der Know-how-Seite auf die Herausforderungen einstellen. Es gilt, eine Organisation in-klusive geeigneter Ressourcen (intern oder über Dienstleister) aufzubauen, die das neue Breitbandgeschäft fachlich-inhaltlich bewältigen kann; darüber hinaus muss dieses neue schlagkräftige Team eine hohe Identifikation mit den neuen Aufgaben und der Produkt-welt aufbringen.

In der Anfangsphase des Neuaufbaus wird häufig versucht, die neuen Aufgaben und Prozesse in die bestehenden Strukturen zu integrieren, d. h. beispielsweise, dass der Ener-gievertrieb die neuen Produkte rund um die Technologie Glasfaser erbt, Kundencentermit-arbeiter sich um die neuentstehenden Anliegen auf der Kundenseite kümmern und die netzseitige Strom- und Gastechnik versucht, die neue Welt in die bestehende zu integrie-ren. Allerdings muss konstatiert werden, dass solche Integrationsversuche eine Organisa-tion an ihre Grenzen führen können. Wie bereits beschrieben, ist der Markt der Telekom-munikations- und Internetdienste weitaus schnelllebiger als das herkömmliche Strom- und Gasgeschäft, Kunden reagieren empfindlicher auf technische Unwägbarkeiten oder auch Störfälle. Ebenfalls ist die mögliche Produktvielfalt, die sich auch aus den grundsätzlichen

Digitalisierungsbestrebungen ergibt, weitaus ausgeprägter, als EVU es aus dem bestehenden Geschäft kennen.

An dieser Stelle ist zu empfehlen, sich frühzeitig mit einer geeigneten Struktur innerhalb der Organisation auseinanderzusetzen und diese sukzessive aufzubauen. Beispielsweise ist die Etablierung einer geeigneten Vertriebseinheit ratsam, um die Schnelllebigkeit in der Produktwelt und die hohen Kundenanforderungen optimal bedienen zu können. Gerade in der initialen Ausbauphase ist eine durchgehende Kommunikation gegenüber dem Kunden unablässig, um die Sorgen und Bedürfnisse der Kunden frühzeitig und v. a. proaktiv bedienen zu können.

Natürlich kann an dieser Stelle auch über vertriebliche Synergien zur Energieseite und damit verbundene Kombinationsprodukte nachgedacht werden; allerdings ist eine Zusammenlegung bzw. Synergienutzung parallel zum initialen Aufbau eines Telekommunikationsvertriebs häufig eine zu große Aufgabe – dies gilt im Speziellen für eine Ersterschließung bzw. einen Erstausbau mit Glasfaserprodukten.

Ebenfalls muss organisatorisch der hohen Komplexität in den *Backoffice-Prozessen* (z. B. im Vertragsmanagement) Rechnung getragen werden. Durch den hohen Aufwand – besonders in der initialen Ausbauphase – in Bezug auf die Vervollständigung von Vertragsdaten (z. B. Verträge, SEPA-Mandate oder Grundstückseigentümererlaubnisse) muss eine geeignete Backoffice-Organisation geschaffen werden, die sich um oben genannte Aufgaben intensiv kümmert. Auch ist der hohe Betreuungsaufwand in Bezug auf die Portierungsabwicklung mit Voranbietern und die Koordination der technischen Inbetriebnahme mit fachlich versiertem Personal zu versehen und zentral zu koordinieren.

Auf der technischen Seite steht v. a. die benötigte Expertise in den Besonderheiten des Glasfaserausbaus sowie der dazugehörigen Dokumentation im Vordergrund. Neben den aus der Energiewelt bekannten Verlegemethoden sind hier v. a. neue Aufgaben wie das Spleißen von Glasfasern, zu benennen und mit erfahrenem Personal oder Dienstleistern zu belegen.

Übergreifend muss sich die Organisation – sollte die strategische Entscheidung auch auf den Ausbau von weißen Flecken fallen – intensiv mit den Fragen und Forderungen der Förderbehörden auseinandersetzen. Die hier definierten Voraussetzungen für Förderungen sowie die damit verbundenen Vorgaben für die Abwicklung[7] eines förderfähigen Projekts bedürfen der intensiven Auseinandersetzung. Im Speziellen liegt eine Schwerpunktaufgabe auf dem Verständnis der Anforderungen und der daraus folgenden Operationalisierung.

Neben den Herausforderungen, die sich aus der Betrachtung der Linienorganisation inklusive der Ressourcen ergeben, liegt eine wesentliche Aufgabe in der intensiven Betreuung der Veränderung im Unternehmen (*Change Management*).

Der Aufbau eines neuen Geschäftsfelds bedeutet immer eine Unruhe für eine Organisation. Mitarbeiter, die sich zehn Jahre und mehr bisher nur mit energieseitigen Produkten auseinandergesetzt haben, müssen sich nun auf eine neue Produktwelt und die dazugehörige

---

[7] Siehe hierzu z. B. die Allgemeinen Nebenbestimmungen (ANBest-GK), die Besonderen Nebenbestimmungen (BN-Best-GK) o. ä.

Technik einstellen. Hervorzuheben sind hier im Wesentlichen die Auswirkungen auf die Kundencentermitarbeiter, die mit neuen Bedürfnissen und Ansprüchen von der Kundenseite konfrontiert sind. Kunden haben z. B. – im Vergleich zur Energieseite – mehr Fragen zur grundsätzlichen Technik. Der Kunde will darüber hinaus genauestens über die Ausbauphasen sowie deren Auswirkungen auf sein eigenes Wohlbefinden informiert werden.

Diesen Herausforderungen muss ein kommunaler Infrastrukturdienstleister frühzeitig begegnen. Maßnahmen, die hier zu ergreifen sind, können Informationsmaterialien, Schulungen, Baustellenbegehungen o. ä. sein. Nur durch solche Maßnahmen ist es möglich, die notwendige Qualität in den Fachbereichen (inklusive der Kundencenter) aufzubauen und beizubehalten.

Neben diesen eher pragmatischen Hilfsmitteln ist – im Vergleich zu herkömmlichen Geschäftsfeldern – eine intensivere Kommunikation bzw. ein intensiverer Informationsaustausch zwischen den Fachbereichen zu organisieren. Im Speziellen in der frühen Phase müssen hier geeignete Maßnahmen etabliert werden – z. B. Austauschrunden oder Informationsmaterialien um Probleme, den Informationsbedarf oder auch Ad-hoc-Anliegen bestmöglich bearbeiten zu können.

Der Abschn. 49.2.3 hat einen kurzen Überblick über die organisatorischen Herausforderungen gegeben, die im Rahmen des Aufbaus des Geschäftsfelds Breitband zu meistern sind. Sicherlich sind hier auch nur erste Stoßausrichtungen aufgeführt, allerdings kann zusammenfassend festgehalten werden, dass mit der Integration eines neuen Geschäftsfelds frühzeitig begonnen werden muss bzw. Maßnahmen frühzeitig ergriffen werden müssen. Hierzu zählen neben der Bewertung der notwendigen Ressourcen auch geeignete Maßnahmen, um den *Veränderungsprozess* innerhalb der Organisation zielgerichtet begleiten zu können.

49.2.4 Die IT muss das neue Geschäftsfeld abbilden können

In den vorangegangenen Abschnitten wurde auf die strategischen, die prozessualen sowie die organisatorischen Herausforderungen eingegangen. Aus diesem Kanon der drei Betrachtungsebenen können die letzten Anforderungen abgeleitet werden – die der IT.

Die Branche der Energiewirtschaft ist versiert in IT-technischen Umsetzungen von Anforderungen. Kommunale Energieunternehmen sind in den meisten Fällen IT-technisch gut vorbereitet – häufig allein schon aufgrund von Markt- oder Regulierungsregelungen (z. B. Marktkommunikation, Integration eines Smart-Meter-Gateway-Administrators oder auch andere IT-technische Abbildungen anderer Regulierungsvorschriften).

Trotz dieser guten Ausgangslage hinsichtlich der *IT-Infrastrukturen* bringt das neue Geschäftsfeld der Telekommunikation – im Speziellen als Diensteanbieter – neue Herausforderungen an die IT-Landschaft mit sich. Die in Abschn. 49.2.2 beschriebenen Prozesse müssen marktkonform und mit einer möglichst hohen Automatisierung abgebildet werden, neue bevorstehende Marktregeln sind bei der IT-Strategie und der Softwareauswahl bzw. deren Anpassung mit zu beachten.

In Bezug auf die netzseitigen Prozesse reichen in vielen Fällen die auf der Energieseite eingesetzten Softwarepakete. Allerdings bedürfen auch diese einer Anpassung hinsichtlich der Spezifika des Telekommunikationsmarkts. Zu nennen ist hier z. B. die Anpassung der eingesetzten GIS-Systeme, so dass Rohrverbände oder Fasern vorschriftsgemäß dokumentiert werden können.

Ebenfalls können häufig die finanzbuchhalterischen Systeme adaptiert werden – bei diesen liegt die Herausforderung in der korrekten Definition und Abbildung der Kostenstellen- und Auftragsstruktur des Breitbandgeschäfts, so dass eine Steuerung und Kontrolle des Geschäftsfelds bestmöglich abzuwickeln ist.

Zwei wesentliche Neuerungen sind in Bezug auf neue IT-Systeme hervorzuheben. Zum einen bedarf es eines Systems, das die IT-seitige Abbildung der technischen Voraussetzungen sicherstellt – zu nennen sind hier Aufgaben des Provisionings oder auch die systemseitige Abbildung der vor- und nachgelagerten Netzstrukturen. Zum anderen bildet der Bereich der Abrechnung von Telekommunikationsdienstleistungen eine neue Herausforderung für die *Systemlandschaft*. Tradierte Systemhersteller der Energiewirtschaft kennen und können die – einfach formulierte – Menge-mal-Preis-Abrechnung; allerdings verlangt die Abrechnung von Telekommunikationsdiensten eine etwas andere bzw. erweiterte Logik in der Abrechnung. Im Fall der Abrechnung von reinen Flat-Rate-Internetdiensten ist die Abbildung in einem Abrechnungssystem relativ gesehen einfach; die Herausforderung besteht vielmehr in der Abrechnung von Telefondiensten/-minuten. Hier ist eine direkte Anbindung an die technische Systemlandschaft zwingend erforderlich, um die Rufnummern sowie deren Anwahladressen, -dauern und -zeiträume exakt ermitteln und somit bepreisen zu können. Ein weiterer Aspekt, der zumeist nicht über die auf der Energieseite bestehenden Systeme abzubilden ist, ist die Aufstellung von Einzelverbindungsnachweisen im Rahmen der Abrechnung von Telefoniediensten.

Ein weiterer, auf IT-Seite nicht zu vernachlässigender Aspekt ist die Schaffung einer maximalen Unterstützung beim Vertragsmanagement. Im Speziellen während der Neubauphase – oder auch bei einer vorgeschalteten Nachfragebündelung – müssen mögliche Interessenten für die Produkte bestmöglich erfasst und auf ihrem Weg zum aktiven Kunden maximal transparent darstellbar sein. Ein IT-System muss diesen Weg vom Interessenten bis hin zum aktiven Kunden optimal abbilden und den Mitarbeitern die Möglichkeit geben, die unterschiedlichen Vertragsstatus nachvollziehbar kontrollieren und verfolgen zu können.

Neben den oben aufgeführten Aspekten und der in den vorangegangenen Kapiteln erläuterten hohen Dynamik im Breitband-/Telekommunikationsmarkt wird auch einem ausgereiften *Customer-Relationship-Management(CRM)-System* eine hohe Bedeutung zuteil. Wiederum lässt sich hier festhalten, dass die besondere Bedeutung im Speziellen während der Ausbauphase besteht. Während dieser Zeit muss ein IT-System bestmögliche Unterstützung im Rahmen der Kundenkommunikation bieten. Der Kunde will dauerhaft und in einer hohen Frequenz über aktuelle Entwicklungen, Bauzeitenverschiebungen oder auch von ihm zu erbringende Leistungen (z. B. die Durchführung möglicher Inhouse-Verkabelungen) informiert sein. Bekommt der Kunde diese Informationen nicht, müssen auch etwaige Reklamationen oder Beschwerden effektiv über ein zur Verfügung stehendes System abbildbar sein.

Zusammenfassend kann festgehalten werden, dass die Systemlandschaft eines klassischen EVU zwar – zumeist auf der netztechnischen Seite – gut vorbereitet ist, es allerdings durch den Aufbau des neuen Geschäftsfelds zu elementaren Einschnitten bei bestehenden Systemen kommen kann und darüber hinaus neue Systeme unabdingbar sind, um den Anforderungen des Markts – und denen der Kunden – gerecht zu werden. Darüber hinaus sind bei der IT-technischen Ausrichtung Marktentwicklungen zu antizipieren und vorzubereiten. So entwickelt sich z. B. der Markt der Telekommunikation seit geraumer Zeit mehr und mehr hin zu einem marktkommunikationsorientierten Informations- und Datenaustausch, so wie es der Strom- und Gasmarkt seit der Liberalisierung bzw. der Einführung der Geschäftsprozesse zur Kundenbelieferung mit Elektrizität (GPKE) und der Geschäftsprozesse Lieferantenwechsel (GeLi) bereits abbildet.

49.3 Fazit und Ausblick

Die vorangegangenen Abschnitte haben einen Eindruck über die strategischen Vorüberlegungen gegeben, die im Rahmen der Bewertung des neuen Geschäftsmodells Breitband zu bedenken sind. Darüber hinaus wurden die wesentlichen Auswirkungen auf die Prozesslandschaft sowie die organisatorischen Herausforderungen aufgezeigt; daneben wurden die wesentlichen Auswirkungen auf die IT-Landschaft skizziert.

Zusammenfassend kann festgehalten werden, dass das Geschäftsfeld des Breitbands eine neue Option bzw. eine Chance für kommunale EVU bietet, um z. B. sinkenden Margen im Strom- und Gasmarkt entgegenzuwirken oder um ein neues Geschäftsfeld aufzubauen.

Der Aufbau eines neuen Geschäftsfelds ist natürlich mit einigen – vorwiegend wirtschaftlichen – Risiken verbunden. So müssen in der strategischen Vorüberlegung Aspekte wie Finanzierungs- und Liquiditätsauswirkungen, aber auch Netzstrategie und Technologie bedacht werden. Allerdings sind EVU schon gut auf das neue Geschäftsfeld vorbereitet, da sie bereits per se durch das tradierte Strom- und Gasgeschäft als kommunaler Infrastrukturdienstleister am Markt aktiv sind.

Der Telekommunikationsmarkt bietet auch unter den politischen Rahmenbedingungen inklusive der Förderprogramme eine gute Chance für die unternehmerische Weiterentwicklung eines (bisher) klassischen EVU. Alle Bestrebungen im Rahmen der Digitalisierung benötigen eine geeignete Infrastruktur, um die geforderten und benötigten Bandbreiten sicherzustellen. Eine zukunftssichere Technologie bildet die Glasfaser. Der Ausbau dieser Infrastrukturen passt gut in die Strukturen eines EVU, das sich als kommunaler Infrastrukturdienstleister weiter etablieren will.

Für einen erfolgreichen Aufbau und eine erfolgreiche Umsetzung des neuen Geschäftsfelds Breitband ist zu empfehlen, sich an der logischen Kette des Geschäftsprozessmanagements zu orientieren: Die Strategie bestimmt die Prozesse, die Prozesse definieren die Organisation und im Ergebnis werden hieraus die IT-technischen Anforderungen abgeleitet.

Aus eigenen Projekterfahrungen heraus ist dieser skizzierte Weg eine Methode, die Struktur im Aufbau des neuen Geschäftsfelds Breitband bietet. Die logische Kette von Strategien über Prozess- und Organisationssichtweisen hin zur IT liefert einen vollumfänglichen Blick auf die kritischen Aspekte. Sollten sich EVU bereits auf den Weg gemacht haben, dieses Geschäftsfeld zu bewerten – oder bereits in der Umsetzung stehen, hilft der ganzheitliche Betrachtungsansatz trotz alledem, um den weiteren Weg geordnet zu bestreiten. Die Projekte der EnergieMarkt Beratungsgesellschaft mbH befinden sich in den meisten Fällen in unterschiedlichen Stadien des oben beschriebenen Wegs, allerdings konnte mit diesem konzeptionellen Ansatz immer ein guter Einstieg für einen weiteren und nachhaltigen Projekterfolg gefunden werden.

Literatur

BMVI (2018). *Relaunch des Breitbandförderprogramms* (01. Aug. 2018). Berlin: Bundesministerium für Verkehr und digitale Infrastruktur (BMVI). https://www.bmvi.de/DE/Themen/Digitales/Breitbandausbau/Breitbandfoerderung/breitbandfoerderung.html. Zugegriffen am 25.03.2019.
Bundesnetzagentur (2019). *Branchenprozessmodell* (01.Feb.2013). Bonn: Bundesnetzagentur für Elektrizität, Gas, Telekommunikation, Post und Eisenbahnen. https://www.bundesnetzagentur.de/DE/Sachgebiete/Telekommunikation/Unternehmen_Institutionen/Marktregulierung/massstaebe_methoden/kostenmodelle/branchenprozessmodell/branchenprozessmodell-node.html. Zugegriffen am 25.03.2019.
Galliers, R. (1998). Towards a flexible information architecture: Integrating business strategies, information systems strategies and business process redesign. *Journal of Information Systems, 3*(3), 199–213.
Hammer, M., & Champy, J. (1993). *Reengineering in corporation – A manifesto for business revolution.* New York: Harper Business.
Loebbecke, C. (2006). Digitalisierung – Technologien und Unternehmensstrategien. In C. Scholz (Hrsg.), *Handbuch Medienmanagement* (S. 359–371). Berlin/Heidelberg: Springer.

Daniel Knipprath ist seit 2014 Projektleiter und seit 2019 Geschäftsführer bei der EnergieMarkt Beratungsgesellschaft mbH. Nach seinem Studium der Volkswirtschaftslehre mit dem Schwerpunkt Energiewirtschaft und Internationale Wirtschaftsbeziehungen an der Universität Münster war er als Projektleiter und Berater in verschiedenen Beratungsunternehmen tätig. Mit seiner zehnjährigen Erfahrung ist er Experte auf dem Fachgebiet des Geschäftsprozessmanagements. Herr Knipprath hat sich auf die Strategie- und Geschäftsmodellentwicklung sowie deren Umsetzungsplanung und Implementierung spezialisiert. Ergänzend war er mehrfach als Interimsmanager in unterschiedlichen Positionen im Einsatz. Verstärkt durch sein ergänzendes Studium der Wirtschaftspsychologie, arbeitet er in seinen Projekten eng mit den Mitarbeitern einer Organisation zusammen. Als Autor hat er bereits mehrere Fachbeiträge zum Thema Geschäftsprozessmanagement sowie zum Breitbandausbau verfasst.

Stresstest Elektromobilität – Simulationsbasierte Analyse von Anforderungen und Maßnahmen zur optimierten Netzintegration von Ladeinfrastruktur

Ben Gemsjäger und Julian Monscheidt

Bereit für Elektromobilität?

Zusammenfassung

Im Rahmen der Transformation der deutschen Energieversorgung ist neben der Entwicklung weg von wenigen großen, hin zu einer Vielzahl an kleinen Erzeugungseinheiten auch eine zunehmende Substitution fossiler Verbrennungsmotoren durch alternativ und insbesondere elektrisch angetriebene Fahrzeuge im Verkehrssektor zu beobachten. Damit drängen zusätzlich zu neuen Erzeugern auch immer mehr neue elektrische Lasten in das Versorgungssystem und finden ihren Zugang v. a. in den deutschen Verteilnetzen, die dazu ausgelegt waren, den Strom aus den Übertragungsnetzen aufzunehmen und zum Verbraucher weiterzuleiten. Während die erneuerbaren Energien wie Solar- und Windenergie vorwiegend in die ländlichen Verteilnetze drängen und diese damit die Energiequellen der Energiewende darstellen, müssen städtische Verteilnetze die Energiewende zukünftig als flexible Senken unterstützen. Für unsere Stromnetze und die Versorgungssicherheit bedeutet eine derart massive Integration neuer Verbraucher enorme Herausforderungen, da beispielsweise das Verbrauchsverhalten der neuen Lasten nur schwer prognostiziert werden kann und ein geändertes Strombezugsprofil sowie die notwendige installierte Erzeugerleistung neue Extremsituationen im Energieversorgungssystem bedingen können. Den Betreibern dieser Netze stellt sich folglich die Frage, ob die heutigen Versorgungsnetze ausreichend dimensioniert sind, um nicht zum Nadelöhr der elektrischen Verkehrswende zu werden, und welche Maßnahmen zu einem bestimmten Zeitpunkt ergriffen werden müssen.

B. Gemsjäger (✉) · J. Monscheidt
Siemens AG, Erlangen, Deutschland

© Springer Fachmedien Wiesbaden GmbH, ein Teil von Springer Nature 2020
O. D. Doleski (Hrsg.), *Realisierung Utility 4.0 Band 2*,
https://doi.org/10.1007/978-3-658-25589-3_50

Immer mehr Energie wird aus Wind, solarer Strahlung oder Kraft-Wärme-Kopplung (KWK) gewonnen, um die Nachfrage nach Strom und Wärme zu decken. Parallel dazu haben verschiedene Entwicklungen (u. a. Nationaler Entwicklungsplan Elektromobilität, Feinstaubbelastung in Städten mit entsprechenden Fahrverboten, Dieselskandal, Preisfall von Lithiumionenbatterien) dazu geführt, dass sich eine zunehmende Substitution konventioneller Verbrennungsmotoren (Diesel, Benzin) durch alternativ und insbesondere elektrisch angetriebene Fahrzeuge im Verkehrssektor abzeichnet. Im Folgenden sollen die Treiber und Trends der Elektromobilität sowie die sich daraus ergebenen Herausforderungen für die Betreiber der Verteilnetze (Verteilnetzbetreiber, VNB) beschrieben werden. Anschließend wird ein simulationsbasierter Belastungstest der Verteilnetze vorgestellt, der Stresstest Elektromobilität. Hierbei handelt es sich um ein robustes und transparentes Verfahren, um die Bereitschaft der betroffenen Netze zu prüfen und – wenn nötig – Maßnahmen abzuleiten, die eine effiziente und sichere Netzintegration der Elektromobilität und der notwendigen Ladeinfrastruktur ermöglichen (Abb. 50.1).

50.1   Elektromobilität – Treiber und Trends

Steigende Ressourcenknappheit, die Importabhängigkeit von Primärenergieträgern und die Folgen des Klimawandels bilden nur die Speerspitze der Argumente, die sektorenübergreifend für eine Umstellung von fossilen Brennstoffen auf erneuerbare Energieträger sprechen. Zur Verminderung der Auswirkungen des Klimawandels erfährt dabei die Absicht zur Reduktion des Treibhausgasausstoßes weiterhin wachsende gesellschaftliche und politische Beachtung. In Deutschland bedingt dies einen steigenden Anteil der erneuerbaren Energien am Stromverbrauch, der in den vergangenen 15 Jahren von 8,5 % im Jahr 2003 auf über 40 % im Jahr 2018 gewachsen ist.[1] Diese Entwicklung geht dabei einher mit den Trends der Energieversorgung: Dekarbonisierung, Elektrifizierung, Dezentralisierung und Digitalisierung.

Mit der Verabschiedung des Pariser Klimaabkommens im Jahr 2015 sind die 197 Vertragsparteien u. a. übereingekommen, dass um den „Anstieg der durchschnittlichen Erdtemperatur deutlich unter 2 Grad über dem vorindustriellen Niveau zu halten […] ehrgeizige Anstrengungen zu unternehmen"[2] sind. Konkretisiert wurde die Übereinkunft dann mit dem dazugehörigen Regelwerk zur Umsetzung, das Ende 2018 bei der Klimakonferenz in Kattowitz beschlossen wurde. Mit Blick auf die Verursacher der Emissionen müssen die angesprochenen Anstrengungen auch den Verkehrssektor betreffen, da dieser im Jahr 2016 für etwa ein Viertel der globalen CO_2-Emissionen verantwortlich war.[3] Auch in Deutschland betrug der Beitrag am Treibhausgasausstoß des Verkehrssektors zuletzt den zweithöchsten Einzelanteil (13 % bzw. 166,8 Mio. t CO_2-Äquivalent, davon etwa 95 % durch den Straßenverkehr), nach dem Anteil der Energiewirtschaft (27 %; Abb. 50.2).

---

[1] Vgl. Burger (2019, S. 5).
[2] BMUB (2016, S. 3 f.).
[3] Vgl. IEA (2018a).

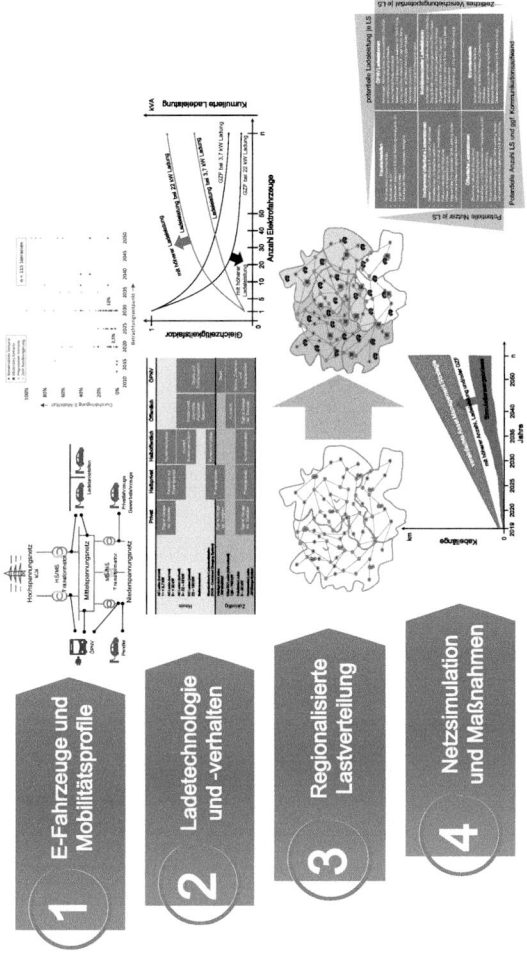

Abb. 50.1 Vorgehensweise des Belastungstests zur sicheren Netzintegration von Elektromobilität

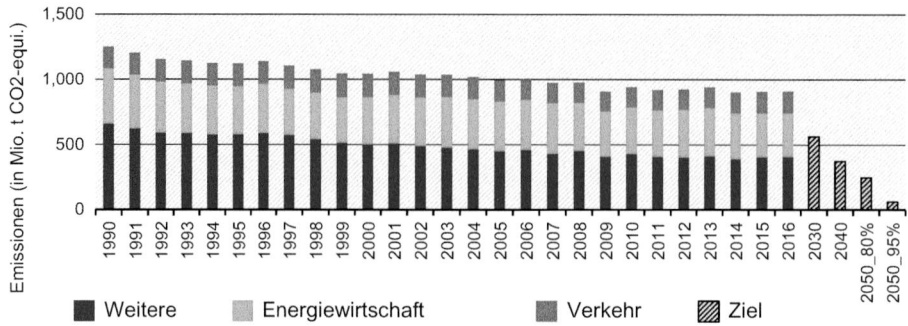

Abb. 50.2 Entwicklung der deutschen Treibhausgasemissionen seit 1990 (Quelle: Umweltbundesamt 2018)

Aus der Entwicklung der Emissionen in den vergangenen Jahren wird ersichtlich, dass die bisherigen Maßnahmen noch nicht zu der angestrebten Reduktion der Treibhausgasemissionen geführt haben und zur Zielerreichung bis 2050 (Reduktion des gesamten Treibhausgasausstoßes um 80 bzw. 95 % im Vergleich zu 1990) massive Anstrengungen notwendig sind. In diesem Kontext muss folglich kritisch hinterfragt werden, ob bzw. wie die Elektrifizierung des Verkehrssektors zu einer Reduktion der Treibhausgasemissionen beitragen kann. Legt man z. B. den aktuellen deutschen Fuhrpark, den Strommix aus dem Jahr 2018 sowie spezifische Treibhausgasemissionen pro Erzeugungsform zugrunde, so würde eine vollständig elektrische, deutsche Flotte die Emissionen des Straßenverkehrs um etwa 45 % reduzieren können.[4] Weitere, beispielhafte Untersuchungen legen nahe, dass die Kopplung des Transport- und Energiesektors mit paralleler Umstellung der Energieversorgung auf erneuerbare Energien die Fahrzeugemissionen um über 90 % senken könnte.[4] Die Elektrifizierung des Verkehrssektor führt folglich nur in Abhängigkeit des Fuhrparks und der Erzeugungsstruktur zu einer tatsächlichen Reduktion des Ausstoßes von Treibhausgasen.

Dazu kommt als weiterer Treiber die Luftqualität in Städten, die besonders hohe NO_x- und Feinstaubkonzentrationen registrieren. So entscheiden sich weltweit mehr und mehr Länder bzw. Städte, die Entwicklung der *Elektromobilität* zu fördern, indem sie beispielsweise den Kauf von Elektrofahrzeugen subventionieren oder die Fahrt in bestimmten Gebieten, typischerweise Umweltzonen, für Fahrzeuge mit Verbrennungsmotor (insbesondere Diesel) deutlich einschränken.[5] Zudem kündigen immer mehr Verkehrsbetriebe an, die Busflotten zu elektrifizieren und bilden infolgedessen Einkaufsgemeinschaften.

Zu einer flächendeckenden Durchdringung wird es allerdings erst dann kommen, wenn die Umstellung auf Elektromobilität auch aus Endkunden- bzw. Nutzersicht ökonomische Vorteile bietet und die entsprechende Ladeinfrastruktur profitabel betrieben werden kann.

---

[4]Berechnungen basieren auf Daten des Kraftfahrt-Bundesamtes (o. J.), durchschnittlichen Emissionen und Fahrdistanzen für verschiedene Fahrzeugklassen und Erzeugungsformen sowie dena (2018).
[5]Vgl IEA (2018b, S. 15–16).

Berechnungen der durchschnittlichen Kosten des ADAC zeigen, dass derzeitige, elektrische Modelle ähnliche, z. T. sogar geringere Kosten pro Monat und Kilometer aufweisen als vergleichbare Diesel- und Benzinmodelle.[6] Während die konventionellen Modelle niedrigere Anschaffungskosten aufweisen, sind vergleichbare elektrische Modelle oftmals günstiger in Werkstatt- und Betriebskosten. Da die vergleichsweise hohen Anschaffungskosten der elektrischen Modelle v. a. von den Batteriekosten geprägt sind, kann jedoch davon ausgegangen werden, dass die prognostizierte Kostenreduktion der Batterien in den nächsten Batteriegenerationen zu einer Minderung dieses Kostenpunkts führt und sich die Wirtschaftlichkeit verbessert. Vorausgesetzt, die Minderung der Anschaffungskosten wird nicht durch eine Steigerung der Betriebskosten (insbesondere Ladestrompreis) aufgehoben. Je nach zugrundliegendem Geschäftsmodell, z. B. (Elektro-)Mobilitäts-Service-Anbieter oder reiner Ladesäulenbetreiber, wird es jedoch auch der durchsetzbare Ladestrompreis sein, der die Wirtschaftlichkeit der Ladeinfrastruktur maßgeblich bestimmt, sodass es entscheidend sein wird, Preismodelle zu finden, die beide Seiten mit einer nachhaltigen Wirtschaftlichkeit überzeugen.

50.2 Herausforderung Elektromobilität für Verteilnetze

Die öffentlichen Verteilnetze in Deutschland umfassen die Spannungsebenen zwischen *Niederspannung* (0,4 kV), *Mittelspannung* (10 kV bis 60 kV) und *Hochspannung* (110 kV). Aufgrund der zu erwartenden Anschlussleistungen der *Ladeinfrastruktur* für Elektrofahrzeuge (s. a. Abschn. 50.2.2) kann davon ausgegangen werden, dass Elektrofahrzeuge ausschließlich ans Verteilnetz angeschlossen werden und somit die Betreiber dieser Netze vor verschiedene Herausforderungen der Integration stellen werden. Zusätzlich sind über 90 % der installierten Kapazität der erneuerbaren Energien in Deutschland an die öffentlichen Verteilnetze angeschlossen.[7]

Während die erneuerbaren Energien wie Solar- und Windenergie vorwiegend in die ländlichen Verteilnetze drängen und diese damit die Energiequellen der Energiewende darstellen, müssen die Verbraucher in städtischen Verteilnetzen die Energiewende zukünftig als flexible Senken unterstützen. Doch sowohl für ländliche, als auch für urbane Stromnetze und deren Versorgungssicherheit bedeutet eine derart massive Integration erneuerbarer Energiequellen und neuer Verbraucher enorme Herausforderungen, da beispielsweise weder das solare Strahlungsaufkommen noch der Durchdringungsgrad der Elektrofahrzeuge mit absoluter Genauigkeit prognostiziert werden kann und der Anschluss neuer Lasten, insbesondere in Mittel- und Niederspannungsnetze, sowie ein geändertes Stromverbrauchsverhalten neue Extremsituationen im Energieversorgungssystem bedingen können. Zwei der wesentlichen Herausforderungen für VNB in Bezug auf die Elektromobilität stellen einerseits der physikalische Einfluss der Elektrofahrzeuge und der entsprechenden

---

[6] Vgl. ADAC (2018).
[7] Vgl. Bundesnetzagentur (o. J.).

Ladeinfrastruktur auf die Stromnetze (thermische Belastung der Betriebsmittel, Spannungsqualität), andererseits die große Planungsunsicherheit (z. B. Entwicklung der elektrischen Flotte und deren Ladeverhalten sowie der eingesetzten Ladetechnologie im Versorgungsgebiet) dar.

50.2.1 Technische Belastung der Verteilnetze

Durch den Anschluss von Elektrofahrzeugen und der entsprechenden Ladeinfrastruktur können zwei wesentliche Kenngrößen in elektrischen Netzen beeinflusst werden: Die *Spannungsqualität* (Effektivwert, Sinusförmigkeit, Unsymmetrien, Oberschwingungen, Flicker) sowie die *thermische Belastung* der Betriebsmittel.

Die maximale Leistung, die ein Netz übertragen kann, wird demnach durch einen maximalen Stromfluss, den ein entsprechendes Betriebsmittel tragen kann, beeinflusst. Werden Betriebsmittel thermisch oberhalb der zulässigen Werte belastet, kann dies u. a. zu einer Verminderung der Isolationsfähigkeit der Isoliermedien führen. In der Folge reduziert sich die Lebensdauer der Betriebsmittel. Die Netzspannung stellt ein weiteres wichtiges Anforderungskriterium dar, das neben dem Effektivwert der Spannung im Netz auch weitere Kriterien wie Spannungssymmetrie, Flicker und Oberschwingungen umfasst. Für diese Kriterien existieren Vorgaben, die in der beschreibenden Norm DIN EN 50160 geregelt sind.[8] So ist dort ein minimaler und maximaler Grenzwert für den Effektivwert von +/− 10 % der vereinbarten Spannung am Endverbraucherknoten vorgegeben. Über- bzw. Unterschreitung dieser Vorgabe (Überspannungen bzw. Unterspannungen) kann dazu führen, dass Betriebsmittel in ihrer Funktionalität beeinträchtigt bzw. beschädigt werden. Außerdem kann es ab einer bestimmten Durchdringung an Ladeinfrastruktur zu ungewollten Rückwirkungen auf das angeschlossene Netz und deren weitere Verbraucher kommen, sodass parallel angeschlossene Endverbraucher in ihrer Funktionsfähigkeit eingeschränkt bzw. gestört werden. Vor allem Oberschwingungsströme können empfindliche Lasten negativ beeinflussen. Die Ladeinfrastruktur für Elektrofahrzeuge bezieht keinen sinusförmigen Strom, d. h. diese Lasttypen werden als nichtlineare Lasten bezeichnet, die den Spannungsverlauf verzerren und eine Quelle für harmonische Oberschwingungen bilden. Außerdem kann es zu Asymmetrien kommen, wenn nur über eine Phase geladen wird.

Unter Berücksichtigung dieser Kenngrößen werden elektrische *Verteilnetze* so geplant, dimensioniert und betrieben, dass sie den technischen Belastungen gewappnet sind und die beschriebenen Situationen vermieden werden. Umso schwerer wiegt folglich die Planungsunsicherheit, von der die Entwicklung der Elektromobilität betroffen ist.

---

[8]Vgl. DKE (2011).

50.2.2 Planungsunsicherheit

Um eine sichere und effiziente Stromversorgung zu gewährleisten, erfolgt die Planung von Netzen im Hinblick auf zukünftige Anforderungen und basiert somit naturgemäß auf Prognosen der antizipierten Versorgungsaufgabe (*Zielnetzplanung*). Da für klassische Betriebsmittel von Verteilnetzen wie Kabel und Transformatoren eine Lebensdauer von über 40 Jahren vorgesehen wird, werden Versorgungsnetze immer mit einer langfristigen Perspektive geplant. Dabei ist Zielnetzplanung ein komplexes Optimierungsproblem, dessen angestrebtes Optimum zumeist aus einer Vielzahl von teilweise widerstrebenden Teilzielen besteht (s. a. Abschn. 50.3). Um einen in der Praxis beherrschbaren (Aus-)Bau und Betrieb der Verteilnetze zu gewährleisten, definieren Netzbetreiber sog. Planungs- und Betriebsgrundsätze, mit deren Hilfe der Planungsprozess und damit auch dessen Ergebnisse standardisiert werden. Um nun die Netze so zu planen, dass sie den in Abschn. 50.2.1 beschriebenen technischen Anforderungen gerecht werden können und ein sicherer Netzbetrieb gewährleistet ist, werden insbesondere die (Maximal-)Werte der Lasten an den jeweiligen Netzknoten benötigt, da Stromnetze bisher meist auf diese Maximallasten unter Berücksichtigung von Skalierungsfaktoren in Abhängigkeit der summierten Kollektivgröße ausgelegt werden.[9] Jedoch ist das Lastverhalten konventioneller Lasten, wie beispielsweise das von Haushalten oder Gewerben, noch verhältnismäßig gut abschätzbar und kann somit über sog. *Standardlastprofile (SLP)* abgebildet werden. Im Vergleich dazu lassen sich das Verbrauchsverhalten von Elektrofahrzeugnutzern bzw. das Ladeprofil der Ladestationen hingegen nur sehr schwer prognostizieren, da sie von verschiedenen Entwicklungen betroffen sind und deutlich mehr Unsicherheiten auftreten können.

Entwicklung der elektrischen Flotte

Laut dem Verband der deutschen Automobilindustrie lag der Bestand an batterieelektrischen Fahrzeugen (Battery Electric Vehicle, BEV) in Deutschland im Dezember 2018 bei etwa 146.500 Elektro-Pkw. Zwar steigerte sich der Anteil von BEV bei den Neuzulassungen, ihr Gesamtanteil ist mit einem Anteil von etwa 0,3 % am Gesamt-Pkw-Bestand aber noch immer sehr gering. Jedoch deutet die in den letzten Jahren steigende Dynamik bei den Neuzulassungen an, dass mittel- bis langfristig deutlich höhere Durchdringungsgrade zu erwarten sind. Die Abb. 50.3 zeigt eine Übersicht verschiedener Studien und Szenarien, die den Durchdringungsgrad untersucht haben und zeigt schon durch die große Streuung der Szenarien die angesprochene Unsicherheit der Entwicklung.[10]

Während die meisten Szenarien für 2025 einen BEV-Anteil zwischen wenigen Prozent bis etwa 20 % der gesamten Fahrzeugflotte vorsehen, spreizt sich die Streuung des Anteils anschließend zu einem breiten Korridor auf, der für 2050 Prognosen zwischen 10 und 95 % zulässt. Dies ist u. a. auch damit zu begründen, dass es neben der batteriebetriebenen Elektromobilität auch weitere Alternativen wie Wasserstoff und synthetische Kraftstoffe

---

[9] Vgl. auch Zdrallek et al. (2016).
[10] Vgl. FGH e.V.(2018, S. 14).

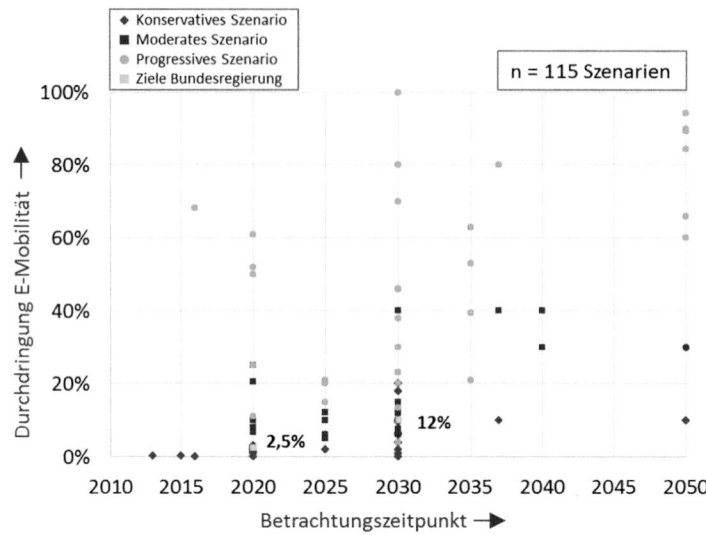

Abb. 50.3 Szenarien zur Elektromobilitätsentwicklung in Deutschland (Quelle: FGH e.V. 2018)

gibt, die konventionellen Verbrennungsmotoren durch emissionsärmere Technologien zu ersetzen. Derzeit zeichnet sich der Einsatz dieser Alternativen zunächst im Fernverkehr ab, da sie aufgrund der Energiedichte längere Reichweiten ermöglichen, aber auch ein signifikanter Anteil im Nahverkehr kann insbesondere langfristig nicht ausgeschlossen werden.

Entwicklung der Ladetechnologie

Die Variation möglicher *Ladetechnologien* und -leistungen ist breit und kann zunächst in die verschiedenen Anwendungsfälle privates, halbprivates bzw. halböffentliches und öffentliches Laden sowie Lademöglichkeiten für den ÖPNV unterschieden werden (Abb. 50.4).

So kann die Heimladung derzeit beispielsweise via Wechselstrom (AC) einphasig mit 3,7 kW oder dreiphasig mit bis zu 22 kW erfolgen, aber auch Ladeleistungen von mit 50 bis 150 kW sind bereits heute möglich, wenn die Ladestelle für eine Schnellladung via Gleichstrom (DC) ausgerüstet ist. Diese DC-Schnellladeinfrastruktur, die technisch aufwendiger umzusetzen und zu integrieren ist, aber deutlich kürzere Ladezeiten verspricht, kommt voraussichtlich dann zum Einsatz, wenn der Fahrzeugnutzer nur zu kurzen Standzeiten bereit ist, wie z. B. beim Einkaufen (Kundenparkplatz) oder im Zuge einer Beladung bei einer Stromtankstelle. Folglich geht die Entwicklung dahin, die mögliche Ladeleistung weiter zu erhöhen (bis zu 750 kW), um Beladungen in wenigen Minuten zu ermöglichen.

Welche Technologie wo und wie zum Einsatz kommt, wird dabei v. a. von den Bedürfnissen der Fahrzeugnutzer und den Geschäfts- bzw. Betriebsmodellen der jeweiligen Ladesäule abhängen, die zudem von neuen Mobilitätkonzepten beeinflusst werden (s. a. Abb. 50.10).

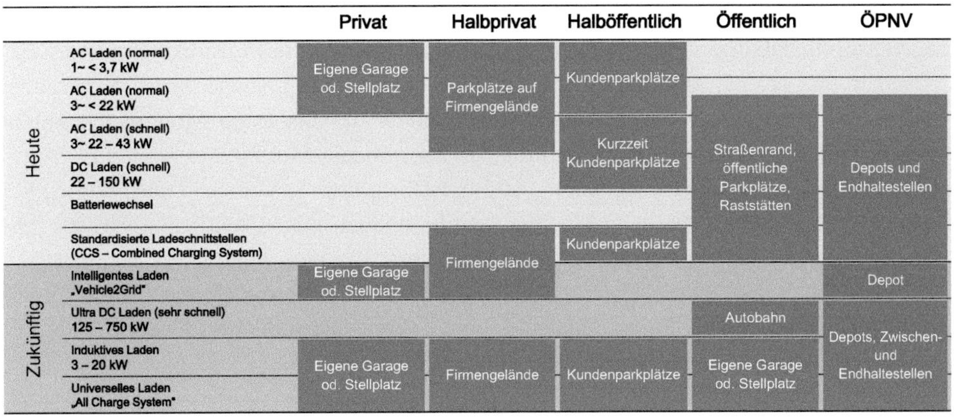

		Privat	Halbprivat	Halböffentlich	Öffentlich	ÖPNV
Heute	AC Laden (normal) 1~ < 3,7 kW	Eigene Garage od. Stellplatz	Parkplätze auf Firmengelände	Kundenparkplätze		
	AC Laden (normal) 3~ < 22 kW					
	AC Laden (schnell) 3~ 22 – 43 kW			Kurzzeit Kundenparkplätze	Straßenrand, öffentliche Parkpläze, Raststätten	Depots und Endhaltestellen
	DC Laden (schnell) 22 – 150 kW					
	Batteriewechsel					
Zukünftig	Standarisierte Ladeschnittstellen (CCS – Combined Charging System)	Eigene Garage od. Stellplatz	Firmengelände	Kundenparkplätze		Depot
	Intelligentes Laden „Vehicle2Grid"					
	Ultra DC Laden (sehr schnell) 125 – 750 kW				Autobahn	Depots, Zwischen- und Endhaltestellen
	Induktives Laden 3 – 20 kW	Eigene Garage od. Stellplatz	Firmengelände	Kundenparkplätze	Eigene Garage od. Stellplatz	
	Universelles Laden „All Charge System"					

Abb. 50.4 Ladetechnologien und -anwendungen

Entwicklung neuer Mobilitätskonzepte

Unser Mobilitätsverhalten wird zunehmend durch die Digitalisierung beeinflusst und gesteuert. So erfolgt die Navigation fast ausschließlich digital und auch bei der Wahl des Transportmediums spielen digitale Angebote und Services eine immer größere Rolle. Zudem verändert sich das Mobilitätsverhalten der Bevölkerung insbesondere im urbanen Umfeld: „Der Individualverkehr wird öffentlicher und der öffentliche Verkehr zugleich individueller."[11]

Demzufolge wird der Besitz des eigenen Fahrzeugs und die damit verbundene Motivation der Heimlademöglichkeit an Bedeutung verlieren, falls der individuelle Mobilitätsbedarf von sog. *Mobility-on-Demand-Konzepten* wie Car- und Bikesharing oder Ride Hailing kostengünstig und komfortabel gedeckt werden kann. Statt ein Fahrzeug kaufen, versichern und instand halten zu müssen, dienen Mitgliedschaften in Sharing-Plattformen der ständigen Zugriffsmöglichkeit auf ein standortbasierten Fahrzeugpool, der die Fahrzeuge auf Anfrage bereitstellt (klassisches Car- oder Bikesharing), oder sie ermöglichen die spontane Nutzung an flexiblen Orten im Nahbereich via *Smartphone-App*. Ein einziges Carsharing-Fahrzeug kann somit mehrere Privatfahrzeuge ersetzen, wobei dies noch nicht zu einer Verkürzung der Fahrstrecken bzw. Reduktion des Energiebedarfs führt. Jedoch wird ein verändertes Ladeverhalten stimuliert, da anstelle der Beladung des Privatfahrzeugs zu Hause oder beim Arbeitgeber eine deutlich höher frequentierte, öffentliche oder Depot-basierte Beladung notwendig ist, um den Mobilitätsbedarf zu decken. Während folglich der Energiebedarf eines Privatfahrzeugs bei Heim- oder Arbeitsplatzbeladung über mehrere Stunden und somit mit geringerer Leistung erfolgen kann, bedingt die deutlich kürzere Standzeit höhere Leistungen, um den gleichen Energiebedarf zu decken (s. a. Abb. 50.4).

---

[11] BMVI (2018)

Zudem werden die Anzahl der Fahrzeuge und die Wahl der Ladetechnologie auch von neuen Mobilitätskonzepten in Städten und Gemeinden beeinflusst. Der Ausbau von Fahrradwegen und des öffentlichen Personennahverkehrs (ÖPNV), sowie darauf basierende, inter- bzw. multimodale Mobilitätskonzepte können das bisherige Mobilitätsverhalten stark beeinflussen. Eine zunehmend vernetzte, intermodale Mobilität ermöglicht – unterstützt durch digitale Serviceangebote – nahtlose Übergänge von einem Transportmedium zum anderen und kann zu einem Wechsel vom Individual- zum öffentlichen Verkehr führen. Auch neue Siedlungsstrukturen mit Subzentren, die den Weg in das Stadtzentrum unnötig machen oder ein verändertes Konsumverhalten (insbesondere der Onlinehandel) werden die gefahrenen Kilometer und somit die Energienachfrage beeinflussen.

50.3 Netzintegration von Ladeinfrastruktur

Um die Fahrzeuge mit der nachgefragten Leistung zu versorgen, die notwendige *Ladeinfrastruktur* an das elektrische Versorgungssystem anzuschließen und ins Netz zu integrieren, können verschiedene Maßnahmen getroffen werden. Dabei gilt es, die Kernziele der Energieversorgung einer sicheren, preisgünstigen, verbraucherfreundlichen, effizienten und umweltverträglichen Versorgung zu gewährleisten, wobei diese *Ziele* z. T. miteinander im Konflikt stehen (Abb. 50.5).

Stellt beispielsweise die zuverlässigste oder umweltfreundlichste Variante nicht die kostengünstigste Option dar, gilt es den spezifischen, technisch-wirtschaftlichen Kompromiss für den Einzelfall zu finden und Lösungen so zu wählen und zu kombinieren, dass die verschiedenen Ziele in einem individuellen Gesamtoptimum zusammengeführt werden. Im Zuge der Integration von Ladeinfrastruktur bieten sich dabei diverse Lösungen an, um den damit verbundenen Lastanstieg in die Verteilnetze zu integrieren. Diese Lösungen

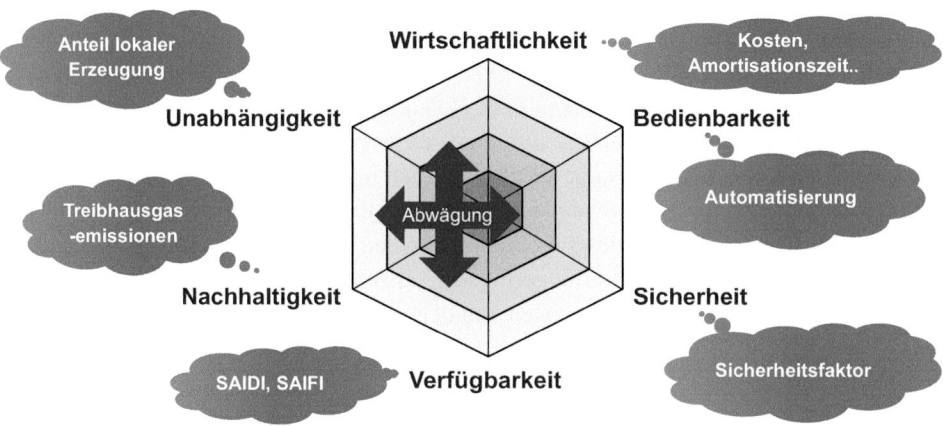

Abb. 50.5 Interessenabwägung im Planungsprozess von Energiesystemen

reichen von konventionellen Maßnahmen wie lokalen Netzverstärkungen bis zu einer übergeordneten Steuerung der Ladeleistung.

50.3.1 Netzausbau

Der Netzausbau bzw. -verstärkung ist die bewährte Lösung zur Versorgung von elektrischen Lasten wie in diesem Fall der Ladeinfrastruktur mit elektrischer Energie, falls die bestehende Netzinfrastruktur den Anforderungen nicht mehr gerecht wird. Dabei werden unterschiedliche Maßnahmen zur Erhöhung der Netzkapazität bzw. zur Vermeidung von Grenzwertverletzungen vorgesehen, die sich mithilfe des NOVA-Prinzips beschreiben lassen:[12] Netzoptimierung vor Netzverstärkung vor Netzausbau.

- **Netzoptimierung**. Unter *Netzoptimierung* werden Maßnahmen verstanden, die keine direkten baulichen Veränderungen beinhalten, sondern einen potenziell kritischen Zustand mithilfe von Umschaltmaßnahmen vermeiden. Dabei können beispielsweise Trennstellen verlagert werden, die betriebsweise angepasst werden (z. B. die Betriebsweise von geschlossenen Ringen) oder Netzbereiche gekoppelt werden.
- **Netzverstärkung**. Im Zuge einer *Netzverstärkung* werden bestehende Betriebsmittel, wie Kabel oder Transformatoren, die von Grenzwertverletzungen betroffen sind oder sein könnten, durch Betriebsmittel mit einer höheren Bemessungsleistung und/oder niedrigerer Impedanz ersetzt.
- **Netzausbau**. Müssen außerdem zusätzliche Betriebsmittel ins Netz eingebracht werden, beschreibt dies den *Netzausbau*. Dabei basiert die Auslegung der Netze klassischerweise auf einer Worst-Case-Betrachtung, bei der hohe Sicherheitszuschläge berücksichtigt werden, die teilweise aus der Verwendung von standardisierten Betriebsmitteln resultieren.[13]

50.3.2 Dezentrale Erzeugungsanlagen

Dezentrale Erzeugungseinheiten, wie Solar- oder KWK-Anlagen, bieten die Möglichkeit, verbrauchernah Energie bereitzustellen, ohne diese über weite Strecken transportieren und verteilen zu müssen. So können Lasten und Verbraucher durch lokale Anlagen versorgt werden, ohne dass überregionale Versorgungsstrukturen aufgebaut werden müssen. Jedoch gilt es dabei abzuwägen, ob die gewonnene Unabhängigkeit und *Dezentralisierung* der Versorgung nicht im Konflikt mit einer sinkenden wirtschaftlichen Effizienz oder Zuverlässigkeit, aber auch den energiewirtschaftlichen bzw. regulatorischen Rahmenbedingungen steht. Eine regu-

---

[12] Siehe auch Deutsche Übertragungsnetzbetreiber (2018).
[13] Siehe Zdrallek et al. (2016, S. 33–36).

latorische Zustimmung vorausgesetzt, ist die Wahl der Technologie, die Dimensionierung der Anlagen und in Konsequenz auch die vorhandene Platzverfügbarkeit mit entscheidend für die Sinnhaftigkeit des Einsatzes von dezentralen Erzeugungsanlagen zur Versorgung von Ladeinfrastruktur. Insbesondere beim Einsatz von *dargebotsabhängiger* Erzeugung wie Fotovoltaik, ist zudem der Einsatz eines elektrischen Energiespeichers prüfenswert, da somit die Gleichzeitigkeit von dezentraler Erzeugung und Verbrauch entkoppelt werden kann.

50.3.3 Speicher

Elektrische *Speichersysteme* bieten ein breites Spektrum an unterschiedlichen Anwendungen. Neben der optimierten Nutzung fluktuierender und dargebotsabhängiger Erzeugung oder der Bereitstellung von Systemdienstleistungen wie z. B. *Regelleistung*, können elektrische Energiespeicher auch dazu genutzt werden, lokal Leistung zur Ladung der Elektrofahrzeuge bereitzustellen und somit die überlagerten Netze vorübergehend zu entlasten. So kommen beispielsweise die technischen Vorteile von Batteriespeichern dann voll zum Tragen, wenn diese dazu genutzt werden, kurzfristige bzw. kurzzeitige Last- oder Erzeugungsspitzen auszugleichen. Durch den Speichereinsatz können folglich kritische Überlastungssituationen im Netz verhindert werden, wenn die Fahrzeugbeladung durch einen lokalen Speicher erfolgt, der den notwendigen Netzbezug der nachgefragten Ladeenergie zeitlich von der Ladung entkoppelt.

50.3.4 Lademanagement

Da viele Fahrzeuge möglicherweise nicht sofort nach Ende der Fahrt beladen werden müssen, kann die Standzeit dazu genutzt werden, die Beladung der Fahrzeugbatterie zeitlich von der Ankunft am Parkplatz zu entkoppeln und in Abhängigkeit der Netzbelastung zu optimieren. Um diese möglichen Synergien zwischen dem Verschiebungspotenzial der Fahrzeugladung sowie der Speicherkapazität der Elektrofahrzeuge und gegebenenfalls der fluktuierenden Energiebereitstellung durch dezentrale Erzeuger zu nutzen, ist ein *Lademanagement* der Fahrzeuge unabdingbar. Ziel eines Lademanagements ist dabei, unter Berücksichtigung der verschieden gewichteten Einflussfaktoren, wie z. B. dem Netzzustand, einen optimierten Stromfluss zwischen Fahrzeug und Netz zu realisieren und somit eine angestrebte Gleichzeitigkeit der Ladeleistung einzustellen, die einer Grenzwertverletzung vorbeugt.

Da verschiedene Realisierungsmöglichkeiten des Lademanagements bestehen, kann einerseits zwischen der technischen Umsetzung (Netzanschlussvariante, Abrechnungssystem, genutzte Soft- und Hardware), andererseits zwischen indirekter und direkter Ladebeeinflussung differenziert werden. Außerdem kann die Ladeentscheidung grundsätzlich unter Beachtung der lokalen Randbedingungen oder lokal unter Beachtung der überregionalen Einflussfaktoren erfolgen, wobei sich beides v. a. durch die Flexibilität des Nutzers unterscheidet.[14]

---

[14]Vgl. Link (2011, S. 15).

50.4   Test der Netzbereitschaft

Trotz der erwähnten Herausforderungen bleibt die sichere Energieversorgung Kernverantwortung der Netzbetreiber und bedingt somit auch die Verteilnetze entsprechend der wachsenden Aufgaben zu planen und zu betreiben. Um den beschriebenen Unsicherheiten bezüglich der Entwicklung der *Elektromobilität* zu begegnen, kann das betroffene Verteilnetz einem *simulationsbasierten Belastungstest* unterzogen werden, dem *Stresstest Elektromobilität*:[15]

Dazu werden die von der Unsicherheit betroffenen Parameter (wie Entwicklung der elektrischen Flotte, typische Ladeleistung in den verschiedenen Netzebenen und -gebieten, Gleichzeitigkeitsfaktor) über Szenarien, Variationen und transparenten Annahmen abgebildet und die antizipierten Zielwerte definiert (z. B. Anzahl an Elektrofahrzeugen im Zieljahr 20XX). Für einzelne Jahre bis zum Zieljahr wird dann die veränderte Versorgungsaufgabe (Einspeise- und Lastsituation) analysiert, die sich aus den entsprechenden Szenarien und Variationen ergeben, woraus sich die künftig zu erwartenden Anforderungen an das jeweilige Netz ableiten lassen. Auf Basis des jeweiligen Ausgangsnetzes werden per Netzsimulationen (Lastflussberechnungen) in einem Netzberechnungsprogramm Netzengpässe und Überlastungen entsprechend der gültigen Normen und Richtlinien identifiziert.

50.4.1   Netzspezifische Elektromobilitätsszenarien

Die zur Analyse der Netzintegration von Elektromobilität relevanten Parameter lassen sich in vier Kategorien einordnen:

- **Fahrzeugparameter** wie Typ und Anzahl der Elektrofahrzeuge
- **Ladeparameter**, die Ladetechnologie und Strategie einer möglichen Ladesteuerung beschreiben sowie Auskunft über das Ladeprofil und Gleichzeitigkeit geben
- **demografische Parameter** wie Bevölkerungsstrukturdaten aus denen z. B. Szenarien zur Verteilung der Elektrofahrzeuge abgeleitet werden können
- **Netzparameter**, die u. a. Netztopologie und -kapazität abbilden

Über die Verknüpfung und Variation dieser Parameter lassen sich nun verschiedene, netzspezifische Elektromobilitätsszenarien beschreiben, die als Grundlage der *Netzsimulation* (Abschn. 50.4.2) dienen.

Naturgemäß unterscheidet sich das Fahrverhalten der Fahrzeuge je nach Typ des Fahrzeugs bzw. Grund des Fahrzeugeinsatzes (z. B. Privatfahrzeug, Pendler, gewerbliche Fahrzeuge, ÖPNV).[16] Da unterschiedliche *Fahrprofile* auch unterschiedliche *Ladeprofile* bedingen, werden Fahrzeugtypcluster gebildet und diese entsprechend ihres antizipierten Ladeverhaltens bzw. der notwendigen Ladeinfrastruktur möglichen Spannungsebenen

---

[15]Vgl. auch Maximini et al. (2018a).

[16]Vgl. infas (2018).

zugeordnet. So erfolgt die Heimladung eines Privatfahrzeugs oder die Beladung einzelner Pendlerfahrzeuge bei der Arbeit voraussichtlich in der Niederspannung, während die Ladeinfrastruktur von Elektrobussen je nach Ladestrategie an der Niederspannung (z. B. Beladung auf der Strecke) und/oder an der Mittelspannung bzw. direkt an das Umspannwerk (wenn davon ausgegangen wird, dass mehrere Busse in einem Depot beladen werden sollen) angeschlossen wird.

Die Bestimmung der Anzahl der Elektrofahrzeuge kann anschließend anhand des Durchdringungsgrads und der Kraftfahrzeugsbestandszahlen erfolgen. Dabei wird der Durchdringungsgrad – wenn möglich – prognose- bzw. studiengestützt und somit spezifisch, aber auch generisch bzw. schrittweise (z. B. 10 %, 20 %, 30 % usw. des Fahrzeugbestands) bestimmt, um auf die entsprechende Anzahl von Elektrofahrzeugen zu schließen. Die spezifische Bestimmung des Durchdringungsgrads bietet den Vorteil, dass eine jährliche Auflösung der Entwicklung möglich ist, Ergebnisse also mit konkreten Jahreszahlen in Verbindung gesetzt werden können (z. B. Auswirkungen einer vollständig elektrifizierten Busflotte bis 2030). Auf Basis der generischen Durchdringungsgrade können Aussagen für bestimmte Anteile von Elektrofahrzeugen getätigt werden, die somit eine größere Übertragbarkeit der Erkenntnisse auf andere, vergleichbare Versorgungsgebiete zulassen.

Parallel dazu erfolgt ein weiterer, wichtiger Schritt des Belastungstests in Form der Abbildung des Ladeverhaltens der Fahrzeuge, da dies die Belastung der jeweiligen Netze maßgeblich beeinflusst.

Das Ladeverhalten ist dabei selbst von verschiedenen Faktoren abhängig, in erster Linie vom Verbrauchsverhalten der Fahrzeugnutzer. Jedoch liegen selbst innerhalb eines Fahrzeug-Clusters verschiedenste Fahrprofile vor, die zudem nur unter Beachtung der möglichen Ladeleistung bzw. -strategie und Steuerbarkeit in Ladeprofile übersetzt werden können. So kann ein privates Elektrofahrzeug bei entsprechender Ladeinfrastruktur (s. a. Abschn. 50.2.2) schneller mit einer maximalen Ladeleistung von 22 kW statt 3,7 kW beladen werden, was sich andererseits in einer um den Faktor 6 unterschiedlichen Belastung des Stromnetzes widerspiegelt. Allerdings besteht insbesondere bei einer nächtlichen Beladung oft nicht die zwingende Notwendigkeit der Schnellladung, da die gesamte Standzeit dazu genutzt werden kann, die nachgefragte Energie zu decken. Analoges gilt für Pendler (neben den nächtlichen Standzeiten gegebenenfall auch längere Standzeiten während ihrer Arbeit am Tag), aber u. U. und in Abhängigkeit der Batteriekapazität auch für gewerbliche Fahrzeuge (z. B. Lieferservice) oder Elektrobusse.

Aus diesem Grund bedient man sich der Akkumulation vieler Fahrzeug- bzw. Ladeprofile und der Übertragung dieser Profile in Gleichzeitigkeitsfaktoren pro Fahrzeugcluster. Der *Gleichzeitigkeitsfaktor (GZF)* bildet die Wahrscheinlichkeit bzw. Möglichkeit einer gleichzeitigen Ladung über die steigende Anzahl von Fahrzeugen ab und wird je Fahrzeug- bzw. Beladungs-Cluster in Verbindung mit der maximalen Ladeleistung bestimmt (z. B. elektrisches Privatfahrzeug mit 3,7 kW oder 22 kW maximaler Ladeleistung, Beladung an Stromtankstellen mit 150 kW oder 350 kW maximaler Ladeleistung). Je höher die Ladeleistung, desto kürzer die Ladezeit und somit auch die Wahrscheinlichkeit einer gleichzeitigen Beladung bei gleicher Fahrzeuganzahl. Analog steigt die kumulierte Leistung (Abb. 50.6).

Der GZF ist damit neben der Grundgesamtheit der Fahrzeuge die entscheidende Kenngröße zur Ermittlung der (zukünftigen) Netzbelastung.

Diese Grundgesamtheit der Fahrzeuge kann nun anhand von Netz-, Bevölkerungsstruktur- und Marktdaten (z. B. Anzahl Zählerpunkte, Wohnbebauung, Anzahl von Fahrzeugen pro Haushalt oder Einkommen), aber auch bestehender Infrastruktur (z. B. Bushalte- und Tankstellen) regionalisiert und über das betroffene Versorgungsgebiet verteilt werden. Dies dient einer heterogenen Betrachtung der zeitlichen Durchdringung über verschiedene Teil- bzw. Ortsnetze, da insbesondere in städtischen Versorgungsgebieten davon ausgegangen werden kann, dass die Anzahl der Elektrofahrzeuge gravierende regionale, z. T. sogar straßenweise Unterschiede zu bestimmten Zeitpunkten aufweist. So wird es Stadtgebiete oder Straßen geben, in denen z. B. ein höheres Einkommen den zeitnahen Erwerb eines Elektrofahrzeugs zulässt, während andere Gebiete zwar dichter besiedelt sind, aber eine geringere Kaufkraft aufweisen. Dabei gilt es, die spezifischen Gleichzeitigkeitsfaktoren entsprechend der regionalen Daten anzuwenden, da in vielen Städtezentren oder dicht besiedelten Wohngebieten zwar eine hohe Bevölkerungsdichte, aber gegebenenfalls nur selten die Möglichkeit der eigenen Ladesäule pro Haushalt besteht. Während also in Niederspannungsnetzen bzw. -abgängen mit einem hohen Anteil von Einfamilienhäusern (eine Wohneinheit pro Hausanschluss) mögliche Belastungen über einen GZF für 3,7 kW oder 22 kW maximale Ladeleistung prognostiziert werden können, muss bei Bereichen mit einer dichten, Mehrfamilienhausbebauung (mehrere Wohneinheiten pro Hausanschluss) alternativ geprüft werden, welche(r) GZF angewendet werden sollte(n). So kann die Anzahl der Fahrzeuge bestimmt werden, die vor Ort geladen werden können und wie hoch die Anzahl der Fahrzeuge ist, die alternative Lademöglichkeiten (z. B. Beladung beim Arbeitgeber oder Stromtankstelle) benötigen. Dementsprechend kann dann gegebenenfalls der GZF für diese Lade-Cluster angepasst werden. Zur Verifikation der GZF-Verteilung dient dabei ein Top-down-Ansatz, mit dem der Energiebedarf der Grundgesamtheit auf Basis von durchschnittlichen Fahrdistanzen und Energieverbräuchen pro Fahrzeug-Cluster und -anzahl ermittelt wird und anschließend geprüft wird, ob dieser Gesamtenergiebedarf über die angenommene Verteilung der maximalen Ladeleistungen gedeckt werden kann.

Die Grundgesamtheit, GZF und die regionalisierte Verteilung der Elektrofahrzeuge über das Versorgungsgebiet werden anschließend in ein Netzmodell überführt, um die Auswirkungen in einer digitalen Nachbildung des Versorgungsnetzes zu untersuchen.

50.4.2 Netzsimulation

Um einen szenariobasierten Belastungstest durchzuführen, muss ein digitales Abbild des Elektrizitätsnetzes in einer Simulationssoftware wie beispielsweise PSS®SINCAL vorliegen. Das digitale Model des Stromnetzes stellt hierbei den Kern des Belastungstests dar, da es die physikalischen Eigenschaften der Komponenten wie Kabel (z. B. Impedanz) und Transformatoren (z. B. Bemessungsleistung) in Verteilnetzen abbildet und somit die Möglichkeit eröffnet, die konkreten Auswirkungen der Elektromobilitätsszenarien auf Hoch-,

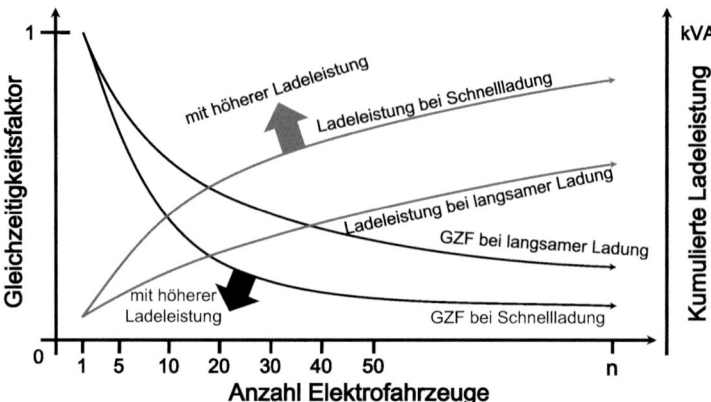

Abb. 50.6 Gleichzeitigkeitsfaktor und kumulierte Ladeleistung in Abhängigkeit der Fahrzeuganzahl in Anlehnung an Uhlig (2017)

Mittel- und Niederspannungsnetze zu simulieren und Schwachstellen im Netz zu identifizieren. Dazu werden neben den Netzkomponenten auch verschiedene Erzeugungs- und konventionelle Lastentypen auf Basis der installierten Leistung und/oder Messdaten dargestellt.

Zur angestrebten strategischen Netzplanung werden dann die Hoch- und Mittelspannungs- sowie ausgewählte Niederspannungsnetze bezüglich ihrer vorliegenden Aufnahmekapazität für die jeweilige Ladeinfrastruktur evaluiert. Dazu werden stationäre Falluntersuchungen durchgeführt, d. h. es werden Lastflussberechnungen vorgenommen, die die stationäre Betriebsmittelbelastung sowie den Spannungsfall über die Leitungen simulieren. Somit kann komponentengenau festgestellt werden, wie ein betroffenes Kabel oder ein Transformator in einem konkreten Fall belastet ist oder ob Spannungsbandverletzungen auftreten. Auf Basis der Netzsimulationen kann somit identifiziert werden, welches Betriebsmittel im Regelfall den Engpass begründet und folglich zum Flaschenhals der Ladeinfrastruktur in den betroffenen Spannungsebenen werden könnte.

Ein *digitales Netzmodell* zur Berechnung von Lastflüssen basiert dabei auf einem *Knoten-Kanten-Modell*, das alle relevanten Betriebsmittel und technische Daten erfasst. Die einzelnen Stationen werden als *Knoten* erfasst und über Leitungen in Form von Freileitungen oder Kabel verbunden. Die Umspannung wird über die Nachbildung von Transformatoren berücksichtigt, außerdem werden die Verbraucher und Einspeiser an den einzelnen Stationen bzw. Netzknoten angebunden. Nach Durchführung der stationären Falluntersuchungen können dann sowohl die signifikanten Lastpunkte (s. Heatmap in Abb. 50.7) als auch die potenziell kritisch belasteten Betriebsmittel und Netzzustände entsprechend bestimmter Kriterien identifiziert werden (z. B. Kabel mit thermischer Belastung zwischen 50 und 70 % der maximalen Belastung, blau markiert in Abb. 50.7).

Da diese Berechnungen nicht nur für einen einzigen Fall erfolgen, sondern für eine Vielzahl von Szenarien (Abschn. 50.4.1) sowie verschiedenen Betriebsmitteln und Maß-

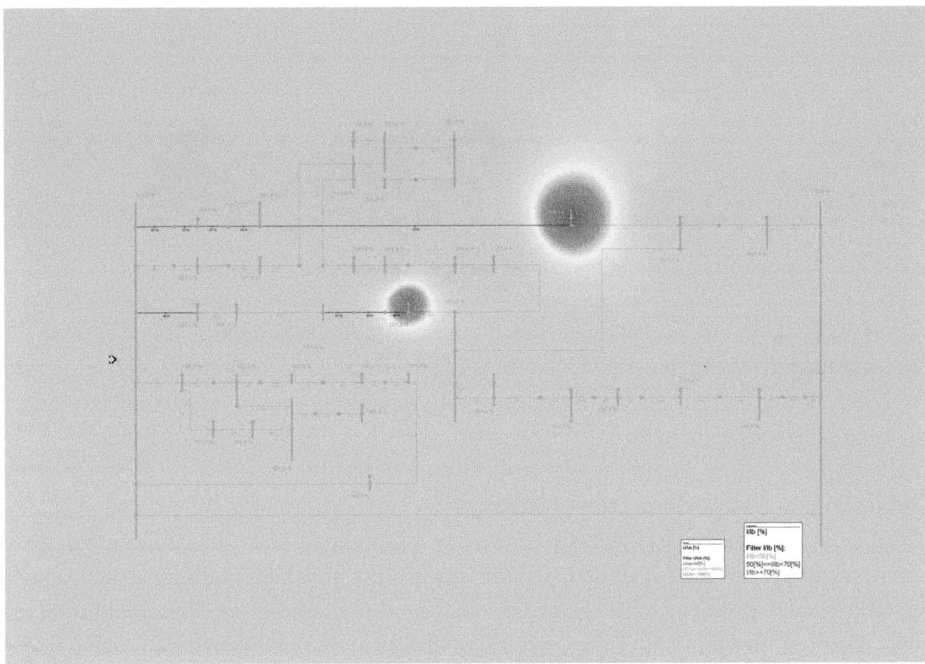

Abb. 50.7   Exemplarische Darstellung eines Netzmodells (Mittelspannungsnetz)

nahmen (Abschn. 50.3), ergibt sich die Möglichkeit, der Prognose- und Planungsunsicherheit mit einer Variation verschiedener Fallbetrachtungen zu begegnen und szenariospezifi-
sche Ergebnisse zu erstellen.

50.4.3 Ergebnisse und Rückschlüsse

Wie zuvor beschrieben, ist die resultierende Netzbelastung der Elektromobilität im Wesentlichen von der Anzahl der Elektrofahrzeuge, ihrer Ladekurve und der aus ihrem Ladeverhalten resultierenden Gleichzeitigkeit sowie der konkreten jeweiligen Situation im
Netz abhängig.[17] Mithilfe der *simulationsbasierten Szenarioanalyse* kann nun bestimmt
werden, ab welchem Zeitpunkt (spezifische Betrachtung) bzw. Durchdringungsgrad (generische Betrachtung) mit flächendeckenden *Netzengpässen* im Versorgungsgebiet zu
rechnen ist. Außerdem ermöglicht die ungleichmäßige Verteilung der Ladeinfrastruktur
und Fahrzeuge im Versorgungsgebiet, Netzbereiche und Komponenten zu identifizieren,
die als erstes von den Auswirkungen der Entwicklung betroffen sind. Eine exemplarische
Darstellung eines Netzmodells für drei unterschiedliche Zeitscheiben ist in Abb. 50.8 dargestellt, bei dem sich eine zunehmende kritische Netzsituation ergibt.

---

[17] Siehe auch FGH e.V. (2018, S. 35–41).

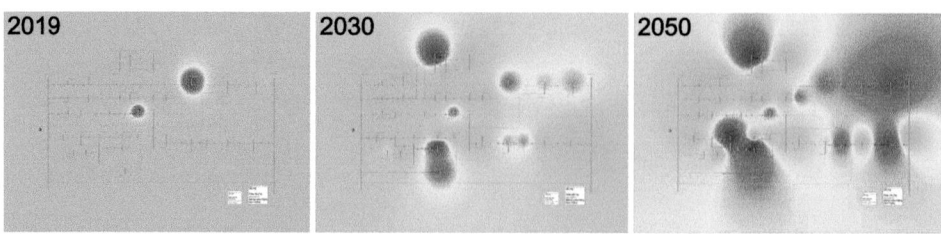

Abb. 50.8 Exemplarische Darstellung von Simulationsergebnissen

Auf Basis der Simulationsergebnisse lassen sich nun verschiedene Rückschlüsse ziehen und konkrete Maßnahmen ableiten, um die zuverlässige und effiziente Netzintegration der Elektromobilität zu gewährleisten und die Verteilnetze auf ihre zukünftige Versorgungsaufgabe vorzubereiten.

Einbindung in Asset-Management-Strategie

Mithilfe des *Stresstests* lässt sich simulieren, wie Leitungen oder Transformatoren zu einem bestimmten Zeitpunkt belastet sind und wann diese gegebenenfalls ausgetauscht oder verstärkt werden müssen, sollte die prognostizierte Entwicklung der Elektromobilität eintreten. Da diese Betriebsmittel aber, wie zuvor erwähnt, eine endliche Lebensdauer haben, werden Teile des Netzes jedes Jahr entsprechend der *Asset-Management-Strategie* des Netzbetreibers ausgetauscht. Werden Kabel beispielsweise alle 50 Jahre ausgetauscht, so kommt dies einem jährlichen Austausch von 2 % der gesamten Kabellänge gleich. Die Einbindung der Simulationsergebnisse in die Asset-Management-Strategie erlaubt nun zu verstehen, ob bzw. wann zusätzliche Investitionen für die Integration der Ladeinfrastruktur notwendig sind oder ob die dringendste Frage, die der Lokalisierung potenzieller Netzengpässe ist. Die Abb. 50.9 zeigt die exemplarische Integration der potenziell von Elektrofahrzeugen kritisch belasteten Kabel in eine vereinfachte Asset-Management-Strategie:

Sollten sich beide Bereiche (Kabellänge Asset-Management/Elektromobilität) überschneiden, kann dies als deutliches Indiz dafür genommen werden, dass zukünftig zusätzliche Anstrengungen unternommen werden müssen, um die Ladeinfrastruktur sicher zu integrieren. So lange sich allerdings die von der bisherigen Asset-Management-Strategie betroffenen Kabel nicht mit denen potenziell kritischen überschneiden, sollte eine vollständige Integration der elektromobilitätsbedingten Netzverstärkung ohne zusätzliche Investitionen möglich sein. Dazu ist es gegebenenfalls jedoch empfehlenswert, die Auswahl der Standardbetriebsmittel den neuen Herausforderungen anzupassen.

Anpassung der Standardbetriebsmittel

Werden alte Kabel bzw. Leitungen erneuert oder neue Versorgungsgebiete erschlossen, kann ein *Kabel* mit niedrigerer Impedanz (größerer Kabelquerschnitt, Kupfer statt Aluminium) gewählt werden, als vom bisherigen Standard vorgesehen. Ein größerer Querschnitt (z. B. 150 mm² statt 95 mm² für Niederspannungskabel oder 240 mm² statt 185 mm² für

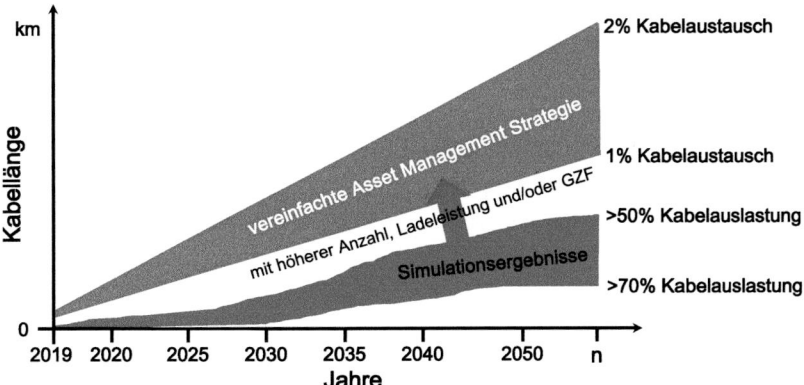

Abb. 50.9 Einbindung der Simulationsergebnisse in eine Asset-Management-Strategie (Quelle: in Anlehnung an Maximini et al. 2018a)

Mittelspannungskabel) erhöht zwar die Materialkosten vergleichsweise geringfügig, verhindert aber gegebenenfalls die spätere Überlastung und eine dann meist deutlich kostspieligere Neu- bzw. zusätzliche Verlegung von Kabeln. Analoges gilt für die installierte Transformatorkapazität in Umspannwerken und Ortsnetzstationen, sodass bei der Installation bzw. Erneuerung eine erhöhte Kapazität gewählt wird. Hier können gegebenenfalls aber auch alternative Maßnahmen wie das temporäre Beblasen der Transformatoren greifen und bei kurzzeitigen Überlastungen eine Erneuerungsinvestition auf den planmäßigen Austauschzeitpunkt verschieben.

Entwicklung eines Regelkonzepts im Niederspannungsnetz
Es gilt insbesondere die Niederspannungsnetze gemäß einer Priorisierung und durch Anwendung neuer Planungskriterien so zu entwickeln, dass der Flaschenhals i. d. R. der Transformator wird, damit sich im Fall der Fälle ein einfaches und skalierbares Regelkonzept umsetzen lässt.[18]

Verlagerung von Trennstellen im Mittelspannungsnetz
Die Verlagerung von Trennstellen ermöglicht durch die gezielte Neuverschaltung des Netzes eine Anpassung der Belastung von unterschiedlichen Strängen und kann somit als Maßnahme für eine sich ändernde Versorgungsaufgabe dienen. Mithilfe von Lastflussberechnungen wird eine optimierte Trennstellenposition im Hinblick auf Netzzustand (Belastung, Spannung und Netzverlusten) ermittelt. Als Beispiel kann die Umschaltung von Umspannwerk(UW)-Versorgungsbereichen nach unterschiedlicher Tagesbelastung durch zeitlich abhängige Lasten, wie sie beispielsweise bei der Elektromobilität auftreten, genannt werden, um so Netzbereiche zu be- und andere zu entlasten.

---

[18]Vgl. Maximini et al. (2018b, S. 28–29).

Einsatz von dezentralen Erzeugungseinheiten und Speicher

Der Einsatz von lokalen Erzeugungs- bzw. Speicheranlagen zur Belastungsreduktion ist im derzeitigen regulativen Rahmen aufgrund der Entflechtungsvorgaben zwar noch keine Option für die Netzbetreiber selbst, er kann aber v. a. standortbezogen schon heute einen Mehrwert generieren, wenn beispielsweise gewerbliche Ladesäulen einer Unternehmensflotte über diese Anlagen teilversorgt werden und somit die vorzuhaltende Netzanschlusskapazität des Unternehmens reduziert werden kann. Dieses Konzept bietet sich also v. a. für Depot-, Parkhaus- oder Arbeitsplatzladeinfrastrukturen an, die eine Großzahl an Fahrzeugen mit einer relativ hohen Prognosegenauigkeit versorgen sollen. Zudem kann bei Flotten bzw. Fahrzeugen mit Parkzeiten über den Tag hinweg eine Überschneidung mit der potenziellen Einspeisung einer Fotovoltaikanlage auftreten und die lokale (Teil-)Versorgung mit Ladeenergie wirtschaftlicher machen. Außerdem könnte die Kombination von Ladeinfrastruktur mit einem *Speicher* dort Sinn machen, wo nachträgliche Netzverstärkungen enorme Aufwände bzw. Umstände bedingen würden (z. B. historischer Innenstadtbereich) oder nur zu wenigen Stunden in der Woche ein hoher Andrang zu vermuten ist (z. B. Stadionparkplätze).

Einsatz von Lademanagement

Die Simulationsergebnisse basieren, wie zuvor beschrieben, auf bestimmten Gleichzeitigkeitsfaktoren je Fahrzeugcluster und Leistung. Ziel eines Lademanagements könnte folglich sein, die Einhaltung dieser Gleichzeitigkeitsfaktoren technisch zu gewährleisten (z. B. direkte Laststeuerung durch den VNB) oder marktwirtschaftlich anzureizen (z. B. über Preissignale). Mithilfe der Simulationen kann dazu genau der GZF bestimmt werden, der Überlastungen und Engpässe verhindert und die Notwendigkeit zusätzlicher Netzausbaumaßnahmen (s. Einbindung ins Asset-Management) reduziert bzw. erübrigt.

Anhand des angestrebten GZF und der möglichen Einsatzorte des Lademanagements kann dann der effizienteste Einsatz des Lademanagements und der entsprechenden Ladestationskonzepte bestimmt werden. Die Abb. 50.10 zeigt eine Übersicht verschiedener Ladestationskonzepte anhand der potenziellen Ladeleistung, Nutzeranzahl und Verschiebungspotenzial je *Ladestation (LS)*.

Dabei wird ersichtlich, dass es Ladeanwendungen bzw. -orte gibt, die aufgrund des Mobilitätsverhalten ein höheres Verschiebungspotenzial, aber je Ladepunkt vermutlich nur eine geringe Leistung aufweisen (z. B. lange Standzeiten an privaten Hausladestellen) und somit einen höheren Kommunikationsaufwand bedingen, wenn es gilt, viele Ladepunkte zu akkumulieren, um das Verschiebungspotenzial zu maximieren. Deutlich effizienter könnten zunächst Anwendungen sein, die neben längeren Standzeit auch potenziell hohe Ladeleistungen je Ladestelle vorsehen.

Allerdings sind bis zur Implementierung eines Lademanagements noch weitere technische, aber v. a. regulatorische Hürden zu nehmen, da die bisherigen Möglichkeiten, Lasten zu steuern, nicht ausreichend sind, um als Rahmenbedingungen für die Steuerung von gegebenenfalls Millionen von Elektrofahrzeugen zu dienen. So könnte diese Funktion auch von lokalen Energie- bzw. Flexibilitätsmärkten übernommen werden, an denen – neben lokalen Erzeugungs- und Speicheranlagen sowie weiteren steuerbaren Lasten, wie z. B. Wärmepumpen oder Kühlprozesse – der Energiebedarf der Elektrofahrzeuge als steuerbare Last gehandelt und ein netzdienliches Verhalten vergütet wird.

50.5 Ausblick

Nach Durchführung zahlreicher Stresstests in deutschen Verteilnetzen lässt sich allgemein feststellen, dass die deutschen Verteilnetze für die in den kommenden Jahren abzusehende Entwicklung der Elektromobilität zunächst gut gerüstet sind. Die Netze wurden historisch oft so dimensioniert, dass sie auf den Worst Case ausgelegt sind und mit einem Minimum an *Echtzeitdaten* betrieben werden können. Vielen der möglichweise kritischen Situationen im Netzbetrieb wurde somit schon in der Planungsphase präventiv begegnet, was jedoch auch zu hohen Kosten geführt hat, da der Worst Case nur selten, wenn überhaupt, eintritt.

Die Einführung der Elektromobilität schafft nun einen neuen, signifikanten Sachverhalt in dieser planerischen Fallbetrachtung. Zudem erhöht die steigende Sichtbarkeit und Steuerbarkeit sowohl der Erzeuger und Lasten, wie beispielsweise Elektrofahrzeuge, aber insbesondere des Netzes, den Spielraum für innovative Lösungen, die eine höhere Kosteneffizienz bei mindestens gleicher Zuverlässigkeit versprechen. Der Stresstest unterstützt diese Entwicklung, indem sich beispielsweise Empfehlungen für die künftige Entwicklungen der Nieder- und Mittelspannungsnetze ableiten lassen, sodass bis zum Zeitpunkt, ab dem mit flächendeckenden Engpässen zu rechnen ist, ein einfaches und einheitliches Regel- und Betriebskonzept in den Ortsnetzen etabliert werden kann.

Es ist ersichtlich, dass mittel- bis langfristig verschiedene, intelligent miteinander kommunizierende und automatisierte Lösungen, aber dementsprechend auch regulatorische Maßnahmen notwendig werden, die einerseits sehr netzspezifisch sind und im Einzelfall zu einem individuellen Optimum kombiniert werden müssen, andererseits aber auch übergreifend definiert und begleitet werden müssen. So wird immer deutlicher, dass die derzeitigen Planungs- und Betriebsgrundsätze für Verteilnetze, insbesondere für Mittel- und Niederspannungsnetze, kritisch hinterfragt werden müssen, da die Abbildung bzw. Beachtung betrieblicher Aspekte und Handlungsmöglichkeiten während der Planungsphase das große Potenzial digitalisierter Versorgungssysteme nutzen kann.[19] Ziel muss es also sein, die aus den Simulationen für die Zukunft gewonnen Erkenntnisse schon jetzt in die Planungsweise und -werkzeuge einfließen zu lassen, um einen auch langfristig sicheren Netzbetrieb zu gewährleisten und unnötige Investitions- und Betriebskosten zu vermeiden.

Das Utility der Zukunft benötigt somit ein digitales Abbild ihres Energie- und Versorgungssystems, das so flexibel und detailliert gestaltet ist, dass es über die konventionellen

---

[19]Vgl. Zdrallek et al. (2016).

Zeitliches Verschiebungspotential je LS

potentielle Ladeleistung je LS

ÖPNV Ladestationen
- Auf privatem Firmengelände (Depot) oder (teil-) öffentlich an Haltestellen und/oder auf der Strecke
- Ausschließlich Flottenfahrzeuge
- Betrieb der LS zur Beladung der elektrischen ÖPNV-Flotte
- Lange Depot-Standzeiten (z.B. in der Nacht), kurze Standzeiten bei Zwischenladung (gemindertes Verschiebungspotential)
- Keine Abrechnung je Fahrzeug zwingend

Mobilitätsanbieter Ladestationen
- Auf privatem, angemietetem Gelände oder (halb-) öffentlich
- Zugang für sämtliche Fahrzeuge des Mobilitätsanbieters
- Betrieb der LS zur Beladung der eigenen Fahrzeuge
- Längere Standzeiten (über Nacht), aber auch schnellstmögliches Laden (z.B. Taxi -> gemindertes Verschiebungspotential)
- Abrechnungssystem ggf. nötig, wenn Abrechnung je Fahrzeug

Stromtankstelle
- Auf privatem, angemietetem Gelände
- Zugänglich für jedes Fahrzeug, entsprechend heutigen Tankstellen
- Betrieb der LS zur Beladung jeglicher EV
- kürzeste Standzeiten
- Direktes Abrechnungssystem (z.B. Barbezahlung)

Hausladestellen
- Privat am Haus (Hausanschluss)
- Meist bekannte EV
- Betrieb der Ladestation (LS) zur Beladung des eigenen EV
- Lange Standzeiten
- Kein eigenes Abrechnungssystem zwingend

Halbprivate/-öffentliche Ladestationen
- Gewerbliche Parkplätze (z.B. Handel), Parkhäuser
- Nutzerkreis von LS-Betreiber bestimmt
- Betrieb der LS zur Kundenbindung, Serviceleistung, Parkplatzvermietung für Mitarbeiter
- Mittlere bis längere Standzeiten
- Eigenes Abrechnungssystem, Gratis Leistung, Nutzen vorhandener Abrechnungssysteme denkbar

Öffentliche Ladestationen
- Öffentliche Parkplätze, Straßenrand,
- Uneingeschränkte Zugänglichkeit
- Betrieb der LS zur flächendeckenden Verbreitung von EV und als Teil der Stadtentwicklung
- Kurze bis mittlere Standzeiten
- Eigenes Abrechnungssystem, Gratis Leistung, Nutzen vorhandener Abrechnungssysteme (z.B. Smartphone)

Potentielle Anzahl LS und ggf. Kommunikationsaufwand

Potentielle Nutzer je LS

Abb. 50.10 Potenzielle Ladestationskonzepte an verschiedenen Ladeorten (Quelle: in Anlehnung an Link 2011)

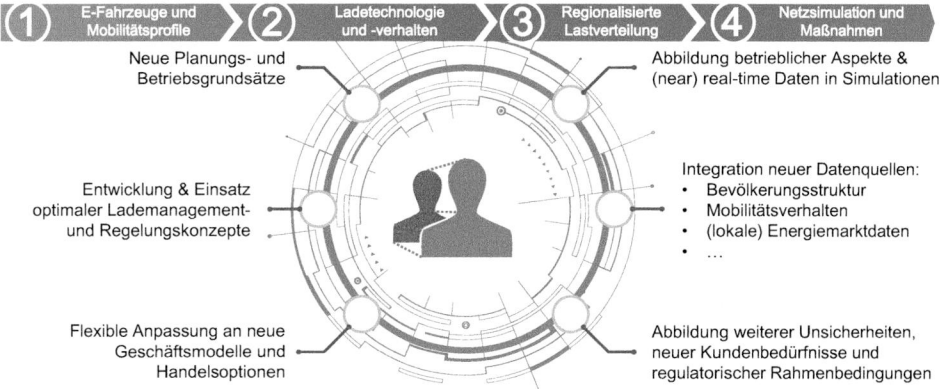

Abb. 50.11 Anforderungen an das digitale Abbild des Energiesystems

Analysen (z. B. Untersuchung einzelner, weniger Netznutzungsfälle) und Schnittstellen (z. B. geografisches Informationssystem) der klassischen Netzplanung hinaus alternative Datenquellen (z. B. Bevölkerungsstrukturdaten, Mobilitätsinfrastruktur) und betriebliche Aspekte (z. B. Spannungsregelung, Trennstellenverlagerung, Blindleistungsmanagement) abbilden kann. Mithilfe dieses digitalen Abbilds, sowohl des Energiesystems als auch der möglichen Betriebsweise, kann dann effizient und effektiv auf die beschriebenen Herausforderungen, aber auch auf zusätzliche Unsicherheiten und Entwicklungen wie beispielsweise die weiteren Auswirkungen der Sektorenkopplung (z. B. Elektrifizierung des Wärmesektors) oder des autonomen Fahrens reagiert werden. Ein kontinuierlicher Abgleich zwischen digitalem Modell des Versorgungsnetzes und gemessenen (Near-)Realtime-Daten sowie die fortwährende Anpassung von Annahmen und Einbeziehung sich ändernder Rahmenbedingungen ermöglichen, Unsicherheiten zu reduzieren und die Vorteile der Digitalisierung zur Integration der Elektromobilität optimal zu nutzen (Abb. 50.11).

So gilt es, die Zeit bis zu einer signifikanten Durchdringung der Elektromobilität zu nutzen, um auf Basis optimaler Netztransparenz und Modellflexibilität Vorbereitungen zu treffen und Maßnahmen zu ergreifen, die die Bereitschaft der Netze sicherstellen und das digitalisierte Utility der Zukunft kennzeichnen werden.

Literatur

ADAC. (2018). ADAC Autokosten Herbst/Winter 2018/2019 – Kostenübersicht für über 1200 aktuelle Neuwagen-Modelle (Okt. 2018). München: Allgemeiner Deutsche Automobil-Club e.V. (ADAC). https://www.adac.de/_mmm/pdf/autokostenuebersicht_47085.pdf. Zugegriffen am 15.03.2019.

BMUB. (2016). *Übereinkommen von Paris*. Berlin: Bundesministerium für Umwelt, Naturschutz, Bau und Reaktorsicherheit (BMUB). https://www.bmu.de/fileadmin/Daten_BMU/Download_PDF/Klimaschutz/paris_abkommen_bf.pdf. Zugegriffen am 15.03.2019.

BMVI. (2018). *MKS-Workshop „Neue Mobilitätskonzepte im Personenverkehr"*. Berlin: Bundesministerium für Verkehr und digitale Infrastruktur (BMVI). https://www.bmvi.de/SharedDocs/DE/Artikel/G/MKS/Archiv/fachworkshop-mobilitaetskonzepte-personenverkehr.html. Zugegriffen am 15.03.2019.

Bundesnetzagentur. (o. J.). *Zahlen, Daten und Informationen zum EEG*. Bonn: Bundesnetzagentur für Elektrizität, Gas, Telekommunikation, Post und Eisenbahnen (BNetzA). https://www.bundesnetzagentur.de/DE/Sachgebiete/ElektrizitaetundGas/Unternehmen_Institutionen/ErneuerbareEnergien/ZahlenDatenInformationen/zahlenunddaten-node.html. Zugegriffen am 15.03.2019.

Burger, B. (2019) *Öffentliche Nettostromerzeugung in Deutschland 2018* (11.Feb.2019). Freiburg: Fraunhofer-Institut für Solare Energiesysteme ISE. https://www.ise.fraunhofer.de/content/dam/ise/de/documents/news/2019/Stromerzeugung_2018_2_de.pdf. Zugegriffen am 15.03.2019.

dena. (2018). *dena-Leitstudie Integrierte Energiewende – Impulse für die Gestaltung des Energiesystems bis 2050* (Jul. 2018). Ergebnisbericht und Handlungsempfehlungen. Berlin: Deutsche Energie-Agentur GmbH (dena). https://www.dena.de/fileadmin/dena/Dokumente/Pdf/9262_dena-Leitstudie_Integrierte_Energiewende_Ergebnisbericht.pdf. Zugegriffen am 15.03.2019.

Deutsche Übertragungsnetzbetreiber. (2018). Netzentwicklungsplan der Übertragungsnetzbetreiber. netzentwicklungsplan.de. https://www.netzentwicklungsplan.de/de/node/489. Zugegriffen am 15.03.2019.

DKE. (2011). *DIN EN 50160 „Merkmale der Spannung in öffentlichen Elektrizitätsversorgungsnetzen"*. Frankfurt a. M.: Deutsche Kommission Elektrotechnik, Elektronik, Informationstechnik im DIN und VDE.

FGH, e. V. (2018). *Metastudie Forschungsüberblick Netzintegration Elektromobilität*. Mannheim: Forschungsgemeinschaft für elektrische Anlagen und Stromwirtschaft (FHG e.V.).

IEA. (2018a). *CO_2 Emissions from Fuel Combustion 2018 overview*. Paris (FR): International Energy Agency (IEA). https://www.iea.org/statistics/co2emissions/. Zugegriffen am 15.03.2019.

IEA. (2018b). *Global EV Outlook 2018 – Towards cross-model electrification*. Paris (FR): International Energy Agency (IEA). https://www.connaissancedesenergies.org/sites/default/files/pdf-actualites/globalevoutlook2018.pdf. Zugegriffen am 15.03.2019.

infas. (2018). *Mobilität in Deutschland – MiD Ergebnisbericht*. Bonn: Institut für angewandte Sozialwissenschaft GmbH (infas).

Kraftfahrt-Bundesamt. (o. J.). *Statistiken*. Flensburg: Kraftfahrt-Bundesamt. https://www.kba.de/DE/Statistik/statistik_node.html. Zugegriffen am 15.03.2019.

Link, J. (2011). *Elektromobilität und erneuerbare Energien: Lokal optimierter Einsatz von netzgekoppelten Fahrzeugen*. Dortmund: Technische Universität Dortmund.

Maximini, M, Prause, U., Slupinski, A., Auverkamp, M., & Dr. Alfurth, K. (2018a). Sind die Netze den künftigen Herausforderungen gewachsen? In *ew – Magazin für die Energiewirtschaft*. Berlin: EW Medien und Kongresse, Nr. 9, 2018, S. 30–35.

Maximini, M., Prause, U., Schulze, S., Slupinski, A., Jordan, U., Löhken, C., & Rekowski, C. (2018b). Sind die Niederspannungsnetze den künftigen Herausforderungen gewachsen? In *ew – Magazin für die Energiewirtschaft* (S. 24–29). Berlin: EW Medien und Kongresse, ew Spezial III.

Uhlig, R. (2017). *Nutzung der Ladeflexibilität zur optimalen Systemintegration von Elektrofahrzeugen*. Wuppertal: Bergische Universität Wuppertal.

Umweltbundesamt. (2018). *Treibhausgas-Emissionen in Deutschland* (30. Jul. 2018). Dessau-Roßlau: Umweltbundesamt. https://www.umweltbundesamt.de/daten/klima/treibhausgas-emissionen-in-deutschland#textpart-1. Zugegriffen am 15.03.2019.

Zdrallek, M., Harnisch, S., Steffens, P., Thies, H., Böse, C., Monscheidt, J., Gemsjäger, B., & Münch, L. (2016). Planungs- und Betriebsgrundsätze für ländliche Verteilungsnetze – Leitfaden zur Ausrichtung der Netze an ihren zukünftigen Anforderungen. Neue Energie aus Wuppertal, Bd. 8.

Ben Gemsjäger arbeitet als Senior Power System Consultant für Siemens PTI, ist Experte für techno-ökonomische Untersuchungen des Energiesystems und berät Energieversorgungsunternehmen, Netzbetreiber und Industriekunden bei der Umsetzung und Innovation ihrer Aufgaben und Geschäftsmodelle. Er hat den M.Eng. an der Universität Flensburg erlangt und Teile seines Studiums am Fraunhofer ISE in Freiburg verbracht. Als Teil seiner Rolle bei der Siemens AG ist er der stellvertretende Leiter der Verteilungsnetzplanung der Siemens PTI und verantwortlich für das Portfolioelement der Wirtschaftlichkeitsanalysen. Außerdem ist er Mitglied des deutschen CIRED Komitees sowie der Session 6 Advisory Group der CIRED. Als Global Key Expert der Siemens AG hat er ein umfangreiches Wissen in den technischen, wirtschaftlichen und regulativen Fragestellungen entlang der Wertschöpfungskette der Energieversorgung erlangt und veröffentlicht regelmäßig auf nationalen, sowie internationalen Konferenzen.

Julian Monscheidt ist als Power System Consultant bei der Netzplanungsabteilung Siemens PTI im Bereich der Verteil- und Industrienetzplanung tätig. Er hat Elektrotechnik (B.Eng) und Energiemanagement (M.Sc.) studiert und berät Stadtwerke, Netzbetreiber und Industriebetriebe in Planungs- und Betriebsfragen der Energieversorgung.

Kundenerwartungen an die Produkte und Dienstleistungen der Energiewirtschaft in der E-Mobilität

51

Axel Sprenger

Mit Kunden reden, statt über sie

Zusammenfassung

Der Markt für Fahrstrom ist groß und bietet Energieanbietern und Dienstleistern enorme Chancen. Die Herausforderung für die Energieversorgungsunternehmen ist es, Kunden für das eigene Ökosystem zu gewinnen und dort zu halten. Um schnell die richtigen Angebote zu entwickeln, müssen die Anbieter die Bedarfe und Pain Points der Kunden kennen und verstehen. Der Beitrag stellt die Ergebnisse einer Befragung von 1.000 E-Fahrzeugfahrerinnen und -fahrern zu allen Touchpoints im Ökosystem der E-Mobilität vor und zeigt Stellhebel für Stromanbieter, Hardwarehersteller, Ladesäulenbetreiber und Service-Anbieter. Von der rechtzeitigen und erfolgreichen Bewältigung wird auch die Verbreitung der E-Mobilität entscheidend abhängen.

51.1 Fahrstrom als Megamarkt

„2018 ist die Stimmung gekippt und die E-Mobilität hat die Schlacht zu ihren Gunsten entschieden." Vielleicht werden wir diesen Satz in einigen Jahren in den Geschichtsbüchern zur deutschen Industriepolitik lesen können.

A. Sprenger (✉)
UScale GmbH, Stuttgart, Deutschland

Anfang 2018 sah die Situation noch vollkommen anders aus, als eine Umfrage unter Topmanagern große Aufmerksamkeit in den Medien erfuhr.[1]

> Eine Umfrage der Unternehmensberatung KPMG sät nun jedoch Zweifel, dass alle Industrievertreter an das glauben, was sie öffentlich proklamieren. Immerhin 54 Prozent der 907 befragten Manager sind demnach der Meinung, dass batterieelektrische Fahrzeuge „scheitern" werden. […] Am größten ist die Skepsis ausgerechnet bei Firmenchefs und Aufsichtsratsvorsitzenden ausgeprägt. Satte 72 Prozent der weltweit befragten 229 Auto-Bosse sagen das Aus für Batteriefahrzeuge voraus.[2]

Derweil arbeiten viele Länder an Gesetzen, die die Zulassung von Pkw mit Verbrennerantrieb ab 2030 bzw. 2040 komplett verbieten.[3] Im Dezember 2018 beschließt die EU eine drastische Reduzierung der CO_2-Grenzwerte auf 37,5 % bis 2030 im Vergleich zu 2021.[4] Im gleichen Monat verkündet VW das Ende des Verbrennungsmotors:[5] „Im Jahr 2026 beginnt der letzte Produktstart auf einer Verbrennerplattform",[6] verkündete VW-Chefstratege Michael Jost auf dem Handelsblatt Autogipfel 2018.

Die generellen Zweifel an der E-Mobilität sind damit innerhalb kurzer Zeit zur Nischenposition geworden.

Damit stehen die Chancen für die Energiewirtschaft gut: eMobility ist ein großes, komplett neues Marktsegment, das den Kuchen für alle in der Branche deutlich vergrößert. Inzwischen sind mehr als 80 % der Energieversorgungsunternehmen (EVU) bereits im Markt aktiv oder planen den Einstieg.[7]

Langfristig haben die EVU das Potenzial, sich einen großen Teil des Umsatzes der Mineralölwirtschaft einzuverleiben. Zur Größenordnung:

• Im Kalenderjahr 2017 lagen die Erlöse der EVU für den Absatz von Strom über alle Abnehmergruppen bei etwa 72 Mrd. EUR.[8]
• Nach Angaben des Mineralölwirtschaftsverbands e. V. verbrauchten die 46,5 Mio. Pkw in Deutschland (1. Januar 2018) im gleichen Zeitraum 52,2 Mio. t Kraftstoff (19,9 Mio. t Otto-Kraftstoff, 32,3 Mio. t Diesel).[9] Bei einem durchschnittlichen Preis von 1,45 EUR je Liter Otto-Kraftstoff im Jahr 2018[10] und 1,28 EUR je Liter Diesel-Kraftstoff[11] ergibt sich ein Gesamtumsatz in Höhe von etwa 70 Mrd. EUR für Kraftstoffe für den Straßenverkehr.

---

[1] Vgl. KPMG (2018).
[2] Sorge (2018).
[3] Vgl. Viehmann (2018).
[4] Vgl. Welt (2018).
[5] Vgl. Olk (2018).
[6] Vgl. dpa (2018).
[7] Vgl. Otto et al. (2018, S. 8).
[8] Vgl. Statistisches Bundesamt (2019).
[9] Vgl. Mineralölwirtschaftsverband (2018).
[10] Vgl. Statista (2019a).
[11] Vgl. Statista (2019b).

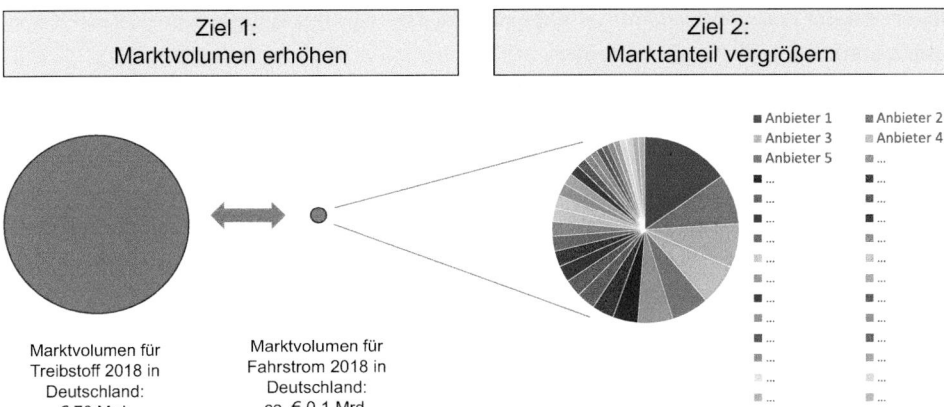

Abb. 51.1 Ziele der Kundenorientierung seitens der Fahrstromanbieter (Abschätzung basierend auf: 90.000 E-Fahrzeuge in Deutschland, 19.000 km Laufleistung pro Jahr und Fahrzeug, Verbrauch 16 kWh pro 100 km, Strompreis 0,28 EUR/kWh. Dazu eine etwa ähnlich hohe Anzahl von Hybridfahrzeugen, von denen angenommen wird, dass sie bei gleicher Laufleistung wie E-Fahrzeuge zu 50 % elektrisch fahren.)

Würde man die unterschiedlichen Wirkungsgrade für Verbrenner und E-Motoren sowie die verschiedenen Steuersätze für Strom und Kraftstoff vernachlässigen, ergäbe sich ein Marktpotenzial, das einer Verdoppelung des heutigen Gesamtumsatzes der EVU für Strom entspricht.

Dem großen Potenzial stehen eine Reihe von technischen und kulturellen Herausforderungen gegenüber und nicht jedes EVU wird vom steigenden Marktvolumen automatisch profitieren. Für die Anbieter wird es entscheidend sein, die Erwartungen der Kunden an die Ladestromangebote schnell zu verstehen.

Für die Kundenorientierung der EVU ergeben sich damit zwei Ziele (Abb. 51.1):

1. Ziel der gesamten Branche ist schnelles Wachstum des Gesamtmarkts für *Fahrstrom*. Stellhebel: *Hygienefaktoren* der *Kundenzufriedenheit* als Voraussetzung für weiteres Wachstum der *E-Mobilität* sicherstellen.
2. Ziel jedes einzelnen EVU ist überproportionales *Marktwachstum* und *Kundenbindung*. Stellhebel: Leistungsfaktoren der Kundenzufriedenheit erfüllen und kundenorientierte Angebote entwickeln.

51.2 Ziel 1: Kundenorientierung für schnelleres Marktwachstum

Stand heute gibt es ungezählte Befragungen von Verbrennerfahrern zu ihrem Interesse an E-Autos, den größten Kaufbarrieren und möglichen Kaufanreizen.[12] Die Ergebnisse sind immer die gleichen: Die Reichweite aktueller *E-Fahrzeuge* ist zu gering, E-Autos sind zu

---

[12]Vgl. Randak (2018); vgl. n-tv (2018).

teuer und die *Ladeinfrastruktur* ist ungenügend. Das ist alles richtig, vernachlässigt aber einen großen Teil der akuten Themen.

Das Durchschnittsalter des zugelassenen Pkw in Deutschland lag am 01. Januar 2018 bei etwa 9,4 Jahren.[13] Aufgrund der langen Nutzungsdauer von Autos wird der Diffusionsprozess der E-Mobilität, d. h. die flächendeckende Einführung von E -Autos also eine Zeitspanne von 30 Jahren und mehr erfordern.

Die Kunden, die in 15 Jahren in einem dann voraussichtlich reifen Markt ein E-Fahrzeug kaufen, werden andere sein, als die, die heute bereits ein E-Fahrzeug fahren oder in den kommenden zwei bis drei Jahren eines kaufen werden. Die Kaufmotivatoren der Kunden von morgen sind also andere, als die der Kunden, die in 15 Jahren ein E-Auto kaufen werden.

Das bedeutet, dass Marketingexperten für E-Fahrzeuge und zugehörige Dienstleistungen, Entwickler und Qualitätsmanager diese Unterschiede berücksichtigen und sich heute auf andere Themen fokussieren müssen als in 15 Jahren.

Diffusion von Innovationen

Das grundlegende Modell zur Marktdiffusion von *Innovationen* stammt von Rogers.[14] Sein Diffusionsmodell teilt die Kunden in Innovatoren, Early Adoptors, Early Majority, Late Majority und Laggards (Nachzügler) ein, die ein neues Produkt der Reihe nach annehmen und nutzen (Abb. 51.2).

Nach Moore[15] rechnet man 2,5 % der *Kunden* zur Gruppe der *Innovatoren*, die nächsten 13,5 % gehören zur Gruppe der *Early Adopter*. Bei einem aktuellen Marktanteil von E-Fahrzeugen an den Zulassungen in Höhe von gut 2 % befindet sich der Markt der E-Mobilität also gerade im Übergang von den Innovatoren zu den Early Adopters.

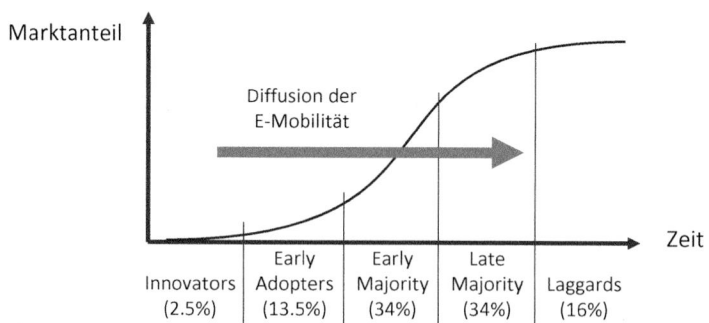

Abb. 51.2 Marktdiffusion von innovativen Produkten

---

[13]Vgl. Kraftfahrt-Bundesamt (2018).
[14]Vgl. Rogers (2003).
[15]Vgl. Moore (2014).

Moore zeigt an vielen Beispielen, dass jede Gruppe jeweils als Testimonial für das nächste Segment dient. Erst wenn also die Innovatoren überzeugt sind, greift die Gruppe der Early Adopters deren Votum auf und übernimmt ein innovatives Produkt. Wenn die Erfahrungen der Early Adopters positiv sind, wird der Markt im nächsten Schritt für die Gruppe der *Early Majority* interessant.

Jede Gruppe setzt bestimmte Aspekte bei der Übernahme von innovativen Produkten voraus und nimmt bestimmte Nachteile in Kauf. Innovatoren wissen z. B., dass der Mehrwert von neuen Produkten in der frühen Phase noch begrenzt ist, Early Adopters wissen und akzeptieren, dass die Funktionalität innovativer Produkte noch nicht ausgereift ist. Die Early Majority dagegen hat höhere Ansprüche und erwartet neben überzeugender Funktionalität auch hohe Zuverlässigkeit. Für die *Late Majority* müssen ausgereifte Produkte und Dienstleistungen auch preislich attraktiv sein. Den Nachzüglern ist das egal; sie werden erst umsteigen, wenn Verbrenner nicht mehr zugelassen werden dürfen.

Befragungen zur E-Mobilität: Das große Missverständnis

Eine pauschale Befragung von Nicht-E-Fahrzeugfahrerinnen und -fahrern[16] nach Kaufprohibitoren und die Schlussfolgerung, dass an diesen Themen prioritär zu arbeiten sei, ist demnach nicht zielführend. Zweifellos muss an der Reichweite von E-Fahrzeugen gearbeitet und die Infrastruktur verbessert werden, aber die Early Majority wird heute kein E-Fahrzeug kaufen, egal wie hoch die Reichweite und wie dicht die Infrastruktur ist.

Damit der Markt der E-Mobilität möglichst schnell wächst und Marktanteile von den Verbrennern gewinnt, müssen die *Pain Points* der Innovatoren verstanden und deren Probleme gelöst werden. Die Innovatoren werden mit ihren Erfahrungen schließlich zu den Influencern für die Early Adopters. Die Anbieter sind also gefordert, den Early Adoptors zu beweisen, dass Technik und Infrastruktur verlässlich funktionieren und sie beruhigt umsteigen können. Die Ergebnisse der hier vorgestellten Studie zeigen, dass diese Voraussetzungen heute nicht gegeben sind.

Um hierfür die richtigen Stellhebel zu identifizieren und zu priorisieren, müssen bei Kundenbefragungen zur E-Mobilität folgende Kundengruppen im Fokus stehen:

1. Befragungen von *Innovatoren* fragen nach deren Erfahrungen und Pain Points entlang der gesamten *Customer Journey* der E-Mobilität.
2. Befragungen von *Early Adopters* decken Kaufhemmnisse und mögliche Anreize auf.

---

[16] Aus Gründen der Lesbarkeit wird im nachfolgenden Text die männliche Form gewählt, nichtsdestoweniger beziehen sich die Angaben auf Angehörige beider Geschlechter.

51.3   Ziel 2: Kundenorientierung zur Vergrößerung des Marktanteils

Im zweiten Schritt geht es für jeden Anbieter darum, Marktanteile zu gewinnen. Anbieter müssen sich differenzieren, zeigen, dass ihre Leistungen besser sind als die der Wettbewerber. Hier ist jeder einzelne Anbieter gefordert, die besten Angebote zu entwickeln.

Der Verkauf von Energie über Ladesäulen erfordert hohe Investitionen bei geringer Profitabilität.[17] Voraussichtlich werden deshalb nur wenige branchenfremde Wettbewerber den EVU im Bereich der Stromerzeugung selbst Konkurrenz machen. Wirtschaftlich interessant sind dagegen Dienste, die sich aus dem Kontakt zum Kunden an der *Ladesäule* ergeben: „Der Zugang zum Letztverbraucher und besonders zu dessen Daten entscheidet über den Erfolg eines Geschäftsmodells. Schließlich gelten Daten als Treibstoff der Digitalisierung schlechthin".[18]

An der Ladesäule, dem Kontaktpunkt zum Kunden, geraten die EVU in erheblichen Wettbewerb mit den anderen Stakeholdern im System:

- Autohersteller
- Service-Provider
- Infrastrukturbetreiber
- Technologieunternehmen

Bereits heute haben die Kunden eine große Auswahl an Anbietern und Dienstleistern, über die sie Ladestrom beziehen können. Viele davon bieten ihren Strom nur lokal an, sind über Roaming-Plattformen aber oft überregional angebunden. Der Wechsel von einem Anbieter zum anderen ist nur eine App auf dem Smartphone entfernt. Damit wird Kundenbindung zum ausschlaggebenden Faktor für die Monetarisierung dieses Kontaktpunkts.

51.4   Was sind die Pain Points der E-Fahrzeugfahrer?

Im Internet werden von den großen Unternehmen und Unternehmensberatungen viele Studien zur E-Mobilität und White Paper angeboten. Die meisten fokussieren auf technologische Herausforderungen, wie die Netzstabilität, oder Marktaspekte, wie die Versorgung von Rohstoffen. Befragungen zu den Erfahrungen von E-Fahrzeugfahrern sind die Ausnahme. Wenn es sie gibt, dann beschäftigen sie sich nur mit einzelnen Aspekten oder befragen die falsche Zielgruppe.

UScale hat deshalb eine Studie durchgeführt, die die Wahrnehmung von aktuellen E-Fahrzeugfahrern zum gesamten Ökosystem der E-Mobilität erfasst. Hierzu wurden 1.000 E-Fahrzeugfahrer aus Deutschland, Österreich und der deutschsprachigen Schweiz online nach ihren Erfahrungen mit sämtlichen *Touchpoints* entlang der *Customer Journey* befragt.

---

[17]Vgl. Otto et al. (2018).
[18]Doleski (2017, S. 5).

Die Ergebnisse sind z. T. überraschend, weil sie vielen gängigen Klischees widersprechen. Bei genauerer Betrachtung ergibt sich aber ein schlüssiges Bild vom Zielkunden und den wichtigsten Stellhebeln für die Branche.

51.4.1 Die Kunden

Die befragten E-Fahrzeugfahrer sind im Durchschnitt 46 Jahre alt. Das ist in etwa das Durchschnittsalter von Neuwagenkäufern von Verbrennerfahrzeugen (45 Jahre). Die durchschnittliche Jahresfahrleitung der Befragten von 19.000 km liegt deutlich über dem Durchschnitt von Verbrennerfahrzeugen (14.580 km). Das Merkmal mit dem größten Unterschied zum Verbrennermarkt ist jedoch das Geschlecht: Nur 6 % der befragten E-Fahrzeugfahrer sind weiblich, während unter Neuwagenkäufern von Verbrennern 34 % Frauen sind.[19]

Interessant sind die genannten Kaufmotive:

Je etwa 80 % der Befragten nennen den Fahrspaß und Komfort, ökologische Gründe und das Innovative an *E-Fahrzeugen* als wichtigste Kaufgründe (Abb. 51.3). Geringe Betriebskosten auf Platz 4 nennen immerhin knapp 70 % der Befragten. Die staatliche Förderung dagegen spielt eine untergeordnete Rolle: Nur 14 % der Befragten nennen sie als Kaufgrund, wobei zu beachten ist, dass 20 % der Befragten ihr Fahrzeug gekauft haben, bevor die Kaufprämie eingeführt wurde.

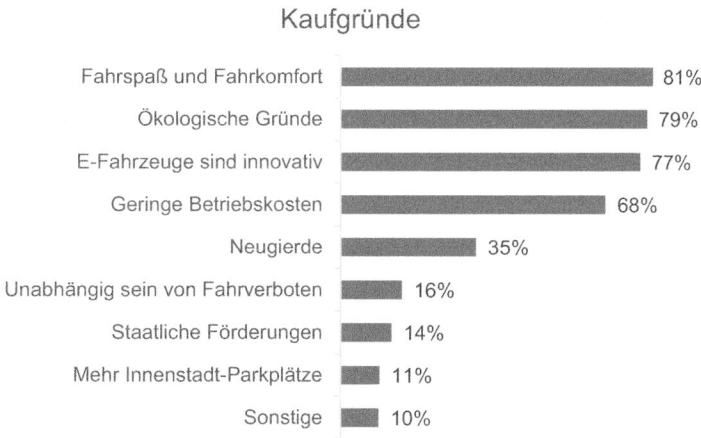

Abb. 51.3 Kaufgründe aktueller E-Fahrzeugfahrer

[19]Vgl. DAT (2019).

51.4.2 Fahren

E-Fahrzeugfahrer lieben elektrisches Fahren. Auf die offene Frage, was ihnen nach dem Umstieg auf ein E-Fahrzeug besonders gut gefiel, bezogen sich fast zwei Drittel der Befragten auf das Auto selbst (Abb. 51.4). Bemerkenswert ist dabei, dass E-Fahrzeuge die Stärken von Fahrzeugen mit bisher sehr unterschiedlichen Profilen und Markenausprägungen vereinen.

Sport vs. Komfort

Viele Marken positionieren sich und ihre Produkte heute auf einer Achse zwischen sportlich und ausgewogen-komfortabel. Andere suchen den Kompromiss oder bemühen sich darum, die Vorteile beider Auslegungen zu kombinieren. Hierzu entwickeln Erstausrüster adaptive bzw. einstellbare Fahrwerkssysteme, die dem Kunden beides bieten sollen.

E-Fahrzeuge kombinieren beides auf bisher unbekannte Weise. Die Befragten äußern sich begeistert über den Komfort, den der leise Antrieb bietet. Neben den ausbleibenden Fahrgeräuschen verschwindet mit dem Verbrennungsmotor auch eine wichtige Quelle von Vibrationen und Schwingungen, die bei Verbrennerfahrzeugen besonders im niedrigen und mittleren Geschwindigkeitsbereich deutlich spürbar ist.

Gleichzeitig verfügen E-Fahrzeuge mit ihrem hohen Drehmoment ab dem Start über eine beeindruckende Längsdynamik und werden von vielen Kunden als sehr sportlich wahrgenommen.

Die technisch einfach realisierbare Kombination von Sport- und Komforteigenschaften in einem Fahrzeug wird so für viele Hersteller zur Herausforderung bei der Markenpositionierung.

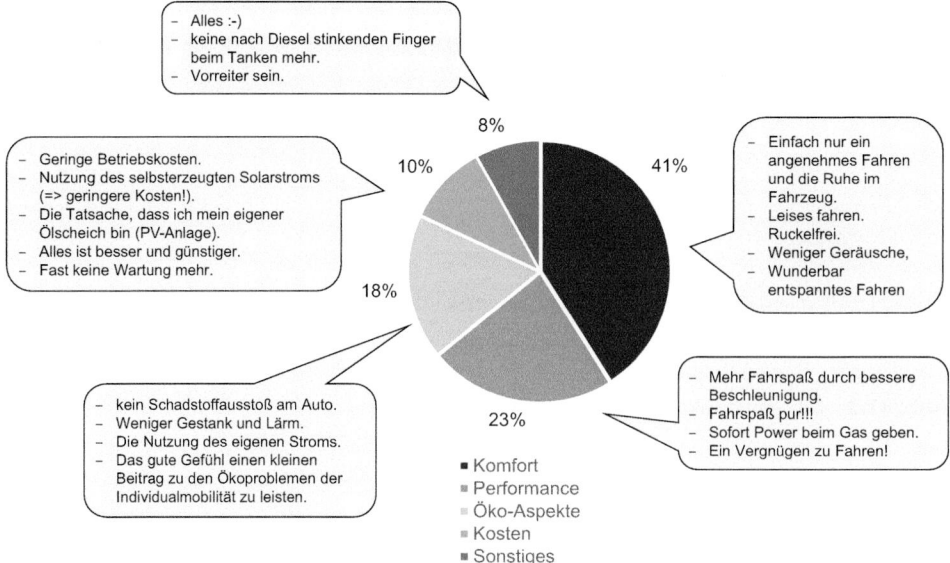

Abb. 51.4 Was E-Fahrzeugfahrern nach dem Umstieg auf ein E-Fahrzeug besonders gut gefällt

Premium vs. Non-Premium

Die Begeisterung der Kunden zum Thema Komfort ist bei Verbrennerfahrzeugen meist dem Premiumsegment vorbehalten, da Vibrationen und akustische Störfaktoren mit hohem technischen Aufwand unterbunden, getilgt oder gedämpft werden müssen. Auch der sportliche Antritt ist wegen der höheren erforderlichen Motorleistung oft höherpreisigen Fahrzeugen vorbehalten.

In der Welt der E-Fahrzeuge erreichen nun auch Non-Premium-E-Fahrzeuge durch den Elektroantrieb Komfort- und Sportlichkeitswerte, die bisher dem Premiumsegment vorbehalten waren. Das stellt Fahrzeuganbieter aus dem Premiumsegment vor die Aufgabe, ihr Preispremium neu zu begründen. Im Non-Premium-Segment wird der Wettbewerbs- und Preisdruck durch die Leistungsmerkmale des neuen Antriebs steigen.

51.4.3 Laden

Ladeorte

Eine heute in der Branche gängige Annahme geht davon aus, dass 85 % der Ladevorgänge zu Hause oder beim Arbeitgeber stattfinden. Nur 15 % der Kunden laden angeblich an öffentlichen *Ladesäulen* unterwegs oder am Zielort.

Diese Zahlen müssen mit der vorliegenden Studie grundlegend revidiert werden: Auch wenn 84 % der E-Fahrzeugfahrer oft oder manchmal zu Hause lädt, laden diese 84 % ganz überwiegend auch an öffentlichen Ladesäulen (Abb. 51.5).

Die öffentliche Ladeinfrastruktur ist also unabhängig von der Möglichkeit, zu Hause zu laden, von sehr großer Bedeutung für die E-Mobilität.

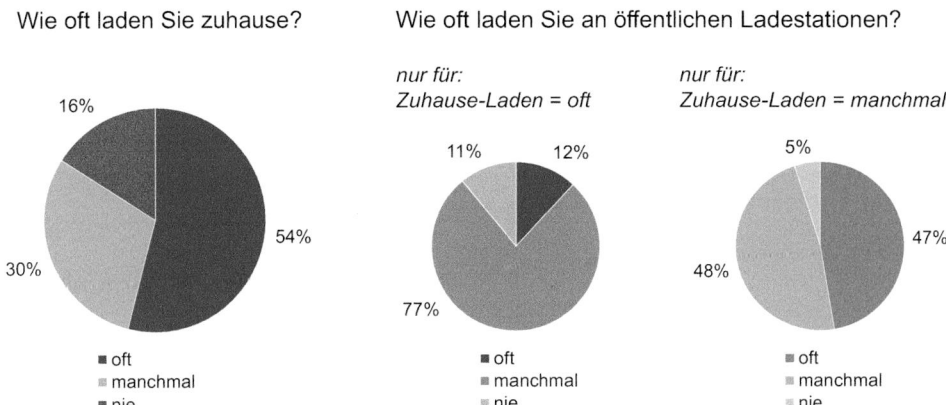

Abb. 51.5 Etwa 90 % der E-Fahrzeugfahrer, die oft oder manchmal zu Hause laden, laden auch oft oder manchmal an öffentlichen Ladesäulen

Defekte Ladesäulen

E-Fahrzeugfahrer wissen, dass sie öfter laden und längere Fahrten gegebenenfalls planen müssen. Auf die erheblichen Probleme beim Laden an vorhandenen Ladesäulen sind aber anscheinend auch die Innovatoren nicht vorbereitet. Geringe Reichweiten sind planbar, Probleme an der Ladesäule nicht. Die Verärgerung ist entsprechend groß.

Auf die offene Frage, was ihnen beim Umstieg auf ein E-Fahrzeug am wenigsten gefiel und woran sie sich am stärksten gewöhnen mussten, beklagen die Befragten an erster Stelle die unzuverlässige *Infrastruktur*. Erst an knapp zweiter Stelle wurde die Reichweite genannt, von vielen jedoch mit dem Zusatz: „[…] ist aber Gewöhnungssache".

Die meisten Lade-Apps zeigen defekte Ladesäulen an, aber nicht in der erwarteten Zuverlässigkeit. Besonders in infrastrukturschwachen Regionen hat eine unerwartet und über längere Zeit defekte Ladesäule erhebliche Konsequenzen für E-Fahrzeugfahrer.

Die schlechte Planbarkeit schlägt sich auch im Ladeverhalten nieder: Gut zwei Drittel der Befragten laden ihr Fahrzeug, wenn der Batteriefüllstand zwischen 10 und 30 % liegt. Das restliche Drittel lädt das Fahrzeug sogar, wenn der Füllstand der Batterie noch 30–50 % der Energie hat (Abb. 51.6).

Belegte Parkplätze

Ein besonderes Ärgernis sind Ladesäulenparkplätze, die von nicht ladenden E-Fahrzeugen oder Verbrennerfahrzeugen belegt sind. Lade-Apps zeigen an, an welcher Ladesäule in der Umgebung ein Fahrzeug angeschlossen und geladen wird. Ob der Parkplatz vor der Ladesäule belegt ist, kann eine Lade-App nicht anzeigen.

Von Verbrennern belegte Ladeplätze haben im Ergebnis die gleiche Folge wie eine unerwartet defekte Ladesäule.

Navigation zur Ladesäule

Nur ein Sechstel der Befragten nutzt die in ihren Fahrzeugen verbauten Navigationssysteme, um eine Ladesäule zu finden. Zwei Drittel nutzen Lade-Apps, ein weiteres Sechstel lädt nur zu Hause oder kennt die Ladesäulen in seinem Umkreis und benötigt keine Hilfe bei der Suche (Abb. 51.7).

Abb. 51.6 Ladezustand der Batterie, wenn der Nutzer eine Ladestation anfährt

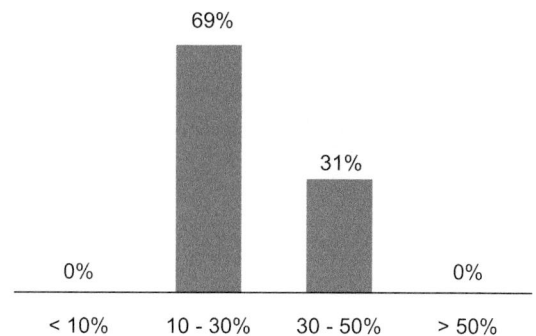

Abb. 51.7 Suche nach
öffentlichen Ladestationen

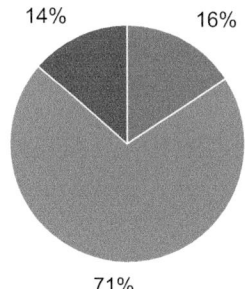

14% 16%

71%

- Über mein Navi im Auto
- Über eine App mit Ladestationen
- Auf sonstigem Weg

Den Lade-Apps der Service-Provider kommt also eine sehr große Rolle zu, wenn es um die Gestaltung des Touchpoints zum Nutzer geht.

Probleme bei der Autorisierung

Viele Befragte beklagen erhebliche Probleme bei der Autorisierung ihrer Ladekarten mit dem hinterlegten Zahlungsmittel, einer Voraussetzung zum Laden. Kunden können nicht beurteilen, ob ein technischer Defekt der Ladesäule vorliegt oder das Problem aufseiten des App- bzw. Kartenanbieters liegt. Wegen der daraus resultierenden Unsicherheit haben die Befragten im Schnitt sechs Lade-Apps bzw. Karten und RFID-Chips, von denen sie drei bis vier aktiv nutzen.

Abbrüche des Ladevorgangs

Neben defekten Ladesäulen klagen Nutzer über Abbrüche von Ladevorgängen. Für Kunden ist das in zweierlei Hinsicht äußerst ärgerlich:

Egal, ob zu Hause über Nacht geladen wird oder während des Einkaufs: Kunden planen ihre Ladevorgänge und müssen sich darauf verlassen können, dass das Auto bei Fahrtantritt geladen ist wie geplant. Unentdeckte Abbrüche werden damit zum Worst Case.

Ein Problem bei Verbindungsabbrüchen entsteht bei Tarifsystemen,[20] in denen der Kunde pro gestartetem Ladevorgang zahlt. Kunden berichten, dass mit jedem Verbindungsabbruch und Wiederherstellung der Verbindung systemseitig offenbar ein neuer Ladevorgang ausgelöst wird. Damit kommt auf einen Ladevorgang im schlimmsten Fall eine mehrfache Berechnung des kompletten Ladevorgangs.

Bedienprobleme an der Ladesäule

Die Bedienmöglichkeiten an der Ladesäule begrenzen sich meist auf den Start des Autorisierungsprozesses und des Handlings von Stecker und Buchse an der Ladesäule. Der

---

[20]Vgl. DAT (2019).

größte Teil der Bedienung erfolgt i. d. R. über eine App. Gibt es Probleme mit der Internetverbindung, ist eine Bedienung und damit das Laden oft nicht möglich.

Deshalb nutzen 24 % der Befragten Möglichkeiten zum Ad-hoc-Laden und Bezahlen mit EC- oder Kreditkarte. Beim Ad-hoc-Laden muss die gesamte Bedienung über die *Displays* an der Ladesäule erfolgen. In diesem Zusammenhang klagen die Befragten über schlecht ablesbare Displays. Ursachen sind verkratzte, schlecht hinterleuchtete oder durch Sonnenreflexionen schlecht ablesbare Displays.

Auffinden und Sauberkeit der Ladesäule

Vereinzelt klagen die Nutzer über Probleme beim konkreten Finden von Ladesäulen. Lade-Apps zeigen den Standort nur ungefähr, sodass Nutzer wegen der fehlenden Beschilderung in einem bestimmten Umkreis selbst suchen müssen oder Ladesäulen befinden sich auf einem beschrankten Parkplatz, der der Öffentlichkeit nicht 24 Stunden zur Verfügung steht.

Die Beleuchtung und Sauberkeit rund um den Ort der Ladesäule wird bisher nur selten beanstandet.

Begrenzte Parkzeiten

Gerade in begehrten Parklagen werden Parkzeiten durch Parkraumbewirtschafter begrenzt. Die Befragten beklagen, dass in bestimmten Fällen durch das Lastmanagement an der Säule oder aus anderen Gründen nur so wenig Ladeleistung zur Verfügung gestellt, dass ein vollständiges Laden während der maximalen Parkzeit nicht möglich ist.

51.4.4 Bezahlen

Das größte Problem der Elektromobilität aus Sicht der heutigen E-Fahrzeugfahrer ist das Bezahlen an öffentlichen Ladesäulen.

Bezahloptionen

Die meisten Ladesäulen bieten heute verschiedene Möglichkeiten zur Autorisierung und Abrechnung. Üblich ist eine Autorisierung über eine App oder eine Ladekarte bzw. den RFID-Chip des Service-Providers. Dies wird von den Befragten als kompliziert und unflexibel wahrgenommen. Fast die Hälfte der Befragten ist mit den Bezahloptionen unzufrieden oder sehr unzufrieden (Abb. 51.8). Die Kunden wünschen sich an mehr Ladesäulen Ad-hoc-Bezahlmöglichkeiten über Kreditkarte oder Paypal.

Tarifsystem

Viele der Befragten können die unterschiedlichen Preismodelle an den öffentlichen Ladesäulen nicht nachvollziehen und kommentieren die Situation mit deutlichen Worten (Abb. 51.9). Als Referenz werden die an Tankstellen üblichen *Mengentarife* (Euro pro Liter Kraftstoff) genannt. Auch aus dem Hausstrombereich sind Energiemengentarife

Abb. 51.8 Kommentare zu den Bezahloptionen

Abb. 51.9 Kommentare zu den unterschiedlichen Tarifsystemen

bekannt: Kunden sind es gewohnt, in Euro pro Kilowattstunde zu denken und zu kalkulie-
ren. *Zeittarife*, Start- und kombinierte Zeit-Strom-Tarife werden dagegen als kompliziert
und intransparent empfunden. Die Berechnung der Kosten für einmal Vollladen ist bei
diesen Tarifen für viele Kunden nicht möglich. Mit der flächendeckenden Umsetzung des
Eichrechts wird sich die Situation verbessern.

Preistransparenz
Ein zweites Problem aus Kundensicht ist, dass die Preise nicht an der Ladesäule angezeigt
werden. Auch hier vergleichen Kunden ihre Erfahrungen beim Laden mit ihren mentalen
Modellen von der Tankstelle, bei der der Kraftstoffpreis über Preistafeln großflächig und
weithin sichtbar angezeigt wird.

Im Vergleich zu Kraftstoff schwanken die Preise für Ladestrom je nach Anbieter erheblich. So kann der Preis für eine Ladung zwischen 0 EUR und über 50 EUR schwanken.
Das führt bei Kunden zu Verunsicherung und mitunter massiver Verärgerung.

In der vorliegenden Befragung gibt es nur wenige Beanstandungen dazu, dass an einer
Ladesäule in Abhängigkeit vom Anbieter verschiedene Preise für den gleichen Strom berechnet werden. Vereinzelt gibt es Nennungen, dass es keine Möglichkeit gibt, den günstigsten Anbieter für eine Ladesäule zu finden.

Kunden akzeptieren Preisunterschiede. Verärgerung stellt sich jedoch bei Intransparenz
und dem Eindruck von Wucherpreisen ein (Abb. 51.10).

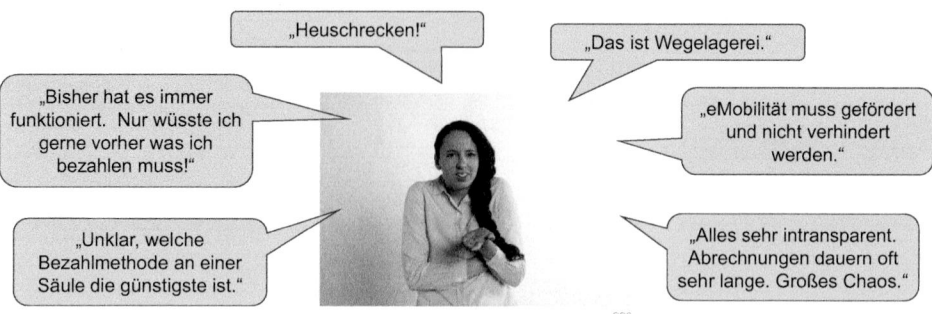

Abb. 51.10 Kommentare zur Preistransparenz

Sonstiges
Vereinzelt beklagen die Befragten eine späte Rechnungsstellung. Bei häufigen Ladevorgängen verlieren Ladekunden so den Überblick über die angefallenen Kosten. Zusammen mit teilweise unerwartet hohen Kosten für einzelne Ladevorgänge führt das zu Verärgerung.

51.5 Stellhebel

In der frühen Marktphase, in der die Elektromobilität sich befindet, ergeben sich sehr unterschiedliche Prioritäten bei der Lösung der gezeigten Probleme. Alle Marktteilnehmer haben ein Interesse am weiterhin stetigen Wachstum des Gesamtmarkts. Probleme, die das Marktwachstum hemmen, müssen also mit höchster Priorität angegangen werden. Hierzu gehören harte *Qualitätsprobleme*, die Verfügbarkeit der Infrastruktur und *Preistransparenz*.

Sind die Basisfaktoren sichergestellt, ist Raum für Maßnahmen zur gezielten Ansprache einzelner Kundengruppen mit segmentspezifischen Angeboten und Maßnahmen zur Erhöhung der Kundenzufriedenheit.

51.5.1 Ziel 1: Stellhebel für mehr Marktwachstum

Die gezeigten Probleme machen deutlich, dass viele Hygienefaktoren nicht erfüllt werden. Erst wenn diese Probleme gelöst sind, können zusätzliche Kundengruppen für die E-Mobilität gewonnen werden.

Hygienefaktoren
E-Fahrzeugfahrer kennen die Einschränkungen aus geringen Reichweiten und dünner Infrastruktur und haben ihr Fahr- und Ladeverhalten angepasst. Bei dünner *Ladeinfrastruktur* ist das zuverlässige Funktionieren der vorhandenen Ladepunkte von großer Bedeutung.

Besonders ärgerlich ist also, wenn die Infrastruktur in ohnehin dünn versorgten Gebieten nicht und teilweise sogar über längere Zeit nicht funktioniert. Das erzeugt höchste Unsicherheit und große Verärgerung. Defekte Ladesäulen sind schlimmer als keine Ladesäulen.

Kunden können nicht beurteilen, ob ein Ladeproblem vom *Charge Point Operator (CPO)*, vom *Mobility Service Provider (MSP)*, vom Netz (Internet), dem Zahlungsmittel, ihrem Fahrzeug, dem Kabelsystem oder einem Bedienfehler verursacht wurde. Im schlimmsten Fall macht der Kunde alle Stakeholder verantwortlich oder den, mit dem er als erstes in Kontakt kommt. Das Problem betrifft also alle, egal wer es verursacht hat. Alle Stakeholder müssen deshalb zusammenarbeiten, um die Probleme zu lösen.

Während Innovatoren bereit sind, auch mit Qualitätsproblemen zu leben, wird die Gewinnung der Early Adopters als nächstem Kundensegment bei nicht erfüllten Basisfaktoren schwierig. Die Gruppe der Early Majority wird nicht auf E-Fahrzeug umsteigen, solange die genannten Probleme nicht signifikant reduziert werden.

Die Lösung klassischer Qualitätsthemen ist kein Instrument zur Kundenbindung. Eine fehlerfreie Dienstleistung ist ein Hygienefaktor. Wird er nicht erfüllt, fehlt die wichtigste Voraussetzung, um überhaupt an *Kundenbindung* zu denken.

Die Energiewirtschaft wird mit ihren Angeboten einen wesentlichen Beitrag dazu leisten können und wohl auch müssen, wie schnell sich die E-Mobilität durchsetzen wird.

51.5.2 Ziel 2: Stellhebel zur Kundenbindung

Kundenbindung setzt voraus, dass die Basisanforderungen erfüllt werden. Die oben gezeigten Stellhebel für Marktwachstum sind also Priorität 1. Bei der Vermarktung von *Fahrstrom* innerhalb jedes gewonnenen Segments geht es dann in den Wettbewerb zwischen den Anbietern.

Preistransparenz
Kein Kunde freut sich über hohe *Preise*. Eine Voraussetzung dafür, dass Kunden höhere Preise akzeptieren, ist, dass sie sie vorher kennen. Wichtiger als der niedrige Preis ist also zunächst der transparente Preis.

Kunden wünschen sich die von der Tankstelle bekannte Preistafel, die den Preis pro Energieeinheit gut weithin sichtbar anzeigt. Die meisten Konzepte der Ladesäulenhersteller sehen jedoch auch mittelfristig keine Anzeige vor, was die Umsetzung dieses Kundenwunschs schwierig macht. Dazu kommt, dass der Preis an den meisten Ladesäulen vom Provider abhängt, der Kunde an einer Ladesäule also sehr unterschiedliche Preisangebote wahrnehmen kann.

Es darf angenommen werden, dass insbesondere neuen Kunden die Möglichkeiten, an einer Ladesäule unterschiedliche Preisangebote nutzen zu können, nicht bekannt sind. Auf den ersten Blick ist es nicht im Interesse der Fahrstromanbieter, dass ihre Kunden schnell Transparenz über günstigere Angebote erhalten. Gleichzeitig bietet sich den Anbietern

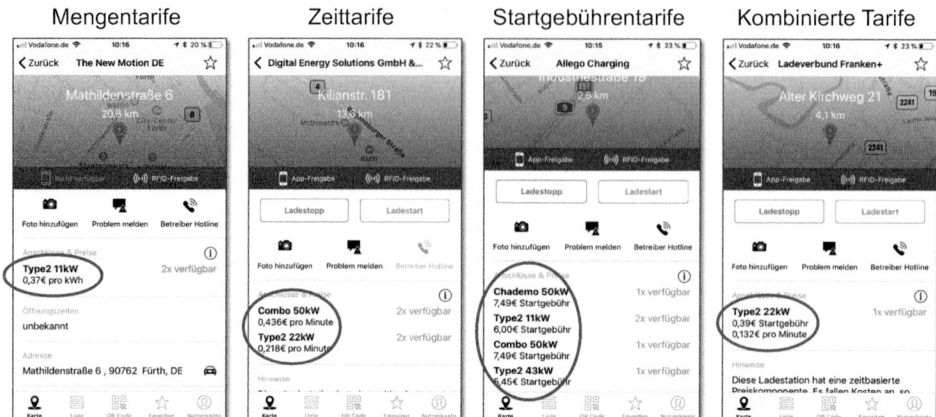

Abb. 51.11 Gängige Tarifsysteme für Ladestrom (Bilder aus Plugsurfing-Ladeapp)

aber die Chance, ihren Kunden auf deren individuelle Nutzungspräferenzen maßgeschneiderte *Tarife* anzubieten.

Wird diese Chance verpasst, kann sie ins Gegenteil umschlagen: Zukünftige Marktsegmente (Early Adopters und Early Majority) werden die intransparenten, sehr deutlich unterschiedlichen Preise nicht verstehen, der E-Mobilität fernbleiben oder mit großer Verärgerung reagieren.

Heutige Ladestromtarife sind auch für das aktuelle Kundensegment der Innovatoren nicht befriedigend. Die Abb. 51.11 zeigt beispielhaft die vier häufigsten Tarife.

Zeittarife sind für Kunden unklar, weil die Kosten pro Energieeinheit von der Ladeleistung abhängig sind, die ihrerseits von der Ladeleistung des E-Fahrzeugs, der Ladeleistung der Säule und ggf. der Anzahl der zu ladenden Fahrzeuge an der Säule abhängen. Kunden müssen den Preis pro Energieeinheit also selbst berechnen und dabei Faktoren berücksichtigen, die sie oft nicht kennen.

Anbieter sollten also schnellstmöglich auf Zeittarife verzichten und stattdessen Energiemengentarife unter Einhaltung der Eichrechtvorgaben anbieten.

Sollte die Industrie dem Kundenwunsch nach vertragsfreier Bezahlung (Ad-hoc-Laden) an der Ladesäule nachkommen, stellt die einfache Bedienung der Ladesäulen eine wichtige Voraussetzung für die Nutzungsbereitschaft der Kunden dar.

Angebotskombination: Parken und Laden

Ladekunden ist klar, dass sie in Gebieten mit Parkraumbewirtschaftung einen Preisbaustein für das Parken nicht vermeiden können. Fällt er zu gering aus, werden E-Fahrzeugfahrer begehrte Innenstadtparkplätze nutzen und länger belegt halten, als dies zum Laden erforderlich ist. Ist er zu hoch, fällt die Verärgerung auch auf den Service-Provider zurück.

Zukünftige *Tarifsysteme* dürfen also einen Preisbaustein für das Parken enthalten, er muss aber transparent, nachvollziehbar und angemessen sein.

Das richtige Angebot

EVU müssen klären, in welcher Rolle sie am Markt auftreten wollen.[21] Treten sie in der Rolle des Service-Providers auf, müssen sie nicht nur Ladestrom liefern, sondern Strom in der richtigen Leistung zu den richtigen Konditionen in der richtigen Qualität (Strommix) am richtigen Ort anbieten.

Die Antwort auf die Frage nach dem richtigen Angebot hängt von den jeweiligen Zielkunden, deren Bedarfen, Gewohnheiten und Einstellungen ab. Ohne seine speziellen Kundengruppen zu verstehen, wird es einem Anbieter nur schwer gelingen, den *Touchpoint Ladesäule* dauerhaft erfolgreich zu besetzen.

Die beschriebenen unterschiedlichen Motive machen deutlich, dass Kunden auch unterschiedliche Angebote bei Ladestrom attraktiv finden werden. Während eine Kundengruppe für günstigen Strom ansprechbar ist, wird die Art der Stromerzeugung für eine andere Gruppe wichtig sein. Eine dritte Gruppe wird den Komfort in den Vordergrund stellen und voraussichtlich für *Flatrate-Tarife* offen sein.

Ziel der EVU muss es sein, segmentspezifische Angebote zu entwickeln. Chancen für das Marketing ergeben sich aus der gezielten segmentspezifischen Ansprache von Kunden im nächsten erreichbaren Segment der Early Adopters.

Angesichts der Kaufgründe heutiger E-Fahrzeugfahrer überrascht in diesem Zusammenhang auch die Werbung der E-Fahrzeuganbieter, die aktuell die Kaufprämie und die (mäßig hohe) Reichweite in den Vordergrund ihrer Kampagnen stellen. Sie reagieren damit auf die in vielen Studien ermittelten Kaufhindernisse der heutigen durchschnittlichen Nichtkäufer, die jedoch in der aktuellen Phase entsprechend der Diffusionstheorie von Rogers ohnehin nicht erreichbar sind.

51.6 Ladestrom als digitales Geschäftsmodell

Um E-Fahrzeugfahrer als Kunden für Ladestrom langfristig im eigenen Ökosystem zu halten, gelten andere Spielregeln als bei Hausstrom.

Anders als bei Hausstrom können Kunden ihren Fahrstromanbieter täglich wechseln. Bei jedem einzelnen Ladevorgang kann der Kunde an einer Ladesäule bei unterschiedlichen Stromanbietern bzw. Service-Providern einkaufen. So lange Kunden sich nicht im Rahmen von Flatrate-Tarifen an einen Anbieter binden, werden sie diese Möglichkeiten nutzen. Die Bereitstellung von Ladestrom zu den richtigen Konditionen in der richtigen Leistung am richtigen Ort wird damit von der Bereitstellung einer Commodity zum digitalen Geschäftsmodell auf *Pay-per-Use-Basis*.

Um Ladekunden zu gewinnen und zu halten, müssen Anbieter die Besonderheiten der Kundenbindung in *digitalen Geschäftsmodellen* kennen und verstehen. In Pay-per-Use-

---

[21] Vgl. Esser (2017, S. 770).

Geschäftsmodellen entscheiden andere Faktoren über die Kundenbindung als bei Verträgen mit längerer Laufzeit.[22]

Nach welchen Kriterien treffen Kunden in digitalen Geschäftsmodellen ihre Kauf- bzw. Nutzungsentscheidung?

1. Anders als beim Kauf oder einem Abonnement-System müssen Kunden bei Pay-per-Use-Modellen bei jeder Nutzung von der Value Proposition überzeugt sein. Kunden lassen sich nur in Locked-In-Systemen halten, wenn sie von der Dienstleistung wirklich überzeugt sind.
3. Kunden entscheiden ganz nüchtern nach Value Added im Vergleich zum wahrgenommenen Aufwand, nach „gain" und „pain".
4. Marken und Markenerlebniswelten sind bei digitalen Dienstleistungen weniger entscheidend als beim analogen Produktkauf.

EVU und andere Stakeholder werden versuchen, Kunden mit Abonnementverträgen und Flatrates für ihre Ökosysteme zu gewinnen. Dabei treffen sie auf ein sehr herausforderndes Umfeld: Eine wichtige Rolle könnte den Einzelhändlern zukommen, die kostenfreies Laden anbieten und die Kosten über höhere Umsätze im Laden quersubventionieren. Kunden, die für solche Angebote ansprechbar sind, sind mit Flatrates und Abonnements schlechter erreichbar.

EVU müssen sich also nicht nur mit den *Pain Points* der Kunden auseinandersetzen, sondern auch mit ihren Motiven und Einstellungen. Dazu kommt, dass sie die Besonderheiten von Entscheidungsprozessen in digitalen Geschäftsmodellen verstehen und berücksichtigen müssen.

51.7 Zusammenfassung und Ausblick

Welcher Anteil an Fahrstrom für E-Mobilität kann zusammen mit dem Hausstromverträgen vertrieben werden? Wieviel Ladestrom werden E-Fahrzeugfahrer bei ihren Arbeitnehmern abnehmen? Welche Mengen können über öffentliche Ladesäulen vertrieben werden? Wer wird langfristig welchen Anteil des Ladestrommarkts erobern können? In welchem Umfang werden Autohersteller Kunden in ihrem Ökosystem halten können? Wie eng wird die Kundenbindung bei Fahrstrom sein?

Bei einem Marktanteil von gut 2 % an den Neuwagenverkäufen und einem verschwindenden Anteil von E-Fahrzeugen im Gesamtbestand steht der Markt für Ladestrom noch ganz am Anfang. Eine belastbare Prognose muss zu diesem Zeitpunkt also noch ausbleiben.

Trotzdem lassen sich folgende Thesen festhalten:

[22]Vgl. Sprenger (2018).

1. Die Rückmeldungen heutiger E-Fahrzeugfahrer zeigen eine lange Liste von Problemen entlang der Customer Journey. Neben der bekanntermaßen dünnen Infrastruktur fallen Probleme im Zusammenhang mit der Nutzung der Infrastruktur auf. Bei den beschriebenen Problemen handelt es sich zu einem großen Teil um Hygienefaktoren, also Aspekte, die dringend gelöst werden müssen, bevor die E-Mobilität für weitere Kundengruppen attraktiv wird. Wie schnell die Marktdiffusion von E-Fahrzeugen erfolgt, hängt also auch ganz wesentlich davon ab, wie schnell EVU diese Hygienefaktoren sicherstellen können. Ein wichtiges Beispiel sind unerwartet defekte oder von Verbrennern zugeparkte Ladesäulen, die für E-Fahrzeugfahrer schlimmer sind als gar keine Ladesäulen.

2. Infolge der langen Adoptionsphase für E-Mobilität von 30 und mehr Jahren werden die Anbieter über einen langen Zeitraum mit unterschiedlichen Kundengruppen und -segmenten zu tun haben. Die Kunden von morgen haben andere Erwartungen und Pain Points als die Innovatoren, die den heutigen Markt bestimmen. Nach den Innovatoren steigen gerade die Early Adopters in den Markt ein. Anbieter von Fahrstrom müssen also verstehen, mit welchen Angeboten sie welche Kundengruppe erreichen und wen sie wann unter welchen Bedingungen an sich binden können. Auch aktuelle Kunden haben bereits sehr unterschiedliche Motivationslagen zur E-Mobilität. „One size fits all" wird nicht funktionieren, stattdessen müssen unterschiedliche Angebote die jeweilige Motivation adressieren.

3. Die Kundenbindung beim Vertrieb von Fahrstrom wird sehr viel geringer sein als bei Hausstrom, weil der Kunde bei jedem öffentlichen Ladevorgang mit nur geringem Aufwand einen neuen Anbieter wählen kann. Damit wird Ladestrom von der Commodity zum digitalen Geschäftsmodell. Anbieter müssen die Spezifika von Entscheidungsprozessen in digitalen Geschäftsmodellen verstehen und berücksichtigen.

4. Der reine Vertrieb von Ladestrom ist wirtschaftlich vergleichsweise unattraktiv. Aus dem Ladevorgang wird aber ein wertvoller Customer Touchpoint, über den sich weitere Dienste vermarkten oder Vorteile aus Cross-Selling-Ansätzen erzielen lassen. Aus diesem Grund wird der Markt für Ladestromangebote attraktiv für Anbieter aus unterschiedlichen Branchen:
   - Hersteller und Lieferanten elektrischer Energie (Beispiel: Energieanbieter, Stadtwerke, Netzbetreiber)
   - Betreiber von Ladesäulen (Beispiel: Energieanbieter, Stadtwerke)
   - Anbieter von fossilen Kraftstoffen, die in den Markt für Mobilitätsdienstleistungen einsteigen (Beispiel: Shell nach der Übernahme von NewMotion)
   - Fahrzeughersteller, die Lade- und Bezahldienste in ihre digitalen Serviceplattformen integrieren (Beispiel: BMW mit ChargeNow, Mercedes mit Mercedes me)
   - Einzelhändler, die mit günstigen Ladestromangeboten Kunden in ihre Geschäfte locken, um Umsatzsteigerungen im Kerngeschäft zu erzielen (Beispiel: IKEA, Obi, Aldi, Rewe)
   - Anbieter von Infrastruktur (Beispiel: Tank&Rast, Parkraumbewirtschafter, Wohnungsbaugesellschaften)

– Anbieter, die mit ihren Dienstleistungen bereits eine enge Schnittstelle zum Kunden haben (Beispiel: Google, Amazon, Telekom)
– Akteure, die Daten zum Kundenverhalten analysieren (Beispiel: Payback) werden selbst vermutlich kein Anbieter von Ladestrom, aber als Partner an den Transaktionen interessiert sein.

Fest steht auch bereits jetzt: Der Wettbewerb zwischen den Anbietern von Ladestrom wird hart werden. Überproportional profitieren kann nur, wer die Pain Points und Wünsche der Kunden kennt und sie rechtzeitig erfolgreich in seine Angebote einbaut.

Literatur

DAT. (2019). *DAT-Report 2019*. Ostfildern: DAT Deutsche Automobil Treuhand GmbH.

Doleski, O. D. (Hrsg.). (2017). Die Energiebranche am Beginn der digitalen Transformation: Aus Versorgern werden Utilities 4.0. In *Herausforderung Utility 4.0 – Wie sich die Energiewirtschaft im Zeitalter der Digitalisierung verändert* (S. 3–27). Wiesbaden: Springer Vieweg.

dpa. (2018). VW: 2026 beginnt letzter Produktstart auf Verbrennerplattform. In *Business Insider Deutschland* (04.Dez.2018). Karlsruhe: finanzen.net GmbH. https://www.businessinsider.de/vw-2026-beginnt-letzter-produktstart-auf-verbrennerplattform-2018-12. Zugegriffen am 02.03.2019.

Esser, M. (2017). Elektromobilität: Ein neues Geschäftsmodell für Energieversorger? In O. D. Doleski (Hrsg.), *Herausforderung Utility 4.0 – Wie sich die Energiewirtschaft im Zeitalter der Digitalisierung verändert* (S. 761–771). Wiesbaden: Springer Vieweg.

KPMG. (2018). A successful infrastructure is defined by two components: Charge point coverage and a positive charging experience. KPMG's Global Automotive Executive Survey 2018. KPMG Automotive Institute. https://gaes.kpmg.de/brain.html#electric-readiness. Zugegriffen am 02.03.2019.

Kraftfahrt-Bundesamt. (2018). *Durchschnittsalter der Personenkraftwagen wächst*. Flensburg: Kraftfahrt-Bundesamt. https://www.kba.de/DE/Statistik/Fahrzeuge/Bestand/Fahrzeugalter/fahrzeugalter_node.html. Zugegriffen am 02.03.2019.

Mineralölwirtschaftsverband. (2018). Jahresbericht 2018 – VISION 2050. Berlin: MWV Mineralölwirtschaftsverband e. V., Aug. 2018. https://www.mwv.de/wp-content/uploads/2016/06/180830_MWV_Jahresbericht-2018_RZ_Web_es_small.pdf. Zugegriffen am 02.03.2019.

Moore, G. (2014). *Crossing the Chasm: Marketing and Selling High-Tech Products to Mainstream Customers* (3. Aufl.). New York: HarperBusiness.

n-tv. (2018). Studie sieht kaum Wechselwillen zum E-Auto. In *n-tv.de* (12. Dez. 2018). Köln: n-tv Nachrichtenfernsehen GmbH. https://www.n-tv.de/auto/Studie-sieht-kaum-Wechselwillen-zum-E-Auto-article20770087.html. Zugegriffen am 02.03.2019.

Olk, J. (2018). Ende des Verbrenners bei VW. In *Handelsblatt online* (04. Dez. 2018). Düsseldorf: Handelsblatt GmbH. https://www.handelsblatt.com/unternehmen/industrie/auto-von-morgen/handelsblatt-autogipfel-vw-will-den-e-golf-nachfolger-klimaneutral-herstellen/23715178.html. Zugegriffen am 02.03.2019.

Otto, H., Sponring, M., & Freier, S. (2018). Elektromobilität: Ein zukunftsfähiges Geschäftsmodell für Energieversorger? – PwC-Befragung unter deutschen und österreichischen Energieversorgern zur Bedeutung der Elektromobilität (Jun. 2018). PricewaterhouseCoopers GmbH Wirtschaftsprüfungsgesellschaft. https://www.pwc.de/de/energiewirtschaft/pwc-studie-e-mobilitaet.pdf. Zugegriffen am 02.03.2019.

Randak, S. (2018). Warum Elektromobilität ein Nischendasein fristet. In *Börsen-Zeitung.de*. Frankfurt a. M.: Verlagsbeteiligungs- und Verwaltungsgesellschaft mbH, 29. Aug. 2018. https://www.boersen-zeitung.de/index.php?li=1&artid=2018165809&titel=Warum-Elektromobilitaet-ein-Nischendasein-fristet. Zugegriffen am 02.03.2019.

Rogers, E. (2003). *Diffusion of innovations* (5. Aufl.). New York: Free Press.

Sorge, N.-V. (2018). Anonyme Umfrage: Auto-Bosse sagen Scheitern des Elektroautos voraus. In *manager-magazin.de* (10. Jan. 2018). Hamburg: manager magazin new media GmbH. http://www.manager-magazin.de/finanzen/artikel/elektroauto-topmanager-sagen-scheitern-voraus-a-1187008.html. Zugegriffen am 02.03.2019.

Sprenger, A. (2018). Nutzen und Barrieren – Der Schlüssel zum Erfolg digitaler Geschäftsmodelle ergibt sich aus der Betrachtung von Pain und Gain. *Planung & Analyse, 4*, 28–30.

Statista. (2019a). *Durchschnittlicher Benzinpreis in Deutschland in den Jahren 1972 bis 2018* (Cent pro Liter Superbenzin). Hamburg: Statista GmbH. https://de.statista.com/statistik/daten/studie/776/umfrage/durchschnittspreis-fuer-superbenzin-seit-dem-jahr-1972/. Zugegriffen am 02.03.2019.

Statista. (2019b). *Durchschnittlicher Preis für Dieselkraftstoff in Deutschland in den Jahren 1950 bis 2018* (Cent pro Liter). Hamburg: Statista GmbH. https://de.statista.com/statistik/daten/studie/779/umfrage/durchschnittspreis-fuer-dieselkraftstoff-seit-dem-jahr-1950/. Zugegriffen am 02.03.2019.

Statistisches Bundesamt. (2019). *Stromabsatz und Erlöse der Elektrizitätsversorgungsunternehmen* (Deutschland, Jahre, Abnehmergruppen 25. Jan. 2019). Wiesbaden: Statistisches Bundesamt (Destatis). https://www-genesis.destatis.de/genesis/online/logon?language=de&sequenz=tabelleErgebnis&selectionname=43331-0001. Zugegriffen am 02.03.2019.

Viehmann, S. (2018). Ab wann verbieten welche Länder Benzin- und Dieselautos? In *FOCUS Online* (21. Sep. 2018). München: FOCUS Online. https://www.focus.de/auto/elektroauto/verbrenner-verbote-weltweit-2025-bis-2050-focus-online-zeigt-wann-welches-land-benziner-und-diesel-verbietet_id_9632138.html. Zugegriffen am 02.03.2019.

Welt. (2018). EU beschließt überraschend schärfere CO2-Grenzwerte für Neuwagen. In *Welt.de* (17. Dez. 2018). Berlin: Axel Springer SE. https://www.welt.de/wirtschaft/article185688360/EU-beschliesst-schaerfere-CO2-Grenzwerte-fuer-Neuwagen.html. Zugegriffen am 02.03.2019.

Dr. Axel Sprenger ist Geschäftsführer der Firma UScale GmbH, einem Beratungsunternehmen, das sich auf die Kundenperspektive auf digitale Geschäftsmodelle und Ökosysteme wie die Elektromobilität spezialisiert hat. Der Maschinenbauingenieur war 16 Jahre in verschiedenen Managementfunktionen entlang der gesamten Prozesskette bei Mercedes-Benz Pkw tätig. Schwerpunkte seiner Tätigkeit waren die Bewertung von Produkten und Dienstleistung aus Kundensicht und die Optimierung von Prozessen und Produkten bezüglich Kundenakzeptanz und -zufriedenheit. Im Anschluss war er als Geschäftsführer bei J. D. Power, einem US-amerikanischen Automotive-Marktforschungs- und -Beratungsunternehmen, für die Region Europa verantwortlich.

Claudia Weißmann und Tobias Gorges

Zusammenfassung

Mit der fortschreitenden Verbreitung der Elektromobilität in Deutschland wird auch der Bedarf nach Ladeinfrastruktur kontinuierlich zunehmen. Allerdings sind die Schätzung dieses Bedarfs und die Identifikation geeigneter Standorte im öffentlichen Raum bislang sehr aufwendig. In diesem Beitrag wird ein Planungstool vorgestellt, das basierend auf den Ergebnissen von wissenschaftlichen Studien zum zukünftigen Mobilitätsverhalten sowie zur Elektrifizierung des zukünftigen Verkehrs ein vereinfachtes Verfahren zur Abschätzung des Ladeinfrastrukturbedarfs im privaten und öffentlichen Raum bietet. Hierbei wird zwischen verschiedenen Nutzergruppen differenziert und mithilfe von Regionalfaktoren die individuelle Entwicklung innerhalb des Untersuchungsgebiets berücksichtigt. Mittels einer Geoinformationssystem-Schnittstelle kann des Weiteren das räumliche Muster der bereits bestehenden öffentlichen Ladeinfrastruktur analysiert und für die Zuweisung der prognostizierten öffentlichen Ladepunkte zu geeigneten Standorten genutzt werden. Am Beispiel der Stadt Stuttgart wird die praktische Anwendung dieses Tools sowie der entwickelten vereinfachten Methode demonstriert.

C. Weißmann (✉)
MHP Management- und IT-Beratung GmbH, Frankfurt am Main, Deutschland

T. Gorges
MHP Management- und IT-Beratung GmbH, Berlin, Deutschland

© Springer Fachmedien Wiesbaden GmbH, ein Teil von Springer Nature 2020
O. D. Doleski (Hrsg.), *Realisierung Utility 4.0 Band 2*,
https://doi.org/10.1007/978-3-658-25589-3_52

52.1   Einleitung

Vor dem Hintergrund des Klimawandels ist die Reduzierung der Treibhausgasemissionen um 80 % bis zum Jahr 2050 ein wesentliches Ziel innerhalb des Energiekonzepts der Bundesrepublik Deutschland.[1] Allerdings sind diese Emissionen im Jahr 2018 im Vergleich zum Vorjahr aufgrund des zunehmenden Verkehrsaufkommens erneut angestiegen, sodass ein dringender Handlungsbedarf in diesem Sektor besteht.[2] Wesentliches Potenzial bietet hierbei der Ersatz von konventionellen Verbrennungsmotoren durch Elektroantriebe, sofern der elektrische Strom aus regenerativen Energiequellen bereitgestellt wird. Aus diesem Grund wird die rasche Verbreitung von *Elektrofahrzeugen* (batterieelektrisch oder als Plug-in-Hybrid) angestrebt.[3] Anfang des Jahres 2018 waren in Deutschland bereits etwa 54.000 batterieelektrische Fahrzeuge und 44.000 Plug-in-Hybride zugelassen. Bis zum Jahr 2030 soll diese Anzahl in Summe auf etwa 5 Mio. Pkw ansteigen.[4]

Mit der Elektrifizierung der Automobilindustrie wird auch der Bedarf nach *Ladeinfrastruktur* in Zukunft kontinuierlich zunehmen. Dies ist ein neues, wesentliches Geschäftsfeld für Energieversorger, Stadtwerke, Mobilitätsdienstleister und Automobilhersteller. Entsprechend müssen diese Unternehmen die notwendigen Ressourcen und Serviceleistungen aufbauen, um die zunehmende Nachfrage nach Wallboxen und Ladesäulen effizient bedienen zu können. Eine Herausforderung des *Vertriebs* ist hierbei, eine hinreichend genaue Abschätzung des zu erwartenden Ladeinfrastrukturausbaus treffen zu können. Wird neben dem Verkauf und der Bereitstellung im privaten Raum auch der Betrieb von Ladeinfrastruktur angestrebt, müssen zudem geeignete Standorte im öffentlichen Raum identifiziert werden. Bezüglich dieser beiden Fragestellungen wurden an diversen Forschungsinstitutionen bereits umfängliche Simulationsstudien durchgeführt, die i. d. R. mit hohem Aufwand verbunden sind.[5] Da in Unternehmen jedoch häufig diese Kapazitäten nicht vorhanden sind, bedarf es eines vereinfachten Planungsansatzes für die Praxis.

Das in diesem Beitrag erläuterte Planungstool vereint die Ergebnisse aktueller Umfragen und simulationsbasierten Analysen hinsichtlich des nationalen Ausbaus der Ladeinfrastruktur für Elektromobilität und lässt sich mithilfe von Regionalfaktoren an die jeweilige Planungsregion adaptieren. Hierbei werden die bereits generierten Daten aus der Forschung in einen vereinfachten faktorbasierten Ansatz zur Hochrechnung des Ladeinfrastrukturausbaus überführt. Die Ergebnisse dieser Prognose werden anschließend in einem zweiten Schritt in ein *geografisches Informationssystem (GIS)* überführt. Mit diesem können Standorte für Ladestationen anhand a priori definierter Kriterien wie beispielsweise einer hohen Frequentierung, den Nutzungsfunktionen in der Umgebung, einer Mindestverweildauer am Ort oder anhand der verfügbaren Flächen identifiziert werden.

---

[1] Vgl. Bundesregierung (2010, S. 4).

[2] Vgl. BMWi (2018, S. 94).

[3] Vgl. BMWi (2018, S. 81).

[4] Vgl. Kraftfahrt-Bundesamt (2018); Komarnicki et al. (2018, S. 30); Hacker et al. (2014, S. 73).

[5] Vgl. Plötz et al. (2013); Hacker et al. (2014); Gerbert et al. (2018).

Der Mehrwert des Tools besteht neben der einfachen Anwendbarkeit insbesondere darin, den Einfluss zukünftiger Trends sowie die jeweiligen Wechselwirkungen zueinander sichtbar zu machen. Unternehmen können diese Informationen verwenden, um innovative Geschäftsmodelle hinsichtlich des Betriebs von Ladestationen auf öffentlichen Flächen bzw. dem Verkauf von Wallboxen sowie der Versorgung von elektrifizierten Fuhrparks auf Privatflächen unter Berücksichtigung lokaler Besonderheiten zu entwickeln bzw. zu optimieren.

Der nachfolgende Abschnitt erläutert zunächst die Methode sowie den Datenbestand, auf denen das *Planungstool* sowie die GIS-Komponente basieren. Im Anschluss wird dessen Anwendung in Form eines Use Cases demonstriert.

52.2 Methodisches Vorgehen zur Ermittlung und Standortplanung des Ladeinfrastrukturausbaus

Um eine Methode zur Prognose des Ladeinfrastrukturausbaus zu entwickeln, sind zunächst die relevanten Einflussfaktoren auf den Ladeinfrastrukturausbau zu identifizieren. Laut aktueller Studien und Umfragen sind diesbezüglich die folgenden Aspekte von Relevanz:[6]

- Wachstumsrate des gesamten Pkw-Bestands
- Geschwindigkeit und Art der Elektrifizierung des Pkw-Bestands
- Nutzungsart des Fahrzeugs
- Ladeort
- Regionale Faktoren

Der Ladeinfrastrukturausbau wird wesentlich durch die Entwicklung des Elektrofahrzeugbestands bestimmt. Dieser ist zum einen abhängig von der Wachstumsrate des gesamten Pkw-Bestands, der beispielsweise durch den Wechsel zu alternativen Mobilitätsformen beeinflusst wird, und zum anderen von der Geschwindigkeit, mit der die Anteile an batterieelektrischen Fahrzeugen und Plug-in-Hybriden am Pkw-Bestand zunehmen.[7]

Ein weiterer wesentlicher Einflussfaktor ist die Nutzungsart der Elektrofahrzeuge, da sich aus der Nutzung der bevorzugte *Ladeort* und aus diesem wiederum der Typ an auszubauender Ladeinfrastruktur ableiten lässt. Die Verteilung der Fahrzeuge auf Nutzergruppen sowie die Zuweisung zu Ladeorten ist dabei variabel über den Prognosezeitraum. Bei der Art der Fahrzeugnutzung ist zwischen *Privatfahrzeugen*, *Gewerbefahrzeugen* und *Dienstwagen* zu differenzieren.[8]

---

[6] Vgl. Plötz et al. (2013); Gnann et al. (2017); Frenzel et al. (2015).
[7] Vgl. Gerbert et al. (2018, S. 174 ff.); Plötz et al. (2013, S. 30).
[8] Vgl. Plötz et al. (2013, S. 30, S. 43).

Privatfahrzeuge sind Fahrzeuge in privater Haltung und werden häufig für den täglichen Arbeitsweg sowie für kurze Freizeit- und Erledigungsfahrten verwendet. Gegenwärtig handelt sich bei den privaten Elektrofahrzeugnutzern überwiegend um Eigentümer von Einfamilienhäusern mit einem Stellplatz mit *Ladepunkt*.[9] Gewerbefahrzeuge werden ausschließlich für den gewerblichen Zweck eingesetzt, wohingegen Dienstwagen sowohl der gewerblichen als auch der privaten Nutzung dienen können.[10] Bei den Unternehmen, die bereits heute über Elektrofahrzeuge in ihrer gewerblichen Flotte verfügen, handelt es sich vorwiegend um mittelständische Unternehmen mit nur einem Standort und bis zu neun Fahrzeugen. Hiervon ist zumeist nur ein Fahrzeug ein E-Mobil, das auf dem Betriebsgelände geladen wird.[11]

Bei den Ladeorten ist zunächst zwischen primären und sekundären Ladeorten zu differenzieren. Es wird angenommen, dass jedem Nutzer, der ein Elektrofahrzeug erwirbt, ein primärer nichtöffentlicher Ladeort in der Nähe seines Wohnhauses oder am Arbeitsplatz auf einem Stellplatz mit langer Standzeit zur Verfügung steht.[12] Die Klassifizierung der primären Ladeorte wird in einer Vielzahl von Studien in Anlehnung an die Studie Mobilität in Deutschland (MiD) durchgeführt.[13] Der Ladeort „Garage" ist dabei ein fest zugewiesener Stellplatz und liegt typischerweise bei Nutzern mit Einfamilienhaus mit nur einem Eigentümer vor. Der Ladeort „Am Haus" beschreibt ebenfalls einen fest zugewiesenen Stellplatz, allerdings vor einem Gebäude mit mehreren Eigentümern (z. B. Mehrfamilienhaus). Diese Eigentümerstruktur erschwert in der Praxis häufig die Installation von Ladeinfrastruktur, da eine einstimmige Zustimmung in der Eigentümerversammlung notwendig ist. Beim Ladeort „Wohnblock" liegen die Stellplätze in der unmittelbaren Nähe des Wohnhauses, sind aber nicht fest zugewiesen. Ebenso liegt am „Arbeitsplatz" oft keine direkte Zuordnung zu einzelnen Fahrzeugen vor. Sekundäre öffentliche Ladepunkte befinden sich häufig in der Nähe von Einkaufszentren, an Autobahnraststätten oder auf sonstigen öffentlichen Parkflächen mit hohem Parkdruck.[14] Im Gegensatz zu den primären Ladepunkten wird der Ausbau der sekundären Ladepunkte nicht ausschließlich durch den Zuwachs der Elektrifizierung des Pkw-Bestands determiniert. Unter anderem werden sie von Unternehmen auch zu Marketingzwecken installiert (z. B. auf den Parkplätzen von Supermärkten).[15]

Wie bereits erläutert, bedingt der Ladeort die zu installierende Ladetechnologie. Aufgrund der langen Parkdauern auf fest zugewiesenen Stellplätzen kommen hierfür häufig kostengünstige *Wallboxen* mit 3,7 kW Anschlussleistung zum Einsatz. Bei nicht fest zugewiesenen Stellplätzen im nichtöffentlichen Raum werden je nach angedachter Auslastung

---

[9]Vgl. Frenzel et al. (2015, S. 28, S. 41).

[10]Vgl. Plötz et al. (2013, S. 43).

[11]Vgl. Komarnicki et al. (2018, S. 173).

[12]Vgl. NPE (2015, S. 15).

[13]Vgl. Gnann et al. (2017, S. 10 f.); Plötz et al. (2013, S. 126).

[14]Vgl. Komarnicki et al. (2018, S. 173).

[15]Vgl. NPE (2015, S. 16).

Ladesäulen mit 3,7 kW oder 11 kW Anschlussleistung je Ladepunkt installiert. Im öffentlichen Raum ist die Geschwindigkeit des Ladevorgangs von hoher Bedeutung, da hier das Fahrzeug i. d. R. nur kurz am Tag abgestellt wird. Deswegen werden dort zumeist Ladesäulen mit Anschlussleistungen von 22 kW für Schnellladevorgänge installiert.[16] Des Weiteren ist hinsichtlich der Technologie zu differenzieren, ob mit Gleichstrom (DC) oder Wechselstrom (AC) geladen wird.

Bei der Prognose des Ladeinfrastrukturausbaus sind neben den bereits erläuterten Einflüssen auch regional spezifische Faktoren zu berücksichtigen. Dies ist zum einen die Ausprägung des Trends zur Urbanisierung, der die Bevölkerungsanzahl in einer städtischen oder ländlichen Region in den zukünftigen Jahren unterschiedlich prägen kann. Des Weiteren ist von Relevanz, ob in der zu analysierenden Region bereits gegenwärtig eine besondere Förderung der Elektromobilität zu beobachten ist, die ein stärkeres Wachstum des Elektrofahrzeuganteils als im deutschen Durchschnitt erwarten lässt.

Konsolidiert man die erläuterten Methoden und Einflussfaktoren, so ergibt sich die in Abb. 52.1 dargestellte Vorgehensweise zur vereinfachten Planung, die dem zu entwickelnden Tool zugrunde gelegt ist.

Die Systemgrenze des Planungstools umfasst zunächst nur die Ladeinfrastruktur für Pkw, da diese Fahrzeuggruppe gegenwärtig 75 % des gesamten Personenverkehrs befördert.[17] Des Weiteren ist zunächst nur die Anwendung des Tools auf städtische Untersuchungsregionen (Gemeinden >100.000 Einwohner) vorgesehen. Schnellladeinfrastruktur für Fernreisende (z. B. an Autobahnraststätten) wird daher nicht in die Betrachtung einbezogen. Auch wurden keine limitierenden Faktoren bezüglich der Rohstoffverfügbarkeit zur Batterieherstellung oder bezüglich der Netzstabilität in die Prognose einbezogen.

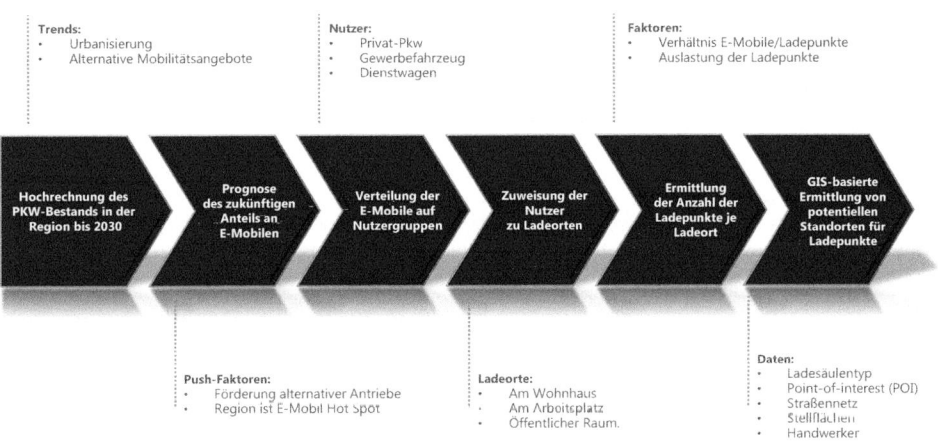

Abb. 52.1 Methodisches Vorgehen

---

[16] Vgl. Energie Codes und Services (2018).

[17] Vgl. Komarnicki et al. (2018, S. 17).

Im ersten Schritt ist der Pkw-Bestand der Untersuchungsregion über den gewählten Prognosezeitraum zu ermitteln. Hierbei ist zunächst der Trend zum Wechsel zu alternativen Mobilitätsformen zu berücksichtigen. Im gesamten Gebiet der Bundesrepublik Deutschland ist der Pkw-Bestand bis 2020 steigend. Von 2020 bis 2030 sinkt der Pkw-Anteil an der Verkehrsleistung zugunsten anderer Mobilitätsformen (v. a. Bus und Bahn) leicht ab. Deswegen sinkt die Anzahl der Pkw-Neuzulassungen. Der Pkw-Bestand bleibt in diesem Zeitraum aber zunächst relativ konstant. Ab 2030 ist schließlich auch der Pkw-Bestand rückläufig.[18] Im Fall von städtischen Untersuchungsregionen ist weiterhin der Trend zur Urbanisierung zu berücksichtigen, da sich der Pkw-Bestand mit Zunahme der Haushalte erhöht.

Im Anschluss ist der Anteil der Elektrofahrzeuge am zuvor ermittelten Pkw-Bestand zu bestimmen. Diese können einer aktuellen Studie von Gerbert et al. (2018) entnommen werden. Die Tab. 52.1 veranschaulicht den zukünftigen Anteil von Elektrofahrzeugen am Pkw-Bestand. Dabei wird zwischen batterieelektrischen Fahrzeugen und Plug-in-Hybriden differenziert. Die Werte wurden von den Autoren der Studie jeweils im Kontext verschiedener Szenarien ermittelt: Im Referenzszenario wird davon ausgegangen, dass sich die aktuellen Trends bis 2050 fortsetzen, wodurch das Ziel der Reduktion der Treibhausgasemissionen um 80 % allerdings verfehlt wird. Im optimistischen Szenario wird angenommen, dass von der Regierung zusätzliche Maßnahmen ergriffen werden, um dieses Ziel zu erreichen.[19]

An dieser Stelle ist weiterhin zu berücksichtigen, ob die Zielregion bereits gegenwärtig eine Vorreiterrolle bei der Elektromobilität einnimmt, die z. B. aus regionalen Förderprogramme resultiert. In diesem Fall werden die Werte in Tab. 52.1 durch Regionalfaktoren erhöht.

Im nächsten Schritt ist die ermittelte Anzahl an Elektrofahrzeuge auf die Nutzergruppen Privat, Gewerbe und Dienstwagen zu verteilen. Diese Verteilung variiert über den Prognosezeitraum erheblich. So wird angenommen, dass sich der Anteil der elektrifizierten Dienstwagen, der gegenwärtig bei etwa 0 % liegt, bis 2030 auf bis zu 8 % erhöhen wird. Ebenso steigt der Anteil der gewerblichen Fahrzeuge von 6 % im Jahr 2017 auf 31 % im Jahr 2030

Tab. 52.1 Prognostizierte Anteile von Elektrofahrzeugen am Pkw-Bestand (Vgl. Gerbert et al. 2018, S. 178)

| | Batterieelektrische Fahrzeuge | | Plug-in-Hybride | |
	Referenz (%)	Optimistisch (%)	Referenz (%)	Optimistisch (%)
2020	0,54	0,54	0,43	0,43
2030	4,35	8,70	4,35	4,35
2050	21,43	51,22	11,90	12,20

Das Referenzszenario führt den gegenwärtigen Trend fort. Das optimistische Szenario zeigt die notwendigen Anteile für die Erreichung des 80-Prozent-CO_2-Ziels bis zum Jahr 2050.

---

[18]Vgl. Gerbert et al. (2018, S. 174 f.).

[19]Vgl. Gerbert et al. (2018, S. 24 ff., S. 178).

an (Tab. 52.2).[20] Hierdurch wird verdeutlicht, dass Firmenfahrzeuge in Zukunft eine wesentliche Rolle bei der Elektrifizierung der Automobilindustrie spielen werden und betriebliche Mobilitätskonzepte, die auch die Ladeinfrastruktur am Unternehmensstandort berücksichtigen, an Bedeutung gewinnen werden.

Darauf aufbauend ist die Zuweisung jeder dieser Fahrzeugkategorien zu Ladeorten vorzunehmen. Die nachfolgend in Tab. 52.3 dargestellte Verteilung basiert auf Datenerhebungen bezüglich der Art der Stellplätze des Pkw-Bestands für das Parken über Nacht sowie auf Ergebnissen von Umfragen mit Nutzern von Elektrofahrzeugen zu privaten oder gewerblichen Zwecken.[21] Es wird angenommen, dass in der Gegenwart die Umfrageergebnisse die Zuweisung zu Ladeorten am besten widerspiegeln. Da die *Early Adopter* v. a. Privatnutzer mit Einfamilienhäusern sind, ist der Anteil des Ladens in der eigenen Garage entsprechend hoch. Mit der fortschreitenden Elektrifizierung des gesamten Pkw-Bestands wird sich die Verteilung der Ladeorte der Verteilung der typischen Stellplätze über Nacht aber immer stärker annähern.

Die gegenwärtige Anzahl an öffentlichen Ladeorten in der Untersuchungsregion kann aus Datenbanken entnommen werden. Es wird angenommen, dass bis zum Jahr 2025 16 Mal so viele öffentliche Ladeorte existieren werden.[22]

Im nächsten Schritt ist die Anzahl der Ladepunkte je primärem Ladeort festzulegen. Nutzen mehrere Fahrzeuge einen gemeinsamen Ladepunkt, gilt eine Auslastung dieses

Tab. 52.2 Verteilung des Elektrofahrzeugbestands auf Nutzergruppen (Vgl. Plötz et al. 2013, S. 156)

	Privatfahrzeuge (%)	Gewerbefahrzeug (%)	Dienstwagen (%)
2017	94	6	0
2020	87	11	2
2030	61	31	8

Fortschreibung des durch (Plötz et al. 2013) prognostizierten Trends. Zwischenwerte werden interpoliert

Tab. 52.3 Zuweisung der Elektrofahrzeuge zu primären Ladeorten (vgl. Frenzel et al. 2015, S. 49 ff.; Gnann et al. 2017, S. 10 f.; Plötz et al. 2013, S. 126; BMVBW 2003)

Ladeorte privater Fahrzeuge	Garage (%)	Am Haus (%)	Wohnblock (%)	Arbeitsplatz (%)
2017	59	37	3	1
2030	44	28	1	10

Gewerbefahrzeuge werden zu 100 % am Arbeitsplatz geladen; 50 % der Dienstwagen werden am Arbeitsplatz geladen. Auf die übrigen 50 % wird die Verteilung der Privatfahrzeuge angewendet.

---

[20]Vgl. Plötz et al. (2013, S. 156).

[21]Vgl. BMVBW (2003); Frenzel et al. (2015, S. 49 ff.).

[22]Vgl. t3n (2018).

Ladepunkts von maximal 5 h/Tag als zumutbar für den Nutzer.[23] Es wird angenommen, dass Nutzer mit eigener Garage bzw. einem fest zugewiesenen Stellplatz am Haus auch über einen eigenen Ladepunkt zur exklusiven Nutzung verfügen.[24] Werden Elektrofahrzeuge innerhalb eines Wohnblocks auf nicht fest zugewiesenen Parkplätzen geladen, teilen sich zwei Fahrzeuge einen Ladepunkt. Ebenso gilt für das Laden am Arbeitsplatz ein Verhältnis von zwei Fahrzeugen je Ladepunkt.[25] Schreibt man den Trend der Zunahme der öffentlichen sekundären Ladepunkte bis ins Jahr 2030 fort, so ergibt sich ein Verhältnis von etwa 5,5 Fahrzeugen je Ladepunkt.[26]

Mithilfe der GIS-Komponente wird die kalkulierte Anzahl an Elektrofahrzeugen für die Standortplanung der sekundären öffentlichen Ladesäulen verwendet. Im ersten Schritt werden Open-Source-Daten des Untersuchungsgebiets wie bereits vorhandene Ladestationen, Postleitzahlengebiete, administrative Grenzen, Straßennetz oder *Points of Interest (POI)*,[27] georeferenziert, konsolidiert und validiert. Die aufbereiteten Ladestationsdaten[28] werden dann in ein GIS[29] importiert, sodass räumliche Muster identifiziert werden können. Diese können in die anschließende Standortplanung zukünftiger Ladestationen übertragen werden.

Für die Identifizierung dieser räumlichen Muster an den Ladeorten wird ein fußläufiger Multi-Ring-Puffer (drei Ringe im Abstand von 50 m, 100 m, 150 m) gebildet. Die importierten POI werden anhand ihrer Schlüssel, Werte und/oder „tags" den Hauptwegezwecken der MiD 2017[30] zugeordnet (Tab. 52.4). Auf diese Weise können die Nutzungsfunktionen der Ladeortumgebung, die gemäß Verkehrsnachfragemodelle für die Entscheidungen der Aktivitäten- und Zielwahl von Menschen relevant sind und somit die Attraktivität der öffentlichen *Ladestation* bestimmen, identifiziert werden. Hierbei ist zu beachten, dass die Kategorisierung der POI nach Hauptwegezweck eine gewisse Unschärfe mitbringt, die jedoch für eine erste Typisierung der Ladeorte in Kauf genommen wird. Da in der GIS-Analyse nur sekundäre öffentliche Ladesäulen betrachtet werden, werden die Hauptwegezwecke Dienstfahrten, Fahrten zur Arbeit und Ausbildung hierbei nicht berücksichtigt. Des Weiteren wird der Elektrifizierungsbedarf im öffentlichen Verkehr, wie beispielsweise an Endstationen für Busse oder Taxistände hier nicht berücksichtigt.

---

[23] Vgl. Plötz et al. (2013, S. 85).

[24] Vgl. Plötz et al. (2013, S. 14).

[25] Privatfahrzeuge legen im Durchschnitt täglich etwa 27 km und Firmenfahrzeuge bis zu 35 km zurück. Dies führt bei einem Verbrauch von 23 kWh/100 km zu Beladungsmengen von 6,4 kWh/Tag bzw. 8,2 kWh/Tag. Bei einer Beladungsleistung von 3,7 kW beträgt die Auslastung des Ladepunkts <4,5 h/Tag bei zwei Fahrzeugen; vgl. BMVi (2018, S. 19).

[26] Vgl. t3n (2018).

[27] Vgl. GeoFabrik (2018).

[28] Vgl. Bundesnetzagentur (2018); e-Stations (2018); GeoFabrik (2018).

[29] Im Rahmen dieses Beitrags wird die frei verfügbare Software QGIS Version 3.4 verwendet.

[30] Vgl. BMVi (2018, S. 18 f.).

Tab. 52.4 Kategorisierung der Points of Interest (POI) nach Wegezwecken

POI-Kategorie (Wegezweck MiD 2017)	„Tags" der POI (Open Street Map)
Begleitung	Childcare, clinic, college, doctors, hospital, kindergarten, school
Einkauf	Food, beverages; general store, department store, mall; clothing, shoes, accessories; discount store, charity; do-it-yourself, household, building materials, gardening; furniture and interior; electronics; outdoor and sport, vehicles; art, music, hobbies; stationary, gifts, books, newspapers; others
Erledigung	Bank, bicycle-repair-station, car_wash, crematorium, dentist, embassy, fuel, grave_yard, financial institution, marketplace, pharmacy, police, post-office, veterinary
Freizeit	Arts_centre, bar, biergarten, cafe, casino, cinema, community_centre, entertainment-center, events/venue, fast-food, garden, golf-course, internet-cafe, miniatur-golf, nature_reserve, park, planetarium, playground, restaurant, social-centre, social_facility, social-club, spa, sports-centre, sport facilities, stadium, theatre

Ausgeschlossen sind die Hauptwegezwecke Dienstfahrten, Fahrten zur Arbeit und Ausbildung der MiD 2017

Die Bestimmung der spezifischen Nutzungsfunktionen an bestehenden Ladestationen erfolgt anhand der Identifikation von POI innerhalb eines Fußwegradius von 150 m. Hierfür werden die POI auf den Multi-Ring-Puffer zugeschnitten. Die anschließende ladeortspezifische Clusterung nach Nutzungsfunktion erfolgt anhand einer gewichteten Metrik, die die Kategorie, Häufigkeit und Distanz der POI berücksichtigt. Die gewonnenen Informationen geben in Verbindung mit der technischen Ausstattung der Ladestationen Hinweise auf die Attraktivität des Ladeorts und können bei der Planung neuer Ladeorte berücksichtigt werden.

Die potenziellen Bedarfsorte für neue Ladestationen werden im nächsten Schritt basierend auf Dichte- und Straßennetzkriterien identifiziert. Diese Orte sollten eine hohe Dichte an POI aufweisen und außerhalb einer Fußwegdistanz (150 m) zu bestehenden Ladeorten sowie entlang des öffentlichen Straßennetzes liegen. Mithilfe automatisierter Ausschlussverfahren werden die Koordinaten dieser Standorte im GIS berechnet. Weitere Kriterien wie die Verfügbarkeit von Parkplätzen, Sharing-Angebote und verkehrsplanerische Aspekte werden in der anschließenden exakten Positionierung der Ladestationen berücksichtigt.

Da Abhängigkeiten zwischen dem öffentlichen und dem privaten Ladenstationsnetz bestehen und eine Stadt durch Wandel geprägt ist, ist ein regelmäßiger Abgleich für die Anpassung des Entwicklungsplans sinnvoll. Des Weiteren können beim Aufbau des Ladestationsnetzes weitere organisatorische Indikatoren wie beispielsweise die Verfügbarkeit von Handwerkern zum Aufbau, Betrieb und Wartung der Ladestationen sowie Einwohnerstrukturdaten im Entwicklungsplan und dessen Umsetzung berücksichtigt und im GIS hinterlegt werden.

52.3 Use Case – Ladeinfrastrukturplanung für die Stadt Stuttgart

Im nachfolgenden Abschnitt wird die Anwendung des vereinfachten Planungstools am Beispiel der Stadt Stuttgart[31] erläutert. Dieser Use Case wurde in Kooperation mit den *Stadtwerken Stuttgart* durchgeführt. Als Prognosezeitraum wurden die Jahre 2017–2030 gewählt. Für die Untersuchungsregion werden sowohl das Referenzszenario als auch das optimistische Szenario berechnet.

Die Anzahl der Stuttgarter Haushalte wächst seit 2010 jährlich im Durchschnitt um 1,2 %. Dies bestätigt den Trend zur Urbanisierung. Die Pkw-Dichte ist dabei über die letzten Jahre stets konstant gewesen.[32] Folglich wird angenommen, dass die Anzahl der Pkw in Stuttgart zunächst kontinuierlich bis 2020 um 1,2 % konstant ansteigt. Von 2020 bis 2030 wird angenommen, dass der Pkw-Bestand, dem gesamtdeutschen Trend folgend, konstant bleibt, da sich der Einfluss der Urbanisierung und der Effekt des Wechsels auf Mobilitätsalternativen nahezu ausgleichen.

Stuttgart ist gegenwärtig Vorreiterregion bei der E-Mobilität. Der Anteil der batterie-elektrischen Fahrzeuge am Gesamt-Pkw-Bestand ist in Stuttgart gegenwärtig um den Faktor 2,4 höher als der durchschnittliche Anteil in Deutschland. Der Anteil der Plug-in-Hybride am Gesamt-Pkw-Bestand ist in Stuttgart sogar um den Faktor 3,1 höher als der deutsche Durchschnitt.[33] Diese Faktoren sind auf die Anteile aus Tab. 52.1 anzuwenden. Hieraus ergibt sich die in Abb. 52.2 dargestellte Verteilung bis zum Prognosejahr 2030.

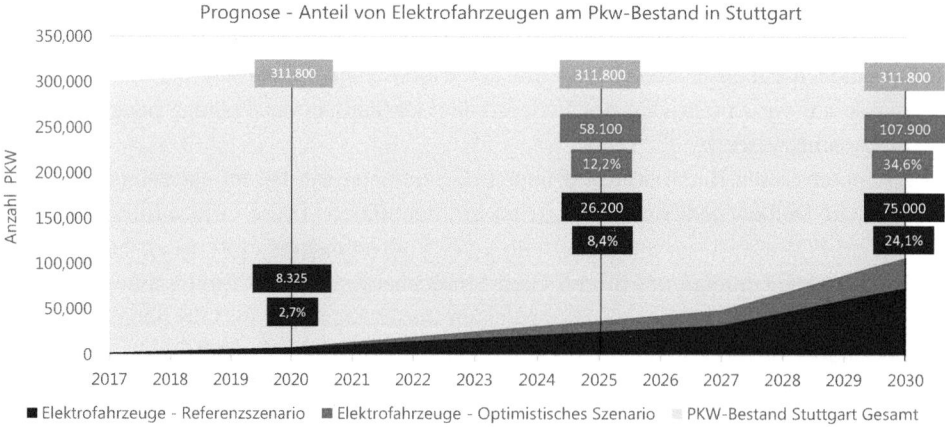

Abb. 52.2 Prognose des Anteils von Elektrofahrzeugen am Pkw-Bestand in Stuttgart

---

[31] In die Betrachtung einbezogen wurden die Stuttgarter Bezirke Mitte, Nord, Ost, Süd, West, Bad Cannstatt, Birkach, Botnang, Degerloch, Feuerbach, Hedelfingen, Möhringen, Mühlhausen, Münster, Obertürkheim, Plieningen, Sillenbuch, Stammheim, Untertürkheim, Vaihingen, Wangen, Weilimdorf und Zuffenhausen.

[32] Vgl. Statistisches Amt Stuttgart (2018).

[33] Vgl. Kraftfahrt-Bundesamt (2018); Kfz-Innung Stuttgart (2018).

Wendet man auf den auf diese Weise ermittelten Elektrofahrzeugbestand die in Tab. 52.2 dargestellte Zuordnung zu Nutzergruppen an, so erhält man die nutzerbezogenen Bestände, die wiederum mithilfe der Faktoren aus Tab. 52.3 den jeweiligen primären Ladeorten zugeordnet werden können. Die Abb. 52.3 veranschaulicht die resultierende Verteilung im Jahr 2030 im Referenzszenario. Auch im Jahr 2030 werden die Elektrofahrzeuge überwiegend als Privat-Pkw erworben (etwa 46.000 Fahrzeuge), die noch immer in mehr als 40 % der Fälle in der eigenen Garage über Nacht geladen werden (etwa 20.000 Fahrzeuge). Mit insgesamt fast 30.000 Fahrzeugen sind aber auch die nicht privat genutzten Pkw (Gewerbe- und Dienstfahrzeuge) eine relevante Zielgruppe, die überwiegend am Arbeitsplatz geladen werden.

Gemäß der in Abschn. 52.2 getroffenen Annahmen bezüglich der Anzahl an Ladepunkten je primärem Ladeort ergibt sich schließlich die in Tab. 52.5 dargestellte Anzahl an Ladepunkten. Diese wird jeweils in den Prognosejahren 2020, 2025 und 2030 für das Referenzszenario und das optimistische Szenario dargestellt.

Die erhebliche Differenz im Jahr 2030 zwischen dem Referenzszenario und dem optimistischen Szenario (ca. Faktor 1,44) resultiert aus der deutlichen Abweichung des Anteils der batterieelektrischen Fahrzeuge je nach Szenario (Tab. 52.1) und zeigt die Unsicherheit auf, mit der die zukünftigen Prognosen behaftet sind. Jedoch ist bereits im Referenzszenario ein stark progressiver Anstieg der Anzahl der Ladepunkte im Prognosezeitraum erkennbar, wodurch verdeutlicht wird, dass Unternehmen mit Geschäftsaktivitäten im Bereich Ladeinfrastruktur ihre Produktions- und Vertriebskapazität in jedem Fall erheblich ausbauen sollten, um diese Nachfrage effizient bedienen zu können.

Um aus der Anzahl der auf diese Weise ermittelten Ladepunkte in den jeweiligen Prognosejahren die tatsächlichen Verkäufe an Wallboxen oder Ladesäulen abzuleiten, wird empfohlen, die jährliche Zubaurate zu ermitteln. Bislang wurde ein direkter Zusammenhang zwischen der Zunahme des Elektrofahrzeugbestands und dem Ausbau der Ladeinfrastruktur unterstellt. Tatsächlich fallen aber die Erneuerungszyklen von Elektrofahr-

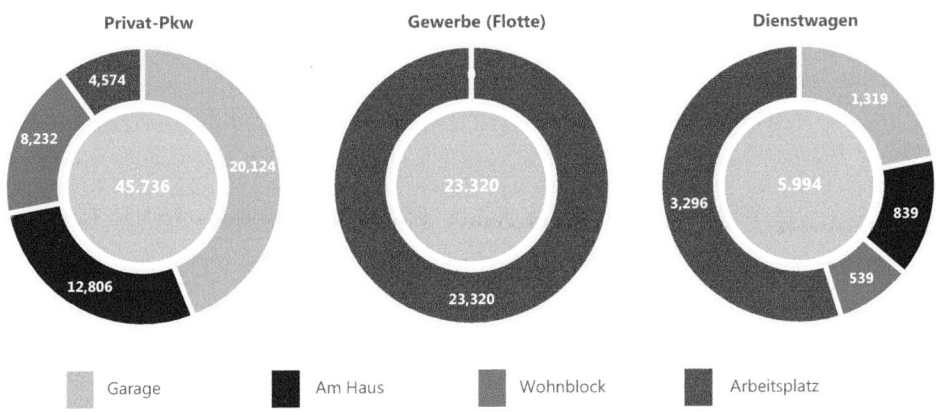

Abb. 52.3 Primäre Ladeorte nach Nutzergruppen in Stuttgart – Referenzszenario 2030

Tab. 52.5 Anzahl der Ladepunkte je primärer Ladeortkategorie in der Untersuchungsregion Stuttgart

	2020		2025		2030	
	Referenz	Optimistisch	Referenz	Optimistisch	Referenz	Optimistisch
Garage	3.207	3.207	7.429	10.779	21.442	30.822
Am Haus	2.041	2.041	4.727	6.859	13.645	19.614
Wohnblock	656	656	1.520	2.205	4.386	6.305
Arbeitsplatz	883	883	5.507	7.943	15.595	22.417
Öffentlich	2.115	2.937	7.520	10.810	13.787	19.818
Summe	8.902	9.724	26.703	38.596	68.855	98.976

zeugen (Privatfahrzeuge sechs Jahre, Firmenfahrzeuge vier Jahre)[34] und Wallboxen (Annahme: fünf Jahre) auseinander, was bei einer jährlichen Aufstellung zu beachten ist. Insbesondere hinsichtlich der Ladepunkte am Ladeort „Garage" ist des Weiteren zu berücksichtigen, dass hierbei gegenwärtig noch häufig eine bereits vorhandene Schu-Ko-Steckdose für die Beladung des Fahrzeugs mit Wechselstrom (AC) genutzt wird, sodass der Kauf einer Wallbox nicht zwingend notwendig ist. Es ist allerdings davon auszugehen, dass sich dies mit dem erwarteten Preisrückgang von Wallboxen bis 2020 und dem Trend zur DC-Ladung ändern wird.[35]

In Stuttgart besteht bereits ein Netz aus öffentlichen Ladeorten für das sekundäre Laden. Die Ladeorte befinden sich insbesondere in räumlicher Nähe zu Einkaufsgelegenheiten. Im Umkreis von 150 m der Ladestationen befinden sich im Vergleich zu den POI Freizeit, Erledigung und Begleitung mehr als 50 % Einkaufsmöglichkeiten. Dieses Gewichtungsverhältnis variiert bei der Betrachtung der POIs außerhalb des Ladeortumkreises. Insbesondere die POI Begleitung und Erledigungen weisen einen höheren Prozentanteil auf als innerhalb des Ladeortumkreises. Gründe für die Verteilung sind der Betrieb von Ladestationen durch Geschäfte sowie Priorisierung des Ladestationsaufbaus in zentralen Lagen. Die Abb. 52.4 illustriert einen Auszug der räumlichen Analyse bestehender Ladestationen und ihrer umgebenen Nutzungsfunktionen in Stuttgart.

Für die prognostizierte Anzahl an öffentlichen Ladeorten werden potenzielle Bedarfsorte identifiziert. Die Abb. 52.5 illustriert die Kerndichtgebiete von POI außerhalb des Umkreises bestehender Ladeorte und entlang des öffentlichen Straßennetzes. Für den Aufbau des Ladestationsnetzes bestehen einige, über das gesamte Stadtgebiet räumlich verteilte potenzielle Orte, die für die Positionierung von neuen Ladestationen infrage kommen. Hierbei gibt es einige Hotspots mit mehreren im Umkreis befindlichen POI. Dieses Ergebnis kann als Basis für die zukünftige Positionierung der Ladestationen genutzt werden. Die identifizierten Orte sind im folgenden Schritt durch Ausschlusskriterien, wie beispielsweise die Verfügbarkeit und Besitzverhältnisse von Stellflächen, weiter einzugrenzen.

---

[34] Vgl. Plötz et al. (2013, S. 48).

[35] Vgl. NPE (2015, S. 4).

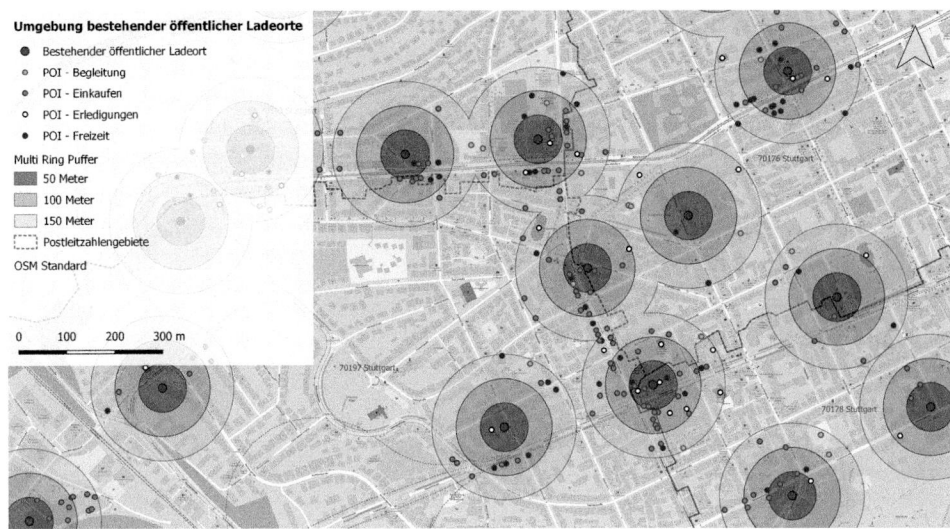

Abb. 52.4 Nutzungsfunktionen in der Umgebung von Ladestationen in Stuttgart (kategorisiert nach den Wegezwecken der MiD 2017)

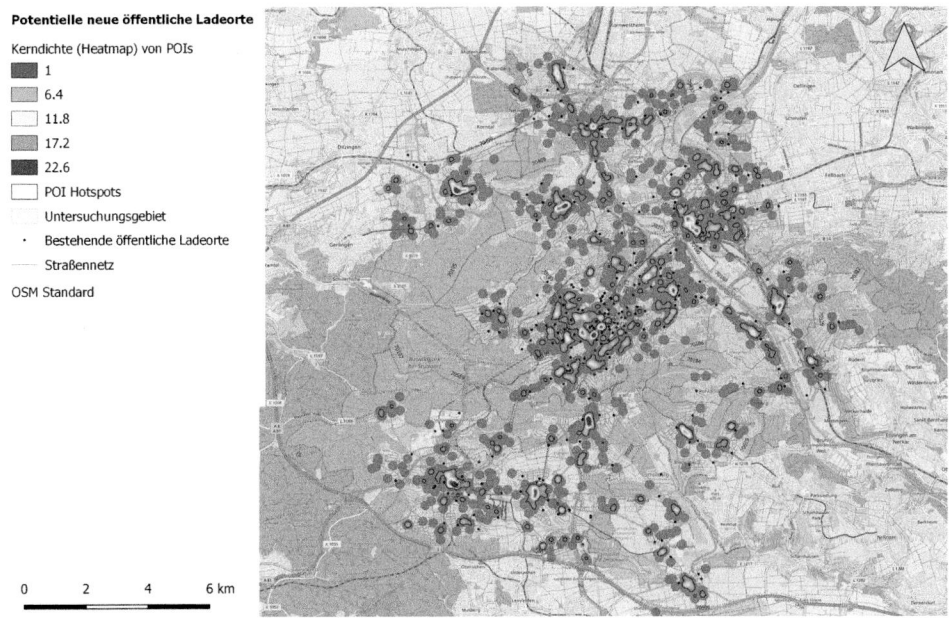

Abb. 52.5   Heatmap potenzieller Ladeorte in Stuttgart

Das Ziel vor dem Hintergrund dieses Beitrags war es, ein praxistaugliches Tool zur Abschätzung des zukünftigen Ladeinfrastrukturbedarfs zu entwickeln und potenzielle Ladeorte aufzuzeigen. Die Durchführung dieses Use Cases zeigt, dass das Tool diese Anforderungen erfüllt und im Vergleich zu Simulationsverfahren einfach und schnell anzuwenden ist. Die ermittelte Anzahl an sekundären Ladeorten im öffentlichen Raum kann des Weiteren in das GIS überführt und für die weitere Standortplanung und Positionierung der Ladestationen verwendet werden. Hierbei können die räumlichen, zeitlichen, technischen und lokalen Gegebenheiten berücksichtigt werden, sodass es sich für den effizienten Einsatz in der Praxis eignet. Weiteres Potenzial der *GIS-Komponente* besteht zukünftig hinsichtlich der Integration von privaten Ladeorten, den Folgeauswirkungen auf die Verkehrs- und Versorgungsnetzauslastung sowie der *Vehicle-to-Grid-(V2G)-Ausgestaltung*.

Literatur

BMVBW. (2003). *Mobilität in Deutschland 2002 – Kontinuierliche Erhebung zum Verkehrsverhalten, Endbericht* (Jun. 2003). Berlin: Bundesministerium für Verkehr, Bau- und Wohnungswesen (BMVBW). http://www.mobilitaet-in-deutschland.de/pdf/mid2002_projektbericht.pdf. Zugegriffen am 28.01.2019.
BMVi. (2018). *Mobilität in Deutschland. Kurzreport – Verkehrsaufkommen, Struktur, Trends* (Dez. 2018). Berlin: Bundesministerium für Verkehr und digitale Infrastruktur (BMVi). http://www.mobilitaet-in-deutschland.de/pdf/infas_Mobilitaet_in_Deutschland_2017_Kurzreport.pdf. Zugegriffen am 28.01.2019.
BMWi. (2018). *Die Energie der Zukunft – Sechster Monitoring-Bericht zur Energiewende. Berichtsjahr 2016.* Berlin: Bundesministerium für Wirtschaft und Energie (BMWi). https://www.bmwi.de/Redaktion/DE/Publikationen/Energie/sechster-monitoring-bericht-zur-energiewende.html. Zugegriffen am 28.01.2019.
Bundesnetzagentur. (2018). *Ladesäulenkarte.* Bonn: Bundesnetzagentur für Elektrizität, Gas, Telekommunikation, Post und Eisenbahnen. https://www.bundesnetzagentur.de/DE/Sachgebiete/ElektrizitaetundGas/Unternehmen_Institutionen/HandelundVertrieb/Ladesaeulenkarte/Ladesaeulenkarte_node.html;jsessionid=8F41D33EA7947D8ECACDE12A510F6D04. Zugegriffen am 28.12.2018.
Bundesregierung. (2010). *Energiekonzept für eine umweltschonende, zuverlässige und bezahlbare Energieversorgung* (28. Sep. 2010). Berlin: Bundesregierung. https://archiv.bundesregierung.de/resource/blob/656922/779770/794fd0c40425acd7f46afacbe62600f6/energiekonzept-final-data.pdf?download=1. Zugegriffen am 28.01.2019.
Energie Codes und Services. (2018). *Ladesäulenregister.* Berlin: Energie Codes und Services GmbH. https://ladesaeulenregister.de/. Zugegriffen am 28.01.2019.
e-Stations. (2018). Ladestationen für Elektroautos – Übersichtskarte. https://www.e-stations.de/ladestationen/map. Zugegriffen am 22.12.2018.
Frenzel, I., Jarass, J., Trommer, S., Lenz, B. (2015). Erstnutzer von Elektrofahrzeugen in Deutschland – Nutzerprofile, Anschaffung, Fahrzeugnutzung (2., überarb. Aufl.) Berlin: Deutsches Zentrum für Luft- und Raumfahrt e. V. (DLR). https://elib.dlr.de/96491/1/Ergebnisbericht_E-Nutzer_2015.pdf. Zugegriffen am 28.01.2019.
GeoFabrik. (2018). *OpenStreetMap Data Extracts.* Karlsruhe: Geofabrik GmbH. https://download.geofabrik.de/. Zugegriffen am 28.01.2019.

Gerbert, P., Herhold, P., Burchardt, J., Schönberger, S., Rechenmacher, F., Kirchner, A., et al. (2018). *Klimapfade für Deutschland*. Berlin: Bundesverband der Deutschen Industrie BDI e.V. https://bdi.eu/publikation/news/klimapfade-fuer-deutschland/. Zugegriffen am 28.01.2019.

Gnann, T., Jochem, P., Heilig, M., Reuter-Oppermann, M., Plötz, P., & Kagerbauer, M. (2017). *Öffentliche Ladeinfrastruktur für Elektrofahrzeuge, Ergebnisse der Profilregion Mobilitätssysteme Karlsruhe*. Karlsruhe: Fraunhofer-Institut für System- und Innovationsforschung ISI, Karlsruher Institut für Technologie KIT. https://www.ifv.kit.edu/downloads/Brosch%C3%BCre_Profilregion_2017.pdf. Zugegriffen am 28.01.2019.

Hacker, F., Blank, R., Hülsmann, F., Karsten, P., Loreck, C., Ludwig, S., et al. (2014). *eMobil 2050 – Szenarien zum möglichen Beitrag des elektrischen Verkehrs zum langfristigen Klimaschutz*. Freiburg: Ökoinstitut e. V. https://www.oeko.de/oekodoc/2114/2014-670-de.pdf. Zugegriffen am 28.01.2019.

Kfz-Innung Stuttgart. (2018). *Pkw-Zulassungen Region Stuttgart. Innung des Kraftfahrzeuggewerbes der Region Stuttgart*. Stuttgart: Innung des Kraftfahrzeuggewerbes Region Stuttgart. https://www.kfz-innung-stuttgart.de/presse/pkw-zulassungen-in-der-region-stuttgart/. Zugegriffen am 28.01.2019.

Komarnicki, P., Styczynski, Z. A., & Haubrock, J. (2018). *Elektromobilität und Sektorenkopplung – Infrastruktur- und Systemkomponenten*. Berlin: Springer Vieweg.

Kraftfahrt-Bundesamt. (2018). *Jahresbilanz des Fahrzeugbestandes am 1. Januar 2018*. Flensburg: Kraftfahrt-Bundesamt. https://www.kba.de/DE/Statistik/Fahrzeuge/Bestand/b_jahresbilanz.html;jsessionid=7C107BC8068455165E8395B15978AD07.live11294?nn=644526. Zugegriffen am 28.01.2019.

NPE. (2015). Ladeinfrastruktur für Elektrofahrzeuge in Deutschland. Statusbericht und Handlungsempfehlungen 2015. Nationale Plattform Elektromobilität (NPE). Berlin: Gemeinsame Geschäftsstelle Elektromobilität der Bundesregierung (GGEMO), Nov 2015. http://nationale-plattform-elektromobilitaet.de/fileadmin/user_upload/Redaktion/NPE_AG3_Statusbericht_LIS_2015_barr_bf.pdf. Zugegriffen am 28.01.2019.

Plötz, P., Gnann, T., Kühn, A., & Wietschel, M. (2013). *Markthochlaufszenarien für Elektrofahrzeuge, Langfassung*. Karlsruhe: Fraunhofer-Institut für System- und Innovationsforschung ISI. https://www.isi.fraunhofer.de/content/dam/isi/dokumente/cce/2014/Fraunhofer-ISI-Markthochlaufszenarien-Elektrofahrzeuge-Langfassung.pdf. Zugegriffen am 28.01.2019.

Statistisches Amt Stuttgart. (2018). Statistikatlas Stuttgart. https://statistik.stuttgart.de/statistiken/statistikatlas/atlas/atlas.html?indikator=i0&select=00. Zugegriffen am 28.01.2018.

T3n. (2018). Ausbau der Ladeinfrastruktur: So laden Deutsche ihre E-Autos 2025. In *t3n* (28. Feb. 2018). Hannover: yeebase media GmbH. https://t3n.de/news/ladeinfrastruktur-e-autos-2025-966132/. Zugegriffen am 28.01.2019.

Dr. Claudia Weißmann studierte von 2008 bis 2013 Wirtschaftsingenieurwesens an der Technischen Universität Darmstadt. Von Ende 2013 bis 2017 arbeitete sie als wissenschaftliche Mitarbeiterin von Univ.-Prof. Dr.-Ing. C.-A. Graubner am Institut für Massivbau der Technischen Universität Darmstadt. Im Rahmen ihrer Promotion war sie Stipendiatin der Exzellenz-Graduiertenschule für Energiewissenschaft und Energietechnik und hatte einen Forschungsaufenthalt am Lawrence Berkeley National Laboratory. Seit 2018 ist sie bei der MHP Management- und IT-Beratung GmbH im Bereich Smart City beschäftigt. Im Rahmen der Kooperation IE2S (Intelligent Energy System Services) mit TransnetBW berät sie Energieversorger, Stadtwerke und Automobilhersteller in den Bereichen Smart Grid, Smart Mobility und Datenschutz.

Tobias Gorges studierte von 2006 bis 2012 Angewandte Geografie – Schwerpunkt Raumplanung an der Universität Trier. In seinen folgenden Tätigkeiten arbeitete er u. a. bei der Gesellschaft für Internationale Zusammenarbeit GmbH, als wissenschaftlicher Mitarbeiter von Univ.-Prof. Dr.-Ing. C. Sommer am Institut für Verkehrsplanung und Verkehrssysteme der Universität Kassel sowie bei der Dornier Consulting International GmbH. Seit 2017 ist er bei der MHP Management- und IT-Beratung GmbH im Cluster Intelligent Mobility angestellt. Im Rahmen seiner Tätigkeiten beschäftigt er sich mit den Themen autonomes Fahren, öffentlicher Verkehr, Elektromobilität und Sharing-Systemen in Städten.

E-Mobility 4.0 – erfolgreiches Zusammenspiel von Prosumern mit Energieeffizienzhäusern und Stadtwerken

Achaz von Arnim und Julius von Arnim

Stadtwerke – erfolgreiche Brückenbauer zwischen Dezentralisierung und Energiewende

Zusammenfassung

Die Geschäftsmodelle der Stadtwerke sind zunehmendem Veränderungsdruck ausgesetzt. Neben der Digitalisierung stellt die sich wandelnde Endverbraucherlandschaft und Dezentralität die Stadtwerke vor große Herausforderungen, insbesondere für die Sicherung von Netzstabilität und Netzqualität. Der heutige Endverbraucher, ob Eigentümer oder Mieter, wird immer mehr zum Prosumer. Dies resultiert u. a. aus den komplexer werdenden Vorgaben der Bauindustrie, hin zu KfW-40-Plus-Gebäuden. Bereits heute sind Erzeugeranlagen für Energie auf deutschen Neubauten installiert und der Schritt zu Elektrospeichern mit Wärmepumpe wird zum Standard. Wo man mit Strom heizt, stellt sich ferner die Frage nach Elektromobilität durch den Mieter und Eigentümer. Gerade die Anzahl junger Familien, die ein umweltfreundliches Elektroauto zur Erhöhung der Mobilität in einem Radius von 100 km anschaffen, nimmt rasant zu. Und so wird auch der Ruf nach öffentlicher Ladeinfrastruktur und Unterstützung vor dem Bau eines Energieeffizienzhauses inklusive privater Ladesäule durch die Stadtwerke lauter. Wo ein Markt ist, gibt es auch Innovationen von technisch orientierten Start-ups, die digitale Geschäftsmodelle in ihren Genen tragen. Der Beitrag erhebt nicht den Anspruch auf Vollständigkeit, dient aber als praktische Anregung, sich dem Thema zu nähern und echtes Unternehmertum bei den Stadtwerken wieder zu leben.

A. von Arnim (✉) · J. von Arnim
eSOLV3 ITelligent energy consulting, Hofheim, Deutschland

© Springer Fachmedien Wiesbaden GmbH, ein Teil von Springer Nature 2020
O. D. Doleski (Hrsg.), *Realisierung Utility 4.0 Band 2*,
https://doi.org/10.1007/978-3-658-25589-3_53

53.1 Einleitung

Die Geschichte der Menschheit war immer schon von Wandel geprägt. Selten jedoch waren die Umformungen der Gesellschaft so radikal wie heute. Durch das Internet und die damit verbundene Digitalisierung sind fast alle Lebensbereiche und jede Branche betroffen.

So erfordert auch das Verhältnis zwischen Kommunen und ihren Stadtwerken eine Neugestaltung. Das Verbraucherverhalten verändert sich aktuell massiv, wobei sich Verbraucher vermehrt zu Erzeugern mit komplexer werdenden Bedürfnissen entwickeln. Dies reicht von der Einspeisung selbstproduzierten Stroms über die Zwischenspeicherung im Heimspeicher bis hin zu größeren Netzbelastungen durch das Laden von Elektroautos. Bereits heute wird die Möglichkeit der Errichtung eines Ladepunkts auf oder neben dem Grundstück erwartet. Zukünftig wird dieses Bedürfnis mit steigender Zahl von Elektrofahrzeugen noch drastischer steigen. Stadtwerke stehen vor der komplexen Aufgabe, diesen neuen Bedürfnissen gerecht zu werden und gleichzeitig neue Geschäftsfelder zu etablieren, um weiterhin am Markt relevant zu bleiben. Immer mehr Menschen werden in den nächsten fünf bis zehn Jahren zu elektrischen Fahrzeugen wechseln, da beispielsweise Dieselfahrverbote, Emissionsziele und steigende Kraftstoffpreise die Attraktivität eines Verbrennungsmotors rasant senken. Dies führt speziell im Netzbereich zu der extremen Herausforderung, eine möglichst hohe Anzahl simultaner Ladungen von Elektroautos mit der heutigen Netzinfrastruktur auch nur annähernd zu garantieren. Parallel müssen Gemeinden und Städte sicherstellen, dass eine ausreichend deckende *Ladeinfrastruktur* gegeben ist, um eine attraktive Region für die Bürger darzustellen, den Emissionsauflagen der EU gerecht zu werden und dem sich verändernden Mobilitätsverhalten entgegenzukommen.

Klima- und Emissionsziele bringen bereits seit mehreren Jahren einen kontinuierlichen Wandel beispielsweise in der Bauwirtschaft mit sich. Durch gesetzliche Vorgaben, aber auch aufgrund des allgemeinen gesellschaftlichen Bewusstseins werden immer häufiger klimaneutrale Gebäude gebaut oder modernisiert. Der Energiebedarf sinkt und gleichzeitig wird durch Fotovoltaikanlagen zusätzlich weiter Strom dezentral produziert. Insbesondere vor dem Hintergrund einer perspektivisch wachsenden Elektrifizierung der Mobilität ist folgerichtig nicht von einem sinkenden Strombedarf auszugehen. Darüber hinaus kann durch schwankende Netzeinspeisungen etc. zusätzlich ein deutlicher Anstieg der Netzkomplexität unterstellt werden. Eine Entwicklung, die fraglos die Gefahr von Stromausfällen in sich birgt.

Neben neuen wirtschaftlichen Geschäftsbereichen stellt sich daher für Stadtwerke die Frage, wie sie zukünftig am besten mit Prosumern und ihren Energieeffizienzhäusern umgehen. Der Ausbau der *Netzinfrastruktur* und der bevorstehende *Smart Meter Rollout* sind sicherlich nur ein Aspekt, an dem Stadtwerke ansetzen müssen, um sich selbst – aber auch die Städte an sich – zukunftsfähig zu machen. Partnerschaften und neue Geschäftsmodelle sind die Chance für die Stadtwerke, um kurz- und mittelfristig die Gewinner zu sein.

53.2   Vom Kunden zum Prosumer

Das Wort *Prosumer* vereint die Worte „producer" (Hersteller) und „consumer" (Verbraucher). Im Zusammenhang mit dem Gut Strom oder Wärme sind also Prosumer Menschen, die mithilfe einer Energieerzeugungsanlage, einer z. B. *Fotovoltaikanlage* auf dem Dach oder einer *Kraft-Wärme-Kopplungsanlage* im Keller, sowohl Strom für den Eigenbedarf produzieren, als auch Strom an das öffentliche Netz abgeben. Sie selbst sind auch an das öffentliche Netz angeschlossen, um bei Energieunterversorgung durch die Fotovoltaikanlage jederzeit auch Strom beziehen zu können. Bei diesen Personen verschwimmen somit die Grenzen zwischen Produzenten und klassischem Verbraucher. Darüber hinaus ist Prosumern durch das *Erneuerbare-Energien-Gesetz (EEG)* erlaubt, überschüssigen Strom gegen eine feste Vergütung in das öffentliche Netz einzuspeisen.

Noch vor zehn Jahren war das EEG-Anreizsystem so ausgelegt, dass Prosumer Fotovoltaikanlagen als Wirtschaftsmodell installierten und den gesamten Strom ins Netz eingespeist haben. Heute ist der Prosumer hingegen an der Maximierung des Eigenbedarfs interessiert, da die aktuelle Vergütung unter 12 ct/kWh brutto für Fotovoltaikanlagen kleiner 10 kWp beträgt, während der Strombezug bei etwa 28 ct/kWh brutto liegt, also etwa 16 ct/kWh höher. Mit den fallenden Modulpreisen kann sich eine Amortisation der Investition bereits unterhalb einer Dauer von zehn Jahren ergeben. Dezentrale *Energiespeicher* im Haus helfen an dieser Stelle und ermöglichen einen Autarkiegrad von bis zu 80 %. Der Schritt, mit selbstproduziertem Strom nun auch zu heizen, liegt auf der Hand und wird auch technologisch durch den Einsatz von Wärmepumpen von der Industrie unterstützt. Partiell werden auch Elektroheizungen, Infrarotheizungen, Nachtspeicherheizungen oder Hybridsysteme in Wohngebäuden verbaut.

Die Anzahl der Prosumer-Anlagen wird allein in Nordrhein-Westfalen laut einer vom Institut für Ökologische Wirtschaftsforschung (IÖW) durchgeführten Studie auf 2,6 Mio. bis 2030 geschätzt. Gegenüber heute würde dies eine Steigerung um das 17-Fache bedeuten, wovon 1,2 Mio. Anlagen auf Fotovoltaikdachanlagen entfallen.[1]

Mehr als 1,6 Mio. Prosumer gibt es derzeit in Deutschland. Zu ihnen gehören Haushalte mit Solarzellen (Fotovoltaik) auf dem Dach, Solarthermieanlagen für die Warmwasserbereitung, Windrädern im Garten oder Blockheizkraftwerken im Keller. Auch Kombinationen davon sind denkbar.[2]

53.3   Entwicklung der Bauwirtschaft

Nachfolgend werden die wesentlichen relevanten Entwicklungen in der Bauwirtschaft vorgestellt, da der Prosumer in den häufigsten Fällen seine Energieerzeugungsanlage auf einem Gebäude installiert. Hier kommen insbesondere neue Auflagen für das *Energieeffizienzhaus*

---

[1]Vgl. Aretz et al. (2017, S. 9 f.).
[2]Vgl. Steiner (2018).

zum Tragen. Die Digitalisierung bildet dabei die Brücke zwischen Bau- und Energiewirtschaft mit einer zunehmenden Intelligenz im Gebäude. Die Verbraucher sind hier in ihrem Handeln zukünftig nicht mehr auf das Innere des Gebäudes beschränkt, sondern agieren durch E-Mobility auch in der Außenwelt (Abschn. 53.4). Durch die zunehmende Digitalisierung der Energieflüsse rund um den Bau und das *Elektroauto* ergeben sich neue Chancen für die Speicherung von Energie im Gebäude und im Auto. Hier können Stadtwerke ihr volles Wissen in neuen Geschäftsmodellen einbringen, wie in Abschn. 53.5 aufgegriffen wird.

53.3.1 Bau- und Förderauflagen

Für Neubauten gilt seit dem Jahr 2002 die *Energieeinsparverordnung (EnEV)*. Zuletzt im Jahr 2016 aktualisiert (EnEV 2016), ist aktuell als höchste Energieeffizienzklasse das *KfW-Effizienzhaus 40 Plus* definiert. Dabei wird v. a. der Fokus auf die ausreichende Gebäudedämmung sowie die richtige Energieerzeugungsanlage bzw. Anlagentechnik gelegt. Die Verschärfung der EnEV-Anforderungen ist ein Zwischenschritt hin zum Niedrigstenergiegebäudestandard oder auch *Nearly zero-energy buildings (NZEB)* der Europäischen Union. Die Realisierung durch die Bauwirtschaft wird in den nächsten zwei Jahren erwartet; vergleichbar mit der Automobilabgasnorm wäre die Folge eine weitere Verschärfung der Vorgaben für Dämmung und Wärmeerzeugung. Als Bezugsgröße der EnEV-Einstufung dient die sog. Primärenergiebilanz. Sie wird in einem aufwendigen Verfahren aus verschiedenen Faktoren errechnet, mit dem Ziel, Energie einzusparen. Dabei ist nicht nur entscheidend, wie viel Energie ins Haus geliefert, sondern auch, welcher Energieträger verwendet wird. Regenerative Energien wirken sich auf die Bilanz positiver aus als Öl oder Gas. Bei der Ermittlung der Energiebilanz werden neben Raumheizung und -kühlung auch Warmwasserbereitung und Lüftungsanlagen berücksichtigt. Es zählt aber auch die Energie, die für den Betrieb von Pumpen, Brennern und Reglern gebraucht wird.

Die EnEV verpflichtet Bauherren bereits seit mehreren Jahren dazu, erneuerbare Energien als Primärquelle für die Wärmeerzeugung einzusetzen. Dabei sind die Regelungen flexibel zwischen Dämmung und erneuerbarer Energieerzeugungsanlage, d. h. eine höhere Dämmung kann eine nicht installierte Solarthermieanlage ersetzen. Auch die finanziellen Anreize werden über die EnEV geregelt. Die Förderprogramme der Kreditanstalt für Wiederaufbau (KfW) sind für Hausbauer ein entscheidender Faktor in der Gesamtfinanzierung. Die Vergabe der Zuschüsse und zinsgünstigen Kredite orientieren sich an den Energiestandards der KfW-Energieeffizienzhausstandards. Derzeit werden vier KfW-Standards gemäß den Vorgaben der EnEV gefördert: die Effizienzhäuser KfW 70, 55, 40 und 40 Plus.[3]

---

[3] Vgl KfW (2017).

53.3.2 Energieeffizienzhäuser

Seit einigen Jahren ist bei Bauträgern von Fertig- und Massivhäusern der Trend zu beobachten, zusätzlich zur Basisförderung durch die KfW weitere finanzielle Anreize beim Bau eines KfW-Effizienzhauses 40 Plus anzubieten. Zu einem attraktiven Sonderpreis wird dem Bauherrn die sofortige Anschaffung einer Elektrobatterie so attraktiv gemacht, dass der rechnerische Effektivzins durch die zusätzliche KfW-Förderung sogar einen Verdienst bei der entsprechenden Finanzierungsrate darstellen kann.

Neben dem finanziellen Anreiz resultiert aus der Umsetzung eines 40-Plus-Hauses auch technologisch ein Mehrwert. Bereits heute werden softwarebasierte Energiemanagementsysteme mit installiert, die den Energiefluss zwischen Fotovoltaikanlage, Wärmepumpe/Heizung/Lüftung, Haushaltsgeräten/Licht und Batteriespeicher priorisieren. Die von der Fotovoltaikanlage erzeugte Energie wird in Abhängigkeit vom Strombedarf zuerst auf die *Wärmepumpe* zur Abdeckung der Heizung und Warmwassererzeugung, dann auf alle aktiven elektrischen Verbraucher wie Licht, Kühlgeräte, Computer, Fernseher etc. und danach auf den elektrischen Speicher verteilt, bevor der noch verbleibende erzeugte Fotovoltaikstrom in das öffentliche Netz der Stadtwerke eingespeist wird.

An dieser Stelle besteht die Möglichkeit, das *Elektrofahrzeug* als weiteren Verbraucher oder auch Speicher ins System einzuführen, bevor der Strom ins Netz eingespeist wird. Ziel sollte die Möglichkeit der intelligenten Vernetzung mit dem Energieeffizienzhaus sein. Überschüssiger Strom von der Fotovoltaikanlage wird in das Elektroauto eingespeist und umgekehrt kann der *Elektrospeicher* des Autos im Bedarfsfall auch als Stromquelle für das Haus dienen. Dies setzt voraus, dass der Prosumer zukünftig seine angestrebte Reichweite vorher festlegt, sodass die Batterie des Elektroautos ähnlich verwaltet werden kann wie die häusliche Batterie.

53.3.3 Intelligenz rund um das Gebäude

Die Bauindustrie wagt sich seit Längerem in Gewerke wie intelligente Elektro- und Heizungsanlagen vor. So dient die intelligente Vernetzung zwischen Erzeugern und Verbrauchern im Haus – auch unter dem Begriff *Smart Building* bekannt – der Effizienzsteigerung des Gesamtsystems. Erweitert werden solche softwarebasierten Lösungen durch eine höhere Intelligenz der Endgeräte, die auch übers Internet angesprochen werden können. Diese Geräte bilden gemeinsam das sog. *Internet of Things (IoT)* und ermöglichen es, die verschiedenen Welten wie Energie, Bau und Verkehr miteinander intelligent zu vernetzen sowie sich gegenseitig beeinflussen zu lassen.

Dabei ist KNX eines der führenden Kommunikationsprotokolle im europäischen Markt für Smart Building und gewerblichen Zweckbau. Mit über 50 % führt KNX vor Bluetooth oder Wi-Fi und wird von über 460 Herstellern in etwa 40 Ländern unterstützt.[4]

---

[4]Vgl. KNX (2019).

Im Jahr 2014 wurde ein eigener KNX-City-Ansatz mit Lösungen von Systemintegratoren veröffentlicht, der gleich sieben Gebäude und stadtspezifische Lösungen auf Basis von KNX vorgestellt hat, u. a. Lastmanagement und energieautarkes Einfamilienhaus.[5] Der Ansatz erneuerbare Mobilität zeigte bereits eine denkbare Lösung für Stadtwerke, die größtenteils immer noch keine Kenntnisse über die mögliche Einflussnahme auf das Netz neuer Verbraucher wie Elektroautos haben.

Eine weitere Komponente für die Energiewende ist der Elektrospeicher. Allein im Jahr 2018 haben auf einer der weltweit größten Energiespeichermessen über 400 Speicheranbieter ausgestellt, die zum großen Teil den Wohnungsmarkt adressierten. Marktführer wie sonnen, SENEC, Varta, Solarwatt, LG Chem, E3/DC, SMA, SolarEdge und Fronius zeigen Speichersysteme in allen Größen, oft flexibel skalierbar, mit Lademöglichkeiten für Elektroautos und über Cloudsysteme intelligent vernetzt. Bei der Verknüpfung der Fotovoltaikanlage mit den Verbrauchern sind es wieder Systemintegratoren und Start-ups, die mit intelligenten Verteilsystemen mit dem einen Ziel aufwarten: Maximierung des Eigenverbrauchs durch intelligente Verteilung und Speicherung des selbsterzeugten Stroms.

Ziel einer weiterentwickelten Smart-Building-Lösung sollte, wie in Abb. 53.1 dargestellt, ein ganzheitliches Zusammenspiel zwischen Prosumer und Stadtwerken sein, aus dem Angebote erwachsen, die von Stadtwerken angeboten werden können. Dabei steht die Win-win-Situation im Vordergrund. Der Prosumer hat einen kompetenten Ansprechpartner für sein Vorhaben. Die Stadtwerke bieten neue Geschäftsfelder an und gewinnen im optimalen Fall die notwendigen Informationen über das reale Lastprofil der Prosumer zur Stabilisierung ihres Netzes.

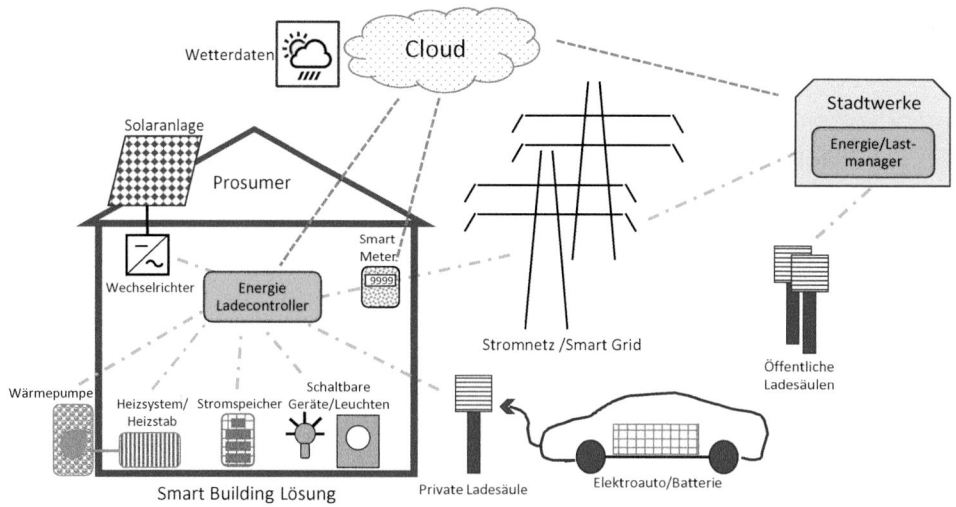

Abb. 53.1 Zusammenspiel von Prosumern und Stadtwerken

---

[5] Vgl. KNX (2014).

Heutige Smart-Building-Lösungen funktionieren so, dass der intelligente *Ladecontrol-ler* den durch die Fotovoltaikanlage erzeugten Strom entsprechend der Priorität des Verbrauchers verteilt. Dabei werden auch Wetterdaten berücksichtigt, um u. a. den Betrieb der Wärmepumpe optimal zu steuern. Im Sommer und in strengen Wintern werden insbesondere der Heizstab für die Erwärmung von Heizwasser angesteuert, um im Sommer die Energie optimal zu nutzen und im Winter die Effizienz der Wärmepumpe zu verbessern. Darüber hinaus dient der Ladecontroller zur Berechnung der Ladeleistung, die an die Schnittstelle der *Ladesäule* weitergeben wird.

In einem nächsten Entwicklungsschritt können *Smart Meter* zukünftig mit einer integrierten Steuerboxfunktion die Möglichkeit bieten, als standardisiertes und hochsicheres Infrastrukturinstrument für das gesamte dezentrale Energiesystem in einem Haushalt zu dienen und die Lastverläufe der Prosumer dem Stadtwerk zu übermitteln. Sinnvoll wäre dann auch, Informationen über die mögliche Einspeisung oder den Bezug für das Elektroauto vorab über die Cloud verschlüsselt den Stadtwerken zur Verfügung zu stellen. Wetterdaten ermöglichen den Stadtwerken darüber hinaus, eine Prognose über die Erzeugung der Fotovoltaikanlagen in der Region zu stellen und für Netzbelastungen und Beladungen von Elektroautos heranzuziehen.

Seit Längerem adressieren sowohl mittelständische Unternehmen als auch Start-ups die Stabilisierung des Netzes. Die heutigen Lösungen betreffen intelligente Software-lösungen einerseits und Hardwarekomponenten andererseits. So werden z. B. im Unter-verteiler im Nieder- und Mittelspannungsbereich fehlende Informationen des Netzes den Stadtwerken zur Verfügung gestellt, um für die rechtzeitige Verfügung von Energie und die *Netzstabilität* zu sorgen. Gerade auf der Niederspannungsebene werden durch den weiteren Zuwachs von Fotovoltaikanlagen und der Steigerung des Marktanteils von Elektrofahrzeugen in den nächsten Jahren die Herausforderungen zunehmen.

Für die Stadtwerke ergibt sich die Chance, als Systemdienstleister mit regionalen Kooperationspartnern zu agieren und Dienstleistungen wie Mobilität, Energie und Wärme einzeln und in einem Gesamtsystem sinnvoll zu beraten, auszulegen, anzubieten und umzusetzen.

53.4   E-Mobility 4.0

Im Folgenden werden die wesentlichen Aspekte innovativer *E-Mobilität* diskutiert. Berücksichtigt werden aktuelle Trends deutscher Autokonzerne zu Elektroautos, die Beeinflussung der Reichweite und der Kosten sowie grundsätzlich der Zusammenhang von Verkehrswende und Klimaschutz. Abgerundet werden die Ausführungen durch die Vorstellung einer Integration des Elektroautos in ein vernetztes Prosumer-Energieeffizienzhaus als Elektrospeicher. Durch eine solche Nutzung wachsen die Anreize eines Prosumers, ein Elektroauto anzuschaffen.

53.4.1 Trend bei Elektroautos

Die Zahl der zugelassenen Fahrzeuge steigt hierzulande kontinuierlich; 2018 sind in Deutschland insgesamt 64 Mio. Fahrzeuge, davon 47 Mio. Pkw, zugelassen. Auf 1.000 Einwohner entfallen damit statistisch 687 Pkw. Entsprechend dem Klimaschutzplan der Bundesregierung ist eine Reduktion der CO_2-Emissionen von mindestens 40 % bis 2030 vorgesehen. Zwischen 1990 und 2016 ist der CO_2-Ausstoß des Verkehrssektors allerdings praktisch gleichgeblieben, im Jahr 2017 ist er leicht gestiegen.[6]

Die Automobilindustrie befindet sich nach den neuen Vorgaben unter Zugzwang und steht vor einer massiven Veränderung. Neben der Elektrifizierung ihrer Fahrzeugflotten – mit dem Zweck, die vorgegebenen Emissionsziele zu erreichen – kommen für die Hersteller noch zwei weitere, essenzielle Themen hinzu: Konnektivität und autonomes Fahren. Ab 2020 können Kunden mit einem breiten Angebot von Elektroautos der größten deutschen Automobilhersteller und dem gleichzeitigen Wegfall vieler herkömmlicher Fahrzeuge, verursacht durch das neue WLTP,[7] rechnen. Allein Volkswagen möchte bis 2022 eine ganze Fahrzeugreihe aus Elektroautos, von Kleinwagen bis SUV, auf den Markt bringen und hat bereits begonnen, die Werke vollständig auf die Produktion dieser neuen Modelle umzustellen. Audi und Mercedes setzen mit den bereits erhältlichen e-tron- und EQC-SUV-Modellen ein erstes Zeichen aus deutscher Herstellersicht. Mit etwa 450 km Reichweite und einem Preis von etwa 90.000 EUR gelten sie als erste ernsthafte Konkurrenten von Tesla. Der bestehende Umweltbonus in Höhe von 4.000 EUR bietet für die meisten Käufer bei aktuell relativ hohen Fahrzeugpreisen keinen ausreichenden Anreiz. Ab 2020 kann aber mit den ersten Fahrzeugen im Mittelpreissektor gerechnet werden, beispielsweise mit dem neuen Volkswagen I. D. Neo.

Intelligente *Ladeboxen* mit *Batteriemanagementsystemen (BMS)* ergänzen die Software der Anlagen im Haus und integrieren das Elektroauto in das umfassende Haussystem. Die Software ermöglicht, dass der Ladevorgang nicht bei sofortigem Ladeanschluss gestartet wird, sondern der günstigste Moment abgepasst wird. So kann mit überschüssigem Strom oder vergünstigtem Nachtstrom geladen werden, um die Kosten so gering wie möglich zu halten. Zu Hause kann also gleichzeitig weiterer überschüssiger Strom für das Auto genutzt werden und so die Eigennutzung des selbst produzierten Stroms erhöht werden. *E-Mobility 4.0* bedeutet an dieser Stelle, dass das Elektroauto nicht mehr nur ein Fahrzeug ist, das vor der Haustür steht, sondern vielmehr auch als eine Ergänzung zum Energiesystem des Hauses genutzt werden kann.

Geringe Förderungen, Reichweiten und hohe Kaufpreise haben Kunden bisher davon abgehalten, ein Elektroauto zu kaufen. Durch größere Modellvielfalt, Ladeinfrastruktur, bessere Batterietechnologien und sinkende Fahrzeugpreise in den nächsten zwei bis drei Jahren, wird sich dieses Bild jedoch ändern. Die Kombination von Fahrzeug und Energieeffizienzhaus stellt bereits heute einen signifikanten Kaufanreiz für viele Prosumer dar.

---

[6] Vgl. Knie und Canzler (2018).

[7] Bei WLTP (Worldwide Harmonized Light Vehicles Test Procedure) handelt es sich um ein Messverfahren zur Bestimmung der Abgasemissionen von Kraftfahrzeugen.

53.4.2 Klimaschutz und Verkehrswende

Auf der letzten internationalen Fachmesse für Ladeinfrastruktur und Elektromobilität Power2Drive 2018 haben mehrere große Verbände ein Manifest formuliert, um die Verknüpfung von *Elektromobilität* und erneuerbaren Energien voranzutreiben. Es umfasst sieben Forderungen, u. a. die Einbettung der Elektromobilität in ein intelligentes System erneuerbarer Energien in enger Zusammenarbeit von Politik, Industrie und Wirtschaft.[8]

Der rapide Anstieg von Elektroautos und alternativen Antriebsformen auf unseren Straßen, der auch durch das steigende Interesse der Gesellschaft getrieben wird, wird sich in den nächsten Jahren deutlich bemerkbar machen. Einflüsse wie Dieselfahrverbote und die steigende Attraktivität von Elektroautos tragen ebenfalls ihren Teil dazu bei. Diese Entwicklung hat zur Folge, dass Städte eine Ladeinfrastruktur und den Bau von Lademöglichkeiten auf Privatgrundstücken realisieren und gewährleisten müssen. Treiber aus Sicht der Städte sind dabei insbesondere die notwendige Reduzierung klimaschädlicher Treibhausgase wie beispielsweise Stickoxide (NO_x) und die grundsätzliche Förderung von nachhaltiger Mobilität. In diesem Kontext ist besonders die Umstellung des öffentlichen Personennahverkehrs (ÖPNV) auf alternative Antriebe zu erwähnen.

53.4.3 Ladeinfrastruktur

Der Ausbau der *Ladeinfrastruktur* kommt in zahlreichen Städten aktuell nur schleppend voran, ist aber essenziell für die Elektromobilität. Konkret geht es zum einen um eine öffentliche Ladeinfrastruktur in den Städten und zum anderen um die Errichtung von Ladesäulen bzw. Ladeboxen auf privaten Grundstücken. Stadtwerke haben gegenüber anderen Anbietern den Vorteil, dass sie relativ einfach mit dem Bau einer solchen Infrastruktur beginnen können. Externe Firmen können mit dem Bau von Ladesäulen nicht ohne Absprache beginnen. Stadtwerke hingegen verfügen i. d. R. über große Erfahrung mit Genehmigungsverfahren für Infrastrukturprojekte und beim Umgang mit dem Bauamt der Stadt. Darüber hinaus beinhaltet ihr Leistungsportfolio neben dem Netzmanagement auch alle Aktivitäten des Netzausbaus, was sich an dieser Stelle positiv auswirkt. Zu beachten ist aber, dass der Ausbau einer Ladeinfrastruktur mit einer größeren Netzbelastung und damit einhergehenden Kosten und Investitionen verbunden ist. Ein gleichzeitiges Laden von Elektroautos zur Nachtzeit muss ermöglicht und die Netzbelastung muss kalkulierbar und prognostizierbar sein. Nur so können Stromengpässe und Netzausfälle vermieden werden.

Immer häufiger sieht man inzwischen Ladesäulen von verschiedenen lokalen Stromanbietern. Diese Verteilung von Baurechten hat den Vorteil, kein Monopol entstehen zu lassen. Nachteilig hingegen sind die komplizierten mehrfachen Registrierungen und Abrechnungen für den Kunden bei Nutzung verschiedener Anbieter. Speziell für Reisende ist es umständlich, sich immer wieder bei einem lokalen Anbieter anzumelden, um das

---

[8] Vgl. Solar Promotion und FWTM (2018).

Elektroauto laden zu können. Stadtwerke könnten an diesem Punkt zusammenarbeiten und ein einheitliches Lade- und Bezahlsystem entwickeln. Im Hintergrund agieren zwar unterschiedliche Anbieter, für den Kunden ist die Nutzererfahrung oder User Experience aber immer die gleiche. Ein gutes Beispiel hierfür ist der Ladeverbund+. Dieser hat aktuell mit 57 Mitgliedern, die aus Stadt- und Gemeindewerken bestehen, ein einheitliches Lade- und Bezahlsystem entwickelt. Der Verbund erleichtert das Leben der Kunden und Stadtwerke können über das Teilen der Plattform und Infrastruktur hinaus Know-how austauschen.[9]

53.5 Stadtwerke

Nachfolgend werden zunächst jene aktuelle Herausforderungen für die Gestaltung des Übertragungsnetzes aufgezeigt, denen sich Stadtwerke durch die Dezentralisierung und die Wärmewende stellen müssen. Es werden sodann Lösungsansätze präsentiert, die sich mit möglichen neuen Rollen der Stadtwerke bzw. der Realisierung von Innovationen beschäftigen. In zwei weiteren Abschnitten werden bereits bestehende Praxisbeispiele genannt und abschließend die resultierenden Handlungsempfehlungen angeführt.

53.5.1 Herausforderungen

Die zunehmenden Sektorkopplungen und die Dezentralisierung kreieren ein immer komplexeres und intransparenteres Netz. Die Energieversorgung von morgen stellt gerade die großen, urbanen Regionen vor erhebliche Herausforderungen. So soll Energie trotz zunehmender Volatilität weiterhin sicher, zuverlässig und umweltverträglich erzeugt, aber dennoch bezahlbar zur Verfügung gestellt werden. Gleichzeitig wächst der Bedarf nach noch mehr Energieerzeugung in Deutschland trotz Energieeffizienzhäusern. So belegt die Agora-Studie Wärmewende 2030, dass allein im Wärmesektor durch den Ausstieg aus Öl rund 2 Mio. Wärmepumpen im Jahr 2030 zum Einsatz kommen werden.[10] Die Forderung ist, diese größtenteils mit regenerativer Energie zu betreiben.

Der Weg hin zum transparenten, stabilen *Smart Grid* fordert nicht nur erhebliche Investitionen, sondern kostet auch Zeit. In diesem Umfeld sind die Stadtwerke aufgefordert, auch über Alternativen und Einflussnahmen von dezentralen Energieerzeugern nachzudenken. Gerade kleinere Stadtwerke ohne Kraftwerkspark sind reine Netzbetreiber, mit dem Ziel, der Bevölkerung ein stabiles und qualitativ hochwertiges Netz zu jeder Zeit zur Verfügung zu stellen. Zukünftig werden die notwendigen Kenntnisse über die netzbeeinflussenden Faktoren aufgrund von Dezentralisierung, Agieren von Prosumern und der wachsenden Zahl niederfrequenter Netzteile, z. B. für Smartphones, immer komplexer. Die notwendige Transparenz existiert in den meisten Fällen noch nicht und soll in den

---

[9]Vgl. Ladeverbund+ (2019).
[10]Vgl. Fraunhofer IWES/IBP (2017, S. 3).

nächsten Jahren verstärkt auch bei den kleineren und mittleren Stadtwerken auf der Nieder- und Mittelspannungsebene erfolgen.

Mittlere und große Stadtwerke haben hier günstigere Voraussetzungen, da sie in ihrer Gesellschafterstruktur neben den Netzen und der Erzeugung inklusive regenerativer Energieparks auch die Bereiche Wohnen, Wasser, Bäder und Nahverkehr abdecken. Somit sind Angebote wie Energieberatung und ganzheitliche Ansätze leichter umsetzbar.

53.5.2 Lösungsansätze: Neue Geschäftsmodelle, Kooperationen, Digitalisierung

Bedingt durch die gesetzlichen Vorgaben für Versorgungssicherheit, werden auch zukünftig die Geschäftsfelder Erzeugung, Netz und Vertrieb wesentliche Faktoren für Stadtwerke sein. Allerdings sollten sich die Stadtwerke parallel in Richtung *digitaler Serviceprovider* aufstellen, um den Anteil von Dienstleistungen an einer zu definierenden Wertschöpfungskette zu erhöhen. Dies ist auch notwendig, um nicht dem zunehmenden Wettbewerb durch Quereinsteiger wie den Internetriesen (Amazon, Google), Speicherlösungsanbietern (z. B. sonnen), Elektroautoanbietern (z. B. Tesla) oder der Bauwirtschaft (z. B. Viebrockhaus) den Markt der Prosumer mit innovativen Gesamtlösungen zu überlassen. Insbesondere strategische Partnerschaften mit den oben genannten Gruppen, wie es die großen Energieversorgungsunternehmen teils schon praktizieren, sollten regional nachgezogen werden. Daraus ergeben sich neue Möglichkeiten der Wertschöpfungskette in die Bereiche von Elektroautos und Wärmewende. Gerade die Automobilindustrie befindet sich ebenfalls in einem kompletten Umbruch ihrer Wertschöpfungskette, wenn das Elektroauto mehr und mehr den Verbrennungsmotor ersetzen muss.

Für die knapp 900 Stadtwerke ergeben sich mit der kommunalen Verankerung und Verantwortung einzigartige Stärken. Sie verfügen über ein hochspezialisiertes Wissen rund um das Thema Energie. Kooperationen mit beidseitigem Wissenstransfer können risikoarm und effizient neue Geschäftsfelder eröffnen. Der öffentliche Auftrag verleiht den Stadtwerken einen hohen Vertrauensvorsprung. Somit sind passgenaue Angebote möglich, die spezifische Geschäftsmodelle für die dezentrale Energieerzeugung ermöglichen und durch Kooperationen mit lokalen Firmen einen hohen Mehrwert auch unter Einbindung der Lokalpolitik in der Region bieten. Stadtwerke verfügen außerdem über einen soliden Kundenbestand, der zunehmend aktiver und umfangreicher bedient werden möchte.

Den Prosumern könnte somit das regionale Stadtwerk als zentraler Ansprechpartner idealerweise ausreichen, sofern es kompetent zu Themen wie der Kombination einer Solardachanlage mit einem Stromspeicher und einem Ladeanschluss in der Garage zu beraten weiß. Dabei werden die Stadtwerke die Komponenten nicht selbst vorhalten, aber die Vermittlung zu Großabnehmerkonditionen mit Regionalanbietern vereinbaren können, da der Vertrieb durch die Stadtwerke erfolgen würde.

Folgende Rollen sind für ein neues *digitales Geschäftsmodell* für die Stadtwerke im Zusammenspiel mit Prosumern denkbar und sinnvoll zügig umzusetzen:

   I. Primärer Ansprechpartner für die Beratung aller Themen der Energiewende vor Ort
  II. Gesamtkoordinator regionaler Prosumer-Projekte
 III. Ansprechpartner für Pachtmodelle und Förderprogramme
 IV. Anbieter von Smart-Building- und Smart-Home-Lösungen
  V. Zentraler Infrastrukturanbieter inklusive Glasfaserbreitband
 VI. Innovationstreiber rund um das Thema Energie

Um die Gesamtheit der Rollen optimal und risikoarm auszuführen, sind in erster Linie Kooperationen mit regionalen Partnern sehr wichtig. Die regionale Verzahnung und der überschneidende Kundenfokus könnten Synergien schaffen, sodass neben der Portfolioerweiterung auch neue Lösungen entstehen können. Um allerdings mit noch innovativeren digitalen Geschäftsmodellen zukünftig beim Kunden Mehrwerte zu schaffen, ist die Auseinandersetzung mit Start-ups sinnvoll. Dabei sind im Wesentlichen drei Typen von Ansätzen zu unterscheiden:

A. **Stadtwerke mit eigener Innovationsabteilung:** Der Innovationsmanager ist zum einen interner Ideengeber, zum anderen recherchiert er auf dem externen Markt Start-ups, die vorgegebene Themen adressieren. Diese treten oft auf Stadtwerkekonferenzen oder Kongressen bzw. Messen wie die E-world auf.
B. **Stadtwerke mit einem separaten Campus für Start-ups:** Seit 2016 formieren sich in Deutschland auch bei den Stadtwerken Gründerwerkstätten wie z. B. bei den Stadtwerken Gießen.[11] Hier werden Großraumbüros für Start-ups zur Umsetzung innovativer Ideen für die Energiewirtschaft zur Verfügung gestellt.
C. **Stadtwerkegemeinschaft:** Diese Verbände verfügen für ihre Stadtwerkemitglieder über eigene zentrale Innovationsabteilungen, die themengebunden auch den Markt nach geeigneten Start-ups absuchen. So kooperiert die Thüga-Gruppe seit November 2018 zum Vorantreiben der Elektromobilität mit einem Start-up aus Freiburg zur Identifizierung idealer Standorte für Ladesäulen, wovon die Mitglieder (Stadtwerke) profitieren.[12]

53.6   Praxisbeispiel – Prosumer und Stadtwerke Nord

Die Stadtwerke Nord (Name geändert) repräsentieren die kleineren Stadtwerke, die nicht in einem Verbund integriert sind. Sie bieten dem Prosumer neben Strom, Erdgas, Wasser und Wärme auch Internet, Telefon, TV via Glasfasernetz an. Somit sind sie ein idealer Ansprechpartner für Bauprojekte mit eigener Stromerzeugung, Speicherung, Elektromobilität und Smart Meter.

---

[11]Vgl. Gießener Allgemeine (2016).
[12]Vgl. Thüga (2018).

Im Jahr 2017 wurde das Projekt Prosumer mit dem Bau eines Energieeffizienzhauses mit Smart-Building-Technologieansatz und neuester Elektromobilität aufgesetzt. Die regionalen Stadtwerke Nord wurden kontaktiert mit dem Ziel, einen kompetenten Ansprechpartner für alle energierelevanten Themen zu gewinnen, mit dem auch eine Umsetzung in Form einer Art Generalkoordinator möglich wäre. Dies konnten die Stadtwerke Nord nicht leisten. Weitere Recherchen führten schließlich zu einem Anbieter für Massivfertighäuser mit einer Fertigstellungszeit von nur drei Monaten. Das Angebot des Bauträgers, anstelle eines KfW-40- ein *KfW-40-Plus*-Haus zu bauen, stellte sich bereits bei der Finanzierung als attraktiv heraus. Der Elektrospeicher war durch den Sonderpreis bei Sofortabschluss und der Förderung der KfW durch einen Tilgungszuschuss annähernd kostenneutral. Mit der Festsetzung des Energieeffizienzhauses *KfW 40 Plus* war erneut eine Kontaktaufnahme mit den Stadtwerken notwendig. Zu den Leistungen zählten

- Verlegung Strom- und Trinkwasseranschluss,
- Anmeldung von Fotovoltaikanlage und Elektrospeicher,
- Bereitstellung einer Glasfaserleitung,
- Anschluss Ladesäule für Elektroauto und
- Installation von Smart Meter.

Der heutige Geschäftsansatz der Stadtwerke Nord für Bauherren beschränkt sich noch auf den Hausanschluss als Generalunternehmer. Dies funktionierte in Kooperation mit einem regionalen Tiefbauunternehmen, das Strom-, Trinkwasser- als auch den Glasfaseranschluss reibungslos, aufwandsarm und kosteneffizient umsetzte. Daher entstand die Idee, dieses Angebot auf die Bereiche Elektromobilität, Fotovoltaikauslegung und Elektrospeicher kombiniert mit dem Smart Meter Rollout auszuweiten. Beim Smart Meter Rollout herrscht weiterhin eine große Verunsicherung in Bezug auf Technikvorgaben und Zeitpunkt. Damit ist ein Einsatz für die Erfassung des Lastprofils als Prosumer-Haushalt frühestens im Lauf des Jahres 2019 möglich.

Im Bereich Elektromobilität hat man seit 2016 sieben öffentliche Ladesäulen installiert. Hier besteht Potenzial, auch mit lokalen Autohäusern über ein zukünftiges Angebot von Elektroauto und entsprechenden Ladesäulen unter Einhaltung der Grenzwerte von 11 kW für den Privathaushalt nachzudenken. Die Nachfrage nach Elektroautos ist bereits vorhanden und so waren die Stadtwerke Nord grundsätzlich offen, fühlten sich aber noch nicht in der Lage, diese Rolle zu übernehmen.

Das treibende Thema für die Stadtwerke Nord bleibt wie für viele Stadtwerke, Netzstabilität und Netzqualität aufrechtzuerhalten. Hierzu wird die Kenntnis über Lastprofile im Niederspannungsumfeld zunehmend wichtiger und wird den Fokus für die nächsten Jahre bestimmen.

Es bleibt zu hoffen, dass der bevorstehende Smart Meter Rollout ein noch leichteres und erfolgreicheres Zusammenspiel zwischen Prosumer und Stadtwerken ermöglicht und sich neue Geschäftschancen für Stadtwerke in der Zusammenarbeit mit Prosumern, wie zuvor beschrieben, ergeben.

53.7   Best Practice Cases

Für Optimierungen im Bereich E-Mobility und für das Zusammenspiel von Prosumer und
Stadtwerken existieren Vorschläge, die Kundenorientierung versprechen und in Richtung
eines idealen Rollenansatzes für die Stadtwerke gehen. Die Auflistung hat keinerlei Anspruch auf Vollständigkeit, sondern ist rein repräsentativ als Beispiel zu sehen.

Stadtwerke Badenova

Innovativ und kundenorientiert präsentieren sich die Stadtwerke Badenova als Partner des
Kunden. So wird der Prosumer unter der Rubrik Privatkunden sofort auf die aktuellen
Topthemen Heizung, Fotovoltaikanlage und Stromspeicher, Badenova Smart Home Portal
und E-Mobilität aufmerksam gemacht.[13]

Insbesondere die Vielzahl der genannten Kooperationen mit führenden Markenherstel-
lern steigert das Vertrauen in einen regionalen kompetenten Partner. Dies wird dadurch
bekräftigt, dass in jeder Rubrik die Beratung, die Anlagenplanung und ein Festpreisange-
bot angeboten werden. Auch das Thema Vernetzung und Digitalisierung im Gebäude wird
in der Rubrik Smart Home Portal vorbildlich adressiert. Auf die Vernetzung der *Ladebox*
inklusive intelligenter Steuerung in Zusammenhang mit einer Fotovoltaikanlage wird
ebenfalls hingewiesen.

Stadtwerke Jena

Im Bereich Energietrends haben die Stadtwerke Jena ihr Angebot für Prosumer in sechs
Themen gegliedert.[14] Das Angebot reicht von der Beratung und Förderung bis zum Kauf
oder Pacht bei

1. der Fotovoltaikanlage auf dem eigenen Dach als Pacht oder Kauf inklusive Planung;
2. dem Batteriespeicher in Kooperation mit dem Dresdner Speicherspezialisten Solarwatt
   und der Nutzung des Thüringer Förderprogramms Solar Invest;
3. der Elektromobilität – hier wird dem Interessenten neben dem Förderprogramm Jena
   KlimaPlus auch Hilfe bei der Wahl der richtigen Ladestation inklusive Kaufpreis oder
   Pachtangebot angeboten;
4. dem Smart Meter – es wird sachlich aufgeklärt und Interessenten angeboten, diesen
   einzubauen;
5. dem Smart Home mit einer vernetzten Lösung für die intelligente Haustechnik und
   unter Verweis auf Elektromobilität, Fotovoltaikanlage und Heizungsanlage;
6. einem Mini-Blockheizkraftwerk.

---

[13] Vgl. Badenova (2019).
[14] Vgl. Stadtwerke Jena (2019).

MVV Energie

Eine Kooperation mit einem regionalen Speicherhersteller hat auch die MVV Energie seit März 2017 mit der Firma Mannheimer Hycube, Hersteller von intelligenten und flexiblen Speichersystemen, umgesetzt. Es sind drei Produkte vereinbart worden: MVV Solar, MVV Batterie und MVV Ladesäule. Hierdurch bietet die MVV Hauseigentümern und Unternehmen Möglichkeiten, ihren Strombedarf zu einem großen Teil aus eigener Erzeugung zu decken. Dabei werden die Speicherung und Beladung von Elektroautos im Konzept berücksichtigt.[15]

Stadt Tübingen

Einige Stadtwerke propagieren den notwendigen Klimaschutz im Wohnungsbau sowie die Verkehrswende in Zusammenarbeit mit ihrer Stadt durch Öffentlichkeitsaktionen, um Bürger aktiv zum Handeln zu motivieren. Dazu werden kostenlose öffentliche Veranstaltungen angeboten. Die Stadtwerke ergänzen dies durch kostenfreie persönliche Beratungsgespräche, etwa für Bauherren. So werden im Rahmen einer Kampagne der Stadt Tübingen („Tübingen macht blau"), von den Stadtwerken Beratungs- und Förderangebote für den Bereich Wohnraum von Nullenergiehäusern und Mobilität gemacht.[16]

ENTEGA

Ein weiteres Beispiel für eine wertvolle Kooperation im E-Mobility Bereich mit regionalen Anbietern gibt die Darmstädter ENTEGA. Sie bietet seit 2017 gemeinsam mit einem regionalen Autohaus ein „Rund-um-Sorglos-Paket für E-Mobilität" an. Dieses reicht von der Bedarfsanalyse über die Bereitstellung von Ladesäulen und Elektrofahrzeugen bis hin zum kompletten Fuhrparkmanagement.[17]

Trianel

Eine ausgereifte Komplettlösung für die öffentliche Ladeinfrastruktur stellt Trianel, eine der großen Stadtwerkegemeinschaften, ihren Mitgliedern und anderen kleineren Stadtwerken als E-Mobilitätslösung zur Verfügung. Hierbei werden die Stadtwerke angesprochen, einen stark wachsenden Markt zu besetzen und sich als Versorger in der Region zu profilieren. Durch die Kooperation mit einem regionalen Ladenetzbetreiber können die Themen Beratung, Beschaffung, Installation, Betrieb, Roaming und Abrechnung abgedeckt werden.[18] In den Bereichen Roaming und zentrale Abrechnung sind digitale Geschäftsmodelle umgesetzt worden. Damit steht für den Endkunden bzw. Prosumer mit Elektroauto eine attraktive, ganzheitliche Lösung bereit, die vom regionalen Stadtwerk auch für den nicht öffentlichen Raum angeboten werden könnte.

---

[15] Vgl. MVV (2017).
[16] Vgl. Tübingen (o. J.).
[17] Vgl. ENTEGA (2017).
[18] Vgl. Trianel (2019).

53.8 Handlungsempfehlungen

Für Stadtwerke ist es essenziell, weiterhin in einer Dienstleisterrolle zu bleiben. Verbraucher (Consumer) müssen bei der Entwicklung hin zu Prosumern unterstützt werden. Folgende Handlungsempfehlungen können als Ergebnis aus den obigen Erkenntnissen gegeben werden.

I.   Kundenbeziehung über digitale Schnittstellen ausweiten: Internetseite als Plattform des Marketings und erste Anlaufstelle für Prosumer aufbauen
II. Kundenservice intensivieren: Positionierung als erster kompetenter Ansprechpartner für alle Belange der Energiewende
III. Portfolioerweiterung: Klare Themen wie Wärmewende, Fotovoltaikanlagen mit Speichern, E-Mobilität, Glasfaserbreitband und Smart Building als Komplettanbieter mit Beratung, Anlagenauslegung und Angebot adressieren
IV. Kooperationen mit namhaften bzw. regionalen Heizungs-/Wärmepumpenherstellern, Speicherherstellern, Fotovoltaikanlagenbauern, Ladesäulenherstellern und Autohäusern (Elektroautos) abschließen
V.   Digitale Geschäftsmodelle mit Beratern, regionalen Unternehmen oder Stadtwerkegemeinschaften erarbeiten und umsetzen
VI. Smart-Building-Konzepte mit regionalen Unternehmen erarbeiten und anbieten, die die Vernetzung innerhalb des Gebäudes zwischen Fotovoltaikanlage, Elektrospeichern, Verbrauchern und zukünftig Smart Meter optimal regeln. Zukünftig sollten Lastgänge an Stadtwerke zur Netzstabilität übertragbar sein
VII. Regionalität ausspielen: regionenspezifische Angebote schaffen
VIII. Regionale Förderprogramme für Portfoliothemen als Anreiz schaffen
IX. Alternative Angebote wie Pacht oder Fotovoltaikmieterstrommodelle umsetzen
X.   Kooperationen mit regionalen und namhaften Wohnungsbauunternehmen
XI. Engagement in Elektromobilität erhöhen und Ladeinfrastruktur mit überregional abgestimmten Verrechnungsmodellen anbieten
XII. Regionale ganzheitliche Elektromobilitätslösung über vernetzte intelligente Ladesäule bis zum Privathaushalt hinaus erarbeiten

53.9 Schlussbetrachtung

Neben der Vorstellung bereits existierender Best Practice Cases sollte auch der theoretische Teil als Anreiz und Inspiration zur Erforschung neuer Geschäftsfelder dienen. Es gilt nicht das Prinzip One-Size-Fits-All, vielmehr sind für jede Region und jede Stadt individuell bereits bestehende Strukturen und Funktionen zu prüfen und möglicher Nachholbedarf zu ermitteln. Stadtwerke sollten genau hier ansetzen, und wie dargestellt, ein Zusammenspiel mit den Prosumern, sprich den Kunden, eingehen. So kann eine Win-win-win-Situation entstehen für Stadtwerke, Prosumer – und den Klimawandel.

Literatur

Aretz, A., Knoefel, J., & Gährs, S. (2017). *Prosumer-Potenziale in NRW 2030 – Studie für die Verbraucherzentrale Nordrhein-Westfalen*. Berlin: Institut für ökologische Wirtschaftsforschung (IÖW).

Badenova. (2019). Privatkunden. https://www.badenova.de/web/Privatkunden/Startseite.jsp. Zugegriffen am 12.01.2019.

ENTEGA. (2017). *ENTEGA und AUTOHAUS BRASS kooperieren bei Elektromobilität* (20. Jan. 2017). Darmstadt: ENTEGA. https://www.entega.ag/aktuelles-presse/pressemeldungen/pressemeldung/entega-und-autohaus-brass-kooperieren-bei-elektromobilitaet. Zugegriffen am 12.01.2019.

Fraunhofer IWES/IBP. (2017). Wärmewende 2030. Schlüsseltechnologien zur Erreichung der mittel- und langfristigen Klimaschutzziele im Gebäudesektor (Feb. 2017). Studie im Auftrag von Agora Energiewende. https://www.agora-energiewende.de/fileadmin2/Projekte/2016/Sektoruebergreifende_EW/Waermewende-2030_WEB.pdf. Zugegriffen am 12.01.2019.

Gießener Allgemeine. (2016). *SWG-Gründerwerkstatt: Silicon Valley im Kleinen* (01. Nov. 2016). Gießen: Gießener Allgemeine. https://www.giessener-allgemeine.de/regional/stadtgiessen/Stadt-Giessen-SWG-Gruenderwerkstatt-Silicon-Valley-im-Kleinen;art71,181247. Zugegriffen am 12.01.2019.

KfW. (2017). *Energieeffizient bauen: Das KfW-Effizienzhaus*. Frankfurt a. M. https://www.kfw.de/inlandsfoerderung/Privatpersonen/Neubau/Das-KfW-Effizienzhaus/. Zugegriffen am 12.01.2019.

Knie, A., & Canzler, W. (2018). *Alles verriegelt! Kein Raum für die Verkehrs- und Energiewende. BDEW-Magazin Zweitausend50*. 02/2018. Berlin: BDEW Bundesverband der Energie- und Wasserwirtschaft e. V. https://www.bdew.de/verband/magazin-2050/alles-verriegelt-kein-raum-fuer-die-verkehrs-und-energiewende/. Zugegriffen am 12.01.2019.

KNX. (2014). Anwenderzeitschrift KNX City Lösungen 2014. Light and Building 2014.

KNX. (2019). KNX Community. Diegem (Brüssel). https://www.knx.org/knx-de/fuer-fachleute/community/index.php. Zugegriffen am 12.01.2019.

Ladeverbund+. (2019). Ladeverbund+. https://www.ladeverbundplus.de. Zugegriffen am 12.01.2019.

MVV. (2017). *MVV und Hycube bringen die Energiewende voran* (02. Mai 2017). Mannheim: MVV Energie AG. https://www.mvv.de/de/journalisten/presseportal_detailseite.jsp?pid=64173. Zugegriffen am 12.01.2019.

Solar Promotion, & FWTM. (2018). Manifest zu Elektromobilität und erneuerbaren Energien (21. Nov. 2018). https://onetypo.mpcnet.de/fileadmin/Power2Drive-Europe/4_Press/Material/P2DEU2019_Manifest.pdf. Zugegriffen am 12.01.2019.

Stadtwerke Jena. (2019). Privatkunden Energietrends. https://www.stadtwerke-jena.de/privatkunden/energietrends. Zugegriffen am 12.01.2019.

Steiner, A. (2018). Prosumer-Bewegung – Wir machen uns unsere Energie selbst. FAZ. 25. März 2018. https://www.faz.net/aktuell/finanzen/prosumer-bewegung-energie-selbst-produzieren-15511240.html. Zugegriffen am 12.01.2019.

Thüga. (2018). Thüga-Gruppe treibt Elektromobilität voran. 27. Nov. 2018. https://www.thuega.de/presse/thuega-gruppe-treibt-elektromobilitaet-voran. Zugegriffen am 12.01.2019.

Trianel. (2019). Ein Anbieter, alle Lösungen: E-Mobilitätslösungen von Trianel. https://www.trianel.com/services/elektromobilitaet/. Zugegriffen am 12.01.2019.

Tübingen. (o. J.). Tübingen macht blau. www.tuebingen.de/tuebingen-macht-blau. Zugegriffen am 12.01.2019.

Achaz von Arnim, Dipl.-Ing., ist seit 2016 Partner bei TCI und Geschäftsführer und Gründer von eSOLV3 ITelligent energy consulting. Er besitzt ein Diplom der TU Hannover. Er begann seine Karriere bei der Siemens AG in Erlangen 1991 in der Entwicklung für Hochspannungsgleichstromübertragung, bevor er in den konventionellen Kraftwerkbau bei Siemens wechselte. Zahlreiche Stationen wie Südafrika, Malaysia, China und die USA prägten die internationale Karriere im Energiesektor. Seine Tätigkeiten reichten von der Inbetriebsetzung und Projektmanagement bis zu Vertrieb und Corporate Strategy. Fünf Jahre verantwortete er den Bereich IT-Lösungen für die Industrie, bevor er zurück in den Energiesektor wechselte und Vertriebsleiter Kraftwerksleittechnik Osteuropa wurde. Von 2007 bis 2015 verantwortete er das Business Development für Solar & Hybrid Power Plants der Siemens AG weltweit. Seine Passion, sein Wissen an Studenten weiterzugeben, führte ihn dann nach seinem Ausscheiden 2015 in die Start-up-Branche, wo er für die EU über 100 Start-ups aus sechs Ländern auf den deutschen Markt begleitet und aktiv gecoacht hat. Heute widmet er sich als Berater intensiv dem Thema Digitalisierung in der Energiewirtschaft und dem industriellen Mittelstand. Er ist u. a. gefragter Gutachter beim EnergyCup der hessischen Gründerinitiative Science4Life.

Julius von Arnim, B. Eng., studierte Wirtschaftsingenieurwesen an der Hochschule RheinMain in Rüsselsheim. Erste Erfahrung in den Bereichen Elektromobilität und Ladeinfrastruktur sammelte er 2015 bei Tesla in Deutschland. Mit dem deutschen Marktführer für Energiespeicher im Privatsektor, sonnen GmbH, zu der er 2016 wechselte, konnte seine Expertise im Feld der Energiespeicher und intelligenten Ladesysteme eingebracht und weiter ausgebaut werden. Vor allem vertriebsseitig kamen seine Fähigkeiten zum Einsatz, beispielsweise beim Aufbau eines Partnernetzwerks in Westdeutschland. Von 2016 bis 2017 arbeitete er anschließend bei der US-Tochter sonnen Inc. in Los Angeles. Dort identifizierte er strategische Partner und begleitete den Aufbau des nordamerikanischen Markts. Seit 2017 ist er projektbezogen für die eSOLV3 ITelligent energy consulting beratend tätig. Im Jahr 2018 zog es ihn nach Berlin, zur Digitalmarke von Volkswagen, Volkswagen We. Hier konnte er neben der Erstellung seiner Bachelorthesis auch Erfahrung im Bereich des Customer Experience Management sammeln und die Transformation des Konzerns vom Automobilhersteller zu einer Digitalmarke begleiten.

Die intelligente Steckdose – mit nachhaltiger Energie und Carsharing zu neuen Geschäftsmodellen im Energiesektor

54

Marcus Kottinger

Wie IT-Plattformen das Kerngeschäft ändern

Zusammenfassung

Die Digitalisierung bietet neue Möglichkeiten in den traditionellen Geschäftsgebieten der Energieerzeugung- und -verteilung. Sowohl die Effizienzsteigerung der internen Abläufe als auch die Erschließung neuer Dienstleistungen ist mit den Werkzeugen der Sensorik, Smart Meter, IT-Plattformen und Big Data nun möglich.

54.1 Digitalisierung und Sharing Economy

Unsere Gesellschaft befindet sich gerade in einem organisatorischen und ökonomischen Wandel. Sowohl die *Digitalisierung* als auch das Teilen, gemeinhin als *Sharing Economy* bezeichnet, stellen herkömmliche Geschäftsprozesse auf den Kopf. Diese Veränderung führt bis zur (gezwungenen) Einstellung von derzeitigen Marketing- und Verkaufsstrategien, wenn sich die betroffenen Unternehmensentscheider nicht rechtzeitig für den Wandel und gegen starre Strukturen entscheiden.

M. Kottinger (✉)
Axians ICT Austria, Wien, Österreich

© Springer Fachmedien Wiesbaden GmbH, ein Teil von Springer Nature 2020
O. D. Doleski (Hrsg.), *Realisierung Utility 4.0 Band 2*,
https://doi.org/10.1007/978-3-658-25589-3_54

54.2   Digitalisierung – was ist das überhaupt?

Seit geraumer Zeit finden sog. Buzzwords, wie Big Data, Analytics, Internet of Things oder Smart Produkts Einzug in die Alltagssprache. Aber was bedeuten diese Bezeichnungen überhaupt? Mit der fortschreitenden Entwicklung im Bereich der Elektrotechnik und der Programmierung ergeben sich Möglichkeiten für neue Dienstleistungen in den unterschiedlichsten Industrien. Die elektronischen Bauteile in den jeweiligen Industrieanlagen werden nicht nur kleiner, sondern auch leistungsfähiger. Darüber hinaus bietet die elektronische Hardware in jeder Art von technischer Anlage die Möglichkeit, Software in jeglicher Form zu speichern, um die Hardwarefunktionalitäten mit digitalen Funktionen zu erweitern. Technische Möglichkeiten, die früher nur in Spielekonsolen zur Anwendung gekommen sind, finden immer mehr Platz in Fahrzeugen, Gebäudesteuerungen, Fertigungsanlagen und der öffentlichen Infrastruktur. Daher werden immer mehr Produkte und Prozesse durch digitale Information unterstützt und können somit in vollkommen neuer Art und Weise an den Endkunden verkauft werden bzw. die internen Abläufe unterstützen und damit effektiver gestalten.[1]

54.2.1 Digitale Information – wozu kann sie genutzt werden?

Die Erfassung von *Daten* auf Maschinen und elektrischen Anlagen jeder Art kann zu unterschiedlichen Zwecken verwendet werden. Im ersten Schritt stellt sich zumeist der Anlagenhersteller oder -betreiber die Frage, wie sein Produkt oder Dienstleistung vom Endkunden verwendet wird. Das heißt, es werden Daten erhoben, die die Nutzung der Anlagen und deren Auslastung betreffen. Um mit dieser Information arbeiten zu können, müssen diese Daten dargestellt werden. Hierzu können einfache statistische Darstellungen ausreichen. Bei komplexen Systemen ist aber meist eine digitale Eins-zu-Eins-Abbildung der Anlage mit den entsprechenden Daten notwendig – man spricht dann vom *digitalen Zwilling*.

Neben den Betriebsdaten über Auslastung und Nutzung können aber auch Daten zur Optimierung berechnet oder erfasst werden. Dies ist dann sinnvoll, wenn es sich um *kritische Infrastrukturen* handelt, bei denen ein Anlagenstillstand nicht nur nicht gewünscht ist, sondern auch unbedingt vermieden werden soll. Dieser Bereich ist für die energieerzeugende und verteilende Industrie von großem Interesse, da es einen öffentlichen Auftrag gibt, der die nationale Versorgung aller Endkunden 24 Stunden täglich gewährleisten muss.

Zusätzlich zu den Daten, die von der Anlage produziert werden, können über verschiedenste *Sensoren* und *Schnittstellen* weitere Informationen hinzugefügt werden. Diese sind dann von Interesse, wenn die Anlage entweder modulare Funktionen anbieten soll oder ein zusätzlicher Service über die bestehende Hardware hinaus angeboten werden kann. Diese Services werden dann als *digitale Geschäftsprozesse* angeboten.

---

[1]Vgl. Diamandis und Kotler (2012, S. 140 ff.).

54.2.2 Digitale Geschäftsprozesse – das Plattform Ecosystem

Da nun verschiedenste Daten zentral zusammengeführt werden müssen, bedarf es nicht nur einer Standardschnittstelle, um den Datenaustausch zu gewährleisten, sondern auch eine *IT-Plattform*, die all diese Daten konsolidieren, darstellen und verarbeiten kann. Neben der Möglichkeit der Darstellung kann in dieser Plattform auch das entsprechende *Geschäftsmodell* digital abgebildet werden. Im Fall von der Verrechnung von Anlagen und Fahrzeugen nach Verbrauch, wird hier nicht nur die verfügbare Anlage mit der Auslastung dargestellt, sondern gleich der benötigte Verrechnungsprozess nach Stunden, Kilometer, Kilowatt, verarbeiteten Werkstücken oder ähnlichem mitgeliefert.[2]

54.2.3 Das Internet der Dinge als Konsequenz der Digitalisierung

Eines der am meisten verwendeten Termini im Zusammenhang mit der Digitalisierung ist das Internet der Dinge oder *Internet of Things (IoT)*. Hierbei versteht man eine technische End-to-End-Lösung, die aus verschiedensten Komponenten aus den Bereichen Sensorik, Elektrotechnik, IT-Hardware, IT-Software und statistischen Algorithmen besteht. Mit dem Einzug des *Smart Meter* in der Energiebranche sind auch die ersten Möglichkeiten geschaffen, nicht nur Verbrauchsdaten am Zähler darstellen zu können, sondern diese auch in eine Plattform einzuspeisen. Weiterhin können Smart Meter auch Lastprofile erstellen und gegebenenfalls auch die Einspeisung in das Netz messen. Eine mögliche Lösung unter der Bezeichnung IoT for Energy and Utilities wird von IBM angeboten. Diese Lösung ist in den beiden unten angeführten Anwendungsfällen die IT-technische Basis für die Realisierung.

Das in Abb. 54.1 dargestellte Schema zeigt, welche Datenquellen in einer IT-Plattform zusammengeführt werden können. Neben den technischen Informationen der Anlagen werden Kennzahlen zu Investitions- und Betriebskosten dargestellt, aber auch Wetterdaten und das Verhalten der Endkunden.

54.3   Sharing Economy, das neue Haben ohne zu besitzen

Viele der heute hergestellten Produkte werden mit dem Ziel entwickelt, dass sie einem Endkunden zur Verfügung stehen und auch nur von diesem benutzt und bezahlt werden. Der Preis richtet sich dann i. d. R. an die Höhe der Herstellkosten plus Marge und weniger an die tatsächliche Nutzung. Auch eine nachhaltige Verwendung von Ressourcen hält nur bedingten Einzug bei dieser Produktkalkulation, weil das Geschäftsmodell in der heutigen Wirtschaft grundsätzlich darauf basiert, je mehr Produkte und Dienstleistungen verkauft werden, umso höher sind die Gewinne der Unternehmen. Dass der Endkunde viele der zur Verfügung stehenden Funktionen gar nicht verwenden kann, ist dabei nebensächlich.

---

[2]Vgl. hierzu auch Kottinger (2018).

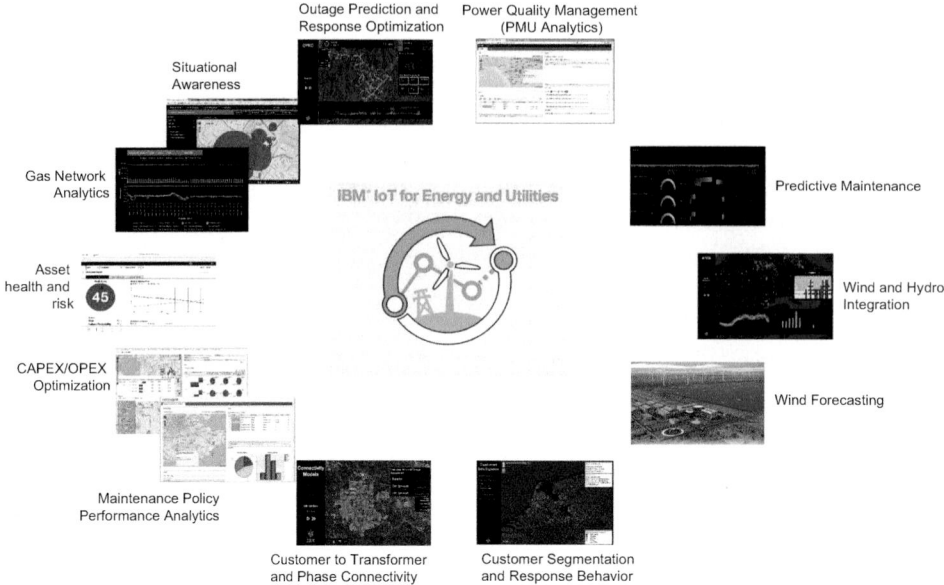

Abb. 54.1 IT-Plattform IBM IoT for Energy and Utilities – IBM IoT for Energy and Utilities on Cloud product overview (Quelle: IBM o. J.)

Das beste Beispiel hierbei ist mit Sicherheit das private Kfz. Viele Haushalte in Europa besitzen zumindest ein Kfz und tragen auch 100 % der Kosten, sowohl in der Anschaffung als auch in der Wartung. Bei der Nutzung des Fahrzeugs sieht es allerdings ganz anders aus. Auch wenn tägliche Staumeldungen in und um die europäischen Großstädte einen vermuten lassen, dass die Fahrzeuge permanent im Einsatz sind, liegt der tatsächliche Nutzungsgrad des einzelnen Kfz unter 20 % bzw. bei maximal 40 km täglich.[3]

Diese Divergenz zwischen den tatsächlichen Kosten und der tatsächlichen Nutzung führt zu einem Umdenkprozess in der Gesellschaft. Ergänzt durch den Nachhaltigkeitstrend werden vom Endkunden immer mehr *Sharing-Angebote* im Mobilitätsbereich angenommen. Begonnen hat die Veränderung 2008 mit der Gründung von *Car2Go* (Daimler). BMW folgte 2011 mit *DriveNow*.

54.3.1 Technische Herausforderungen im Carsharing „von der Straße"

Vermieten von Fahrzeugen ist kein neues Geschäftsfeld. Der bisherige Prozess, das Fahrzeug bei einer zentralen Stelle vorzubestellen, es dort dann abzuholen und nach Nutzung wieder zurückzugeben existiert schon länger.

---

[3] Siehe VCÖ (2016).

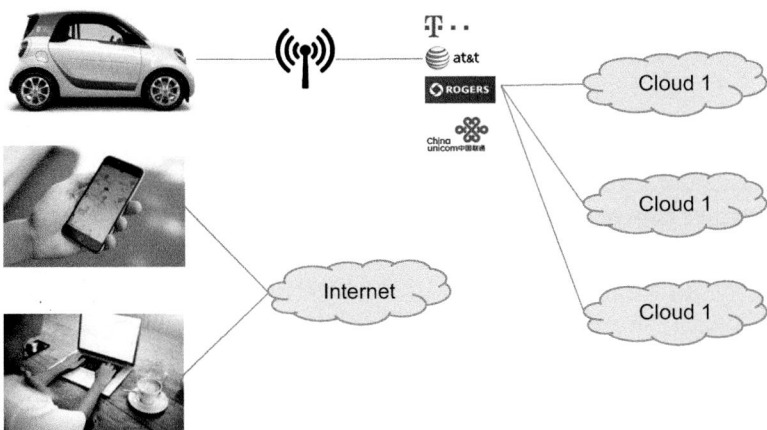

Abb. 54.2   Car2Go IT Architecture (Quelle: in Anlehnung an Bak-Mikkelsen 2016)

Das Modell Mietfahrzeuge in der *Sharing Economy* hat aber neue Bedürfnisse beim Kunden geweckt, die ein herkömmlicher Fahrzeugvermieter nicht mehr erfüllen kann. Es wird vom Kunden mehr Flexibilität und Kurzfristigkeit gefordert und daher ist ein Abholen und Zurückgeben an einer zentralen Stelle nicht mehr denkbar. Die Zusammenführung des Kundenbedarfs auf der einen Seite und des Fahrzeugangebots auf der anderen Seite findet im Carsharing-Modell ohne eine persönliche Interaktion des Fahrzeuganbieters statt, da alle relevanten Abläufe in einer IT-Plattform dargestellt werden können. In Abb. 54.2 ist die technische Realisierung für das Projekt von Car2Go, das mit IBM-Technologie realisiert wurde, beschreiben.

54.3.2   Wirtschaftliche Rahmenbedingungen in der Sharing Economy

Die Sharing Economy bringt einige wesentliche Änderungen für Unternehmen in der produzierenden Industrie mit sich. Das Investitionsrisiko wird vom Endkunden zum Hersteller transferiert. Da der Kunde nur mehr nach Nutzung der Anlage bezahlt, muss der Hersteller in eine Vorfinanzierung gehen. Diese wird kaufmännisch nur dann Sinn ergeben, wenn es ausreichend Bedarf nach den (digitalen) Produkten am Markt gibt. Neben den Herstellungskosten der Anlage sind auch die Investitionen in die digitalen Services zu bedenken. Ohne diese ist eine Vermietung von Fahrzeugen und Anlagen über eine IT-Plattform nicht möglich.

Die gesellschaftlichen Entwicklungen und das Bewusstsein für mehr (Kosten-)Effizienz führen dazu, dass immer mehr Unternehmen aus der produzierenden Industrie von ihren Kunden aufgefordert werden, die Kosten für Anlagen und Fahrzeuge an die tatsächliche Nutzung zu binden und nicht mehr Investitionskosten zu verlangen, die in keiner Relation zur tatsächlichen Nutzung stehen. Dieses Modell ist mittlerweile auch als *Machine as a*

Service oder MaaS bekannt und wird von sämtlichen Branchen als Zukunftsthema gehandelt. Somit haben die beiden großen Fahrzeugbauer Daimler und BMW mit ihren Lösungen Ende der 2010er-Jahre nicht nur eine Pionierleistung vollbracht, sondern haben auch die kaufmännische und IT-technische Entwicklungen mit ihren Produkten vorweggenommen.

54.4 Smart Meter – nicht nur regulative Vorgabe

Auf Basis der Stromrichtlinie im 3. EU-Binnenmarktpaket aus 2009 sind alle Energieversorger aufgerufen, für zumindest 80 % aller Endverbraucher intelligente Messsysteme bis 2020 zur Verfügung zu stellen.[4] In vielen Unternehmen wird seither diskutiert, wie man diese Richtlinie am kosteneffizientesten erfüllen kann. Selten wird darüber nachgedacht, ob diese Möglichkeit zusätzliche Einnahmequellen darstellen könnte. Mit dem intensiven Ausbau der erneuerbaren Energieerzeuger wie Windkraft, Fotovoltaik und Solarthermie ergibt sich in der Energiebranche auch das Thema des optimierten Bilanzgruppenmanagements. Da die Energieerzeugung nicht mehr zentral erfolgt und die Verfügbarkeit der Ressourcen zur Energiegewinnung nicht mehr konstant sind (Sonne, Wind etc), besteht nun ein Bedarf, die Auslastung des Energienetzes zu messen und zu optimieren. Der *Smart Meter* ist hier ein idealer Sensor beim Endkunden, der sowohl den Energieverbrauch als auch eine etwaige Energieeinspeisung messen kann.

Optimierung und neue Services, die zwei Seiten der Digitalisierung
Die technische Verschmelzung der sog. *Operating Technology* (Anlagenbetrieb, Netzbetrieb, Energieerzeugung und -verteilung) mit der *Information Technology* (Daten, Plattform, IoT) durch den Smart Meter bietet den Energieerzeugern und -verteilern nun eine Fülle von Möglichkeiten, die kaufmännischen Prozesse neu zu definieren. Die daraus erwirtschafteten Gewinne werden in Zukunft die Bilanzen und die Gewinn- und Verlustrechnungen der Energiebranche erheblich verändern.

54.4.1 Steigerung der Effizienz bei der Energieerzeugung und -verteilung

Oberstes Gebot jedes Energiebereitstellers ist die 100 %ige Verfügbarkeit des Energienetzes. Diese Forderung bedingt eine lückenlose Zusammenarbeit unterschiedlichster Stellen entlang der *Wertschöpfungskette* in der Energieindustrie. Beginnend bei der Netzplanung, um die Investitionskosten zu optimieren, über die Auslastung der vorhandenen Anlagen und die Verfügbarkeit durch die optimale Planung der Instandhaltung bis hin zu Wettereinflüssen bei der Erzeugung von Energie aus erneuerbaren Quellen und dem tatsächlichen Verbrauch des Endkunden.

---

[4]Vgl. Europäisches Parlament und Europäischer Rat (2009).

All diese Prozessabhängigkeiten können mit digitalen Informationen aufgezeichnet und in einer Plattform dargestellt werden. Auf diesen Datenbeständen können dann analytische Auswertungen gemacht werden, um die entsprechenden Beziehungen zwischen den Daten darzustellen. Diese Information kann nicht nur für den Betrieb der Anlagen und der Netze von Relevanz sein, sondern auch das Verhalten des Endverbrauchers beeinflussen, wenn die Daten dieser Plattform diesen zur Verfügung gestellt werden. Die Abb. 54.3 illustriert, wie so eine Datensammlung über die IBM-Plattform für Smart Meter erfolgen kann. Als Ergebnis bekommt man nicht nur die Verbrauchsdaten, sondern vielmehr auch die Verrechnungsdaten und die Informationen zum CO_2-Fußabdruck.

54.4.2 Vom Endverbraucher zum servicierten Kunden

Neben den aktuellen und historischen Verbrauchswerten kann eine digitale Plattform auch noch sog. Mehrwertservices anbieten, die weit über das Kerngeschäft der Energieindustrie hinausreichen kann. Der Wandel vom Festnetztelefon hin zum Smartphone in der Telekommunikationsindustrie hat schon bewiesen, wie digitale Geschäftsmodelle die Möglichkeiten von Infrastrukturanbieten erweitern können. Der Energieversorger kann auf Basis der Energieverbrauchsdaten Dienstleistungen im Bereich Energieeinsparung anbieten. Dieses führt zum einen beim Kunden zu geringeren Kosten und damit beim Energiehersteller zu sinkenden Umsätzen und zum anderen muss aber die Konsequenz dieser Maßnahme im Rahmen der gesamten Wertschöpfungskette der Energieerzeugung und -verteilung gesehen werden.

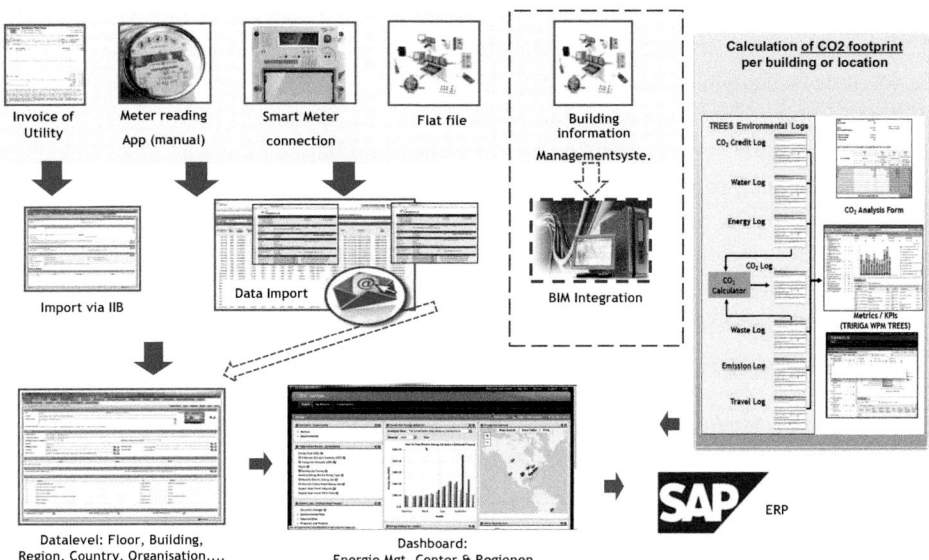

Abb. 54.3 Smart-Meter-Konfiguration (Quelle: Sreenath 2011)

Ein reduzierter Energieverbrauch von vielen Endkunden führt automatisch dazu, dass der Energieerzeuger bzw -verteiler auch weniger finanziellen Aufwand in die Herstellung des Produkts Energie stecken muss und somit die Investitions- und Betriebskostenbasis sinkt. Außerdem generieren zusätzliche Beratungsleistungen, wie die Energieberatung, neue Umsätze im Rahmen der Dienstleistung.

54.5 IBM als Digitalisierungspartner bei den Elektrizitätswerken des Kantons Zürich und Edelia

Mit der Digitalisierung werden in allen Branchen die Geschäftsfelder neu definiert; daher ist bei der Projektumsetzung mehr als nur IT-Wissen gefragt. Die heutigen Anbieter von Analytics- und IoT-Lösungen müssen daher Kompetenzen anbieten, die weit in die Geschäftsprozesse der Kunden hineinreichen und u. U. mehr mit den organisatorischen als den IT-Anforderungen zu tun haben. Bei der Vielzahl der Projekte, die IBM im Energie- und Mobilitätssektor umgesetzt hat, sind zwei hervorzuheben, die den Wandlungsprozess des Kerngeschäfts sehr gut beschreiben.

Das erste Projekt wurde mit den Elektrizitätswerken des Kantons Zürich (EKZ) umgesetzt. Bei diesem war die Aufgabe, den Energiesektor mit dem Mobilitätssektor zu verschmelzen, um dadurch neue Geschäftsbereiche zu erschließen. Das zweite Projekt wurde mit Edelia umgesetzt, hier war die Anforderung, die Smart-Home-Infrastruktur zu nutzen, um den Energieverbrauch pro Kunde zu senken.

Auch wenn die Projektanforderungen noch so unterschiedlich waren, die IT-architektonische Umsetzung wurde in beiden Projekten gleich durchgeführt:

1. Smart Meter mit entsprechender Datenerfassung
2. Digitale Schnittstellen für die Daten
3. Plattform zur Konsolidierung von Daten aus verschiedenen Quellen
4. Analysemodule zur Darstellung der Daten und zur Optimierung von Geschäftsprozessen in der Energieerzeugung und -verteilung

In den nächsten beiden Abschnitten werden die beiden Projekte im Detail beschrieben. Um den eigentlichen Wandel der Kerngeschäfte besser verstehen zu können, sind die beteiligten Unternehmen hier kurz beschrieben:

54.5.1 IBM – Hauptsitz, Armonk, New York, USA

Kernziel von IBM ist es, Unternehmen aller Größen bei der digitalen Transformation ihrer Geschäftsmodelle zu unterstützen und die Chancen der Digitalisierung für sie nutzbar zu machen. Digitalisierung ist aber erst die Voraussetzung für höheren Nutzen. Hinzu müssen verschiedene andere Initiativen kommen, um zu realen Geschäftsergebnissen zu gelangen: Business Analytics, Cloud Computing, Security und künstliche Intelligenz sind hier zu nennen. Diese strategischen Felder bilden für IBM sowohl die Basis ihres stetig erweiterten Lösungsportfolios als auch die Grundlage ihrer fortschreitenden Transformation hin zu einem Cognitive-Solutions- und Cloud-Plattform-Anbieter.

54.5.2 Elektrizitätswerke des Kantons Zürich – Hauptsitz, Zürich, Schweiz

Die Elektrizitätswerke des Kantons Zürich sind ein selbstständiges Unternehmen des öffentlichen Rechts, das nach marktwirtschaftlichen Grundsätzen geführt wird. Sie versorgen den Kanton Zürich (ohne die Stadt) und angrenzende Gebiete mit Energie; im Mittelpunkt stehen das Beschaffen und Verteilen von Elektrizität.

54.5.3 Edelia – Courbevoie, Frankreich

Als Teil der EDF Group in Frankreich, entwickelt, implementiert und serviciert Edelia Energiemanagementsysteme, um Energieverbrauch und -erzeugung (Strom, Wasser, Gas, erneuerbare Energien) für Endkunden sowohl im Privatkundenbereich als auch im Segment kleine und mittlere Unternehmen (KMU) zu optimieren. Die Bandbreite des Angebots beginnt bei der Implementierung von Teleservicelösungen, die auf den Kunden zugeschnitten werden, bis zu Remote-Monitoring-Systemen, die für viele Kunden zentral verwaltet und gesteuert werden.

54.6   E-Mobility als neues Geschäftsmodell bei den Elektrizitätswerken des Kanton Zürich

Im Folgenden werden nun die beiden Geschäftsfälle aus dem Projekt EKZ mit IBM bzw. Edelia mit IBM beschrieben.

54.6.1 Elektrofahrzeuge als neuer Bestandteil der Energieinfrastruktur

Da die Europäische Union für Energieversorger die Richtlinie des 3. EU-Binnenmarktpakets verbindlich verabschiedet hat, wurden die Kompetenzen in den Elektrizitätswerken des Kantons Zürich gebündelt und man hat mit der Idee *Smart Mobility* versucht, neue Wege – zusätzlich zum traditionellen Energiegeschäft – zu beschreiten.

Die Elektrizitätswerke des Kantons Zürich (EKZ) haben als traditionelle Kunden sowohl Privathaushalte als auch Geschäftskunden in über 130 Gemeinden. Daher betreut die EKZ nicht nur die Infrastruktur für die Versorgung, sondern hat auch Zugang zu Endkunden. Auf dieser Basis sind zwei Geschäftsfälle entwickeln worden:

1. Carsharing für Privatpersonen bei genügender Abdeckung durch Ladesäulen
2. Pool-Carsharing für Dienstfahrzeuge

In beiden Fällen muss angemerkt werden, dass die tatsächliche Bewegung der Fahrzeuge nur zu einem geringen Ausmaß erfolgt (Abschn. 1.2.1). Das belegt auch die Testphase, die die EKZ mit dem Pilotprojekt durchgeführt hat. Demnach können die Batterien in den Fahrzeugen nicht nur zur Fortbewegung, sondern auch zur *Energiespeicherung* verwendet werden.

54.6.2 Geschäftsmodelle – E-Mobility in der Energieverteilung

Die möglichen finanziellen Ergebnisse aus dem E-Mobility-Geschäftsgebiet ergeben sich sowohl intern als Effizienzsteigerung als auch durch die Generierung von Umsätzen aus neuen Bereichen:

Effizienzsteigerung durch E-Mobility in der Energieverteilung
Die Herausforderung in der Energieverteilung entsteht durch die vermehrte Einspeisung von Energie aus erneuerbaren Energiequellen. Sowohl Windenergie als auch Energie aus Fotovoltaik bzw. Solarthermie haben den Nachteil, dass diese Ressourcen nicht immer verfügbar sind. Mithilfe von E-Mobility-Lösungen besteht die Möglichkeit, den erzeugten Strom zwischenzuspeichern, so lange keine entsprechende Nachfrage aus dem Netz besteht. Das daraus resultierte Energiemanagement kann als virtuelles Kraftwerk des Verteilnetzbetreibers genutzt werden.

Geschäftsmodelle – Neue Umsätze durch neue Dienstleistung
Die offensichtlichste neue Dienstleistung bei der Einführung von E-Mobility-Lösungen ist das Vermieten der Fahrzeuge. Um hier entsprechend attraktiv zu sein, ist ein breit aufgestelltes Netz von Ladestationen notwendig, dieses kann dann auch für Elektrofahrzeuge genutzt werden, die nicht aus dem EKZ-Flottenverband stammen. Daher ist ein Stromverkauf für diese Fahrzeuge ebenfalls als neues Umsatzmodell möglich.[5]

Daten als Umsatzbringer
Der dritte Umsatzbringer durch neue Geschäftsmodelle sind die Daten, die über das vernetzte E-Mobility-System erstellt werden. Damit die Vermietung der Fahrzeuge reibungslos gewährleistet werden kann, müssen die Fahrzeuge selbst, die Ladestationen und die Kunden über eine App Daten an die IT-Plattform übermitteln. Diese Daten können dann anonymisiert (es sind nur die Bewegungsmuster von Interesse) im urbanen Gebiet auch an Städte und Gemeinden verkauft werden, um den Verkehrsfluss zu optimieren. In Abb. 54.4 ist die Architektur dargestellt, die im E-Mobility-Projekt von der IBM implementiert wurde.

---

[5] Vgl. Fuchs (2014)

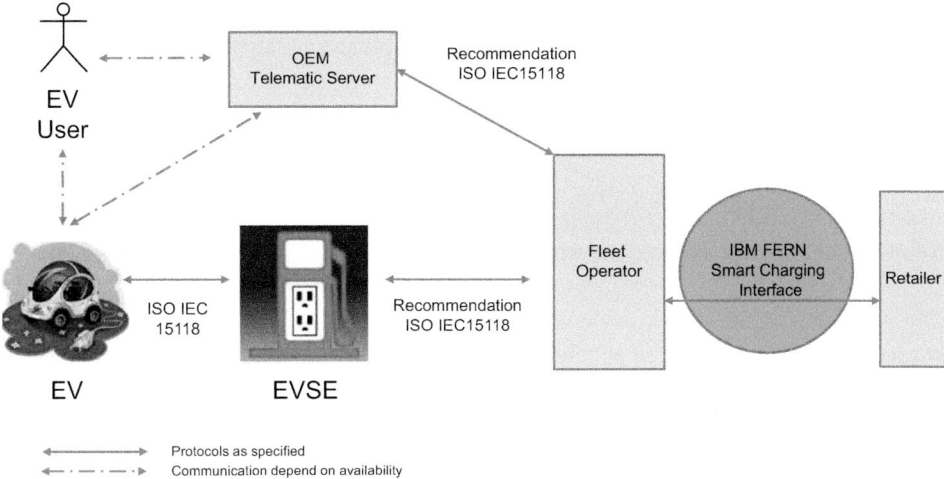

Abb. 54.4 Smart Charging Interface (Quelle: IBM FERN Smart Charging Interface between EV FO and Retailer – IBM Research paper)

54.7 Echtzeitdaten des Smart Meter führen zur Nachhaltigkeit bei Edelia

Jeden Energieversorger beschäftigt das Thema, wie viel Energie zurzeit im Netz benötigt wird und wie viel kann aus welcher Energiequelle möglichst günstig bezogen werden. Durch den Rollout der Smart Meter ist eine genauere Messung des Energiekonsums möglich. Diese Information kommt nicht nur beim Energieversorger zum Einsatz, sondern kann auch direkt dem Endkunden übermittelt werden.

Echtzeitdaten des Energieverbrauchs als Basis für die CO_2-Reduktion
In vielen Projekten aus dem Bereich *Internet der Dinge* (IoT), *Big Data* oder *Advanced Analytics* ist bekannt, dass der erste Schritt, das sammeln und konsolidieren der Daten aus unterschiedlichsten Datenquellen auf IoT-Plattformen ist. Der tatsächlich erste Erfolg stellt sich aber mit der übersichtlichen Darstellung der Daten ein. Diesen Effekt hat man bei dem Edelia-Projekt auch genutzt, um dem Kunden seinen tatsächlichen Energiekonsum bewusst zu machen.

Energieeinsparung als neues Geschäftsfeld
Mithilfe der Smart-Home-Lösungen von Edelia können die Kunden sofort feststellen, wie viel Energie sie zu welcher Tages- und Nachtzeit benötigen. Edelia bietet auch einen Remote Service, der als ständiger Energieberater für die Kunden von Edelia und EDF France 7/24 zur Verfügung steht. Diese Dienstleistung wird den Kunden nicht kostenlos zur Verfügung gestellt, sondern muss auf Basis des Energieverbrauchs bezahlt werden. Dieses Modell nennt sich Energy Contracting und ist eine Vereinbarung zwischen Kunde und Energieberater, die dazu führen soll, den durchschnittlichen Energieverbrauch des Kunden mittelfristig zu senken.

Als zweites Geschäftsgebiet ergibt sich automatisch die Steigerung der Energieeffizienz im Netz des Energieverteilers. Bei erfolgter Optimierung des Energieeinsatzes beim Endkunden muss auch weniger Energie für das Netz erzeugt und zur Verfügung gestellt werden. Diese Erkenntnis kann u. U. auch bei der strategischen Planung des Netzausbaus genützt werden, wodurch die Kosten für den Netzausbau sinken könnten.[6]

54.8 Vielfältige Nutzung von Daten in der Energieindustrie für die Zukunft

Diese beiden Beispiele haben gezeigt, dass die effektive Nutzung von Daten im Rahmen des Geschäfts der Energiehersteller und -verteiler nicht nur zu neuen Umsätzen führen kann, sondern auch zu einer Verringerung des Energiekonsums und damit auch zur Reduktion des CO_2-Fußabdrucks. Da die Vernetzung der Gesellschaft durch Initiativen wie Industrie 4.0 und IoT immer mehr voranschreitet, ist auch eine weitere Verschmelzung der Energieindustrie mit anderen Branchen (E-Mobility, Entertainment oder Retail) vorstellbar. Diese Kombination generiert dann neue Datenmuster, die wieder zu neuen Geschäftsmodellen führen können. Wir befinden uns erst am Anfang der Reise zur digitalen Transformation. Daher sind Leuchtturmprojekte wie jene von EKZ und Edelia wichtig, damit die heutige Technik auf Einsatztauglichkeit in den heutigen Organisationen und Geschäftsprozessen geprüft werden kann.

Literatur

Bak-Mikkelsen, E. (2016). *How the car2go experience is made possible – Part 1* (21. Okt. 2016). Leinfelden: car2go Group GmbH. https://blog.car2go.com/de/2016/10/21/car2go-experience-made-possible-part-1/. Zugegriffen am 20.02.2019.

Diamandis, H., & Kotler, S. (2012). *Abundance: The future is better than you think.* New York: Free Press.

Europäisches Parlament und Europäischer Rat. (2009). Richtlinie 2009/72/EG des Europäischen Parlaments und des Rates vom 13. Juli 2009 über gemeinsame Vorschriften für den Elektrizitätsbinnenmarkt und zur Aufhebung der Richtlinie 2003/54/EG. Amtsblatt der Europäischen Union, L 211/55 (14. Aug. 2009). Brüssel: Europäisches Parlament und Europäischer Rat. https://eur-lex.europa.eu/LexUriServ/LexUriServ.do?uri=OJ:L:2009:211:0055:0093:DE:PDF. Zugegriffen am 30.01.2019.

Fuchs, A. (2014). Vier Jahre Elektromobilität bei EKZ – Erkenntnisse und Ausblick. Forum Elektromobilität, Luzern, 2014 – Projektpräsentation, 5. Mitgliederversammlung des Verein Aargauer Naturstrom (ANS). https://docplayer.org/16622148-Vier-jahre-elektromobilitaet-bei-ekz-erkenntnisse-und-ausblick.html. Zugegriffen am 20.02.2019.

IBM. (2011). Edelia – Monitoring energy usage in near real-time, via direct communication from Edelia, enables consumers to control consumption and reduce their carbon footprint. Reference use case sheet, Armonk (NY): IBM Corporation. https://www.ibm.com/downloads/cas/7X3E6YR5. Zugegriffen am 20.02.2019.

---

[6] Vgl. IBM (2011).

IBM. (o. J.). IoT for Energy & Utilities: Energize your power generation and transmission with IoT and AI. IBM Product Catalogue. https://www.ibm.com/internet-of-things/explore-iot/industrial-equipment/power-generation-and-transmission. Zugegriffen am 20.02.2019.

Kottinger, M. (2018). Smart energy. In J. Böttcher & P. Nagel (Hrsg.), *Batteriespeicher: Rechtliche, technische und wirtschaftliche Rahmenbedingungen* (S. 61–78). Oldenbourg: de Gruyter.

Sreenath, P. V. (2011). Real Surat Development Seminar (RSDS): Smart Buildings, Townships & SEZs (26. Nov. 2011). Armonk (NY): IBM Corporation (IBM India Ltd.). https://www.slideshare.net/sumantkachru/smart-building-ibm. Zugegriffen am 20.02.2019.

VCÖ. (2016). *VCÖ: Österreichs Autofahrer fahren im Schnitt 34 Kilometer pro Tag* (08. Feb. 2016). Wien: Verkehrsclub Österreich (VCÖ). https://www.vcoe.at/news/details/vcoe-oesterreichs-autofahrer-fahren-im-schnitt-34-kilometer-pro-tag. Zugegriffen am 20.02.2019.

Marcus Kottinger. Digitale Geschäftsmodelle und Advanced Analytics sind für Herrn Marcus Kottinger keine neuen Themen. Von 1998 bis 2007 beschäftigt sich Herr Kottinger mit der Digitalisierung der Controlling- und Reportingtätigkeiten im Banken- und Finanzbereich. Die letzten Jahre davon waren geprägt von der CEE/CIS-Expansion des österreichischen Bankensektors.

Ab 2007 wechselte er in die Industrie zu Siemens und konnte die Anfänge der Smart Energy, Smart City und Smart Factory mitgestalten. Ziel war es hier, die Prozess- und Gebäudeenergie der Eigenstandorte zu reduzieren.

Im Jahr 2014 erfolgte dann ein neuerlicher Wechsel zu IBM in das Watson IoT Headquarters in München. Zu diesem Zeitpunkt war Industrie 4.0 kein Schlagwort mehr, sondern es wurden bereits die ersten Piloten geplant, getestet und in Betrieb genommen. Seit Herbst 2018 ist Herr Kottinger im Bereich Advanced Analytics/IoT bei Axians, einer Tochter des größten europäischen Baukonzerns Vinci, in verschiedenen Kundenprojekten im europäischen Raum tätig.

Wohnungswirtschaft 2.0 – Transformation vom Vermieter zum integrierten dezentralen Versorger

Stefan Harder und Ayse Durmaz

Zusammenfassung

Im Zuge der Energiewende und der damit einhergehenden Dezentralisierung der Energiewirtschaft entstehen neue Geschäftsmodelle. Im Fokus stehen hierbei die sog. Prosumer, also Verbraucher, die gleichzeitig produzieren und verbrauchen. Eine Sonderrolle nimmt hierbei die Wohnungswirtschaft ein. Sie ist nicht nur Produzent und Consumer, sondern entwickelt sich weiter zum Versorger. Ziel dieses Beitrags ist das Aufzeigen der Möglichkeiten, die sich für die Wohnungswirtschaft aus dem energetischen Umbruch in Deutschland ergeben. Der Schwerpunkt liegt hierbei auf der kleineren Wohnungswirtschaft mit Eigentümergemeinschaften oder privat vermieteten Wohngebäuden.

55.1 Einführung in die Wohnungswirtschaft

In dem ersten Abschnitt soll ein kurzer Abriss über die derzeitige Situation der Wohnungswirtschaft in der Bundesrepublik gegeben werden.

55.1.1 Der deutsche Wohnungsmarkt

Der deutsche Wohnungsmarkt umfasst etwa 39 Mio. Wohneinheiten. Die Verteilung auf Große und Eigentumsverhältnisse gestaltet sich gemäß Tab. 55.1.

S. Harder (✉) · A. Durmaz
E.VITA GmbH, Stuttgart, Deutschland

© Springer Fachmedien Wiesbaden GmbH, ein Teil von Springer Nature 2020
O. D. Doleski (Hrsg.), *Realisierung Utility 4.0 Band 2*,
https://doi.org/10.1007/978-3-658-25589-3_55

Tab. 55.1 Wohngebäudebestand (Prognos und BH&W (2017, S. 80)

	Insgesamt	Eigentümer-gemeinschaft	Privatpersonen	Wohnungsge-nossenschaft	Kommunale Wohnungs-unternehmen	Privatwirtschaft-liche Wohnungs-unternehmen	Sonstige	Bund/Länder	Ohne Erwerbs-zweck
Insgesamt	**18.239.671**	**1.682.141**	**15.483.631**	**287.409**	**305.006**	**304.229**	**91.836**	**39.468**	**45.951**
1 Wohnung	12.001.539	0	11.814.963	34.706	42.020	48.235	24.812	14.441	22.362
2 Wohnungen	3.074.326	628.184	2.382.439	11.565	17.452	17.563	8329	2752	6042
3–6 Wohnungen	2.104.271	670.593	1.051.085	106.141	106.714	120.699	28.575	10.591	9873
7–12 Wohnungen	852.879	297.188	196.180	116.498	116.519	91.085	21.373	9071	4965
Über 13 Wohnungen	206.656	86.176	38.964	18.499	22.301	26.647	8747	2613	2709

Die Gruppe der kleinen Wohnungsunternehmen umfasst Anbieter bis max. 500 Wohnungen. Die insgesamt durch diese Gruppe betreuten Wohnungen belaufen sich auf etwa 10,5 Mio. Wohnungen.[1] Ein wesentliches Kennzeichen dieser Gruppe ist, dass sie häufig die Betreuung ihrer Wohnungen an Verwaltungsgesellschaften abgetreten haben. Ein weiteres Kennzeichen ist, dass Meinungsbildungsprozesse, insbesondere bei Investitionsentscheidungen, im Rahmen von Eigentümerversammlungen stattfinden.

55.1.2 Voraussetzung für die Schaffung einer Erzeugerposition

Für die Schaffung einer Erzeugerposition ist die Basisvoraussetzung, dass die jeweilige *Wohnungsgesellschaft* überhaupt eigene Erzeugungskapazitäten aufweist. Nach § 535 Abs. 1 Bürgerliches Gesetzbuch (BGB) ist der Vermieter, somit auch die Wohnungsgesellschaft, für die Zurverfügungstellung von Strom, Wasser und Abwasser verantwortlich. Anders verhält es sich im Bereich der Wärmeversorgung, wo die Wohnungsgesellschaft auch als Produzent von Wärmeenergie in Erscheinung tritt. Diese Wärmeenergie wird weitestgehend über Heizkessel erzeugt.

Um aber in die Rolle eines erweiterten Versorgers auch im Strombereich einzusteigen, sind eigene Stromerzeugungskapazitäten notwendig. Diese Kapazitäten können im Bereich der Wohnungswirtschaft über Blockheizkraftwerke (BHKW) oder Fotovoltaikanlagen geschaffen werden.

Es zeigt sich aber, dass die *Wohnungswirtschaft* in diese Erzeugungsanlagen bisher nur in geringem Maß investiert hat. So belief sich die Anzahl der BHKW in der Gruppe 10–50 kW in Deutschland, zu der auch die Anlagen der Wohnungswirtschaft zählen, bis 2017 nur auf insgesamt 13.681 Kraft-Wärme-Kopplungs(KWK)-Anlagen.[2] Der Zubau in den letzten Jahren war ebenfalls eher gering. So stieg der Bestand von 10.860 (2015) lediglich auf eben die genannten 13.681 Anlagen.

Etwas besser sieht es im Bereich gewerblicher Wohnungsunternehmen (mehr als 500 Wohnungen) aus. Hier liegt der Anteil an BHKW bei 31 %. Fotovoltaikanlagen hingegen finden sich lediglich auf 15 % der Dächer.[3]

Gleichzeitig zeigt sich aber in der Studie des Bundesverbands der Energie- und Wasserwirtschaft e. V. (BDEW), dass die Vermieter den Themen Geringhalten der zweiten Miete (28–34 %) bzw. Geringhalten der Kosten für Mieter (7–14 %) einen hohen Stellenwert einräumen.[4]

---

[1] Vgl. BDEW (2017a).
[2] Vgl. Statista (2018a).
[3] Vgl. BDEW (2017a).
[4] Vgl. BDEW (2017a).

55.2 Rechtliche Grundlage

Mit der Schaffung des Gesetzes zur Förderung von Mieterstrom und zur Änderung weiterer Vorschriften des Erneuerbare-Energien-Gesetzes (EEG; Mieterstromgesetzes), den bestehenden Regelungen im *Kraft-Wärme-Kopplungsgesetz (KWKG)* und dem Auslaufen der EEG-Anlagen aus der Förderung entsteht für die Wohnungswirtschaft die Chance, selbst in die Stromversorgerrolle zu gehen.

55.2.1 Pflichten des Vermieters

Nach § 535 Abs. 1 BGB hat der Vermieter die Mietsache dem Mieter in einem zu vertragsgemäßen Gebrauch geeignete Zustand zu überlassen und sie während der Mietzeit in diesem Zustand zu erhalten. Was genau die Pflichten sind, ist im Mietrecht nicht genau definiert und ist weiterhin in der Kommentarliteratur strittig, weshalb andere Rechtsgebiete für die Beantwortung der Frage herangezogen werden müssen. Die Wasserversorgung und Abwasserentsorgung beispielsweise sind und bleiben zentrale Bestandteile der *Daseinsvorsorge*[5] und obliegen dem Staat.

Einigkeit besteht jedoch darüber, dass diese Pflicht der technischen Zurverfügungstellung von Wasserversorgung in den Wohnungen die Aufgabe des Vermieters ist. Gleiches gilt für Leitungen zur Wärme- und Stromversorgung.

Im klassischen Fall der Wärme- und Warmwasserversorgung ist der Vermieter für die Organisation der Wärmeversorgung verantwortlich. Damit besteht aber für den Mieter bei der Wahl seines Wärmeversorgers keine Alternative.

Diese Versorgungspflicht besteht im Strombereich nicht. Hier ist es vielmehr so, dass die Mieter aufgrund der Liberalisierung des Strommarkts bei dieser Energieform das Recht der freien Versorgerwahl haben. Dieses gilt selbst dann, wenn der Vermieter Produzent und Anbieter von Strom ist.

Allein an diesen Ausführungen zeigt sich, wie komplex die Organisation von Ver- und Entsorgung im Mieterfall in Deutschland geregelt ist.

Die *Wärme- und Warmwasserversorgung* im Haus kann sowohl durch den Eigenbetrieb des Vermieters als auch durch Einschaltung eines Dritten organisiert werden. Je nach Vertragsgestaltung kann sich der Verantwortungsbereich des Vermieters ändern. In den meisten Fällen bleibt der Vermieter jedoch für die Organisation der Wärmeversorgung verantwortlich.

Interessant wird es, wenn der Vermieter über eine *Stromerzeugungsanlage* verfügt. Hier hat er verschiedene Modelle, wie er mit dem erzeugten Strom umgehen kann. Ein besonders interessanter Ansatz ist das Modell des Mieterstroms, bei der der Vermieter die Versorgung mit Strom gegenüber einzelnen Mietern übernimmt. Hierzu wird im Verlauf des Texts noch eingegangen werden.

---

[5] Vgl. juris, BGH, Urteil vom 24.09.1987-III ZR 91/86, Randnummer 11; Eisenschmid (2003, S. 50).

Die Art der Stromerzeugung hat der Gesetzgeber nicht einheitlich geregelt. Die *Fotovoltaikanlagen* sind der Bundesnetzagentur zu melden. Auf Basis der gemeldeten Anlagen werden jedes Jahr die Vergütungs- und Degressionssätze ermittelt. Die *KWK-Anlagen* hingegen sind beim Bundesamt für Wirtschaft und Ausfuhrkontrolle (BAFA) zu melden, da der Anspruch auf Zuschlagzahlung eine Zulassung der Anlage voraussetzt.

Ebenfalls für die stromsteuerrechtliche Erlaubnis nach § 4 Abs. 1 Stromsteuergesetz (StromStG) sind die Stromerzeugungsanlagen beim Hauptzollamt zu melden.

Die umlagepflichtigen, produzierten Mengen sind nach § 74a Abs. 2 EEG 2017 dem Netzbetreiber jährlich bis zum 28. Februar für das jeweilige Abrechnungsjahr anzuzeigen.

Sobald Haushaltskunden beliefert werden, sind die Anlagenbetreiber bzw. Vermieter verpflichtet, die Vorgaben des *Energiewirtschaftsgesetzes (EnWG)* bezüglich Energielieferverträge einzuhalten (§ 41 ff. EnWG). Danach müssen die Verträge und Abrechnungen vollständig, verständlich und einfach sein. Ebenfalls besteht eine umfassende Informationspflicht gegenüber dem Kunden über seine Rechte.

55.2.2 Gebäudeenergiegesetz

Seit Langem diskutieren die federführenden Bundesministerien – das Bundeswirtschaftsministerium (BMWi) und das Bundesinnenministerium (BMI) – über ein zentrales *Gebäudeenergiegesetz (GEG)*. Damit soll das Nebeneinander verschiedener Gesetze in diesem Bereich beendet werden. Das Gebäudeenergiegesetz wird dann die *Energieeinsparverordnung (EnEV)*, das *Energieeinspargesetz (EnEG)* und das Erneuerbare-Energien-Wärmegesetz (EEWärmeG) zu einem einheitlichen Sammelgesetz zusammenfassen.

Das Gesetz wird für die öffentlichen Nichtwohngebäude ab 2019 und für alle Neubauten ab 2021 einen Niedrigstenergiestandard definieren. Die Standards für den Neubau privater Wohn- und Nichtwohngebäude werden erst später erfolgen.

Der *Niedrigstenergiestandard* basiert auf der EU-Gebäuderichtlinie, die alle Mitgliedsstaaten dazu verpflichtet, sicherzustellen, dass alle neuen Gebäude ab 2021 als Niedrigstenergiegebäude ausgeführt werden.[6] Nach § 11 Abs. 2 GEG-Entwurf ist ein Gebäude ein Niedrigstenergiegebäude, das eine sehr gute Gesamtenergieeffizienz aufweist. Der Energiebedarf des Gebäudes muss sehr gering sein und soll – soweit möglich – zu einem ganz wesentlichen Teil durch Energie aus erneuerbaren Quellen gedeckt werden. Die Niedrigstenergiegebäudestandards sind noch nicht definiert. Diese Standards für private Neubau werden erst in 2021 festgelegt.

Nach § 3 des *EEWärmeG* sind die Eigentümer von neu errichteten Wohn- und Nichtwohngebäuden verpflichtet, den Wärme- und Kälteenergiebedarf durch die anteilige Nutzung von erneuerbare Energien nach Maßgabe des Gesetzes zu decken. Bei Nutzung solarer Strahlungsenergie beträgt diese Pflicht 15 %, bei Nutzung von gasförmiger Biomasse 30 % und bei Nutzung von flüssiger und fester Biomasse 50 % (§ 5 EEWärmeG). Diese

---

[6]Vgl. Europäisches Parlament und Europäischer Rat (2018).

Pflicht gilt auch als erfüllt, wenn es sich bei den Anlagen um hocheffiziente KWK-Anlagen handelt und der Wärme- und Kältebedarf zu mindestens 50 % aus diesen Anlagen gedeckt wird (§ 10 Abs. 2 EEWärmeG).

Damit verpflichtet der Gesetzgeber die Wohnungswirtschaft, die Rolle des Energieproduzenten zu übernehmen. Wie oben dargestellt geht mit diesen Gesetzen ein erhöhter, zusätzlicher administrativer Aufwand einher, den die Eigentümer bzw. deren Verwalter erfüllen müssen.

55.2.3 Verschiedene Vermarktungsformen

Das Auslaufen der EEG-Förderung ab 2020 wird auf die bestehende *Vermarktungsformen* Auswirkungen haben. Durch fehlende Einspeisevergütungen sind hier neue Geschäftsmodelle gefragt. Für Neuanlagen ab 100 kWp besteht bereits heute eine Direktvermarktungspflicht (§ 21 EEG 2017).

Um die auslaufende EEG-Förderung zu ersetzen, könnten Eigentümer an die Versorgung des Betriebsstroms wie z. B. die Treppenhausbeleuchtung oder Fahrstühle über Eigenerzeugung nachdenken. Wir bewegen uns hier im Bereich der Eigenversorgung nach § 61 EEG 2017. Die Vorteile liegen auf der Hand. Neben der Ersparnis von Netzentgelten aufgrund fehlender Netznutzung entfällt auch die Stromsteuer und die EEG-Umlage wird auf 40 % begrenzt.

Grundlage der Weiterberechnung an die Mieter ist die Betriebskostenverordnung. Zusätzlich ist denkbar, die Versorgung über eine Fotovoltaikanlage hinaus mit einem Stromspeicher zu optimieren.

Die Abb. 55.1 zeigt die Möglichkeiten der Vermarktungsformen. Wie in der Abbildung zu sehen ist, wird die klassische Einspeisevergütung und Direktvermarktung nach Marktprämie nach auslaufender EEG-Förderung nicht mehr möglich sein. Die Möglichkeiten, die dem Anlagenbetreiber dann zur Verfügung stehen, sind in der Abbildung dargestellt. Für die Wohnungswirtschaft interessant ist v. a. das Mieterstrommodell, das im Folgenden näher dargestellt wird.

Abb. 55.1 Aktuelle und zukünftige Vermarktungsmodelle

55.2.4 Sonderfall Mieterstrom

Um die Mieter am Ausbau der erneuerbaren Energien stärker zu beteiligen und weitere Anreize für den Betrieb von Solaranlagen auf Wohngebäuden zu schaffen, hat die Bundesregierung die Möglichkeit der dezentralen Energieversorgung um den *Mieterstrom* erweitert. Im Juli 2017 trat das Mieterstromgesetz innerhalb des EEG in Kraft. Es gilt derzeit allein für Fotovoltaikanlagen. Die Überlegung ist, dass der vom Vermieter produzierte Strom an die Mieter verkauft und direkt vor Ort von den Haushalten verbraucht wird. Sie folgt somit dem sinnvollen Ansatz, dezentral erzeugten Strom auch dezentral zu verbrauchen.

Ganz neu ist dieses Vorgehen nicht. Bereits seit Längerem gab es diese Form der Versorgung von Mietern im BHKW-Bereich nach dem KWKG und auch im Fotovoltaikbereich gab es Vorläuferregelungen, die aber mit dem neuen Gesetz ihre Gültigkeit verloren haben.

EEG 2017

Auf der Grundlage des Mieterstromgesetzes können die Betreiber von Solaranlagen bis 100 kW auf Wohngebäuden für den von den Mietern vor Ort bzw. im räumlichen Zusammenhang zur Anlage verbrauchten Strom künftig einen sog. Mieterstromzuschlag geltend machen (§ 19 Abs. 1 Nr. 3 EEG 2017). Gemäß § 21 Abs. 3 Satz 1 EEG 2017 besteht der Anspruch auf den Mieterstromzuschlag:

„für Strom aus Solaranlagen mit einer installierten Leistung von insgesamt bis zu 100 Kilowatt, die auf, an oder in einem Wohngebäude installiert sind, soweit er an einen Letztverbraucher geliefert und verbraucht worden ist

1. innerhalb dieses Gebäudes oder in Wohngebäuden oder Nebenanlagen im unmittelbaren räumlichen Zusammenhang mit diesem Gebäude und
2. ohne Durchleitung durch ein Netz."

Die Formulierung sorgte in der Energiewirtschaft wieder einmal für Auslegungsprobleme. Was genau sind Wohngebäude? Was bedeutet „innerhalb" dieses Gebäudes? Was versteht man unter einer „unmittelbaren räumlichen Nähe"?

In § 3 Nr. 50 EEG 2017 ist ein Wohngebäude jedes Gebäude, das nach seiner Zweckbestimmung überwiegend dem Wohnen dient, einschließlich Wohn-, Alten- und Pflegeheimen sowie ähnliche Einrichtungen. Mindestens 40 % der versorgten Fläche muss dabei durch das Wohnen genutzt werden (§ 21 Abs. 3 EEG 2017).

Der Gesetzgeber beabsichtigte mit der Formulierung „im unmittelbaren räumlichen Zusammenhang" die Verknüpfung der Regelung an den räumlichen Anwendungsbereich der Eigenversorgung.[7] Die Bundesnetzagentur hat in ihrem Leitfaden zur Eigenversorgung den unmittelbaren räumlichen Zusammenhang angenommen, wenn sich Stromerzeugungsanlage und Verbrauchsgeräte auf demselben Grundstück oder demselben Betriebsgelände befinden, sofern der Zusammenhang nicht durch störende Hindernisse

---

[7] Vgl. Deutscher Bundestag (2017, S. 32); vgl. BDEW (2017b, S. 6).

unterbrochen wird.[8] Die Rechtsprechung des Bundesfinanzhofs (BFH)[9] definiert den un-mittelbaren räumlichen Zusammenhang weiter. Hiernach geht der Zusammenhang deut-lich über das Gebäude, an, in oder auf dem sich eine Stromerzeugungsanlage befindet, hinaus. Eine Leistung von Strom an Letztverbraucher innerhalb des Gebiets oder eines Radius von 4,5 km zur Anlage führte laut BFH nicht zum Ausschluss der stromsteuerli-chen Privilegierung. Nach dieser Entscheidung hat der Gesetzgeber diese Regelung von 4,5 km Radius in § 12b Abs. 5 StromStV aufgenommen.

Ungeklärt ist in diesem Zusammenhang noch immer die Frage, wie im Fall der Que-rung öffentlichen Raums (z. B. Straßen) zu verfahren ist.

Nach § 25 Satz 1 EEG 2017 sind „Marktprämien, Einspeisevergütungen und Mieter-stromzuschläge" jeweils für die Dauer von 20 Jahren ab Beginn der Inbetriebnahme zu zahlen. Der Mieterstromvertrag ist in § 42a Abs. 2 EnWG als Vertrag über die Belieferung von Letztverbraucher mit Mieterstrom definiert. Gegenstand des Liefervertrags ist aller-dings nicht nur der mit dem Mieterstromzuschlag nach § 21 Abs. 3 EEG 2017 versehene Strom aus der Solaranlage, sondern auch der über den Markt zugekaufte Reststrom.[10] Wichtig für Mieterstromverträge ist außerdem, dass der Mieterstromvertrag nicht mit dem Mietvertrag gekoppelt werden darf. Einige Ausnahmen hierzu liegen für Wohnräume vor, die nur zum vorübergehenden Gebrauch bestimmt sind oder möbliert vermietet werden. Die Mieterstromverträge dürfen maximal für eine Laufzeit von einem Jahr abgeschlossen werden. Es ist an dieser Stelle sicherzustellen, dass diejenigen Mieter, die nicht am Mie-terstrommodell teilnehmen wollen, diskriminierungsfrei von einem Energieversorger ihrer Wahl beliefert werden können.

Ein weiterer Unterschied zum direkt vermarkteten Strom liegt darin, dass der zulässige Preis für den Mieterstrom vom Grundversorger abhängig ist. Der Preis muss mindestens 10 % unter dem lokalen *Grundversorgertarif* liegen.

Das Gesetz zur Digitalisierung der Energiewende sieht die Umrüstung alle Zähler schrittweise auf Digitaltechnik vor. Die Messung für Mieterstrom ist speziell geregelt. Nach § 21 Abs. 3 Satz 3 EEG 2017 muss die Strommenge so genau ermittelt werden, wie es die Messtechnik zulässt, die nach dem Messstellenbetriebsgesetz zu verwenden ist. Deshalb ist in der Praxis für Mieterstrommodelle der *Summenzähler* verbreitet, der seine Rechtgrundlage unter § 20 Abs. 1d Satz 1 EnWG findet.

Eine weitere Entwicklungsmöglichkeit der Wohnungswirtschaft könnte der Genossen-schaftsstrom sein. Hier müsste der Letztverbraucher aber Teilhaber des Wohnobjekts sein. Auch die steuerrechtlichen Regelungen stellen für ein solches Modell viele Hürden dar. Hier bedarf es einer individuellen Betrachtung im Einzelfall.

Die derzeitige Rechtslage sorgt v. a. in den Wohnquartierstrommodellen für Schwierig-keiten. Hier würden benachbarte Gebäude über den Fotovoltaikstrom mitversorgt werden

---

[8] Vgl. BNetzA (2016, S. 35 ff.).

[9] Vgl. juris, BFH Urt. v. 20.04.2004, Az. VII R 44/03, Randnummer 11, 18, 23.

[10] Vgl. BDEW (2017b, S. 14).

können. Voraussetzung ist aber, dass der Solarstrom im „unmittelbaren räumlichen Zusammenhang" verbraucht wird. Es gibt bereits Gerichtsentscheidungen, die sich intensiv mit dem Thema beschäftigen.[11] Allerdings wird das Thema auch in Zukunft auslegungsbedürftig bleiben, solange die Regelungen nicht klar im Gesetz verankert sind.

Kraft-Wärme-Kopplungsgesetz
Durch die Energiewende und den Ausbau von erneuerbaren Energien fällt auch der Kraft-Wärme-Kopplung eine große Bedeutung für die Umsetzung des Mieterstroms zu. Nach § 2 Nr. 13 KWKG handelt es sich bei der *KWK* um die gleichzeitige Umwandlung von eingesetzter Energie in elektrische Energie und in Nutzwärme in ortsfesten technischen Anlagen. Somit handelt es sich dabei um Anlagen, die Strom und Nutzwärme erzeugen.

In der Regel kommen in diesem Bereich kleine KWK-Anlagen unter 100 kW zum Einsatz. Wie oben bereits dargestellt, gilt der Mieterstromzuschlag nach EEG 2017 nur für Fotovoltaikanlagen. Die Förderung für Kraft-Wärme-Kopplung ist im KWKG geregelt. Der Strom, der in das Netz eingespeist wird, und der Strom, der innerhalb der Kundenanlage verbraucht wird, wird im KWKG vom 1. Januar 2017 unterschieden. Der Zuschlag für den Leistungsanteil von bis zu 50 kW beträgt 4 ct/kWh und für den Leistungsanteil von mehr als 50–100 kW beträgt er 3 ct/kWh (§ 7 Abs. 3 KWKG). Die Dauer der Förderung ist nach § 8 KWKG nicht auf Jahre, sondern auf Vollbenutzungsstunden begrenzt. Für Anlagen bis 50 kW sind dieses 60.000 Vollbenutzungsstunden und ab 50 kW für 30.0000 Stunden ab Aufnahme des Dauerbetriebs (§ 8 KWKG).

Die Zulassung der KWK-Anlage durch das BAFA ist die Voraussetzung für den Anspruch auf die Zuschlagszahlungen (§ 6 Abs. 1 Nr. 6 KWKG). Das von der BAFA eingerichtete Zulassungsverfahren für Kleinanlagen mit einer Leistung bis 50 kW kann elektronisch erfolgen. Je nach Anlage sind die Zuschlagsberechtigungen nach KWKG zu prüfen, da das KWKG zwischen verschiedenen Anlagen, wie neue, hocheffiziente und modernisierte Anlagen, unterscheidet.

Die Abgaben und Umlagen für die Stromversorgung außerhalb des Netzes der allgemeinen Versorgung fallen beim Einsatz von KWK-Anlagen aufgrund der fehlenden Netznutzung nicht an.

Die Energiesteuer kann der Anlagenbetreiber beim Hauptzollamt erstattet bekommen, wenn die KWK-Anlage einen Jahresnutzungsgrad von mindestens 70 % und eine Hocheffizienz bzw. Modernisierung aufweist (§ 53 a EnStG). Das EEG fällt – wie im Fotovoltaik-Fall – für die Mieter zu 100 % an.

Nach § 9 Abs. 1 StromStG ist der Strom, der in einer KWK-Anlage erzeugt und in räumlichen Zusammenhang der Anlage geliefert und verbraucht wird, stromsteuerfrei. Die oben genannten Regelungen zum Thema „räumlicher Zusammenhang" und EEG-Umlage sind hier identisch anzuwenden.

---

[11] Vgl. NRWE, OLG Düsseldorf, Beschluss vom 13.06.2018-VI-3, Kart 48/17.

E-Mobilty als Mieterstrom

Die Einbindung der Elektromobilität in die Mieterstrommodelle stellt für die Wohnungs-wirtschaft eine weitere Möglichkeit im Rahmen der dezentralen Energieversorgung dar. Sowohl für Nutzer als auch für Anbieter könnte das Modell sehr vorteilhaft sein, solange für beide Seiten ein wirtschaftlicher Vorteil erzielbar ist.

Die wichtigste Frage hierzu ist, wie die Stromversorgung für alle Mieter in diesem Modell ausreicht. Deshalb müssen die technischen Strukturen und rechtliche Voraussetzungen zulassen, dass alle Parteien von der *E-Mobility* im Haus profitieren können.

Die Einbindung von Elektromobilität in das Mieterstrommodell bedarf je nach Konzept einer passenden Infrastruktur inklusive Einrichtung und Betrieb. Hier sind neben bau- und straßenrechtlichen auch stromsteuerrechtliche Regelungen zu beachten. Neben diesen Regelungen spielen Ladesäulenverordnung, Elektromobilitätsgesetz, Mietrecht und Wohnungseigentumsrecht ebenfalls eine Rolle. Das Bundesministerium der Justiz und für Verbraucherschutz hat im Rahmen der Elektromobilität das Gesetz zur Förderung von Barrierefreiheit und Elektromobilität im Miet- und Wohnungseigentumsrecht erarbeitet.[12] Wichtigste Regelung des Entwurfs in Bezug auf die Wohnungswirtschaft ist nach § 22 Abs 1 Satz 3 Wohnungseigentumsgesetz (WoEigG-E), dass keine Zustimmung beim Einbau eines Wallboards oder ähnlichem der hierdurch beeinträchtigten Wohnungseigentümer erforderlich ist. Das ist der Fall, sofern ein berechtigtes Interesse an der Maßnahme besteht und das Interesse an der unveränderten Erhaltung des gemeinschaftlichen Eigentums nicht übersteigt.

Die Einordnung der Ladepunkte als Letztverbraucher durch § 3 Nr. 25 EnWG hat in der Branche für Diskussionen gesorgt. Dieses wurde damit begründet, dass es sich bei dem Ladepunktbetrieb um eine Bündelleistung handelt, die aus Infrastruktur, Service, Strom und gegebenenfalls Parkleistungen besteht.[13] Es handelt sich bei dem eigentlichen Ladevorgang somit nicht um Stromlieferung, sodass dem Betreiber keine Pflichten eines Energieversorgers zukommen. Diese Einordnung erleichtert den Aufbau von Ladeinfrastrukturen insbesondere für juristische Personen. Auch nach dem Messstellenbetriebsgesetz (MsbG) wird der Ladepunkt als Letztverbraucher eingestuft (§ 2 Abs. 1 Nr. 8 MsbG).

Die eichrechtlichen Regelungen sowie verschiedene Tarifmodelle im Hinblick auf die Preisangabenverordnung (PAngV) stellen unter Berücksichtigung der Abrechnungsmodelle ebenfalls Komplikationen dar.

Netzentlastung, Nutzung erneuerbare Energien, Mieterbindung sowie Stärkung des Wettbewerbs stellen bedeutsame Vorteile des Modells Mieterstrom für die E-Mobility dar. Jedoch ist gleichzeitig zu erkennen, dass die rechtlichen Rahmenbedingungen für die Umsetzung nicht ausreichend geregelt sind. Deshalb muss der Gesetzgeber zukünftig noch viele Gesetze und Verordnungen anpassen, damit eine sichere Umsetzung der E-Mobilität gewährleistet werden kann.

---

[12] Vgl. BMJV (2018).

[13] Vgl. BuW (2017, S. 33).

55.2.5 Energiesammelgesetz

Am 1. Januar 2019 trat das Energiesammelgesetz (ursprünglich 100-Tage-Gesetz) in Kraft. Das Gesetz umfasst eine Vielzahl an Themen von Sonderausschreibungen bis zur Weiterentwicklung der KWK-Anlagen sowie eine ganze Reihe weiterer Änderungen im Energierecht.

Relevant für die Wohnungswirtschaft sind Regelungen, die die oben aufgeführten Regelungen gleich wieder begrenzen.

So wird die Wohnungswirtschaft zwar in die Produzentenrolle hineingedrängt und erhält dafür auch die Möglichkeit, sich über die Mieterstrommöglichkeiten zum Versorger weiterzuentwickeln. Mit dem neuen Energiesammelgesetz erfolgen nun aber gleich wieder Beschränkungen. Für Fotovoltaikanlagen zwischen 40 und 750 kW sind Sonderkürzungen beschlossen worden. Beim Mieterstrom ist vorgesehen, dass der Abschlag für Fotovoltaikanlagen mit mehr als 40 kW künftig nicht mehr 8,5 ct/kWh, sondern 8,0 ct/kWh betragen soll. Bei kleineren Anlagen bleibt der Wert (erstmal) weiterhin bei 8,5 ct/kWh. Hintergrund dieser Regelung ist, dass die Bundesregierung eine Überförderung bei Solaranlagen auf Dächern von Gebäuden ab 40 kW Größe sieht. Diese Kürzung, die ab Januar 2019 schrittweise zu erfolgen hat, wird auf die eben erst beschlossenen Mieterstrommodelle Auswirkungen haben.

Ebenfalls ist im Gesetz geregelt, dass bei KWK-Anlagen weiterhin nur eine anteilige EEG-Umlage gezahlt werden muss. Darüber hinaus wurden Sonder- und Innovationsausschreibungen auf den Weg gebracht, die den zukünftigen Ausbau regeln. Diese Ausschreibungen sollen dazu dienen, den Wettbewerb zu erhöhen und neue Preisgestaltungsmechanismen schaffen.

55.3   Wirtschaftliche Vorteile

Wenn die Wohnungswirtschaft nun also die Reduktion der (zweiten) Miete als zentralen Punkt in der Attraktivität der Vermietung einer Wohnung sieht, stellt sich die Frage, warum gerade im Energiebereich die Möglichkeiten nicht ausgeschöpft werden.

55.3.1   Beispiel Mieterstrom

Gemäß einer BMWi-Studie sind aufgrund verschiedener Restriktionen wie der Mindestanzahl der Wohneinheiten, des Alters des Gebäudes oder der Sanierungen des Dachs gut 367.000 Wohngebäude mit 3,8 Mio. Wohnungen bereits heute mieterstromtauglich. Als besonders mieterstromtauglich gelten dabei 67.000 Wohngebäude im Segment über 13 Wohnungseinheiten mit gut 1,5 Mio. Wohnungen.[14]

---

[14] Prognos, & BH&W (2017, S. 82 f.), Tabellen 35 und 36).

Am Beispiel einer Fotovoltaikanlage und eines BHKW soll aufgezeigt werden, wie die Wohnungswirtschaft über das Mieterstrommodell in die Rolle des Erzeugers hineinwachsen kann. Aufgrund der Entlastung des Mieterstroms von Netzentgelten, Steuern und Abgaben lassen sich für die Mieter wirtschaftliche Vorteile erzielen, während der Vermieter seinerseits keinen wirtschaftlichen Nachteil erfährt.

Beispielfall 1 – Blockheizkraftwerk

Es wird von einem Wohnhaus mit 20 Wohnungen, einem BHKW mit 22 kW_{th}/11 kW_{el} und 4.800 Benutzungsstunden ausgegangen. Das BHKW wird mit Gas versorgt. Die Gaseinsatzkosten werden auf die Nutzer des Mieterstroms anteilig umgelegt.

Es wird davon ausgegangen, dass zehn Wohnparteien Mieterstrom beziehen wollen. Das nutzbare Potenzial des produzierten BHKW-Stroms für Mieterstrom soll bei 60 % liegen. Es ist somit eine Vollversorgung aller Anschlussteilnehmer mit Mieterstrom möglich.

Der Arbeitspreis für den Mieterstrom wird mit brutto 23,51 ct/kWh (netto 19,76 ct/kWh) angegeben. Der Vergleichspreis beläuft sich auf 29,44 ct/kWh brutto.[15]

Aus diesem Fall heraus ergibt sich nachfolgender Vorteil für den Vermieter und den Mieter. Wie am Beispiel (Abb. 55.2) erkennbar, ergibt sich sowohl für den Anlagenbetreiber als auch für den Mieterstromnutzer ein wirtschaftlicher Vorteil. Dieser differiert natürlich in seiner Höhe abhängig vom festgesetzten Mieterstrompreis.

Beispielfall 2 – Fotovoltaik

Es wird von dem gleichen Haus wie im ersten Fall ausgegangen. Das Haus hat in diesem Beispiel ein Flachdach, auf dem die Fotovoltaikanlage installiert wird. Die installierte Anlage hat 15 kWp bei 990 Benutzungsstunden. Die Nutzungsquote liegt bei 30 % und es nehmen sieben Wohneinheiten an dem Mieterstrom teil.

Wirtschaftlichkeitsberechnung BHKW				
Vermieter			**Mieter (brutto)**	
Einnahmen vom Mieter	19.760 ct/ kWh		Vergleichstarif	29.44 ct/ kWh
Abzgl. EEG-Abgaben	-6.405 ct/ kWh		Mieterstrom	23.51 ct/ kWh
Abzgl. Verlust KWKG Mieterstrom	-11.676 ct/ kWh		Vorteil	5.93 ct/ kWh
Zwischensumme 1	1.678 ct/ kWh			
Abzgl. Graustrom-EK & Transport	0.000 ct/ kWh		Absolut	148.15 € p.a.
Abzgl. Gaseinkauf & Transport	-0.602 ct/ kWh		(2.500 kWh)	
Zzgl. Förderung	4.000 ct/ kWh			
Zwischensumme 2	5.476 ct/ kWh			
Abzgl. Bonus Mieter	-3.000 ct/ kWh			
Zwischensumme 3 = Margen-Niveau	2.476 ct/ kWh			
Absolut bei 25,000 kWh	619.08 € p.a.			

Abb. 55.2 Wirtschaftlichkeitsberechnung Blockheizkraftwerk (Beispiel)

---

[15] BDEW (2018, S. 8).

Aufgrund der geringen Produktionsleistung der Fotovoltaikanlage im Vergleich zum BHKW-Fall ist eine alleinige Versorgung mit Mieterstrom nicht möglich, obwohl sogar die Anzahl der teilnehmenden Mieter geringer ist. Entsprechend müssen gut zwei Drittel des benötigten Stroms zugekauft werden.

Als Folge des Graustromzukaufs und der damit verbundenen hohen anteiligen Kosten ergibt sich ein Mieterstrompreis oberhalb des BHKW-Falls.

Der Mieterstrompreis wird mit 28,38 ct/kWh brutto (netto 24,84 ct/kWh) berechnet. Aber auch hier lohnt sich noch der Einsatz des Mieterstroms, sowohl für den Anlagenbetreiber als auch für den Mieterstromnutzer (siehe Abb. 55.3):

Es zeigt sich somit, dass aus wirtschaftlicher Sicht heraus der Einstieg in die Versorgerrolle sowohl für den Vermieter bzw. Anlagenbesitzer als auch für den Mieter wirtschaftlich interessant sein kann.

55.3.2 Zusatzfall E-Mobility

Die E-Mobility wird in Zukunft in Deutschland einen zusehends höheren Stellenwert einnehmen. Damit verbunden steigen die Anforderungen im Bereich der Vermietung. Neben dem Arbeitsplatz wird der Wohnbereich der zentrale Platz für die Ladung von ePkw werden. Somit wird gerade im höherpreisigen Vermietungssegment das Vorhandensein einer Ladeinfrastruktur in den Tiefgaragen oder ähnlichem ein Entscheidungskriterium bei der Wahl des Mietobjekts werden.

Interessant könnte es sein, wenn wir die Eigenproduktionsleistungen aus einer kombinierten BHKW-Fotovoltaikanlage aus den Beispielen 1 und 2 nutzen und E-Mobility somit als Sonderfall des Mieterstroms verstehen.

Zwar ergänzen sich jahreszeitlich Fotovoltaik- und BHKW-Anlagen in einem gewissen Maß. Aber beide Anlagentypen weisen den Nachteil auf, dass das Zuhausetanken überwiegend in den Abendstunden stattfinden wird. Zu dieser Zeit des Tages werden beide Anlagentypen nicht immer vollumfänglich produzieren können. Da die ePkw

Wirtschaftlichkeitsberechnung PV				
Vermieter			Mieter (brutto)	
Einnahmen vom Mieter	23.846 ct/ kWh		Vergleichstarif	29.44 ct/ kWh
Abzgl. EEG-Abgaben	-6.405 ct/ kWh		Mieterstrom	28.38 ct/ kWh
Abzgl. anteiliger Verlust PV-Förderung	-3.022 ct/ kWh		Vorteil	1.06 ct/ kWh
Zwischensumme 1	14.419 ct/ kWh			
Abzgl. anteilig Graustrom-EK & Transport	-18.266 ct/ kWh		Absolut	26.59 € p.a.
Abzgl. Gaseinkauf & Transport	0.000 ct/ kWh		(2.500 kWh)	
Zzgl. Förderung	3.370 ct/ kWh			
Zwischensumme 2	0.221 ct/ kWh		Mieterstrom	25.46%
Abzgl. Bonus Mieter	0.000 ct/ kWh		Graustrom	74.54%
Zwischensumme 3 = Margen-Niveau	0.221 ct/ kWh			
			Anteilige Umlage der entgangenen	
Absolut bei	17,500 kWh	38.67 € p.a.	Förderung und Einkauf	

Abb. 55.3 Wirtschaftlichkeitsberechnung Fotovoltaik (Beispiel)

zudem relativ schnell laden wollen und somit eine relativ hohe Leistung in den Lade-zeiten benötigen werden, stoßen wir hier auf Kapazitätsprobleme. Die beiden Anlagen-typen werden diese geforderte Leistungsabfrage in den Abendstunden mit hoher Wahr-scheinlichkeit nicht vollumfänglich zur Verfügung stellen können.

Als Lösung verbleibt somit der zusätzliche Einsatz eines Stromspeichers.

Beispielfall 3 – E-Mobility

Es wird von zehn ePkw ausgegangen. Der Strombedarf wird mit 24,2 kWh/100 km ange-nommen.[16] Die Jahresleistung der ePkw wird mit 10.000 km angesetzt.

Wird davon ausgegangen, dass die ePkw jeden zweiten Tag tanken, so liegt der Ver-brauch zwischen zwei Tankstopps mit gut 55 km bei 13,3 kWh. Von zehn ePkw laden so-mit stets fünf ePkw statistisch gesehen gleichzeitig.

Installiert wird ein 24-Kilowattstunden-Speicher. Die Speicherkosten werden mit 700 EUR/kWh angesetzt. Der Speicher kann somit etwa 35 % des Strombedarfs der fünf ePkw decken.

Es wird von einer Gesamtspeicherleistung von 7.000 Entladungen/Lebensdauer aus-gegangen. Da jeden Tag entladen (und geladen) wird, hält der Speicher gut 19 Jahre. Die Jahreskosten als Abschreibung des Speichers liegen bei 873,60 EUR und die reinen Spei-cherkosten bei 10,2 ct/kWh (bei 8561 kWh Ausspeicherung pro Jahr).

Der Einsatz eines Speichers lohnt sich immer dann, wenn die Erzeugungskosten zuzüg-lich der Speicherkosten unterhalb des am Markt erhältlichen Graustroms liegen.

Der in den Speicher aufgenommene Strom verteilt sich im Beispiel analog zu der nicht genutzten Produktionsmenge aus den Beispielen 1 und 2 mit 72,8 % für das BHKW und 27,2 % für die Fotovoltaikanlage.

Der verbleibende Strombedarf wird durch die jeweiligen Anlagen aus der laufenden Produktion heraus über 8 h/Tag für die fünf parallel ladenden ePkw bedient.

In dem Beispiel (Abb. 55.4) wird von einem Preis pro Kilowattstunde Ladestrom an öffentlichen Säulen von 29,4 ct ausgegangen.[17] Es ergibt sich somit ein Vorteil im Beispiel von 54,59 EUR/Jahr bei Jahresgesamtkosten von 657,00 EUR (zuzüglich Grundpreis).

Somit entsteht ein wirtschaftlicher Vorteil, auch wenn er knapp ist. In dem Beispiel wird mit Speicherkosten von 700 EUR/kWh gerechnet. Wird aber mit den derzeit realisti-schen Kosten von 1.000 EUR/kWh gerechnet, so steigt der Preis für den Mieterladestrom auf 28,99 ct/kWh brutto – der Vorteile wäre damit weitestgehend egalisiert. Es gilt also abzuwarten, bis die Speicherkosten in Dimensionen gesunken sind, die einen dauerhaften Einsatz in der E-Mobility wirtschaftlich ermöglichen.

Ebenfalls wenig überraschend ist, dass ein kleinerer Speicher die Wirtschaftlichkeit hebt. Den größten wirtschaftlichen Vorteil für die Nutzung des eigenproduzierten Stroms als Ladestrom ergibt sich entsprechend ohne Speichereinsatz.

---

[16]Vgl. ADAC Autotest (2013, S. 13).
[17]Vgl. Statista (2018b).

Energieart	Anteil	Menge in kWh	Preis in kWh/ct	Summe
BHKW	47.04%	11,382.55	19.36	2,203.62 EUR
Photovoltaik	17.59%	4,256.17	18.78	799.10 EUR
Speicher	35.38%	8,561.28		2,517.41 EUR
davon nur Speicher				*873.60 EUR*
davon BHKW für Speicher	*25.75%*	*6,231.28*	*19.36*	*1,206.35 EUR*
davon BHKW für PV	*9.63%*	*2,330.00*	*18.78*	*437.46 EUR*
SUMME	**100.00%**	**24,200.00**		**5,520.12 EUR**
			Preis netto	**22.81 ct/kWh**
			Preis brutto	27.14 ct/kWh

Abb. 55.4 Wirtschaftlichkeitsberechnung E-Mobility (Beispiel)

Hier ist allerdings die Problematik zu beachten, dass der eigenproduzierte Strom nicht immer zur Verfügung steht, vorrangig für die Mieterwohnungen genutzt wird und somit Ladevorgänge für die ePkw nur über vielen Stunden hinweg mit der Restleistung erfolgen können. Diese Alternative ist zwar technisch möglich, aber emotional nicht umsetzbar. Wer tankt, möchte schnell ein Mindestmaß an Energie laden und nicht die halbe Nacht über warten.

Sicherlich bieten sich auch Demand-Size-Management-Systeme für intelligente Ladevorgänge technisch gesehen an. Allein es fehlt an der Akzeptanz. Welcher Nutzer akzeptiert eine geringere Priorität seines Ladesystems, die ihm sagt, dass er gegebenenfalls in der Nacht und nur vielleicht volladen wird, der Nachbar hingegen aber bevorzugt beladen wird?

Dazu nachfolgender Vergleich: Wird von einer bundesdeutschen Fahrleistung von 14.580 km pro Jahr[18] ausgegangen, so ergibt sich ein Durchschnittswert von gut 40 km pro Tag – die öffentliche Diskussion entbrennt aber über die Frage, ob 400 km oder 500 km Reichweite (für die ein, zwei Fernfahrten im Monat) ausreichend sind.

Die Diskussion über intelligente Ladetechniken wird daher in den ersten nächsten Jahren mangels Akzeptanz scheitern.

55.4 Hemmnisse und Lösungsvorschläge

Da die wirtschaftlichen Vorteile so offensichtlich sind und die Relevanz im Vermietungsmarkt ebenfalls deutlich erkennbar ist, stellt sich nun die Frage, warum die Umsetzung bis heute eher schleppend verläuft.

---

[18] Vgl. Statista (2018c).

55.4.1 Die Energieversorgerrolle

Nach § 3 Nr. 18 EnWG hat sich die Wohnungswirtschaft für die Umsetzung des Mieterstrommodells als Energieversorger, wenn sie Graustrom zukauft, anzumelden. Damit verbunden sind eine Vielzahl an behördlichen/energierechtlichen Anforderungen wie z. B.
das Anzeigen der Energiebelieferung gegenüber der Regulierungsbehörde (§ 5 EnWG)
oder das Führen von Bilanzkreisen nach den Marktregeln Bilanzkreisabrechnung Strom
(MaBiS).

Genossenschaftliche Wohnungsgesellschaften laufen Gefahr, dass sie über ihre Tätigkeit als Energieversorger in die Pflicht der Gewerbesteuerzahlung fallen.

Neben diesen administrativen Aufwendungen erfordert die Aufgabe des Energieversorgers die ordnungsgemäße Abrechnung der Energielieferungen gegenüber den Endkunden, den Mietern. Fällt dann noch *Graustrom* an, so ist Energie zu beschaffen und es ist
mindestens ein Bilanzkreis jeweils für Grau- und EEG-Strom zu führen.

Da die meisten Unternehmen der Wohnungswirtschaft hierfür weder über die personellen Ressourcen noch die notwendigen Qualifikationen verfügen, wird häufig von einer
Umsetzung abgesehen.

Ein theoretischer Ausweg wäre der Verkauf des Stroms quasi innerhalb der Anlage an
einen Energieversorger. Dieser Fall ist deshalb theoretischer Natur, da der Energieversorger nach § 9 Abs. 1 Nr. 3b StromStG den Stromsteuervorteil bei der Kalkulation verlieren
würde. Den Vorteil erhält nur der Anlagenbetreiber oder derjenige, der die Anlage betreiben lässt und den Strom weiterverkauft. Somit wird nur der Betreiber bzw. Besitzer begünstigt, kein Zwischenhändler.

Eine Alternative wäre die Beauftragung eines Energieversorgers mit der Durchführung
von Dienstleistungen, beginnend bei der Beschaffung, Bilanzierung bis hin zur
Abrechnung. Damit würde aber die Wohnungswirtschaft nicht von den Anforderungen an
ein Energieversorgungsunternehmen entbunden werden.

Die bessere Wahl wäre die *Verpachtung* der Anlage an einen Energieversorger. Der
Pächter kann dann in die Rolle des Versorgers gehen und der Stromsteuervorteil bleibt
erhalten. Der Energieversorger wäre somit der Anlagenbetreiber und hätte alle Anforderungen an diese Rolle zu übernehmen. Im Gegenzug erhält das Wohnungsunternehmen
eine Vergütung je Kilowattstunde in Höhe der Einspeisevergütung zuzüglich eines Auf-
schlags. In den obigen Beispielen zeigte sich, dass hierfür wirtschaftlicher Spielraum zur
Verfügung steht.

Bei der Verpachtung der Anlagen an ein Energieversorgungsunternehmen würde
diese – idealerweise in Kooperation mit dem Wohnungsunternehmen – ebenfalls die Kundengewinnung übernehmen.

Es ergeben sich somit die in Tab. 55.2 dargestellten unterschiedlichen Fallmodelle. Die
Tabelle zeigt anschaulich die Komplexität der Thematik.

Tab. 55.2 Erzeugter Strom

Erzeugter Strom	Erneuerbare-Energien-Gesetz (EEG)	Netzentgelt	Stromsteuer	Zuschlag EEG	Zuschlag Kraft-Wärme-Kopplungsgesetz	regulärer Grünstrom
… dient der Eigenversorgung ohne Netznutzung	40 %	Nein	Nein	Nein	Nein	Nein
… wird an Mieter verkauft (Wohnanteil 40 %)	100 %	Nein	Nein	Ja	Ja	Nein
… wird an Gewerbe-Mieter verkauft	100 %	Nein	Nein	Nein	Ja	Nein
… an Nachbargebäude ohne Netznutzung	100 %	Nein	Nein	Ja	Ja	Nein
… über E-Mobility-Ladestation auf Gelände an ePkw	100 %	Nein	Nein	Ja	Ja	Nein
… wird von einem Pflegeheim genutzt	40 %	Nein	Nein	Nein	Nein	Nein
… wird im regionalen Zusammenhang an Dritte verkauft	100 %	Ja	Ja	Nein	Nein	Ja
… wird vom Anlagenbetreiber bzw. Vermieter verkauft	100 %	Nein	Nein	Ja	Ja	Nein
… wird von einem Contractor verkauft	100 %	Nein	Nein	Ja	Ja	Nein
… wird von einem Energieversorgungsunternehmen weiterverkauft an Mieter	100 %	Nein	Nein	Nein	Nein	Nein

55.4.2 Erneuerbare-Energien-Gesetz, Kraft-Wärme-Kopplungs-gesetz

Das EEG 2017 hat erstmalig den Mieterstrom als eigenständigen Punkt aufgenommen.
Eine wesentliche Komponente hierbei ist, dass nur Anlagen mit Inbetriebnahme ab 24. Juli
2017 den Mieterstromzuschlag erhalten. Entsprechend sind ältere Fotovoltaikanlagen
zwar theoretisch, aber nicht wirtschaftlich für den Mieterstrombereich geeignet. Hier hat
der Gesetzgeber die sehr gewünschte Form der schrittweisen Heranführung der erneuerbaren Energien an den Markt für Altanlagen verpasst.

Nach dem KWK-G 2016 ergibt sich bei dem Mieterstrom das größte Risiko aus den
Zuschlagssätzen nach § 4 Abs. 2, Abs. 3 KWK-G. Durch die Koppelung an den *Baseload-*
Strompreis ergibt sich in einem stark bullishen Markt wie 2018 für den Anlagenbetreiber
ein Verlust aus dem Mieterstrom im Vergleich zu einer Direktvermarktung. Gerade der
erhebliche Anstieg des Baseload im 3. Quartal 2018 hätte eine Direktvermarktung über die
Börse gegenüber dem Mieterstrom attraktiver erscheinen lassen.

Erneut wird die Gesetzgebung in ihren Überlegungen vom Markt überholt (Abb. 55.5).

Aus diesem Grund empfiehlt u. a. das BHKW-Informationszentrum die Wahl eines
Durchschnittswerts über die abgelaufenen sechs Quartale (Abb. 55.5). Nur so kann sichergestellt werden, dass die derzeit hohe Volatilität der Börse (die aufgrund des weiten Zu-
wachses der volatilen EEG-Anlagen eher weiter steigen wird) nicht zu abrupten Preisan-
passung führen wird.[19]

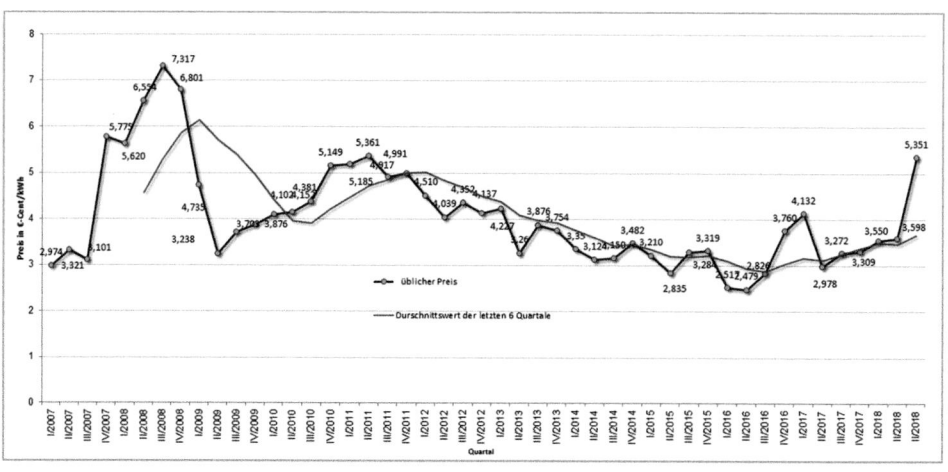

Abb. 55.5 Blockheizkraftwerkpreise

---

[19]Vgl. BHKW-Infozentrum (2019).

55.4.3 Die Kundengewinnung

Unternehmen der Wohnungswirtschaft verfügen über keine klassischen Vertriebsabteilungen zur Neukundengewinnung. Gleichzeitig ist es nicht gestattet, die Stromverträge analog den Wärmeverträgen an den Mietvertrag zu koppeln (siehe oben). Damit verbleiben der Wohnungswirtschaft nur drei Modelle:

a. Werben (Aushänge etc.) und passives Warten auf Interessenten
b. Einschalten professioneller Vertriebe, die aufgrund der kleinen Stückzahl/Objekt wenig Interesse haben
c. Verpachten der Anlagen an ein professionelles Energieversorgungsunternehmen

Allein c) ist erfolgsversprechend.

Warum sind nicht z. B. Opt-Out-Lösungen für den Fall zugelassen worden? Hiernach hätte der Neumieter automatisch den Mieterstromvertrag mit dem Mietvertrag bekommen und abgeschlossen, es sei denn, er hätte widersprochen. Die freie Versorgerwahl bleibt mit der Vorgabe monatlicher Kündbarkeit und dem Recht auf Wechsel des Lieferanten erhalten.

55.5 Innovationen

Die kleinere Wohnungswirtschaft steht noch am Anfang der Möglichkeiten aus der Energiewende. Viele heute bereits mögliche Ansätze sind in Frühphasen der Umsetzung. Dennoch ist es ratsam, auf die weiteren Möglichkeiten und Innovationen zu sehen und sich frühzeitig Gedanken über das Fernziel zu machen. Einige Anregungen sollen in diesem Abschnitt andiskutiert werden.

55.5.1 Power Purchase Agreements und virtuelle Speicher

EEG- und KWK-Anlagen werden in der Zukunft die Grundlage der bundesdeutschen Energieversorgung sein. Dementsprechend gilt es bereits heute nach Lösungen zu suchen, wie diese Anlagen in der Post-Förderungs-Zeit wirtschaftlich sinnvoll betrieben werden können.

Dabei gilt es, unterschiedliche Ziele parallel zu verfolgen:

a. **Versorgungssicherheit:** Die Energieversorgung der Wohnhäuser muss zu jedem Zeitpunkt sichergestellt sein.
b. **Ökologisch:** Je stärker der Ausbau der erneuerbaren Energien voranschreitet, umso selbstverständlicher wird der Anspruch der Mieter sein, Energie aus nachweislich ökologischen Quellen zu beziehen.
c. **Wirtschaftlich:** Dieser Punkt umfasst verschiedene Aspekte: Profitabel für den Anlagenbetreiber, wirtschaftlich attraktiv für den Mieter und preisstabil in zusehends volatileren Märkten.

Ein Instrument könnte hierbei das *Power Purchase Agreement (PPA)* sein. Überschussstrom wird nicht über den Markt verkauft, sondern nach dem heutigen Modell der sonstigen Direktvermarktung. Hierzu schließen sich z. B. verschiedene Wohnungsunternehmen zu einem Energie-Pool zusammen. Alle Teilnehmer steuern über eigene Erzeugungskapazitäten und Speicherlösungen einen unterschiedlichen Anteil an Energie bei. Verwaltet werden diese Energiemengen durch einen Dienstleister, der mithilfe einer Steuerungssoftware, dem virtuellen Kraftwerk, die Energieströme je Partner aus Verbrauch, Erzeugung und Speicherung optimiert. Zwischen den Teilnehmern könnten auf Basis der jeweiligen Entstehungskosten feste Kauf- und Verkaufspreise mit langjährlicher Laufzeit (fünf bis zehn Jahre) für den Energiepreis vereinbart werden. Der jeweilige Verkäufer generiert mit jedem Verkauf eine feste Marge und gleichzeitig garantiert das Wohnungsunternehmen seinen Mietern in Zeiten der Energiewende einen festen Energiepreis (zuzüglich Abgaben) – ein durchaus starkes Vermietungsargument.

Über das PPA-System wird so zwischen allen Partnern für den Energiepreis ein System fester Preise vereinbart. Die Abhängigkeit von der Volatilität der Börsen entfällt weitestgehend. Hinzu kommen dann noch die jeweiligen lokalen Netzentgelte und behördlichen Abgaben. Wichtig ist, dass der Dienstleister nach Möglichkeit einen Pool aufbaut, der weitestgehend autonom ist.

Die darüber hinaus veräußerten und gekauften Residual-Mengen (z. B. Intraday, Day-Ahead, Ausgleichsenergie) werden durch den Dienstleister gehandelt und das Ergebnis wird an die Teilnehmer anteilig weitergegeben.

Der Nachteil dieses Systems ist sicherlich, dass die Partner in stark fallenden Märkten nicht vom Preisverfall profitieren, dafür aber gegen steigende Preise und hohe Volatilitäten gesichert sind. Hierbei überwiegt aufgrund des Rückbaus von Großkraftwerken (Atom- und Kohleausstieg), steigenden CO_2-Zertifikatspreisen und steigendem Stromverbrauch (E-Mobility, Stromheizung) die Wahrscheinlichkeit langfristig steigender Strompreise.[20]

Ebenfalls kommt dieses Modell aufgrund der Restriktion der sonstigen Direktvermarktung nur für Anlagen in Betracht, die sich nicht (mehr) in der EEG-Förderung befinden.

55.5.2 Regionaler Grünstrom

Generell hat der Anlagenbetreiber die Möglichkeit, für den erzeugten Strom

a. eine Marktprämie für die Direktvermarktung nach § 20 EEG/§ 4 KWKG,
b. eine Einspeisevergütung nach § 21 I, II EEG/§ 7 Abs.1 KWKG oder
c. einen Mieterstromzuschlag nach § 21 III EEG/§ 7 Abs.3 KWKG

zu erlangen (siehe oben).

---

[20]Vgl. Huneke et al. (2018, S. 8).

Soll der Strom aber z. B. an ein benachbartes Wohngebäude unter Nutzung des Netzes vermarktet werden, so befindet er sich in der sonstigen Direktvermarktung nach §§ 21a EEG.

Der EEG-Strom wird über die Börse verkauft. Der Anlagenbetreiber erhält nach § 79 EEG sog. Herkunftsnachweise, mit dem er den dann ausgelieferten (Grau-)Strom als Grünstrom vermarkten darf. Außer der Kennzeichnung als Grünstrom erfährt der Strom keine sonstigen Vergünstigungen.

Gewünscht ist letztendlich eine echte Vermarktung als regionaler Grünstrom. Hier wird auch physisch der dezentral erzeugte Grünstrom in einem räumlichen Zusammenhang veräußert. Der Anlagenbetreiber erhält zur Unterstützung der Vermarktung ein regionales Grünstromzertifikat nach § 79a EEG. Auch hier gibt es keine weitere finanzielle Förderung.

Aufgrund der erhöhten Produktionskosten von Grünstrom kommen letztendlich beide Modelle erst dann zum Einsatz, wenn eine Anlage aus der Förderung gelaufen ist bzw. nicht förderfähig ist und sich am Markt behaupten muss.

Entsprechend gering ist demnach auch die Verbreitung dieser Produkte im Markt.

55.5.3 Contracting

Contracting ist im Bereich der Erneuerung von Heizungsanlagen bereits Standard, auch wenn dieses Modell überwiegend im Bereich von vermieteten Immobilien zum Einsatz kommt. Beim Contracting-Modell übernimmt der Contractor die Heizungsanlage in den eigenen Besitz, betreibt diese fort oder modernisiert bzw. ersetzt sie. Im Gegenzug erhält der Contractor das Recht auf Belieferung der Bewohner mit Wärme für einen vorher vereinbarten Zeitraum von z. B. zehn Jahren.

Dieses Modell kann auf den Bereich E-Mobility ausgeweitet werden. Das Aufrüsten eines Parkplatzes oder einer Tiefgarage mit Ladestationen ist wirtschaftlich sehr aufwendig. Neben den Ladestationen ist aufgrund der hohen Leistungsabfrage in einem kleinen Zeitfenster auch eine eigene Anschlussleitung an das öffentliche Stromnetz ratsam. Diese Investitionen sind von den Eigentümern zu tragen. Gerade im Bereich von Wohnungseigentümergesellschaften ist ein schier endloser Diskussionsprozess zwischen Eigentümern mit und ohne (geplanten) ePkw vorprogrammiert. Auch im vermieteten Bereich ist fraglich, wie diese Kosten umzulegen sind.

Hier empfehlen sich Contracting-Modelle. Analog der Heizungsanlage kann der Aufbau einer Ladestruktur an einen Contractor übertragen werden, der im Gegenzug das zehnjährige Recht auf Verkauf von Ladestrom erhält. Eine weitere Alternative wäre, dass ein Dienstleister einige freie Ladestationen auf dem Grund der Immobilie errichtet und den Ladestrom direkt verkauft.

Es stellt sich sogar die Frage, inwieweit individuelle Automobilität überhaupt noch ein Zukunftsmodell ist. Deutsche Automobilbauer haben mit Car2Go (Daimler) oder DriveNow (BMW) längst den Weg in die CarSharing-Welt angetreten.[21] Es wäre also denkbar,

---

[21]Vgl. Zeit (2017).

Stellflächen an CarSharing-Firmen zu vermieten. Diese würden dann die notwendige Ladeinfrastruktur errichten, die Eigentümer würden zusätzliche Mieteinnahmen erzielen und gleichzeitig den Bewohnern jeder Zeit Pkw zur Verfügung stellen.

55.6   Digitalisierung im Gebäude

In der öffentlichen Diskussion nimmt das Thema Digitalisierung breiten Raum ein. Im Zentrum steht hierbei natürlich die avisierte Smart-Meter-Technologie als Basis. So wesentlich es für die Energiewirtschaft als Ganzes ist, die Energie- und Datenströme zu erfassen und zu steuern, so fraglicher erscheint die Fragestellung vor dem Hintergrund des praktischen Nutzens für die Wohnungswirtschaft.

55.6.1 Smart Meter

Die Einführung der sog. *Smart Meter* hat im ersten Schritt wenig mit der Wohnungswirtschaft zu tun. Verbraucher ab einem Jahresstromverbrauch von 6.000 kWh sowie Erzeuger dezentraler Erzeugungsanlagen nach dem Erneuerbare-Energien-Gesetz (EEG) und dem Kraft-Wärme-Kopplung Gesetz (KWKG) ab 7 kW installierter Leistung müssen nach dem Messstellenbetriebsgesetz mit *intelligenten Messsystemen (iMSys)* ausgestattet werden. Die Verbräuche der Mieter fallen i. d. R. nicht unter die erste Gruppe der Umstellung. Allein die EEG-Anlagen und somit der Mieterstromfall verpflichten zum Einbau von intelligenten Messsystemen.

Die Annahme einer Verhaltensanpassung im Energieverbrauch bei den privaten Mietern ist weitestgehend irrig, da kaum eine Privatperson ihren täglichen Lebensablauf an eine Börsenpreisentwicklung koppeln wird. Allein durch den Einsatz intelligenter weißer Ware wie z. B. intelligenten Kühlschränken wird das Lastprofil der Mieter beeinflusst werden.

Positive Auswirkungen werden im Fall der Mieterstromversorgung unter Speichereinsatz und Koppelung an ein virtuelles Kraftwerk erzielbar sein. Hier können durch den Steuerer des virtuellen Kraftwerks aus dem Zusammenspiel von Mieterverbrauch, Graustromzukauf, Ein- oder Ausspeicherung und Verkauf an die Strombörsen wirtschaftliche Vorteile erzielbar werden. Dieses wird aber noch einige Jahre auf sich warten lassen.

55.6.2 Das digitale Wohnhaus

Wesentlich interessanter ist die Nutzung der Fernsteuertechnik der Smart Meter. Hierdurch entstehen Effizienzpotenziale, die die Akzeptanz des Smart Meters auch im Mietwohnungsbereich erhöhen dürften. So entfallen nicht nur manuelle Ablesevorgänge, für die Facility Manager vor Ort oder Ableser der Energieversorger sich in das Objekt begeben mussten. Vielmehr können bei Mieterwechseln Zählerstände taggenau erfasst und abgelesen werden.

Ebenso können bei Leerstandsobjekten Verbräuche exakt erfasst werden (z. B. bei Renovierungen) und dadurch Ableseaufwendungen eingespart werden. Gerade im Mieterstromfall ist es ebenfalls möglich, säumigen Kunden per Fernbefehl die Energiezufuhr zu sperren und so wirtschaftliche Nachteile aus der Nichtzahlung zu minimieren.

Da diese Punkte sich unmittelbar positiv auf die Arbeit der Vermieter bzw. Verwalter auswirken, ist hier mit einer erhöhten Akzeptanz zu rechnen.

55.7 Zusammenfassung

Die hier primär betrachtete Gruppe der kleinen Wohnungswirtschaft nimmt an den Neuerungen, die sich aus der Energiewende ergeben, eher passiv teil. Die wesentlichen Gründe hierfür sind:

a. Die Interessen der Eigentümer werden häufig durch Verwaltungsgesellschaften vertreten. Aufgrund der Komplexität des Tagesgeschäfts und der ohnehin hohen Anzahl an neuen Verordnungen, die umgesetzt werden müssen, bleibt bei den Verwaltungsgesellschaften häufig wenig Zeit, sich mit Neuerungen z. B. als Folge der Energiewende eingehend zu beschäftigen.
b. Der Meinungsbildungsprozess erfolgt bei Investitionsentscheidungen in Eigentümerversammlungen. Hierbei treffen unterschiedliche Interessen aufeinander, sodass häufig der kleinste gemeinsame Nenner als Entscheidung erzielt werden kann. Gibt es keine gesetzlichen Vorgaben, so fallen innovative, gegebenenfalls auch risikobehaftete Investitionsentscheidungen häufiger durch.
c. Der Gesetzgeber baut zu hohe administrative Hürden auf. Ein klassisches Beispiel ist die Vorgabe der Energieversorgerrolle durch die Eigentümer bzw. Anlagenbetreiber im Mieterstrommodell.
d. Der Einstieg in die neuen Geschäftsmodelle ist komplex und erklärungsbedürftig. Häufig fehlt auch aufseiten der etablierten Versorger entsprechende vertriebliche Beratungskompetenz.

Die Wohnungswirtschaft hat das Potenzial zum Vorreiter der Prosumer zu werden. Die wirtschaftlichen Vorteile liegen auf der Hand. Zumindest für die kleine Wohnungswirtschaft wird diese Vorreiterrolle aufgrund der komplexen Strukturen aber nur zögerlich angenommen werden. Hier ist viel Erklärungsbedarf notwendig und wird es auch zukünftig so bleiben.

Literatur

ADAC Autotest. (2013). *Tesla Model S Performance* (Sep. 2013). München: Allgemeiner Deutsche Automobil-Club e.V. (ADAC). https://www.adac.de/_ext/itr/tests/Autotest/AT5022_Tesla_Model_S_Performance/Tesla_Model_S_Performance.pdf. Zugegriffen am 20.01.2019.

BDEW. (2017a). *Heizungsmarkt Wohnungswirtschaft: Befragung zum Thema Heizen und Energie in der Wohnungswirtschaft* (Mär. 2017). Berlin: BDEW Bundesverband der Energie- und Wasserwirtschaft e.V. https://www.bdew.de/media/documents/20170425_BDEW-Heizungsmarkt-Wohnungswirtschaft-2017.pdf. Zugegriffen am 20.01.2019.

BDEW. (2017b). *Anwendungshilfe Das Mieterstromgesetz – Ein erster Überblick. Der neue Rechtsrahmen für PV Mieterstrommodelle* (25.07.2017). Berlin: BDEW.

BDEW. (2018). *BDEW-Strompreisanalyse Mai 2018* (18.03.2018). Berlin: BDEW Bundesverband der Energie- und Wasserwirtschaft e.V.

BHKW-Infozentrum. (2019). *Üblicher Preis – Höhe der Stromvergütung für eingespeisten KWK-Strom.* Rastatt: BHKW-Infozentrum GbR. https://www.bhkw-infozentrum.de/statement/ueblicher_preis_bhkw.html. Zugegriffen am 20.01.2019.

BMJV. (2018). *Reform des Wohnungseigentumsrecht* (31. Jul. 2018). Berlin: Bundesministerium der Justiz und für Verbraucherschutz. https://www.bmjv.de/SharedDocs/Gesetzgebungsverfahren/DE/Reform_Wohnungseigentumsgesetz_WEG.html. Zugegriffen am 20.01.2019.

BNetzA. (2016). *Leitfaden zur Eigenversorgung* (Jul. 2016). Bonn: Bundesnetzagentur für Elektrizität, Gas, Telekommunikation, Post und Eisenbahnen (BNetzA). https://www.bundesnetzagentur.de/SharedDocs/Downloads/DE/Sachgebiete/Energie/Unternehmen_Institutionen/ErneuerbareEnergien/Eigenversorgung/Finaler_Leitfaden.pdf?__blob=publicationFile&v=2. Zugegriffen am 20.01.2019.

BuW. (2017). *Eckpunkte für den rechtlichen Rahmen der Elektromobilität: Überblick und Handlungserwägungen der Begleit- und Wirkungsforschung zum Schaufenster-Programm Elektromobilität* (Jan. 2017). Frankfurt a. M.: Begleit- und Wirkungsforschung Schaufenster Elektromobilität (BuW). https://schaufenster-elektromobilitaet.org/media/media/documents/dokumente_der_begleit__und_wirkungsforschung/EP34_Rechtlicher_Rahmen.pdf. Zugegriffen am 20.01.2019.

Deutscher Bundestag. (2017) Beschlussempfehlung und Bericht des Ausschusses für Wirtschaft und Energie (9. Ausschuss) a) zu dem Gesetzentwurf der Fraktionen der CDU/CSU und SPD – Drucksache 18/12355 – Entwurf eines Gesetzes zur Förderung von Mieterstrom und zur Änderung weiterer Vorschriften des Erneuerbare-Energien-Gesetzes b) zu dem Gesetzentwurf der Bundesregierung – Drucksache 18/12728 – Entwurf eines Gesetzes zur Förderung von Mieterstrom und zur Änderung weiterer Vorschriften des Erneuerbare-Energien-Gesetzes Drucksache 18/12988, 28.01.2017.

Eisenschmid, N. (2003). *Vermieterleistungen: 22. Berchtesgadener Gespräche vom 9.4.–11.4.2003.* Köln: Otto Schmidt.

Europäisches Parlament und Europäischer Rat. (2018). *Richtlinie (EU) 2018/844 des Europäischen Parlaments und des Rates vom 30. Mai 2018 zur Änderung der Richtlinie 2010/31/EU über die Gesamtenergieeffizienz von Gebäuden und der Richtlinie 2012/27/EU über Energieeffizienz* (EU-Richtlinie 2018/844). Brüssel (BE): Europäisches Parlament und Europäischer Rat. https://eur-lex.europa.eu/legal-content/DE/TXT/PDF/?uri=CELEX:32018L0844&from=en. Zugegriffen am 20.01.2019.

Huneke, F., Göß, S. Österreicher, J, & Dahroug, O. (2018). *Power Purchase Agreements: Finanzierungsmodell von erneuerbaren Energien* (24. Jan. 2018). Berlin: Energy Brainpool. https://www.energybrainpool.com/fileadmin/download/Whitepapers/2018-01-31_Energy-Brainpool_White-Paper_Power-Purchase-Agreements.pdf. Zugegriffen am 20.01.2019.

JURIS-Das Rechtsportal: BFH, Urteil. vom. 20.04.2004-Az. VII R 44/03

JURIS-Das Rechtsportal: BGH, Urteil vom 24.09.1987-III ZR 91/86

NRWE-Rechtsprechungsdatenbank der Gerichte in Nordrhein-Westfalen: *OLG Düsseldorf, Beschluss vom 13.06.2018-AZ: VI-3, Kart 48/17.* https://www.justiz.nrw.de/nrwe/olgs/duesseldorf/j2018/VI_3_Kart_48_17_V_Beschluss_20180613.html

Prognos, & BH&W. (2017) *Schlussbericht: Mieterstrom-Rechtliche Einordnung, Organisationsformen, Potenziale und Wirtschaftlichkeit von Mieterstrommodellen (MSM).* (Projekt Nr.

17/16 – Fachlos 9) (17. Jan. 2017). Berlin: Prognos AG & Boos Hummel & Wegerich (BH&W). https://www.bmwi.de/Redaktion/DE/Publikationen/Studien/schlussbericht-mieterstrom.pdf?__blob=publicationFile&v=8. Zugegriffen am 20.01.2019.

Statista. (2018a). *Bestand der Kraft-Wärme-Kopplungsanlagen in Deutschland nach Größenklasse in den Jahren 2015 bis 2017* (Jul. 2018). Hamburg: Statista GmbH. https://de.statista.com/statistik/daten/studie/468203/umfrage/anzahl-der-kwk-anlagen-in-deutschland/. Zugegriffen am 20.01.2019.

Statista. (2018b). *Strompreise an Ladesäulen für Elektroautos in Deutschland nach Betreiber*. Hamburg: Statista GmbH. https://de.statista.com/statistik/daten/studie/882563/umfrage/stromprei-se-an-e-auto-ladesaeulen-nach-betreiber-in-deutschland/. Zugegriffen am 20.01.2019.

Statista. (2018c). *Fahrleistung der Pkw in Deutschland im Jahr 2017* (in Kilometern). Hamburg: Statista GmbH. https://de.statista.com/statistik/daten/studie/246069/umfrage/laufleistung-pri-vater-pkw-in-deutschland/. Zugegriffen am 20.01.2019.

Zeit. (2017). *Carsharing: Das Auto als Streamingprodukt* (29. Dez. 2017). Hamburg: ZEIT ON-LINE GmbH. https://www.zeit.de/mobilitaet/2017-12/car-sharing-ausbau-daimler-auto. Zuge-griffen am 20.01.2019.

Diplom-Kfm. Stefan Harder studierte Betriebswirtschaft an der Universität Hamburg. Nach dem Studium war er von 1993 bis 2001 als Abteilungsleiter Kundenservice bei den Hamburger Gaswerke GmbH beschäftigt. Die Abteilung umfasste die Bereiche Debitorenbuchhaltung, Kundenservice, das (vor-)gerichtliche Mahn-wesen sowie den Außendienst. Im Anschluss wechselte er zur D+S europe AG (Direkt Marketing). Er verantwortete die operative Füh-rung der fünf Standorte. Zu den Aufgaben gehörte die Kapazitäts-steuerung und -planung der jeweiligen Projekte und Standorte. Wäh-rend seiner Tätigkeit gründete er als Geschäftsführer die D+S adress GmbH und die D+S inkasso GmbH, ein Joint-Venture mit der Real Solution. Ab 2009 baute Herr Harder den bundesweiten Retailer E. VITA GmbH als eigenständiges Energieunternehmen auf. Herr Har-der führt das Unternehmen in den energetischen und vertrieblichen Belangen. Die E.VITA ist ein auf die Bereiche Gewerbe, kleinere Industrien sowie Wohnungswirtschaft spezialisiertes Unternehmen.

Ayşe Durmaz studierte Rechtswissenschaften an der Eberhard Karls Universität in Tübingen mit dem Schwerpunkt Internationa-les/Europäisches Recht, Internationales Wirtschaftsrecht und an der Galatasaray Universität in Istanbul. Seit 2013 verantwortet sie als Referentin den rechtlichen Bereich der E.VITA GmbH. Die E.VITA ist ein auf die Bereiche Gewerbe, kleinere Industrien und Woh-nungswirtschaft spezialisierter Energielieferant. Das Energiewirt-schaftsrecht, Vertragsrecht, Gesellschafts- und Unternehmensrecht sowie Datenschutzrecht gehören zu den Tätigkeitsfeldern von Frau Durmaz. Sie engagiert sich seit 2016 im Fachausschuss „Recht der Versorgungsverhältnisse" des Bundesverbands der Energie- und Wasserwirtschaft.

Stichwortverzeichnis

Printed by Printforce, the Netherlands